Springer-Lehrbuch

Helmut Bähring

Mikrorechner-Systeme

Mikroprozessoren, Speicher, Peripherie

Mit Beiträgen von
Jürgen Dunkel und Gerd Rademacher

407 Abbildungen und 54 Tabellen

2. Auflage

Springer-Verlag
Berlin Heidelberg New York
London Paris Tokyo
Hong Kong Barcelona
Budapest

Dr. Helmut Bähring
FernUniversität Hagen
Lehrgebiet Technische Informatik I
Postfach 940, D-58084 Hagen

CR-Klassifikation (1991): B.3.2, B.4.1, B.5.1, C.0, D.4.2

ISBN 3-540-58362-9 Springer-Verlag Berlin Heidelberg New York
ISBN 3-540-53489-X 1.Auflage Springer-Verlag Berlin Heidelberg New York

CIP-Aufnahme beantragt.

SPIN 10472437 45/3140 – 5 4 3 2 1 0 – Gedruckt auf säurefreiem Papier

Für meinen Sohn Marc

Vorwort

In den nicht einmal 25 Jahren ihrer Entwicklungsgeschichte haben die Mikroprozessoren alle Bereiche unseres Lebens durchdrungen: Sie begegnen uns in den frühen Lebensjahren in Kinderspielzeugen, in Spiel- und Hobby-Computern und Taschenrechnern. Im Privatleben trifft man auf sie auch im Automobil, in Haushaltsgeräten oder Geräten der Konsumelektronik. Im Berufsleben findet man sie in Textsystemen, Personal Computern, Maschinensteuerungen, Meßgeräten usw. Verschwiegen werden darf aber auch nicht, daß erst sie die Entwicklung vieler zerstörerischer Techniken, insbesondere immer furchtbarerer Waffen ermöglicht haben.

Durch den Einsatz der Mikroprozessoren wurde die Digitaltechnik zu einer Mischung aus Hard- und Software, bei der der Entwickler einerseits die geeignete Hardware aussuchen und aufbauen, andererseits aber auch ihre Programmierung übernehmen muß. Somit wird die historische Trennung zwischen Hardware und Software immer weiter aufgehoben, und vom Informatik- und Elektrotechnik-Studenten wird ein vertieftes Wissen auf beiden Gebieten verlangt.

Thema dieses Buches sind die Mikrorechner-Systeme. Das sind universell programmierbare Digitalrechner kleiner bis mittlerer Leistungsfähigkeit, die bis in den Minicomputerbereich hineinreicht. Zwar basiert ihre Architektur zum großen Teil auf den Grundprinzipien, die seit Jahrzehnten von den Großrechenanlagen bekannt sind. Im Unterschied zu diesen sind sie jedoch im wesentlichen aus kostengünstigen, hoch- und höchstintegrierten Halbleiterbausteinen aufgebaut. Da sie modular an verschiedenste Problemstellungen anpaßbar sind, haben sie die Realisierung vieler der oben erwähnten elektronischen Anwendungen vereinfacht oder erst ermöglicht.

Genauer betrachtet, sind Gegenstand dieses Buches die Hardware-Aspekte und die Hardware-nahen Software-Aspekte der Mikrorechner-Systeme. Höhere Schichten der Betriebssysteme und andere Betriebssoftware werden nicht behandelt. Die Anwendungs-Programmierung eines Mikrorechners unterscheidet sich nicht wesentlich von der einer allgemeinen Datenverarbeitungs-Anlage, so daß wir diesbezüglich auf andere Bücher verweisen können. Natürlich nimmt die Beschreibung der Mikroprozessoren als Kern eines Mikrorechner-Systems einen breiten Raum ein. Dennoch ist es kein Buch ausschließlich über dieses Thema. So wird auf spezielle Entwicklungen, wie die RISC-Prozessoren, nur sehr knapp eingegangen. Ausführlicher werden der Arbeitsspeicher, Peripheriespeicher und die verschiedenen Systemsteuer-Bausteine beschrieben.

Einer eingehenden, tiefgründigen Behandlung weniger Themen wird hier der Vorrang vor einer breitgefächerten Darstellungsweise gegeben. Daher werden einige Bereiche, wie z.B. genormte Bussysteme, Controller für spezielle Aufgaben, insbesondere für lokale Netzwerke, und digitale Signalprozessoren, nicht allzu ausführlich aufgegriffen. Ihre Erwähnung soll dem Leser nur als Einstieg in diese Thematik dienen.

Für das Verständnis des Buches werden Grundkenntnisse auf den folgenden Gebieten vorausgesetzt: digitale Grundschaltungen und Schaltungstechnik, Organisation von Rechenwerken und Mikroprogramm-Steuerwerken, Assembler- und Maschinenprogrammierung sowie einfache Grundlagen der Elektrotechnik.

Zur Entstehung des Buches

Dieses Buch entstand aus einem Kurs, den ich im Rahmen eines Lehrauftrags für den Fachbereich Mathematik und Informatik der FernUniversität Hagen entwickelt und mehrfach durchgeführt habe. Die überaus positive Resonanz, die er bei den Teilnehmern fand, war der auslösende Faktor für die Umsetzung in dieses Buch. Der Kurs besteht aus 7 Einheiten, die im 14tägigen Abstand von den Studenten bearbeitet werden müssen, und entspricht einer Vorlesung von vier Semester-Wochenstunden (zuzüglich zwei Stunden Übungen). Der Inhalt der 4. Kurseinheit deckt sich mit dem Kapitel 4 des vorliegenden Buches. Sie wurde von meinem Kollegen Herrn Dr. Jürgen Dunkel verfaßt. Die Kurseinheit 6 entstand aus der Zusammenarbeit mit Herrn Dipl.-Ing. Gerd Rademacher. Ihr Inhalt wird in den Kapiteln 6 und 7 dargestellt.

Bei der Entwicklung des Kurses wurde versucht, auf die besonderen Schwierigkeiten eines Fernstudenten Rücksicht zu nehmen, der in der Regel "als Einzelkämpfer im stillen Kämmerchen" arbeitet. Dazu gehört insbesondere der erschwerte Zugang zu Begleitliteratur. Dementsprechend wurde auf ausgiebiges Zitieren anderer Publikationen verzichtet. Mangelnde Möglichkeiten zur Kommunikation mit anderen Kommilitonen erschweren die Diskussion über schwerverständliche Textstellen. Wie ein Blick ins Inhaltsverzeichnis zeigt, werden in diesem Buch daher – verglichen mit anderen Werken über das Thema – relativ wenige Themen aufgegriffen. Was jedoch in anderen Büchern sehr knapp abgehandelt wird, wird hier ausführlich, z.T. über mehrere Seiten, dargestellt. Dies erspart dem Benutzer das Lesen "zwischen den Zeilen". Zusammen mit den im Text eingestreuten Selbsttestaufgaben ist dieses Buch daher sehr gut für das Selbststudium geeignet. Es richtet sich hauptsächlich an Studenten der Fachrichtungen Informatik und Elektrotechnik an wissenschaftlichen Hochschulen und Fachhochschulen.

Zum Aufbau des Buches

Kapitel 1 beginnt mit einer kurzen Erklärung der wichtigsten in der Mikroprozessor-Technik benutzten Begriffe und einer knappen Darstellung der Entwicklungsgeschichte der Mikroprozessoren. Danach wird die Hardware-Architektur eines Mikroprozessors beschrieben, worunter man die Komponenten, aus denen er aufgebaut ist, und ihr Zusammenwirken versteht. Im zweiten Teil von Kapitel 1 werden zunächst die programmiertechnischen Aspekte eines Mikroprozessors behandelt: Datentypen, Adressierungsarten und Befehlssätze. In einem Exkurs wird kurz auf RISC-Prozessoren eingegangen.

In Kapitel 2 folgt die Beschreibung der grundsätzlichen Eigenschaften von Hilfsprozessoren. Ausführlich wird auf einen Hilfsprozessor eingegangen, der auf die Ausführung arithmetischer Operationen spezialisiert ist und deshalb Arithmetikprozessor genannt wird.

Kapitel 3 beschäftigt sich ausführlich mit dem Aufbau eines Arbeitsspeichers. Dazu werden insbesondere die verschiedenen Halbleiterspeicher-Zellen und -Bausteine beschrieben. Es folgt eine Darstellung des sog. DMA-Verfahrens, mit dem große Datenmengen sehr schnell ohne den Einsatz des Mikroprozessors in den/aus dem Speicher transportiert werden können. Zum Schluß wird gezeigt, wie durch einen kleinen, schnellen Zwischenspeicher, der Cache genannt wird, die Zugriffszeit zum Arbeitsspeicher erheblich gesenkt wird.

Kapitel 4 (Autor: J. Dunkel) behandelt verschiedene Konzepte der Speicherverwaltung und stellt Bausteine vor, die diese Verwaltung hardwaremäßig durchführen. Außerdem werden verschiedene Maßnahmen zur Hardware-Unterstützung von Mikroprozessor-Betriebssystemen beschrieben.

In Kapitel 5 wird eine umfangreiche Palette von Systemsteuer- und Schnittstellen-Bausteinen vorgestellt. In einigen Beispielen werden wichtige Anwendungen dieser Bausteine beschrieben.

Kapitel 6 und 7 (Autoren: G. Rademacher, H. Bähring) befassen sich mit den komplexen Ein-/Ausgabesystemen und Peripheriespeichern, die zur Standardausrüstung moderner Mikrorechner gehören. Das sind insbesondere Bildschirmgeräte, Festplatten- und Disketteneinheiten. Neben der Beschreibung der physikalischen, mechanischen und elektrischen Grundlagen werden insbesondere die Bausteine zur Steuerung dieser Geräte ausführlich behandelt.

An dieser Stelle möchte ich mich bei meinem Kollegen Herrn E. Palmowski bedanken, der mir bei der Fertigstellung dieses Buches behilflich war. Er erstellte mit mir zusammen das endgültige Layout und die Druckvorlagen. Darüber hinaus überarbeitete er einen Teil der Zeichnungen. Dem Springer-Verlag danke ich für die Bereitschaft, dieses Buch in sein Verlagsprogramm aufzunehmen.

Hagen, im Frühjahr 1994 Helmut Bähring

Inhaltsverzeichnis

1. Mikroprozessoren

In den ersten Abschnitten (1.1 bis 1.12) dieses Kapitels werden wir zunächst die Hardware-Aspekte eines Mikroprozessors beschreiben, d.h. die verschiedenen Komponenten, aus denen er aufgebaut ist, ihre Funktion, ihre Anordnung und ihr Zusammenwirken. Gegenstand der restlichen Abschnitte (1.13 bis 1.16) dieses Kapitels werden dann die Software-Aspekte sein, zu denen die unterstützten Datentypen und Datenformate, die Adressierungsarten und der Befehlssatz eines Mikroprozessors zählen. Die Gesamtheit der eben erwähnten Gesichtspunkte definiert die Architektur des Mikroprozessors.

1.1 Aufbau eines Digitalrechners

Ein **Digitalrechner**, oft Datenverarbeitungs-Anlage (DVA) oder abkürzend nur Rechner (*computer*) genannt, besteht aus drei Hauptkomponenten: *Hardware*, *Software* und *Firmware*. Diese können jeweils wiederum in Subkomponenten unterteilt werden.

- Die *Hardware* umfaßt alle mechanischen und elektr(on)ischen Bauelemente und Baugruppen: Widerstände, Kondensatoren, Transistoren, integrierte Schaltungen (*integrated circuits* – ICs), Platinen, Stromversorgungen, Gehäuse etc.
- Die *Software* umfaßt alle Programme, die auf dem Rechner ablaufen. Dazu gehören das Betriebssystem, das die geordnete Bearbeitung aller Programme und die Zuteilung der erforderlichen Betriebsmittel sicherstellen muß, die Hilfsprogramme zur Erstellung von Programmen, wie Editoren, Compiler, Interpreter, Lader etc., und schließlich die Anwenderprogramme.
- Die *Firmware* nimmt eine Mittelstellung zwischen der Hardware und der Software ein. Sie besteht einerseits aus den Mikroprogrammen, die in Festwert- oder Schreib-/Lese-Speichern untergebracht sind und den "Befehlssatz" des Rechners, die sogenannten Maschinenbefehle, realisieren (vgl. Abschnitt 1.5). Andererseits wird dazu häufig jedes Programm gezählt, das in einem Festwertspeicher abgelegt ist.

Im Rahmen dieses Buches werden wir vor allem die Rechner-Hardware betrachten. Software-Aspekte werden nur auf der niedrigsten Ebene behandelt, z.B. bei der Beschreibung von typischen Befehlssätzen und der Speicherverwaltung durch Betriebssysteme.

Aus der Hardware-Sicht ist ein Rechner ein digitalelektronisches System, in dem Daten als binärcodierte Informationen eingegeben und dort gespeichert und verarbeitet werden. Das Ergebnis der Bearbeitung wird dann in unterschiedlichster Form ausgegeben, z.B. in Form von binärcodierten Zeichen oder als elektrische Signale zur Steuerung bestimmter Prozesse. Die Verarbeitung der Daten läuft nach einem vorgegebenen Programm ab, das zunächst selbst als binärcodierte Information eingegeben und gespeichert werden muß. Es besteht aus einer Folge von (Maschinen-)Befehlen, die die jeweils nächste Operation und die dazu benötigten Operanden bestimmen.

Im Blockschaltbild 1.1-1 ist der prinzipielle Aufbau eines Digitalrechners mit seinen drei Hardware-Komponenten Zentraleinheit, Speicher und Ein-/Ausgabe-Einheiten skizziert.

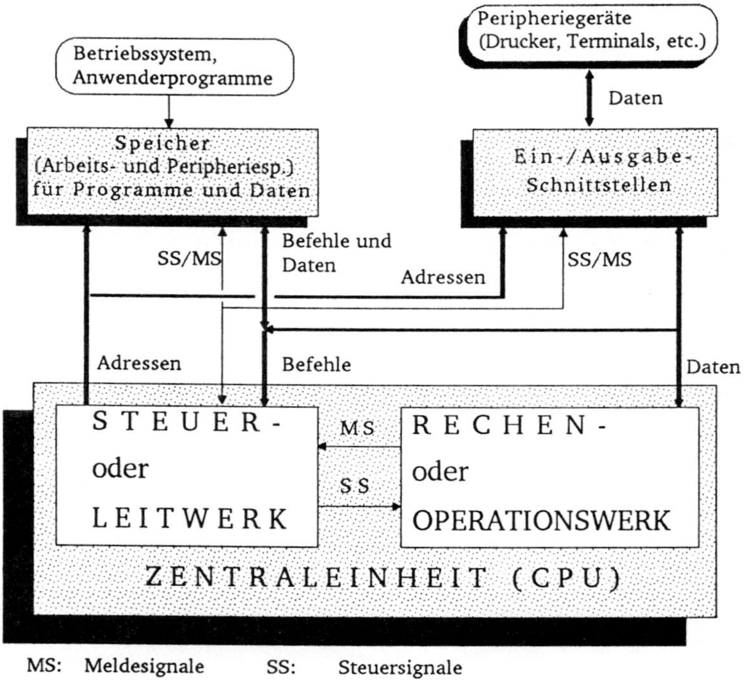

Bild 1.1-1. Blockschaltbild eines Digitalrechners

Die Geräte, die der angesprochenen Eingabe von Daten und Programmen bzw. der Ausgabe der verarbeiteten Daten dienen, werden als Peripheriegeräte oder

Ein-/Ausgabe-Einheiten bezeichnet. Dazu gehören beispielsweise (Bildschirm-) Terminals, Drucker, Bandgeräte, etc. Sie sind über Ein-/Ausgabe-Schnittstellen mit dem Rechner verbunden. Diese Verbindung wird durch Adreß- und Datenleitungen vorgenommen. Aus den Namen wird ihre Funktion deutlich:

- Unter einer Adresse versteht man in der Digitaltechnik eine binärcodierte Information zur eindeutigen Auswahl (Adressierung) eines bestimmten Speicherwortes, eines Registers oder einer Schnittstelle als Quelle oder Ziel eines Datentransportes. **Adreßleitungen** heißen diejenigen Leitungen, auf denen die Adreßinformation transportiert wird. Sie werden oft unidirektional betrieben, d.h., daß die Adressen nur von einer einziger Quelle im System ausgesandt werden können. Nur wenn mehrere Komponenten des Systems, z.B. mehrere Prozessoren, Adressen ausgeben können, kann der Informationsfluß auf den Adreßleitungen in beiden Richtungen (bidirektional) geschehen.
- **Datenleitungen** übertragen die zu verarbeitenden Daten. Sie sind in der Regel bidirektional, d.h. der Datentransport kann zu einer Komponente hin oder von ihr weg durchgeführt werden.
- Auf den **Steuerleitungen** werden für den Transport benötigte Informationen von der Zentraleinheit oder zu ihr hin übertragen, z.B. über den exakten Zeitpunkt des Transports und seine Richtung. Steuerleitungen sind teils uni-, teils bidirektional. Im Unterschied zu den Adreß- und Datenleitungen besteht zwischen den einzelnen Steuerleitungen nicht immer ein funktionaler Zusammenhang.

Grundsätzlich kann jede Schnittstelle mit der Zentraleinheit über eigene Leitungen verbunden sein. In der Realität sind jedoch alle (oder fast alle) Komponenten eines Rechners über dieselben Leitungen miteinander verbunden. Dabei darf zu jedem beliebigen Zeitpunkt immer höchstens eine Komponente Informationen auf diese Leitungen legen. Man spricht in diesem Fall von einem Bus ("Sammelschiene") und faßt die Leitungen nach ihren Funktionen zum **Adreßbus, Datenbus** und **Steuerbus** zusammen. Die Gesamtheit dieser drei Busse wird als Systembus bezeichnet.

Im **Speicher** (*memory*) werden Programme und Daten aufbewahrt. Während jedoch alle Programme hier abgelegt sein müssen, können die benötigten Operanden während der Programmausführung auch direkt von den Eingabegeräten kommen und die Ergebnisdaten ohne Zwischenspeicherung zu den Ausgabegeräten übertragen werden. Der Speicher besteht aus dem Arbeitsspeicher (Hauptspeicher) und dem Peripheriespeicher (Massenspeicher). Der Aufbau und die Organisation eines Arbeitsspeichers wird erst im Kapitel 3 beschrieben. Im weiteren reicht es, wenn Sie sich unter dem Arbeitsspeicher stets eine linear geordnete Liste von Speicherzellen zur Aufnahme von Befehlen und Operanden vorstellen. Jede Speicherzelle ist eindeutig durch die Nummer in der Liste, ihre Adresse, selektierbar. Der Arbeitsspeicher ist heutzutage meist aus schnellen, aber relativ teuren Halbleiter-Bausteinen aufgebaut und dient zur "kurzfristigen" Aufbewahrung von Programmen und Daten während ihrer Bearbeitungszeit. Der langsamere, preisgünstigere Peripheriespeicher arbeitet hauptsächlich elektromagnetisch und wird zur längerfristigen Programm- und Datenhaltung eingesetzt. Beide Speicherarten verwahren sowohl Betriebssystem- als auch Anwenderprogramme. Bei der Mehrzahl der heute eingesetzten (universellen) Rechnertypen sind in ihnen die Programme und ihre Daten vermischt, also nicht in getrennten Speicherbereichen, abgelegt. Der einzelnen Speicherzelle ist nicht anzusehen, welchen Typ Information sie enthält.

Die Verarbeitung der Daten unter Programm-Kontrolle geschieht in der **Zentraleinheit** (*central processing unit* – CPU) des Rechners. Sie wird auch der Prozessor des Rechners genannt und besteht aus dem Leitwerk und dem Rechenwerk.

Das **Leit**- oder **Steuerwerk** (*control unit* – CU) holt aus dem Speicher die Befehle eines Programms, entschlüsselt sie und steuert ihre Ausführung in der verlangten Reihenfolge. Es erzeugt dazu die Steuer- und Synchronisier-Signale (SS), die in der CPU selbst benötigt werden, aber auch diejenigen, die das Restsystem aus Speicher, Schnittstellen, Systembus und weiteren Systemkomponenten benötigt. Von diesen Systemkomponenten empfängt das Leitwerk seinerseits Meldesignale (MS, Statussignale), die ihren aktuellen Zustand kennzeichnen. Steuer- und Meldesignale werden häufig unter dem Begriff Kontrollsignale zusammengefaßt.

Die Ausführung der durch die Programmbefehle verlangten Operationen ist Aufgabe des **Rechen**- oder **Operationswerkes**. Es besteht hauptsächlich aus einer Einheit, die die arithmetischen und logischen Berechnungen durchführt. Sie wird deshalb arithmetisch/logische Einheit (*arithmetic (and) logical unit* – ALU) genannt. Dazu kommen einige Register, die der kurzfristigen Speicherung der Operanden oder ihrer Speicheradressen dienen. Auch die ALU wird durch Steuersignale des Leitwerkes beeinflußt und gibt ihrerseits Meldesignale an das Leitwerk zurück. Auf diese Signale kann das Leitwerk reagieren und z.B. eine Programmverzweigung vornehmen.

1.2 Erklärung wichtiger Begriffe

In diesem Abschnitt sollen zunächst die Begriffe erklärt werden, die in diesem Buch wiederholt benutzt werden. Die wichtigsten von ihnen sind im Bild 1.2-1 zu finden.

Der **Mikroprozessor** (µP, *micro processing unit* – MPU) ist die Zentraleinheit (oder ihr wesentlicher Teil) eines Digitalrechners, die in einem oder sehr wenigen programmierbaren Logikbaustein(en) untergebracht ist. Er umfaßt die im Abschnitt 1.1 beschriebenen Komponenten Steuerwerk, Operationswerk sowie eine Schnittstelle zum Systembus. Die Vorsilbe "Mikro-" bezieht sich nur auf die Größe des Prozessors, nicht jedoch auf seine Leistungsfähigkeit oder die Art der Realisierung des Steuerwerks. Danach kann man unterscheiden zwischen einem

- mikroprogrammierten µP, der ein Mikroprogramm-Steuerwerk (MPStW) besitzt, dessen Mikroprogramme vom Hersteller in einem Festwertspeicher (*control memory*) untergebracht wurden und vom Benutzer nicht geändert werden können. Die Mehrzahl der eingesetzten µPs gehört heute (noch) dieser Klasse an. Insbesondere in den Personal Computern sind sie millionenfach vertreten.

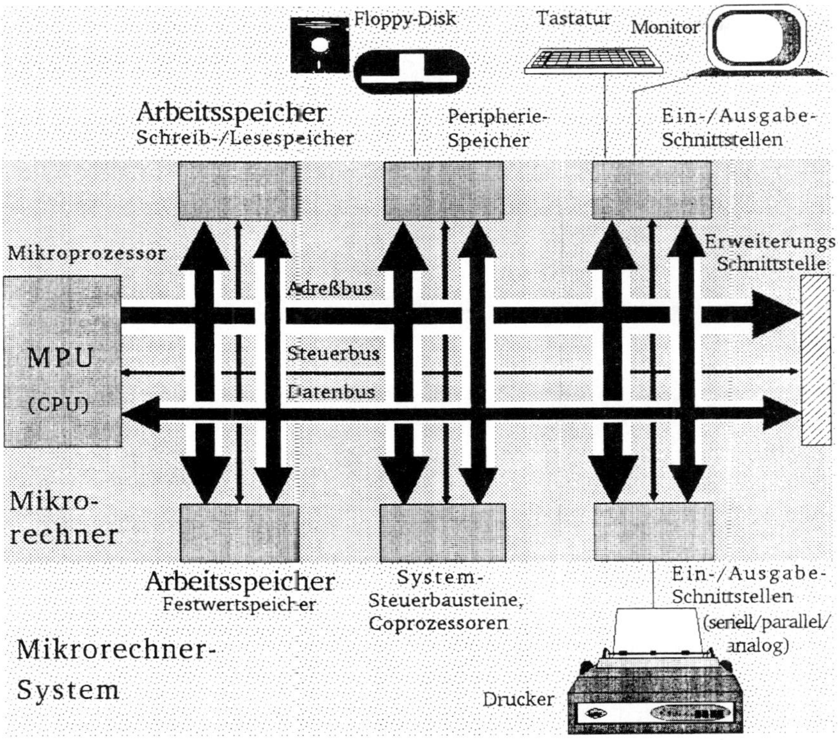

Bild 1.2-1. Zur Erklärung der wichtigsten Begriffe

- mikroprogrammierbaren µP, bei dem der Anwender die Mikroprogramme des MPStWs selbst erstellen und in einem Speicher (Festwert- oder Schreib-/Lese-Speicher) ablegen muß. Zu dieser Klasse gehören die "bipolaren Bitscheiben"-Mikroprozessoren (*bit slice processors*), die in den Anfangsjahren der Mikroprozessor-Technik besonders durch ihre Schnelligkeit hervorragten. Sie wurden in der Regel nur in speziellen Anwendungen eingesetzt.
- µP mit festverdrahtetem Schaltwerk, bei dem das Steuerwerk nicht durch ein MPStW, sondern durch direkte (kombinatorische) Schaltlogik realisiert ist. Zu dieser Klasse gehören viele der modernen RISC-Prozessoren (*reduced instruction set computer*), die sich u.a. durch einen relativ einfachen Befehlssatz und einen großen Registersatz auszeichnen. RISC-Prozessoren werden hauptsächlich in den Mikrorechnern der höheren Leistungsklasse, den Arbeitsplatzrechnern (*workstations*) eingesetzt. (Wir behandeln sie kurz im Abschnitt 1.17.)

Die Spezifikation eines Mikroprozessors als n-bit-µP (meistens n=4, 8, 16, 32) wird oft nur an der Breite des Datenbusses festgemacht, d.h. an der Anzahl der parallel (gleichzeitig) übertragenen Datenbits. Sinnvoller wird sie jedoch durch die Breite der Information gegeben, die in einem Schritt von der ALU des Operationswerks verarbeitet werden kann. Mikroprozessoren ohne spezielle Schnittstellen oder Komponenten werden auch Universal-Mikroprozessoren genannt. Mit geeigneten Programmen sind sie für alle allgemeinen Anwendungen einsetzbar. Als **Standard-Mikroprozessoren** bezeichnen wir alle mikroprogrammierten Universal-Mikroprozessoren. Sie sind der Hauptgegenstand dieses Kapitels. Daneben gibt es Mikroprozessoren für spezielle Anwendungen, die z.T. in den folgenden Kapiteln beschrieben werden:

- Microcontroller, die in der Regel besondere Schnittstellen sowie festgelegte Programme zur Steuerung bestimmter Vorgänge besitzen, z.B. Tastatur-Controller;
- Signalprozessoren (*digital signal processors* – DSP), die speziell zur digitalen Verarbeitung analoger Signale konzipiert sind (s. Abschnitt 5.8);
- Slave- oder Coprozessoren mit festumrissenen, problemangepaßten Befehlssätzen für spezielle Aufgaben, z.B. Arithmetik- oder Graphik-Prozessoren (s. Abschnitt 2.1 und Abschnitt 7.2).

Unter einem Mikroprozessor-System verstehen wir jedes digitale System, das einen µP als zentrale Steuer- und/oder Recheneinheit besitzt.

Ein **Mikrorechner** (µR, Mikrocomputer – µC) enthält neben dem µP als Zentraleinheit zusätzlich Daten- und Programm-Speicher, Schnittstellen für diverse Peripheriegeräte sowie weitere Systembausteine (Zähler, Echtzeituhr, Digital/Analog- bzw. Analog/Digital-Wandler, etc., s. Kapitel 5). Die Verbindung der Komponenten geschieht durch den Systembus, bestehend aus Adreß-, Daten- und Steuerbus. (In Analogie zum menschlichen Körper ist der µP das Gehirn des µCs und nicht – wie oft gesagt wird – sein Herz.) Spezialfälle von Mikrorechnern sind:

- Ein-Chip-Mikrocomputer (*single chip µC*) sind vollständige µCs mit Taktgenerator, Speicher, Schnittstellen, evtl. auch Zähler, Digital/Analog- bzw. Analog/Digital-Wandler, etc. in einem einzigen Halbleiter-Baustein (*stand alone system*).
- Ein-Platinen-Mikrocomputer sind vollständige µCs auf einer einzigen Platine ("gedruckte" Schaltung, Steckkarte).

Unter einem **Mikrorechner-System** (MRS, Mikrocomputer-System) verstehen wir einen Mikrorechner zusammen mit den angeschlossenen Peripheriegeräten. Dabei verlangen wir zur Abgrenzung von den Mikroprozessor-Systemen der einfachsten Form stets, daß ein MRS "frei" programmierbar ist und somit zur Lösung verschiedenster Aufgaben benutzt werden kann. (Bei der oben erwähnten Tastatur mit µP-Steuerung handelt es sich in diesem Sinne daher nicht um ein MRS.) Alle Komponenten eines MRS, die nicht zum µC selbst gehören, nennen wir die Peripherie des Systems.

Zu den Begriffen bit und byte

In der Literatur kann man leider keine einheitliche Schreibweise und Interpretation dieser Begriffe finden. Wir benutzen die folgende Konvention:

Bit (*binary digit*) bezeichnet ein einzelnes Speicherelement eines Registers bzw. einer Speicherzelle, das nur den Wert '0' oder '1' aufnehmen kann, oder eine bestimmte Binärstelle innerhalb einer Adresse bzw. eines Datenwortes.

Byte bezeichnet dementsprechend eine Gruppe von acht zusammenhängenden Bits in einem Register, einem Speicher-, Adreß- oder Datenwort.

bit ist die Maßeinheit für den Informationsgehalt. Wir benutzen sie zur Angabe der Länge (Breite) eines Registers, eines Wortes oder der Kapazität eines Speichers. Häufig benutzt werden die abgeleiteten Maßeinheiten:

- kbit = 2^{10} bit = 1 024 bit (Kilobit),
- Mbit = 2^{20} bit = 1 048 576 bit (Megabit),
- Gbit = 2^{30} bit = 1 073 741 824 bit (Gigabit).

byte ist eine vom bit abgeleitete Maßeinheit, für die die Berechnungsformel gilt: n byte = $8 \cdot n$ bit. Sie wird bevorzugt dann benutzt, wenn die kleinste selektierbare Einheit eines Registers, eines Speicher-, Adreß- oder Datenwortes ein Byte ist. Gebräuchlich sind die abgeleiteten Maßeinheiten kbyte, Mbyte, Gbyte.

1.3 Entwicklungsgeschichte der Mikroprozessor-Technik

Wie so oft bei erfolgreichen Entwicklungen wird auch die Erfindung des Mikroprozessors von mehreren Halbleiterfirmen für sich in Anspruch genommen. Da wir nicht in der Lage sind, den Wahrheitsgehalt der verschiedenen Versionen zu bewerten, wollen wir es hier mit einer glaubwürdigen Variante bewenden lassen.

1. Generation

Danach begann es im Jahre 1969 damit, daß die japanische Firma Busicom die amerikanische Firma Intel beauftragte, einen Satz von 12 Halbleiter-Bausteinen für eine geplante Reihe von programmierbaren Hochleistungs-Tischrechnern zu entwickeln.

Der damalige Stand der Technik erlaubte es, einen Tischrechner aus ca. 6 Bausteinen mit je 600-1000 (MOS-)Transistoren aufzubauen. Die Firma Intel war zu dieser Zeit gerade 3 Jahre alt und hatte sich auf die Entwicklung von bipolaren und MOS-Speichern spezialisiert[1]. Dies führte noch 1969 zur Entwicklung des ersten löschbaren Festwertspeichers, des EPROM 1701, das vom Benutzer elektrisch programmiert und durch ultraviolettes (UV-)Licht gelöscht werden konnte (s. Abschnitt 3.4). Für Intel lag deshalb als Lösungsansatz nahe, die damals bei Tischrechnern übliche, festverdrahtete Schaltlogik durch einen Mikroprogramm-Speicher zu ersetzen und so zu einem Satz von Bausteinen zu kommen, der vom Benutzer dem jeweiligen Problem angepaßt werden konnte. Diese Idee führte zu einem Satz aus drei Bausteinen: Zentraleinheit (CPU) mit 2 250 Transistoren, Festwertspeicher (ROM) und Schreib-/Lese-Speicher (RAM). (Zum Vergleich: Die parallel entwickelte Lösung der Firma Busicom in festverdrahteter Logik benötigte 12 Bausteine mit durchschnittlich 2 000 Transistoren und jeweils 36 bis 40 Anschlüssen.) Die CPU besaß eine 4-bit-ALU, die in BCD-Arithmetik rechnete, einen bidirektionalen 4-bit-Datenbus sowie einen 12-bit-Adreßbus. Der Befehlssatz umfaßte 45 Befehle. Für die Entwicklung des CPU-Bausteins zu einem arbeitsfähigen Muster benötigte ein Mann lediglich 9 Monate.

1971 wurde der CPU-Baustein unter der Bezeichnung Intel 4004 als "Herz" eines Mikrocomputer-Systems (MCS-4) aus 4 Bausteinen angeboten. Im Bild 1.3-1 sehen Sie die Anzeige, mit der dies in der amerikanischen Fachzeitschrift *Electronics News* am 15. November 1971 geschah.

Bild 1.3-1. Die erste µP-Anzeige

1) Eine kurze Beschreibung der bipolaren und MOS-Transistortechnik folgt im Abschnitt 3.3.

Ein Zitat aus dem Anzeigentext gibt die wesentlichen Eigenschaften des Intel 4004 wieder:

"a microprogrammable computer on a chip ... an integrated CPU complete with a 4-bit parallel adder, 16 4-bit registers, an accumulator and a push-down stack on one chip".

Fast gleichzeitig zur eben beschriebenen Entwicklung des Intel 4004 beauftragte im Herbst 1969 die Firma Datapoint Corporation als Hersteller intelligenter Terminals und kleiner Computersysteme die Firmen Intel und Texas Instruments, die gesamte (Tastatur-)Steuerung eines intelligenten Terminals in einem Baustein unterzubringen. Intel hatte damit Erfolg, jedoch war der Baustein 10 mal langsamer als die Spezifikation verlangte.

Der Baustein wurde ab 1972 unter der Bezeichnung Intel 8008 als universelle 8-bit-CPU vertrieben. Er besaß einen Satz von 45 Befehlen mit einer durchschnittlichen Ausführungszeit von 30 Mikrosekunden ($1\ \mu s = 10^{-6}$ Sekunden), sechs 8-bit-Register, einen 16-kbyte-Adreßraum, 18 Anschlüsse und war in der sogenannten PMOS-Technologie (mit zwei Betriebsspannungen) realisiert.

Der Begriff "Mikroprozessor", bis dahin nur für mikroprogrammierbare (Groß-)Computer benutzt, wurde ab 1972 für die neu entwickelten Prozessoren eingeführt. Im Nachhinein wurden die bisher beschriebenen Mikroprozessoren als Prozessoren der 1. Generation bezeichnet.

2. Generation

Die 2. Generation erschien 1972 mit dem Intel 8080. Dieser besaß als 8-bit-Prozessor ausreichende Geschwindigkeit und genügende Rechenfähigkeit für vielfältige Anwendungen. Das wurde insbesondere durch eine ausgereifte Unterstützung von externen Unterbrechungen zur Prozeßsteuerung (s. Abschnitt 1.12) sowie von Unterprogramm-Sprüngen erreicht. Hinzu kamen (im Vergleich zum 8008) einige neue Adressierungsarten, 30 zusätzliche Befehle sowie eine Herabsetzung der durchschnittlichen Befehlsausführungszeit auf 2 µs. Der Adreßbereich wurde auf 64 kbyte vergrößert. In einem weiteren, getrennten Adreßbereich konnten bis zu 256 Ein-/Ausgabe-Schnittstellen adressiert werden. Der 8080 bestand aus 5 000 Transistoren und wurde in kurzer Zeit zum damaligen Industriestandard.

Ab 1974 wurde der 8080 in der moderneren NMOS-Technologie (n-Kanal-MOS, s. Abschnitt 3.3) gebaut, die nur noch eine 5-Volt-Betriebsspannung benötigt. Als erster Prozessor in dieser Technologie war im gleichen Jahr der 6800 der Firma Motorola erschienen. In diesem Jahr waren bereits 19 verschiedene Prozessortypen auf dem Markt oder aber schon angekündigt. Durch die Entwicklung von Schnittstellen- und Steuerbausteinen wurden die Prozessoren zu µP-Systemen ergänzt.

1974 wurden auch die ersten Spezialprozessoren entwickelt, wozu insbesondere solche zur Steuerung von Floppy-Disk-Speichern und Kathodenstrahlröhren gehörten. Außerdem erschien mit dem Typ RCA1802 der Firma Rockwell der erste Prozessor in CMOS-Technologie, die sich durch eine extrem niedrige Leistungsaufnahme auszeichnet (s. Abschnitt 3.3).

3. Generation

Die 3. Generation begann 1974 mit dem ersten 16-bit-Prozessor PACE der Firma National Semiconductor. Hergestellt in PMOS-Technologie, hatte er eine durchschnittliche Befehlsausführungszeit von 10 µs. Als SUPER-PACE wurde er in bipolarer Technik hergestellt und war damit erheblich schneller, hatte aber auch einen sehr viel höheren Leistungsverbrauch.

1975 gab es bereits 40 verschiedene µP-Typen, die hauptsächlich in Personal Computern und kleinen Geschäfts-Computern eingesetzt wurden. Ihre Zahl war ein Jahr später bereits auf 54 gestiegen.

1976 erschien mit dem TMS 9900 von Texas Instruments ein weiterer 16-bit-Prozessor, der sich von allen anderen Prozessoren vor allem darin unterschied, daß er (fast) alle Register nicht im Baustein selbst, sondern im Schreib-/Lese-Speicher verwaltet. Einerseits wurde dadurch ein rasches Umschalten zwischen verschiedenen Programm-Umgebungen sehr erleichtert, andererseits bedingten die relativ langsamen Speicher der damaligen Zeit eine sehr geringe Verarbeitungsgeschwindigkeit, so daß dieser Prozessor nicht die Verbreitung fand, die ihm vielleicht zustand.

Deshalb setzten sich auch in den folgenden Jahren die 8-bit-Prozessoren weiter durch: Der Z80 der Firma Zilog bot 158 verschiedene Befehle, unter denen die des 8080 vorhanden waren, so daß er "aufwärtskompatibel" zum Industriestandard war. Der 8085 von Intel brachte im Vergleich zum 8080 eine verbesserte Unterbrechungs-Verwaltung sowie Ein-/Ausgabe-Schnittstellen zur seriellen Datenübertragung.

1978 erschien dann der erste 16-bit-Prozessor mit größerer Verbreitung, der Intel 8086. Durch seine fortgeschrittene Architektur und der eingesetzten HMOS-Technologie (*high density MOS*), einer Technologie, die eine doppelte Schaltkreisdichte wie NMOS erlaubt, lag er an der Grenze der Leistungsklasse der Minicomputer. Er unterstützt eine virtuelle Speicherverwaltung, bei der der Speicher in Segmente eingeteilt wird (vgl. Abschnitt 4.3). Auf lediglich 27 % mehr Fläche als der 8080 brachte er 29 000 Transistoren unter, also fast das 6fache des 8080. Der Adreßraum wurde auf 1 Mbyte, der zusätzliche Adreßraum für Ein-/Ausgabe-Schnittstellen auf 64 kbyte vergrößert. Der Befehlssatz wurde um Befehle zur Bearbeitung von Zeichenketten und binärcodierten Dezimalzahlen (*binary coded decimal* – BCD) erweitert.

Auf dem 8-bit-Markt erschienen im gleichen Jahr der erste Ein-Chip-µC Intel 8048, der in der Version 8748 zusätzlich einen löschbaren Festwertspeicher (EPROM) auf dem Baustein enthielt.

1979 folgten als Konkurrenzprodukte zum 8086 der Z8000 von Zilog und der 68000 von Motorola. Letztgenannter hatte einen Befehlssatz, wie er ähnlich in Minicomputern üblich war. Er zeichnete sich durch einen 32-bit-Registersatz sowie einen 16-Mbyte-Adreßbereich aus. Auf einer Siliziumfläche von 6.2x7.1 mm^2 wurden 68 000 Transistoren untergebracht, die ungefähr 13 000 logische Gatter realisierten und eine Leistungsaufnahme von 1.2 Watt bewirkten. Die Taktfrequenz betrug 8 MHz (1 MHZ = 10^6 Takte pro Sekunde). Realisiert wurde er ebenfalls in HMOS-Technologie.

1979 kam der erste Signalprozessor, der Intel 2929, auf den Markt, der auf die digitale Verarbeitung von analogen Signalen spezialisiert ist. Die analogen Eingangssignale werden dazu zunächst analog/digital gewandelt. Die digital arbeitende ALU besitzt eine Wortbreite von 25 bit. Die Ergebnisse werden anschließend digital/ analog umgesetzt und über acht analoge Ausgänge ausgegeben.

Mit den Typen Intel 8088 und Motorola 6809 erschienen zwei Prozessoren, die zwar einen 8-bit-Datenbus besitzen, aber intern teilweise eine 16-bit-Verarbeitung zulassen. Ende 1979 waren weltweit bereits geschätzte 75 Millionen μPs verkauft.

1982 erschien als Nachfolger des 8086 der Intel 80286, der bereits 130 000 Transistoren besaß und jahrelang in vielen Personal Computern (z.B. IBM AT) im Einsatz war.

4. Generation

Die 4. Generation wurde 1981 mit dem 32-bit-Prozessor iAPX432 von Intel eingeläutet. In drei Bausteinen umfaßte er 219 000 Transistoren, die in HMOS-Technik hergestellt wurden. Er hatte einen 16-Mbyte-Adreßbereich. Zwischenzeitlich wurde seine Herstellung eingestellt, da er sich nicht auf dem Markt durchsetzen konnte. (Zum Vergleich mit dem Intel 4004 sei hier nur erwähnt, daß seine Entwicklung bereits 100 Mann-Jahre kostete.)

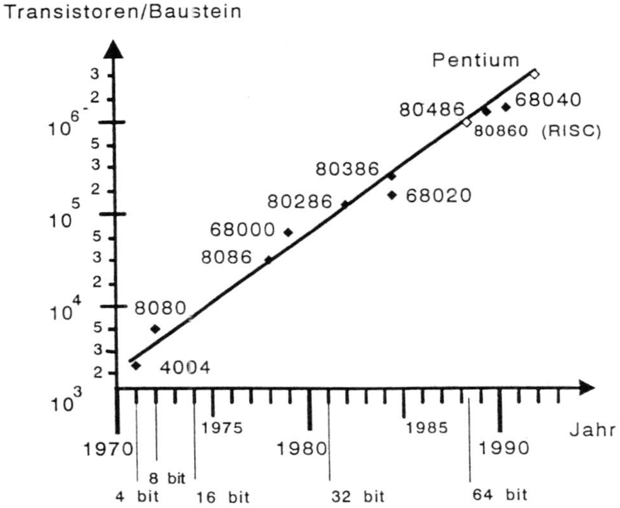

Bild 1.3-2. Die Entwicklung der Großintegration bei Mikroprozessoren

Durchgesetzt auf dem 32-bit-Markt haben sich heute vor allem die Prozessoren von Intel (80386/80468, Pentium P5) und Motorola (68020, 68030, 68040), die im Rahmen dieses Buches in Fallstudien dargestellt werden. Der Intel 80386 enthält beispielsweise 275 000 Transistoren, sein Nachfolger, der 80486, ca. 1 200 000 Transistoren (ebenso wie der Motorola 68040) und der P5 bereits 3,1 Millionen.

Bild 1.3-2 (s.o.) macht die Fortschritte der Integrationstechnik an einigen der eben erwähnten Mikroprozessoren deutlich. Aufgetragen wurde dazu die Anzahl der Transistoren im Baustein über dem Jahr der Markteinführung der Prozessoren. Die eingezeichnete Gerade zeigt, daß der Integrationsgrad in jedem Jahr um ca. 40 %, also in 10 Jahren ungefähr um den Faktor 28.5 gestiegen ist.

1.4 Prinzipieller Aufbau eines Mikroprozessors

1.4.1 Gehäuse und Anschlüsse

Mikroprozessoren sind elektronische Bausteine, die aus bis zu einigen hunderttausend Transistoren, Widerständen und Kondensatoren bestehen. Alle diese Bauelemente sind auf einer wenige Quadratmillimeter großen Halbleiterfläche aus einkristallinem Silizium, dem *Chip*, integriert. Je nach Komplexitätsgrad und Technologie haben Mikroprozessoren eine Leistungsaufnahme zwischen 0.5 und 4 Watt. Der Chip ist zur Erhöhung der mechanischen Stabilität, zur Ableitung der entstehenden Wärme und zur Erleichterung der Verbindung mit anderen Bausteinen in einem Gehäuse aus Plastik oder Keramik untergebracht. Im Bild 1.4-1 sind einige der gebräuchlichsten Gehäusetypen dargestellt.

Die Gehäusetypen A und B zeigen zwei parallele Reihen von Anschlußstiften (*leads, pins*). Sie werden deshalb als *dual in line packages* (DIP) bezeichnet. Die Gesamtzahl der Pins ist aus mechanischen Gründen begrenzt und liegt bei maximal 64. Der Typ A im Bild 1.4-1 zeigt ein Gehäuse mit 64 Anschlüssen. In der Mitte dieses Gehäuses erkennen Sie übrigens eine Metallplatte, unter der der eigentliche Halbleiter-Chip liegt. 8-bit-Prozessoren sowie ihre Peripherie-Bausteine kommen in der Regel mit 40 Pins aus (Typ B). Im Bild 1.4-2a ist die Pinbelegung für ein DIP-Gehäuse mit 40 Pins gezeichnet. Pin 1 ist am Gehäuse meistens besonders gekennzeichnet.

Typ C im Bild 1.4-1 ist ein sogenanntes *Quad-Pack*-Gehäuse, bei dem die Anschlüsse als Kontakte einreihig an allen vier Seiten des Bausteins zu erkennen sind (*leadless carrier chip* – LCC). Die Gehäuse müssen in spezielle Sockel eingesetzt werden, die durch Federkontakte die Verbindung des Bausteins zu den Leiterbahnen und damit zu den anderen Bausteinen ermöglichen. Bei anderen Varianten dieses Gehäuses sind die Kontakte als Stifte oder Lötfahnen ausgebildet und erlauben so die direkte Verbindung mit einer Leiterplatte. Gerade die letztgenannte Variante mit Lötfahnen bekommt in letzter Zeit eine immer größere Bedeutung, da bei ihr eine Befestigung auf der Oberseite der Platine ohne die üblicherweise benötigten Kontaktlöcher möglich ist (*surface mount technology* – SMT). In Bild 1.4-2b ist eine mögliche Numerierung der Anschlußbeine für ein Gehäuse mit 68 Pins gezeichnet.

Bild 1.4-1. Photo der gebräuchlichsten Gehäusetypen

Die Gehäusetypen D und E im Bild 1.4-1 werden wegen ihrer matrixförmigen Anordnung der Pins mit einem Nagelbrett (*bed of nails*) verglichen. Sie heißen *pin-grid arrays* (PGA). Bei ihnen werden heute bis zu 168 Pins realisiert. Eine mögliche Anordnung und Numerierung der Pins ist im Bild 1.4-2c dargestellt. Sie ist in einer quadratischen Form (bis zu 17 Reihen und 17 Spalten) gegeben, wobei die Zeilen beispielsweise durch Buchstaben, die Spalten durch Zahlen bezeichnet werden. Bei anderen Varianten werden die Pins z.B. im Uhrzeigersinn abwechselnd durch die verschiedenen Pin-Ringe durchgezählt. Pin 1 ist durch eine abgeschrägte Gehäuseecke angezeigt, die außerdem verhindert, daß der Baustein falsch in einen Sockel eingesetzt wird. Beim Gehäusetyp D wurde die Metallplatte entfernt, die den Chip vor Beschädigungen aller Art schützen soll.

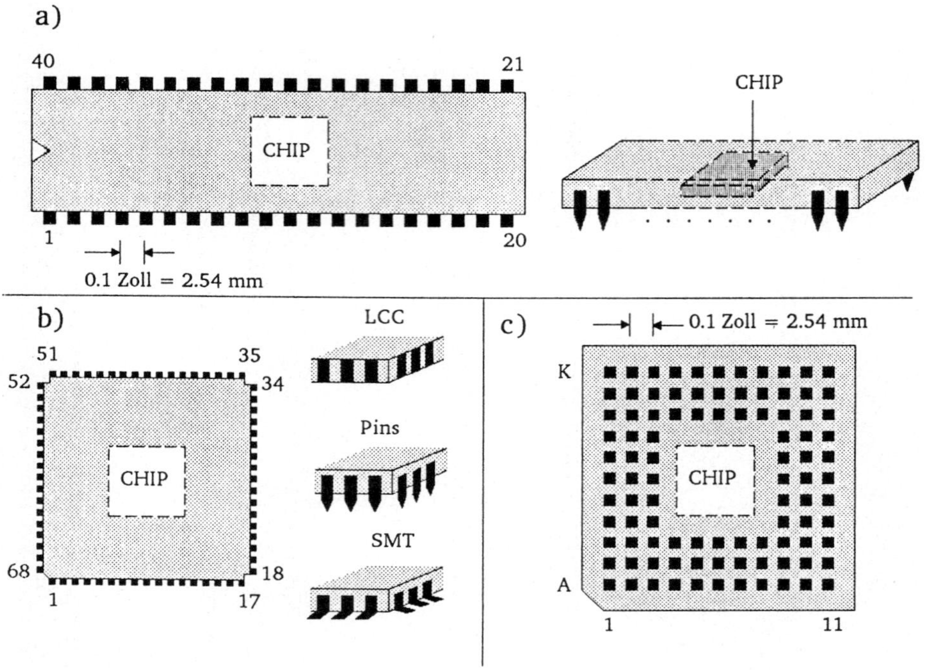

Bild 1.4-2. Die Anordnung der Anschlußkontakte bei verschiedenen Gehäuseformen

Die Vergrößerung in Bild 1.4-3 zeigt Ihnen für einen Baustein mit 132 Anschlüssen den ca. 100 mm^2 großen Chip mit seinen deutlich unterscheidbaren Bereichen. Außerdem sehen Sie die Verbindungen des Chips zu flachen Gehäusekontakten über feine Golddrähte, die beim uns vorliegenden Muster leider stark verbogen waren, sowie die 132 Anschlußpins, die durch Leiterbahnen im Gehäuse mit den Flachkontakten verbunden sind.

Die oben stehende Aufzählung gebräuchlicher Gehäusetypen ist in keiner Weise vollständig. Daneben gibt es noch eine ganze Reihe weiterer Gehäuse, deren Zahl ständig wächst und deren Beschreibung den Rahmen dieses Buches sprengen würde.

Bild 1.4-3. Großaufnahme eines *Pin-Grid-Array*-Gehäuses

Im Bild 1.4-4 ist eine Vergrößerung einer Chipoberfläche ("Topologie", *Chiplayout*) dargestellt, die Ihnen nur einen Eindruck von der Komplexität der Strukturen geben soll. Es handelt sich um ein Photo des Intel 80486, der – wie bereits gesagt – aus ca. 1.2 Millionen Transistoren besteht. (Die Umrandungen kennzeichnen die unterscheidbaren Komponenten des Prozessors, die wir in diesem Buch ausführlicher beschreiben werden.)

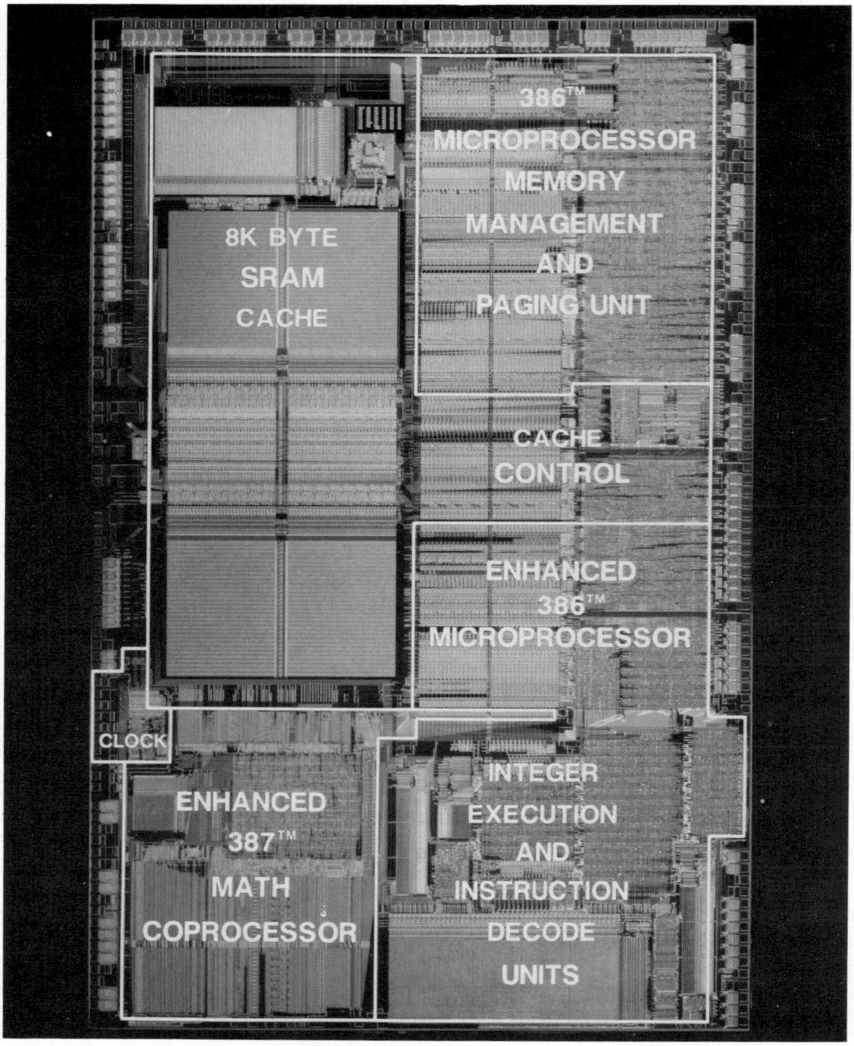

Bild 1.4-4. Chip-Layout des Intel 80486

Im Bild 1.4-5 sind die verschiedenen Gruppen von Signalen gezeigt, wie sie an den Anschlüssen eines Mikroprozessors vorliegen.

Die erste Gruppe dient der Spannungsversorgung des Bausteins. Im Minimalfall gibt es nur jeweils einen Anschluß für die Masse (*ground* – GND) und die positive Betriebsspannung (+5 V). Bei höher integrierten µPs in Pin-Grid-Gehäusen existieren jeweils bis zu 20 Anschlüsse für jede Betriebsspannung und Masse.

Außerdem kann man zu dieser Gruppe noch die Anschlüsse für den Quarz zur Stabilisierung der Frequenz des Systemtaktes zählen.

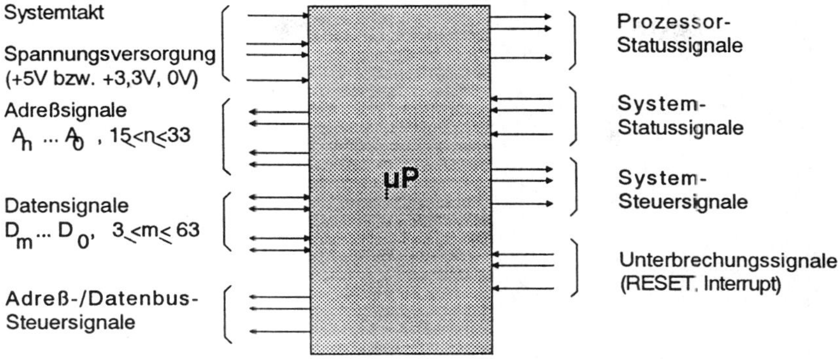

Bild 1.4-5. Anschlußbelegung eines Mikroprozessors

Die nächste Gruppe umfaßt die Adreß-Signale, die die Quelle ('woher?') oder das Ziel ('wohin?') eines Datentransports bestimmen. Quelle oder Ziel kann dabei eine Baugruppe, ein Baustein oder ein einzelnes Register sein. Bei diesen Signalen handelt es sich stets um Ausgangssignale. Moderne Mikroprozessoren besitzen zwischen 16 und 34 Adreß-Leitungen, die logisch zum Adreßbus zusammengefaßt werden. Damit sind maximal 2^{16} bis 2^{34} Speicherzellen, also 64 kbyte bis 16 Gbyte adressierbar. In der einfacheren Form erscheint an den Adreß-Ausgängen stets die physikalische Adresse eines Datums. In anderen Fällen wird die Adresse, die an den Adreß-Ausgängen erscheint, als logische Adresse angesehen und durch einen speziellen Baustein erst in die physikalische Adresse umgeformt (s. Kap. 4).

Eine weitere Gruppe wird von den Datenleitungen gebildet. Davon besitzen die Mikroprozessoren zwischen 4 und 32. Typische Anzahlen sind 4, 8, 16, 32, 64. Diese Leitungen werden logisch zum Datenbus zusammengefaßt. Über den Datenbus werden einerseits die auszuführenden Befehle aus dem Speicher in den µP, andererseits die Operanden ('womit?') zwischen der CPU und den verschiedenen Komponenten des Systems transportiert. Dieser Transport kann in der Regel in beiden Richtungen, also bidirektional stattfinden.

Alle übrigen Signale, die vom Prozessor bzw. zu ihm hin führen, werden logisch zum Steuerbus zusammengefaßt, obwohl sie sehr unterschiedliche Funktionen besitzen. Sie dienen zur Auswahl einer bestimmten Systemfunktion, zur Synchronisierung der Komponenten und ihrer Steuerung. Die Mehrzahl von ihnen wird vom Steuerwerk kontrolliert.

Die Daten-/Adreß-Bus-Steuersignale geben z.B. die Richtung des Datentransports vor, unterscheiden zwischen Speicherzugriffen und Zugriffen auf Peripheriebausteine, zeigen das Vorliegen einer gültigen Adresse auf dem Adreßbus an oder schalten Adreß- und Datenbus in einen hochohmigen Zustand ('was?').

Die System-Steuersignale werden vom Mikroprozessor erzeugt und steuern die Komponenten des Systems. Dazu gehören insbesondere bestimmte Systemtakte und Rücksetzsignale. Über die Prozessor-Statussignale kann der Prozessor den angeschlossenen Komponenten seinen augenblicklichen Zustand mitteilen, insbesondere welche Aktivität er gerade ausführt. Über die System-Statussignale (Meldesignale) können ihrerseits die Komponenten dem Prozessor Informationen zukommen lassen, z.B. über den Wunsch, den Bus zu benutzen, über die Ausführung oder das Beenden einer verlangten Operation, über das Auftreten eines Fehlers, etc.

Die letzte Gruppe bilden die Unterbrechungssignale, über die eine Komponente vom Prozessor die Unterbrechung des laufenden Programms fordern kann. Dazu zählt insbesondere die Aufforderung zum Zurücksetzen (*reset*) des Systems in einen definierten Anfangszustand.

Wie bereits erwähnt, werden Adreßbus, Datenbus und Steuerbus zusammen als Systembus bezeichnet.

1.4.2 Exkurs: Zur Beschreibung der Signale

1.4.2.1 Zum Begriff TTL-Pegel

Für die Spannungswerte, die den binären (logischen) Zuständen '0' und '1' an einem Prozessor-Ausgang bzw. -Eingang entsprechen, hat sich die im Bild 1.4-6 skizzierte TTL-Norm international durchgesetzt. (Die Abkürzung TTL bedeutet "Transistor-Transistor-Logik" und leitet sich von einer Baustein-Familie ab, bei der die Schaltkreise hauptsächlich aus bipolaren Transistoren aufgebaut sind.)

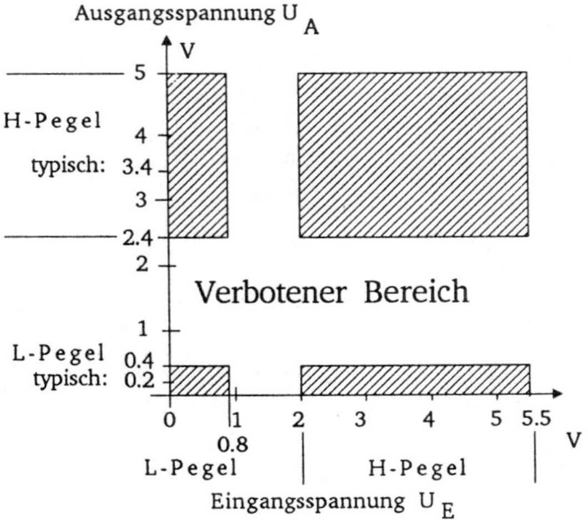

Bild 1.4-6. Zur Definition der TTL-Pegel

Ein Potential wird als L(*ow*)-Pegel bezeichnet, wenn es im Potentialbereich liegt, der dem logischen '0'-Zustand zugeordnet ist. Entsprechend heißt ein Potential im Bereich der logischen '1' ein H(*igh*)-Pegel. Dem Bild können Sie die folgenden Pegelbereiche entnehmen:

Eingang:	L-Pegel: 0 - 0.8 V(olt);	H-Pegel: 2.0 - 5.5 V;
Ausgang:	L-Pegel: 0 - 0.4 V;	H-Pegel: 2.4 - 5.0 V.

1.4.2.2 Zur Bezeichnung der Signale

Nach ihrer Funktion kann man bei den Steuersignalen zwischen Aktivierungssignalen und Auswahlsignalen unterscheiden.

- Die **Aktivierungssignale** besitzen einen aktiven und einen passiven Zustand. Der aktive Zustand zeigt häufig das Vorliegen einer bestimmten Situation an oder spricht eine bestimmte Komponente des Systems an. Durch eine Überstreichung des Signalnamens wird üblicherweise angezeigt, daß der L-Pegel dem aktiven Signalzustand entspricht. So zeigt z.B. der Signalname $\overline{\text{RESET}}$ an, daß das System durch einen L-Pegel in den Grundzustand zurückgesetzt wird. Anstelle der Überstreichung werden häufig auch die Schreibweisen: RESET# oder -RESET benutzt.
- Die **Auswahlsignale** selektieren genau einen von zwei möglichen Zuständen. Sie werden üblicherweise in der Schreibweise $\text{A1}/\overline{\text{A2}}$ angegeben, wobei die Überstreichung wiederum angibt, daß die Alternative A2 durch einen L-Pegel des Signals bestimmt wird. Z.B. zeigt das Signal $\text{R}/\overline{\text{W}}$ (*read/write*) an, daß durch einen H-Pegel ein Lesezugriff, durch einen L-Pegel ein Schreibzugriff ausgelöst wird.

Die Festlegung, welcher Pegel eines Signals der aktive ist oder eine bestimmte Alternative auswählt, wird vom Bausteinhersteller mehr oder weniger willkürlich getroffen. Signale mit gleicher Funktion haben daher häufig bei Bausteinen verschiedener Hersteller verschiedene Pegelzuordnungen.

Zur Vereinfachung der Schreibweise werden wir im Text die Überstreichung eines Signalnamens immer dann weglassen, wenn es dadurch zu keinen Verständnisschwierigkeiten kommen kann. So sprechen wir z.B. vom RESET-Signal und lassen dabei offen, welcher Pegel zum Rücksetzen des Prozessors führt.

1.4.3 Interner Aufbau eines Mikroprozessors

Der rasante Fortschritt der Großintegrations-Technik (vgl. Bild 1.3-2) ermöglicht es, immer mehr Komponenten eines Mikrocomputers auf dem Prozessorchip selbst unterzubringen. Die Verkleinerung der geometrischen Strukturen und der Abstände zwischen den Komponenten erlaubt insbesondere eine immer größere Arbeitsgeschwindigkeit der Prozessoren. Zur Vereinfachung der Darstellung beziehen wir uns in diesem Kapitel jedoch nicht auf den letzten Stand der Technik, sondern auf einen Stand, wie er noch vor nicht allzu langer Zeit vorlag. Bild 1.4-7 zeigt daher nur den prinzipiellen Aufbau eines Mikroprozessors.

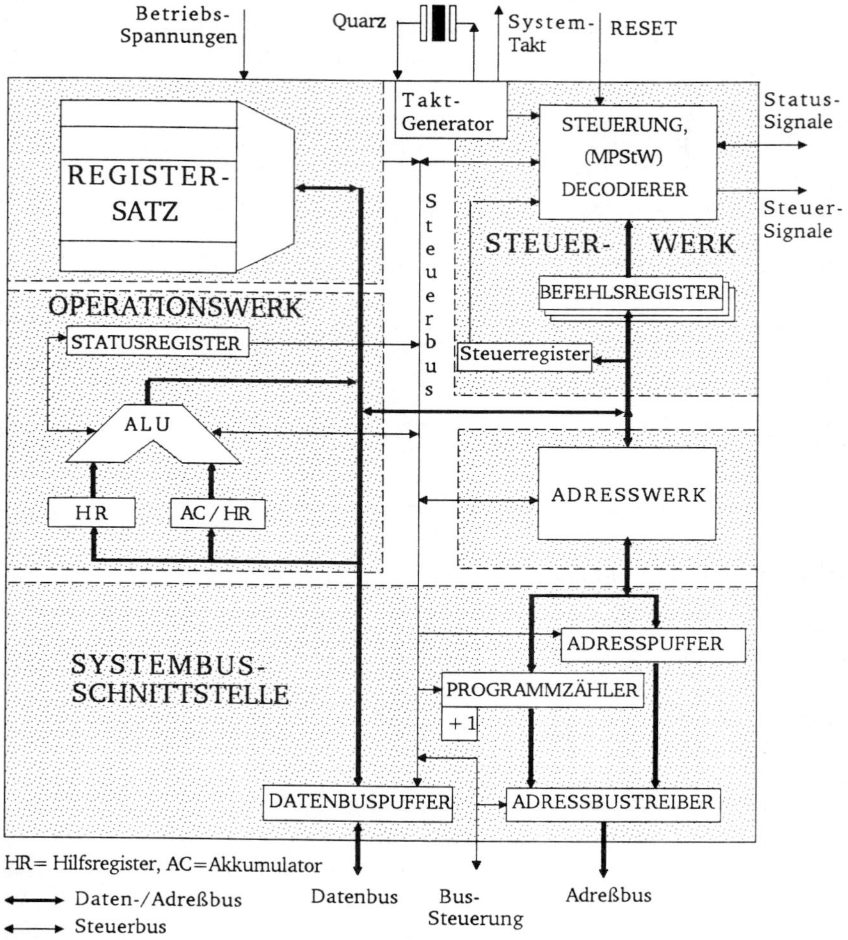

Bild 1.4-7. Prinzipieller Aufbau eines Mikroprozessors

Im Bild 1.4-7 nicht dargestellt sind viele, bei den neuesten Prozessoren, wie dem Motorola 68040 oder dem Intel 80468, bereits integrierte Komponenten. Dazu gehören die im Bild 1.4-4 aufgeführten Einheiten, die wir erst in späteren Kapiteln (als eigenständige Bausteine) vorstellen werden, und zwar:

- die Speicherverwaltungseinheit (*Memory Management and Paging Unit*) im Kapitel 4,
- den Arithmetik-Prozessor (*Math Coprocessor*) im Kapitel 2 und
- den schnellen Zwischenspeicher (*SRAM-Cache, Cache Control*) im Abschnitt 3.8.

Der im Bild 1.4-7 gezeigte Teil des Mikroprozessors entspricht daher in etwa den im Bild 1.4-4 aufgeführten Komponenten *Enhanced Microprocessor*, *Integer Execution and Instruction Decode Units* und *Clock*. Im folgenden wollen wir diese Komponenten ausführlicher beschreiben.

Das **Steuerwerk** kontrolliert die Steuersignale zu den Komponenten des Systems, sowohl den prozessorexternen wie den prozessorinternen. Insbesondere sorgt es mit Hilfe des vom Taktgenerator erzeugten Systemtaktes für den zeitgerechten Ablauf aller Operationen im System. Es erzeugt außerdem die Statussignale des Prozessors. Zum Steuerwerk gehört das Befehlsregister, das den augenblicklich ausgeführten Befehl zwischenspeichert.

Das **Rechenwerk** (Operationswerk) führt die vom Steuerwerk verlangten arithmetischen und logischen Operationen aus. Durch das Statusregister informiert es das Steuerwerk über die Größe des Ergebnisses (=0, ≥0, <0, etc.).

Häufiger benutzte Operanden (Daten oder Adressen) werden im **Registersatz** zwischengespeichert, auf den schneller als auf den externen Speicher zugegriffen werden kann.

Das **Adreßwerk** berechnet nach den Vorschriften des Steuerwerks die Adresse eines Operanden oder eines Befehls im Speicher.

In der Literatur werden häufig der Registersatz und das Adreßwerk noch zum Rechenwerk des µPs gezählt. Bei den ersten 8-bit-Prozessoren war dieses Vorgehen dadurch zu rechtfertigen, daß sie nur eine sehr kleine Anzahl von Registern besaßen und die Adreßberechnung durch die ALU des Rechenwerks ausgeführt wurde. Wir schließen uns dieser Einteilung deshalb nicht an, weil beide Komponenten bei modernen µPs eine immer wichtigere und eigenständige Funktion bekommen und ihr Hardware-Aufwand ständig steigt.

Die **Systembus-Schnittstelle** stellt einerseits Zwischenspeicher-Register (Puffer) für die kurzzeitige Aufbewahrung der Adresse des nächsten Befehls (Programmzähler) oder des gewünschten Operanden (Adreßpuffer) im Speicher sowie des aktuell bearbeiteten Datums (Datenbuspuffer) zur Verfügung. Andererseits dient sie durch Ausgangstreiber zur elektrischen Anpassung der Prozessorsignale an die Signalspezifikationen, die von allen Systemkomponenten verlangt werden.

Die Komponenten des Mikroprozessors sind durch ein System von internen Bussen miteinander verbunden. Im Unterschied zum externen Bussystem kann hier jedoch nicht eindeutig zwischen einem Adreß- und Datenbus unterschieden werden. Denn über den internen Bus werden beide Informationsarten übertragen, je nachdem, ob eine Operanden- oder Adreßberechnung durchgeführt werden soll. Eine Erhöhung der Arbeitsgeschwindigkeit des Prozessors erreicht man – außer durch eine Erhöhung der Frequenz des Systemtaktes – dadurch, daß möglichst viele der beschriebenen Komponenten gleichzeitig, nach Art einer Fließbandfertigung verschiedene Programmbefehle bearbeiten. Diese Arbeitsweise wird *Pipelining* genannt. So kann z.B. während der Abarbeitung einer Operation im Rechenwerk das Adreßwerk bereits die Operanden-Adresse des nächsten Befehls berechnen und das Steuerwerk bereits den übernächsten Befehl interpretieren. Beim Motorola 68040 können z.B. bis zu 14 Befehle gleichzeitig in mehreren Pipelines verarbeitet werden.

1.5 Das Steuerwerk

1.5.1 Funktion und Aufbau

Das **Steuerwerk** (*control unit* – CU) eines (Standard-)Mikroprozessors ist stets ein synchrones Schaltwerk. Bei einigen, insbesondere den älteren Mikroprozessortypen wird die Erzeugung des benötigten Taktes extern in einem besonderen Baustein vorgenommen. Moderne Mikroprozessoren haben den Taktgenerator (*clock generator*) meist auf dem Chip integriert, so daß zur Stabilisierung der Frequenz extern nur noch ein Quarz zwischen zwei Anschlüsse des Prozessors gelegt werden muß (vgl. Bild 1.4-7). Im Taktgenerator wird durch einen freischwingenden Oszillator eine Rechteckschwingung mit fester Frequenz erzeugt. Durch den Einsatz von Zähl-Flipflops wird dann diese Frequenz auf die gewünschte Prozessor-Taktrate heruntergeteilt. Heute sind Taktraten zwischen 1 MHz und 40 MHz üblich. Da die meisten Mikroprozessoren dynamische Schaltwerke sind, bei denen die Information in Kondensatoren gespeichert ist, darf bei ihnen die Taktfrequenz nicht unter einen Minimalwert fallen, sonst werden die Inhalte der internen Register nicht rechtzeitig aufgefrischt und gehen durch Leckströme verloren. Der Prozessortakt wird über einen Ausgang meist allen externen Komponenten als Systemtakt zur Verfügung gestellt, gegebenenfalls auf eine niedrigere Frequenz heruntergeteilt.

Manchmal werden im Taktgenerator noch weitere Zeitfunktionen abgeleitet. Dazu gehört z.B. die Erzeugung eines mit dem Prozessortakt synchronisierten Rücksetzsignals. Dieses Signal wird durch einen asynchron am $\overline{\text{RESET}}$-Eingang angelegten Impuls angestoßen und muß genaue zeitliche Spezifikationen erfüllen, um dem Prozessor eine geordnete Initialisierung zu ermöglichen. Diese wird durch ein (Mikro-)Programm des Steuerwerks durchgeführt und besteht vor allem darin, die internen Register mit bestimmten Anfangswerten zu laden. Das Rücksetzsignal wird bei einigen µP-Typen über einen $\overline{\text{RESET}}$-Ausgang auch allen anderen Komponenten des Systems zur Verfügung gestellt.

Im Bild 1.5-1a ist eine kombinierte Schaltung dargestellt, die sowohl ein automatisches Rücksetzen des Prozessors nach dem Einschalten der Betriebsspannung (*power on reset* – POR) als auch ein manuelles Rücksetzen über einen Taster ermöglicht. Zur Funktion:

Nach dem Einschalten der Spannungsversorgung (im Zeitpunkt $t=0$) steigt die Betriebsspannung $+U_B$ sehr rasch auf ihren Endwert +5 V (s. Bild 1.5-1b). Die dabei auftretende Verzögerung ist hauptsächlich dadurch bedingt, daß zunächst alle Kapazitäten des Systems aufgeladen werden müssen. Dazu gehören insbesondere die Kondensatoren mit unterschiedlichsten Aufgaben, aber auch die Störkapazitäten der Leiterbahnen, der Gattereingänge und der Transistoren. Nachdem die Betriebsspannung ihren Endwert erreicht hat, beginnt der Oszillator mit der Ausgabe des Systemtaktes. Mit der durch die Widerstands-Kondensator-Kombination vorgegebenen Zeitkonstanten $\tau = R \cdot C$, im Beispiel $\tau = 200$ ms (1 ms $= 10^{-3}$ Sekunden), wird der Kondensator C allmählich (exponentiell) aufgeladen.

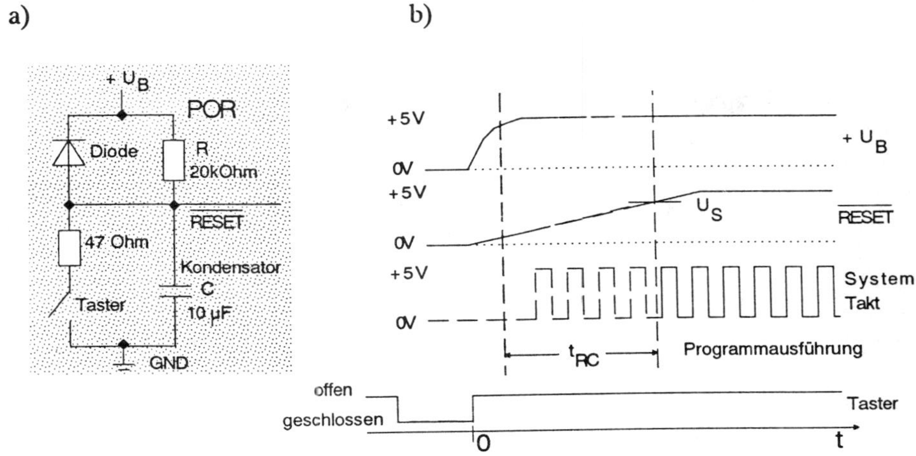

Bild 1.5-1. Schaltung zum Rücksetzen des Prozessors
(1 µF (Mikrofarad) = 10^{-6} Farad, 1 Farad = 1 As/V (Ampere · Sekunde/Volt))

Diese Zeitkonstante τ muß bei einigen µP-Typen so groß gewählt werden, daß die eben beschriebene Initialisierungsroutine im Prozessor vollständig ausgeführt werden kann. Vom Hersteller wird die benötigte Zeit t_{RC} durch eine Mindestanzahl von Taktzyklen angegeben. Erst wenn die Kondensatorspannung (am Ausgang $\overline{\text{RESET}}$) einen bestimmten Schwellwert U_S überschreitet, wird mit der nächsten Schwingung des Systemtakts (bzw. eine fest vorgegebene Anzahl von Schwingungen später) der Programmzähler (s. Bild 1.4-7) mit der Adresse des ersten auszuführenden Maschinenbefehls geladen und dadurch die Programmausführung gestartet. (Bei anderen Prozessortypen wird die Initialisierung erst nach dem Erreichen des Schwellwertes U_S und vor der Ausführung des ersten Maschinenbefehls durchgeführt.)

Wird während des laufenden Betriebs der Rücksetz-Taster betätigt, also geschlossen, so kann sich über ihn der Kondensator C gegen Masse entladen. Der Reihenwiderstand (47 Ω) sorgt dabei für eine Begrenzung des Entladestroms. Nach Lösen des Tasters können nun wiederum, wie oben beschrieben, die Initialisierungsroutine ablaufen und der Kondensator C sich über den Widerstand R erneut aufladen.

Der Vollständigkeit halber sei angemerkt, daß die Diode als Stromventil wirkt, das einen Strom nur dann zum U_B-Anschluß fließen läßt, wenn dort ein niedrigeres Potential liegt als am $\overline{\text{RESET}}$-Anschluß. Sie sorgt dafür, daß nach dem Abschalten der Betriebsspannung (U_B=0 V) der Kondensator schnell entladen wird, und damit der $\overline{\text{RESET}}$-Eingang des Prozessors nicht auf hohem Potential liegen bleibt.

Im **Steuerwerk** kann man den Befehlsdecodierer, die eigentliche Steuerung, das Befehlsregister sowie das Steuerregister unterscheiden. Das Steuerwerk des

Mikroprozessors liefert nach einem durch ein Programm vorgegebenen Ablauf Steuersignale in festgelegter zeitlicher Reihenfolge an das Rechenwerk, an die anderen Komponenten des Prozessors und über die Prozessoranschlüsse auch an alle externen Komponenten des Mikroprozessor-Systems. Von einigen internen und externen Komponenten treffen Meldesignale ein, die vom Steuerwerk zu Entscheidungen über den weiteren Ablauf herangezogen werden. Dazu gehören insbesondere Programm-Verzweigungen und -Unterbrechungen. (Genau genommen, liegt hier also keine Steuerung, sondern eine Regelung vor.)

Ein Programm für den Mikroprozessor besteht aus einer Folge von Maschinenbefehlen (Makrobefehle). Diese werden sukzessiv im Maschinencode in den Prozessor geladen. (Auf den Aufbau der Makrobefehle gehen wir in den Abschnitten 1.14 bis 1.16 ausführlich ein.) Von jedem Maschinenbefehl wird in das Befehlsregister der Teil geladen, der die gewünschte Operation und die dazu benötigten Prozessorkomponenten spezifiziert. Dieser Befehlsteil wird Operationscode (*opcode*) genannt.

Im Bild 1.4-7 ist das Befehlsregister als Block aus mehreren Registern skizziert worden. Das hat zwei Gründe:

- Einige Prozessoren besitzen Operationscodes, die sich in der Anzahl der benutzten Wörter unterscheiden. In diesem Fall werden befehlsabhängig ein oder mehrere Register des Blocks belegt.
- Moderne Mikroprozessoren führen eine mit *Opcode Prefetching* bezeichnete Maßnahme zur Steigerung der Verarbeitungsgeschwindigkeit aus: Während der aktuelle Befehl decodiert oder in anderen Komponenten des Prozessors bearbeitet wird, wird schon einer oder mehrere der folgenden Befehle aus dem Speicher in den Befehlsregister-Block geladen. Im einfachsten Fall besitzt der Block genau zwei Einträge. Bei einer größeren Anzahl von Registern ist der Block als Warteschlange (*opcode prefetch queue*) realisiert, bei der der aktuell bearbeitete Befehl am Anfang ausgelesen wird, jeder andere Befehl darin um eine Position nach vorne rückt und am Ende ein neuer Befehl eingetragen wird. Die Befehle werden also immer in der Reihenfolge abgearbeitet, mit der sie in die Schlange eintreten. Deshalb spricht man von einem FIFO-Speicher (*first in – first out*). Dieser ist aus Schieberegistern relativ einfach aufzubauen. Der *Prefetch*-Zugriff auf den Systembus zum Laden neuer Befehle hatte bei den älteren µP-Typen stets eine geringere Priorität als die zur Ausführung des aktuellen Befehls erforderlichen Buszugriffe. Erst bei den neuesten Typen, wie z.B. dem Intel 80486, hat er eine höhere Priorität bekommen. Auf diese Weise wird dafür gesorgt, daß die Warteschlange stets gefüllt ist und der µP somit nicht unbeschäftigt (*idle*) ist.

Wie bereits gesagt, betrachten wir hier nur die Standard-Mikroprozessoren, bei denen die Steuerungen als Mikroprogramm-Steuerwerke (MPStW) ausgelegt sind. In einem Festwertspeicher des Steuerwerks (*control memory*) liegt für jeden Befehl ein Mikroprogramm vor. Da die Mikroprogramme vom Benutzer nicht geändert werden können, sind diese Prozessoren somit zwar mikroprogrammiert aber nicht mikroprogrammierbar (vgl. Abschnitt 1.2).

Ein Mikroprogramm besteht aus einer Folge von Mikrobefehlen (*micro instructions*). Den einzelnen Bits eines Mikrobefehls entsprechen Mikrooperationen, durch die die Auswahl- und Freigabe-Signale (*select*, *enable*) für die benötigten Komponenten bestimmt und die Datenwege im Prozessor und zu den externen Komponenten geschaltet werden. Der Mikrobefehl kann in einzelne Felder unterteilt werden, deren Bits jeweils bestimmte Komponenten des Prozessors steuern, wie z.B. das Rechenwerk (s. Bild 1.5-2). Durch Verknüpfung der Signale mit dem Prozessortakt werden spezifische Steuertakte erzeugt. Dadurch wird für die erforderliche zeitliche Abfolge der Komponentensteuerung gesorgt. Schließlich meldet das Mikroprogramm-Steuerwerk dem Decodierer (s.u.) das Ende der Befehlsausführung und fordert dadurch den nächsten Befehl an.

Bild 1.5-2. Prinzipieller Aufbau eines Mikrobefehls

Der Operationscode (OpCode) der Makrobefehle wird vom Befehlsdecod(ier)er (*decoder, instruction unit* – IU) interpretiert (entschlüsselt), der dem Mikroprogramm-Steuerwerk die Anfangsadresse eines Mikroprogramms zur Ausführung des anstehenden Befehls übergibt. Außerdem stellt der Decoder fest, wieviele Operanden der Befehl benötigt, wo sie zu finden sind und welche Register dazu benötigt werden.

Jeder OpCode eines Befehls durchläuft stets die drei Komponenten des Steuerwerks: Befehlsregister, Decodierer und MPStW. Die durch sie unterscheidbaren Phasen der Befehlsausführung werden als Holphase (*fetch cycle*), Decodierphase und Ausführungsphase (*execution cycle*) bezeichnet. (Häufig wird die Decodierphase jedoch auch zur Holphase gezählt.) Diese Phasen werden im Abschnitt 1.11 genauer beschrieben.

Das letzte Feld des im Bild 1.5-2 dargestellten Mikrobefehls erzeugt die externen Signale, die an den Anschlüssen des Prozessors zur Steuerung der Peripherie-Bausteine abgegriffen werden müssen. Andere Signale werden von diesen Bausteinen zum Steuerwerk des Prozessors geführt und dort ausgewertet. Dazu gehören typischerweise die im folgenden Unterabschnitt beschriebenen Signalgruppen.

1.5.2 Ein-/Ausgangssignale des Steuerwerks

1. Zuteilung des Systembusses

Können in einem Mikroprozessor-System mehrere Komponenten aktiv auf den Systembus zugreifen, so benötigt man eine Technik zur Anforderung des Systembusses vom µP und zur Gewährung des Zugriffes durch den Prozessor (*bus arbitration control*). Bei diesen Komponenten kann es sich um einen weiteren (Co-) Prozessor oder aber auch um einen Peripheriebaustein handeln (vgl. den DMA-Controller im Abschnitt 3.7). Zur Regelung des Zugriffs auf den Systembus dienen die folgenden drei Signale. Die beschriebene Form der Buszuteilung wird auch als 3-Leitungs-*Handshake* oder Quittungsbetrieb bezeichnet.

- Durch das $\overline{\text{HOLD}}$-Eingangssignal, auch mit BR oder BREQ (*bus request*) bezeichnet, wird dem Prozessor mitgeteilt, daß (wenigstens) eine andere Komponente des Mikroprozessor-Systems den Systembus belegen will. Der Prozessor schließt daraufhin noch die augenblicklich durchgeführte Systembus-Operation (Schreib- oder Lesezugriff) ab.
- Sobald der Prozessor den Systembus nicht mehr benötigt, schaltet er alle seine Systembus-Ausgänge in einen hochohmigen Zustand (vgl. Abschnitt 1.10). Davon unterrichtet er jede anfordernde Komponente über das Ausgangssignal HOLDA (*hold acknowledge*), auch BG oder BGRT (*bus grant*) genannt. Während der Freigabe des Systembusses kann der Prozessor gegebenenfalls weitere Befehle in seinem Befehlsregister-Block (s.o.) bearbeiten, solange dazu nicht der Systembus benötigt wird.
- Bewerben sich gleichzeitig mehrere Komponenten um das Bussystem, so muß nach irgendeinem Verfahren durch einen "Schiedsrichter" ((*bus hold*) *arbiter*) genau eine von ihnen zum neuen *Bus Master* bestimmt werden. Diese kann nun z.B. über das Signal BGA (*bus grant acknowledge*) allen anderen Mitbewerbern mitteilen, daß sie die Bus-Kontrolle übernommen hat. (Im Abschnitt 1.12 werden Sie mit dem *Daisy Chaining* eines dieser Entscheidungsverfahren, im Abschnitt 5.2 einen Spezialbaustein zur Durchführung dieser Entscheidung kennenlernen.)

2. Unterbrechungs-Anforderungen

- Durch die Interrupteingänge IRQ (*interrupt request*, auch mit INT, INTR bezeichnet) und NMI (*non maskable interrupt*) kann ein laufendes Programm durch eine System-Komponente unterbrochen und die Abarbeitung einer "Interruptroutine" im Prozessor angestoßen werden. (Wegen der großen Bedeutung der Programm-Unterbrechungen wird in einem eigenen Abschnitt 1.12 darauf ausführlich eingegangen.)
- Durch die oft bidirektional ausgeführte HALT-Leitung, benutzt als Eingang, kann der Prozessor aufgefordert werden, nach der Beendigung der laufenden Aktivität auf dem Systembus zu stoppen, d.h. er stellt jegliche Programm-Abarbeitung ein, also insbesondere auch die interne Bearbeitung seiner Befehlswarteschlange. Er signalisiert den angeschlossenen Komponenten über die gleiche

HALT-Leitung, benutzt als Ausgang, daß er im Halt-Zustand ist. Dabei schaltet er alle seine Ausgänge, also die Systembus-Ausgänge und alle anderen Steuerausgänge in den hochohmigen Zustand. Aus diesem Zustand kann er meist nur durch einen Interrupt oder ein Rücksetzen (RESET) "aufgeweckt" werden. Von dieser Möglichkeit des Abbruchs jeder Programmbearbeitung wird insbesondere dann Gebrauch gemacht, wenn ein Fehler aufgetreten ist, der nicht vom µP selbst behoben werden kann.

Selbsttestaufgabe S1.5-1:
Versuchen Sie, die wesentlichen Unterschiede zwischen den Signalen HOLD und HALT anzugeben.

3. Fehlermeldung

Durch die Fehlermeldung BERR (*bus error*) wird dem Prozessor von bestimmten Komponenten mitgeteilt, daß bei der augenblicklich auf dem Systembus ablaufenden Aktion ein Fehler festgestellt wurde. Beispiele dafür sind ein Zugriff auf einen geschützten Speicherbereich (s. Kapitel 4), das Ausbleiben eines Quittungssignals von einer Systemkomponente oder aber auch ein festgestellter Übertragungsfehler.

4. Statusinformationen

Durch eine Anzahl von **Prozessor-Status-Signalen**, die beispielsweise mit $FC_i,..,FC_0$ (*function code*) oder $ST_i,..,ST_0$ (*status*) bezeichnet sind, kann der Prozessor den angeschlossenen Komponenten seinen Zustand bzw. den Typ der augenblicklich ausgeführten Operation mitteilen. Dazu gehören z.B., ob der Prozessor:

- ein Benutzerprogramm, eine Betriebssystemroutine oder eine Interruptroutine ausführt,
- im Halt-Zustand ist bzw. auf eine Unterbrechung wartet,
- Daten von einem Coprozessor erwartet oder zu diesem übertragen will,
- eine Lese- oder Schreiboperation ausführt,
- Daten oder OpCodes überträgt,
- auf den Arbeitsspeicher oder einen Peripheriebaustein zugreift.

5. Kommunikation mit einem Coprozessor

Über einige weitere Signale korrespondiert der Prozessor mit einem eventuell im System vorhandenen Coprozessor. Diese Signale werden im Abschnitt 2.3.2 für einen Arithmetik-Prozessor ausführlich beschrieben.

6. Systembus-Steuersignale

Durch diese Signale werden insbesondere die Richtung des Datentransfers auf dem Systembus sowie die Art der selektierten Komponente (Arbeitsspeicher oder Peripheriebaustein) festgelegt. Sie werden neben weiteren Signalen im Abschnitt 1.10 beschrieben.

1.5.3 Das Steuerregister

Mit Hilfe des Steuerregisters (*control register*) kann die aktuelle Arbeitsweise des Prozessors beeinflußt werden. Dazu wird während des Programmlaufes ein spezifisches Steuerwort in dieses Register geschrieben. Die einzelnen Bits des Steuerregisters besitzen eine von Prozessor zu Prozessor verschiedene Funktion. Im folgenden werden nur einige Beispiele für diese Steuerbits angegeben.

- Das *Interrupt (enable) Bit* bestimmt, ob einer Unterbrechungs-Anforderung am INT-Eingang (s.o.) des Prozessors stattgegeben werden soll oder nicht. Auf dieses Bit wird im Abschnitt 1.12 ausführlich eingegangen.
- Mit dem *User/System Bit* kann zwischen zwei Betriebsarten des Prozessors gewählt werden. In der Betriebsart Benutzermodus (*user mode*) ist nur eine eingeschränkte Teilmenge der Prozessorbefehle ausführbar. In der Betriebsart Systemmodus (*system mode*) können dagegen alle Befehle benutzt werden. Diese Betriebsart ist in der Regel für das Betriebssystem reserviert (deshalb auch: *supervisor mode*).
- Das *Trace Bit* (auch *Trap Bit* genannt) erlaubt eine Abarbeitung des Programms im Einzelschritt-Modus (*single step mode*), bei dem nach jeder Ausführung eines Befehls eine Unterbrechungsroutine aufgerufen wird. Diese Betriebsart dient zum Testen von Programmen in der Entwurfsphase und zur Überprüfung fehlerhaft ablaufender Programme (*debugging*).
- Das *Decimal Bit* veranlaßt die ALU, im Dezimalmodus zu arbeiten, d.h. die Operanden als BCD-Zahlen (*binary coded decimals*) aufzufassen und als solche zu verarbeiten.

In den nun folgenden Fallstudien zu den Steuerwerken realer Mikroprozessoren werden einige weitere, sehr spezielle Steuerbits beschrieben. Leider wird in den Datenblättern der Mikroprozessor-Hersteller das Steuerwerk meist sehr knapp abgehandelt. Deshalb können einige Punkte bei der folgenden Beschreibung zweier Mikroprogramm-Steuerwerke nur sehr pauschal dargestellt werden.

1.5.4 Fallstudie: Das Steuerwerk des Motorola 68000

In der Literatur konnten wir eine genauere Beschreibung des MPStWs nur für den Prozessor 68000 der Firma Motorola finden, die glücklicherweise auch Aussagen über die exakte Organisation des Mikroprogramm-Speichers macht. Das Steuerwerk ist in Bild 1.5-3 skizziert. (Interne Steuersignale des Steuerwerks sind darin zur Vereinfachung nicht eingezeichnet.)

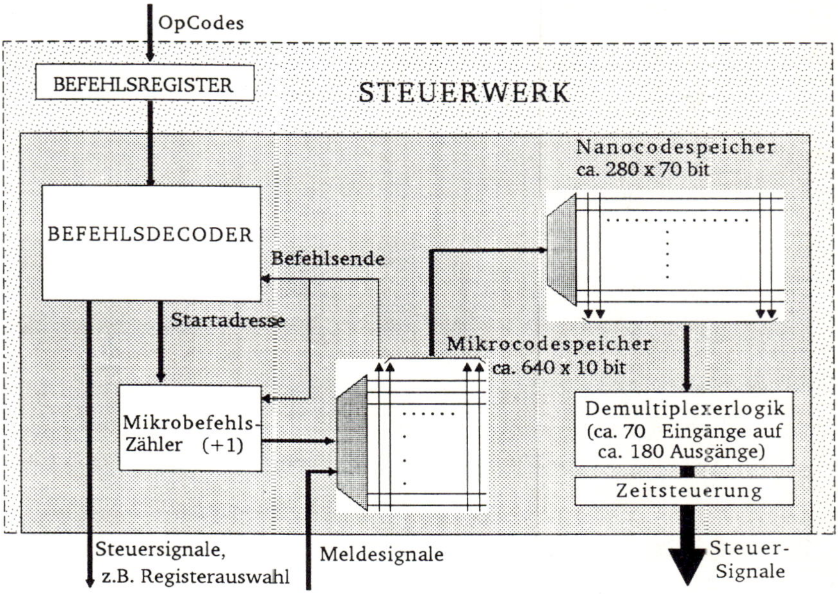

Bild 1.5-3. Das Steuerwerk des 68000 von Motorola

Über den internen Bus gelangen die Operationscodes in das Befehlsregister. Dort werden sie vom Befehlsdecoder ausgewertet, der daraus eine 10-bit-Startadresse für das Mikroprogramm ermittelt und diese an den Mikrobefehlszähler des MPStWs übergibt. Außerdem kann der Decoder bereits die Steuersignale aktivieren, die während der Ausführungsphase konstant bleiben. Dazu gehören z.B. die Auswahlsignale eines bestimmten Registers oder der ALU.

Alle anderen Steuersignale, die zur zeitgerechten Aktivierung der Prozessor-Komponenten oder der anderen Systembausteine dienen, werden dann vom MPStW erzeugt. Ein *OpCode-Prefetch*-Verfahren findet in der oben beschriebenen einfachen Form statt, daß während der Decodier- oder Ausführungsphase eines Befehles schon ein weiterer OpCode in das Befehlsregister geladen werden kann.

Das MPStW ist zweistufig mikroprogrammiert, d.h. der Mikrocodespeicher enthält nicht die Steuerwörter selbst, sondern nur deren Adresse im Steuerwortspeicher (Nanocodespeicher). Dadurch wird sehr viel Speicherplatz gespart, denn die sich häufig wiederholenden Steuerwörter brauchen nur ein einziges Mal im Speicher abgelegt zu werden. So sind für den gesamten Befehlsvorrat des Prozessors ca. 640 Mikrobefehle im Mikrocodespeicher nötig, die jeweils nur 10 bit lang sind. Eines dieser 10 Bits liefert ein Rückmeldesignal zum Befehlsdecoder und meldet z.B. das Ende eines Mikroprogramms. Der Nanocodespeicher enthält hingegen ungefähr 280 Steuerwörter mit jeweils ca. 70 Bits. Insgesamt umfaßt der

Mikroprogrammspeicher also ungefähr 26 kbit. Berechnungen haben gezeigt, daß dieser bei einer einstufigen Organisation fast doppelt so groß geworden wäre.

Die Komponenten des Mikroprozessors benötigen näherungsweise 200 Steuersignale, die hauptsächlich vom Nanocodespeicher erzeugt werden müssen. Durch die nachfolgende Demultiplexerlogik werden die 70 Signale des Nanocodespeichers selektiv auf ca. 180 Steuerleitungen der Komponenten geschaltet. Es reicht dabei, jedes Bit des Steuerworters über den Demultiplexer mit maximal 2 bis 3 Steuerleitungen zu verbinden.

Durch die mit Zeitsteuerung bezeichnete Komponente werden die Signale des Steuerwortes mit dem Systemtakt so verknüpft, daß sie die einzelnen Komponenten zeitgerecht ansteuern.

1.5.5 Fallstudie: Das Steuerwerk des Intel 80486

Bild 1.5-4 zeigt den groben Aufbau des Steuerwerks beim Intel 80486. Der 80486 besitzt einen Befehlsregister-Block, der in Form eines FIFO-Speichers mit 32 byte ausgelegt ist. Die *Prefetch*-Steuerung sorgt dafür, daß dieser Speicher immer so weit wie möglich gefüllt ist. Das Füllen geschieht dabei mit großer Wahrscheinlichkeit aus dem Chip-internen Cache über einen 128 bit breiten Datenpfad. Müssen jedoch Befehle aus dem Arbeitsspeicher geholt werden, so haben diese Zugriffe höhere Priorität als eventuelle Schreibzugriffe des Prozessors auf den externen Datenbus. Die auszugebenden Daten werden in diesem Fall in den Schreibpuffern (*write buffer*) zwischengelagert.

Es werden ganze Befehle, bestehend aus OpCodes und Operanden in die Warteschlange übertragen. (Dabei verhindert die FIFO-Steuerung, daß Befehle aus Speicherbereichen entnommen werden, die durch die Speicherverwaltung nicht dem aktuell ausgeführten Programm zugeteilt sind, vgl. Kapitel 4.)

Aus der Warteschlange gelangt jeder Befehl zum Befehls-Vordecoder (*instruction predecode*). Hier werden einerseits die unmittelbar im Befehl angegebenen Operanden ("unmittelbare Daten") oder ihre Adreßdistanzen (*offset*) zu bestimmten Basisadressen abgezweigt und in einem separaten Speicher abgelegt. Andererseits wird der OpCode soweit vorverarbeitet, daß dem nachfolgenden Decoder alle wesentlichen Informationen über die Art der Operation, die benutzten Register usw. zur Verfügung gestellt werden. Die vordecodierten Befehle werden in eine weitere FIFO-Warteschlange eingefügt, die maximal drei Befehle aufnehmen kann. Nach jeder Befehlsausführung entnimmt der Decoder den nächsten vordecodierten Befehl aus dieser Warteschlange und ermittelt für die Mikrobefehl-Steuerung die Startadresse des erforderlichen Mikroprogramms.

Die Signale des Mikroprogramm-Speichers werden in der Komponente Zeitsteuerung mit Hilfe des Taktes zu den Steuersignalen der Komponenten verknüpft. Die gestrichelte Linie soll auch hier andeuten, daß einige der Steuersignale auch direkt vom Decoder geliefert werden können.

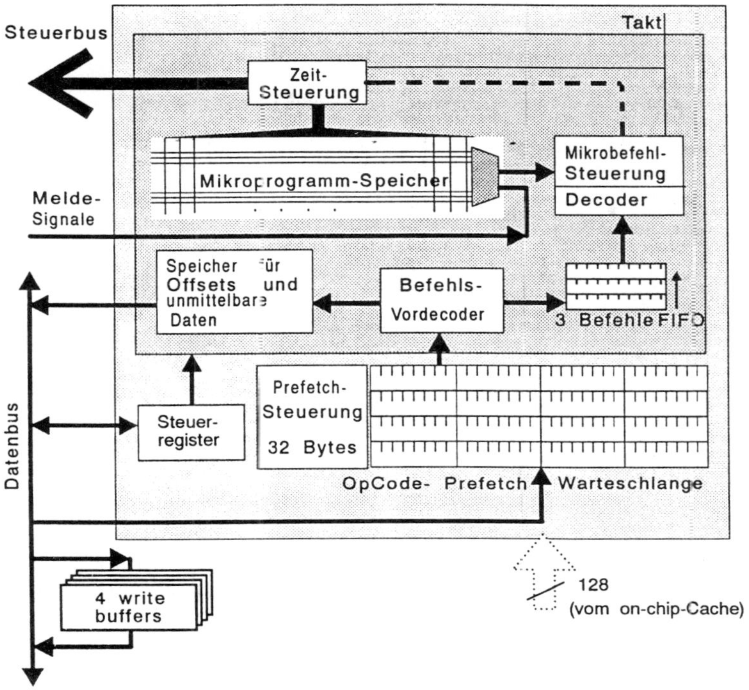

Bild 1.5-4. Das Steuerwerk des 80486 von Intel

1.5.6 Exkurs: Open-Collector-Eigenschaft

Zum Abschluß dieses Abschnitts soll noch einmal auf die Eingangssignale des Steuerwerks eingegangen werden. Als Beispiel werde das oben beschriebene $\overline{\text{HOLD}}$-Signal herangezogen. In der Regel gibt es in einem komplexen Mikrorechner-System mehr als eine Komponente, die vom µP den Zugriff zum Systembus verlangen kann. Nun ist es nicht ohne weiteres möglich, die $\overline{\text{HOLD}}$-Ausgänge aller dieser Komponenten einfach zu verbinden und zusammen auf den $\overline{\text{HOLD}}$-Eingang des Prozessors zu legen, da dadurch ein elektrischer Kurzschluß entstehen würde. Diese direkte Verbindung ist nur bei Gattern möglich, die sogenannte *Open-Collector*-Ausgänge (bzw. *Open-Drain*-Ausgänge) besitzen. (Im Abschnitt 3.3 werden Sie die elektronischen Hintergründe für diese Bezeichnungen kennenlernen.) Im Bild 1.5-5 ist das Prinzip skizziert, nach dem mehrere *Open-Collector*-Ausgänge mit einem Eingang verbunden werden können.

Das kreisförmige Symbol in den Komponenten K_i stellt einen bipolaren Transistor dar. Seine Funktion werden wir im Abschnitt 3.3 genauer beschreiben. Hier reicht es zu wissen, daß dieser Transistor "leitet", wenn am zugehörigen Eingang E_i ein H-Pegel liegt. In diesem Fall wird der Komponenten-Ausgang $\overline{A}_i$ gegen Masse kurzgeschlossen.

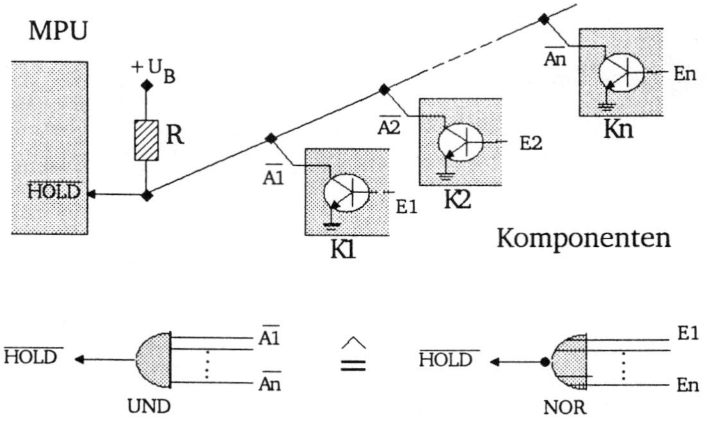

Bild 1.5-5. Anschluß mehrerer Komponenten am *HOLD*-Eingang des Prozessors[2]

Liegt hingegen an E_i ein L-Pegel, so "sperrt" der Transistor, der Ausgang ist dann hochohmig gegen Masse. Alle Ausgänge $\overline{A}_i$ sind über einen gemeinsamen Widerstand R mit der positiven Betriebsspannung $+U_B$ verbunden. Dieser sorgt hauptsächlich dafür, daß der HOLD-Eingang auf H-Potential liegt, wenn alle Ausgänge $\overline{A}_i$ hochohmig gegen Masse geschaltet sind. Um den $\overline{\text{HOLD}}$-Eingang des Prozessors auf L-Potential herunterzuziehen und dadurch den Systembus anzufordern, reicht es nun stets, daß wenigstens ein Ausgang $\overline{A}_i$ auf Masse heruntergezogen wird, oder gleichbedeutend damit, daß wenigstens ein Steuereingang E_i auf H-Pegel liegt. Wie im Bild angedeutet, stellt daher die direkte Verbindung der *Open-Collector*-Ausgänge eine logische UND-Verknüpfung der (negierten) Signale $\overline{A}_i$ bzw. eine NOR-Verknüpfung der Signale E_i dar. In der Regel sind alle Ausgänge von Systembausteinen, die zur Ansteuerung gemeinsam benutzter Prozessor-Eingänge dienen, als *Open-Collector*-Ausgänge realisiert.

2) Beachten Sie bitte, daß wir in diesem Buch nicht die neuen Schaltsymbole nach DIN 40700, sondern die alten Symbole benutzen. Diese werden auch in der Literatur noch sehr häufig verwendet und sind unserer Meinung nach erheblich aussagekräftiger. Darüberhinaus ähneln sie stark den in der angelsächschischen Literatur benutzten Symbolen und erleichtern so deren Verständnis. Im Anhang finden Sie eine Tabelle mit der Gegenüberstellung aller drei Symbolfamilien.

1.6 Das Rechenwerk

1.6.1 Prinzipieller Aufbau

Im Bild 1.6-1 ist der Aufbau des Rechenwerks skizziert.

AC: Akkumulator
HR: Hilfsregister
SR: Statusregister

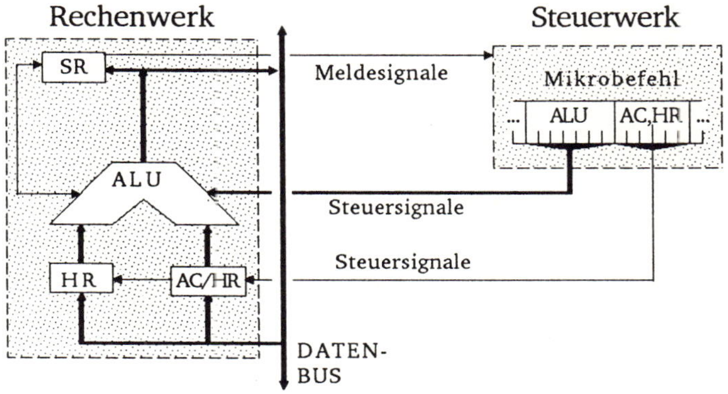

Bild 1.6-1. Aufbau und Ansteuerung des Rechenwerkes

Das Rechenwerk besteht aus der arithmetisch/logischen Einheit (ALU), einigen Hilfsregistern und dem Statusregister. Wie bereits gesagt, wird es auch Operationswerk (*execution unit*) genannt.

Ihr Name deutet bereits an, daß die ALU alle arithmetischen und logischen Operationen im Prozessor ausführt. Das im Bild 1.6-1 benutzte Symbol zeigt, daß sie dazu zwei Eingangsbusse und einen Ausgangsbus besitzt. Diese entsprechen in ihrer Breite dem internen (Daten-)Bus und sind mit diesem verbunden. Vor die Eingänge der ALU sind Hilfsregister geschaltet, die der Zwischenspeicherung der zu verknüpfenden Operanden dienen. Sie werden auch als Puffer(-Register) oder temporäre Register (*temporary registers*, *latches*) bezeichnet. Die ALU selbst enthält keine Speicherschaltungen, so daß sie ein reines Schaltnetz ist. Neben den Dateneingängen besitzt sie weitere Eingänge, die teils mit den Steuersignalen des Steuerwerkes, teils von bestimmten Bits des Statusregisters belegt sind. Das Ergebnis einer Operation wird über den Ausgangsbus in eines der Register des Prozessors, über den externen Datenbus zu den anderen Komponenten des Systems oder aber in eines der Hilfsregister der ALU übertragen. Liegt aktuell kein Ergebnis an den ALU-Ausgängen an, so werden diese vom Steuerwerk in den hochohmigen Zustand versetzt, so daß der interne Datenbus von anderen Prozessorkomponenten benutzt werden kann. In Abhängigkeit vom Ergebnis werden außerdem bestimmte Bits des Statusregisters modifiziert. (Auf das Statusregister wird weiter unten ausführlich eingegangen.)

Eines der erwähnten Hilfsregister (AC/HR) spielte bei den meisten 8-bit-Prozessoren eine herausragende Rolle. Es war das einzige Register, in dem Rechendaten von der ALU prozessorintern abgelegt werden konnten. Es wurde bei jeder arithmetischen oder logischen Operation angesprochen und enthielt stets das Ergebnis und, wenn mehr als ein Operand verarbeitet werden sollte, auch einen der Eingabe-Operanden. Von der Eigenschaft, quasi die Ergebnisse "aufzusammeln", trägt dieses Register den Namen **Akkumulator** (*accumulator* – AC).

Bild 1.6-2 zeigt, daß der Akkumulator aus dem eigentlichen Akkumulatorregister AC als Vorspeicherregister und einem Hilfsregister HR aufgebaut ist. Prinzipiell kann der Akkumulator also aus *Master-Slave*-Flipflops oder aber aus zwei getrennt getakteten Registern aufgebaut werden.

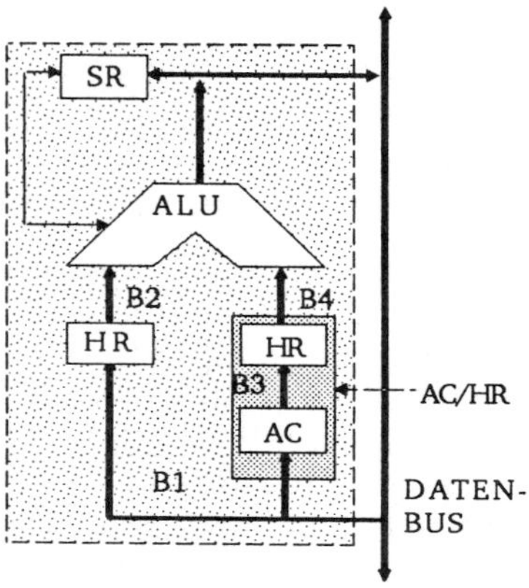

Bild 1.6-2. Aufbau des Rechenwerks und des Akkumulators

Im Bild 1.6-3 ist das Zeitverhalten des Rechenwerkes nach Bild 1.6-2 für die Verknüpfung eines Operanden mit dem Inhalt des Akkumulators und die Übernahme des Ergebnisses in den Akkumulator skizziert.

Während der positiven Halbwelle des Taktes T liegen auf den Bussen B_1 und B_3 die beiden Operanden vor. Sie werden mit der negativen Flanke von T in die Hilfsregister übernommen. Während der negativen Halbwelle von T stehen sie daher über B_2 und B_4 an den Eingängen der ALU statisch zur Verfügung. Nach einer gewissen Ausführungszeit (t_{ALU}) liefert die ALU das Ergebnis der Operation. Dieses kann nun mit der positiven Flanke von T über B_1 in den Akkumulator AC übernommen werden. Man sieht hier, daß die Eingabe-Information auf dem Bus B_4 für die gesamte Rechenzeit der ALU und die Übernahmezeit des Akkumulators stabil vorliegt.

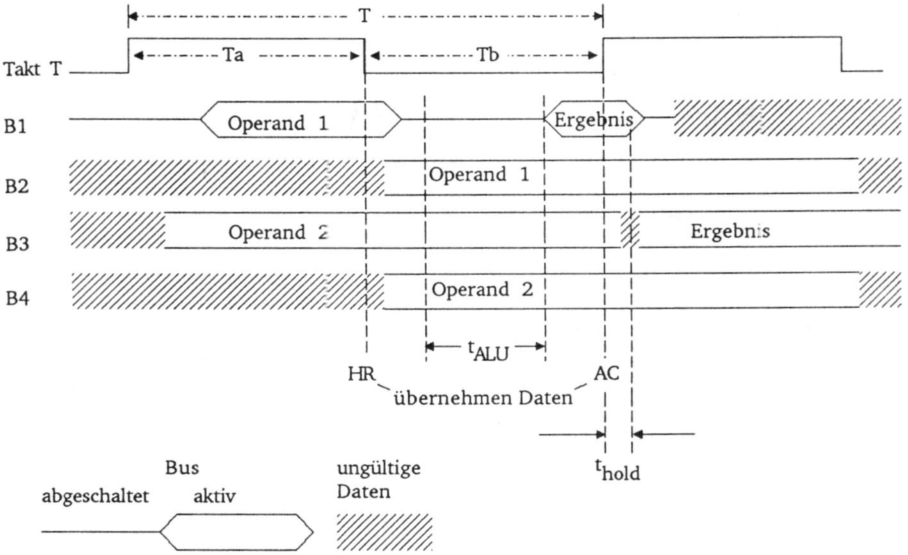

Bild 1.6-3. Zeitverhalten des Rechenwerkes

Aus dieser Beschreibung wird der Grund für den Einsatz des Hilfsregisters deutlich: Die ALU stellt als Schaltnetz das Ergebnis einer Rechenoperation nach der Durchlaufzeit der Signale durch ihre logischen Gatter an den Ausgängen zur Verfügung. Bis zu diesem Zeitpunkt findet man an den ALU-Ausgängen aber auch unvorhersehbare Zustandsübergänge. Soll nun der Akkumulator das Ergebnis der Operation übernehmen, so könnte es ohne Hilfsregister passieren, daß während seiner (endlich langen) Übernahmezeit die ALU bereits den neuen Akkumulatorzustand verarbeitet. Folglich könnte dann ein geänderter Ausgangszustand der ALU am Akkumulator anliegen und endgültig in diesen übernommen werden. Man spricht in diesem Fall von einem kritischen Wettlauf der Signale (*critical race*). Hersteller von Halbleiterschaltungen verlangen daher, daß die Eingangssignale eines Registers oder Speichers wenigstens für eine bestimmte Zeit nach dem Übernahmetakt noch gültig sind. Diese Zeit ist im Bild 1.6-3 mit t_{hold} (Haltezeit) bezeichnet. An den Signalen auf Bus B_3 sieht man, daß ohne das zusätzliche Hilfsregister diese Forderung nicht erfüllt ist.

Varianten

Prinzipiell kann man natürlich auch entweder das Hilfsregister des Akkumulators oder den Akkumulator selbst hinter den Ausgang der ALU schalten. Letztgenannte Variante ist im Bild 1.6-4 dargestellt. Sie erlaubt der ALU insbesondere, eine Operation durchzuführen, ohne den Akkumulator zu verändern. Davon wurde bei den älteren 8-bit-Prozessoren ohne speziellem Adreßwerk Gebrauch gemacht, bei denen also auch die Adreßberechnungen von der ALU des Rechenwerkes durchgeführt werden mußten. Eine andere Möglichkeit ist, den gesamten Akkumulator AC/HR (nach Bild 1.6-2) in den Ausgang der ALU zu legen.

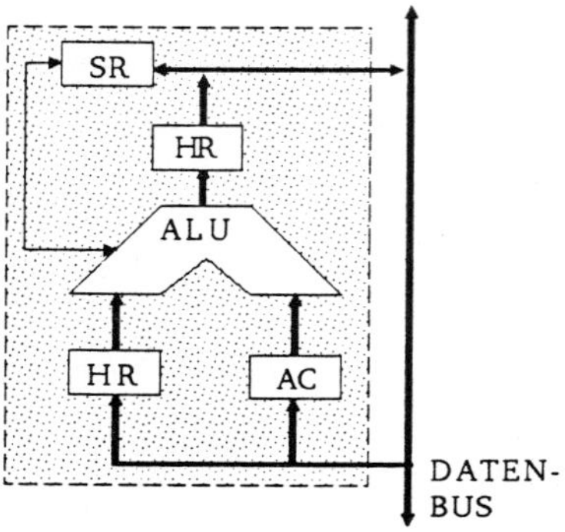

Bild 1.6-4. Ein alternativer Rechenwerks-Aufbau

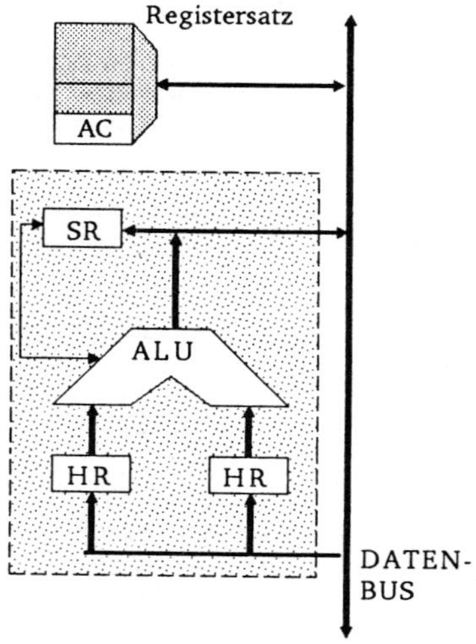

Bild 1.6-5. Ein Rechenwerk ohne Akkumulator

Einige 8-bit-Prozessoren besitzen zwei Akkumulatoren im Rechenwerk, unter denen durch einen besonderen Zusatz im Befehl einer ausgewählt werden kann. Prozessoren, die mit Akkumulatoren im Rechenwerk arbeiten, werden auch als Akkumulator-Maschinen bezeichnet. Bei modernen 16/32-bit-Prozessoren sind diese Akkumulatoren in den Registersatz verlegt (s. Bild 1.6-5). Dort werden sie

Datenregister genannt, und häufig sind alle auf gleiche Weise in einem Befehl ansprechbar. Der Name "Akkumulator" wird in diesem Fall nur dann für ein Datenregister benutzt, wenn spezielle Befehle ausschließlich auf dieses Register wirken.

1.6.2 Das Statusregister

Das **Statusregister** (Zustandsregister, *condition code register* – CCR) besteht aus einzelnen, logisch unabhängigen Bits, die nur aus Gründen der einfacheren Adressierung zu einem Register verkettet wurden. Diese Bits werden häufig auch als Marken oder *Flags* ("Flaggen") bezeichnet. Die Flags werden aus den Operanden und dem Ergebnis einer Operation abgeleitet und reflektieren damit den "Zustand" des Rechenwerkes nach dieser Operation. Sie werden aber nicht nur durch die Ausführung von arithmetischen oder logischen Operationen der ALU verändert, sondern häufig auch durch andere Befehle, bei denen der logische Zusammenhang zwischen der Operation und den Flags nicht zu erkennen ist. Zur Vermeidung von unerwünschten Nebeneffekten muß deshalb der Maschinenprogrammierer stets die Angaben des Herstellers darüber beachten, welche Flags bei einer Operation beeinflußt werden.

Je nach dem momentanen Wert der Flags kann der Ablauf des augenblicklich ausgeführten Mikroprogramms geändert werden, was sich dann natürlich auch auf den Ablauf des Maschinenprogramms auswirken kann. Dazu dienen z.B. die Befehle zur bedingten Programm-Verzweigung, die im Abschnitt 1.14 beschrieben werden. Diese Befehle werten häufig nicht nur ein einzelnes Flag aus, sondern auch bestimmte logische Verknüpfungen mehrerer Flags. Um die Anzahl der benötigten Meldeleitungen vom Statusregister zum Steuerwerk klein zu halten, werden die Bits des Statusregisters über einen Multiplexer selektiv zum Steuerwerk durchgeschaltet. Er wird durch Signale des Steuerwerks gesteuert und gewöhnlich mit Bedingungsmultiplexer oder Testmultiplexer bezeichnet (vgl. Selbsttestaufgabe S1.6-1.)

Das Statusregister kann, wie jedes andere Register des Prozessors auch, in einem Programm gelesen, ausgewertet und verändert werden. Bei der Abarbeitung von Unterprogramm-Aufrufen oder Programm-Unterbrechungen kann es somit in den Arbeitsspeicher gerettet werden und bewahrt dadurch den Prozessorzustand bis zur Wiederaufnahme des unterbrochenen Programms.

Zur Erleichterung der Adressierung werden übrigens bei einfachen Prozessoren häufig die Bits des Statusregisters und des Steuerregisters (s. Abschnitt 1.5) in einem einzigen Register zusammengefaßt. Für dieses Register wird dann häufig unpräziserweise ebenfalls der Ausdruck Statusregister benutzt. Bild 1.6-6 zeigt die typischerweise im Statusregister vorhandenen Flags.

AF	CF	ZF	EF	SF	PF	OF	

Bild 1.6-6. Die Flags eines Statusregisters

Erklärung der Statusflags:

CF Das **Übertragsbit** (*carry flag*) zeigt bei der Addition an, ob ein Übertrag (*carry*) aus dem höchstwertigen Bit auftritt, bei der Subtraktion, ob dort ein Übertrag (*borrow*) aus höherwertigen Teiloperanden benötigt wird. Die Berechnung von Summen und Differenzen mit einer Wortbreite, die ein Vielfaches der ALU-Breite ausmacht, muß durch die ALU sequentiell in gleichartigen Teiloperationen durchgeführt werden. Dabei wird das Übertragsbit einer Teiloperation als Eingangsinformation für die folgende Teiloperation herangezogen. Darüberhinaus besitzt das Übertragsbit besondere Bedeutung bei der bitweisen Verschiebung von Operanden, auf die am Ende dieses Abschnittes eingegangen wird.

AF Das **Hilfs-Übertragsbit** (*auxiliary carry flag*, auch *half carry flag* genannt,) zeigt einen Übertrag vom Bit 3 ins Bit 4 des Ergebnisses an. (Seine Gewinnung entspricht der des Übertragsbits für 4-bit-Operanden.) Es wird nur bei Prozessoren benötigt, deren ALU keine BCD-Arithmetik beherrscht. Dort dient es zusammen mit dem Übertragsbit zur Umwandlung eines dualen Ergebnisses in eine BCD-Zahl (vgl. Selbsttestaufgabe S1.6-1, 4.).

ZF Das **Nullbit** (*zero flag*) zeigt an, ob das Ergebnis der letzten Operation gleich 0 war. Dabei kann es sich um das Laden eines Operanden in ein Register, um eine arithmetische oder logische Operation oder das Dekrementieren eines (Index-) Registers handeln. Die letztgenannte Möglichkeit wird besonders bei der Programmierung von Schleifen benutzt.

SF Das **Vorzeichenbit** (*sign flag*, *negative flag* – N) zeigt insbesondere an, daß das Ergebnis negativ ist, also sein höchstwertiges Bit (*most significant bit* – MSB) den Wert 1 hat. Ganz allgemein spiegelt dieses Flag das höchstwertige Bit eines Operanden wider. Im Abschnitt 1.14 wird gezeigt, daß dieses Flag eine große Bedeutung bei den bedingten Verzweigungsbefehlen hat.

OF Das **Überlaufbit** (*overflow flag*, auch durch OV bzw. V abgekürzt) zeigt eine Bereichsüberschreitung im Zweierkomplement an. Bei einer Breite des Ergebnisses von n bit wird dieses Bit also gesetzt, wenn das Ergebnis kleiner als -2^{n-1} oder größer als $2^{n-1}-1$ ist.

EF Das **Even Flag** zeigt an, ob das Ergebnis eine gerade Zahl ist.

PF Das **Paritätsbit** (*parity flag*) signalisiert, ob das Ergebnis eine ungerade Parität, d.h. eine ungerade Anzahl von '1'-Bits hat.

Die Flags werden aus den Operanden, dem Ergebnis einschließlich eines aufgetretenen Übertrags und einigen Signalen des Steuerwerkes durch ein Schaltnetz bestimmt. Damit befaßt sich die folgende Selbsttestaufgabe.

Selbsttestaufgabe S1.6-1:
Betrachtet werde eine 8-bit-ALU, die im wesentlichen aus einem Parallel-Addierer/Subtrahierer besteht. Durch ein Steuersignal AS werde angezeigt, ob die augenblicklich ausgeführte Operation eine Addition (AS=0) oder eine Subtraktion (AS=1) zweier Operanden im Zweierkomplement ist. (Die Operanden seien mit $A=A_7...A_0$ und $B=B_7...B_0$, das Ergebnis mit $F=F_7...F_0$ bezeichnet.)
1. Leiten Sie logische Gleichungen zur Bestimmung der Flags AF, CF, OF, ZF, SF, EF, PF aus A, B, F und AS her. 2. Nun sei angenommen, daß die ALU ihre Operanden wahlweise als vorzeichenlose ganze Zahlen oder als vorzeichenbehaftete Zahlen im Zweierkomplement verarbeiten kann. Leiten Sie für beide Fälle aus den Flags logische Beziehungen dafür her, daß für die beiden Operanden A, B einer Vergleichs-Subtraktion A - B gilt: $A<B,\ A\leq B,\ A>B,\ A\geq B$ 3. Zeichnen Sie eine Schaltung, die aus den Operanden A, B, dem Ergebnis F sowie dem Steuersignal AS die Flags ZF, EF, SF, PF, OF erzeugt und aus diesen sowie aus dem Übertragsbit CF und dem Hilfs-Übertragsbit AF wiederum die unter 2. hergeleiteten Vergleichsresultate. Ergänzen Sie Ihre Zeichnung um einen Testmultiplexer, der genau eines der aufgeführten Signale zum Steuerwerk durchschaltet. 4. A, B seien nun zweistellige BCD-Zahlen. Geben Sie an, wie die ALU nach einer Addition A+B das Ergebnis F wiederum in eine zweistellige BCD-Zahl verwandeln kann.

1.6.3 Der Operationsvorrat

In Tabelle 1.6-7 sind die Operationen aufgeführt, die eine ALU in der Regel ausführen kann.

Es fällt auf, daß der Operationsvorrat nicht wesentlich über die vier Grundrechenarten +, -, $\cdot$, / hinausgeht. Alle arithmetischen Operationen werden nur auf ganzzahligen Operanden ausgeführt. Viele der 8-bit-Prozessoren beherrschen nicht einmal die Multiplikation und die Division, so daß diese wie alle anderen "höheren" mathematischen Operationen durch einen speziellen Baustein, nämlich dem im Kapitel 2 beschriebenen Arithmetik-Prozessor, oder zeitaufwendiger durch ein Programm in vielen Schritten sequentiell berechnet werden müssen. Im letzten Fall spricht man von einer Emulation in Software.

Tabelle 1.6-7. Operationen einer ALU

Arithmetische Operationen	
Addieren ohne/mit Übertrag	$F:=A+B$; $F:=A+B+CF$
Subtrahieren ohne/mit Übertrag	$F:=A-B$; $F:=A-B-CF$
Inkrementieren	$F:=A+1$
Dekrementieren	$F:=A-1$
Multiplizieren (ohne/mit Vorzeichen)	$F:=A \cdot B$
Dividieren (ohne/mit Vorzeichen)	$F:=A/B$
Komplementieren (im Zweierkomplement)	$F:=\neg A+1$
Logische bitweise Verknüpfungen	
Negation	$F:=\neg A$
UND	$F:=A \wedge B$
ODER	$F:=A \vee B$
Antivalenz	$F:=A \nleftrightarrow B$
Schiebe- und Rotations-Operationen	
Links-Verschieben	$F:=2 \cdot A$ modulo 2^n
Rechts-Verschieben	$F:=[A/2]$
Links-Rotieren ohne Übertragsbit	$F:=2 \cdot A + A_{n-1}$ mod 2^n
Links-Rotieren durchs Übertragsbit	$F:=2 \cdot A + CF$ mod 2^n
Rechts-Rotieren ohne Übertragsbit	$F:=[A/2] + A_0 \cdot 2^{n-1}$
Rechts-Rotieren durchs Übertragsbit	$F:=[A/2] + CF \cdot 2^{n-1}$
Transport-Operation	
Transferieren	$F:=A$; $F:=B$
	$F:=$Konstante

(**Bezeichnungen**: A,B Operanden; F Ergebnis; CF Übertrag; n Länge von A (in bit); $\wedge$, $\vee$, $\nleftrightarrow$, $\neg$ UND, ODER, Antivalenz, Inversion; ':=' Zuweisung; [ ] ganzzahliger Teil)

- Die Addition und die Subtraktion werden in der Regel auf vorzeichenbehaftete Größen im Zweierkomplement angewandt. Dabei kann wahlweise ein Übertrag CF, der in einer vorhergehenden Operation aufgetreten ist, berücksichtigt werden oder nicht. Einige Prozessoren bieten die Operationen nur mit Berücksichtigung des Übertrags. Bei ihnen muß gegebenenfalls das Übertragsbit durch einen besonderen Befehl vor der Ausführung der Operation auf '0' bzw. '1' gesetzt werden. Dies wird im folgenden Beispiel vorausgesetzt.

Beispiel

Zwei 16-bit-Operanden

$$A = AH,AL = (A_{15}...A_8),(A_7...A_0) \text{ und}$$

$$B = BH,BL = (B_{15}...B_8),(B_7...B_0) ,$$

die jeweils zwei Bytes im Speicher belegen, sollen durch eine 8-bit-ALU mit dem Akkumulator AC addiert (bzw. subtrahiert) werden. Nach der Addition/Subtraktion der niederwertigen Bytes enthält das Übertragsbit den Übertrag, der in die Berechnung des höherwertigen Ergebnisbytes eingeht.

	Addition	Subtraktion	Bemerkung
1.	CF: =0		Rücksetzen des Übertragsbits
2.	AC: =AL		Laden des L-Bytes von A
3.	AC: =AC+BL+CF	AC: =AC-BL-CF	Operation mit dem L-Byte von B und CF,
4.	AL: =AC		Abspeichern nach AL
5.	AC: =AH		Laden des H-Bytes von A
6.	AC: =AC+BH+CF	AC: =AC-BH-CF	Operation mit dem H-Byte von B und CF
7.	AH: =AC		Abspeichern nach AH

- Die beiden Operationen Inkrementieren bzw. Dekrementieren sind Spezialfälle der Addition bzw. der Subtraktion, bei denen der zweite Operand B durch die Konstante '1' ersetzt wird.
- Da das Ergebnis der Multiplikation bekanntlich doppelt so 'lang' werden kann wie jeder Operand, braucht man also wenigstens zwei Register, die das Ergebnis aufnehmen können, z.B. zwei Akkumulatoren AC0 und AC1. Natürlich sind zur Übertragung des Ergebnisses in die Register zwei Schritte nötig.
  Dann ergibt sich als Ergebnis der Multiplikation:
  AC1: =H-Byte von (AC0 · AC1) und AC0: =L-Byte von (AC0 · AC1).
- Bei der Division entsteht in der Regel ein ganzzahliger Quotient und ein Rest. Hier gibt es nun sehr unterschiedliche Möglichkeiten, das Ergebnis zu verwerten: Die ALU kann nur den ganzzahligen Anteil des Quotienten, nur den Rest oder aber, falls wieder zwei Operandenregister (Akkumulatoren) existieren, beide ausgeben. Dabei muß der Rest der Division gegebenenfalls auf die Anzahl der Bits des Akkumulators abgeschnitten werden. Diesen Fall kann man folgendermaßen darstellen:
  AC1 : = ganzzahliger Anteil von (AC1/AC0),
  AC0 : = (abgeschnittener) Rest von (AC1/AC0).
  Sowohl die Multiplikation wie auch die Division können häufig wahlweise mit vorzeichenlosen Zahlen oder vorzeichenbehafteten Zahlen im Zweierkomplement ausgeführt werden.
- Durch die Operation Komplementieren wird eine Zahl in ihr Zweierkomplement umgewandelt. Dies geschieht durch bitweise Negation (Inversion) und anschließende Addition von 1.
- Die **logischen Operationen** Inversion, UND-, ODER- bzw. Antivalenz werden stets bitweise auf ihren Operanden ausgeführt. Wir beschreiben sie anhand eines Beispiels. (Bezeichnungen: s. Tabelle 1.6-7.)

Beispiel:	Es seien	A := 01101100 ,
		B := 11101001 .
Dann folgt:	F := ¬A = 10010011 ,	F := A∧B = 01101000 ,
	F := A∨B = 11101101 ,	F := A⧧B = 10000101 .

- Die **Schiebe-** und **Rotations-Operationen** können meistens in beide Richtungen durchgeführt werden. Bei Akkumulatormaschinen kann natürlich auch der Akkumulator als Links/Rechts-Schieberegister ausgebildet sein und somit diese Operationen ohne Einsatz der ALU durchführen. ("Links" bedeutet dabei üblicherweise eine Verschiebung in Richtung der höherwertigen Bits, "rechts" in Richtung der niederwertigen Bits. Verschiebe- und Rotations-Operationen tauchen noch einmal im Abschnitt 1.14 auf im Zusammenhang mit den Befehlen, durch die sie aufgerufen werden.)
  - Bei den Schiebeoperationen wird das aus dem Register herausfallende Bit in das Übertragsbit übernommen und am anderen Ende eine '0' hereingezogen (s. Bild 1.6-8a). Dadurch bekommt man die Möglichkeit, durch wiederholtes Verschieben jedes Bit eines Registers in das Übertragsbit CF zu übertragen und dort durch einen besonderen Befehl auszuwerten (siehe Abschnitt 1.14).

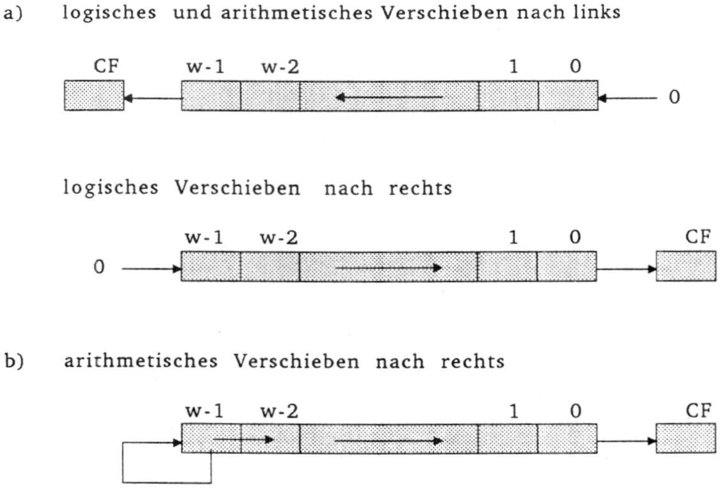

Bild 1.6-8. Darstellung der Schiebe-Operationen

Bekanntlich bedeutet eine Verschiebung einer vorzeichenlosen Dualzahl um ein Bit nach links eine Multiplikation mit 2, eine Verschiebung nach rechts eine Division durch 2. Damit besitzen die Schiebeoperationen neben ihrer logischen auch eine arithmetische Bedeutung.

Im Bild 1.6-8b wird der Operand als vorzeichenbehaftet angesehen. Um bei der Schiebeoperation das Vorzeichen zu erhalten, wird das höchstwertige Bit in sich selbst zurückgeführt. Man spricht in diesem Fall von einem arithmetischen Rechts-Schieben (*shift arithmetic right*).

- Die Rotations-Operationen unterscheiden sich von den Schiebe-Operationen dadurch, daß das Register als geschlossene Bitkette aufgefaßt wird (s. Bild 1.6-9), indem das jeweils an einem Ende herausfallende Bit am entgegengesetzte Ende in das Register hereingezogen wird. Dabei kann das Übertragsbit wahlweise mit benutzt werden (Rotieren mit/ohne Übertragsbit). Außerdem kann das Übertragsbit als zusätzliches Bit des Registers aufgefaßt werden (Rotieren durchs Übertragsbit).

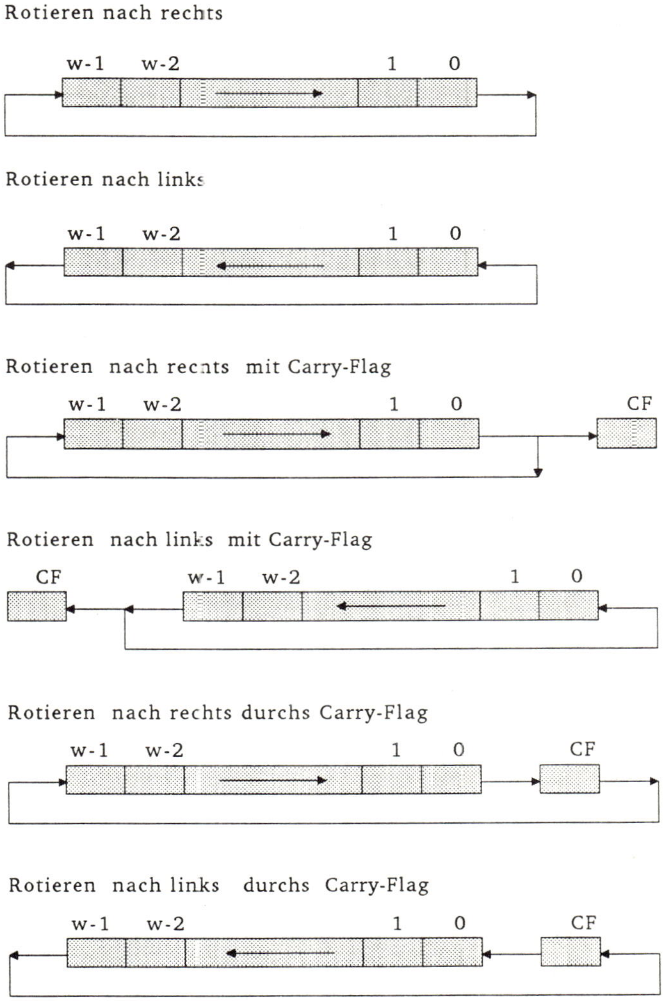

Bild 1.6-9. Darstellung der Rotations-Operationen

Selbsttestaufgabe S1.6-2:

Es seien A:=10101101 , CF:=0. Geben Sie für alle Schiebe- und Rotations-Operationen das Ergebnis an.

- Durch die **Transport-Operation** kann einer der beiden Operanden auf den ALU-Ausgang durchgeschaltet werden. Dies ist z.B. dann wichtig, wenn der Akkumulatorinhalt in einem Register oder einer Speicherzelle abgelegt werden soll. Es können aber auch häufig benutzte Konstanten, die in der ALU erzeugt werden, auf den Ausgang gelegt werden, wie z.B. 0, 1 oder -1. (Man beachte, daß die Zahl -1 im Zweierkomplement durch die Dualzahl 1111..11 dargestellt wird.)

Zusätzlich zu den beschriebenen Operationen kann eine ALU noch eine ganze Reihe komplexerer Operationen anbieten, die zur Realisierung spezieller Befehle dienen können. Um dies zu zeigen, enthält Tabelle 1.6-10 die Liste der Operationen des 4-bit-ALU-Bausteins 74181 der Firma Texas Instruments. Diese ALU ist zu einer (nx4)-bit-ALU kaskadierbar. Sie besitzt die fünf Steuereingänge S3, S2, S1, S0, M, mit denen eine Operation ausgewählt wird. Der Übertrags-Eingang Cn wird für die niederstwertige Stufe einer Kaskade mit einer weiteren Steuerleitung beschaltet, bei allen anderen Stufen mit dem Übertrags-Ausgang der vorhergehenden Stufe.

Tabelle 1.6-10. Operationen der ALU 74181

Auswahl S3 S2 S1 S0	M=1	M=0 $\overline{Cn}$=1 (o. *Carry*)	M=0 $\overline{Cn}$=0 (mit *Carry*)
0 0 0 0	F:=¬A	F:=A	F:=A+1
0 0 0 1	F:=¬(AvB)	F:=AvB	F:=(AvB)+1
0 0 1 0	F:=¬A∧B	F:=Av¬B	F:=(Av¬B)+1
0 0 1 1	F:=0	F:=$-1_{10}=1111_2$	F:=0
0 1 0 0	F:=¬(A∧B)	F:=A+(A∧¬B)	F:=A+(A∧¬B)+1
0 1 0 1	F:=¬B	F:=(AvB)+(A∧¬B)	F:=(AvB)+(A∧¬B)+1
0 1 1 0	F:=AǂB	F:=A-B-1	F:=A-B
0 1 1 1	F:=A∧¬B	F:=(A∧¬B)-1	F:=A∧¬B
1 0 0 0	F:=¬AvB	F:=A+(A∧B)	F:=A+(A∧B)+1
1 0 0 1	F:=¬(AǂB)	F:=A+B	F:=A+B+1
1 0 1 0	F:=B	F:=(Av¬B)+(A∧B)	F:=(Av¬B)+(A∧B)+1
1 0 1 1	F:=A∧B	F:=(A∧B)-1	F:=A∧B
1 1 0 0	F:=1	F:=A+A	F:=A+A+1
1 1 0 1	F:=Av¬B	F:=(AvB)+A	F:=(AvB)+A+1
1 1 1 0	F:=AvB	F:=(Av¬B)+A	F:=(Av¬B)+A+1
1 1 1 1	F:=A	F:=A-1	F:=A

(A=A3...A0, B=B3..B0 Operanden; F=F3..F0 Ergebnis;
¬, v,∧, ǂ Inversion, ODER, UND, Antivalenz)

1.7 Der Registersatz

1.7.1 Registertypen

Unter einem **Register** versteht man eine Speicherzelle mit kleiner Zugriffszeit (wenige Nanosekunden), die also ihren Inhalt ohne große Verzögerung zur Verfügung stellt. Dies wird einerseits dadurch erreicht, daß die Register meist auf dem Chip untergebracht sind. Dadurch entfällt das zeitraubende Umschalten der externen Adreß- und Datenwege. Andererseits kann wegen der relativ kleinen Anzahl von Registern ihre Auswahl durch individuelle Steuerleitungen geschehen, wodurch wiederum die Zeit der Adreßdecodierung entfällt. Durch die Verwendung getrennter Ein- und Ausgänge können die Register zwischen zwei verschiedene interne Busse (Eingangsbus, Ergebnisbus) des Prozessors gehängt werden (vgl. Bild 1.9-3). Dies verkürzt wiederum die Zugriffszeit und erlaubt das Schreiben eines Registers gleichzeitig zum Lesen eines zweiten Registers. Insbesondere ist dadurch die Übertragung eines Registerinhaltes in ein anderes Register in einem Taktzyklus möglich. Größere Registersätze müssen hingegen als Schreib-/Lesespeicher mit zusätzlichem Adreßdecoder realisiert werden, der zu jedem Zeitpunkt höchstens ein Register selektieren kann. Hier benötigt der angesprochene Registertransfer wenigstens zwei Taktzyklen und ein Hilfsregister zum Zwischenspeichern des transferierten Registerinhaltes. Wie bereits im Abschnitt 1.5 angedeutet, bestehen die Register moderner Mikroprozessoren in der Regel aus dynamischen Speicherzellen, die die Information als Ladungsträger in einem Kondensator halten. Diese müssen in regelmäßigen Abständen aufgefrischt werden, um einen Informationsverlust zu vermeiden. (Wie das geschieht, wird im Abschnitt 3.5 genauer ausgeführt.)

Oft besitzen einige der Register spezielle Funktionen, die durch Steuerleitungen aktiviert werden. Dazu gehören z.B. das Rücksetzen auf den Wert 0, das Inkrementieren bzw. Dekrementieren um 1 oder das Verschieben des Inhalts um ein Bit vorwärts, d.h. zu höheren Wertigkeiten, oder rückwärts.

Selbsttestaufgabe S1.7-1:
Skizzieren Sie den Aufbau eines universellen Registers, das alle erwähnten Funktionen ausführen kann: Rücksetzen, Vorwärts/Rückwärts-Schieben, Vorwärts/Rückwärts-Zählen.

Bild 1.7-1 zeigt den Registersatz eines Mikroprozessors. Die Register können unterschieden werden in Datenregister, Adreßregister und Spezialregister.

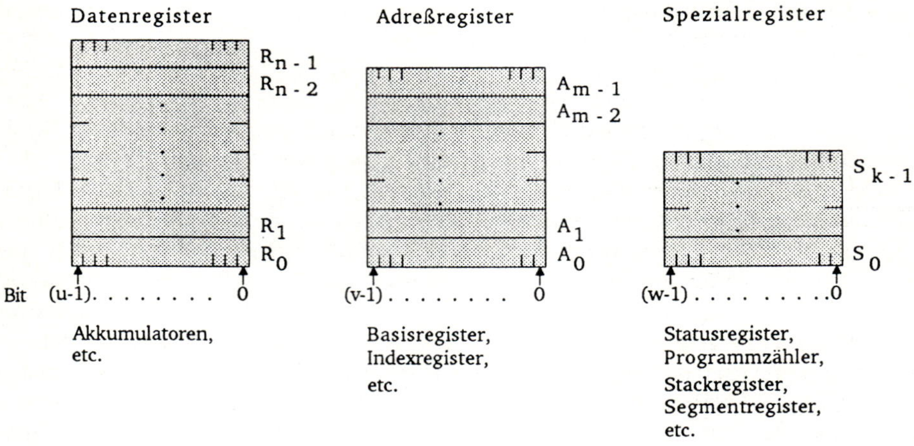

Bild 1.7-1. Registersatz eines Mikroprozessors

- Die **Datenregister** (*data register*) dienen zur Zwischenspeicherung der Operanden bei arithmetischen und logischen Operationen. Zu ihnen gehören insbesondere die Akkumulatoren, die als "Sammelregister" für die ALU bei den meisten Operationen einen Eingabeoperanden und alle Ausgabeoperanden aufnehmen (vgl. Abschnitt 1.6). 16/32-bit-Mikroprozessoren besitzen meist keine spezialisierten Akkumulatoren mehr, sondern stattdessen bis zu acht Datenregister, die alle in identischer Weise benutzt werden können. Die Breite der Datenregister stimmt in der Regel mit der Datenbusbreite überein.
- Die **Adreßregister** (*address register*) enthalten die Adressen oder Teile davon, die zur Auswahl eines Operanden im Speicher herangezogen werden. Dabei unterscheidet man noch weiter zwischen Basis- und Indexregistern (s. Bild 1.7-2). Diese Unterscheidung ist oft jedoch nur durch die Verwendung der Register in den Befehlen, nicht jedoch durch unterschiedliche Hardware erklärbar.

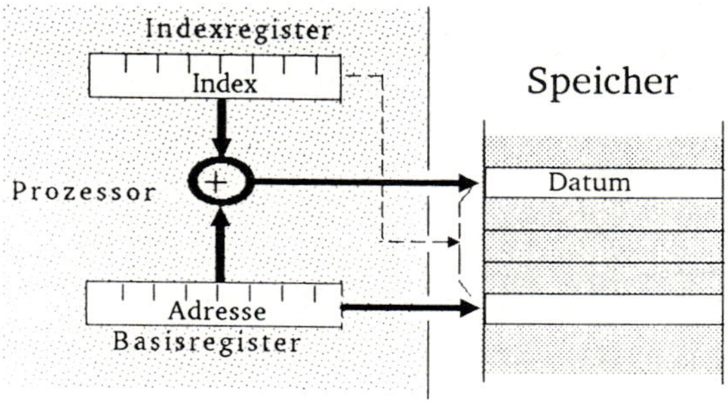

Bild 1.7-2. Zur Funktion von Basis- und Indexregister

- Ein **Basis(adreß)register** enthält meist eine Adresse, die auf den Anfang eines bestimmten Speicherbereiches zeigt ("Zeiger", *pointer*) und während der Bearbeitung dieses Speicherbereiches unverändert bleibt. Die Breite des Basisregisters stimmt in der Regel mit der Breite einer logischen Adresse überein, nicht notwendigerweise mit der Breite des Adreßbusses, also der physikalischen Adresse. (Näheres dazu bringt Kapitel 4.)
- Ein **Indexregister** hingegen enthält meist eine Adreßdistanz (*offset*, *displacement*) zu einer Basisadresse und dient zur Auswahl eines bestimmten Datums in dem durch diese Adresse festgelegten Speicherbereich (s. Bild 1.7-2). Dabei kann die Breite des Indexregisters der des Basisregisters entsprechen, sie kann aber auch kürzer sein. Im letztgenannten Fall ist nur eine begrenzte Teilmenge aller möglichen Speicherzellen vom Basiswert aus ansprechbar. Während der Bearbeitung des Speicherbereiches kann der Wert des Indexregisters automatisch verändert werden. Sehr häufig wird er um eine feste Zahl inkrementiert bzw. dekrementiert, wodurch jeweils das nachfolgende bzw. vorhergehende Datum im Speicher angesprochen wird. Im Bild 1.7-3 sind zwei häufig realisierte Varianten dieser automatischen Modifikation eines Indexregisters skizziert.

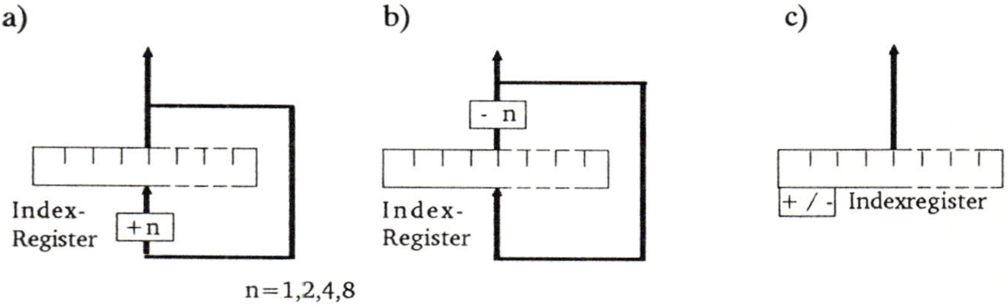

Bild 1.7-3. Zur automatischen Modifikation von Indexregistern

Bei der ersten Variante (in Bild 1.7-3a) wird nach der Benutzung des Registerwertes dieser um den Wert n erhöht. Man spricht deshalb von einer Post-Inkrementierung. Bei der zweiten Variante (in Bild 1.7-3b) wird der Wert des Indexregisters vor der Adressierung einer Speicherzelle um n erniedrigt. Dieser erniedrigte Wert wird dann in das Register zurückgeschrieben. Man spricht hier von einer Pre-Dekrementierung[3].
Die Größe n bestimmt den Anfang des nächsten adressierbaren Datums im Speicherbereich. Sie muß im Befehl angegeben werden. Für sie gilt typischerweise n=1, 2, 4, 8, je nach der Länge (in byte) der Daten im Speicherbereich.

3) Exaktere Schreibweise nach Duden: Prä...

Im Bild 1.7-3c ist ein Symbol für ein Register gezeichnet, das beide Modifikationen erlaubt. Vereinfachend spricht man von einem Autoinkrement/Autodekrement-Register. Natürlich ist es auch möglich, den Zeitpunkt der Inkrementierung bzw. Dekrementierung zu vertauschen, und so zu einer Pre-Inkrementierung bzw. Post-Dekrementierung zu kommen.
Im Bild 1.7-4 ist eine weitere, bei modernen 16/32-bit-Prozessoren gebräuchliche Methode skizziert, den Wert eines Indexregisters zu modifizieren. Sie wird **Skalierung** genannt. Bei ihr kann der Inhalt des Indexregisters vor der Auswertung mit einem skalaren Faktor n multipliziert werden. Für n sind wiederum in Abhängigkeit von der aktuellen Länge der Daten (in byte) die Werte n=1, 2, 4, 8 üblich. In diesem Fall kann man sich zur Selektion des nächsten Datums darauf beschränken, den Registerinhalt jeweils nur um den Wert 1 zu inkrementieren bzw. zu dekrementieren. Die Länge des Registers wird dadurch effektiver genutzt.

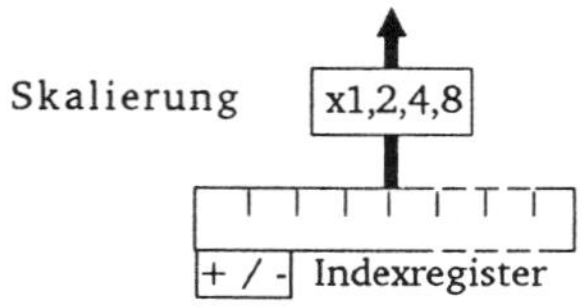

Bild 1.7-4. Register mit Skalierung

- Bei einigen 16/32-bit-Prozessoren wird nicht mehr zwischen den Daten- und Adreßregistern unterschieden. Dort spricht man dann von **universellen Registern** (*general purpose register*), die wahlweise als Adreß- oder Datenregister benutzt werden können. (In diesem Zusammenhang wird auch der Begriff Registerspeicher bzw. Speicherwerk benutzt.)
- Darüber hinaus besitzt jeder Prozessor noch eine mehr oder weniger große Anzahl von **Spezialregistern** (*special purpose register*). Einige von ihnen werden als Systemregister bezeichnet, da sie nur Hilfsfunktionen im Prozessor ausführen und nicht gezielt vom Programm her angesprochen werden können. Dazu zählen zum einen die Hilfsregister der ALU, die wir im Abschnitt 1.6 beschrieben haben. Andererseits gehören dazu insbesondere der Programmzähler (*program counter* – PC, *instruction pointer* – IP), der zu jedem Zeitpunkt auf die im nächsten Programmschritt anzusprechende Speicherzelle zeigt, sowie der Adreßpuffer, häufig irreführend ebenfalls *address register* genannt, und der Datenbuspuffer. Diese werden im Abschnitt 1.10 beschrieben.
Obwohl letztgenannte Register funktional zu anderen Komponenten des Prozessors, wie dem Rechenwerk, der Systembus-Schnittstelle oder dem Steuerwerk, gehören, werden sie der Vollständigkeit halber meist bei der Darstellung des Registersatzes mit aufgeführt.

Andere Spezialregister können durch Maschinenbefehle direkt adressiert werden. Dazu gehören z.B.:

- Das Statusregister, das bereits im Abschnitt 1.6 ausführlich beschrieben wurde.
- Das Basisregister für die Interrupt-Vektortabelle *(vector base register)*, das auf den Anfang einer Tabelle im Arbeitsspeicher zeigt. In ihr sind für jede mögliche Unterbrechungs-Anforderung die Startadressen der auszuführenden Routinen abgelegt. (Hierauf wird im Abschnitt 1.12 ausführlich eingegangen.)
- Das Stackregister, das im folgenden beschrieben wird, nachdem wir kurz erklären, was unter einem Stack verstanden wird.

1.7.2 Der Stack

Der **Stack** (Kellerspeicher) ist ein besonderer Speicherbereich, der normalerweise im Arbeitsspeicher angelegt ist (*software stack*). Einige der ersten Mikroprozessoren, aber auch neuere Entwicklungen, besitzen jedoch auf dem Prozessorchip selbst einen Kellerspeicher (*hardware stack*) mit einer notwendigerweise sehr beschränkten Kapazität. Als Vorteil hat er jedoch eine erheblich kürzere Zugriffszeit als ein Software-Stack.

Der Stack dient hauptsächlich zum Abspeichern des Prozessor-Status und des Programmzählers vor der Ausführung von Unterprogrammen oder Unterbrechungs-Routinen sowie zur Übergabe von Parametern an diese Routinen, aber auch zur kurzzeitigen Lagerung von Daten als Zwischenergebnisse. Moderne Prozessoren erlauben die gleichzeitige Verwaltung mehrerer getrennter Kellerspeicher im Arbeitsspeicher. Diese können z.B. einerseits dem Betriebssystem (*system stack*), andererseits den Anwenderprogrammen (*user stack*) oder ihren Daten (*data stack*) zugeordnet sein. Das Prinzip des Stacks besteht im wesentlichen darin, daß das zuletzt darin eingetragene Datum als erstes wieder gelesen und dabei aus ihm entfernt wird. Man spricht deshalb von einem *Last-in-first-out*-Speicher (LIFO). Diese Verarbeitungsdisziplin erinnert etwas an die Behandlung eines Aktenstapels, so daß man auch den Ausdruck Stapelspeicher benutzt.

Das **Stackregister** (*stack pointer* – SP) enthält einen Zeiger auf das zuletzt in den Stack eingetragene Datum. Im Vorgriff auf Abschnitt 1.14 sei hier schon erwähnt, daß es im Befehlssatz des Prozessors spezielle Befehle zur Datenübertragung in den bzw. aus dem Stack gibt: Durch den Befehl PUSH wird der Inhalt eines oder mehrerer Register in den Stack übertragen, durch den Befehl PULL (manchmal auch mit POP bezeichnet) von dort geladen. Bei jedem Zugriff zum Kellerspeicher über das Stackregister wird dessen Inhalt in Abhängigkeit von der ausgeführten Operation automatisch erhöht oder erniedrigt. Üblicherweise ist ein PUSH-Befehl mit der Erniedrigung des Stackregisters verbunden, so daß der Stack "nach unten wächst". Dabei sind für ein Befehlspaar PUSH/PULL beide der bei den Indexregistern beschriebenen Möglichkeiten "predekrement/postinkrement" oder "postdekrement/preinkrement" möglich. Im Bild 1.7-5 ist die erstgenannte Möglichkeit der Verwaltung des Stackregisters skizziert. Damit wollen wir die Beschreibung des Stacks beenden.

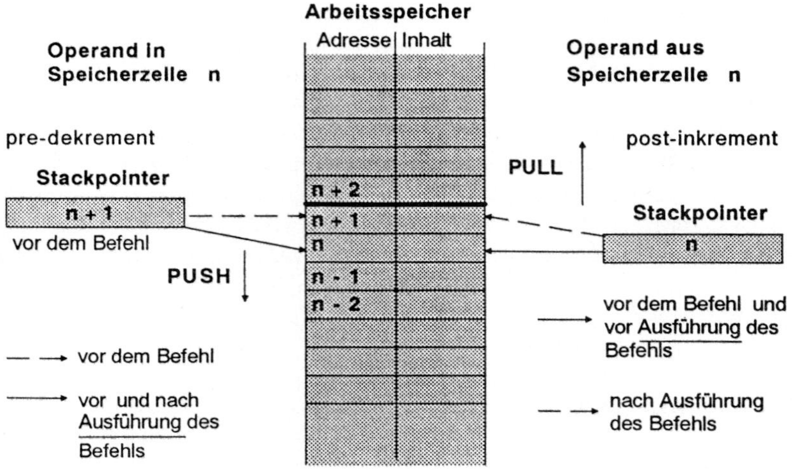

Bild 1.7-5. Verwaltung des Stackregisters

Neben den hier erwähnten Registern besitzen die meisten Prozessoren noch eine Reihe weiterer (System-)Register, deren Funktion jedoch so speziell ist, daß sie hier nicht dargestellt werden können. Auf sie wird an entsprechender Stelle eingegangen.

Die benutzerzugänglichen Register, d.h. die vom Programm direkt ansprechbaren Register, mit ihrer Struktur und festgelegten Funktion werden häufig als **Programmiermodell** bezeichnet, denn diese fassen alle für den Programmierer wesentlichen Eigenschaften der Prozessor-Hardware zusammen.

Mikroprozessoren stellen dem Benutzer zwischen 4 und einigen Dutzend Register zur Verfügung. Eine untere Grenze liefert der Prozessor TMS 9900 der Firma Texas Instruments. Dieser enthält auf dem Chip lediglich zwei Adreßregister (*workspace pointer*), die auf einen bestimmten Speicherbereich zeigen. Die ersten 16 Wörter dieses Speicherbereiches werden dann jeweils als Prozessorregister benutzt.

Bei einigen Prozessoren kann man in einem Maschinenbefehl mehrere interne Register zu einem längeren zusammenfassen oder aber auch nur einen Teil eines Registers (z.B. ein 16-bit-Wort oder ein Byte) getrennt ansprechen. Dies wird in den folgenden Fallstudien gezeigt. Dazu haben wir drei Beispiele ausgewählt, die sich im Grad der universellen Nutzbarkeit ihrer Register sehr stark unterscheiden.

1.7.3 Fallstudie: Das Programmiermodell des Intel 80386/80486

Im Bild 1.7-6 sind die wesentlichen Register des 80386 dargestellt. (Bis auf wenige Abweichungen und Ergänzungen stimmen sie mit den Registern des 80486 überein.) Der Registersatz des 80386 ist eine "Aufwärts"-Entwicklung der Registersätze der Intel-Prozessoren 8080 und 8086. Der 8080 besaß die im dargestellten Registersatz integrierten 8-bit-Register AL, DH, DL, CH, CL, BH, BL (nicht AH!) sowie das 16-bit-Stackregister SP (*stack pointer*) und den 16-bit-Programmzähler IP (*instruction pointer*). Wie im Bild 1.7-6 angedeutet ist, konnten die 8-bit-Register teilweise durch spezielle Befehle als verkettete 16-bit-Register benutzt werden, die im Bild die Bezeichnungen DX, CX, BX tragen. In diesen Befehlen wurde das Register AL mit dem Statusregister (*flag register*) zu einem 16-bit-Register PSW (*processor status word*) zusammengefaßt.

Beim Übergang zum 16-bit-Prozessor 8086 wurden nun alle Register als 16-bit-Register ausgeführt. Sie tragen im Bild das Postfix ..X. Um aber auf diesem Prozessor auch Programme für den 8080 laufen lassen zu können und zur Unterstützung von byte-orientierten Problemen (z.B. der Zeichenverarbeitung) kann man beim 8086 und seinen Nachfolgern (80186, 80286) jedes Register weiterhin byteweise ansprechen. Dies geschieht in Assemblernotation durch das Anhängen der Buchstaben ..H (höherwertiges Byte, *high byte*) bzw. ..L (niederwertiges Byte, *low byte*).

Die Erweiterung zum 32-bit-Prozessor 80386 führte dann zu 32-bit-Registern, die im Bild 1.7-6 durch das Präfix E.. gekennzeichnet sind.

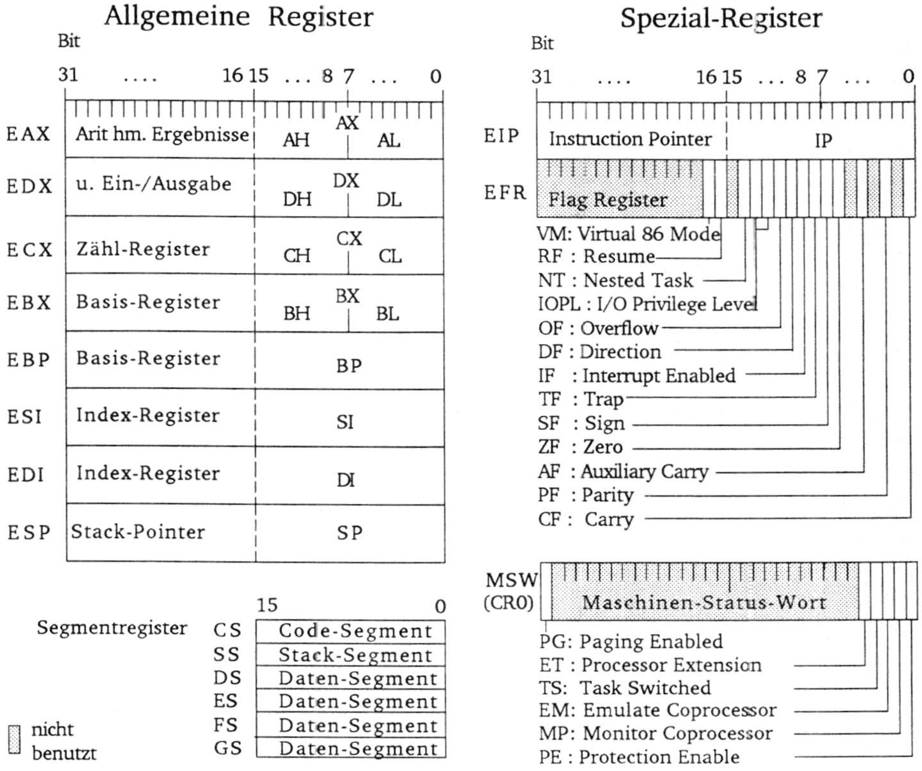

Bild 1.7-6. Der Registersatz des Intel 80386/80486

Obwohl grundsätzlich alle Register zum Zwischenspeichern von Daten und Adressen dienen können, wird ihnen doch durch bestimmte Befehle eine spezielle Funktion zugewiesen, an die im folgenden der in ihrem Namen unterstrichene Buchstabe erinnern soll:

- Das E<u>A</u>X-Register dient hauptsächlich als Akkumulator für die Ergebnisse von arithmetischen und logischen Operationen.
- Das E<u>D</u>X-Register wird als Datenregister in Ein-/Ausgabe-Operationen benutzt.
- Das E<u>C</u>X-Register dient als Zählregister (*count register*) für die Abarbeitung von Schleifen.
- Die beiden Register E<u>B</u>X und E<u>B</u>P werden als Basisregister benutzt.
- Die Register E<u>S</u>I, E<u>D</u>I sind Indexregister (S für *source* – Quelle, D für *destination* – Ziel).
- Das E<u>SP</u>-Register ist als Stackregister vorgesehen.

Spezialregister

Durch den 32-bit-Programmzähler (IP) können bis zu 2^{32} Speicherzellen (4 Gbyte) physikalisch adressiert werden.

Von den Flags des Statusregisters (*flag register* – EFR), die nicht bereits in diesem Abschnitt beschrieben wurden, sollen hier nur noch die Flags PF und DF erklärt werden. Auf die Erklärung der anderen muß hier aus Platzgründen verzichtet werden.

- Das Paritätsbit PF (*parity flag*) zeigt an, ob die Anzahl der '1'-Bits im niederstwertigen Byte des Operanden gerade ist. Dieses wird zur Erkennung von Fehlern benutzt, die bei der Übertragung von Datenbytes zwischen dem Mikroprozessor und Peripheriegeräten auftreten (vgl. Selbsttestaufgabe S1.6-1).
- Das Richtungsbit DF (*direction flag*) gibt an, ob lange Datenblöcke (Zeichenketten, *strings*) im Speicher in aufsteigender oder absteigender Ordnung bearbeitet werden sollen. (In den Abschnitten 1.13 und 1.14 werden diese Blöcke bzw. die Befehle zu ihrer Verarbeitung näher beschrieben.)

Die 16-bit-Segmentregister dienen der Verwaltung des Arbeitsspeichers. Auf sie wird im Kapitel 4 ausführlich eingegangen. Hier soll nur erwähnt werden, daß sie die Nummern verschiedener Speicherabschnitte (Segmente) enthalten und vom Adreßwerk dazu benutzt werden, aus der in einem Befehl vorgegebenen logischen Adresse eine physikalische (Speicher-)Adresse zu berechnen. Die Segmentregister werden für jedes in Ausführung befindliche Programm mit individuellen Werten geladen. Die Segmente enthalten logisch unterscheidbare Teile des Programms, und zwar

• das Code-Segment	CS	den Maschinencode,
• das Stack-Segment	SS	den Kellerspeicher,
• die Daten-Segmente	DS, ES, FS, GS	die Daten.

Neben den bisher erklärten Registern besitzt der Prozessor noch eine Reihe weiterer spezieller Systemregister, die einerseits der Fehlersuche und dem Testen (*debug and test*) in Programmen, andererseits der Auftragsverwaltung in *Multitasking*-Betriebssystemen dienen, also solchen Betriebssystemen, die (quasi-)gleichzeitig verschiedene Programme ausführen können. Auf den letztgenannten Punkt wird im Kapitel 4 eingegangen. Hier soll nur kurz auf das letzte im Bild 1.7-6 dargestellte Register eingegangen werden. Es trägt die Bezeichnung CR0 (*control register 0*) und wird häufig auch als Maschinenstatuswort MSW bezeichnet. In ihm werden die Zustandsflags gehalten, die sich nicht auf ein spezielles Programm (einen speziellen Auftrag) beziehen, sondern den Zustand des gesamten Systems beschreiben. (Diese Flags sollen hier nur erwähnt werden, ohne daß wir näher auf ihre Funktion eingehen können.)

- Das *Paging (enabled) Flag* PG aktiviert eine bestimmte Art der Speicherverwaltung, die als Seitenwechselverfahren (*paging*) bezeichnet wird. (Auch sie wird im Kapitel 4 genauer abgehandelt.)
- Mit dem *Processor Extension Flag* ET wird der Typ eines (von zwei möglichen) im System integrierten Coprozessors für arithmetische Aufgaben festgelegt (s. Kapitel 2.)
- Die drei Flags
  - TS: *Task Switched Flag*,
  - EM: *Emulate Coprocessor Flag*,
  - MP: *Monitor Coprocessor Flag*

  bestimmen das unterschiedliche Verhalten des Systems in Abhängigkeit davon, ob ein Coprocessor vorhanden ist oder nicht.
- Das *Protection Enable Flag* PE entscheidet über die Art der Speicherverwaltung: virtuell (*protected mode*) oder nicht virtuell (*real mode*). (Im virtuellen Modus werden die im Programm angegebenen Adressen zunächst als logische Adressen interpretiert und dann durch die Speicherverwaltung in physikalische Adressen umgewandelt. Auch darauf wird im Rahmen von Kapitel 4 näher eingegangen.)

1.7.4 Fallstudie: Das Programmiermodell des Motorola 68020

Der Registersatz des Motorola 68020 ist in Bild 1.7-7 dargestellt. Er stimmt sehr gut mit unserem allgemeinen Modell in Bild 1.7-1 überein. In den 8 Datenregistern können 8, 16 oder 32 bit breite Informationen angesprochen werden (Byte, Wort, Doppelwort), und zwar in den Bitpositionen, wie es durch die senkrechten Trennstriche angedeutet ist. Sie können neben ihrer Funktion als Datenregister auch als Indexregister benutzt werden.

Die Adreßregister A0 –A6 werden als Basisregister, aber auch als Indexregister eingesetzt.

Die drei Stackregister A7, A7', A7" werden unter derselben "Registeradresse" angesprochen. Abhängig vom Betriebszustand des Prozessors ist jeweils genau eines von ihnen aktiv. Sie entsprechen den folgenden Typen des aktuell bearbeiteten Programms:

- A7 (*user stack pointer* – USP) Benutzerprogramm,
- A7' (*interrupt stack pointer* – ISP) Unterbrechungsroutine,
- A7" (*master stack pointer* – MSP) Betriebssystemroutine.

Die Adreß- und Stackregister können auch als Datenregister benutzt werden. In diesem Fall werden aber in Abhängigkeit von einer ausgeführten Operation keine Flags im Statusregister geändert. Außerdem sind nur 16- oder 32-bit-Datenverarbeitung (Wort bzw. Doppelwort) möglich. Bei der Abspeicherung eines Wortes werden die oberen 16 Bits vorzeichenrichtig ergänzt, d.h. das Wort W wird für

- $\$0000 \leq W \leq \$7FFF$ durch $0000W,
- $\$8000 \leq W \leq \$FFFF$ durch $FFFFW ersetzt.

(Das Symbol '$' kennzeichnet hier wie im folgenden stets eine Zahl in Hexadezimaldarstellung.)

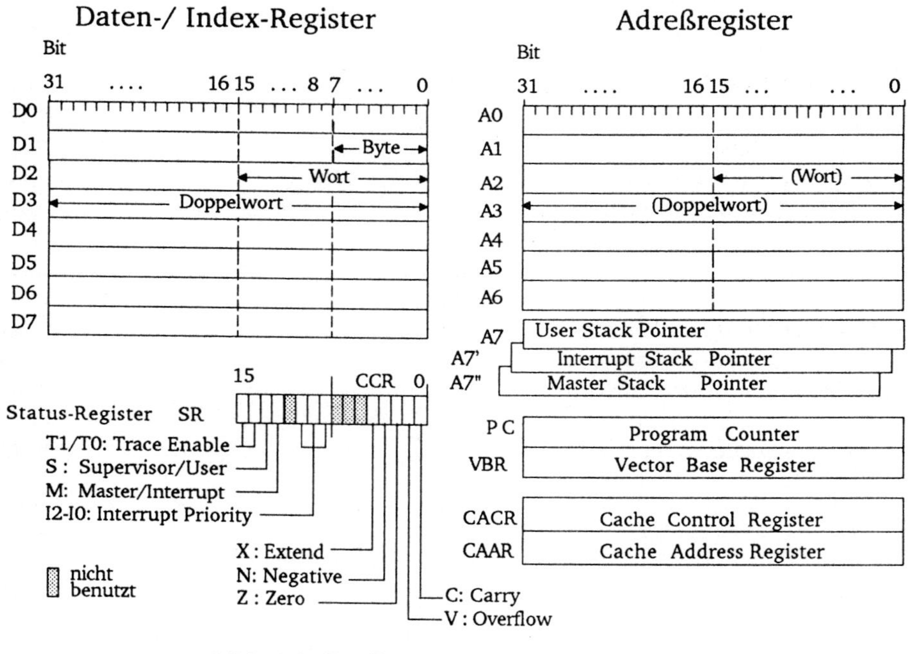

Bild 1.7-7. Der Registersatz des Motorola 68020

Das *Vector Base Register* ist das oben erwähnte Basisregister für die Interruptvektor-Tabelle im Speicher (vgl. Abschnitt 1.12).

Die beiden Cache-Register CACR (*cache control register*) und CAAR (*cache address register*) steuern die Benutzung eines kleinen, schnellen Zwischenspeichers im Mikroprozessor, in dem wenige Maschinenbefehle gespeichert sind (*instruction cache*). (Auf sie und die Realisierung eines Cache-Speichers wird im Abschnitt 3.8 ausführlich eingegangen.)

Das Statusregister SR enthält neben den Zustandflags im CCR (*condition code register*) sieben weitere Flags:

- Die Flags T1/T0 sind *Trace Flags*, die die Abarbeitung eines Programms in Einzelschritten steuern.
- Das *Supervisor/User Flag* S zeigt an, ob der Prozessor im Betriebssystem- oder Benutzermodus arbeitet, insbesondere also, ob eines der Stackregister A7', A7" oder aber das Stackregister A7 aktiv ist.
- Läßt das *Supervisor/User Flag* erkennen, daß der Betriebssystem-Modus vorliegt, so zeigt das *Master/Interrupt Flag* M, ob eine Interruptroutine mit dem Stackregister A7' oder eine Betriebssystem-Routine mit dem Stackregister A7" ausgeführt wird.
- Die *Interrupt Flags* I2 - I0 legen fest, welche Priorität eine Unterbrechungs-Anforderung mindestens haben muß, damit ihr stattgegeben wird. (Auf diese Flags gehen wir im Abschnitt 1.12.7 näher ein.)

1.7.5 Fallstudie: Das Programmiermodell des NS 32332

Bild 1.7-8 zeigt den Registersatz des Prozessors 32332 der Firma National Semiconductors. Dieser Prozessor besitzt 8 universelle Register, die ohne Einschränkung sowohl als Daten- wie auch als Adreßregister benutzt werden können. Wie die Datenregister des 68020 können sie 8-, 16- oder 32-bit-Daten enthalten, und zwar in den durch die senkrechten Trennlinien gekennzeichneten Bitpositionen.

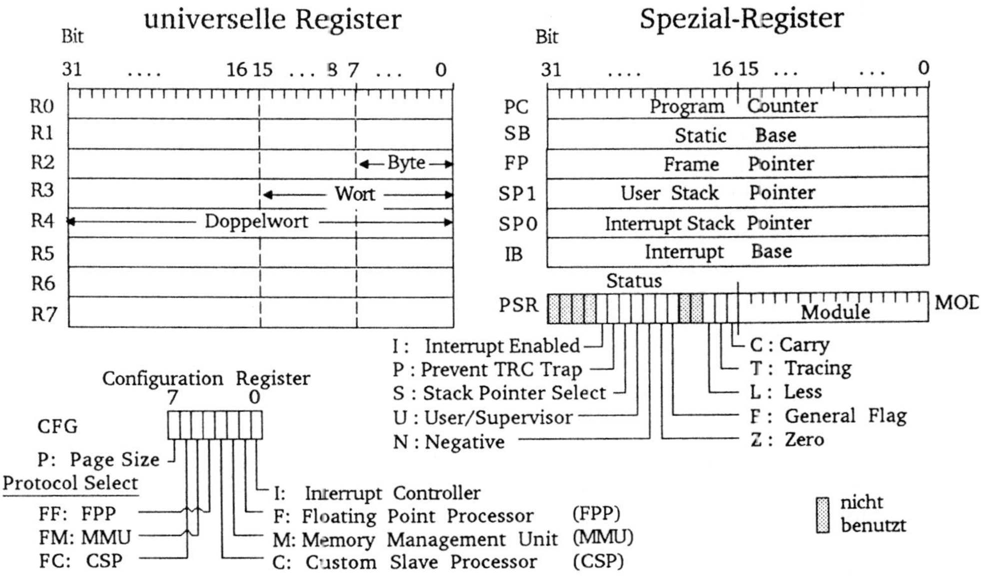

Bild 1.7-8. Der Registersatz des NS 32332

Die Spezialregister *Program Counter* (PC), *User Stack Pointer* (SP1), *Interrupt Stack Pointer* (SP0) und *Interrupt Base Register* (IB) haben dieselbe Funktion wie beim 68020, wobei das letztgenannte Register dem *Vector Base Register* entspricht.

Die Speicherverwaltungs-Register *Static Base* (SB) und *Frame Pointer* (FP) entsprechen im groben den Segment-Registern des 80386. SB zeigt für ein Programm oder eine Routine auf den Speicherbereich, der die (globalen) Variablen enthält. FP zeigt für eine aktive Routine auf den Bereich im Stack, den die Parameter und lokalen Variablen dieser Routine einnehmen. Dabei belegen die Parameter der Routine den Bereich oberhalb der im *Frame-Pointer*-Register angegebenen Adresse, die Variablen den Bereich darunter. Unter dieser Adresse selbst wird im Speicher der Inhalt des *Frame-Pointer*-Registers abgelegt, der vor dem aktuellen Prozeduraufruf gültig war.

Das Prozessorstatus-Register (PSR, Maschinenstatuswort) enthält in der höherwertigen Hälfte die bereits beschriebenen Statusflags, wenn sie auch anders bezeichnet werden (I=IF, U=UF, N=SF, Z=ZF, T=TF, C=CF). Dazu kommen:

- das *Less Flag* L, das anzeigt, daß ein Operand, als vorzeichenlose Zahl betrachtet, kleiner als ein anderer ist,
- das *General Condition Flag* F, das bei arithmetischen Operationen einen Überlauf anzeigt, bei vielen anderen Operationen aber eine spezifische Bedeutung besitzt.
- das *Stack Pointer Select Flag* S, das bestimmt, welcher Stackpointer SP0 oder SP1 benutzt wird.
- das *Pending Trace Trap Flag* P, das zur Steuerung der Einzelschritt-Ausführung (*trace*) eines Programms dient.

Das untere 16-bit-Wort Module im Statusregister enthält den Index, unter dem in einer im Speicher abgelegten Tabelle die Beschreibung für den augenblicklich ausgeführten Auftrag abgelegt ist. (Hierauf wird Abschnitt 4.6.2 eingegangen.)

Durch das *Configuration Register* unterscheidet sich der Registersatz des NS 32332 von den bisher vorgestellten Prozessortypen. Seine Bits haben die folgenden Funktionen:

- Es wird durch ... angezeigt, ob im System ...
  - Flag F: ein Arithmetik-Prozessor (FPP, s. Kapitel 2),
  - Flag C: ein spezieller, vom Anwender definierter Coprozessor (CSP),
  - Flag I: ein Baustein zur Verwaltung der Unterbrechungs-Anforderungen (*interrupt controller*, s. Abschnitt 5.3) und/oder
  - Flag M: ein Baustein zur Speicherverwaltung (MMU, s. Kapitel 4)

  eingesetzt ist.
- Für die Coprozessoren FPP und CSP sowie für den Speicherverwaltungs-Baustein MMU wird durch die ihnen zugeordneten Flags FF, FC bzw. FM individuell festgelegt, ob diese Komponenten mit dem Prozessor durch 16- oder 32-bit-Wörter kommunizieren. D.h., daß die Flags die Breite des Datenbusses zu diesen Komponenten festlegen.
- Das *Page Size Flag* spezifiziert für einen MMU-Baustein im System eine von zwei Größen der von ihm verwalteten Speicherseiten (s. Kapitel 4).

1.8 Das Adreßwerk

1.8.1 Vereinfachter Aufbau

Das **Adreßwerk** (*address unit* – AU, *address generation logic*) hat die Aufgabe, nach den Vorgaben des Steuerwerks aus den Inhalten bestimmter Speicherzellen und Register die Adresse eines gewünschten Operanden zu bilden. Es ist sicher die interne Komponente der Standard-Prozessoren, die in den letzten Jahren den stärksten Entwicklungsschüben unterworfen war. Bei den meisten 8-bit-Prozessoren wurde diese Adreßberechnung zum großen Teil noch von der ALU des Operationswerkes vorgenommen, so daß bei ihnen ein spezielles Adreßwerk entfällt. Jedoch besaß bereits Mitte der 70er Jahre der µP 2650 von Valvo einen speziellen Adressen-Addierer (*offset adder*). Seitdem sind viele Funktionen zu den Aufgaben des Adreßwerkes hinzugekommen. Dadurch wird es möglich, die Adreßberechnung parallel zu den Aktivitäten des Operationswerkes durchzuführen und somit die Verarbeitungsgeschwindigkeit des Prozessors wesentlich zu erhöhen. (Wie bereits erwähnt, spricht man hier von *Pipeline*-Verarbeitung. Ein anderes Beispiel für diese Form der Parallel-Verarbeitung hatten Sie schon bei der Vordecodierung der Maschinenbefehle im Steuerwerk des 80386 kennengelernt, s. Abschnitt 1.5.) Zu den neuen Aufgaben gehört insbesondere die Verwaltung eines virtuellen Speichers. Wir haben bereits vereinfachend gesagt, daß es dabei um die Umwandlung von logischen in physikalische Adressen geht. Bei den älteren Prozessortypen wurde diese Aufgabe von speziellen Bausteinen (*memory management unit* – MMU) vorgenommen. Die neueren 16/32-bit-Prozessoren besitzen jedoch eine auf dem Chip integrierte MMU. Um dieses Kapitel inhaltlich nicht zu überfrachten, werden wir auf die MMUs erst in Kapitel 4 ausführlich eingehen. Als Folge davon wird dieser Abschnitt sehr kurz ausfallen.

Bild 1.8-1 zeigt ein sehr einfaches Beispiel für ein Adreßwerk, zusammen mit den angeschlossenen Komponenten des µPs. In ihm sind, wie angekündigt, alle Komponenten zur Speicherverwaltung weggelassen. (Natürlich könnte man den Programmzähler und den Adreßpuffer auch zum Adreßwerk zählen. In Übereinstimmung mit den Unterlagen vieler µP-Hersteller wollen wir das hier nicht tun.)

Das Adreßwerk besteht im wesentlichen aus einem Adreßaddierer. Als Akkumulatoren dienen diesem Addierer wahlweise der Programmzähler oder der Adreßpuffer, je nachdem, ob die Adresse des nächsten Programmbefehls oder eines Operanden berechnet werden muß. Der Eingangswert einer Adreßberechnung kann einerseits aus dem Registersatz entnommen werden, wozu hauptsächlich die Index- und Basisregister herangezogen werden. Andererseits kann dieser Wert aber auch aus dem Datenbuspuffer des Prozessors kommen. In diesem Fall handelt es sich um eine im Befehl angegebene absolute Adresse oder eine Adreßdistanz zu einer Basisadresse im Registersatz. Auf den zweiten Eingang des Addierers wird (über ein Hilfsregister HR1) einer der oben genannten Akkumulatoren, also Programmzähler oder Adreßpuffer, zurückgekoppelt. Der Inhalt dieser Register kann außerdem über die "Treiber" TR, die als Busschalter wirken, in den Registersatz oder den Arbeitsspeicher übertragen werden.

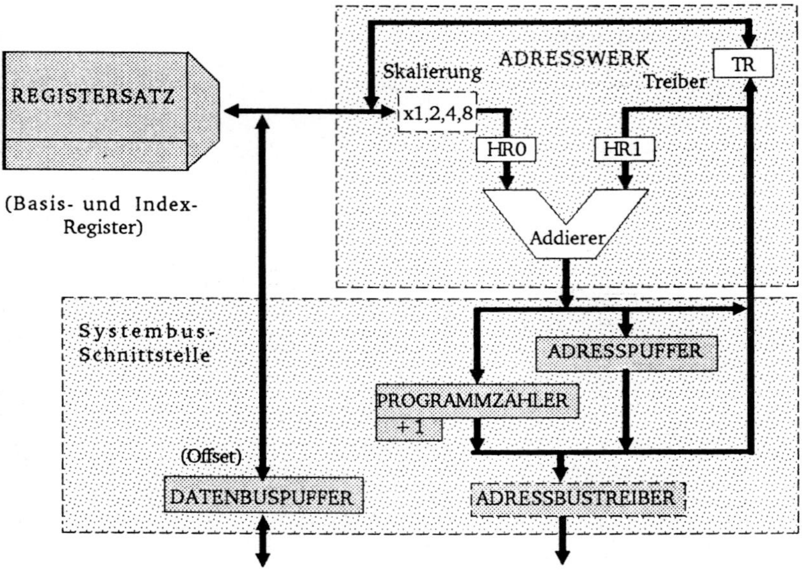

Bild 1.8-1. Aufbau eines einfachen Adreßwerks

Selbsttestaufgabe S1.8-1:
Im Abschnitt 1.15 werden Sie die folgende Schreibweise für eine indizierte Adressierungsart mit Post-Inkrementierung kennenlernen: <Offset>(B0)(I0)+ .   Die dadurch vorgegebene Berechnungsvorschrift für die Operandenadresse lautet: *"Addiere den Inhalt des Basisregisters B0, des Indexregisters I0 sowie den im Befehl angegebenen Offset. Erhöhe nach dem Zugriff zum Operanden den Inhalt des Indexregisters I0 um 1".*   Geben Sie alle Teilschritte an, die zur Ausführung der Adreßberechnung nötig sind. Nehmen Sie dabei an, daß die Inkrementierung des Indexregisters I0 durch das Adreßwerk vorgenommen werden muß.

1.8.2 Skalierung

Die Aufgabe der mit **Skalierung** bezeichneten Komponente wurde bereits im Abschnitt 1.7 beschrieben. Diese Komponente existiert hauptsächlich bei 32-bit-Prozessoren. Zur Erinnerung: Die Skalierung erlaubt es, einen Operanden wahlweise mit den Werten 1, 2, 4 oder 8 zu multiplizieren. Da es sich bei diesen Operanden um Adressen oder Adreßdistanzen (*Offsets*) von Speicherzellen handelt, die z.B. in einem Indexregister stehen, kann man sukzessiv auf Datenwörter der Länge 1, 2, 4 oder 8 Bytes zugreifen, indem man das Indexregister jeweils um 1 erhöht bzw. erniedrigt. Dies wird bei den im Abschnitt 1.15 dargestellten Adressierungsarten ausgenutzt.

Bekanntlich bedeutet eine Multiplikation einer positiven ganzen Zahl mit dem Faktor 2 gerade eine Verschiebung um eine Bitposition nach links, also zu höheren Bitwertigkeiten hin, und dem Auffüllen der untersten Bitstelle mit einer '0'. Daher kann man die Skalierungskomponente durch ein Schaltnetz realisieren, das alle Bits wahlweise um 0, 1, 2 oder 3 Stellen nach links verschiebt. Solch ein Schaltnetz wird *Barrel Shifter* genannt.

Im Bild 1.8-2 ist eine mögliche Realisierung eines *Barrel Shifters* dargestellt. Der Grundbaustein ist ein 4-bit-Multiplexer. Sein Schaltsymbol ist im oberen Teil von Bild 1.8-2 angegeben. Die beiden Steuerleitungen S_0 und S_1 der Multiplexer werden für alle Bitpositionen miteinander verbunden.

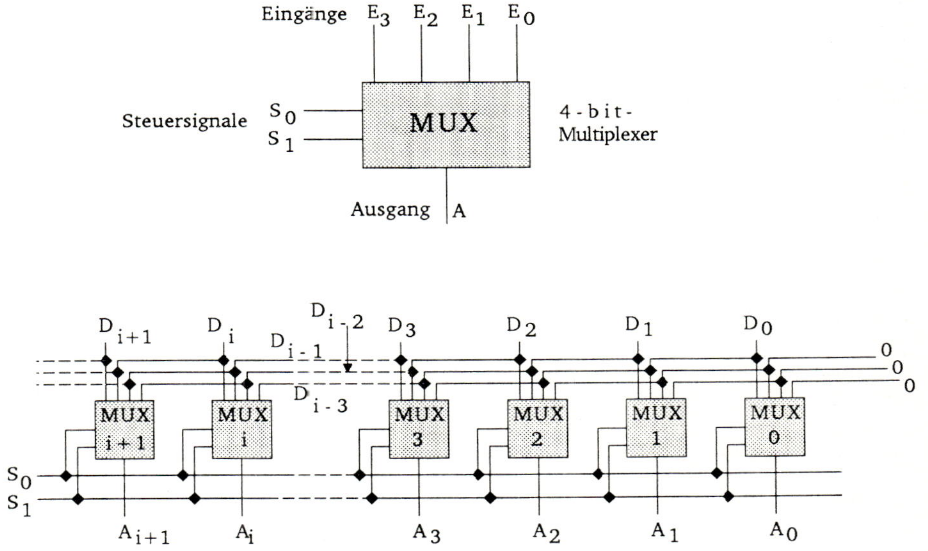

Bild 1.8-2. Realisierung eines *Barrel Shifters*

Ist $D=D_n...D_0$ die Eingabeinformation der Skalierungskomponente, so ist die Ausgabeinformation 3 bit länger, d.h. man kann sie als $A=A_{n+3}A_{n+2}A_{n+1}A_n...A_0$ schreiben.

Jeder Dateneingang D_i ist beim Multiplexer Nr. i mit dem Eingang E_3, bei seinem unmittelbar linken Nachbarn mit dem Eingang E_2, beim übernächsten Nachbar mit E_1 und beim dritten linken Nachbarn mit E_0 verbunden. Die bei dieser Belegung frei bleibenden unteren Eingänge der ersten drei Multiplexer bzw. oberen Eingänge der letzten drei Multiplexer werden mit '0' belegt. (Natürlich kann man diese Multiplexer auch durch spezielle Multiplexer mit 1 bis 3 Eingängen ersetzen.)

Für die Ausgänge A_i ergeben sich in Abhängigkeit von S_0 und S_1 die folgenden Werte:

S_1	S_0	A_i	Funktion
0	0	D_{i-3}	$A = 8 \cdot D$
0	1	D_{i-2}	$A = 4 \cdot D$
1	0	D_{i-1}	$A = 2 \cdot D$
1	1	D_i	$A = 1 \cdot D$

Selbsttestaufgabe S1.8-2:

a) Geben Sie eine Realisierung für den 4-bit-Multiplexer derart an, daß der Index des durchgeschalteten Eingangs E_i gerade mit der durch (S_1,S_0) gegebenen Dualzahl übereinstimmt.

b) Entwerfen Sie ein Schieberegister, das in Abhängigkeit von zwei Steuersignalen S_1, S_0 wahlweise

	S_1 S_0
– den Registerinhalt unverändert läßt, bzw.	0 0
– parallel über die Dateneingänge D_i,	0 1
– mit dem Doppelten des alten Registerinhalts,	1 0
– mit dem Vierfachen des alten Registerinhalts geladen wird.	1 1

1.9 Das interne Bussystem

1.9.1 Prinzipieller Aufbau

Bild 1.9-1 stellt (noch einmal) das interne Bussystem eines Mikroprozessors dar.

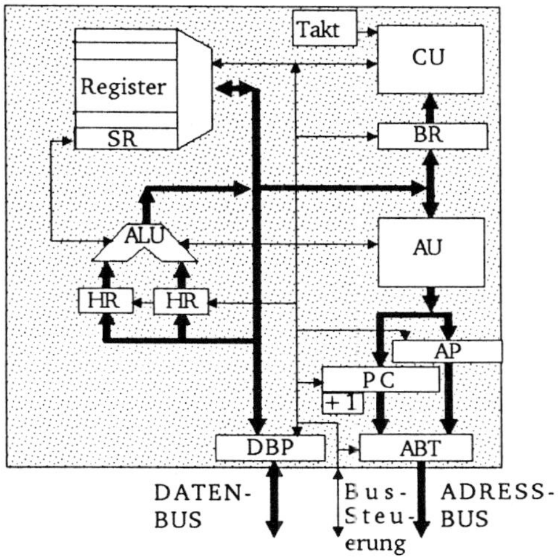

Legende:

ABT	Adreßbustreiber
ALU	Arithmetisch/logische Einheit
AP	Adreßpuffer
AU	Adreßwerk
BR	Befehlsregister
CU	Steuerwerk
DBP	Datenbuspuffer
HR	Hilfsregister
PC	Programmzähler
SR	Statusregister

Bild 1.9-1. Das interne Bussystem eines Mikroprozessors

Im internen Steuerbus sind zur Vereinfachung der Darstellung alle Steuerleitungen zusammengefaßt, obwohl die auf ihnen transportierten Signale zum großen Teil funktional nicht zusammenhängen und sie auf dem Chip nicht als "Sammelschiene" paralleler Leitungen erscheinen. Stattdessen werden die Steuerleitungen auf individuellen Wegen vom Steuerwerk zu den einzelnen Komponenten gezogen. Obwohl der Steuerbus im Bild 1.9-1 als dünne Linie gezeichnet ist, umfaßt er in der Realität erheblich mehr Leitungen als der Adreß-/Datenbus (vgl. das Steuerwerk des Motorola 68000 im Abschnitt 1.5). In den folgenden Betrachtungen wird der interne Steuerbus nicht mehr ausdrücklich berücksichtigt.

Der interne Adreßbus beginnt im Adreßwerk (AU) und wird über die Adreßbustreiber mit dem externen Adreßbus verbunden. Zur Zwischenspeicherung der Adressen wird er über den Programmzähler bzw. den Adreßpuffer geführt.

Der interne Datenbus verbindet alle anderen Komponenten des Prozessors: das Rechenwerk (mit der ALU), den Registersatz, das Steuerwerk (mit dem Befehlsregister) sowie das Adreßwerk. Er ist über den Datenbuspuffer mit dem externen Datenbus gekoppelt.

Man sieht sofort, daß der interne Datenbus einen Engpaß bzgl. der schnellen Befehlsverarbeitung darstellt. Denn zu jedem Zeitpunkt ist höchstens ein Datentransfer zwischen zwei bestimmten Komponenten des Prozessors möglich. Parallelität der Verarbeitung ist nur in beschränktem Maß möglich. So können z.B. jeweils gleichzeitig

- ein Befehl im Steuerwerk decodiert und ein Datum in den Datenbuspuffer geladen werden,
- eine Operation in der ALU ausgeführt und der Programmzähler um 1 erhöht werden.

Folglich versuchen die Prozessorentwickler, durch den Einsatz eines in mehrere Teilbusse aufgesplitteten internen Datenbusses diesen Engpaß zu vermeiden. Durch Erhöhung des Grades an prozessorinterner Parallelität erreicht man so eine wesentliche Steigerung der Verarbeitungs-Geschwindigkeit. Dieser Maßnahme steht jedoch entgegen, daß das interne Bussystem einen großen Teil der Chipfläche belegt und deshalb nicht beliebig ausgebaut werden kann.

1.9.2 Varianten

Im Bild 1.9-2 wird zunächst ein zweiter, getrennter Bus vom Datenbuspuffer zum Steuerwerk und zum Adreßwerk geführt (Bus 2). Dadurch ist es nun möglich, parallel zu jeder Aktivität im Rechenwerk und im Registersatz das Befehlsregister mit dem nächsten Befehl zu laden.

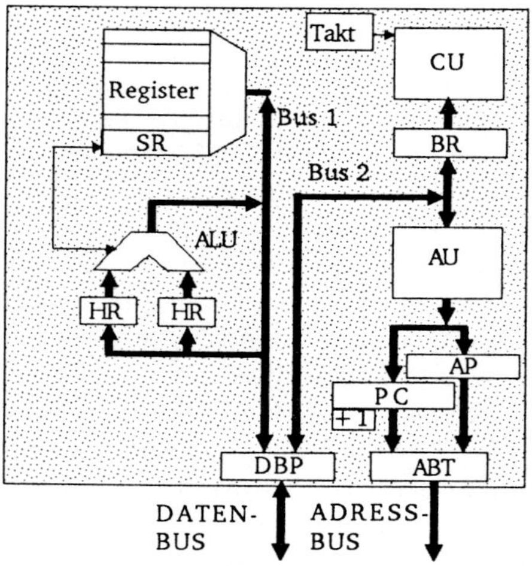

Bild 1.9-2. Einsatz eines *Prefetch*-Busses

Im Abschnitt 1.5 wurde gezeigt, daß das Befehlsregister auch als Warteschlange (*opcode prefetch queue*) ausgebildet sein kann. In diesem Fall ist es dann möglich, während einer komplexen arithmetisch/logischen Operation mehrere Befehle nacheinander in die Warteschlange zu laden. Die aus dem Befehlsstrom herausgefilterten Adreßdistanzen (*displacement*, *offset*) werden dem Adreßwerk zugeführt. Da wir diesen Vorgang im Abschnitt 1.5 mit dem Begriff *Opcode Prefetch* bezeichnet hatten, wollen wir nun den neu eingeführten Bus 2 *Prefetch*-Bus nennen. Werden vom Adreßwerk bestimmte Registerinhalte des Registersatzes benötigt, so müssen diese über den Datenbuspuffer transportiert werden.

Zur Erhöhung der Parallelität im Rechenwerk bieten sich mehrere Möglichkeiten an. Bei der im Bild 1.9-3 dargestellten wird ein weiterer Bus eingeführt (Bus 3), der die Ergebnisse einer Operation von der ALU in den Registersatz transportiert. Wir nennen ihn deshalb Ergebnisbus.

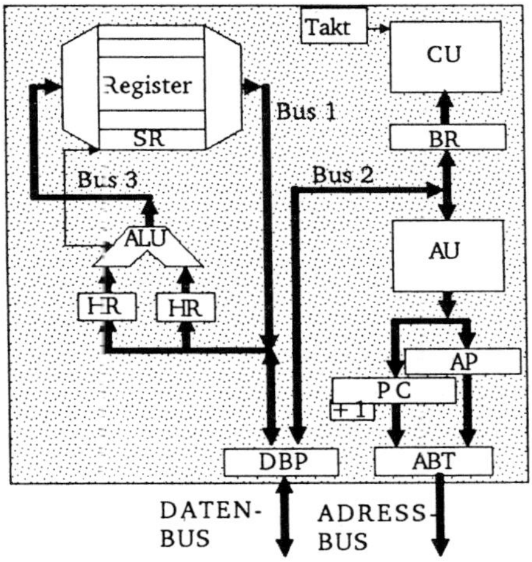

Bild 1.9-3. Einsatz eines Ergebnisbusses

Durch ihn ist es nun möglich, ein Hilfsregister der ALU bereits mit einem neuen Operanden aus dem Registersatz oder dem Datenbuspuffer (über Bus 1) zu laden, während noch das Ergebnis der zuletzt ausgeführten Operation (über Bus 3) in den Registersatz gebracht wird. Das Steuerwerk muß die parallele Abarbeitung der beiden Aktivitäten nur dann unterbinden, wenn das Ergebnis der letzten Operation selbst als einziger Operand der neuen Operation benötigt wird, wenn also beide das gleiche Register belegen. Werden zwei Operanden verwendet, so kann auf jeden Fall einer von ihnen "vorzeitig" geladen werden.

Technisch ist dieses Bussystem dadurch zu realisieren, daß bei den Speicherzellen des Registersatzes Ein- und Ausgänge jeweils zu getrennten Bussen zusammengeschaltet werden. Das Laden eines Registers ist bei dieser Lösung nur über die ALU und den Ergebnisbus möglich.

Die zweite Lösung, die im Bild 1.9-4 dargestellt ist, sieht einen zweiten Operandenbus (Bus 2) vom Registersatz zur ALU vor. Hier werden in einem Schritt beide Operanden über getrennte Busse an die Eingänge der ALU gelegt. Davon muß stets ein Operand im Registersatz stehen (Bus 2), der zweite kann (über Bus 1) aus dem Registersatz, aber auch vom Datenbuspuffer kommen. Das Ergebnis wird über den Operanden-/Ergebnis-Bus (Bus 1) in den Registersatz oder den Datenbuspuffer transportiert. Das Hilfsregister (HR) hinter der ALU verhindert, daß sich Operand und Ergebnis auf dem Bus gegenseitig stören (Stichwort: "kritischer Wettlauf", vgl. Abschnitt 1.6).

Technisch kann dieses Doppel-Bussystem so realisiert werden, daß jeder Ausgang einer Zelle im Registersatz durch einen Demultiplexer wahlweise auf eine von zwei Busleitungen geschaltet werden kann. Von diesen zwei Leitungen ist genau eine auch mit dem Eingang der Zelle selbst zu verbinden.

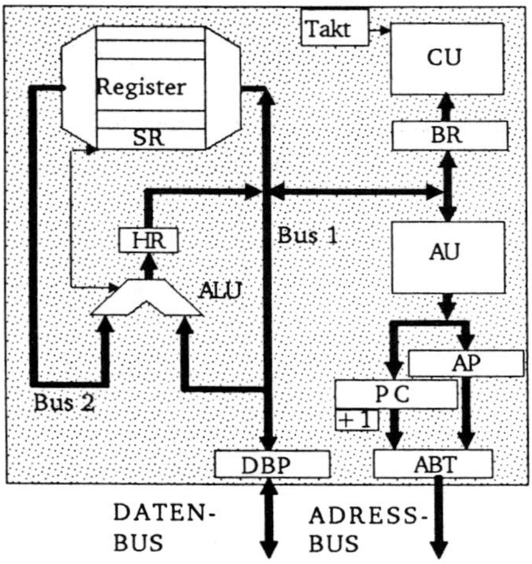

Bild 1.9-4. Einsatz eines zweiten Operandenbusses

Das Bussystem im Bild 1.9-5 erweitert das zuletzt behandelte System um einen *Prefetch*-Bus (Bus 2). Außerdem wurde eine Verbindung des Operanden/Ergebnis-Busses (Bus 1) zum Adreßwerk geschaffen. Dadurch wird für das Adreßwerk der Zugriff auf die Adreßregister im Registersatz ohne Umweg über den Datenbuspuffer und den *Prefetch*-Bus möglich. (Dieses Bussystem stimmt übrigens im wesentlichen mit dem im Intel 80286 realisierten überein.)

Selbsttestaufgabe S1.9-1:
Skizzieren Sie den Aufbau eines Registersatzes aus D-Flipflops und seine Einbindung in die Bussysteme nach Bild 1.9-3 und Bild 1.9-4. Dabei dürfen Sie davon ausgehen, daß mehrere Registerausgänge zusammengeschaltet werden können, wenn eine Auswahllogik dafür sorgt, daß zu jedem Zeitpunkt höchstens einer von ihnen aktiviert ist. (Wie das zu realisieren ist, wird im Abschnitt 1.10 beschrieben.)

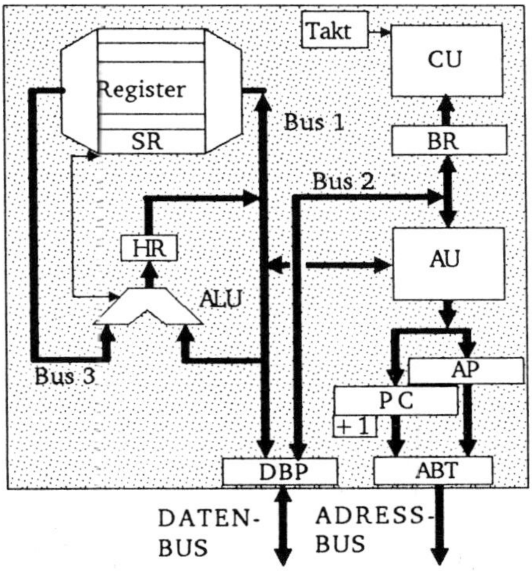

Bild 1.9-5. Erweiterung des Systems aus Bild 1.9-4

Selbsttestaufgabe S1.9-2:

Nehmen Sie vereinfachend an, daß jede Aktivität auf einem der Teilbusse nach Bild 1.9-5 genau einen Zyklus des Systemtaktes dauert. Jede Operation der ALU werde noch in dem Taktzyklus beendet, in dem alle Operanden an den Eingängen anliegen. Die Decodierung eines Befehles werde gleichfalls noch in dem Zyklus beendet, in dem der Befehl ins Befehlsregister kommt. Die *Prefetch-Queue* sei ausreichend groß, um alle Befehle aufzunehmen.

a) Skizzieren Sie die zeitliche Belegung der Busse für die folgende Befehlsfolge:

INC	R1	*Erhöhe Register R1 um 1*
ADD	R1,R2	*Addiere R2 zu R1, Ergebnis nach R1*
ST	R1,n	*bringe R1 in Speicherzelle n*

Die beiden ersten Befehle seien in einem Speicherwort, der letzte in zwei Speicherworten untergebracht.

b) Vergleichen Sie die benötigte Zeit mit der Verarbeitungszeit in einem Bussystem nach Bild 1.9-1.

Im Bild 1.9-6 ist ein Extrembeispiel dargestellt, bei dem der interne Datenbus aus einem *Prefetch*-Bus (Bus 4), zwei Operandenbussen (Bus 1 und 2) und einem Ergebnisbus (Bus 3) besteht. (Das eingezeichnete Hilfsregister HR wird nur für den Fall benötigt, daß eines der Operanden-Register mit dem Ergebnis-Register übereinstimmt.)

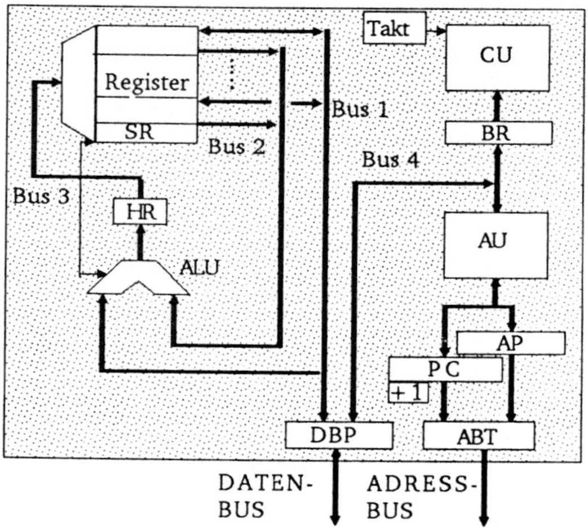

Bild 1.9-6. Ein Extrembeispiel für den internen Datenbus

1.9.3 Fallstudie: Zur Befehlsverarbeitung verschiedener Prozessoren

Die 8-bit-µPs 6502 von MOS-Technology (heute: Commodore) und 6809 von Motorola arbeiten beide mit einer Zykluszeit von 1 µs. Diese Zeit wird für jeden Speicherzugriff, aber auch für die Decodierung eines Befehls benötigt. Beide Prozessoren können mit einer verkürzten 8-bit-Adresse auf eine bestimmte Seite des Speichers zugreifen. Sie führen ein *Prefetch*-Verfahren lediglich derart durch, daß sie

- während der Decodierphase bereits den Operanden in den Datenbuspuffer,
- während der Ausführungsphase den OpCode des nächsten Befehls in das Befehlsregister

laden. Trotz dieser Gemeinsamkeiten führt der 6502 einige Befehle schneller aus als der 6809. Dies ist darauf zurückzuführen, daß der 6502 noch während der Decodierphase die zunächst in den Datenbuspuffer geladene Adresse des Operanden in den Adreßpuffer überträgt. Dies wird in Tabelle 1.9-7 an der Ausführung eines Addierbefehls skizziert:

ADC n *Addiere zum Akkumulator den Inhalt der Speicherzelle n*
mit n {$00,..,$FF} ($ = hexadezimal)

Tabelle 1.9-7. Zur Befehlsverarbeitung im 6502 bzw. 6809

6809:				
Zyklus 1	2	3	4	5
OpCode ins Befehls-register holen	Decodieren und Adresse n in Datenbus-Puffer laden	Datenbus-Puffer in Adreßpuffer übertragen	Operanden in Daten-buspuffer laden	Ausführen und nächsten OpCode holen
6502:				
Zyklus 1	2	3	4	5
OpCode ins Befehls-register holen	Decodieren und Adresse n über Daten-buspuffer ins Adreßre-gister laden	Operanden in Daten-buspuffer laden	Ausführen und nächsten OpCode holen	

1.10 Die Systembus-Schnittstelle

Die **Systembus-Schnittstelle** (*bus interface unit* – BIU) stellt die Verbindung des Mikroprozessors zu seiner Umwelt, also den Komponenten des Mikroprozessor-Systems dar. Dazu übernimmt sie einerseits die (logische) Funktion der Zwischenspeicherung von Adressen und Daten, andererseits die elektrische Funktion der Anpassung von internen und externen Signalpegeln und der Bereitstellung genügend großer Ausgangsleistung. Dies geschieht durch die Treiber, die als Stromverstärker eine größere Buslast und damit eine größere Anzahl von angeschlossenen Bausteineingängen erlauben. Auf beide Funktionen soll nun näher eingegangen werden. Dazu ist im Bild 1.10-1 noch einmal die Systembus-Schnittstelle skizziert.

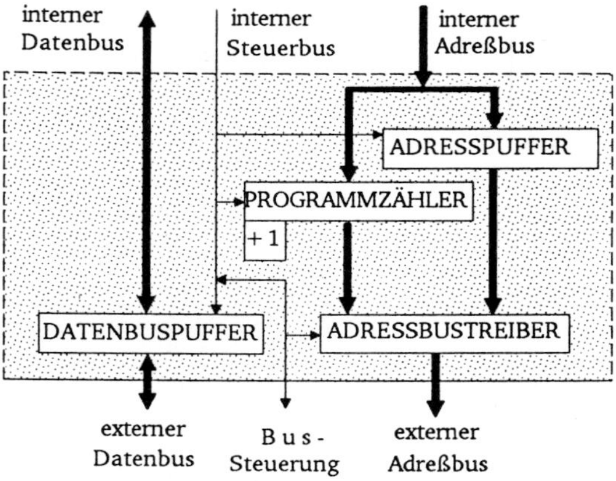

Bild 1.10-1. Die Systembus-Schnittstelle

Wie bereits gesagt, werden Register, die nur zur kurzzeitigen Zwischenspeicherung eines Datums dienen und die vom Benutzer nicht direkt durch spezielle Befehle angesprochen werden können, häufig als Puffer(-Register, *latches, buffer*) bezeichnet. Die Systembus-Schnittstelle des Prozessors enthält wenigstens drei Pufferregister.

1.10.1 Die Register der Systembus-Schnittstelle

1.10.1.1 Der Datenbus-Puffer

Der Datenbus-Puffer (DBP) speichert alle Daten, die von der Außenwelt in den Prozessor gelesen werden oder in umgekehrter Richtung den Prozessor verlassen. Zusätzlich dient er bei einfachen Prozessoren der ALU (im Rechenwerk) als Hilfsregister für einen ihrer beiden Operanden. Bei Prozessoren, die intern eine erheblich höhere Verarbeitungsgeschwindigkeit haben, als sie beim Zugriff auf einen externen Speicher möglich ist, hält dieser Puffer das auszugebende Datum so lange fest, bis es vom Speicher übernommen wurde.

Um die beschriebenen Aufgaben erfüllen zu können, muß der Datenbus-Puffer von beiden Richtungen aus, also vom Innern des Prozessors sowie von seiner Außenwelt her, gelesen und beschrieben werden können. Um anderen Komponenten des Systems den exklusiven Zugriff auf den Datenbus zu gewähren, muß es zusätzlich möglich sein, die Ausgänge des Datenbus-Puffers zum externen Datenbus "abzuschalten". Dieses Abschalten wird durch eine besondere Gatterform, das **Tristate-Gatter** erlaubt. Sein Schaltbild und seine Funktionstabelle sind im Bild 1.10-2 dargestellt.

a) Schaltsymbol

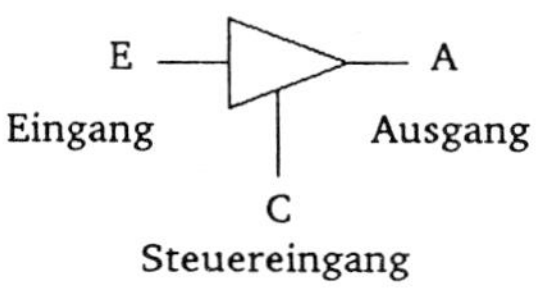

b) Funktionstabelle

C	E	A
L	-	Z hochohmig
H	L	L
H	H	H

c) Busleitung

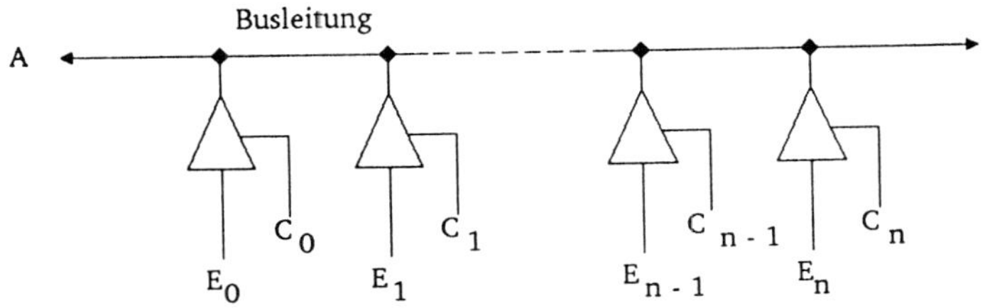

Bild 1.10-2. Tristate-Gatter

Wie der Name bereits angedeutet, besitzt es drei Ausgangszustände: neben den Pegelzuständen H (*high*) und L (*low*) noch den Zustand Z. In diesem Zustand ist der Ausgang A hochohmig gegen beide Betriebsspannungen (*high impedance*). Dieser Ausgangszustand wird stets angenommen, wenn der Steuereingang C (*control*) auf L-Potential liegt. Tristate-Gatter ermöglichen es, mehrere Gatterausgänge auf eine gemeinsame Leitung zusammenzuschalten (s. Bild 1.10-2c). Sie werden deshalb bevorzugt zum Aufbau von Bussystemen benutzt. Solange dafür gesorgt wird, daß niemals mehr als höchstens einer der Steuereingänge C_i aktiviert, also auf H-Potential ist, kann es am gemeinsamen Ausgang A der Gatter keinen Kurzschluß geben.

Im Bild 1.10-3 ist ein Treiber aus Tristate-Gattern gezeichnet, der einen Datentransfer in beiden Richtungen zuläßt. Für jede Bit-Leitung des Datenbusses muß ein solcher Treiber vorhanden sein.

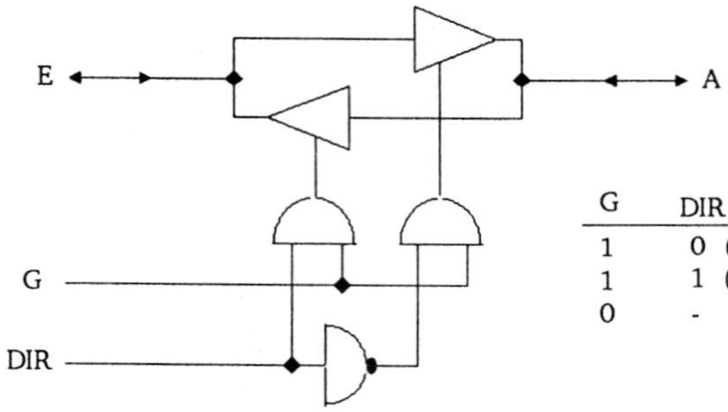

G	DIR	Richtung
1	0 (L)	E → A
1	1 (H)	A → E
0	-	E, A hochohmig

Bild 1.10-3. Ein bidirektionaler (Datenbus-)Treiber

Durch ein L-Potential am Steuereingang G werden über die UND-Gatter beide Tristate-Gatter gesperrt, ihre Ausgänge also hochohmig. Somit ist ein Datentransfer in keine Richtung möglich. Liegt G auf H-Potential, so ist stets genau eines der UND-Gatter aktiviert. Welches von beiden, wird durch das Richtungs-Umschaltsignal DIR vorgegeben: Ist DIR auf L-Potential, so geht die Übertragung von E nach A, für DIR auf H-Potential von A nach E.

(Hinweis: Die Tristate-Treiber des Datenbusses sind hier im µP selbst integriert. Jedoch gibt es auch "diskrete" Bausteine mit beispielsweise acht uni- bzw. bidirektionalen Tristate-Treibern zum Anschluß beliebiger Komponenten an den Systembus.)

Im Bild 1.10-4 ist der bidirektionale Datenbus-Treiber so um ein D-Flipflop erweitert, daß aus beiden Richtungen der Inhalt des Flipflops gelesen oder verändert werden kann.

Die Übernahme eines neuen Datums in das Flipflop wird durch ein spezielles Taktsignal erzwungen. Durch ein L-Signal am Steuereingang G werden alle Tristate-Gatter deaktiviert. Ein H-Signal an G selektiert genau die beiden Tristate-Gatter einer Übertragungsrichtung (G_1, G_4 bzw. G_2, G_3). Durch das Signal DIR wird wiederum die gewünschte Richtung ausgewählt. Zwei zusätzliche Steuersignale O_E, O_A ermöglichen die Deaktivierung der Ausgangs-Gatter G_2 bzw. G_4, so daß der Flipflop-Inhalt verändert werden kann, ohne daß der Ausgang des Flipflops auf die Leitung E bzw. A gelegt wird.

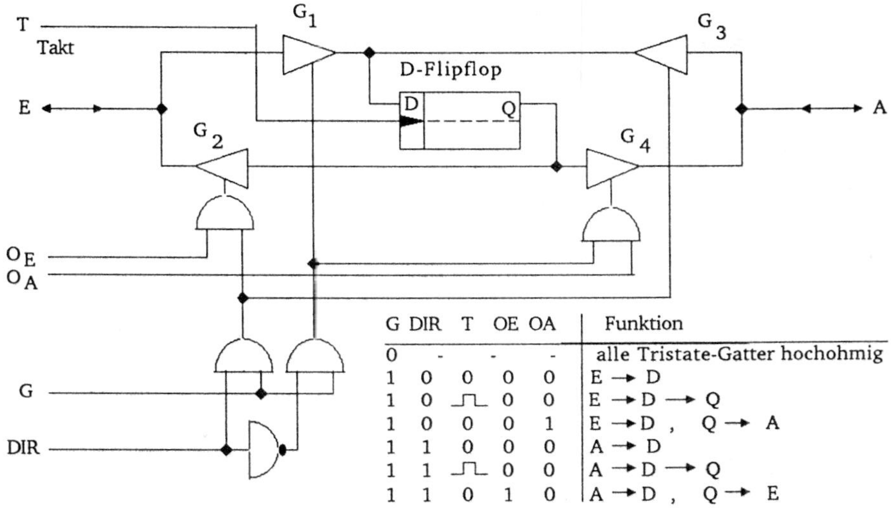

G	DIR	T	OE	OA	Funktion
0	-	-	-	-	alle Tristate-Gatter hochohmig
1	0	0	0	0	E → D
1	0	⎍	0	0	E → D → Q
1	0	0	0	1	E → D , Q → A
1	1	0	0	0	A → D
1	1	⎍	0	0	A → D → Q
1	1	0	1	0	A → D , Q → E

Bild 1.10-4. Bidirektionaler Datenbustreiber mit Puffer-Flipflop

1.10.1.2 Der Programmzähler

Das zweite Pufferregister der Systembus-Schnittstelle ist der Programmzähler, der auch Befehlszähler genannt wird (*program counter, instruction pointer*). Er enthält stets die Adresse der Speicherzelle, in der der nächste auszuführende Befehl (oder Befehlsteil) liegt. Beim sequentiellen, nicht durch Sprünge oder Verzweigungen unterbrochenen Programmablauf wird der Programmzähler mit jedem Befehl (bzw. Befehlsteil) nur um 1 erhöht. Dies ist im Bild 1.10-1 durch das Symbol '+1' angedeutet. Zur Realisierung von Sprüngen und Verzweigungen wird der Programmzähler durch das Adreßwerk mit der neuen Programmadresse geladen. Wird durch eine falsch berechnete Sprungadresse nicht zu einem neuen Befehl, sondern stattdessen in einen Datenbereich des Speichers verzweigt, so führt das in der Regel zu unvorhersehbaren Auswirkungen ("Der µP läuft in den Wald"). Das Steuerwerk kann von sich aus nicht feststellen, ob das eingelesene Speicherwort einen Maschinenbefehl oder einen Operanden darstellt. In diesem Fall muß der µP wieder in einen definierten Anfangszustand zurückgesetzt werden.

1.10.1.3 Der Adreßpuffer

Die für die Ausführung eines Maschinenbefehls benötigten Operanden werden durch das Adreßpufferregister selektiert. Der Adreßpuffer wird vom Adreßwerk mit der Adresse des Operanden geladen, die nach bestimmten fest vorgegebenen

Verfahren berechnet wird. (Diese als Adressierungsarten bezeichneten Verfahren werden Sie im Abschnitt 1.15 kennenlernen.)

Wie bereits im Abschnitt 1.8 gesagt, könnte man natürlich den Programmzähler und den Adreßpuffer nach ihrer logischen Funktion auch dem Adreßwerk zuordnen (vgl. Bild 1.8-1). Sie werden jedoch fast immer der Systembus-Schnittstelle zugeteilt, da sie einerseits eine logische und physikalische Schnittstelle zur Anbindung der externen System-Komponenten darstellen und andererseits bei einfachen µPs das Adreßwerk ganz entfallen kann.

Programmzähler und Adreßpuffer werden wahlweise durch die Adreßbustreiber auf den externen Adreßbus geschaltet. Diese Treiber sind meistens als Multiplexer aufgebaut. Um den Prozessor vom Adreßbus abschalten zu können und so anderen Systemkomponenten den Zugriff darauf zu erlauben, sind ihre Ausgänge als Tristate-Ausgänge realisiert.

Selbsttestaufgabe S1.10-1:
Skizzieren Sie den beschriebenen Adreßbustreiber für je ein Bit des Programmzählers bzw. des Adreßpuffers.

1.10.2 Zeitverhalten der Systembus-Signale

1.10.2.1 Synchroner Systembus

Im Bild 1.10-5 ist der zeitliche Ablauf (*timing*) der Signale auf dem Systembus für eine Lese- und eine Schreiboperation dargestellt.

Bei dem beispielhaft betrachteten Prozessor handelt es sich um einen 8-bit-Prozessor mit einer Taktfrequenz von 1 MHz. Dem entspricht eine Länge des Taktzyklus von 1 µs (Vollschwingung des Systemtaktes). Die Zeitspanne zur Ausführung einer Systembus-Operation (Lesen bzw. Schreiben eines Datums) wird häufig als **Buszyklus** T bezeichnet. Beim betrachteten Prozessor stimmt sie mit dem Taktzyklus überein.

Zu Beginn der positiven Halbwelle (Zeitspanne T_a) wird für beide Übertragungsrichtungen 'Lesen' bzw. 'Schreiben' die Adresse auf den Adreßbus gelegt. Die Auswahl der Übertragungsrichtung geschieht durch die Bussteuerleitung $R/\overline{W}$ (Lese-/Schreibsignal).

- Bei einer Leseoperation ($R/\overline{W}=1$) gibt der Speicher (oder eine andere Systemkomponente) irgendwann während der Zeit T_b die geforderten Daten auf den Datenbus. Ihre Übernahme in den Prozessor wird durch die positive Flanke des Systemtaktes (am Ende von T_b) angestoßen.
- Beim Schreiben eines Datums ($R/\overline{W}=0$) in den Speicher legt der Prozessor spätestens mit Beginn der negativen Halbwelle des Systemtaktes (Zeitspanne T_b) die Daten auf den Datenbus. Die Übernahme der Daten in den Speicher wird durch die positive Flanke von $R/\overline{W}$ ausgelöst.

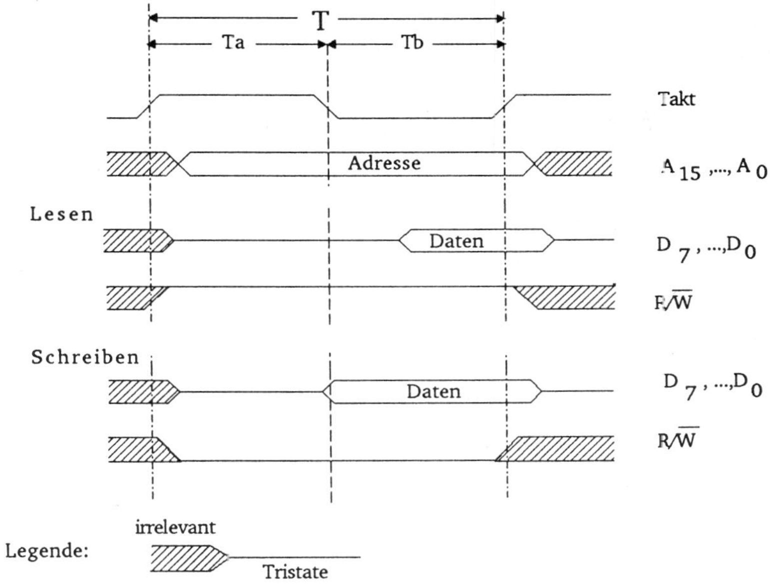

Bild 1.10-5. Zeitliche Abläufe auf einem synchronen Systembus

Die relativ lange Zykluszeit T = 1 µs reicht für die gebräuchlichen Halbleiterspeicher aus, das angebotene Datum zu übernehmen bzw. das geforderte Datum dem Prozessor zu übergeben. Da bei dem betrachteten Beispiel alle Vorgänge synchron zum Takt in einem starren Muster ablaufen, spricht man von einem **synchronen Systembus**.

1.10.2.2 Semi-synchroner Systembus

Moderne Mikroprozessoren laufen mit einer erheblich höheren Taktfrequenz. Deshalb entsprechen einem typischen Schreib- oder Lesezyklus mehrere Taktimpulse. Im Bild 1.10-6 liegen in der Buszykluszeit T = 100 ns, die durch die (minimale) Dauer eines Schreib- oder Lesezugriffes vorgegeben ist, vier Taktzyklen.

Nach Beginn einer Speicheroperation legt der Prozessor möglichst frühzeitig zu Beginn des "Zustandes" (*state*) T_a die Adresse auf den Adreßbus. Die Auswahl der Übertragungsrichtung wird wiederum durch die Steuerleitung $R/\overline{W}$ vorgenommen.

- Bei einer Leseoperation in einem hinreichend schnellen Speicher erscheinen während des letzten Taktzyklus von T_b die Daten auf dem Datenbus und können dann mit der aufsteigenden Taktflanke des nächsten Buszyklus in den Prozessor übernommen werden.
- Bei einer Schreiboperation folgen zu Beginn der zweiten Hälfte von T_a die Daten auf dem Datenbus. Im Beispiel bleiben dem Speicher nun maximal 75 ns,

die gewünschte Speicherzelle zu selektieren und das Datum dorthin zu übertragen. Besitzt der Speicher eine ausreichend kleine Zugriffszeit, so liegen am Ende des Zustandes die Daten stabil auf dem Datenbus vor.

Um jedoch auch langsamere und damit preisgünstigere Speicherbausteine benutzen zu können, besitzt der Prozessor einen Steuereingang, der häufig mit $\overline{\text{READY}}$ bezeichnet wird. Der eben beschriebene Vorgang einer Speicheroperation wird nur dann mit dem Ende des Zustandes T_b abgeschlossen, wenn rechtzeitig vor der folgenden positiven Taktflanke des nächsten Buszyklus am Eingang $\overline{\text{READY}}$ ein L-Signal anliegt.

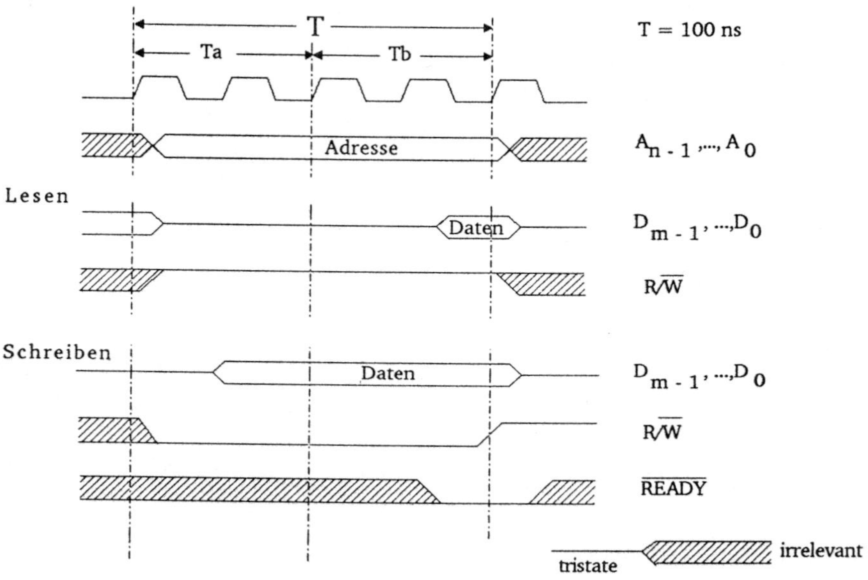

Bild 1.10-6. Zeitliche Abläufe auf einem semi-synchronen Systembus

Im Bild 1.10-7 wird gezeigt, wie der Prozessor reagiert, wenn am $\overline{\text{READY}}$-Eingang am Ende von T_b noch ein H-Pegel anliegt. Der Prozessor fügt in diesem Fall solange **Wartezyklen** (*wait state* T_W) ein, bis am $\overline{\text{READY}}$-Eingang ein L-Signal erscheint. Jeder Wartezyklus dauert konstant eine halbe Buszykluslänge, d.h. die Länge von T_b. Während der Wartezyklen werden alle Adreßsignale, das Steuersignal $R/\overline{W}$ und beim Schreiben auch die Daten konstant gehalten, um dem Speicher weiterhin Gelegenheit zu geben, diese zu übernehmen. Im Beispiel können durch das Einfügen eines Wartezyklus nun auch Speicherbausteine mit einer Zugriffszeit von 150 ns benutzt werden.

Busse der beschriebenen Art werden **semi-synchrone Systembusse** genannt. Sie nehmen eine Mittelstellung zwischen den (echten) synchronen und asynchronen Bussen ein, die wir im nächsten Unterabschnitt beschreiben werden. Die Dauer einer Datenübertragung liegt bei ihnen nicht von vornherein fest. Gegenüber den synchronen Bussen verlangen sie zwar einen höheren Steueraufwand, jedoch erlauben sie den Anschluß von Komponenten mit unterschiedlichsten Antwortzeiten. Genügen alle Komponenten des Systems jedoch den vom Prozessor vorgegebenen Geschwindigkeitsanforderungen, so kann man den $\overline{\text{READY}}$-Eingang natürlich fest mit der Masse verbinden und so einen wirklich synchronen Bus erhalten.

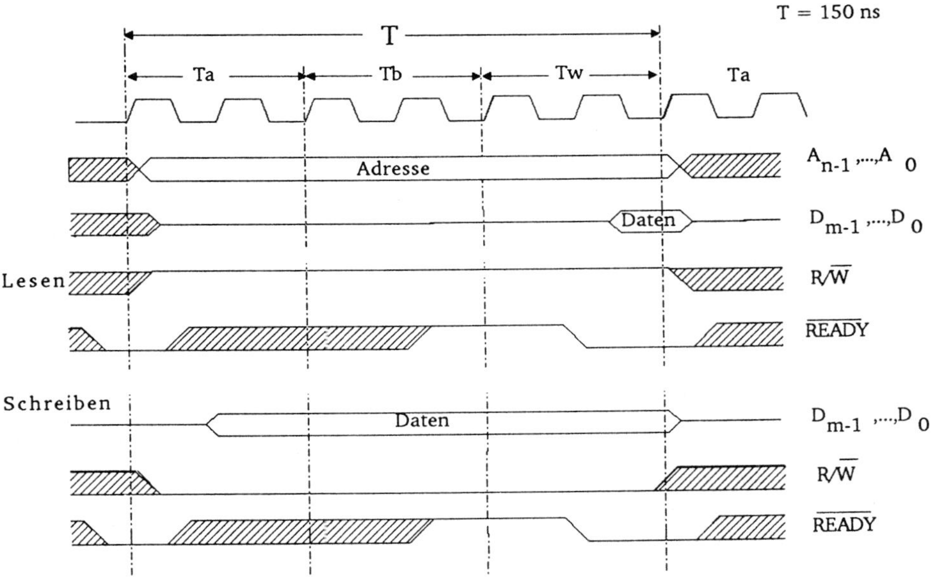

Bild 1.10-7. Einfügen eines Wartezyklus

Ist dies nicht der Fall, so kann das $\overline{\text{READY}}$-Signal z.B. durch ein Monoflop erzeugt werden, wie es im Bild 1.10-8 skizziert ist. (Das Monoflop ist eine Verzögerungsschaltung, die nach jeder Signalflanke an ihrem Eingang einen Impuls konstanter Länge ausgibt.) Hier muß man lediglich dafür sorgen, daß durch jeden Zugriff auf den Speicher das Monoflop "getriggert", also zur Ausgabe eines H-Impuls der Länge der maximalen Zugriffszeit als $\overline{\text{READY}}$-Signal veranlaßt wird. Nach Ablauf dieses Signals liegt dann am $\overline{\text{READY}}$-Eingang wunschgemäß ein L-Pegel vor und der Buszugriff kann mit der positiven Flanke des nächsten Zustandes (T_b bzw. T_W) abgeschlossen werden. Der Decoder im Bild 1.10-8 überwacht ständig den Adreßbus. Sobald er darauf eine gültige Speicheradresse feststellt, gibt er das (negative) Triggersignal zum Monoflop aus, das gleichzeitig zur Aktivierung des Speichers dient (*chip select* – $\overline{\text{CS}}$). Durch das ODER-Gatter am Ausgang des Monoflops wird dafür gesorgt, daß das $\overline{\text{READY}}$-Signal wieder einen H-Pegel annimmt, wenn die Speicheradresse nicht mehr auf dem Adreßbus vorliegt. Dies ist im unteren Teil des Bildes als Zeitdiagramm dargestellt.

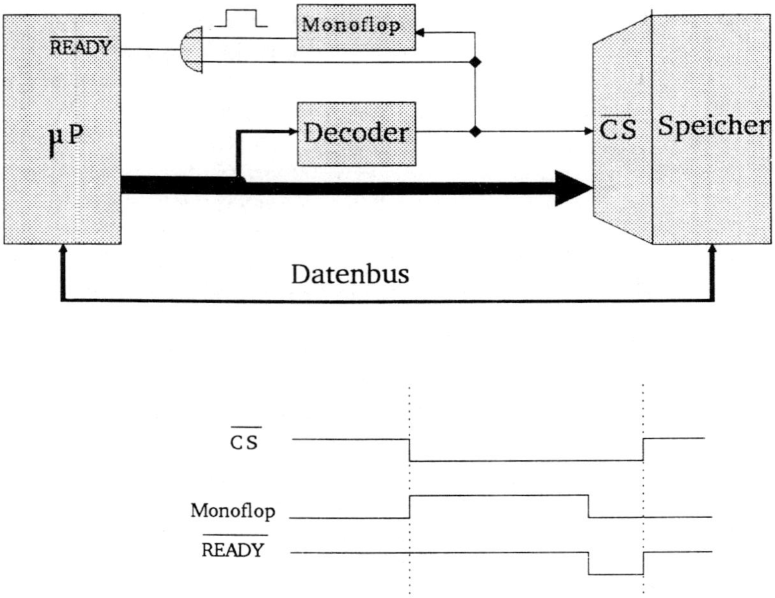

Bild 1.10-8. Schaltung zur Erzeugung des READY-Signals

1.10.2.3 Asynchroner Systembus

Bild 1.10-9 zeigt die zeitlichen Signalverläufe auf einem asynchronen Systembus. Hier erzeugt die CPU ein spezielles Steuersignal $\overline{\text{AS}}$ (*address strobe*), mit dem sie der angeschlossenen Komponente das Vorliegen einer gültigen Adresse auf dem Adreßbus anzeigt. Die Komponente wiederum besitzt einen Ausgang $\overline{\text{DTACK}}$ (*data transfer acknowledge*), über den sie die CPU davon informieren kann, daß sie die Adresse auf dem Adreßbus erkannt hat. Zwischen der Aktivierung beider Signale kann im Prinzip eine beliebig große Zeitspanne liegen. Beim Lesen eines Datums zeigt die angesprochene Komponente durch das Signal $\overline{\text{DTACK}}$ an, daß sie das geforderte Datum auf den Datenbus gelegt hat. Beim Schreiben eines Datums meldet sie durch $\overline{\text{DTACK}}$, daß sie das angebotene Datum übernommen hat. Wenn die CPU das Signal $\overline{\text{DTACK}}$ erkannt hat, nimmt sie ihr Signal $\overline{\text{AS}}$ zurück. Bis dahin kann prinzipiell auch wieder eine beliebig lange Zeit vergehen. Als Reaktion darauf kann nun die Komponente ihrerseits ihr Signal $\overline{\text{DTACK}}$ deaktivieren.

Wie die semi-synchrone Übertragung erlaubt auch die asynchrone Übertragung den Anschluß von Komponenten mit (fast) beliebiger Zugriffszeit. Auf asynchronen Systembussen spielt der Systemtakt keine (wesentliche) Rolle für die Synchronisation der Übertragung. (Deshalb wurde er im Bild gestrichelt gezeichnet.) Da das Steuerwerk der CPU ein synchrones Schaltwerk ist, werden lediglich die Zeitpunkte, zu denen sich die CPU-Signale ändern, vom Systemtakt vorgegeben. Die Reaktion von CPU und Komponente auf das Steuersignal des jeweiligen Kommunikationspartners hingegen sind nicht in das starre Taktraster eingebunden.

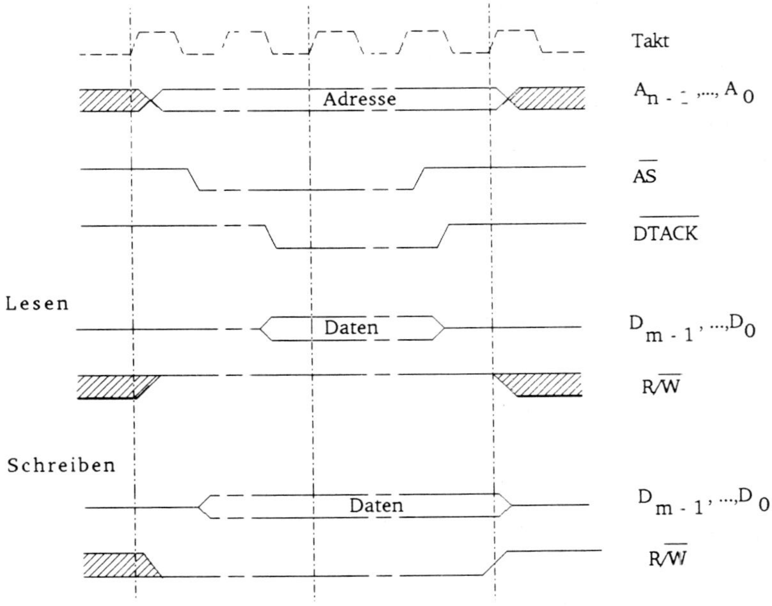

Bild 1.10-9. Zeitliche Abläufe auf einem asynchronen Systembus

Verfahren der eben beschriebenen Art werden **Handshake-Verfahren** (Quittungsverfahren) genannt, da sich bei ihnen die beiden Kommunikationspartner, CPU und angesprochene Komponente, durch den Austausch der $\overline{AS}$- bzw. $\overline{DTACK}$-Signale sozusagen "die Hand geben". (Wir haben hier nur eine Möglichkeit für das Zusammenspiel der Handshake-Signale gezeigt. Eine andere Realisierung zeigen wir z.B. im Abschnitt 5.1.)

(Semi-)Synchrone Systenbusse werden u.a. in Rechnersystemen realisiert, die einen Intel-Prozessor besitzen. Die Motorola-Prozessoren 680X0 mit X≤3 verlangen hingegen einen asynchronen Bus. Erst beim neuen 68040 ist auch die Firma Motorola auf einen semi-synchronen Systembus umgestiegen.

1.10.3 Adressierung von Peripherie-Bausteinen

Die vom Prozessor ausgegebenen Adressen dienen nicht nur zur Selektion bestimmter Speicherzellen, sondern auch zur Auswahl der einzelnen Register in den übrigen Systembausteinen, insbesondere den Schnittstellen-Bausteinen, wie Sie sie im Kapitel 5 kennenlernen werden. Die Prozessorfamilien verschiedener Hersteller unterscheiden sich darin, wie diese Bausteine angesprochen werden. Im Bild 1.10-10 sind die beiden gängigen Verfahren dargestellt.

- Beim ersten Verfahren, das als **speicherbezogene Adressierung** bezeichnet wird, wird nicht zwischen der Adresse einer Speicherzelle oder der eines Registers in einem Schnittstellen-Baustein unterschieden. Die Adressen der Register werden meist vom Systementwickler in einem zusammenhängenden Bereich des Adreßraumes untergebracht. Dieser wird gewöhnlich mit *I/O-Page* bezeichnet (s. Bild 1.10-10a).

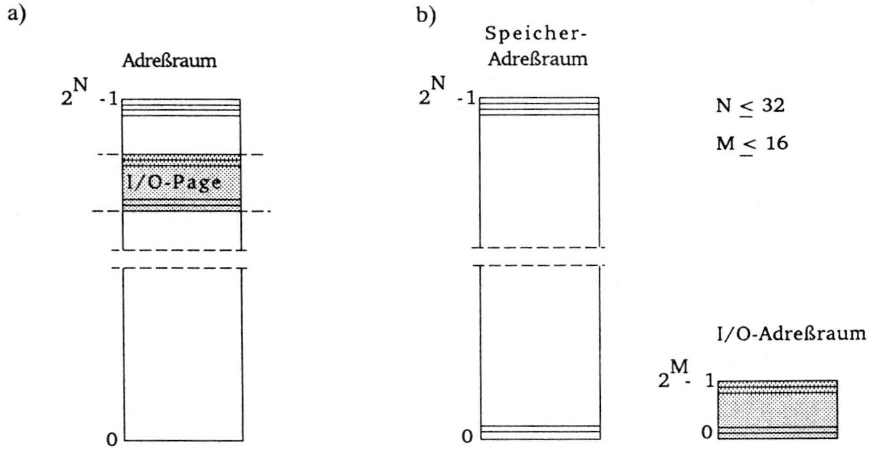

Bild 1.10-10. Zur Adressierung von Peripherie-Bausteinen

- Beim zweiten Verfahren existieren getrennte Adreßräume für den Arbeitsspeicher und die Peripheriebausteine. Deshalb spricht man auch von der **isolierten Adressierung**. Der letztgenannte Adreßraum (I/O-Adreßraum) ist in der Regel erheblich kleiner als der Speicher-Adreßraum. Die Auswahl zwischen beiden Adreßräumen geschieht bei einigen Prozessoren durch ein spezielles Prozessorsignal, das beispielsweise mit $M/\overline{IO}$ (*memory/input-output*) oder MREQ (*memory request*) bezeichnet wird. Dieses Signal kann somit als zusätzliches Adreßsignal aufgefaßt werden. Bei anderen Prozessoren dienen die im Abschnitt 1.5 beschriebenen Statussignale den Komponenten dazu, zwischen Speicher- und Schnittstellen-Zugriffen zu unterscheiden.

1.10.4 Multiplex-Bus

Um die Anzahl der Anschlußstifte am Prozessorgehäuse zu begrenzen, werden bei einigen Prozessortypen bestimmte Gruppen von Signalen zeitlich hintereinander über dieselben Busleitungen geschickt. Man spricht in diesen Fällen von einem **Multiplex-Bus**. Das Multiplexen kann dabei stattfinden zwischen

- den Adressen und Daten,
- den höher- und niederwertigen Adreßbits,
- den höher- und niederwertigen Datenbits,
- oder in gemischter Form, z.B. zwischen den niederwertigen Adreßbits und den Daten.

Im Bild 1.10-11 ist die Systembus-Schnittstelle für den Fall gezeichnet, daß Daten- und Adreßleitungen "gemultiplext" werden. Zu beachten ist, daß der Multiplexer im Datenbusbereich einen bidirektionalen Betrieb zulassen muß.

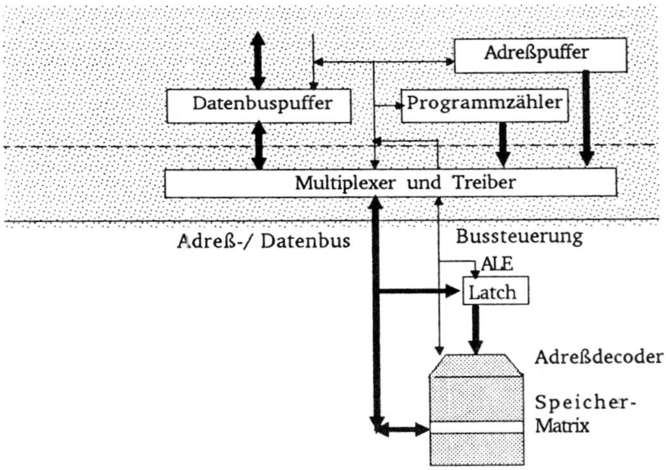

Bild 1.10-11. Multiplex-Busschnittstelle

Da zur Übertragung eines Datums von bzw. in den Speicher die Adresse während der gesamten Zugriffszeit vorliegen muß, wird die vorzeitig ausgegebene Adresse in Auffangflipflops (*latches*) gespeichert. Im Bild 1.10-12 ist das Zeitverhalten des Multiplexbusses aus Bild 1.10-11 dargestellt.

Während des ersten Systemtaktes T_1 erscheint auf dem Daten-/Adreßbus die Speicheradresse. Durch ein Signal der Bussteuerung wird das Vorliegen einer gültigen Adresse angezeigt. Dieses Signal wird häufig mit AS (*address strobe*, auch ADS), VMA (*valid memory address*) oder ALE (*address latch enable*) bezeichnet.

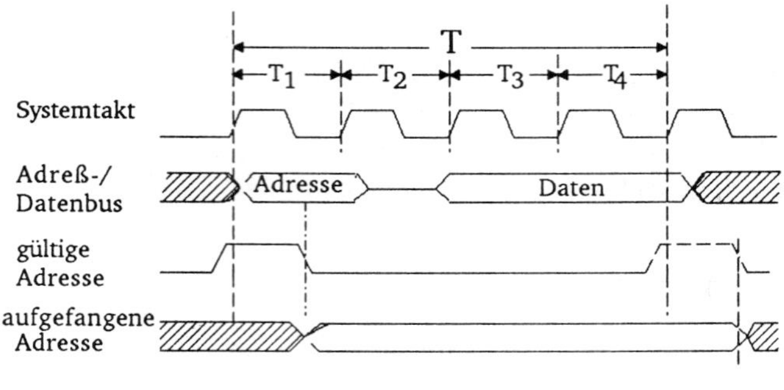

Bild 1.10-12. Zeitliches Verhalten des Multiplexbusses

Die Adresse wird z.B. durch die negative Signalflanke dieses Signals in die Auffangflipflops übernommen und steht dort bis zur nächsten negativen Signalflanke unverändert an. Während der Systemtakte T_3, T_4 liegen die zu übertragenden Daten stabil auf dem Multiplexbus.

Selbsttestaufgabe S1.10-2:
Skizzieren Sie den beschriebenen Multiplexer für je ein Bit des Datenbuspuffers sowie des Programmzählers und des Adreßpuffers. Benutzen Sie dabei den bidirektionalen Datenbus-Treiber nach Bild 1.10-4 als einen einzigen Block.

1.10.5 Steuerung der Datenbusbreite

Moderne 16/32-bit-Prozessoren erlauben es, die effektive Breite des Datenbusses dynamisch, d.h. von Befehl zu Befehl, ja sogar von Buszyklus zu Buszyklus zu verändern. Dadurch ist es möglich, in einem System Bausteine mit unterschiedlicher Datenbusbreite einzusetzen. So kann z.B. ein 32-bit-Prozessor Daten über einen 8-bit-Schnittstellenbaustein ausgeben. Ein 32-bit-Registerinhalt wird dazu sequentiell in 4 Bytes über die gleichen acht Datenleitungen übertragen. Ein weiteres Beispiel ist der Einsatz eines 8-bit-Festwertspeichers in einem 32-bit-System, der eine Initialisierungsroutine enthält, die lediglich nach dem Einschalten des Systems ausgeführt wird.

Zur Steuerung der Datenbusbreite besitzen die Prozessoren Eingangsleitungen, die von den Systemkomponenten individuell nach deren Busbreite angesteuert werden müssen. Zur Demonstration sollen die folgenden Beispiele dienen:

- Beim Intel 80386 kann durch das Signal BS16 (*bus size*) zwischen einem 16-bit-Bus und einem 32-bit-Bus gewählt werden.

- Beim NS 32332 kann durch die Signale BW0 und BW1 (*bus width*) zwischen den drei Busbreiten 8, 16 und 32 bit gewählt werden.

1.11 Die Abarbeitung eines Befehls

1.11.1 Einteilung in Phasen

In den vorhergehenden Abschnitten wurden die Komponenten des Prozessors im einzelnen beschrieben. Dabei wurde bereits an einigen Stellen knapp auf die Ausführung eines Maschinenbefehls eingegangen. In diesem Abschnitt wollen wir uns nun ausführlicher diesem Thema widmen.

Wie bereits im Abschnitt 1.5 gesagt, erfolgt die Abarbeitung eines Maschinenbefehls in drei Phasen, die im Bild 1.11-1 als Flußdiagramm dargestellt sind.

- Die **Holphase** (*opcode fetch*) beginnt damit, daß die Adresse, unter der der Befehlscode (OpCode) im Speicher abgelegt ist, durch den Programmzähler auf den Adreßbus gelegt wird. Der Befehlscode ist der Teil eines Befehles, der die Operation und gegebenenfalls die benötigten Register beschreibt. (Mehr dazu folgt im Abschnitt 1.16.) Der Inhalt der adressierten Speicherzelle wird über den Datenbus und den Datenbuspuffer in das Befehlsregister des Steuerwerks geladen. Noch vor dem Ende der Holphase wird der Programmzähler um 1 erhöht, so daß er nun auf das nächste Speicherwort zeigt. Während der Holphase greift der Prozessor also sowohl auf den externen Adreß- wie auf den Datenbus zu.
- In der anschließenden **Decodierphase** wird der Befehlscode durch den Befehlsdecoder im Steuerwerk interpretiert. Insbesondere wird dabei festgestellt, wieviele Operanden und welche Register für die Operation gebraucht werden und nach welchem Verfahren aus den Registerinhalten und eventuellen Adreßdistanzen die Adresse des Operanden berechnet werden soll. (Die Adressierungsarten werden im Abschnitt 1.15 beschrieben). Da die Decodierung des Befehles ausschließlich im Steuerwerk stattfindet, kann während der Decodierphase eine andere Komponente des Prozessors auf den Systembus zugreifen. Im Abschnitt 1.9 wurde gezeigt, daß beispielsweise während dieser Phase bereits das folgende Wort des Befehls in den Datenbuspuffer geladen werden kann. Dieses Wort kann z.B. ein weiterer Teil des Befehlscodes, ein neuer Befehlscode, ein Datum, eine Adreßdistanz oder eine Operandenadresse sein. Durch diese Form der Parallelarbeit wird eine erhebliche Steigerung des Durchsatzes erzielt. Am Ende des *Prefetch*-Zugriffs muß wiederum der Programmzähler um 1 erhöht werden.
- Die letzte Phase ist die **Ausführungsphase**. Werden für den Befehl keine Operanden (Adressen oder Daten) aus dem Speicher benötigt, kann die gewünschte Operation unmittelbar durch die ALU durchgeführt werden. Beispiele für solche Befehle sind das Erhöhen eines Registerinhaltes um 1 (*increment*) oder das Austauschen zweier Registerinhalte. Im anderen Fall müssen zunächst die

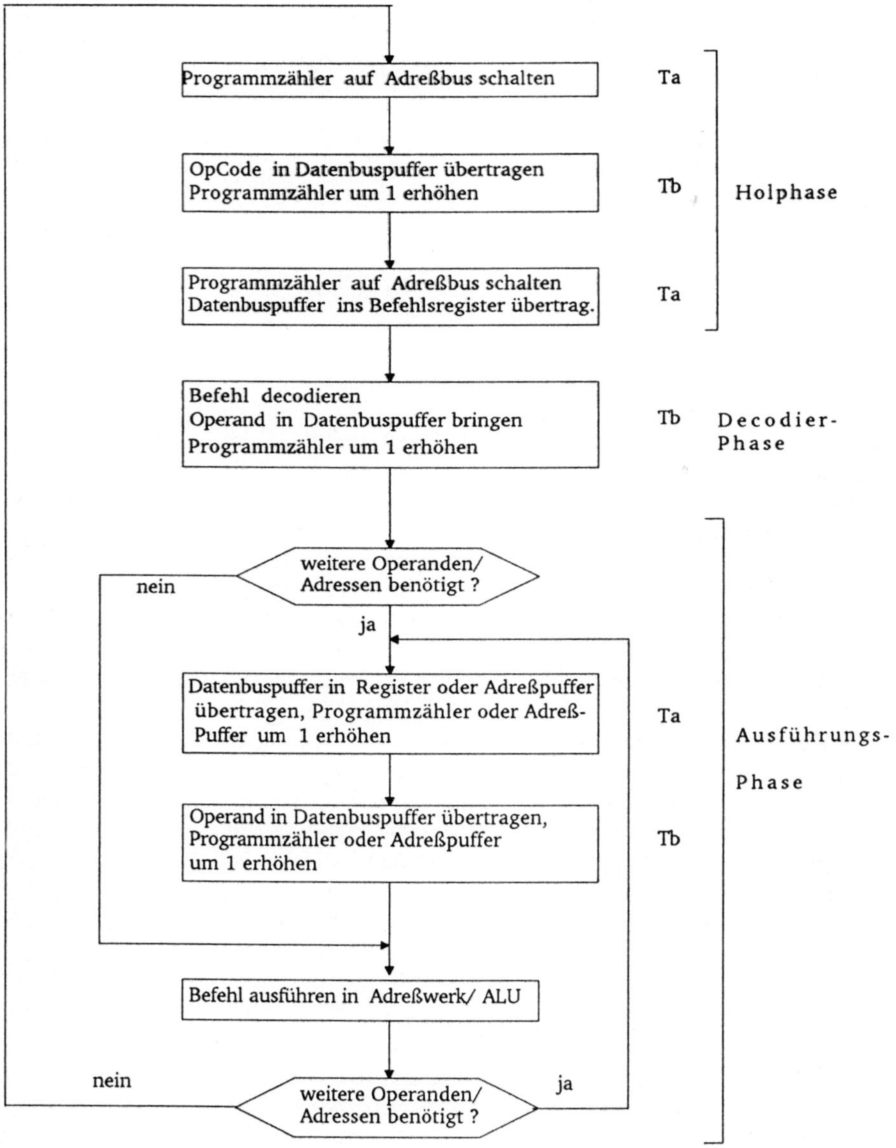

Bild 1.11-1: Flußdiagramm zur Befehlsabarbeitung

benötigten Operanden (Daten, Adressen oder Teile davon) aus dem Speicher gelesen werden. Bei dem oben beschriebenen *Prefetch*-Verfahren während der Decodierphase steht unter Umständen bereits ein Operand im Datenbuspuffer bereit. Dieser muß nun zuerst in ein Register oder den Adreßpuffer übertragen werden. In diesem Fall reduziert sich die Anzahl der benötigten Speicherzugriffe um 1. Die Anzahl der weiteren Speicherzugriffe hängt stark von der gewünschten Adressierungsart ab. Dabei kommt die jeweils verwendete Folgeadresse entweder aus dem Programmzähler, wenn das Datum unmittelbar im Befehl steht, oder aus dem Adreßpuffer, wenn es an beliebiger Stelle im Speicher liegt. Stehen alle Operanden im Prozessor zur Verfügung, wird üblicherweise zunächst wieder der Programmzähler um 1 erhöht. Dann kann die Bearbeitung begonnen werden. Bei vielen Befehlen wird es sich zunächst um die komplexe Berechnung der eigentlichen Operandenadresse durch das Adreßwerk handeln. Hier schließt sich gegebenenfalls erst die Phase zum Holen des/der eigentlichen Operanden aus dem Speicher und seine/ihre Verarbeitung in der ALU an.
Während der Ausführungszeiten in ALU und Adreßwerk wird bei vielen Befehlen wiederum der externe Systembus nicht benötigt, so daß das Steuerwerk bereits den Befehlscode des nächsten Befehls aus dem Speicher in das Befehlsregister laden kann. Ein Beispiel dafür wurde in der Fallstudie am Ende von Abschnitt 1.9 vorgeführt. Dieses *Opcode-Prefetch*-Verfahren ist (bei den dort betrachteten Prozessoren) nicht möglich, wenn der Befehl mit einem Speicherzugriff abgeschlossen wird. Ein Sonderfall liegt bei Ein-Wort- bzw. Ein-Byte-Befehlen vor, die keine weiteren Operanden oder Adressen aus dem Speicher benötigen. Bei dem geschilderten *Prefetch*-Verfahren wird in diesem Fall schon während der Decodierphase der Befehlscode des nächsten Befehls geladen. Man könnte nun dafür sorgen, daß während der Ausführungsphase des Befehls ein erneuter *Prefetch*-Zugriff unterdrückt wird. Aus Gründen der Einheitlichkeit des Zugriffs wird aber stattdessen der während der Decodierphase geholte Befehlscode ignoriert und während der Ausführungsphase erneut geladen. (Im Abschnitt 1.5 wurde bereits gezeigt, daß moderne Mikroprozessoren ein *Opcode-Prefetch*-Verfahren durchführen, das weit über das eben geschilderte hinausgeht.)

1.11.2 Beispiel zur Befehlsabarbeitung

An einem einfachen Beispiel soll nun gezeigt werden, welche Signalpfade im Prozessor bei der Verarbeitung eines Befehls in den unterschiedenen Phasen benutzt werden. Dabei handelt es sich um einen fiktiven Prozessor, an dem nur die wesentlichen Vorgänge geschildert werden sollen. Bei realen Prozessoren kann die Abarbeitung natürlich anders geschehen. Die unterstellte Befehlsfolge laute in Assemblerschreibweise:

ADCA	$A7,X	(6D A7)	*addiere zum Akkumulator A den Inhalt der Speicherzelle, deren Adresse sich aus der Summe des Offsets $A7 und des Inhalts des*

			X-Registers ergibt, berücksichtige dabei das Übertragsbit (carry flag)
STA	$3F	(8D 3F)	*speichere A in die Speicherzelle mit der Adresse $3F*

Die oben in Klammern angegebenen Ausdrücke geben die in Maschinensprache übersetzten Befehle in hexadezimaler Darstellung wieder. Vor der Befehlsabarbeitung stehe im Akkumulator A der Wert $7F.

Im Bild 1.11-2a ist zunächst die Belegung der benutzten Speicherzellen vor der Befehlsausführung skizziert. Im Bild 1.11-2b ist der Systemtakt T des Prozessors mit seinen beiden Halbwellen T_a und T_b skizziert. (Im Flußdiagramm 1.11-1 sind übrigens rechts neben den Funktionsblöcken die Taktphasen T_a und T_b angeschrieben, während derer die dargestellten Blöcke vom Beispielprozessor ausgeführt werden können.)

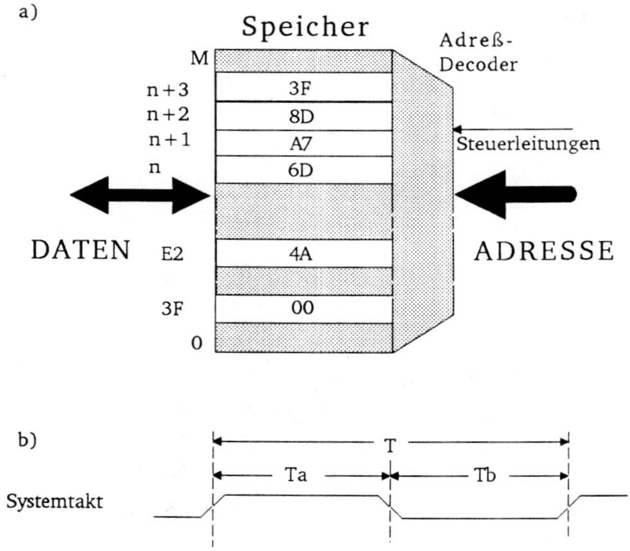

Bild 1.11-2. Die Belegung des Speichers vor der Befehlsausführung und der Systemtakt

Im Bild 1.11-3 ist die Holphase dargestellt. In unserem Beispiel wird der oben beschriebene *Prefetch*-Zugriff vorausgesetzt, so daß zu dieser Zeit u.U. noch ein vorhergehender Befehl durch das Rechenwerk bearbeitet wird und daher das Befehlsregister belegt. Die linke Seite des Bildes zeigt, wie der Inhalt (n) des Programmzählers PC während der positiven Halbwelle T_a des Taktes als Adresse über die Adreßbustreiber ABT an den Speicher gelegt wird. In der rechten Hälfte des Bildes wird während der Taktphase T_b der Befehlscode $6D aus der adressierten Speicherzelle in den Datenbuspuffer DBP übertragen.

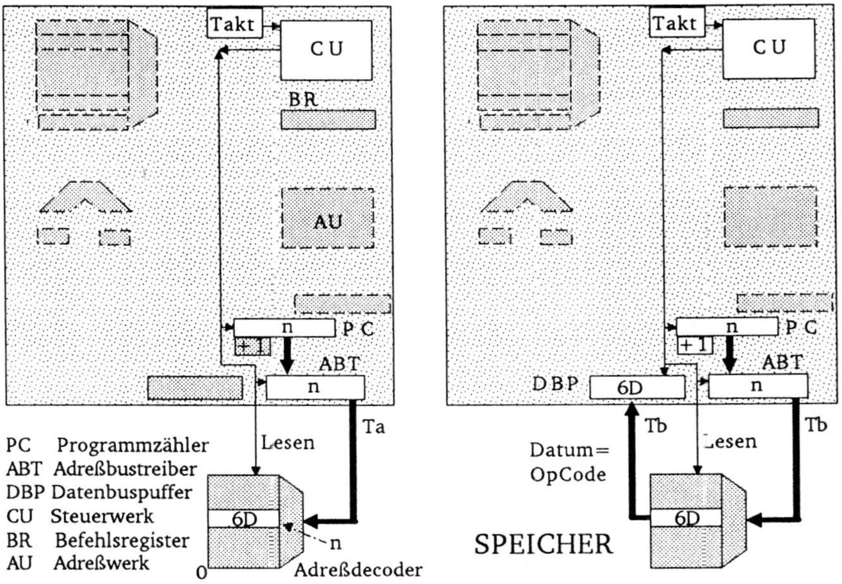

Bild 1.11-3. Die Holphase

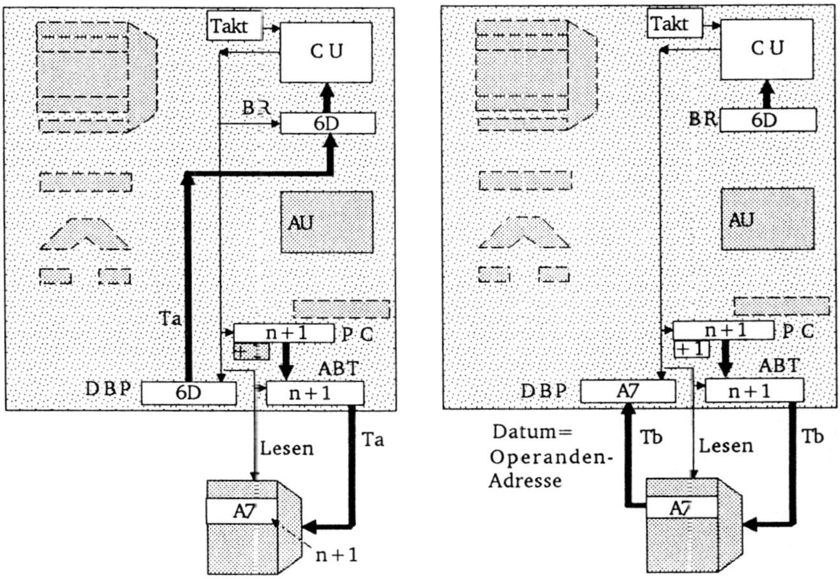

Bild 1.11-4. Das Ende der Holphase und die Decodierphase

Im Bild 1.11-4 (s.o.) wird links das Ende der Holphase gezeigt. Hier wird während der Taktphase T_a der Befehlscode aus dem Datenbuspuffer in das Befehlsregister BR transportiert. Gleichzeitig wird die (um 1 erhöhte) Adresse (n+1) vom Programmzähler an den Speicher gelegt.

Rechts im Bild 1.11-4 ist die Decodierphase dargestellt, in der während der Taktphase T_b der Befehlscode durch das Steuerwerk CU interpretiert wird. Gleichzeitig gelangt der Inhalt der Speicherzelle (n+1), also der Wert $A7, über den Datenbus in den Datenbuspuffer.

Die Ausführungsphase beginnt damit, daß zunächst der Offset $A7 während der Taktphase T_a aus dem Datenbuspuffer in ein Hilfsregister HR des Adreßwerks transportiert wird (s. Bild 1.11-5 links). Während der Taktphase T_b wird gemäß Bild 1.11-5 rechts der Inhalt des Hilfsregisters und des X-Registers durch das Adreßwerk addiert und die Summe $E2 im Adreßpuffer AP abgelegt.

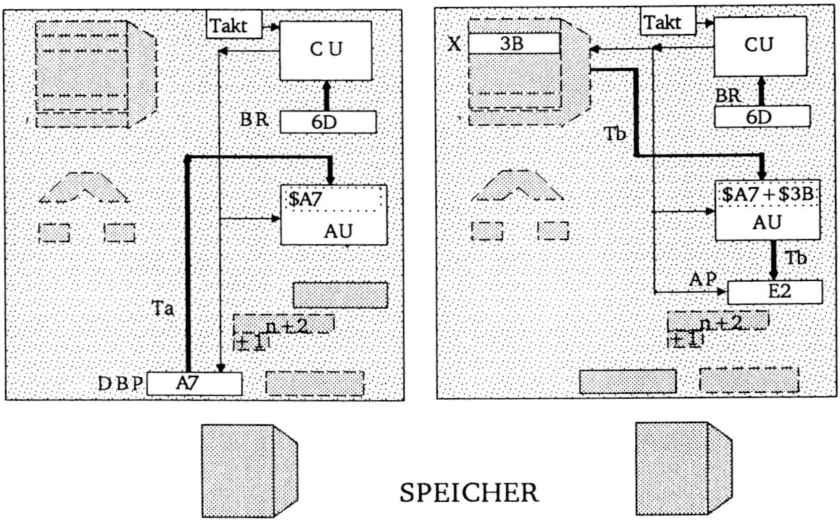

Bild 1.11-5. Berechnung der Operandenadresse

Im 2. Zyklus der Ausführungsphase, wie er im Bild 1.11-6 gezeigt wird, wird während der Taktphase T_a (links im Bild) die Adresse $E2 im Adreßpuffer über den Adreßbus an den Speicher ausgegeben. Im rechten Teil des Bildes wird gezeigt, wie während der Taktphase T_b das Datum $4A aus der Speicherzelle $E2 in den Datenbuspuffer transportiert wird.

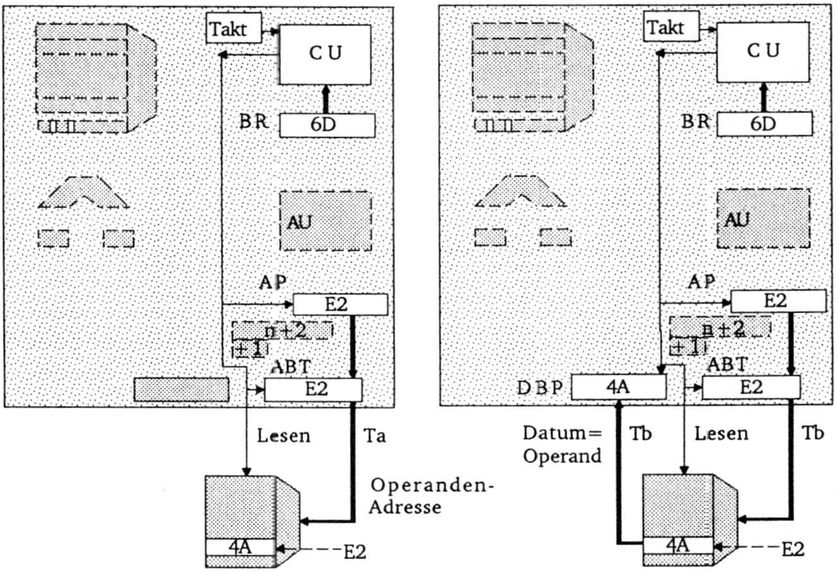

Bild 1.11-6. Übertragung des Operanden

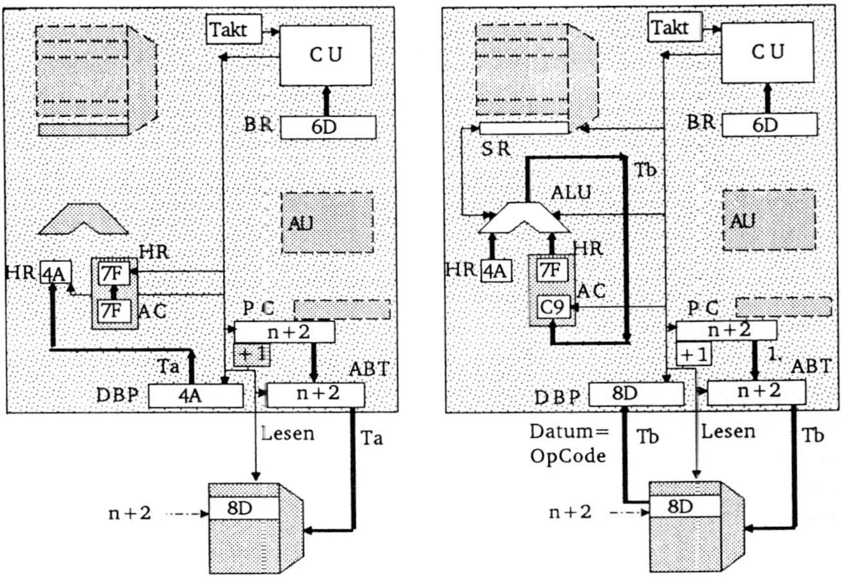

Bild 1.11-7. Berechnung des Ergebnisses

Im Bild 1.11-7 (s.o.) links wird schließlich während der Taktphase T_a einerseits der Operand $4A aus dem Datenbuspuffer in ein Hilfsregister HR der ALU übertragen. Das zweite Hilfsregister wird mit dem Wert des Akkumulators AC (hier z.B. $7F) geladen. Über den Adreßbus wird gleichzeitig der um 1 erhöhte Programmzählerinhalt (n+2) an den Speicher gelegt. Dieser zeigt damit auf die Speicherzelle mit dem nächsten Befehlscode ($8D). Während der Taktphase T_b (rechts im Bild) ermittelt die ALU das Ergebnis der Operation ($4A+$7F=$C9) und überträgt es in den Akkumulator AC. Gleichzeitig wird der neue Befehlscode $8D aus der Speicherzelle (n+2) in den Datenbuspuffer geladen.

Selbsttestaufgabe S1.11-1:
Führen Sie das Beispiel mit dem Befehl STA $3F (8D 3F) zu Ende.

1.12 Die Behandlung von Ausnahme-Situationen

Während der normalen Bearbeitung eines Programmes kann es in einem Mikroprozessor-System immer wieder zu Ausnahme-Situationen (*exceptions*) kommen, die vom Prozessor eine vorübergehende Unterbrechung oder aber einen endgültigen Abbruch des Programms, also in jedem Fall eine Änderung des normalen Programmablaufes verlangen. Diese Ausnahme-Situationen können einerseits durch das aktuell ausgeführte Programm selber herbeigeführt werden, mit diesem also in einem logischen Zusammenhang stehen, andererseits aber auch ohne jegliche Beziehung zum Programm sein. Ursachen sind im ersten Fall das Vorliegen von Fehlern im System oder im Prozessor selbst, im zweiten Fall der Wunsch externer Systemkomponenten, vom Prozessor "bedient" zu werden. Durch einen Abbruch reagiert das System stets auf schwere Fehler, die eine Fortsetzung der Programmausführung verhindern, also z.B. auf Hardware-Fehler oder falsche Werte in einer Systemtabelle.

Im folgenden werden nun die erwähnten Möglichkeiten im einzelnen dargestellt. Zu jeder wird beschrieben, welche Maßnahmen ergriffen werden, um die Ausnahme-Situation zu beenden. Man spricht allgemein von **Ausnahme-Behandlung** (*exception handling*) oder Ausnahme-Bearbeitung (*exception processing*).

Einige Ausnahme-Situationen werden nur durch die Hardware des Prozessors behoben. Dazu zählen beispielsweise das unten beschriebene Rücksetzen des Prozessors oder das Wiederholen einer Systembus-Operation im Fehlerfall. Die meisten Ausnahme-Situationen, insbesondere die, bei denen das Programm lediglich kurzzeitig unterbrochen, nicht aber abgebrochen werden soll, werden durch die Ausführung spezieller Routinen bereinigt. Wir nennen sie im weiteren kurz Ausnahmeroutinen. Diese Ausnahmeroutinen müssen in der Regel, wie alle anderen Programme auch, vom Betriebssystem oder dem Anwender selbst zur Verfügung gestellt werden. Die Auswahl und Aktivierung einer bestimmten Routine muß natürlich durch eine besondere Hardware-Komponente im Steuerwerk des Prozessors, die wir Unterbrechungs-System (*interrupt system*) nennen, wirksam unterstützt werden. Insbesondere müssen alle Aktivitäten aus Zeitgründen möglichst parallel zu den Operationen der übrigen Prozessor-Komponenten ablaufen.

1.12.1 Vergleich zwischen Unterprogramm und Ausnahmeroutine

Der Aufbau einer Ausnahmeroutine ähnelt stark dem Aufbau eines Unterprogramms. In einem Unterprogramm bringt man gewöhnlich Programmteile unter, die häufiger benutzt werden, aber nur einmal im Speicher abgelegt werden sollen. Ein Unterprogramm kann nur an zur Programmierzeit festgelegten Stellen im Hauptprogramm (oder einem anderen Unterprogramm) durch spezielle Befehle (*call subroutine*, *jump to subroutine*) aufgerufen werden (vgl. Abschnitt 1.14). In diesen Befehlen muß die Startadresse des Unterprogramms angegeben werden. Durch das Steuerwerk wird zunächst der aktuelle Inhalt des Programmzählers und bei einigen Prozessortypen auch der des Statusregisters auf dem Stack abgelegt. Danach wird die im Befehl angegebene Startadresse in den Programmzähler geladen und der Programmablauf an der dadurch bezeichneten Speicherstelle fortgesetzt. Die Beendigung des Unterprogramms geschieht durch einen besonderen Befehl (*return from subroutine*), durch den der Programmzähler und gegebenenfalls auch das Statusregister mit ihren alten Werten aus dem Stack restauriert und das Programm an der Unterbrechungsstelle fortgesetzt werden.

Demgegenüber tritt der Aufruf einer Ausnahmeroutine in einem Programm nicht explizit in Erscheinung. Stattdessen wird er durch ein externes Signal oder das Auftreten einer Fehlerbedingung im Prozessor veranlaßt. Dies kann prinzipiell an beliebigen Stellen des Programms, z.B. nach jeder Befehlsausführung geschehen. Dabei wird die Startadresse der Ausnahmeroutine durch das Steuerwerk festen Speicherzellen entnommen. Wie bei einem Unterprogrammaufruf wird zunächst der aktuelle Inhalt des Programmzählers auf den Stack gerettet und dann an der durch die Startadresse bezeichneten Stelle im Speicher fortgefahren. Um möglichst rasch auf Unterbrechungs-Anforderungen reagieren zu können, wird häufig auf die Sicherung des Statusregister-Inhaltes verzichtet. Die Beendigung der Ausnahmeroutine geschieht durch einen speziellen Befehl (*return from interrupt/exception*), durch den der Programmzähler mit seinem alten, auf dem Stack geretteten Inhalt restauriert wird und die Programmausführung an der Unterbrechungsstelle fortgesetzt wird.

Genauer betrachtet, kann man bei der Behandlung von vorübergehenden Programmunterbrechungen die folgenden Schritte unterscheiden:

- Feststellen, ob eine interne oder externe Unterbrechungs-Anforderung vorliegt; bei externen Anforderungen weiterhin feststellen, ob durch das *Interrupt Enable Bit* (IE, s. Abschnitt 1.5.3) im Steuerregister eine Unterbrechung zugelassen ist. (Diese Abfrage entfällt bei den unten beschriebenen "nicht maskierbaren" Unterbrechungen!)

- Zuendeführen der augenblicklich bearbeiteten Operation, sofern dies sinnvoll ist, (wobei es sich je nach Situation um einen vollständigen Maschinenbefehl oder aber nur um einen Systembus-Zugriff handeln kann,)
- Übertragen des Prozessor-Zustandes, also des Inhalts von Programmzähler, Statusregister und eventuell weiterer Register in den Stack,
- Feststellen der Quelle der Unterbrechungs-Anforderung,
- Informieren der Systemkomponenten über spezielle Leitungen (*interrupt acknowledge* – INTA) oder die Prozessor-Statussignale, daß die Unterbrechungs-Anforderung akzeptiert wurde,
- Deaktivieren bestimmter anderer Unterbrechungs-Anforderungen,
- Ermitteln der Startadresse der Ausnahmeroutine für die festgestellte Quelle der Unterbrechungs-Anforderung und Laden dieser Adresse in den Programmzähler,
- Ausführen der Ausnahmeroutine,
- Beenden der Ausnahmeroutine durch einen speziellen Befehl (*return from interrupt* – RTI, auch: IRET),
- Restaurieren der anfänglich gesicherten Registerinhalte, Reaktivierung der zeitweise gesperrten Unterbrechungs-Anforderungen und Fortsetzung des Programms an der Unterbrechungsstelle, also mit dem unmittelbar auf die Unterbrechungsstelle folgenden Maschinenbefehl.

Wie die Startadresse der Ausnahmeroutine genau ermittelt wird, wird erst im Anschluß an die folgende Beschreibung der verschiedenen Ausnahme-Situationen gezeigt. Außerdem wird zunächst vorausgesetzt, daß zu jedem Zeitpunkt höchstens eine Unterbrechungs-Anforderung vorliegt. Zum Schluß dieses Abschnitts wird dann gezeigt, wie mehrere gleichzeitig vorliegende Anforderungen bearbeitet werden.

Für die Ausnahme-Situationen können sowohl prozessorinterne als auch prozessorexterne Ursachen vorliegen. Prozessorexterne Ursachen treten in der Regel asynchron zum Programmablauf auf und werden durch die Hardware des Systems erzeugt. Hingegen werden fast alle Ausnahme-Situationen mit prozessorinternen Ursachen durch das Programm selbst an fest vorgegebenen Stellen ausgelöst. Sie treten also synchron zum Programmablauf auf.

1.12.2 Prozessorexterne Ursachen für Ausnahme-Situationen

RESET

Die einfachste und "wirksamste" Ausnahme-Situation liegt vor, wenn der Prozessor in einen definierten Anfangszustand zurückgesetzt wird ("Initialisierung"). Dies geschieht durch ein Signal am RESET-Eingang des Steuerwerks, wie es im Abschnitt 1.5 beschrieben wurde. Dort wurden bereits die Möglichkeiten erwähnt, das Zurücksetzen automatisch beim Einschalten der Betriebsspannung (*POR*) oder durch eine Taste durchzuführen. In beiden Fällen liegt gewöhnlich kein Bezug zu einem laufenden Programm vor.

Andererseits werden in Mikroprozessor-Systemen mit hohen Verfügbarkeits-Anforderungen häufig Überwachungsschaltungen (*watch dogs*) eingesetzt, die immer dann den Prozessor über den RESET-Eingang neu initialisieren, wenn dieser nicht innerhalb einer maximalen Zeitschranke durch eine genau definierte Aktion gezeigt hat, daß er noch korrekt arbeitet. Durch diese Schaltungen wird also insbesondere erkannt, wenn der Prozessor in einer Endlosschleife festhängt oder – durch eine Störung verursacht – den normalen Programmbereich verlassen hat. In diesem Fall besteht also ein Zusammenhang zwischen dem auszuführenden Programm und dem Rücksetzen des Prozessors. (Eine einfache Realisierung eines *Watch Dogs* ist ein Monoflop, dessen Ausgang am RESET-Eingang anliegt und das in regelmäßigen Abständen durch ein Ausgangssignal des Prozessors 'nachgetriggert' werden muß.)

Sobald der RESET-Eingang aktiviert wird, bricht der Prozessor, wie bereits in Abschnitt 1.5 beschrieben, alle augenblicklich ausgeführten Operationen und Busaktivitäten ab. Danach setzt er durch ein Mikroprogramm alle bzw. einige Register auf vordefinierte Werte (meist den Wert 0). Anschließend holt er aus einer vorbestimmten Stelle im (Festwert-)Speicher die Startadresse für das nach dem Rücksetzen zuerst auszuführende Programm. Diese wird in den Programmzähler geladen. Bei diesem Programm handelt es sich meist um eine Betriebssystem-Routine, die nun alle Hardware- und Software-Systemkomponenten in die erforderlichen Anfangszustände versetzt. Abschließend wird der Teil des Steuerwerks aktiviert, der für die sequentielle Ausführung der Maschinenbefehle sorgt.

HALT, HOLD

Im Abschnitt 1.5 wurde gezeigt, daß einige Mikroprozessoren spezielle Eingänge (HALT, HOLD) besitzen, über die sie in einen Halte-Zustand versetzt werden können. Das bedeutet, daß der Prozessor nach Abschluß des laufenden Zugriffs auf den Systembus seine Programmbearbeitung unterbricht. Während dieser Zeit werden die Systembus-Ausgänge des Prozessors in den hochohmigen Zustand (*tristate*) versetzt. Die beiden Signale HALT bzw. HOLD unterscheiden sich darin, wie lange der Halte-Zustand des Prozessors andauert: im ersten Fall meist solange, bis er durch ein Rücksetzen des µPs oder eine Unterbrechungs-Anforderung beendet wird, im zweiten Fall nur solange, wie das HOLD-Signal aktiviert ist. Somit kann nun eine andere Systemkomponente den Systembus benutzen. (Im Abschnitt 3.7 wird das am Beispiel des direkten Speicherzugriffs (*direct memory access* – DMA), einer Methode zum schnellen Datentransfer zwischen Speicher und Peripheriegerät, beschrieben.)

ERROR

Die Prozessoren der Familie 680X0 (68000, 68020, etc.) der Firma Motorola besitzen einen BERR (*bus error*) genannten Eingang, der die Reaktion auf verschiedene prozessorexterne Fehler des Systems erlaubt, die mit dem augenblicklich durchgeführten Zugriff auf den Systembus im Zusammenhang stehen (s. Abschnitt 1.5). Dazu gehören insbesondere Paritätsfehler auf dem Datenbus, Zugriffe auf geschützte Datenbereiche oder das Ausbleiben von Quittungssignalen bestimmter Komponenten. Das Vorliegen einer solchen Fehlersituation muß natürlich durch eine spezielle externe Schaltung festgestellt und in ein BERR-Signal umgesetzt werden. Solange dieses Signal aktiv ist, geht der Prozessor in den oben beschriebenen Halte-Zustand. Wird das Signal zurückgesetzt, wird z.B. in Abhängigkeit vom aktuellen Zustand des HALT-Einganges eine von zwei Ausnahme-Behandlungen durchgeführt:

- die Operation, die zum Fehler führte, wird wiederholt;
- es wird eine spezielle Routine zur Fehlerbehandlung aufgerufen.

Prozessoren der 32X32-Familie von National Semiconductor besitzen einen speziellen Eingang BRT (*bus retry*), über den sie zur Wiederholung des letzten Buszyklus aufgefordert werden können.

Die modernen Intel-Prozessoren (80286, 80386) besitzen einen Eingang ERROR, über den angeschlossene Coprozessoren das Auftreten eines Fehlers melden können (beim 80486: $\overline{\text{FERR}}$). Während der Prozessor dem Coprozessor Befehle übermittelt oder auf dessen Ergebnisse wartet, führt ein Signal am ERROR-Eingang zum Aufrufen einer speziellen Behandlungs-Routine.

Interrupts

Durch periphere Geräte oder Systemsteuerbausteine können asynchron zum Programmablauf über spezielle Eingänge Unterbrechungssignale ((*hardware*) *interrupts*) an den Prozessor abgegeben werden. Gründe dafür können zum Beispiel das Vorliegen eines Datums in einem Eingabegerät oder eines bestimmten Zustandes ('Operation ausgeführt', Fehler, etc.) sein. Einer Interrupt-Anforderung wird vom Prozessor frühestens nach der vollständigen Beendigung des in Bearbeitung befindlichen Befehls stattgegeben. Die vom Prozessor als Reaktion gestarteten Ausnahmeroutinen werden Interruptroutinen genannt. Die meisten Mikroprozessoren können über die im Abschnitt 1.5 beschriebenen Statusinformationen den Systemkomponenten mitteilen, daß sie im Augenblick eine Interruptroutine durchführen. Dazu muß der Zustand der Prozessor-Statussignale (z.B. $FC_0,..,FC_2$ – *function code*) von den Komponenten decodiert werden. Diese Information ist insbesondere für die Komponente wichtig, die die Unterbrechung gefordert hat.

Interrupts können maskierbar oder nicht maskierbar sein. Für beide Typen stehen getrennte Eingänge zur Verfügung. Der Prozessoreingang für maskierbare Interrupts wird häufig mit INT, INTR bzw. IRQ (*interrupt request*), der für nicht maskierbare fast einheitlich mit NMI (*non maskable interrupt*) bezeichnet.

- **Nicht maskierbare** Unterbrechungs-Anforderungen (NMI) werden nach Abschluß des gerade ausgeführten Befehls unbedingt durchgeführt. Diese Tatsache zeigt schon, daß diese Interrupts nur für wirklich wichtige Ausnahme-Situationen reserviert sein sollten. Dazu gehören insbesondere Fehler, die die Funktionsfähigkeit des Systems ernsthaft gefährden, wie z.B. der Zusammenbruch der Betriebsspannung. In diesem Fall kann die Interruptroutine die Aufgabe haben, die aktuellen Registerinhalte in einen (permanenten) Speicher zu retten, eine Not-Spannungsversorgung einzuschalten oder einen Alarm auszulösen. Während der Behandlung einer NMI-Routine wird keine weitere nicht maskierbare Unterbrechungs-Anforderung zugelassen. Einige Prozessoren speichern jedoch diese zwischenzeitlich eintreffenden Anforderungen und bearbeiten sie unmittelbar nach Abschluß der aktuellen Interruptroutine. Das Gleiche gilt für die im folgenden besprochenen maskierbaren Interrupts, die (zunächst) automatisch gesperrt werden. Diese können aber durch den Programmierer auch während der NMI-Bearbeitung gezielt zugelassen werden.

- **Maskierbare** Unterbrechungs-Anforderungen (IRQ) werden nur dann ausgeführt, wenn im Statusregister des Prozessors das spezielle IE-Bit (*interrupt enable flag*) gesetzt ist (vgl. Abschnitt 1.5.3). Beim Initialisieren des Systems (RESET) wird dieses Bit in der Regel zurückgesetzt. Es kann danach vom Entwickler eines Programms aufgabengemäß gesetzt bzw. rückgesetzt werden. (Die Zuordnung der Zustände 'gesetzt' bzw. 'zurückgesetzt' zu den logischen Werten '0' bzw. '1' hängt stets vom Typ des Prozessors ab.)
  Sobald die Bearbeitung einer maskierbaren Unterbrechungs-Anforderung beginnt, wird in der Regel das IE-Bit automatisch zurückgesetzt, um weitere Unterbrechungen während der aktuellen Ausnahme-Behandlung zu verhindern. Jedoch kann der Benutzer durch gezieltes Setzen des Bits selbst bestimmen, in welchem Programmbereich er eine weitere Unterbrechung zulassen will, und dadurch eine Verschachtelung der Unterbrechungs-Bearbeitungen erreichen (*interrupt nesting*). Zum Setzen bzw. Rücksetzen des IE-Bits werden ihm beispielsweise die Befehle SEI (*set interrupt flag*) bzw. CLI (*clear interrupt flag*) zur Verfügung gestellt (vgl. Abschnitt 1.14). Beim Verlassen der Interruptroutine wird das IE-Bit wieder automatisch gesetzt und ermöglicht so die Ausführung der nächsten, eventuell schon anstehenden Unterbrechungs-Anforderungen.

Das oben beschriebene Retten des Prozessor-Zustandes vor der Ausführung eines Interrupts dauert bei zeitkritischen Anwendungen oft unvertretbar lange. Auch bei modernen µPs liegt die Zeit im Bereich einiger Mikrosekunden, z.B. 20 µs. Deshalb bieten einige Prozessoren spezielle Befehle an, mit denen sie in einen Zustand versetzt werden können, in dem sie auf den nächsten Interrupt warten. Diese Befehle, meist mit WAI, WAIT (*wait for interrupt*) oder SYNC (*synchronize*) bezeichnet, sorgen teilweise selbst für das vorzeitige Retten des Prozessor-Zustandes im Stack. Bei anderen Prozessortypen muß der Programmierer dies durch Speicherbefehle explizit vornehmen. Nach dem Auftreten des Interrupts muß dann nur noch der Inhalt des Programmzählers ausgetauscht werden. In der Regel kann der Warte-Zustand nicht nur durch einen Interrupt verlassen werden. Häufig besteht die Möglichkeit, durch einen weiteren Prozessoreingang oder durch ein kurzes Triggersignal am Interrupteingang das Programm mit dem auf WAIT folgenden Befehl fortzusetzen, ohne eine Interruptroutine durchzuführen. (Natürlich darf in dieser Realisierung der Prozessor-Zustand nicht durch den WAIT-Befehl vorher auf den Stack gerettet werden.)

1.12.3 Prozessorinterne Ursachen für Ausnahme-Situationen

Wie bereits gesagt, treten diese Ursachen fast immer synchron zum Programmablauf auf. Ausnahmen liegen z.B. bei den Prozessoren vor, die auf dem Chip selbst interruptfähige Komponenten besitzen, wie z.B. serielle oder parallele Schnittstellen, Zeitgeber, etc. (s. Kapitel 5). Für diese Interrupts gelten die oben angestellten Betrachtungen, so daß sie hier nicht wiederholt werden müssen. Die programmsynchronen, internen Unterbrechungen werden durch Software-Interrupts und *Traps* hervorgerufen.

Software-Interrupts

Software-Interrupts werden durch besondere Befehle aufgerufen. Diese Befehle tragen oft die Bezeichnungen SWI n (*software interrupt*) oder INT n, wobei die Nummer n die Auswahl unter einer vorgegebenen Menge von Ausnahmeroutinen erlaubt. In ihrer Wirkung entsprechen Software-Interrupts dem Aufruf eines Unterprogramms, dessen Startadresse jedoch an einer bestimmten Speicherstelle festgelegt ist und deshalb nicht im Befehl angegeben werden muß. Gegenüber einem Unterprogrammaufruf besitzen sie daher die Vorteile, daß sie mit weniger Speicherzellen für den Maschinencode auskommen (1 oder 2 Byte Befehle) und in der Regel den gesamten Prozessor-Zustand automatisch im Stack ablegen. In Betriebssystemen für Mikrorechner werden sie hauptsächlich benutzt, um die peripheren Komponenten des Systems anzusprechen. Die von diesen Komponenten benötigten oder ermittelten Parameter werden als Registerinhalte im Stack übergeben.

Software-Interrupts bieten darüberhinaus die Möglichkeit, die Ausnahmeroutinen der Hardware-Interrupts zu Testzwecken ohne externe Stimulierung durchzuführen. Da aber dieser Aufruf synchron zum Programm geschieht, können natürlich nicht alle Situationen getestet werden, die beim entsprechenden Hardware-Aufruf vorliegen können.

Traps

Traps (Fallen) sind Ausnahme-Situationen, in die der Prozessor nach dem Auftreten bestimmter prozessorinterner Ereignisse kommt. Im Kapitel 4 werden Sie sehen, daß moderne Mikroprozessoren wenigstens zwei verschiedene Arbeitsweisen besitzen: den Benutzermodus und den geschützten und privilegierten Betriebssystem-Modus. Bei diesen Prozessoren werden Traps häufig auch als Systemaufrufe (*supervisor call* – SVC) bezeichnet, da sie einen Übergang vom Benutzer- in den Betriebssystem-Modus bewirken. Bei den synchron zum Programmablauf stattfindenden Ereignissen, die zu einem Trap führen, kann es sich um einen Fehler oder einen anderen "anomalen" Prozessorzustand handeln, die in Verbindung mit einer Operation bzw. einem Befehl auftreten. Sie werden deshalb auch *Instruction Exceptions* genannt. Sie können einerseits vor, andererseits aber auch nach Ausführung der Operation eintreten. In Abhängigkeit von der Art des Ereignisses wird eine spezielle Ausnahmeroutine des Betriebssystems ausgeführt. In der Regel wird die Operation wiederholt, die zum Trap führte, z.B. ein erfolgloser Zugriff auf eine bestimmte Speicherseite. Dabei muß dann durch die

Ausnahmeroutine die Bedingung beseitigt werden, die zum Auslösen des Traps führte. Beispielsweise kann eine bestimmte Seite vom Peripheriespeicher in den Arbeitsspeicher geladen werden. Die Rücksprungadresse aus der Ausnahmeroutine zeigt in diesem Fall auf den Befehl, der die Ausnahme-Situation hervorgerufen hat. Typische Ursachen für Traps sind:

- nach arithmetischen Operationen
  - Division durch 0 (*divide by zero*),
    es wurde versucht, durch Null zu dividieren, oder der Quotient paßt nicht in das Ergebnisregister;
  - Überlauf (*overflow*),
    das Ergebnis einer arithmetischen Operation verläßt den darstellbaren Zahlenbereich;
  - Bereichsüberschreitungen in Feldern (*array bound check*)
    beim Zugriff auf ein Feldelement wurde ein Index berechnet, der die Feldgrenzen über- bzw. unterschreitet;
- ungültiger Befehlscode (*invalid opcode*),
  das Befehlsregister des Steuerwerks enthält eine Bitkombination, die keinem gültigen Befehl entspricht;
- Aufruf des Betriebssystems (*supervisor call trap*),
  aus einem Benutzerprogramm wurde eine Anforderung an das im privilegierten Modus arbeitende Betriebssystem gestellt (s. Kapitel 4);
- illegaler Operations-Aufruf (*illegal operation trap, privilege violation*),
  Aufruf eines privilegierten Befehls in einem Benutzer-Programm;
- unerlaubter Speicherzugriff, z.B.:
  - Überschreiten von Speicherbereichsgrenzen,
  - Verletzung von Zugriffsrechten auf bestimmte Speicherbereiche, (im Kapitel 4 wird gezeigt, wie jedem Programm bestimmte Speicherbereiche fest zugeordnet werden, auf die es exklusiv zugreifen darf,)
  - Lesen eines Wortes von einer ungeraden Speicheradresse (nur bei Prozessoren, die den Zugriff auf ein 16-bit-Wort nur an geraden Speicheradressen erlauben);
- Stack-Überlauf,
  der Wert des Stackregisters unterschreitet einen minimalen Wert; der Stack zerstört dadurch Daten im Speicher;
- Einzelschritt-Unterbrechung (*single step interrupt, trace*)
  wenn das *Trace Flag* im Steuerregister (s. Abschnitt 1.5.3) gesetzt ist, wird nach jeder Ausführung eines Befehls das Programm unterbrochen und eine fest vorgegebene Routine aufgerufen; das *Trace Flag* im Statusregister wird während der Abarbeitung dieser Routine zurückgesetzt und erst beim Verlassen der Routine durch den Befehl RTI wieder gesetzt; die Fortsetzung des Programms durch ein spezielles Signal, z.B. einem Tastendruck, erlaubt die Ausführung des Programmes in kontrollierbaren Einzelschritten, bei der in der Ausnahmeroutine die Registerinhalte des Prozessors dargestellt und aufgezeichnet werden.

1.12.4 Ermittlung der Startadresse für die Ausnahmeroutinen

8-bit-Prozessoren bieten meist nur eine eingeschränkte Ausnahme-Behandlung. Insbesondere unterstützen sie keine Traps. Die Anzahl der Software-Interrupts ist auf maximal drei begrenzt. Aus diesem Grund kommen diese Prozessoren mit einer kleinen Tabelle im Speicher aus, die die Startadressen der Ausnahmeroutinen enthält. Diese Startadressen werden üblicherweise als **Vektoren** (*exception vectors*) bezeichnet. Die Vektortabelle ist meist im Festwertspeicher unter den höchstwertigen Adressen abgelegt. Beim Auftreten einer bestimmten Ausnahme-Situation lädt das Steuerwerk des Prozessors die Startadresse der zugehörenden Ausnahmeroutine aus den ihr zugeordneten Speicherzellen in den Programmzähler.

Tabelle 1.12-1 zeigt als Beispiel die Vektortabelle des Motorola 6809. Dieser Prozessor besitzt einen 8-bit-Datenbus und einen 16-bit-Adreßbus, so daß jeder Vektor byteweise in zwei aufeinanderfolgenden Speicherzellen abgelegt werden muß. (Üblicherweise werden diese Bytes mit H-Byte und L-Byte bezeichnet; H=*high*, L=*low*.)

Wir müssen hier nur noch den 'schnellen' maskierbaren Interrupt erklären. Der FIRQ (*fast interrupt request*) rettet lediglich den Programmzähler und das Statusregister in den Stack. Nur darin unterscheidet er sich vom IRQ, der sämtliche Registerinhalte abspeichert. Dementsprechend geschieht das "Umschalten" auf die FIRQ-Ausnahmeroutine erheblich schneller als auf die IRQ-Routine.

Tabelle 1.12-1. Die Vektortabelle des 6809 von Motorola

Speicheradressen		Ausnahme-Situation	
H-Byte	L-Byte		
\$FFFE	\$FFFF	RESET	Rücksetzen
\$FFFC	\$FFFD	NMI	nicht maskierbarer Interrupt
\$FFFA	\$FFFB	SWI1	Software-Interrupt 1
\$FFF8	\$FFF9	IRQ	maskierbarer Interrupt
\$FFF6	\$FFF7	FIRQ	schneller maskierb. Interrupt
\$FFF4	\$FFF5	SWI2	Software-Interrupt 2
\$FFF2	\$FFF3	SWI3	Software-Interrupt 3
\$FFF0	\$FFF1		(reserviert)

1.12.5 Die Behandlung mehrerer Interruptquellen

In einem komplexen System gibt es in der Regel viele Komponenten, die eine Unterbrechungs-Anforderung an den Prozessor stellen können. Da die Anzahl der Anschlußstifte des Gehäuses möglichst klein gehalten werden muß, kann der Prozessor nicht jeder Quelle einen eigenen Interrupteingang zur Verfügung stellen.

Daher sind alle Komponenten, die einen Interrupt auslösen können, über eine gemeinsame Leitung entweder am IRQ- oder am NMI-Eingang des Prozessors angeschlossen. Daraus ergibt sich für den Prozessor das Problem, beim Auftreten eines Interrupts festzustellen, welche Quelle die Unterbrechung angefordert hat.

1.12.5.1 Das Polling-Verfahren

Die einfachste Methode, wie sie bei den 8-bit-Prozessoren bevorzugt angewendet wird, wird mit *Polling* bezeichnet. (Deutsche Begriffe wie "Abfrageverfahren", "Wählverfahren" haben sich nicht besonders durchgesetzt.) Bei diesem Verfahren fragt der Prozessor zu Beginn der Interruptroutine nach einer fest vorgegebenen Reihenfolge alle Komponenten ab, die einen Interrupt auslösen können. Diese Abfrage besteht im wesentlichen darin, das Statusregister der Komponente zu lesen und darin ein bestimmtes Bit zu überprüfen. Dieses Bit wird *Interrupt Flag* (IF) genannt. Es wird von der Komponente immer dann gesetzt, wenn sie ihren Interruptausgang aktiviert hat. (Im Kapitel 5 wird genauer auf den Aufbau und die Funktion dieser Komponenten eingegangen.) Sobald der Prozessor eine Komponente mit gesetztem Interrupt Flag findet, bricht er die Abfrageroutine ab und ruft eine spezifische, der Interruptquelle zugeordnete Ausnahmeroutine auf. Nach Ausführung der Anforderung wird die Interruptroutine (über den Befehl RTI) wieder verlassen.

Eine gewisse Zeit nach der Abarbeitung eines Interrupts werden in der Regel erneut Interrupt-Anforderungen ausgelöst. Andererseits können aber auch schon während der Abarbeitung des letzten Interrupts weitere Anforderungen aufgetreten sein. Es gibt zwei gebräuchliche Alternativen, wie der Prozessor mit diesen Interrupt-Anforderungen verfahren kann.

- Bei der 1. Variante wird nach dem erneuten Eintritt in die Interruptroutine die zyklische Abfrage mit derjenigen Komponente fortgesetzt, die in der vorgegebenen Reihenfolge der zuletzt bedienten Komponente folgt. Diese Variante bietet allen Komponenten die gleiche Chance, bedient zu werden. Sie wird deshalb als "faire" Prozessor-Zuteilung bezeichnet. Ihr Einsatz empfiehlt sich dann und nur dann, wenn alle Komponenten die gleiche Wichtigkeit besitzen.
- Bei der 2. Variante beginnt die Abfrage jeweils wieder mit der in der gegebenen Reihung eindeutig festgelegten ersten Komponente. Bei der 2. Variante ist eine Komponente um so bevorzugter, je weiter sie in der vorgegebenen Reihenfolge "vorne steht". Auf diese Weise werden die Komponenten mit einer bestimmten Priorität (*priority level*) versehen. Komponenten mit hoher Priorität werden außerdem schneller bedient, da die Abfragezeit bis zu ihrer Identifizierung kürzer ist. Diese Variante wird sicher häufiger als die erste eingesetzt, da die verschiedenen Komponenten eines Systems in der Regel unterschiedlich wichtige Aufgaben für das System ausführen.

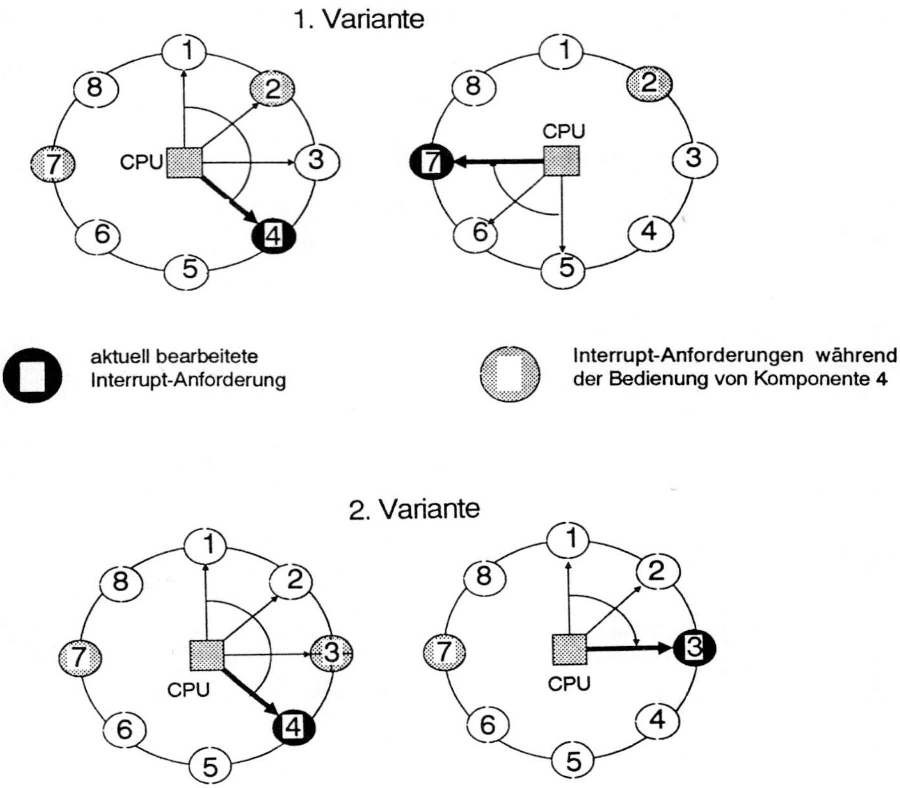

Bild 1.12-2. Zwei verschiedene Varianten des Polling-Verfahrens

Der größte Nachteil des Polling-Verfahrens ist die Tatsache, daß durch die zyklische Abfrage aller möglichen Komponenten u.U. unvertretbar viel Zeit gebraucht wird, bis die Interruptquelle identifiziert ist. Dieser Zeitverlust ist bei den modernen 16/32-bit-Prozessoren nicht mehr zu vertreten. Bei ihnen hat man deshalb das folgende Verfahren entwickelt, um die Quelle eines Interrupts möglichst schnell ermitteln zu können.

1.12.5.2 Die Ausnahmevektor-Tabelle

Die Startadressen aller Ausnahmeroutinen werden in einer Tabelle zusammengefaßt, die wir verkürzend mit (Ausnahme-)Vektortabelle bezeichnen wollen. Im Englischen sind dafür die Begriffe *Exception Vector Table* und (vereinfachend) *Interrupt Vector Table* üblich.

Tabelle 1.12-3. Beispiel einer Vektortabelle

Index	Ausnahmesituation	
0	*divide by 0*	Division durch 0
1	*overflow*	Zahlenbereichsüberschreitung
2	*array bound check*	Indexbereichsüberschreitung
3	*invalid opcode*	illegaler Befehlscode
4	*SVC (supervisor call)*	Betriebssystem-Aufruf
5	*privilege violation*	unerlaubter Aufruf einer privilegierten Operation
6	*trace*	Einzelschritt-Modus
7	....	
-	....	(weitere Traps)
i	....	
i+1	RESET	Rücksetzen
i+2	BERR	Busfehler
i+3	NMI	nicht maskierbarer Interrupt
-	....	
k	.....	(weitere Ausnahmesituationen)
k+1	*error*	Coprozessor-Fehler
-	....	(weitere Coprozessor-
	....	Meldungen, z.T. über
l		spezielle Statusleitungen)
l+1	*page fault*	Seitenfehler (s. Kapitel 4)
-	....	(weitere Fehler der
m	....	Speicherverwaltung)
m+1	....	(reserviert für zukünftige
-	....	Erweiterungen und für Test-
n	....	zwecke des Herstellers)
n+1	*user vectors*	(durch Systementwickler frei
-	....	zuzuordnende, maskierbare
255	....	Interrupts)

Diese Tabelle ist häufig in einer bestimmten, meistens der untersten Speicherseite abgelegt, d.h. unter den niederstwertigen Adressen. Bei anderen Prozessoren kann sie an beliebiger Stelle im Speicher untergebracht werden. Im Abschnitt 1.7 wurde bereits erwähnt, daß diese Prozessoren ein spezielles Basisadreß-Register (*vector base register*) besitzen, das die Basisadresse der Tabelle enthält. Jeder Ausnahme-Ursache wird als Vektornummer der Index zugeordnet, unter dem die Startadresse, auch Vektor oder Zeiger (*pointer*) genannt, ihrer Behandlungsroutine in der Tabelle gespeichert ist.

Für die Ausnahme-Situationen, die die Überwachung des Systems steuern, wie Traps, RESET, und NMI, werden meist die ersten Tabellenplätze reserviert. Es folgen einige Gruppen von Ausnahme-Situationen, die durch spezielle Komponenten verursacht werden, wie Coprozessoren und Speicherverwaltungs-Bausteine (s. Kapitel 4). Für jede der eben erwähnten Unterbrechungen werden die Tabellenplätze vom Steuerwerk fest vorgegeben und die Vektoren prozessorintern erzeugt.

Die Tabelle 1.12-3 (s.o.) stellt ein Beispiel einer Vektortabelle dar. Typisch sind Tabellen mit bis zu 256 Einträgen. Dem entspricht eine Länge der Vektornummern von 8 bit.

Die maskierbaren Interrupts belegen meist die letzten Tabellenplätze. Der Systementwickler kann im Prinzip jeder Interruptquelle einen dieser Tabellenplätze frei zuordnen. Nur wenn auf dem Mikrorechner ein universelles Betriebssystem laufen soll, ist er aus Kompatibilitätsgründen gezwungen, sich an die vom Betriebssystem vorgegebene Zuteilung der Tabellenplätze zu halten. Tut er das nicht, kann es ihm z.B. passieren, daß er zwar den Drucker ansprechen will, stattdessen aber den Bildschirm seines Rechners auswählt.

Immer wenn ein (maskierbarer) Interrupt auftritt, prüft das Steuerwerk des Prozessors zunächst, ob das *Interrupt Enable Bit* (IE) in seinem Steuerregister gesetzt ist (s. Abschnitt 1.5). Nur wenn das der Fall ist, führt es einen speziellen Buszyklus zur Identifizierung der Interruptquelle durch (*interrupt acknowledge cycle*). Ein Beispiel dafür ist im Bild 1.12-4 als Zeitdiagramm dargestellt.

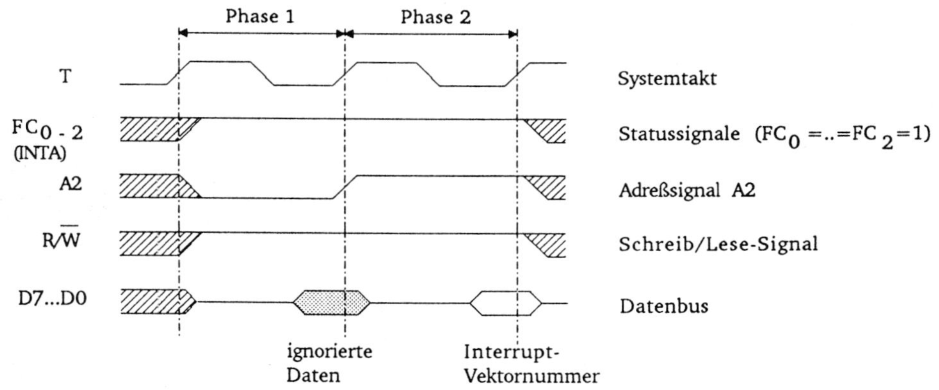

Bild 1.12-4. Zyklus zur Identifikation der Interruptquelle

In Phase 1 des Zyklus teilt der Prozessor über seine Statussignale zunächst allen Komponenten mit, daß er eine Interrupt-Anforderung bearbeiten will (z.B. $FC_0 = .. = FC_2 = 1$). Diese Information wird von allen Komponenten decodiert. Bei anderen Prozessortypen erfolgt diese Mitteilung über ein spezielles Ausgangssignal INTA (*interrupt acknowledge*). Das Ausgangssignal des Decoders bzw. INTA aktiviert in der Komponente, die die Interrupt-Anforderung gestellt hat, ein Register, in dem die zugeordnete Interrupt-Vektornummer (IVN) gespeichert ist. (Anstelle des Registers kann auch ein Schaltnetz vorhanden sein, in dem der Vektor fest verdrahtet ist.)

In der Phase 2 wird nun der Registerinhalt auf den (unteren Teil des) Datenbus gegeben und vom Prozessor eingelesen. Damit ist der Prozessor in der Lage, die Quelle eindeutig zu identifizieren, die Startadresse der entsprechenden Ausnahmeroutine aus der Vektortabelle zu ermitteln und diese Routine auszuführen.

Zur Unterscheidung der beiden Phasen benutzt der Prozessor in unserem Beispiel das Adreßsignal A_2. Gibt die ausgewählte Komponente am Ende der Phase 1, die ja prozessorseitig einen Lesezyklus darstellt, Daten auf den Systembus, so werden diese vom Prozessor ignoriert.

Wie die Ermittlung der Startadresse vor sich geht, ist im Bild 1.12-5 angedeutet. Darin sieht man, daß sich die Startadresse aus der Addition des Inhalts des Basisadreß-Registers und der skalierten Vektornummer IVN ergibt. Der Skalierungsfaktor hängt dabei von der Anzahl der Bytes pro Tabelleneintrag ab.

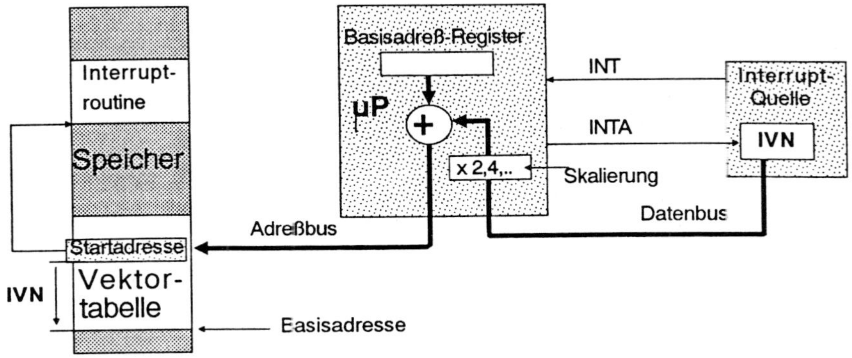

Bild 1.12-5. Die Berechnung der Startadresse einer Interruptroutine

Software-Interrupts

Durch den oben beschriebenen Software-Interrupt INT n wird das Steuerwerk veranlaßt, den Eintrag mit dem Index n aus der Vektortabelle in den Programmzähler zu laden und danach die entsprechende Ausnahmeroutine auszuführen. Mit diesem Befehl ist der Zugriff zu allen 256 Unterbrechungsroutinen möglich ($0 \leq n \leq 255$).

1.12.6 Prioritäten bei mehrfachen Unterbrechungs-Anforderungen

Wie oben erwähnt, werden Unterbrechungs-Anforderungen vom Steuerwerk des Prozessors erst nach der Ausführung der aktuellen Operation erfüllt. Natürlich kann es passieren, daß während einer Befehlsausführung mehrere Anforderungen gleichzeitig oder kurz hintereinander auftreten. Am Ende der Befehlsausführung stellt das Steuerwerk des Prozessors dann das simultane Vorliegen dieser Anforderungen fest. In diesem Fall muß der Prozessor die Ausnahme-Situationen in einer gewissen Reihenfolge behandeln. Diese Reihenfolge ist bei den Mikroprozessoren in der Regel fest vorgegeben. Durch sie werden den verschiedenen Anforderungen bestimmte **Prioritäten** zugeordnet. Der oben beschriebene Einsatz des nicht maskierbaren Interrupts (NMI) zur Erkennung von Ausfällen der Versorgungsspannung verlangt beispielsweise, daß der NMI stets vor den maskierbaren Interrupts (IRQs) ausgeführt wird.

Zu beachten ist jedoch, daß durch diese Prioritäten nur die Reihenfolge vorgegeben ist, in der die Behandlung der Interrupts begonnen wird. Werden in einer Ausnahmeroutine nicht alle anderen Unterbrechungen gesperrt, so kann es passieren, daß noch vor dem ersten Befehl der Routine eine gleichzeitig vorliegende Ausnahme-Situation mit niedrigerer Priorität behandelt wird. Dies ist z.B. bei den Traps der Fall, die in der Regel die Interrupteingänge nicht sperren. Vor der Ausführung der Trap-Routine kann daher beispielsweise noch ein maskierbarer Interrupt (IRQ) ausgeführt werden.

Die Vergabe der Prioritäten ist bei allen Mikroprozessor-Herstellern unterschiedlich. Gemeinsam ist allen nur, daß das Rücksetzen (RESET) und die Traps in der Regel hohe Prioritäten zugewiesen bekommen. Tabelle 1.12-6 zeigt beispielhaft die Prioritäten beim 80286 von Intel.

Tabelle 1.12-6. Prioritäten bei der Ausnahme-Behandlung des 80286

Priorität	Ausnahme-Situation	
0	RESET	Rücksetzen, Initialisieren des Systems
1	TRAPS	Ausnahme-S. bei der Befehlsausführung als Spezialfall:
	INT	Software-Interrupt
2	TRACE	Einzel-Schritt-Ausführung
3	NMI	nicht maskierbarer Interrupt
4	...	Coprozessor-Fehler
5	IRQ	maskierbarer Interrupt

Durch die beschriebene Vergabe unterschiedlicher Prioritäten ist noch nicht das Problem gelöst, wie der Prozessor "gleichzeitig" auftretende maskierbare Interrupts (IRQs) behandeln soll. Eine Möglichkeit, das Polling, wurde bereits weiter oben beschrieben. Wie bereits gesagt, ist dieses Verfahren jedoch sehr zeitaufwendig. Im Abschnitt 5.3 wird ein Spezialbaustein beschrieben, der die Aufgabe hat, die gleichzeitig vorliegenden IRQs in eine bestimmte Reihenfolge zu bringen. Dieser *Interrupt Controller* löst diese Aufgabe hardwaremäßig und damit sehr viel schneller.

1.12.7 Fallstudie: Interrupt-Kontrolle der Prozessoren 680X0

Anhand der Motorola-Prozessoren 680X0 (X=0,..,4) soll hier schon kurz auf eine Realisierungsmöglichkeit eines Interrupt-Controllers eingegangen werden. Dieser ist bereits auf dem Chip der Prozessoren mit integriert.

Die Prozessoren besitzen drei Interrupt-Anschlüsse $\overline{IPL2}$, $\overline{IPL1}$, $\overline{IPL0}$ (*interrupt priority level*, vgl. Bild 1.12-8). Alle interruptfähigen Komponenten sind mit diesen Anschlüssen verbunden. Wird von keiner Komponente ein Interrupt gewünscht, so liegen alle drei Eingänge auf H-Potential, sind also logisch 1. Jede Komponente, die einen Interrupt auslösen will, legt eine bestimmte, ihr fest zugeordnete Bitkombination ($\neq$111) auf die Anschlußleitungen $\overline{IPL2}$-$\overline{IPL0}$.

Den Anschlüssen sind im Statusregister SR die drei Bits I_2, I_1, I_0 als **Interruptmaske** (*interrupt priority mask*) zugeordnet. Diese drei Bits, aufgefaßt als Dualzahlen, definieren $2^3=8$ Prioritäten-Ebenen. Von diesen wird die Ebene 0 nicht benutzt, da sie den Fall repräsentiert, daß kein Interrupt vorliegt, also dem Eingangszustand $\overline{IPL2}=..=\overline{IPL0}=1$ entspricht.

Jede Interruptanforderung wird durch ihre Eingangsbelegung $\overline{IPL2}$-$\overline{IPL0}$ in eine Prioritätenklasse eingeteilt. Diese wird bestimmt durch die als Dualzahl aufgefaßte negierte Information (IPL2,IPL1,IPL0) der Interrupteingänge.

Diese Bitkombination bestimmt die Priorität der Komponente nur gegenüber den Komponenten, die eine andere Bitkombination anlegen. Am Ende der Fallstudie wird gezeigt, wie Prioritäten zwischen denjenigen Komponenten verteilt werden können, die dieselbe Bitkombination auf die Eingänge $\overline{IPL2}$-$\overline{IPL0}$ geben.

Einer Interruptanforderung wird nur dann stattgegeben, wenn sie einer Klasse angehört, deren Nummer größer ist als die durch die Statusbits I_2-I_0 vorgegebene Ebenen-Nummer. Eine Ausnahme bildet nur die Klasse 7 [(IPL2,IPL1,IPL0)=111], die für den nicht maskierbaren Interrupt (NMI) benutzt wird. In diesem Fall werden die Statusbits I_2-I_0 nicht ausgewertet und die Interruptroutine unbedingt ausgeführt. Die Klassen 1-6 umfassen die maskierbaren Interrupts. Durch diese Vorgabe bekommt die Klasse 7 die höchste Priorität, die Klasse 1 die niedrigste.

Beispiele

- Liegt an den Eingängen die Information $\overline{IPL2}=0$, $\overline{IPL1}=1$, $\overline{IPL0}=0$, so gehört die Anforderung zur Klasse (IPL2,IPL1,IPL0)$=101_2=5_{10}$.
- Sind die Interruptbits des Statusregisters durch $I_2I_1I_0=011$ auf die 3. Ebene gesetzt, so werden nur Anforderungen der Klassen 4-7 berücksichtigt, denen die dualen Eingangsinformationen ($\overline{IPL2}$,$\overline{IPL1}$,$\overline{IPL0}$)=011, 010, 001, 000 zugeordnet sind.

Tabelle 1.12-7 zeigt in aufsteigender Reihenfolge die Prioritäten, den entsprechenden Zustand der Statusbits I_2,I_1,I_0 sowie die möglichen Kombinationen der Interruptsignale $\overline{IPL2}$-$\overline{IPL0}$ für alle zugelassenen Interruptklassen.

Tabelle 1.12-7: Interrupt-Prioritäten bei den Motorola-Prozessoren

Priorität Ebene	**Statusbits** $I_2I_1I_0$	**zugelassene Int.-Klassen**	**Eingangskombinationen** $\overline{IPL2},\overline{IPL1},\overline{IPL0}$
0	0 0 0	1 - 7	000 - 110
1	0 0 1	2 - 7	000 - 101
2	0 1 0	3 - 7	000 - 100
3	0 1 1	4 - 7	000 - 011
4	1 0 0	5 - 7	000 - 010
5	1 0 1	6 - 7	000 - 001
6	1 1 0	7 (nur NMI)	000
7	1 1 1	keine	---

Die von der Komponente ausgegebene Bitkombination muß stets solange an den Anschlüssen $\overline{IPL2}$-$\overline{IPL0}$ anliegen, bis der Prozessor über seine Status-Leitungen FCO2-FCO0 (durch die Bitkombination '111') anzeigt, daß er der Interrupt-Anforderung stattgegeben hat (vgl. Abschnitt 1.5). Gleichzeitig gibt er über die Adreßleitungen A1-A3 die Nummer der akzeptierten Interruptklasse aus. Anhand dieser Nummer kann jede Komponente feststellen, ob der Prozessor ihre Interrupt-Anforderung oder aber eine eventuell gleichzeitig vorliegende höherprivilegierte Anforderung bearbeitet.

Zu Beginn der Interrupt-Bearbeitung werden die Statusbits I_2-I_0 automatisch auf die Prioritätsebene des aktuellen Interrupts gesetzt. Dadurch sind während der Ausführung der Interruptroutine nur noch Interrupts mit höherer Priorität zugelassen. Wie bereits gesagt, hat der NMI die höchste Priorität 7 und kann daher alle (maskierbaren) Interrupts der Klassen 1-6 unterbrechen. Wird aktuell gerade eine NMI-Routine abgearbeitet, d.h. $I_2I_1I_0=111$, so sind ohne weiteres keine weiteren Unterbrechungen zugelassen. Jedoch kann in diesem Fall, wie auch bei der Abarbeitung eines maskierbaren Interrupts, der Anwender durch bestimmte (privilegierte) Befehle das Statusregister gezielt mit einer speziellen Interruptmaske I_2-I_0 laden und dadurch das Steuerwerk auch Interruptanforderungen niedrigerer Priorität akzeptieren lassen. Jede Interruptroutine wird mit dem Befehl RTE (*return from exception*) beendet. Dabei wird wieder die vor ihrer Ausführung gültige Interruptmaske ins Statusregister geladen, so daß die Abarbeitung des nächsten Interrupts mit höherer Priorität ermöglicht wird.

Selbsttestaufgabe S1.12-1:
Durch das Betriebssystem werde die Interruptmaske im Statusregister SR zunächst auf den Wert 2 gesetzt. Nun trete ein Interrupt der Klasse 3 auf. Während der Bearbeitung dieses Interrupts werden weitere Interrupts der Klassen 1, 3 und 4 angefordert. Während der Bearbeitung des zweiten Interrupts der Klasse 3 soll der Reihe nach ein NMI sowie ein Interrupt der Klasse 5 auftreten.   Geben Sie alle Zustände der Maskenbits I_2-I_0 an.

Das Daisy-Chain-Verfahren

Werden mehr als 7 Interruptquellen in einem System eingesetzt, müssen diese auf die Klassen 1 - 7 aufgeteilt werden. Innerhalb der einzelnen Klassen muß nun wieder nach einem geeigneten Verfahren eine Auswahl stattfinden, z.B. softwaremäßig durch das oben beschriebene Polling-Verfahren.

Ein häufig benutztes Hardware-Verfahren ist das *Daisy Chaining* (*daisy chain*: Kette aus Gänseblümchen). Es soll hier für den 680X0 skizziert werden.

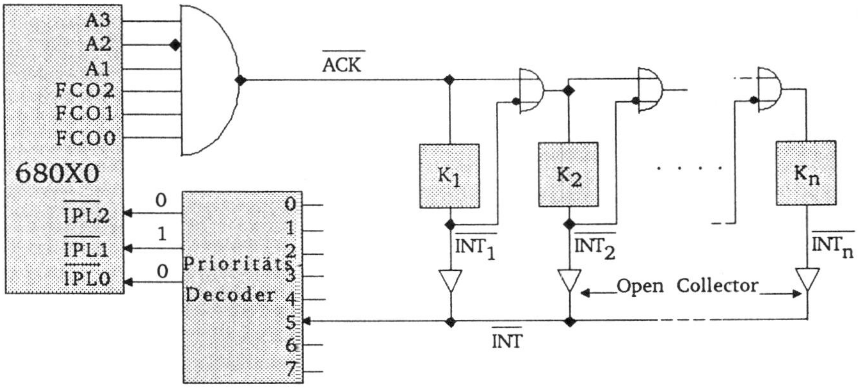

Bild 1.12-8. *Daisy Chaining* beim Motorola 680X0

Alle Komponenten K_i der gleichen Prioritätsklasse stellen ihre Interrupt-Anforderung $\overline{INT_i}$ durch ein L-Signal auf der gemeinsamen Leitung $\overline{INT}$. An dieser sind sie z.B. über *Open-Collector*-Gatter angeschlossen. Das $\overline{INT}$-Signal wird auf einen der acht Eingänge eines Prioritäten-Decoders gegeben. Die Nummer dieses Decoder-Einganges legt die Klassennummer (hier z.B. 5) fest. Der Decoder erzeugt entsprechend dieser Nummer die Information der Prozessor-Eingänge $\overline{\mathsf{IPL2}}$-$\overline{\mathsf{IPL0}}$, im Beispiel also ($\overline{\mathsf{IPL2}}$,$\overline{\mathsf{IPL1}}$,$\overline{\mathsf{IPL0}}$) = 010. Liegen an mehreren Eingängen des Decoders gleichzeitig Anforderungssignale, muß er nach fest vorgegebenen Prioritäten genau einen dieser Eingänge auswählen. Diese Prioritäten-Reihenfolge kann zwar, sie muß aber nicht mit der auf den Prioritätenklassen des Prozessors vorgegebenen übereinstimmen. Insgesamt erhält man nun eine dreistufige Auswahl unter den Interruptquellen:

- Der Prozessor regelt durch seine Klassenvergabe lediglich, ob eine weitere, zwischenzeitlich auftretende Anforderung eine so hohe Priorität hat, daß sie eine laufende Interruptroutine unterbrechen darf.
- Der Prioritäten-Decoder hingegen entscheidet durch Vergabe einer eindeutigen Priorität, welcher von mehreren gleichzeitig vorliegenden Anforderungen (aus verschiedenen Prioritätenklassen) zuerst stattgegeben wird.
- Durch das *Daisy Chaining* wird nun seinerseits entschieden, welche von mehreren Interruptquellen aus einer bestimmten, festen Prioritätenklasse zuerst bedient wird.

Der Prozessor zeigt die Annahme der Interrupt-Anforderung über seine Statussignale FCO2-FCO0, genauer durch FCO2 = .. = FCO0 = 1. Über die Adreßleitungen $A_3,..,A_1$ wird gleichzeitig die Prioritätsebene der Unterbrechung ausgegeben. (Im Beispiel: $A_3A_2A_1 = 101_2 = 5_{10}$). Aus diesen Signalen erzeugt die NAND-Schaltung das Quittungssignal $\overline{\mathsf{ACK}}$. Dieses wird nun – "verkettet" mit den Interrupt-Anforderungssignalen $\overline{\mathsf{INT}}_i$ – sukzessiv zu den Komponenten K_i geführt, und zwar leitet die Komponente K_i das Signal $\overline{\mathsf{ACK}}$ über das ODER-Gatter nur dann an K_{i+1} weiter, wenn sie selbst keinen Interrupt angefordert hat, d.h. $\overline{\mathsf{INT}}_i = 1$ ist. Auf diese Weise hat (innerhalb der festen Prozessor-Prioritätsklasse) jede Komponente eine umso höhere Priorität, je "näher" sie dem Prozessor ist.

In den folgenden Abschnitten dieses Kapitels werden wir uns jetzt mit einigen Software-Aspekten der Mikroprozessoren beschäftigen. Dabei werden wir uns auf diejenigen Aspekte beschränken, die von der Prozessor-Hardware vorgegeben werden. Das heißt, daß wir es bei der Beschreibung der verschiedenen, von Mikroprozessoren unterstützten Datentypen und Datenformate, Befehlssätze und Adressierungsarten belassen. Wir werden uns nicht um die (systematische) Erstellung von Anwender- oder Systemprogrammen, um Unterprogrammtechniken, um Assemblerprogrammierung oder Programmierung in einer höheren Programmiersprache usw. kümmern.

Zur Begriffsbestimmung

- Ein **Datentyp** spezifiziert den Wertebereich, den eine Konstante, eine Variable, Ausdrücke oder Funktionen in einem Programm annehmen können. Ein Datentyp wird bestimmt durch das **Datenformat**, insbesondere also die Anzahl der Bits, und durch seine Bedeutung. Häufig können bestimmte Datentypen in verschiedenen Formaten verarbeitet werden. Von allen möglichen Datentypen interessieren uns in diesem Kurs nur solche, die auf der Hardware-Ebene, d.h. durch den Befehlssatz des µPs direkt verarbeitet werden können.
- Dabei versteht man unter dem **Befehlssatz** eines Prozessors die Menge der verschiedenen Maschinenbefehle, die durch das Steuerwerk des µPs interpretiert und – bei den hier betrachteten Standard-Mikroprozessoren – durch ein Mikroprogramm ausgeführt werden.
- Die verschiedenen Möglichkeiten eines Prozessors, aus Adressen, Adreßdistanzen und Registerinhalten die (effektive) Operandenadresse zu berechnen, nennt man die **Adressierungsarten** des Prozessors.

1.13 Datentypen und Datenformate

Prinzipiell kann zwar jeder Mikroprozessor jeden Datentyp verarbeiten, jedoch bestehen bei den verschiedenen Prozessoren große Unterschiede darin, welche Datentypen die Hardware selbst, also insbesondere die ALU im Rechenwerk, als Operanden zuläßt. Diese Datentypen können in den Maschinenbefehlen selbst angegeben werden. Alle anderen müssen durch ein geeignetes (Maschinen-) Programm auf elementarere Datentypen zurückgeführt und in mehreren Schritten berechnet werden, d.h. ihre Bearbeitung wird durch den Prozessor in Software emuliert.

In diesem Abschnitt werden Sie sehen, daß der Umfang der Datentypen, die direkt von der Hardware des Prozessors verarbeitet werden können, einen der größten Unterschiede zwischen den 8-bit-Prozessoren einerseits und den 16/32-bit-Prozessoren andererseits darstellt.

16/32-bit-Prozessoren unterstützen zum Teil auch Datentypen, die sie in ihrem Rechenwerk selbst gar nicht direkt verarbeiten können. Dazu gehören die am Ende dieses Abschnittes beschriebenen Gleitpunktzahlen. Diese können vom Prozessor durch spezielle Befehle (nur) aus dem Speicher in seine Register eingelesen oder von dort in den Speicher übertragen werden. Durch die Möglichkeit, auf diese Datentypen im Speicher zugreifen zu können, wird einerseits die Software-Emulation erleichtert. Andererseits kann der Prozessor diese Daten aber auch zur Verarbeitung in einen Coprozessor übertragen und dessen Ergebnisse im Arbeitsspeicher ablegen (s. Kapitel 2).

1.13.1 Datentypen und Datenformate bei 8-bit-Prozessoren

Im Bild 1.13-1 sind die Datentypen und ihre Formate dargestellt, die von 8-bit-Mikroprozessoren direkt verarbeitet oder unterstützt werden. Sie werden im folgenden kurz beschrieben.

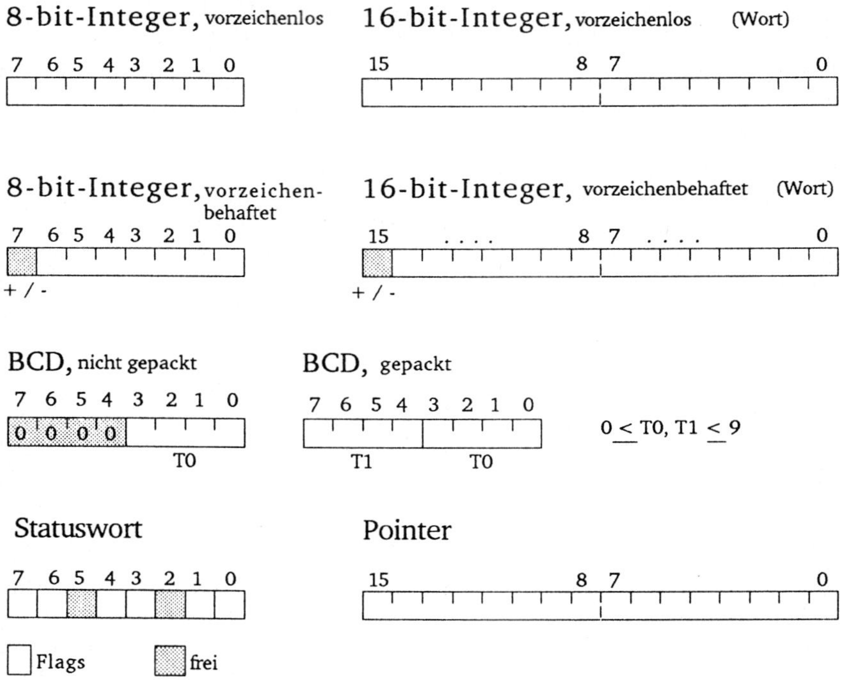

Bild 1.13-1. Datentypen und Datenformate bei 8-bit-Prozessoren

8-bit-Integers (16-bit-Integers)

Daten dieses Typs stellen ganze Zahlen dar. 8-bit-Integers sind bei 8-bit-Prozessoren die längsten Zahlen, die in einem Schritt von der ALU verarbeitet werden können. Moderne 8-bit-Prozessoren verarbeiten jedoch auch 16-bit-Integers, auch wenn dies durch die ALU in mehreren Schritten durchgeführt werden muß. Eine 8-bit-Integerzahl wird gewöhnlich auch als Byte, eine 16-bit-Integerzahl als Wort bezeichnet.

8/16-bit-Integers können sowohl als vorzeichenlose (*unsigned*, *ordinal*) wie auch als vorzeichenbehaftete (*signed*) Zahlen verarbeitet werden. Im letzten Fall wird das Vorzeichen durch das höchstwertige Bit angegeben. Dabei werden negative Zahlen im Zweierkomplement repräsentiert und ihr Vorzeichenbit ist '1'. Als Zahlenbereiche erhält man somit:

Format	vorzeichenlos	vorzeichenbehaftet
8 bit (Byte)	$0 \leq Z \leq 255$	$-128 \leq Z \leq 127$
16 bit (Wort)	$0 \leq Z \leq 65535$	$-32768 \leq Z \leq 32767$

BCD-Zahlen

Jeweils 4 Bits des Datums werden als binär codierte Dezimalziffer (*binary coded decimal* – BCD) aufgefaßt. Bei der Speicherung und Verarbeitung von BCD-Zahlen besteht einerseits die Möglichkeit, in jedem Byte nur die unteren 4 Bits mit einer BCD-Ziffer zu belegen und die oberen durch Nullen aufzufüllen (*unpacked BCD*). Andererseits kann man zwei BCD-Ziffern in einem Byte unterbringen und spricht dann von 'gepackten' BCD-Zahlen (*packed BCD*).

Bei einigen Prozessoren kann die ALU BCD-Zahlen direkt verarbeiten, bei anderen muß durch einen besonderen Befehl (z.B. DAA – *decimal adjust accumulator*) nach jedem arithmetischen Befehl das Ergebnis im Akkumulator in eine BCD-Zahl umgewandelt werden. Dazu wird das Hilfs-Übertragsbit (*half carry flag*) im Statusregister benutzt (s. Abschnitt 1.6.2).

Pointer

Ein *Pointer* (Zeiger) ist eine Adresse, die auf einen Operanden im Speicher zeigt. In der Regel kann durch einen Pointer der gesamte logische Adreßraum des µPs angesprochen werden, d.h. die Länge des Pointers stimmt mit der Länge der (logischen) Adresse überein. Häufig kann ein Pointer durch einen speziellen Befehl in ein Adreßregister des Prozessors geladen werden (s. Abschnitt 1.14).

Statuswort

Das Statuswort entspricht dem Inhalt des im Abschnitt 1.6 beschriebenen Statusregisters. Wie dort bereits erwähnt, ist es eine Verkettung von einzelnen Bits, zwischen denen kein logischer Zusammenhang besteht. Dieses Wort kann in das Statusregister geladen oder von dort gelesen werden. Oft sind einige Bits des Statusregisters nicht benutzt. Die korrespondierenden Bits im Statuswort haben dann keine Bedeutung (*don't care*).

Boolesche Daten

Einige Prozessoren unterstützen Boolesche Daten. Dabei wird beispielsweise die logische '1' (in hexadezimaler Schreibweise) durch die 8-bit-Integer-Zahl $01, die logische '0' durch die Zahl $00 repräsentiert. Durch spezielle, logische Befehle kann mit diesen Booleschen Werten gerechnet werden (s. Abschnitt 1.14).

1.13.2 Datentypen und Datenformate von 16/32-bit-Prozessoren

Bei den 16/32-bit-Prozessoren kommen zu den bisher beschriebenen Datentypen und ihren Formaten noch eine Reihe weiterer hinzu. Diese sind im Bild 1.13-2 dargestellt.

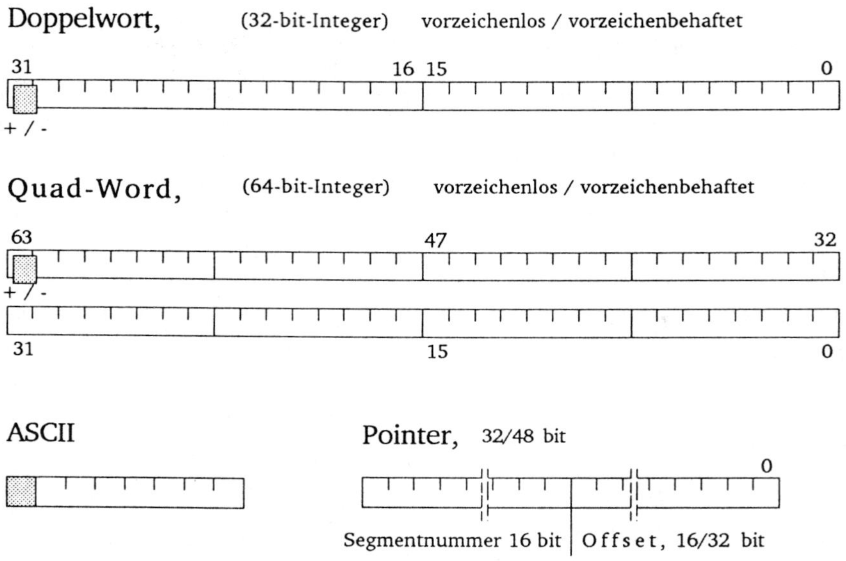

Bild 1.13-2. Zusätzliche Datentypen bei 16/32-bit-Prozessoren

32/64-bit-Integers

Die maximale Länge einer ganzen Zahl wird (bei einigen Prozessoren) auf die doppelte Datenbusbreite erweitert, d.h. bei 16-bit-Prozessoren werden 32-bit-Integers, bei 32-bit-Prozessoren 64-bit-Integers direkt verarbeitet. Man spricht im ersten Fall von einem Doppel- oder Langwort, im zweiten Fall existiert nur der englische Begriff *quad word* (vierfaches Wort). Wie bei den 8-bit-Integers können auch diese Zahlen vorzeichenlos (*unsigned, ordinal*) oder vorzeichenbehaftet (*signed*) sein. Im letzten Fall wird das Zweierkomplement benutzt, und das höchstwertige Bit gibt das Vorzeichen an. Die Prozessoren legen diese Wörter auf unterschiedliche Weise im Speicher ab: einerseits werden die einzelnen Bytes des Wortes/Doppelwortes mit steigender Wertigkeit in Speicherzellen mit aufsteigenden Adressen (*little endian memory format*), andererseits mit absteigenden Adressen (*big endian memory format*) gelagert.

Selbsttestaufgabe S1.13-1:
Bestimmen Sie näherungsweise für 32- und 64-bit-Integers mit bzw. ohne Vorzeichen den darstellbaren Zahlenbereich.

Alphanumerische Zeichen (characters)

Hier wird in einem Byte ein ASCII-Zeichen dargestellt. Der ASCII-Code ist ein normierter 7-bit-Code, in dem neben den Dezimalziffern und dem Alphabet auch eine Reihe von Steuerzeichen verschlüsselt sind, und der eine große Bedeutung für die Kommunikation zwischen den Komponenten eines Rechners erlangt hat. (*American Standard Code for Information Interchange* – ASCII, s. Abschnitt 5.5).

Pointer

Bei 16/32-bit-Prozessoren ist der oben beschriebene Datentyp *Pointer* den komplexeren Adressierungsarten und Speicherverwaltungs-Mechanismen angepaßt. Ein Datum vom Typ *Pointer* enthält nun nicht mehr nur die logische Adresse eines Operanden, sondern die Nummer eines bestimmten Segments des Adreßraumes und die Adreßdistanzen (Offsets) zu einem bestimmten Registerinhalt. (Darauf wird im Kapitel 4 ausführlich eingegangen.)

1.13.3 Bit- und blockorientierte Datentypen und ihre Formate

Im Bild 1.13-3 werden zunächst strukturierte Datentypen dargestellt, bei denen die kleinste unterscheidbare Informationseinheit ein bit ist. Im Bild unten ist die komplexeste Datenstruktur skizziert, die von Mikroprozessoren (ohne spezielle Arithmetik-Einheit, vgl. Kapitel 2) verarbeitet werden kann.

Bit

Das Datum ist hier ein einzelnes Bit in einem ausgewählten Byte eines Registers oder einer Speicherzelle. Die Auswahl geschieht zweistufig dadurch, daß zunächst das Basisbyte (*base byte*) angesprochen wird, in dem das Bit liegt, und darin dann das gewünschte Bit.

Bitfelder (*bit fields*)

Zwischen 1 und 32 hintereinanderfolgende Bits im Speicher können zu einem Datum zusammengefaßt werden. Diese müssen in einem von Prozessor zu Prozessor verschieden großen Speicherbereich liegen.

- Im Minimalfall ist er nur 32 bit (4 byte) groß, und das Basisbyte, d.h. das Byte, das durch den Befehl selbst adressiert wird, enthält das 1. Bit des Feldes als höchstwertiges Bit (*most significant bit* – MSB).

- Im Maximalfall ist der Bereich 2^{32} bit lang. Das MSB des Basisbytes ist nun der Bezugspunkt: Die Position des ersten Bits im Feld wird durch eine vorzeichenbehaftete Distanz (Offset, Einheit: bit) zu diesem Bezugspunkt bestimmt. Der Befehl besteht hier also aus OpCode, Adresse des Basisbytes und Offset.

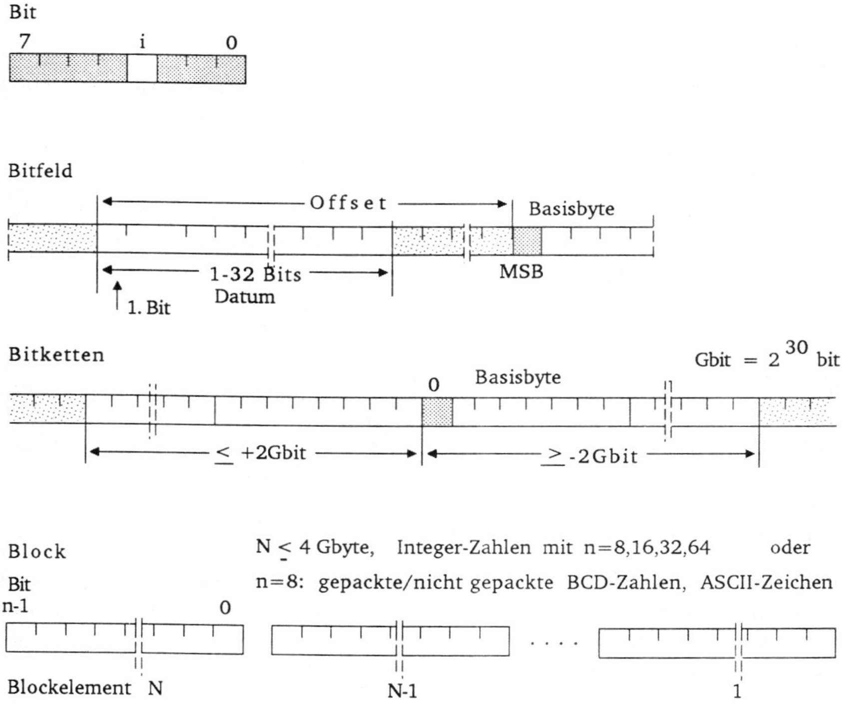

Bild 1.13-3. Bit- bzw. blockorientierte Datentypen

Bitketten (*bit strings*)

Dies sind Erweiterungen der Bitfelder auf bis zu 4 Gbit (1 Gbit = 2^{30} bit). Die Auswahl geschieht analog der zuletzt bei den Bitfeldern beschriebenen, jedoch liegt die Bitkette immer symmetrisch zum MSB des Basisbytes.

Blöcke (*strings*)

Dies sind zusammenhängende Folgen von bis zu 4 Gbyte im Speicher. Ein Block enthält stets Daten von genau einem der beschriebenen Datentypen und ihrer Formate: 8-, 16-, 32-, 64-bit-Integers, gepackte/nichtgepackte BCD-Zahlen oder ASCII-Zeichen.

1.13.4 Weitere Datentypen

Über die bisher beschriebenen Datentypen hinaus unterstützen manche Prozessoren noch eine Reihe anderer, z.T. strukturierter Datentypen.

Gleitpunkt-Zahlen (*floating point numbers*)

Gleitpunkt-Zahlen (reelle Zahlen) sind meist 32, 64 oder 80 bit lang. Wie bereits am Anfang des Abschnittes gesagt, können sie von einigen Mikroprozessoren zwar wie Integer-Zahlen im Speicher angesprochen, aber von ihnen nicht direkt verarbeitet werden. Ist im System ein Arithmetik-Prozessor vorhanden, so übernimmt dieser die Verarbeitung der reellen Zahlen. (Die modernsten Mikroprozessoren, der Motorola 68040 und der Intel 80486, besitzen bereits eine Arithmetik-Einheit auf dem Chip.) Im anderen Fall muß ihre Verarbeitung durch ein Maschinenprogramm des Mikroprozessors gesteuert werden. Auf ihre Darstellung wird bei der Beschreibung von Arithmetik-Prozessoren in Kapitel 2 ausführlich eingegangen.

Felder (*arrays*)

Hier beschränkt sich die Unterstützung durch die Prozessor-Hardware darauf zu prüfen, ob der Index eines angesprochenen Feldelements innerhalb der vorgegebenen Grenzen liegt. Außerdem wird aus einem zweidimensionalen Index eines Feldelementes die Speicheradresse berechnet, unter der das Element abgelegt ist. Für beide Operationen stehen spezielle Befehle zur Verfügung (s. Abschnitt 1.14).

Kellerspeicher (*stack*)

Im Abschnitt 1.7 wurde der Stack als Teil des Arbeitsspeichers mit seiner speziellen Art der Verwaltung (LIFO) bereits beschrieben. Die im Stack abgelegten Daten bilden einen Block variabler Länge. Ein Datum kann nur an einem vorgegebenen Ende des Blocks angefügt oder von dort entnommen werden.

1.14 Befehlssätze

Der Vollständigkeit halber beginnen wir diesen Abschnitt mit der kurzen Zusammenfassung einiger Gesichtspunkte, die bereits in früheren Abschnitten angesprochen wurden.

Ein Programm besteht aus einer Folge von Befehlen, die sequentiell im Speicher abgelegt sind und sich aus einem Befehlscode (Operations-Code, OpCode) und den Operanden (Daten) bzw. Zeigern darauf zusammensetzen. Die Operanden liegen ebenfalls im Speicher oder in den Registern des Prozessors bzw. der Ein-/Ausgabe-Schnittstellen vor. Die Menge der von einem Prozessor zur Verfügung gestellten (Maschinen-)Befehle nennt man seinen Befehlssatz (*instruction set*). Die Adressierung des augenblicklich auszuführenden Befehls geschieht durch den Programmzähler (PC), die der Operanden durch den Adreßpuffer (AP). Das

Adreßwerk (AU) berechnet nach verschiedenen, im Befehl spezifizierten Verfahren, die Sie im nächsten Abschnitt als Adressierungsarten des Prozessors kennenlernen werden, aus dem Inhalt der Prozessorregister und/oder der im Befehl angegebenen Adresse bzw. einer Distanz zu einer Adresse (Offset) die logische Adresse des Operanden. Diese wird gegebenfalls noch durch eine Speicherverwaltungs-Einheit (*memory management unit* – MMU) in eine physikalische Adresse umgewandelt. (Darauf gehen wir im Kapitel 4 ausführlich ein. Hier nehmen wir der Einfachheit halber an, daß logische und physikalische Adresse übereinstimmen.) Die Abarbeitung eines Programms ist im Bild 1.14-1 skizziert.

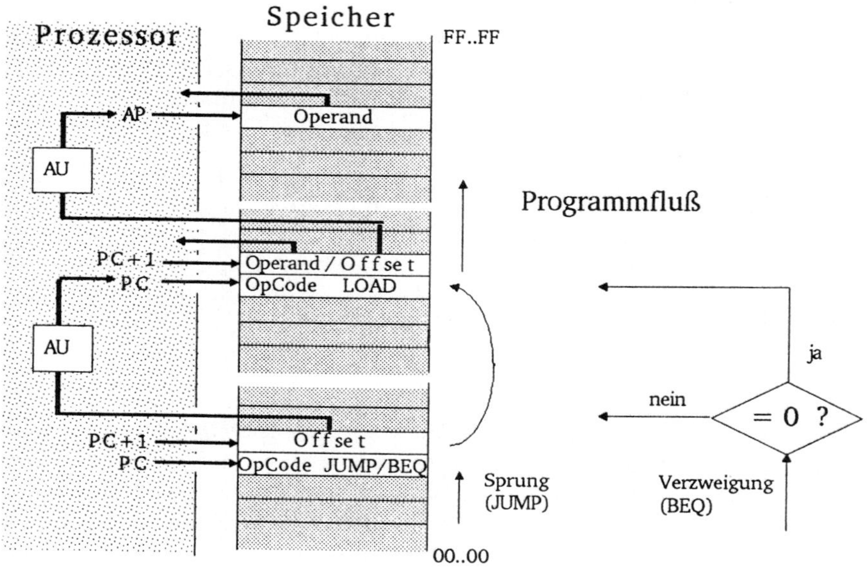

Bild 1.14-1. Abarbeitung eines Programms im Speicher

Die sequentielle Abarbeitung der Programmbefehle kann durch einen Sprung, durch einen Verzweigungsbefehl, eine Unterbrechungsroutine oder durch den Aufruf eines Unterprogrammes (vgl. Abschnitt 1.12) durchbrochen werden.

Im Bild 1.14-1 ist einerseits die Änderung des sequentiellen Programmflusses durch einen absoluten Sprung (JUMP) angedeutet, bei dem die Folgeadresse im Befehl angegeben wird. Andererseits ist gezeigt, wie der Prozessor auf einen Verzweigungsbefehl (BEQ – *branch equal*) reagiert. Dabei fragt er z.B. den Inhalt eines Registers ab und führt nur dann einen Sprung aus, wenn dieser gleich 0 ist. Die Zieladresse dieses Sprunges wird durch das Adreßwerk aus dem im Befehl angegebenen Offset berechnet.

1.14.1 Begriffe und Definitionen

Ein Befehlssatz heißt **symmetrisch**, wenn jeder Befehl mit jedem relevanten Datentyp und Datenformat ausgeführt werden kann sowie jede für einen bestimmten Befehl zulässige Adressierungsart für das Laden und das Speichern des Operanden benutzt werden kann. Ein Befehlssatz heißt **orthogonal**, wenn jeder Befehl jede Adressierungsart zuläßt.

Grundsätzlich unterscheidet man zwischen **monadischen** Operationen (unäre Operationen) der Form

$$A := \text{op } B$$

und **dyadischen** Operationen (binäre Operationen) der Form

$$A := C \text{ op } B\ ,$$

worin B, C Operanden (Konstanten oder Variablen) sind und A eine Variable ist. 'op' steht für eine Operation, die mit diesen Operanden ausgeführt werden kann. Den Variablen werden im Speicher feste Speicherzellen zugewiesen. Im Maschinenbefehl werden sie durch ihre Adressen angesprochen. Die Operationen werden durch bestimmte binäre Muster selektiert, die im Befehlsregister gespeichert und vom Steuerwerk des Prozessors interpretiert werden.

- Stehen in der dyadischen Operation die Buchstaben A, B, C für paarweise verschiedene Variablen, so spricht man vom **Dreiadreß-Format**.
- Der Ausdruck

  $$A := A \text{ op } B\ ,$$

  bei dem die Ergebnisvariable A mit einer Eingabevariablen übereinstimmt, wird als **Zweiadreß-Format** bezeichnet. Man spricht auch von verdeckter Adressierung, da eine Variable sowohl als Eingangsvariable als auch zur Aufnahme des Ergebnisses benutzt wird. Dabei ist es vom Prozessortyp abhängig, ob der 1. Operand (wie im obigen Ausdruck) oder der 2. Operand das Ergebnis der Operation aufnimmt.
- Ist die Ergebnisvariable A jedoch stets im Akkumulator AC gespeichert, so muß sie nicht explizit adressiert werden. Dies führt zu

  $$AC := AC \text{ op } B\ ,$$

  was als **Einadreß-Format** bezeichnet wird (implizite Adressierung). Bei den 8-bit-Mikroprozessoren war dieses Befehlsformat der Standard, 16- und 32-bit-Prozessoren unterstützen jedoch in der Regel das Zweiadreß-Format, z.T. auch das Dreiadreß-Format.

In der Maschinensprache sowie der Assemblersprache eines Prozessors werden die Befehle in der Regel in der Form angegeben, daß zunächst die Operationen und danach die Operanden hingeschrieben werden:

Maschinensprache:	<OpCode>	{<Operand1>{,<Operand2>}},
Assembler:	<MnemoCode>	{<Operand1>{,<Operand2>}}.

- <OpCode> steht darin für das binäre Muster, das die gewünschte Operation im Steuerwerk anspricht. Dieses wird meistens in der hexadezimalen Form angegeben. Darin codiert ist u.a. die Anzahl der Wörter, die zu dem Befehl gehören, also insbesondere auch die Anzahl der benötigten Operanden. (Näheres hierzu folgt im Abschnitt 1.16.)
- <MnemoCode> bezeichnet eine symbolische Abkürzung ("mnemotechnische" Abkürzung – *mnemonic*) für den Befehl, die als sprachliche Gedächtnisstütze für den Menschen leichter zu erlernen und zu merken ist. Die Mnemonics werden vom Assembler in den OpCode übersetzt, der vom Steuerwerk des Prozessors verstanden wird.
  So kann z.B. der Befehl: "*Addiere zum Inhalt des Akkumulators A unter Berücksichtigung des Carry Flags*" durch die mnemotechnische Abkürzung ADCA (*add with carry A)* repräsentiert werden und vom Assembler in den (hexadezimalen) OpCode '$6D' übersetzt werden.
- Die geschweiften Klammern '{ }' bedeuten, daß der so geklammerte Ausdruck entfallen kann. Dadurch wird der Tatsache Rechnung getragen, daß ein Befehl keinen, einen oder zwei Operanden haben kann.
- <Operand> steht hier für die Operanden, mit denen die gewünschte Operation durchgeführt werden soll. Wie bereits oben erwähnt, können diese im Befehl als Konstante oder aber durch ihre Speicheradresse bzw. durch eine Distanz (Offset, *displacement*) zwischen ihrer Speicheradresse und einem Registerinhalt angegeben werden. Ist eine Adresse länger als ein Speicherwort, d.h. besitzt der Adreßbus mehr Bits als der Datenbus, so gibt es zwei Möglichkeiten dafür, wie eine Adresse im Maschinen-Befehl angegeben wird:

  – <OpCode> <L-Adresse> <H-Adresse>... ,
  – <OpCode> <H-Adresse> <L-Adresse>... .

  ('H' steht, wie immer, für *high* – höherwertig, 'L' für *low* – niederwertig.)
  In diesem Fall muß der Prozessor zweimal auf den Speicher zugreifen, um eine vollständige Adresse aus dem Speicher zu lesen.
- <Offset> Der in einem Befehl zur Adreßberechnung angegebene Offset wird meistens im Zweierkomplement angegeben. Bei einer Wortbreite von k bit liegt er also im Bereich

$$-2^{k-1} \leq \text{Offset} \leq 2^{k-1}-1 .$$

  Ist k ein Vielfaches von 4, so erhält man in hexadezimaler Darstellung

$$\$80...0 \leq \text{Offset} \leq \$7F...F ,$$

  wobei in jeder der Zahlen die Punkte '...' für (k/4-3) Hexadezimalziffern '0' bzw. 'F' stehen. Als vorzeichenlose Zahl aufgefaßt, liegt er im Bereich:

$$0 \leq \text{Offset} \leq 2^{k}-1 .$$

Im Bild 1.14-2 ist der Aufbau eines Maschinenbefehls skizziert. Bei modernen Mikroprozessoren ist der OpCode zwischen 1 und 6 byte lang, für jeden Operanden bzw. seine Adresse werden jeweils bis zu 8 byte benötigt. Beim Motorola 68040 können Maschinebefehle bis zu 22 byte lang sein. (Im Abschnitt 1.16 gehen wir ausführlicher auf den Aufbau eines Maschinenbefehls ein.)

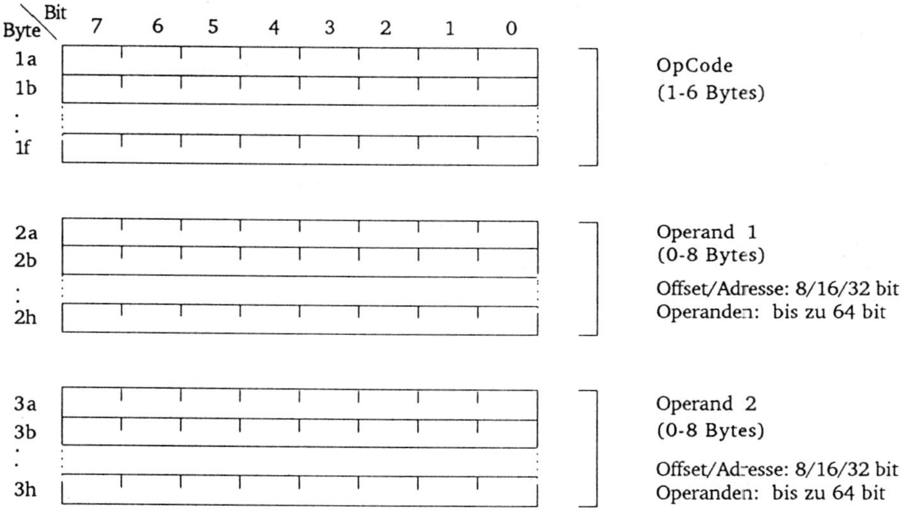

Bild 1.14-2. Allgemeiner Aufbau eines Maschinenbefehls

1.14.2 Darstellung der verschiedenen Befehlsgruppen

Die Befehlssätze der meisten Mikroprozessoren stellen in der Regel dem Benutzer die im folgenden beschriebenen Befehlsgruppen zur Verfügung. In den Tabellen dazu werden die Befehle durch gebräuchliche mnemotechnische Abkürzungen angegeben. Je nach Komplexität verwirklichen die Mikroprozessoren jedoch nur einen mehr oder weniger großen Ausschnitt des im weiteren beschriebenen Befehlssatzes. Darüber hinaus verfügen sie aber häufig über weitere Spezialbefehle, die in den folgenden Tabellen nicht aufgeführt sind.

Wie bereits im Abschnitt 1.6 gesagt, haben viele der beschriebenen Befehle Auswirkungen auf die Flags im Statusregister, auch wenn es sich nicht um arithmetische oder logische Operationen handelt. Deshalb wird in den Befehlstabellen der Mikroprozessor-Datenbücher stets die Wirkung auf die Flags mit angegeben. Wir werden darauf aber verzichten.

1. Datentransportbefehle (Transferbefehle, Tabelle 1.14-3)

Diese Befehle übertragen ein Datum von einem Quellort zu einem Zielort im Mikroprozessor-System. Quelle oder Ziel kann jeweils ein Speicherwort, ein Prozessorregister oder ein Register in einem Peripheriebaustein sein.

Tabelle 1.14-3. Transferbefehle

Mnemonic	Bedeutung
LD	Laden eines Register *(load)*
LEA	Laden eines Registers mit der Adresse eines Operanden *(load effective address)*
ST	Speichern des Inhalts eines Registers *(store)*
MOVE	Übertragen eines Datums (in beliebiger Richtung)
EXC	Vertauschen der Inhalte zweier Register bzw. eines Registers und eines Speicherwortes *(exchange)*
TFR	Übertragen eines Registerinhalts in ein anderes Register *(transfer)*
PUSH	Ablegen des Inhalts eines oder mehrerer Register im Stack
PULL (POP)	Laden eines Registers bzw. mehrerer Register aus dem Stack
STcc	Speichern eines Registerinhaltes, falls die Bedingung cc (nach Tabelle 1.14-11) erfüllt ist

Man kann unterscheiden:

- Laden eines Registers mit einer Konstante bzw. Ablegen einer Konstante in einem Speicherwort.
- Austauschen der Inhalte zweier Register bzw. eines Registers und eines Speicherwortes.
- Laden eines Registers aus dem Speicher bzw. Ablegen eines Registerinhaltes im Speicher. Dabei kann man weiter die folgenden Spezialfälle unterscheiden:
  - Laden eines Registers aus dem Stack bzw. Speichern des Inhalts eines Registers im Stack. Diese Befehle können manchmal auch auf mehrere Register gleichzeitig angewandt werden.
  - Laden eines Registers mit der (effektiven) Adresse eines Operanden (und nicht mit dem Operanden selbst !). Dieser Befehl erlaubt es, die Adresse eines Operanden erst zur Laufzeit des Programms festzustellen. Dadurch ist es u.a. möglich, Programme so zu schreiben, daß sie überall im Speicher ablauffähig sind ("verschiebbarer Programmcode").
- Übertragen des Inhalts eines Speicherwortes in ein anderes Speicherwort. Der MOVE-Befehl verursacht zwei Transferoperationen: Zunächst wird der Operand aus dem Speicher in den Datenbuspuffer und von dort zurück in den Speicher, gewöhnlich aber an eine andere Stelle, übertragen.
- Bedingte Transferbefehle, die nur dann ausgeführt werden, wenn eine bestimmte Bedingung erfüllt ist. Diese Bedingungen sind weiter unten in der Tabelle 1.14-11 zusammengefaßt. Zum Beispiel: STORE NOT EQUAL (STNE)
  "Speichere den Registerinhalt, falls er von 0 verschieden ist".

2. Ein-/Ausgabe-Befehle (Tabelle 1.14-4)

Wie bereits mehrfach erwähnt, verfügen einige Mikroprozessoren über spezielle Ein-/Ausgabe-Befehle zum Datenaustausch mit den Peripheriebausteinen. Jeder dieser Befehle aktiviert das im Abschnitt 1.10 beschriebene Ausgangssignal ($M/\overline{IO}$) des Prozessors, das zur Anwahl der Peripheriebausteine herangezogen werden kann.

Tabelle 1.14-4. Ein-/Ausgabe-Befehle

Mnemonic	Bedeutung
IN, READ	Laden eines Registers aus einem Peripheriebaustein
OUT, WRITE	Übertragen eines Registerinhalts in einen Peripheriebaustein

3. Arithmetische Befehle (Tabelle 1.14-5)

Diese Befehle erlauben insbesondere die Ausführung der vier Grundrechenarten: +,-,·,/. Häufig können diese Operationen wahlweise in hexadezimaler oder dezimaler Arithmetik durchgeführt werden. Alle Operanden werden dazu entweder als vorzeichenlose oder als vorzeichenbehaftete ganze Zahlen (*integer*) behandelt. Bei Prozessoren, die nur im Hexadezimalmodus rechnen können, wird durch den DAA-Befehl das Ergebnis einer arithmetischen Operation in eine BCD-Zahl umgewandelt. Dazu benutzt der Befehl das Hilfs-Übertragsbit *(half carry flag*, s. Selbsttestaufgabe S1.6-1).

Des weiteren gibt es Befehle für das Inkrementieren und Dekrementieren der Operanden in Speicherwörtern oder Registern. Diese Operanden können außerdem bitweise invertiert oder negiert (Vorzeichenwechsel) sowie auf ihren Absolutbetrag abgebildet werden. Außerdem können Operanden gelöscht, d.h. auf den Wert 0 zurückgesetzt werden.

Besondere Bedeutung haben die COMPARE-Befehle, die zum Vergleich zweier Operanden dienen. Dazu werden diese subtrahiert, jedoch so, daß auch im Zweiadreß-Format keiner der Operanden durch das Ergebnis verändert wird. In Abhängigkeit vom Ergebnis werden aber die Flags im Statusregister gesetzt oder zurückgesetzt. Diese stehen dann für nachfolgende "bedingte" Befehle zur Verfügung (vgl. die Verzweigungsbefehle unter 7.).

Tabelle 1.14-5. Arithmetische Befehle

Mnemonic	Bedeutung	
ABS	Absolutbetrag bilden	(*absolute*)
ADD	Addition ohne Berücksichtigung des Übertrags	(*add*)
ADC	Addition mit Berücksichtigung des Übertrags	(*add with carry*)
CLR	Löschen eines Registers oder Speicherwortes	(*clear*)
CMP	Vergleich zweier Operanden	(*compare*)
COM	bitweises Invertieren eines Operanden (Einerkomplement)	(*complement*)
DAA	Umwandlung eines dualen Operanden in eine Dezimalzahl	(*decimal adjust A*)
DEC	Register oder Speicherwort dekrementieren	(*decrement*)
DIV	Division	(*divide*)
INC	Register oder Speicherwort inkrementieren	(*increment*)
MUL	Multiplikation	(*multiply*)
NEG	Vorzeichenwechsel im Zweierkomplement	(*negate*)
SUB	Subtraktion ohne Berücksichtigung des Übertrags	(*subtract*)
SBC	Subtraktion mit Berücksichtigung des Übertrags	(*subtract with carry*)

4. Logische Befehle (Tabelle 1.14-6)

Diese Befehle veranlassen die bitweise logische Verknüpfung zweier Operanden. Standardmäßig kann eine UND-, ODER- bzw. Antivalenz-Verknüpfung durchgeführt werden. Manchmal ist auch eine Äquivalenz-Verknüpfung vorgesehen. Die monadische Operation NOT invertiert einen Operanden und stimmt also mit der unter 3. aufgeführten Inversion (Einerkomplement) überein.

Tabelle 1.14-6. Logische Befehle

Mnemonic	Bedeutung	
AND	UND-Verknüpfung zweier Operanden	
OR	ODER-Verknüpfung zweier Operanden	
EOR	Antivalenz-Verknüpfung zweier Operanden	(*exclusive or*)
NOT	Invertierung eines (Booleschen) Operanden	

5. Flag- und Bit-Manipulations-Befehle (Tabelle 1.14-7)

Diese Befehle gestatten einerseits das gezielte Setzen und Rücksetzen der Bedingungs-Flags im Statusregister oder der Flags im Steuerregister des Prozessors. Dazu gehören fast immer das Übertragsbit CF und das Interrupt Flag IF.

Tabelle 1.14-7. Flag- und Bit-Manipulations-Befehle

Mnemonic	Bedeutung	
SE<f>	Setzen eines Bedingungs-Flags	(*set*)
CL<f>	Löschen eines Bedingungs-Flags	(*clear*)
BSET	Setzen eines Bits	(*bit set*)
BCLR	Rücksetzen eines Bits	(*bit clear*)
BCHG	Invertieren eines Bits	(*bit change*)
TST	Prüfen eines bestimmten Flags oder Bits	(*test*)
BF...	Bitfeld-Befehle,	
	insbesondere:	
BFCLR	Zurücksetzen der Bits auf '0'	(*clear*)
BFSET	Setzen der Bits auf '1'	(*set*)
BFFFO	Finden der ersten '1' in einem Bitfeld	(*find first one*)
BFEXT	Lesen eines Bitfeldes	(*extract*)
BFINS	Einfügen eines Bitfeldes	(*insert*)

(<f> Abkürzung für ein Flag, z.B. C *carry flag*)

Andererseits können durch diese Befehle bestimmte einzelne Bits in einem Register oder einem Speicherwort gesetzt, zurückgesetzt oder invertiert werden. Da die kleinste adressierbare Speichereinheit ein Byte ist, wird bei den Bitbefehlen, die auf einen Operanden im Speicher angewandt werden, natürlich stets wenigstens ein Byte gelesen und dann im Prozessor daraus ein bestimmtes Bit extrahiert. Das Ändern eines einzelnen Bits in einem Speicherbyte bedingt daher zunächst das Lesen dieses Wortes, die Manipulation des Bits im Prozessor und das Rückschreiben des Wortes in den Speicher. Die Nummer des angesprochenen Bits wird durch den Inhalt eines Registers oder "unmittelbar" im Befehl angegeben. Sie ist bei einem Operanden, der in einem Register liegt, durch die Breite des Registers, bei einem Operanden im Speicher durch den höchsten Bitindex 7 (des Speicherbytes) beschränkt. Durch den TST-Befehl kann der Zustand eines einzelnen Bits im Operanden ermittelt werden. Durch diesen Befehl werden nur die Flags im Statusregister beeinflußt.

In Erweiterung dazu bieten einige Prozessoren die Möglichkeit, ein Feld zusammenhängender Bits im Speicher durch einen einzigen Befehl zu lesen oder zu verändern (*bit field, bit string*). (Diese Bitfelder wurden im Abschnitt 1.13 beschrieben.) Die Assemblersyntax eines Bitfeld-Befehles ist z.B. folgendermaßen darstellbar:

BFEXT <Adresse>{Offset:Länge},Dn .

Durch die Adresse wird genau ein Byte im Speicher selektiert. Danach wird ein Bit bestimmt, das vom höchstwertigen Bit (MSB) des selektierten Bytes die durch den Offset vorgegebene Bitdistanz hat. Mit diesem Bit beginnend, werden die durch die (Bitfeld-)Länge angegebenen Bits in das Register Dn geladen.

6. Schiebe- und Rotationsbefehle (Tabelle 1.14-8)

Diese Befehle rufen die im Abschnitt 1.6 beschriebenen Schiebe- und Rotations-Operationen der ALU auf. Wie dort gezeigt, kann mit ihnen der Inhalt eines Registers oder eines Speicherwortes auf vielfältige Weise verschoben werden. Die Verschiebung kann dabei nach links oder rechts geschehen. Bei einigen Prozessoren kann sie nur um eine Bitposition ausgeführt werden, bei anderen kann die Anzahl der Bitpositionen im Befehl angegeben werden.

Tabelle 1.14-8. Schiebe- und Rotations-Befehle

Mnemonic	Bedeutung	
SHF	Verschieben eines Registerinhaltes	(*shift*)
	insbesondere:	
ASL	arithmetische Links-Verschiebung	(*arithm. shift left*)
ASR	arithmetische Rechts-Verschiebung	(*arithm. shift right*)
LSL	logische Links-Verschiebung	(*logical shift left*)
LSR	logische Rechts-Verschiebung	(*logical shift right*)
ROT	Rotation eines Registerinhaltes	(*rotate*)
	insbesondere:	
ROL	Rotation nach links	(*rotate left*)
RCL	Rotation nach links durchs Übertragsbit	(*rotate with carry left*)
ROR	Rotation nach rechts	(*rotate right*)
RCR	Rotation nach rechts durchs Übertragsbit	(*rotate with carry right*)
SWAP	Vertauschen der beiden Hälften eines Registers	

Rotier- und Schiebe-Befehle können insbesondere auch dazu benutzt werden, ein bestimmtes Bit des Operanden dadurch zu überprüfen, daß man es in das Übertragsbit bringt. Durch (arithmetische) Operationen, die dem Rotier- bzw. Schiebe-Befehl folgen, kann jedoch das Übertragsbit verändert werden, bevor es ausgewertet wird. Daher benutzt die im Bild 1.14-9 dargestellte Variante ein weiteres Hilfsflag X (*extension flag*), in dem das "Ergebnis" der Schiebeoperation zwischengespeichert wird.

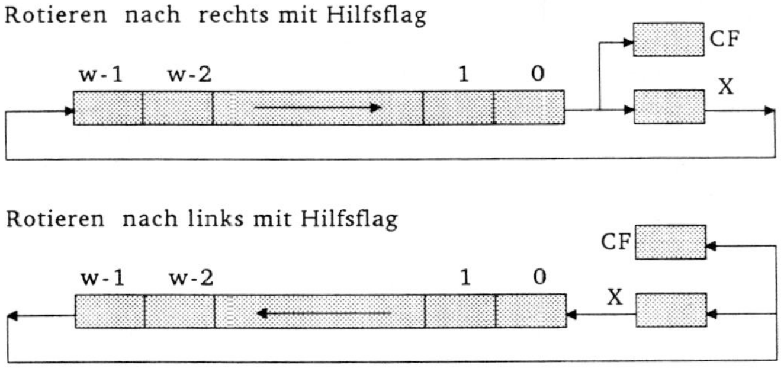

Bild 1.14-9. Darstellung des Rotations-Befehls mit Hilfsflag

7. Befehle zur Programm-Steuerung

7.1 Sprung- und Verzweigungs-Befehle (Tabelle 1.14-10)

Diese Befehle erlauben es, die konsekutive Ausführung der Befehle eines Programmes zu unterbrechen und an einer anderen Programmstelle fortzufahren (vgl. auch Bild 1.14-1). Sprungbefehle werden dabei stets durchgeführt. Das Sprungziel wird durch seine absolute (logische) Adresse angegeben. Verzweigungsbefehle werden jedoch nur in Abhängigkeit von einer im Befehl gewählten Bedingung (cc) ausgeführt. Das Sprungziel wird in der Regel durch seine Distanz zum aktuellen Programmzähler bestimmt ("Programmzähler-relativer Sprung"). Ist die Bedingung nicht erfüllt, wird mit dem Befehl fortgefahren, der im Speicher unmittelbar hinter dem Verzweigungsbefehl folgt.

Tabelle 1.14-10. Sprung- und Verzweigungs-Befehle

Mnemonic	Bedeutung	
JMP	unbedingter Sprung zu einer Adresse	(*jump*)
Bcc	Verzweigen, falls die Bedingung cc erfüllt ist	(*branch*)
BRA	Verzweigen ohne Abfrage einer Bedingung	(*branch always*)

Einfache Bedingungen (cc) werden durch die Flags des Statusregisters vorgegeben. Sie sind im oberen Teil der Tabelle 1.14-11 dargestellt. Im unteren Teil der Tabelle sind Bedingungen aufgeführt, die nach einem COMPARE-Befehl (s. Tabelle 1.14-5) zum Teil aus mehreren Flags des Statusregisters hergeleitet werden und Aussagen über das Verhältnis der beiden Operanden gestatten. Dabei wird zwischen nicht-vorzeichenbehafteten Operanden und vorzeichenbehafteten Operanden im Zweierkomplement unterschieden. Einsetzen aller Bedingungen cc in den Mnemocode Bcc ergibt die möglichen Verzweigungsbefehle. Dazu bieten viele Prozessoren noch den Befehl BRA (*branch always*), der zwar das Format eines Verzweigungsbefehls besitzt, jedoch einen nicht bedingten relativen Sprung veranlaßt.

Tabelle 1.14-11. Gebräuchliche Bedingungen für Verzweigungsbefehle

cc	Bedingung	Bezeichnung
CS	CF=1	*branch on carry set*
CC	CF=0	*branch on carry clear ,*
VS	OF=1	*branch on overflow*
VC	OF=0	*branch on not overflow*
EQ	ZF=1	*branch on zero/equal*
NE	ZF=0	*branch on not zero/equal*
MI	SF=1	*branch on minus*
PL	SF=0	*branch on plus*
PA	PF=1	*branch on parity/parity even*
NP	PF=0	*branch on not parity/parity odd*
nicht vorzeichenbehaftete Operanden		
LO	CF=1 (vgl. CS)	*branch on lower than*
LS	CF v ZF = 1	*branch on lower or same*
HI	CF v ZF = 0	*branch on higher than*
HS	CF=0 (vgl. CC)	*branch on higher or same*
vorzeichenbehaftete Operanden		
LT	SF$\nleftrightarrow$OF = 1	*branch on less than*
LE	ZF v (SF$\nleftrightarrow$OF) = 1	*branch on less or equal*
GT	ZF v (SF$\nleftrightarrow$OF) = 0	*branch on greater than*
GE	SF$\nleftrightarrow$OF = 0	*branch on greater or equal*

(Bezeichnungen: $\nleftrightarrow$ Antivalenz, v logisches ODER)

7.2 Unterprogramm- und Rück-Sprünge, Softwareinterrupts (Tabelle 1.14-12)

Durch einen Unterprogramm-Sprung wird ein abgeschlossener Programmteil aufgerufen, dessen Startadresse im Befehl angegeben ist. Dieser Aufruf kann unbedingt (*jump to subroutine* – JSR) oder aber in Abhängigkeit einer der in Tabelle 1.14-11 aufgeführten Bedingungen cc geschehen (BSRcc). Der Rücksprung in das aufrufende Programm wird durch den Befehl RTS (*return from subroutine*) bewirkt. (Auf die Wirkungsweise eines Unterprogramm-Aufrufes wurde bereits im Abschnitt 1.12 ausführlicher eingegangen.)

Dort wurde auch schon gesagt, daß im Unterschied zu einem Unterprogramm-Aufruf bei einem Softwareinterrupt keine Startadresse im Befehl angegeben wird. Stattdessen ist der aufzurufenden Interruptroutine eine Startadresse im Speicher entweder implizit fest zugeteilt oder diese wird durch die Angabe eines Index im Befehl aus einer Ausnahmevektor-Tabelle ausgewählt. Der Rücksprung aus einer Interrupt-Routine geschieht mit dem Befehl RTI (*return from interrupt*) oder RTE (*return from exception*).

Tabelle 1.14-12. Unterprogramm- und Rück-Sprünge, Software-Interrupts

Mnemonic	Bedeutung
JSR, CALL	unbedingter Sprung in ein Unterprogramm (*jump to subroutine*)
BSRcc	Verzweigung in ein Unterprogramm, falls die Bedingung cc gilt (*branch to subroutine*)
RTS	Rücksprung aus einem Unterprogramm (*return from subroutine*)
SWI,TRAP,INT	Unterbrechungsanforderung durch Software (*software interrupt*)
RTI, RTE	Rücksprung aus einer Unterbrechungsroutine (*return from interrupt/exception*)

8. Systembefehle (System-Kontrolle, Tabelle 1.14-13)

In dieser Rubrik findet man die Befehle, die der Synchronisation der Komponenten eines Mikroprozessor-Systems dienen (*system control*). Der einfachste Befehl NOP erhöht lediglich den Programmzähler PC, wofür er eine gewisse Ausführungszeit benötigt. Er wird deshalb in entsprechend großer Anzahl häufig dazu benutzt, um kleinere, feste Zeitspannen zu überbrücken. (Eine andere vielgenutzte Einsatzmöglichkeit besteht darin, in einem Programm während der Entwicklungsphase Platz zu halten für später einzufügende Befehle oder aber Befehle zu überschreiben, die nicht mehr benötigt werden. In diesem Fall sollte er aber aus dem fehlerfreien Programm entfernt werden, da er bei dessen Ausführung überflüssigerweise Zeit und Speicherplatz verbraucht.)

Durch den WAIT-Befehl besteht die Möglichkeit, eine Programm-Ausführung solange zu unterbrechen, bis an einem bestimmten Eingang des Prozessors ein Signal auftritt. Zu diesen Eingängen gehört der BUSY-Eingang, über den ein Coprozessor dem µP anzeigt, wann er eine Operation beendet hat (s. Abschnitt 2.3.2). Danach wird das Programm an der Wartestelle fortgesetzt.

Beim SYNC-Befehl erwartet der Prozessor an einem Interrupt-Eingang eine Unterbrechungs-Anforderung und setzt nach deren Eintreten seine Arbeit mit der zugeordneten Interrupt-Routine fort.

Durch den RESET-Befehl kann am RESET-Ausgang des Prozessors ein Rücksetz-Signal für alle angeschlossenen Peripherie-Bausteine erzwungen werden.

Tabelle 1.14-13. Systembefehle

Mnemonic	Bedeutung
NOP	keine Operation, nächsten Befehl ansprechen (*no operation*)
WAIT	Warten, bis ein Signal an einem speziellen Eingang auftritt
SYNC	Warten auf einen Interrupt
HALT, STOP	Anhalten des Prozessors, Beenden jeder Programmausführung
RESET	Ausgabe eines Rücksetz-Signals für die Peripherie-Bausteine
SVC	(geschützter) Aufruf des Betriebssystem-Kerns (*supervisor call*)

Neben den bisher beschriebenen Systembefehlen verfügen die modernen 16/32-bit-Prozessoren über weitere Systembefehle, die insbesondere der Kontrolle der verschiedenen Arbeitszustände (Benutzermodus, Systemmodus), der Steuerung der Speicherverwaltung und der Kommunikation und Kooperation mit einem anderen (Co-)Prozessor dienen. Auf sie wird nicht hier, sondern erst bei der Beschreibung dieser Komponenten eingegangen.

9. Zeichenketten- und Block-Befehle (Tabelle 1.14-14)

Hierunter sind die verschiedensten Befehle zusammengefaßt, die sich nicht auf einzelne Operanden, sondern auf einen ganzen Block von Operanden beziehen. Dazu gehören insbesondere die im Abschnitt 1.13 beschriebenen Bit- und Zeichenketten (*bit strings*, *character strings*). Es gibt Befehle zum Transport von Operanden-Blöcken zwischen dem Speicher und den Registern im Prozessor oder den Peripherie-Bausteinen. Andere Befehle erlauben den Vergleich von Operanden-Blöcken, das Kopieren von solchen Blöcken oder das Suchen eines bestimmten Operanden in einem Block. Die Startadressen und die Längen der Blöcke müssen vor Ausführung der Befehle in die Register des Prozessors eingeschrieben werden.

Tabelle 1.14-14. String- oder Block-Befehle

Mnemonic	Bedeutung	
MOVS	Transferieren eines Blocks	(*move string*)
INS	Einlesen eines Blocks von der Peripherie	(*input string*)
OUTS	Ausgabe eines Blocks an die Peripherie	(*output string*)
CMPS	Vergleich zweier Blöcke	(*compare string*)
COPS	Kopieren eines Blocks	(*copy string*)
SCAS	Suchen eines Zeichens (Wortes) in einem Block	(*scan string*)

10. Zusammengesetzte Befehle (Tabelle 1.14-15)

Diese Befehle kombinieren mehrere Befehle aus den bisher beschriebenen Gruppen. Ihr Sinn liegt darin, durch die Zusammenfassung Speicherplatz für den Maschinencode und Ausführungszeit sparen.

Tabelle 1.14-15. Zusammengesetzte Befehle

Mnemonic	Bedeutung	
DBcc	Dekrementieren eines Registers und bedingte Verzweigung, falls cc (nach Tabelle 1.14-11) erfüllt ist	(*decrement and branch*)
	"Hochsprachen-Befehle"	
LOOP	Abarbeiten einer Schleife	
REP ...	Wiederholen einer String-Operation	(*repeat*)
CASE	Verzweigung mit mehreren Sprungzielen	
CHECK (BOUND)	Überprüfen, ob ein Feld-Index in den vorgegebenen Grenzen liegt	
INDEX	Umrechnung eines Feld-Indexes in ein Adressen-Offset	
	"Test und Modifizier-Befehle"	
TAS, BTS	Prüfen eines Bits mit anschließendem Setzen	(*bit test and set*)
BTR	Bit-Prüfen mit anschließendem Rücksetzen	(*bit test and reset*)
BTC	Bit-Prüfen mit anschließendem Invertieren	(*bit test and complement*)
LOCK ...	Verhindert die Unterbrechung eines Befehls	

Die "**Hochsprachen-Befehle**" unterstützen einen Compiler bei der Umsetzung von komplexen Befehlen, wie sie in einer höheren Programmiersprache üblich sind, in eine Folge von Maschinenbefehlen. Zu ihnen kann man auch die oben beschriebenen Block- und Stringbefehle zählen.

Der LOOP-Befehl vereinfacht das Programmieren von Schleifen: Vor der Ausführung wird der Inhalt eines Registers dekrementiert und nur dann eine Programmverzweigung durchgeführt, wenn die im Befehl angegebene Bedingung für dieses Register gilt.

Bei einigen Mikroprozessoren existiert der Befehl REP (*repeat*), der eine nachfolgend im Programm angegebene String-Operation solange wiederholt, bis der Inhalt eines bestimmten Registers den Wert 0 hat. Der Wert dieses Registers wird bei jeder Ausführung der String-Operation um 1 dekrementiert.
Durch den CASE-Befehl kann eine Kette von Abfragendurch mehrere bedingte Branch-Befehle dadurch vermieden werden, daß für das Vorliegen unterschiedlicher Bedingungen mehrere Sprungziele angegeben werden können (*multiway branch*).

Die beiden Befehle CHECK und INDEX erleichtern die Arbeit mit mehrdimensionalen Feldern (*arrays*). Der erste überprüft, ob ein Index innerhalb vorgegebener Grenzen liegt und speichert im positiven Fall die Differenz zum unteren Grenzwert in einem bestimmten Register. Werden die Bereichsgrenzen unter- bzw. überschritten, wird eine Programm-Unterbrechnung ausgeführt (*trap*, s. Abschnitt 1.12). Der Befehl INDEX berechnet für den Index (i,j) eines zweidimensionalen Feldes den Offset zur Basisadresse des Feldes nach der Formel:

$$\text{Offset} = \text{Zeilenlänge} \cdot (i-1) + j \ .$$

Für die "**Test und Modifizier-Befehle**" ist charakteristisch, daß sie als eine nicht unterbrechbare Einheit ausgeführt werden. Deshalb kann der Systembus zwischen den einzelnen Teilbefehlen nicht von einer anderen Komponente des Systems belegt werden. Dazu zählen z.B. andere (Co-)Prozessoren oder System-Steuerbausteine (vgl. Kapitel 5). Dadurch wird verhindert, daß zwischen der Abfrage eines Speicherwortes oder eines speziellen Bits darin und der folgenden Modifikation eine andere Komponente dieses Wort bzw. Bit verändert. In synchronen Bussystemen wird die Nicht-Unterbrechbarkeit durch das Aktivieren eines speziellen Prozessorausgangs erreicht, der z.B. mit LOCK bezeichnet wird und den anderen Komponenten mitteilt, daß der Systembus für mehr als einen Speicherzyklus benötigt wird. Der Befehl LOCK aktiviert diesen Ausgang für die Dauer des folgenden Maschinenbefehls und sorgt somit dafür, daß dieser nicht unterbrochen werden kann. Bei asynchronen Bussystemen wird das im Abschnitt 1.10.3.3 beschriebene Ausgangssignal AS (*address strobe*), das das Vorliegen einer gültigen Adresse auf dem Adreßbus anzeigt, für die gesamte Ausführungsdauer des Befehls aktiviert und sperrt solange den Bus gegen Zugriffe anderer Komponenten.

Beispiel

Ein Beispiel für die Notwendigkeit des LOCK-Befehls ist der BTC-Befehl, mit dem der Zustand eines Bits in einem Speicherwort abgefragt und invertiert werden kann. Mit der Befehlsfolge

```
LOCK
BTC <Adresse>,<Bitnummer>
```

können Semaphore zur Synchronisation der Zugriffe mehrerer Prozessoren auf ein gemeinsames Betriebsmittel realisiert werden. Dazu kann z.B. vereinbart werden, daß ein Prozessor nur dann auf das Betriebsmittel zugreifen darf, wenn das Bit den Wert '1' hat. Jeder zugriffswillige Prozessor testet dieses Bit. Findet er den Wert '0', so muß er warten und den Zugriff später noch einmal versuchen. Findet er jedoch den Wert '1', so invertiert er sofort das Bit und kann das Betriebsmittel benutzen. Nach Abschluß dieser Nutzung setzt er das Bit wieder auf '1' und gibt dadurch das Betriebsmittel wieder frei. In diesem Beispiel verhindert die Nicht-Unterbrechbarkeit der Befehlsfolge, daß zwischen der Erkennung des '1'-Zustandes und der Invertierung des Bits ein anderer Prozessor, der ebenfalls den Wert '1' liest, bereits auf das Betriebsmittel zugreift.

1.15 Adressierungsarten

1.15.1 Voraussetzungen und Begriffe

In der einfachsten Form, die in den Anfangsjahren der Digitalrechner als einzige realisiert war, werden alle Adressen der Operanden und Sprungziele als absolute (physikalische) Adressen im Befehl angegeben. Als Nachteil ergibt sich dabei, daß Programme und Daten vollständig lageabhängig sind, d.h. schon zur Programmierzeit wird festgelegt, wo sie zur Ausführungszeit der Programme im Speicher liegen müssen. Durch die absoluten Adressen ist zum Beispiel die Programmierung von Tabellenzugriffen in einer Schleife nicht möglich, ohne daß die Adresse im Befehl selbst inkrementiert bzw. dekrementiert wird. (Das bedeutet natürlich, daß der Befehl nicht in einem Speicher stehen darf, dessen Inhalt nicht veränderbar ist (Festwertspeicher).)

Deshalb bieten heute alle Mikroprozessoren die Möglichkeit, die Adresse eines Operanden oder eines Sprungzieles erst zur Laufzeit aus den Inhalten von Registern, Speicherzellen und Konstanten, die im Befehl angegeben sind, zu berechnen (dynamische Adreßberechnung).

Die verschiedenen Möglichkeiten eines μPs, die Adresse eines Operanden (im Registersatz, im Speicher oder in einem Peripheriebaustein) oder eines Sprungzieles im Speicher zu berechnen, nennt man die Adressierungsarten des Prozessors. Durch den wohlüberlegten Einsatz der jeweils günstigsten Adressierungsart ist ein Programmierer in der Lage, viel Speicherplatz und Rechenzeit für sein Programm einzusparen und insbesondere strukturierte Daten, wie Tabellen und Listen, geschickt zu verarbeiten.

Als Ergebnis einer Adreßberechnung erhält man die **effektive Adresse** (EA) des Operanden. Berücksichtigt wird dabei nur die Adreßberechnung, die explizit durch den Befehl verlangt wird. Die berechnete Adresse ist zunächst eine logische Adresse. Nicht betrachtet wird in diesem Abschnitt die Möglichkeit, daß die gewonnene logische Adresse durch das Adreßwerk "automatisch" in eine andere physikalische Adresse umgesetzt wird. Dies werden wir erst im Kapitel 4 ausführlich beschreiben.

Tabelle 1.15-1 gibt einen Überblick über die gebräuchlichsten Adressierungsarten. Sie werden in diesem Abschnitt ausführlich erklärt.

Tabelle 1.15-1. Übersicht über die gebräuchlichsten Adressierungsarten

Adressierungsarten

- Register-Adressierung
  - implizit
    - Flag
  - explizit
- einstufige Speicher-Adressierung
  - unmittelbar
  - direkt
    - absolut
    - Zero-Page
    - Seiten(-Register)
  - Register-indirekt
  - indiziert
    - Speicher-relativ
    - Register-relativ
    - Register-relativ mit Index
  - Programmzähler-relativ
- zweistufige Speicher-Adressierung
  - indirekt absolut
  - indirekt Register- indirekt
  - indirekt indiziert
    - Speicher-relativ
    - Register-relativ
    - Register-relativ mit Index
  - indiziert indirekt
  - indirekt Programmzähler-relativ

In der Regel kann jede Adressierungsart zur Bestimmung eines Operanden unabhängig von der Richtung des Transports (vom Speicher zum Prozessor oder umgekehrt) angewendet werden. Erlaubt der Prozessor auch Speicher-Speicher-Transporte, so können für Quelle und Ziel des Datentransports meist beliebige und verschiedene Adressierungsarten benutzt werden. Zur Vereinfachung der

Darstellung wird im weiteren nur auf den Transport eines Operanden aus dem Speicher in den Prozessor Bezug genommen. Besitzt der Prozessor spezielle Befehle zur Ein-/Ausgabe über Peripheriebausteine (vgl. Tabelle 1.14-4), so ist im allgemeinen bei diesen Befehlen nur eine Teilmenge der beschriebenen Adressierungsarten möglich.

In den Beispielen zu den einzelnen Adressierungsarten werden die Befehle durch ihre Mnemonics angegeben, wie sie im letzten Abschnitt eingeführt wurden. Begriffe in spitzen Klammern '< >' stehen für Variablen, die Werte aus bestimmten Bereichen annehmen können. Insbesondere gilt für n = Anzahl der Adreßbits, k = Anzahl der Bits des Offsets:

<Adresse>	$\in \{0,..,2^{n}-1\}$,	Operandenadresse
<Offset>	$\in \{0,..,2^{k}-1\}$,	vorzeichenloser Offset bzw.
<Offset>	$\in \{-2^{k-1},..,2^{k-1}-1\}$,	Offset im Zweier-Komplement.

Wird eine Registerbezeichnung in runde Klammern '( )' gesetzt, so soll das bedeuten, daß nicht die Adresse, d.h. die Nummer des Registers, in die Berechnung der effektiven Adresse (EA) des Operanden eingeht, sondern der Inhalt des Registers. Dasselbe gilt sinngemäß für die Adresse eines Speicherwortes.

Beispiele

EA = R0 :	das Register R0 wird angesprochen;
EA = (R0) :	die effektive Adresse ist gleich dem Inhalt von R0;
EA = $A4E0 :	die Speicherzelle $A4E0 wird angesprochen;
EA = ($A4E0) :	die effektive Adresse ist gleich dem Inhalt der Speicherzelle $A4E0. Stimmen Adreß- und Speicherzellen-Breite nicht überein, so steht die effektive Adresse in mehreren hintereinander folgenden Speicherzellen.

Zu jeder Adressierungsart wird im folgenden eine symbolische Darstellung gebracht. Der Programmzähler zeigt zunächst auf das Speicherwort, das den OpCode enthält, vgl. Bild 1.15-2. Von dort wird der OpCode in das Befehlsregister des Mikroprozessor-Steuerwerks geladen (*opcode fetch*). Der genaue Aufbau des OpCodes wird im Abschnitt 1.16 beschrieben. Hier reicht es festzustellen, daß er aus verschiedenen Bitfeldern aufgebaut ist. In den folgenden Bildern kennzeichnet das mit 'Op' bezeichnete Feld die Art der Operation, das mit 'Reg' ein für die Adreßberechnung benötigtes Register. Durch den Buchstaben 'A', 'B', 'I' wird manchmal angegeben, ob es sich um ein allgemeines Adressen-, ein Basis- oder ein Indexregister handelt.

Nach dem Laden des OpCodes wird der Programmzähler erhöht. Er zeigt dann auf das Speicherwort, das den Operanden, seine Adresse oder seine Adreßdistanz (Offset) zu einem bestimmten Registerinhalt enthält. Dieser Wert wird in ein geeignetes Register des Prozessors übertragen (z.B. in den Datenbuspuffer). Über die Länge der Register werden im weiteren keine Aussagen gemacht.

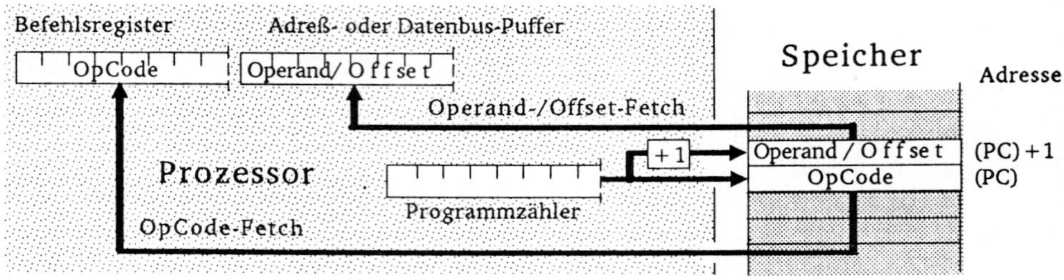

Bild 1.15-2. Laden eines OpCodes und eines Operanden bzw. seiner Adresse in den Prozessor

Register und Speicherwörter können unterschiedliche Längen besitzen. Vereinfachend wird jedoch angenommen, daß Adressen, Operanden und Offsets stets in ein Speicherwort passen. Ein Prozessor, bei dem das nicht der Fall ist, muß gegebenenfalls mehrfach auf konsekutive Speicherzellen zugreifen. In diesem Fall ergibt sich die effektive Adresse durch Hintereinanderhängen (Konkatenation) der gelesenen Teiladressen.

1.15.2 Beschreibung der Adressierungsarten

A. Register-Adressierung

(*register direct addressing, register operand mode*)
Bei dieser Adressierungsart steht der Operand bereits in einem Register des Prozessors zur Verfügung. Ein Zugriff auf den Speicher zum Laden des Operanden ist daher nicht nötig. Deshalb benötigt diese Adressierungsart die geringste Ausführungszeit. Man kann hier drei Fälle unterscheiden:

A1. Implizite Adressierung

(inhärente Adressierung, *implied -, inherent addressing*)
Die Nummer, d.h. die effektive Adresse des angesprochenen Registers ist codiert im Operations-Feld des OpCodes enthalten (s. Bild 1.15-3). Diese Adressierungsart wird nur dann realisiert, wenn durch einen Befehl lediglich ein oder wenige bestimmte Register angesprochen werden können. In diesem Fall gibt es für den Assembler spezielle Mnemocodes, die gegebenenfalls durch Anhängen des Registernamens gebildet werden.

Assemblerschreibweise: <Mnemo>A (A Akkumulator).
Effektive Adresse: EA ist codiert im OpCode enthalten.

Beispiel: LSRA (*logical shift right accumulator*)
Verschiebe den Inhalt des Akkumulators A um eine Bitposition nach rechts.

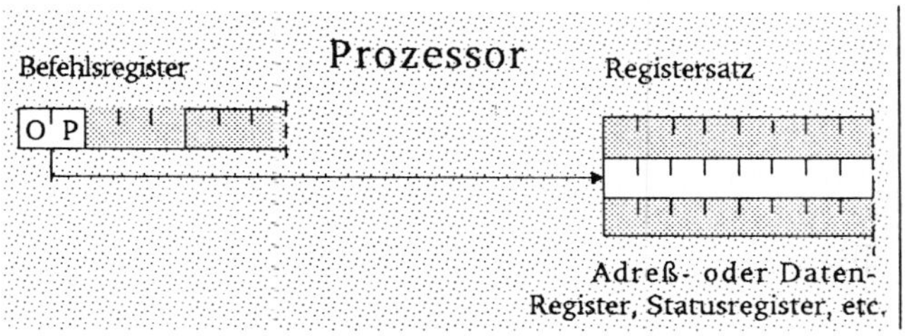

Bild 1.15-3. Implizite Adressierung

A2. Flag-Adressierung (Bild 1.15-4)

Sie ist ein Spezialfall der impliziten Adressierung. Bei ihr wird nicht ein ganzes Register angesprochen, sondern nur ein einzelnes Bit (*flag*) in einem Register. Meistens handelt es sich dabei um das Statusregister, das Steuerregister oder das Maschinen-Statuswort (MSW). Befehle mit dieser Adressierungsart dienen dazu, bestimmte (Status-)Bits abzufragen oder den Prozessor in einen anderen Betriebszustand zu versetzen. Für den Assembler existiert im letztgenannten Fall in der Regel ein Paar von Mnemonics, die das Setzen bzw. Rücksetzen des Flags ermöglichen.

Assemblerschreibweise: SE<flag> (Flag setzen),
CL<flag> (Flag zurücksetzen).
Effektive Adresse: EA ist codiert im OpCode enthalten.

Beispiele: SEI/CLI, SEC/CLC (*set/clear ...flag*)
Setzen/Zurücksetzen des Interrupt Enable Flags bzw. des Carry Flags.

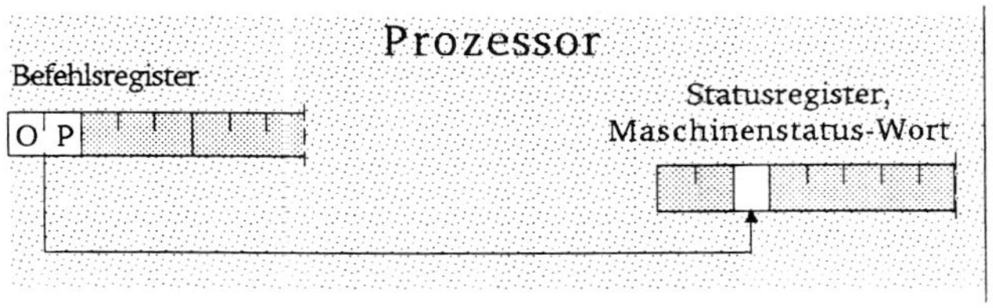

Bild 1.15-4. Flag-Adressierung

A3. Explizite Register-Adressierung

(*register operand addressing*, s. Bild 1.15-5)
Kann der Operand eines Befehles in allen oder wenigstens mehreren Registern stehen, so wird die Nummer (Adresse) des angesprochenen Registers im Register-Feld 'REG' des OpCodes angegeben.

Assemblerschreibweise: Ri (Register Ri).
Effektive Adresse: EA = i (steht im REG-Feld des OpCodes).

Beispiel: DEC R0 (*decrement R0*)
Dekrementiere den Inhalt des Registers R0.

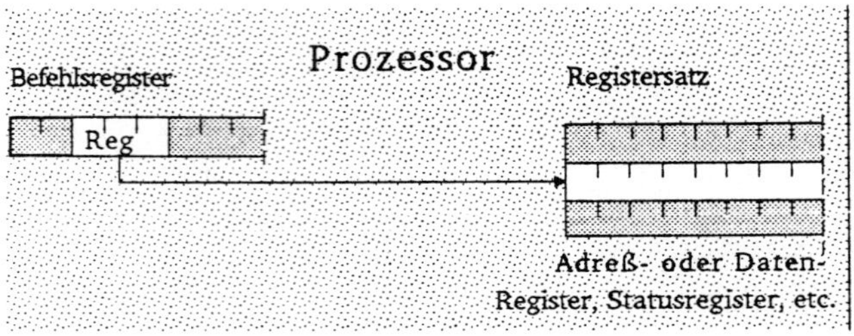

Bild 1.15-5. Explizite Register-Adressierung

B. Einstufige Speicher-Adressierung

Bei den einstufigen Adressierungsarten ist zur Gewinnung der effektiven Adresse (EA) nur eine Adreßberechnung notwendig. Das schließt nicht aus, daß mehr als zwei Größen (Register- oder Speicherinhalte) miteinander verknüpft werden. Wesentlich ist, daß nicht mit einem Teilergebnis der Adreßberechnung als Zwischenadresse erneut auf den Speicher zugegriffen wird und von dort weitere Daten zur Adreßberechnung geholt werden. Wie im Abschnitt 1.10 beschrieben, wird die effektive Adresse zur Anwahl einer Speicherzelle stets im Adreßpuffer(register) oder im Programmzähler in der Systembus-Schnittstelle gehalten. In den folgenden Bildern wurde zur Vereinfachung der Darstellung der Adreßpuffer nur dann gezeichnet, wenn er der einzige Ort im Prozessor ist, wo die Adresse zur Verfügung steht, also nicht dann, wenn dieses Register lediglich zum Zwischenspeichern des Inhalts eines anderen Registers oder der Summe anderer Registerinhalte dient.

(Hinweis: Leider sind die Bezeichnungen der hier betrachteten Adressierungsarten in der Literatur sehr unterschiedlich. Die einstufigen Adressierungsarten werden häufig auch als 'direkte Adressierungsarten' bezeichnet, die folgenden mehrstufigen dementsprechend als 'indirekte Adressierungsarten'. Da dies jedoch zu Begriffsverwirrungen führt, haben wir uns nicht an diese Bezeichnungen gehalten. Leider sind auch die Darstellungen der Adressierungsarten auf Assembler-Ebene äußerst unterschiedlich, so daß wir uns mehr oder weniger willkürlich auf eine Form beschränken mußten.)

B1. Unmittelbare Adressierung

(*immediate addressing*, s. Bild 1.15-6)
Hier enthält der Befehl nicht die Adresse des Operanden oder einen Zeiger darauf, sondern diesen selbst. OpCode und Operand belegen im Speicher hintereinanderfolgende Speicherworte. Nachdem der OpCode ins Befehlsregister geladen wurde, stellt der Befehlsdecoder anhand des Operations-Feldes fest, daß es sich um einen Befehl mit unmittelbarer Adressierung handelt. Durch den um 1 erhöhten Programmzähler (PC) wird dann der Operand adressiert. Als Operanden werden in der Regel alle oder ein Großteil der vom Prozessor unterstützten Datentypen und ihre Formate zugelassen. Dies bedeutet natürlich, daß der Prozessor (entgegen der vereinfachenden Darstellung im Bild 1.15-6) gegebenenfalls mehrfach zum Lesen des Operanden auf den Speicher zugreifen muß. In der Assemblerprogrammierung ist der Operand eine dezimale, hexadezimale, oktale, binäre Zahl oder eine ASCII-Zeichenkette. Unmittelbar im Assembler-Befehl angegebene Daten werden üblicherweise durch das Symbol '#' gekennzeichnet.

Assemblerschreibweise: #<Operand> .
Effektive Adresse: EA = (PC) + 1 .

Beispiel: LDA #$A3 (*load accumulator*)
Lade den Akkumulator A mit dem Hexadezimal-Wert $A3.

('$' ist ein übliches Kennzeichen (Präfix) für hexadezimale Zahlen, das wir schon häufiger in diesem Sinne benutzt haben.)

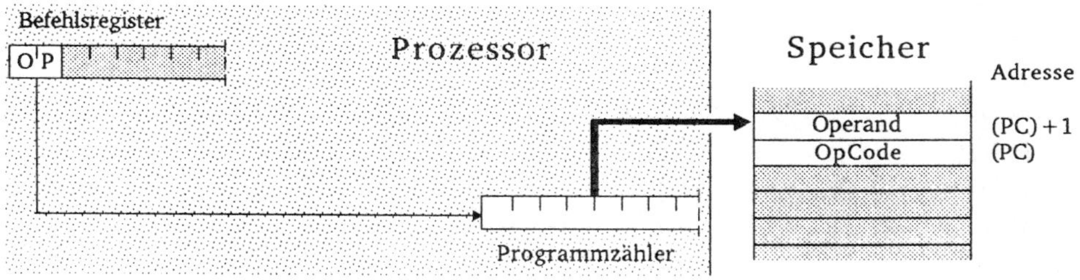

Bild 1.15-6. Unmittelbare Adressierung

B2. Direkte Adressierung (*direct addressing*)

Hier enthält der Befehl im Speicherwort nach dem OpCode die logische Adresse des Operanden, aber keine weiteren Vorschriften zu deren Manipulation, z.B. durch die Addition mit einem Registerinhalt.

Assemblerschreibweise: <Adresse> .
Effektive Adresse: EA = ((PC) + 1) .

Es können weiter die folgenden Fälle unterschieden werden.

B2.1 Absolute Adressierung

(*extended direct addressing*, s. Bild 1.15-7)
Der Befehl enthält im Speicherwort, das dem OpCode folgt, die absolute, d.h. vollständige Adresse des Operanden im (logischen) Adreßraum.

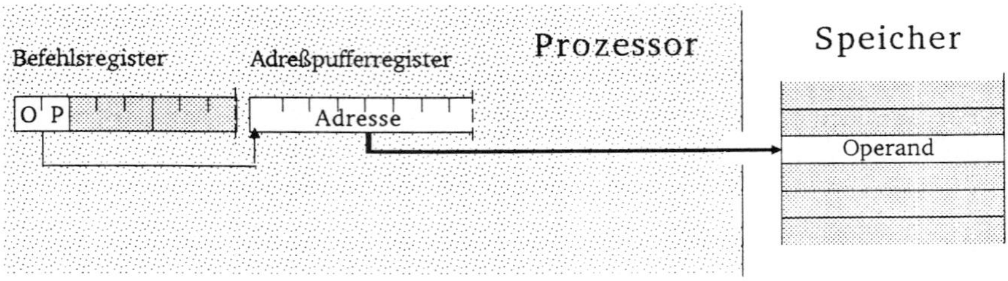

Bild 1.15-7. Absolute Adressierung

Meist wird diese Adressierungart durch das Operations-Feld des OpCodes bestimmt. Jedoch gibt es auch Mikroprozessoren, bei denen stattdessen eine Belegung des Register-Feldes dafür reserviert wurde (z.B. der Intel 8080).

Beispiel: JMP $07FE (*jump*)
Springe zur Adresse $07FE.

B2.2 Seiten-Adressierung

(kurze absolute Adressierung, *direct page addressing*)
Hier steht im Befehl als Kurz-Adresse nur der niederwertige Teil der Operandenadresse (L-Adr.). Diese Adressierungsart wird hauptsächlich von den Prozessoren zur Verfügung gestellt, bei denen Datenbus und Adreßbus verschiedene Breiten besitzen, und die somit für das Laden einer vollständigen Adresse mehrfach auf den Speicher zugreifen müssen. Der Vorteil dieser Adressierungsart besteht darin, daß Speicherplatz für den Befehl und Ausführungszeit für das Holen des höherwertigen Adreßteils aus dem Speicher eingespart werden. Für die Erzeugung des höherwertigen Adreßteils gibt es die folgenden beiden Möglichkeiten.

B2.2.1 Zero-page-Adressierung (Bild 1.15-8)

Bei ihr wird der höherwertige Adreßteil durch die entsprechende Anzahl von '0'-Bits ersetzt. Dadurch wird im Adreßraum nur die "unterste Seite" (*zero page*) angesprochen. Der Assembler erkennt diese Adressierungsart in der Regel an der Anzahl der für die Adresse angegebenen Ziffern.

Beispiel:
Für eine Adreßwort-Länge von 16 bit ist der höherwertige Adreßteil durch das Byte \$00 gegeben und die ansprechbare Seite umfaßt die untersten 2^8 (=256) Adressen.

Die Befehle (INC = *increment*)

	INC	\$7F	(6809 Maschinenbefehl: 0C 7F)
und	INC	\$007F	(6809 Maschinenbefehl: 7C 00 7F)

(*"erhöhe den Inhalt der Speicherzelle \$007F um 1"*)
führen zu verschiedenen OpCodes im Maschinenprogramm, wie das oben für den Prozessor 6809 von Motorola beispielhaft angegeben ist.

Variante
Die im Befehl angegebene Kurzadresse wird als vorzeichenbehaftete Zahl aufgefaßt, deren höchstwertiges Bit das Vorzeichen angibt. Diese Kurzadresse wird vorzeichengerecht auf die volle Adreßlänge ergänzt (*sign extended*), d.h. der höherwertige Adreßteil wird durch eine Folge von '0'-Bits ersetzt, falls die Kurzadresse positiv ist, im anderen Fall durch eine Folge von '1'-Bits. Auf diese Weise wird durch die Kurzadresse eine Speicherseite angesprochen, die in ihrer Mitte die Adresse \$00..0 enthält.

Beispiel:	16-bit-Adreßbreite, 8-bit-Kurzadresse.	
Adressen	\$XY , 0≤X≤7, werden ergänzt zu \$00XY,	
Adressen	\$XY , 8≤X≤F, werden ergänzt zu \$FFXY.	
Adreßbereich:	\$FF80...\$FFFF, \$0000...\$007F	hexadezimal,
entsprechend:	65408...65535, 0...127	dezimal.

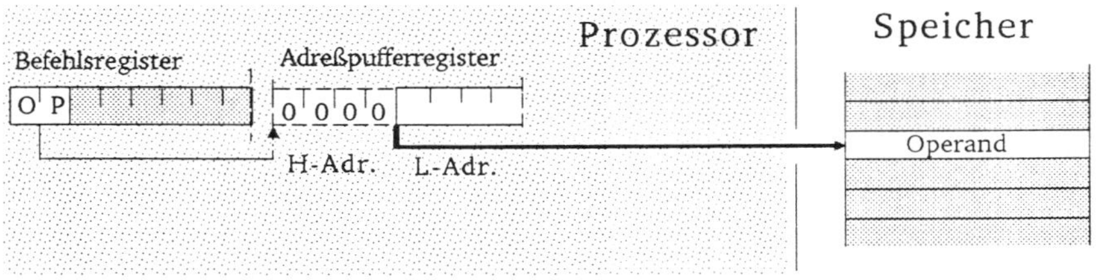

Bild 1.15-8. *Zero-page*-Adressierung

B2.2.2 Seiten-Register-Adressierung

(*(direct) page register addressing*, Bild 1.15-9)
Bei ihr wird der höherwertige Adreßteil in einem Register des Prozessors (DP-Register, *direct page register*) zur Verfügung gestellt. Dieses Register kann durch besondere Befehle gelesen und verändert werden. Diese Adressierungsart besitzt die gleichen Vorteile wie die *Zero-page*-Adressierung. Setzt man das DP-Register

auf den Wert 0, (was in der Regel automatisch nach einem Rücksetzen des Prozessors geschieht,) so erhält man letztere als Spezialfall der Seiten-Register-Adressierung. Ein weiterer Vorteil besteht darin, daß der Variablenbereich eines Programms auf einfache Weise durch das Ändern des DP-Registers verschoben werden kann. Da es bei den meisten Assemblern möglich ist, Adressen ohne führende Nullen einzugeben, muß der Benutzer dem Assembler durch ein Steuerzeichen (z.B. <, >) mitteilen, ob die Seiten-Register-Adressierung oder die absolute Adressierung gewählt werden soll.

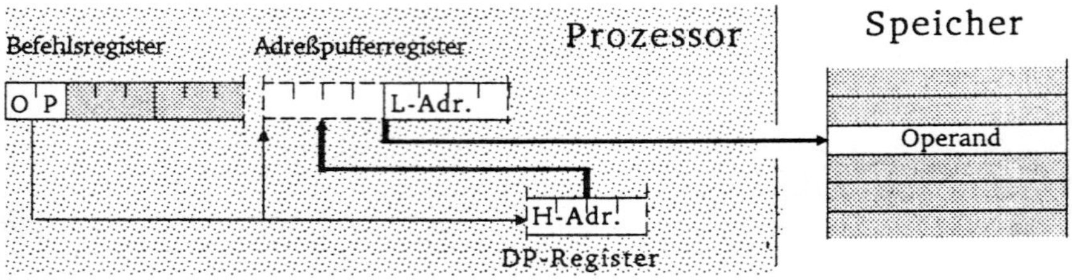

Bild 1.15-9. Seiten-Register-Adressierung

Beispiele: Unterstellt wird eine 16-bit-Adresse. Das DP-Register besitze den Inhalt $A5.

LD R0,>$7F (absolute Adresse, LD = *load*)

Lade das Register R0 mit dem Inhalt des Speicherwortes $007F.

LD R0,<$7F (*Direct-page*-Adresse)

Lade das Register R0 mit dem Inhalt des Speicherwortes $A57F.

B3. Register-indirekte Adressierung

(*register indirect addressing*, Bild 1.15-10)
Hier enthält das durch seine Nummer im Register-Feld des OpCodes angegebene Adreßregister die Adresse des Operanden (*pointer*, "Zeiger", deshalb auch: "Zeigeradressierung"). Dem Assembler werden z.B. durch runde Klammern '( )' angezeigt, daß nicht der Inhalt des Registers, sondern der Inhalt der durch das Register adressierten Speicherzelle benutzt werden soll.

Assemblerschreibweise: (Ri) (Register Ri).
Effektive Adresse: EA = (Ri) .

Da es sich bei dieser Adresse sehr häufig um die Anfangs- oder Endadresse eines Tabellenbereiches im Speicher handelt, stellen viele Prozessoren die Möglichkeit zur Verfügung, den Registerinhalt durch die Ausführung einer Operation automatisch zu verändern. Üblich sind die bereits im Zusammenhang mit den Indexregistern im Abschnitt 1.7 beschriebenen Modifikationen, die wir hier noch einmal kurz wiederholen:

- postinkrement (vereinfachend auch autoinkrement genannt):
  Nach der Ausführung des Befehls wird der Inhalt des Registers (um 1) erhöht und zeigt danach auf die nachfolgende Speicherzelle.

  Assemblerschreibweise: (Ri)+ ,
  Effektive Adresse: EA = (Ri) .

- predekrement (vereinfachend auch autodekrement genannt):
  Vor der Ausführung des Befehls wird der Inhalt des Registers (um 1) erniedrigt und zeigt somit auf die vorhergehende Speicherzelle.

  Assemblerschreibweise: -(Ri) .
  Effektive Adresse: EA = (Ri) - 1 .

Beispiele: LD R1,(A0) (*load*)
Lade das Register R1 mit dem Inhalt des durch das Adreßregister A0 adressierten Speicherwortes.

INC (R0)+ (*increment*)
Inkrementiere zunächst den Inhalt des Speicherwortes, das durch das Register R0 adressiert wird, und danach den Inhalt von R0.

CLR -(R0) (*clear*)
Dekrementiere zuerst den Inhalt des Registers R0 und lösche danach das *Speicherwort, das durch R0 adressiert wird.*

Ohne besondere Erwähnung wird im folgenden stets zugelassen, daß ein Index- oder Basisregister über die Möglichkeiten des 'autoinkrement/autodekrement' und der Skalierung verfügen kann (vgl. Abschnitt 1.7).

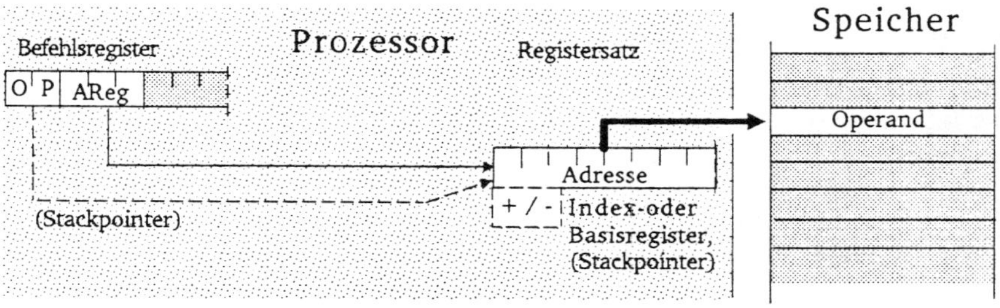

Bild 1.15-10. Register-indirekte Adressierung

Ein Spezialfall dieser Adressierungsart mit 'autoinkrement/autodekrement' ist die Adressierung des Stacks mit den Befehlen PUSH und PULL, die Sie im vorhergehenden Abschnitt 1.14 kennengelernt haben. Die Basisadresse wird hier im Stackpointer (SP) gehalten. Der Stackpointer enthält also stets die effektive Adresse des zuletzt im Stack belegten Speicherwortes. Den beiden erwähnten Operationen, angewandt auf ein Register Ri, entsprechen damit:

PUSH Ri: ST Ri,-(SP) (*store*)
Dekrementiere zuerst den Stackpointer SP und speichere danach den Inhalt des Registers Ri in das durch SP adressierte Speicherwort.

PULL Ri: LD Ri,(SP)+ (*load*)
Lade das Register Ri mit dem Inhalt des durch den Stackpointer adressierten Speicherwortes und erhöhe danach den Stackpointer.

Während jedoch die Befehle LD und ST den Zustand der Bedingungsbits im Statusregister verändern können, haben die Befehle PUSH und PULL auf sie keine Auswirkung.

B4. Indizierte Adressierung

(*indexed addressing*, relative Adressierung)
Bei ihr wird die effektive Adresse durch die Addition des Inhalts eines Registers zu einem angegebenen Basiswert berechnet. Diese Addition wird im Adreßwerk des Prozessors vorgenommen und ist in den folgenden Bildern durch einen mit '**+**' gekennzeichneten Kreis dargestellt. Der Basiswert gibt die Anfangsadresse eines Speicherbereiches an, das Register enthält den "Index" eines Operanden in diesem Bereich, also die Adreßdistanz zum Basiswert. Auch hier ist in der Regel die Möglichkeit der automatischen Änderung des Registerinhalts (autoinkrement, autodekrement) gegeben. Je nachdem, in welcher Form der Basiswert vorgegeben wird, kann man unterscheiden:

B4.1 Speicher-relative Adressierung

(*memory relative addressing*, Bild 1.15-11)
Hier wird der Basiswert als absolute Adresse im Befehl vorgegeben. Bei einigen Prozessoren ist die Länge des Indexregisters kürzer als die absolute Adresse, so daß nur ein beschränkter Adreßbereich von der Basisadresse aus angesprochen werden kann. Das Indexregister wird durch das IReg-Feld im OpCode des Befehls bestimmt.

Assemblerschreibweise: <Adresse>(Ii) .
Effektive Adresse: EA = ((PC) + 1) + (Ii) .

Beispiel: ST R1,$A704(R0) (*store*)
Speichere den Inhalt von Register R1 in das Speicherwort, dessen Adresse sich durch Addition des Inhalts von R0 zur Basis $A704 ergibt.

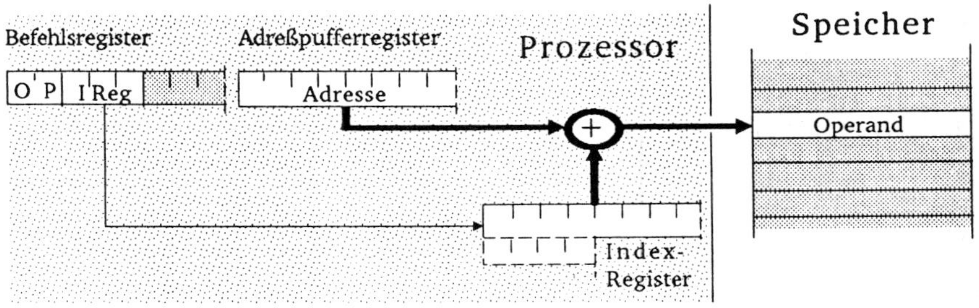

Bild 1.15-11. Indizierte Adressierung mit absoluter Basisadresse

B4.2 Register-relative Adressierung

(*register relative addressing, based mode*)
Der Basiswert befindet sich in einem Basisregister, auf das durch das BReg-Feld im OpCode verwiesen wird (s. Bild 1.15-12). Im Befehl wird ein Offset angegeben, der zum Inhalt des Basisregisters addiert wird. Dieser Offset ist in der Regel vorzeichenbehaftet und kann kürzer sein als die Länge des Basisregisters. Oft kann der Benutzer zwischen mehreren Offsetlängen wählen (z.B. 8- oder 16-bit-Offset). Ist der Offset gleich 0, so stimmt diese Adressierungsart mit der Register-indirekten funktional überein, benötigt jedoch durch das Lesen des Offsets eine längere Ausführungszeit.

Assemblerschreibweise: <Offset>(Bi) (Basisregister Bi).
Effektive Adresse: EA = (Bi) + ((PC) + 1) .

Beispiel: CLR $A7(B0) (*clear*)
Lösche das Speicherwort, dessen Adresse sich durch die Addition des hexadezimalen Offsets $A7 zum Inhalt des Basisregister B0 ergibt.

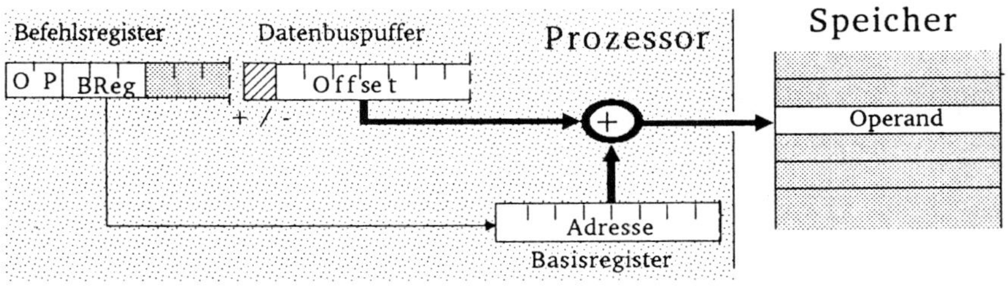

Bild 1.15-12. Indizierte Adressierung mit Basisregister

B4.3 Register-relative Adressierung mit Index

(*based indexed mode*, Bild 1.15-13)
Hier wird der Basiswert in einem Basisregister übergeben. Dazu wird der Inhalt eines Indexregisters addiert. Für dieses Indexregister kann wieder die automatischen Veränderungen 'autoinkrement/autodekrement' gewählt werden. Zusätzlich kann häufig im Befehl ein Offset angegeben werden, der zur Adreßberechnung hinzugezogen wird.

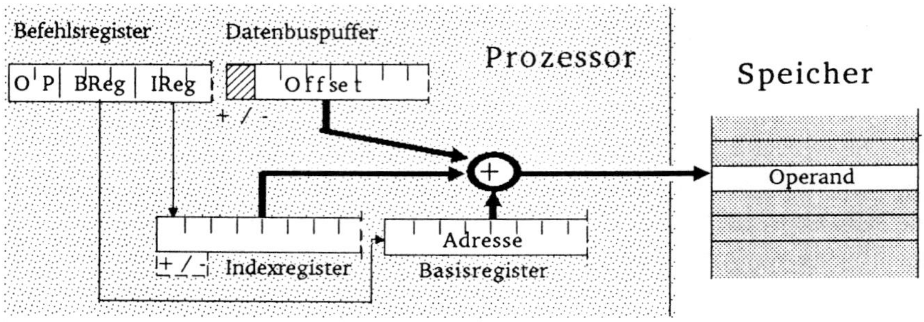

Bild 1.15-13. Register-relative Adressierung mit Index

Assemblerschreibweise: <Offset>(Bi)(Ij) .
Effektive Adresse: EA = (Bi) + (Ij) + ((PC) + 1) .

Beispiel: DEC $A7(B0)(I0)+ (*decrement*)
Dekrementiere das Speicherwort, dessen Adresse sich durch die Addition der Inhalte der Register I0 und B0 mit dem Offset $A7 ergibt, und erhöhe danach den Inhalt des Registers I0.

B5. Programmzähler-relative Adressierung

(*program counter relative addressing*)
In diesem Fall entsteht die effektive Adresse durch die Addition eines im Befehl angegebenen Offsets zum aktuellen Programmzählerstand (s.Bild 1.15-14). Vor Ausführung der Adreßberechnung enthält der Programmzähler in der Regel bereits die Adresse des Befehles, der im Speicher dem aktuell ausgeführten Befehl folgt. Diese Adressierungsart erlaubt es, Programme so zu schreiben, daß sie an einer beliebigen Stelle im Arbeitsspeicher ablauffähig sind ("dynamisch verschiebbarer Programmcode"). Der Offset wird in der Regel als vorzeichenbehaftete Zahl im Zweierkomplement interpretiert.

Bei vielen Prozessoren ist diese Adressierungsart nur in Verbindung mit Sprung- und Verzweigungs-Befehlen oder Unterprogramm-Aufrufen zulässig. Stimmt die Länge des Offsets mit der der Adresse überein, so kann zu jeder beliebigen Adresse im Speicherbereich gesprungen werden. Ist die Länge jedoch kürzer, so kann nur ein beschränkter Adreßbereich angesprungen werden. Verschiedene Prozessoren lassen beide Arten von Offsets zu. In diesem Fall muß im Op-Code die Länge des folgenden Offsets codiert sein. Da die meisten Assembler die Eingabe von positiven Zahlen ohne führende Nullen und von negativen Zahlen ohne führende 'F's (in hexadezimaler Schreibweise) zulassen, muß dem Assembler die Länge des folgenden Offsets gegebenenfalls durch verschiedene mnemotechnische Abkürzungen mitgeteilt werden.

Assemblerschreibweise: <Offset>(PC)
oder nur: <Offset>
Effektive Adresse: EA = (PC) + 2 + ((PC) + 1) .

Beispiel: BNE $7F (*branch not equal*).
Verzweige zur Speicherzelle, deren Adreßdistanz zum augenblicklichen Programmzähler 127 (=$7F) ist, wenn das Nullbit (zero flag) im Statusregister nicht gesetzt ist (also z.B. als Ergebnis eines Vergleichs nicht der Wert $00 herauskam). Im anderen Fall setze das Programm ohne Verzweigung mit dem nächsten Befehl fort.

LBRA $7FFF (*long branch always*).
Verzweige 'unbedingt' zu der Speicherzelle, deren Adreßdistanz zum aktuellen Programmzähler 32767 (=$7FFF) ist.

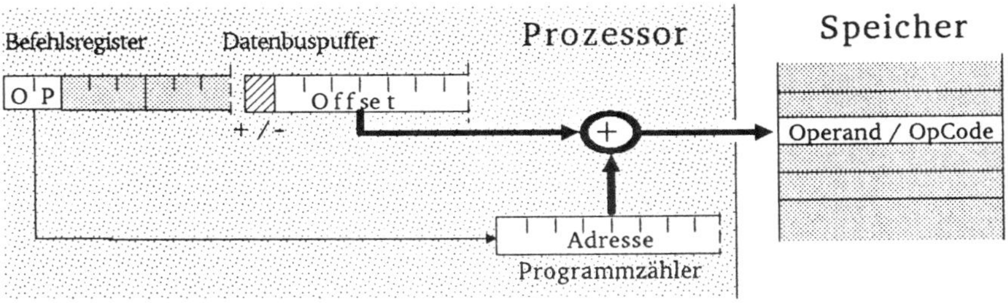

Bild 1.15-14. Programmzähler-relative Adressierung

C. Zweistufige Speicher-Adressierung

Bei diesen Adressierungsarten sind zur Bestimmung der effektiven Adresse mehrere sequentiell auszuführende Adreßberechnungen und Speicherzugriffe notwendig. Das Ergebnis der ersten Berechnung liefert dabei die Adresse eines Speicherwortes, in dem wiederum eine Adresse oder ein Offset für die folgende Adreßberechnung zu finden ist. In Analogie zur Register-indirekten Adressierung B3 kann man die folgenden Adressierungsarten auch als Speicher-indirekt bezeichnen.

C1. Indirekte absolute Adressierung (Bild 1.15-15)

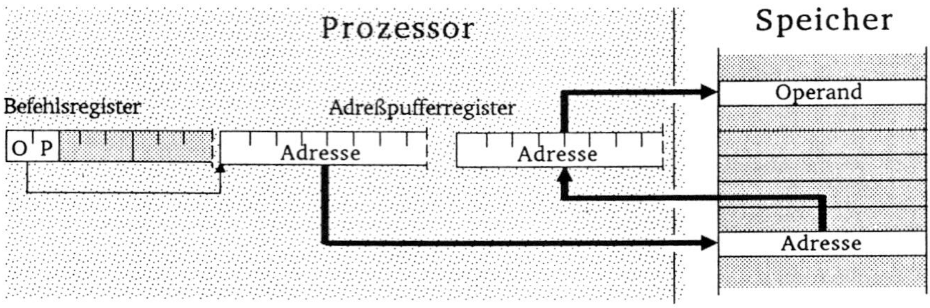

Bild 1.15-15. Indirekte absolute Adressierung

In diesem Fall enthält der Befehl eine absolute Adresse, die auf ein Speicherwort zeigt. Der Inhalt dieses Speicherwortes ist die effektive Adresse des gesuchten Operanden ("Zeigeradresse", *pointer address*).

Assemblerschreibweise: (<Adresse>) .
Effektive Adresse: EA = (((PC) + 1)) .

Beispiel: LDA ($A347) (*load accumulator*)
Lade den Akkumulator A mit dem Inhalt des Speicherwortes, dessen Adresse im Speicherwort $A347 steht.

C2. Indirekte Register-indirekte Adressierung (Bild 1.15-16)

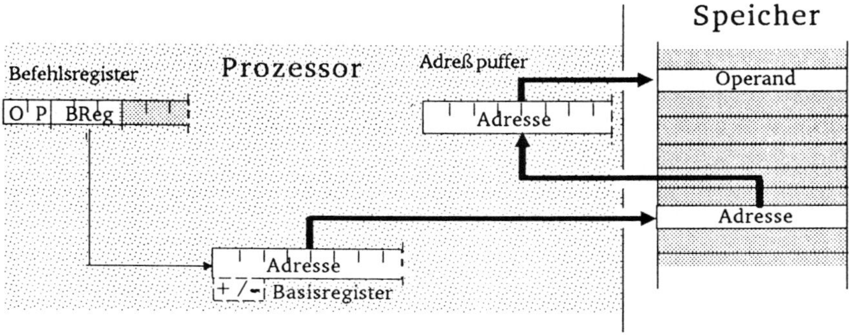

Bild 1.15-16. Indirekte Register-indirekte Adressierung

In diesem Fall enthält das im Register-Feld des OpCodes ausgewählte (Adreß-) Register die Adresse eines Speicherwortes, das seinerseits die effektive Adresse des Operanden enthält. Diese Adressierungsart wird auch mit den Möglichkeiten der automatischen Veränderung des Registerinhalts 'autoinkrement/autodekrement' zur Verfügung gestellt.

Assemblerschreibweise:

a) ((Ri)) ,
b) ((Ri)+) (autoinkrement),
c) (-(Ri)) (autodekrement).

Effektive Adresse:

a) EA = ((Ri)) ,
b) EA = ((Ri)) ,
c) EA = ((Ri)-1) .

Beispiel: LD R0,(-(R1)) (*load*)
Dekrementiere zunächst den Inhalt des Registers R1. Lade dann den Inhalt des durch R1 adressierten Speicherwortes in den Adreßpuffer und bringe danach den Inhalt des durch den Adreßpuffer angesprochenen Speicherwortes in das Register R0.

C3. Indirekte indizierte Adressierung

(*preindexed indirect addressing*, Bild 1.15-17)
Hier wird zunächst nach einem der Indizierungs-Verfahren unter B4 eine effektive (Zwischen-)Adresse gebildet. Diese zeigt auf ein Speicherwort, das die effektive Adresse des gesuchten Operanden enthält. Im Bild 1.15-17 ist nur der komplexeste Fall dargestellt.

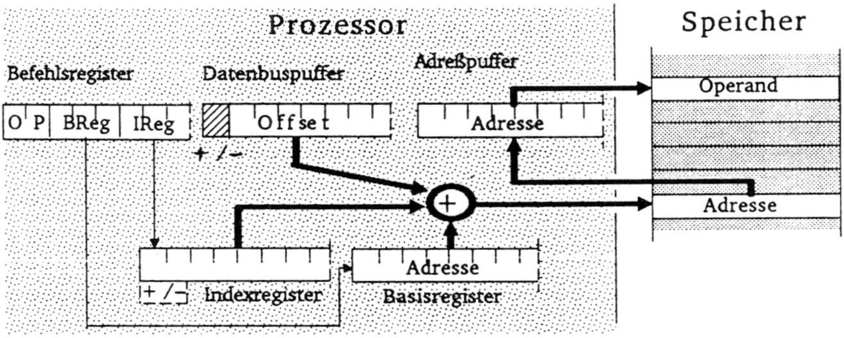

Bild 1.15-17. Indirekte indizierte Adressierung

Assemblerschreibweise:

a) (<Adresse>(Ii)) Speicher-relativ,
b) (<Offset>(Bi)) Register-relativ,
c) (<Offset>(Bi)(Ii)) Register-relativ mit Index.

Effektive Adresse:

a) EA = ((Ii) + ((PC) +1)) ,
b) EA = ((Bi) + ((PC) +1)) ,
c) EA = ((Bi) + (Ii) + ((PC) +1)) .

Auf die Angabe von Beispielen wird hier verzichtet.

C4. Indizierte indirekte Adressierung

(*postindexed indirect addressing*, Bild 1.15-18)
In diesem Fall wird zunächst nach dem Verfahren C3 mit Basisregister und Offset (1. Offset) eine effektive (Zwischen-)Adresse ermittelt. Der Inhalt des dadurch adressierten Speicherwortes wird dann nach dem Verfahren B4.1 indiziert. Dabei kann zusätzlich ein weiterer Offset (2. Offset, *outer displacement)* herangezogen werden.

Assemblerschreibweise: <2. Offset>(<1. Offset>(Bi))(Ij) .
Effektive Adresse: EA = ((Bi) + ((PC)+1)) + (Ij) + ((PC)+2) .

Erklärung:
(<Offset>(Bi)) liefert mit dem Basisregister Bi nach C3b eine Adresse, die nach B4.1 durch das Indexregister Ij indiziert wird. Bei dieser Berechnung wird gegebenenfalls der zweite Offset berücksichtigt.

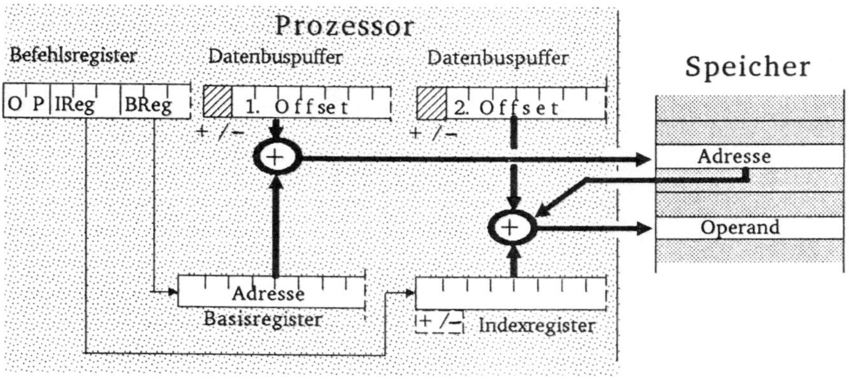

Bild 1.15-18. Indizierte indirekte Adressierung

Beispiel: INC $A7($10(B0))(I2)

Addiere zunächst den Offset $10 zum Inhalt des Basisregisters B0. Entnehme dem durch diese Summe adressierten Speicherwort die Basisadresse des Operanden. Berechne die effektive Adresse EA des Operanden durch Addition des Inhalt des Indexregisters I2 sowie des Offsets $A7 zu dieser Basisadresse. Erhöhe den Wert des durch EA adressierten Speicherwortes.

C5. Indirekte Programmzähler-relative Adressierung

(*indirect program counter relative addressing*, s. Bild 1.15-19)
Bei diesem Verfahren wird zunächst aus dem Inhalt des Programmzählers und einem Offset nach B5 eine (Zwischen-)Adresse gebildet. Diese zeigt auf ein Speicherwort, das die effektive Adresse des Operanden enthält.

Assemblerschreibweise: (<Offset>(PC)) .
Effektive Adresse: EA = ((PC) + 2 + ((PC) + 1)) .

(Hinweis: Der Summand '2' berücksichtigt die bereits unter B5 erwähnte Tatsache, daß bei der Programmzähler-relativen Adressierung in der Regel von der Adresse des dem Befehl folgenden OpCodes ausgegangen wird.)

Beispiel: JMP ($A7(PC))

Addiere zum Inhalt des Programmzählers den Offset $A7. Entnehme dem durch diese Summe adressierten Speicherwort die Adresse, an der das Programm fortgesetzt werden soll.

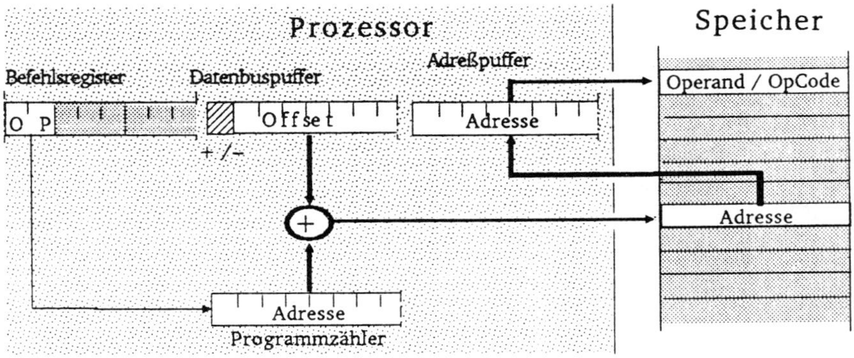

Bild 1.15-19. Indirekte Programmzähler-relative Adressierung

Zusätzlich zu den beschriebenen Adressierungsarten existiert noch eine unübersehbare Menge von Mischformen, auf die hier aber nicht eingegangen werden kann.

Selbsttestaufgabe S1.15-1:

Der 8-bit-Mikroprozessor 6502 besitzt einen 8-bit-Datenbus und einen 16-bit-Adreßbus. 16-bit-Adressen werden byteweise unter zwei hintereinander folgenden Adressen im Speicher abgelegt, wobei das höherwertige Adreßbyte unter der höherwertigen Adresse zu finden ist. Der Prozessor besitzt unter anderem einen 8-bit-Akkumulator A und ein gleichlanges Indexregister Y.

1. Geben Sie für die Adressierungsart: *"postindizierte indirekte Zero-Page-Adressierung"* mit der *Assemblerschreibweise*:

   (<L-Adresse>),Y

   die Berechnungsvorschrift für die effektive Adresse und stellen Sie sie symbolisch (wie in den Bildern dieses Abschnittes) dar.
   In Maschinensprache umfaßt jeder Befehl mit dieser Adressierungsart zwei Bytes:

   <OpCode> <L-Adresse> .

2. Der Befehlssatz dieses Prozessors enthält u.a. die Befehle:

CLC	Lösche das Übertrags-Bit	*(clear carry flag)*
LDA	Lade den Akkumulator A	*(load accu A)*
STA	Speichere den Akkumulator A	*(store accu A)*
ADC	Addiere den Operanden zum Akkumulator A unter Berücksichtigung des Übertrags	*(add with carry)*
LDY	Lade das Y-Register	*(load Y)*
DEY	Dekrementiere den Inhalt des Y-Registers um 1	*(decrement Y)*
BNE	Verzweige, falls *Zero Flag* = 0, (das *Zero Flag* wird als Ergebnis einer Operation genau dann gesetzt, wenn das A- bzw. Y-Register danach den Wert $00 hat)	*(branch not equal)*
JSR	Unterprogrammaufruf	*(jump to subroutine)*
RTS	Rücksprung aus Unterprogramm	*(return from subroutine)*

Schreiben Sie ein Unterprogramm SUM, das im Festwertspeicher abgelegt werden kann und die 16-bit-Summe über einen maximal 255 byte langen Datenbereich berechnet. Die Anfangsadresse von SUM sei $E000. Die um 1 dekrementierte Anfangsadresse des Datenbereiches werde dem Unterprogramm in den Speicherzellen $00A0 und $00A1, die Länge des Datenbereiches (ungleich 0) im Y-Register übergeben. Das Endergebnis werde in den Speicherzellen $00A2 und $00A3 ans Hauptprogramm übertragen. Stellen Sie den Unterprogrammaufruf dar, falls die Summe der 128 Bytes ab der Basisadresse $1000 berechnet werden soll.

1.16 Realisierung eines Befehlssatzes auf Maschinensprache-Ebene

1.16.1 Allgemeiner Aufbau eines Maschinenbefehls

Jede Anweisung zur Ausführung einer Operation muß für die Interpretation durch das Steuerwerk des µPs in eine Bitkette codiert werden, den **OpCode**. Aus dem, was wir im Abschnitt 1.7 über die verschiedenen Registertypen gesagt haben, und der Gruppeneinteilung der Befehle im Abschnitt 1.14 ergibt sich das allgemeine Format eines OpCodes, wie es im Bild 1.16-1 skizziert ist. Durch dieses Format können alle Operationen dargestellt werden.

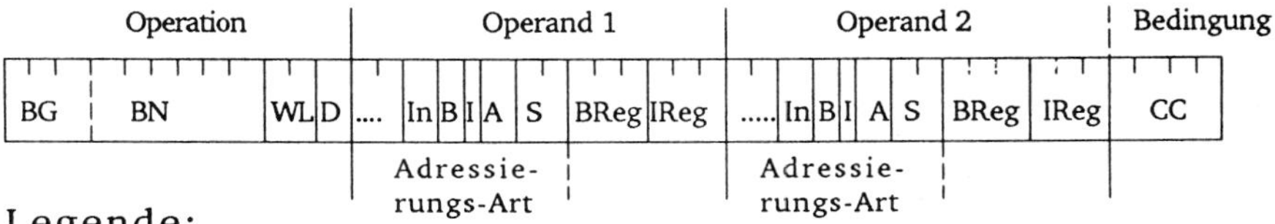

Legende:

BG	Befehlsgruppe
BN	Nummer eines Befehls in der Gruppe
WL	Länge des Operanden (Byte, Wort, etc.)
D	Richtung des Datentransports (Lesen/Schreiben)
In	indirekte Adressierung
B	Basisregister benötigt
I	Indexregister benötigt
BReg	Nummer des Basisregisters
IReg	Nummer des Indexregisters
A	Autoincrement/autodecrement
S	Skalierung (x2,4,8)
CC	Bedingungen, z.B. für Verzweigungen

Bild 1.16-1. Allgemeines Format eines OpCodes

Der OpCode ist in einzelne Bitfelder unterteilt, die verschiedene Informationen in binär codierter Form enthalten.

- Das erste Feld, das wir Operationswort nennen, spezifiziert die Befehlsgruppe und die Nummer eines Befehls in seiner Gruppe. Darüber hinaus wird angegeben, wie lang die Operanden sind, auf die der Befehl wirken soll, also ob es sich um Bytes, Wörter, Doppelwörter oder *quad words* handelt. In einem weiteren Bit wird die Richtung eines Datentransports (Lesen aus dem Speicher/Schreiben in den Speicher) vorgegeben.
- Die Operanden-Felder geben für jeden Operanden zunächst die gewünschte Adressierungsart an. Dazu gehört insbesondere die Information, ob ein Basisregister oder Indexregister benötigt wird und ob die Adressierung direkt oder indirekt erfolgt. Durch weitere Bits wird festgelegt, ob ein Indexregister automatisch inkrementiert bzw. dekrementiert oder sein Inhalt mit einem der Fak-

toren 1, 2, 4, 8 skaliert werden soll. Die Felder BReg bzw. IReg enthalten gegebenenfalls die Nummer eines zur Adressierung herangezogenen Basisregisters bzw. Indexregisters.

- Im Bedingungsfeld CC (*condition code*) steht die Codierung einer der in Tabelle 1.14-11 angegebenen Bedingungen. Der Befehl, insbesondere ein Verzweigungsbefehl, wird nur dann ausgeführt, wenn das Überprüfen der Statusbits das Vorliegen dieser Bedingung anzeigt.

Besitzt ein Prozessor einen umfangreichen Befehlssatz, einen großen Registersatz und eine weite Palette von Adressierungsarten, so führt die eben beschriebene Codierung zu einem unvertretbar langen OpCode. Aus der Erkenntnis heraus, daß nicht für jeden Befehl alle Felder benötigt werden, teilt man die Befehle so in Gruppen ein, daß die Befehle einer Gruppe jeweils die gleiche Teilmenge an Bitfeldern benutzen. Diese werden auf die ersten Bitpositionen des OpCodes "gefaltet", indem im OpCode alle nicht benötigten Bitfelder weggelassen werden. Dadurch entstehen zwar bei einigen Prozessortypen bis zu zwei Dutzend verschiedene Befehlsformate, aber man erhält im Mittel erheblich kürzere OpCodes. Natürlich wird stets so gefaltet, daß die Anzahl der belegten Bytes des resultierenden OpCodes ganzzahlig ist. Die Faltung ist im Bild 1.16-2 exemplarisch an drei Befehlsgruppen dargestellt.

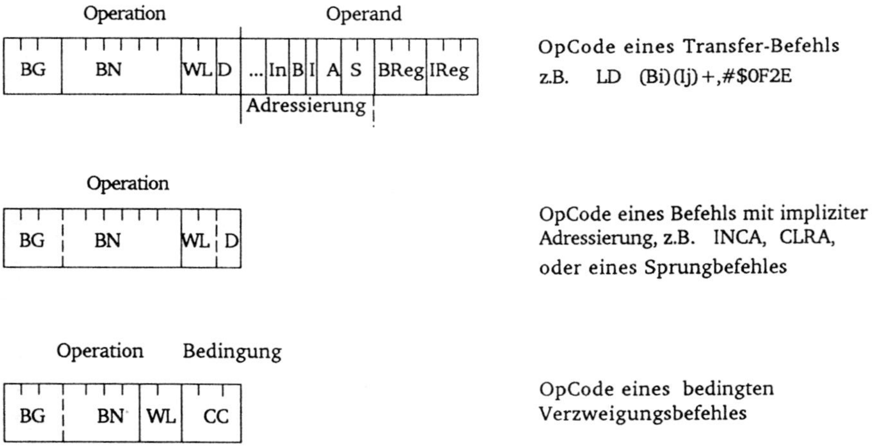

Bild 1.16-2. Faltung der OpCodes auf verschiedene Befehlsformate

Die Befehlssätze der modernen 16/32-bit-Mikroprozessoren sind so komplex aufgebaut, daß sie im Rahmen unserer Abhandlung nicht mit all ihren Befehlsformaten dargestellt werden können. Deshalb zeigen wir Ihnen in Fallstudien lediglich die Grundform der OpCodes von zwei dieser Prozessoren.

1.16.2 Fallstudie: Der Befehlsaufbau des 80386

Der allgemeine Aufbau eines Befehls beim 80386 von Intel ist im Bild 1.16-3 dargestellt.

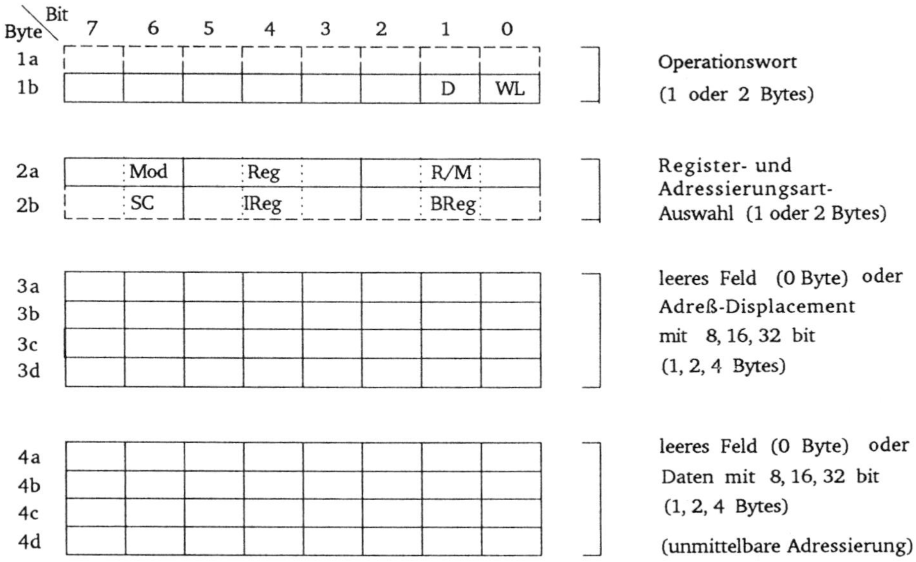

Bild 1.16-3. Der allgemeine Befehlsaufbau des 80386

Ein Befehl besteht aus maximal 12 Bytes. Das Operationswort belegt davon je nach Befehlstyp ein oder zwei Bytes. Im Bild werden von den Bitfeldern des Operationswortes nur das D-Bit (*direction*), das die Richtung eines Datentransports 'vom/zum Speicher' angibt, und das WL-Bit gezeigt. Das WL-Bit (*word length*) bestimmt die Länge eines im Befehl "unmittelbar" angegebenen Datums oder eines Offsets (*displacement*). Dabei wird nur zwischen einer Länge von 8 bit bzw. 16/32 bit unterschieden. Im zweiten Fall wird die tatsächliche Größe des Datums bzw. Offsets durch die hardwaremäßig gewählte Datenbus-Breite bestimmt (vgl. Abschnitt 1.10). Die übrigen Bit-Felder des Operationswortes haben eine so spezielle Bedeutung, daß sie hier nicht erklärt werden können.

Die folgenden beiden Bytes des OpCodes dienen zur Auswahl der Adressierungsart und der dabei benutzten Register. In der einfachsten Form ist lediglich das erste Byte (2a) vorhanden. Das Reg-Feld bestimmt dann, welches Adreßregister benutzt wird. Das R/M-Feld (*register/mode*) hat eine Doppelfunktion, die vom Mod-Feld (*mode*) festgelegt wird: Einerseits dient es dazu, für die Registeraustausch-Befehle das zweite benutzte Register festzulegen. Andererseits bestimmt es zusammen mit dem Mod-Feld die gewünschte Adressierungsart.

Ist auch das zweite Byte (2b) vorhanden, so wird das Reg-Feld zur Erweiterung des Operationswortes benutzt. Das Register, auf das sich die Adressierung bezieht, wird nun im BReg-Feld bestimmt. Im IReg-Feld kann dazu ein Indexregister angegeben werden, das wahlweise skaliert werden kann. Die Skalierungsgröße wird im SC-Feld (*scale*) angegeben. Die Wahl der Adressierungsart geschieht wiederum über das Mod- und das R/M-Feld.

Falls ein Offset (*displacement*) für die Adreßberechnung erforderlich ist, wird dieser in den folgenden 1 bis 4 Bytes angegeben. In den nächsten Bytes kann ein "unmittelbar adressiertes" Datum mit einer Länge von 1, 2 oder 4 byte auftreten.

1.16.3 Fallstudie: Der Befehlsaufbau des 68020

Der allgemeine Aufbau eines Befehls für den 68020 von Motorola ist im Bild 1.16-4 dargestellt. Hier besteht ein Befehl aus maximal elf 16-bit-Wörtern. Im Operationswort wird im Mod-Feld (*mode*) die Adressierungsart bestimmt und dazu – falls benötigt – im Reg-Feld ein Register angegeben. Der kürzeste Befehl besteht nur aus dem Operationswort (Wort 1).

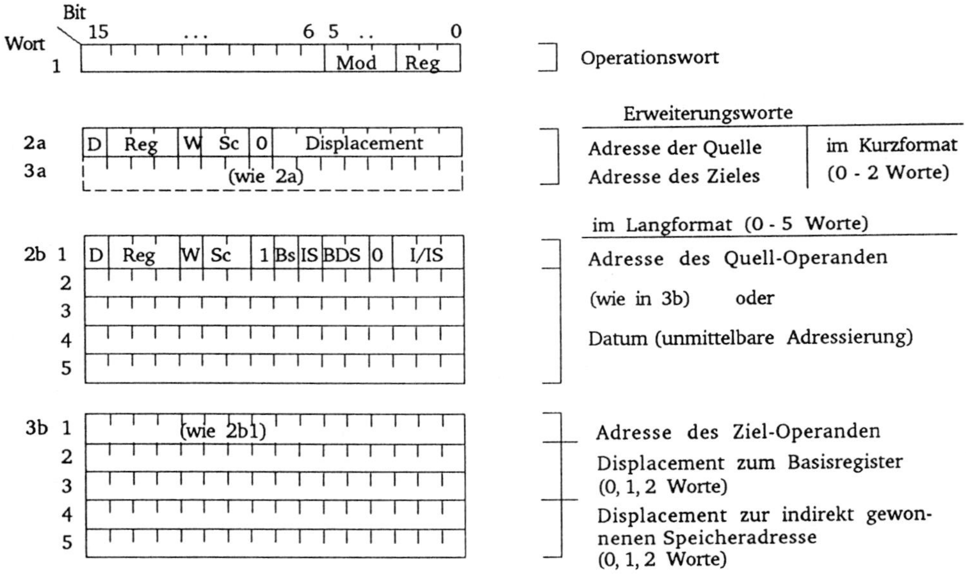

Bild 1.16-4. Der allgemeine Befehlsaufbau des 68020

Befehle im Kurzformat besitzen außer dem eigentlichen OpCode im Operationswort noch 1 bis 2 Erweiterungswörter (Wörter 2a bzw. 3a). In ihnen wird die Berechnung der Adresse von Datenquelle bzw. Datenziel spezifiziert. Dazu wird im

Reg-Feld ein Indexregister angegeben. Das D-Bit (*data*) bestimmt, ob dieses aus der Menge der Daten- oder der Adreßregister gewählt werden soll. Das SC-Feld (*scale*) bestimmt, mit welchem Wert (1, 2, 4, 8) das (32-bit-)Indexregister skaliert werden soll. Durch das W-Bit (*word*) wird festgelegt, ob der gesamte Inhalt des selektierten Indexregisters zur Adreßberechnung herangezogen wird oder aber nur sein niederwertiges (16-bit-)Wort. Dieses wird vorzeichengerecht durch eine Folge von '0'- bzw. '1'-Bits zu einem (32-bit-) Doppelwort ergänzt. Im Displacement-Feld folgt ein 8-bit-Offset.

Befehle im Langformat haben außer dem OpCode jeweils bis zu 5 Befehlswörter für die Spezifizierung der Quelle (Wörter 2b1-2b5) und des Zieles (3b1-3b5).

Bei der unmittelbaren Adressierung enthalten die Wörter 2b2 bis 2b5 den Operanden. Die Länge des Operanden wird in einem Feld des Operationswortes festgelegt. In diesem Fall entfällt das Wort 2b1.

Bei den anderen Adressierungsarten werden im ersten Wort (2b1 bzw. 3b1) alle Parameter für die Adreßberechnung bestimmt, so daß es nach unserer obigen Darstellung (s. Bild 1.16-1) eigentlich zum OpCode gehört. Die linken 4 Bitfelder wurden bereits bei der Beschreibung des Kurzformats erwähnt. Die restlichen Felder haben folgende Funktion:

- BS bestimmt, ob das im Reg-Feld des OpCodes (Wort 1) angegebene Basisregister zur Adreßberechnung herangezogen wird.
- IS leistet das Gleiche für das im Reg-Feld des Befehlsworts 2b1 bzw. 3b1 selbst angegebene Indexregister.
- BDS gibt die Länge (0, 1 oder 2 Wörter) des in den Wörtern 2b2 - 2b5 bzw. 3b2 - 3b5 folgenden Offsets zum Basisregister an.
- Durch das Feld I/IS wird – zusammen mit dem Mod-Feld im OpCode – einerseits die Entscheidung 'Speicher-indirekt/nicht indirekt' getroffen, andererseits die Art der Indizierung '*preindexed/postindexed*' und die Länge des zweiten, "äußeren" Offsets (0, 1 oder 2 Wörter) festgelegt (vgl. Bild 1.15-18).

Die Wörter 2b2 - 2b5 bzw. 3b2 - 3b5 werden von den Displacements zu Basis- und Index-Register belegt, die jeweils maximal 2 Wörter lang sind.

1.17 Exkurs: RISC-Prozessoren

1.17.1 Motivation

In den vorhergehenden Abschnitten haben wir uns ausführlich mit den Standard-Mikroprozessoren, also den mikroprogrammierten Universalprozessoren, beschäftigt. Wir haben gezeigt, daß sich diese durch einen umfangreichen Satz von bis zu einigen Hundert Befehlen in unterschiedlichsten Formaten, bis zu einigen Dutzend unterstützten Adressierungsarten und vielen verschiedenen Datentypen und Datenformaten auszeichnen. Sie werden deshalb seit einigen Jahren als CISC-Prozessoren (*complex instruction set computers*) bezeichnet. In steigendem Maße werden neben dem Prozessor weitere Komponenten eines µCs auf einem Chip integriert (vgl. Bild 1.4-4). Die Realisierung dieser Prozessoren führt zu einigen technologischen und ökonomischen Problemen, die wir nun kurz skizzieren wollen.

- Die Realisierung eines großen Befehlssatzes mit vielen Adressierungsarten und Datentypen bedingt ein sehr komplexes Steuerwerk.
  - Die (funktionale) Komplexität verursacht hohe Entwicklungskosten und eine lange Entwicklungsdauer. Je komplexer das Steuerwerk ist, desto größer ist die Wahrscheinlichkeit von Entwurfsfehlern, die gar nicht oder nur sehr schwer und unter hohen Kosten zu beheben sind. Wegen der großen Zeitspanne zwischen Projektierung und Marktreife sind die rasanten Fortschritte der Mikroelektronik nur sehr schlecht zu nutzen.
  - Die vielen Fallunterscheidungen, die vom Steuerwerk zur Bearbeitung eines umfangreichen Befehlssatzes zu treffen sind, sind (beim augenblicklichen Stand der Technik) nur durch ein Mikroprogramm-Steuerwerk zu erbringen. Die Decodierung und Ausführung der Befehle in vielen Mikroprogramm-Schritten benötigt jedoch relativ viel Zeit.
  - Der (qualitativen) Skizze im Bild 1.4-7 ist nicht zu entnehmen, daß das Steuerwerk bei Standard-Mikroprozessoren in der Regel über 50% der Chipfläche belegt, beim Motorola 68020 sind es sogar 68% . Einerseits verursacht diese Chipfläche direkte Materialkosten. Andererseits sinkt mit wachsender Chipfläche die Ausbeute an fehlerfrei arbeitenden Chips, wodurch natürlich wieder die Produktionskosten steigen.
- Wegen der unterschiedlichen Komplexität der Befehle differiert ihre Ausführungszeit u.U. beträchtlich. Aber auch die Ausführung ein und desselben Befehls benötigt wegen der unterschiedlichen Adressierungsarten mehr oder weniger Taktzyklen. Dies wird besonders einsichtig bei den zweistufigen Adressierungsarten, bei denen ja schon zur Berechnung der effektiven Operandenadresse mehrfach auf den Speicher zugegriffen werden muß. Daher führt schon die einfachste Form der Parallelarbeit auf dem Chip, das *OpCode-Prefetching*, zu Problemen (vgl. Abschnitt 1.11.1). Eine vollständige "Fließband"-Bearbeitung (*pipelining*), bei der die Befehle nacheinander jede Prozessorkomponente durchlaufen und dort schrittweise verarbeitet werden, ist nahezu ausgeschlossen.
- Die Komplexität des Befehlssatzes, der Adressierungsarten und Datentypen erschwert die Entwicklung effizient arbeitender Compiler.
  - Denn in diesem müssen bei jeder Befehlsübersetzung eine große Anzahl von Fallunterscheidungen durchgeführt werden. Dies ist insbesondere der Fall, wenn der Befehlssatz weder symmetrisch noch orthogonal ist (vgl. Abschnitt 1.14).
  - Untersuchungen haben gezeigt, daß Compiler eine große Palette von Befehlen und Adressierungsarten schlecht nutzen und hauptsächlich die einfacheren Befehle und Adressierungsarten verwenden. Im Idealfall gibt es für jeden Befehl einer höheren Programmiersprache (*high level language* – HLL) nur eine Übersetzungsmöglichkeit in eine Folge von Maschinenbefehlen. Durch die Vielzahl der Entscheidungsmöglichkeiten jedoch ist die Entwicklung optimierender Compiler sehr aufwendig.

Die dargestellten Probleme wurden schon in den Anfangsjahren der Mikroprozessor-Technik erkannt. So begann man schon in der Mitte der 70er Jahre, nach Alternativen zu suchen. Ab 1975 entwickelte man bei der Firma IBM das Rechnersystem IBM 801, dessen Prozessor sich durch einen einfachen Befehlssatz für die Verarbeitung von Texten und ganzen Zahlen auszeichnet und für den Einsatz einfacher, optimierender Compiler konzipiert wurde. Anfang der 80er Jahre folgte dann an der Universität von Californien in Berkeley die Entwicklung zweier Prozessoren RISC I und RISC II, die einer ganzen Klasse von Nachfolgern den Namen gegeben haben. Die Abkürzung RISC bedeutet *Reduced Instruction Set Computer* und steht vereinfachend für Prozesoren, die durch eine ganze Palette von Maßnahmen den oben erwähnten Nachteilen der CISC-Prozessoren begegnen. Dazu gehört insbesondere eine drastische Reduzierung der Komplexität des Steuerwerks. So liegt der Anteil der Chipfläche, die das Steuerwerk typischer RISC-Prozessoren belegt, unter 10% . Die eingesparte Fläche wurde zwar zum Teil für eine drastische Vergrößerung des Registersatzes verwendet, jedoch erlaubt die reduzierte Komplexität eine erhebliche Verkürzung der Entwicklungszeit und damit eine bessere Ausnutzung der Technologie-Fortschritte. RISC-Prozessoren können so einfach aufgebaut sein, daß sie für spezielle Anwendungen eines Kunden vollständig oder zum Teil maßgeschneidert entwickelt werden können (*full/semi custom design*). In den letzten Jahren ist jedoch auch eine gegenläufige Tendenz zu beobachten. So werden auf der durch die Reduzierung der Komplexität gewonnenen Chipfläche immer weitere Komponenten eines Mikrocomputer-Systems untergebracht. Dazu gehören insbesondere schnelle Zwischenspeicher (*caches*), Speicherverwaltungseinheiten (*memory management units* – MMU) und Arithmetik-Prozessoren. (Diese Einheiten werden wir in den nächsten Kapiteln beschreiben.)

In den folgenden Unterabschnitten werden wir die charakteristischen Eigenschaften, den Aufbau und die einzelnen Komponenten von RISC-Prozessoren beschreiben. Dabei werden wir keinen Leistungsvergleich zwischen CISC- und RISC-Prozessoren anstellen, wie er in vielen Veröffentlichungen zu finden ist. Allen diesen Vergleichen ist gemeinsam, daß sie an vielen Stellen mit Fragezeichen zu versehen sind. Auch werden wir uns nicht um die (eher philosophische) Frage kümmern, wie man einen bestimmten Prozessor zweifelsfrei einer der beiden Klassen zuordnen kann. Denn die Grenzen zwischen beiden Klassen sind sehr verschwommen und verschieben sich laufend. Jeder Prozessorhersteller ist natürlich bemüht, in sein neues Produkt so viele gute Eigenschaften wie möglich aus beiden Klassen einfließen zu lassen. So findet man heute auch in Standard-Mikroprozessoren Merkmale, die bis vor kurzem noch den RISC-Typen vorbehalten waren. Im Steuerwerk des Motorola 68040 sind z.B. einige häufig benutzte Befehle nicht mehr durch ein Mikroprogramm sondern in direkter Verdrahtung realisiert. Andererseits enthalten – wie oben bereits gesagt – einige RISC-Prozessoren auf dem Chip Komponenten, die ein mikroprogrammiertes Steuerwerk besitzen.

1.17.2 Charakteristische Eigenschaften von RISC-Prozessoren

Wie nicht anders zu erwarten, sind einige der im folgenden beschriebenen, typischen RISC-Merkmale gerade "komplementär" zu den bei den CISC-Prozessoren festgestellten Nachteilen. Die Auflistung der Eigenschaften darf nicht so mißverstanden werden, daß ein typischer RISC-Prozessor alle diese Eigenschaften besitzen muß. Vielmehr erfüllen alle realen RISC-Prozessoren nur eine mehr oder weniger große Teilmenge der gestellten Forderungen. Auch erhebt die Darstellung keinen Anspruch auf Vollständigkeit.
Zu den typischen RISC-Merkmalen gehören:

- Die Komplexität des Steuerwerks wird durch die folgenden Punkte drastisch reduziert:
  - Der Prozessor besitzt einen kleinen Satz einfacher Befehle. Üblich sind zwischen 30 und 100 Befehle, die alle ein oder sehr wenige verschiedene Formate besitzen.
  - Es werden nur wenige, häufig sogar nur eine oder zwei, einfache Adressierungsarten unterstützt. Komplexere Adressierungsarten müssen softwaremäßig durch einfachere nachgebildet ("emuliert") werden.
  - Ein Zugriff auf den Arbeitsspeicher ist nur durch einen Lade- bzw. Speicherbefehl (LOAD/STORE) möglich. (Man spricht deshalb vereinfachend auch von einer LOAD/STORE-Architektur.) Ausgeschlossen sind dadurch insbesondere Speicher-Speicher-Befehle, die ihre Operanden aus dem Speicher holen und das Ergebnis dort wieder ablegen.
  - Alle anderen Befehle außer LOAD und STORE arbeiten ausschließlich mit Operanden, die in Registern des Prozessors zur Verfügung stehen oder als unmittelbare Daten im Befehl angegeben sind.
  - Bevorzugt wird das Dreiadreß-Format, seltener das Zweiadreß-Format eingesetzt.
  - Als Datentypen sind meist nur ganze Zahlen in den Formaten Byte, Wort und Doppelwort möglich (8 bit, 16 bit, 32 bit). Durch die Hardware können also insbesondere keine Gleitpunktzahlen direkt verarbeitet werden.
  - Die Ausführungsphase aller Befehle (außer LOAD und STORE) soll möglichst nur einen Taktzyklus lang dauern (vgl. Abschnitt 1.11.1).
- Die vorstehenden Merkmale führen zu einem relativ einfachen Steuerwerk, daß als festverdrahtetes Steuerwerk, also ohne Mikroprogrammierung realisierbar ist. Durch die geringe Signalverzögerung in diesem Steuerwerk kann die Takt-Zykluszeit des Prozessors klein gehalten, also eine hohe Taktfrequenz benutzt werden.
- Die Breite aller internen und externen Datenwege sowie der Daten, die in einem Schritt von der ALU verarbeitet werden können, beträgt 32 bit. (Nach unserer Nomenklatur handelt es sich also um 32-bit-Prozessoren.)
- Zur Erhöhung der Rate, mit der auf den Arbeitsspeicher zugegriffen werden kann, existieren häufig zwei getrennte Bussysteme, bestehend aus Adreß- und Datenbus sowie einigen Steuerleitungen, über die gleichzeitig ein Programm- und ein Datenspeicher angesprochen werden kann. (Diese Form der Speicherankopplung ist ein Merkmal der sogenannten Harvard-Architektur.)

- Der Registersatz besteht aus relativ vielen 32-bit-Registern. Üblich ist eine Anzahl von 32, jedoch gibt es auch Prozessoren mit einigen Hundert Registern.
- Die Abarbeitung (fast) aller Befehle geschieht in einer vollständigen, linearen Pipeline der Prozessorkomponenten in einem starren Zeitraster. Das Ziel, das RISC-Prozessoren mehr oder weniger gut erreichen, ist, daß in jedem Taktzyklus ein Befehl beendet werden kann.
- RISC-Prozessoren sind nur im Zusammenhang mit Compilern und höheren Programmiersprachen sinnvoll einzusetzen. Für viele Typen existieren deshalb nicht einmal Assemblersprachen und Übersetzer.
- Die Abarbeitung der Befehle in der Pipeline ist transparent für den Benutzer. Dadurch kann ein optimierender Compiler durch verschiedene Maßnahmen, auf die wir im Abschnitt 1.17.6 eingehen werden, vermeiden, daß in der Pipeline Verzögerungen eintreten (Pipeline-Hemmnisse).

1.17.3 Aufbau eines RISC-Prozessors

Im Bild 1.17-1 ist der innere Aufbau eines RISC-Prozessors skizziert. Er unterscheidet sich auf dem ersten Blick nicht wesentlich von dem Aufbau eines Standard-Mikroprozessors, wie wir ihn im Bild 1.4-7 dargestellt haben. Auf die wesentlichen Unterschiede gehen wir im folgenden ein. Dabei haben wir in diesem Bild viele Hardware-Möglichkeiten eingebaut, die so nicht in allen RISC-Prozessoren anzutreffen sind.

Zunächst werden wir kurz die Anbindung des Prozessors an den **Arbeitsspeicher** und die Ein-/Ausgabe-Einheiten (I/O) beschreiben. Im Bild dargestellt ist die im letzten Abschnitt erwähnte Harvard-Architektur: Der Prozessor ist über jeweils einen Adreß- und Datenbus an zwei verschiedene Speicher angeschlossen, in denen – voneinander getrennt – Programme und Daten abgelegt sind. Häufig sind zwischen Prozessor(-Kern) und Speicher jeweils noch schnelle Zwischenspeicher (*cache*) und Speicherverwaltungseinheiten (MMU) geschaltet. Diese Einheiten sind bei modernen RISC-Prozessoren bereits auf dem Chip integriert. Bei diesen Prozessoren können die MMUs auch zum Adreßwerk des Prozessors gezählt werden. (Auf diese Einheiten gehen wir in den folgenden Kapiteln ein.) Im Bild sind zwei weitere Möglichkeiten der Kopplung von Prozessor und Arbeitsspeicher durch gestrichelte Verbindungen angedeutet.

- Bei der ersten Alternative besitzt der Prozessor zwar ebenfalls zwei getrennte Bussysteme, über die er mit den Zwischenspeichern und den Speicherverwaltungseinheiten verbunden ist. Diese wiederum greifen nur auf einen einzigen Arbeitsspeicher zu. Diese Lösung führt zu niedrigeren Kosten für den Arbeitsspeicher, reduziert wegen des gemeinsamen Bussystems jedoch die maximal mögliche Übertragungsrate zwischen Arbeitsspeicher und Prozessor.
- Bei der zweiten Alternative besitzt der Prozessor, wie die Standard-Prozessoren, lediglich ein einziges Bussystem, an dem der Arbeitsspeicher und ggf. ein Cache oder eine MMU hängen.

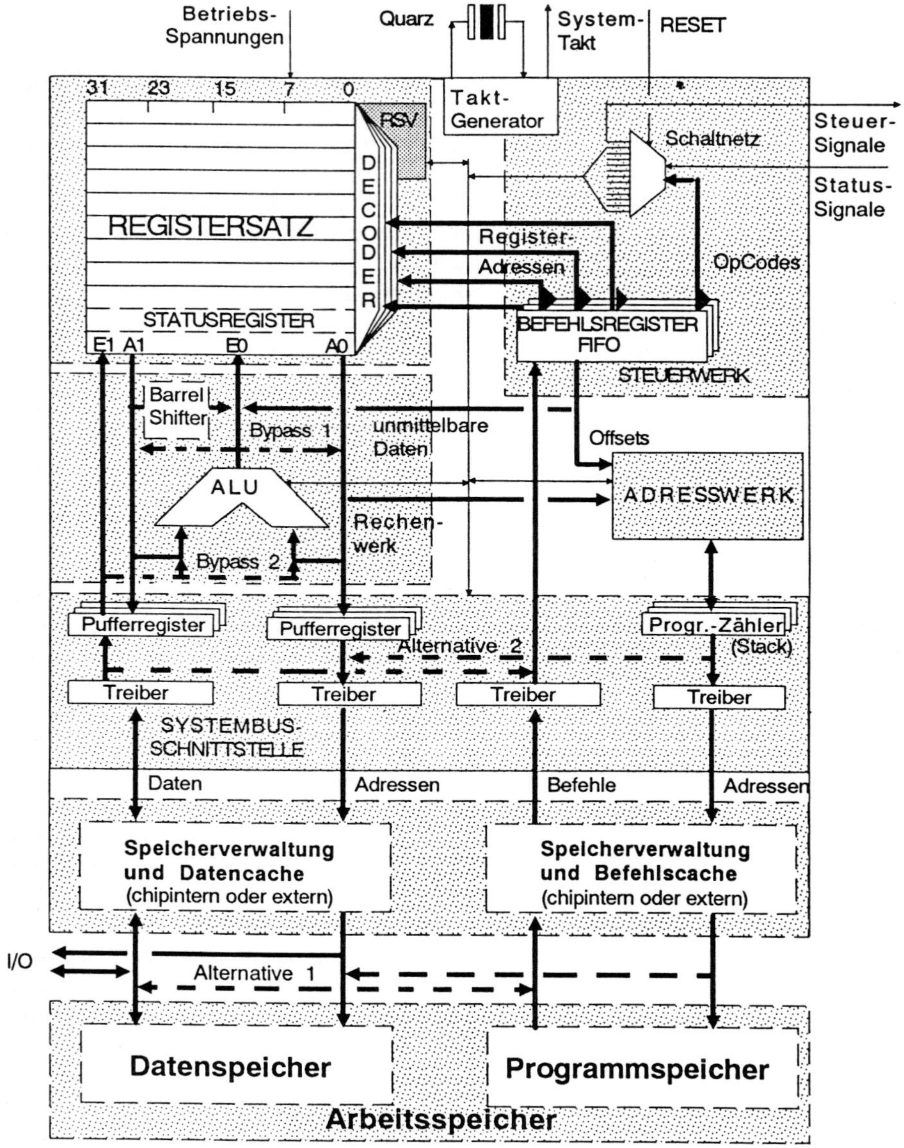

Bild 1.17-1. Aufbau eines RISC-Prozessors

In den folgenden Kapiteln wird begründet, warum die Adressen, die die Ein-/Ausgabe-Einheiten ansprechen, und die Daten, die zwischen ihnen und dem Prozessor übertragen werden, nicht von der MMU und dem Cache verarbeitet werden dürfen. Daher muß das Bussystem zur Anbindung der E/A-Einheiten (I/O) an den Prozessor um diese beiden Komponenten herumgeschleift werden.

Die **Systembus-Schnittstelle** enthält wiederum Treiber als Leistungsverstärker und zur Anpassung der internen Signale an die auf den externen Bussystemen verlangten Bedingungen. Die Daten, die vom Prozessor zum Speicher bzw. in umgekehrter Richtung übertragen werden, werden in Pufferregistern abgelegt. Auch das Adreßpuffer-Register in der Systembus-Schnittstelle ist als Registerblock ausgeführt. Dadurch ist es einerseits z.B. möglich, gleichzeitig ein Datum vom Speicher einzulesen und das Ergebnis einer Operation zur Übertragung in den Speicher zwischenzuspeichern. Andererseits kann der Prozessor mit seiner hohen Taktrate Daten und ihre vorgesehenen Speicheradressen in die Pufferregister übertragen, die dann von dort mit einer geringeren Rate zum Arbeitsspeicher übertragen werden. Die Steuerung dieser Übertragung und die Verwaltung der Pufferregister wird von der Systembus-Schnittstelle vorgenommen.

Ein weiteres Register der Systembus-Schnittstelle ist der Programmzähler, der auf den jeweils nächsten Befehl (bzw. Befehlsteil) zeigt. Der Programmzähler ist manchmal als Kellerspeicher (*stack*) aus 3 oder 4 Registern ausgebildet, in dem bei Unterprogrammsprüngen der aktuelle Programmzähler-Zustand gespeichert wird. Dieser Hardware-Stack beschleunigt das Umschalten zwischen den Unterprogrammen.

Der aktuelle Wert des Programmzählers wird vom Adreßwerk berechnet. Dieses greift dazu auf den Registersatz, das Datenpuffer-Register sowie das Befehlsregister zu. Wie beim Standard-Mikroprozessor besteht das Adreßwerk im einfachsten Fall nur aus einem Addierwerk. Jedoch werden in modernen RISC-Prozessoren immer mehr Funktionen der Speicherverwaltung sowie der Cache in das Adreßwerk verlagert.

Das **Steuerwerk** ist hier nicht als mikroprogrammiertes Steuerwerk, sondern als festverdrahtetes Schaltwerk gezeichnet. Es enthält zusätzlich das Befehlsregister, das als Warteschlange (FIFO) realisiert ist. Für jede Stufe der Pipeline (bis auf die erste) ist darin ein Register vorhanden. Während seiner Abarbeitung durchläuft jeder Befehl diese Register-Warteschlange. In jeder Stufe (bis auf die erste) kann der OpCode des Befehls durch das Schaltnetz ausgewertet werden. Dadurch werden die benötigten Schaltvorgänge im Prozessor erzeugt. Die übrigen Bestandteile des Befehls werden zum Adreßwerk, zum Operationswerk oder zum Registersatz weitergegeben.

Die Einbindung des **Rechenwerks** in das interne Bussystem ähnelt der im Bild 1.9-6 skizzierten: Die ALU im Rechenwerk verknüpft zwei Operanden, die über zwei Operandenbusse aus dem Registersatz herangeführt werden. Das Ergebnis der Operation wird – gewöhnlich noch in dem Taktzyklus, in dem es berechnet wurde – über den Ergebnisbus in ein Register des Registersatzes zurückgeschrieben. Zum Rechenwerk gehört häufig noch ein *Barrel Shifter*, in dem ein Operand in einem einzigen Taktzyklus um eine beliebige Anzahl von Bitpositionen verschoben und in den Registersatz zurückgeschrieben werden kann. Das Statusregister ist bei einigen Prozessortypen nicht als unabhängiges Register ausgebildet, sondern im Registersatz untergebracht. Zum Teil kann auch jedes beliebige Register als Statusregister benutzt werden. Hier muß im Befehl angegeben werden, in welchem Register der Status des Rechenwerks nach einer Operation abgelegt wird.

Der **Registersatz** besteht aus einer großen Anzahl von 32-bit-Registern. Er erlaubt gewöhnlich die gleichzeitige Auswahl von 3 bis 4 Registern und wird deshalb als 3- bzw. 4-Port-Registersatz bezeichnet. Von den Ports sind stets zwei Ports als Ausgangsports (A0, A1) zu benutzen. Bei einem 4-Port-Registersatz, wie er im Bild 1.17-1 dargestellt ist, gibt es dazu noch zwei Eingangsports (E0, E1). Bei einem 3-Port-Registersatz ist der dritte Port gewöhnlich bidirektional ausgeführt, d.h. er kann wahlweise als Ein- oder Ausgang benutzt werden. Die Nummern (Adressen) der selektierten Register liegen im Befehlsregister-FIFO, u.U. in verschiedenen Stufen, vor. Sie werden einem vervielfachten Decoder am Registersatz zugeführt.

Der Inhalt der auf die Ausgangsports geschalteten Register werden über die eben erwähnten Operandenbusse zum Rechenwerk, zum Adreßwerk oder über die Systembus-Schnittstelle zum Arbeitsspeicher transportiert.

Wird ein LOAD- oder STORE-Befehl ausgeführt, so liegt die Adresse der selektierten Speicherzelle direkt in einem Register des Registersatzes bzw. dem Befehlsregister vor oder sie wird vom Adreßwerk aus beiden Registerinhalten berechnet. (Auf die Adressierungsarten gehen wir im nächsten Unterabschnitt ein.) Das Datum wird über die Pufferregister zwischen einem Register und dem Datenspeicher ausgetauscht.

Durch die Verdopplung des Eingangsports kann neben dem Ergebnis einer Operation des Rechenwerks gleichzeitig ein anderes Datum über die Systemschnittstelle und einen zusätzlichen Bus in ein zweites Register eingelesen werden. Zur effizienten Nutzung der großen Anzahl von Registern dient die Komponente, die wir mit RSV (Registersatz-Verwaltung) bezeichnet haben. Auf ihre Funktion gehen wir im nächsten Abschnitt ein.

Hardware-Maßnahmen zur Vermeidung von Pipeline-Hemmnissen

Die Forderung, alle Befehle ohne unnütze Verzögerung (Pipeline-Hemmnis) durch die Befehlspipeline zu schleusen, führt zu den beiden, im Rechenwerk gestrichelt gezeichneten Busverbindungen, die den normalen Datenweg über den Registersatz abkürzen und deshalb *Register Bypass* genannt werden.

- *Bypass 1*: Folgen in der Pipeline zwei Befehle unmittelbar hintereinander, bei denen das Ergebnis der führenden Operation als Operand für die nachfolgende benötigt wird, so bedeutet das Zwischenspeichern des Ergebnisses im Registersatz eine Verzögerung. Durch den *Bypass 1* ist es möglich, gleichzeitig mit dem Abspeichern des Ergebnisses dieses auch über einen der Operandenbusse auf einen der ALU-Eingänge zurückzukoppeln (*result forwarding*).
- *Bypass 2*: Wird ein Operand einer Operation in der Pipeline erst in dem unmittelbar vorhergehenden Taktzyklus aus dem Speicher in den Registersatz übertragen, so kann auch hier die Zwischenspeicherung zu einer Verzögerung führen. Der *Bypass 2* erlaubt es in diesem Fall, das gelesene Datum gleichzeitig in ein Register zu übertragen und an einen der ALU-Eingänge weiterzureichen (*load forwarding*).

Die Steuerung dieser "Abkürzungen" ist natürlich sehr aufwendig, da sie im Programm das Vorliegen der beschriebenen Situationen, sogenannten Datenabhängigkeiten (s.u.), in denen eine Pipeline-Verzögerung droht, erkennen muß. Deshalb ist sie nicht in allen RISC-Prozessoren verwirklicht. Neben den hier beschriebenen Hardware-Maßnahmen zur Vermeidung von Pipeline-Verzögerungen existieren weitere Möglichkeiten, auf die wir aber nicht eingehen wollen.

1.17.4 Der Registersatz

Im letzten Unterabschnitt wurde der Registersatz, insbesondere seine Einbindung in das interne Bussystem, bereits kurz beschrieben. In diesem Abschnitt wollen wir ausführlicher den Aufbau und die Verwaltung des Registersatz darstellen.

Bei den Registern eines RISC-Prozessors handelt es sich in der Regel um universelle Register, also um Register, die keine besondere Funktion erfüllen, z.B. als Daten-, Adreß- oder Spezialregister. Häufig besitzen einige Register einen festverdrahteten Wert und dienen so zur Eingabe bestimmter konstanter Werte, z.B. der Null. Wie bereits im letzten Abschnitt erwähnt, kann bei einigen Prozessoren jedes Register als Statusregister benutzt werden. Zum Programmiermodell des RISC-Prozessors gehört neben dem Registersatz noch der Programmzähler bzw. der Programmzähler-Stack. Diese werden wir aber im folgenden nicht mehr betrachten.

Im wesentlichen werden drei Möglichkeiten realisiert, einen großen Registersatz (*register file*) zu verwalten.

- In der einfachsten Form stehen alle Register jedem Programm als einziger, homogener Block von allgemein verwendbaren Registern zur Verfügung. (Dies entspricht der Verwaltung der universellen Register in Standard-Mikroprozessoren.)
- Bei der im Bild 1.17-2 skizzierten Form wird der Registersatz in zwei Bereiche aufgeteilt. Der kleinere Teil besteht aus einer Anzahl von **globalen Registern**, auf die jedes aktive Programm[4] (oder Unterprogramm) zugreifen kann. In diesem Teil sind insbesondere die oben erwähnten Konstanten abgelegt. Der größere Teil wird in eine Reihe von (meist gleichgroßen) disjunkten **Registerbänken** (*register banks, register frames*) eingeteilt, von denen je eine jedem aktiven Programm für seine "privaten" Daten zugeteilt wird. Dieses Programm "sieht" dann nur diese Registerbank und die globalen Register, d.h. es kann nur auf diese Register zugreifen, so daß man von einem Registerfenster (*register window*) spricht.

4) Passender wäre hier der Ausdruck Prozeß. Da wir diesen jedoch erst im Kapitel 4 definieren werden, benutzen wir zur Vereinfachung den Begriff Programm.

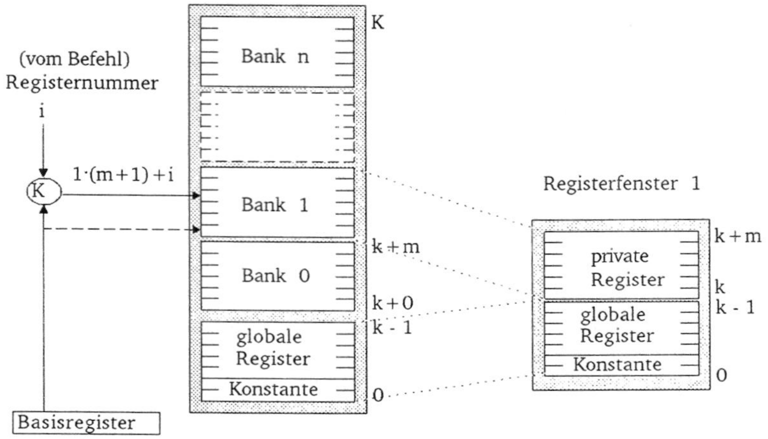

Bild 1.17-2. Aufteilung des Registersatzes in disjunkte Bänke

Zur Verwaltung der Bänke gibt es ein Basisregister, in dem zu jedem Zeitpunkt die Nummer der augenblicklich aktivierten Registerbank steht. Die Adressierung eines bestimmten Registers in dieser Bank geschieht relativ zu diesem Baisregister: die Nummer des Registers in der Bank, die im Befehl angegeben ist, wird mit der Nummer der Registerbank zur absoluten Nummer des Registers im Satz verkettet.

Die Verwaltungseinheit des Registersatzes muß jedem neuen (Unter-)Programm eine Registerbank zuweisen. Falls keine freie Registerbank zur Verfügung steht, muß sie eine auswählen und deren Inhalte im Arbeitsspeicher sichern. Bei der Beendigung eines (Unter-)Programm muß sie andererseits die zugeordnete Registerbank wieder freigeben. Im einfachsten Fall besitzt der Prozessor nur einige Register, die auf bestimmte Registerbänke verweisen (*pointer register*). Diese werden bei der Belegung/Freigabe einer Bank zyklisch dekrementiert/inkrementiert. Ist keine freie Registerbank mehr vorhanden, wird eine Unterbrechungs-Anforderung (*trap*) generiert, und die weitere Verwaltung des Registersatzes wird dann der Software überlassen.

Durch den Einsatz privater Registerbänke wird beim Aufruf eines Unterprogramms das zeitaufwendige Retten der Registerinhalte des aufrufenden Programms im Arbeitsspeicher vermieden. Sollen jedoch zwischen aufrufendem und aufgerufenem Programm Parameter übergeben werden , so müssen diese von einer Registerbank in die andere übertragen werden. Diese Übertragungen vermeidet die im folgenden beschriebene dritte Methode.

- Hier wir der gesamte Registersatz wiederum in zwei Teile, einen für die globalen Register und einen für die privaten, unterteilt (s. Bild 1.17-3). Die einzelnen Registerbänke sind nun jedoch nicht mehr disjunkt, sondern überlappend

gewählt. Die Verkettung ist i.d.R. zyklisch, so daß sich die erste und die letzte Bank überlappen. Durch die Überlappung werden die Bänke in drei Bereiche aufgeteilt, von denen nur der mittlere jedem Programm für private Daten zur Verfügung steht. In den Registern des unteren, überlappenden Teils übergibt das Programm (z.B.) Parameter an ein von ihm aufgerufenes Unterprogramm, im oberen übernimmt es Daten, wenn es selbst von einem anderen Programm aufgerufen wurde. Zu beachten ist jedoch, daß diese Parameterübergaben ohne physikalischen Transport von Daten und dadurch – bis auf die Zeit für das Umschalten auf eine andere Registerbank – sehr schnell geschieht.
Die Adressierung eines bestimmten Registers geschieht, wie im letzten Fall beschrieben, wiederum relativ zu einem Basisregister, das mit *Current Window Pointer* (CWP) bezeichnet wird.
Da es vorkommen kann, daß in einem Programm die Schachtelungstiefe von Unterprogramm-Aufrufen die gegebene Anzahl von Registerbänken überschreitet, muß auch hier u.U. der Inhalt einer Registerbank zunächst im Arbeitsspeicher abgelegt werden, bevor sie einem Programm zugewiesen werden kann. Dazu gibt es ein weiteres Register, *Saved Window Pointer* (SWP) genannt, in dem stets die Nummer der Registerbank eingetragen wird, deren Inhalte als letzte in den Arbeitsspeicher abgelegt wurden. Eine mögliche Realisierung der Registerverwaltung wird folgendermaßen durchgeführt:

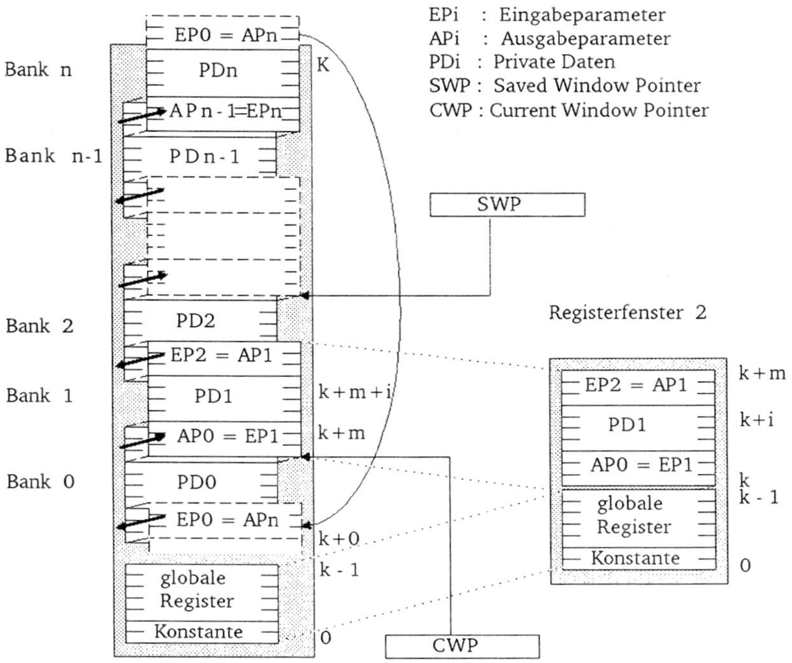

Bild 1.17-3. Aufteilung des Registersatzes in überlappende Bänke

- Beim Aufruf eines Unterprogramms wird vom Inhalt des CWP-Registers eine 1 subtrahiert, wobei diese Operation modulo (n+1) geschieht, also der Anzahl der Registerbänke. "Unterschreitet" der Inhalt des Registers CWP den Wert des Registers SWP modulo (n+1), so ist keine freie Bank vorhanden. Es liegt ein **Registersatz-Überlauf** (*register file overflow*) vor. Als Reaktion darauf wird ein *Trap* erzeugt, und der aktuelle Inhalt der selektierten Bank wird im Stack des Arbeitsspeichers abgelegt und die Bank dadurch freigegeben. (Da diese Bank-Verwaltung softwaremäßig erfolgt, können natürlich auch mehrere Bänke auf einmal gesichert werden.)
- Bei der Rückkehr aus einem Unterprogramm wird dessen Registerbank freigegeben und durch Inkrementierung (modulo n+1) von CWP zur Bank des aufrufenden Programms gewechselt. Stellt dabei die Verwaltung fest, daß die Inhalte von CWP und SWP übereinstimmen, so liegt ein **Registersatz-Unterlauf** (*register file underflow*) vor. In diesem Fall muß durch eine *Trap*-Routine der Inhalt der Registerbank des aufrufenden Programms aus dem Arbeitsspeicher restauriert werden.

1.17.5 Befehlssatz und Adressierungsarten bei RISC-Prozessoren

In diesem Unterabschnitt wollen wir anhand eines Beispiels die Einfachheit von Befehlssatz und Adressierungsarten von RISC-Prozessoren beschreiben. Wir halten uns dabei an einen der ersten Prozessoren dieses Typs, den oben bereits erwähnten RISC II der Universität von Berkeley. Dieser Prozessor besitzt 138 Register, die als überlappende Registerbänke, wie im Bild 1.17-3 dargestellt, verwaltet werden. Jedes Registerfenster umfaßt 32 Register, von denen die "unteren" 10 als globale Register, jeweils 6 für die Ein-/Ausgabe-Parameter und 10 für die privaten Daten zur Verfügung stehen. Im Register mit der Nummer 0 ist die konstante Zahl 0 abgelegt.

RISC II besitzt 39 Befehle und unterscheidet nur die einfachen Datentypen/-Formate: Byte, Wort, Doppelwort, jeweils als vorzeichenlose oder vorzeichenbehaftete ganze Zahlen. Beim Laden eines vorzeichenbehafteten Bytes oder eines Wortes wird der Wert in die unteren Positionen eines der 32-bit-Register geschrieben, und die "freibleibenden" Bits werden vorzeichenrichtig aufgefüllt, also bei negativen Zahlen durch '1', bei positiven durch '0'.

Der Prozessor kennt nur fünf verschiedene Adressierungsarten. In der Nomenklatur und Assemblerschreibweise vom Abschnitt 1.15 sind dies (EA: effektive Adresse):

1. Unmittelbare Adressierung:

   #<Operand>,
   EA = (PC).

2. Explizite Register-Adressierung:

   Ri,
   EA = i.

3. Register indirekte Adressierung:

(Ri),
EA = (Ri) (Inhalt von Ri),

4. Register-relative Adressierung:

<Offset>(Ri),
EA = (Ri) + <Offset>.

5. Register-relative Adressierung mit Index, ohne Offset:

(Ri)(Rj),
EA = (Ri) + (Rj).

6. Programmzähler-relative Adressierung:

<Offset>(PC),
EA = (PC) + <Offset>.

Wichtig ist, daß die letzten vier Adressierungsarten nur in den Befehlen LOAD und STORE zur Selektion einer Speicherzelle sowie in Sprung- und Verzweigungsbefehlen zur Angabe des Sprungzieles dienen. Alle anderen Operanden liegen in Registern vor.

Im Bild 1.17-4 sind die sechs möglichen Befehlsformate des Prozessors skizziert. Alle Formate belegen ein (32-bit-)Doppelwort. Im Speicher müssen alle Befehle (als *aligned*-Daten) stets an Doppelwort-Grenzen ausgerichtet sein, d.h. ihre Speicheradressen müssen durch 4 teilbar sein.

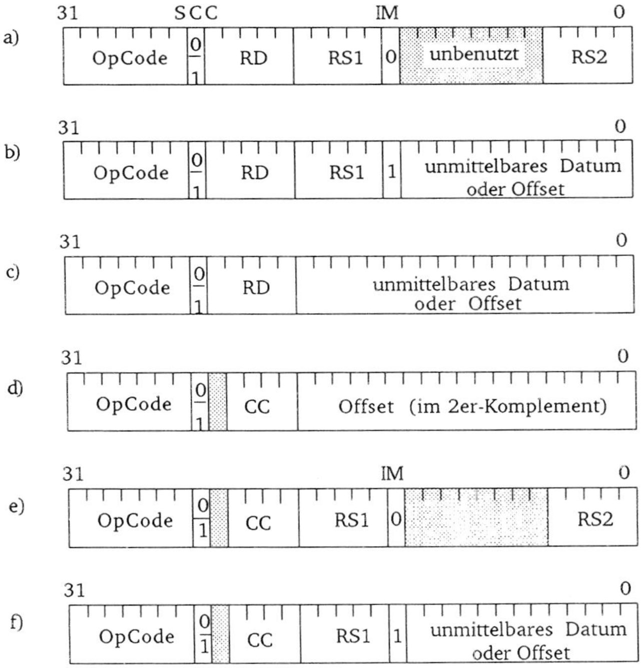

Bild 1.17-4. Befehlsformate beim RISC-II-Prozessor

- Das unter a) dargestellte Form wird von allen Befehlen benutzt, die im Dreiadreß-Format zwei Operanden zu einem Ergebnis verknüpfen, in symbolischer Kurzschreibweise:

  RD := RS1 op RS2 ,

  wobei 'op' eine Operation, RD das Zielregister (D: *destination*), RS1 und RS2 die beiden Quellregister (S: *source*) bezeichnen. Zu diesen Befehlen gehören insbesondere diejenigen zur Ausführung arithmetisch/logischer Operationen.
  In LOAD/STORE-Befehlen dienen die Register RS1 und RS2 zur Berechnung der effektiven Operandenadresse, in Sprung- und Verzweigungsbefehlen zur Berechnung der Zieladresse nach der oben beschriebenen Register-relativen Adressierung mit Index.

- Format b) ermöglicht die arithmetisch/logische Verknüpfung eines Registerinhalts mit einem unmittelbar im Befehl angegebenen Operanden der Länge 13 bit:

  RD := RS1 op #<Operand>.

  In LOAD/STORE-Befehlen gibt die Summe des Inhalts von Register RS1 und des unmittelbar im Befehl angegebenen Datums (als Offset) die effektive Adresse des Operanden, in Sprung- und Verzweigungsbefehlen die Zieladresse nach der Register-relativen Adressierungsart an.

- Im Format c) werden alle Befehle mit Programmzähler-relativer Adressierung angegeben, wobei der im Befehl stehende konstante Wert als 19-bit-Offset dient. Durch einen LOAD-Befehl wird der Inhalt des so adressierten Speicherwortes ins Register RD geladen, durch einen STORE-Befehl der Registerinhalt von RD dort abgelegt. Als Ausnahme existiert ein Befehl, durch den das unmittelbar im Befehl angegebene Datum in die höherwertigen 19 Bits von RD transportiert wird.

Befehle, die eines der Formate d), e) oder f) besitzen, werden nur ausgeführt, wenn die durch die vier Bits CC gewählte logische Bedingung erfüllt ist. Die möglichen Bedingungen stimmen zum großen Teil mit den in Tabelle 1.14-11 dargestellten überein. Falls in einem der Befehl CC=0 gesetzt ist, so wird der Befehl unbedingt ausgeführt.

- Format d) wird für eine bedingte, Programmzähler-relative Verzweigung benutzt.
- Die Formate e) und f) werden einerseits von Befehlen für bedingte Verzweigungen, andererseits für bedingte Rücksprünge aus Unterprogrammen oder Interruptroutinen benutzt. Sie unterscheiden sich nur in den Adressierungsarten für die Berechnung der Zieladressen: Register-relativ mit Index bzw. Offset.

Das Bit SCC (*set condition code*) wird in den Befehlen gesetzt, die das Carry-Flag auswerten, (z.B. ADDC in Tabelle 1.17-5).

Durch das Bit IM (*immediate*) wird festgelegt, ob im Befehl ein unmittelbares Datum bzw. ein Offset oder aber ein weiteres Operandenregister angegeben ist.

Zum Abschluß dieses Abschnitts geben wir in Tabelle 1.17-5 den Befehlssatz des RISC II an. Neben der Darstellung im Assemblercode finden Sie dort eine kurze textuelle und symbolische Beschreibung der ausgeführten Operation. Wir wollen hier nicht näher auf die einzelnen Befehle eingehen und überlassen Ihnen die Interpretation als Selbsttestaufgabe. Dazu soll Ihnen die folgende Legende dienen. Beachten Sie dabei bitte die etwas andere Assemblerschreibweise der Adressierungsarten. Auffällig ist, daß der Befehlssatz nicht einmal einen NOP-Befehl enthält. Dieser kann jedoch durch den Additionsbefehl "ADD R0,R0,R0" nachgebildet werden, denn ein Schreibbefehl auf das Nur-Lese-Register R0, das die Konstante 0 enthält, hat keine Auswirkungen.

Legende zur Tabelle 1.17-5:

RD: Zielregister (*destination register*),
S: je nach Adressierungsart Adresse oder Inhalt eines Quellregisters (*source register*) bzw. 13-bit-Offset/Datum,
Ri, Rj: Register,
Y: 19-bit-Offset/Datum,
M[EA]: durch die effektive Adresse EA selektierte Speicherzelle,
CC: Bedingung für bedingte Befehlsausführung (*condition code*),
CWP: Zeiger auf aktuelle Registerbank (*current window pointer*),
PSW: Zustandsregister (*processor status word*), enthält die Flags und die Zeiger CWP und SWP
PC: Programmzähler, der auf den aktuell ausgeführten Befehl zeigt
LPC: Programmzähler, der auf den gerade beendeten Befehl zeigt (*last PC*)
NPC: Programmzähler, der auf den nächsten Befehls zeigt (*next PC*)
Long: 32-bit-Doppelwort,
Short: 16-bit-Wort, vorzeichenbehaftet oder vorzeichenlos (*signed/unsigned*)
Byte: 8-bit-Datum, vorzeichenbehaftet oder vorzeichenlos (*signed/unsigned*)

Hinweise:

Zur Vereinfachung der Beschreibung der Operationen lassen wir – im Unterschied zu Abschnitt 1.15 – die Klammern um Registernamen weg, auch wenn deren Inhalt gemeint ist.

Da der Arbeitsspeicher byteorientiert ist, bedeutet die Addition der Zahl 4 zu einer Adresse, daß das auf die berechnete Adresse folgende 32-Bit-Doppelwort (4 Bytes) angesprochen wird.

Tabelle 1.17-5. Der Befehlssatz des RISC-II-Prozessors

Befehl	**Assemblerschreibweise**		**Operation**
Arithmetisch/logische Operationen			
Integer Add	ADD	Ri,S,RD	RD: = Ri + S
Add with Carry	ADDC	Ri,S,RD	RD: = Ri + S + C
Integer Subtract	SUB	Ri,S,RD	RD: = Ri-S
Subtract with Carry	SUBC	Ri,S,RD	RD: = Ri-S-C
Integer Subtract Reverse	SUBI	Ri,S,RD	RD: = S-Ri
Subtract Reverse w. Carry	SUBCI	Ri,S,RD	RD: = S-Ri-C
Logical AND	AND	Ri,S,RD	RD: = $Ri \wedge S$
Logical OR	OR	Ri,S,RD	RD: = $Ri \vee S$
Logical Exclusive	EOR	Ri,S,RD	RD: = $Ri \nLeftrightarrow S$
Shift Left	SLL	Ri,S,RD	RD: = Ri um S Bits nach links verschoben
Shift Right Logical	SRL	Ri,S,RD	RD: = Ri um S Bits logisch nach rechts verschoben
Shift Right Arithmetic	SRA	Ri,S,RD	RD: = Ri um S Bits arithme- tisch nach rechts verschoben
LOAD/STORE-Befehle:			
Load Long	LDXW	(Ri)S,RD	RD: = M[Ri + S]
Load Short Unsigned	LDXHU	(Ri)S,RD	RD: = M[Ri + S]
Load Short Signed	LDXHS	(Ri)S,RD	RD: = M[Ri + S]
Load Byte Unsigned	LDXBU	(Ri)S,RD	RD: = M[Ri + S]
Load Byte Signed	LDXBS	(Ri)S,RD	RD: = M[Ri + S]
Load Relative Long	LDRW	Y,RD	RD: = M[PC + Y]
Load Rel. Short Unsigned	LDRHU	Y,RD	RD: = M[PC + Y]
Load Rel. Short Signed	LDRHS	Y,RD	RD: = M[PC + Y]
Load Rel. Byte Unsigned	LDRBU	Y,RD	RD: = M[PC + Y]
Load Relative Byte Signed	LDRBS	Y,RD	RD: = M[PC + Y]
Store Long	STXW	Ri,(Rj)S	M[Rj + S]: = Ri
Store Short	SRXH	Ri,(Rj)S	M[Rj + S]: = Ri
Store Byte	STXB	Ri,(Rj)S	M[Rj + S]: = Ri
Store Relative Long	STRW	Ri,Y	M[PC + Y]: = Ri
Store Relative Short	SRRH	Ri,Y	M[PC + Y]: = Ri
Store Relative Byte	STRB	Ri,Y	M[PC + Y]: = Ri
Verzweigungsbefehle, Unterprogramm-Aufrufe und Rücksprünge			
Conditional Jump	JMPX	CC,(Ri)S	PC: = Ri + S
Conditional Rel. Jump	JMPR	CC,Y	PC: = PC + Y
Call and Change Window	CALLX	RD,(Ri)S	RD: = PC + 4 PC: = Ri + S, CWP: = CWP-1
Call Relative and Change Window	CALLR	RD,Y	RD: = PC + 4 PC: = PC + Y,CWP: = CWP-1
Return and Change Window	RET	CC,(Ri)S	PC: = Ri + S CWP: = CWP + 1
Call an Interrupt	CALLI	RD	RD: = LPC + 4,CWP: = CWP-1
Return from Interrupt	RETI	CC,(Ri)S	NPC: = Ri + S + 4 CWP: = CWP + 1
Systembefehle:			
Load Immediate High to Restart Delayed Jump	LDHI	RD,Y	RD[Bits 31-13]: = Y RD[Bits 12-0]: = 0
Load Last PC	GETLPC	RD	RD: = LPC
Load Status Word	GETPSW	RD	RD: = PSW
Set Status Word	PUTPSW	Ri	PSW: = Ri

1.17.6 Befehlsverarbeitung in RISC-Prozessoren

Die Einfachheit des Befehlssatzes, der Adressierungsarten und Datentypen in RISC-Prozessoren führt dazu, daß Maschinenprogramme für diese Prozessoren länger sind und daher mehr Speicherplatz belegen als bei CISC-Prozessoren. Denn jeder komplexe CISC-Befehl mit ausgefeilter Adressierung und strukturierten Operanden muß durch eine Folge von "primitiven" RISC-Befehlen ersetzt werden, die auf einfachen Integerzahlen wirken und die Adressen dieser Operanden zunächst selbst berechnen müssen.

Daß ein RISC-Prozessor die meisten Aufgaben dennoch schneller erledigt als ein CISC-Prozessor (auch bei gleicher Taktrate) liegt an der (fast) vollständigen Parallelarbeit aller Komponenten des RISC-Prozessors. Wie bereits gesagt, werden die Befehle in einer linearen Pipeline abgearbeitet, deren Stufen sequentiell von allen Befehlen durchlaufen werden. Durch verschiedene Maßnahmen, von denen wir einige in diesem Unterabschnitt beschreiben werden, erreicht man, daß mit großer Wahrscheinlichkeit in jedem Taktzyklus ein Befehl beendet wird. Üblich sind Pipelines mit 3 bis 5 Stufen. Bei diesen werden beispielsweise die folgenden Stufen unterschieden:

- 5-stufige Pipeline:
  - Befehls-Holphase (*instruction* fetch): Der Befehl wird aus dem Arbeitsspeicher (bzw. dem Befehlscache) ins Befehlsregister geladen.
  - Decodierphase: Das Steuerwerk decodiert den Befehl.
  - Operanden-Holphase: Das Steuerwerk schaltet die Operanden auf die Busse zum Rechenwerk. Außer bei den LOAD/STORE-Befehlen stehen sie im Registersatz. Bei LOAD/STORE-Befehlen bzw. Sprüngen oder Verzweigungen berechnet das Adreßwerk die (logische) Adresse des Operanden bzw. des nächsten Befehls. Ist keine Speicherverwaltungs-Einheit (MMU) im Adreßwerk vorhanden, kann die berechnete Adresse auf den Adreßbus geschaltet werden.
  - Ausführungsphase (*execution phase*): Die verlangte Operation wird vom Rechenwerk ausgeführt. Besitzt das Adreßwerk eine MMU, so berechnet diese die physikalische Adresse eines Sprungzieles bzw. eines Operanden im Speicher.
  - Abspeicherphase (*result write back phase*): Das Ergebnis der Operation wird in einem Register oder im Speicher abgelegt. Befehle ohne Ergebnisabspeicherung durchlaufen diese Phase passiv. Existiert im Adreßwerk eine MMU, so wird bei Sprüngen oder Verzweigungen die (physikalische) Adresse des nächsten Befehls in den Programmzähler geladen, bei LOAD/STORE-Befehlen wird die (physikalische) Adresse des Operanden ausgegeben und das Datum zwischen dem Registersatz und dem Arbeitsspeicher (bzw. Cache) übertragen.

- 4-stufige Pipeline:

  Da die beiden Operationen Decodierung und Operanden holen in der Regel erheblich kürzer dauern als die anderen, werden sie häufig in einem einzigen Taktzyklus ausgeführt, das heißt zu einer Phase zusammengefaßt. Die so entstehende 4-stufige Pipeline besteht also aus den Phasen Befehl holen, Decodieren, Ausführen, Abspeichern.

Die Einzel-Operationen, die der Prozessor in jeder Stufe ausführt, variieren von Prozessortyp zu Prozessortyp. Auch ist die Zusammenfassung verschiedener Stufen unterschiedlich gewählt; so existieren auch Lösungen, bei denen die Befehlshol- und Decodierphase in einem Taktzyklus ausgeführt werden. In Tabelle 1.17-6 ist die Arbeitsweise einer 4-stufigen Pipeline prinzipiell dargestellt.

Tabelle 1.17-6. Arbeitsweise einer 4-stufigen Pipeline

Takt	Befehl holen	Decodieren	Ausführen	Abspeichern
1	Befehl 1	...	...	...
2	Befehl 2	Befehl 1	...	...
3	Befehl 3	Befehl 2	Befehl 1	...
4	Befehl 4	Befehl 3	Befehl 2	Befehl 1
5	Befehl 5	Befehl 4	Befehl 3	Befehl 2
6	...	Befehl 5	Befehl 4	Befehl 3
7	...	...	Befehl 5	Befehl 4
8	...	...	...	Befehl 5
9	...	...	...	...

Man sieht, daß (bei dieser vereinfachenden Darstellung und nachdem die Pipeline aufgefüllt ist) in jedem Taktzyklus ein Befehl beendet wird. Leider gibt es nun eine Reihe von Gründen, die diese ideale Arbeitsweise der Pipeline verhindern. Man spricht dabei von **Pipeline-Hemmnissen** (*pipeline penalty*) und Pipeline-Verzögerungen (*pipeline delay*). Einige von ihnen werden wir nun kurz beschreiben und darstellen, durch welche Hardware- und/oder Software-Maßnahmen sie ggf. beseitigt werden können. Dabei nehmen wir vereinfachend an, daß der Prozessor keine integrierte MMU besitzt, so daß die Adressen von Operanden oder Sprungzielen bereits nach der Decodierphase zur Verfügung steht.

- In der Regel arbeitet der Prozessor mit einer erheblich kleineren Zykluszeit als der angeschlossene Arbeitsspeicher. Immer dann, wenn ein Datum nicht im Cache gefunden wird und deshalb aus dem Arbeitsspeicher geholt werden muß, werden mehrere Taktzyklen für den Speicherzugriff benötigt. Bei einigen RISC-Prozessoren erlaubt die Organisation der Pipeline und des Prozessors nicht die Parallelbearbeitung (*overlapping*) eines Speicherzugriffs mit einem anderen Befehl. Deshalb muß die Pipeline um wenigstens einen Takt angehalten werden (*hardware interlocking*), bis der Speicher das geforderte Datum bereitgestellt hat. (Der Systemtakt läuft natürlich weiter.) In Tabelle 1.17-7 ist z.B. ein RISC-

Prozessor angenommen, der nur über ein einziges Bussystem zum gemeinsamen Zugriff auf Daten und Befehle besitzt. Daher kann nicht gleichzeitig der Operand und ein neuer Befehl geladen werden. Beispielsweise sei unterstellt, daß der Zugriff auf den Operanden 3 Taktzyklen benötigt.

Tabelle 1.17-7. *Hardware Interlocking*

Takt	Befehl holen	Decodieren	Ausführen	Abspeichern
1	LOAD	...	...	...
2	Befehl 1	LOAD	...	...
3	xxx	Befehl 1	LOAD	...
..	xxx	Befehl 1	LOAD	-- Pipeline
..	xxx	Befehl 1	LOAD	-- blockiert
..	Befehl 2	Befehl 1	---	---
4	Befehl 3	Befehl 2	Befehl 1	---
5	Befehl 4	Befehl 3	Befehl 2	Befehl 1

- Selbst bei einem RISC-Prozessor mit getrenntem Daten- und Befehlsspeicher ist es in der Regel so, daß das durch einen LOAD-Befehl in einem Zyklus aus dem Cache eingelesene Datum zu spät zur Verfügung steht, um noch im folgenden Befehl verarbeitet zu werden. In diesem Fall spricht man von einer **Datenabhängigkeit** (*data dependency*) der Befehle. In der Befehlsfolge

1.	LOAD	<Adresse>,R1	R1:=(<Adresse>)
2.	ADD	R1,R2,R3	R3:=R1+R2
3.	SUB	R4,R5,R6	R6:=R4-R5

ist in der Ausführungsphase des 2. Befehls ADD der neue Wert von R1 noch nicht aus dem Speicher ermittelt (s. Tabelle 1.17-8). Dieser könnte frühestens vom SUB-Befehl in der Decodierphase aus dem Registersatz entnommen werden.

Tabelle 1.17-8. Datenabhängigkeit beim LOAD-Befehl

Takt	Befehl holen	Decodieren	Ausführen	Abspeichern
1	LOAD	...	...	...
2	ADD	LOAD	...	...
3	SUB	ADD ←	LOAD ↓ Bypass	...
4	Befehl 1	SUB	ADD	---
5	...	Befehl 1	SUB	ADD
6	...	...	Befehl 1	SUB

Auch hier kann durch die oben beschrieben Methode des *Hardware Interlockings*, also des Anhaltens der Pipeline, vermieden werden, daß der ADD-Befehl noch mit dem alten Wert des Registers R1 ausgeführt wird. Eine zweite Hardware-Lösung für dieses Problem haben Sie bereits im Bild 1.17-1 mit dem Bus *BYPASS 2* kennengelernt: Das aus dem Speicher geholte Datum wird gleichzeitig mit der Übertragung in den Registersatz auch auf einen der ALU-Eingänge gegeben und kann dort zeitgerecht vom ADD-Befehl verarbeitet werden. Man spricht hier vom *load forwarding* oder – mißverständlicher – vom verzögerten Laden (*delayed load*).
Neben diesen Hardware-Lösungen existieren auch zwei Software-Lösungen: Hat ein Compiler die Datenabhängigkeit zwischen den Befehlen festgestellt, so kann er im einfachsten Fall zwischen den betroffenen Befehlen soviele NOP-Befehle (*no operation*) einfügen, bis der Speicher das gewünschte Datum geliefert hat (also im günstigen Fall einen NOP-Befehl, s. Tabelle 1.17-9).

Tabelle 1.17-9. Einfügen von NOPs

Takt	Befehl holen	Decodieren	Ausführen	Abspeichern
1	LOAD	...	...	...
2	NOP	LOAD	...	...
3	ADD	NOP	LOAD	...
4	SUB	ADD ←	NOP	---
5	Befehl 4	SUB	ADD	NOP
6	Befehl 5	Befehl 4	SUB	ADD
7	...	Befehl 5	Befehl 4	SUB

Optimierende Compiler untersuchen die Befehlsfolge auf Befehle, die zu den kritischen in keiner Datenabhängigkeit stehen und plazieren diese zwischen die beiden kritischen Befehle. In unserer Befehlsfolge kann dies z.B. der 3. Befehl SUB sein (s. Tabelle 1.17-10).

Tabelle 1.17-10. Umplazieren von Befehlen

Takt	Befehl holen	Decodieren	Ausführen	Abspeichern
1	LOAD	...	...	...
3	SUB	LOAD	...	...
2	ADD	SUB	LOAD	...
4	Befehl 4	ADD ←	SUB	---
5	Befehl 5	Befehl 4	ADD	SUB
6	...	Befehl 5	Befehl 4	ADD

- Eine andere Form der Datenabhängigkeit liegt dann vor, wenn das Ergebnis einer Operation vom unmittelbar folgenden Befehl als Eingabewert benötigt wird:

```
1.   ADD   R1,R2,R3      R3:=R1+R2
2.   SUB   R3,R4,R5      R5:=R3-R4
```

  Auch hier kann die beschriebene Methode des *Hardware Interlockings* verhindern, das der SUB-Befehl noch mit dem alten Wert des Registers R3 ausgeführt wird. Auch zu diesem Problem wurde bereits im Bild 1.17-1 eine andere Hardware-Lösung vorgestellt: Über den Bus *BYPASS 1* kann das Ergebnis der Operation ADD auf den Eingang der ALU zurückgekoppelt werden und dort bereits verarbeitet werden, wenn es noch nicht im Registersatz abgelegt ist.
  Die Software-Lösung für dieses Problem entspricht der des eben beschriebenen verzögerten Ladens: Zwischen die Befehle, unter denen die Datenabhängigkeit besteht, wird entweder ein NOP-Befehl eingefügt, oder es wird durch den optimierenden Compiler ein anderer Befehl der Befehlsfolge ohne Datenabhängigkeit dorthin plaziert.
- Eine weitere Schwierigkeit tritt in Verbindung mit (bedingten) Verzweigungen auf. Ist die Bedingung erfüllt, so wird der Programmfluß unterbrochen und an einer anderen Stelle des Programms fortgesetzt. In den übrigen Stufen der Pipeline befinden sich jedoch zu diesem Zeitpunkt bereits ein oder mehrere Befehle, die im Programm hinter dem Verzweigungsbefehl folgen. Im folgenden Beispiel (s. Tabelle 1.17-11) wird so noch der Befehl ADD ausgeführt, bevor der Sprung zur anderen Programmstelle wirksam wird.

```
1.   CMP   R1,R2         R1=R2 ?
2.   ADC   R4,R5,R4      R4:=R4+R5+C
3.   BEQ   Label         PC:=<Adresse>
4.   ADD   R1,R2,R3      R3:=R1+R2
Label:
5.   SUB   R4,R5,R6      R6:=R4-R5
6.   SLL   R0            R0:=R0 links verschoben
```

Tabelle 1.17-11. Verzögerte Ausführung des Sprungbefehls

Takt	Befehl holen	Decodieren	Ausführen	Abspeichern
1	ADC	...	...	...
2	BEQ	ADC	...	...
3	ADD	BEQ	ADC	...
4	SUB ← (von BEQ)	ADD	---	ADC
5	SLL	SUB	ADD	---
6	...	SLL	SUB	ADD
7	...	...	SLL	SUB

Die einfachste Möglichkeit besteht nun darin, diese Befehle vor dem Einlagern des angesprungenen Befehls aus der Pipeline zu entfernen (*pipeline flushing*). Jedoch ist diese Methode sehr zeitaufwendig, da die bereits erfolgte Teilverarbeitung der entfernten Befehle nutzlos war. Bei einer Pipeline-Organisation, bei der bereits einer dieser Befehle ausgeführt wurde, wie der Befehl ADD im obenstehenden Beispiel, müssen außerdem dessen Wirkungen rückgängig gemacht werden, um das Ergebnis der Befehlsfolge nicht zu verfälschen.
Zur Lösung des letztgenannten Problems kann der Compiler wiederum eine ausreichende Anzahl von NOP-Befehlen hinter jeden Verzweigungsbefehl plazieren. (Im Beispiel oben reichen drei NOPs. Bei vielen RISC-Prozessoren ist die Pipeline so organisiert, daß lediglich ein NOP-Befehl hinter dem Verzweigungsbefehl plaziert werden muß.) Diese Form der Durchführung von bedingten Verzweigungen wird als verzögerte Verzweigung bezeichnet (*delayed branch*), da der Prozessor zunächst noch ein oder mehrere Befehle ausführt, bevor er zur neuen Programmadresse springt. Optimierende Compiler versuchen, diese NOPs jedoch durch Befehle zu ersetzen, die keine Auswirkung auf die Sprungentscheidung haben und unabhängig von dieser auf jeden Fall ausgeführt werden müssen. (In Tabelle 1.17-12 ist dies der Befehl ADC. Angenommen ist, daß durch eine Art Bypass das Ergebnis des Testvergleichs CMP bereits in der Decodierphase des BEQ-Befehls zur Verfügung steht.) Untersuchungen haben gezeigt, daß dies in über 90% aller Fälle möglich ist. Durch die Umstellung geht keine Zeit verloren und die Pipeline ist ununterbrochen mit der sinnvollen Bearbeitung von Befehlen beschäftigt.

```
1.   CMP   R1,R2      R1=R2 ?
2.   BEQ   Label      PC:=<Adresse>
3.   ADC   R4,R5,R4   R4:=R4+R5+C
4.   ADD   R1,R2,R3   R3:=R1+R2
Label:
5.   SUB   R4,R5,R6   R6:=R4-R5
6.   AND   R1,R3,R2   R2:=R1+R3
```

Tabelle 1.17-12. Umplazierung der Befehle

Takt	Befehl holen	Decodieren	Ausführen	Abspeichern
1	CMP	...	...	...
2	BEQ	CMP	...	...
3	ADC	BEQ ←	CMP	...
4	SUB	ADC	---	CMP
5	AND	SUB	ADC	---
6	...	AND	SUB	ADC
7	...	...	AND	SUB

2. Arithmetik-Prozessoren

2.1 Allgemeines über Hilfsprozessoren

In den einfachen Mikrorechner-Systemen der 70er Jahre wurden noch alle Aufgaben vom Mikroprozessor des Systems selbst wahrgenommen. Mit speziellen Programmen mußte er die Berechnung komplexer mathematischer Funktionen sowie die Steuerung aller Peripheriegeräte übernehmen. Mit zunehmender Komplexität der Systeme und wachsenden Anforderungen an die Verarbeitungsgeschwindigkeit bildete der µP so den "Engpaß" im System. Daher wurde es nötig, soviel Software wie möglich durch spezielle Hardware zu ersetzen. Aus Kosten- und Technologie-Gründen (insbesondere wegen zu kleiner Chipfläche) kann man jedoch den Prozessor selbst nicht hardwaremäßig an alle Aufgaben anpassen. Außerdem gibt es eine ganze Reihe von Spezialanwendungen, deren Bearbeitung auf wirtschaftliche Weise nicht in die Hardware von Standard-Mikroprozessoren verlagert werden kann. Deshalb werden in Mikrorechner-Systemen in steigendem Maß Hilfsprozessoren (HP, *auxiliary processor*) eingesetzt. Charakteristisch für sie ist, daß sie nicht selbständig ein Benutzerprogramm bearbeiten können, sondern den µP bei dessen Ausführung nur unterstützen. Während gewisser Zeiten der Programmbearbeitung sind sie u.U. solange unbeschäftigt (*idle*), bis sie vom µP erneut den Auftrag zur Ausführung einer Operation bekommen.

2.1.1 Aufgabenbereiche für Hilfsprozessoren

Je nach der Art der von ihnen durchgeführten Aufgaben kann man die Hilfsprozessoren in zwei Gruppen einteilen, die nun beschrieben werden.

2.1.1.1 Hilfsprozessoren zur Erweiterung der µP-Hardware

Einige Hilfsprozessoren übernehmen originäre (Mikro-)Prozessor-Funktionen, die aus technologischen oder Kostengründen bisher noch nicht vom µP selbst wahrgenommen werden konnten (*functional partitioning*). Diese Hilfsprozessoren stellen **Hardware-Erweiterungen** (*processor extension*) des µPs dar. Im Sinne von Abschnitt 1.1 bilden sie zusammen mit dem Mikroprozessor die Zentraleinheit (CPU) des Mikrorechner-Systems. Dies ist im Bild 2.1-1 skizziert. Der steigende Integrationsgrad und fallende Halbleiterpreise erlauben es jedoch immer mehr, die Funktionen dieser Hilfsprozessoren im µP selbst zu integrieren.

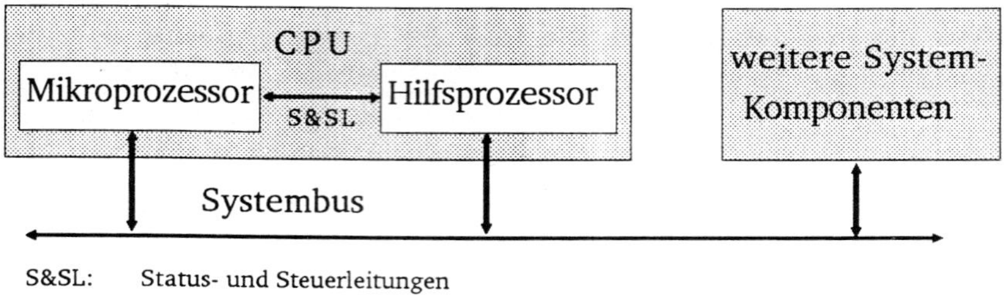

Bild 2.1-1. Eine CPU aus Mikroprozessor und Hilfsprozessor

Als Komponenten des µPs, die sinnvoll durch einen externen Hilfsprozessor erweitert werden können, kommen hauptsächlich das Operationswerk und das Adreßwerk in Frage. Dazu geben wir die folgenden drei Beispiele an:

- Die bisher beschriebenen Standard-Mikroprozessoren stellen dem Benutzer nur einen eingeschränkten Satz an Datentypen und mathematischen Funktionen zur Verfügung. Für viele spezielle Anwendungen reichen diese jedoch nicht aus, um die auftretenden Probleme zeit- und aufwandsgerecht zu lösen. Die meisten Hersteller bieten daher im Rahmen ihrer Prozessorfamilien Arithmetik-Prozessoren (*floating point processor – FPP*, *numeric processor extension*) an, die auf die Verarbeitung von Gleitpunktzahlen spezialisiert sind und einen umfangreichen Satz numerischer Funktionen hardwaremäßig ausführen können. Sie stellen somit Erweiterungen der ALU des Mikroprozessors dar. Die nächsten Abschnitte dieses Kapitels werden sich ausführlich mit Arithmetik-Prozessoren beschäftigen.
- Ein weiteres, aber viel spezielleres Beispiel sind Hilfsprozessoren zur schnellen Berechnung der Fourier-Transformierten (*fast fourier transformation – FFT*), die zur Analyse und Synthese analoger Signale, insbesondere in der Steuer- und Regelungstechnik, sehr wichtig ist.
- Moderne Betriebssysteme für Mikrorechner erlauben die (quasi-)gleichzeitige Ausführung mehrerer Programme (*multitasking*) und/oder gestatten mehreren Benutzern die simultane Arbeit am System (*multiuser*). Grundlage dafür ist eine dynamische Verwaltung des zur Verfügung stehenden Arbeitsspeichers. Diese Aufgabe gehört zu den originären Funktionen des Adreßwerkes im Mikrorechner. Sie wird aber häufig noch durch Hilfsprozessoren zur Speicherverwaltung vorgenommen, die gewöhnlich mit *Memory Management Units* (MMU) bezeichnet werden. Auf sie und die beschriebenen Betriebssystem-Grundlagen wird im Kapitel 4 ausführlich eingegangen.

2.1.1.2 Hilfsprozessoren zur Steuerung der Peripherie

Einige Hilfsprozessoren haben die Aufgabe, den µP von Routinetätigkeiten zu entlasten. Insbesondere übernehmen sie spezielle Funktionen der Daten-Ein-/Ausgabe oder der Speicherung der Daten auf Massenspeichern. Sie werden deshalb als **Eingabe-/Ausgabe-Prozessoren** (E/A-Prozessoren) oder **Peripherieprozessoren** bezeichnet. Logisch bildet ein Peripherieprozessor mit dem von ihm gesteuerten E/A-Gerät eine Einheit. Dies ist im Bild 2.1-2 skizziert.

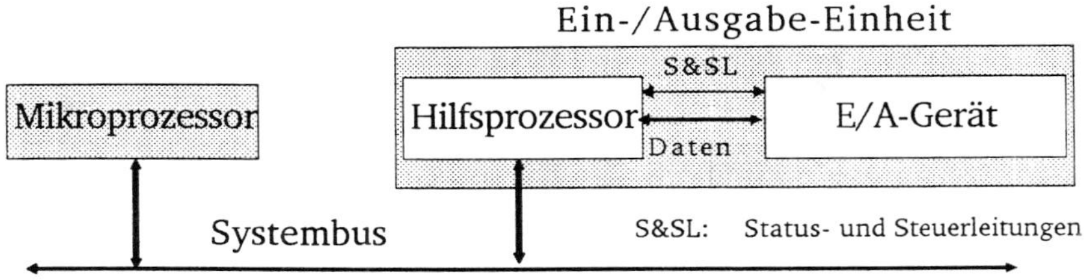

Bild 2.1-2. Peripherieprozessor und E/A-Gerät

Von den vielen realisierten Peripherieprozessoren können hier nur einige wenige erwähnt werden.

- Um den µP von der zeitaufwendigen Steuerung moderner Bildschirme zu entlasten, werden Graphikprozessoren eingesetzt. Diese übernehmen alle Aufgaben in Verbindung mit der Darstellung verschiedener Zeichensätze, Farbpaletten und Bildschirmfenster, der Verwaltung des Bildschirmspeichers, etc. Näheres über Graphikprozessoren erfahren Sie im Kapitel 7.
- Der DMA-Prozessor steuert die Übertragung von Daten zwischen dem Arbeitsspeicher des Systems und den E/A-Geräten, ohne daß der Mikroprozessor an dieser Übertragung aktiv beteiligt werden muß. Auf das Prinzip des direkten Speicherzugriffs (*direct memory access* – DMA) wird im Abschnitt 3.7 ausführlich eingegangen.
- Die Steuerung von Festplatten- oder Floppy-Disk-Speichereinheiten wird ebenfalls von Hilfsprozessoren übernommen. Diese werden üblicherweise mit *Hard Disk Controller* (HDC) bzw. *Floppy Disk Controller* (FDC) bezeichnet. Sie werden im Kapitel 6 beschrieben.
- Die Kommunikation in lokalen Mikrorechner-Netzen (*local area networks* – LAN) oder in öffentlichen Netzen wird durch Kommunikations-Prozessoren (*communication processor*) durchgeführt, die dem Mikroprozessor alle Aufgaben im Zusammenhang mit der sicheren Übertragung der Nachrichten abnehmen. Auf diese Hilfsprozessoren können wir leider im Rahmen dieses Buches nicht näher eingehen.

Der Datenaustausch zwischen Hilfsprozessor und Mikroprozessor erfolgt immer über den Systembus. Der Austausch von Steuerinformationen zwischen Mikroprozessor und Hilfsprozessor geschieht zum Teil über spezielle Status- und Steuer-Leitungen (vgl. Abschnitt 1.5).

Die Gesamtheit aller Leitungen, über die Prozessor und Hilfsprozessor kommunizieren, zusammen mit den eventuell vorhandenen speziellen Befehlen des Mikroprozessors zur Steuerung des Hilfsprozessors bilden die Hilfsprozessor-Schnittstelle des µPs. Die Hilfsprozessor-Schnittstellen der verschiedenen Mikroprozessor-Familien unterscheiden sich sehr stark danach, wieweit sie in Hardware und/oder Software realisiert sind.

2.1.2 Verschiedene Typen von Hilfsprozessoren

Wird die CPU eines Mikrorechner-Systems nach Bild 2.1-1 nur durch ihre Funktionen spezifiziert, die sie dem Benutzer zur Verfügung stellen muß, so gibt es offensichtlich viele Möglichkeiten, die Hardware-Komponenten der CPU auf die beiden Prozessoren zu verteilen. Dies wirkt sich insbesondere auf Art und Umfang der Hilfsprozessor-Schnittstelle aus. Im wesentlichen kann man danach die im folgenden beschriebenen Typen von Hilfsprozessoren unterscheiden.

2.1.2.1 Slave-Prozessoren

In diesem Fall wird der Hilfsprozessor wie ein (passiver) Peripheriebaustein unter festen Adressen vom µP angesprochen. In englischsprachigen Datenbüchern werden Hilfsprozessoren dieses Typs deshalb mißverständlicherweise auch als *Peripheral Processors* bezeichnet. Da wir den Begriff "Peripherieprozessor" schon in einem anderen Sinn benutzt haben, ziehen wir hier den Ausdruck *Slave*-Prozessor vor. Zwischen Hilfsprozessor und µP existieren neben den im Abschnitt 1.10 beschriebenen Bussteuerleitungen keine besonderen Steuerleitungen.
Für die Ausführung einer Operation werden zunächst vom Mikroprozessor die benötigten Operanden aus dem Speicher in eines seiner Register geladen und dann von dort in die Datenregister des Hilfsprozessors übertragen (s. Bild 2.1-3). Die Übertragung eines Datums aus dem Slave-Prozessor in den Speicher geschieht in umgekehrter Reihenfolge. Somit sind für jedes Datum zwei Übertragungen notwendig, die beide vom Benutzer explizit programmiert werden müssen.

Anschließend wird ein spezieller Operationscode in das Befehlsregister des Hilfsprozessors geschrieben. Dieser Operationscode ist für den µP selbst ein binäres Datum ohne bestimmte Bedeutung. Durch wiederholtes Lesen eines Statusregisters im Hilfsprozessor kann sich der µP über den Fortgang der Operation im Hilfsprozessor informieren. Dieser meldet die Beendigung der Operation dem µP gegebenenfalls durch ein Interrupt-Signal. Der µP muß dann das Ergebnis der Operation aus den Datenregistern des Slave-Prozessors lesen.

Von dem eben beschriebenen Typ waren die ersten Arithmetik-Prozessoren, wie z.B. der AM9511 der Firma AMD, die für den Einsatz mit µPs der verschiedensten Hersteller angeboten wurden. Auch die Hilfsprozessoren für spezielle Aufgaben (wie der oben erwähnten schnellen Fourier-Transformation) sind in der Regel so aufgebaut.

a) Übertragung der Daten vom Speicher in den Mikroprozessor

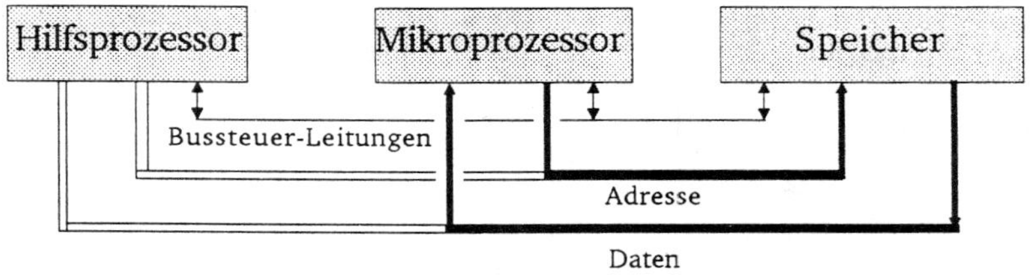

b) Übertragung der Daten vom Mikroprozessor in den Slave-Prozessor

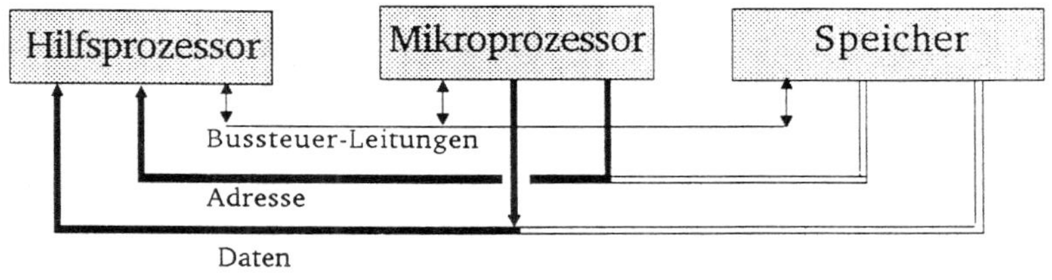

Bild 2.1-3. Datenübertragung in einen Slave-Prozessor

2.1.2.2 Coprozessoren

Coprozessoren sind Hilfsprozessoren, die von den µP-Herstellern hauptsächlich für die Unterstützung ihrer eigenen µP-Typen angeboten werden. Im Befehlssatz des µP sind einige OpCodes für die Befehle reserviert, die vom Hilfsprozessor ausgeführt werden sollen. Für den Assembler-Programmierer erscheinen die Coprozessor-Befehle also wie ganz gewöhnliche µP-Befehle, die er an beliebigen Stellen in seinem Programm unterbringen kann. D.h. die Ausführung bestimmter Operationen durch einen Coprozessor geschieht "transparent" für den Benutzer. Ebenso wirken für ihn die Register des Coprozessors lediglich wie eine Erweiterung des µP-Registersatzes. Insgesamt erscheinen ihm also µP und Coprozessor als ein einziger Prozessor. Ist im System kein Hilfsprozessor vorhanden, müssen diese Befehle vom µP durch den Aufruf spezieller Routinen selbst abgearbeitet ("emuliert") werden, sofern er dazu in der Lage ist.

Coprozessoren werden häufig mit dem µP über spezielle Status- und Steuerleitungen (S&SL) verbunden. Dadurch ist eine schnellere Synchronisation beider Prozessoren möglich. Über eine dieser Leitungen kann der Coprozessor z.B. den µP zur Übertragung eines Operanden auffordern.

Neben der bei den Slave-Prozessoren beschriebenen Möglichkeit, die Operanden, die vom Hilfsprozessor benötigt werden, vom µP in die Register des Coprozessors laden zu lassen, werden bei Coprozessoren alternativ noch zwei weitere Verfahren zur Operanden-Übertragung angewandt. Bei beiden Verfahren ist für jeden Operanden nur eine Übertragung nötig.

- Beim ersten Verfahren hat der Coprozessor selbst die Möglichkeit, zum Systembus (als *Bus Master*) zuzugreifen (s. Bild 2.1-4). Dieses Verfahren wird bevorzugt dann realisiert, wenn die Operanden des Coprozessors in einem fest vorgegebenen Speicherbereich zu finden sind und daher keine aufwendige Adreßberechnung nötig ist. Bei dem Speicherbereich kann es sich z.B. um den Bildschirmspeicher eines Graphik-Prozessors handeln.

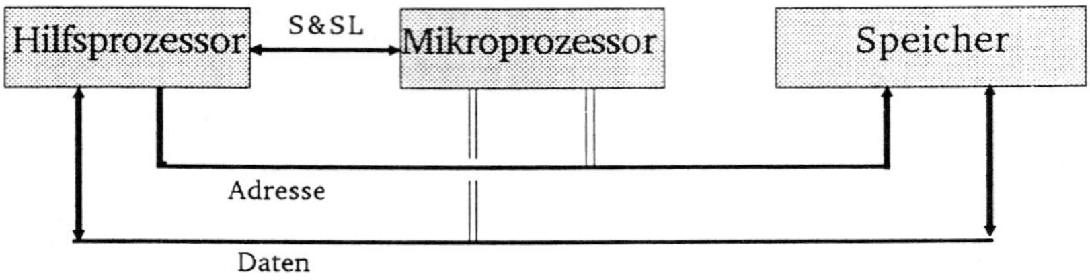

Bild 2.1-4. Selbständiger Speicherzugriff des Coprozessors

- Beim zweiten Verfahren legt der µP lediglich die Operandenadressen auf den Adreßbus (s. Bild 2.1-5). Die Operanden gelangen unmittelbar aus dem Speicher über den Datenbus in den Coprozessor. Im Unterschied zum eben beschriebenen Fall wird hier das häufig sehr aufwendige Adreßwerk zur Berechnung der effektiven Operandenadressen nur einmal im µP, nicht aber im Coprozessor benötigt. Zur Adressierung der Coprozessor-Operanden im Speicher sind damit alle Adressierungsarten möglich, die der µP kennt.

Häufig kann ein Hilfsprozessor in Verbindung mit dem µP, auf den er "zugeschnitten" wurde, als Coprozessor, in Verbindung mit anderen Mikroprozessoren aber als Slave-Prozessor eingesetzt werden.

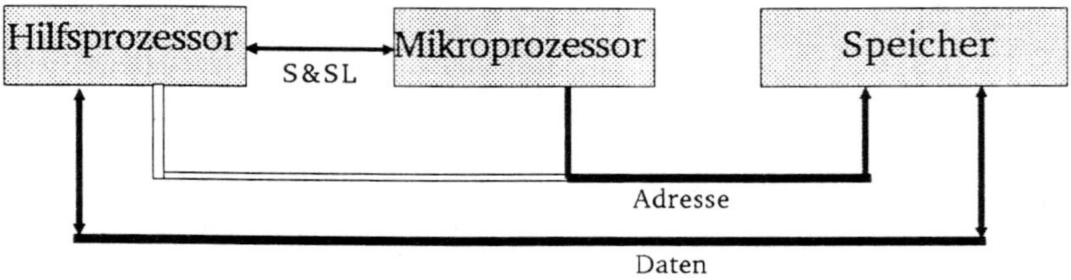

Bild 2.1-5. Adressierung der Operanden durch den Mikroprozessor

In diesem Kapitel werden wir uns auf die Beschreibung der Arithmetik-Prozessoren beschränken. Ihre logische Beziehung zum µP ist sicher am größten, da sie nur Dienste leisten, die typischerweise von der ALU des µPs mitübernommen werden sollten. Deshalb werden sie in Zukunft bestimmt häufiger mit auf dem µP-Chip integriert werden, wie es bei den neuesten Prozessoren, dem Motorola 68040 und dem Intel 80486 bereits der Fall ist. Weitere Hilfsprozessoren, die spezielle Unterstützungsfunktionen in einem Mikrorechner-System übernehmen, werden wir erst in späteren Kapiteln beschreiben, nachdem wir die für ihr Verständnis benötigten Grundlagen erklärt haben.

2.2 Gleitpunkt-Arithmetik

2.2.1 Allgemeine Grundlagen der Gleitpunktdarstellung[1)]

Im Abschnitt 1.13 wurde bereits erwähnt, daß die Rechenwerke der meisten Standard-Mikroprozessoren (auch heute noch) nur ganze Zahlen (*integer*) verarbeiten können. Natürlich kann sich der Anwender an einer beliebigen, aber festen Stelle zwischen zwei Bits jeder Zahl einen Punkt (bzw. ein Komma) vorstellen und so die Zahl in einen ganzzahligen und einen gebrochenen Anteil zerlegen. Dadurch kommt man zur Festpunkt-Zahlendarstellung.

Diese Zahlendarstellung erfordert aber z.B. bei der Multiplikation eine Korrektur des Ergebnisses (Rundung), da das Produkt in der Regel doppelt soviel Nachpunkt-Stellen verlangt wie die einzelnen Faktoren. Auch wenn die auftretenden Zahlen in sehr unterschiedlichen Zahlenbereichen liegen, führt die Festlegung einer bestimmten Position des Punktes zu relativ großen Rechenfehlern.

Gerade in technisch-wissenschaftlichen Anwendungen treten häufig Zahlenwerte auf, zwischen denen viele Größenordnungen liegen. Hier ist es zweckmäßig, neben den eigentlichen wichtigen ("signifikanten") Ziffern sich auch die individuelle Größenordnung einer Zahl ("Maßstabsfaktor") zu merken. Dies führt zur **Gleitpunkt-Zahlendarstellung**.

Wir beschränken uns im folgenden auf die Darstellung der Gleitpunktzahlen im Binärsystem. Dann läßt sich eine Gleitpunktzahl Z folgendermaßen darstellen:

$$Z = \pm M \cdot 2^{\pm E} .$$

- M ist die oben erwähnte Folge der signifikanten Ziffern und wird **Mantisse** genannt. Sie kann positiv oder negativ sein, was durch das vorangestellte Vorzeichen '±' ausgedrückt ist. Üblicherweise wird verlangt, daß $0.5 \leq M < 1$ ist. In diesem Fall spricht man von der normalisierten Form. Im Fall, daß $M < 0.5$ gilt, spricht man dementsprechend von der denormalisierten Form.
- $2^{\pm E}$ ist der Maßstabsfaktor der Zahl Z. Die Zahl E heißt der **Exponent** der Zahl. Auch er kann, ausgedrückt durch das vorangestellte '±', positiv oder negativ sein.

1) Üblich ist auch der Begriff Gleitkommadarstellung. Wir benutzen ihn nicht, da er erstens keine Entsprechung im angelsächsischen Sprachraum hat und zweitens in allen Programmiersprachen oder Rechneranwendungen ein Punkt anstelle eines Kommas zur Zahlendarstellung benutzt wird.

Beispiele

1. $Z = -20.0 = -0.625 \cdot 2^{+5}$,

2. $Z = +0.09375 = +0.750 \cdot 2^{-3}$.

Im Binärsystem können negative Mantissen oder Exponenten prinzipiell auf die beiden Ihnen bekannten Weisen dargestellt werden: als konegative Zahlen (im Zweierkomplement) oder nach Betrag und Vorzeichen.

Das Vorzeichen des Exponenten läßt sich jedoch einsparen, wenn man zum Exponenten eine konstante Zahl K addiert, die dafür sorgt, daß die Summe C in jedem Fall positiv, also größer oder gleich 0 ist. Dafür bietet sich natürlich gerade der Betrag des kleinsten Wertes an, der durch den Exponenten angenommen werden kann, d.h. $K := -\min\{\text{Zahlenbereich für } E\}$. Damit erhält man für C:

$$C = E + K, \qquad 0 \leq C \leq \max\{\text{Zahlenbereich für } E\} + K.$$

Der Wert C wird die **Charakteristik** der Zahl Z genannt. Für Z gilt dann:

$$Z = \pm M \cdot 2^{C-K}.$$

Üblicherweise werden Gleitpunktzahlen in einer der durch Bild 2.2-1 dargestellten Formen im Rechner verarbeitet, je nachdem, ob ein Exponent oder eine Charakteristik angegeben wird.

Die Lage des Punktes wird an der Trennlinie zwischen Exponent/Charakteristik und Mantisse angenommen, die '0' vor dem Punkt der Mantisse wird nicht angegeben. Üblich ist die Zuordnung:

'+' <——> '0', '-' <——> '1'

zwischen dem Vorzeichen und den Binärziffern '0' und '1'.

a)

b)

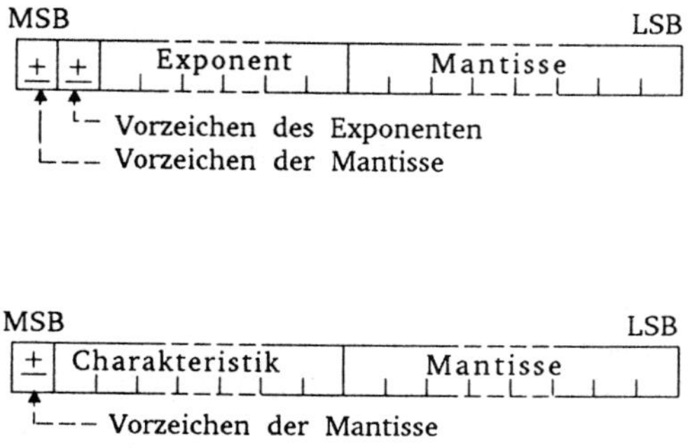

Bild 2.2-1. Allgemeines Format einer Gleitpunktzahl im Rechner

Stellt man die Mantisse nach Betrag und Vorzeichen dar, so erleichtert das Voranstellen des Exponenten bzw. der Charakteristik den Größenvergleich zweier Zahlen, da diese dazu wie ganze (Dual-)Zahlen mit Vorzeichen behandelt werden können. Normalisierte Zahlen zeichnen sich dann dadurch aus, daß die höchstwertige Bitposition der Mantisse eine '1' enthält.

Beispiele (Fortsetzung)

Die Länge des Exponenten bzw. der Charakteristik betrage 8 bit. Er/sie werde nach Betrag und Vorzeichen dargestellt. Dann ist K=-(-127)=127.

1. $Z = -20.0 \mathrel{\hat{=}} -0.625 \cdot 2^{5+127} = -0.625 \cdot 2^{132}$,

1	1	0	0	0	0	1	0	0	1	0	1	0	0	0	0	0	0

2. $Z = +0.09375 \mathrel{\hat{=}} +0.750 \cdot 2^{127-3} = +0.750 \cdot 2^{124}$.

0	0	1	1	1	1	1	0	0	1	1	0	0	0	0	0	0	0

Gleitpunktzahlen erlauben die Darstellung eines viel größeren Zahlenbereiches als Festpunktzahlen. Natürlich können auch bei der Gleitpunktdarstellung Bereichsüber- bzw. -Unterschreitungen vorkommen. Der darstellbare Zahlenbereich ist eine diskrete Teilmenge der rationalen Zahlen. Er wird vor allem durch die Anzahl der Bits bestimmt, die für den Exponenten bzw. die Charakteristik zur Verfügung stehen. Die Anzahl der Bits der Mantisse ist für die Lage der darstellbaren Zahlen in diesem Bereich verantwortlich. Der Abstand zwischen zwei darstellbaren Zahlen ist – im Unterschied zur Festpunktdarstellung – (in der Regel) nicht mehr gleich groß.

2.2.2 Gleitpunktdarstellung in Arithmetik-Prozessoren

Bis zum Ende der 70er Jahre benutzte so ziemlich jeder Rechnerhersteller eine individuelle Gleitpunkt-Arithmetik. Mit dem **IEEE 754 Standard** des *Institute of Electrical and Electronics Engineers* (USA) wurde in der ersten Hälfte der 80er Jahre die erste Norm für eine (binäre) Gleitpunkt-Arithmetik erstellt. In ihr sind die benutzbaren Datenformate, die Rundungsvorschriften sowie die Behandlung von Ausnahmesituationen, wie Bereichsüberlauf, usw. geregelt. Außerdem gibt sie einen Grundstock an mathematischen Funktionen vor, die mit diesen Datenformaten durchführbar sein müssen. Auf diese Funktionen gehen wir erst im Abschnitt 2.4 näher ein.

Der IEEE 754 Standard wurde bei der Entwicklung aller modernen Arithmetik-Prozessoren zugrunde gelegt. Dadurch ist es nun möglich, mathematische Berechnungen, die für einen bestimmten Rechnertyp aufgestellt wurden, auch auf anderen Rechnern ohne Abweichungen in den Ergebnissen ablaufen zu lassen ("Portabilität"). Der IEEE 754 Standard definiert drei Gleitpunkt-Formate:

- einfach-genaue Zahlen der Länge 32 bit (*single*),
- doppelt-genaue Zahlen der Länge 64 bit (*double*),
- erweitert-genaue Zahlen der Länge 80 bit (*double-extended*).

Im Bild 2.2-2 sind alle Zahlenformate dargestellt.

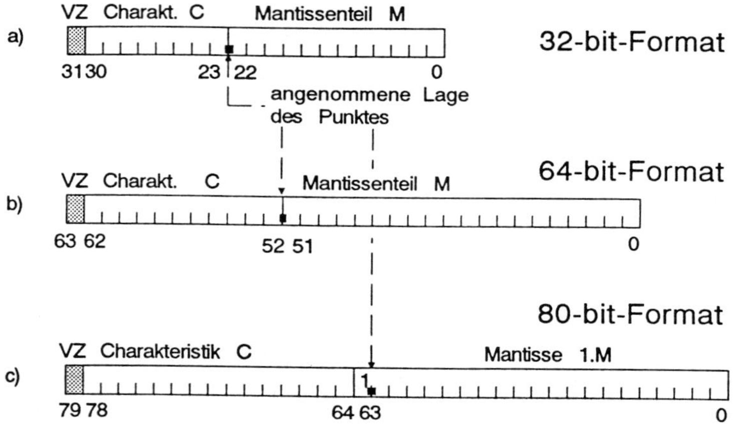

Bild 2.2-2. Gleitpunktzahlen nach dem IEEE 754 Standard

Im Unterschied zu den beiden ersten Formaten ist das 80-bit-Format im IEEE-Standard nicht bis auf die Bitebene herab exakt definiert. Dieses Format ist nur für Zwischenergebnisse gedacht, um eine höhere Rechengenauigkeit zu erreichen. Endergebnisse sollen stets auf das 32- bzw. 64-bit-Format gerundet werden.

Jede Zahl Z wird, wie bereits im Abschnitt 2.2.1 beschrieben, durch drei Bitfelder dargestellt:

- Das höchstwertige Bit gibt das Vorzeichen (VZ) der Zahl an. Wie üblich gilt dabei für positive Zahlen VZ=0 und für negative Zahlen VZ=1.
- Die Mantisse liegt in normalisierter Form vor, bei der aber die höchstwertige '1' vor den Punkt "verschoben" wird. So bekommt sie die Form '1.M'. Um Platz zu sparen, wird die führende '1', außer beim 80-bit-Format, jedoch nicht dargestellt. Der Teil M der Mantisse hinter dem Dezimalpunkt wird im englischen Sprachgebrauch mit *Significand* oder *Fraction* bezeichnet. Er ist beim 32-bit-Format 23 bit und beim 64-bit-Format 52 bit lang. Beim 80-bit-Format beträgt die Länge der Mantisse (1.M) 64 bit.

Anders als bei den ganzen Zahlen der Standard-Mikroprozessoren üblich, werden negative Gleitpunktzahlen jedoch nicht im Zweierkomplement, sondern nach Betrag und Vorzeichen dargestellt. Die Zahl 0 wird durch '0'-Bits in allen Positionen repräsentiert. Das Vorzeichen ist dabei beliebig, so daß es eine positive und eine negative Darstellung der 0 gibt.
Sei k die Anzahl der durch die Mantisse belegten Bits. Die Nachpunkt-Stelle m_i ($i=0,..,k-1$) der Mantisse 1.M in der Darstellung nach Bild 2.2-2 hat dann für die drei beschriebenen Formate die folgende Wertigkeit W_i:

- 32-bit-Format, k=23: $W_i = 2^{i-k}$,
- 64-bit-Format, k=52: $W_i = 2^{i-k}$,
- 80-bit-Format, k=64: $W_i = 2^{i-k+1}$.

Der Mantissenwert liegt (in binärer Darstellung) zwischen den Grenzen:

$$1.000...00_2 \leq (1.M)_2 \leq 1.111...11_2 ,$$

wobei der Index '$_2$' eine Dualzahl bezeichnet. Diesen Ungleichungen entspricht:

$$1.0 \leq (1.M)_2 < 2.0 ,$$

da $(1.111...11)_2 \approx 2$ ist. Der Anzahl k der Bits der Mantisse entsprechen ungefähr $k/\log_2 10 \approx k/3.32$ Dezimalziffern. Daher besitzen die vorgestellten Zahlenformate eine Genauigkeit von 7, 15 bzw. 19 Dezimalstellen.

- Bei allen von 0 verschiedenen Zahlen wird anstatt eines Exponenten E die Charakteristik C (*biased exponent*) angegeben. Diese hat je nach Format eine Länge von n=8, 11 oder 15 bit. Sie nimmt alle Werte zwischen 0 und 2^n-1 an. Die Grenzwerte C=0 und C=2^n-1 dienen aber, wie unten gezeigt wird, zur Kennzeichnung bestimmter Ausnahmesituationen.
  Wie im Abschnitt 2.2.1 beschrieben, entsteht die Charakteristik durch Addition einer festen Basiszahl (*bias*) zum Exponenten:

  - 32-bit-Format: $C = E + 127$, für $-127 \leq E \leq 127$,
  - 64-bit-Format: $C = E + 1023$, für $-1023 \leq E \leq 1023$,
  - 80-bit-Format: $C = E + 16383$, für $-16383 \leq E \leq 16383$.

Damit lassen sich für alle Werte von C ($0<C<2^n-1$) die darstellbaren Zahlen nach folgender Vorschrift berechnen:

- 32-bit-Format: $(-1)^{VZ} \cdot 2^{C-127} \cdot (1.M)_2$,
- 64-bit-Format: $(-1)^{VZ} \cdot 2^{C-1023} \cdot (1.M)_2$,
- 80-bit-Format: $(-1)^{VZ} \cdot 2^{C-16383} \cdot (1.M)_2$.

Ausnahmen bei den Zahlenformaten

Die niederstwertige Charakteristik C=0 (mit $M \neq 0$) bzw. die höchstwertige Charakteristik C=2^n-1 sind zur Zahlendarstellung nicht zugelassen, da diese beiden Werte zur Kennzeichnung der folgenden Ausnahme-Situationen nach einer Operation dienen:

- $C=0$, $M \neq 0$: $Z = (-1)^{VZ} \cdot 2^{-K} \cdot (0.M)_2$, mit $K=2^n-2$, also $K=126$ im 32-bit-Format, $K=1022$ im 64-bit-Format. Hier liegt ein Unterlauf vor, d.h. die Zahl Z wird in denormalisierter Form dargestellt, wodurch mit jeder führenden Null in M ein Verlust an Genauigkeit eintritt;
- $C=2^n-1$, $M \neq 0$:
  Z ist keine gültige Gleitpunktzahl (*not a number* – NaN);
- $C=2^n-1$, $M=0$: $Z = (-1)^{VZ} \cdot \infty$,
  das Ergebnis einer Operation ist positiv unendlich ($+\infty$, VZ=0) oder negativ unendlich ($-\infty$, VZ=1).

Der IEEE 754 Standard sieht vor, daß beim Auftreten einer dieser Ausnahme-Situationen im Coprozessor auch eine Ausnahme-Situation (*trap*) im Mikroprozessor gemeldet und entsprechend behandelt wird, wie es im Abschnitt 1.12 beschrieben wurde.

Selbsttestaufgabe S2.2-1:
a) Bestimmen Sie für die 32- bzw. 64-bit-Zahlenformate den darstellbaren (absoluten) Zahlenbereich.
b) Stellen sie die Zahlen $Z_1=-1{,}75$ und $Z_2=36\,864$ im 32-bit-Zahlenformat als Binärzahl dar.

Rundung von Gleitpunktzahlen

Sehr viele Arithmetik-Prozessoren arbeiten intern immer im 80-bit-Format. Alle reellen (vorzeichenbehafteten) Zahlen, die bei einer Operation als Ergebnis auftreten und innerhalb der Grenzen des darstellbaren Zahlenbereiches liegen, aber nicht ins gewählte Format passen, können nach einer der folgenden Varianten gerundet werden:

- Rundung zur nächstgelegenen darstellbaren Zahl,
- Rundung zur nächstgrößeren darstellbaren Zahl,
- Rundung zur nächstkleineren darstellbaren Zahl,
- Rundung zur betragsmäßig nächstkleineren darstellbaren Zahl (Abschneiden, *truncate*).

2.3 Architektur von Arithmetik-Prozessoren

2.3.1 Prinzipieller Aufbau

Im Abschnitt 1.13 wurde erwähnt, daß zwar einige Standard-Mikroprozessoren Gleitpunktzahlen im Speicher ansprechen und verwalten können. Die meisten Prozessortypen unterstützen diesen Datentyp jedoch überhaupt nicht. Wie bereits gesagt, sind erst die neuesten Standard-Mikroprozessoren, der Motorola 68040 und der Intel 80486, in der Lage, Gleitpunktzahlen durch hardwaremäßig implementierte Befehle selbst zu verarbeiten. Auch bei der Verarbeitung von ganzen Zahlen beschränken sich die arithmetischen Befehle häufig im wesentlichen auf die vier Grundrechenarten: +, -, ·, /. Insbesondere für technisch-wissenschaftliche Anwendungen werden jedoch eine Vielzahl von mathematischen Funktionen benötigt, die vor allem auch auf Gleitpunktzahlen anwendbar sein müssen. Wir hatten schon erwähnt, daß es zwar prinzipiell möglich ist, Gleitpunktzahlen beliebiger Genauigkeit durch Integer-Zahlen darzustellen und alle diese Funktionen durch Software zu emulieren, d.h. durch Programme (approximativ) berechnen zu lassen. Jedoch führt das in vielen Anwendungsfällen zu unvertretbar großen Bearbeitungszeiten. Im Bild 2.3-1 ist der prinzipielle Aufbau eines Arithmetik-Prozessors dargestellt.

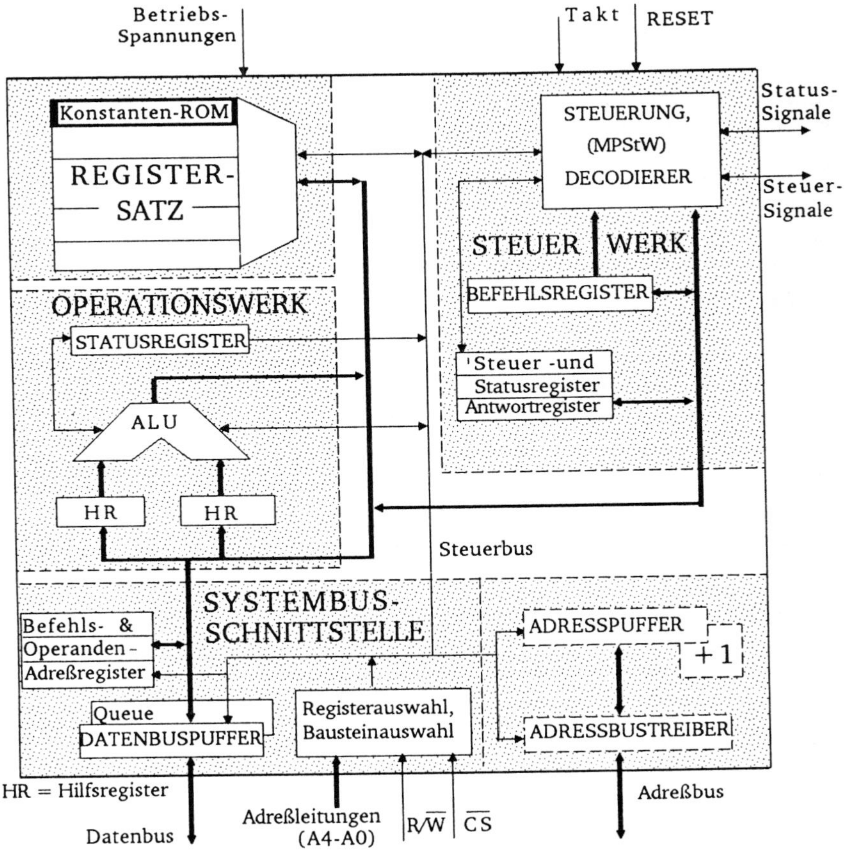

Bild 2.3-1. Prinzipieller Aufbau eines Arithmetik-Prozessors

Er unterscheidet sich nicht wesentlich von dem eines Standard-Mikroprozessors, wie er im Bild 1.4-7 skizziert wurde. Daher entspricht auch seine Komplexität, ausgedrückt durch die benötigte Chipfläche und die Anzahl der realisierten Transistorfunktionen, häufig der des Mikroprozessors, zu dessen Unterstützung er benutzt wird. Arithmetik-Prozessoren werden sowohl als Slave-Prozessoren wie auch als Coprozessoren realisiert. Untergebracht sind sie je nach Ausführung in Gehäusen mit 24 bis 68 Anschlußstiften. Arithmetik-Prozessoren (AP) bieten einen umfangreichen Satz von hardwaremäßig implementierten numerischen Funktionen, die die kostengünstige und schnelle Lösung mathematischer Probleme unterstützen. Als eigenständige Prozessoren werden sie in allen Taschenrechnern schon seit vielen Jahren eingesetzt.

In den folgenden Unterabschnitten werden wir die einzelnen Komponenten des dargestellten Arithmetik-Prozessors ausführlicher beschreiben. Das sind Steuerwerk, Registersatz, Operationswerk und Systembus-Schnittstelle. Im Abschnitt 2.4 werden wir Datentypen und Befehlssätze von Arithmetik-Prozessoren beschreiben.

2.3.2 Das Steuerwerk

Das Steuerwerk (*control unit*) unterscheidet sich im Prinzip nicht vom Steuerwerk des Standard-Mikroprozessors, wie es im Abschnitt 1.5 beschrieben wurde. Die Steuerung ist hier aber auf die Komponenten des Arithmetik-Prozessors selbst beschränkt. Sie wird über den Steuerbus vorgenommen. Externe Systemkomponenten werden nicht beeinflußt.

Zur Kommunikation mit der Außenwelt, also hauptsächlich mit dem µP, besitzen die Arithmetik-Prozessoren Steuer- und Statusleitungen. Deren Anzahl versuchen die Hersteller so gering wie möglich zu halten, um einerseits die Anzahl der Anschlußstifte zu begrenzen und andererseits den Arithmetik-Prozessor an Mikroprozessoren mit unterschiedlichen Schnittstellen koppeln zu können, gegebenenfalls auch solche anderer Hersteller. Bei der folgenden Beschreibung der Register des Steuerwerks wird mit dem Antwortregister eine andere Möglichkeit aufgezeigt, wie µP und AP miteinander kommunizieren können.

2.3.2.1 Kommunikation über Status- und Steuersignale

Zu den **Steuersignalen**, die vom µP ausgehen, zählen:

RESET Hierdurch wird der AP zum Abbruch der aktuellen Operation gezwungen und in einen Warte-Zustand versetzt.

CLK (*clock*) Über diesen Eingang wird der Arithmetik-Prozessor mit dem Systemtakt oder mit einem eigenen Takt versorgt.

ACK (*acknowledge*) Durch dieses Signal kann der µP dem AP mitteilen, daß er seine Aufforderung zur Übertragung eines Operanden verstanden hat (s.u.) und ihr nachkommen wird.

Statussignale sind Ausgangssignale, die den Zustand des Arithmetik-Prozessors beschreiben. Diese wurden schon im Abschnitt 1.5 kurz erwähnt. Zu ihnen gehören:

REQ (*request*) Durch dieses Signal fordert der AP den Prozessor auf, ihm einen Operanden zur Verfügung zu stellen oder ein Ergebnis von ihm abzuholen .

BUSY Hierdurch teilt der AP dem µP mit, daß er noch mit der Abarbeitung einer Operation beschäftigt ist. Durch die Abfrage dieses Signals kann verhindert werden, daß der Mikroprozessor den Arithmetik-Prozessor mit einer neuen Aufgabe "überlastet", bevor die vorhergehende erledigt wurde. Ändert sich der Zustand des BUSY-Signals, so weiß der µP, daß die Operation im AP beendet wurde. Der Coprozessor kann natürlich auch über eine Interrupt-Anforderung dem Prozessor das Vorliegen des Ergebnisses mitteilen. Jedoch ist diese Möglichkeit zeitaufwendiger, da der Prozessor zunächst in eine Interruptroutine springen und gegebenenfalls seinen Status auf den Stack retten muß.

ERROR Über das ERROR-Signal kann der Arithmetik-Prozessor dem Mikroprozessor mitteilen, daß bei der Ausführung der augenblicklichen Operation ein Fehler aufgetreten ist und deshalb kein gültiges Ergebnis erhalten wurde. Der Zustand des ERROR-Ausgangs wird durch ein spezielles Flag im Statusregister vorgegeben, auf das weiter unten eingegangen wird. Wird der µP über das Vorliegen eines Fehlers informiert, so ruft er eine Routine zur Fehler-Behandlung auf, deren Startadresse er der Interruptvektor-Tabelle entnimmt (vgl. Abschnitt 1.12).

2.3.2.2 Die Register des Steuerwerks

Das Befehlsregister

Zum Steuerwerk gehört natürlich ein Befehlsregister (*command register*), das den Befehlscode der auszuführenden Instruktion aufnimmt. Das Befehlsregister ist häufig (wie beim µP selbst) als Warteschlange (*queue*) ausgebildet und unterstützt dadurch das *Opcode-Prefetch*-Verfahren des µPs. In diesem Fall gelangt jeder Befehl über den Datenbus automatisch und gleichzeitig in die Warteschlangen von µP und AP. Die Abarbeitung der arithmetischen Befehle im AP bedarf hier aufwendiger Synchronisations-Mechanismen, die im Rahmen dieses Buches nicht beschrieben werden können. Bei der einfacheren Variante wird der Befehlscode der gewünschten Gleitpunktoperation durch den µP in das Befehlsregister übertragen.

Das Anwortregister

Das Anwortregister (*response register*) stellt die oben angekündigte Alternative zu der beschriebenen Kommunikation über Statusleitungen dar. Es ermöglicht dem Arithmetik-Prozessor, dem µP bestimmte Nachrichten zukommen zu lassen. Zusammen mit dem Befehlsregister erlaubt es einen Dialog zwischen beiden Prozessoren, der aktiv vom µP gesteuert wird und nach einem festgelegten Protokoll durchgeführt werden muß. Nach jeder Übertragung eines Datums, d.h. eines Befehls oder eines Operanden, in den AP liest der µP das Anwortregister und wertet es vor der Ausführung des nächsten Schrittes aus.

Durch die Kommunikation über ein Anwortregister kann die Anzahl der Anschlußstifte des APs kleiner gehalten werden. Außerdem ermöglicht es den Einsatz des APs als Slave-Prozessor auch in Mikrorechner-Systemen, auf dessen µP er hardwaremäßig nicht zugeschnitten ist. Natürlich benötigt der µP für das Lesen und Auswerten des Antwortregisters mehr Zeit als sein Steuerwerk für die Auswertung der Statusleitungen des APs. Einige mögliche Informationen, die der AP durch das Antwortregister übertragen kann, sind:

- der AP ist "beschäftigt", d.h. er führt eine Gleitpunktoperation aus;
- der AP stellt eine Verletzung des Kommunikations-Protokolls durch den µP fest, z.B. einen (zu diesem Zeitpunkt) unerwarteten Zugriff auf eines der Register des APs;
- der AP benötigt einen (weiteren) Operanden aus dem Speicher (vgl. das oben beschriebene Statussignal REQ);
- der AP hat ein Ergebnis, das vom µP in den Speicher übertragen werden soll;
- der AP will das Ergebnis eines Operandenvergleichs (*true* oder *false*) übermitteln, den er im Auftrag des µPs durchgeführt hat;
- der AP will die Vektornummer einer Routine zur Ausnahme-Behandlung übertragen. (Die möglichen Ausnahme-Situationen werden im Abschnitt 2.3.4 beschrieben.)

Das Steuerregister

Das Steuerregister (*control register*) erlaubt dem µP, die Arbeitsweise des AP-Steuerwerks zu beeinflussen. Dazu muß ein Steuerwort vom µP in dieses Register geschrieben werden, das in bestimmte Bitfelder unterteilt ist. Diese Bitfelder sind im Bild 2.3-2 angedeutet.

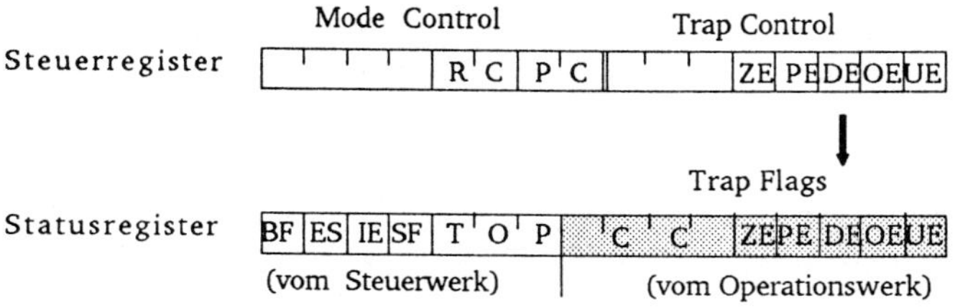

Bild 2.3-2. Steuerregister und Statusregister

Das Steuerregister ist in zwei Hälften unterteilt. Die eine Hälfte (im Bild links) steuert die Arbeitsweise des Operationswerkes (*mode control*), während die andere Hälfte die Behandlung von Ausnahme-Situationen festlegt.

- Durch die Bits RC (*rounding control*) wird eines der am Ende von Abschnitt 2.2.2 beschriebenen Rundungsverfahren ausgewählt.
- Die Bits PC (*precision control*) legen dazu fest, auf welches der im gleichen Abschnitt beschriebenen Formate für Gleitpunktzahlen das Ergebnis einer Operation gerundet werden soll.
- Durch die mit *Trap Control* (*exception control*) bezeichneten Maskenbits (*mask bits*) werden für bestimmte Ausnahme-Situationen, die bei der Ausführung einer Gleitpunktoperation auftreten können, festgelegt, ob sie zu einer Ausnahme-Behandlung führen sollen oder nicht. (Diese Ausnahme-Situationen werden im Abschnitt 2.3.4 beschrieben.)

In seiner Wirkung ist das Steuerregister damit den Steuerleitungen vergleichbar. Jedoch besitzt es (wie das Antwortregister) den Vorteil, daß es die Anzahl der zusätzlich benötigten Anschlußstifte begrenzt. Sein Nachteil besteht darin, daß es vom µP durch spezielle Befehle manipuliert werden muß, was zusätzliche Zeit benötigt. Daher werden in der Regel durch ein Steuerregister nur solche Vorgaben gemacht, die für eine längere Zeit, also wenigstens für mehrere Befehlsausführungen konstant sind.

Das Statusregister

Das Statusregister (s. Bild 2.3-2) erlaubt dem µP zu jedem Zeitpunkt, den Zustand des Arithmetik-Prozessors abzufragen. Nur die höherwertigen Bits sind dabei dem Steuerwerk zuzuordnen. Die niederwertigen Bits werden vom Operationswerk gesetzt. Die Zusammenfassung der Statusbits von Operations- und Steuerwerk in einem Register erleichtern dem µP den Zugriff unter einer einzigen Registeradresse. Die Statusbits des Steuerwerks haben die folgenden Bedeutungen:

BF (*busy flag*) Dieses Bit zeigt dem µP an, daß der Arithmetik-Prozessor gerade eine Operation ausführt.

IE (*invalid operation exception*) Durch dieses Bit wird eine Ausnahme-Situation angezeigt, bei der eine Operation unter unzulässigen Bedingungen ausgeführt werden sollte. Diese Bedingungen sind zum Teil im IEEE 754 Standard vorgegeben. Darunter fallen unzulässige Datenformate (z.B. $\pm\infty$, *not a number* – NaN, vgl. Abschnitt 2.2.2) oder die weiter unten beschriebenen Fehler-Situationen, die durch das SF-Flag angezeigt werden.

ES (*error summary status*) Dieses Bit dient als Sammel-Flag, um dem µP das Auftreten einer Ausnahme-Situation im AP-Operationswerk anzuzeigen (s. Abschnitt 2.3.4). Die genaue Ursache dieser Ausnahme-Situation wird durch die *Trap Flags* angezeigt, die im Statusregister rechts gezeichnet sind. Das ES-Flag wird aus der ODER-Verknüpfung aller derjenigen Trap Flags gewonnen, für die im Steuerregister das entsprechende Maskenbit nicht gesetzt ist. Außerdem bestimmt das ES-Flag den Zustand des oben beschriebenen Statusausgangs ERROR, durch den der µP über das Vorliegen eines Fehlers informiert werden kann.

SF (*stack flag*) Einige Arithmetik-Prozessoren verwalten ihren Registersatz in Form eines Stapelspeichers (*stack*, vgl. Abschnitt 1.7). Bei ihnen zeigt dieses Bit an, daß ein Fehler beim Zugriff auf den Stack stattfand. Dieser Fehler besteht darin, daß versucht wurde, einen Operanden aus dem "leeren" Stapelspeicher zu lesen (*stack underflow*) oder in den vollständig gefüllten Stapel zu schreiben (*stack overflow*).

TOP (*top of stack*) Bei den eben erwähnten APs dienen diese Bits als Stackregister (*stack pointer*), d.h. sie zeigen auf das Datenregister im AP, auf das der letzte Schreibzugriff ausgeführt wurde bzw. der nächste Lesezugriff stattfinden wird.

Wie bereits gesagt, werden die Statusbits des Operationswerkes erst im Abschnitt 2.3.4 ausführlich beschrieben. Hier soll nur erwähnt werden, daß sie einerseits als Flags (*condition code* – CC) das Ergebnis einer Operation charakterisieren, wie es im Abschnitt 1.6 für das Rechenwerk eines Mikroprozessors beschrieben wurde. Andererseits zeigen sie das Vorliegen bestimmter Ausnahme-Situationen an. Festzuhalten ist hier, daß eine bestimmte Ausnahme-Behandlung nur dann ausgeführt wird, wenn im Statusregister das ihr zugeordnete Bit gesetzt und sie nicht "maskiert" ist, d.h. das entsprechende Bit im Steuerregister nicht gesetzt ist. Einige Mikroprozessoren besitzen in der im Abschnitt 1.12 beschriebenen *Exception-Vector*-Tabelle für jede mögliche Ausnahme-Situation einen speziellen Eintrag. Andere Prozessoren besitzen dort lediglich einen einzigen Eintrag. Das oben beschriebene ES-Flag löst bei ihnen die Ausnahme-Behandlung aus. Die zugehörende Routine muß dann anhand des Statusregisters die Art der Ausnahme-Situation bestimmen.

2.3.3 Der Registersatz

Im Bild 2.3-3 ist der typische Registersatz eines Arithmetik-Prozessors skizziert. Der Registersatz besteht hauptsächlich aus einer kleinen Anzahl von Datenregistern, die die Operanden und die Ergebnisse einer Operation aufnehmen. Üblich sind 8 solcher Register. Meistens besitzen die Register die vom IEEE 754 Standard definierte maximale Länge von 80 bit, so daß sie alle Datenformate des Standards aufnehmen können. Dabei müssen dann gegebenenfalls Exponenten und Mantissen von 32- bzw. 64-bit-Operanden durch '0'-Bits ergänzt werden. Jedoch existieren auch Lösungen, bei denen die Register lediglich 32 bit breit sind. Für die doppelt- bzw. erweitert-genaue Zahlendarstellung müssen in diesem Fall mehrere Register zur Aufnahme eines Operanden verkettet werden.

Alle Datenregister des APs können nur vom Steuerwerk des APs direkt angesprochen werden. Der Mikroprozessor kann die Register nur indirekt dadurch ansprechen, daß er dem AP einen Befehl übermittelt, in dem ein bestimmtes Register spezifiziert wird. Für die Spezifikation eines Datenregisters durch den Mikroprozessor existieren zwei verschiedene Alternativen.

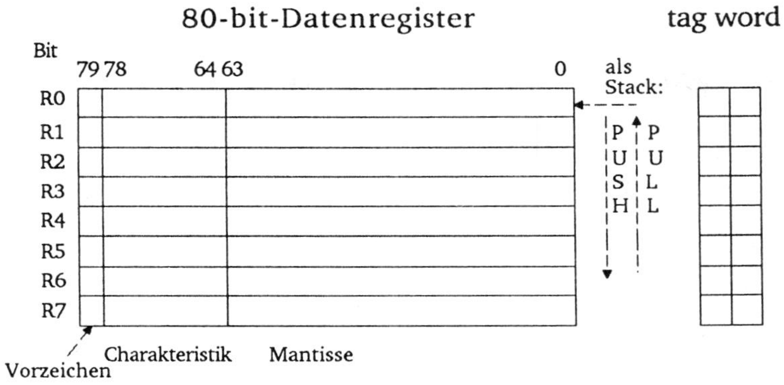

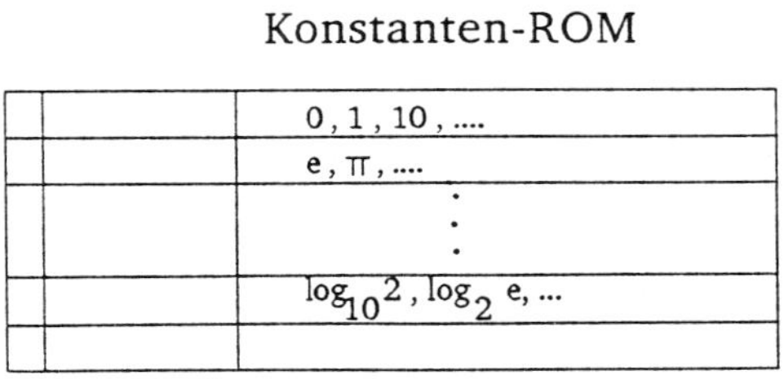

Bild 2.3-3. Der Registersatz eines Arithmetik-Prozessors

- Bei der ersten Alternative wird in jedem Befehl die Nummer des gewünschten Registers explizit angegeben. Dafür steht im OpCode des AP-Befehls ein Bitfeld (Reg-Feld) zur Verfügung, wie es im Abschnitt 1.16 für den OpCode eines Mikroprozessors beschrieben wurde. Bei den dyadischen Operationen zwischen zwei Registerinhalten müssen dementsprechend im OpCode zwei Registernummern angegeben werden.
- Bei der zweiten Alternative geschieht das Ansprechen der Register – wie bereits im letzten Abschnitt angedeutet – in Form eines Stacks. In diesem Fall dienen einige Bits des Statusregisters als Stackpointer. Bei einem Schreibzugriff (PUSH) wird zunächst dieser Stackpointer dekrementiert und der Operand in das so selektierte Register übertragen. Beim Lesen (PULL) wird der Operand aus dem aktuell adressierten Register entnommen und danach der Stackpointer inkrementiert. Auch bei dieser Alternative muß bei den dyadischen Operationen das Register des zweiten Operanden durch die explizite Angabe einer Registernummer selektiert werden. Diese Nummer wird hier aber relativ zum Inhalt des Stackpointers aufgefaßt. So kann z.B. der Befehl FADD ST,ST(2) bewirken, daß der Inhalt des zuletzt angesprochenen Registers im Stack, das

durch den Namen ST (*stack top*) gekennzeichnet wird, zum Inhalt des "vorletzten" Registers ST(2) addiert wird. Das Ergebnis wird wieder im Register ST abgelegt.

Zur Kennzeichnung des Zustandes der einzelnen Register werden ihnen häufig zusätzliche Bits (*tags*, "Etiketten") zugeordnet. Diese Zustandsinformationen erleichtern die Auswertung der Registerinhalte. Sie können, zusammengefaßt im sogenannten *Tag Word*, durch einen Befehl gelesen werden. Durch jeweils zwei *Tag Bits* t_1, t_0 können beispielsweise die folgenden Informationen verschlüsselt werden:

t_1	t_0	Bedeutung
0	0	Register enthält gültigen Operanden,
0	1	Registerinhalt gleich 0,
1	0	Register enthält ungültigen Operanden bzw. $\pm\infty$,
1	1	Register ist leer.

Das Konstanten-ROM

Das Konstanten-ROM ist ein Festwertspeicher, in dem bis zu einigen Dutzend konstante Zahlenwerte abgelegt sind, die von mathematischen Funktionen häufig gebraucht werden. Dazu gehören z.B. die ganzen Zahlen 0, 1, 10, die transzendenten Zahlen e, π, sowie die logarithmischen Werte $\log_{10}2$, $\log_2 e$, $\log_e 2$ etc. Alle diese Konstanten sind als 80-bit-Gleitpunktzahlen gespeichert.

2.3.4 Das Operationswerk

2.3.4.1 Prinzipieller Aufbau

Sehr viele mathematische Funktionen mit Gleitpunktzahlen bedingen die Ausführung unterschiedlicher Operationen auf Exponent und Mantisse der Zahlen. So wird ja z.B. die Multiplikation zweier Zahlen durch die Addition der Exponenten und die Multiplikation der Mantissen durchgeführt:

$$Z_1 \cdot Z_2 = [(-1)^{VZ1} \cdot 2^{E1} \cdot M_1] \cdot [(-1)^{VZ2} \cdot 2^{E2} \cdot M_2]$$

$$= (-1)^{VZ1+VZ2} \cdot 2^{E1+E2} \cdot (M1 \cdot M2) .$$

Die Unterteilung der Gleitpunkt-Datenformate in Exponent und Mantisse spiegelt sich auch im Aufbau des Operationswerkes (*execution unit* – EU) wider. Bei der ersten Realisierungsmöglichkeit, die im Bild 2.3-4 skizziert ist, besteht das Operationswerk nur aus einer ALU, die sequentiell die beiden geforderten Operationen auf den Exponenten und Mantissen ausführt.

Über ein Multiplexer/Demultiplexer-Schaltnetz gelangen die Teiloperanden (Exponenten oder Mantissen) in die Hilfsregister vor den ALU-Eingängen. Das oben angegebene Beispiel der Multiplikation legt dabei nahe, daß das Vorzeichen zusammen mit den Exponenten verarbeitet wird. Die Bitbreite der ALU muß natürlich dem längeren Operandentyp angepaßt sein, also der Mantisse. Um intern eine höhere Rechengenauigkeit zu erreichen, berechnet die ALU einige Bits mehr als von der Mantisse vorgegeben sind. Üblich ist eine Rechengenauigkeit von 68 bit.

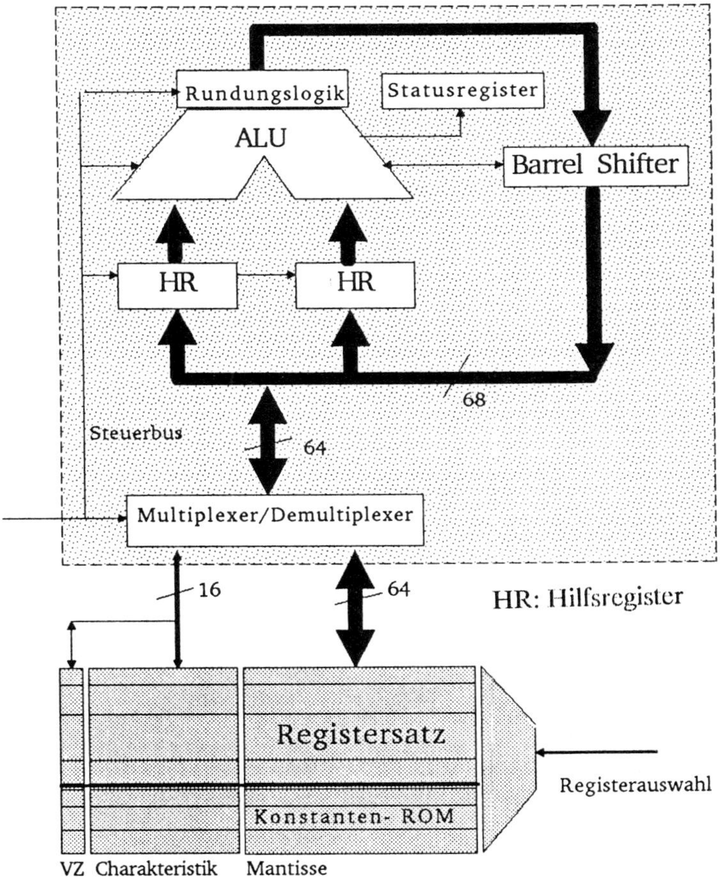

Bild 2.3-4. Operationswerk eines Arithmetik-Prozessors mit einer ALU

Zur ALU gehört eine spezielle Rundungslogik, die das Ergebnis einer Operation auf die im Steuerregister des APs festgelegte Genauigkeit und nach dem dort gewählten Verfahren rundet (s. Abschnitt 2.2.2). Das Ergebnis einer Operation liegt im allgemeinen in nicht normalisierter Form vor. Die Normalisierung besteht hauptsächlich in einer Verschiebung der Mantisse um soviel Bits, daß die höchstwertige '1' vor den Punkt kommt. Diese Verschiebung wird in dem der ALU nachgeschalteten *Barrel Shifter* vorgenommen, der in einem Takt das Ergebnis um bis zu 67 Bit-Positionen verschieben kann. Die Anzahl der Positionen, um die eine Mantisse verschoben wurde, wird vom Barrel Shifter der ALU mitgeteilt und von dieser bei der Berechnung des Exponenten berücksichtigt. Der Barrel Shifter wird natürlich auch bei anderen Operationen benötigt, z.B. bei der Addition, um die beiden Operanden in die gleiche Größenordnung zu bringen.

Selbsttestaufgabe S2.3-1:

a) Beschreiben Sie die Operationen, die der Barrel Shifter und die ALU bei der Normalisierung der Gleitpunktzahlen

$$Z_1 = (-1)^1 \cdot 2^{227} \cdot (0.000001010...)_2$$
$$Z_2 = (-1)^0 \cdot 2^{100} \cdot (0.000101000...)_2 \quad \text{ausführen.}$$

b) Beschreiben Sie die Operationen, die der Barrel Shifter und die ALU bei der Addition der Gleitpunktzahlen

$$Z_1 = (-1)^0 \cdot 2^{200} \cdot (1.01011010...)_2$$
$$Z_2 = (-1)^1 \cdot 2^{196} \cdot (1.10100000...)_2 \quad \text{ausführen.}$$

Eine Beschleunigung der Berechnung mathematischer Funktionen erreicht man, wenn die Operationen auf den Exponenten und den Mantissen soweit wie möglich parallel durchgeführt werden. Dies führt zu dem im Bild 2.3-5 skizzierten Operationswerk mit zwei ALUs.

Über zwei getrennte Busse mit 16 bzw. 64 Leitungen werden die Operandenteile Vorzeichen/Exponent bzw. Mantisse den Hilfsregistern der ALUs zugeführt. Diese ALUs führen dann die geforderten Operationen aus. Dabei tauschen sie über besondere Steuerleitungen Informationen aus. Bei der oben angesprochenen Normalisierung von Gleitpunktzahlen muß die ALU des Exponenten z.B. wissen, um wieviele Bitpositionen die Mantisse verschoben wurde. Zur ALU für die Mantissen-Operationen gehört auch hier die oben beschriebene Rundungslogik. Außerdem ist ihr ein Barrel Shifter zugeordnet. Da dieser sehr viel Chipfläche benötigt, wird er gewöhnlich nur einmal im Operationswerk realisiert und muß so auch für eine eventuelle Verschiebung des Exponenten mitbenutzt werden. Dies wird durch die Schaltlogik ermöglicht, die das Bussystem beider ALUs verbindet. Die Kopplung beider Bussysteme wird insbesondere auch für die Befehle benötigt, die den Exponenten oder die Mantisse einer Gleitpunktzahl selbst in eine Gleitpunktzahl umwandeln (vgl. Abschnitt 2.4).

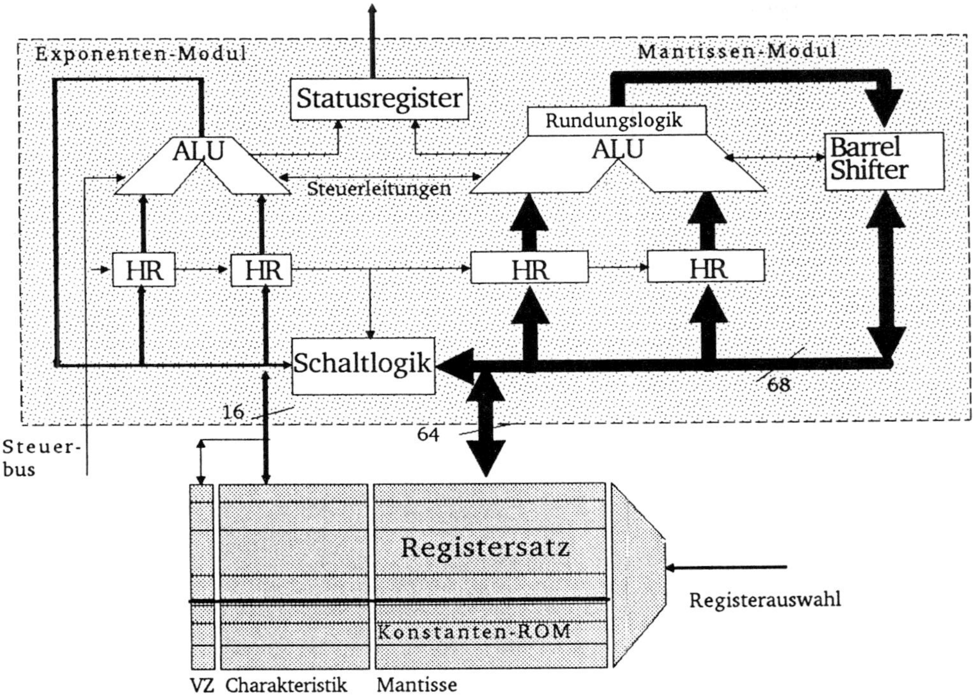

Bild 2.3-5. Operationswerk eines Arithmetik-Prozessors mit zwei ALUs

> Selbsttestaufgabe S2.3-2:
>
> Stellen Sie für die folgenden Funktionen und Operanden die von den zwei Modulen des Operationswerkes durchgeführten Operationen dar. Die Operanden müssen zuvor in das 32-bit-Gleitpunkt-Format umgewandelt werden.
>
> a) Multiplikation: $(-48) \cdot (+0.125) = -6$,
> b) Addition: $(-48) + (+16) = -32$.

2.3.4.2 Die Statusbits des Operationswerkes

In Abhängigkeit vom Ergebnis einer Operation werden von der ALU bzw. den ALUs des Operationswerkes bestimmte Bits im Statusregister gesetzt. Dieses wurde bereits im Abschnitt 2.3.2 kurz beschrieben. Hier folgt nun die Erklärung der Bits, die vom Operationswerk in Abhängigkeit des Ergebnisses einer Operation gesetzt werden.

CC (*condition code*) Diese Bits entsprechen den Flags der arithmetisch/logischen Einheit eines µPs, wie sie im Abschnitt 1.6 beschrieben wurden. Sie zeigen an, ob das Ergebnis
- negativ,
- gleich Null,
- gleich $\pm\infty$,
- keine gültige Zahl (NaN) ist.

EF (*exception flags, trap flags*) Wie bereits erwähnt, zeigen diese Flags das Auftreten einer Ausnahme-Situation während der Bearbeitung einer Operation an. Diese Bits werden auch dann gesetzt, wenn die Behandlung der zugeordneten Ausnahme-Situationen maskiert ist, d.h. im Steuerregister des Steuerwerks die entsprechenden Maskenbits gesetzt sind. In diesem Fall wird zwar kein *Trap* ausgelöst, jedoch kann der µP durch Abfragen des Statusregisters das Vorliegen der Ausnahme-Situation feststellen und entsprechend reagieren. Zu den Ausnahme-Situationen gehören insbesondere die folgenden Bedingungen:

PE (*precision exception, inexact exception*) Es trat ein Ergebnis auf, das im vorgebenen Datenformat nicht exakt, d.h. nicht ohne Rundung, darstellbar ist.

ZE (*divide by zero exception*) Es wurde versucht, durch die Zahl 0 zu dividieren.

DE (*denormalized operand exception*) Es wurde eine arithmetische Operation mit einem nicht normalisierten Operanden durchgeführt, der nach Abschnitt 2.2.2 einen Unterlauf in einer vorhergehenden Operation anzeigen kann.

OE (*overflow exception*) Bei arithmetischen Operationen wird durch dieses Flag signalisiert, daß ein Ergebnis den darstellbaren Zahlenbereich überschreitet ("Überlauf"). Im Ergebnisregister wird der Code für '$+\infty$' abgelegt.

UE (*underflow exception*) Bei arithmetischen Operationen wird durch dieses Flag signalisiert, daß ein Ergebnis den darstellbaren Zahlenbereich unterschreitet ("Unterlauf"). In diesem Fall wird das denormalisierte Ergebnis im Register abgelegt.

2.3.5 Die Systembus-Schnittstelle

2.3.5.1 Ankopplung an den Mikroprozessor

Im Abschnitt 2.1 wurden die verschiedenen Möglichkeiten dargestellt, wie ein Coprozessor mit den benötigten Operanden versorgt werden kann. Bei Arithmetik-Prozessoren werden bevorzugt Übertragungsverfahren realisiert, bei denen der Arithmetik-Prozessor nicht selbständig als *Bus Master* auf den Systembus zugreifen kann. Bei diesen Realisierungen entfällt in der Systembus-Schnittstelle nach

Bild 2.3-1 der durch eine senkrechte, gestrichelte Linie abgetrennte Teil aus Adreßpuffer und Adreßbustreiber. (Die Arbeitsweise dieser Komponenten wird am Ende dieses Abschnitts in einer Fallstudie erklärt.)

Zunächst wollen wir aber die Systembus-Schnittstelle (*bus interface unit* – BIU) derjenigen Arithmetik-Prozessoren beschreiben, die keinen selbständigen Zugriff auf den Systembus des Mikrorechner-Systems haben. Im Bild 2.3-6 ist die Ankopplung eines Arithmetik-Prozessors und eines µPs über ihre Schnittstellen an den Systembus skizziert. Wie Sie im Kapitel 5 sehen werden, unterscheidet sich diese Kopplung nicht von der zwischen dem µP und einem anderen Peripherie-Baustein.

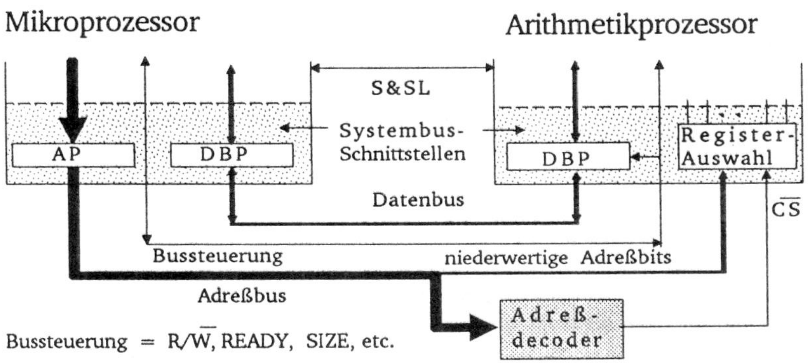

Bild 2.3-6. Anschluß von Arithmetikprozessor und Mikroprozessor an den Systembus (S&SL: Steuer- und Statusleitungen)

Der Austausch der Daten geschieht über den Datenbus, der in beiden Prozessoren vom Datenbuspuffer (DBP) abgeschlossen wird. In diesen werden alle Daten, Befehle und Statusinformationen zwischengespeichert. Zur Beschleunigung des Operandentransfers ist der Datenbuspuffer von Arithmetik-Prozessoren häufig als Warteschlange (*queue, FIFO*) realisiert (oder durch eine solche ergänzt). In ihr werden die vom µP sukzessiv übertragenen Teilwörter eines Operanden zunächst verkettet, bevor sie in die Register übertragen werden.

Beispiel

Ein 32-bit-Prozessor überträgt einen 80-bit-Operanden beispielsweise in drei Schritten: zunächst durch zwei 32-bit-Wörter, danach durch ein 16-bit-Wort. Erst wenn diese drei Wörter in der Warteschlange zum 80-bit-Operanden verkettet sind, wird dieser in ein Register des Arithmetik-Prozessors weitergeleitet.

Durch den Einsatz einer Warteschlange ist es auch möglich, einen neuen Operanden bereits dann in den Arithmetik-Prozessor zu laden, wenn dieser die aktuell ausgeführte mathematische Operation noch nicht beendet hat. Der Adreßbus des Systems wird in zwei Leitungsgruppen aufgeteilt:

- Die niederwertigen Adreßleitungen, z.B. A_3-A_0, werden einer Schaltung in der Schnittstelle des Arithmetik-Prozessors zugeführt, die die Auswahl der internen "System"-Register vornimmt (*register select*). Dazu gehören insbesondere das Statusregister, das Steuerregister, das Befehlsregister sowie die Befehls- und Operanden-Adreßregister (s. Bild 2.3.1-1). (Auf die letztgenannten Register werden wir weiter unten eingehen. Einige APs besitzen noch eine Reihe weiterer Systemregister, die im Rahmen dieses Buches nicht beschrieben werden können.)
  Die Systemregister besitzen eine zweifache Auswahllogik, denn einerseits kann der µP, andererseits das Steuerwerk des APs auf ein bestimmtes Register zugreifen. Durch eine "Verriegelungs"-Schaltung muß natürlich dafür gesorgt werden, daß nicht beide Prozessoren gleichzeitig dasselbe Register ansprechen. In der Regel gibt es im Befehlssatz des µPs für das Ansprechen der Systemregister spezielle OpCodes, auf die im folgenden Abschnitt 2.4 eingegangen wird. Durch diese OpCodes wird das Steuerwerk des µPs veranlaßt, die niederwertigen Adreßleitungen zur Auswahl der geforderten Register geeignet zu aktivieren.
  Zu beachten ist hier, daß die Datenregister des APs durch die Register-Auswahlschaltung nur als gesamter Registersatz selektiert werden. Das Ansprechen eines bestimmten Datenregisters wurde im Abschnitt 2.3.3 beschrieben.
- Die höherwertigen Adreßleitungen werden mit einem externen Schaltnetz, dem Adreßdecoder, verbunden, das seinen Ausgang $\overline{CS}$ genau dann aktiviert, wenn eine Adresse auf dem Adreßbus mit einer der für die Register des APs festgesetzten Adressen übereinstimmt, also der Arithmetik-Prozessor als Quelle oder Ziel des folgenden Datentransfers feststeht. Dieses Signal $\overline{CS}$ (*chip select*) wird auf den gleichbezeichneten Eingang des APs gelegt und aktiviert dort die Register-Auswahllogik. Um Mißverständnissen vorzubeugen, sei hier darauf hingewiesen, daß durch das Signal $\overline{CS}$ nicht die interne Arbeit des APs gesteuert wird, sondern lediglich die Zugriffsmöglichkeit des µPs auf die Register des APs.

Das $R/\overline{W}$-Signal (*read/write*) legt, wie bereits beim µP beschrieben, die Richtung einer Datenübertragung fest, d.h. ob der µP ein Datum aus dem AP lesen oder in den AP übertragen will. Zu diesem Signal kommt eine Reihe weiterer Bussteuersignale, die wir bereits im Abschnitt 1.10 beschrieben haben.

2.3.5.2 Befehls- und Operanden-Adreßregister

Die Befehls- und Operanden-Adreßregister dienen dem µP zur Zwischenspeicherung von wichtigen, zur Fehlerbehandlung benötigten Adressen. Sie haben für den AP selbst keinerlei Bedeutung. Deshalb sind sie bei einigen Prozessorfamilien im µP selbst untergebracht.

Das Befehls-Adreßregister wird vom Mikroprozessor vor der Ausführung einer arithmetischen Operation durch den AP mit der Speicheradresse des Befehls geladen. Im Operanden-Adreßregister wird vom µP die effektive Speicheradresse des im Befehl angegebenen Operanden abgelegt, wie sie von seinem Adreßwerk (mit der im Befehl vorgegebenen Adressierungsart) berechnet wurde. Ihre Bedeutung erhalten diese Register beim Auftreten einer Ausnahme-Situation im AP: Nachdem der Mikroprozessor in der Ausnahme-Behandlungsroutine geeignete Maßnahmen zur Beseitigung der Fehlerursache getroffen hat, kann er aus diesen Registern die Adressen des Befehls und seines Operanden entnehmen, der zur Ausnahme-Situation geführt hat. Dadurch ist er nun in der Lage, die geforderte Operation gegebenenfalls mit dem gleichen Operanden zu wiederholen.

2.3.5.3 Fallstudie: Die Systembus-Schnittstelle des 8087

Der 8087 der Firma Intel ist einer der wenigen Arithmetik-Prozessoren, die als Bus Master selbständig auf den Systembus zugreifen können. Wie im Bild 2.3-1 gezeigt, besitzt er dazu einen Adreßpuffer, der mit einer Inkrementierlogik ('+1') verbunden ist und so den Zugriff auf konsekutive Speicherzellen erlaubt. Auffällig ist, daß der Signalpfad zwischen dem Adreßpuffer und den nachfolgenden Adreßbustreibern bidirektional ausgeführt ist und keine Bus-Verbindung zu anderen Komponenten des APs besteht: Die Startadresse eines Operanden im Speicher wird stets vom µP über den Adreßbus und seine Treiber "von Außen" in den Adreßpuffer geladen. Nur die Adressen der folgenden Operandenwörter werden im Adreßpuffer des APs selbst erzeugt und von dort an den Speicher gelegt. Im folgenden werden wir beschreiben, wie das im einzelnen geschieht. Dabei gehen wir zur Vereinfachung der Darstellung davon aus, daß der Systembus als getrennter Adreß- und Datenbus vorliegt, obwohl der 8087 in Wirklichkeit einen Multiplex-Adreß-/Datenbus der Breite 16 bit besitzt. Der Beginn der Ausführung einer arithmetischen Operation durch den 8087 ist im Bild 2.3-7 skizziert.

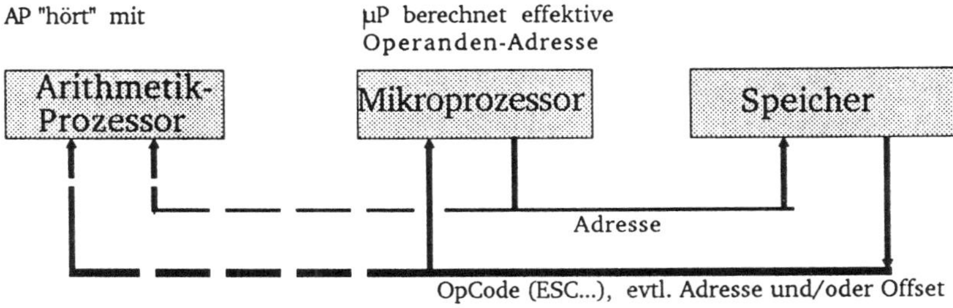

Bild 2.3-7. Der Beginn einer arithmetischen Operation

Der Arithmetik-Prozessor hört zunächst ununterbrochen den Systembus ab. Über die Statussignale des µPs wird ihm mitgeteilt, wann der µP einen Befehl in seine Befehlswarteschlange (*prefetch queue*) lädt (s. Abschnitt 1.5). Der AP besitzt eine Befehlswarteschlange gleicher Struktur, die er synchron zum Prozessor mit Befehlen füllt. Weitere Steuersignale des µPs teilen ihm mit, wann der µP die Abarbeitung eines neuen Befehls aus der Warteschlange beginnt. Diese Befehle werden vom AP synchron zum µP decodiert. Dadurch stellt er einerseits fest, wann ein Arithmetikbefehl ausgeführt werden soll, und andererseits, welche Adressierungsart gewünscht wird. (Im Bild 2.3-7 sind Arithmetikbefehle am Zusatz 'ESC...' zu erkennen.) Mit diesen Informationen kann der AP ermitteln, wann der µP die effektive Adresse des Operanden auf den Adreßbus legt.

Wie im Bild 2.3-8 angedeutet, lädt der AP die erkannte Operanden-Adresse in seinen Adreßpuffer. Gleichzeitig überträgt er den so im Speicher adressierten Operanden (bzw. dessen erstes Wort) in seinen Datenbuspuffer. Der µP selbst übernimmt diesen Operanden nicht.

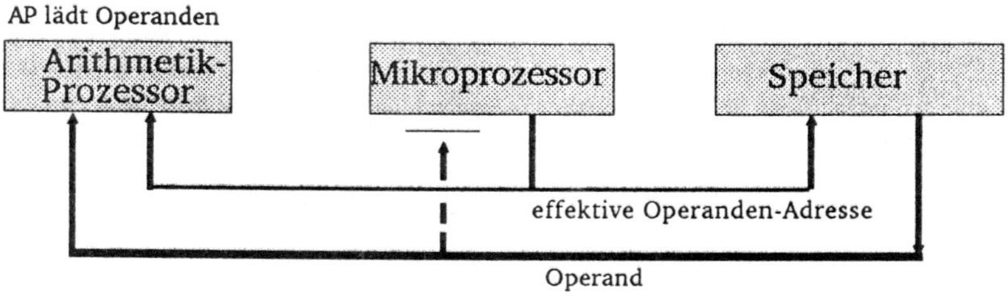

Bild 2.3-8. Der AP erhält die Operanden-Adresse und das erste Wort des Operanden

Ist die Operandenlänge kleiner oder gleich 16 bit, so ist damit die Übertragung aus dem Speicher beendet. Besteht der Operand aus mehr als einem Wort, ist der AP nun selbst in der Lage, die Folge-Adressen des nächsten Operanden-Wortes und eventuell aller weiteren Wörter auf den Adreßbus zu geben.

Im Bild 2.3-9 ist gezeigt, wie der AP auf diese Weise den gesamten Operanden in seinen Datenbuspuffer und von dort in eines seiner Datenregister lädt. Während dieser Zeit kann der µP gegebenenfalls schon weitere Befehle aus seiner Befehlswarteschlange abarbeiten, so weit er dazu nicht auf den Systembus zugreifen muß.

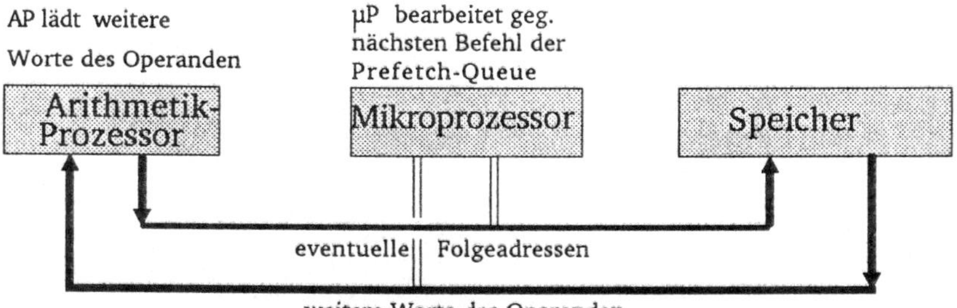

Bild 2.3-9. Der AP lädt die restlichen Operanden-Wörter

Im Bild 2.3-10 ist angedeutet, daß der µP auch während der Berechnung der mathematischen Funktion durch den AP weitere Befehle bearbeiten kann, die jetzt sogar Zugriffe zum Systembus verlangen können.

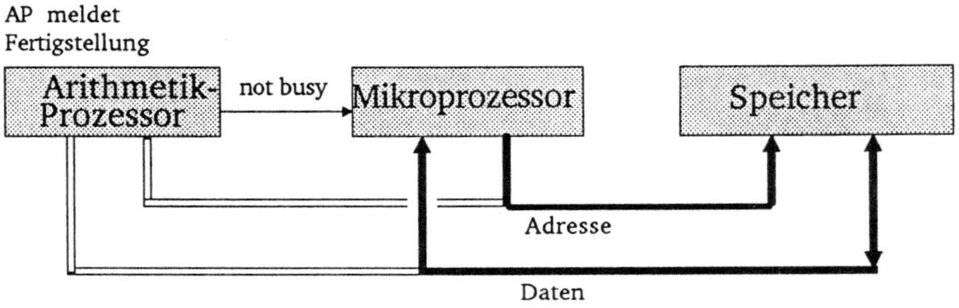

Bild 2.3-10. Der AP beendet eine Operation

Erst wenn darunter der nächste Gleitpunktbefehl auftritt, wird diese Parallel-Verarbeitung unterbrochen und der µP in einen Wartezustand versetzt. Ist der AP mit der Bearbeitung seines Auftrages fertig, informiert er darüber den µP mit Hilfe seines Statussignals *busy/not busy*.

2.4 Datentypen und Befehlssätze von Arithmetik-Prozessoren

2.4.1 Gepackte BCD-Zahlen

Neben den im Abschnitt 2.2.2 beschriebenen Gleitpunkt-Datenformaten unterstützen einige Arithmetik-Prozessoren noch zusätzliche Datentypen. Dazu gehören einerseits die im Abschnitt 1.13 beschriebenen Ganzzahlen-Formate (*integers*) mit einer Wortbreite von 8, 16, 32 oder 64 bit, die im Zweierkomplement dargestellt werden. Andererseits werden vorzeichenbehaftete, gepackte BCD-Zahlen akzeptiert, die beispielsweise eines der im Bild 2.4-1 dargestellten Formate besitzen.

Diese Zahlen werden vom IEEE 754 Standard nicht exakt spezifiziert. Sie besitzen bei einer Länge von 80 bzw. 96 bit eine Genauigkeit von 18 bzw. 17 Dezimalstellen. Bei den neueren Arithmetik-Prozessortypen werden jedoch alle Daten, d.h. Gleitpunktzahlen, ganze Zahlen oder BCD-Zahlen, beim Transport vom Speicher in den Arithmetik-Prozessor automatisch in die Gleitpunkt-Darstellung maximaler Länge umgewandelt. Bei der Auslagerung des Ergebnisses in den Speicher wird dann diese Umwandlung wieder rückgängig gemacht. Auf diese Weise muß das Operationswerk des AP nicht an die verschiedenen Formate angepaßt werden.

a) gepackte ganze Dezimalzahlen

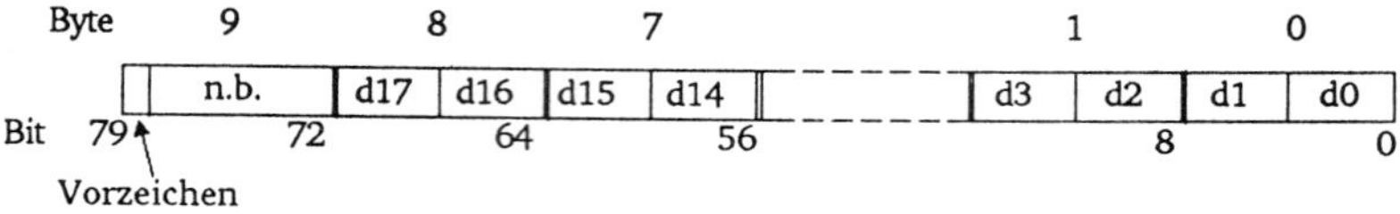

b) gepackte Gleitpunkt-Dezimalzahlen

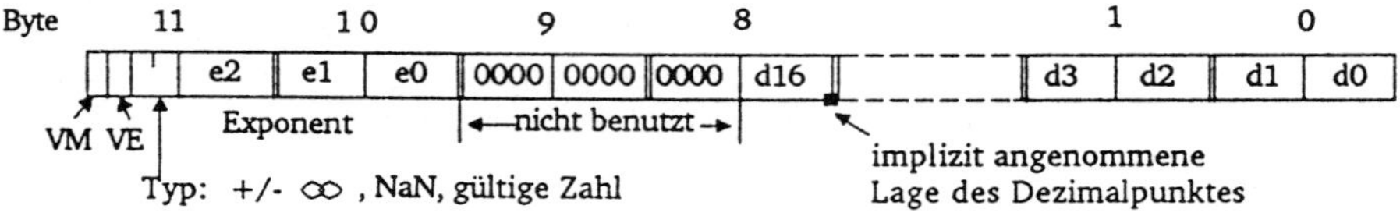

Bild 2.4-1. Beispiele für Formate gepackter BCD-Zahlen

2.4.2 Darstellung von Arithmetikbefehlen

Im Abschnitt 2.1 wurde bereits erwähnt, daß bei den Arithmetik-Prozessoren, welche als Slave-Prozessoren konzipiert wurden, die Befehle durch "willkürlich" zugeteilte Binärwörter bezeichnet werden, die keinerlei Bedeutung für den µP besitzen. Der Hersteller des APs unterteilt die Befehle lediglich in bestimmte Gruppen und numeriert sie dieser Einteilung folgend durch. Dem Programmierer werden diese Nummern in der Befehlsliste des APs zur Verfügung gestellt. Während der Abarbeitung eines Programmes entnimmt der µP dem Speicher die Nummer der geforderten Operation und überträgt sie in das Befehlsregister des APs, nachdem er vorher die benötigten Operanden in die Datenregister geschrieben hat.

Anders sieht es bei den als Coprozessoren entwickelten APs aus. Hier sind im Befehlssatz des Mikroprozessors selbst bestimmte Befehle für den Arithmetik-Prozessor reserviert. Ihre OpCodes beginnen meistens mit einer spezifischen Bitkombination. Üblich sind z.B. '1111' (=\$F) oder '11011' (=\$1B). (Für Kenner des ASCII-Codes: Die letztgenannte Bitkombination wird mit *escape* bezeichnet, da sie mit dem Code des gleichnamigen Steuerzeichens im ASCII-Code übereinstimmt, vgl. die Tabelle im Anhang.) In der Assemblerschreibweise werden ihre Mnemocodes durch das Präfix 'F' (*floating point*) gekennzeichnet:

F<Mnemocode> .

Den Mnemocodes werden gewöhnlich Postfixe angehängt, die das Datenformat spezifizieren, auf das die Operation angewandt werden soll, also z.B.:

F<Mnemocode>S	einfach-genaues Gleitpunktformat,	(*single*)
F<Mnemocode>D	doppelt-genaues Gleitpunktformat,	(*double*)
F<Mnemocode>X	erweitert-genaues Gleitpunktformat,	(*extended*)
F<Mnemocode>P	gepacktes BCD-Format.	(*packed*)

Einige µP unterstützen den simultanen Einsatz mehrerer Coprozessoren. Bei diesen muß dann in jedem Coprozessor-Befehl eine Nummer zur eindeutigen Identifizierung des gewünschten Coprozessors angegeben werden. Für den Typ 68020 von Motorola ist im Bild 2.4-2 der allgemeine Aufbau des OpCodes eines Coprozessor-Befehls skizziert.

Jeder Coprozessor-Befehl wird durch vier '1'-Bits in den höchstwertigen Positionen gekennzeichnet. Wie im Assemblercode beginnen daher alle Befehle auch im Maschinencode mit dem Präfix $F... .

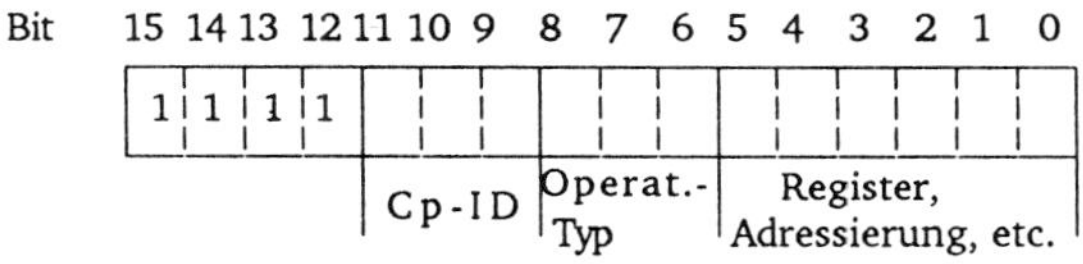

Bild 2.4-2. Befehlsformat bei mehreren Coprozessoren

Dann folgen drei Bits, die zur Auswahl eines von 8 möglichen Coprozessoren benutzt werden (*coprocessor identification* – Cp-ID). Für den Arithmetik-Prozessor ist die Bitkombination '001' reserviert. Die nächsten drei Bits des OpCodes spezifizieren den Typ des Arithmetikbefehls. Die restlichen Bits bestimmen in Abhängigkeit vom Befehlstyp z.B. die benötigten Register oder die gewünschte Adressierungsart.

2.4.3 Abarbeitung von Arithmetikbefehlen

Bevor wir auf die Befehlssätze gängiger APs eingehen, müssen wir noch die folgenden zwei Fragen klären:

- Wie wird ein Programm abgearbeitet, in dem Gleitpunktbefehle auftreten, wenn das Mikrorechner-System keinen Arithmetik-Prozessor besitzt ?
- Wie wird es abgearbeitet, wenn zwar ein Arithmetik-Prozessor vorhanden ist, dieser aber als Slave-Prozessor und nicht als Coprozessor angesprochen wird?

Im Bild 2.4-3 ist die Abarbeitung eines Gleitpunktbefehles für alle drei möglichen System-Konfigurationen grob skizziert.

Zur Erklärung: In der Regel wird durch ein Bit eines µP-Registers angezeigt, ob ein AP als Coprozessor im System integriert ist oder nicht. Dieses Bit wurde in den Fallstudien zum Abschnitt 1.7 z.B. mit EM (*emulate coprocessor*) oder FPP (*floating point processor*) bezeichnet. Immer wenn im Steuerwerk des µPs ein Gleitpunktbefehl decodiert wird, fragt das Steuerwerk dieses Bit ab.

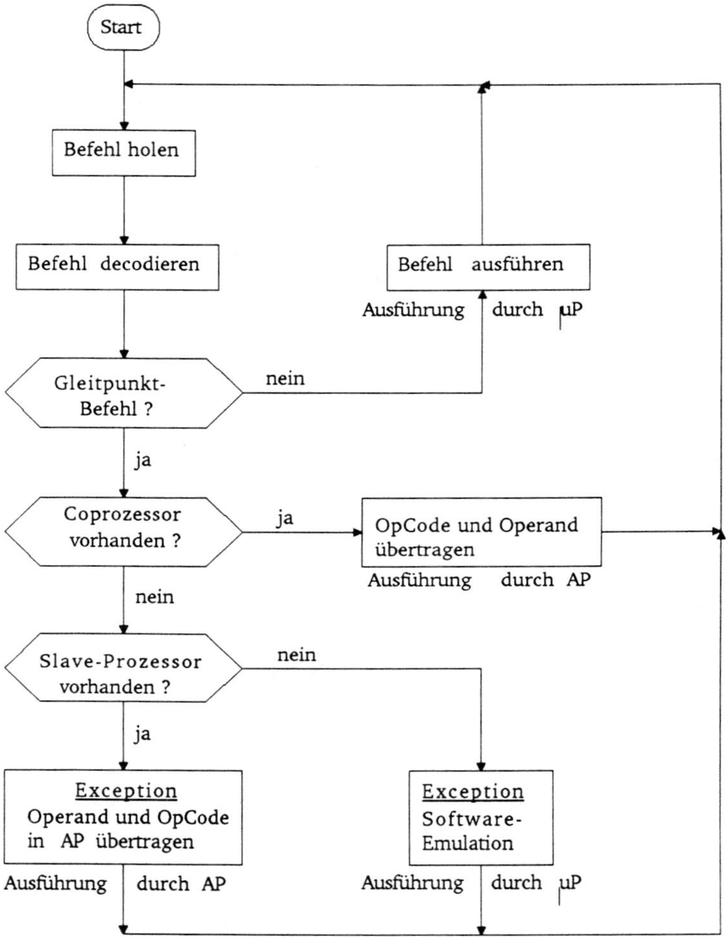

Bild 2.4-3. Flußdiagramm zur Abarbeitung von arithmetischen Befehlen

In Abhängigkeit vom Zustand dieses Bits wird der Arithmetikbefehl nun folgendermaßen ausgeführt:

- Ist das Bit gesetzt, so wird vom µP der OpCode des Arithmetikbefehls und ein eventuell benötigter Operand in den Coprozessor übertragen. Danach setzt der µP seine Programmausführung mit dem nächsten Befehl fort. Die Gleitpunktoperation wird parallel dazu vom AP ausgeführt.
- Zeigt das erwähnte Bit aber an, daß kein Coprozessor zur Verfügung steht, so wird immer dann, wenn das Steuerwerk einen Gleitpunktbefehl erkennt, eine

Unterbrechungs-Anforderung *(trap)* erzeugt. Daraufhin wird aus der Interrupt-Vektortabelle (vgl. Abschnitt 1.12) die Startadresse der zugeordneten Ausnahmeroutine ermittelt. In dieser Routine wird nun zunächst der Typ der gewünschten Operation festgestellt und danach ein geeignetes Unterprogramm zur Ausführung des Arithmetikbefehls aufgerufen.

- Ist im System ein Arithmetik-Prozessor in Form eines Slave-Prozessors vorhanden, so müssen von diesem Unterprogramm lediglich die Operanden und ein Befehlswort in die Register des Slave-Prozessors übertragen werden. Danach kann der µP sein (Haupt-)Programm fortsetzen, während die Gleitpunktoperation vom AP ausgeführt wird.
- Im anderen Fall muß das Unterprogramm die geforderte Gleitpunktoperation softwaremäßig emulieren. Dazu bieten einige Hersteller von Mikroprozessoren spezielle Festwertspeicher (*floating point ROM*) an, in denen auf den speziellen Prozessor zugeschnittene Maschinenprogramme zur Berechnung der vom IEEE 754 Standard verlangten mathematischen Operationen vorliegen.

Während die beiden oberen Abfragen im Bild 2.4-3 vom Steuerwerk des µPs zur Laufzeit des Programmes durchgeführt werden, ist die unterste Alternative eine Entscheidung, die der Systementwickler vor der Realisierung des Systems treffen muß.

2.4.4 Die verschiedenen Befehlsgruppen

Die Befehle eines APs lassen sich in Gruppen einteilen, die – wie Sie nun sehen werden – zum Teil den Befehlsgruppen des µPs entsprechen.

1. Transferbefehle (Tabelle 2.4-4)

Durch diese Befehle wird ein Operand in ein Datenregister des APs übertragen oder von dort gelesen. Wenn die Register des µPs zu "kurz" sind, um diese Operanden selbst aufzunehmen, und nicht die Möglichkeit besteht, einen Operanden in mehrere verkettete µP-Register abzulegen, muß der Arbeitsspeicher Quelle oder Ziel des Operanden-Transfers sein. Insbesondere können also bei einem µP mit 32-bit-Datenregistern von den Gleitpunkt-Formaten nur die 32-bit-Zahlen in Mikroprozessor-Registern gehalten werden.

Durch den Befehl FMOVEM kann eine spezifizierte Menge von Datenregistern des APs mit einem einzigen Befehl geladen oder abgespeichert werden. Durch die Befehle FSAVE bzw. FRESTORE werden alle Systemregister des APs in den Speicher übertragen oder von dort geladen. Die Befehlspaare FMOVEM/FSAVE bzw. FMOVEM/FRESTORE können zur Umschaltung zwischen verschiedenen Programmen in einem Multitasking-Betriebssystem dienen (vgl. Kapitel 4), für die der Inhalt aller AP-Register, d.h. der Daten- und Systemregister, im Speicher abgelegt bzw. von dort wieder eingelagert werden muß.

Tabelle 2.4-4. Transferbefehle

Mnemonic	Bedeutung
FLD	Laden eines AP-Registers mit einem Operanden aus dem Speicher oder einem µP-Register (*load*)
FST	Lesen eines AP-Registers und Übertragung in den Speicher oder ein µP-Register (*store*)
FLDconst	Laden eines AP-Registers aus dem Konstanten-ROM
FMOVE(M)	Übertragen eines/mehrerer Operanden in den/aus dem AP
FSAVE	Retten aller Systemregister des APs,
FRESTORE	Laden aller Systemregister des APs

2. Arithmetische Befehle (Tabelle 2.4-5)

Tabelle 2.4-5. Arithmetische Operationen

Mnemonic	Bedeutung	
	1. Grundoperationen	
FADD	Addition	(*add*)
FSUB	Subtraktion	(*subtract*)
FMUL	Multiplikation	(*multiply*)
FDIV	Division	(*divide*)
FMOD	Rest einer Division	(*modulo*)
FRNDINT	Rundung zu einer ganzen Zahl	(*round integer*)
FSQRT	Quadratwurzel	(*square root*)
FABS	Absolut-Betrag	(*absolute*)
FCMP	Vergleich zweier Operanden	(*compare*)
FGETEXP	Extrahieren des Exponenten	(*get exponent*)
FGETMAN	Extrahieren der Mantisse	(*get mantissa*)
FCHS	Vorzeichenwechsel	(*change sign*)
	2. abgeleitete Operationen	
FAxxx	Arcus-Funktionen, xxx = cos, sin, tan, tanh	
Fxxx	Trigonometrische Funktionen, xxx = cos, sin, tan, cosh, sinh, tanh	
FnTOX	Potenzieren der Basis n: n^X, n = 2, e, 10	
FLOGn	Logarithmus zur Basis n, n = 2, e, 10	

Die arithmetischen Gleitpunktoperationen lassen sich in die Grundoperationen (*primary operations*) und die daraus abgeleiteten Operationen (*derived operations*) unterteilen. Zu den Grundoperationen gehören insbesondere die Addition, Subtraktion, Multiplikation und Division. Zu den abgeleiteten Operationen gehören die trigonometrischen, logarithmischen und exponentiellen mathematischen Funktionen. Durch den Befehl FRNDINT kann eine Gleitpunktzahl zu einer ganzen Zahl gerundet werden. Dabei wird durch die Bits RC im Steuerregister (vgl. Abschnitt 2.3.2) festgelegt, welche der im Abschnitt 2.2.2 beschriebenen Rundungsmöglichkeiten benutzt werden soll. Mit den FGET...-Befehlen kann der Exponent oder die Mantisse eines Gleitpunktoperanden selbst in eine 80-bit-Gleitpunktzahl umgewandelt werden.

Selbsttestaufgabe S2.4-1:

a) Geben Sie die Formel für die Berechnung des Restes der Division zweier Operanden A und B an. Geben Sie den Rumpf eines Assemblerprogramms zur Berechnung dieser Formel durch die anderen arithmetischen Operationen an.

b) Wie sieht das Ergebnis der Operationen FGETEXP und FGETMAN im 32-bit-Format aus, wenn man sie auf die Dezimalzahl $Z = -1.625 \cdot 2^{160}$ anwendet.

3. Befehle zur Programm-Kontrolle (Tabelle 2.4-6)

Die folgenden Befehle werden in Abhängigkeit von den Zustandsbits CC im Statusregister des APs ausgeführt (s. Abschnitt 2.3.4).

Tabelle 2.4-6. Befehle zur Programm-Kontrolle

Mnemonic	Bedeutung
FBcc	µP verzweigt, falls im AP cc gilt (*branch*)
FDBcc	AP testet, ob die Bedingung cc gilt; falls cc gilt, dekrementiert der µP eine Zählvariable und verzweigt, falls Zählvariable ≥ 0 (*decrement and branch*)
FScc	µP setzt ein bestimmtes Flag-Byte im Speicher auf 11..11, falls im AP cc gilt, sonst setzt er es auf 00..00 zurück (*set*)
FTRAPcc	µP führt einen Trap aus, falls im AP cc gilt

Im Auftrag des µPs überprüft der AP den Zustand dieser Flags und bestimmt damit, ob die im Befehl angegebene Bedingung erfüllt ist oder nicht. Das Ergebnis (*true* oder *false*) dieser Prüfung meldet er dem µP über das Antwortregister (s. Abschnitt 2.3.2), das vom µP zum Abschluß der Prüfung gelesen wird. Der µP führt dann in Abhängigkeit vom Ergebnis eine Verzweigung durch oder nicht. Aus den Statusbits CC kann eine der in Tabelle 2.4-7 mit cc bezeichneten Bedingungen abgeleitet werden. Dabei ist zu beachten, daß als Ergebnis einer Operation auch die "Zahl" $\pm\infty$ oder aber 'keine gültige Zahl' (NaN) herauskommen kann. Deshalb gelten nicht mehr die bei den Standard-Mikroprozessoren üblichen Verneinungen der Bedingungen. So ist zum Beispiel die Verneinung von

	"größer"	(*greater than*)
nicht	"kleiner oder gleich"	(*less than or equal*),
sondern	"nicht größer"	(*not greater than*).

Außerdem müssen nun nicht mehr alle Operanden vergleichbar sein. Das führt z.B. zu der bei ganzen Zahlen unsinnigen, weil stets erfüllten Bedingung:

"größer, kleiner oder gleich",

die nur dann erfüllt ist, wenn beide Operanden vergleichbar sind.

Der Befehl FScc kann dazu benutzt werden, das Ergebnis eines Operandenvergleichs für eine spätere Auswertung in einem Byte des Speichers als Flag abzulegen. Der Befehl FTRAPcc veranlaßt den Aufruf einer Ausnahme-Behandlungsroutine, falls die Bedingung cc erfüllt ist. Die Startadresse (Vektor) dieser Routine ist in der Interrupt-Vektortabelle an einer fest vorgegebenen Position abgelegt. Die Vektornummer dieser Position stellt der AP dem µP im Antwortregister zur Verfügung.

Tabelle 2.4-7. Die abgeleiteten Bedingungen ($\neg$ = logische Verneinung, v = ODER)

cc	Bedingung	
EQ	$=$	*equal*
NE	$\neq$	*not equal*
GT	$>$	*greater than*
NGT	$\neg>$	*not greater than*
GE	$\geq$	*greater than or equal*
NGE	$\neg\geq$	*not (greater than or equal)*
LT	$<$	*less than*
NLT	$\neg<$	*not less than*
LE	$\leq$	*less than or equal*
NLE	$\neg\leq$	*not (less than or equal)*
GL	$<$ v $>$	*greater or less*
NGL	$\neg(>$ v $<)$	*not (greater or less)*
GLE	$>$ v $<$ v $=$	*greater, less or equal*
NGLE	$\neg(>$ v $<$ v $=)$	*not (greater, less or equal)*

4. Befehle zur Steuerung des Arithmetik-Prozessors (Tabelle 2.4-8)

Diese Befehle dienen z.B. zur Initialisierung des Arithmetik-Prozessors, zur Übertragung eines Wortes in das Steuerregister des APs und zum Lesen seines Statusregisters. Der Befehl FCLEX dient in einer Ausnahmeroutine dazu, die *Trap Flags* im Statusregister zurückzusetzen, um so eine erneute Unterbrechung durch die gleiche Fehlerursache zu verhindern. Bei APs, die ihren Registersatz als Stack betreiben, kann der Stackpointer im Statusregister durch die Befehle FINCSTP, FDECSTP erhöht oder erniedrigt werden.

Tabelle 2.4-8. Steuerbefehle

Mnemonic	Bedeutung	
FINIT	Initialisieren des APs	(*initialize*)
FLDCW	Laden des Steuerregisters (*control word* – CW)	(*load*)
FSTrr	Übertragen des Registers rr in den Speicher, rr = CW: Steuerregister, rr = SW: Statusregister	(*store*)
FCLEX	Rücksetzen der *Trap Flags* im Statusregister	(*clear*)
FNOP	keine Operation	(*no operation*)
FINCSTP	Erhöhen des AP-Stackpointers	(*increment stackpointer*)
FDECSTP	Erniedrigen des AP-Stackpointers	(*decrement stackpointer*)

2.4.5 Die Ausführungszeiten einiger Gleitpunktoperationen

Der Einsatz eines Arithmetik-Prozessor in einem Mikrorechner-System beschleunigt die Berechnung mathematischer Funktionen wenigstens um den Faktor 100. In der Tabelle 2.4-9 sind für die Arithmetik-Prozessoren Motorola 68881 und Intel 8087 die Ausführungszeiten verschiedener mathematischer Funktionen angegeben. Alle Zeiten werden für den Fall erreicht, daß alle Operanden in den Registern der APs zur Verfügung stehen. Die letzte Spalte zeigt für ein System mit dem Mikroprozessor 8086 von Intel, wie lange die softwaremäßige Berechnung der Funktionen ohne AP (8087) benötigt. Die Tabelle gestattet nur einen groben Vergleich der Rechengeschwindigkeit beider APs, weil dazu viele Randbedingungen berücksichtigt werden müssen. Beim Vergleich der Zeiten müssen insbesondere die verschiedenen Taktfrequenzen beachtet werden, mit denen die APs betrieben werden. Außerdem ist eine allgemeingültige Berechnung der Ausführungszeiten kaum möglich, da es durch die mögliche Parallelarbeit von AP und µP auf die Struktur jedes einzelnen Programmes ankommt.

Tabelle 2.4-9. Ausführungszeiten einiger arithmetischen Operationen in Mikrosekunden

Operation	68881 16.67 MHz	8087 8 MHz	Software- Emulation
Addition/Subtraktion	3.00	10.6	1000
Multiplikation	3.44	16.9	1312
Division	5.76	24.4	2 000
Quadratwurzel	--	22.5	12 250
Sinus	23.03	--	--
Tangens	27.23	56.3	8 125
Arcussinus	35.87	--	--
Exponentialfunktion	--	62.5	10 687

3. Aufbau und Organisation des Arbeitsspeichers

In den vorhergehenden beiden Kapiteln haben wir ausführlich die Zentraleinheit (CPU) eines Mikrorechner-Systems, bestehend aus dem Mikroprozessor und eventuell einem oder mehreren Coprozessoren, beschrieben. In den beiden folgenden Kapiteln werden wir uns nun ausführlich mit einer weiteren Hauptkomponente einer digitalen Rechenanlage (nach Bild 1.1-1), dem Arbeitsspeicher, beschäftigen. Dabei werden in diesem Kapitel zunächst die zugrunde liegenden Technologien sowie der Aufbau und die Organisation des Speichers behandelt. Gegenstand des folgenden Kapitels 4 wird dann die Verwaltung der Daten und Programme in diesem Speicher sein. Den zweiten Teil des Speichers einer Rechenanlage, die Peripheriespeicher wie Festplatten und Floppy Disks, werden Sie im Kapitel 6 näher kennenlernen.

3.1 Wichtige Begriffe

Der **Arbeitsspeicher** ist das "Gedächtnis" (*memory*) einer Rechenanlage, also der Ort, an dem Programme und Daten

- permanent abgelegt werden, wenn sie in jedem Augenblick zur Verfügung stehen müssen ("Langzeit-Gedächtnis"). Zu diesen Programmen und Daten gehören insbesondere der Kern des Betriebssystems und wichtige Systemtabellen. Sie sind (zum Teil) in Festwertspeichern untergebracht, die ihre Informationen auch nach dem Abschalten der Betriebsspannungen behalten.
- vorübergehend abgelegt werden, wenn sie nur kurzzeitig gebraucht werden ("Kurzzeit-Gedächtnis"). Dazu zählen die meisten Anwenderprogramme, die nur während ihrer Ausführungszeit im Arbeitsspeicher vorhanden sein müssen und deshalb bevorzugt in Schreib-/Lesespeichern eingelagert werden, die nach dem Abschalten der Betriebsspannungen ihren Inhalt verlieren.

Arbeitsspeicher für Mikrorechner-Systeme bestehen heutzutage fast ausschließlich aus Halbleiter-Bausteinen. Deshalb beschränken wir uns in diesem Kapitel ganz auf deren Beschreibung. Dabei betrachten wir ausschließlich digitale Speicher, bei denen die kleinste Informationseinheit nur zwei (binäre) Werte annehmen kann.

Zunächst werden nun einige häufig auftretende Begriffe erklärt, die zum Teil im Bild 3.1-1 skizziert sind.

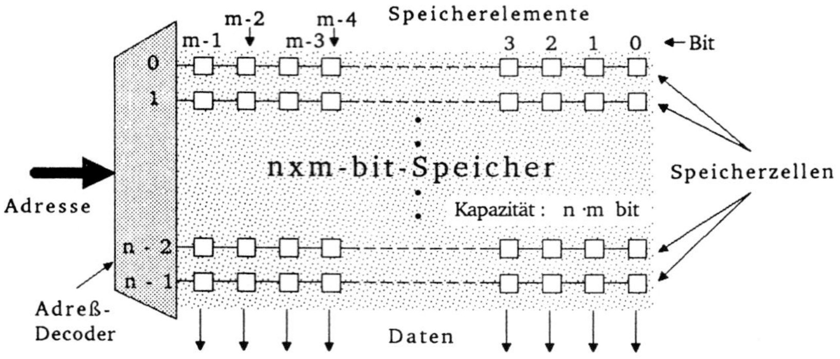

Bild 3.1-1. Prinzipieller Aufbau des Arbeitsspeichers

Eine Schaltung, die genau einen binären Wert aufnehmen und für eine gewisse Zeit speichern kann, nennen wir ein **Speicherelement**.

Eine **Speicherzelle**, auch Speicherplatz oder Speicherstelle genannt, umfaßt eine feste Anzahl von Speicherelementen, die durch eine einzige (Speicher-) Adresse, d.h. eine eindeutige, binäre Nummer, gleichzeitig ausgewählt werden. Das einzelne Element einer Speicherzelle wird Bit genannt. Eine Speicherzelle enthält gewöhnlich 8, 16 oder 32 Bits und kann daher ein Byte, ein Wort oder ein Doppelwort aufnehmen.

Speicherelemente werden in der Literatur häufig vereinfachend auch (1-bit-) Speicherzellen (*memory cells*) genannt. Wo dies in den folgenden Abschnitten zu keinen Mißverständnissen führen kann, haben wir uns im Sinne einer eleganteren Formulierung ebenfalls dazu entschlossen. Das Präfix '1-bit-' lassen wir dabei fort.

Ein **Speicherwort** besteht aus der maximalen Anzahl von Speicherelementen, deren Inhalt in einem einzigen Buszyklus zwischen Mikroprozessor und Speicher übertragen werden können. Die Breite eines Speicherwortes stimmt daher mit der Datenbusbreite überein.

Alle in dieser Kurseinheit betrachteten Speicherbausteine sind ortsadressierbar, d.h. jede Speicherzelle kann "wahlfrei" durch die Angabe ihrer Adresse angesprochen werden, ohne daß vorher andere Zellen selektiert werden müssen. (Dies ist z.B. bei Magnetbändern der Fall, bei denen die einzelnen Speicherzellen nur sequentiell hintereinander angesprochen werden können.) Die Selektion der Speicherzelle geschieht durch den Adreßdecoder, der die angelegte Adresse in einen 1-aus-n-Code umformt. Die Zeit für das Einschreiben eines Datums in eine Zelle bzw. das Auslesen aus ihr ist adressenunabhängig.

Die **Organisation** eines Speicherbausteins bzw. des gesamten Arbeitsspeichers wird durch die Anzahl n seiner Speicherzellen und der Anzahl m der Speicherelemente pro Speicherzelle definiert. Sie wird in der Form 'nxm bit' angegeben. In der Regel kann man zum Aufbau eines Arbeitsspeichers mit festgelegter Organisation verschieden organisierte Speicherbausteine benutzen. Beispielsweise enthält ein 4kx8-bit-Speicher[1] 4096 Speicherzellen mit jeweils 8 Bits. Dieser Speicher kann einerseits aus acht 4kx1-bit-Speicher-Bausteinen oder aber aus einem 4kx8-bit-Baustein aufgebaut werden (vgl. Abschnitt 3.6).

Die **Kapazität** eines Arbeitsspeichers bzw. eines einzelnen Speicherbausteins ist das Maß für die Informationsmenge, die darin maximal untergebracht werden kann. Sie wird in der Einheit 'bit' angegeben. Ihr Zahlenwert wird berechnet als das Produkt **n · m** der durch die Speicherorganisation vorgegebenen Anzahl von Speicherzellen **n** und der Anzahl von Speicherelementen **m** in jeder Speicherzelle.

Im Bild 3.1-2 sind zwei Zeiten skizziert, die die **Arbeitsgeschwindigkeit** eines Speicherbausteins charakterisieren. (Sie wird manchmal auch Funktionsgeschwindigkeit genannt.) Diese Zeiten können für den gesamten Arbeitsspeicher oder aber für einzelne Speicherbausteine angegeben werden. Die Zeiten für den gesamten Arbeitsspeicher ergeben sich aus denen der Bausteine, indem die Verzögerungszeiten für die Auswahl eines bestimmten Bausteins und eventuell eingesetzter Treiberbausteine hinzu addiert werden.

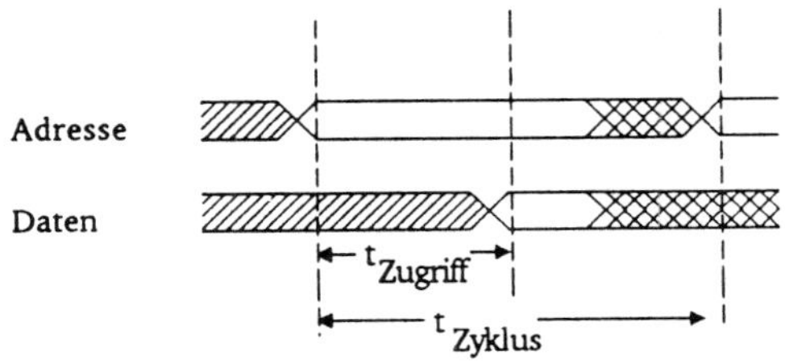

Bild 3.1-2. Zugriffszeit und Zykluszeit

Die **Zugriffszeit** (*access time*) gibt die maximale Zeitdauer an, die vom Anlegen einer Adresse an den Baustein bzw. den Arbeitsspeicher bis zur Ausgabe des gewünschten Datums an seinen Ausgängen vergeht. Zur Bestimmung dieser Zeit muß zunächst das Abklingen der dynamischen Vorgänge aller Adreß- und Daten-Signale abgewartet werden, bis sie stabil auf dem H- oder L-Pegel vorliegen.

Die **Zykluszeit** gibt die minimale Zeitdauer an, die zwischen zwei hintereinander folgenden Aufschaltungen von Adressen an den Baustein bzw. den Arbeitsspeicher vergehen muß. Wie im Bild 3.1-2 angedeutet, kann die Zykluszeit u.U. so lang sein, daß sich vor ihrem Ende die Signale auf Adreß- und Datenbus bereits (mehrfach) verändert haben.

Im Idealfall stimmt die Zykluszeit mit der Zugriffszeit überein, was bei einigen Arten von Halbleiter-Speicherbausteinen tatsächlich erreicht wird. In allen anderen Fällen überschreitet sie die Zugriffszeit, zum Teil sogar beträchtlich (bis zu

1) 1 k = 1024

80%). Ein Grund dafür liegt z.B. darin, daß bei einigen Speicherarten die Information durch das Auslesen zerstört wird und deshalb zunächst wieder eingeschrieben werden muß, bevor auf die nächste Speicherzelle zugegriffen werden darf (vgl. Abschnitt 3.2). Dieses Beispiel läßt schon erkennen, daß die Zykluszeit für das Schreiben bzw. das Lesen eines Datums unterschiedlich groß sein kann. Die Zykluszeit berücksichtigt außerdem alle Wartezeiten, die durch das Abklingen bausteininterner Signale auf stabile Werte verursacht werden.

3.2 Klassifizierung von Halbleiterspeichern

Wie bereits im letzten Abschnitt angedeutet, werden Halbleiterspeicher nach ihrer Funktion üblicherweise in Festwertspeicher und Schreib-/Lese-Speicher eingeteilt. Dies ist im Bild 3.2-1 dargestellt.

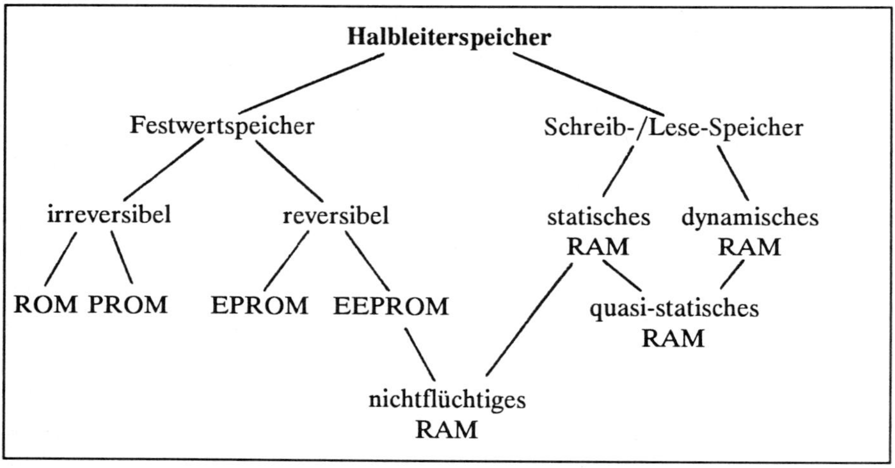

Bild 3.2-1. Die wichtigsten Typen der Halbleiterspeicher

3.2.1 Festwertspeicher

Festwertspeicher sind dadurch charakterisiert, daß ihr Inhalt vom Mikroprozessor während des normalen Betriebes nur gelesen, nicht aber verändert werden kann. Sie werden deshalb auch als Nur-Lese-Speicher bezeichnet, wofür meist die englische Abkürzung ROM (*read only memory*) benutzt wird. In der Regel ist ihr Inhalt nicht flüchtig (*non volatile*), d.h. er bleibt auch nach dem Ausschalten der Betriebsspannung erhalten. Deshalb hatten wir sie oben als "Langzeit-Gedächtnis" bezeichnet.

Festwertspeicher dienen in Mikrorechner-Systemen hauptsächlich zur Aufnahme von Programmen und Daten, die zur Funktionsfähigkeit des Systems dauernd und unverändert zur Verfügung stehen müssen, insbesondere also von Teilen des Betriebssystems, von Systemtabellen oder bestimmten Systemkonstanten. Die in ihnen abgelegte Software wird häufig auch zur Firmware gerechnet. Das Einschreiben der Information in ein ROM wird als Programmierung des Speicherbausteins bezeichnet. (Man beachte, daß die Programmierung eines Bausteins nicht unbedingt etwas mit der Erstellung eines Programmes für den Mikrorechner zu tun hat.)

Bei einigen ROM-Typen ist das Einschreiben der Information irreversibel, d.h. auch außerhalb des normalen Einsatzes in einem Mikrorechner-System nicht mehr rückgängig zu machen. Bei ihnen geschieht die Programmierung stets außerhalb des Systems, in dem der Speicher eingesetzt werden soll. Hier unterscheidet man die folgenden zwei Typen:

- Bei den **maskenprogrammierten Festwertspeichern** (ROM) geschieht die Programmierung bereits bei der Herstellung des Bausteins. In diesem Fall muß der Anwender dem Hersteller die gewünschte Speicherinformation vor der Fertigstellung der Bausteine übergeben. Diese Information bestimmt dann den letzten Schritt bei der Herstellung der Speicherelemente. Wegen der resultierenden hohen Programmierkosten sind maskenprogrammierte Festwertspeicher erst in sehr großen Stückzahlen wirtschaftlich einsetzbar.
- Bei den **programmierbaren Festwertspeichern** (*programmable read only memory* – PROM) wird die Programmierung durch den Lieferanten oder vom Anwender selbst erst nach Fertigstellung der Bausteine vorgenommen. Dazu müssen sie in einem speziellen Programmiergerät einem exakt spezifizierten Programmierverfahren unterzogen werden, durch das informationsabhängig bestimmte Bereiche in den Speicherelementen physikalisch zerstört werden. Der Inhalt "zerstörter" Speicherelemente kann dann z.B. als logischer '0'-Wert aufgefaßt werden.

Für Prototypen während der Entwicklungsphase eines Systems und bei Geräten mit kleinen Stückzahlen ist der Einsatz von Festwertspeichern angezeigt, bei denen die Programmierung reversibel ist. In diesem Fall kann die eingeschriebene Information zwar geändert werden, jedoch nicht während des normalen Betriebes und/oder nicht durch den Mikroprozessor des Systems selbst.

- Bei den (UV-)**löschbaren Festwertspeichern** (*erasable and programmable read only memory* – EPROM) muß der Baustein zum Löschen dem System entnommen, für längere Zeit einer ultravioletten Strahlung (UV-Strahlung) ausgesetzt und vor dem Wiedereinsatz im System in einem speziellen Gerät neu programmiert werden.
- Die **elektrisch löschbaren Festwertspeicher** (*electrically erasable and programmable read only memory* – EEPROM) besitzen den Vorteil, daß hier das Löschen und das erneute Programmieren der Bausteine durch den Mikroprozessor selbst im System veranlaßt werden kann. Von den im folgenden zu beschreibenden Schreib-/Lese-Speichern unterscheidet sie nur, daß bei ihnen das

(Löschen und das) Einschreiben von Daten viele Größenordnungen länger dauert als das Lesen der Daten und daß die Anzahl der Schreibzyklen aus physikalischen Gründen begrenzt ist. Deshalb werden sie hauptsächlich zur Speicherung von Daten, die sich nur selten ändern, oder zur Datenrettung in (selten auftretenden) Notsituationen verwendet. Zu den in diesen Speichern typischerweise abgelegten Daten gehören z.B. die Kalibrierungsdaten in einem Meßgerät, Zeichenbelegungen von universellen Tastaturen, änderbare Zeichensätze in Druckern oder Tagespreise in Verkaufskassen.

Im Abschnitt 3.4.1 wird auf verschiedene Möglichkeiten zur Herstellung von Festwert-Speicherzellen eingegangen.

3.2.2 Schreib-/Lese-Speicher

Die Schreib-/Lese-Speicher werden im englischen Sprachbereich nicht ganz zutreffend mit *Random Access Memories* (RAM), also als Speicher mit wahlfreiem Zugriff bezeichnet. Diese Eigenschaft besitzen jedoch aus Geschwindigkeitsgründen in der Regel alle Bausteine, die für den Arbeitsspeicher eines Mikrorechner-Systems benutzt werden, insbesondere aber alle in diesem Kapitel beschriebenen Speicherarten. Der Inhalt von Schreib-/Lese-Speichern ist in der Regel flüchtig (*volatile*), d.h. er geht mit dem Ausschalten der Betriebsspannung verloren. Daher können diese Speicher nur zum kurzzeitigen Aufbewahren von Programmen und Daten benutzt werden, was wir weiter oben als "Kurzzeit-Gedächtnis" bezeichnet hatten. Sie müssen auf Systemebene durch Hintergrundspeicher (Peripheriespeicher: Floppy Disk, Festplatte, etc.) ergänzt werden, wie sie im Kapitel 6 beschrieben werden. Die RAM-Bausteine werden nach ihrer Speichertechnik in zwei Gruppen unterteilt:

- Die **statischen RAM**-Bausteine (SRAM) speichern die Information in Zellen, die aus Flipflops bestehen, also aus Schaltungen mit zwei stabilen Zuständen (bistabile Schaltungen). Diese halten eine einmal eingeschriebene Information solange, bis sie durch einen erneuten Speichervorgang verändert wird (oder aber die Betriebsspannung ausgeschaltet wird).
- Bei einem **dynamischen RAM**-Baustein (DRAM) wird die Information als winzige elektrische Ladung in einem Kondensator abgespeichert. Das Lesen einer Speicherzelle bedingt in der Regel das Entladen des Kondensators (*destructive read*), so daß danach der gelesene Wert wieder eingeschrieben werden muß (*read-write-cycle*). Außerdem geht diese Ladung durch unvermeidbare Leckströme kontinuierlich verloren, so daß sie in regelmäßigen Abständen wieder aufgefrischt werden muß. Dieses Verfahren wird üblicherweise mit dem englischen Begriff *refresh* bezeichnet. Ein Speicher aus DRAMs benötigt deshalb eine gesonderte Steuerlogik, die das Auffrischen der Zellen übernimmt. Sie wird im Abschnitt 3.5.3 beschrieben.
- Eine Zwischenstellung zwischen den statischen und den dynamischen RAMs nehmen die **quasi-statischen RAM**-Bausteine ein, die auch iRAMs (*integrated RAM*) genannt werden. Sie besitzen auf einem Halbleiterplättchen neben den

dynamischen Speicherzellen die gesamte Steuerschaltung für das regelmäßige Auffrischen der Zellen und wirken deshalb nach außen wie ein statischer RAM-Baustein.

Im Abschnitt 3.4.2 wird der Aufbau von RAM-Speicherelementen ausführlich beschrieben.

3.2.3 Nicht-flüchtige RAMs

Eine Kombination von Festwertspeicher und Schreib-/Lese-Speicher in einem Baustein bieten die nicht-flüchtigen RAMs (*non volatile RAM* – NVRAM). Bei ihnen ist jede Speicherzelle doppelt ausgelegt, einerseits als statische RAM-Zelle, andererseits als EEPROM-Zelle. Im normalen Betrieb wird der Baustein wie ein RAM benutzt. Eine Steuerschaltung erlaubt es jedoch, den gesamten RAM-Inhalt in das EEPROM zu übertragen oder von dort zu laden. Wie dies realisiert wird, wird in den Abschnitten 3.4.2 und 3.5.3 genau erklärt.

3.3 Einfache Grundlagen über Halbleiter-Bauelemente

In diesem Abschnitt werden wir kurz und stark vereinfachend die Funktionsweise von Dioden, bipolaren Transistoren und MOS-Transistoren beschreiben, soweit das zum Verständnis der Erklärung der verschiedenen Halbleiter-Speicherelemente in den folgenden Abschnitten nötig ist. Nur bei den MOS-Transistoren müssen wir schon an dieser Stelle kurz auf die technologischen Grundlagen eingehen.

3.3.1 Die Diode

Im Bild 3.3-1a ist das Schaltsymbol einer Halbleiter-Diode gezeichnet.

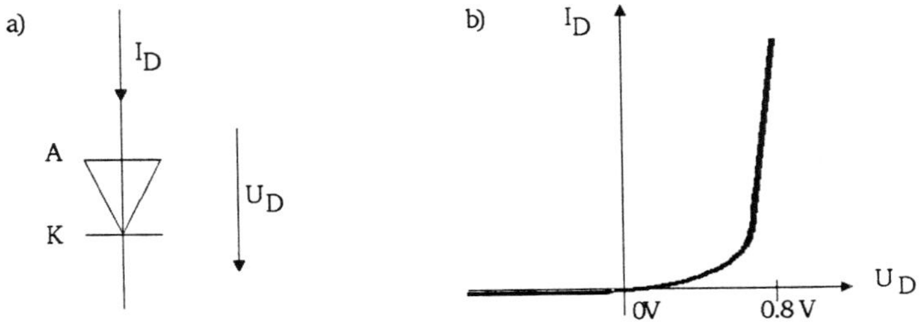

Bild 3.3-1. Schaltsymbol (a) und Kennlinie (b) einer Diode

Eine Diode besitzt zwei Anschlüsse, die mit Anode (A) und Kathode (K) bezeichnet werden[2]. Das pfeilartige Schaltsymbol im Bild 3.3-1a deutet bereits darauf hin, daß die Diode einen elektrischen Strom nur in einer Richtung und zwar von A nach K durchläßt. Sie wirkt also wie ein Stromventil.

Im Bild 3.3-1b ist die Strom-Spannungs-Kennlinie einer Diode gezeichnet. Ist die Diodenspannung U_D negativ oder positiv, aber kleiner als etwa 0.5 V(olt), so ist der Diodenstrom I_D vernachlässigbar klein. Erst wenn die Spannung U_D Werte über 0.6 V annimmt, wächst der Strom sehr stark an. Die Spannung kann nun aber nicht beliebig weiter erhöht werden, sondern wird durch die Diode auf ca. 0.7 bis 0.8 V begrenzt.

3.3.2 Der bipolare Transistor

Im Bild 3.3-2a ist eine einfache Schaltung mit einem bipolaren Transistor gezeichnet.

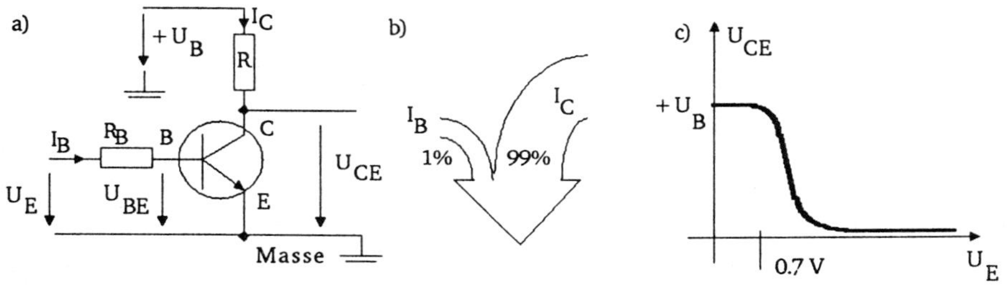

Bild 3.3-2. Bipolarer Transistor;
a) Schaltsymbol, b) Stromverstärkung, c) Übertragungskennlinie

An dem Schaltsymbol des Transistors können Sie erkennen, daß es sich dabei um ein Bauelement mit drei Anschlüssen handelt, die mit Basis (B), Kollektor (C) und Emitter (E) bezeichnet werden. Die Basis-Emitter-Strecke des Transistors verhält sich im wesentlichen wie die eben beschriebene Diode:

Erst wenn die Spannung U_{BE} den Wert 0.5 V überschreitet, fließt ein nennenswerter Basisstrom I_B in die Basis, der den Transistor über den Emitter verläßt. Die Spannung U_{BE} wird auch bei steigendem Basisstrom auf maximal 0.7 bis 0.8 V begrenzt. Hervorgerufen durch den Basisstrom fließt nun jedoch ein Strom I_C in den Kollektor, der den Transistor ebenfalls über den Emitter verläßt. Dieser Kollektorstrom ist um einige Größenordnungen stärker als der ihn steuernde Basisstrom. Der Faktor $V_I = I_C/I_B$, der das Verhältnis beider Ströme angibt, wird als Stromverstärkung bezeichnet. Im Bild 3.3-2b ist beispielsweise eine Stromverstärkung von $V_I = 99$ zugrunde gelegt worden.

2) Anode: positive Elektrode, Pluspol; Kathode: negative Elektrode, Minuspol

Ohne näher darauf eingehen zu können, sei nur angemerkt, daß die Bezeichnung "bipolarer" Transistor daher rührt, daß in ihm sowohl negative Ladungsträger, also Elektronen, wie auch positive Ladungsträger ("Löcher", "Defektelektronen") am Stromfluß beteiligt sind.

In der Schaltung nach Bild 3.3-2a wird der Kollektorstrom I_C von der Spannungsquelle $+U_B$ gespeist. Er verursacht am Widerstand R einen Spannungsabfall. Bei einem Strom $I_C = U_B/R$ fällt die gesamte Betriebsspannung über dem Widerstand ab, so daß die Ausgangsspannung U_{CE} den Wert 0 V annimmt. Ist $U_{BE} < 0.5$ V, so sperrt der Transistor, d.h. für den Kollektorstrom gilt $I_C \approx 0$ mA (Milliampere). Daher fällt über dem Widerstand R keine Spannung ab, und der Ausgang hat das Potential $U_{CE} \approx +U_B$.

Bei den in den folgenden Abschnitten beschriebenen Speicherzellen wird der Transistor als Schalter betrieben. In diesem Fall werden nur die beiden eben beschriebenen Betriebszustände angenommen:

Transistor sperrt: $U_{BE} < 0.5$ V: $I_C \approx 0$ mA, $U_{CE} \approx +U_B$,

Transistor leitet: $U_{BE} \approx 0.7$ V: $I_C \approx U_B/R$, $U_{CE} \approx 0$ V.

Wie im Abschnitt 1.4 erklärt, spricht man auch hier vereinfachend wieder vom L(ow)-Pegel bzw. vom H(igh)-Pegel am Eingang und Ausgang der Transistorschaltung. Wie Sie sehen, stellt die betrachtete Schaltung einen (logischen) Inverter dar.

3.3.3 Der MOS-Transistor

Im Bild 3.3-3a ist das Schaltsymbol eines MOS-Transistors gezeichnet. Man sieht, daß auch dieser Transistor drei Anschlüsse besitzt, die hier aber mit *Drain* (D, Senke, Abfluß), *Source* (S, Quelle) und *Gate* (G, Steuerelektrode) bezeichnet werden.

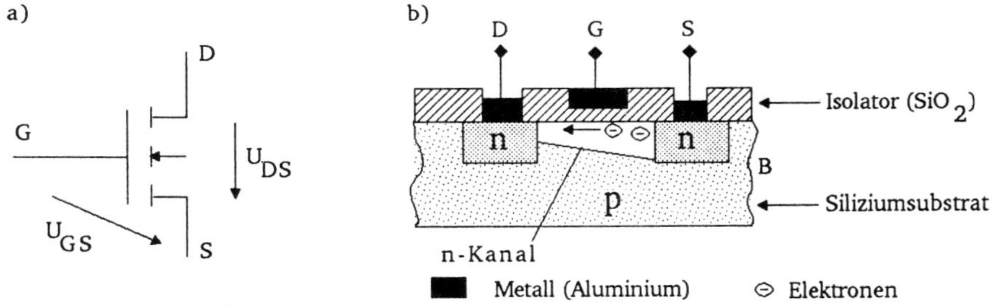

Bild 3.3-3. n-Kanal-MOS-Transistor;
a) Schaltsymbol, b) Schnitt durch den Transistor

Grundlage des Transistors ist eine dünne Schicht aus einkristallinem Silizium (chemisches Zeichen: Si). Silizium gehört zu den sogenannten Halbleitern, Stoffen, deren elektrische Leitfähigkeit zwischen der von Nichtleitern ("Isolatoren") und der von guten Leitern, wie z.B. den Metallen, liegt. Die Siliziumschicht wird als Substrat (*bulk* – B) bezeichnet. Diese wird durch das Einbringen ("Dotieren") von Fremdatomen mit einer niedrigeren chemischen Wertigkeit als der des Siliziums zu einer sogenannten p-Zone, in der ein Überschuß an freien positiven Ladungsträgern vorliegt.

In das p-Substrat werden durch Verunreinigung mit einem höherwertigen Stoff die n-Zonen des Source- bzw. Drain-Anschlusses 'eindiffundiert', die einen Überschuß an freien Elektronen, also negativen Ladungsträgern, haben.

Die gesamte Substratschicht wird danach mit einem Isolator (SiO_2) überzogen, in den die Gräben für die erforderlichen Anschluß-Leitungen zu den S- bzw. D-Zonen hineingeätzt werden. Diese Leitungen werden durch Aufdampfen von Metallen (Aluminium, Gold) hergestellt. Daher stammt die englische Bezeichnung *Metal Oxide Semiconductor* (MOS), die frei übersetzt einen "Halbleiter mit Metall auf (Silizium-)Oxid" meint. In den Isolator zwischen den S- und D-Anschlüssen wird die Steuerelektrode G eingesetzt. Das Substrat wird in der Regel auf das gleiche Potential wie die S-Zone gelegt.

MOS-Transistoren gehören zu den sogenannten **Feldeffekt-Transistoren**, die im Gegensatz zu den oben beschriebenen bipolaren Transistoren durch ein elektrisches Feld, also fast leistungslos gesteuert werden. Dieses Feld bildet sich zwischen der Steuerelektrode G und dem Substrat B, wenn zwischen den Anschlüssen G und S eine positive Spannung U_{GS} angelegt wird. Dabei wirkt der Isolator SiO_2 wie das Dielektrikum in einem Plattenkondensator. Übersteigt nun die angelegte Spannung U_{GS} einen gewissen Schwellwert (U_{th}, *threshold*), so bildet sich zwischen den n-Zonen im Substrat ein leitender (n-)Kanal. Liegt zusätzlich zwischen den Anschlüssen D und S eine positive Spannung U_{DS}, so fließt durch diesen Kanal ein (Elektronen-)Strom. Man sagt, der Transistor leitet. Ist die Steuerspannung $U_{GS} < U_{th}$, so wird der Kanal an der Drain-Zone "abgeschnürt" und der Transistor sperrt. (Transistoren des betrachteten Typs, die bei $U_{GS} = 0$ V sperren, werden deshalb als selbstsperrend bezeichnet.)

Man erhält einen komplementären MOS-Transistor, wenn man im Bild 3.3-3b die Dotierung der einzelnen Zonen vertauscht. In diesem Transistor entsteht durch eine negative Steuerspannung U_{GS} ein p-Kanal und darin ein Strom positiver Ladungsträger. Ein n-Kanal-Transistor wird im Schaltsymbol durch einen Pfeil mit nach innen gerichteter Spitze, ein p-Kanal-Transistor durch einen nach außen weisenden Pfeil gekennzeichnet. Da bei beiden Kanaltypen, im Gegensatz zu den bipolaren Transistoren, jeweils genau eine Art von Ladungsträgern den Stromfluß verursacht, werden MOS-Transistoren auch unipolar genannt. Beide Typen werden meist so symmetrisch aufgebaut, daß man ohne weiteres die Anschlüsse Drain und Source vertauschen kann.

Im Bild 3.3-4a wird das Schaltbild eines Inverters in **CMOS-Technologie** (*complementary MOS*) gezeigt, in dem Transistoren beider Kanal-Typen zusammengeschaltet sind. Wesentlich ist, daß für beide Eingangszustände (H-Pegel, L-Pegel) jeweils genau einer der beiden Transistoren leitet, der andere aber gesperrt ist. Nur im Umschalt-Zeitraum kann kurzzeitig ein Querstrom durch beide Transistoren fließen. Dies ist der Grund, warum die CMOS-Technik eine besonders niedrige Leistungsaufnahme aufweist, die jedoch stark von der benutzten Taktfrequenz abhängt. Im Bild 3.3-4b wird gezeigt, wie dieser Inverter in einem einzigen Halbleiter-Substrat integriert wird. Dazu wird neben dem n-Kanal-Transistor eine n-Wanne eindiffundiert, in die der p-Kanal-Transistor eingesetzt wird.

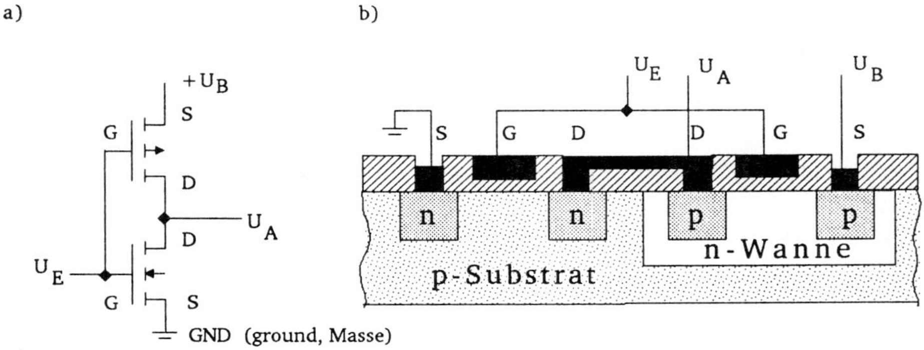

Bild 3.3-4. Ein CMOS-Inverter

Hinweis
In den Bildern 3.3-3 und 3.3-4 ist jeweils der Schnitt durch einen MOS-Transistor skizziert. Beachten Sie dabei, daß dieses Schnittbild – wie auch alle folgenden – nur den prinzipiellen Aufbau des Transistors, nicht aber die realen Proportionen zwischen seinen Komponenten darstellen soll.

3.4 Aufbau von Speicherzellen[3)]

3.4.1 Festwert-Speicherzellen

3.4.1.1 Speicherzellen für maskenprogrammierte ROMs

Im Bild 3.4-1 sind drei Möglichkeiten skizziert, wie mit den im vorhergehenden Abschnitt beschriebenen Bauelementen Diode, bipolarer bzw. MOS-Transistor Festwert-Speicherzellen realisiert werden können.

3) In diesem Abschnitt gebrauchen wir die Begriffe (1-bit-)Speicherzelle und Speicherelement synonym

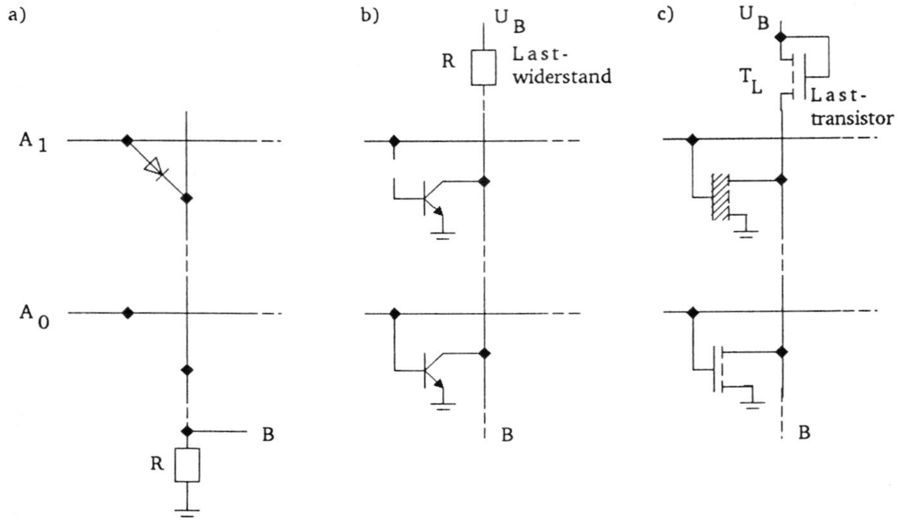

Bild 3.4-1. ROM-Speicherzellen

Gemeinsam ist allen drei Zelltypen, daß sie jeweils im Kreuzungsbereich zweier Leiterbahnen liegen, die wir mit (Zeilen-)Auswahlleitung[4] (A) und Daten- oder Bitleitung (B) bezeichnen. Zwischen diesen beiden Leitungen wird nun durch den Hersteller des Speicherbausteins wahlweise eine elektrische Verbindung durch eines der oben genannten Bauelemente geschaffen oder nicht. Im Ruhezustand liegen alle Auswahlleitungen auf Massepotential (0 V). Zur Auswahl einer bestimmten Zeile wird jeweils genau eine von ihnen durch den Adreßdecod(ier)er des Speicherbausteins auf positives Potential gelegt.

Im Bild 3.4-1a ist das benutzte Bauelement eine Halbleiterdiode. Wird die obere Auswahlleitung A_1 auf H-Potential gelegt, so fließt ein Strom über die Bitleitung B und verursacht am Widerstand R einen Spannungsabfall. Dieser kann von einem nachgeschalteten Leseverstärker z.B. als logische '1' interpretiert werden. Eine Aktivierung der zweiten Auswahlleitung A_0 hingegen beeinflußt die Bitleitung B nicht, da hier keine Koppeldiode vorhanden ist. Daher liegt am oberen Anschluß des Widerstandes Massepotential, was als logische '0' gewertet wird.

Im Bild 3.4-1b wird als Koppelelement ein bipolarer Transistor benutzt. Im Unterschied zur Diodenkopplung wird dieser jedoch in allen Kreuzungspunkten eingesetzt. Die Programmierung geschieht hier dadurch, daß wahlweise die Auswahlleitung A mit der Basis des Transistors verbunden wird oder nicht. Ist diese Verbindung – wie im unteren Teil des Bildes – vorhanden, so wird durch die Ak-

4) In der Literatur wird dafür auch der Begriff 'Wortleitung' benutzt. Diesen werden wir jedoch nicht verwenden, da wir unter einem Wort stets ein Datum, meist der Länge 16 bit, verstehen.

tivierung der Leitung A_0 die Bitleitung B gegen Masse kurzgeschlossen. Im anderen Fall wird die Leitung B wiederum nicht beeinflußt, und sie besitzt daher über den Widerstand R das Potential der positiven Betriebsspannung U_B. Auch hier kann man beispielsweise ein hohes Potential der Bitleitung B mit dem logischen Wert '1', das Massepotential mit dem Wert '0' identifizieren.

Bei der im Bild 3.4-1c dargestellten Kopplung durch einen MOS-Transistor sind stets alle drei Anschlüsse des Transistors beschaltet. Die Programmierung geschieht hier dadurch, daß der Isolator, der die Steuerelektrode G (*gate*) vom Substrat trennt, verschieden dick ausgeführt wird. Ist die Isolatorschicht, wie im unteren Teil des Bildes gezeigt, hinreichend dünn ausgelegt, so kann der Transistor durch die Aktivierung der Leitung A_0 durchgeschaltet werden und damit die Bitleitung B auf das Massepotential herabziehen.

Im anderen Fall verschiebt die Dicke der Isolatorschicht die Schwellspannung des Transistors zu so großen Werten, daß er durch die Spannung auf der Auswahlleitung A_1 nicht durchgeschaltet werden und daher nicht mehr auf die Leitung B einwirken kann.

(Hinweis: Da die Realisierung eines MOS-Transistors weniger Halbleiterfläche benötigt als ein Ohmscher Widerstand, wird die Bitleitung gewöhnlich über einen Lasttransistor T_L mit der Betriebsspannung verbunden, wie dies im Bild 3.4-1c gezeigt ist. Im folgenden wird bei Schaltungen mit MOS-Transistoren der Einfachheit halber auch dann ein Lastwiderstand R gezeichnet, wenn an seiner Stelle in realen Schaltungen ein Lasttransistor eingesetzt wird.)

Selbsttestaufgabe S3.4-1:
Versuchen Sie zu erklären, warum Ohmsche Widerstände als Koppelelemente zwischen den Zeilen- und Spaltenleitungen A bzw. B sehr ungeeignet sind.

3.4.1.2 Speicherzellen für programmierbare ROMs

Für die Herstellung von Speicherzellen für PROMs werden im wesentlichen zwei verschiedene Verfahren angewandt, die im folgenden beschrieben werden.

- Bei dem ersten Verfahren besteht das Koppelelement aus einer feinen Widerstandsleiterbahn (Schmelzsicherung, *fusible link*) aus einer Nickel-Chrom-Legierung (NiCr). Die Programmierung geschieht durch das Einprägen eines Stromimpulses, durch den die Leiterbahn zum Schmelzen gebracht wird. Im Bild 3.4-2 sind zwei Varianten von Speicherzellen mit Schmelzsicherungen dargestellt. In beiden Fällen fließt nur dann ein Strom durch den Abschlußwiderstand R der Bitleitung B, wenn die Schmelzsicherung intakt ist.

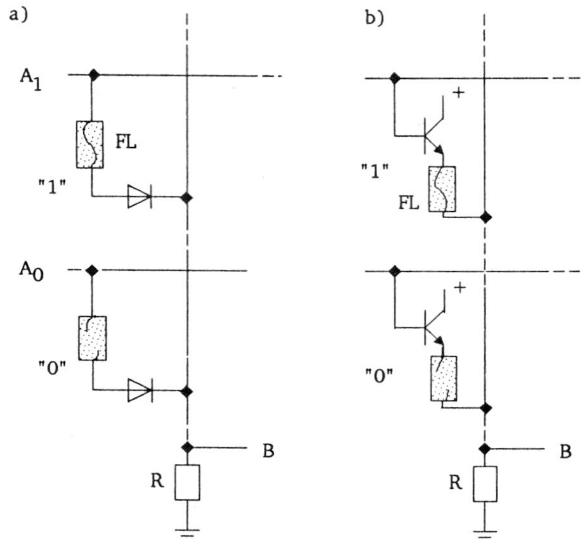

Bild 3.4-2. Speicherzellen mit Schmelzsicherungen

- Bei der ersten Variante (Bild 3.4-2a) ist eine Diode in Reihe mit der Sicherung geschaltet. Diese Diode muß verhindern, daß der von der aktivierten Zeile gelieferte Strom über die Bitleitung B und intakte Schmelzsicherungen auf anderen Zeilen-Auswahlleitungen wieder abfließt. Bei dieser Variante muß der Strom durch den Abschlußwiderstand von B vom Adreßdecoder über die Auswahlleitung A geliefert werden.
- Bei der zweiten Variante (Bild 3.4-2b) wird die Kopplung von Auswahlleitung A und Bitleitung B durch einen bipolaren Transistor vorgenommen. Diese Variante hat den Vorteil, daß hier der Decoder nur den sehr kleinen Basisstrom des Transistors bereitstellen muß. Der größere Strom auf der Bitleitung B wird am Kollektor des Transistors direkt von der Spannungsversorgung des Bausteins entnommen.

• Das zweite Verfahren zur Herstellung von PROM-Zellen beruht darauf, daß es möglich ist, durch kurzzeitige, hohe Stromimpulse einer Halbleiterdiode ihre Wirkung als Stromventil dauerhaft zu nehmen und sie zu einem niederohmigen Widerstand umzufunktionieren. Dieses Verfahren wird nach den dabei auftretenden physikalischen Vorgängen AIM-Verfahren (*avalanche induced migration*) genannt. Es gestattet die Herstellung erheblich zuverlässigerer Speicherzellen als das *Fusible-Link*-Verfahren, bei dem durch Materialtransport (Aluminium-Atome) auf den Leiterbahnen, bedingt durch die hohe Stromdichte, bereits programmierte, also zerstörte Sicherungen wieder "zuwachsen" können. Im Bild 3.4-3 sind wiederum zwei Varianten für Speicherzellen gezeichnet, die nach diesem Verfahren programmiert werden.

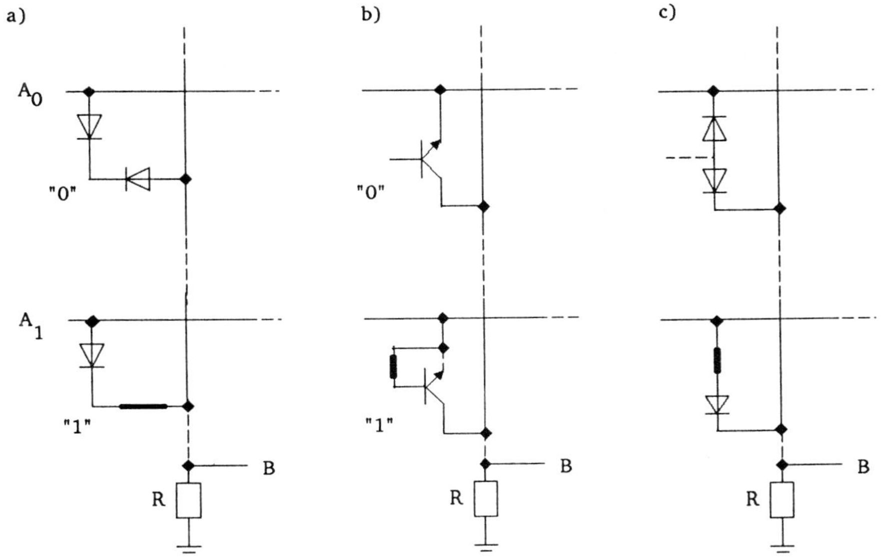

Bild 3.4-3. AIM-Speicherzellen

- Bei der ersten Variante im Bild 3.4-3a werden zwei gegeneinander geschaltete Dioden als Koppelelement verwendet. Durch die Programmierung wird die untere zerstört, so daß eine Reihenschaltung aus einer Diode und einem kleinen Widerstand entsteht.
- Bei der zweiten Variante im Bild 3.4-3b werden als Koppelelemente bipolare Transistoren eingesetzt, die mit Emitter und Kollektor zwischen Auswahlleitung und Bitleitung geschaltet werden. Ihre Basis bleibt jedoch unbeschaltet. Im Bild 3.4-3c ist ein Ersatzschaltbild dafür angegeben. Ein solchermaßen verschalteter Transistor verhält sich wiederum wie zwei gegeneinander gepolte Dioden. Durch die Programmierung wird nun die obere Diode, d.h. die Basis-Emitter-Strecke, abgebaut. Übrig bleibt auch hier eine Serienschaltung eines niederohmigen Widerstandes und der durch die Basis-Kollektor-Strekke gegebenen Diode.

3.4.1.3 EPROM-Speicherzellen

Im Bild 3.4-4a ist der Schnitt durch einen MOS-Transistor skizziert, wie er für den Aufbau von (UV-)löschbaren, programmierbaren Festwertspeichern (EPROM) benutzt wird. Er unterscheidet sich nur dadurch von dem im Abschnitt 3.3 beschriebenen n-Kanal-MOS-Transistor, daß er eine zweite Steuerelektrode FG (*floating gate*) besitzt, die ganz vom Isolator umschlossen, ohne äußeren Anschluß zwischen der Steuerelektrode G und dem Substrat liegt. Dieser Transistor wird **FAMOS-Transistor** genannt (*floating gate avalanche MOS-transistor*). Im Bild 3.4-4b ist das Schaltsymbol dieses Transistors sowie die Ansteuerung einer EPROM-Zelle gezeichnet. Ihre Funktionsweise wird nun genauer erklärt.

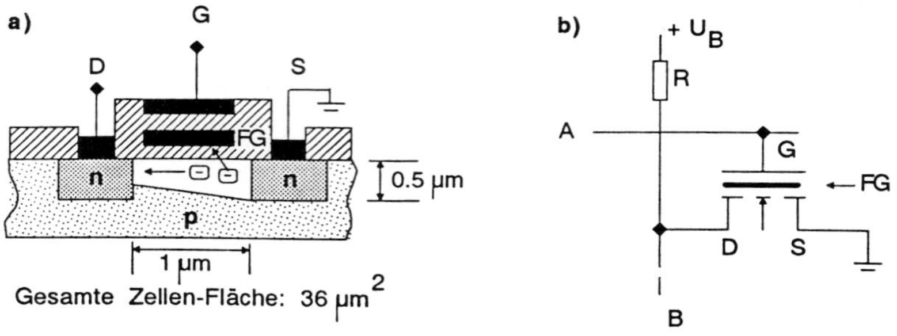

Bild 3.4-4. Schnitt durch einen FAMOS-Transistor und sein Schaltsymbol

Programmierung

Die Programmierung geschieht dadurch, daß über die Auswahlleitung A und die Bitleitung B eine hohe Programmierspannung von typisch 12 bis 21 V an die Anschlüsse G und D des Transistors gelegt wird (siehe Bild 3.4-5a).

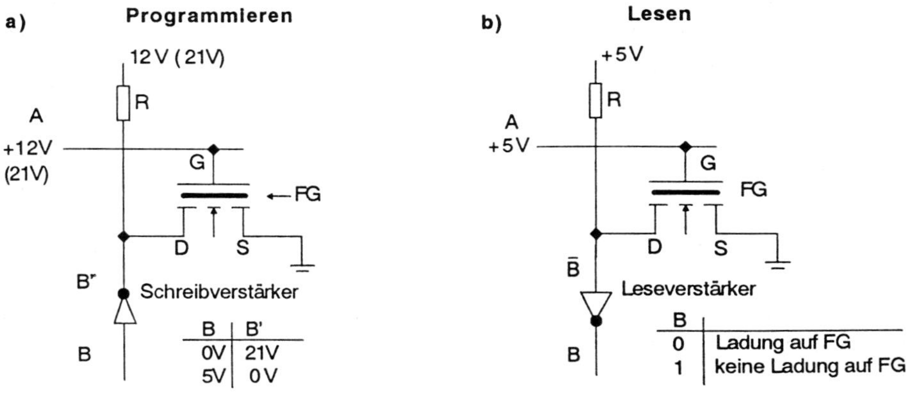

Bild 3.4-5. Programmieren und Lesen einer EPROM-Zelle

Dadurch entsteht zunächst wieder der leitende (n-)Kanal zwischen der D- bzw. S-Zone, durch den ein Elektronenstrom fließt. Angezogen durch die hohe Gate-

Spannung gelingt es nun einigen der energiereichen Elektronen ("heiße Elektronen"), die dünne Isolierschicht (Dielektrikum) zum Floating Gate zu durchbrechen und sich dort zu sammeln. (Die typische Dicke der Isolierschicht ist 40 nm[5]. Zum Vergleich sind im Bild 3.4-4 weitere typische Längenmaße eingetragen.) Dadurch wird dieses Gate negativ aufgeladen und verschiebt die Schwellspannung des Transistors zu höheren Spannungswerten. Der Programmiervorgang wird abgebrochen, wenn eine Schwellspannung U_{th} (*threshold*) von ca. 6 V erreicht ist. Diese übersteigt die übliche Betriebsspannung ($U_B = +5$ V) des EPROM-Bausteins, so daß der Transistor auch bei einem H-Pegel am Gate-Eingang G nicht leitend wird.

Da zur Programmierung jede Zelle durch eine angelegte Adresse selektiert werden muß, kann die Programmierung nur immer für wenige Bits, meistens 8 Bits (1 Byte), gleichzeitig durchgeführt werden. Bei der Programmierung werden ca. 300 000 bis 1.2 Millionen Elektronen auf das Floating Gate gebracht. Dessen Isolierung ist so gut, daß in 10 Jahren durch Leckströme nicht mehr als 10% der Ladungsträger verlorengehen.

Lesen
Im Bild 3.4-5b ist das Lesen einer EPROM-Speicherzelle skizziert. Dazu muß die Auswahlleitung A auf +5 V gesetzt werden. Sind nun auf dem Floating Gate Ladungsträger gespeichert, so schaltet der FAMOS-Transistor nicht durch, und daher wird die Bitleitung $\overline{B}$ auf dem Potential +5 V der Betriebsspannung gehalten. Im anderen Fall, also ohne gespeicherte Ladungsträger, schaltet der Transistor durch und legt die Leitung $\overline{B}$ auf Massepotential.

Löschen
Das Löschen eines programmierten FAMOS-Transistors geschieht dadurch, daß man ihn der Schaltung entnimmt und in einem speziellen Löschgerät einer starken ultravioletten Strahlung aussetzt. Die Elektronen auf dem Floating Gate bekommen durch den Photonenbeschuß genügend Energie, um den Isolator SiO_2 zu durchbrechen und so zum Substrat oder Gate hin abzufließen. Das Löschen geschieht grundsätzlich gemeinsam für alle Zellen eines Bausteins. Aus physikalischen Gründen ist die Anzahl der Programmier-Lösch-Zyklen auf wenige Hundert beschränkt.

(Die Schreib- und Lese-Verstärker im Bild 3.4-5 sind nur deshalb invertierend gezeichnet worden, um der Erfahrung Rechnung zu tragen, daß die käuflich zu erwerbenden EPROM-Bausteine im gelöschten Zustand für jede adressierte Speicherzelle stets einen H-Pegel ausgeben.)

3.4.1.4 EEPROM-Speicherzellen

Der Aufbau einer EEPROM-Zelle ist im Bild 3.4-6a skizziert. Man sieht, daß er etwas aufwendiger ist als der einer EPROM-Zelle, denn zu dem eigentlichen

---

5) 1 nm (Nanometer) = 10^{-9} Meter

Speichertransistor kommt ein Schalttransistor hinzu, der die Selektion der Zelle ermöglicht.

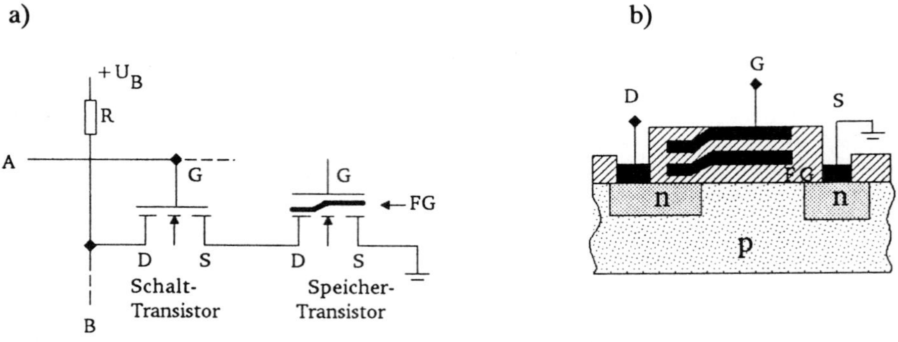

Bild 3.4-6. Aufbau einer EEPROM-Zelle

Bild 3.4-6b zeigt einen Schnitt durch den Speichertransistor, der von der Firma Intel als **FLOTOX-Transistor** (*floating gate tunnel oxid*) bezeichnet wird. Er unterscheidet sich vom FAMOS-Transistor hauptsächlich dadurch, daß die beiden Steuerelektroden anders geformt sind. Diese reichen bis über die n-Zone des Drain-Anschlusses D und sind von dieser nur durch eine sehr dünne Isolierschicht (typisch: 20 nm = $2 \cdot 10^{-8}$ m) getrennt. Nun soll die Funktionsweise der Zelle ausführlich erklärt werden.

Lesen

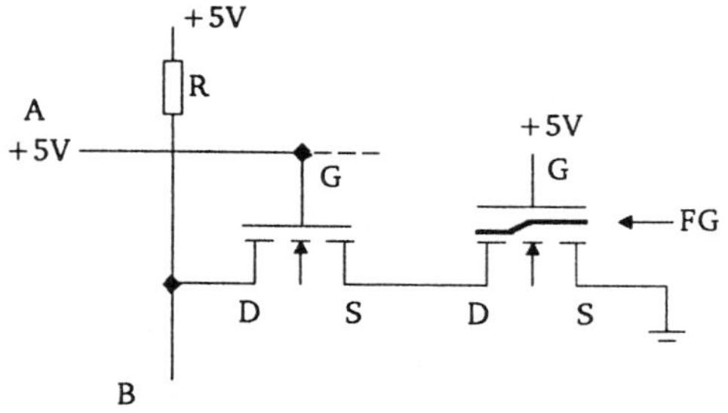

B		
1	+5 V	Ladung auf FG
0	0 V	keine Ladung auf FG

Bild 3.4-7. Lesen einer EEPROM-Zelle

Das Lesen der Zelle geschieht dadurch, daß die Auswahlleitung A sowie die Steuerelektrode des Speichertransistors auf das positive Potential +5 V gelegt werden (s. Bild 3.4-7). Dadurch wird auf jeden Fall der Schalttransistor leitend. Der Speichertransistor leitet genau dann, wenn auf seinem Floating Gate keine Ladungsträger gespeichert sind. In diesem Fall zieht er die Bitleitung B auf das Massepotential herunter. Im anderen Fall liegt diese Leitung über den Lastwiderstand R auf dem Potential +5 V.

Löschen

Zum Löschen einer Zelle wird die Bitleitung B auf Massepotential, die Auswahlleitung A sowie die Steuerelektrode des Speichertransistors auf ein hohes Potential, z.B. +21 V, gelegt (s. Bild 3.4-8). Über den leitenden Schalttransistor liegt dann auch am Drain-Anschluß des Speichertransistors Massepotential. Durch das große elektrische Feld im sehr dünnen SiO_2-Bereich zwischen Drain und Floating Gate können energiereiche Elektronen den Isolator durchfließen ("Tunneleffekt") und auf das Floating Gate gelangen. Dadurch wird wiederum die Schwellspannung U_{th} des Speichertransistors so vergrößert, daß er durch eine Steuerspannung $U_{GS} \leq +5$ V nicht mehr in den leitenden Zustand versetzt werden kann. Das Lesen einer gelöschten Zelle ergibt somit ein positives Potential auf der Bitleitung B, was als logischer Wert '1' interpretiert wird.

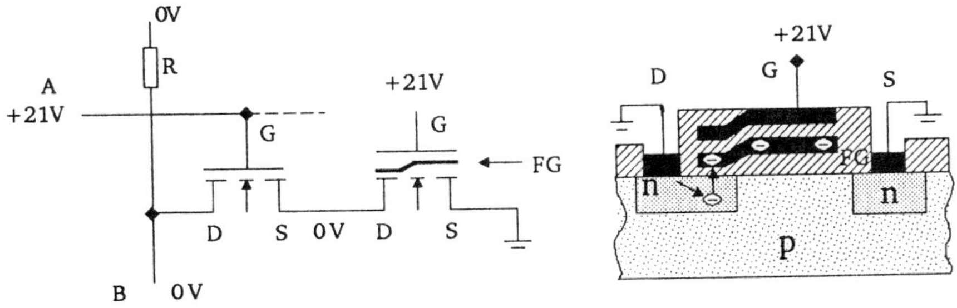

Bild 3.4-8. Löschen einer EEPROM-Zelle

Programmieren

Vor der Programmierung muß eine EEPROM-Zelle grundsätzlich gelöscht worden sein, d.h. es müssen Ladungsträger auf dem Floating Gate gespeichert sein. Die Wahl der anzulegenden Spannungen bei der Programmierung einer Zelle ist im Bild 3.4-9 dargestellt. Wie beim Löschen muß zum Programmieren die Auswahlleitung A auf (beispielsweise) +21 V gehalten werden, um den Schalttransistor in den leitenden Zustand zu versetzen. Die Steuerelektrode G des Speichertransistors wird nun jedoch auf das Massepotential 0 V heruntergezogen.

auf demselben (Masse-)Potential liegen. Das anschließende Lesen der Zelle führt in diesem Fall zu einer logischen '1'.

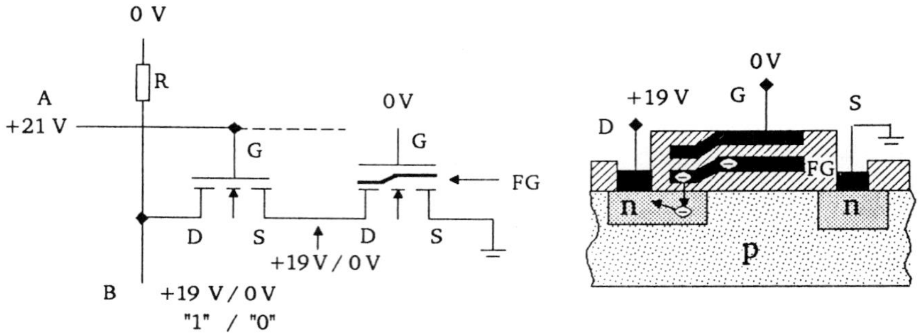

Bild 3.4-9. Programmieren einer EEPROM-Zelle

- Eine positive Spannung (z.B. +19 V) an der Bitleitung B, die dem logischen '1'-Zustand entspricht, veranlaßt jedoch die auf dem Floating Gate gespeicherten Elektronen, die dünne Isolierschicht zu durchwandern und über den Drain-Bereich abzufließen. Dadurch wird das Floating Gate entladen. Ein anschließendes Lesen der Zelle führt in diesem Fall zu einer logischen '0'.
  Durch das Entladen des Floating Gates wird die Schwellspannung U_{th} negativ, so daß der Transistor schon bei einer Steuerspannung U_{GS} = 0 V leitet. Man sagt in diesem Fall, der Transistor ist selbstleitend. Durch die Programmierung wird also aus dem zunächst selbstsperrenden ein selbstleitender Transistor. Dieser Wechsel ist dafür verantwortlich, daß die Zelle - im Gegensatz zur EPROM-Zelle - durch einen zusätzlichen Schalttransistor von der Bitleitung getrennt werden muß, damit nicht im nicht selektierten Fall die Zelle mit entladenem Floating Gate einen Strom auf die Bitleitung schickt.

Hinweise

1. Um zu erreichen, daß man den gleichen logischen Wert, den man in die Zelle eingeschrieben hat, auch wieder herausliest, muß der Schreibverstärker an der Bitleitung B die eingegebene Information invertieren.
2. Natürlich kann man auch die folgende Zuordnung vornehmen:
   selbstsperrend <--> '0', selbstleitend <--> '1'.

3.4.2 Schreib-/Lese-Speicherzellen

In diesem Abschnitt werden der Aufbau und die Funktionsweise der gebräuchlichsten Speicherzellen für Schreib-/Lese-Speicher beschrieben. Wie bereits im Abschnitt 3.2 erwähnt, speichern diese Zellen die Information entweder in Flipflop-Schaltungen oder als Ladungen auf kleinen Kondensatoren. Im ersten Fall spricht man von statischen Zellen, im 2. Fall hingegen von dynamischen. Statische Speicherzellen können entweder aus bipolaren oder MOS-Transistoren aufgebaut sein, dynamische werden stets mit MOS-Transistoren realisiert. In der Regel weisen bipolare Speicherzellen eine schnellere Zugriffszeit als die MOS-Zellen auf. Jedoch benötigen sie zum Teil erheblich mehr Halbleiterfläche, so daß nicht so viele Zellen in einem Baustein integriert werden können.

3.4.2.1 Statische bipolare Speicherzellen

Der Aufbau einer statischen Speicherzelle aus bipolaren Transistoren ist im Bild 3.4-10 skizziert.

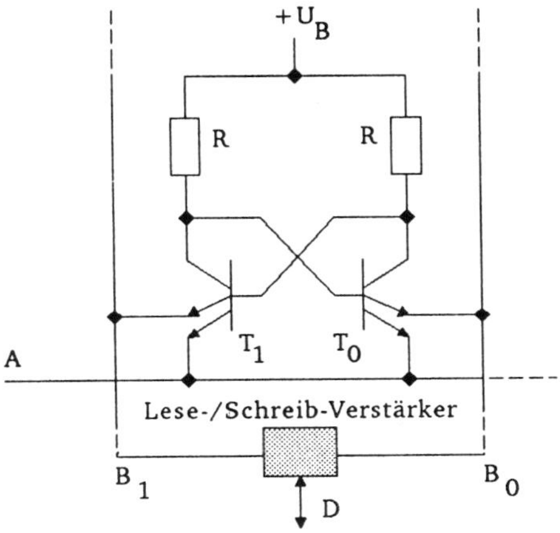

Bild 3.4-10. Eine statische bipolare Speicherzelle

Die Zelle besteht aus zwei rückgekoppelten Transistorschaltungen, wie sie im Abschnitt 3.3 beschrieben wurden (vgl. Bild 3.3-2). Auffallend ist jedoch, daß hier jeder der Transistoren T_0, T_1 zwei Emitter besitzt. Man spricht deshalb von Multi-Emitter-Transistoren. (Diese Transistoren bilden übrigens auch die Grundlage der TTL-Schaltkreis-Technologie (Transistor-Transistor-Logik), die wir bereits im Abschnitt 1.4 angesprochen haben.) Je ein Emitter der Transistoren ist mit der Zeilen-Auswahlleitung A verbunden. Die anderen beiden hängen jeweils an einer von zwei parallelen (Spalten-)Auswahlleitungen B_0, B_1, die wir wieder als Bitleitungen bezeichnen wollen. Sie werden in einem Schreib-/Leseverstärker zu einer gemeinsamen, bidirektionalen Datenleitung D verknüpft.

Funktionsweise

Wenn die Speicherzelle nicht angesprochen wird, liegt die Leitung A auf Massepotential. Unabhängig vom Zustand der beiden Bitleitungen B_0, B_1 leitet dann genau einer der beiden Transistoren. An seinem Kollektor und über die Rückkopplung damit auch an der Basis des zweiten Transistors liegt dann ungefähr das Massepotential der Leitung A, so daß dieser Transistor gesperrt ist.

Lesen

Zum Lesen werden zunächst beide Bitleitungen B_i auf niedriges Potential gelegt. Dieses Potential muß etwas höher sein als das Potential der Zeilen-Auswahlleitungen A_i der nicht aktivierten Speicherzellen, damit nicht von diesen Zellen ein Strom auf die Bitleitungen gegeben wird. Dann wird über die Auswahlleitung A je ein Emitter jedes Transistors auf das Potential der Betriebsspannung $+U_B$ angehoben. Im leitenden Transistor übernimmt nun der zweite Emitter den Strom und speist ihn in die Bitleitung ein. Dort kann er vom Leseverstärker ausgewertet werden. Da der andere Transistor gesperrt ist, fließt auf der ihm zugeordneten Bitleitung kein Strom. Die Zuordnung 'Strom/kein Strom' zu den logischen Zuständen '0/1' kann willkürlich vorgenommen werden.

Schreiben

Das Schreiben geschieht dadurch, daß gezielt einer der beiden Transistoren in den gesperrten Zustand versetzt wird. Dazu werden die Auswahlleitung A sowie die Bitleitung B_i des zu sperrenden Transistors auf hohes Potential gelegt, während die andere Bitleitung auf niedrigem Potential gehalten wird. Durch die Rückkopplung des Kollektors auf die Basis des anderen Transistors wird dieser in den leitenden Zustand versetzt.

Koinzidente Zellenauswahl

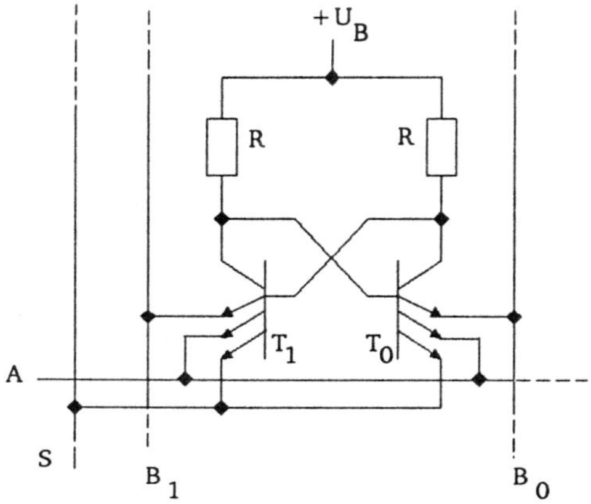

Bild 3.4-11. Zellenauswahl nach dem Koinzidenzverfahren

Im Bild 3.4-11 besitzt jeder Transistor drei Emitter. Die zusätzlichen Emitter werden über eine weitere Auswahlleitung S miteinander verbunden. Zellen dieses Typs werden in einem Speicherbaustein stets in eine matrixförmige Anordnung gebracht, bei der alle Zellen einer Zeile i durch eine Leitung A_i, alle Zellen einer Spalte j durch eine Leitung S_j verbunden sind. In diesem Fall kann man durch die Aktivierung genau je einer der Leitungen A bzw. S jede Speicherzelle eindeutig selektieren. Man spricht hier von einer Zellenauswahl nach dem Koinzidenzverfahren. Die Bitleitungen B_0, B_1 müssen dazu parallel an alle Speicherzellen geführt werden.

3.4.2.2 Statische MOS-Speicherzellen

Bild 3.4-12a zeigt den Aufbau einer statischen CMOS-Speicherzelle. Sie besteht aus den beiden kreuzweise rückgekoppelten CMOS-Invertern mit den Transistor-Paaren (T_0, T_2) bzw. (T_1, T_3) (vgl. Bild 3.3-4). Die Transistoren T_4 und T_5 dienen zur Ankopplung der Zelle an die beiden Bitleitungen B_0 und B_1. Diese Zelle wird auch 6-Transistorzelle (6 *device cell*) genannt.

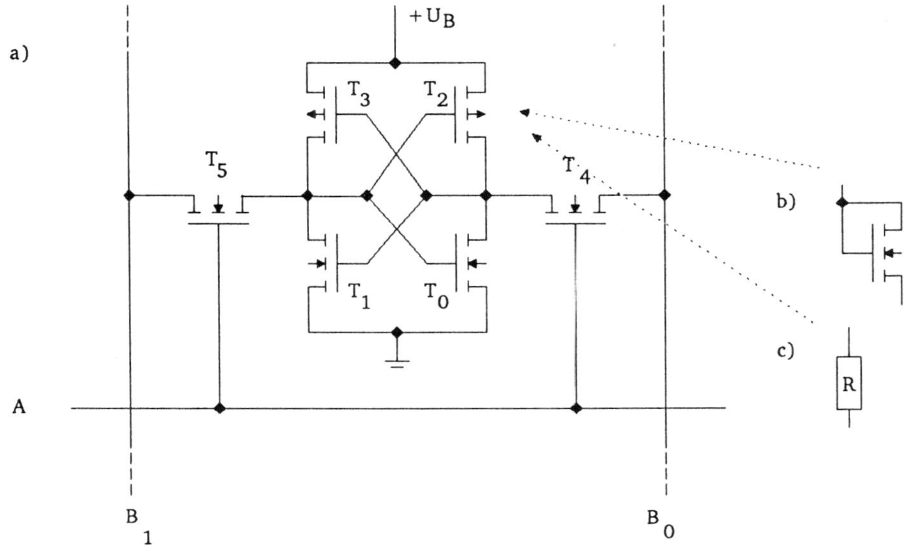

Bild 3.4-12. Statische CMOS-Zelle

Anstelle der p-Kanal-Transistoren T_2 und T_3 können auch n-Kanal-Transistoren eingesetzt werden, wie es im Bild 3.4-12b angedeutet ist. In diesem Fall liegt eine NMOS-Zelle vor. Bei einigen Realisierungen werden diese Transistoren auch durch Widerstände ersetzt (s. Bild 3.4-12c). Der große Vorteil der CMOS-Zelle gegenüber den anderen Realisierungen besteht darin, daß nur im Umschaltzeitpunkt ein nennenswerter Strom fließt. Dies führt zu einer wesentlich geringeren Leistungsaufnahme.

Selbsttestaufgabe S3.4-2:
Beschreiben Sie die Funktionsweise der statischen CMOS-Speicherzelle nach Bild 3.4-12.

Wie im bipolaren Fall ist auch hier eine koinzidente Ansteuerung der Zelle möglich. Dazu wird die Schaltung durch zwei weitere Koppeltransistoren T_4' bzw. T_5' ergänzt, die in Reihe zu den Transistoren T_4 bzw. T_5 geschaltet und über eine zweite Auswahlleitung S miteinander verbunden werden (s. Bild 3.4-13).

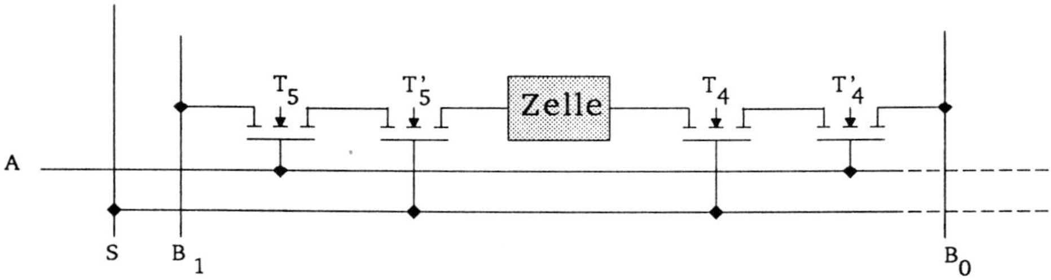

Bild 3.4-13. Koinzidente Ansteuerung der CMOS-Zellen

3.4.2.3 NVRAM-Speicherzellen

Im Bild 3.4-14 ist die Speicherzelle eines nicht flüchtigen RAMs (*non volatile RAM* – NVRAM) dargestellt.

Von allen bisher beschriebenen Speicherzellen benötigt die NVRAM-Zelle den größten Aufwand. Sie besteht aus einer statischen 6-Transistor-RAM-Zelle (T_0-T_5) und einer EEPROM-Zelle (FLOTOX-Transistor T_7). Beide Zellen sind durch einen MOS-Transistor (T_6) miteinander verbunden, der den Austausch der Information zwischen ihnen gestattet. Vor jeder Übertragung der Information in die EEPROM-Zelle muß diese gelöscht werden. Dazu dient der Transistor T_8.

Im normalen Betrieb wird lediglich die RAM-Zelle angesprochen. Nur in besonderen Situationen wird der Inhalt der RAM-Zelle in die EEPROM-Zelle übertragen (*store*) bzw. von dort gelesen (*recall*). Zu diesen Situationen zählen z.B. ein drohender Spannungsausfall bzw. das Einschalten des Gerätes.

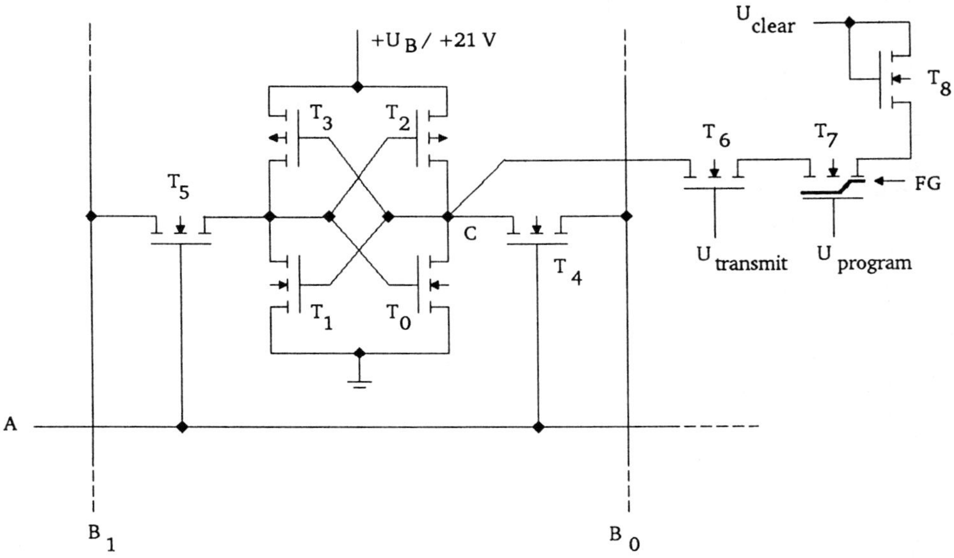

Bild 3.4-14. Aufbau einer NVRAM-Speicherzelle

Funktionsweise

Wichtig zum Verständnis der Funktionsweise der NVRAM-Zelle ist, daß hier ein selbstleitender Transistor T_7 eine '0', ein selbstsperrender hingegen eine '1' darstellt. Der Zustand der RAM-Zelle ist durch das Potential am Ausgang C gegeben, d.h. ein H-Potential dort entspricht einer '1', ein L-Potential einer '0'. Während der nun beschriebenen Aktionen ist die RAM-Zelle stets durch die Transistoren T_4 und T_5 von den Bitleitungen B_0, B_1 getrennt.

Löschen

Zum Löschen (*clear*) des FLOTOX-Transistors T_7 werden die Gate-Eingänge auf die folgenden Potentiale gelegt:

$$U_{transmit} = 0\ V,\ U_{program} = 0\ V,\ U_{clear} = 21\ V.$$

Dadurch sperrt der Koppeltransistor T_6 und trennt die EEPROM-Zelle von der RAM-Zelle. T_8 hingegen wird leitend. Dadurch können – wie im Abschnitt 3.4.1.4 beschrieben – eventuell auf dem Floating Gate gespeicherte Elektronen abfließen. Der Transistor T_7 wird dadurch selbstleitend, also auf den logischen Wert '1' gesetzt.

Speichern

Zum Übertragen (*store*) der Information aus der RAM-Zelle in die EEPROM-Zelle werden die Betriebsspannung U_B der RAM-Zelle sowie die Gate-Potentiale des Koppeltransistors T_6 und des FLOTOX-Transistors T_7 auf 21 V gesetzt. Durch den leitenden Koppeltransistor T_6 wird das Potential des Ausgangs C und damit der Zustand der RAM-Zelle zum Source-Anschluß von T_7 durchgeschaltet. Das Gate des Transistors T_8 liegt auf 0 V, so daß er sperrt.

- Ist der Wert '1' in der RAM-Zelle gespeichert, liegt also H-Potential am Ausgang C, so bleibt der Transistor T_7 selbstleitend, also im logischen Zustand '1'.
- Ein '0'-Zustand der RAM-Zelle, also L-Potential am Ausgang C und damit am Source-Anschluß von T_7, bewirkt hingegen, daß sich im FLOTOX-Transistor ein leitender Kanal ausbildet. Dadurch können – wie im Abschnitt 3.4.1.4 beschrieben – Elektronen den Kanal durchfließen und durch die Oxydschicht auf das Floating Gate gelangen. Der Transistor wird selbstsperrend, was einem logischen '0'-Wert entspricht.

Auslesen

Vor dem Auslesen der EEPROM-Zelle in die RAM-Zelle muß die RAM-Zelle gelöscht werden. (Wie dies geschieht, werden wir im Abschnitt 3.5.3.2 beschreiben.) Zum Auslesen der EEPROM-Zelle werden alle Steuerspannungen sowie die Betriebsspannung U_B auf +5 V gesetzt.

- Ist nun T_7 selbstleitend, also im '1'-Zustand, so wird das Potential U_{clear} =5 V über T_8 ,T_7 ,T_6 auf den Ein-/Ausgang C gegeben. Dadurch wird die RAM-Zelle in den Zustand '1' gesetzt.

- Ist T_7 selbstsperrend, also im '0'-Zustand, so reicht die Steuerspannung U_{GS} = +5 V nicht aus, einen leitenden Kanal auszubilden und das Potential U_{clear} = +5 V auf die RAM-Zelle zu leiten. Daher bleibt diese Zelle im Zustand '0'.

3.4.2.4 Dynamische MOS-Speicherzellen

Die im Bild 3.4-15 dargestellte dynamische MOS-Speicherzelle besitzt von allen Zellen für Schreib-/Lese-Speicher den geringsten Aufwand und benötigt daher die geringste Halbleiterfläche. Sie wird auch 1-Transistor-Zelle (*1 device cell*) genannt. Sie ist ungefähr nur ¼-mal so groß wie die Fläche der statischen RAM-Zelle. Neben diesem geringen Platzbedarf hat die dynamische 1-Transistor-Zelle – wie auch die CMOS-Zelle – den Vorteil, daß nur zu den Zeitpunkten des Einschreibens bzw. des Lesens der Information ein Strom fließt. Daraus resultiert ein relativ geringer Leistungsverbrauch. Auf die Nachteile der dynamischen Speicherung wurde bereits im Abschnitt 3.2 eingegangen.

Heute wird die 1-Transistor-Zelle standardmäßig in allen höchstintegrierten Speicherbausteinen eingesetzt. (Hier soll nur kurz erwähnt werden, daß es auch dynamische RAM-Zellen mit 3 oder 4 Transistoren gibt.)

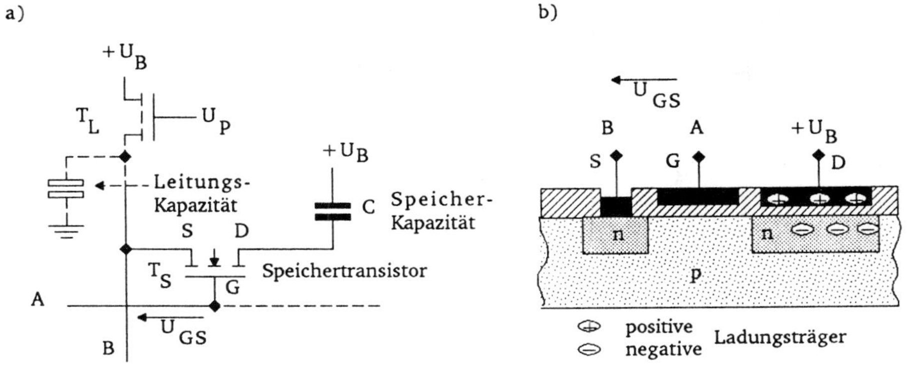

Bild 3.4-15. Eine dynamische MOS-Speicherzelle

Die Information wird bei dieser Zelle in einem kleinen Kondensator gespeichert. Die Zuordnung 'Ladung/keine Ladung auf dem Kondensator' zu den logischen Zuständen '0/1' kann wieder frei getroffen werden. Im Bild 3.4-15b ist ein Schnitt durch die 1-Transistor-Zelle skizziert. Vom normalen MOS-Transistor (vgl. Bild 3.3-3) unterscheidet sie sich lediglich durch eine größere Drain-Zone und eine dünne Schicht SiO_2 zwischen dieser Zone und dem Drain-Kontakt. Wird dieser Kontakt an eine positive Spannung $+U_B$ angeschlossen, so wirkt er mit der im Substrat gegenüberliegenden n-Zone wie ein Plattenkondensator mit der Isolatorschicht als Dielektrikum. Dieser Kondensator hat üblicherweise eine Kapazität von 0,1 bis 0,5 pF[6)] und speichert ca. 100 000 bis 150 000 Elektronen.

Lesen

Mit dem Bestreben, die Kapazität des Transistors und damit die Leistungsaufnahme des Speicherbausteins stetig zu verkleinern, trat zunächst das Problem auf, daß die (Stör-)Kapazität der Bitleitung in die gleiche Größenordnung kam wie die Speicherkapazität der Zelle. Dadurch wurde es immer schwieriger, den Zustand der Zelle direkt durch den Leseverstärker auswerten zu lassen. Andererseits lag es nun nahe, diesen Zustand durch einen Vergleich der Zell-Ladung mit derjenigen auf der Bitleitung zu ermitteln.

Zu Beginn des Lesevorgangs wird dazu zunächst die Bitleitung B über den Lasttransistor T_L kurzzeitig mit der positiven Betriebsspannung verbunden und dadurch ihre Kapazität vorgeladen (*precharge*). Dieser Vorgang wird durch das Signal U_P gesteuert. Das Lesen der Zell-Information geschieht dann dadurch, daß an die Steuerelektrode G eine positive Spannung angelegt wird. Dadurch können eventuell auf dem Kondensator C gespeicherte Elektronen über den Transistor

6) 1 pF = 10^{-12} Farad, 1 Farad = 1 As/V

abfließen, und es kann ein Ausgleich mit den Ladungsträgern der Bitleitung stattfinden. Der Leseverstärker am Ende der Bitleitung stellt den Zustand der Zelle an der Stärke des Ausgleichstroms fest.

Schreiben

Durch das Anlegen einer positiven Spannung U_{GS} an die Steuerelektrode G wird der Transistor leitend. Liegt nun über der Bitleitung B Massepotential am Source-Anschluß S des Transistors, so werden über den (n-)Kanal Elektronen in die Drain-Zone (n-Zone) gebracht, denen im metallenen Drain-Kontakt positive Ladungsträger "gegenüberstehen". Wird jedoch ein positives Potential an S angelegt, so werden eventuell im Kondensator gespeicherte Elektronen "abgesaugt" und der Kondensator entladen.

Hinweis
Bei anderen Realisierungen der 1-Transistor-Zelle wird der Transistor nur als Schalttransistor benutzt und der Kondensator aus zusätzlichen p- und n-Zonen erzeugt. In diesem Fall kann der freie Kondensator-Anschluß mit dem Massepotential verbunden werden.

3.5 Organisation von Speicherbausteinen

In diesem Abschnitt werden wir nun zeigen, wie eine große Zahl der eben beschriebenen Speicherzellen in einem Baustein zusammengefaßt und welche Zusatzschaltungen benötigt werden, um diesen Baustein in einem Mikrorechner-System einsetzen zu können. Für die im einzelnen besprochenen Bausteintypen werden wir typische Werte wichtiger Kenngrößen angeben.

3.5.1 Prinzipieller Aufbau eines Speicherbausteins

Wir beginnen mit der Beschreibung des prinzipiellen Aufbaus eines Speicherbausteins, wie er im Bild 3.5-1 skizziert ist.

Den Kern des Bausteins bildet die **Speichermatrix**. In ihr sind die Speicherelemente reihen- und spaltenweise derart angebracht, daß jedes Element im Schnittpunkt genau einer Zeilen-Auswahlleitung mit einer Spalten-Auswahlleitung (bzw. eines Paares von Spalten-Auswahlleitungen) liegt. Um die Anzahl der Auswahlleitungen zu minimieren, versucht man, diese Matrix möglichst quadratisch zu bauen. Die Spalten-Auswahlleitungen hatten wir im Abschnitt 3.4 mit Daten- bzw. Bitleitungen bezeichnet.

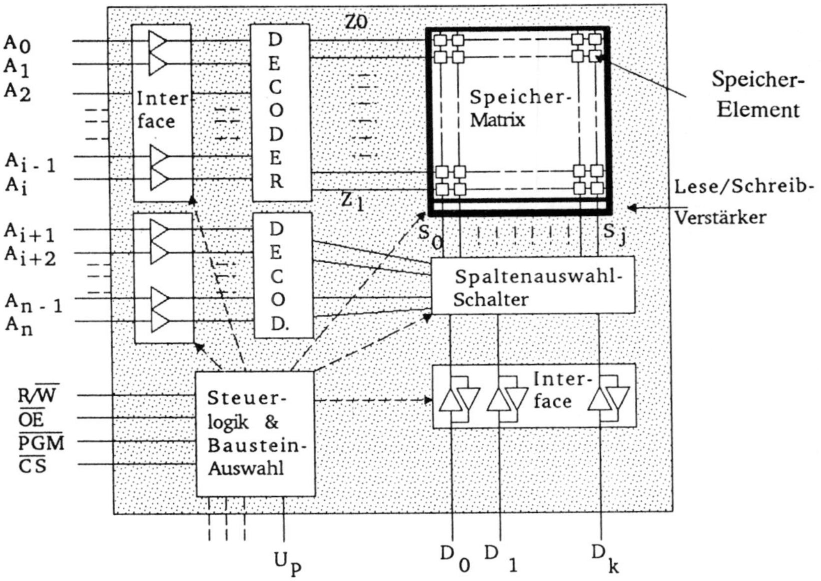

Bild 3.5-1. Prinzipieller Aufbau eines Speicherbausteins

Im Bild 3.5-2 sind beide Möglichkeiten der Auswahl eines Speicherelementes sowie die beschriebene koinzidente Auswahl dargestellt.

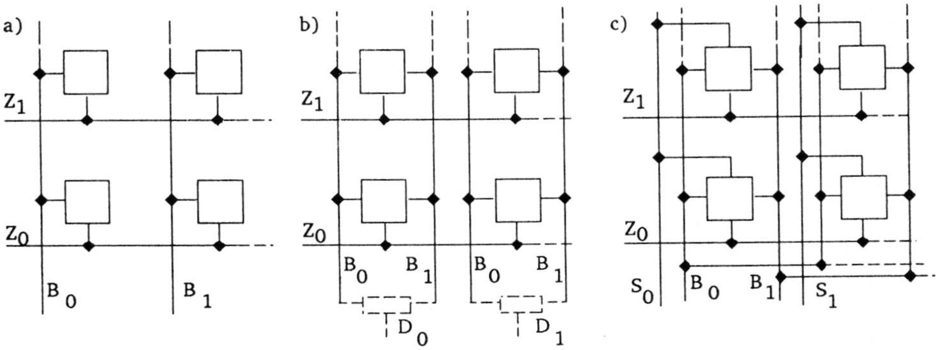

Bild 3.5-2. Verschiedene Möglichkeiten der Auswahl eines Speicherelementes

Die Spalten-Auswahlleitungen werden am Rand der Matrix mit Verstärkern abgeschlossen. Diese sind je nach Speichertyp als Leseverstärker oder als kombinierter Lese-/Schreibverstärker ausgebildet. Bei Speicherelementen, die jeweils über zwei

Bitleitungen verfügen, werden diese durch den Verstärker zu einer gemeinsamen Datenleitung D zusammengefaßt. Übersteigt die Anzahl der Speicherelemente an einer einzigen Auswahlleitung bestimmte Werte, so können physikalische und elektrische Schwierigkeiten auftreten, zum Beispiel durch eine zu hohe Kapazität der Leitung. In diesem Fall wird die Matrix häufig in (quadratische) Untermatrizen aufgeteilt, die dann mit eigenen Lese-/Schreib-Verstärkern versehen werden.

Zur Adressierung der Speicherzellen besitzt der Baustein die Adreßeingänge $A_n...A_0$, die mit den entsprechenden Signalen des Adreßbusses beschaltet werden. Die Adreßeingänge werden auf spezielle Schnittstellen-Schaltungen (*interfaces*) gegeben, die je nach Speichertyp verschiedene Funktionen ausführen müssen:

- In der einfachsten Form stellen sie lediglich ausreichende Treiberleistung zur Verfügung, um die Belastung der Adreßleitungen des Mikroprozessors klein zu halten.
- Einige Bausteintypen arbeiten intern mit anderen Spannungspegeln als der µP und die übrigen Peripheriebausteine. Hier müssen die Schnittstellen zusätzlich für die notwendige Pegelanpassung sorgen. Üblicherweise sind alle Bausteine TTL-kompatibel. Das bedeutet, daß sie an den Eingängen die im Abschnitt 1.4 beschriebenen Pegel erwarten und diese auch an ihren Ausgängen bereitstellen. Für alle besprochenen Speichertypen gilt, daß sie mit einer einzigen Betriebsspannung von $U_B = +5$ V arbeiten.
- Zur Erleichterung der Ansteuerung durch µPs, die Adressen und Daten über die gleichen Busleitungen übertragen (Multiplexbus, s. Abschnitt 1.10), enthalten die Schnittstellen häufig Pufferregister zum Zwischenspeichern der Adresse.
- Bei dynamischen RAM-Bausteinen wird die Speicheradresse in zwei Teilen sequentiell dem Baustein über die gleichen Anschlüsse zugeführt, um deren Anzahl möglichst klein zu halten. Auch hier müssen die Teiladressen in den Pufferregistern der Schnittstellen aufbewahrt werden (vgl. Abschnitt 3.5.3).

Die niederwertigen Adreßeingänge $A_i..A_0$ dienen zur Auswahl genau einer der Zeilen ($Z_l..Z_0$) in der Speichermatrix. Diese Auswahl wird durch einen (Zeilen-) Decoder vorgenommen.

Bei der in diesem Abschnitt folgenden Beschreibung der gebräuchlichen Speicherbausteine wird gezeigt, daß die meisten eine Organisation der Form $m \times k$ bit mit $k = 1, 4, 8, 16$ besitzen. Durch die Aktivierung einer bestimmten Zeile in der (möglichst quadratischen) Speichermatrix werden jedoch stets erheblich mehr Zellen angesprochen als aktuell ausgelesen werden müssen. Es ist Aufgabe der Spaltenauswahl-Schalter, aus den selektierten Zellen die gewünschten k Zellen herauszufiltern. Wie das geschieht, ist im Bild 3.5-3 skizziert.

Dazu werden die Datenleitungen der Speichermatrix zu k Leitungsbündeln zusammengefaßt. Eine Reihe von k Schaltern wählt nun synchron aus jedem Bündel genau eine Leitung aus und zwar in jedem Bündel die Leitung mit derselben Nummer. Die Steuerung der Schalter geschieht über einen Adreßdecoder, dem die höherwertigen Adreßleitungen $A_n...A_{i+1}$ zugeführt werden. Realisiert werden können der Adreßdecoder und die Auswahlschalter als Netz aus k Multiplexern/Demultiplexern, deren geschaltete Signalpfade bidirektional ausgeführt sind.

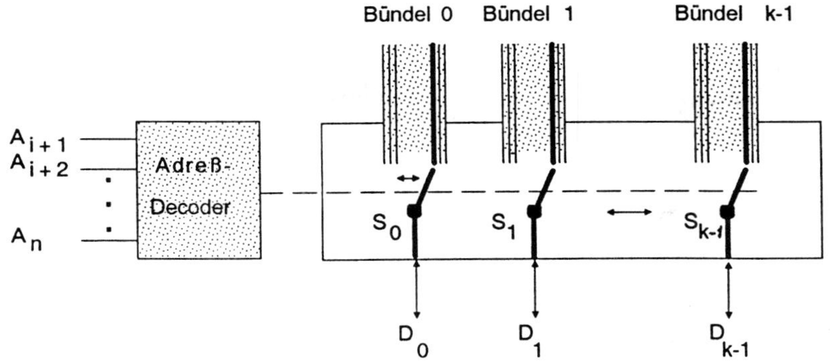

Bild 3.5-3. Zur Funktion der Spaltenauswahl-Schalter

Selbsttestaufgabe S3.5-1:
a) Unterstellt sei eine Organisation mx8 bit eines Festwert-Speicherbausteins. Bestimmen Sie für $n=12$ die Anzahl der Zeilen und Spalten einer quadratischen Matrix. Wie groß sind in diesem Fall der Wert m, die Anzahl $(i+1)$ der Adreßleitungen zur Zeilenauswahl und die Anzahl K der Leitungen pro Bündel?
b) Skizzieren Sie das Multiplexer-Schaltnetz zur Auswahl von jeweils genau acht Speicherzellen.

Besonders einfach ist solch ein Multiplexer/Demultiplexer in der MOS-Technik aufzubauen. Der Grund liegt darin, daß MOS-Transistoren in der Regel symmetrisch aufgebaut sind und deshalb die Funktion der Anschlüsse D und S austauschbar ist. Im Bild 3.5-4 ist eine Realisierung skizziert.

Die durch die Spaltenauswahl-Schalter selektierten Leitungen werden einer Datenbus-Schnittstelle (*interface*) zugeführt. Diese enthält – falls erforderlich – ebenfalls die oben erwähnten Schaltungen zur Anpassung der intern vorliegenden Signalpegel an diejenigen, die außerhalb des Bausteins verlangt werden. Ihre Hauptkomponente sind jedoch Treiber, die einerseits genügend Leistung an den Ausgängen zur Verfügung stellen, es andererseits aber als Tristate-Treiber ermöglichen, die Ausgänge hochohmig zu schalten und dadurch anderen Bausteinen den Zugriff zum Datenbus des Systems zu gewähren. Der Aufbau dieser Treiber variiert sehr stark von Speichertyp zu Speichertyp. Dies wird bei der folgenden Beschreibung der verschiedenen Bausteine deutlich werden.

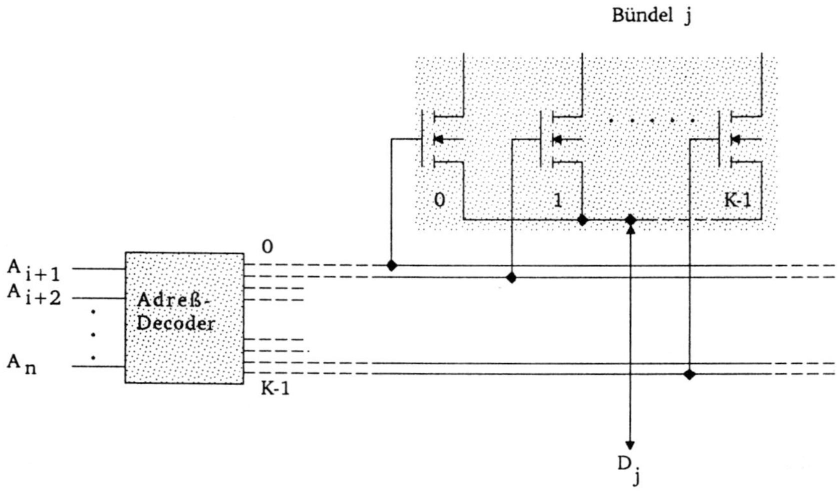

Bild 3.5-4. Multiplexer/Demultiplexer in MOS-Technik

Die letzte Komponente des Bausteins ist die Steuerlogik und Bausteinauswahl. Wie ihre Bezeichnung es andeutet, übernimmt sie die Steuerung aller Komponenten im Baustein. Dazu besitzt sie eine Schnittstelle zum Steuerbus des Mikroprozessors. Einige der wichtigsten Schnittstellen-Signale sind im Bild 3.5-1 eingezeichnet. Dies sind:

- Durch das $\overline{\text{CS}}$-Signal (*chip select*) wird der Baustein eindeutig aus der Menge aller System-Bausteine ausgewählt. Üblich ist auch die Bezeichnung $\overline{\text{CE}}$ (*chip enable*). Dieses Signal wird gewöhnlich durch einen Decoder aus den höherwertigen Adreßsignalen erzeugt, wie es im Abschnitt 3.6 beschrieben wird. Häufig wird durch das $\overline{\text{CS}}$-Signal auch die Leistungsaufnahme des Bausteins gesteuert (*power control*), die im aktivierten Zustand (*active mode*) erheblich größer als im nicht selektierten Zustand (*stand by mode*) ist.
- Das R/$\overline{\text{W}}$-Signal (*read/write*, vgl. Abschnitt 1.10) wird nur bei Speichertypen gebraucht, deren Inhalt (im System selbst) geändert werden kann (RAM, EEPROM). Es schaltet die Richtung der Treiber in der Datenbus-Schnittstelle um und aktiviert die Lese- bzw. Schreibverstärker.
- Das $\overline{\text{OE}}$-Signal (*output enable*) aktiviert die Tristate-Ausgänge der Treiber in der Datenbus-Schnittstelle, gibt also die aus der Speichermatrix ausgelesene Information auf den Datenbus.
- Das $\overline{\text{PGM}}$-Signal (*program*) muß aktiviert werden, wenn der Baustein (innerhalb oder außerhalb des Systems) neu programmiert werden soll (EPROM, EEPROM, NVRAM). Über den Anschluß U_P muß dann gegebenenfalls die benötigte Programmierspannung zugeführt werden, falls sie nicht im Baustein selbst erzeugt wird.

Im folgenden werden nun die Bausteine der verschiedenen Speichertypen besprochen, soweit sie vom prinzipiellen Aufbau abweichen. Für jeden Speichertyp werden außerdem stichwortartig die Kenndaten handelsüblicher Bausteine angegeben. Diese Kenndaten sind nur als grobes Orientierungsmittel zu verstehen und durch die großen Fortschritte der Halbleiter-Technologie sicher schon in einigen Punkten überholt, wenn dieses Buch erscheint.

3.5.2 Festwert-Speicherbausteine

3.5.2.1 ROM-Bausteine

ROM-Bausteine (s. Bild 3.5-5) haben in der Regel eine byteweise Organisation. Die Spaltenauswahl-Logik besteht bei ihnen aus acht n-auf-1-Multiplexern. (Einige wenige Typen sind jedoch auch 16 bit breit organisiert.) Da sie nur gelesen werden können, sind hier die Datenbustreiber unidirektional ausgeführt. Sie werden durch das $\overline{CE}$-Signal aktiviert. Manchmal wird dieses jedoch auch mit einem speziellen $\overline{OE}$-Signal verknüpft.

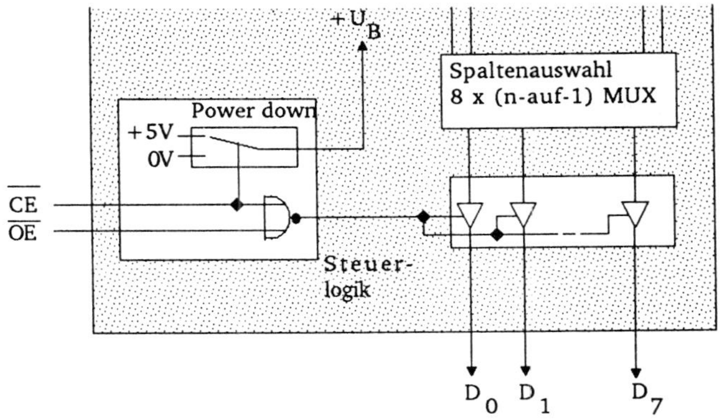

Bild 3.5-5. ROM-Baustein

Um die Leistungsaufnahme des Bausteins herabzusetzen, ist er meist mit einer Schaltung versehen, die die internen Komponenten immer dann von der Betriebsspannung U_B abhängt, wenn aktuell kein Zugriff auf den Baustein stattfindet. Diese Schaltung wird mit *Power Down* bezeichnet und ist im Bild 3.5-5 skizzenhaft als Schalter dargestellt, der durch das $\overline{CE}$-Signal gesteuert wird und entweder die Spannung +5 V oder aber das Massepotential 0 V auf die Betriebsspannung U_B durchschaltet. Den Zustand, in dem der Baustein nicht aktiviert ist, hatten wir oben schon als *Stand-by*-Zustand bezeichnet.

Kenndaten

Kapazität	:	bis zu 16 Mbit ,
Organisation	:	128kx8 bit oder 64kx16 bit,
Zugriffszeit	:	200 - 350 ns[7],
Leistungs-	:	aktiv: 75 - 300 mW[7],
Aufnahme		*stand by*: 2 mW ,
Gehäuse	:	DIP, 28 Anschlüsse.

3.5.2.2 PROM- und EPROM-Bausteine

Auch PROM- und EPROM-Bausteine sind in der Regel byteweise organisiert. Durch die Möglichkeit, sie neu zu programmieren, ist ihr interner Aufbau etwas komplexer als der der ROM-Bausteine (s. Bild 3.5-6).

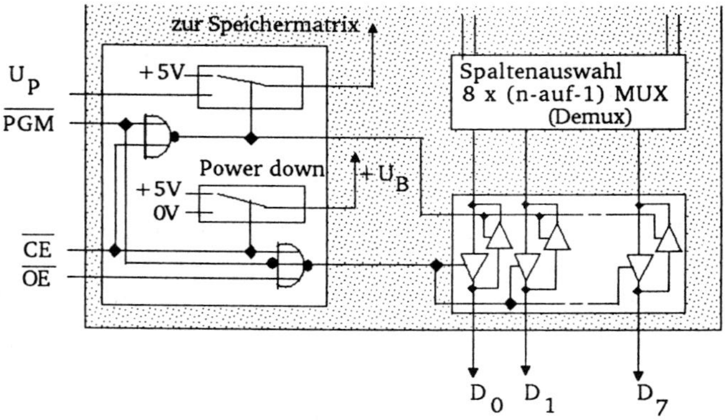

Bild 3.5-6. PROM- und EPROM-Bausteine

Während des normalen Betriebes werden auch bei ihnen die Spaltenauswahl-Schalter und die Datenbustreiber nur in einer Richtung, nämlich aus dem Baustein heraus, betrieben. Die Steuerung der Datenbustreiber wird wiederum durch die Signale $\overline{OE}$ und $\overline{CE}$ vorgenommen. Verknüpft sind sie hier jedoch mit dem $\overline{PGM}$-Signal, das zur Programmierung des Bausteins aktiviert werden muß. Bei der Programmierung werden die Ausgangstreiber gesperrt und die Eingangstreiber aktiviert. Gleichzeitig wird durch den im Bild skizzierten Schalter anstelle der Betriebsspannung +5 V die höhere Programmierspannung U_P (12 bis 21 V) an die Speicherelemente gelegt. Während der Programmierung dienen die Spaltenauswahl-Schalter als Demultiplexer und schalten die eingegebene Information auf die selektierten Speicherelemente. Im weiteren werden nun speziell EPROMs genauer behandelt.

7) 1 ns (Nanosekunde) = 10^{-9} Sekunden, 1 mW (Milliwatt) = 10^{-3} Watt

Die Programmierung des Bausteins wird byteweise vorgenommen. Dabei können auch bereits programmierte Speicherzellen umprogrammiert werden. Jedoch kann stets nur ein '1'-Bit in ein '0'-Bit umgewandelt werden. Während der Programmierung eines Bytes müssen sowohl die Adresse als auch das "einzubrennende" Datum konstant am Baustein anliegen, also in Pufferregistern gespeichert sein. Die Programmierung des gesamten Bausteins dauert in Abhängigkeit vom benutzten Algorithmus nur wenigen Sekunden bis zu einigen Minuten.

Beispiel eines Programmier-Algorithmus

Hier wird nun ein besonders schneller Algorithmus (*Intel's Quick Pulse Programming Algorithm*) informell beschrieben, der z.B. das 64kx8-bit-EPROM Intel P27512 in ca. 8 Sekunden programmiert:

Dazu werden Programmierimpulse von $U_P = 12.75$ V und einer Länge von 100 µs aufgeschaltet. Nach jedem Impuls wird geprüft, ob das Datum erfolgreich eingebrannt wurde (*verify*). Falls ja, wird die Programmierung abgebrochen und gegebenenfalls das nächste Datum in die nächste Speicherzelle geschrieben. Falls nein, wird der Vorgang wiederholt, bis eine vorgegebene Anzahl von Versuchen (z.B. 25) erreicht ist. Dann wird der Programmiervorgang mit einer Fehlermeldung abgebrochen. Ist kein Fehler aufgetreten, so wird abschließend noch einmal der gesamte eingebrannte Speicherinhalt mit den vorgegebenen Daten auf Übereinstimmung verglichen. Während der Verifikation wird die Betriebsspannung auf $U_B = 6.25$ V angehoben. Dadurch wird sichergestellt, daß eine unter diesen Bedingungen richtig programmierte Speicherzelle auch bei der niedrigeren normalen Betriebsspannung von $U_B = 5$ V zuverlässig arbeitet.

Im Bild 3.5-7 sehen Sie oben links das EPROM 27256 der Firma Intel. Dies hat eine Kapazität von 256 kbit und ist als 32kx8-bit-Speicher organisiert. Sie können daran recht deutlich das Quarzfenster über dem eigentlichen Chip erkennen, durch das die Speicherzellen durch Bestrahlung mit ultraviolettem Licht (UV-Licht) gelöscht werden können. Dieser Löschvorgang dauert in etwa 15 bis 20 Minuten. (Sie können den Baustein übrigens auch im direkten Sonnenlicht löschen, nur dauert das dann ungefähr eine Woche. Das Fluoreszenzlicht ("Neonlicht") in Ihrem Arbeitszimmer/Büro braucht dafür sogar ca. 3 Jahre.). Nach dem Löschen ist in allen Speicherzellen eine logische '1' gespeichert.

Etwas tiefer im Bild sehen Sie den gleichen Speicherbaustein, diesmal jedoch ohne Fenster. Diese als OTPs (*one time programmable*) bezeichneten Versionen der EPROMs können natürlich nur einmal programmiert und nicht wieder gelöscht werden. Da sie preisgünstiger als die EPROMs mit Fenster sind, werden sie als Alternative zu ROMs oder PROMs hauptsächlich in Geräten (mit kleinen Stückzahlen) eingesetzt, die die Entwicklungsphase hinter sich haben, so daß also keine Software-Änderungen mehr zu erwarten sind.

Der Rest des Bildes zeigt Vergrößerungen der Chips der gebräuchlichsten EPROM-Typen. Sie sind teilweise mehrfach in drei verschiedenen Technologien (NMOS, HMOS-E, HMOSII-E) dargestellt.

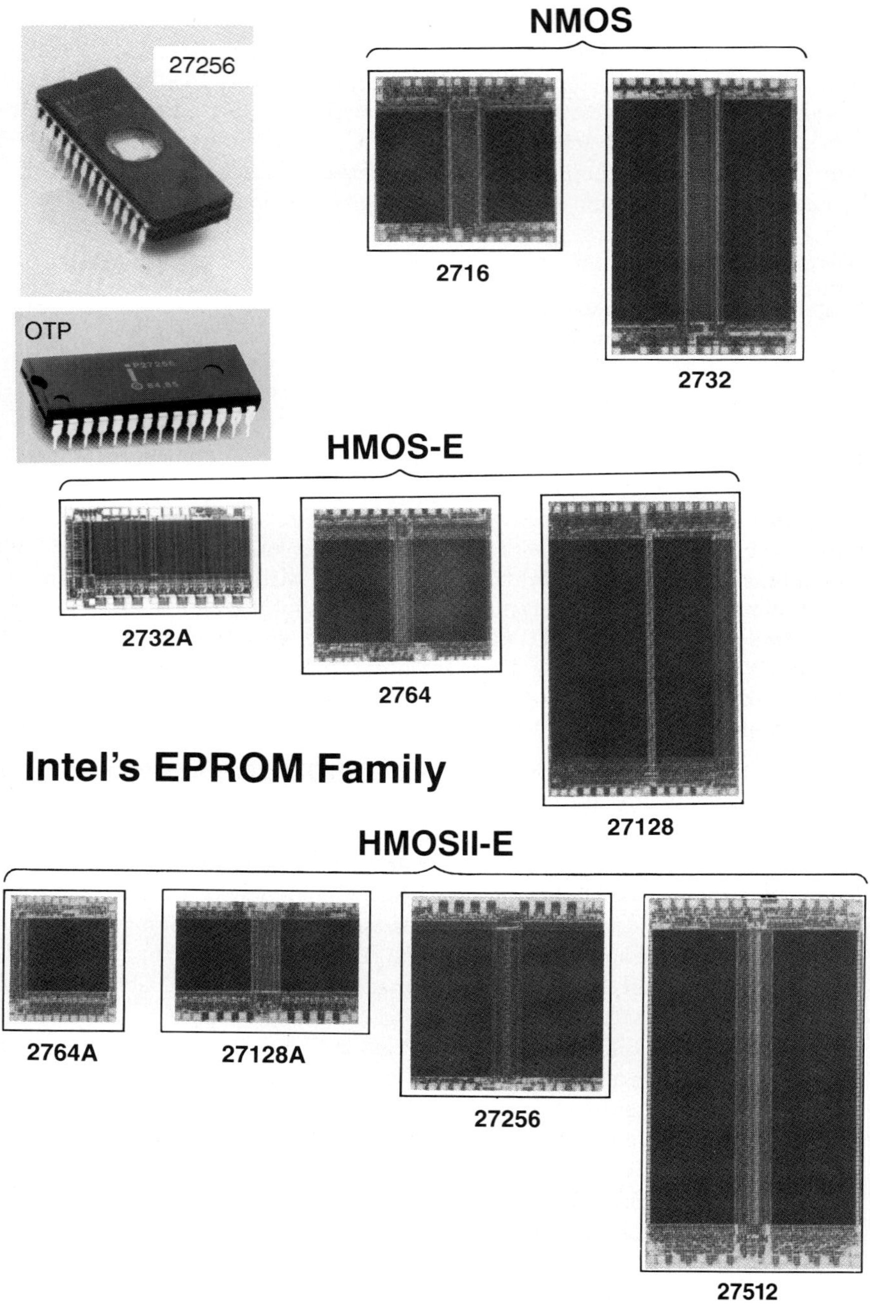

Bild 3.5-7. Die gebräuchlichsten EPROM-Typen in verschiedenen Technologien

Das Bild demonstriert anschaulich die Entwicklung der Großintegration zu immer kleineren Geometrien. Während z.B. in der HMOS-E-Technologie ein einzelnes Speicherelement noch eine Fläche von 10x10 μm^2 benötigte, belegt sie in der HMOSII-E nur noch eine Fläche von 6x6 μm^2 (vgl. Abschnitt 3.4.1.3). Die Kapazität der Speicherbausteine können Sie den letzten Ziffern der Typnummer entnehmen. So hat z.B. der Typ 27256 eine Kapazität von 256 kbit.

Kenndaten:

Kapazität	:	bis zu 1 Mbit, (4 Mbit in Entwicklung),
Organisation	:	128kx8 bit,
Zugriffszeit	:	EPROM: 150 - 450 ns, PROM: ≥ 35 ns,
Leistungs-	:	CMOS: aktiv: 100 mW , *stand by*: 5 µW,
Aufnahme		NMOS: aktiv: 600 mW , *stand by*: 200 mW,
Gehäuse	:	DIP, 24 - 32 Anschlüsse.

3.5.2.3 EEPROM-Bausteine

Im Bild 3.5-8 sind die wesentlichen Ergänzungen zu erkennen, die in einem EEPROM-Baustein gegenüber einem EPROM nötig werden, um den Baustein innerhalb des Systems, also in seinem Sockel, programmieren zu können. Von einem RAM-Baustein unterscheidet sich ein EEPROM dadurch, daß vor jedem Einschreiben eines neuen Datums zunächst die adressierte Speicherzelle gelöscht werden muß. Die Steuerlogik des EEPROM-Bausteins ist deshalb um einen Teil erweitert, der das Löschen einer einzelnen (8-bit-)Speicherzelle (nicht eines einzelnen Speicherelementes !) oder aber auch der gesamten Speichermatrix erlaubt.

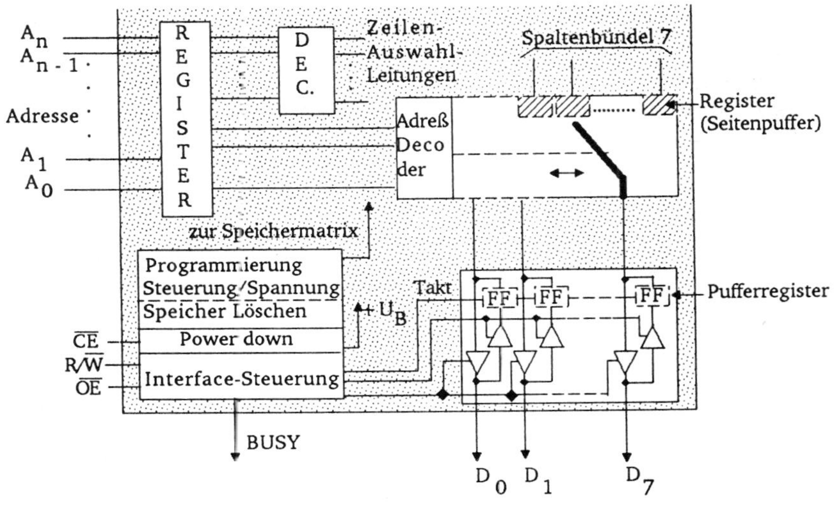

Bild 3.5-8. EEPROM-Baustein

Das Löschen einer einzelnen Speicherzelle geschieht in der Regel automatisch vor dem Einschreiben des neuen Wertes. Die zum Löschen und Programmieren benötigte höhere Spannung (z.B. $U_P = +21$ V) muß – im Unterschied zu den EPROMs – nicht extern zugeführt werden, sondern wird auf dem Baustein selbst erzeugt.

Das "Einbrennen" eines Datums in den Speicher dauert zwischen 5 und 10 ms. Während dieser relativ langen Zeit müssen die angelegte Adreß- und Dateninformation festgehalten werden. Dazu dienen die (Puffer-)Register in den Schnittstellen zum Adreßbus und zum Datenbus. Das Pufferregister des Datenbusses ist bitweise aus Einzel-Flipflops (FF) dargestellt, die den Eingangstreibern der Datenbus-Schnittstelle nachgeschaltet sind und durch die negative Flanke des $R/\overline{W}$-Signals getriggert werden. Während der Programmierzeit kann der µP andere Operationen ausführen. (Bei einigen älteren EEPROM-Typen waren diese Register noch nicht auf dem Baustein integriert. In diesem Fall mußte entweder der µP selbst die Informationen ununterbrochen liefern oder aber sie mußten in einer relativ aufwendigen externen Schaltung zwischengespeichert werden.)

Seitenzugriff in EEPROMs (*page mode*)

Um dem µP ein kontinuierliches Beschreiben des Speichers zu ermöglichen, ist bei einigen EEPROM-Typen die Zwischenspeicherung der Daten aus der Datenbus-Schnittstelle hinter die Spaltenauswahl-Schalter verlegt worden (s. Bild 3.5-8). Hier ist nun jeder Spalte der Speichermatrix ein statisches Speicherelement als Flipflop vorgeschaltet. Jede Zeile der Speichermatrix wird als eine Seite des Speichers angesehen und dementsprechend die Gesamtheit der Flipflops als Seitenpuffer (*page buffer*) bezeichnet. Der Prozessor kann nun eine größere Anzahl von Bytes mit voller Geschwindigkeit "seitenweise" in den Speicher schreiben (*page write mode*). Diese werden in den Flipflops zwischengespeichert (*page load*) und können von dort aus langsam in die Speicherzellen übertragen werden (*page store*). Die Übertragung geschieht automatisch, wenn vor Ablauf einer gewissen Zeitspanne (z.B. 20 oder 100 µs) vom µP kein weiteres Datum eingeschrieben wurde. Dabei sorgt die Baustein-Steuerung dafür, daß nur die Bytes des Seitenpuffers in die Speichermatrix übertragen werden, die im aktuellen Programmierzyklus neu beschrieben wurden. Die Reihenfolge, in der die einzelnen Bytes des Seitenpuffers beschrieben werden, ist völlig unerheblich. Wenn ein Byte vor der Übertragung in die Speichermatrix mehrfach angesprochen wird, so wird der zuletzt eingeschriebene Wert abgespeichert.

Da die Übertragung parallel für alle Bytes im Seitenpuffer vorgenommen wird, dauert sie nicht länger als die Übertragung eines einzelnen Bytes. Während der Übertragung dürfen keine neuen Daten in den Speicher geschrieben werden. Natürlich muß dazu der µP feststellen können, ob der interne Übertrag der Daten vom Seitenpuffer in die Speicherzellen schon beendet wurde oder nicht. Darüber informieren einige EEPROM-Bausteine den µP durch ein spezielles Statussignal (*busy*). Andere Bausteine geben auf jeden zwischenzeitlichen Lesezugriff hin solange das höchstwertige Bit des zuletzt eingeschriebenen Datums invertiert aus, bis die Programmierung beendet wurde. Dieses Verfahren wird als *Data Polling* bezeichnet.

Die maximale Größe der Seiten hängt von der Anzahl der Spaltenleitungen pro Bündel ab und liegt zwischen 16 und 64 byte. Die Lage eines eingeschriebenen Bytes im Seitenpuffer wird durch die niederwertigen Adreßleitungen $A_i...A_0$ (i=3, 4, 5) vorgegeben. Durch die höherwertigen Adreßleitungen $A_n...A_{i+1}$ wird bestimmt, in welche "Seite" der Speichermatrix der Seitenpuffer übertragen wird. Daraus ergibt sich, daß für alle Daten, die im ***Page Mode*** übertragen werden sollen, dieselbe Oberadresse $A_n...A_{i+1}$ angegeben werden muß.

EEPROMs haben aus physikalischen Gründen eine begrenzte Lebensdauer. Der Grund liegt – vereinfachend dargestellt – darin, daß bei jedem Löschen oder Programmieren (Speichern) einige Ladungsträger in der dünnen Isolierschicht zwischen dem Floating Gate und der Drain-Zone (s. Bild 3.4-6b) hängen bleiben und so die Schwellspannung des Transistors allmählich immer weiter verschieben. Dadurch wird die Differenz zwischen den Schwellspannungen im geladenen und ungeladenen Zustand immer geringer, bis sie ganz verschwindet. Die Anzahl der Lösch-/Speicher-Zyklen sollte in einem normalen Einsatz nicht wesentlich über 10 000 liegen. Garantiert wird von den Herstellern, daß die eingeschriebene Information wenigstens 10 Jahre lang unverändert vorliegt. In dieser Beziehung sind die EEPROMs den EPROMs überlegen.

Bei den ersten EEPROM-Bausteinen traten beim Einschalten bzw. Abschalten der Betriebsspannung (*power up/down*) häufig unbeabsichtigte Schreibvorgänge auf, die zur Zerstörung der Daten führten. Die modernen Bausteine besitzen deshalb eine Schreibschutzschaltung, die automatisch aktiv ist, wenn die Betriebsspannung unter einem bestimmten Wert liegt.

Zum Abschluß dieses Abschnittes sei auf einen sehr interessanten Baustein hingewiesen. Es ist der Typ 6836R16 von Motorola, der auf einem einzigen Chip ein 14 kbyte großes maskenprogrammierbares ROM und ein 2 kbyte großes EEPROM vereint. Hinzu kommt ein zusätzlicher (redundanter) 256-byte-EEPROM-Bereich, der wahlweise eine 256-byte-Seite im ROM bzw. EEPROM-Teil des Speichers ersetzen kann, wenn in diesem ein permanenter Fehler, also eine dauerhafte Zerstörung eines Speicherelementes, festgestellt wurde.

Kenndaten

Kapazität	:	bis zu 256 kbit,
Organisation	:	32kx8 bit,
Zugriffszeit	:	200 - 450 ns, sehr schnelle Typen ≤ 55 ns,
Leistungs-	:	aktiv: 300 mW,
Aufnahme		*stand by*: 125 mW,
Gehäuse	:	DIP, 24 - 28 Anschlüsse.

3.5.3 Schreib-/Lese-Speicherbausteine

3.5.3.1 Statische RAM-Bausteine

Diese Bausteine sind in verschiedenen Organisationsformen erhältlich, hauptsächlich als nkx8-, nkx4- oder nkx1-bit-Bausteine. Im Bild 3.5-9 ist die erstgenannte Form zugrunde gelegt worden.

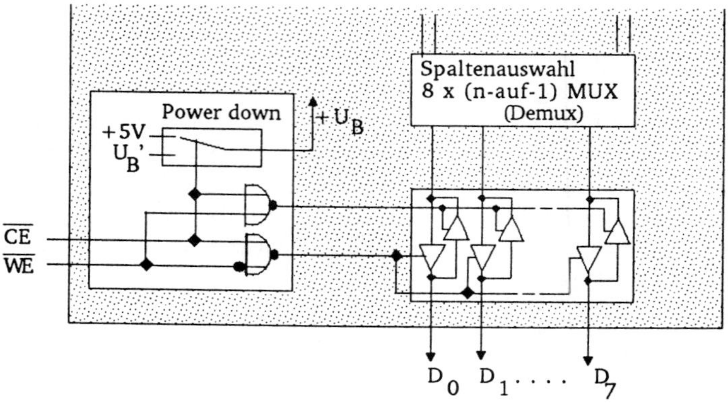

Bild 3.5-9. Statischer RAM-Baustein

Bei diesem Baustein sind die Treiber in der Datenbus-Schnittstelle bidirektional ausgeführt. Die Aktivierung der Treiber wird durch das $\overline{CE}$-Signal vorgenommen, die Auswahl der Übertragungsrichtung durch das Schreib-Signal $\overline{WE}$.

Im Unterschied zu den bisher besprochenen Festwertspeichern darf beim RAM durch die Power-Down-Schaltung, die durch das $\overline{CE}$-Signal gesteuert wird, natürlich nicht die Betriebsspannung abgeschaltet werden, da sonst der gesamte Speicherinhalt verloren geht. Um dennoch eine Leistungsreduktion zu erreichen, wird häufig im nicht aktivierten Zustand die Betriebsspannung der Speicherzellen auf solch einen niedrigeren Wert U_B' (z.B. $U_B' = 2$ V) heruntergezogen, daß gerade noch eine sichere Datenhaltung gewährleistet ist. Da das Umschalten auf die höhere Betriebsspannung während eines Speicherzugriffs natürlich eine gewisse Zeit verbraucht, wird in RAM-Bausteinen für schnelle Anwendungen auf eine Power-Down-Schaltung verzichtet.

Kenndaten

Kapazität	:	64 kbit bis 1 Mbit,
Organisation	:	nkx1 bit, nkx4 bit, nkx8 bit,
Zugriffszeit	:	30 - 150 ns, sehr schnelle Typen: 15 - 20 ns,
Leistungs-	:	aktiv: 300 mW - 1 W,
Aufnahme		*stand by:* 10 µW,
Gehäuse	:	DIP, 20 - 28 Anschlüsse.

3.5.3.2 NVRAM-Bausteine

Der typische Aufbau eines NVRAMs ist im Bild 3.5-10 dargestellt.

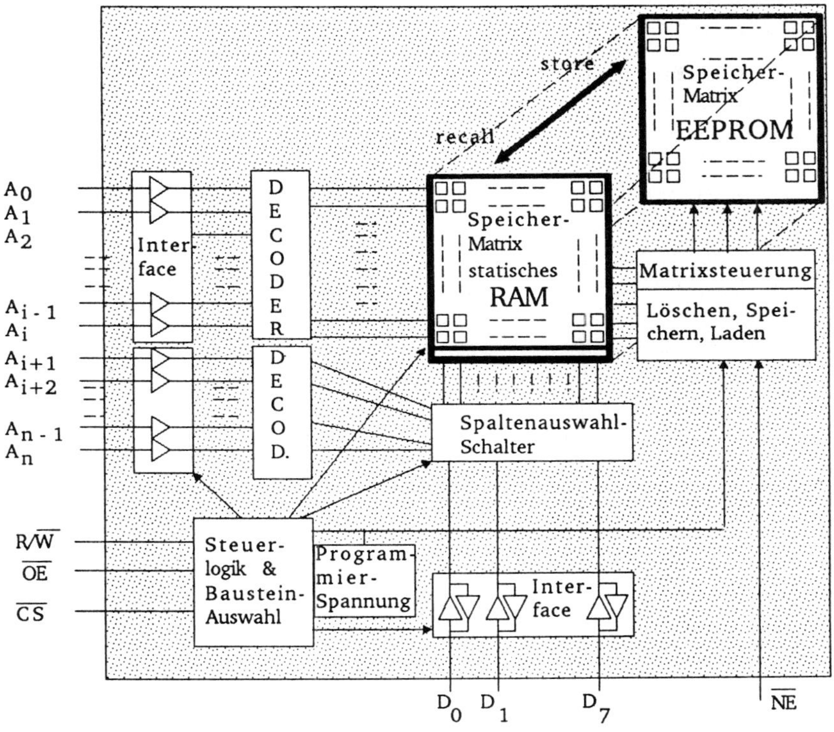

Bild 3.5-10. NVRAM-Baustein

Die wesentliche Komponente ist hier die verdoppelte Speichermatrix. Hinter der Speichermatrix der statischen RAM-Zellen befindet sich als "Schattenspeicher" die Matrix der EEPROM-Zellen. Der Inhalt des statischen RAMs wird in einem einzigen Schritt parallel ins EEPROM abgespeichert (*store*) oder aber von dort geladen (*recall*). Dieses Laden geschieht jedesmal automatisch, wenn die Betriebsspannung des Bausteins eingeschaltet wird (*power up recall*). Vor der Speicherung neuer Information wird das EEPROM zunächst automatisch vollständig gelöscht (*clear*), was ebenfalls vollparallel geschieht. Das Laden des RAMs sowie das Löschen und Programmieren des EEPROMs wird durch die mit Matrix-Steuerung (*array control*) bezeichnete Komponente vorgenommen, die auch für das Löschen der RAM-Zellen vor ihrem Laden aus dem EEPROM sorgt (vgl. Abschnitt 3.3). Die zum Löschen und zur Programmierung benötigte Spannung wird im Baustein selbst erzeugt.

Durch das Eingangssignal $\overline{NE}$ (*non volatile enable*) der Matrix-Steuerung wird bestimmt, ob sich ein Schreib- bzw. Lese-Zugriff auf das RAM beziehen oder ob dadurch ein Speicher- bzw. Lade-Vorgang ausgelöst werden soll. Die Beschaltung dieses Eingangs kann auf verschiedene, sich nicht gegenseitig ausschließende Möglichkeiten geschehen:

- Über einen Adreßdecoder spricht der µP den Eingang $\overline{NE}$ unter einer festen (Speicher-)Adresse gezielt an. Ein Schreibzugriff unter dieser Adresse veranlaßt die Übernahme der Daten vom RAM ins EEPROM, ein Lesezugriff überträgt die Daten vom EEPROM ins RAM,
- Der Eingang $\overline{NE}$ wird mit einer speziellen Ausgangsleitung des µPs oder eines Schnittstellen-Bausteins verbunden, deren Zustand durch einen (Maschinen-) Befehl gezielt verändert werden kann.
- Durch eine Detector-Schaltung wird die Spannungsversorgung des Systems überwacht. Die Detector-Schaltung ist bei einigen NVRAMs bereits auf dem Chip integriert. Diese Schaltung aktiviert den Eingang $\overline{NE}$, wenn ein drohender Spannungszusammenbruch dadurch signalisiert wird, daß die Betriebsspannung unter einen bestimmten Wert sinkt (z.B. 4 V). Für das Retten des RAM-Inhaltes in das EEPROM reicht es bei den meisten NVRAMs, daß die Betriebsspannung des Bausteins noch für 10 ms gehalten wird. Sinkt die Spannung noch weiter, so wird automatisch eine Schreib-/Lösch-Blockierung aktiviert, die eine unbeabsichtigte Veränderung der abgespeicherten Daten verhindert.

Einige Daten des NVRAMs werden durch das interne EEPROM vorgegeben. So dauert das Programmieren des EEPROMs – wie bei den oben beschriebenen EEPROM-Bausteinen – ca. 10 ms. Auch bei den NVRAMs ist die Anzahl der Programmiervorgänge beschränkt. Garantiert werden wenigstens 10 000 Programmierzyklen, und der Baustein soll die eingespeicherte Information wenigstens 10 Jahre lang halten.

Kenndaten

Kapazität	:	16 kbit,
Organisation	:	2kx8 bit,
Zugriffszeit	:	150 - 300 ns,
Leistungs-	:	?
Aufnahme		*stand by*: 150 mW,
Gehäuse	:	DIP, 24 - 28 Anschlüsse.

3.5.3.3 Dynamische RAM-Bausteine und ihre Controller

Dynamische RAM-Bausteine (DRAMs) weisen von allen Halbleiterspeichern die größte Integrationsdichte auf. Sie liegt stets eine Größenordnung über der statischer RAMs. Dies ist auf den im Abschnitt 3.4.2.4 gezeigten einfachen Aufbau der Zellen zurückzuführen. Um die Anzahl der Baustein-Anschlüsse trotz der großen Zahl von Speicherzellen möglichst klein zu halten, sind diese Bausteine häufig bitweise organisiert, d.h. sie haben eine Organisation der Form nkx1 bit. Seltener sind bei dynamischen RAM-Bausteinen Datenbreiten von 4 oder 8 bit.

Die bitweise organisierten DRAMs verfügen meistens über einen Dateneingang (D_{in}) und einen getrennten Datenausgang (D_{out}). Da der Ausgang jedoch die Tristate-Eigenschaft besitzt und jeweils höchstens einer der Treiber in der Datenbus-Schnittstelle aktiviert ist, können beide Anschlüsse problemlos extern zusammengeschaltet werden. Der Anschluß-Minimierung dient auch, daß die Speicheradressen dem Baustein in zwei Hälften über die gleichen Anschlüsse im Multiplexbetrieb zugeführt werden (s. Bild 3.5-11).

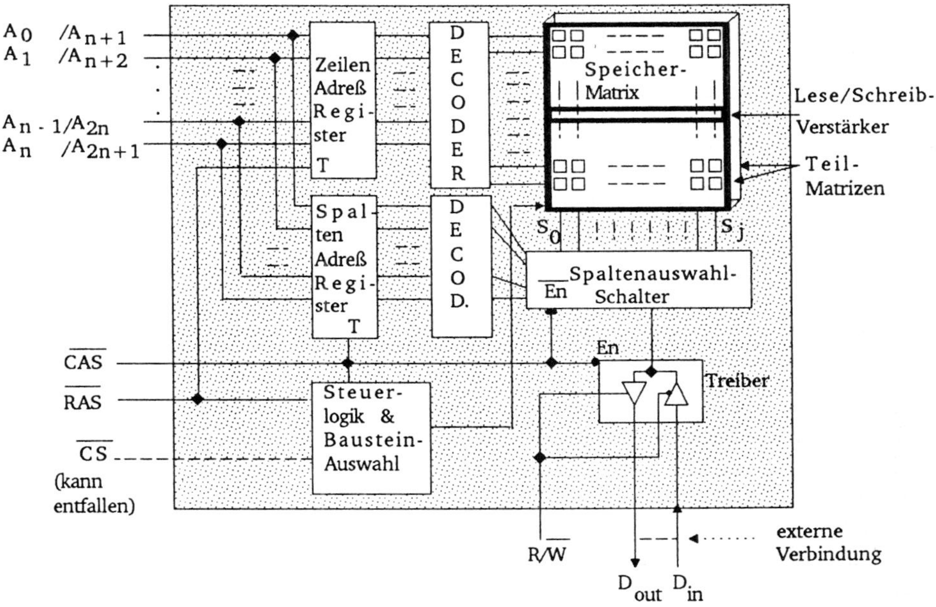

Bild 3.5-11. Dynamischer RAM-Baustein

Bausteinintern werden die Teiladressen in Pufferregistern der Schnittstelle zwischengespeichert. Die erste Teiladresse selektiert genau eine der Zeilen in der Speichermatrix. Durch die negative Flanke des externen Eingangs-Signals $\overline{RAS}$ (*row address strobe*) wird das Register der Zeilenadresse getaktet (s. Bild 3.5-12). Der zweite Teil der Adresse wählt genau eine der Matrix-Spalten aus. Die negative Flanke des Signals $\overline{CAS}$ (*column address strobe*) sorgt für die Übernahme dieser Teiladresse in das Spalten-Adreßregister.

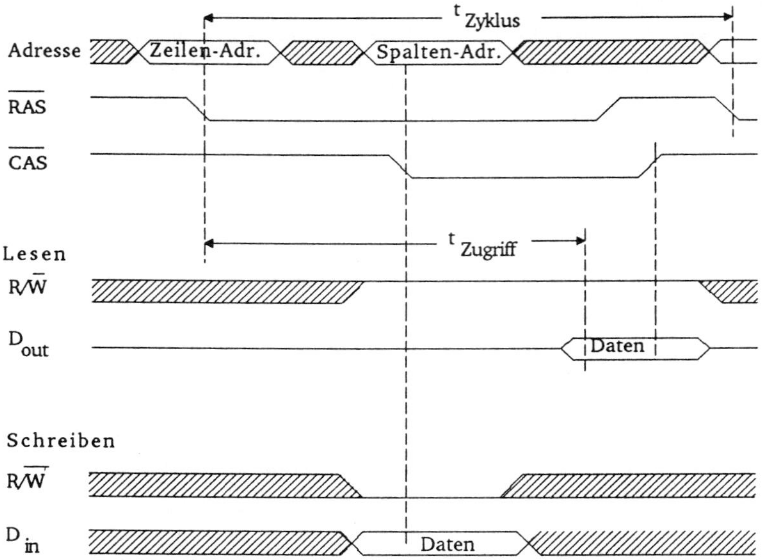

Bild 3.5-12. Adressierung eines dynamischen RAM-Bausteins

Lesen

Bei einem Lese-Zugriff erscheint das gewünschte Datum eine gewisse Zeit nach der negativen Flanke von $\overline{\text{CAS}}$ am Ausgang D_{out}. Während dieser Zeit muß das $R/\overline{W}$-Signal auf logisch '1' gehalten werden. Das Datum wird solange vom Baustein stabil angeboten, wie das Signal $\overline{\text{CAS}}$ auf L-Potential ist. Kurze Zeit nach der positiven Flanke von $\overline{\text{CAS}}$ wird der Ausgang D_{out} wieder in den hochohmigen Zustand geschaltet (*tristate*).

Die Zugriffszeit ($t_{Zugriff}$) ergibt sich hier als Zeitdifferenz von der negativen Flanke von $\overline{\text{RAS}}$ bis zu dem Zeitdunkt, zu dem das Datum verfügbar ist. Die Zykluszeit (t_{Zyklus}) umfaßt zusätzlich die Zeit, die für das notwendige interne Zurückschreiben des Datums in die Speicherzelle gebraucht wird. Sie wird vom Hersteller als minimale Zeit vorgegeben, die zwischen zwei negativen Flanken des $\overline{\text{RAS}}$-Signals vergehen muß.

Schreiben

Bei einem Schreib-Zugriff muß gleichzeitig mit der Spaltenadresse das einzuschreibende Datum am Dateneingang D_{in} anliegen. Die Übernahme in den Speicher geschieht dann mit der negativen Flanke des $\overline{\text{CAS}}$-Signals. Das $R/\overline{W}$-Signal muß während des Einschreibens auf L-Potential gehalten werden.

Das $\overline{\text{RAS}}$-Signal dient bei den DRAM-Bausteinen auch als Baustein-Auswahlsignal, so daß ein spezielles $\overline{\text{CS}}$-Signal entfallen kann. Bei Bausteinen mit Power-Down-Einrichtung wird durch das $\overline{\text{RAS}}$-Signal auch die Leistungsaufnahme gesteuert.

Seitenzugriff bei DRAMs

Die Übertragung von Daten zum bzw. vom Speicherbaustein kann wesentlich beschleunigt werden, wenn alle adressierten Speicherelemente in der gleichen Zeile der Speichermatrix (Seite) liegen, wenn auch nicht unmittelbar nebeneinander. In diesem Fall muß die Zeilenadresse nur ein einziges Mal angelegt und in ihrem Register gespeichert werden. Danach können in schnellerer Abfolge die Spaltenadressen angelegt und die Daten übertragen werden (*page mode*, *ripple mode*). Die Übernahme einer neuen Spaltenadresse muß jedesmal durch eine negative Flanke des $\overline{\text{CAS}}$-Signals veranlaßt werden (s. Bild 3.5-13). Die Zugriffszeit, bezogen auf die negative Flanke von $\overline{\text{CAS}}$, ist häufig um die Hälfte kürzer als die Zugriffszeit, die auf die negative Flanke von $\overline{\text{RAS}}$ bezogen wird.

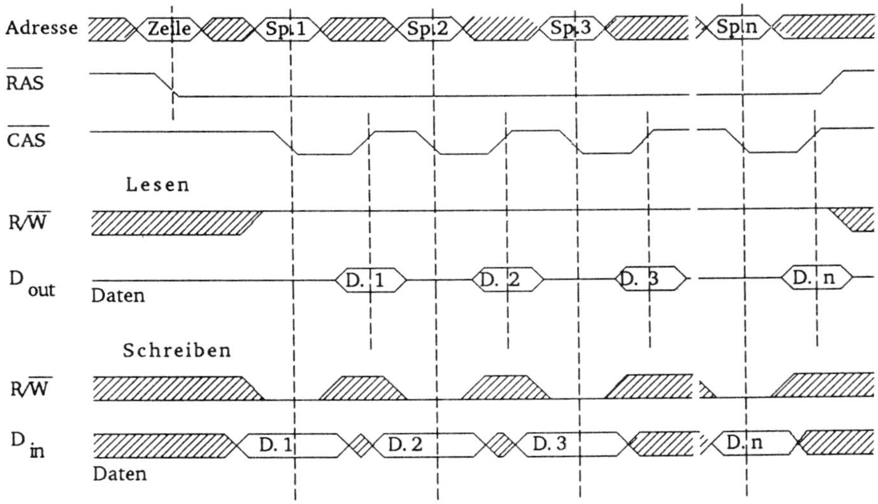

Bild 3.5-13. Seitenzugriff in einem DRAM

Lesen einer Seite

Beim Lese-Zugriff wird das $R/\overline{W}$-Signal konstant auf H-Potential gehalten. Sobald die Daten am Ausgang anliegen, kann das $\overline{\text{CAS}}$-Signal auf das H-Potential zurückgenommen werden. Die Beschleunigung dieser Art von Lese-Zugriffen ist – außer auf die erwähnte einmalige Abspeicherung der Zeilenadresse – auch darauf zurückzuführen, daß bei der Aktivierung einer Zeile alle Speicherelemente dieser Zeile parallel auf die ihnen zugeordneten Leseverstärker geschaltet werden. Die Zeit für das im Abschnitt 3.4.2.4 beschriebene dynamische Lesen der Zellen (Stichwort: *precharge*) muß deshalb nur ein einziges Mal aufgebracht werden. Die parallel ausgelesene Information kann dann sequentiell an den Leseverstärkern abgegriffen werden.

Schreiben einer Seite

Beim Schreib-Zugriff wird durch jede negative Flanke von $\overline{\text{CAS}}$ ein neues Datum in den Speicher eingeschrieben. Zu diesen Zeitpunkten muß das R/$\overline{\text{W}}$-Signal auf L-Potential liegen.

Zum Auffrischen dynamischer RAMs

Nun zum **Auffrischen** des Speichers (*refresh*). Dies geschieht Zeile für Zeile der Speichermatrix. Je nach Baustein-Typ muß jede Zeile spätestens nach 2 ms bzw. 4 ms aufgefrischt werden. Dies sind Werte, die vom Hersteller zur sicheren Funktion des Bausteins verlangt werden. Im realen Einsatz arbeiten aber viele Bausteine oft noch mit erheblich längeren Auffrisch-Abständen (bis zu 100 ms) sehr zuverlässig.

Das Auffrischen einer Zeile wird dadurch ausgelöst, daß nur die Zeilenadresse an den Baustein angelegt und durch die negative Flanke des $\overline{\text{RAS}}$-Signals in ihr Register übernommen wird, aber keine Spaltenadresse. $\overline{\text{RAS}}$ muß wenigstens für eine bestimmte Zeit auf L-Potential gehalten werden. Während dieser Zeit muß das $\overline{\text{CAS}}$-Signal ununterbrochen H-Potential besitzen (s. Bild 3.5-14). Dieses Auffrisch-Verfahren wird *RAS-only-refresh* genannt. Daneben existieren noch weitere Varianten, auf die wir hier nicht eingehen wollen.

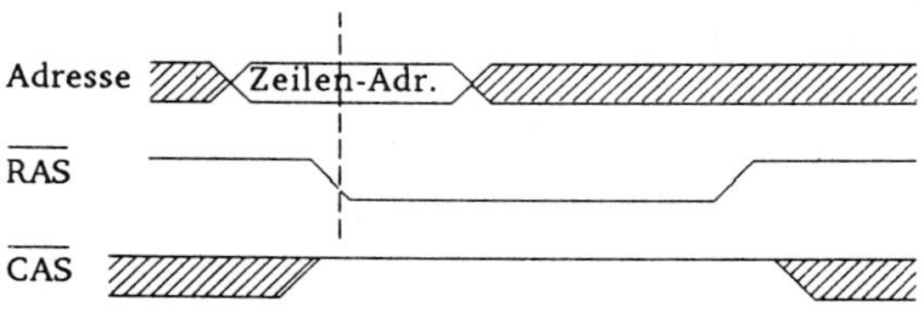

Bild 3.5-14. Auffrischzyklus bei dynamischen RAMs

Im Bild 3.5-15 ist symbolisch dargestellt, wie das Auffrischen der Zellen geschieht.

Jede Spalte der Speichermatrix ist durch eine Kombination aus Schreib- und Leseverstärker abgeschlossen. Nach der Anwahl einer Speicherzeile Z_k werden alle Zelleninhalte dieser Zeile durch die Leseverstärker ausgewertet. Dieser Vorgang wird durch den Takt T_L gesteuert. Die gelesene und verstärkte Information wird nach einer kleinen Verzögerungszeit (ausgedrückt durch die Komponente V) über die Schreibverstärker in ihre Zellen zurückgeschrieben. Dazu wird der Takt T_S benötigt. Während der Auffrisch-Zeit werden durch das $\overline{\text{CAS}}$-Signal die Spaltenauswahl-Logik und der Ausgangstreiber gesperrt.

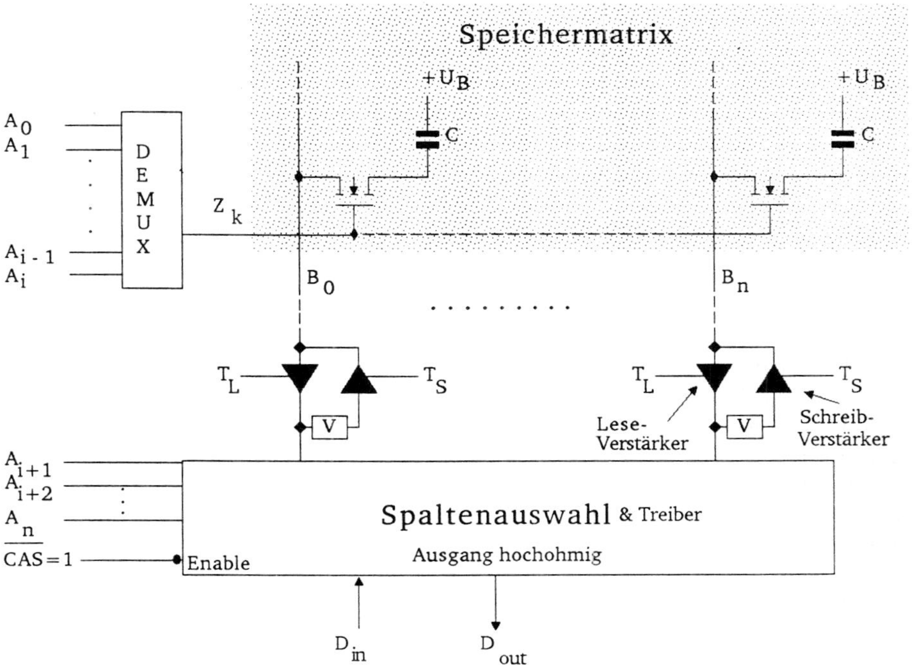

Bild 3.5-15. Interner Aufbau der Auffrisch-Logik

Im Abschnitt 3.4.2.4 wurde ein dynamisches Verfahren geschildert, mit dem der Inhalt einer (1-bit-)Speicherzelle gelesen werden kann (Stichwort: *precharge*). Einerseits wächst aber mit steigendem Integrationsgrad die Anzahl der Speicherzellen, die jeweils an einer Spalten-Auswahlleitung hängen. Andererseits wird, wie bereits gesagt, durch die stetige Verkleinerung der Zellenstrukturen das Verhältnis der Zellenkapazität zur Kapazität der Auswahlleitungen immer kleiner. Die beim Lesen auftretenden Signale werden daher immer schwächer. Dadurch wachsen die Anforderungen an die Leseverstärker. Deshalb werden bei höherintegrierten Speicherbausteinen die Leseverstärker häufig in die Mitte der Spaltenleitungen verlegt, so daß sie zu beiden Seiten hin nur noch Leitungen mit der halben Zellenanzahl und entsprechend kleinerer Leitungskapazität auszuwerten haben. Im Bild 3.5-16 ist eine Realisierungsmöglichkeit für einen in der Mitte einer Spalte der Speichermatrix angeordneten Leseverstärker LV gezeichnet.

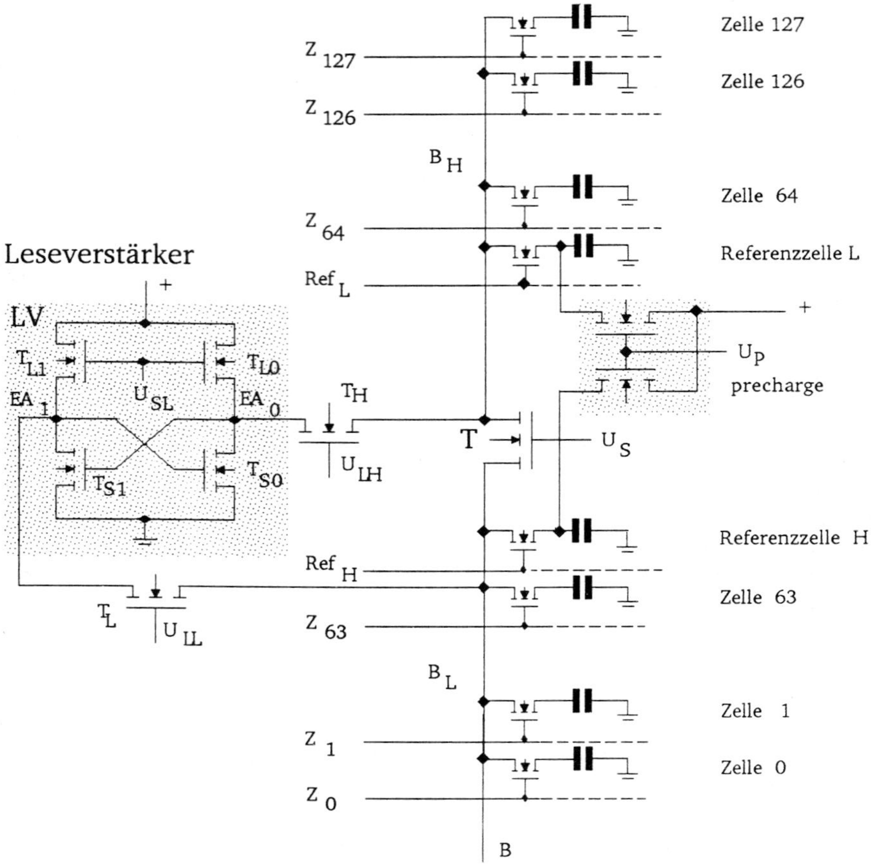

Bild 3.5-16. Leseverstärker eines dynamischen RAMs

Der Leseverstärker hat große Ähnlichkeit mit einer statischen MOS-Speicherzelle (vgl. Abschnitt 3.3.2). Jede Seite des Verstärkers ist mit 64 Zellen der Matrix verbunden. Zu jeder "Teilspalte" ist auf der anderen Seite des Verstärkers eine Referenzzelle implementiert: Zu den Zellen 0 - 63 gehört die Referenzzelle Ref_L, zu den Zellen 64 - 127 die Referenzzelle Ref_H. Nun zur Funktion der Schaltung.

Lesen

Zum Lesen wird zunächst der Transistor T gesperrt, der beide Teilleitungen B_L, B_H miteinander koppelt, indem seine Steuerspannung U_S auf Massepotential gelegt wird. Der Leseverstärker LV wird über die beiden Koppeltransistoren T_L, T_H mit den Leitungen B_L, B_H verbunden ($U_{LL} = U_{LH} = H$). Die Kondensatoren beider Referenzzellen werden durch das Signal U_P (*precharge*) auf einen Wert vorgeladen, der zwischen den beiden in einer Speicherzelle möglichen, die binären Zustände '0', '1' repräsentierenden Ladungswerten liegt. Die Lasttransistoren T_{L1}, T_{L0} des Leseverstärkers werden durch die Spannung $U_{SL}=0$ V gesperrt.

Danach werden die adressierte Speicherzelle sowie ihre Referenzzelle über ihre Auswahlleitungen Z_i und Ref_L bzw. Ref_H aktiviert. Beide Zellen geben nun ihre Kondensatorladungen über die Verstärker-Eingänge auf die Steuerelektrode *(gate)* je eines der unteren Schalttransistoren T_{S1}, T_{S0}. Dabei setzt sich die stärkere Ladung durch und versetzt "ihren" Transistor in den leitenden Zustand, während der andere Transistor durch die Rückkopplung gesperrt wird.

Danach wird die Steuerspannung U_{SL} auf H-Potential gesetzt. Durch die nun leitenden Lasttransistoren T_{L1}, T_{L0} wird der Ein-/Ausgang EA_i am Drain-Anschluß des gesperrten Transistors auf H-Potential hochgezogen, während der andere Ein-/Ausgang am leitenden Transistor auf Massepotential liegt.

Die für kurze Zeit weiterhin aktivierte Speicherzelle übernimmt nun den Zustand des mit ihr verbundenen Verstärkerausgangs, d.h. ihr Kondensator wird über den Lasttransistor (T_{L1} bzw. T_{L0}) geladen, wenn der Verstärkerausgang H-Potential besitzt, bzw. entladen, wenn er auf L-Potential liegt. Gleichzeitig werden die beiden Leitungen B_L, B_H durch den Transistor T miteinander verbunden und der andere Verstärkerausgang durch seinen Koppeltransistor (T_L bzw. T_H) von der Datenleitung B abgehängt. Am Ausgang B ist damit der Zustand der selektierten Speicherzelle ablesbar. Nach dem Deaktivieren der Speicherzelle ist der Lese-Schreib-Zyklus (*read-write-cycle*) beendet.

Selbsttestaufgabe S3.5-2:
Skizzieren Sie den zeitlichen Verlauf aller wesentlichen Signale beim Lesen der Speicherzellen 4 bzw. 70, wenn in ihnen der logische Wert '0' bzw. '1' gespeichert ist.

Schreiben

Zum Schreiben werden die beiden Teilspalten durch den Transistor T miteinander verbunden, indem seine Steuerspannung U_S auf H-Potential gelegt wird. Danach wird die adressierte Speicherzelle über ihre Zeilenauswahl-Leitung Z_i selektiert. Über die Datenleitung B kann nun der Zellenkondensator informationsabhängig aufgeladen oder entladen werden.

Kenndaten

Kapazität	:	16 Mbit, in Entwicklung: 64 Mbit, 256 Mbit,
Organisation	:	nkx1 bit oder nkx4 bit, selten nkx8 bit,
Zugriffszeit	:	100 - 250 ns,
Zykluszeit	:	200 - 350 ns,
Leistungs-	:	aktiv : 190 - 330 mW,
Aufnahme		*stand by*: 20 - 30 mW,
Gehäuse	:	DIP, 16 - 18 Anschlüsse.

Aufbau und Funktion von DRAM-Controllern

Der eben beschriebene Aufbau und die Funktion eines DRAM-Bausteins bedingt eine relativ aufwendige Ansteuerung, die insbesondere das Multiplexen der Zeilen- und Spaltenadresse, die zeitgerechte Erzeugung der Steuersignale $\overline{RAS}$ und $\overline{CAS}$ sowie das Auffrischen der Zellen vornehmen muß. Deshalb bieten viele Halbleiter-Hersteller diese Schaltung in integrierter Form als sogenannte DRAM-Controller an. Im Bild 3.5-17 ist der Aufbau eines solchen Bausteins skizziert, der sich an den Typen 8207 und 8208 der Firma Intel orientiert. Diese Bausteine können alle handelsüblichen DRAM-Bausteine bis zu einer Kapazität von 256 kbit verwalten. Der gesamte Speicher kann dabei eine Kapazität von bis zu 2 Mbyte haben. Moderne Mikroprozessoren oder Controller für spezielle Anwendungen haben häufig einen DRAM-Controller bereits auf dem Chip integriert.

Die vom µP an den Adreßeingängen des Bausteins parallel angelegte Adresse $A_n...A_0$ ($n \leq 17$) eines Datums wird zunächst in zwei Pufferregistern des Bausteins zwischengespeichert, wobei je ein Register für die Zeilen- bzw. Spaltenadresse benutzt wird. Zeilen- und Spalten-Adressen werden über einen zweistufigen Multiplexer als Speicheradresse $SA_i...SA_0$ ($i \leq 8$) an die DRAM-Bausteine ausgegeben. Die Zeilen-Adresse wird dabei über die erste Multiplexer-Stufe entweder aus dem Pufferregister ($A_i...A_0$) entnommen oder aber von der Auffrisch-Schaltung generiert.

Diese Schaltung besteht im wesentlichen aus einem Zähler, der zyklisch alle Zeilenadressen erzeugt. Dieser Zähler hat typischerweise eine Länge von 8 oder 9 bit. Eine besondere Takt- und Zeitsteuerung generiert die benötigten Zählimpulse und sorgt für deren zeitgerechtes Auftreten (*timing*). Als Standard haben sich bei allen Speicherherstellern die folgenden Auffrischvarianten durchgesetzt, die wahlweise vom DRAM-Controller durchgeführt werden. Dabei werden:

- 128 Zeilen alle 2 ms,
- 256 Zeilen alle 4 ms,
- 512 Zeilen alle 8 ms

aufgefrischt. Setzt man realistischerweise für das Auffrischen einer Zeile ca. 150 ns an, so ergibt sich, daß nur etwa 1% der Betriebszeit für das Auffrischen des Speichers benötigt wird[8]. Die Wahrscheinlichkeit, daß ein µP-Zugriff auf den Speicher mit einem Auffrisch-Zyklus kollidiert, ist daher relativ gering. In diesem Fall bestimmt ein Teil der Steuerlogik, der Arbiter (Schiedsrichter) genannt wird, ob zuerst der µP oder die Auffrisch-Schaltung auf den Speicher zugreifen darf.

8) genauer: 128 · 150 ns / 2 ms = 0.96 %

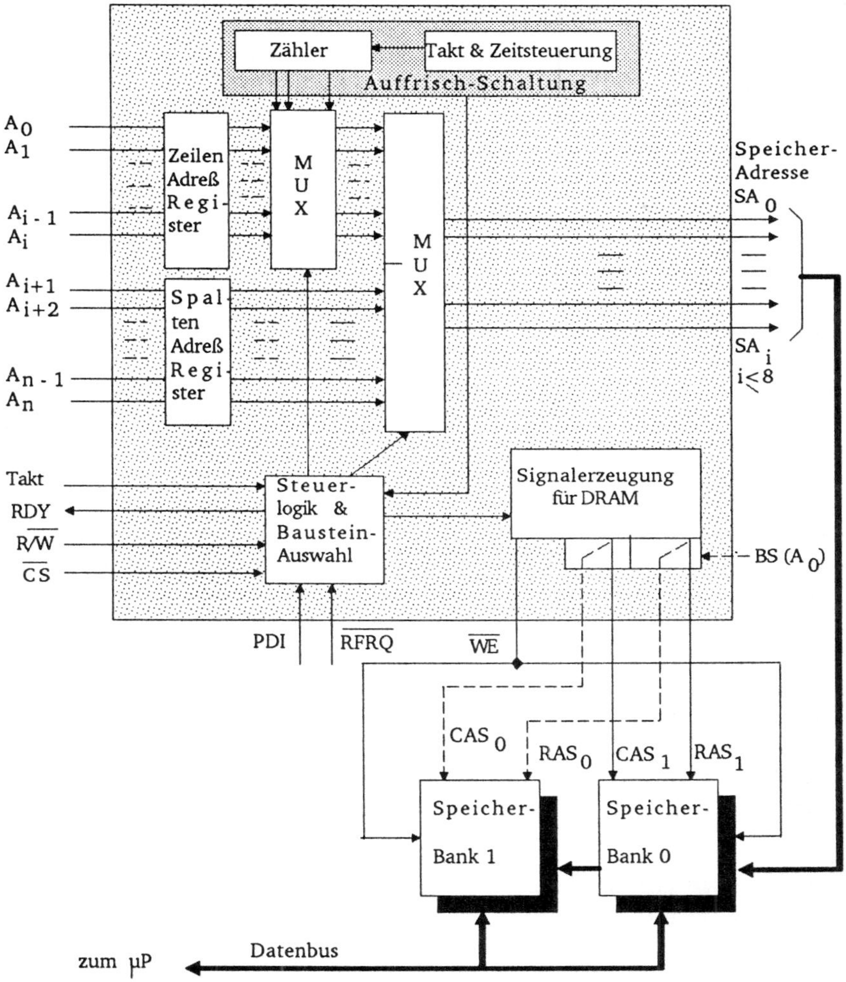

Bild 3.5-17. Aufbau eines DRAM-Controllers

Die Beschränkung auf maximal 256 Auffrischzyklen und entsprechend viele Speicherzeilen führt in den höchstintegrierten DRAM-Bausteinen zu einer nicht quadratischen Matrix. Dies resultiert aber zwangsläufig in einer unvertretbar wachsenden Anzahl der Matrixspalten und den mit ihnen verbundenen Schreib-/ Lese-Verstärkern. Zur Abhilfe wird nun die Speichermatrix in Teilmatrizen zerlegt. Die Auswahl einer Teilmatrix, in der eine Zeile aufgefrischt werden soll, wird durch einige Bits der Zeilenadresse vorgenommen. Allen Teilmatrizen steht nur ein Satz Schreib-/Lese-Verstärker gemeinsam zur Verfügung, der im Multiplexer/Demultiplexer-Betrieb verwendet wird.

Nach den Zeitpunkten des Auffrischens kann man weiterhin die folgenden Verfahren unterscheiden:

- Beim **verteilten Auffrischen** (*distributed refresh*, auch: verschachteltes Auffrischen – *interleaved refresh*) werden die Auffrischzyklen gleichmäßig über das 2- bzw. 4-ms-Intervall verteilt, sie besitzen also jeweils einen Abstand von 15.6 µs. Während des Auffrischens einer Matrixzeile im Speicher wird der Prozessor ggf. über die READY-Leitung zum Einfügen von Wartezyklen veranlaßt, bis der Speicherzugriff wieder frei ist.
- Beim **verdeckten Auffrischen** (verstecktes Auffrischen, *hidden refresh*) versucht der Controller, innerhalb jedes Zeitintervalls (z.B.) der Länge 15.6 µs ebenfalls genau eine Matrixzeile aufzufrischen. Dazu wartet er aber solange, bis er anhand des $\overline{\text{CS}}$-Signals (*chip select*) erkennt, daß der Prozessor gerade nicht auf den Speicher zugreift. Nur falls er solch einen Zeitpunkt innerhalb des Zeitintervalls nicht feststellt, erzwingt er zum Ende des Intervalls einen Auffrischzyklus. Da der Prozessor in der Regel nicht kontinuierlich den Speicher belegt, ist die Verzögerung durch dieses Auffrisch-Verfahren geringer als durch die anderen Verfahren.
- Beim **stoßweisen Auffrischen** (Impulsbündel-Auffrischen, *burst refresh*) werden im vorgegebenen Zeitintervall alle Auffrischzyklen direkt hintereinander durchgeführt. Während dieser Zeit muß der Prozessor eventuell auf den Speicherzugriff warten.
- Beim **externen Auffrischen** (*external refresh*) werden die Auffrischzyklen vom µP zu beliebigen Zeitpunkten über den $\overline{\text{RFRQ}}$-Eingang (*refresh request*) angefordert. Wahlweise kann es sich dabei um das (verteilte) Auffrischen einer einzelnen Zeile oder das (stoßweise) Auffrischen des gesamten Speichers handeln. In diesem Fall wird häufig auf das automatische Auffrischen durch den DRAM-Controller umgeschaltet, wenn der µP nicht im geforderten Zeitintervall alle Zeilen aufgefrischt hat (*failsafe*).

Die zentrale Steuerlogik übernimmt die Synchronisation aller Baustein-Komponenten. Dazu gehört insbesondere das Schalten der Multiplexer, die Steuerung der Auffrisch-Schaltung und die Signalerzeugung zur Ansteuerung der DRAM-Bausteine. Einige Eingänge und Ausgänge erlauben es dem µP, auf die Steuerlogik einzuwirken. Sie wurden bereits bei anderer Gelegenheit beschrieben:

- Über den Takt-Eingang wird die Steuerlogik mit dem Systemtakt versorgt.
- Das $\overline{\text{CS}}$-Signal dient als zusätzliches Adreßsignal zur Anwahl des Bausteins durch den µP.
- Über den R/$\overline{\text{W}}$-Eingang wird dem Baustein die Richtung eines gewünschten Datentransports, also vom µP zum DRAM oder umgekehrt mitgeteilt.
- Mit Hilfe des RDY-Ausgangs (*ready*) kann der Baustein den µP zum Einlegen von Wartezyklen veranlassen (vgl. Abschnitt 1.10). Dies ist einerseits notwendig, wenn die Zykluszeit der benutzten DRAM-Bausteine die Buszykluszeit des Prozessors überschreitet, wie es in der Regel bei allen moderneren µPs der Fall ist. Andererseits muß der µP auf den Speicherzugriff warten, wenn gerade ein Auffrischen des Speichers stattfindet.

Die mit Signalerzeugung bezeichnete Komponente erzeugt aus dem $R/\overline{W}$-Signal des Prozessors das zeitgerechte Schreibsignal $\overline{WE}$ für die Speicherbausteine. Außerdem generiert sie die oben beschriebenen Signale $\overline{RAS}$ und $\overline{CAS}$ zur Steuerung der DRAM-Bausteine.

Häufig besitzen DRAM-Controller bis zu vier getrennte $\overline{RAS}$- bzw. $\overline{CAS}$-Ausgänge ($\overline{RAS}_0$..$\overline{RAS}_3$, $\overline{CAS}_0$..$\overline{CAS}_3$). Dadurch wird eine Einteilung des DRAM-Speichers in mehrere Speicherbänke unterstützt. Dies ist im Bild 3.5.3-9 für zwei Speicherbänke skizziert. Die Auswahl einer der Bänke geschieht über spezielle Steuereingänge des Controllers, im dargestellten Fall durch den Eingang BS (*bank select*). Bei einer 8 bit breiten Organisation des Arbeitsspeichers wird dieser Eingang beispielsweise mit dem Adreßsignal A_0 beschaltet. Dadurch wird dafür gesorgt, daß zwei unmittelbar hintereinander folgende Speicheradressen, die sich ja im Bit A_0 unterscheiden, verschiedene Speicherbänke ansprechen. Bei der sequentiellen Abarbeitung eines Programmes ist diese Voraussetzung über das Bit A_0 natürlich sehr häufig gegeben.

Dem Bild 3.5-18 ist zu entnehmen, daß durch diese Bankadressierung die effektive Zykluszeit eines DRAM-Speichers wesentlich herabgesetzt werden kann. Unterscheiden sich zwei Adressen nicht in A_0, d.h. finden zwei Zugriffe mit demselben $\overline{RAS}_i$ statt, so veranlaßt die Steuerung über die RDY-Leitung den µP automatisch, zusätzliche Wartezyklen einzufügen.

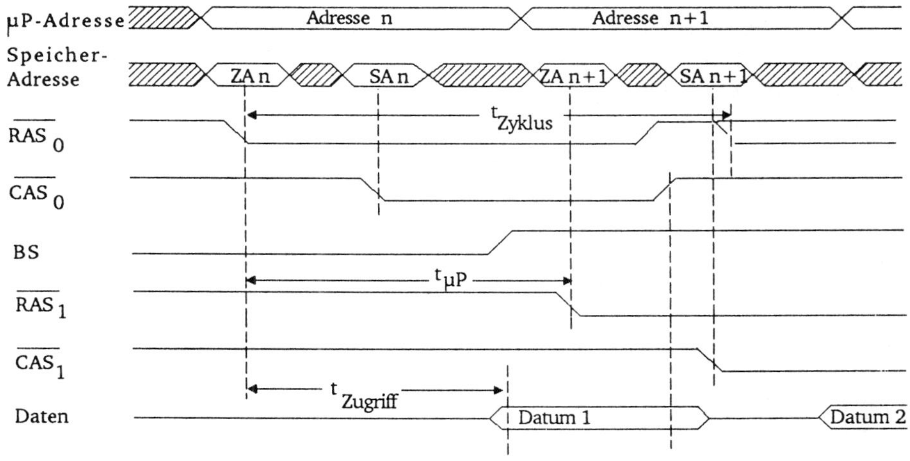

ZA: Zeilenadresse, SA: Spaltenadresse

Bild 3.5-18. Zykluszeit bei Bankadressierung

Die Geschwindigkeitssteigerung beruht hauptsächlich darauf, daß sich die verschiedenen $\overline{RAS}$-Signale zum Teil überlappen (*interleaved mode*) und das Wiedereinschreiben der ausgelesenen Information in ihre Speicherzelle (Auffrischen) parallel zum Zugriff auf das nächste Datum geschieht. Im Bild sieht man, daß schon während des Zyklus des $\overline{RAS}_0$-Signals die nächste Adresse angelegt wird, sobald das "Datum1" zur Verfügung steht. Die Änderung des BS-Signals veranlaßt die Ausgabe des $\overline{RAS}_1$-Signals und damit den Zugriff auf die 2. Speicherbank, aus der das "Datum2" entnommen wird. Die effektive Zugriffszeit $t_{\mu P}$ für den µP ergibt sich aus dem minimal zulässigen Abstand der negativen Flanken von $\overline{RAS}_0$ und $\overline{RAS}_1$. Diese kann als untere Grenze den Wert der Zugriffszeit des Speicherbausteins annehmen und liegt damit häufig nur bei ca. 50% der Zykluszeit des Speichers.

Während des normalen Schreib- oder Lesezugriffs auf die Speicherbänke ist natürlich höchstens jeweils einer der Ausgänge $\overline{RAS}_i$ bzw. $\overline{CAS}_i$ aktiv. Anders ist dies während der Auffrischzyklen. Hier werden die Ausgänge $\overline{RAS}_i$ bzw. $\overline{CAS}_i$ stets synchron aktiviert oder deaktiviert. Dadurch werden immer zwei Speicherzellen-Zeile gleichzeitig aufgefrischt, je eine in jeder der beiden Speicherbänke.

Programmierung des DRAM-Controllers

Oben wurden einige Betriebs-Varianten angesprochen, in denen der Baustein arbeiten kann. Da die Betriebsart in der Regel durch die Hardware eines Systems während der gesamten Betriebsdauer fest vorgegeben ist, ist die Programmierung des Bausteins nur nach dem Einschalten des Gerätes notwendig. Dazu wird entweder in einem Schieberegister ein Steuerwort fest vorgegeben, das nach jedem Rücksetzen des Systems sequentiell über den Eingang PDI (*program data input*) in die Steuerlogik des Bausteins eingelesen wird. Eine andere, im Bild 3.5.3-9 nicht dargestellte Möglichkeit besteht in der Auswahl einer bestimmten Betriebsart durch spezielle Eingangssignale (*mode control*).

3.5.3.4 Pseudo-statische RAMs

Pseudo-statische RAMs sind dynamische RAM-Bausteine, die integriert auf dem Chip die gesamte Auffrisch-Schaltung enthalten. Sie werden auch **integrierte RAMs** (*integrated RAM* – iRAM) genannt. Der Aufbau solch eines Bausteins ist im Bild 3.5-19 skizziert.

Die parallel anliegende Adresse wird hier im Baustein selbst in zwei Registern zwischengespeichert. Die Spaltenadresse steuert – wie bereits beschrieben – die Spaltenauswahl-Schalter. Die Zeilenadresse wird über einen Multiplexer dem Zeilendecoder zugeführt. Der zweite Multiplexer-Eingang ist mit dem Zählerausgang der Auffrisch-Schaltung belegt. Dieser Zähler wird durch die Takt- und Zeitsteuerung kontrolliert, die einen freilaufenden internen Takt zur Verfügung stellt. Zur Synchronisation der internen Auffrisch-Vorgänge und der externen µP-Zugriffe benutzt die Steuerlogik den RDY-Ausgang.

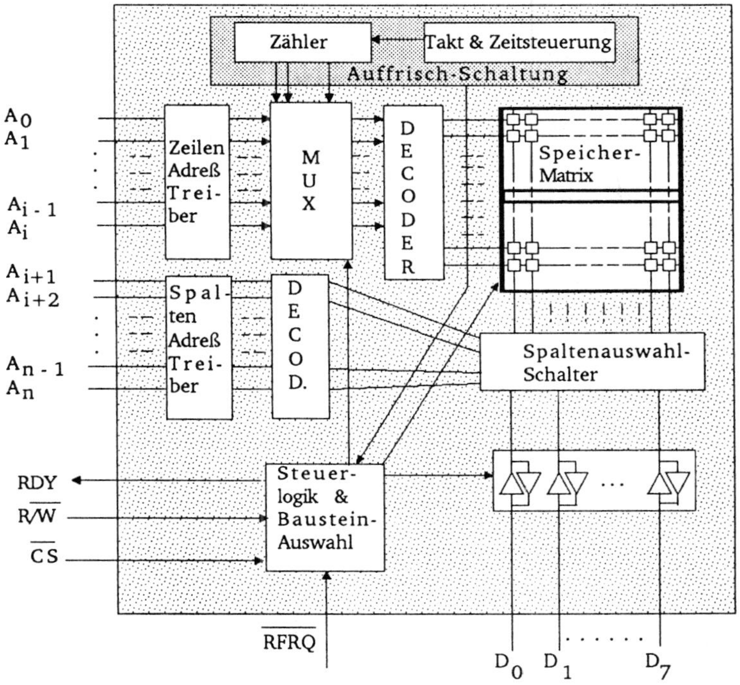

Bild 3.5-19. Pseudo-statischer RAM-Baustein

Kenndaten

Kapazität	:	256 kbit, 1 Mbit,
Organisation	:	nkx8 bit,
Zugriffszeit	:	120 - 200 ns, schnelle Typen: 62 ns, 60 - 100 ns, falls gleiche Zeilenadresse,
Zykluszeit	:	170 - 310 ns, 65 - 105 ns, falls gleiche Zeilenadresse,
Auffrischen	:	256 Zyklen in 4 ms,
Leistungs-Aufnahme	:	aktiv: 175 mW, *stand by*: 10 mW,
Gehäuse	:	DIP, 28 Anschlüsse.

3.6 Organisation des Arbeitsspeichers

Nachdem wir im letzten Abschnitt die Halbleiter-Speicherbausteine beschrieben haben, wollen wir in diesem Abschnitt kurz darstellen, wie aus ihnen der Arbeitsspeicher eines Mikrorechner-Systems aufgebaut werden kann.

Für den µP erscheint der Arbeitsspeicher als lineare Liste von Wörtern, von denen jedes durch die Angabe einer eindeutigen Adresse wahlfrei selektiert werden kann. Die Zugriffsdauer zu einem bestimmten Wort ist dabei lediglich von der Art des Speicherbausteins abhängig, in dem es abgelegt ist, nicht jedoch von seiner relativen Lage im Arbeitsspeicher. Die Breite eines Wortes im Arbeitsspeicher wird durch die Anzahl der Bits des µP-Datenbusses vorgegeben. Ein Speicherwort entspricht somit der maximalen Informationsmenge, die durch einen einzigen Speicherzugriff in den Mikroprozessor geladen werden kann. Fast alle Mikroprozessoren mit einer Datenbusbreite über 8 bit können aber auch auf kleinere Informationseinheiten im Speicher zugreifen, also auf einzelne Bytes oder 16-bit-Wörter. (Wie dies ermöglicht wird, wird weiter unten beschrieben.) Aus diesem Grund wird auch bei diesen Speichern die Kapazität des Arbeitsspeichers in der Regel in byte angegeben. Die maximale Kapazität des Arbeitsspeichers wird durch die Breite der Adresse vorgegeben, die der µP ausgeben kann. Sie entspricht somit der Größe des physikalischen Adreßraumes des µPs. (Bei Multiplex-Adreßbussen stimmt diese Breite natürlich nicht mit der physikalischen Adreßbusbreite überein.) Daraus ergeben sich für die verschiedenen µP-Typen typischerweise die folgenden maximalen Speicherkapazitäten:

- 8-bit-Prozessoren mit 16-bit-Adreßbus: 64 kbyte,
- 16-bit-Prozessoren mit 24-bit-Adreßbus: 16 Mbyte,
- 32-bit-Prozessoren mit 32-bit-Adreßbus: 4 Gbyte.

3.6.1 Speicher-Belegungsplan

Für jedes Mikrorechner-System wird in einem Speicher-Belegungsplan (*memory map*) festgelegt, durch welche Art von Speicherbausteinen die einzelnen Bereiche des Arbeitsspeichers realisiert werden. Im Bild 3.6-1 ist ein Beispiel für eine *Memory Map* skizziert.

Dargestellt ist ein Arbeitsspeicher, der eine 16- bzw. 32-bit-Wortbreite hat. Die Adressen der Wörter reichen in hexadezimaler Schreibweise von $00..00 bis $FF..FF. Die oberen Adressen sprechen z.B. einen Speicherbereich an, der durch Festwertspeicher (ROM) realisiert ist. Hier sind in der Regel Teile des Betriebssystems, Systemtabellen etc. untergebracht. Dazu gehören z.B. Programme, die nach dem Einschalten des Systems das Betriebssystem von Peripheriespeichern in den Arbeitsspeicher laden (*bootstrap ROM*). Moderne µPs erlauben – wie im Kapitel 1 beschrieben – die dynamische Konfigurierung der Datenbusbreite. So kann z.B. das *Bootstrap ROM*, wie im Bild angedeutet, nur die unteren 8 bzw. 16 Bits der Speicherwörter belegen.

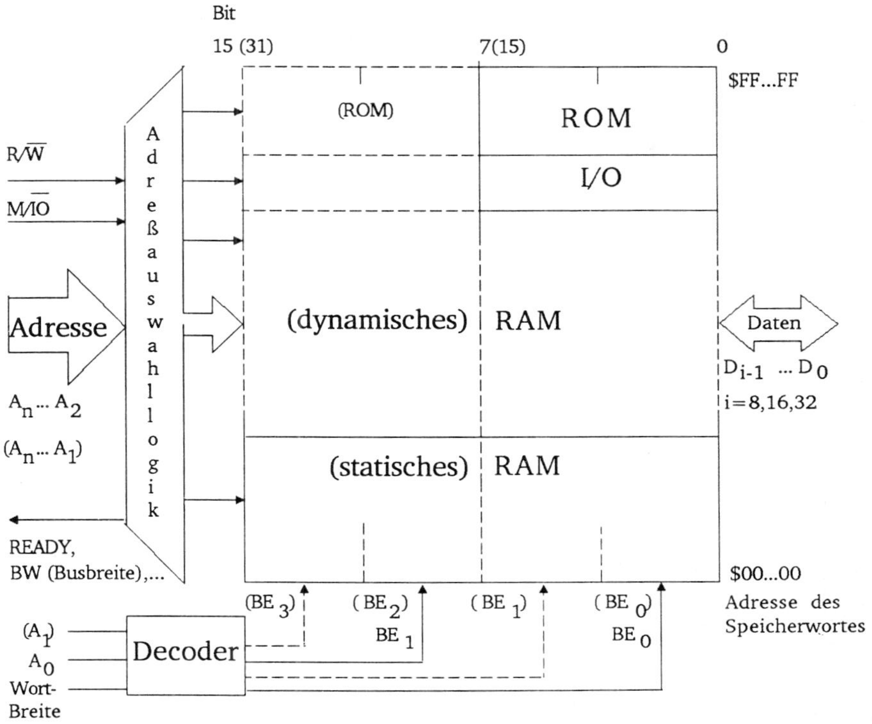

Bild 3.6-1. Beispiel für eine *Memory Map*

Die nächsten Wörter unterhalb des ROM-Bereiches können in einem System, das die speicherbezogene Adressierung der Peripheriebausteine benutzt, den Registern dieser Bausteine zugeordnet sein. (Im Abschnitt 1.10 hatten wir den Teil des Adreßraums, der durch die Register belegt wird, als *I/O-Page* bezeichnet.) Diese Bausteine sind sehr häufig byteorientiert, so daß auch hier eine byteweise Strukturierung des Datenbusses angebracht ist.

Häufig werden die Speicherbelegungs-Pläne noch feiner als im Bild strukturiert, indem z.B. die Lage der erwähnten System-Tabellen und -Programme im ROM-Bereich genau dargestellt wird und im I/O-Bereich angegeben wird, welche Adresse zu welchem Register eines Peripheriebausteins gehört.

Der größte Teil heutiger Arbeitsspeicher wird aus Kostengründen durch relativ langsame dynamische RAM-Bausteine realisiert. Nur ein sehr kleiner Arbeitsspeicher oder ein kleiner Teil des Gesamtspeichers wird aus schnellen, aber relativ teuren statischen RAM-Bausteinen aufgebaut, die einen Prozessorzugriff ohne Wartezyklen erlauben. Hierin können dann Programme zum Laufen gebracht werden, bei denen es auf möglichst schnelle Ausführungszeiten ankommt. (Im Abschnitt 3.8 wird gezeigt, wie man durch einen kleinen, schnellen Zusatzspeicher (*cache*) dafür sorgen kann, daß alle Programme, unabhängig von ihrer Lage im Arbeitsspeicher (fast) ohne Wartezyklen ausgeführt werden können.)

3.6.2 Adreßauswahl

Der höherwertige Teil der Wortadresse wird einer Adreßauswahl-Logik (s. Bild 3.6-1) zugeführt, die die eben erwähnten Speicherbereiche und in ihnen die einzelnen Speicherbausteine selektiert. Sie ist dafür verantwortlich, daß zu jedem Zeitpunkt jeweils höchstens eine der Systemkomponenten als Quelle bzw. Ziel eines Datentransports aktiviert wird und dadurch Zugriffskonflikte und Kurzschlüsse vermieden werden. Dazu erzeugt sie die Auswahlsignale, die auf die $\overline{CS}$-Eingänge (*chip select, chip enable* – $\overline{CE}$) der Bausteine gegeben werden. Diese Adreßauswahl-Logik wird in der Regel auch das $R/\overline{W}$-Signal zur Festlegung der Richtung eines Datentransports auswerten. So kann z.B. dafür gesorgt werden, daß die Selektion des ROM-Bereichs nur durch einen Lese-Befehl, nicht aber durch einen Schreib-Befehl durchgeführt wird. Für jeden Bereich kann die Adreßauswahl-Logik festlegen, wieviel Wartezyklen der Prozessor einfügen muß und welche Datenbusbreite vorausgesetzt wird. Darüber wird der µP über spezielle Statussignale informiert (READY, BW, etc.). Die Auswahl der einzelnen Speicherzellen wird, wie im Abschnitt 3.4 gezeigt, durch den Adreßdecoder im Baustein selbst vorgenommen.

Die niederwertigen Adreßbits werden bei 16- bzw. 32-bit-Prozessoren auf einen eigenen Decoder geschaltet. Bei einer 32-bit-Speicherwortbreite sind dies die Signale A_1 und A_0, bei einer 16-bit-Breite nur das Signal A_0. Dazu kommen spezielle Signale (WL – *word length*) des Prozessors, die die Breite des Datums vorgeben. Der Decoder aktiviert dann über die Auswahlleitungen BE_0–BE_3 (*byte enable*) genau die Bytes in einem Speicherwort, die als Quelle oder Ziel des Datentransfers dienen sollen. (Daten, die im Speicher am rechten Wortrand (Byte 0) beginnen, werden im Englischen *aligned*, alle anderen *non-aligned* genannt.) Dies ist im Bild 3.6-2 genauer dargestellt.

In diesem Bild ist die Byte-Adressierung in einem 32-bit-Speicherwort dargestellt. Die Auswahl eines bestimmten Wortes geschieht durch die Adreßbits A_{31}...A_2, die die Nummer des Wortes im Speicher angeben. Der Decoder wertet die Adreßsignale A_1, A_0 sowie die Information WL_1, WL_0 über die Länge des Datums aus. Beim µP 80386 von Intel ist dieser Decoder z.B. im Prozessor selbst implementiert, beim 68020 von Motorola muß er extern aufgebaut werden.

Im Bild ist schraffiert die Lage dreier verschiedener Daten im Speicher eingezeichnet.

- Im ersten Fall besteht das Datum im Wort I aus 4 Bytes. Hier werden alle vier Auswahlleitungen BE_3-BE_0 des Decoders aktiviert.
- Das Datum im Wort I-2 besteht nur aus zwei Bytes. Dieses Datum wird durch die Auswahlleitungen BE_1 und BE_2 selektiert.
- Das dritte eingezeichnete Datum belegt im Wort k die oberen drei Bytes, im Wort k+1 das niederstwertige. Hier sind zwei Speicherzugriffe nötig. Beim er-

sten Zugriff werden die Leitungen BE_1-BE_3, beim zweiten nur die Leitung BE_0 aktiviert.

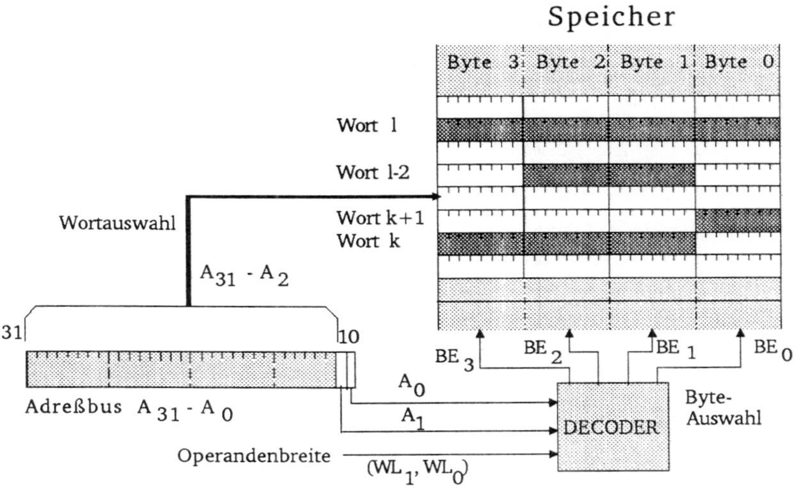

Bild 3.6-2. Zur Auswahl eines Bytes in einem Speicherwort

Von 16-bit-Prozessoren wird zur Auswahl der einzelnen Bytes in einem 16-bit-Wort z.B. ein Signal $\overline{BHE}$ (*bus high enable*) erzeugt. Dieses Signal zeigt an, ob das höherwertige (H-)Byte des Wortes angesprochen werden soll. Das niederwertige (L-)Byte wird durch ein L-Signal auf der Adreßleitung A_0 selektiert. Andere µP-Typen liefern zwei spezielle Signale $\overline{UDS}$, $\overline{LDS}$ (*upper data strobe, lower data strobe*) zur Selektion der beiden Bytes eines Wortes. Also erhält man insgesamt:

$\overline{BHE}$ ($\overline{UDS}$)	A_0 ($\overline{LDS}$)	selektierte Informationseinheit
0	0	16-bit-Wort
0	1	H-Byte
1	0	L-Byte
1	1	nicht erlaubt

3.6.3 Modularer Speicheraufbau

Bei kleineren Mikrorechnern, die auf einer einzigen Platine untergebracht werden können, ist die Adreßauswahl-Logik in der Regel zentral als eine einzige Schaltung realisiert. In verstärktem Maße werden für solche Schaltungsrealisierungen heute PLA-Bausteine (*programmable logical array*), also programmierbare logische UND-ODER-Schaltnetze eingesetzt. Bei komplexeren Mikrorechnern werden die einzelnen Bereiche des Arbeitsspeichers, wie sie im Bild 3.6-1 dargestellt sind, sehr häufig auf mehrere Steckkarten des Mikrorechner-Systems aufgeteilt (s. Bild 3.6-3).

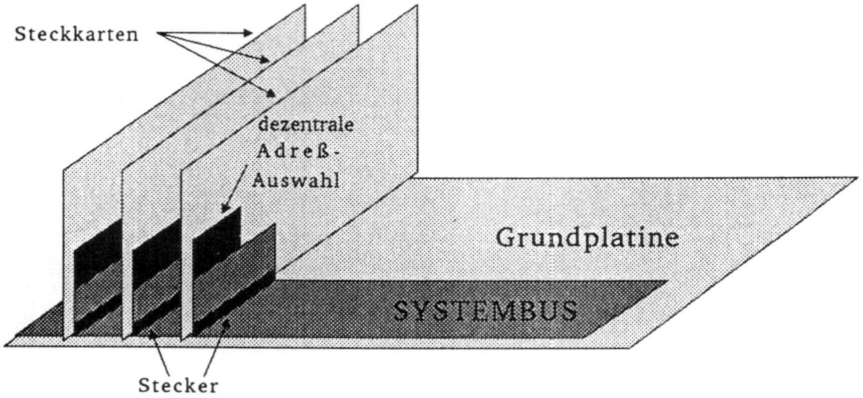

Bild 3.6-3. Steckkartensystem

Jeder Steckkarte wird durch eine Rückwandverdrahtung oder die Hauptplatine des Mikrorechners der (vollständige) Systembus zugeführt. Die Adreßauswahl-Logik wird in diesem Fall dezentral auf den Steckkarten realisiert. Auf diesen Steckkarten kann man häufig verschiedene Module unterscheiden, die zum Beispiel durch den Typ der Speicher-Bausteine, ihre Zugriffszeit etc. bestimmt werden.

Durch die beschriebene Aufteilung des Systems auf verschiedene Steckkarten und Module ergibt sich die Unterteilung der Adresse eines Speicherwortes in verschiedene Felder, die im Bild 3.6-4 skizziert ist.

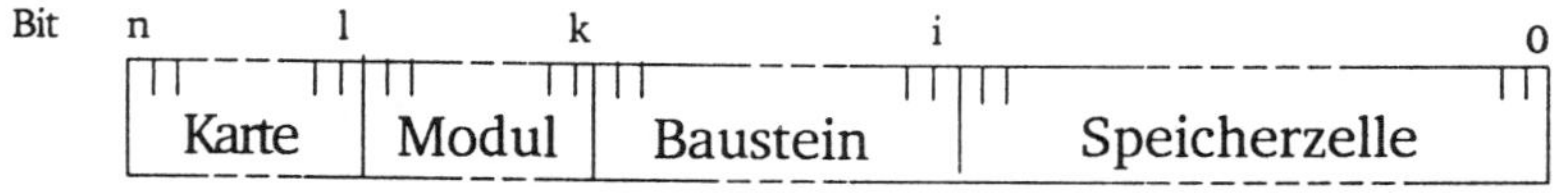

Bild 3.6-4. Aufteilung einer Speicheradresse

Die höchstwertigen Adreßbits selektieren eine bestimmte Steckkarte des Systems. Durch die nächsten Adreßbits wird auf dieser Karte ein spezielles Modul ausgewählt. Aus diesem Modul wird durch die folgenden Bits genau ein Baustein bestimmt. Die niederstwertigen Bits endlich sprechen in diesem Baustein genau eine Speicherzelle oder ein Register an. Wie diese mehrstufige Selektion realisiert wird, zeigt Bild 3.6-5, in dem der typische Aufbau einer Steckkarte dargestellt ist.

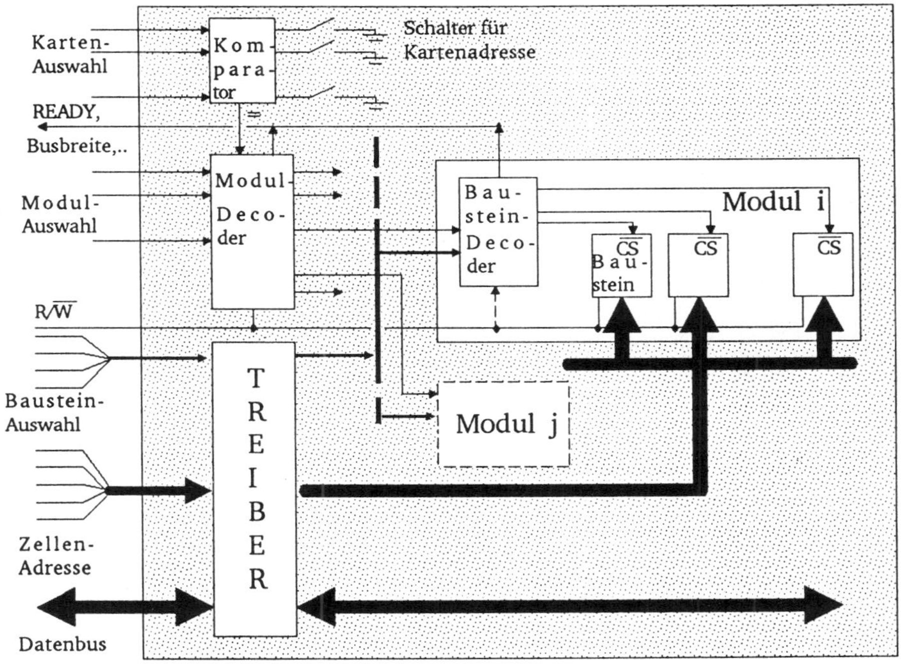

Bild 3.6-5. Typischer Aufbau einer Steckkarte

Im Bild links wird der Karte über einen Stecker der Systembus zugeführt. Die oberen Adreßbits ($A_n ... A_l$), die eine bestimmte Karte auswählen, werden auf die Eingänge eines Komparators gegeben. Durch diesen werden sie mit der Kartenadresse verglichen, die über Schalter eingestellt werden kann oder festverdrahtet vorgegeben ist. Durch das Ausgangssignal des Komparators können nun alle anderen Komponenten der Karte aktiviert werden. Dazu gehören insbesondere die Treiber, die den Adreß- und Datenbus auf der Karte mit dem Systembus verbinden. Bei Festwertspeicher-Platinen kann aber durch dieses Signal auch die Stromversorgung der Speicherbausteine gesteuert werden (*active mode/stand by mode, power down*).

Befinden sich auf der Karte mehrere unterscheidbare Module, so werden die nächsten Bits der Adresse ($A_{l-1} ... A_k$) einem (Modul-)Decoder zugeführt. Dieser wird durch das Ausgangssignal des Komparators aktiviert und wählt genau einen der Kartenmodule aus. Wenn sich alle Module der Karte in wesentlichen Parametern, wie Zugriffszeiten und Busbreiten nicht unterscheiden, kann der Modul-Decoder selbst die Steuerleitungen zum µP (READY etc.) ansprechen. Im anderen Fall muß das durch den Baustein-Decoder des selektierten Moduls selbst geschehen. Dieser Decoder wird durch das Ausgangssignal des Modul-Decoders aktiviert. Aus den ihm zugeführten Adreßbits ($A_{k-1}...A_i$), die die Baustein-Adresse bestimmen, erzeugt er die $\overline{CS}$-Signale für seine Speicher- bzw. Peripherie-Bausteine.

Die niederstwertigen Adreßbits ($A_{i-1}...A_0$) als Zellen- bzw. Register-Adresse sowie das Lese-/Schreib-Signal $R/\overline{W}$ werden parallel zu allen Bausteinen der Steckkarte geführt.

3.6.4 Beispiel eines Speichermoduls

Im Bild 3.6-6 ist beispielhaft der Aufbau eines Moduls aus dynamischen RAMs und einem DRAM-Controller dargestellt. Dieses Modul soll für einen 32-bit-µP mit einem 32 bit breiten Datenbus konstruiert sein. Der Speicher besteht aus insgesamt 32 nkx1-bit-Bausteinen. Je acht von ihnen können eines der vier Datenbytes aufnehmen, die der Prozessor zusammen in einem Speicherzyklus übertragen kann.

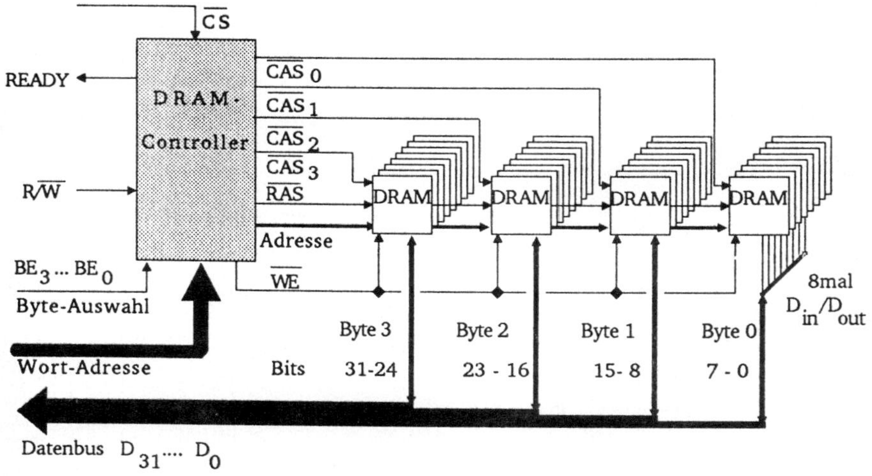

Bild 3.6-6. Aufbau eines DRAM-Moduls

Wie oben beschrieben, wird der Controller durch ein $\overline{CS}$-Signal des Modul-Decoders aktiviert. Mit Hilfe des READY-Signals zeigt der Controller an, daß der µP Wartezyklen einlegen muß, wenn gerade ein Auffrisch-Zyklus stattfindet oder die Zykluszeit der DRAM-Bausteine zu groß ist. Das $R/\overline{W}$-Signal des µPs wird durch den Controller, etwas verzögert, als $\overline{WE}$-Signal an die DRAM-Bausteine weitergeleitet. Aus der angelegten Adresse einer Speicherzelle erzeugt der Controller die entsprechenden Zeilen- und Spaltenadressen, die nacheinander allen DRAM-Bausteinen gemeinsam zugeführt werden. Zur Übernahme dieser Teiladressen in die Speicherbausteine liefert er die Taktsignale $\overline{RAS}$ und $\overline{CAS}$. Das $\overline{RAS}$-Signal wird allen 32 Speicherbausteinen zugeführt. Der Controller in unserem Beispiel hat vier $\overline{CAS}$-Ausgänge ($\overline{CAS}_3$ - $\overline{CAS}_0$), die den verschiedenen Bytes des Speichers zugeteilt sind. Durch die oben beschriebenen Byte-Auswahlsignale $BE_3..BE_0$ wird dem Controller mitgeteilt, auf welche der Ausgänge $\overline{CAS}_3...\overline{CAS}_0$ er das intern erzeugte $\overline{CAS}$-Signal geben muß. Dadurch ist eine gezielte Auswahl der einzelnen Speicherbytes möglich und gewährleistet, daß durch das Einschreiben eines Datums, das kürzer als 32 bit ist, nicht die anderen Bytes des selektierten Speicherwortes zerstört werden.

3.7 Direkter Speicherzugriff

3.7.1 Einleitung

In den ersten beiden Kapiteln haben wir uns ausführlich mit dem Aufbau und der Funktionsweise der CPU eines Mikrorechner-Systems beschäftigt. Dabei wurde deutlich, daß die Operanden, die von der CPU verarbeitet werden sollen, in aller Regel im Arbeitsspeicher des Systems erwartet werden. Die vorangehenden Abschnitte dieses Kapitels haben sich intensiv mit dem Aufbau und der Organisation des Speichers befaßt. In diesem Abschnitt müssen wir nun klären, wie die Operanden auf möglichst effektive Weise in den Arbeitsspeicher bzw. von dort zu den Peripherie-Geräten transportiert werden können.

Bei den ersten Mikrorechner-Systemen, aber auch bei heutigen Minimal-Systemen wird der Datentransport zwischen den Ein-/Ausgabe-Schnittstellen und dem Arbeitsspeicher vom µP selbst vorgenommen. Dies ist im Bild 3.7-1 am Beipiel einer Datenübertragung aus dem Speicher zu einer Schnittstelle schematisch dargestellt.

Der Übertragungsvorgang beginnt damit, daß der µP bei der Abarbeitung eines Programms den Speicher adressiert und ihm den Lade-Befehl entnimmt (Bild 3.7-1a). Im Lade-Befehl wird die Berechnung der effektiven Adresse des Datums spezifiziert. Diese Adreßberechnung bedingt gegebenenfalls weitere Speicherzugriffe, die der Einfachheit halber hier nicht betrachtet werden sollen. Die effektive Adresse wird dann zum Speicher ausgegeben und von dort das Datum in ein Register der CPU geladen (Bild 3.7-1b). Nun entnimmt der µP dem Speicher unter der nächsten Speicheradresse den Schreib-Befehl (Bild 3.7-1c). Es folgt die Bestimmung der Schnittstellen-Adresse. Der nächste Systembuszugriff dient dann der Übertragung des Datums zur Schnittstelle (Bild 3.7-1d).

Der gleiche Ablauf des dargestellten Datentransfers ergibt sich natürlich, wenn man als Ziel des Transportes nicht eine Schnittstelle, sondern einen anderen Bereich des Speichers wählt. Außerdem ist als Quelle und Ziel des Datentransfers je eine Schnittstelle möglich. Insgesamt ergeben sich damit die folgenden drei Übertragungsmöglichkeiten, die jeweils in beiden Richtungen möglich sind:

- Speicher <——> Speicher,
- Speicher <——> Schnittstelle,
- Schnittstelle <——> Schnittstelle.

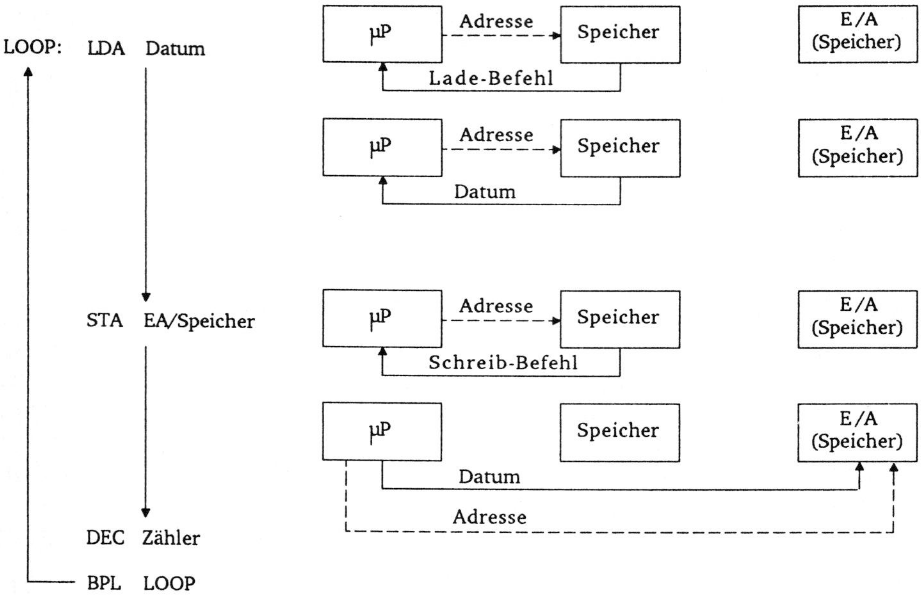

Bild 3.7-1. Datenübertragung vom Speicher zu einer E/A-Schnittstelle

Man erkennt, daß bei der Datenübertragung durch die CPU wenigstens vier Speicherzugriffe nötig sind; und das sogar unter den gemachten Vereinfachungen, daß sowohl das Holen als auch die Ausführung jedes Befehls jeweils genau einen Speicherzugriff erfordern.

Im Bild 3.7-1 ist am linken Rand die Befehlsfolge, die die Ausführung der Datenübertragung veranlaßt, im Assemblercode notiert. Sehr häufig müssen jedoch nicht einzelne Daten, sondern große Datenblöcke zwischen dem Speicher und der Peripherie (bzw. einem anderen Speicherbereich) transportiert werden, wie das im Bild 3.7-1 durch die Programmschleife angedeutet wird. Zu den Lade- und Speicherbefehlen kommen dann noch der Befehl zum Dekrementieren des Schleifenzählers und zur Abfrage der Ende-Bedingung, so daß sich als Minimum sechs Speicherzugriffe für die Übertragung eines einzigen Datums ergeben. Selbst bei einer angenommen sehr kleinen Speicherzykluszeit von 100 ns dauert damit die Übertragung des Datums wenigstens 600 ns. Dies entspricht einer maximalen

Übertragungsrate von 1.6 Mega-Speicherwörtern pro Sekunde. Diese Übertragungsrate ist für viele Anwendungen bei weitem nicht ausreichend, insbesondere nicht für die Übertragung von Daten zu schnellen Festplatten.

Ein weiterer Nachteil der beschriebenen Datenübertragung ergibt sich daraus, daß während der Übertragung des Datenblockes die CPU blockiert ist. Häufig müssen jedoch Daten übertragen werden, die augenblicklich für die CPU keine Bedeutung (mehr) besitzen. Dazu zählen z.B. Rechenergebnisse, die zu einer Festplatte oder über einen Drucker ausgegeben werden sollen. In diesem Fall muß die CPU ihre eigentliche Aufgabe unterbrechen (*interrupt*) und ihren augenblicklichen Zustand auf den Stack retten. Erst nach der Übertragung der Daten kann sie ihre Arbeit fortsetzen.

Dies führt insbesondere bei relativ langsamen Peripheriegeräten zu einer unvertretbar großen Verzögerung. Denn in diesem Fall muß die CPU entweder die Zeit zwischen der Übertragung zweier Daten unbeschäftigt (*idle*) verstreichen lassen, oder aber sie wird für jedes Datum erneut durch eine Interrupt-Anforderung aus ihrer aktuellen Arbeit "gerissen" – verbunden mit der jeweils notwendigen Rettung bzw. Restaurierung ihres Zustandes.

Aus den eben beschriebenen Gründen wurden schon relativ früh Spezialbausteine entwickelt, die die CPU von der zeitraubenden und einfachen Aufgabe der Datenübertragung zwischen dem Speicher und den Peripherie-Bausteinen (bzw. dem Speicher selbst) entlasten. Diese mikroprogrammierten Bausteine führen die Datenübertragung hardwaremäßig, also ohne die sequentielle Abarbeitung eines im Arbeitsspeicher liegenden Programms und daher sehr viel schneller als der µP aus. Mit der oben unterstellten Speicherzykluszeit von 100 ns erreichen diese Bausteine leicht eine Übertragungsrate von bis zu 10 Mega-Speicherwörtern pro Sekunde. Sie werden nach dem im folgenden beschriebenen Verfahren der Datenübertragung DMA-Controller genannt.

Im Laufe der Zeit haben die DMA-Controller dann immer komplexere Funktionen bei der Kommunikation des µPs mit der Peripherie übernommen, so daß sie heute oft in der Form eines DMA-Coprozessors mit flexibler Programmierfähigkeit realisiert werden. Eine andere Entwicklungsrichtung besteht darin, daß viele der modernen Peripherie-Bausteine die Fähigkeit bekommen haben, selbständig auf den Speicher zuzugreifen und sich von dort ihre Daten zu holen bzw. dort abzulegen. Aber auch in den µPs selbst werden heutzutage sehr häufig DMA-Schaltungen, sogenannte DMA-Kanäle, integriert.

3.7.2 Das Prinzip des direkten Speicherzugriffs

Das angesprochene Verfahren wird als direkter Speicherzugriff (*direct memory access* – DMA) bezeichnet. Gemeint ist dabei ein Speicherzugriff einer System-Komponente ohne Einsatz des µPs. Das Bild 3.7-2 skizziert das Prinzip des DMA-Zugriffs.

Zu Beginn einer Datenübertragung wird der DMA-Controller von der CPU mit den benötigten Informationen zur Datenübertragung versorgt (s. Bild 3.7-2a). Diese Informationsübertragung wird "Programmierung" des Controllers genannt.

Dazu wird er wie jeder andere Peripherie-Baustein über den Adreßbus unter festgelegten Adressen angesprochen. Diese Informationen bestehen aus:

- Startadresse eines Datenbereiches im Speicher,
- Adresse einer Schnittstelle bzw. Startadresse eines zweiten Datenbereiches im Speicher,
- Anzahl der zu übertragenden Daten,
- Richtung der Datenübertragung (Lesen/Schreiben),
- Informationen zur Steuerung der Übertragung.

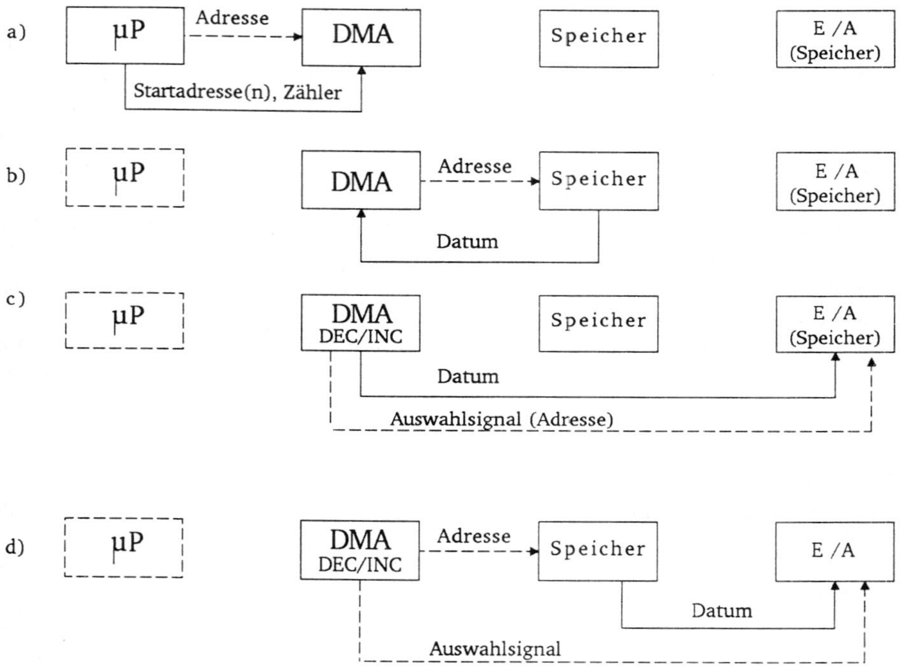

Bild 3.7-2. Das Prinzip des direkten Speicherzugriffs

Die Datenübertragung selbst wird nun selbständig vom DMA-Controller vorgenommen. Während der Übertragung kann der µP intern weitere Befehle abarbeiten. Natürlich darf er nicht gleichzeitig mit dem DMA-Baustein auf den Systembus zugreifen. Der Vermeidung von Zugriffskonflikten dienen die Steuerleitungen HOLD/HOLDA, die im Abschnitt 1.5 beschrieben wurden.

Zur Übertragung durch den DMA-Controller können zwei verschiedene Verfahren angewandt werden. Diese werden nun beispielsweise für die Datenübertragung vom Speicher zu einer Schnittstelle erklärt. (Die Übertragung in die andere Richtung verläuft sinngemäß.)

- Beim ersten Verfahren adressiert der DMA-Baustein zunächst den Speicher und lädt das Datum in ein internes Register (*fetch cycle*, Bild 3.7-2b). Danach spricht er den Peripherie-Baustein (E/A) an und überträgt ihm das Datum (*store cycle*, Bild 3.7-2c). Bei einer Speicher-Speicher-Übertragung adressiert er dazu natürlich eine bestimmte Speicherzelle im Zielbereich des Speichers. Insgesamt sind also nur zwei Speicherzugriffe für den Datentransfer nötig. Dieses Verfahren wird im englischen Sprachgebrauch entweder als *explicit addressing, flow through* oder sinnfälliger als *two cycle transfer* bezeichnet.
  Nach jeder Übertragung dekrementiert der DMA-Baustein automatisch einen Datenzähler, in dem zu Beginn die Anzahl der zu übertragenden Daten geschrieben wurde, und stellt an ihm fest, ob weitere Daten übertragen werden müssen. Falls dies der Fall ist, wird die Adresse, die auf den Quell-Datenbereich zeigt, erhöht und das Datum aus der nächsten Speicherzelle übertragen.
- Beim 2. Verfahren, das im Bild 3.7-2d skizziert ist, wird der Umweg des Datums über das interne Pufferregister im DMA-Baustein vermieden. Es kann jedoch nicht für einen Speicher-Speicher-Transfer benutzt werden. Der DMA-Controller legt nur die Adresse des Operanden an den Speicher. Gleichzeitig selektiert er die Schnittstelle. Das Datum kann nun direkt aus dem Speicher in die Schnittstelle gelangen. Für jeden Datentransfer ist also nur ein Speicherzugriff nötig. Dieses Verfahren wird im Englischen mit *implicit addressing, single address transfer* oder bildhafter als *fly-by transfer* bezeichnet.
  Auch hier werden automatisch der Datenzähler und die Adresse, die auf den Datenbereich im Speicher zeigt, verändert und gegebenenfalls weitere Daten übertragen.

Neben der eben beschriebenen physischen Übertragung von Daten zwischen einer Quelle und einem Ziel ermöglichen es viele DMA-Bausteine auch, ein vorgegebenes Datum mit den Daten eines Blockes nur zu vergleichen (*verify mode*). Dazu werden die Daten des Blockes nacheinander vom DMA-Controller gelesen. Ihr Vergleich mit dem vorgegebenen Datum wird durch einen Komparator ausgeführt. Der Prozessor kann vom DMA-Baustein durch eine Interrupt-Anforderung wahlweise dann informiert werden, wenn der einzelne Datenvergleich eine Übereinstimmung ergibt oder wenn dies nicht der Fall ist. Der Komparator und das Register zur Aufnahme des Vergleichsdatums sind entweder im DMA-Baustein integriert oder sie müssen extern zugeschaltet werden.

3.7.3 Der Aufbau eines DMA-Controllers

Im Bild 3.7-3 ist der Aufbau eines DMA-Controllers skizziert. Er besteht aus dem Steuerwerk und der Ausführungseinheit.

3.7.3.1 Das Steuerwerk

Die Steuerung kontrolliert alle Komponenten des Bausteins. Dazu erzeugt sie alle benötigten Takt- und Auswahlsignale. Sie ist über bestimmte Ein- oder Ausgangsleitungen mit dem µP verbunden, die bereits im Abschnitt 1.5 beschrieben wurden. Zu ihnen gehören insbesondere:

- der Takteingang, über den der Baustein zur Synchronisation aller Übertragungsvorgänge mit dem Systemtakt versorgt wird,
- der Rücksetz-Eingang (RESET) zur Überführung des Bausteins in einen definierten Anfangszustand,
- ein $\overline{CS}$-Signal, durch das der µP den DMA-Baustein zur Programmierung selektieren kann,
- die niederwertigen Adreßleitungen $A_i...A_0$, die zur gezielten Auswahl eines der zahlreichen internen Register des Bausteins dienen,

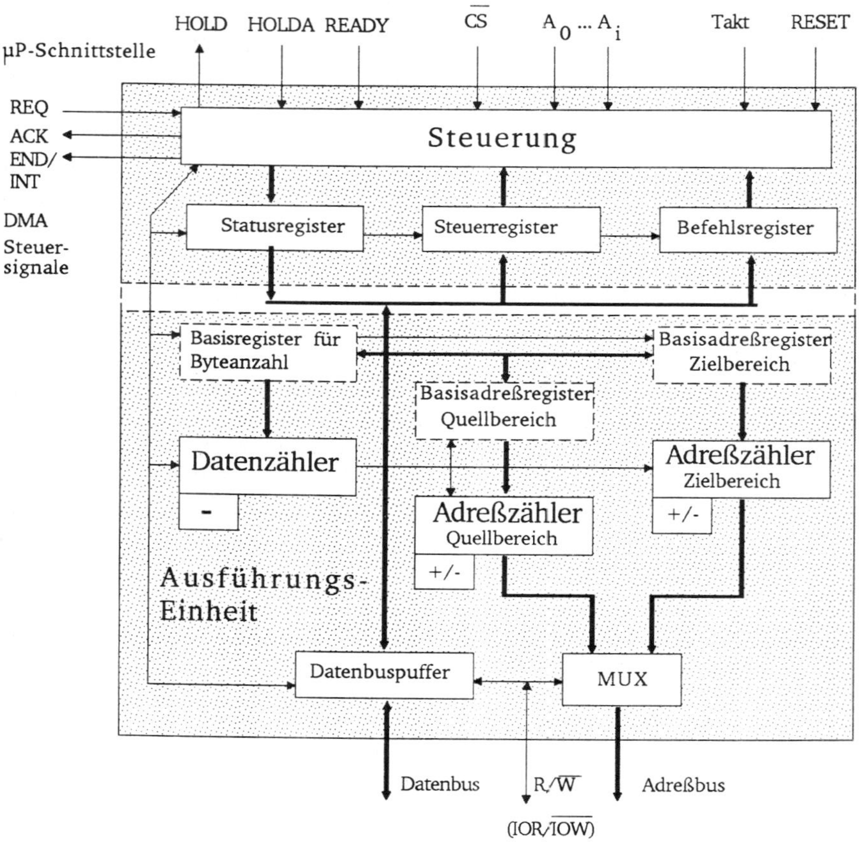

Bild 3.7-3. Prinzipieller Aufbau eines DMA-Controllers

- der $\overline{\text{READY}}$-Eingang, der vom Speicher oder den Peripherie-Bausteinen benutzt wird, um den DMA-Baustein zum Einfügen von Wartezyklen aufzufordern, falls dies zur Anpassung an ihre langsamere Arbeitsgeschwindigkeit nötig ist,
- der HOLD-Ausgang, über den der DMA-Baustein vom µP den exklusiven Zugriff zum Systembus anfordert, sowie
- der HOLDA-Eingang (*hold acknowledge*), über den der µP dem DMA-Baustein diesen Zugriff gewährt.

Zu diesen Steuersignalen, die hauptsächlich zur Kommunikation mit dem µP dienen, kommen noch drei weitere Leitungen, die zum Informationsaustausch mit den Peripherie-Bausteinen benutzt werden:

- REQ (*DMA request*) Dies ist ein Eingang, über den ein Peripherie-Baustein an den Controller eine Aufforderung zum Datentransfer stellen kann.
- ACK (*DMA acknowledge*) Über diesen Ausgang wird der Peripherie-Baustein darüber informiert, daß der Controller die Aufforderung zur Datenübertragung akzeptiert hat.
- $\overline{\text{END}}$ (auch: $\overline{\text{EOP}}$ – *end of process*) Über diesen Ausgang wird der Peripherie-Baustein oder der Prozessor darüber unterrichtet, daß das letzte Datum übertragen wurde (bzw. gerade übertragen wird). Häufig ist diese Leitung bidirektional ausgeführt. Als Eingang geschaltet, kann der Prozessor oder die Peripherie hierüber den Controller zum Abbruch der Datenübertragung zwingen.

Obwohl eben vereinfachend nur von Peripherie-Bausteinen als Anforderer (*Requester*) gesprochen wurde, kann natürlich auch der µP selbst über den REQ-Eingang eine Übertragungs-Anforderung stellen. In diesem Fall wird der $\overline{\text{END}}$-Ausgang häufig mit dem $\overline{\text{IRQ}}$-Eingang des Prozessors verbunden, so daß dieser durch einen Interrupt über das Ende der Datenübertragung informiert werden kann. Der Vollständigkeit halber sei schon hier erwähnt, daß die Systemkomponente, mit der der Requester Daten austauschen will, im Englischen häufig *Target* genannt wird. Die deutsche Übersetzung "Ziel" darf jedoch nicht zu dem Trugschluß führen, daß damit etwas über die Richtung des Datentransports ausgesagt ist.

Zur Programmierung des DMA-Controllers und zur Überwachung seiner Arbeit durch den µP dienen drei Register des Steuerwerks, die direkt mit der Steuerung des Bausteins verbunden sind. Von ihnen werden zwei vom Prozessor beschrieben und beeinflussen die Arbeitsweise der Baustein-Steuerung: das Steuerregister und das Befehlsregister. Das Statusregister hingegen wird von der Steuerung selbst verändert und dient dazu, dem Prozessor Informationen über die ausgeführte Datenübertragung zukommen zu lassen. Die Funktion der Register werden wir erst nach der vollständigen Beschreibung des Baustein-Aufbaus genauer darstellen.

3.7.3.2 Die Ausführungs-Einheit

Die Ausführungs-Einheit besteht im wesentlichen aus drei Zählern, die vom µP vor dem Beginn einer Datenübertragung geladen werden.

- In den Datenzähler schreibt der Prozessor die Anzahl der zu übertragenden Daten. Dieser Zähler wird nach jedem Datentransfer dekrementiert. Sobald der Zählerstand 0 erreicht ist, wird darüber das Steuerwerk des Bausteins informiert, das dann die Übertragung beendet.
  Die Breite des Datenzählers ist oft kleiner als die Breite des Adreßbusses, so daß durch eine einzige Blockübertragung lediglich ein Teil des (maximalen) physikalischen Arbeitsspeichers transferiert werden kann. Bei einigen DMA-Bausteinen für 32-bit-µPs ist der Datenzähler z.B. nur 24 bit breit.
- In den Adreßzähler des Quellbereiches überträgt der Prozessor die Adresse des ersten zu transferierenden Datums. Die Breite der Adreßzähler stimmt in der Regel mit der Breite des Befehlszählers oder des Adreßpufferregisters des Mikroprozessors überein, für den der DMA-Controller entwickelt wurde. Dadurch kann der DMA-Controller den gesamten Adreßraum des Prozessors ansprechen.
  - Handelt es sich bei der Quelle der Daten um den Arbeitsspeicher, so wird die Basisadresse des zu übertragenden Datenbereiches eingeschrieben. In diesem Fall wird nach jeder Übertragung eines Datums der Zähler automatisch wahlweise inkrementiert oder dekrementiert und dadurch die nächste Speicherzelle angesprochen.
  - Ist jedoch ein Peripherie-Baustein die Quelle der Daten, so wird die Adresse eines seiner Datenregister in den Zähler geschrieben. Diese Adresse bleibt während der Übertragung des gesamten Datenblockes unverändert.
- Der Adreßzähler des Zielbereiches wird vom Prozessor mit der Adresse geladen, unter der das erste übertragene Datum abgespeichert werden soll. Wie eben beschrieben, wird diese Adresse natürlich nur dann nach jedem Datentransfer verändert, wenn der Zielbereich im Speicher liegt. Hingegen bleibt die Adresse eines Registers in einem Peripherie-Baustein unverändert.

Der den Adreßzählern nachgeschaltete Multiplexer (MUX) schaltet bei einer Datenübertragung in zwei Speicherzyklen zunächst den Adreßzähler der Datenquelle auf den Adreßbus. Dabei wird durch das $R/\overline{W}$-Signal der Quelle ein Lese-Zyklus angezeigt. Das Datum wird dann zunächst in den Datenbuspuffer des DMA-Bausteins übertragen. Danach schaltet der Multiplexer den Adreßzähler des Zielbereiches auf den Adreßbus, wobei das $R/\overline{W}$-Signal einen Schreib-Zyklus anzeigt. Der Inhalt des Datenbuspuffers wird zum Ziel des Transportes ausgegeben. Bei Mikroprozessoren, die ihre Peripherie-Bausteine in einem besonderen I/O-Adreßraum ansprechen (vgl. Abschnitt 1.10), wird anstelle des $R/\overline{W}$-Signals das $IOR/\overline{IOW}$-Signal (*I/O read – I/O write*) aktiviert, wenn ein Peripherie-Baustein selektiert wird.

Bei einer Übertragung in einem Speicherzyklus, bei der die Aufforderung zur Datenübertragung ja stets von einer Schnittstelle (als Requester) kommt, wird durch den Multiplexer der Adreßzähler auf den Adreßbus gelegt, der dem Datenbereich im Speicher (als Target) zugeordnet ist, also je nach Übertragungsrichtung der Zähler des Quell- oder Zielbereiches. Die "Adressierung" der Schnittstelle geschieht in diesem Fall ausschließlich durch die ACK-Leitung. Das Datum wird direkt von der Quelle zum Ziel übertragen. Bei dieser Übertragungsart hat das Signal der $R/\overline{W}$-Leitung für Target und Requester eine gegensätzliche Bedeutung: Ein Lese-Zugriff auf den Speicher muß bei der Schnittstelle einen Schreib-Vorgang verursachen, ein Schreib-Zugriff auf den Speicher dementsprechend einen Lese-Zugriff auf die Schnittstelle.

Varianten

- Einfacher aufgebaute DMA-Controller lassen, wie eben beschrieben, als Requester nur Schnittstellen-Bausteine, als Target nur den Arbeitsspeicher zu. Bei ihnen kann deshalb einer der Adreßzähler und damit auch der nachgeschaltete Multiplexer entfallen. Im verbleibenden Adreßzähler wird stets die Basisadresse des Datenbereiches im Speicher eingetragen, unabhängig davon, ob er Quelle oder Ziel des Transfers ist. Die "Adressierung" des Schnittstellen-Bausteins geschieht auch hier nur durch die ACK-Leitung. Über eine zusätzliche *Strobe*-Leitung wird diesem Baustein von seinem angeschlossenen Gerät mitgeteilt, wann ein Datum für ihn vorliegt bzw. von ihm verlangt wird. Die Übertragung eines Datums geschieht in einem Speicherzyklus.
- Die beiden oben beschriebenen Adreßzähler sind nicht immer der Quelle bzw. dem Ziel des Datentransportes fest zugeordnet. Bei einer anderen Variante eines DMA-Controllers besteht diese feste Zuordnung stattdessen zwischen je einem Adreßzähler und dem Requester bzw. dem Target.
- Einige DMA-Controller besitzen zusätzlich drei Basisregister, die jeweils den Zählern vorgeschaltet sind (im Bild 3.7-3 gestrichelt gezeichnet). In diesem Fall muß der Prozessor in Anwendungen, bei denen sich die Parameter der Übertragung für jeden Datenblock nicht ändern, die Register nur ein einziges Mal vor der ersten Übertragung beschreiben. Danach wird durch die Aktivierung des REQ-Signals der Inhalt der Basisregister vor jeder Datenblock-Übertragung in die Zähler geladen.

3.7.4 Verschiedene DMA-Übertragungsarten

In der Regel kann man bei einem DMA-Baustein unter verschiedenen Übertragungsarten wählen, die sich durch die Belegung des Systembusses unterscheiden.

- Beim **Einzel-Datentransfer** ("transparenter" Datentransfer, *single transfer mode*) wird jeweils genau ein Datum übertragen. Danach wird zunächst der Systembus wieder zur Nutzung durch den Prozessor freigegeben. Im Bild 3.7-4 ist das Zeitdiagramm für diesen Übertragungs-Modus dargestellt. Da dem Prozessor für jeden Datentransfer während eines oder mehrerer Taktzyklen der Systembus entzogen wird, heißt diese Übertragungsart im Englischen auch *cycle stealing*. Nachdem der Prozessor die Controller-Register mit den Parametern der Übertragung geladen ("initialisiert") hat, kann zu einem beliebigen Zeitpunkt der Requester seine DMA-Anforderung über das REQ-Signal stellen. Einen Taktzyklus später informiert der Controller den µP über die HOLD-Leitung vom Vorliegen dieser Anforderung.

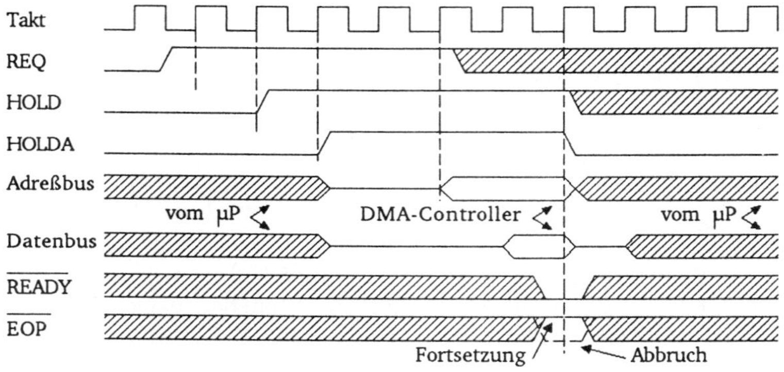

Bild 3.7-4. Signalverlauf beim Einzel-Datentransfer

Der Prozessor wird bei der nächstmöglichen Gelegenheit, frühestens aber nach einem Zyklus, seine Systembus-Ausgänge hochohmig schalten und davon den Controller über das HOLDA-Signal informieren. Dieser legt daraufhin die Adresse des zu übertragenden Datums auf den Adreßbus, aktiviert die verlangten Bussteuersignale und überträgt das Datum. Das Datum wird solange aktiv gehalten, bis von der Ziel-Komponente durch das $\overline{\text{READY}}$-Signal eine erfolgreiche Übernahme signalisiert wird. Am Ende der Übertragung fragt der Controller den $\overline{\text{EOP}}$-Eingang ab und bricht, in Abhängigkeit von dessen Zustand, den Übertragungsvorgang ab oder führt ihn mit dem nächsten Datum fort. Der Requester kann durch wiederholte Aktivierung des REQ-Eingangs zu beliebigen Zeitpunkten die Übertragung eines weiteren Datums veranlassen. Dadurch ist die Anpassung der Übertragungsgeschwindigkeit des DMA-Bausteins an die eventuell erheblich langsamere des Schnittstellen-Bausteins möglich. Auch wenn der Requester seine Anforderungsleitung REQ zum DMA-Controller kontinuierlich aktiviert hat, kann der Prozessor vor dem jeweils nächsten Datentransfer auf den Systembus zugreifen. Die Übertragung wird erst nach dem Transfer des letzten Datums beendet, wenn sie nicht bereits vorher durch das Signal EOP abgebrochen wurde.

- Die zweite Übertragungsart ist der **Block-Transfer** (*block transfer mode, burst mode*). Im Bild 3.7-5 ist das Zeitdiagramm dieser Übertragungsart skizziert.

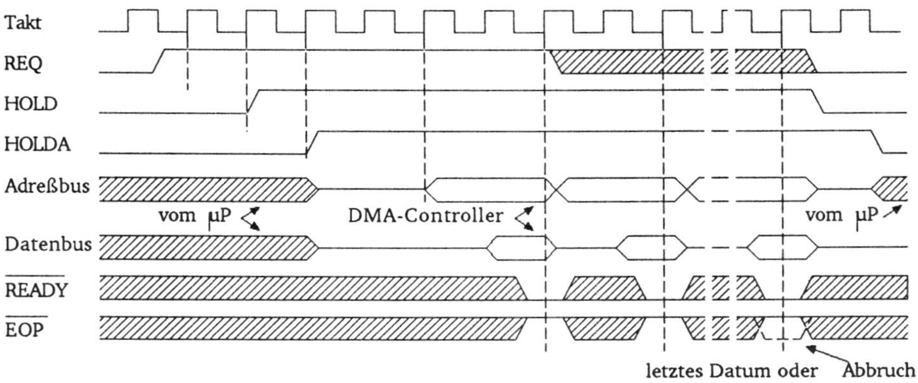

Bild 3.7-5. Zeitdiagramm des Block-Transfers

In diesem Fall überträgt der Controller ohne zwischenzeitliche Freigabe des Systembusses alle Daten des Blockes, sobald er den Zugriff zum Systembus eingeräumt bekommen hat. Das Anforderungssignal REQ muß nur vor und während der Übertragung des ersten Bytes aktiviert sein. Die normale Übertragung wird durch den Eintritt des Null-Zustandes im Datenzähler des Controllers beendet. Jedoch kann sie wiederum jederzeit über die $\overline{\text{EOP}}$-Leitung abgebrochen werden, die vom Steuerwerk nach jedem durchgeführten Datentransfer abgefragt wird.
Um einen Informationsverlust im dynamischen RAM-Speicher zu verhindern, kann diese Form der DMA-Übertragung nur durch den DRAM-Controller zum Auffrischen des Speichers unterbrochen werden.

- Die dritte Übertragungsart ist der **Transfer auf Anforderung** (*demand transfer mode*). Sie nimmt eine Mittelstellung zwischen den bisher beschriebenen Arten dadurch ein, daß bei ihr die Datenübertragung solange ohne Unterbrechung durch µP-Buszyklen ausgeführt wird, wie dies der Requester wünscht. Diese Art des Transfers wird bevorzugt bei Peripherie-Geräten eingesetzt, die ihre Daten in Schüben (*bursts*) liefern bzw. verlangen, zwischen denen aber mehr oder weniger lange Pausen liegen. Den Übertragungswunsch teilt der Requester dem Controller durch das REQ-Signal mit. Mit jeder erneuten Aktivierung dieses Signals wird die Übertragung bis zur nächsten Unterbrechung, d.h. der Deaktivierung des REQ-Signals, fortgesetzt (s. Bild 3.7-6). Die Beendigung der Übertragung wird wiederum durch den Datenzähler im Controller oder das externe $\overline{\text{EOP}}$-Signal veranlaßt.

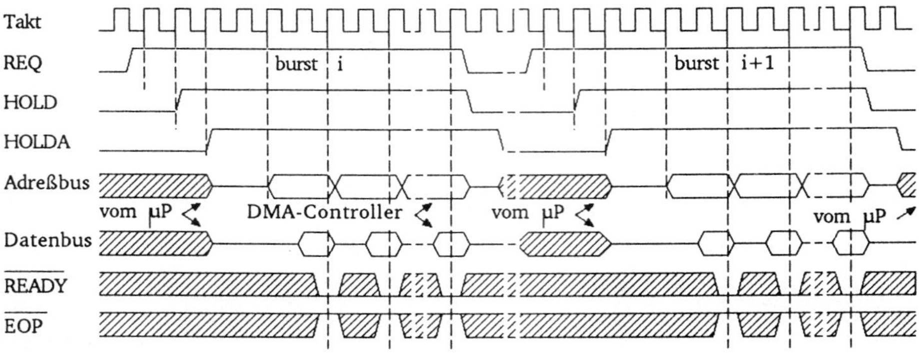

Bild 3.7-6. Zeitdiagramm der Übertragung auf Anforderung

3.7.5 Unterschiedliche Datenbreite in Target und Requester

Bisher haben wir sehr vage von der Übertragung eines Datums gesprochen. Sie wissen aber schon, daß ein Datum in einem Mikrorechner-System eine sehr unterschiedliche Länge haben kann. So sind die zwischen Hauptspeicher und Prozessor übertragenen Daten moderner Mikrorechner-Systeme in der Regel 16 oder 32 bit breit. Aber auch in diesen Systemen sind die Daten, die von bzw. zu den Schnittstellen geliefert werden, häufig nur 8 bit breit. Insbesondere alle zeichenorientierten Peripherie-Geräte, wie Drucker, Bildschirme etc. benutzen meist diese byteorientierten Schnittstellen. Ein weiteres Problem tritt auf, wenn die Adresse eines Datums nicht mit einer Wortgrenze im Speicher übereinstimmt, so daß zum Lesen des Datums mehrere Speicherzugriffe nötig werden (*non-aligned data*, vgl. Abschnitt 3.6). Den unterschiedlichen Datenwortbreiten muß die Arbeit des DMA-Controllers durch verschiedene Maßnahmen angepaßt werden. Dazu gehören:

- Die Adreßzähler im Baustein müssen nach jedem Transfer um 1, 2 oder 4 erhöht werden, je nachdem, ob ein Byte, ein Wort oder ein Doppelwort übertragen wurde.
- Ist die Datenbreite des Quellbereiches größer als die des Zielbereiches, so muß der Baustein das eingelesene Datum vor dem Weitertransport zerlegen (*byte disassembly*) und in mehreren Zyklen weiterreichen. Im entgegengesetzten Fall muß er zunächst mehrere Daten der Quelle im Datenbuspuffer sammeln (*byte assembly*), bevor er sie als ein einziges Datum an das Ziel weiterreicht.
- Der Controller muß das Vorliegen der Adresse eines *Non-aligned*-Datums erkennen, selbständig die erforderlichen Speicherzugriffe durchführen, die gelesenen Datenbytes im Datenbuspuffer sammeln (*byte assembly*) und in einem Zyklus zum Ziel übertragen. Umgekehrt müssen gelesene *Aligned*-Daten zerlegt (*byte disassembly*) und in mehreren Zyklen zu einer *Non-aligned*-Zieladresse übertragen werden. (Notwendigerweise muß deshalb der Controller die

im Abschnitt 3.6 beschriebenen Signale BE_3...BE_0 zur Auswahl einzelner Speicherbytes erzeugen.)

Im *Fly-by*-Betrieb müssen Requester und Target natürlich die gleiche Datenbusbreite besitzen, da hier eine Anpassung im Datenbuspuffer des DMA-Bausteins nicht durchgeführt werden kann.

Erweiterung des Grundmodells eines DMA-Bausteins

Heutige DMA-Controller enthalten auf dem Baustein in der Regel nicht nur einen, sondern 2 bis 8 DMA-Kanäle. Jeder Kanal kann unabhängig von den anderen einem Requester zugeordnet werden, mit dem er über eigene Leitungen (REQ_i, ACK_i, $\overline{END}_i$) kommuniziert. Durch eine spezielle Prioritäts-Schaltung (*channel priority arbitration*) wird entschieden, welcher Kanal augenblicklich den Zugriff zum Systembus bekommt. Das ist dann wichtig, wenn entweder zwei oder mehr Kanäle gleichzeitig mit der Datenübertragung beginnen wollen oder aber während der laufenden Übertragung eines Kanals ein zweiter damit beginnen will. Wir wollen auf diese Prioritäten-Vergabe nicht näher eingehen.

3.7.6 Die Register des Steuerwerks

Zum Abschluß dieses Abschnittes wollen wir nun kurz die Register im Steuerwerk des DMA-Bausteins beschreiben. Dabei können wir nur auf die wichtigsten Register eingehen. Moderne DMA-Controller besitzen darüberhinaus eine große Anzahl weiterer spezieller Register. Wir legen beispielhaft einen Controller mit vier DMA-Kanälen zugrunde. Im Bild 3.7-7 ist ein möglicher Aufbau der drei Registertypen dargestellt, der sich am DMA-Controller Intel 82380 orientiert. Bei diesem Baustein sind die Adreßzähler fest den Kommunikations-Partnern Target und Requester zugeordnet. Für andere Bausteine müssen im folgenden diese Begriffe sinngemäß durch die Begriffe Ziel- bzw. Quellbereich der Datenübertragung ersetzt werden.

Das Statusregister

Das Statusregister zeigt für jeden Kanal durch ein Bitpaar an, ob für diesen Kanal eine Übertragungs-Anforderung vorliegt (Bit R_i – *request*) bzw. ob der Datenzähler des Kanals den Endwert 0 erreicht hat (Bit TC_i – *terminal count*).

Das Befehlsregister

Das Befehlsregister enthält alle Bits, durch die die Arbeitsweise des Bausteins für jede Blockübertragung bestimmt wird. Dazu gehören die gezielte Aktivierung bzw. Deaktivierung jedes einzelnen der Kanäle (Bit E_i – *enable*) sowie die Festlegung der Prioritäten zwischen den Kanälen (Bits P_j...P_0 – *priority*). Durch das Setzen der Bits SR_i (*software request*) kann der Prozessor softwaremäßig für jeden einzelnen Kanal eine DMA-Übertragung anfordern – als Alternative zur DMA-Auslösung über die REQ-Leitung. Über die Bits IE_i (*interrupt enable*) kann für jeden

Kanal festgelegt werden, ob seine Unterbrechungs-Anforderung zum Prozessor weitergereicht werden soll oder nicht.

Statusregister

R3	R2	R1	R0	TC3	TC2	TC1	TC0

Befehlsregister

E3	E2	E1	E0	P3	P2	P1	P0	SR3	SR2	SR1	SR0	IE3	IE2	IE1	IE0

Steuerregister (individuell für jeden Kanal)

T1	T0	AI	M1	M0	C	RT	RA1	RA0	RB1	RB0	TT	TA1	TA0	TB1	TB0

Bild 3.7-7. Die Register des DMA-Steuerwerks

Das Steuerregister

Für jeden Kanal ist ein eigenes Steuerregister vorhanden, das die Betriebsart des Kanals bestimmt (*channel control register*). Die Bits des Registers haben die folgende Funktion:

- T_1, T_0: Festlegung des Typs der Übertragung
  Durch diese Bits wird festgelegt, ob der Requester Daten ausgeben, empfangen oder nur vergleichen (*verify*) will.
- AI: Automatische Initialisierung
  Dieses Bit bestimmt, ob die Adreß- und Datenzähler des Controllers nach der Beendigung einer Blockübertragung zur Vorbereitung der nächsten Übertragung (mit unveränderten Parametern) automatisch aus ihren Basisregistern geladen werden sollen (vgl. Bild 3.7-3).
- M_1, M_0: Übertragungs-Modus
  Diese Bits legen eine der beschriebenen Übertragungsarten fest: Einzel-Datentransfer, Block-Transfer oder Transfer auf Anforderung.
- C: Transfer-Zyklen
  Durch dieses Bit wird bestimmt, ob die Übertragung in einem Zyklus (*fly-by transfer*) oder zwei Zyklen (*two-cycle transfer*) stattfinden soll.

Die restlichen Bits unterscheiden sich im ersten Buchstaben ihrer Bezeichnung. T steht darin für den Target, R für den Requester. Sie werden hier gemeinsam für beide Komponenten R/T erklärt, wobei im folgenden für das Zeichen '*' einer der Buchstaben R bzw. T einzusetzen ist.

- *T: Typ der Komponente

Durch dieses Bit wird unterschieden, ob die Komponente R/T der Arbeitsspeicher oder ein Peripherie-Baustein ist. Dieses Bit hat direkten Einfluß auf die alternative Benutzung des $R/\overline{W}$-Signals oder des $IOR/\overline{IOW}$-Signals zur Steuerung der Übertragungsrichtung.

- $*A_1$, $*A_0$: Aktion des Komponenten-Adreßzählers
  Durch diese Bits wird festgelegt, ob der Adreßzähler der Komponente R/T nach jedem Datentransfer inkrementiert, dekrementiert oder unverändert gelassen (*hold*) wird.
- $*B_1$, $*B_0$: Busbreite
  Durch diese beiden Bits wird für die Komponente R/T eine der Busbreiten 8, 16 oder 32 bit festgelegt.

3.8 Cache-Speicher

Im letzten Abschnitt wurde bereits erwähnt, daß der physikalische Adreßraum von Mikroprozessoren im Laufe der Jahre von 64 kbyte bei den 8-bit-Prozessoren über 16 Mbyte bei den 16-bit-Prozessoren auf 4 Gbyte bei den modernen 32-bit-µPs wuchs. Obwohl sicher die wenigsten eingesetzten 16- bzw. 32-bit-Mikrorechner-Systeme einen Arbeitsspeicher dieser Kapazität besitzen, werden doch im verstärkten Maß Anwendungen implementiert, die einen stetig wachsenden Speicherbedarf verursachen.

Wie bereits gesagt, sind große Arbeitsspeicher ökonomisch nur mit dynamischen RAM-Bausteinen zu realisieren. Diese zeichnen sich durch eine geringe Leistungsaufnahme und minimalen Platzbedarf aus. Außerdem bieten sie das günstigste Verhältnis zwischen Kosten und Kapazität. Leider haben sie den Nachteil, daß sie eine relativ große Zugriffs- bzw. Zykluszeit aufweisen. Zwar werden häufig die DRAM-Bausteine des gleichen Typs wahlweise mit unterschiedlichen Zykluszeiten angeboten, jedoch steigt der Preis pro Baustein sehr stark mit fallender Zykluszeit.

Gleichzeitig mit dem Bedarf an größeren Arbeitsspeichern wächst die Taktfrequenz der µPs kontinuierlich. Heute werden Frequenzen von bis zu 200 MHz erreicht. Dadurch entsteht eine immer größer werdende Lücke zwischen der Buszykluszeit der Prozessoren und der Zugriffs- bzw. Zykluszeit der DRAM-Bausteine. Diese Lücke zwingt zum Einfügen von Wartezyklen beim Zugriff auf den Speicher. Nur die schnellsten statischen RAM-Bausteine sind noch geeignet, mit ihnen einen *Zero-Wait-State*-Speicher aufzubauen. Diese SRAM-Bausteine kosten jedoch erheblich mehr und haben, wie bereits gesagt, eine um den Faktor 4 bis 6 kleinere Kapazität als die DRAM-Bausteine.

Aus den geschilderten Gründen versucht man, zwischen den Prozessor und dem relativ langsamen Arbeitsspeicher aus DRAM-Bausteinen einen kleinen, schnellen Speicher aus SRAM-Bausteinen zu legen, der vom µP ohne Wartezyklen angesprochen werden kann. Dieser schnelle Speicher wird *Cache* ("Versteck", Pufferspeicher) genannt, da er in einem Anwendungsprogramm nicht explizit adressiert werden kann, d.h. vollständig softwaretransparent ist. Im Bild 3.8-1 ist das Prinzip des Caches skizziert.

Ziel des Einsatzes eines Cache-Speichers ist es, darin stets die am häufigsten gebrauchten Daten (Operanden und Programmteile) unterzubringen, so daß der µP die Mehrzahl der Zugriffe auf diesen schnellen Pufferspeicher und nicht auf den langsamen Arbeitsspeicher durchführen kann. Dadurch kann die durchschnittliche Anzahl der einzufügenden Wartezyklen vernachlässigbar klein gehalten werden.

Daß es überhaupt möglich ist, einen Cache effektiv einzusetzen, liegt an der Lokalitätseigenschaft typischer Programme (*locality of reference, (program) locality*), d.h. an der beobachtbaren Eigenschaft, daß zu jedem Zeitpunkt während des Programmlaufes bestimmte Speicherzellen bevorzugt und wiederholt angesprochen werden. Denken Sie z.B. an eine Programmschleife, die in vielen Durchläufen abgearbeitet wird, wobei stets die gleichen Befehle im Speicher ausgeführt werden. Aber auch bei der Bearbeitung von Tabellen werden sehr häufig dieselben Werte wiederholt aufgerufen.

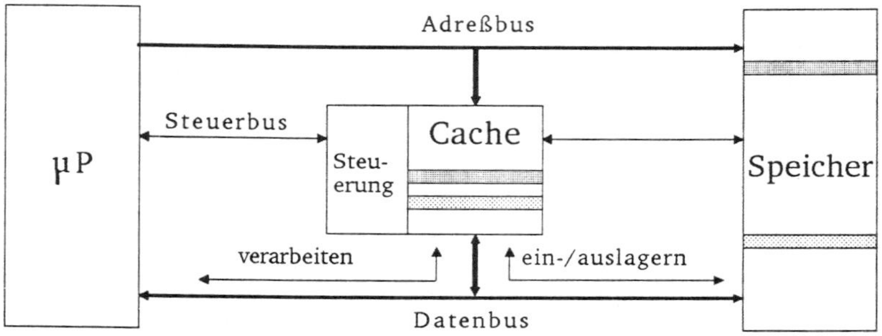

Bild 3.8-1. Lage des Cache zwischen µP und Arbeitsspeicher

Natürlich können wegen der geringen Kapazität des Caches nicht alle referenzierten Daten während eines Programmlaufes dort gespeichert werden. Notwendigerweise müssen deshalb im Cache gespeicherte Daten daraus verdrängt, d.h. in den Arbeitsspeicher zurückgebracht werden, wenn neue Daten benutzt werden. Es gibt die unterschiedlichsten Verdrängungs-Strategien, auf die im Rahmen dieses Buches nicht umfassend eingegangen werden kann. Weiter unten werden wir beispielhaft drei von ihnen erwähnen (s. Abschnitt 3.8.2.3).

3.8.1 Funktionsweise eines Caches

Lesezugriffe

Vor jedem Lesezugriff auf ein Datum im Arbeitsspeicher schaut der µP zunächst im Cache nach, ob das Datum dort bereits abgelegt ist. Ist dies der Fall, so spricht man von einem Treffer (*hit*, vgl. Bild 3.8-2a). Das Datum wird nun aus dem Cache entnommen. (Natürlich bleibt es dort für eventuell folgende Zugriffe weiterhin vorhanden.) Dieser Zugriff kann ohne das Einfügen eines Wartezyklus ausgeführt werden.

Im anderen Fall greift der Prozessor auf den Arbeitsspeicher zu und lädt das Datum von dort. Dieser Speicherzugriff verlangt vom µP das Einfügen von Wartezyklen. Dazu kommt wenigstens ein weiterer Taktzyklus, in dem die Entscheidung darüber getroffen wird, ob das Datum im Cache vorliegt oder nicht. Das vom µP gelesene Datum wird gleichzeitig im Cache abgelegt (vgl Bild 3.8-2b). In Ermangelung eines gebräuchlichen deutschen Begriffes werden wir diesen Fall häufig mit dem englischen Wort *Miss* ("Fehlschlag") bezeichnen.

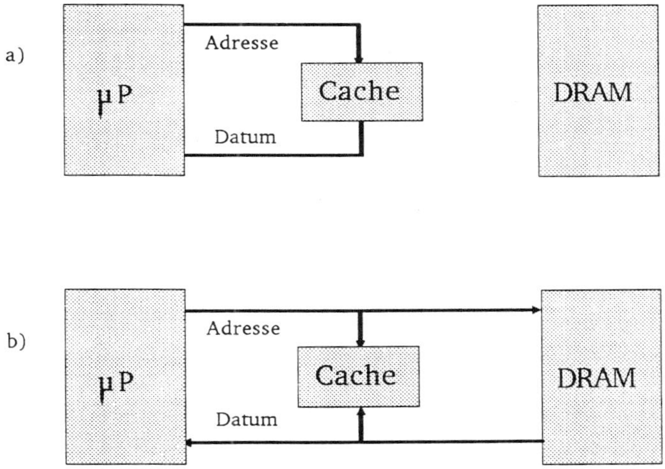

Bild 3.8-2. a) Treffer, b) kein Treffer beim Cache-Zugriff

Selbsttestaufgabe S3.8-1:
Ein Arbeistspeicher bestehe aus DRAM-Bausteinen mit einer Zykluszeit von 200 ns, der vorgeschaltete Cache aus SRAM-Bausteinen mit 50-ns-Zugriffszeit. In dieser Zeit sei die *Hit/Miss*-Entscheidung enthalten. Der Prozessor soll auf den Cache ohne Wartezyklen, auf den Arbeitsspeicher mit drei Wartezyklen zugreifen können. Die "Trefferrate" der Cache-Zugriffe betrage 80% . Berechnen Sie die durchschnittliche Zugriffszeit auf ein Datum sowie die durchschnittliche Anzahl der benötigten Wartezyklen. (Die Buszykluszeit des Prozessors sei 50 ns.)

Schreibzugriffe

Wird bei einem Schreibzugriff festgestellt, daß der Inhalt der adressierten Speicherzelle nicht im Cache abgelegt ist, also ein *Miss* vorliegt, so wird das Datum in den Arbeitsspeicher und außerdem in den Cache übertragen. Schwierigkeiten treten dann auf, wenn Daten, die im Cache abgelegt sind, vom Prozessor durch einen Schreibzugriff verändert werden. In diesem Fall, in dem also ein Treffer vorliegt, ist u.U. die Daten-Konsistenz (Kohärenz) nicht mehr gewährleistet, d.h. das Datum im Cache besitzt einen anderen Wert als sein "Original" im Arbeitsspeicher. Hier gibt es nun zwei Verfahren, dieses Problem zu vermeiden.

- Beim **Durchschreib-Verfahren** (*write through*) wird jeder Schreib-Zugriff auf den Cache gleichzeitig auch im Arbeitsspeicher ausgeführt (vgl. Bild 3.8-3). Dadurch ist gewährleistet, daß jedes Datum im Cache und im Arbeitsspeicher stets den gleichen Wert hat. Nachteilig ist jedoch, daß hierbei jeder Schreib-Vorgang die vom Arbeitsspeicher vorgegebene längere Ausführzeit benötigt, und daher die Verkürzung der Zugriffszeit durch den Cache nicht zum Zuge kommt. Außerdem bedingt hier jedes Schreiben eines Datums einen Zugriff zum Systembus, auch wenn das Datum schon in kürzester Zeit erneut vom Prozessor verändert wird. Durch diese Belastung des Systemsbusses wird der Zugriff anderer Komponenten zum Arbeitsspeicher u.U. erheblich behindert.

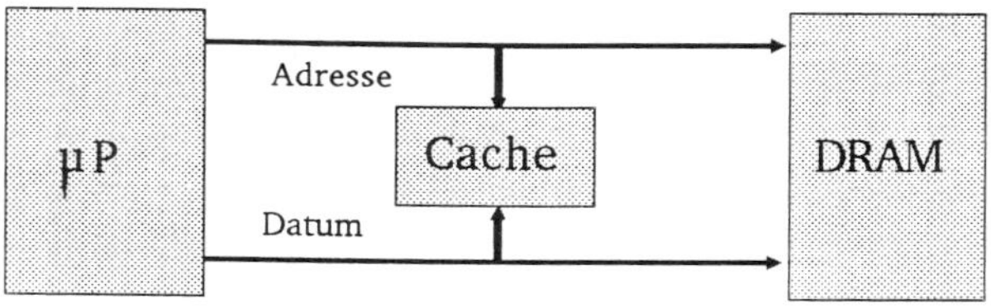

Bild 3.8-3. Das Prinzip des Durchschreib-Verfahrens

- Beim **Rückschreib-Verfahren** (*write back*) wird jedes vom Prozessor geänderte Datum im Cache durch ein spezielles Bit (*altered bit*, *modified bit*, *dirty bit*) gekennzeichnet. Erst dann, wenn das Datum durch ein neues verdrängt werden soll, wird es in den Arbeitsspeicher zurückgeschrieben (s. Bild 3.8-4). Dazu muß der Cache als *Bus Master* selbst auf den Systembus zugreifen und Daten übertragen können. Bei diesem Verfahren finden auch die Schreib-Zugriffe auf den Cache ohne Wartezyklen statt. Die Belastung des Systembusses wird erheblich verringert, da nur die (zunächst) endgültige Version eines Datums in den Arbeitsspeicher übertragen wird.
  Schwierigkeiten mit dem Erhalt der Datenkonsistenz treten jedoch auch bei diesem Verfahren auf, wenn andere Komponenten des Systems, z.B. ein DMA-Controller, auf den Arbeitsspeicher zugreifen können. Diese finden dort u.U. noch die alten Werte von Daten vor, die im Cache bereits geändert wurden. Andererseits kann eine andere Systemkomponente die Daten im Arbeitsspei-

cher ändern, während der Prozessor noch mit den "veralteten" Datenwerten im Cache arbeitet.
Die Verhinderung der Daten-Inkonsistenz verlangt bei diesem Verfahren erheblich mehr Aufwand bei der Steuerung der Cache- und Arbeitsspeicher-Zugriffe. So muß z.B. die Steuerung des Caches über jede Änderung der Daten im Arbeitsspeicher informiert werden und gegebenenfalls die im Cache vorliegenden Versionen als ungültig kennzeichnen. (Wie dies geschehen kann, zeigen wir im Abschnitt 3.8.4.)

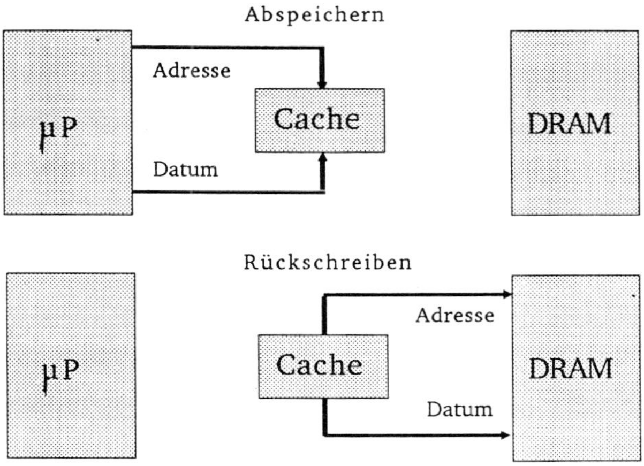

Bild 3.8-4. Das Prinzip des Rückschreib-Verfahrens

3.8.2 Aufbau eines Cache-Speichers

Bevor wir nun auf die Realisierung der Cache-Steuerung zur Vermeidung der geschilderten Probleme eingehen, müssen wir zunächst den Aufbau eines Cache-Speichers beschreiben. Dieser Aufbau ist im Bild 3.8-5 skizziert.

Der Cache besteht aus zwei Speicher-Einheiten, die wortweise einander fest zugeordnet sind. In einem Teil, den wir Datenspeicher nennen wollen, werden die Daten selbst abgelegt. Im zweiten Teil, dem Adreßspeicher, wird zu jedem Datum die Adresse gespeichert, unter der es im Arbeitsspeicher zu finden ist.

Anfänglich bestand bei Mikrorechner-Caches jeder Dateneintrag (Block) nur aus einem Wort des Arbeitsspeichers, d.h. bei einem 32-bit-Prozessor z.B. aus 4 Bytes. Der Adreßspeicher enthielt hier die Adresse des Wortes selbst (bzw. einen Teil davon).

Heute jedoch besteht jeder einzelne Dateneintrag gewöhnlich aus einem ganzen Datenblock (*line*), der bis zu 64 byte lang ist. Mit jedem Datum, auf das der Prozessor zugreift, wird die "nächste Umgebung" mit in den Cache eingelagert (*block fetch*), in Erwartung, daß der folgende Zugriff auf eines der Blockdaten stattfinden wird. Im Adreßspeicher des Caches wird in diesem Fall die Basisadresse des Datenblocks im Arbeitsspeicher abgelegt. Beim Vergleich der Adresse eines bestimmten Datums muß festgestellt werden, ob der Offset dieser Adresse zu einer der gespeicherten Basisadressen kleiner ist als die Blocklänge.

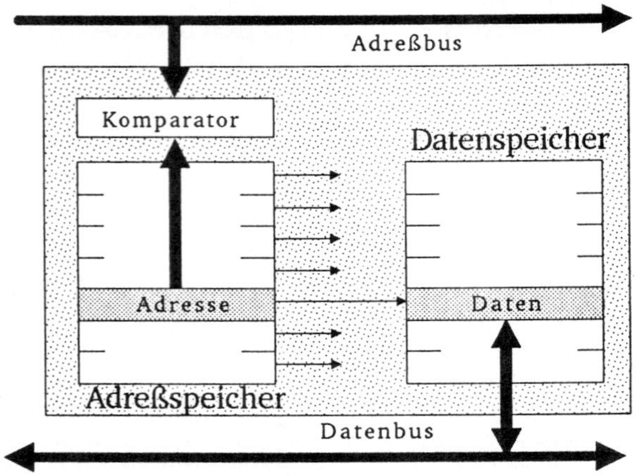

Bild 3.8-5. Aufbau eines Cache-Speichers

Legt nun der Prozessor eine Speicheradresse auf den Adreßbus, so wird diese durch einen Komparator mit allen im Adreßspeicher abgelegten Adressen (bzw. Adreßteilen) verglichen. Stimmt sie mit einer dieser Adressen überein (*hit*), so bestimmt deren Lage im Adreßspeicher durch die erwähnte 1-zu-1-Zuordnung der Speicherwörter die Lage des Datums im Datenspeicher. Von dort kann nun der Prozessor das Datum laden bzw. es dorthin ablegen.

Der oben beschriebene Adreß-Vergleich darf natürlich nicht sequentiell durchgeführt werden, weil in diesem Fall der Zugriff zum Cache noch erheblich länger dauern würde als zum Arbeitsspeicher. Im Idealfall wird er vollparallel, d.h. in einem einzigen Taktzyklus mit allen gespeicherten Adressen vorgenommen. Außerdem kann in diesem Fall ein neues Datum an jeder beliebigen, freien Stelle im Cache abgelegt werden. Cache-Speicher, die diese Bedingungen erfüllen, heißen (voll-)assoziativ oder inhaltsorientiert, da bei ihnen die Adressierung eines Datums ausschließlich über den Inhalt des Adreßspeichers geschieht. Die Realisierung eines Assoziativ-Speichers (*content addressable memory* – CAM) ist wegen der benötigten Logik für den parallelen Vergleichs sehr aufwendig. Deshalb werden diese Speicher in integrierter Form nur mit einer sehr kleinen Kapazität angeboten.

3.8.2.1 Der Direct Mapped Cache

Bei den Cache-Speichern für Mikrorechner-Systeme wird deshalb eine Mischform aus inhalts- und ortsadressierten Speichern eingesetzt, wie sie im Bild 3.8-6a schematisch dargestellt ist.

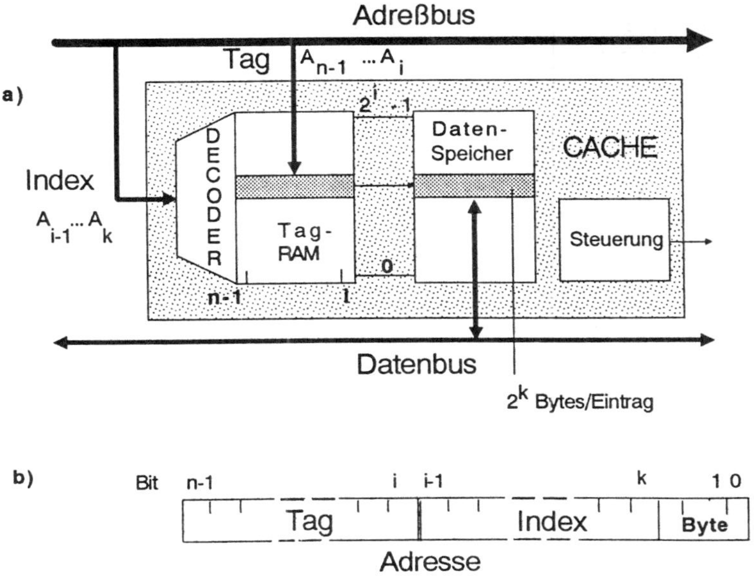

Bild 3.8-6. Aufbau eines Cache-Speichers für Mikrorechner-Systeme

Besteht jeder Cache-Eintrag aus 2^k Bytes und kann der Cache 2^{i-k} Einträge aufnehmen, so werden von der angelegten Speicheradresse die mittleren Bits $A_{i-1}...A_k$ als Index zur (Orts-)Adressierung eines Wortes im Adreßspeicher (*directory*) des Caches benutzt. In diesem Wort werden wiederum die höherwertigen Adreßbits $A_{n-1}...A_i$ abgelegt. Dieser Adreßteil wird als *Tag* ("Etikett") bezeichnet. Nach ihm heißt der Adreßspeicher auch *Tag RAM*. Im Bild 3.8-6b ist die Aufteilung einer Speicheradresse zur Adressierung des Caches skizziert. Die Adreßbits $A_{k-1}...A_0$ geben die Lage des niederstwertigen Bytes des adressierten Datums im Datenblock an.

Der oben beschriebene parallele Adreßvergleich wird hier auf einen einzigen Vergleich zwischen den höherwertigen Bits der angelegten Adresse und dem Tag reduziert, der durch die Adreßbits $A_{i-1}...A_k$ selektiert wird. Dieser Vergleich kann in der Regel so schnell durchgeführt werden, daß noch im selben Buszyklus des Prozessors das Datum aus dem Cache gelesen werden kann.

Durch die eben beschriebene Struktur des Caches wird der Arbeitsspeicher in 2^{n-i} Seiten mit jeweils 2^{i-k} Datenblöcken unterteilt. Jede Seite entspricht in ihrer Organisation dem Datenspeicher im Cache. Der Index, also die Lage eines Speicherblocks im Cache, wird durch den Offset des ersten Wortes im Block zur Basisadresse der Speicherseite festgelegt, in der er liegt. Die Nummer dieser Seite wird als Tag im Cache gespeichert. Anstelle einer linear geordneten Menge von Wörtern kann man sich deshalb den Arbeitsspeicher als Faltung der Speicherseiten vorstellen (vgl. Bild 3.8-7). Dabei werden jeweils 2^{n-i} Datenblöcke auf denselben Eintrag im Cache abgebildet. Wegen dieser eindeutigen Abbildung jedes Wortes des Arbeitsspeichers an eine bestimmte Cache-Stelle wird diese Form des Caches auch *Direct Mapped Cache* genannt.

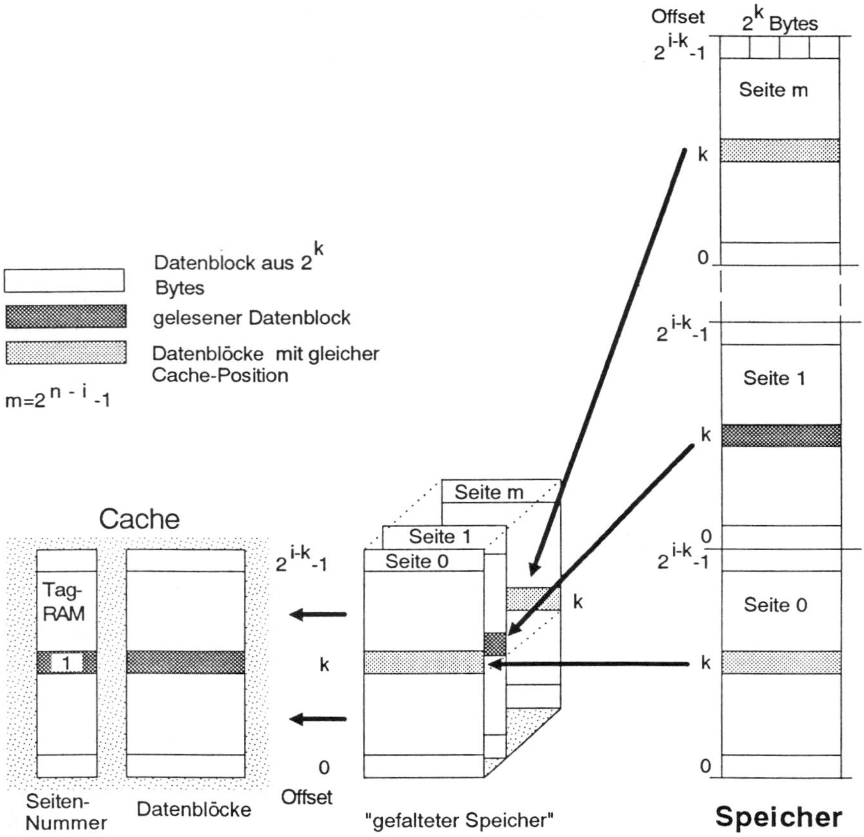

Bild 3.8-7. Abbildung der Speicherwörter in den Cache

3.8.2.2 Fallstudie: Der Befehls-Cache des Motorola 68020

Als einer der ersten Mikroprozessoren besaß der 68020 von Motorola einen im Baustein integrierten Cache. In diesen Cache wurden ausschließlich Befehle übernommen. Weil die Befehle eines Programms während der Ausführung (in der Regel) nicht verändert werden, hat dies den Vorteil, daß das Problem der Daten-Inkonsistenz zwischen Cache und Arbeitsspeicher nicht auftritt. Im Bild 3.8-8 ist der Aufbau des Befehls-Caches (*instruction cache*) dargestellt.

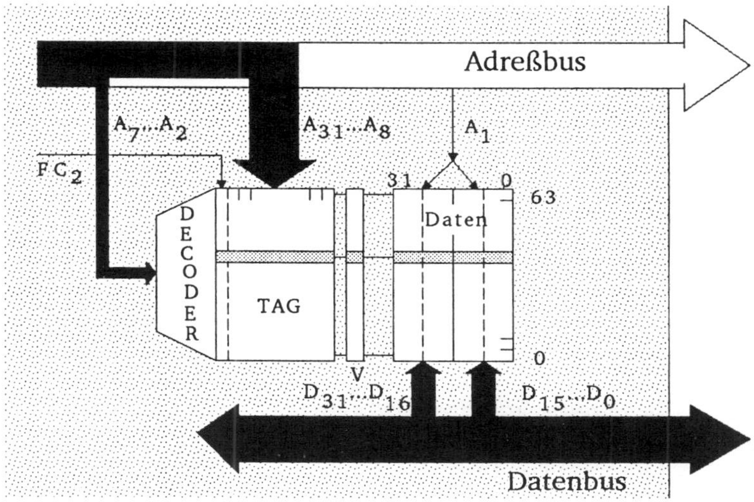

Bild 3.8-8. Der Befehls-Cache des 68020

Der Cache kann maximal 64 Dateneinträge aufnehmen. Jeder dieser Einträge umfaßt 4 Bytes (32 Bits) und entspricht damit der Breite des 68020-Datenbusses. Jedes 16-bit-Wort innerhalb eines Eintrages kann einzeln durch das Adreßsignal A_1 selektiert und zum Steuerwerk transferiert werden. Der Index zur Auswahl eines bestimmten unter den 64 Einträgen wird durch die Adreßbits $A_7...A_2$ gebildet. Die höherwertigen Adreßbits $A_{31}...A_8$ werden als Tag abgespeichert. (Dazu kommt noch das Bit FC_2 des Funktionscodes des Prozessors, das anzeigt, ob die angelegte Adresse eine gültige Adresse des Benutzer- oder des Betriebssystem-Bereichs im Arbeitsspeicher ist.) Für jeden Eintrag wird in einem Statusbit V angegeben, ob der zugeordnete Eintrag gültig (*valid*) ist oder nicht.

Zwei Spezialregister des Prozessors erlauben die softwaremäßige Steuerung des Caches. Sie sind im Bild 3.8-9 dargestellt. Durch den speziellen Befehl MOVEC können beide gelesen und beschrieben werden.

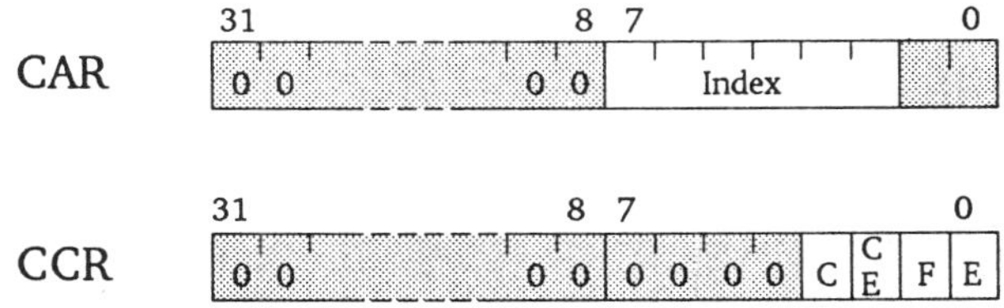

Bild 3.8-9. Die Steuerregister zum Befehlscache

Mit Hilfe des Cache-Adreßregisters CAR kann ein bestimmter Eintrag im Cache selektiert werden. Dazu wird in seinen Bits 2 - 7 der Index des Eintrags angegeben.

Das Cache-Steuerregister CCR (*cache control register*) bestimmt die Arbeitsweise des Caches:

- durch das E-Bit kann der Cache freigegeben oder gesperrt (*enabled*) werden;
- ist das F-Bit gesetzt, so ist der Cache "eingefroren" (*freeze*), d.h. er kann nur noch gelesen aber nicht mehr neu beschrieben werden;
- durch Setzen des C-Flags (*clear*) wird der gesamte Cache gelöscht, was z.B. oft vor der Ausführung eines neuen Programms notwendig ist;
- das CE-Bit (*clear entry*) erlaubt das gezielte Löschen des durch das CAR-Register selektierten Eintrags.

Selbsttestaufgabe S3.8-2:
Berechnen Sie die Trefferquote im Cache des 68020, wenn dieser ununterbrochen eine Programmschleife abarbeitet, die aus genau 512 Bytes besteht.

3.8.2.3 Der n-Way Set Associative Cache

Eine Vergrößerung der Trefferrate erreicht man dadurch, daß man mehrere *Direct Mapped Caches* verwendet und durch eine Auswahllogik entscheiden läßt, in welchen der (Teil-)Caches ein aktuelles Datum eingetragen werden soll, nachdem ein Leseversuch im Cache fehlschlug (*read miss*). Die Teil-Caches werden als *Sets* (Sätze, Mengen) bezeichnet, und man spricht in diesem Fall von einem *n-Way Set Associative Cache* (grobe Übersetzung: n-facher Satz-assoziativer Cache).

Die wohl einfachste Form der Auswahllogik besteht in einem zyklischen Schieberegister für jeden Index, in dem eine '1' rotiert. Die Position der '1' im Schieberegister legt den als nächsten zu beschreibenden Cache fest. Dadurch wird der Cache-Eintrag, der zuerst eingelagert wurde, auch zuerst verdrängt (FIFO-Strategie). Bei diesem Verfahren werden alle Teil-Caches in einer festen Reihenfolge selektiert, ohne auf die unterschiedliche "Wichtigkeit" der Daten einzugehen. Eine weitere Möglichkeit besteht darin, den nächsten zu überschreibenden Eintrag durch einen Zufallsgenerator auszuwählen.

Wohl am häufigsten wird jedoch ein Verfahren realisiert, bei dem stets der Eintrag überschrieben wird, auf den am längsten nicht mehr zugegriffen wurde. Dieses Zugriffsverfahren wird als LRU-Strategie (*least recently used*) bezeichnet. Zu Grunde liegt die Beobachtung in vielen Programmen, daß die Daten, auf die zuletzt zugegriffen wurde, mit hoher Wahrscheinlichkeit auch in den nächsten Zugriffen benötigt werden. Für dieses Verfahren muß zu jedem Eintrag der Zeitpunkt notiert werden, zu dem auf ihn zum letzten Mal zugegriffen wurde. Da dies einen relativ großen Verwaltungsaufwand bedeutet, wird in Mikrorechner-Caches häufig eine vereinfachte Version benutzt, die als **Pseudo-LRU-Strategie** bezeichnet wird. In wenigen Bits pro Index hält hier der Controller fest, welcher der n Einträge mit gleichem Index am längsten nicht mehr angesprochen wurde und deshalb als nächster zu verdrängen ist. Beim *2-Way Set Associative Cache* reicht dazu ein einziges Bit.

Zum Auffinden eines Datums im Cache müssen nun alle n Tags mit demselben Index parallel verglichen werden. Der Aufwand für diesen Vergleich steigt mit der Anzahl n und nähert sich für große n dem Aufwand in einem voll-assoziativen Speicher. In diesem Sinn stellt diese Cache-Form einen Kompromiß zwischen dem *Direct Mapped Cache* und einem voll-assoziativen Cache dar. Natürlich führt das zu einer komplexeren Steuerung als beim *Direct Mapped Cache*.

Im Bild 3.8-10 ist der Spezialfall eines *2-Way Set Associative Cache* skizziert. Für diesen Cache werden integrierte Bausteine angeboten, die schon den Adreßspeicher, das Tag-RAM, selbst enthalten. Die Auswahl zwischen den beiden "Wegen" A und B geschieht nach dem LRU-Verfahren. Durch ein zusätzliches Bit (SB) wird individuell für jeden Eintrag der "Weg" (*way*) angezeigt, in den das nächste Datum eingeschrieben wird, z.B. *Way A* durch SB = 0, *Way B* durch SB = 1.

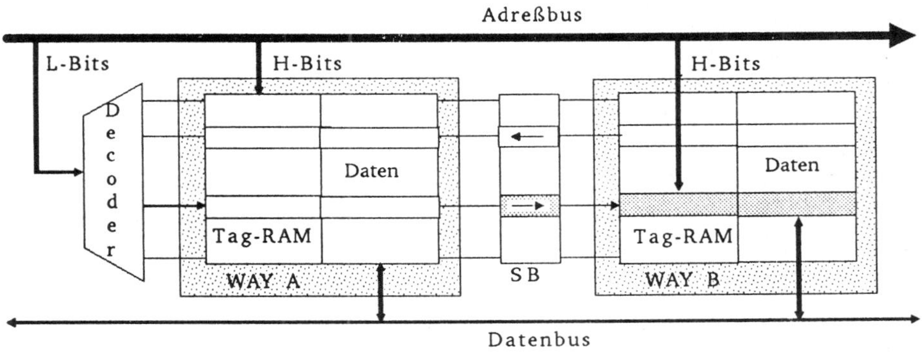

Bild 3.8-10. *2-Way Set Associative Cache*

Anhand von Bild 3.8-11 soll Ihnen nun ein Eindruck davon vermittelt werden, welche Trefferrate mit einem Cache zu erzielen sind. Die Trefferrate gibt dabei das Verhältnis zwischen den Zugriffen, bei denen das Datum im Cache gefunden wird, zu allen Datenzugriffen an. Die Ergebnisse wurden für den Intel-Prozessor 80386 durch Simulation ermittelt. Im Bild ist als unabhängige Variable die Kapazität des Cache-Datenspeichers in kbyte angegeben. Man sieht, daß schon bei einer Cache-Kapazität von 64 kbyte die Trefferrate 88% beträgt. Für kleine Kapazitäten liegen die Werte des *2-Way Set Associative Cache* etwas über denen des *Direct Mapped Cache*. Dieser Unterschied wird mit wachsenden Cache-Kapazitäten vernachlässigbar. Für reale Caches geben die Baustein-Hersteller heutzutage weit höhere Trefferraten an.

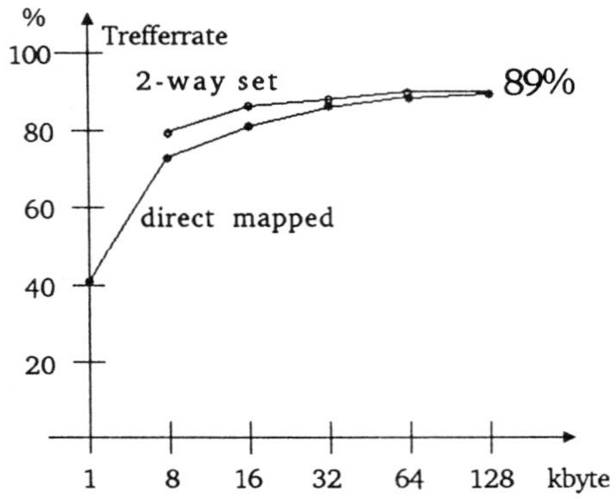

Bild 3.8-11. Trefferraten für verschiedene Cache-Kapazitäten (nach Unterlagen der Firma Intel)

3.8.3 Anbindung des Caches an den Systembus

Nun wollen wir uns etwas genauer mit den Steuerungsaufgaben eines Cache-Controllers in einem µC beschäftigen. Im Bild 3.8-12 ist die Verbindung zwischen den wichtigsten Komponenten des µCs und dem Cache skizziert.

Der steigende Integrationsgrad hat es bei den modernsten µPs, dem Motorola 68040 und dem Intel 80486, bereits ermöglicht, vollständige Caches, bestehend aus Controller, Tag-RAM und Datenspeicher, auf dem Prozessorchip unterzubringen. Diese sind als *4-Way-Set-Associative-Caches* organisiert. Während der 80486 nur einen gemeinsamen 8-kbyte-Cache für Befehle und Operanden besitzt, enthält der 68040 jeweils einen eigenen 4-kbyte-Cache für Befehle und Operanden.

Wir wollen hier den Fall betrachten, daß der Cache aus speziellen Bausteinen aufgebaut ist. Auch dabei macht es die Forderung, auf den Cache-Datenspeicher ohne das Einfügen von Wartezyklen zugreifen zu können, immer notwendiger, das Tag-RAM, die Tag-Vergleichslogik sowie die Steuerung des Caches in einem einzigen Baustein zu integrieren. Denn für die stetig verkürzten Zykluszeiten moderner Prozessoren reicht auch die Arbeitsgeschwindigkeit schneller Logikbausteine (mit niedrigem bzw. mittlerem Integrationsgrad) nicht mehr aus, die eben aufgeführten Komponenten "diskret" aufzubauen. Der Datenspeicher des Caches wird bei dieser Lösung aus sehr schnellen, statischen Schreib-/Lese-Bausteinen extern aufgebaut. Üblich sind bei diesen Bausteinen Zugriffszeiten von ca. 30 bis 50 ns.

Dem Controller werden der vollständige Adreßbus des Prozessors, dem Datenspeicher des Caches jedoch nur die niederwertigen (L-)Adreßbits zur Selektion der einzelnen Einträge zugeführt. Der Datenbus muß nur mit dem Datenspeicher verbunden werden.

Adreß- und Datenbus des Prozessors werden durch uni- bzw. bidirektionale Tristate-Treiber vom Systembus getrennt. Die Steuerung der Treiber, d.h. ihre Aktivierung (*enable* – EN) und ihre Richtungsumschaltung, wird vom Cache-

Controller vorgenommen. Über den Systembus sind alle anderen Komponenten des µCs miteinander verbunden. Auch die µP-Signale, die der Systembus-Steuerung dienen, werden über Treiber auf den Steuerbus des Systems gegeben. Dazu gehören insbesondere das Lese-/Schreib-Signal $R/\overline{W}$ zur Umschaltung der Richtung eines Datentransfers und das $M/\overline{IO}$-Signal, mit dem zwischen dem Speicher-Adreßbereich und dem Ein-/Ausgabe-Adreßbereich umgeschaltet wird.

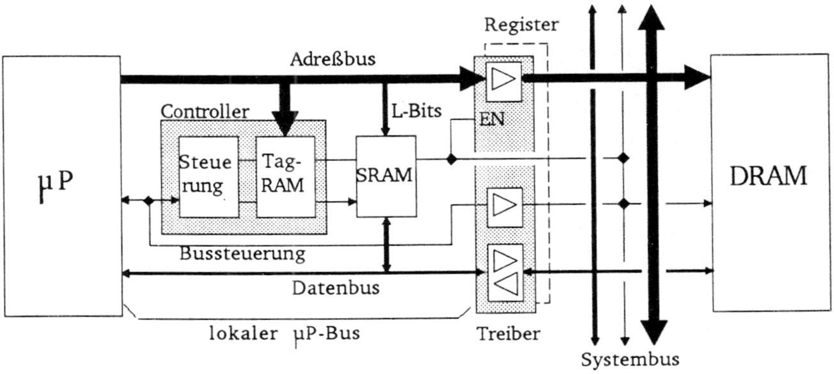

Bild 3.8-12. Der Cache in einem Mikrocomputer

Adreß-, Daten- und Steuerbus zwischen dem µP und den Treibern bilden das lokale (µP-)Bussystem. Der lokale µP-Bus wird nur dann auf den Systembus geschaltet, wenn ein Datum vom langsamen Arbeitsspeicher (DRAM) bzw. einem Peripherie-Baustein gelesen oder aber dorthin transportiert werden soll. Während der lokalen Zugriffe des µPs zum Cache kann der Systembus daher von anderen System-Komponenten als *Bus Master* benutzt werden, z.B. durch einen DMA-Prozessor oder einen anderen Controller. Dadurch wird der Datendurchsatz des Systembusses erheblich gesteigert.

Die gängigen Cache-Controller für Mikrorechner-Systeme führen das Einschreiben eines Datums in den Speicher oder in einen Peripherie-Baustein in der Regel nach dem Durchschreib-Verfahren aus (vgl. Abschnitt 3.8.1). Die Ausführungszeit dafür kann wesentlich verkürzt werden, wenn die Treiberbausteine mit (Puffer-)Registern kombiniert werden. In diesem Fall überträgt der Prozessor Adresse, Datum und Steuersignale in die Register und kann sich dann der Ausführung des nächsten Befehls zuwenden (, der z.B. in der Befehls-Warteschlange (*prefetch queue*) des Prozessors bereitsteht). Die Übertragung des Datums aus den Treibern wird anschließend vom Cache-Controller selbständig durchgeführt (*buffered write, posted write*), gegebenenfalls auch erst, wenn ein anderer Bus Master den Systembus wieder frei gegeben hat. Immer dann, wenn der nächste Befehl oder das nächste benötigte Datum im Cache liegen, muß der Prozessor für die ausgeführte Schreiboperation keinen Wartezyklus einfügen (*zero wait state*). Nur wenn zwei Schreibbefehle direkt aufeinander folgen, muß der Prozessor u.U. warten, bis der Controller das erste Datum erfolgreich übertragen hat.

Da der Controller als Bus Master die Datenübertragung quasi stellvertretend für den Prozessor übernimmt, muß er auch einen Großteil von dessen Steuer- und Statussignalen erzeugen bzw. auswerten und diese im Systembus kontrollieren. Dazu gehören insbesondere die beim µP beschriebenen Signale (s. die Abschnitte 1.5 und 1.10):

- HOLD/HOLDA zur Anforderung bzw. Gewährung des Zugriffs zum Systembus durch andere Komponenten,
- READY zur Information des Controllers über das Ende eines Datentransfers,
- ADS (*address strobe*) zur Anzeige einer gültigen Adresse auf dem Adreßbus,
- BE_3,..,BE_0 zur Auswahl bestimmter Bytes in einem Speicherwort (s. Abschnitt 3.6),
- LOCK zur Information der anderen System-Komponenten, daß die folgende Übertragung mehrere Speicherzugriffe benötigt und nicht unterbrochen werden darf (s. Abschnitt 1.14).

In einer Fallstudie wollen wir nun auf einige weitere Gesichtspunkte bei der Realisierung eines integrierten Cache-Controllers eingehen.

3.8.4 Fallstudie: Der Cache-Controller 82385 von Intel

3.8.4.1 Aufbau des Controllers

Der Cache-Controller 82385 ist für den Einsatz in Systemen mit dem 80386-Prozessor konzipiert. Er unterstützt die Abbildung des gesamten 4-Gbyte-Adreßraumes des 80386 in einen 32 kbyte großen statischen Cache-Speicher. Dabei wird nicht zwischen Befehlen und Operanden unterschieden wird, wie es oben beim internen Cache des Motorola 68020 beschrieben wurde. Vom Hersteller werden für ihn Trefferraten bis zu 99% versprochen.

Der 82385 kann wahlweise in einem *Direct Mapped Cache* oder einem *2-Way Set Associative Cache* eingesetzt werden. Die Auswahl einer der beiden Betriebsarten geschieht hardwaremäßig über einen besonderen Steuereingang. Im letztgenannten Fall geschieht die Wahl des zu verdrängenden Eintrags nach der LRU-Strategie. Der Controller ist ein passiver Baustein, der keine selbständigen Zugriffe zum Systembus durchführen kann. Das Schreiben von Daten wird nach dem oben beschriebenen *Buffered-write-through*-Verfahren vorgenommen.

Im Bild 3.8-13 ist zunächst die Schnittstelle des Controllers zum schnellen, statischen Cache-Datenspeicher skizziert. Dieser muß eine maximale Zugriffszeit von 25 bis 35 ns aufweisen, um einem 80386-Prozessor mit einem 20-MHz-Systemtakt einen Lesezugriff auf den Cache ohne Wartezyklen zu erlauben.

Der Cache-Datenspeicher ist aus vier Bänken aufgebaut, die jeweils ein Byte des 32-bit-Eintrages aufnehmen. Jede Bank hat eine Kapazität von 8 kbyte. Die Auswahl der Speicherbänke wird durch die vier Signale $\overline{CS}_3$,..,$\overline{CS}_0$ (*chip select*) vorgenommen.

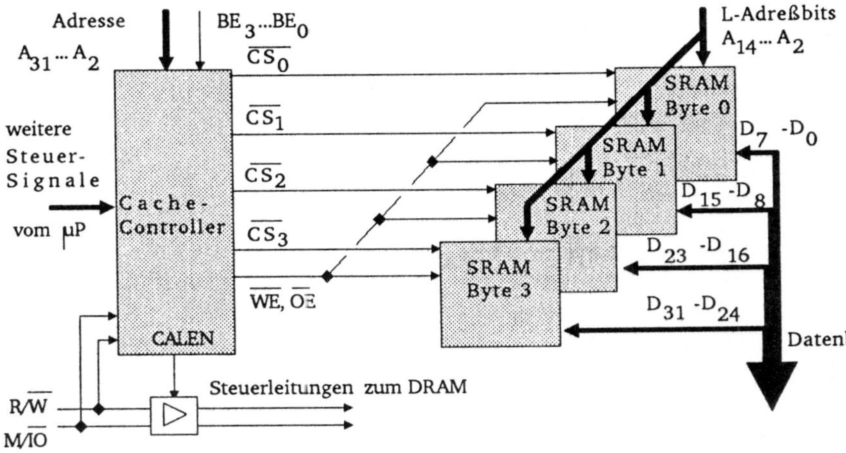

Bild 3.8-13. Schnittstelle des Cache-Controllers zum SRAM

Beim Einlagern (Lesen) eines Datums aus dem Arbeitsspeicher werden stets alle vier Bänke aktiviert, so daß immer ein ganzes (Doppel-)Wort des Speichers übertragen wird. Das bedeutet insbesondere, daß dieses Datum stets ein *aligned word* ist, also mit einer durch 4 teilbaren Speicheradresse beginnt. Der µP selbst ignoriert gegebenenfalls alle Bytes des Wortes, die er nicht verlangt hat.

Beim Lesen eines Datums aus dem Cache oder beim Einschreiben eines Datums in den Cache (und damit gleichzeitig in den Arbeitsspeicher) hingegen werden stets nur die Speicherbänke selektiert, die durch die Adresse und die Länge des Datums vorgegeben werden. Dazu wertet der Controller die Byte-Auswahlsignale $BE_3,..,BE_0$ des Prozessors aus. Die Ausgabe der Daten aus dem SRAM-Speicher wird durch das $\overline{OE}$-Signal (*output enable*), die Übernahme der Daten in den Speicher durch das $\overline{WE}$-Signal (*write enable*) ausgelöst. Beide Signale werden allen Bänken parallel zugeführt.

Wird der Controller für einen *2-Way Set Associative Cache* benutzt, so muß jede der vier 8-kbyte-Speicherbänke aus Bild 3.8-13 durch ein Paar von Speicherbänken mit jeweils der halben Kapazität, d.h. 4 kbyte, ersetzt werden. Solch ein Paar ist im Bild 3.8-14 schematisch dargestellt.

Die niederwertigen Adreßbits $A_{13},..,A_2$ werden allen 8 Speicherbänken des Caches parallel zugeführt. Je ein Paar wird mit einem Byte des Datenbusses verbunden und gemeinsam durch ein Signal $\overline{CS_i}$ selektiert. Die Auswahl zwischen den beiden Bänken geschieht nun über die doppelt ausgeführten $\overline{WE}$- bzw. $\overline{OE}$-Signale des Controllers: der "Weg" A (*way A*) wird durch $\overline{WEA}$ bzw. $\overline{OEA}$, der "Weg" B durch $\overline{WEB}$ bzw. $\overline{OEB}$ selektiert. Dabei wird zu jedem Zeitpunkt immer höchstens eine der Bänke angesprochen.

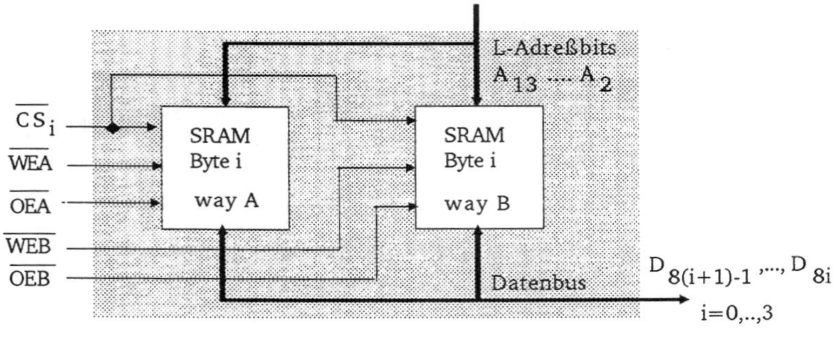

Bild 3.8-14. Speicherbank für den 2-Way Set Associative Cache

Im Bild 3.8-15 ist die Aufteilung einer Adresse gezeichnet, wie sie sich aus den beiden beschriebenen Organisationsformen des Cache-Datenspeichers ergibt. Die Bits A_1, A_0 dienen zur Erzeugung der Byte-Auswahlsignale BE_3,..,BE_0. Die nächsten Bits bilden den Index zur Adressierung eines der 2^{13} (=8k) Einträge im Cache. Beim *Direct Mapped Cache* sind das A_{14},..,A_2, beim *2-Way Set Associative Cache* A_{13},..,A_2 . Die restlichen Bits (A_{31},..,A_{15} bzw. A_{31},..,A_{14}) werden als Tag des Eintrags im Adreßspeicher des Caches abgelegt.

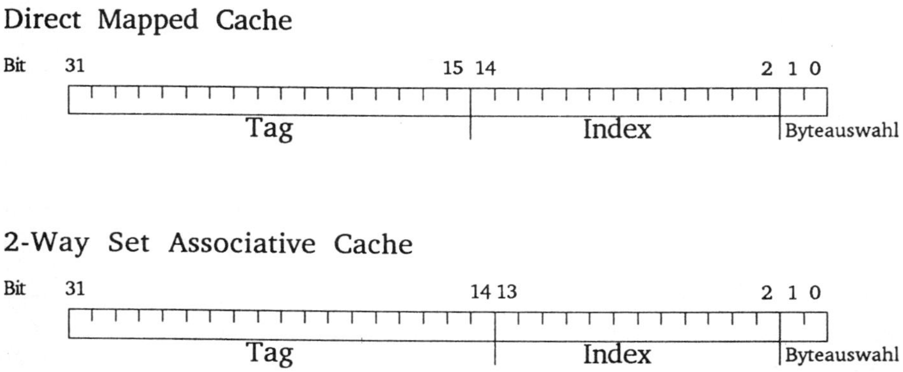

Bild 3.8-15. Aufteilung einer Speicheradresse

Will man nun zu jedem Eintrag einen Tag im Adreßspeicher speichern, so würde das im Extremfall verlangen, einen statischen Speicher mit der Kapazität 8kx18 bit (=144 kbit) zusammen mit der aufwendigen Cache-Steuerung im Controller-Baustein unterzubringen. Da das aus technologischen Gründen zum Zeitpunkt der Entwicklung des 82385 noch nicht möglich war, wählte man eine andere Organisation des Adreßspeichers (*directory*). Diese ist im Bild 3.8-16 für den Direct Mapped Cache schematisch dargestellt.

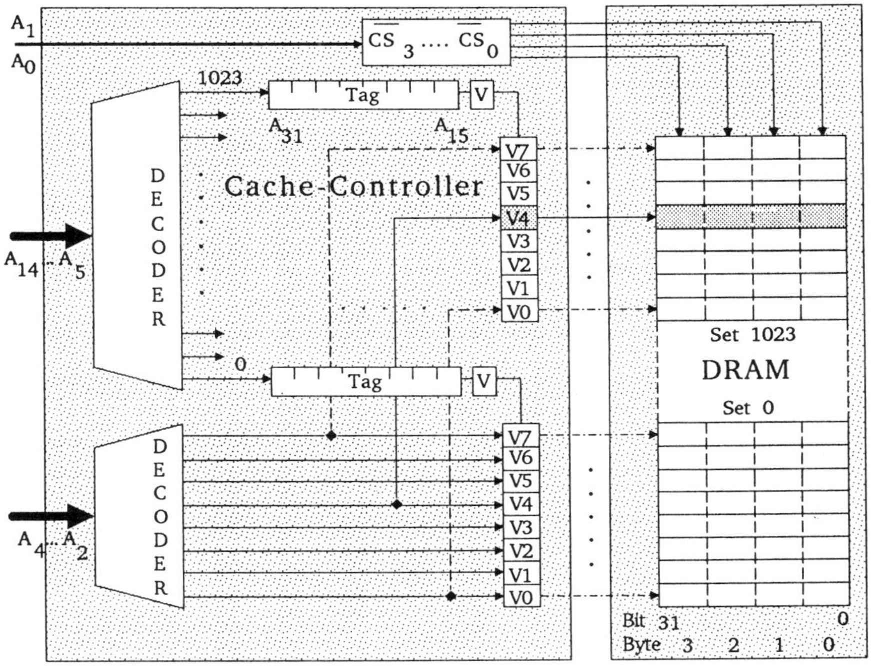

Bild 3.8-16. Organisation des Adreßspeichers im 82385

Der Cache-Datenspeicher ist in 1024 ($=2^{10}$) Blöcke (*sets*) eingeteilt, die jeweils aus 8 Einträgen bestehen. Zu jedem dieser Einträge gibt es ein Bit V_i (*line valid bit*), durch das angezeigt wird, ob der Eintrag noch gültig ist oder nicht. Zusätzlich existiert zu jedem Block ein weiteres Bit V (*tag valid bit*), das angibt, ob im Block wenigstens ein gültiger Eintrag vorliegt oder nicht. Dieses Bit erspart dem Controller, wie unten gezeigt wird, in einem "leeren" Block alle 8 Bits V_i ergebnislos zu überprüfen. Zu jedem Block wird hier nur noch ein Tag aus der Oberadresse $A_{31}..A_{15}$ abgespeichert.

Zur Selektion eines bestimmten Datums im Cache wird zunächst aus der im Befehl angegebenen Adresse der höherwertige Indexteil $A_{14}..A_5$ extrahiert, durch den über einen Decoder der *Directory*-Eintrag des zugeordneten Blocks (*set 1023,.., set 0*) ausgewählt wird. Danach wird mit den restlichen Indexbits (Adreßbits $A_4,..,A_2$) über einen weiteren Decoder genau einer der Einträge des selektierten Blockes angesprochen.

Selbsttestaufgabe S3.8-3:
Bestimmen Sie die Kapazität des Speichers, der für diese Organisation des Adreßspeichers benötigt wird.

Die Organisation des Adreßspeichers beim 2-Way Set Associative Cache unterscheidet sich nur wenig von der eben beschriebenen. In diesem Fall enthält jede Speicherbank nur 4k (=4096) Einträge, jedoch enthält das Tag-Feld 1 Bit mehr. Dazu kommt das Selektionsbit, das für jeden neuen Eintrag einen der beiden Wege A oder B auswählt (vgl. Bild 3.8-10).

Lesen eines Datums

Das Lesen und gegebenenfalls Neu-Einlagern eines Datums geschieht nach folgendem Verfahren:

1. Zunächst wird die Oberadresse $A_{31}..A_{15}$ mit dem durch $A_{14}..A_5$ selektierten Tag verglichen. Bei Ungleichheit handelt es sich um einen fehlgeschlagenen Leseversuch, einen *Read Miss*, und das Datum muß aus dem Arbeitsspeicher geholt werden. Wie dies geschieht, wird unter Punkt 4 beschrieben.
2. Bei Gleichheit wird das V-Bit des Eintrags überprüft. Ist dies nicht gesetzt, so liegt ebenfalls ein fehlgeschlagener Leseversuch (*read miss*) vor. Der Algorithmus wird mit Punkt 4 fortgesetzt.
3. Ist es gesetzt, so enthält der selektierte Block wenigstens einen gültigen Eintrag. In diesem Fall wird das individuelle V_i-Bit des durch $A_4A_3A_2$ bestimmten Eintrags angesprochen und überprüft. Ist es gesetzt, so liegt ein Treffer, ein *Read Hit*, vor und das gesuchte Datum kann aus dem zugeordneten Speicherwort des Datenspeichers entnommen werden. Damit ist der Lesevorgang beendet. Im anderen Fall wird der Algorithmus (mit Punkt 4) fortgeführt.
4. *Read Miss*:
   Zur Beseitigung der Fehlersituation muß das Datum einerseits vom µP eingelesen und weiterverarbeitet, andererseits aber auch in den zugeordneten Eintrag des Caches übertragen werden. Dazu werden, je nachdem in welchem Punkt der Ausführung des Algorithmus diese Fehlersituation festgestellt wurde, die folgenden Maßnahmen nötig:
   - Fehlersituation in Punkt 1:
     Die Oberadresse des Datums wird als neuer Tag eingetragen. Das V-Bit sowie das durch die Adreßbits A_4,A_3,A_2 spezifizierte V_i-Bit werden gesetzt, alle anderen V_j-Bits des Blocks zurückgesetzt. Damit werden alle übrigen Einträge des Blocks ungültig.

- Fehlersituation in Punkt 2:
  Das V-Bit sowie das durch die Adreßbits A_4,A_3,A_2 spezifizierte V_i-Bit werden gesetzt. Alle anderen V_j-Bits des Blocks sind zurückgesetzt und bleiben es auch.
- Fehlersituation in Punkt 3:
  Das durch die Adreßbits A_4,A_3,A_2 spezifizierte V_i-Bit wird gesetzt.

In allen drei Fällen wird das Datum in das selektierte Wort des Datenspeichers übertragen.

Schreiben eines Datums

1. Analog zum eben beschriebenen Algorithmus wird vor dem Schreiben eines Datums zunächst überprüft, ob der Inhalt des im Befehl adressierten Speicherwortes im Cache abgelegt ist oder nicht.
2. Ist dies der Fall, so liegt ein *Write Hit* vor. Das Datum wird in die so selektierte Stelle des Cache und gleichzeitig in den Arbeitsspeicher übertragen.
3. Ist dies nicht der Fall, so handelt es sich um einen *Write Miss*. Das Datum wird ohne jede Veränderung des Cache-Inhaltes nur in den Arbeitsspeicher geschrieben.

3.8.4.2 Zeitdiagramme der Cache-Zugriffe

In den folgenden Bildern werden nun alle vier möglichen Situationen in vereinfachender Weise durch ihre Zeitdiagramme beschrieben. Dabei gehen wir davon aus, daß der Lese-Zugriff zum Cache keinen Wartezyklus, zum Arbeitsspeicher hingegen vier Wartezyklen verlangt. Der Schreibzugriff nach dem Durchschreib-Verfahren (*write-through*) soll in jedem Fall einen Wartezyklus bedingen. Der erste Taktzyklus wird in allen vier Fällen vom Controller benötigt, um festzustellen, ob ein Treffer vorliegt oder nicht. Im Bild 3.8-17 ist zunächst ein *Read Hit* dargestellt.

Ein erfolgreicher Lesezugriff zum Cache benötigt zwei Taktzyklen. Während beider Zyklen müssen die Adresse und das Lese-/Schreibsignal $R/\overline{W}$ konstant anliegen ($R/\overline{W}=1$). Prophylaktisch aktiviert der Controller bereits während des Taktzyklus T_1 das Cache-Auswahlsignal $\overline{\text{CS-Cache}}$, ohne zu wissen, ob ein Treffer vorliegt oder nicht. Dadurch läuft die Zugriffszeit zum SRAM zum großen Teil parallel mit dem ersten Taktzyklus ab. Erst nach dem ersten Zyklus hat der Controller festgestellt, daß ein Treffer vorliegt ($HIT/\overline{MISS}=1$).

Während des zweiten Zyklus T_2 aktiviert er deshalb das Freigabesignal $\overline{OE}$ der Cache-Ausgänge, an denen kurze Zeit später das gesuchte Datum erscheint. (Während beider Taktzyklen muß natürlich das Schreibsignal $\overline{WE}$ zum Cache auf logisch '1' gehalten, also deaktiviert sein.) In der zweiten Hälfte von T_2 kann der Controller dem Prozessor über das Signal $\overline{RDY}$ (*ready*) die Beendigung des Datentransfers anzeigen. Da bei einem *Read Hit* kein Zugriff zum Arbeitsspeicher erfolgt, müssen die Treiber zum Systembus während der gesamten Übertragung deaktiviert sein, das *Enable*-Signal $\overline{\text{EN-Treiber}}$ also auf '1' liegen.

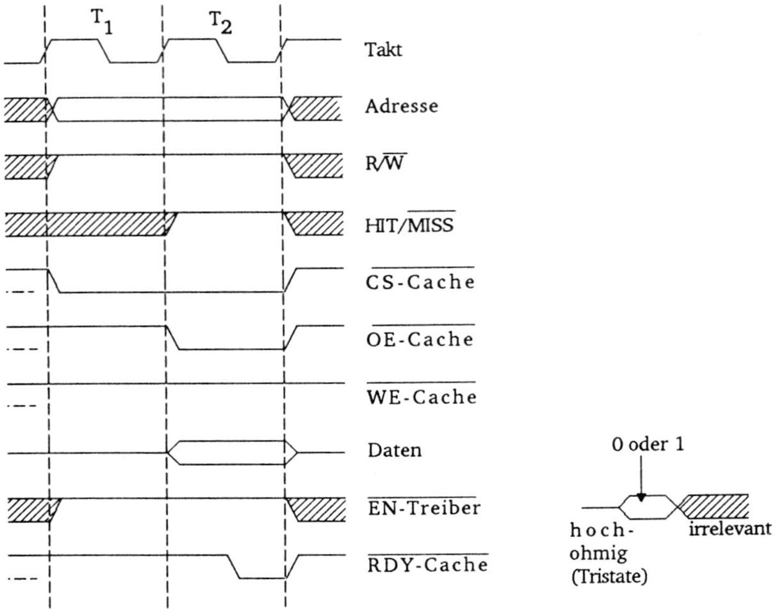

Bild 3.8-17. Zeitdiagramm zum *Read Hit*

Im Bild 3.8-18 sind die zeitlichen Vorgänge bei einem *Read Miss* dargestellt. Mit den unterstellten vier Wartezyklen für einen Lesezugriff zum Arbeitsspeicher benötigt dieser Vorgang sechs Taktzyklen. Die beiden ersten Zyklen T_1 und T_2 unterscheiden sich nur darin vom *Read Hit*, daß der Controller von T_2 bis zum Ende der Übertragung einen *Miss* (HIT/$\overline{\text{MISS}}$=0) anzeigt und deshalb nicht zum Ende von T_2 über das READY-Signal die Beendigung der Übertragung einleitet. Die kritischen Zeitanforderungen verlangen hier, daß der Controller prophylaktisch zunächst den selektierten Cache-Eintrag (durch $\overline{\text{OE-Cache}}$=0) auf den Datenbus ausgibt, auch wenn dieser sich im Nachhinein nicht als Treffer herausstellt.

Den beiden ersten "Cache-Zyklen" folgen nun vier "DRAM-Zyklen". Während dieser Zyklen sind die Adresse, das Lese-/Schreibsignal sowie die Treiber zwischen lokalem Bus und Systembus aktiviert (R/$\overline{\text{W}}$=1, $\overline{\text{EN-Treiber}}$=0). Aber auch der Cache-Speicher bleibt über das $\overline{\text{CS}}$-Signal bei ausgeschalteten Ausgängen aktiviert ($\overline{\text{CS-Cache}}$=0, $\overline{\text{OE-Cache}}$=1). Nach Ablauf der Zugriffszeit zum DRAM erscheinen während des Taktzyklus T_4 die Daten auf dem Datenbus. Die Zykluszeit des DRAM-Speichers endet unter den gemachten Voraussetzungen jedoch erst nach Ablauf von T_6. Während T_6 überträgt der Controller das Datum durch Aktivierung des $\overline{\text{WE}}$-Signals in den Datenspeicher des Caches. Der DRAM-Speicher signalisiert dem Prozessor sowie dem Cache-Controller die Beendigung der Übertragung durch das READY-Signal ($\overline{\text{RDY-DRAM}}$). Damit verbunden ist das Abschalten der Treiber zum Systembus ($\overline{\text{EN-Treiber}}=1$).

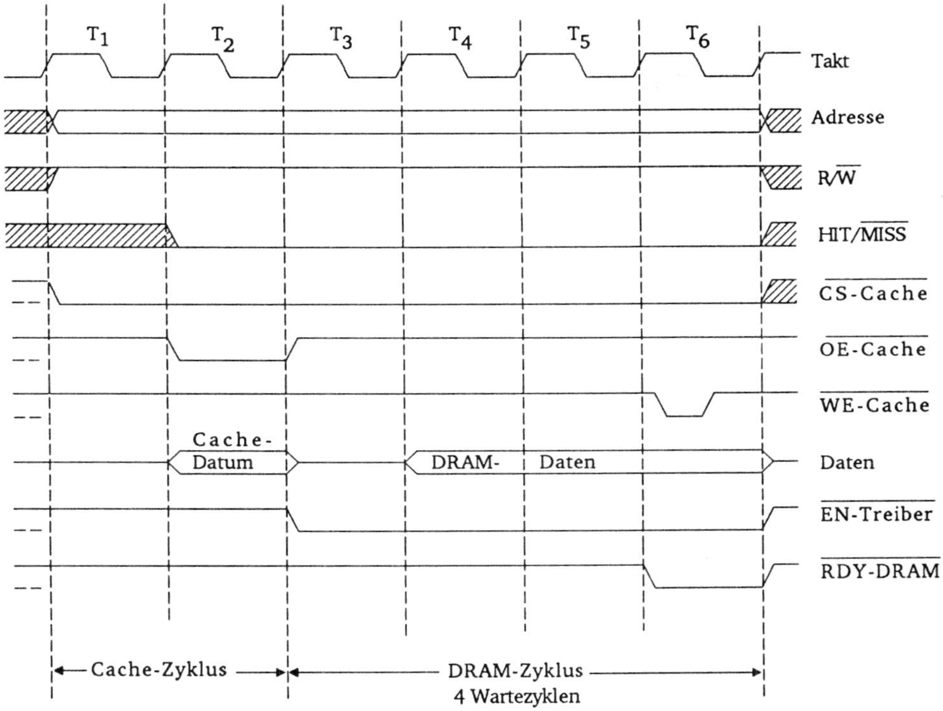

Bild 3.8-18. Zeitdiagramm zum *Read Miss*

Im Bild 3.8-18 ist das Zeitdiagramm für einen einzelnen *Read Miss* dargestellt. Eine Geschwindigkeitssteigerung bei hintereinander folgenden Lese-Zugriffen zum Cache wird nun dadurch erreicht, daß der Controller 82385 schon während der Abarbeitung des Taktzyklus T_6 den Prozessor auffordert, die Adresse des nächsten Datums auf den Adreßbus auszugeben, und während dieser Zeit bereits die Entscheidung über *Hit* oder *Miss* trifft. Wie dies im einzelnen geschieht, können wir hier aus Platzgründen jedoch nicht näher erklären.

Das Zeitdiagramm für einen *Write Hit* zeigt Bild 3.8-19. Während des Taktzyklus T_1 legt der Prozessor die Adresse des Datums auf den Adreßbus und zeigt durch $R/\overline{W}=0$ einen Schreibzyklus an. Nach einer halben Taktzeit erscheint das Datum auf dem µP-Datenbus. Der Controller aktiviert wiederum bereits während T_1 vorzeitig den Cache ($\overline{\text{CS-Cache}}=0$).

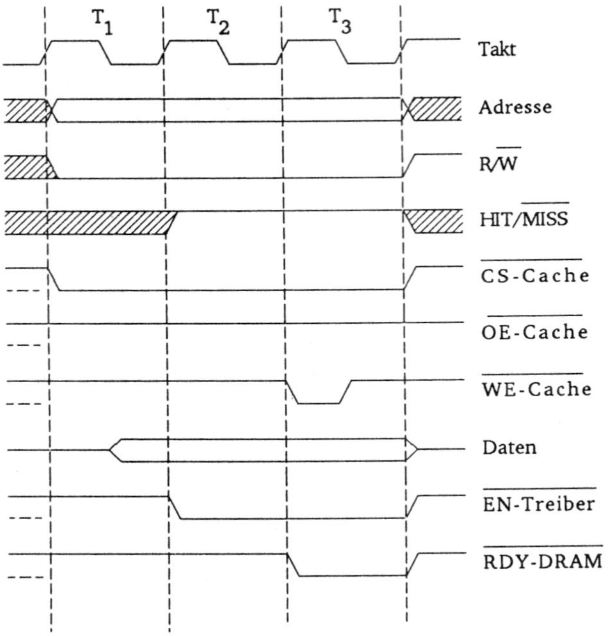

Bild 3.8-19. Zeitdiagramm für einen *Write Hit*

Während T_2 signalisiert der Controller einen *Write Hit* und aktiviert die Treiber zum Systembus. T_2 ist auch der Wartezyklus, der nach Voraussetzung für einen Schreibzugriff zum DRAM eingelegt werden muß. Während T_3 kann nun der Controller mit $\overline{WE}=0$ das Datum in den Cache und mit der positiven Flanke von $R/\overline{W}$ in den Arbeitsspeicher übertragen. Der DRAM-Speicher zeigt durch das READY-Signal ($\overline{\text{RDY-DRAM}}=0$) die Beendigung der Übertragung an. Durch das Signal EN-Treiber werden zum Abschluß die Treiber zum Systembus deaktiviert.

Der letzte Fall, ein *Write Miss*, ist im Bild 3.8-20 skizziert. Wie weiter oben dargestellt, ist der Cache-Speicher an einem *Write Miss* nicht beteiligt. Deshalb sind hier die Cache-Steuersignale $\overline{\text{OE-Cache}}$, $\overline{\text{WE-Cache}}$ deaktiviert. Nur das Signal $\overline{\text{CS-Cache}}$ wird, wie oben beschrieben, während des Taktzyklus T_1 prophylaktisch auf L-Potential gelegt. Während T_2 zeigt der Controller über das Signal $\text{HIT}/\overline{\text{MISS}}$ einen Fehlgriff an. Die übrigen Signale stimmen exakt mit denen des *Write Hit* überein.

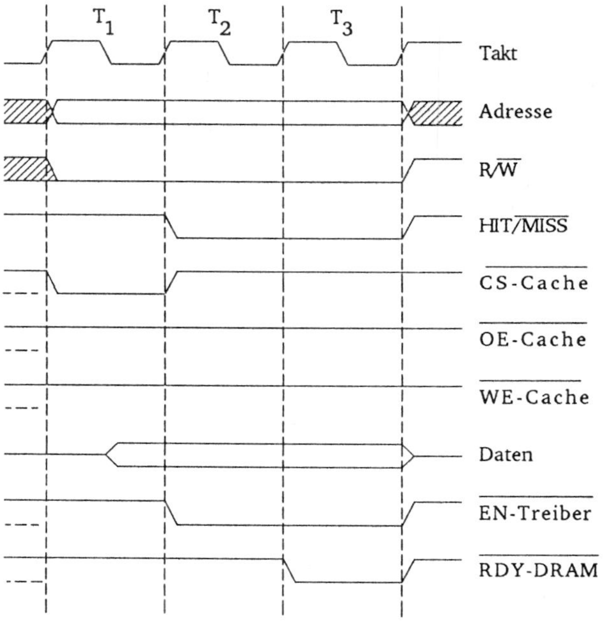

Bild 3.8-20. Zeitdiagramm des *Write Miss*

3.8.4.3 Überwachung des Systembusses

Zu Beginn dieses Abschnittes wurde bereits auf die Gefahr hingewiesen, die für die Konsistenz der Cache-Daten durch andere Bus Masters besteht. Im Bild 3.8-21 wird gezeigt, durch welche Maßnahmen der Controller 82385 dieser Gefahr begegnet.

Der Controller wird dazu über einen speziellen Überwachungsbus (*snoop address bus* – "Schnupperbus") mit dem Systembus verbunden. (Bei auf dem Chip integrierten Caches wird der Adreßbus als Snoopbus benutzt, der dazu bidirektional ausgeführt sein muß.) Immer wenn eine gültige Adresse auf dem Systembus vorliegt, wird dies dem Controller über den *Strobe*-Eingang mitgeteilt. Gleichzeitig zeigt der SEN-Eingang (*snoop enable*) ihm an, ob es sich um einen Lese- oder einen Schreibzyklus handelt. Sobald der Controller einen Schreibzyklus erkennt, speichert er die entsprechende Adresse in einem Pufferregister. Dann prüft er, ob das angesprochene Datum im Cache-Speicher abgelegt ist. Ist dies der Fall, so kennzeichnet er es als ungültig, indem er das zugeordnete V_i-Bit des Eintrags zurücksetzt. Jeder Zugriff des µPs auf dieses Datum im Cache führt danach zu einem *Miss*. Auf diese Weise wird verhindert, daß ein anderer Bus Master, wie z.B. der DMA-Controller im Bild 3.8-21, ein Datum im Arbeitsspeicher ändert, der Prozessor jedoch immer noch mit einer alten Version dieses Datums im Cache arbeitet.

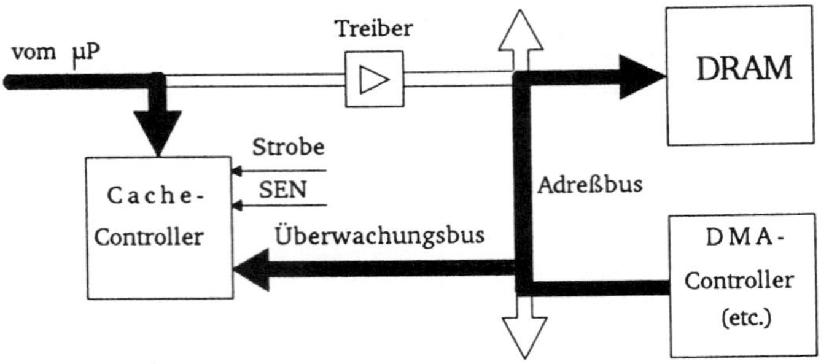

Bild 3.8-21. Adreßbus-Überwachung durch den 82385

3.8.4.4 Weitere Steuer- und Statussignale des Cache-Controllers

Zum Abschluß diese Abschnittes wollen wir noch auf einige weitere Eingänge des 82385 eingehen.

- Zunächst ist dabei ein Löscheingang (FLUSH – "ausspülen") zu erwähnen, über den der gesamte Adreßspeicher (*Tag RAM*, *directory)* "geleert" werden kann. Dies geschieht dadurch, daß alle *Tag Valid Bits* zurückgesetzt werden. Über diesen Eingang kann z.B. ein anderer Bus Master anzeigen, daß sich alle Daten im Arbeitsspeicher geändert haben und daher ihre Abbilder im Cache nicht mehr gültig sind.
- Über den WBS-Ausgang (*write buffer status*) zeigt der Controller anderen Systemkomponenten an, daß im Register zwischen lokalem Bus und dem Systembus (s. Bild 3.8-12) noch ein Datum auf die Übertragung zum Arbeitsspeicher oder zur Peripherie wartet. Falls diese Komponenten stets auf die letzte Version eines Datums angewiesen sind, können sie als Reaktion auf das WBS-Signal beispielsweise vor dem eigenen Systembus-Zugriff auf die Leerung des Registers warten.
- Durch den LBA-Eingang (*local bus access*) teilt der µP dem Controller mit, daß die nächste Busoperation nur auf dem lokalen Bus durchgeführt werden soll, der Cache-Controller also keinerlei Operationen ausführen soll. Auf diese Weise ist es z.B. möglich, an den lokalen Bus schnelle Speicher oder Peripheriebausteine anzuschließen, auf die ausschließlich der Prozessor Zugriff erhält und die ohne Zwischenschaltung des Caches betrieben werden. Damit entfällt natürlich auch jeweils der zusätzliche Taktzyklus, den der Controller zur Feststellung eines Treffers benötigt.
- Über das NCA-Eingangssignal (*non cacheable access*) kann dem Controller mitgeteilt werden, wenn ein bestimmtes Datum nicht im Cache abgelegt oder gesucht werden soll. Auch am Systembus sind nämlich in der Regel Komponenten angeschlossen, deren Daten nicht durch den Cache "laufen" dürfen. Dazu gehören z.B. Peripherie-Bausteine, deren Daten nur ein einziges Mal und "zur Echtzeit" vom Prozessor benötigt werden. Eine Zwischenspeicherung im

Cache wäre hier unnötig und durch den eben erwähnten Prüfzyklus im Controller auch zeitaufwendiger. Auch mit schnellen SRAM-Bausteinen aufgebaute Teile des Arbeitsspeichers werden zweckmäßigerweise ohne Zwischenschaltung des Caches angesprochen.
Den NCA-Eingang kann man z.B. mit den Auswahl-Signalen einzelner Register, bestimmter Bausteine oder ganzer Adreßbereiche verbinden, insbesondere also mit dem $M/\overline{IO}$-Signal zur Selektion zwischen dem Adreßraum des Speichers bzw. der Ein-/Ausgabe-Bausteine.
Darüber hinaus besitzt der 80386 Prozessor einen $D/\overline{C}$-Ausgang (*data/ command*), der anzeigt, ob gerade auf ein Datum oder einen Befehl zugegriffen wird. Legt man diesen Ausgang nicht invertiert bzw. invertiert auf den NCA-Eingang des Controllers, so kann man wahlweise einen Befehls-Cache oder einen Daten-Cache realisieren, in den entweder nur Programmcode oder Daten eingelagert werden.

4. Speicher- und Prozeßverwaltung

J. Dunkel

4.1 Einleitung

In diesem Kapitel soll gezeigt werden, wie durch die Architektur moderner Mikroprozessoren, insbesondere von Seiten der Hardware, die Grundlagen für die Implementierung von Betriebssystemen (*operating systems*) geschaffen werden. Dabei kann dieses Kapitel natürlich nicht ein ganzes Buch zum Thema "Betriebssysteme" ersetzen. Zur Klärung detaillierterer Fragen bzgl. der Struktur und der Implementierung von Betriebssystemen sei deshalb auf andere Bücher über Betriebssysteme, Leistungsbewertung von Rechensystemen usw. verwiesen. Ebenso soll hier nicht die Benutzeroberfläche bestimmter Mikrorechner-Betriebssysteme, wie beispielsweise MS-DOS oder UNIX vorgestellt werden.

In diesem Buch aus dem Bereich der technischen Informatik geht es darum zu zeigen, wie von Seiten der Hardware die von einem Betriebssystem zu leistenden Aufgaben unterstützt werden. Wir betrachten dabei speziell nur Betriebssysteme für Mikrorechner-Systeme, wobei insbesondere die Konzepte und Möglichkeiten der modernen 16/32-bit-Prozessoren vorgestellt werden. Vorausgesetzt wird dabei stets, daß der Rechner nur einen zentralen Prozessor besitzt. Nicht betrachtet werden also Mehrprozessor-Systeme mit ihren speziellen (verteilten) Betriebssystemen.

Zunächst wollen wir eine kleine Auswahl der Definitionen des Begriffs "Betriebssystem" aus der Literatur wiedergeben. Die unterschiedlichen Beschreibungen resultieren aus der Vielfalt der Aufgaben, die ein Betriebssystem erfüllen muß. In den folgenden Unterabschnitten werden wir ausführlicher die allgemeinen Aufgaben und Problemkreise von Betriebssystemen beschreiben.

4.1.1 Definitionen des Begriffs "Betriebssystem"

Das Deutsche Institut für Normung definiert (DIN 44300):

> "Ein Betriebssystem umfaßt die Programme eines digitalen Rechensystems, die zusammen mit den Eigenschaften der Rechenanlage die Grundlage der möglichen Betriebsarten des digitalen Rechensystems bilden und insbesondere die Abwicklung von Programmen steuern und überwachen."

Die amerikanische Norm ANS (*American National Standard*) legt fest:

"Software, which controls the execution of computer programs and which may provide scheduling, debugging, input/output control, accounting, compilation, storage assignment, data management and related services."

In A.N. Haberman: "Entwurf von Betriebssystemen", Springer 1981, wird definiert:

"Ein Betriebssystem setzt sich aus Programmen zusammen, welche die Ausführung von Benutzerprogrammen und die Benutzung von Betriebsmitteln überwachen."

4.1.2 Ziele von Betriebssystemen

Wie aus den vorhergehenden und den folgenden Kapiteln ersichtlich wird, ist ein Mikrorechner ein komplexes System aus Hardware-Bausteinen, deren Benutzung sehr detaillierter Kenntnisse bedarf. Den Benutzer, der bestimmte Anwendungen mit dem Rechner bearbeiten will (z.B. Textverarbeitung, Ausführung eines PASCAL-Programms, usw.), interessiert aber nicht, wie seine Anwendungen durch die Hardware gelöst werden, sondern nur, daß sie – möglichst schnell und zuverlässig – bearbeitet werden können. Er wünscht sich eine Maschine, die beispielsweise Texte verarbeiten oder PASCAL-Programme ausführen kann. Offensichtlich besteht eine Diskrepanz zwischen den Fähigkeiten und Diensten, die Hardware-Bausteine zur Verfügung stellen und den vom Benutzer erwünschten Fähigkeiten des Rechensystems. Deshalb spricht man hier von der semantischen Lücke (vgl. Bild 4.1-1).

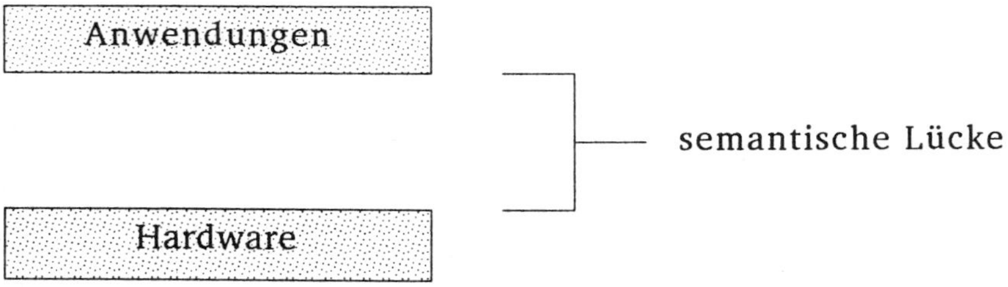

Bild 4.1-1. Zum Begriff der semantischen Lücke

Die semantische Lücke wird – wie im Bild 4.1-2 dargestellt – teilweise vom Betriebssystem ausgefüllt, das für den Benutzer und den Betreiber eines Rechensystems die Fähigkeiten der Hardware erweitert. Dabei stehen drei Gesichtspunkte im Vordergrund:

- Benutzerfreundlichkeit,
- Effizienz und Zuverlässigkeit,
- Portabilität.

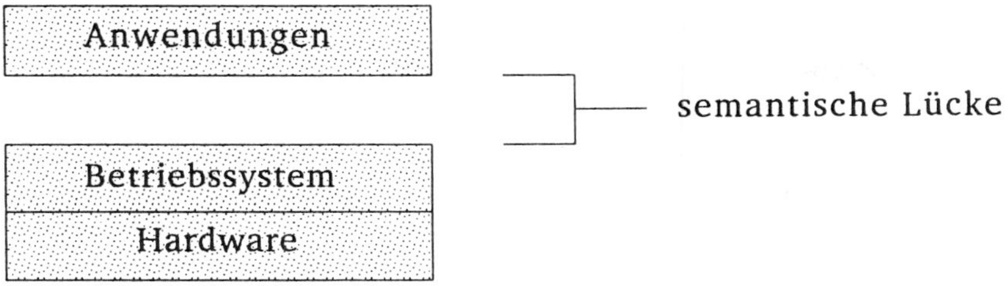

Bild 4.1-2. Das Betriebssystem verkleinert die semantische Lücke

4.1.2.1 Benutzerfreundlichkeit

Der Benutzer des Rechensystems soll sich in erster Linie um seine Anwendungen kümmern können. Für ihn irrelevante Details der Hardware sollten ihm verborgen bleiben (*information hiding*), ohne daß seine Anwendungswünsche eingeschränkt werden. Deshalb stellt ihm das Betriebssystem komplexe Dienste für seine Aufgaben zur Verfügung, deren Benutzung aber keine genauen Kenntnisse der Hardware erfordert.

Beispiel

Der Benutzer soll Dateien im Hauptspeicher (Arbeitsspeicher) ablegen können, ohne sich selber darum kümmern zu müssen, ob und wo noch genügend freier Speicherplatz vorhanden ist. Insbesondere muß er selbst nicht die physikalischen Speicheradressen bestimmen. Solche Verwaltungsaufgaben werden ihm vollständig vom Betriebssystem abgenommen.

Das Betriebssystem stellt somit eine "Maschine" zur Verfügung, die komplexere Funktionen übernehmen kann als die Hardware des Rechners für sich allein. Man spricht von einer virtuellen Maschine, denn der Benutzer kann nicht trennen, welche Aufgaben direkt von der Hardware und welche vom Betriebssystem übernommen werden. Der Rechner besitzt für ihn vielmehr die Fähigkeiten und Eigenschaften, die vom Betriebssystem zur Verfügung gestellt werden. Das Betriebssystem bildet somit die Schnittstelle des Benutzers zur Hardware.

4.1.2.2 Effizienz und Zuverlässigkeit

Den Betreiber eines Rechensystems interessiert aber nicht nur eine einfache, ohne spezielle Systemkenntnisse mögliche Benutzung, sondern er wünscht sich zusätzlich eine gute Auslastung seiner Anlage. D.h. die einzelnen Komponenten des Rechensystems – wie z.B. der Prozessor – sollen möglichst durchgehend mit Arbeit beschäftigt sein. Für eine effiziente Nutzung des Rechensystems wird somit eine möglichst intensive, parallele Nutzung aller Hardware-Komponenten gefordert. Insbesondere sollen die Zeiten, in denen der Prozessor unbeschäftigt (*idle*) ist, möglichst klein sein. Bei Großrechnern versucht man schon seit langem, Effizienz dadurch zu erreichen, daß nicht nur ein einziger Benutzer mit dem Rechner arbeitet, sondern daß mehrere Benutzer gleichzeitig Zugang zum Rechner erhalten.

Dazu werden mehrere Benutzerprogramme in den Hauptspeicher geladen, die abwechselnd von der CPU bearbeitet werden. Bei jedem Rechensystem ist die Peripherie, z.B. Drucker, Plattenspeicher usw., um Größenordnungen langsamer als der Prozessor selbst. Sobald ein Benutzerprogramm eine Ein-/Ausgabeoperation durchführen muß und der Prozessor somit unbeschäftigt ist, weist das Betriebssystem dem frei gewordenen Prozessor ein anderes Programm zur Bearbeitung zu. Betriebssysteme, die diese Betriebsart unterstützen, werden Mehrprogramm-Betriebssysteme (*multiprogramming*) genannt. Nachteilig bei dieser Betriebsart eines Rechners ist, daß auch wichtige Aufgaben u.U. lange auf die Zuteilung des Prozessors warten müssen. Dieser Nachteil wird durch die im folgenden beschriebene Betriebsart vermieden.

Insbesondere für bestimmte Aufgaben bei der Steuerung von Fertigungs-Prozessen ist es unbedingt erforderlich, daß vom Rechensystem mehrere Aufgaben (nahezu) parallel bearbeitet werden können. Dazu werden mehrere Aufträge gleichzeitig in den Hauptspeicher eingelagert und alternierend vom Prozessor bearbeitet. Dies wird dadurch realisiert, daß die CPU sehr schnell zwischen der Bearbeitung verschiedener Aufgaben bzw. Programmen wechselt, jeder Auftrag also nur für einen winzig kleinen Zeitraum im Millisekunden-Bereich ("Zeitscheibe" – *time slice*) den Prozessor zugeteilt bekommt und dann mit der Bearbeitung eines anderen Auftrags fortgefahren wird. Der Benutzer gewinnt dadurch den Eindruck, daß mehrere Prozesse wirklich parallel vom Prozessor ausgeführt werden.

Ein in Ausführung befindliches oder ausführbereites Programm, zusammen mit seinen Daten, also den Variablen und Konstanten mit ihren aktuellen Werten, wird ein **Prozeß** genannt oder synonym mit dem englischen Begriff *Task* bezeichnet. Betriebssysteme, die die eben beschriebene Aufgabenbearbeitung (*process multiplexing*) ermöglichen, heißen deshalb *Multitasking*-Betriebssysteme. Ein Beispiel für ein solches Betriebssystem im Mikrorechner-Bereich ist UNIX.

Die Möglichkeit des Multitaskings, die in der Vergangenheit nur bei Großrechnern gegeben war, steht inzwischen auch Mikroprozessor-Systemen zur Verfügung. In diesem Kapitel wird gezeigt, wie dieses Konzept durch bestimmte Hardware-Eigenschaften unterstützt wird.

Zum Wunsch nach Effizienz tritt noch die Forderung nach Zuverlässigkeit. Gerade wenn sich mehrere Benutzer bzw. Prozesse ein Rechensystem teilen, entstehen eine Reihe von Problemen. So muß gesichert sein, daß ein Prozeß nicht durch andere gestört werden kann. Eine Störung könnte z.B. darin bestehen, daß wichtige Daten von anderen Prozessen überschrieben werden. Um solche Fehler zu verhindern, müssen von Seiten des Betriebssystems und der Hardware eine Reihe von Schutzmechanismen (*protections*) bereit gestellt werden.

Bei sehr vielen Anwendungen ist ihre fehlerfreie Ausführung von entscheidender Bedeutung. Ein Betriebssystem muß deshalb gewährleisten, daß auftretende Fehler und Ausnahmesituationen möglichst abgefangen werden und nicht zu einem Systemzusammenbruch führen (*exception handling*). Wie dies geschieht, wurde bereits im Abschnitt 1.12 angesprochen.

4.1.2.3 Portabilität

Eine weitere wichtige Anforderung ist, daß auf einem bestimmten Rechner entwickelte Software auch auf andere Rechensysteme übertragen werden kann. Insbesondere will man oft benutzte Standard-Software (wie Compiler oder Textverarbeitungssysteme) auf möglichst vielen Rechnern ohne aufwendige Anpassungen benutzen können. Wie bereits erwähnt, stellt das Betriebssystem eine allgemeine und abstrakte Schnittstelle zur Hardware dar und erleichtert so die Portabilität von Software. So bildet z.B. das Betriebssystem MS-DOS die Schnittstelle für sehr viele Anwendungsprogramme im Bereich der Personal Computer. Für die Ablauffähigkeit des Anwendungsprogramms kann bei gleichem Betriebssystem die zugrundeliegende Hardware (z.B. der Prozessor) durchaus unterschiedlich sein.

4.1.3 Spezielle Aufgaben von Betriebssystemen

Im folgenden sollen die vom Betriebssystem zu lösenden Aufgaben und Problemkreise kurz vorgestellt werden. In Analogie zu den meisten Lehrbüchern unterscheiden wir die folgenden Hauptaufgaben:

- Auftragsverwaltung,
- Speicherverwaltung,
- Betriebsmittelverwaltung.

4.1.3.1 Auftragsverwaltung (*task management*)

Eine der wichtigsten Aufgabe von Betriebssystemen ist die Verwaltung von Aufträgen, also der oben definierten Prozesse (Tasks). Ein Prozeß kann im Laufe seiner Bearbeitung die folgenden, unterscheidbaren Zustände annehmen:

aktiv (*running*) Der Prozeß wird gerade vom Prozessor bearbeitet;

blockiert (*suspended*) Der Prozeß muß auf ein bestimmtes Ereignis warten, z.B.
- auf das Ende einer Ein-/Ausgabeoperation,
- auf die Einlagerung von Daten in den Hauptspeicher,
- auf einen anderen Prozeß;

bereit (*ready*) Der Prozeß ist bereit, vom Prozessor ausgeführt zu werden, und muß insbesondere auf kein Ereignis warten.

Wie bereits erwähnt, ist es bei vielen Anwendungen, insbesondere bei Multitasking-Betriebssystemen, wünschenswert, daß mehrere Aufgaben quasi gleichzeitig abgearbeitet werden. Das Betriebssystem muß dazu eine spezielle Routine, den sogenannten *Dispatcher*, zur Verfügung stellen, der das Umschalten der CPU auf verschiedene Aufträge bewerkstelligt. Die typische Arbeitsweise eines *Dispatchers* ist die folgende:

Jedesmal wenn ein Prozeß in den Zustand "blockiert" übergeht, kann die CPU von diesem nicht mehr genutzt werden. In dieser Situation kann der Dispatcher der CPU einen anderen "bereiten" Prozeß zuteilen. Dadurch bleibt der Prozessor beschäftigt (*busy*), und das System wird effizienter genutzt. Sobald das Ereignis eingetroffen ist, das einen Prozeß in den Zustand "blockiert" versetzt hat, kann er gegebenenfalls wieder vom Prozessor ausgeführt werden, d.h. er geht in den Zustand "bereit" über. Diese Zustandsübergänge werden im Bild 4.1-3 dargestellt.

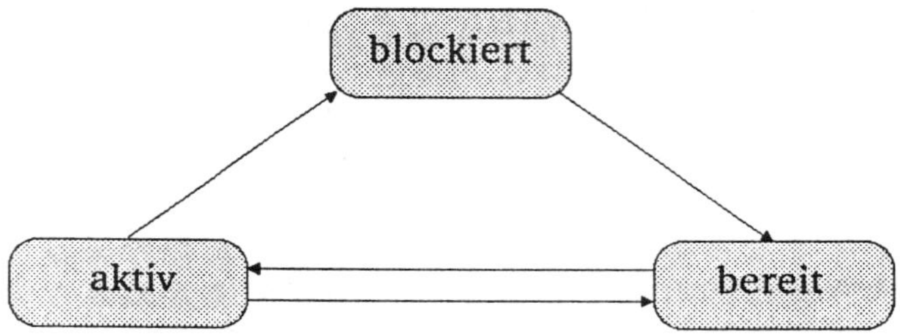

Bild 4.1-3. Übergänge zwischen den verschiedenen Prozeß-Zuständen.

4.1.3.2 Speicherverwaltung (*memory management*)

Durch immer größer werdende Programme und die Möglichkeit von Multitasking-Betriebssystemen, mehrere Aufträge quasi gleichzeitig, verzahnt von der CPU ausführen zu lassen, werden die Grenzen des vorhandenen Hauptspeichers schnell erreicht. Um trotz dieses Hauptspeicher-Engpasses die genannten Aufgaben bewältigen zu können, wurde das Verfahren der virtuellen Speicherverwaltung entwickelt.

Virtuelle Speicherverwaltungssysteme nutzen die Lokalitätseigenschaft von Programmen aus. Darunter versteht man die Beobachtung, daß Prozesse während ihrer Ausführung im allgemeinen nicht ständig sämtliche Daten und den gesamten Programmcode benutzen, sondern in jedem Zeitintervall jeweils nur einen kleinen Teil davon. Aus diesem Grund ist es ausreichend, nur den momentan benötigten Anteil an Programmcode und Daten, die sogenannte Arbeitsmenge (*working set*), in den Hauptspeicher einzulagern. Die restlichen Teile des Programms sowie die nicht benötigten Daten befinden sich im Hintergrundspeicher (Peripheriespeicher). Benötigt ein Prozeß Programmteile oder Daten, die sich nicht im Hauptspeicher befinden, so müssen sie vom Hintergrundspeicher in den Hauptspeicher eingelagert werden (*swapping, paging*).

Der Benutzer selbst merkt nichts von dieser aufwendigen Speicherverwaltung. Insbesondere kann er nicht erkennen, daß ihm nur ein begrenzter Hauptspeicherplatz zur Verfügung steht. Der Vorgang des häufigen Austauschens von Programmen und Daten zwischen Hintergrund- und Hauptspeicher bleibt dem Benutzer verborgen, d.h. er ist ihm vollständig transparent. Weil offensichtlich nur die gerade benötigte Arbeitsmenge eingelagert wird, kann ein Programm und seine Daten durchaus einen Speicherbedarf besitzen, der die Hauptspeichergröße bei weitem übersteigt. Ein nach diesem Konzept verwalteter Speicher wird deshalb auch **virtueller Speicher** genannt (s. Bild 4.1-4). (Beachten Sie bitte schon hier, daß Programme und ihre Daten sowohl im Hintergrund- wie im Hauptspeicher nicht zusammenhängende Speicherbereiche belegen, sondern fast beliebig über diese verteilt sein können.)

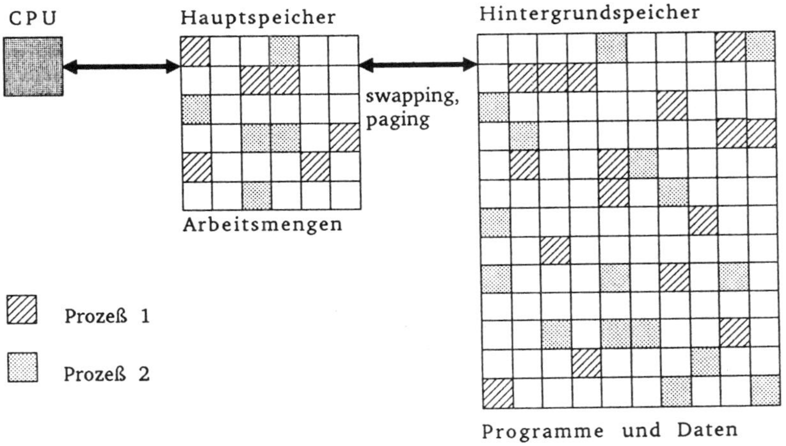

Bild 4.1-4. Grundstruktur virtueller Speicherverwaltung

Eine effizient arbeitende virtuelle Speicherverwaltung läßt sich dann erreichen, wenn sie möglichst weitgehend durch die Hardware unterstützt wird. Bei den 16- bzw. 32-bit-Prozessoren der neuesten Generation ist dies fast ausnahmslos der Fall. Im Mikroprozessor-Chip ist dann bereits eine Speicherverwaltungseinheit (*memory management unit* – MMU) integriert, oder sie ist in einem speziellen Baustein realisiert. Die Architektur und Arbeitsweise dieser MMU's vorzustellen, ist ein Anliegen dieses Kapitels.

4.1.3.3 Betriebsmittelverwaltung (*resource management*)

Neben den oben genannten zentralen Aufgaben des Betriebssystems müssen auch alle restlichen Betriebsmittel (z.B. Festplatte, Floppy Disk, Drucker, sowie sonstige E/A-Geräte) verwaltet werden. Auf die Betriebsmittelverwaltung gehen wir im Rahmen dieses Buches nur sehr knapp ein. Im Kapitel 6 stellen wir dazu die Grundlagen der Speicherplatz-Verwaltung in einem Festplatten- oder Floppy-Disk-System dar.

Überblick
In den folgenden Abschnitten dieses Kapitels sollen die Hardware-Konzepte moderner Mikroprozessoren und ihrer Peripheriebausteine vorgestellt werden, die eine Implementierung von Multitasking-Betriebssystemen unterstützen. Dazu

stellen wir zunächst die Grundkonzepte der virtuellen Speicherverwaltung vor. Insbesondere wird die Aufteilung des Speichers in Segmente unterschiedlicher Länge einer Aufteilung in Seiten fester Länge gegenübergestellt. Nach diesen allgemeineren Ausführungen wird die virtuelle Speicherverwaltung bei konkreten Mikroprozessoren vorgestellt.

Es folgen Beschreibungen der bei Multitasking-Betriebssystemen erforderlichen Schutzmechanismen sowie der Mittel, mit denen die Hardware den Wechsel zwischen verschiedenen Prozessen unterstützt.

Oftmals ist es erforderlich, daß in einem System mehrere Prozesse miteinander kommunizieren können. Die zur Kommunikation zwischen Prozessen benötigten Mechanismen sind Gegenstand eines eigenen Abschnitts. Eine weitere wichtige Aufgabe von Betriebssystemen ist die Verwaltung von *Interrupts* und *Exceptions*. Wie diese durch die Hardware unterstützt wird, beschreiben wir zum Schluß dieses Kapitels.

4.2 Einführung in die Speicherverwaltung

In diesem Abschnitt werden die allgemeinen Grundlagen der virtuellen Speicherverwaltung vorgestellt und insbesondere die beiden Ansätze einer Segment- und einer Seiten-orientierten Speicherverwaltung gegenübergestellt.

4.2.1 Virtuelle Speicher

Neue Anwendungen im Mikrorechnerbereich, wie z.B. der Einsatz von Datenbanken, CAD-Systemen oder hochauflösender Graphik, führen zu einem ständigen Anwachsen der Anforderungen an Speicherplatz. Auch durch den Einsatz von Multitasking-Betriebssystemen im PC-Bereich (z.B. UNIX) mit der Möglichkeit, mehrere Aufträge quasi gleichzeitig von der CPU bearbeiten zu lassen, werden die Grenzen des vorhandenen Hauptspeichers schnell erreicht. Sogar bei rasch sinkenden Preisen für Halbleiterspeicher-Bausteine kann der Hauptspeicher nicht im Tempo der steigenden Anforderungen vergrößert werden.

Um trotz dieses Hauptspeicher-Engpasses eine Multitasking-Betriebsart realisieren zu können, wurden bei Großrechnern schon frühzeitig Verfahren zur virtuellen Speicherverwaltung entwickelt. Dabei befinden sich nur Teile des Programms sowie der benötigten Daten im Hauptspeicher, während Programmcode und Daten in ihrer Gesamtheit im Hintergrundspeicher (z.B. auf einer Festplatte) residieren. Werden Daten benötigt, die sich aktuell nicht im Hauptspeicher befinden, so müssen sie bei Bedarf vom Hintergrundspeicher in den Hauptspeicher eingelagert werden (*swapping*). Der Austausch von Daten zwischen Hintergrund- und Hauptspeicher kostet natürlich Zeit. Trotzdem stellt dieses Verfahren einen Kompromiß zwischen Speicherkosten und Zugriffsgeschwindigkeit dar, weil bei einer geschickten Speicherverwaltung die Zugriffe auf den Hintergrundspeicher recht selten erforderlich sind.

Als Rechtfertigung für ein solches Vorgehen wurde bereits die Lokalitätseigenschaft von Prozessen genannt: Programme benutzen während ihrer Ausführung im allgemeinen nicht ständig sämtliche Daten und den gesamten Programmcode, sondern nur einen kleinen Teil davon. Meist werden bestimmte Programmschleifen, Prozeduren und Datenstrukturen wiederholt vom Programm benutzt, bevor andere Programmteile ausgeführt werden. Durch die modulare Programmentwicklung moderner Programmiersprachen wird diese Eigenschaft noch verstärkt. Aus diesem Grund ist es ausreichend, nur die momentan benötigte Untermenge an Code und Daten in den Hauptspeicher einzulagern, die sogenannte Arbeitsmenge (*working set*). In der Literatur über Betriebssysteme werden eine Vielzahl von Verfahren untersucht, um eine geeignete Arbeitsmenge für jedes Programm zu bestimmen. Die Wahl der Größe der Arbeitsmenge legt fest, wie oft Daten aus dem Hintergrundspeicher in den Hauptspeicher eingelagert werden müssen. Sie ist von entscheidender Bedeutung für die Systemleistung:

Wird die Arbeitsmenge zu klein gewählt, dann müssen bei der Auftragsausführung fast ständig Daten vom Hintergrundspeicher eingelagert werden, so daß im Extremfall das System fast nur noch mit dem Einlagern beschäftigt ist. Dieser Effekt wird in der englischsprachigen Literatur mit *Thrashing* (Seitenflattern) bezeichnet. Wird die Arbeitsmenge zu groß gewählt, dann sind für das Programm mehr Daten im Hauptspeicher eingelagert, als eigentlich gerade benötigt werden. Das Rechensystem wird in diesem Fall nicht effizient genutzt, da es wegen Speicherplatzmangels weniger Aufgaben als eigentlich möglich parallel abarbeiten kann.

Die Hauptaufgabe der virtuellen Speicherverwaltung ist die Umsetzung virtueller (logischer) Adressen in physikalische Adressen (s. Bild 4.2-1).

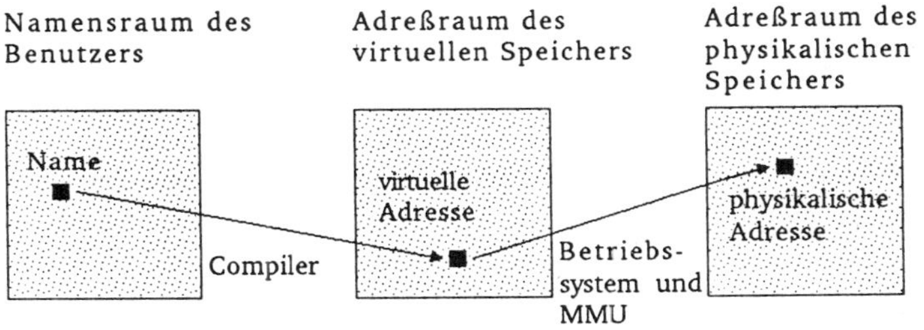

Bild 4.2-1. Bestimmung physikalischer Adressen

Die vom Benutzer in einer höheren Programmiersprache eingesetzten Namen der benutzten Objekte (Programme, Unterprogramme, Variablen, etc.) werden vom Compiler in **virtuelle Adressen** (logische Adressen) übersetzt, die noch nicht den Ort des gesuchten Objektes im Hauptspeicher bezeichnen. Dieser läßt sich vielmehr durch das Betriebssystem erst während der Ausführungszeit des Auftrags bestimmen, wenn die Stelle des Hauptspeichers feststeht, an der die benötigten

Programme oder Daten eingelagert werden. Sobald dies geschehen ist, kann die virtuelle Adresse auf eine **physikalische Adresse** abgebildet werden, d.h. die Adresse, mit der schließlich auf das gesuchte Speicherwort zugegriffen werden kann. Formal wird durch die MMU also die sogenannte Speicherabbildungs-Funktion

f: virtueller Adreßraum --> physikalischer Adreßraum

realisiert. Dabei ist normalerweise der physikalische Adreßraum sehr viel kleiner als der virtuelle.

Im folgenden soll noch genauer untersucht werden, wie bei verschiedenen Mikroprozessoren die Speicherabbildungs-Funktion realisiert wird. Zunächst unterscheiden wir jedoch zwei grundlegende Verfahren der virtuellen Speicherverwaltung, die Segmentierung und die Aufteilung in Seiten.

4.2.2 Segmentierungs- und Seitenwechsel-Verfahren

Segmentierung

Bei diesem Ansatz ist der virtuelle Adreßraum in **Segmente** verschiedener Länge unterteilt. Jedem Prozeß sind ein oder mehrere Segmente z.B. für den Programmcode und die Daten, zugeordnet. Die einzelnen Segmente enthalten logisch zusammenhängende Informationen und können relativ groß sein. Auf der Ebene höherer Programmiersprachen finden sie ihre Entsprechungen in den (Unter-) Programm- oder Datenmodule. Jeder Auftrag kommt im Normalfall mit einer relativ kleinen Anzahl von Segmenten aus. Die Festlegung der Segmente kann entweder durch den Benutzer oder durch den Compiler erfolgen.

Aufteilung in Seiten

Bei den Seitenwechselverfahren (*paging*) werden der logische und der physikalische Adreßraum in "Segmente fester Länge", die sogenannten **Seiten** (*pages*) unterteilt. (Physikalische Seiten im Hauptspeicher werden häufig auch als Rahmen (*frames*), seltener als Kacheln bezeichnet. Durch Seitenwechselverfahren verwaltete Speicher nennt man oft verkürzend Seitenspeicher oder seitenorientierte Speicher.) Auf Programmebene finden Speicherseiten meist keine direkte Entsprechung. Die Kapazität einer Seite ist relativ klein. Typisch sind bei Mikroprozessoren Seitengrößen zwischen 256 byte und 4 kbyte, so daß jeder Auftrag normalerweise eine Vielzahl von Seiten benötigt. Die Aufteilung des Adreßraums in Seiten ist für den Benutzer vollständig transparent, d.h. sie wird vom Betriebssystem mit entsprechender Hardware-Unterstützung durchgeführt, ohne daß der Benutzer davon etwas merkt und ohne daß er sich darum kümmern muß.

Im Mikroprozessorbereich gab es in den vergangenen Jahren heftige Kontroversen zwischen den Anhängern beider Verfahren. Intel und Motorola unterstützen mit ihren Typen 80286 und 68010 die Segmentierung, Zilog's Z8003/4 und National Semiconductor's 32000 arbeiten mit dem Seitenwechselverfahren. In den letzten Jahren deutet sich ein Kompromiß derart an, daß von einigen neueren 32-bit-

Prozessoren, wie z.B. dem Intel 80386 und 80486, beide Verfahren unterstützt werden.

Beide Ansätze haben in Abhängigkeit von der konkreten Anwendung durchaus ihre Berechtigung. Die Vor- und Nachteile, speziell bzgl. des Verwaltungsaufwandes und der Speicherplatzausnutzung, sollen im folgenden diskutiert werden.

4.2.2.1 Probleme der virtuellen Speicherverwaltung

Um den Austausch von Daten zwischen Haupt- und Hintergrundspeicher durchführen zu können, ergeben sich für das Betriebssystem drei verschiedene Problemkreise.

1. Der Einlagerungszeitpunkt

Das Betriebssystem muß festlegen, wann Daten in den Hauptspeicher eingelagert werden. Normalerweise geschieht dies sowohl bei Segmentierungs- als auch bei Seitenwechsel-Verfahren ausschließlich auf Anforderung, d.h. Daten werden dann eingelagert, wenn auf sie zugegriffen wird und sie sich nicht im Arbeitsspeicher befinden. Bei Seitenspeichern hat sich dafür in der Literatur der Begriff des *Demand Paging* durchgesetzt. Den Zugriff auf ein nicht im Hauptspeicher vorhandenes Segment bzw. eine Seite bezeichnet man auch als **Segment**- oder **Seiten-Fehler** (*segment fault*, *page fault*).

2. Das Zuweisungsproblem

Im Betriebssystem muß eine Strategie implementiert sein, die festlegt, an welche Stelle des Arbeitsspeichers nicht vorhandene Daten eingelagert werden.

Bei **Segmentierungsverfahren** stellt sich für jedes einzulagernde Segment das Problem, im Arbeitsspeicher eine ausreichend große Lücke, d.h. einen zusammenhängenden freien Speicherbereich, zu finden. Lücken entstehen, wenn nicht mehr benötigte Segmente ausgelagert werden. Diese Auslagerung wird z.B. dann durchgeführt, wenn eine Datei geschlossen wird oder ein Prozeß terminiert. Da die Segmente keine einheitliche Größe besitzen, wird für ein einzulagerndes Segment im allgemeinen keine Lücke gefunden, in die es ganz genau hineinpaßt. Vom Betriebssystem können dann unterschiedliche Strategien benutzt werden, um eine geeignete Lücke zu finden. Die bekanntesten Zuweisungsstrategien sind:

first-fit: Die Lücken sind nach aufsteigenden Anfangsadressen geordnet. Das Segment wird in die erste Lücke eingelagert, in die es hineinpaßt.

best-fit: Das Segment wird in die kleinste Lücke eingelagert, in die es gerade noch hineinpaßt.

worst-fit: Das Segment wird stets in die größte der zur Verfügung stehenden Lücken eingelagert.

Bei jeder der genannten Strategien zerfällt der Arbeitsspeicher nach einiger Zeit in belegte und unbelegte Speicherbereiche. Es stellt sich dann das Problem der externen Fragmentierung, d.h. es gibt viele Lücken, die so klein sind, daß kaum ein

Segment mehr hineinpaßt. Der zur Verfügung stehende Speicherplatz hat sich faktisch um diese Bereiche verkleinert. Im Beispiel, das Bild 4.2-2 zeigt, sind die belegten Speicherplätze schraffiert, die freien nicht-schraffiert dargestellt. Eine zunehmende externe Fragmentierung des Hauptspeichers läßt sich durch eine vom Betriebssystem in regelmäßigen Abständen durchgeführte Speicherverdichtung (Kompaktierung) beheben. D.h. alle im Speicher vorhandenen Daten werden so verschoben, daß ein zusammenhängender belegter und ein zusammenhängender freier Speicherbereich entstehen. Nach der Kompaktierung gibt es also keine Speicherfragmente mehr.

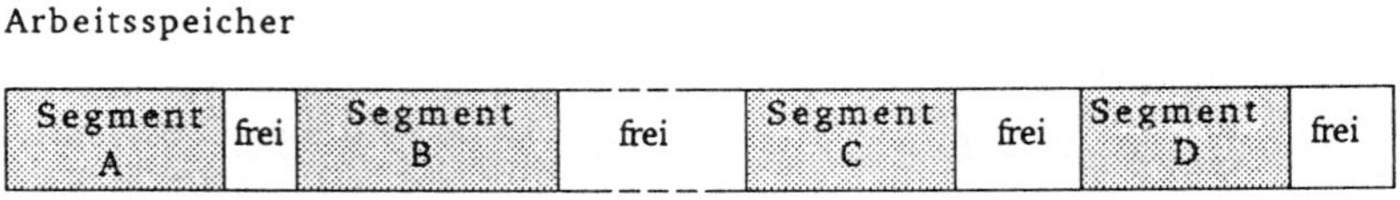

Bild 4.2-2. Externe Fragmentierung bei einem segmentierten Speicher

---

Selbsttestaufgabe S4.2-1:

Ein Arbeitsspeicher sei bis auf zwei Lücken der Größen 1300 und 1200 byte vollständig belegt.

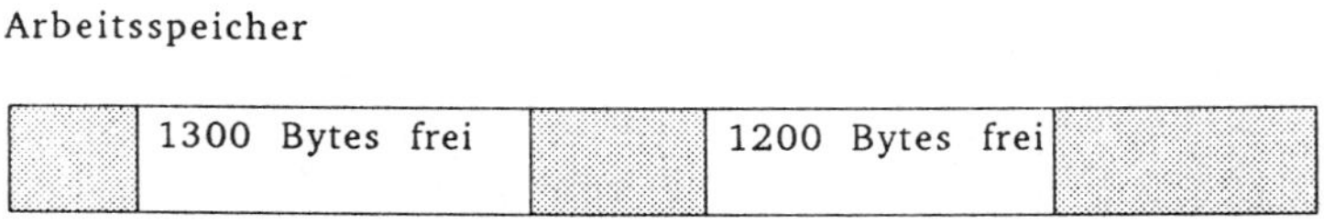

Die nachfolgenden Speicheranforderungen benötigen Segmente der Größen 1000, 1100, 250 byte.

a) Wenden Sie die Zuweisungsalgorithmen *first-fit* und *best-fit* auf diese Folge von Speicheranforderungen an. Welcher der beiden Algorithmen ist günstiger ?

b) Vergleichen Sie beide Algorithmen bzgl. ihres Suchaufwandes und der Fragmentierung !

Bei **Seitenwechselverfahren** stellt sich das Zuweisungsproblem nicht, weil die Größe aller belegten und freien Speicherbereiche ganzzahlige Vielfache einer Seitengröße sind. Für jede einzulagernde Seite gibt es also immer eine genau passende Lücke, denn es werden stets "Segmente fester Länge" zwischen Hintergrund- und Arbeitsspeicher ausgetauscht. Aus diesem Grund tritt bei seitenorientierten Speichern das Problem der externen Fragmentierung nicht auf. Doch leider bedeutet das trotzdem keine vollständige Ausnutzung des Arbeitsspeichers. Bei Seitenspeichern tritt vielmehr das Problem der internen Fragmentierung auf. Denn die Datenmengen eines Auftrags entsprechen im allgemeinen nicht dem Vielfachen einer Seitengröße. Somit ist zumindest die "letzte" Seite eines Programms meist nicht vollständig genutzt. Bei modular-strukturierten Programmen verschärft sich dieses Problem sogar noch, weil (getrennt übersetzte) Module nicht in gleichen Seiten abgespeichert sind, so daß bei einem großen Programm durchaus sehr viele, nur teilweise genutzte Seiten existieren können.

3. Das Ersetzungsproblem

Durch das Betriebssystem muß festgelegt werden, welche Daten aus dem Arbeitsspeicher in den Hintergrundspeicher ausgelagert werden müssen, um Platz für neu benötigte Daten zu schaffen. Es muß ein entsprechender Algorithmus implementiert sein, der auswählt, welche Seite bzw. welches Segment zuerst "geopfert", d.h. aus dem Hauptspeicher ausgelagert wird.

Bei Segmentierungsverfahren stellt sich oft das Problem der Ersetzung nicht, weil ein Programm gleichzeitig nur eine bestimmte, maximale Anzahl von Segmenten benutzen darf, z.B. ein Segment für den Programmcode und eines für die Programmdaten. Wird für ein Programm auf Anforderung ein neues Segment eingelagert, dann bedeutet dies stets die Auslagerung seines entsprechenden, zuvor benutzten Segmentes. Es ist jedoch auch möglich, daß das Betriebssystem genauso verfährt, wie es im folgenden für seitenorientierte Speicher beschrieben wird.

Bei Seitenwechselverfahren umfaßt die Arbeitsmenge eines Programms normalerweise recht viele Seiten, unter denen die zu opfernde Seite ausgewählt werden muß. Die dabei bekanntesten Ersetzungsstrategien (Verdrängungsstrategien), die dabei angewandt werden, sind:

FIFO (*first-in-first-out*) Es wird die Seite ersetzt, die sich am längsten im Arbeitsspeicher befindet.

LIFO (*last-in-first-out*) Es wird die zuletzt eingelagerte Seite ersetzt.

LRU (*least recently used*) Es wird die Seite ausgelagert, auf die die längste Zeit nicht mehr zugegriffen worden ist (vgl. auch Abschnitt 3.8).

LFU (*least frequently used*) Es wird die Seite ersetzt, auf die seit ihrer Einlagerung am seltesten zugegriffen wird.

Zusätzlich werden solche Seiten als "Opfer" bevorzugt, die während ihrer Einlagerungsdauer nicht verändert worden sind, was z.B. bei Seiten gewährleistet ist, die ausschließlich Programmcode enthalten. In diesem Fall sind die im Hauptspeicher befindlichen Seiten mit den auf dem Hintergrundspeicher befindlichen Seiten identisch und müssen nicht explizit zurückgeschrieben werden. Daten, die durch den Prozeß geändert werden, müssen hingegen vor ihrer Ersetzung in den Hintergrundspeicher zurückgebracht werden.

4.2.2.2 Segmentierung versus Seitenaufteilung

Bei den neueren 32-bit-Mikroprozessoren scheint sich ein in Seiten aufgeteilter Speicher durchzusetzen. Zwar gibt eine Aufteilung des Programms in Seiten nicht – wie bei einer Segmentierung – die logische Struktur des Programms wieder, jedoch ist der Verwaltungsaufwand bei der Zuweisung von Hauptspeicherplatz deutlich geringer.

Ein wesentlicher Unterschied zwischen beiden Ansätzen besteht auch in der Häufigkeit der erforderlichen Datentransfers: Jedes Programm benutzt meist nur wenige der relativ großen Segmente, so daß auch nur selten – dann allerdings umfangreiche – Datentransfers erforderlich sind. Durch die relativ kleine Seitengröße besitzt ein Programm vergleichsweise sehr viel mehr Seiten, und es sind auch entsprechend mehr Seiteneinlagerungen erforderlich.

Allerdings kann beim Paging-Verfahren sehr viel besser dafür gesorgt werden, daß nur die aktuelle Arbeitsmenge eines Programms in den Hauptspeicher eingelagert wird. Dazu werden genau die Seiten eingelagert, auf die am häufigsten zugegriffen wird. Segmente hingegen werden durch den Compiler oder (Assembler-) Programmierer festgesetzt und sind oft so groß, daß sie den Lokalitätsbereich eines Programms wesentlich überschreiten. Besteht ein Programm z.B. nur aus einem Code- und einem Datensegment, so kann es nur vollständig in den Arbeitsspeicher eingelagert werden.

4.2.2.3 Virtuelle Speicherverwaltung in der µP-Technik

Es ist offensichtlich, daß zur Implementierung der oben aufgeführten Strategien eine Menge Zusatzinformationen benötigt werden. So erfordert z.B. das häufig benutzte LRU-Verfahren Kenntnisse über den letzten Zugriffszeitpunkt aller Seiten im Arbeitsspeicher. Eine solche Strategie kann nur durch Unterstützung seitens der Hardware effizient implementiert werden. Dies wird durch die MMUs der modernen Mikroprozessoren gewährleistet. Bei der Realisierung sind generell zwei verschiedene Wege begangen worden.

- Einerseits wird die MMU direkt auf dem Prozessorchip integriert. Dies ist z.B. bei den Intel-Prozessoren 80286 und 80386 sowie bei Zilogs Z8000 und Z800 der Fall.
- Andererseits wird die MMU in einem eigenen Baustein realisiert, so beim Motorola-Prozessor 68020 und National Semiconductors NS32332.

Der Transfer zwischen MMU und CPU ist natürlich bei einer auf dem Chip integrierten MMU schneller. Wird die MMU jedoch auf einen eigenen Chip realisiert, dann ist dafür auf dem Prozessorchip noch Platz für zusätzliche Erweiterungen. So konnte man beim Motorola 68020 z.B. einen Befehls-Cache auf dem Prozessorchip unterbringen (s. Abschnitt 3.8).

4.2.2.4 Zusammenspiel zwischen Cache und MMU

Im Abschnitt 3.8 hatten wir gezeigt, wie durch den Einsatz eines Cache-Speichers die mittlere Zugriffszeit zum Hauptspeicher erheblich reduziert werden kann. Ist im System eine MMU vorhanden, so stellt sich die Frage, wie zusätzlich ein Cache im System eingesetzt werden kann. Im Bild 4.2-3 sind zwei Möglichkeiten für die Zusammenarbeit von Cache und MMU dargestellt, die sich darin unterscheiden, ob die virtuelle oder die physikalische Adresse gespeichert wird. In beiden Fällen werden die Daten an der MMU vorbei zwischen der CPU, dem Cache und dem Speicher ausgetauscht.

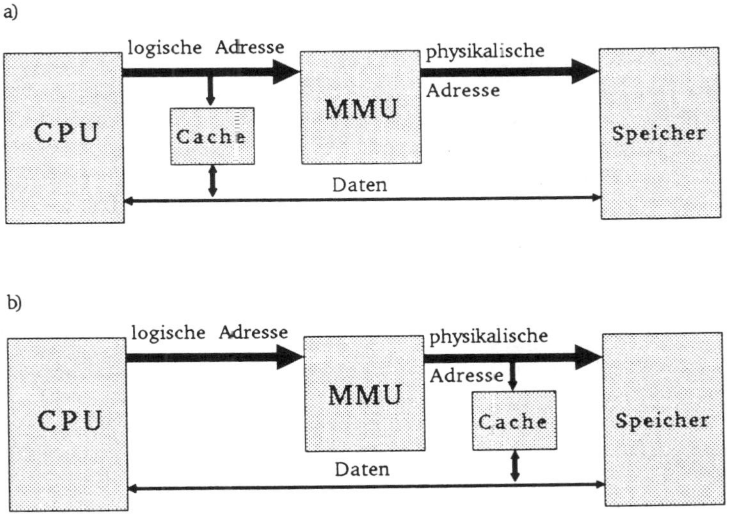

Bild 4.2-3. MMU und Cache;
a) virtueller Cache, b) physikalischer Cache

- Der **virtuelle Cache** (Bild 4.2-3a) wird zwischen CPU und MMU gelegt. In ihm werden die höherwertigen Bits der logischen Adressen als *Tags* abgelegt.
- Der **physikalische Cache** wird zwischen MMU und Speicher eingesetzt. In ihm werden die höherwertigen Bits der durch die MMU berechneten physikalischen Adressen gespeichert.

Der virtuelle Cache hat den Vorteil, daß bei den (meist mit hoher Wahrscheinlichkeit) auftretenden Treffern die MMU nicht benötigt wird und daher keine Verzögerung durch eine Adreßberechnung der MMU verursacht wird. Beim physikalischen Cache hingegen muß jede Adresse zunächst von der MMU bearbeitet werden. Als ein Nachteil des virtuellen Caches ist zu nennen, daß der logische Adreßraum in der Regel sehr viel größer ist als der physikalische und daher stets mehr Bits einer Adresse als Tag gespeichert werden müssen als beim physikalischen Cache. Der zweite Nachteil tritt auf, wenn – wie bei den modernen Mikroprozessoren, z.B. dem Motorola 68040 und dem Intel 80486 – Cache und MMU auf dem Prozessorchip integriert sind. Hier besteht keine Möglichkeit, den virtuellen Cache außerhalb des Chips zu vergrößern und so eine höhere Trefferrate zu erzielen. Beim physikalischen Cache ist dies jedoch im Prinzip ohne weiteres möglich. Wohl aus diesem Grund verfügen die beiden eben erwähnten Prozessoren nur über einen physikalischen Cache.

Überblick

In den nächsten beiden Abschnitten werden die durch Mikroprozessoren unterstützten Speicherverwaltungskonzepte anhand dreier verschiedener Ansätze vorgestellt. Zunächst betrachten wir am Beispiel des Intel 80286 eine segmentorientierte Speicherverwaltung. Danach wird die Realisierung des Seitenwechselverfahrens genauer untersucht. Dabei wird zunächst auf den Intel 80386 eingegangen, bei dem die MMU auf dem Prozessorchip integriert ist und der sowohl eine Speichersegmentierung als auch eine Seitenverwaltung unterstützt. Anschließend wird gezeigt, wie eine in einem eigenen Baustein realisierte MMU, nämlich der Baustein NS32382 von National Semiconductor arbeitet.

4.3 Segmentorientierte Speicherverwaltung

In diesem Abschnitt soll gezeigt werden, wie die segmentorientierte Speicherverwaltung durch einen Mikroprozessor unterstützt werden kann. Dabei werden wir die Speicherverwaltung an einem typischen Vertreter vorstellen, dem 16-bit-Mikroprozessor Intel 80286, bei dem die MMU bereits auf dem Chip realisiert ist. Wenn nicht ausdrücklich auf andere Implementierungen verwiesen wird, beziehen sich alle Angaben dieses Abschnitts auf diesen Prozessortyp.

4.3.1 Segmente

Bei segmentorientierten Speicherverwaltungen ist, wie im letzten Abschnitt dargestellt, der virtuelle Adreßraum jedes Prozesses in ein oder mehrere physikalische Segmente unterteilt. Ein Segment ist ganz allgemein ein zusammenhängender Speicherbereich variabler Länge. Weil bei modernen Mikroprozessoren häufig Code und Daten strikt voneinander getrennt sind, wird zwischen verschiedenen Segmenttypen, z.B. Code- und Datensegmenten unterschieden. Die maximale Größe eines Segments liegt zwischen 64 kbyte beim Intel 80286 und 4 Gbyte bei modernen 32-bit-Prozessoren, wie z.B. dem 80386.

4.3.1.1 Berechnung physikalischer Adressen

Zunächst betrachten wir allgemein die Speicherabbildungs-Funktion für die segmentorientierte Speicherverwaltung. Ein Teil der virtuellen Adresse verweist auf das Segment, in dem sich das Speicherwort befindet, der restliche Teil bestimmt die genaue Position des Speicherwortes innerhalb des Segmentes.

Beim Intel 80286 wird ein Speicherwort durch eine virtuelle 32-bit-Adresse angesprochen, wie sie in Bild 4.3-1 schematisch dargestellt ist. Die höherwertigen 16 Bits bilden den sogenannten Segment-Selektor (vgl. Abschnitt 4.3.2.3), der die Anfangsadresse des Segmentes bestimmt, in dem sich das gesuchte Speicherwort befindet. Die niederwertigen 16 Bits legen als Offset die genaue Position des Wortes innerhalb des selektierten Segments fest.

Alle vom Mikroprozessor benutzten Speicheradressen müssen von dieser Form sein, d.h. aus einem Selektor und einem Offset bestehen. Wegen der Lokalitätseigenschaft (vgl. Abschnitt 4.2) wird normalerweise nicht bei jedem Zugriff zum Arbeitsspeicher ein neues Segment benutzt. Daher werden für längere Zeit dieselben Segment-Selektoren benötigt, und es ist aus Geschwindigkeitsgründen sinnvoll, diese in speziellen Segment-Registern abzuspeichern. Ein Speicherwort wird dann nicht durch die Angabe der vollständigen virtuellen Adresse im Befehl adressiert, sondern es genügt, im Befehl das Segmentregister und den Offset anzugeben. Eine übliche Assemblerschreibweise dafür ist:

<Mnemocode> <Segmentregister>:<Offset> .

Die Adressierung läßt sich dadurch noch weiter erleichtern, daß jedes der Segmentregister für bestimmte Segmenttypen (Codesegment, Datensegment, etc.) zuständig ist. Dadurch kann bei den meisten Speicherzugriffen auf eine explizite Angabe des Segmentregisters verzichtet werden, denn der Prozessor erkennt anhand des Befehls, ob z.B. ein Zugriff auf einen Befehlscode oder einen Operanden stattfindet. Dies verkürzt die Assemblerschreibweise zu:

<Mnemocode> <Offset> .

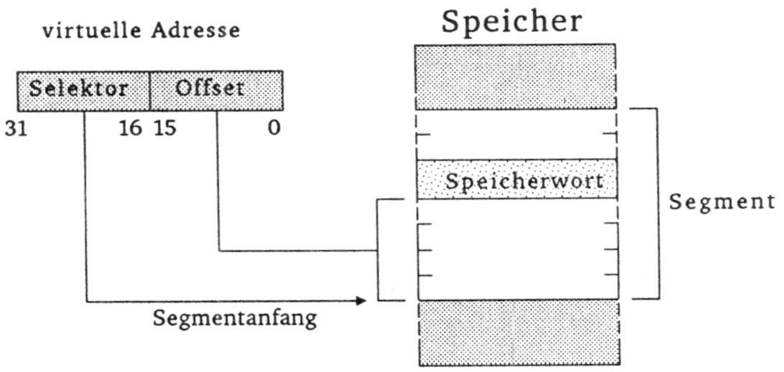

Bild 4.3-1. Darstellung der Adressierung bei einem segmentierten Speicher

4.3.1.2 Fallstudie: Speicherverwaltung beim Intel 80286

Der Intel 80286 stellt dem Benutzer die in Bild 4.3-2 dargestellten, vier verschiedenen Segmentregister zur Verfügung (vgl. auch Abschnitt 1.7). Immer dann, wenn ein neuer Selektor in eines der Segmentregister geschrieben wird, werden automatisch vom Prozessor wichtige Informationen über das ausgewählte Segment, die in den sogenannten Segment-Deskriptoren abgelegt sind, in den zugeordneten Teil des Segment-Deskriptor-Caches geschrieben (*hidden descriptor cache*). (Auf Form und Inhalt der Segment-Deskriptoren gehen wir im Abschnitt 4.3.2 ausführlich ein.) Durch diesen Cache kann der Prozessor ein Segment bearbeiten, ohne für jeden Befehl zeitaufwendig auf den Segment-Deskriptor im Arbeitsspeicher zugreifen zu müssen.

Im Bild 4.3-3 ist die Adressierung der verschiedenen Segmente, die wir im folgenden beschreiben werden, skizziert.

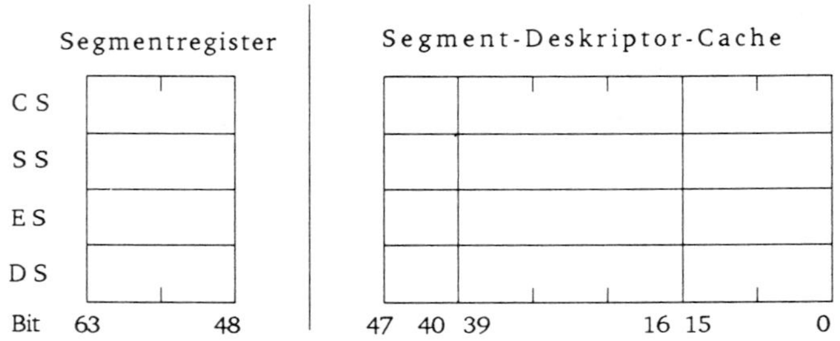

Bild 4.3-2. Segmentregister und Segment-Deskriptor-Cache beim Intel 80286

CS-Register

Jede Instruktion eines Prozesses ist in einem **Codesegment** (*code segment*) abgespeichert. Das CS-Register enthält den Selektor für das Segment, in dem der aktuell benutzte Programm-Code abgelegt ist. Beim Laden eines Befehls (*instruction fetch, opcode fetch*) wird automatisch der Selektor aus diesem Register benutzt. Der Offset des gewünschten Befehls zum Segmentanfang wird durch den Befehlszähler IP (*instruction pointer*) spezifiziert. Die Konkatenation der Registerinhalte CS und IP, in Assemblerschreibweise "CS:IP", gibt die vollständige 32-bit-Adresse für den neu zu ladenden Befehlscode. Eine Änderung des Inhalts des CS-Registers und damit ein Wechsel zu einem neuen Codesegment kann nur indirekt durch *Interrupts*, *Traps*, *Exceptions* oder durch Sprünge zu virtuellen Adressen in anderen Segmenten (*jump far*) erfolgen. Das Segmentregister CS kann also nicht direkt, beispielsweise durch einen Transfer-Befehl (MOVE[1]), neu gesetzt werden.

1) Intel-Bezeichnung: MOV

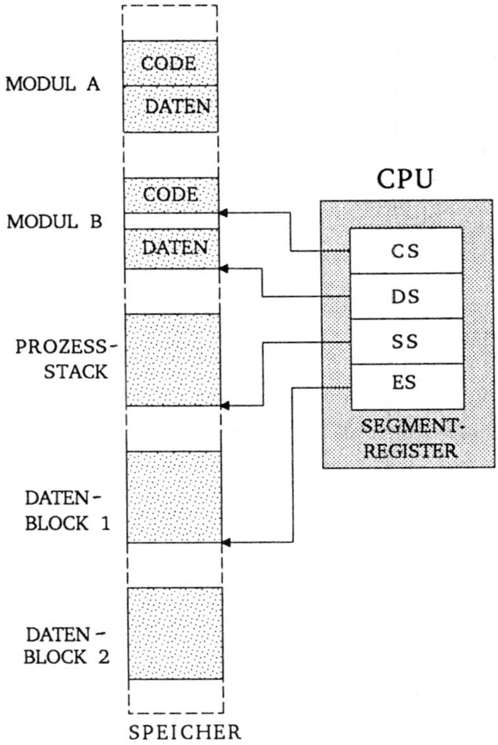

Bild 4.3-3. Zugriff auf die Arbeitsmenge eines Prozesses mit Hilfe der Segmentregister

SS-Register

Fast jeder Prozeß benötigt einen Stack, z.B. für Unterprogramm-Aufrufe. Auch ein Stack beansprucht Speicherplatz, für den ebenfalls ein bestimmtes Segment, das **Stacksegment** (*stack segment*), im Speicher vorgesehen ist. Dieses Segment wird durch den Selektor im SS-Register spezifiziert. Alle Stack-Operationen beziehen sich automatisch auf dieses Segment. Der Adressen-Offset zum Segmentanfang wird durch den Stackpointer SP festgelegt. Das SS-Register läßt sich (im Gegensatz zu CS) auch explizit neu laden, z.B. durch den Befehl: MOVE SS,AX, wobei AX den (16-bit-)Akkumulator des 80286 bezeichnet (s. Abschnitt 1.7).

DS-Register und ES-Register

Jedes Programm benutzt selbstverständlich auch noch Daten. Die Register DS und ES ermöglichen es, zwei verschiedene **Datensegmente** (*data segment, extra data segment*) zu spezifizieren, auf die der Benutzer unter Angabe der Segmentregister direkt zugreifen kann. Wenn kein Datensegment-Register explizit angegeben ist, werden alle Datenzugriffe standardmäßig auf das Register DS bezogen. Lediglich Ziele von Zeichenketten-Operationen (*strings*) beziehen sich stets auf das durch ES spezifizierte Segment.

Beispiel

MOVSW kopiert das Speicherwort an der Stelle DS:[SI] nach ES:[DI], wobei [SI], [DI] die indirekte Registeradressierung mit den Indexregistern SI, DI kennzeichnen (vgl. Abschnitt 1.15).

Um zusätzlich noch weitere Datensegmente benutzen zu können, lassen sich das DS- und das ES-Register explizit durch MOVE-Befehle laden. Bei anderen Mikroprozessoren, z.B. dem Intel 80386, gibt es z.T. noch zusätzliche Datensegment-Register.

Jedes Segment, dessen Anfangsadresse in einem der Segmentregister abgelegt ist, befindet sich physikalisch im Hauptspeicher, so daß darauf unverzüglich zugegriffen werden kann. Somit bilden die durch die Segmentregister spezifizierten Segmente die Arbeitsmenge (*working set*) des Prozesses (s. Abschnitt 4.2).

4.3.1.3 Adressierungs-Modi

In Bild 4.3-1 wurde nur schematisch dargestellt, wie mit einem Segment-Selektor und einem Offset ein Speicherwort ausgewählt werden kann. Wir wollen nun genauer darstellen, wie mit Hilfe dieser beiden Größen physikalische Adressen generiert werden. Um Aufwärts-Kompatibilität mit den älteren Mikroprozessoren innerhalb der Produktfamilie zu gewährleisten, können viele Prozessoren in verschiedenen Adressierungs-Modi arbeiten.

So kann der Intel 80286 in zwei unterschiedlichen Adressierungs-Modi betrieben werden, dem *Real Address Mode* und dem *Protected Virtual Address Mode*. Damit der Prozessor unterscheiden kann, in welchem Modus er sich gerade befindet, ist im letztgenannten Modus in seinem Statusregister MSW (*machine status word*) ein entsprechendes Bit gesetzt (*protection enable* – PE, vgl. Abschnitt 1.7).

Real (Address) Mode

Da in diesem Modus die Adressierungsfähigkeiten des Intel 8086 maßgebend sein sollen, sind nur 20 bit lange physikalische Adressen zugelassen, d.h. die maximal adressierbare Hauptspeichergröße beträgt 1 Mbyte. Wie aus dem 16-bit-Selektor und dem 16-bit-Offset eine 20 bit lange physikalische Adresse gebildet wird, zeigt Bild 4.3-4.

Der Selektor gibt die 16 höherwertigen Bits der 20 bit langen Segment-Basisadresse (Anfangsadresse des Segments) an. Die verbleibenden 4 Bits werden als '0000' angenommen. Durch den 16 bit langen Offset können Segmente einer maximalen Länge von 64 kbyte angesprochen werden. Die physikalische Adresse errechnet sich durch die Addition von Segment-Basisadresse und Offset.

In diesem Modus können alle auf dem 8086 entwickelten Programme verarbeitet werden. Allerdings sind die erweiterten Möglichkeiten und Fähigkeiten des 80286, z.B. zur Speicherverwaltung, nicht nutzbar.

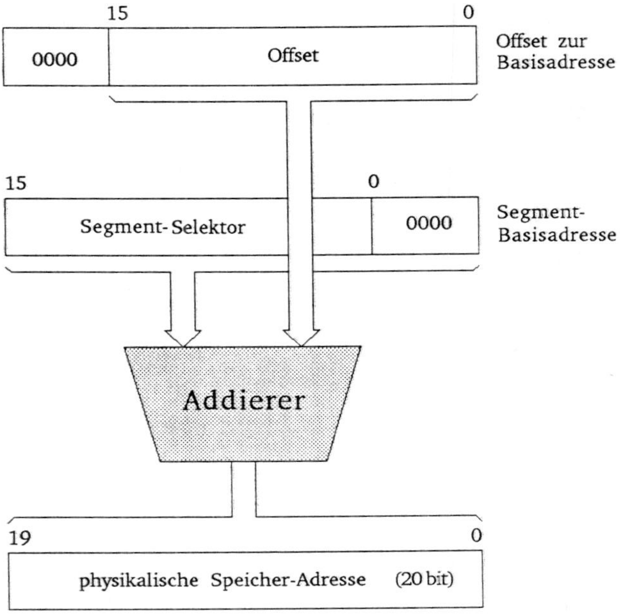

Bild 4.3-4. Adreßberechnung des 80286 im Real Address Mode

Protected (Virtual Address) Mode

Im folgenden werden wir uns ausschließlich mit diesem Adressierungs-Modus beschäftigen, in dem alle erweiterten Möglichkeiten des 80286 voll ausgeschöpft werden können, d.h. in diesem Modus stehen die erweiterte Speicherverwaltung, die Multitasking-Fähigkeit und die implementierten Schutzmechanismen zur Verfügung. So kann z.B. von der Speicherverwaltung ein 1 Gbyte großer virtueller Adreßraum in einen maximal 16 Mbyte großen physikalischen Adreßraum abgebildet werden. Die Begrenzung des physikalischen Adreßraums ergibt sich hier aus den 24 Adreßleitungen, die beim 80286 zur Verfügung stehen. In Bild 4.3-5 ist das Adressierungsverfahren dargestellt.

Im *Protected Mode* spezifiziert der Selektor-Teil der virtuellen Adresse nicht direkt die Basisadresse des Segments, sondern verweist auf den Eintrag einer im Speicher vorhandenen Tabelle. Dieser Eintrag heißt Segment-Deskriptor und enthält u.a. die 24 bit lange Basisadresse des Segments. Zu dieser Basisadresse wird, wie im *Real Mode*, der Offset addiert, um die physikalische Adresse zu erhalten. Die Wahl der (richtigen) Tabelle, der Segment-Deskriptor-Tabelle, erfolgt automatisch durch die CPU; es ist dazu keine zusätzliche Software erforderlich.

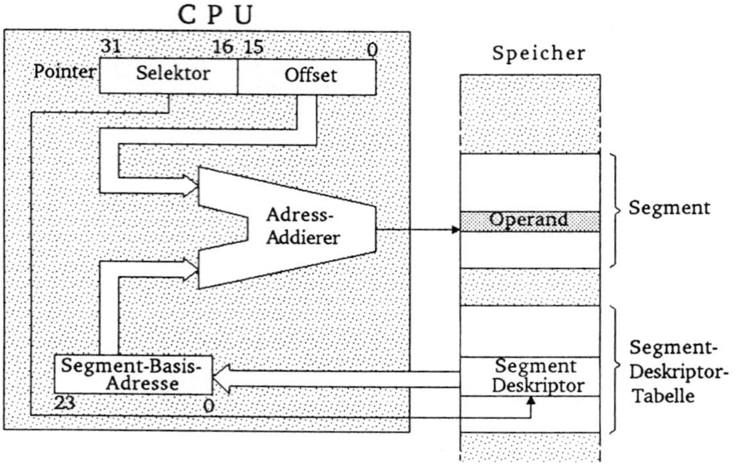

Bild 4.3-5. Adreßberechnung im Protected Virtual Address Mode beim Intel 80286

Wir wollen uns jetzt die Einträge in diesen Tabellen, also die Segment-Deskriptoren, genauer ansehen. Die Deskriptoren bilden die Basis der virtuellen Speicherverwaltung und der Schutzmechanismen.

4.3.2 Segment-Deskriptoren und Deskriptor-Tabellen

4.3.2.1 Segment-Deskriptoren

Jedes Segment kann durch drei Attribute beschrieben werden:

- die Segment-Basisadresse (*base address*),
- die Segmentgröße in byte (*limit*),
- die Zugriffsrechte (*access rights*) zur Realisierung von Schutzmechanismen (*protections*).

Diese Attribute sind in den **Segment-Deskriptoren** abgelegt, die den Segmentzugriff steuern. Im folgenden wollen wir als Beispiel den 80286-Prozessor genauer betrachten, bei dem die Deskriptoren 8 byte lang sind und das im Bild 4.3-6 dargestellte Format haben. Die Bytes 6 und 7 sind für den Intel 80386 reserviert. Auf sie gehen wir im Abschnitt 4.4.1 näher ein. Sie müssen beim 80286 auf '0' gesetzt werden. Die unteren beiden Bytes geben die Segmentgröße (*limit*) an. Es gilt:

kleinste Segment-Adresse = Basisadresse
größte Segment-Adresse = Basisadresse + Segmentgröße.

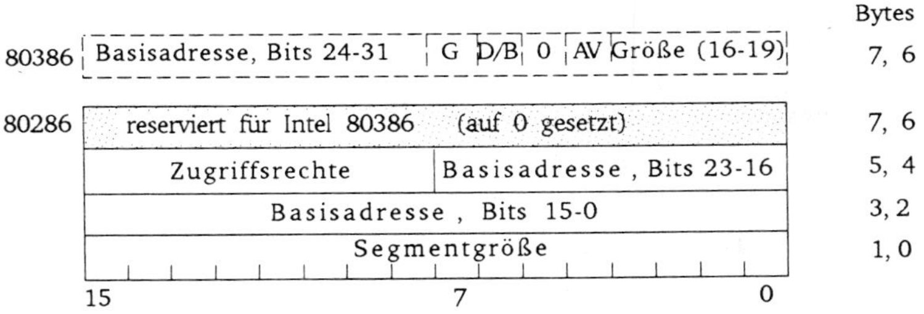

Bild 4.3-6. Format des Segment-Deskriptors

Die Segmentgröße ist also der größtmögliche Offset. Die Gesamtgröße des Segments ist gegeben durch: Segmentgröße + 1. Weil 16 Bits zur Verfügung stehen, ist eine maximale Segmentgröße von 2^{16} byte (64 kbyte) möglich. Die Basisadresse besteht aus 3 Bytes und erlaubt so die vollständige Adressierung des maximalen, physikalischen Adreßraums von 16 Mbyte (2^{24} byte). Im fünften Byte (*access byte*) werden die Zugriffsrechte spezifiziert, wobei die einzelnen Bits die im folgenden beschriebene Bedeutung haben (vgl. Bild 4.3-7).

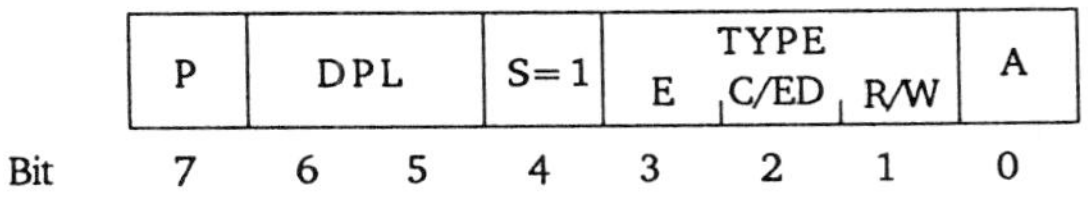

Bild 4.3-7. Zugriffsrechte im Segment-Deskriptor

P (*present bit*) Dieses Bit zeigt an, ob sich das durch den Deskriptor beschriebene Segment im Hauptspeicher befindet. Ist P=0, ist es nicht speicherresident und muß vom Betriebssystem in den Hauptspeicher eingelagert werden, bevor auf Daten aus diesem Segment zugegriffen werden kann (vgl. Abschnitt 4.2).

DPL (*Descriptor Privilege Level*) Eine der wichtigsten Erweiterungen zur Implementierung von Schutzmaßnahmen ist die Einführung spezieller Prioritäten, die bei Intel Privileg-Ebenen (*privilege levels* – PL) genannt werden. Sie ermöglichen, daß Segmente vor unzulässigem Zugriff direkt durch die Hardware geschützt werden. Bei den Intel-Prozessoren gibt es die vier Privileg-Ebenen 0 - 3. Sowohl Segmente als auch Prozesse gehören stets eindeutig zu einer bestimmten Privileg-Ebene. Es gibt genaue Zugriffsregeln, die festlegen, welche Segmente von einem bestimmten Prozeß benutzt werden dürfen. Genaueres zu diesem Problemkreis wird im Abschnitt 4.5 erklärt.

TYPE Diese drei Bits unterscheiden die verschiedenen Segmenttypen. Dabei bedeuten im einzelnen:

E (*executable bit*, Bit 3) Mit diesem Bit läßt sich feststellen, ob es sich um ein Datensegment (E=0) oder ein Codesegment (E=1) handelt.

C/ED (*conforming bit* bzw. *expand down bit*, Bit 2)

- Beschreibt der Deskriptor ein Codesegment und ist das Bit 2 gesetzt, d.h. C=1, dann ist es ein sogenanntes *Conforming Code Segment*. Segmente diesen Typs können auch von Prozessen mit einer niedrigeren Privileg-Ebene benutzt werden. Gilt C=0, so handelt es sich um ein *Nonconforming Code Segment*. Genaueres dazu finden Sie ebenfalls im Abschnitt 4.5.
- Beschreibt der Deskriptor ein Datensegment, dann bedeutet das gesetzte Bit 2, d.h. ED=1, daß es sich um ein *Expand Down Segment* handelt. Solche Segmente werden zur Realisierung von Stacks benutzt. (Der Begriff *expand down* bedeutet gerade, daß dieses Segment sich nach unten, also zu kleineren Adressen hin, ausdehnt.) Bei ihnen darf der Offset größer als die maximale Segmentgröße werden. Die Adressierung verläuft anders als bei normalen Segmenten, und zwar gilt:

  kleinste Segmentadresse = Basisadresse + Segmentgröße + 1,
  größte Segmentadresse = Basisadresse + 64 kbyte
  (Segmentgröße: $FFFF).

  Im weiteren wollen wir nicht weiter auf Expand-Down-Segmente eingehen.

R/W (*read/write bit*, Bit 1)

- Bei einem Codesegment (E=1) bedeutet ein gesetztes Bit 1, d.h. R=1, daß in diesem Segment enthaltene Daten gelesen werden dürfen, andernfalls gilt R=0.
- Bei einem Datensegment legt das Bit 1 fest, ob in das Segment neue Daten eingeschrieben werden dürfen (W=1) oder nicht (W=0).

A (*accessed bit*, Bit 0) Dieses Bit wird nach jedem Zugriff auf das Segment gesetzt. Das Betriebssystem kann das *Accessed Bit* in bestimmten Zeiträumen wieder zurücksetzen und so feststellen, wie häufig auf einzelne Segmente zugegriffen wurde. Mit Hilfe dieses Bits wird für das Betriebssystem die Implementierung von Ersetzungsstrategien wie z.B. LRU erleichtert (vgl. Abschnitt 4.2).

S Dieses Bit (Bit 4) ist hier auf '1' gesetzt. Dadurch wird gekennzeichnet, daß es sich um einen Segment-Deskriptor handelt. Bei anderen Deskriptor-Arten ist das S-Bit auf '0' gesetzt. Diese sogenannten Kontroll-Deskriptoren werden Sie in den folgenden Abschnitten kennenlernen.

Die oben vorgestellten Deskriptoren werden in Tabellen abgelegt und verwaltet. Mit diesen Tabellen werden wir uns nun beschäftigen.

4.3.2.2 Deskriptor-Tabellen

Für jeden Prozeß gibt es eine lokale ("private") Deskriptor-Tabelle. Des weiteren gibt es für die Segmente, die von allen Prozessen gemeinsam benutzt werden dürfen, eine globale Deskriptor-Tabelle. Da jeder Deskriptor 8 byte lang ist und die maximale Segmentgröße (beim 80286) 64 kbyte beträgt, kann jede Tabelle maximal 8k (=8192) Deskriptoren enthalten.

Globale Deskriptor-Tabelle (GDT)

Die GDT (*global descriptor table*) enthält – wie eben gesagt – die Deskriptoren derjenigen Segmente, die von allen Prozessen gemeinsam benutzt werden dürfen. Dies können z.B. Segmente mit dem Betriebssystemcode, Compilern, Editoren oder ähnliche, für viele Prozesse wichtige Dienste sein. Auch die globale Deskriptor-Tabelle ist letztendlich ein Segment, das sich an einer beliebigen Stelle im Hauptspeicher befinden darf. Weil aber in jedem System nur eine einzige GDT vorhanden ist, ist zu ihrer Spezifikation kein spezieller Deskriptor erforderlich. Der Zugriff auf diese Tabelle (dieses Segment) erfolgt stattdessen über ein spezielles Register im Prozessor, dem sogenannten globalen Deskriptor-Tabellen-Register (*Global Descriptor Table Register* – GDTR). Es ist ein 40-bit-Register mit der im Bild 4.3-8 angegebenen Form.

	Basisadresse	Tabellen-Größe
Bit	39 … 16	15 … 0

Bild 4.3-8. GDT-Register

Die höchstwertigen drei Bytes bestimmen die Basisadresse, die letzten zwei Bytes die Größe der GDT. Das *Access Byte* fehlt, weil alle Prozesse das Zugriffsrecht auf die GDT besitzen.

Lokale Deskriptor-Tabelle (LDT)

Die LDT (*local descriptor table*)enthält die Segment-Deskriptoren der "privaten" Code- und Daten-Segmente eines Prozesses, auf die andere Prozesse keinen Zugriff erhalten sollen. Jeder Prozeß besitzt also seine eigene LDT. Obwohl somit ein anderer Prozeß normalerweise nicht auf Segmente aus einer "fremden" LDT zugreifen kann, gibt es spezielle Mechanismen, die den kontrollierten Zugriff auf fremde Segmente erlauben (s. Abschnitt 4.7).

Verwaltung der Deskriptor-Tabellen

Sobald ein neuer Prozeß generiert wird, erzeugt das Betriebssystem für ihn eine LDT. Dort trägt es alle Deskriptoren ein, die die Segmente des Prozesses beschreiben. In diesen Deskriptoren werden die *Present Bits* P zunächst zurückgesetzt und zeigen dadurch an, daß sich die Segmente noch nicht im Hauptspeicher befinden. Zusätzlich erzeugt das Betriebssystem in der GDT einen Deskriptor, der auf die LDT verweist.

Wenn der Prozeß im Zustand "aktiv" ist, werden vom Betriebssystem die vom Prozeß aktuell benötigten Segmente vom Hintergrundspeicher in den Hauptspeicher geladen. Anhand der momentanen Hauptspeicher-Belegung bestimmt es für jedes Segment eine geeignete Speicherlücke und legt dadurch die Basisadresse fest. Diese wird im Segment-Deskriptor eingetragen und das Segment durch das P-Bit als speicherresident gekennzeichnet.

Die vom System verwalteten lokalen Deskriptor-Tabellen sind spezielle Segmente, die ausschließlich Deskriptoren enthalten. Wie jedes Segment können auch die LDTs verschiedene Größen aufweisen und sind, wie z.B. Code- und Daten-Segmente, durch

- die Basisadresse (*base address*),
- die Größe (*limit*) und
- die Zugriffsrechte (*access rights*)

gekennzeichnet. Im Gegensatz zur GDT-Tabelle, die es ja nur einmal gibt und auf die alle Prozesse zugreifen dürfen, besitzt eine LDT also auch spezielle Zugriffsrechte. Die oben genannten Kenngrößen einer LDT sind in einem speziellen LDT-Deskriptor abgespeichert, der das in Bild 4.3-9 dargestellte Format besitzt. Damit der Prozessor die Basisadressen der benötigten LDTs finden kann, müssen sämtliche LDT-Deskriptoren in der GDT abgespeichert sein.

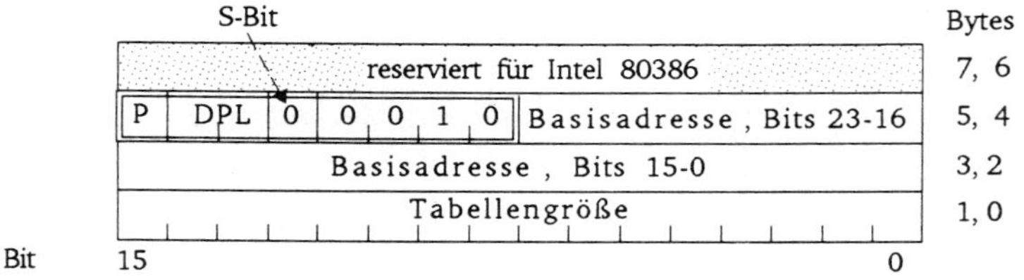

Bild 4.3-9. LDT-Deskriptor

Die im doppelt umrandeten (*Access-*)Byte eingetragenen Zugriffsrechte haben dieselbe Bedeutung wie bei den oben beschriebenen Segment-Deskriptoren. Die letzten, auf "00010" gesetzten Bits dieses Bytes identifizieren den Deskriptor als einen LDT-Deskriptor. Wie bereits erwähnt, zeigt dabei das auf '0' gesetzte S-Bit, daß es sich um einen Kontroll-Deskriptor handelt.

Für den Zugriff auf die LDT des augenblicklich aktiven Prozesses gibt es im Prozessor ein Register, das sogenannte LDT-Register (*Local Descriptor Table Register* – LDTR), das das im Bild 4.3-10 dargestellte Format besitzt.

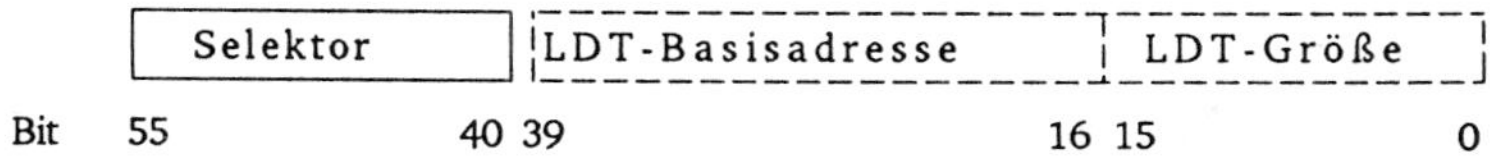

Bild 4.3-10. Das LDT-Register

Durch einen Befehl kann nur auf die 16 höchstwertigen Bits des Registers direkt zugegriffen werden, die den Selektor des aktuellen LDT-Deskriptors in der GDT enthalten. Wird nach einem Prozeßwechsel ein neuer Selektor dort eingetragen, so lädt der Prozessor automatisch aus der GDT die Basisadresse und die Größe der neuen LDT in den niederwertigen, "unsichtbaren" Teil des LDTR-Registers (*invisible*, *hidden descriptor cache*). Dadurch wird für alle folgenden Zugriffe auf die LDT das zeitaufwendige Lesen ihres Deskriptors aus der GDT vermieden.

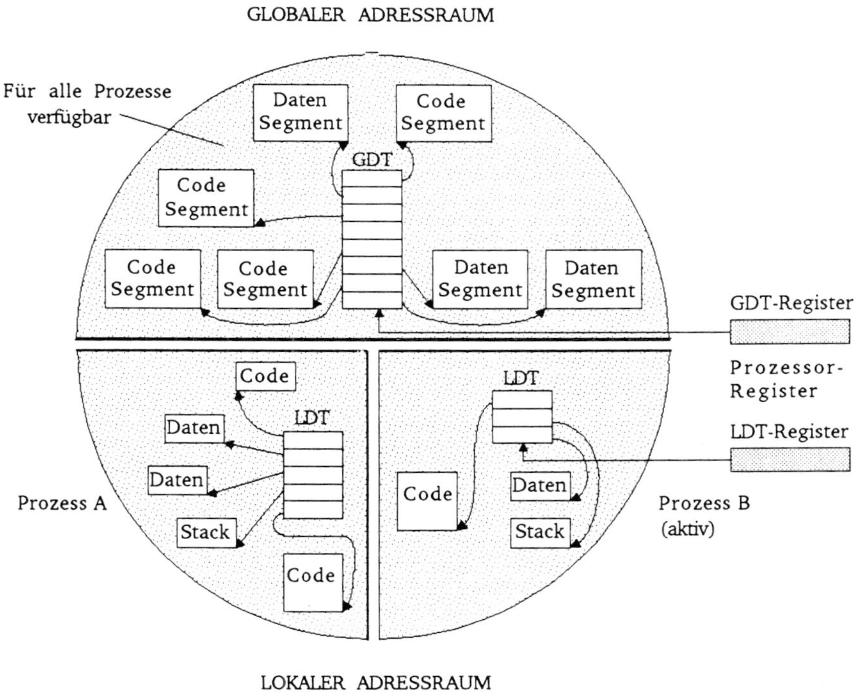

Bild 4.3-11. Aufteilung der Datenbereiche zweier Prozesse A, B durch GDT und LDT

In Bild 4.3-11 (s.o.) wird dargestellt, wie die lokalen Datenbereiche zweier Prozesse A und B voneinander getrennt werden. Auf den globalen Adreßraum können beide gemeinsam zugreifen. Das LDT-Register zeigt im dargestellten Beispiel auf die LDT des Prozesses B, d.h. B ist der momentan vom Prozessor bearbeitete Prozeß.

Selbsttestaufgabe S4.3-1:

a) Wie groß ist beim Intel 80286 die maximal mögliche Anzahl von Segmenten für einen einzelnen Prozeß ?

b) Wie groß ist maximal der virtuelle Adreßraum eines Prozesses ?

c) Wie groß ist maximal der physikalische Adreßraum ?

4.3.2.3 Selektoren

Nachdem wir die im System zur Speicherverwaltung vorhandenen Tabellen beschrieben haben, können wir uns die Berechnung physikalischer Adressen genauer ansehen. In Bild 4.3-5 wurde dargestellt, wie mit Hilfe des Selektor-Teils einer virtuellen Adresse der Zugriff auf eine Segment-Deskriptor-Tabelle erfolgte. Inzwischen wissen wir, daß in dieser Tabelle die Deskriptoren mit allen für die Speicherverwaltung erforderlichen Informationen abgelegt sind. Der Aufbau des Selektor-Teils jeder virtuellen Adresse ist im Bild 4.3-12 skizziert.

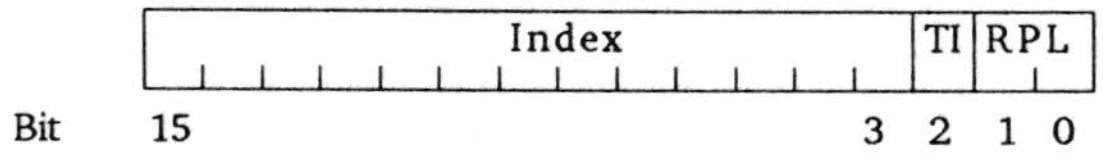

Bild 4.3-12. Selektor einer virtuellen Adresse

Das Indexfeld und der Tabellenindikator TI spezifizieren den Eintrag in einer Deskriptor-Tabelle, in dem für das gesuchte Segment der Deskriptor abgelegt ist. TI bestimmt, ob die virtuelle Adresse zum globalen oder lokalen Adreßraum gehört. Ist das TI-Bit gesetzt, d.h. TI = 1, dann wird die LDT benutzt; gilt TI = 0, dann ist der gesuchte Deskriptor in der GDT zu finden. Der Index gibt für das ausgewählte Segment die Nummer des Eintrags in der Deskriptor-Tabelle an. Dabei wird mit dem Indexwert 0 begonnen. (Eine Index-Länge von 13 bit entspricht 8192 Möglichkeiten.)

Auch ein Selektor besitzt eine Privileg-Ebene, die sogenannte verlangte Privileg-Ebene (*Requested Privilege Level* – RPL). Ob überhaupt ein Zugriff auf ein bestimmtes Segment erfolgen darf, muß der Prozessor zunächst noch prüfen. RPL muß dazu in Abhängigkeit von der Art des Segmentes (Code oder Daten) in einer vorgegebenen Relation zur Privileg-Ebene des gerade ausgeführten Prozesses stehen. Genauer wird dies im Abschnitt 4.5 beschrieben.

Selbsttestaufgabe S4.3-2:
a) Geben Sie einen Deskriptor an, der ein *Nonconforming Code Segment* beschreibt, das folgende Eigenschaften hat: – Privileg-Ebene: 3, – Größe: 8 kbyte, – Anfangsadresse: $10300, – Lage: nicht im Arbeitsspeicher, – Zugriffsrechte: Daten dürfen gelesen werden. b) Bestimmen Sie die virtuelle (logische) Adresse einer Variablen, die sich mit einem Offset von $0FA3 in einem Code-Segment der Privileg-Ebene PL=3 befindet! Der zugehörige Deskriptor liege in GDT(5), d.h. im Eintrag mit der Nummer 5 der GDT. Wie lautet (in Hexadezimal-Schreibweise) die zugehörige physikalische Adresse, wenn in GDT(5) der in Teil a) bestimmte Deskriptor steht ?

4.4 Seitenorientierte Speicher-Verwaltung

In diesem Abschnitt wird anhand zweier Beispiele demonstriert, wie die Speicherverwaltungs-Einheiten (MMUs) für einen seitenorientierten Speicher organisiert sind. Zunächst zeigen wir am Beispiel des 32-bit-Prozessors Intel 80386, wie eine auf dem Mikroprozessor-Chip realisierte Seitenverwaltung arbeitet. Dieser Prozessortyp unterstützt sowohl die Segmentierung wie auch die Seitenspeicher-Verwaltung. Anschließend wird die in einem diskreten Baustein realisierte MMU NS32382 von National Semiconductor vorgestellt, die ausschließlich die Verwaltung von Seiten unterstützt.

4.4.1 Seitenverwaltungskonzept des Intel 80386

Der 32-bit-Prozessor Intel 80386 bietet annähernd die gleichen Konzepte zur Speichersegmentierung wie der im vorigen Abschnitt vorgestellte 80286, aber zusätzlich noch die Möglichkeit einer seitenorientierten Speicherverwaltung. Die Speicheraufteilung in Seiten ist dabei optional, d.h. der Prozessor kann auch ausschließlich mit Segmenten arbeiten, so daß die Kompatibilität mit dem Prozessor 80286 gewährleistet ist. Die erforderlichen Erweiterungen zur Verwaltung von Speicherseiten werden im folgenden näher beschrieben.

Wie bereits erwähnt, ist bei einer Seitenverwaltung der Speicher in Bereiche gleicher Länge, die sogenannten Seiten (*pages*), unterteilt. Dies hat Konsequenzen für die Adressierung:

Während Segmente an jeder beliebigen Stelle im Hauptspeicher beginnen können, ist das bei Speicherseiten nicht möglich. Der gesamte Speicher wird bei der Adresse 0 beginnend in ein Raster aus Seiten der Größe 4 kbyte (2^{12} byte) unterteilt. Deshalb sind bei den Basisadressen aller Seiten die niederstwertigen 12 Bits auf 0 gesetzt.

Diese Einschränkung vereinfacht die Verwaltung des Speichers sowie die Adreßberechnung erheblich. Im Gegensatz zu den Segmenten finden sich jedoch – wie bereits erwähnt – für einzelne Seiten keine Entsprechungen in der logischen Struktur des Programms. Allerdings kann aber bei Seiten fester Länge die Lokalitätseigenschaft von Programmen effizienter ausgenutzt werden.

4.4.1.1 Berechnung physikalischer Adressen aus virtuellen Adressen

Die Seitenverwaltung des 80386 ist dem segmentorientierten Organisationskonzept des 80286 aufgesetzt. Deshalb wird zwischen drei verschiedenen Adreß-Arten unterschieden: virtuelle (logische), lineare und physikalische Adressen.

Virtuelle Adressen bestehen aus einem 16-bit-Selektor und einem 32-bit-Offset. Wie beim Segmentkonzept im vorigen Abschnitt vorgestellt wurde, werden die virtuellen Adressen mit Hilfe von Segment-Deskriptoren in 32 bit lange **lineare Adressen** umgesetzt. Beim 80386 enthalten die beiden höchstwertigen Bytes der Deskriptoren die höherwertigen 8 Bits der bei diesem Prozessor (von 24 bit beim 80286) auf 32 bit verlängerten Basisadresse des Segments, 4 zusätzliche Bits zur Erhöhung der maximalen Segmentgröße auf 2^{20} sowie einige Steuerbits. Von diesen wollen wir nur das Bit G (*granularity*) erwähnen, das die Wahl zwischen den Einheiten 'byte' und '4 kbyte' für die Segmentgröße erlaubt. Daraus ergibt sich eine maximale Segmentgröße von 1 Mbyte (2^{20} byte), falls die Einheit 'byte' gewählt ist, und 4 Gbyte ($2^{20} \cdot 4$ kbyte $= 2^{32}$ byte), falls die Einheit '4 kbyte' ist.

Die Deskriptoren sind in den Deskriptor-Tabellen abgelegt. Werden keine Speicherseiten verwendet, dann ist beim 80386 diese lineare Adresse auch gleichzeitig die physikalische Adresse. Ist jedoch der Speicher zusätzlich in Seiten aufgeteilt, was durch das Bit PG (*paging enabled*, s. Abschnitt 1.7.3) im Maschinenstatuswort MSW festgelegt wird, dann werden die linearen Adressen durch die auf dem Prozessor integrierte Paging-Einheit in **physikalische Adressen** umgesetzt (s. Bild 4.4-1). Dazu dienen die Seitentabellen, die wir im folgenden beschreiben werden.

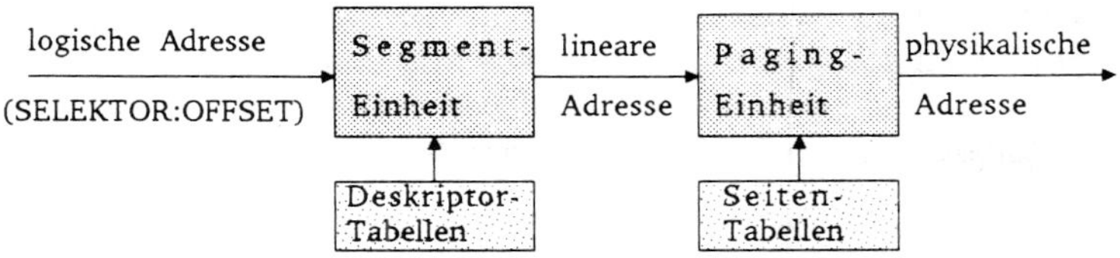

Bild 4.4-1. Berechnung physikalischer Adressen beim 80386

Das Bild 4.4-2 zeigt noch einmal genauer, wie virtuelle Adressen zunächst mit Hilfe der Segmenttabellen und dann mit einer zweistufigen Seitentabellen-Verwaltung in physikalische Adressen umgewandelt werden. Die prinzipielle Gewinnung der linearen Adresse wurde bereits im letzten Abschnitt beschrieben. Im Unterschied zum 80286 ist sie beim 80386 nicht nur 24 bit, sondern 32 bit lang (s.o.).

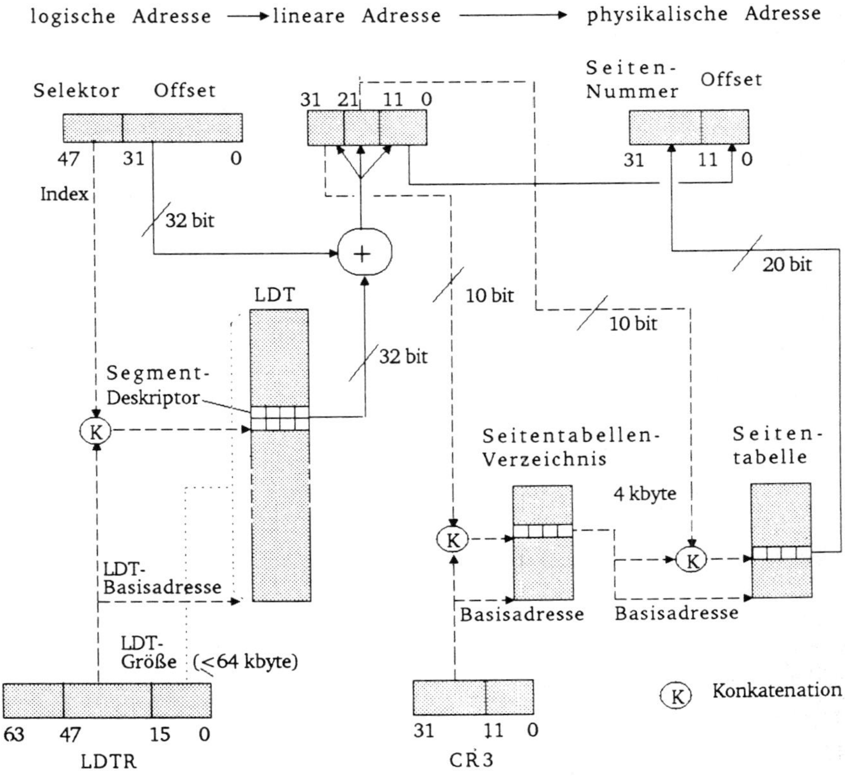

Bild 4.4-2. Berechnung physikalischer Adressen mit Hilfe von Segment- und Seitentabellen beim 80386

Die für uns neue Umsetzung der linearen Adresse durch die Paging-Einheit betrachten wir im folgenden Unterabschnitt genauer.

4.4.1.2 Berechnung physikalischer Adressen aus linearen Adressen

Zur Bestimmung physikalischer Speicheradressen wird, wie auch in den meisten Großrechnern, ein zweistufiges, hierarchisches Tabellen-Verfahren angewendet. Zur Adreßberechnung werden dabei das Seitentabellen-Verzeichnis (*page directory*), die Seitentabellen (*page tables*) und die Seiten (*pages*) selbst benötigt. Beim 80386 ist jede Tabelle und jede Seite genau 4 kbyte groß. Jeder (im folgenden noch genauer beschriebene) Tabellen-Eintrag umfaßt 4 byte, so daß in jeder Tabelle genau 1024 (teilweise auch ungenutzte) Einträge enthalten sind, die von 0 bis 1023 durchnumeriert sind. Bild 4.4-3 veranschaulicht noch einmal die Umsetzung linearer Adressen in physikalische Adressen.

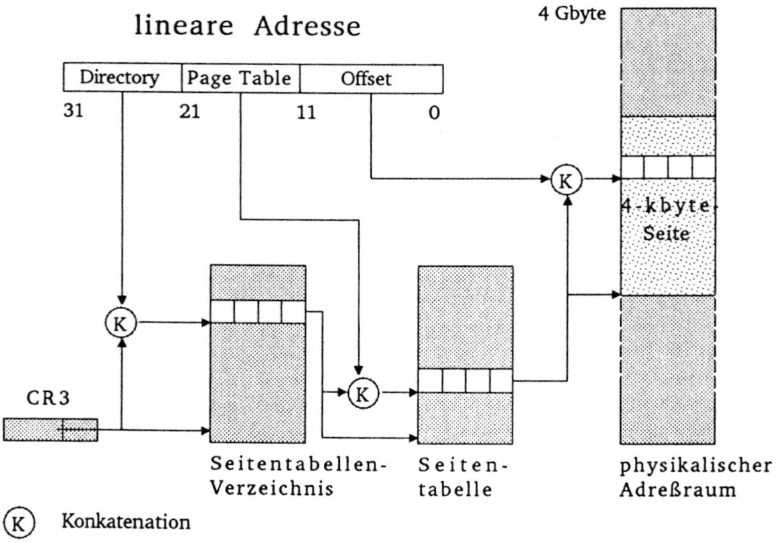

Bild 4.4-3. Umsetzung linearer in physikalische Adressen mit Hilfe von Seitentabellen

Bevor wir ausführlicher auf den Aufbau der Tabellen, ihre Funktion sowie den Aufbau der einzelnen Tabellen-Einträge eingehen, wollen wir ganz kurz die Ermittlung der physikalischen Adresse beschreiben.

Wie aus der Abbildung ersichtlich, wird jede lineare Adresse logisch in drei verschiedene Teile zerlegt. Auf ein bestimmtes Seitentabellen-Verzeichnis wird über ein spezielles Systemregister CR3 zugegriffen, in dem seine Basisadresse abgelegt ist. Die höchstwertigen 10 Bits der linearen Adresse selektieren einen Eintrag in diesem Verzeichnis. Der Eintrag seinerseits enthält die Adresse einer Seitentabelle. Die nächsten 10 Bits der linearen Adresse selektieren einen der 1024 Einträge aus der Seitentabelle. In diesem Eintrag steht die Basisadresse einer bestimmten Seite. Die niederstwertigen 12 Bits der linearen Adresse werden als Offset zur Seitenadresse addiert, um so die endgültige, physikalische Adresse zu erhalten.

Das Seitentabellen-Verzeichnis

Jeder Prozeß hat sein eigenes **Seitentabellen-Verzeichnis** (*page directory*). Die Basisadresse dieses Verzeichnisses ist im Systemregister CR3 der CPU abgespeichert. Das Register CR3 ist eines von vier im 80386 vorhandenen 32-bit-Registern zur Seitenverwaltung. In CR3 sind nur die 20 höchstwertigen Bits signifikant, d.h. die niederstwertigen 12 Bits sind stets auf 0 gesetzt. (Dies ist, wie oben bereits bemerkt, die Form jeder Seiten-Basisadresse.)

Jeder Eintrag im Seitentabellen-Verzeichnis ist genau 4 byte lang, so daß (in der 4-kbyte-Seite) maximal 1024 Einträge untergebracht werden können. Die Adressierung eines bestimmten Eintrags erfolgt durch die Konkatenation der signifikanten Bits des CR3-Registers mit den höchstwertigen 10 Bits der linearen Adresse, dem *Directory*-Teil, der die Nummer des Eintrags im Seitentabellen-Verzeichnis enthält. Die unteren beiden Bits der Adresse werden auf '0' gesetzt (s. Bild 4.4-4) und zeigen so auf das erste Byte des Eintrags.

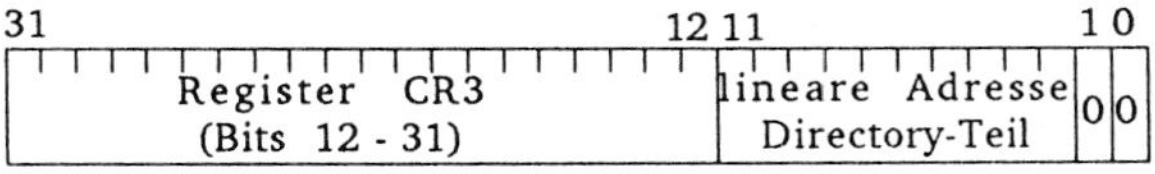

Bild 4.4-4. Selektierung eines Eintrags im Seitentabellen-Verzeichnis

Jeder Eintrag des Seitentabellen-Verzeichnisses (*page directory entry*) weist auf eine bestimmte Seitentabelle und enthält nähere Informationen über den Zustand der Seitentabelle (s. Bild 4.4-5). Auf diese Informationen gehen wir weiter unten ein.

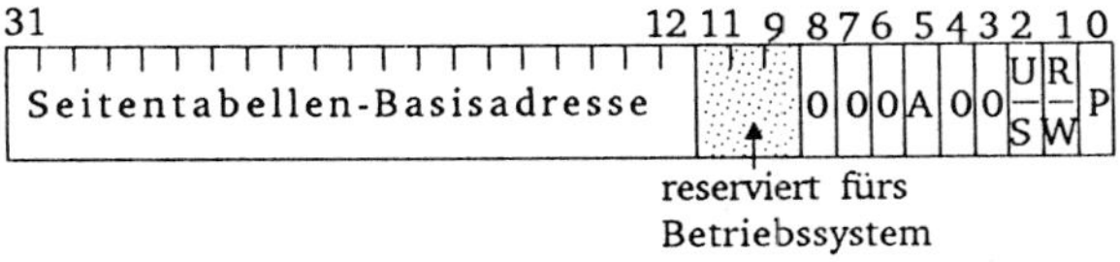

Bild 4.4-5. Eintrag in einem Seitentabellen-Verzeichnis

Die höchstwertigen 20 Bits des Eintrags bestimmen die obersten 20 Bits der Basisadresse der selektierten Seitentabelle. Daran wird der *Page Table*-Teil der linearen Adresse (Bits 12-21) angehängt, der die Nummer des Eintrags im Seitentabellen-Verzeichnis bestimmt (s. Bild 4.4-6). Weil jeder Eintrag ebenfalls eine Länge von genau 4 byte aufweist, sind auch bei dieser Basisadresse die beiden niederstwertigen Bits auf '0' gesetzt.

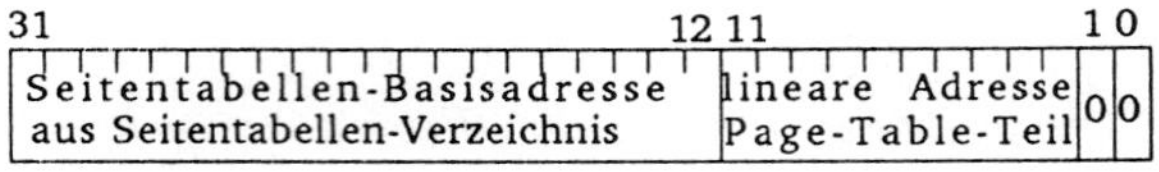

Bild 4.4-6. Selektierung eines Eintrags in der Seitentabelle

Die Seitentabellen

Ein Eintrag in einer **Seitentabelle** (*page table entry*) hat ein Format gemäß Bild 4.4-7.

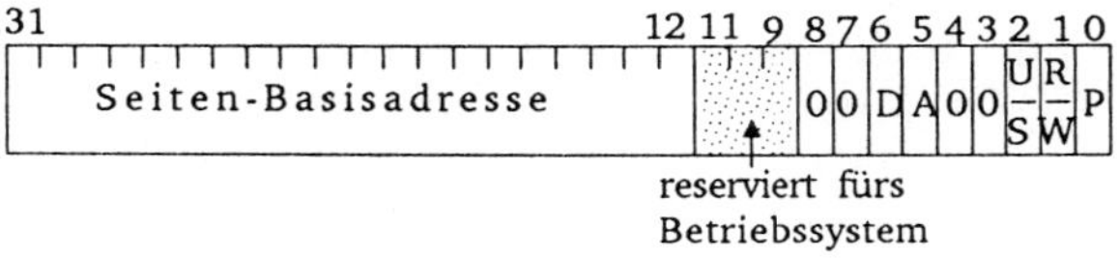

Bild 4.4-7. Eintrag einer Seitentabelle

Mit der 20 bit langen Basisadresse der selektierten Seiten aus der Seitentabelle und dem 12 bit langen *Offset*-Teil der linearen Adresse (Bits 0-11) läßt sich schließlich die 32 bit lange physikalische Adresse des gesuchten Speicherwortes bestimmen (Bild 4.4-8).

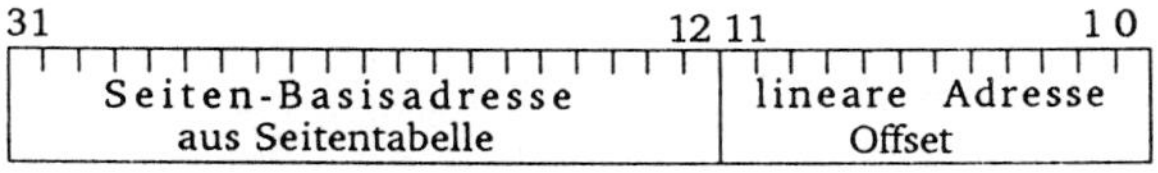

Bild 4.4-8. Berechnung der physikalischen Adresse

Abschließend müssen wir noch die restlichen, bei beiden Tabellentypen identischen Bits der Einträge erklären (vgl. Bild 4.4-5 und 4.4-8). Sie dienen – wie bei den Segment-Deskriptoren – der Implementierung von Schutzmechanismen und unterstützen das Betriebssystem bei der effizienten Durchführung von Speicher-Ersetzungsstrategien.

P (*present bit*) Genau wie bei Segment-Deskriptoren zeigt dieses Bit an, ob die spezifizierte Seitentabelle bzw. Seite im Hauptspeicher vorhanden ist. Wird auf eine nicht vorhandene Seite oder Seitentabelle zugegriffen, dann liegt der bereits erwähnte Seitenfehler (*page fault*) vor, und die gewünschte Seite muß vom Betriebssystem in den Speicher eingelagert werden.

U/S (*user/supervisor bit*) Beim Zugriff auf Speicherseiten wird nur zwischen zwei Privileg-Ebenen unterschieden. Ist das Bit U/S=1 gesetzt, so dürfen alle Prozesse auf diese Seite zugreifen (Benutzer-Modus, *user mode*). Gilt U/S=0, so ist nur Prozessen der Privileg-Ebenen 0-2 (vgl. Abschnitt 4.3.2.1) ein Zugriff auf die Seite erlaubt (Betriebssystem-Modus, *supervisor mode*).

R/W (*read/write bit*) Bei Speicherseiten wird nicht zwischen Code- und Datenseiten unterschieden. Durch das R/W-Bit wird allerdings geregelt, ob im Benutzer-Modus auf eine Seite, die durch U/S=1 gekennzeichnet ist, nur lesender oder auch schreibender Zugriff erfolgen darf. Nur wenn das R/W-Bit gesetzt ist, kann die Seite auch beschrieben werden. Für Seiten, die durch U/S=0 geschützt sind, hat dieses Bit keine Bedeutung; sie dürfen immer gelesen oder beschrieben werden, aber nur im Betriebssystem-Modus.

A (*accessed bit*) Dieses Bit wird vom Prozessor nach jedem Seitenzugriff in der Seitentabelle und dem zugehörigen Eintrag im Seitentabellen-Verzeichnis gesetzt. Mit Hilfe dieses Bits kann das Betriebssystem feststellen, auf welche Seiten schon lange nicht mehr zugegriffen worden ist (vgl. Selbsttestaufgabe S4.4-1.) Dadurch kann es entscheiden, welche Seite als nächste ausgelagert werden kann.

D (*dirty bit*) Dieses Bit wird nur in der Seitentabelle benutzt, um anzuzeigen, daß in der entsprechenden Seite ein Speicherwort verändert worden ist. Der Inhalt sehr vieler Seiten, z.B. solcher, die Programmcode enthalten, wird während ihrer Einlagerung im Arbeitsspeicher nicht verändert. Diese Seiten müssen deshalb bei der Ersetzung durch andere Seiten nicht in den Hintergrundspeicher zurückgeschrieben werden.

Die restlichen drei Bits (Bits 9-11) stehen dem Betriebssystem zur Verfügung. Dort können zusätzliche Informationen über die Seite bzw. Seitentabelle abgespeichert werden, auf die wir hier nicht eingehen wollen.

Selbsttestaufgabe S4.4-1:
Wie läßt sich mit Hilfe des *Accessed Bit* möglichst einfach eine LRU-ähnliche Ersetzungsstrategie implementieren ?

Selbsttestaufgabe S4.4-2:

Bestimmen Sie für den Intel 80386 die physikalische Adresse, wenn die folgende lineare Adresse (in Hexadezimalschreibweise) gegeben ist:

$FFFFF002 .

Das CR3-Register soll den Wert $001FA000 enthalten.

Deuten Sie insbesondere die Tabellen-Einträge:

- Darf das durch die Adresse selektierte Datum verändert werden ?
- Befindet sich die zugehörige Seite im Hauptspeicher ?
- Ist auf die Seite bereits zugegriffen worden ?
- Dürfen auch Prozesse der Privileg-Ebene 3 auf das Datum zugreifen ?

Der Hauptspeicher habe die folgende Belegung (Ausschnitt):

Adresse	Inhalt	Adresse	Inhalt
$00200FFF	0 0		
$00200FFE	3 0	$001FB000	3 1
$00200FFD	1 0	$001FAFFF	0 0
$00200FFC	0 6	$001FAFFE	2 0
$00200FFB	4 0	$001FAFFD	0 0
$00200FFA	A 1	$001FAFFC	2 5
$00200FF9	1 1	$001FAFFB	3 0
$00200FF8	2 3	$001FAFFA	0 4
$00301006	4 5	$001FA004	A 1
$00301005	2 B	$001FA003	0 2
$00301004	0 0	$001FA002	3 0
$00301003	0 5	$001FA001	4 1
$00301002	2 0	$001FA000	0 4
$00301001	3 0		
$00301000	0 2		

Welcher Wert ist in der adressierten Speicherstelle abgelegt?

4.4.1.3 Beschleunigung der Adreßberechnung durch einen Cache

Normalerweise erfolgt die Berechnung einer physikalischen Adresse, wie oben beschrieben, über den Zugriff auf das Seitentabellen-Verzeichnis und die entsprechende Seitentabelle. Um diese Berechnung zu beschleunigen, benutzt der 80386 einen speziellen, sehr schnellen, assoziativen Cache-Speicher, der *Translation Lookaside Buffer* (TLB) genannt wird. Der Prozessor lädt automatisch die 32 zuletzt benutzten Einträge aus dem Seitentabellen-Verzeichnis und der Seitentabelle in den Cache. Bei jeder linearen Adresse, die in eine physikalische umgesetzt werden muß, wird zunächst nachgesehen, ob die durch die höchstwertigen 20 Bits der linearen Adresse spezifizierten Tabellen-Einträge im Cache sind. In diesem Fall, der Treffer (*hit*) genannt wird (vgl. Abschnitt 3.8), werden die oben beschriebenen Tabellen nicht benötigt, die Basisadresse der Seite befindet sich im TLB. Gibt es den gewünschten Eintrag nicht im Cache, so muß mit Hilfe der im Hauptspeicher residierenden Tabellen die physikalische Adresse bestimmt werden (vgl. Bild 4.4-9).

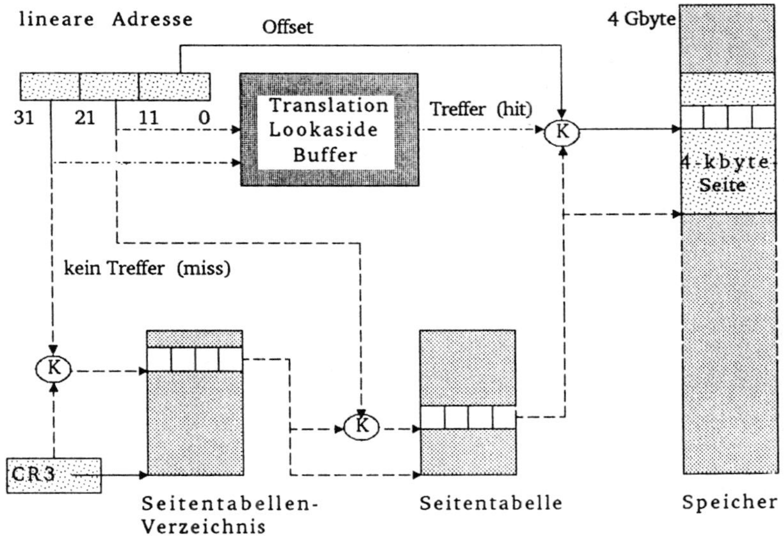

Bild 4.4-9. Benutzung eines Caches zur Beschleunigung der Adreßberechnung

Von der Herstellerfirma wird angegeben, daß es in typischen Anwendungen bei weit über 90% der Seitenzugriffe einen Treffer gibt, d.h. die Adreßberechnung kann über den schnellen Cache erfolgen. Eine hohe Treffer-Rate läßt sich wiederum durch die Lokalitätseigenschaft von Programmen erklären.

4.4.1.4 Vorgehensweise bei Seitenfehlern

Entscheidend für eine effiziente Verwaltung des Seitenspeichers durch das Betriebssystem ist die Häufigkeit, mit der benötigte Seiten vom Hintergrundspeicher in den Hauptspeicher eingelagert werden müssen. Ein Maß dafür ist die sogenannte Seitenfehler-Rate (*page fault rate*), d.h. die Anzahl der erforderlichen Seiteneinlagerungen pro Zeiteinheit.

Ist bei einem Seitenzugriff die erforderliche Seitentabelle nicht im Hauptspeicher, d.h. ist im entsprechenden Eintrag des Seitentabellen-Verzeichnisses das P-Bit nicht gesetzt, generiert der Prozessor eine Unterbrechungs-Anforderung (*exception*). Daraufhin muß die Seitentabelle durch das Betriebssystem eingelagert werden. Genauso wird vorgegangen, wenn in der zweiten Stufe der Adreßberechnung die gewünschte Seitennummer nicht in der Seitentabelle vorliegt, die Seite also nicht im Hauptspeicher residiert.

Zur effizienten Durchführung des Ein- und Auslagerns von Seiten stehen dem Prozessor vier Systemregister CR0 bis CR3, die sogenannten *(System) Control Registers* (s. Bild 4.4-10) zur Verfügung.

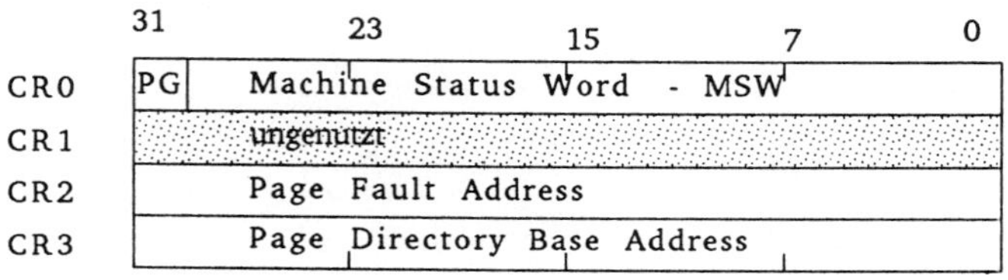

Bild 4.4-10. Systemregister zur Verwaltung der Speicherseiten

Im ersten Register CR0 ist das Maschinenstatuswort (MSW) abgespeichert. Als Erweiterung zum 80286 ist das höchstwertige Bit (*page enable* – PG) dann gesetzt, wenn der Prozessor eine Seitenverwaltung durchführen soll. (Dieses Register kann z.B. im Betriebssystem-Modus durch den Befehl MOVE CR0 geladen werden.) Im Register CR2 wird die lineare Adresse derjenigen Seite abgelegt, die zu einem Seitenfehler geführt hat. Auf dieses Register kann das Betriebssystem zugreifen, um den Seitenfehler zu behandeln. Im Register CR3 ist, wie schon erwähnt, die Basisadresse des Seitentabellen-Verzeichnis des gerade vom Prozessor bearbeiteten Prozesses abgelegt. Bei einem Prozeßwechsel wird automatisch die Basisadresse des neuen Seitentabellen-Verzeichnisses ins Register CR3 eingetragen.

4.4.2 Seitenverwaltungskonzept des MMU-Bausteins NS32382

Die MMU NS32382 der Firma National Semiconductor ist ein spezieller Baustein, der für den 32-bit-Prozessor NS32332 die Speicherverwaltung übernimmt. Dieser Zusammenhang ist schematisch in Bild 4.4-11 dargestellt.

Die CPU reicht eine virtuelle Adresse an die MMU weiter, die dann selbständig die zugehörige physikalische Adresse generiert bzw. eventuell vorhandene Fehler entdeckt. In diesem Abschnitt werden wir uns hauptsächlich damit beschäftigen, wie die Kommunikation zwischen CPU und MMU verläuft und welche

Signale dazu zwischen diesen Bausteinen ausgetauscht werden. Zuvor wollen wir kurz vorstellen, wie die Berechnung physikalischer Adressen erfolgt.

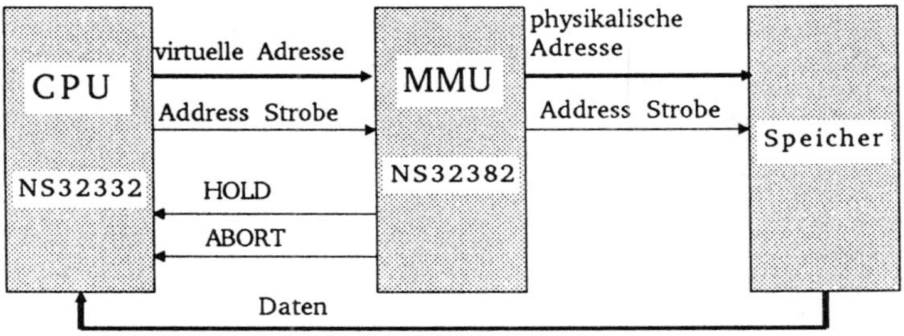

Bild 4.4-11. Zusammenwirken von CPU und MMU zur Berechnung physikalischer Adressen

4.4.2.1 Berechnung physikalischer Adressen aus virtuellen Adressen

Im Gegensatz zum oben vorgestellten Intel-Prozessor 80386 unterstützt die MMU NS32382 ausschließlich eine Seitenverwaltung; eine Aufteilung des Speichers in Segmente unterschiedlicher Größe ist nicht möglich. Deshalb werden virtuelle Adressen – anders als beim 80386 (vgl. Bild 4.4-1) – direkt in physikalische Adressen umgewandelt.

Mit der gegebenen Wortlänge von 32 bit kann ein virtueller Adreßraum von 4 Gbyte benutzt werden. Als Seitengröße wurde auch bei diesem Baustein 4 kbyte gewählt. Die Berechnung der physikalischen Adressen erfolgt durch eine zweistufige Seitentabellen-Verwaltung, die in Bild 4.4-12 dargestellt ist. (Im Unterschied zu Bild 4.4-3 haben wir hier die Konkatenation verschiedener Adreßteile durchgeführt und die dadurch erhaltenen Adressen explizit angegeben.)

Bei dieser MMU besteht eine virtuelle Adresse, genau wie beim Intel 80386, aus zwei 10 bit langen Selektorfeldern und einem 12 bit großen Offset (vgl. Bild 4.4-3). Die benutzten Seitentabellen sind ebenfalls 4 kbyte groß, und die Bildung der physikalischen Adressen erfolgt völlig analog zu den Bildern 4.4-4, 4.4-6 und 4.4-8. Im ersten Byte jedes Tabelleneintrags sind wiederum Informationen über die Zugriffsrechte (*access byte*) abgespeichert. Genau wie bei den Intel-Prozessoren enthält dieses Byte u.a. eine Privileg-Ebene, ein *Dirty Bit* und ein *Accessed Bit.* Jeder Prozeß besitzt wieder sein eigenes Seitentabellen-Verzeichnis, auf das über ein spezielles Basisregister, dem Seitentabellen-Basisregister (STBR) zugegriffen wird.

Um die Berechnung physikalischer Adressen zu beschleunigen, besitzt die MMU NS32382 ebenfalls einen Cache-Speicher, in dem die Tabelleneinträge für die 32 zuletzt benutzten virtuellen Adressen abgelegt sind. Gibt es bei einer Adreßumsetzung einen Treffer, dann sind keine zeitaufwendigen Tabellenzugriffe erforderlich, vgl. Bild 4.4-9. Der Cache wird von der MMU in Anlehnung an das

LRU-Prinzip verwaltet. Nur in wenigen Details (und in der Nomenklatur), auf die wir hier nicht näher eingehen wollen, sind konzeptionelle Unterschiede zur Paging-Einheit des Intel 80386 feststellbar.

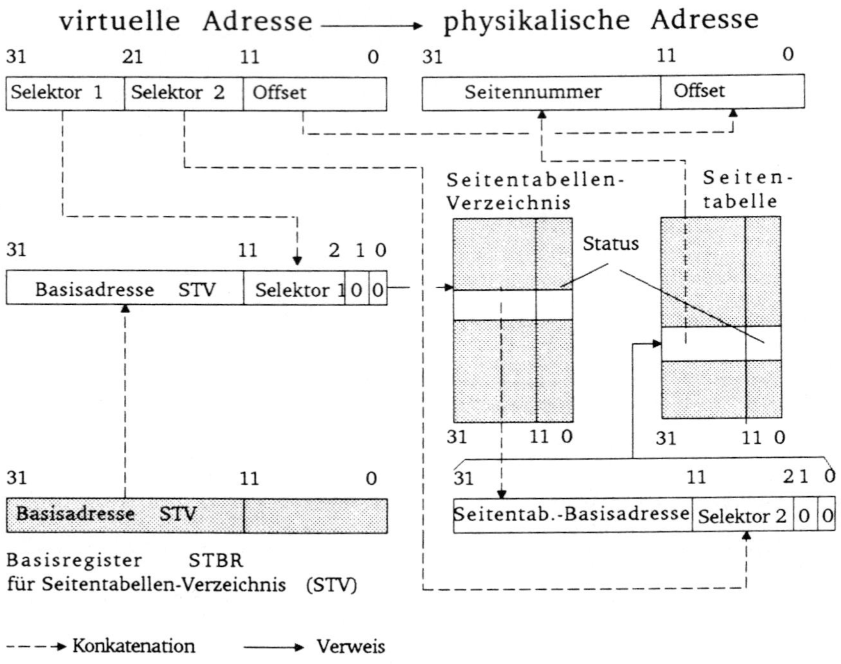

Bild 4.4-12. Berechnung physikalischer Adressen bei der MMU NS32382

4.4.2.2 Kommunikation zwischen CPU und MMU

Als erstes wollen wir die wichtigsten Ein-/Ausgabesignale der MMU zur Steuerung ihrer Kommunikation mit der CPU vorstellen. Ein aus CPU, MMU und Bus-Controller bestehendes System ist in Bild 4.4-13 dargestellt. Der Bus-Controller hat die Aufgabe, aus den Steuer- und Statussignalen der CPU das zeitgerechte Takt- und READY-Signal für die MMU zu generieren. Die meisten Signale sind bereits aus Kapitel 1 bekannt. Der Vollständigkeit halber werden sie hier noch einmal aufgeführt.

Eingangssignale der MMU

$\overline{\text{ADS}}$ (*address strobe*) Der Systembus der CPU überträgt Adressen und Daten im Multiplexbetrieb. Dieses Signal zeigt an, daß sich auf ihm augenblicklich eine (virtuelle) Adresse befindet.

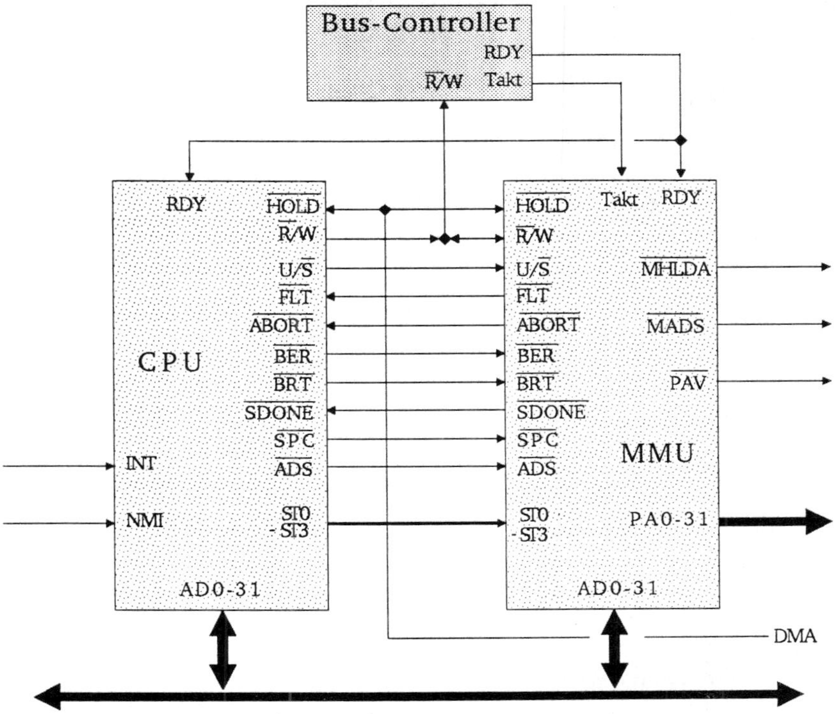

Bild 4.4-13. MMU NS32382 in Verbindung mit CPU und Bus-Controller

RDY (*ready*) Dieses Signal wird vom Bus-Controller auf Wunsch langsamer Komponenten erzeugt und zur Anforderung von Wartezyklen benutzt. Es ist mit dem RDY-Eingang der CPU und der MMU verbunden (vgl. den semi-synchronen Systembus im Abschnitt 1.10).

ST0-ST3 (*status lines*) Die vier Leitungen übertragen die im Abschnitt 1.5 beschriebenen Prozessor-Status-Signale (Funktionscode). Sie definieren den Typ des aktuell durch die CPU ausgeführten Buszyklus.

U/$\overline{S}$ (*user/supervisor*) Dieses Signal wird von der CPU generiert und zeigt an, ob sich die CPU gerade im Benutzer-Modus (*user mode*) oder im Betriebssystem-Modus (*supervisor mode*) befindet. Es wird u.a. zur Implementierung von Schutzmechanismen benutzt.

$\overline{\text{BRT}}$ (*bus retry*) Dieses Signal wird von der CPU oder anderen Komponenten gesetzt, wenn der letzte Buszyklus wiederholt werden muß.

$\overline{\mathrm{BER}}$ (*bus error*) $\overline{\mathrm{BER}}$ zeigt an, daß der gerade durchgeführte Buszyklus fehlerhaft war, und dieser Fehler nicht durch eine Wiederholung behoben werden kann.

$\overline{\mathrm{HOLD}}$ (*MMU hold*) Dieses Signal veranlaßt die MMU, den Systembus für einen DMA-Transfer freizugeben. Es entspricht in seiner Funktion dem $\overline{\mathrm{HOLD}}$-Eingang der CPU.

$\overline{\mathrm{SPC}}$ (*slave processor control*) Das $\overline{\mathrm{SPC}}$-Signal wird von der CPU als *Strobe*-Signal benutzt. Mit seiner Hilfe werden die Operationscodes und Daten zur MMU übertragen.

Ausgangssignale der MMU

$\overline{\mathrm{FLT}}$ (*float*) Wenn die MMU auf die Seitentabellen zugreifen will, wird von ihr das $\overline{\mathrm{FLT}}$-Signal gesetzt, damit die CPU den Bus freigibt. D.h. hier handelt es sich um einen speziellen $\overline{\mathrm{HOLD}}$-Ausgang der MMU für die CPU.

PA0-PA31 (*physical address*) Diese Leitungen bilden den Bus, der die physikalische Adresse zum Speicher überträgt.

$\overline{\mathrm{MADS}}$ (*MMU address strobe*) Dieses Signal zeigt an, daß sich eine physikalische Adresse auf dem Bus PA0-PA31 befindet. Es wird von der MMU als Triggersignal für einen Adreßpuffer ausgegeben, wenn die CPU der MMU den Buszugriff eingeräumt hat, insbesondere also für den Zugriff auf die Seitentabellen und die Seitentabellen-Verzeichnisse.

$\overline{\mathrm{PAV}}$ (*physical address valid*) Dieses Signal meldet dem Speicher, daß die Adresse auf dem Bus PA0-PA31 gültig ist.

$\overline{\mathrm{ABORT}}$ Mit diesem Signal wird ein von der CPU initialisierter Buszyklus abgebrochen.

$\overline{\mathrm{MHLDA}}$ (*MMU hold acknowledge*) Dieses Signal zeigt bei einer DMA-Operation an, daß die MMU den Bus freigegeben hat. Es entspricht in seiner Funktion einem $\overline{\mathrm{HLDA}}$ (*hold acknowledge*) der CPU.

$\overline{\mathrm{SDONE}}$ (*slave done*) $\overline{\mathrm{SDONE}}$ wird von der MMU gesetzt, um der CPU die Beendigung einer MMU-Instruktion anzuzeigen.

Ein-/Ausgabesignale der MMU

AD0-AD31 (*address*) Diese Signale bilden den "gemultiplexten" Daten-/Adreßbus. Auf dem Bus werden sowohl die virtuellen Speicheradressen zur MMU als auch die Daten aus dem Speicher zur CPU bzw. in umgekehrter Richtung übertragen.

$\overline{\mathrm{R}}$/W (*read/write*) Das $\overline{\mathrm{R}}$/W-Signal bestimmt während eines Buszyklus die Richtung eines Datentransfers (Lesen: $\overline{\mathrm{R}}$/W=0, Schreiben: $\overline{\mathrm{R}}$/W=1).

4.4.2.3 Durch die CPU initiierte Buszyklen

Ein durch die CPU initiierter Buszyklus benötigt vier Taktzyklen T_1-T_4, vgl. Bild 4.4-14.

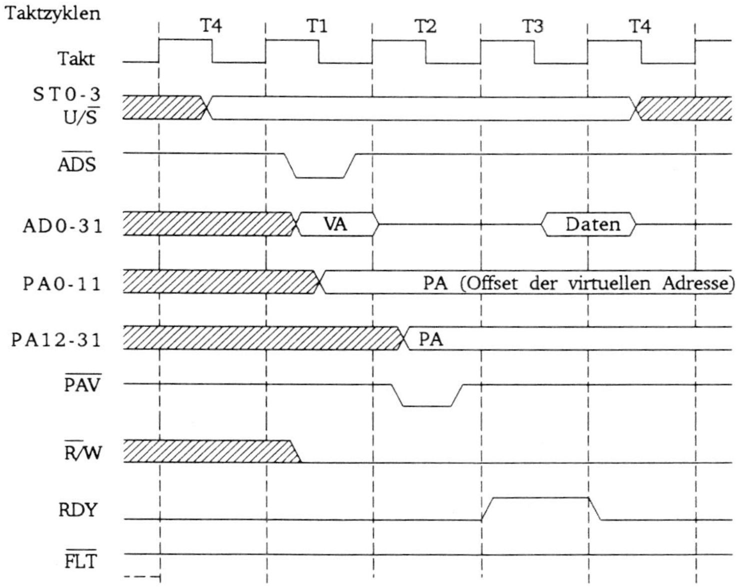

Bild 4.4-14. CPU-Buszyklus eines Lesebefehls bei einem Cache-Treffer

Während des ersten Taktzyklus T_1 legt die CPU die virtuelle Adresse (VA) auf den Bus AD0 - AD31 und generiert das Übernahmesignal $\overline{\text{ADS}}$ (*address strobe*). Die niederstwertigen 12 Bits, d.h. der Offset, werden direkt auf den physikalischen Adreßbus PA0 - PA11 durchgeschaltet. Die restlichen Bits werden von der MMU gelesen, um daraus die Bits PA12 - PA31 zu bestimmen. Wie dies geschieht, werden wir nun beschreiben.

Während des zweiten Taktzyklus T_2 nimmt die CPU die virtuelle Adresse wieder vom Systembus. Nun können drei verschiedene Situationen auftreten.

1. Die virtuelle Adresse befindet sich im Cache, d.h. es wird ein Treffer festgestellt, und es liegt keine Verletzung der Zugriffsrechte vor. In diesem Fall kann die MMU die physikalische Adresse PA12 - PA31 noch innerhalb von T_2 auf den physikalischen Adreßbus legen und dies durch das $\overline{\text{PAV}}$-Signal (*physical address valid*) anzeigen. Bild 4.4-14 zeigt den Zeitverlauf bei einem Cache-Treffer, wenn Daten aus dem Speicher gelesen werden.

2. Die virtuelle Adresse ist im Cache vorhanden, aber die Zugriffsrechte auf die entsprechende Seite werden verletzt. Dann generiert die MMU kein $\overline{\text{PAV}}$-Signal, sondern sendet stattdessen ein $\overline{\text{ABORT}}$-Signal an die CPU, um anzuzeigen, daß die gewünschte Adreßberechnung nicht zulässig ist. Dies ist im Bild 4.4-15 dargestellt.

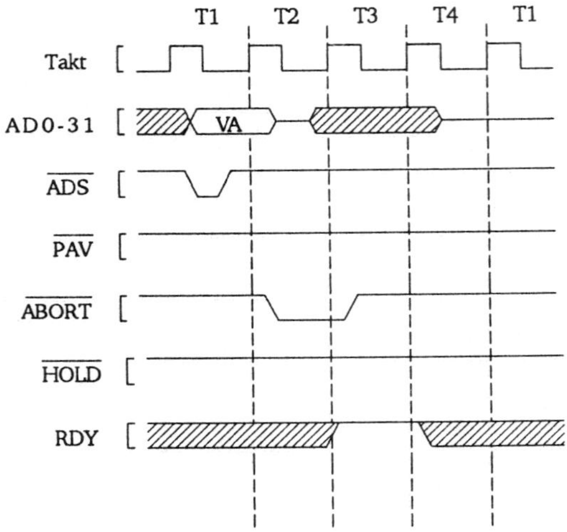

Bild 4.4-15. Abbruch eines Buszyklus wegen einer Verletzung der Zugriffsrechte

3. Die virtuelle Adresse befindet sich nicht im Cache, d.h. es gibt keinen Treffer, und es muß ein Zugriff auf die im Hauptspeicher liegenden Seitentabellen erfolgen. Ein solcher Tabellenzugriff ist auch erforderlich, wenn eine Seite erstmalig verändert wird und ihr *Dirty Bit* noch ungesetzt ist. In diesen Fällen muß die MMU die Buskontrolle übernehmen und meldet diesen Wunsch der CPU mit dem $\overline{\text{FLT}}$-Signal (*float*). Der Ablauf eines solchen durch die MMU initiierten Buszyklus wird im nächsten Unterabschnitt beschrieben (s. Bild 4.4-16).

Wird der Buszyklus nicht wegen einer Verletzung der Zugriffsrechte abgebrochen, so werden die Daten während der Taktzyklen T_3 und T_4 auf dem Systembus zwischen CPU und Speicher übertragen. Dies ist ebenfalls im Bild 4.4-14 dargestellt.

Innerhalb von T_3 wird zusätzlich das vom Bus-Controller generierte RDY-Signal (*ready*) von der MMU überprüft. Ist es in T_3 auf L-Potential, dann werden zusätzliche Wartezyklen durch die Wiederholung von T_3 ausgeführt. Dadurch ist es möglich, den Buszyklus an langsamere Datenübertragungen anzupassen.

4.4.2.4 Durch die MMU initiierte Buszyklen

Sobald ein Zugriff auf die Seitentabellen erfolgen muß, übernimmt die MMU die Buskontrolle. Für die Berechnung der physikalischen Adresse werden wegen der zweistufigen Seitentabellen-Verwaltung zwei zusätzliche Buszyklen benötigt. Bild 4.4-16 zeigt den zeitlichen Ablauf. Darin wird beispielhaft ein Schreibbefehl durchgeführt ($\overline{R}$/W=1).

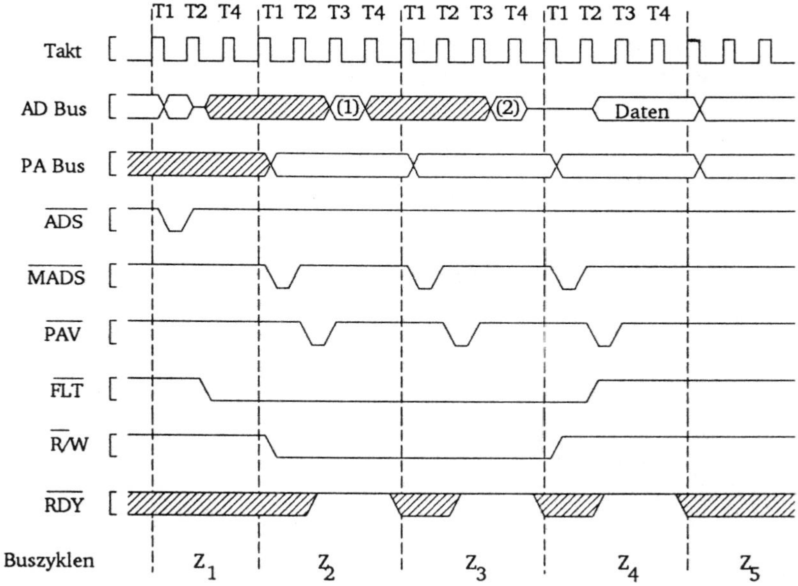

Bild 4.4-16. MMU-initiierter Buszyklus zum Zugriff auf die Seitentabellen

Nachdem im ersten Buszyklus Z_1 die MMU der CPU durch eine negative Flanke des $\overline{FLT}$-Signals (*float*) signalisiert hat, daß sie auf den Bus zugreifen will, wartet sie eine zusätzliche Taktphase (T_4). Im Buszyklus Z_2 wird der gesuchte Eintrag aus dem Seitentabellen-Verzeichnis (1), in Z_3 aus der Seitentabelle (2) gelesen. Im vierten Buszyklus Z_4 kann die MMU in T_1 die physikalische Adresse auf PA0-PA31 legen und dies durch das Signal $\overline{MADS}$ (*MMU address strobe*) anzeigen. In T_2 setzt sie das FLT-Signal zurück und generiert ein $\overline{PAV}$-Signal, damit in T_3 und T_4 mit einem CPU-Buszyklus die eigentliche Datenübertragung, wie oben beschrieben, fortgesetzt werden kann.

Muß in den Seitentabellen die Statusinformation, z.B. das *Dirty Bit* oder das *Accessed Bit*, modifiziert werden, geschieht dies durch zusätzlich eingefügte Schreibzyklen. Sie schließen sich direkt dem zweiten bzw. dritten Buszyklus an.

Wartezyklen

Um verschiedene Übertragungsraten, z.B. von langsamen Peripheriegeräten, zu ermöglichen, können Wartezyklen durch den Bus-Controller erzeugt werden (vgl. Bild 4.4-13). Dies geschieht durch das RDY-Signal (*ready*), das während der Taktzeit T_3 in den Bildern 4.4-14 und 4.4-16 stets auf '1' gesetzt war. Gilt RDY = 0, so wird nach T_3 nicht mit T_4 fortgefahren, sondern nochmals ein Takt T_3 eingefügt.

Zeitverhalten bei Busfehlern

Wird bei einer Übertragung ein leichter Busfehler festgestellt, d.h. einer, der durch eine Übertragungs-Wiederholung behoben werden kann, aktiviert die CPU das $\overline{\text{BRT}}$-Signal (*bus retry*). Die MMU prüft $\overline{\text{BRT}}$ während der Taktzeiten T_3 und T_4. Befindet sich $\overline{\text{BRT}}$ dann auf einem L-Pegel, wird der gesamte Buszyklus wiederholt.

Wird ein schwerer Busfehler entdeckt, der durch Wiederholung nicht behoben werden kann, erkennt dies die MMU während der Taktzeit T_4 durch ein gesetztes $\overline{\text{BER}}$-Signal (*bus error*), das von der CPU ausgegeben wird. In diesem Fall wird die virtuelle Adresse, bei der dieser Fehler aufgetreten ist, in einem speziellen Register BEAR (*bus error address register*) abgespeichert und im MMU-Statusregister ein entsprechendes Bit gesetzt. Anschließend wird mit einem $\overline{\text{ABORT}}$-Signal der Buszyklus abgebrochen und die Buskontrolle durch Deaktivieren von $\overline{\text{FLT}}$ an die CPU zurückgegeben.

DMA-Transfer

Durch Setzen der $\overline{\text{HOLD}}$-Leitung kann ein DMA-Gerät die MMU zur Busfreigabe veranlassen. Die MMU erteilt dann durch das $\overline{\text{MHLDA}}$-Signal (*MMU hold acknowledge*) dem DMA-Baustein die Buskontrolle. Wenn der DMA-Controller seinen Buszugriff beendet hat, setzt er das $\overline{\text{HOLD}}$-Signal zurück, und die MMU erhält wieder die Buskontrolle.

4.4.2.5 MMU-Instruktionen

Die MMU NS32382 enthält eine Reihe von Registern, mit deren Hilfe die CPU die Funktionen der MMU steuern kann. Die wichtigsten MMU-Register sind:

PTB0, PTB1 (*page table base register*) Jedes dieser Register enthält die Basisadresse für ein Seitentabellen-Verzeichnis.

BEAR (*bus error address register*) In das BEAR-Register wird die virtuelle Adresse, bei der ein Busfehler aufgetreten ist, abgespeichert (s.o.).

MSR (*memory management status register*) Das MSR enthält wichtige Statusinformationen. Dazu gehören u.a. Informationen darüber,

- ob ein Lese- oder ein Schreibzyklus durchgeführt worden ist,
- ob und an welcher Stelle Zugriffsrechte verletzt worden sind,
- welche Busfehler aufgetreten sind und

- ob die zu berechnende Adresse zu einem im Benutzer-Modus (*user mode*) oder Betriebssystem-Modus (*supervisor mode*) befindlichen Prozeß gehört.

Sämtliche Register können von der CPU durch bestimmte Instruktionen gelesen und verändert werden. Weil die MMU für die CPU als Slave-Prozessor arbeitet, werden diese Befehle *Slave Instructions* genannt. Alle MMU-Instruktionen sind privilegiert, d.h. sie können nur im Betriebssystem-Modus benutzt werden. Es sind vier verschiedene MMU-Befehle möglich:

- SMR (*store MMU register*),
- LMR (*load MMU register*).

Mit diesen Befehlen können die MMU-Register gesetzt bzw. deren Inhalte gelesen werden.

- RDVAL (*validate address for reading*),
- WRVAL (*validate address for writing*).

Mit diesen Instruktionen läßt sich feststellen, ob bei einem Schreib- bzw. Lesezugriff auf eine gegebene Adresse eine Verletzung der Zugriffsrechte auftreten würde. Mit ihnen kann somit vor der Ausführung eines Befehls geprüft werden, ob der gewünschte Befehl zulässig ist, und somit verhindert werden, daß eine auftretende Fehlersituation zu einem Trap führt.

Das Format eines MMU-Befehls ist in Bild 4.4-17 dargestellt.

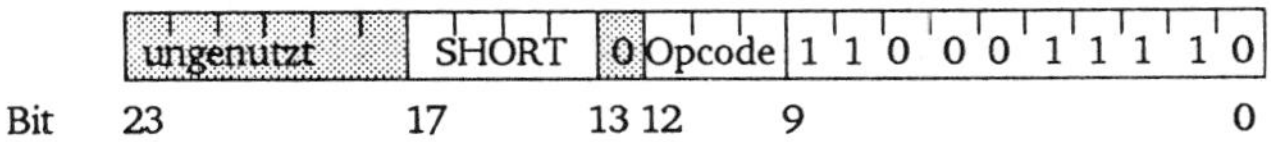

Bild 4.4-17. Format einer MMU-Instruktion

Die niederstwertigen 10 Bits identifizieren den Befehl als eine Slave-Prozessor-Instruktion, die an die MMU gerichtet ist. Im OpCode-Feld wird einer der vier MMU-Befehle spezifiziert. Im 4 bit langen SHORT-Feld wird das vom Befehl angesprochene MMU-Register selektiert, die höchstwertigen Bits 18 - 23 bleiben ungenutzt.

Für die Übertragung eines MMU-Befehls gibt es wiederum ein genaues Protokoll. Hierbei benötigt ein Buszyklus nur die zwei Taktzeiten T_1 und T_4 (vgl. Abschnitt 4.2.2.3), weil keine explizite Adreßberechnung durchgeführt werden muß. Bei jedem dieser Buszyklen werden genau 32 Bits von oder zur MMU übertragen. Das Zeitverhalten ist in den Bildern 4.4-18 und 4.4-19 dargestellt.

Während der Taktzeit T_1 wird von der CPU das *Strobe*-Signal $\overline{\mathrm{SPC}}$ (*slave processor control*) aktiviert, d.h. auf L-Pegel gesetzt. Bei einem Lesebefehl übernimmt die CPU zu Beginn von T_4 die auf dem Bus befindlichen Daten (s. Bild 4.4-18).

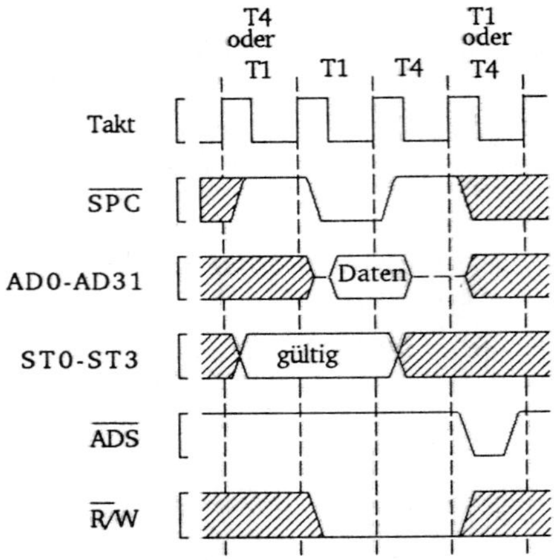

Bild 4.4-18. Buszyklus für eine MMU-Instruktion: CPU liest aus der MMU

Wenn die CPU zur MMU schreiben will (s. Bild 4.4-19), legt sie in derselben Taktzeit die Daten auf den Systembus. Innerhalb von T_4 deaktiviert die CPU dann das Signal $\overline{SPC}$.

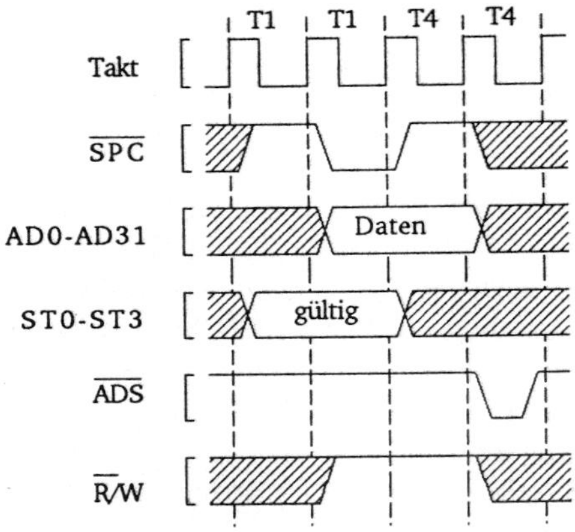

Bild 4.4-19. Buszyklus für eine MMU-Instruktion: CPU schreibt zur MMU

Als Beispiel wollen wir nun noch in Tabelle 4.4-20 die einzelnen Schritte darstellen, die bei einem LMR-Befehl (*load MMU register*) in der CPU und in der MMU stattfinden. Eine wichtige Aufgabe spielt dabei der Funktionscode ST0 - ST3 der CPU, der über spezielle Leitungen (s. Abschnitt 1.5.2) ausgegeben und während eines Slave-Buszyklus von der MMU gelesen wird. Die Schritte für die anderen MMU-Instruktionen sehen ähnlich aus.

Tabelle 4.4-20. Durchführung des LMR-Befehls (*load MMU register*)

die CPU	ST0-ST3	die MMU
legt die MMU-Instruktion auf den Systembus und aktiviert das $\overline{\text{SPC}}$-Signal	1 1 1 1	akzeptiert und dekodiert den Befehl
schickt den Operanden zur MMU und aktiviert $\overline{\text{SPC}}$	1 1 0 1	nimmt den Operanden vom Bus und setzt das angegebene Register
wartet aufs $\overline{\text{SDONE}}$-Signal der MMU	0 0 1 1	aktiviert $\overline{\text{SDONE}}$, um das Befehlsende anzuzeigen

4.5 Schutzmechanismen

Im folgenden werden wir uns mit den weiteren Möglichkeiten moderner Mikroprozessoren zur Unterstützung von Betriebssystemen beschäftigen, speziell zur Realisierung von Schutzmaßnahmen (*protections*) und der Multitasking-Betriebsart. Sobald es um genaue Implementierungen geht, greifen wir auf unseren Beispiel-Prozessor Intel 80286 zurück; gegebenenfalls werden wir auf Unterschiede beim Seitenspeicherkonzept des 80386 hinweisen.

Vom Prozessor werden während der Laufzeit von Programmen eine Reihe von Konsistenzüberprüfungen (*protection checks*) vorgenommen, um nicht erlaubte Speicherzugriffe zu verhindern. Generell wird auf drei Ebenen Schutz gewährleistet:

- Trennung der Systemsoftware, z.B. des Betriebssystems, insbesondere des Ein-/Ausgabe-Subsystems (BIOS – *basic I/O system*), von den Anwendungsprozessen.
- Trennung der Anwendungsprozesse voneinander. Ist dies nicht gewährleistet, könnte ein fehlerhaftes Anwendungsprogramm andere, fehlerfreie Programme beeinflussen.

- Datentyp-Überprüfungen während der Laufzeit. Es muß z.B. gesichert sein, daß nicht versucht wird, Datensegmente als Programme zu interpretieren und auszuführen bzw. Codesegmente zu beschreiben, und daß der Offset einer Adresse nicht außerhalb der Segmentgrenzen führt.

4.5.1 Schutzebenen

Das wichtigste Mittel zur Realisierung von Schutzmechanismen sind die sogenannten Schutz- oder Privileg-Ebenen (PL – *privilege levels*). In vielen µP-Systemen, z.B. beim Motorola 68000 oder beim National Semiconductor 16000, wird (nur) zwischen zwei verschiedenen Privileg-Ebenen, nämlich dem Betriebssystem-Modus (*supervisor mode*) und dem Benutzer-Modus (*user mode*) unterschieden. Dabei darf ein Auftrag im Benutzer-Modus in der Regel keine Daten oder Programme des höherprivilegierten Betriebssystem-Modus benutzen.

Das Konzept der zwei Schutzebenen wurde beim Intel 80286 auf eine vierstufige Hierarchie der Vertrauenswürdigkeit (*hierarchy of trust*) erweitert (vgl. Abschnitt 4.3.2.1). Entsprechend gibt es vier verschiedene Privileg-Ebenen (PL). Die Privileg-Ebene PL=0 entspricht der vertrauenswürdigsten Ebene (*most trusted level*), PL=3 der am wenigsten vertrauenswürdigen Ebene (*least-trusted level*). Diese vier Ebenen ermöglichen eine differenzierte Unterscheidung zwischen den verschiedenen Arten von Code und Daten.

Ein typisches System, das alle vier Privileg-Ebenen ausnutzt, ist in Bild 4.5-1 dargestellt. Dies Bild macht auch deutlich, warum man anstelle von Schutzebenen auch von Schutzringen (*protection rings*) spricht.

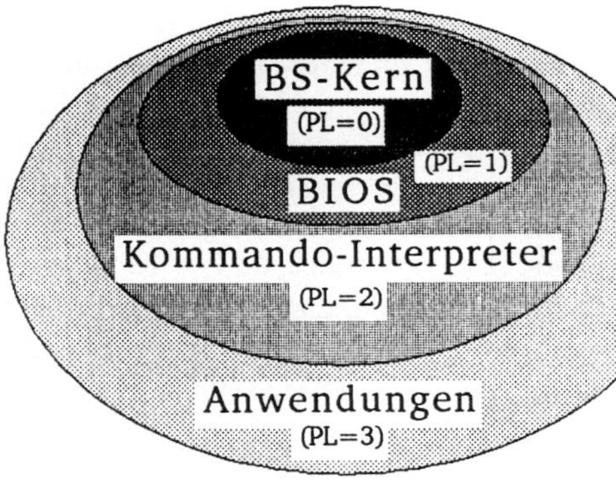

Bild 4.5-1. Beispielsystem mit vier verschiedenen Schutzringen

Die in Bild 4.5-1 dargestellten Systemkomponenten sind:

- Der Betriebssystemkern (BS-Kern, *kernel*) realisiert die wichtigsten Aufgaben des Betriebssystems, wie z.B. die Speicherverwaltung, das Prozeß-Management und die Interrupt-Behandlung. Er ist der wichtigste Software-Teil des Systems, der von allen Benutzerprogrammen benötigt wird. Deshalb wird er als besonders fehlerfrei und zuverlässig vorausgesetzt.

- Das BIOS (*Basic Input/Output System*) ist ein Teil des Betriebssystem-Kerns und befindet sich resident im Rechner. Es beinhaltet alle standardisierten Grundfunktionen, die für die Ein-/Ausgabe benötigt werden, und macht die darüber liegenden Schichten des Betriebssystems von der aktuellen Rechnerhardware unabhängig.
- Der Kommando-Interpreter (*command line interpreter*) bildet die Benutzerschnittstelle des Betriebssystems. Diese Komponente nimmt die vom Benutzer eingegebenen Befehle an, interpretiert sie und übergibt sie zur Ausführung an das Betriebssystem.
- Die Anwendungsprogramme (*applications*) sind vom Benutzer geschriebene Programme, die normalerweise keine systemweiten Dienste zur Verfügung stellen.

Selbstverständlich müssen nicht immer alle vier Privileg-Ebenen auch wirklich benutzt werden. Bei einem ungeschützten System können alle Segmente derselben Privileg-Ebene (PL=0) angehören. Genauso ist es möglich, nur zwei verschiedene Ebenen zu unterscheiden, beispielsweise den Benutzer-Modus und den Betriebssystem-Modus.

4.5.2 Zugriffsrechte

Zugriffsrechte (*access rights*) garantieren, daß nur unter bestimmten Voraussetzungen auf die im Speicher abgelegten Informationen zugegriffen werden darf. Das angewendete Grundprinzip ist dabei das folgende:

> Jeder Auftrag darf nur auf diejenigen Daten zugreifen, die er wirklich zur Erfüllung seiner Aufgabe benötigt.

In diesem Abschnitt müssen wir klären, wo der Prozessor Privileg-Ebenen benutzt und wie sie zur Realisierung von Schutzmechanismen herangezogen werden.

4.5.2.1 Schutzmaßnahmen bei Segmentverwaltung

Um Schutzmaßnahmen bei einer Segmentverwaltung zu realisieren, werden Schutz- oder Privileg-Ebenen an verschiedenen Stellen eingesetzt. Dabei wird sowohl den Daten- als auch den Codesegmenten eine Privileg-Ebene zugeordnet, die – wie wir im Abschnitt 4.3.2 gezeigt haben – im Segement-Deskriptor spezifiziert wird. Also besitzt jedes Datensegment ein eigenes Privileg, aber auch die Ausführung jedes Prozesses findet auf einer bestimmten Privileg-Ebene statt.

Zugriffsregeln

Bei der Realisierung von Schutzmechanismen muß zwischen einem Zugriff auf Daten und einem Zugriff auf Programmcode unterschieden werden. Dabei gelten generell die im Bild 4.5-2 für eine vierstufige Vertrauenshierarchie veranschaulichten Regeln für den Zugriffsschutz (*protection rules*):

- Ein Prozeß darf nur auf Daten zugreifen, die höchstens genauso vertrauenswürdig (*trusted*) sind wie er selbst.
- Ein Prozeß darf nur Code benutzen, der mindestens genauso vertrauenswürdig ist wie er selbst.

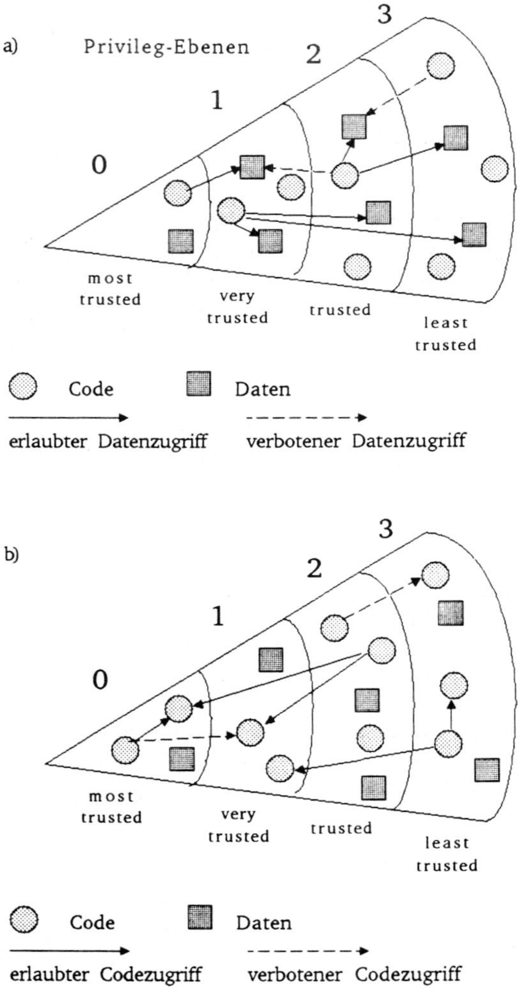

Bild 4.5-2. Regeln für den Zugriffsschutz

Die erste Regel ist insbesondere deshalb notwendig, damit nicht Prozesse mit geringen Privilegien wichtige Daten verändern, insbesondere die Systemtabellen des Betriebssystems, also z.B. die Deskriptor-Tabellen. Die zweite Regel stellt sicher, daß der aufgerufene Code wenigstens den gleichen Qualitäts- und Sicherheitsansprüchen genügt wie der aufrufende. Insbesondere verhindert sie, daß in einer aufgerufenen Prozedur mit niedrigem Privileg vor dem Rücksprung (durch den Befehl RETURN) in die höhere Privileg-Ebene die Rücksprungadresse auf dem Stack manipuliert und dadurch geschützter Code auf der höheren Ebene angesprungen wird.

Fallstudie: Das Schutzkonzept des Intel 80286

Wir wollen jetzt am Beispiel des 80286 konkret aufzeigen, wie Zugriffsregeln implementiert werden können. Dazu werden u.a. die folgenden Privileg-Ebenen benutzt:

Prozeß-Privileg-Ebene (*Current Privilege Level* – CPL)
Jedem gerade ausgeführten Prozeß wird eine Privileg-Ebene zugeordnet, das *Current Privilege Level*. Das CPL ist eine sich dynamische ändernde (zeitabhängige) Größe, die durch die Privileg-Ebene des gerade ausgeführten Codesegments bestimmt wird.

Deskriptor-Privileg-Ebene (*Descriptor Privilege Level* – DPL)
Die Deskriptor-Privileg-Ebene haben wir bereits im Abschnitt 4.3 mehrfach erwähnt. Sie ist im Segment-Deskriptor abgelegt (s. Bild 4.3-7) und legt die Privileg-Ebene eines bestimmten Speicherbereiches (Segmentes) fest.

Verlangte Privileg-Ebene (*Requested Privilege Level* – RPL)
Die letzten beiden Bits eines Segment-Selektors legen die Privileg-Ebene fest, die von einem selektierten Segment erwartet wird (vgl. die Bilder 4.3-2 und 4.3-12). Sie kann vom Betriebssystem im Selektor modifiziert werden. Durch die Wahl von RPL kann es den Prozeß der Privileg-Ebene EPL: = max(RPL,CPL)[2], der sogenannten **effektiven Privileg-Ebene**, zuordnen. Ob durch die Vorgabe des Selektors im Falle eines Codesegments ein Wechsel der Prozeß-Privileg-Ebene oder bei einem Datensegment ein Speicherzugriff erfolgen darf, hängt davon ab, ob für EPL die Regeln für den Zugriffsschutz erfüllt sind, die wir oben beschrieben haben.

Im "Normalfall" wird RPL: = CPL gesetzt. Jedoch kann das Betriebssystem z.B. mit Hilfe der verlangten Privileg-Ebene RPL verschiedene Prozesse (aber auch denselben Prozeß in unterschiedlichen Situationen) beim Zugriffversuch auf ein bestimmtes Segment dynamisch wechselnden, effektiven Privileg-Ebenen zuordnen, ohne daß die DPL im Segment-Deskriptor geändert werden muß. Wichtig ist dies insbesondere dann, wenn ein Selektor (als Parameter) einer Prozedur C' auf höherer Privileg-Ebene übergeben wird und dort ein Datensegment adressiert. Hier wird RPL auf den Wert CPL des übergebenden Prozesses C gesetzt und da-

2) max: Maximum von

durch verhindert, daß C indirekt, quasi durch die "Hintertür" auf ein Datensegment mit höherem Privileg zugreift.

Interpretation der Regeln für den Zugriffsschutz

Zugriff auf Daten

Ein Prozeß mit der Privileg-Ebene CPL kann auf alle Daten zugreifen, die sich in einem Segment befinden, dessen Privileg-Ebene DPL zahlenmäßig mindestens genauso groß ist. Es muß also gelten: CPL≤DPL. Nach der 1. Regel für den Zugriffsschutz ist es also möglich, Datensegmente zu verwenden, die weniger vertrauenswürdig sind, d.h. deren DPL numerisch größer als das aktuelle CPL ist, oder anders gesagt: Daten dürfen nur durch Code verändert werden, der mindestens genauso vertrauenswürdig wie sie selbst ist !

Zugriff auf Code

Ein Prozeß C mit der Prozeß-Privileg-Ebene CPL kann ohne spezielle Voraussetzungen zunächst nur solchen Code C' benutzen (in Form von CALL- oder JUMP-Befehlen), der dieselbe Privileg-Ebene DPL wie er selbst besitzt (vgl. Bild 4.5-3a), d.h. es muß im Deskriptor des Codesegmentes DPL=CPL gelten.

Der Zugriff auf Code mit einem höheren Privileg, d.h. CPL>DPL, ist nur mit der Hilfe einer speziellen Kontrollstruktur, den sogenannten *Call Gates* (s. Abschnitt 4.5.3) oder durch einen Prozeßwechsel möglich (s. Abschnitt 4.6 und Bild 4.5-3b). Ruft z.B. ein Anwendungsprogramm C mit der CPL=3 über ein Call Gate (CG) eine Betriebssystem-Routine C' mit einer DPL=0 auf, so hat der Prozeß die Privileg-Ebene CPL=0, solange die Betriebssystem-Routine abgearbeitet wird. Danach wechselt er wieder automatisch auf die Privileg-Ebene CPL=3. Für die Entscheidung, ob ein Wechsel der Prozeß-Privileg-Ebene erfolgen kann, d.h. CPL:=DPL gesetzt wird, wird die 2. Regel für den Zugriffsschutz angewandt.

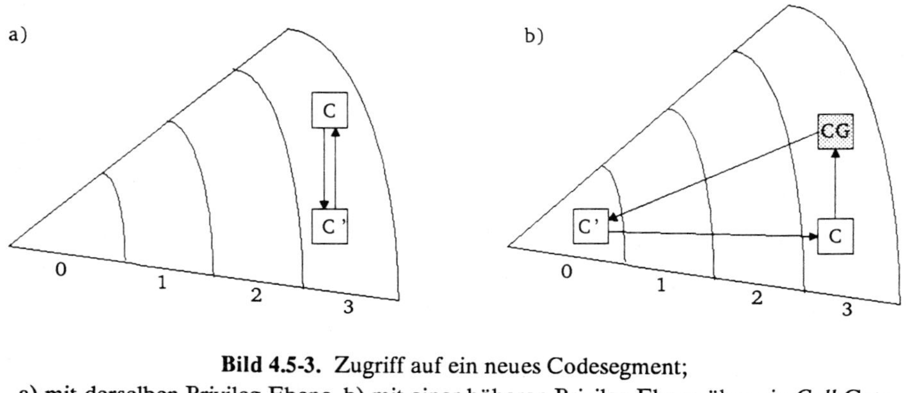

Bild 4.5-3. Zugriff auf ein neues Codesegment;
a) mit derselben Privileg-Ebene, b) mit einer höheren Privileg-Ebene über ein *Call Gate*

Jetzt wollen wir erklären, wie die Zugriffsrechte im einzelnen überprüft werden. Überprüfungen (*protection checks*) werden vom Prozessor in drei Situationen durchgeführt:

- Zugriff auf eine virtuelle Adresse, die einen neuen Selektor enthält,
- Zugriff auf ein Segment,
- Durchführung einer privilegierten Operation.

Überprüfung der Zugriffsrechte beim Zugriff auf einen neuen Selektor

Wie im Abschnitt 4.3.1.2 beschrieben, wird jedesmal, wenn ein neuer Selektor in ein Segmentregister geladen wird, der zugehörige Segment-Deskriptor in den entsprechenden Segment-Deskriptor-Cache geschrieben (vgl. Bild 4.3-2). Auf diesen kann von Anwendungsprogrammen aus nicht explizit zugegriffen werden. Sämtliche Zugriffsüberprüfungen werden vielmehr vom Prozessor selbst hardwaremäßig, d.h. ohne Softwareunterstützung, durchgeführt. Bei jedem neuen Selektor muß geprüft werden, ob das spezifizierte Segment

- im Speicher ist,
- eine für den aktiven Prozeß zulässige Privileg-Ebene hat,
- den richtigen Segmenttyp für die ausgeführte Operation hat.

Wird beispielsweise in einem Befehl eine logische Adresse durch

<SELEKTOR>:<OFFSET>

mit einem neuen Selektor definiert, dann werden beim 80286-Prozessor im einzelnen die folgenden Schritte durchgeführt (vgl. Bild 4.5-4):

1. Der Prozessor prüft die Zugriffsrechte über das *Access Byte* im Deskriptor:
   – Ist das Segment im Speicher vorhanden, d.h. ist das *Present Bit* P gesetzt ?
   – Besitzt das Segment den richtigen Segmenttyp ? So muß z.B. das Segmentregister CS auf ein Codesegment verweisen, d.h. im *Access Byte* muß E = 1 gelten.
   – Ist die Privileg-Ebene des Segments nach den oben genannten Zugriffsregeln zulässig ? Gilt also:
   - bei einem Datensegment: CPL≤DPL ?
   - bei einem Codesegment: CPL≥DPL ?
2. Ergibt eine der genannten Prüfungen einen Fehler, dann wird eine Unterbrechung des Programms (*exception*) generiert. (Wie die möglichen Fehler behandelt werden, wird im Abschnitt 4.8 beschrieben.)
3. Wurde kein oder ein behebbarer Fehler festgestellt, so wird im Segmentregister vom Prozessor die erwartete Privileg-Ebene RPL auf die Deskriptor-Privileg-Ebene DPL gesetzt, d.h. RPL: = DPL.
4. Das *Accessed Bit* im Deskriptor wird gesetzt, um festzuhalten, daß ein Segmentzugriff erfolgte.

5. Die Basisadresse, die Größe des Segments sowie seine Zugriffsrechte werden aus dem Segment-Deskriptor in den entsprechenden Segment-Deskriptor-Cache übertragen. Dabei entscheidet der Tabellenindikator TI (*table indicator*) im Selektor, ob der Deskriptor in der LDT oder der GDT zu finden ist.

6. Der Offset der im Befehl benutzten Variablen VAR ist relativ zum Beginn des Segments festgelegt. Zur eigentlichen Berechnung der physikalischen Adresse werden schließlich die Basisadresse aus dem Deskriptor-Cache und der Offset addiert.

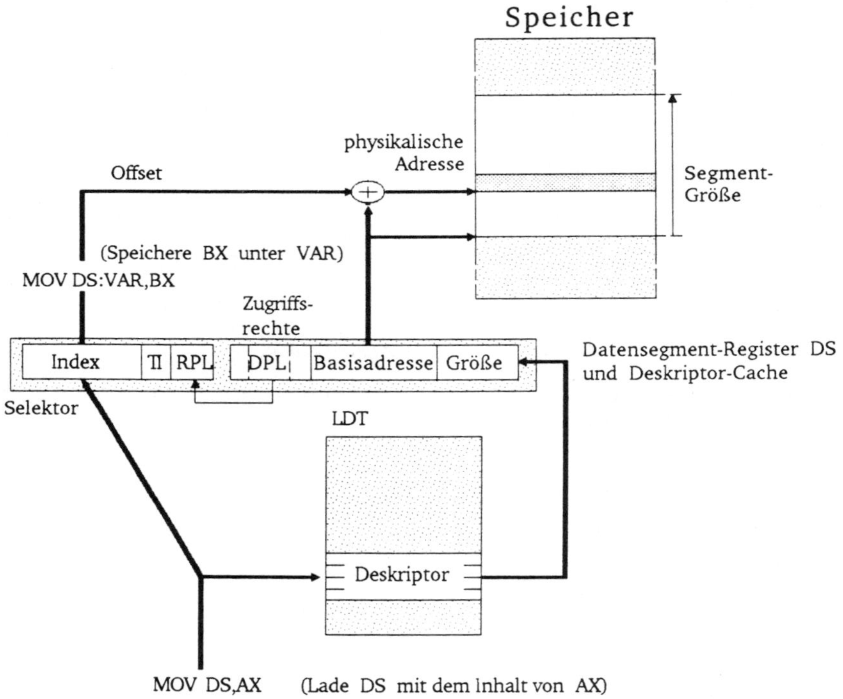

Bild 4.5-4. Berechnung der physikalischen Adresse beim Befehl 'MOV DS,AX' mit neuem Selektor

Überprüfung der Zugriffsrechte bei jedem Segmentzugriff

Weil jeder Code und alle Daten immer in Segmenten mit bestimmten Privileg-Ebenen und Zugriffsrechten gespeichert sind, kann auch bei jedem Segmentzugriff eine Konsistenzüberprüfung stattfinden:

- Lese-/Schreib-Recht:
  Beim Lesen von Daten eines Codesegments muß das R-Bit gesetzt sein. Sollen neue Daten in ein Datensegment geschrieben werden, muß W=1 gelten (vgl. Abschnitt 4.3.2).
- Segmentgröße:
  Zusätzlich wird bei jedem Segmentzugriff überprüft, ob der Offset der virtuellen Adresse innerhalb der durch die Segmentgröße (*limit*) gegebenen Grenzen liegt, d.h. kleiner bzw. bei *Expand-Down*-Segmenten (vgl. Abschnitt 4.3.2) größer als die Segmentgröße ist.

Überprüfung der Zugriffsrechte bei Ausführung einer privilegierten Operation

Bestimmte privilegierte Operationen dürfen nur von Prozessen der Privileg-Ebene PL=0, also z.B. durch Betriebssystem-Prozesse, benutzt werden. Dabei handelt es sich z.B. um solche Operationen, die Systemregister verändern. So kann verhindert werden, daß Systemtabellen durch nicht hinreichend vertrauenswürdige Anwendungsprozesse verfälscht werden. Bei den Intel-Prozessoren ist z.B. der Befehl

LLDT *Load LDTR* (*lade das lokale Deskriptor-Tabellen-Register (LDTR) mit einem neuen Selektor*)

eine privilegierte Operation.

4.5.2.2 Schutzmaßnahmen bei Seitenverwaltung

Genau wie einem Segment können auch jeder einzelnen Seite bzw. jeder Seitentabelle Zugriffsrechte zugeordnet werden. Auch bei einer Seite kann geprüft werden, ob sie

- sich im Speicher befindet,
- ein Privileg besitzt, für das die Zugriffsregeln dem aktiven Prozeß den Zugriff auf die Seite gestatten,
- beschrieben werden darf.

Beim Intel 80386 ist das Seitenverwaltungskonzept dem Segmentverfahren "aufgesetzt" worden, d.h. zunächst wird mit den Segment-Deskriptoren eine lineare Adresse errechnet, und danach wird mit Hilfe der Seitentabellen die physikalische Adresse bestimmt (vgl. Bild 4.4-1). Die Schutzmaßnahmen werden ebenfalls in zwei Schritten durchgeführt:

- Wie im vorhergehenden Abschnitt beschrieben, werden im ersten Schritt die Schutzanforderungen der Segmente überprüft, die zur Berechnung der linearen Adresse benötigt werden. Wird eine Verletzung der oben genannten Regeln vom Prozessor festgestellt, so wird unverzüglich eine Programm-Unterbrechung (*exception*) generiert.
- Im zweiten Schritt werden die Attribute zum Schutz der Seiten betrachtet. Wie teilweise schon in Abschnitt 4.4 erläutert wurde, werden bei der Berechnung der physikalischen Adresse die folgenden Überprüfungen vorgenommen:

- Befindet sich die gewünschte Seite im Hauptspeicher, d.h. ist das *Present Bit* P gesetzt) ?
- Ist das U/S-Bit (*user/supervisor*) nicht gesetzt, dann muß die Prozeß-Privileg-Ebene CPL$\leq$2 sein.
- Ist beim Beschreiben einer Seite im Benutzer-Modus (U/S=1) das R/W-Bit (*read/write*) gesetzt ?

Diese Überprüfungen finden sowohl beim Zugriff auf ein Seitentabellen-Verzeichnis als auch auf eine Seitentabelle statt. Auch hier wird bei der Verletzung einer Zugriffsregel eine Programm-Unterbrechung (*exception*) generiert. Bei jedem Zugriff wird zusätzlich noch das *Accessed Bit* und gegebenenfalls das *Dirty Bit* gesetzt.

4.5.3 Fallstudie: Kontroll-Transfer beim Intel 80286/80386

In diesem Abschnitt soll erklärt werden, wie auf Code mit einer höheren Privileg-Ebene zugegriffen werden kann. Der Aufruf von Programmcode zwischen verschiedenen Privileg-Ebenen soll zwar prinzipiell möglich sein, aber gleichzeitig nur nach bestimmten Schutzregeln erlaubt sein. Im folgenden werden wir das bei den Intel-Prozessoren realisierte *Call-Gate*-Konzept vorstellen.

Wie bereits bei den Zugriffsregeln erwähnt, ist bei Intel-Prozessoren für einen Prozeß mit der Privileg-Ebene CPL der Zugriff auf Code mit einem höheren Privileg DPL, d.h. DPL<CPL, normalerweise nur mit Hilfe einer speziellen Kontrollstruktur, den sogenannten *Call Gates* möglich.

4.5.3.1 Conforming Code Segment

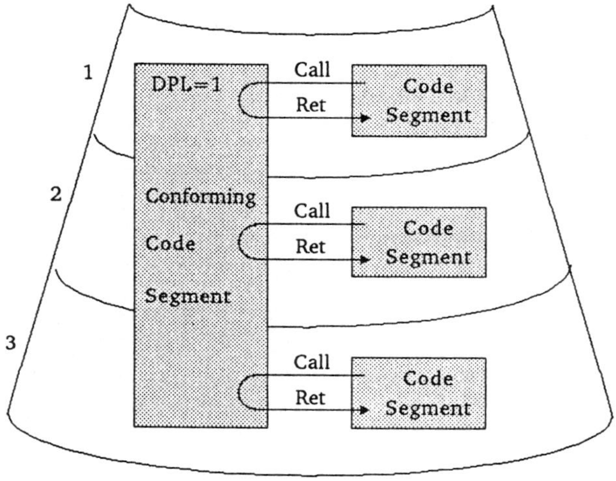

Bild 4.5-5. Aufruf eines Conforming Code Segments beim 80286 von verschiedenen Privileg-Ebenen aus

Beim 80286 kann allerdings beim Zugriff auf höher privilegierten Code auf Call Gates verzichtet werden, wenn im Segment-Deskriptor des aufgerufenen Codesegments das *Conforming Bit* C gesetzt ist (s. Abschnitt 4.3.2). Bild 4.5-5 zeigt den Ablauf des Kontroll-Transfers über ein Conforming Code Segment.

Im Regelfall wird eine aufgerufene Prozedur auf der Privileg-Ebene ausgeführt, die durch den Wert DPL im Deskriptor des Segments, in dem die Prozedur liegt, festgelegt ist. Dies ist bei Conforming Code Segments anders. Hier wird der aufgerufene Code auf derselben Privileg-Ebene ausgeführt wie der aufrufende Prozeß (CPL). (Vorausgesetzt wird natürlich nach den Regeln für den Zugriffsschutz, daß CPL≥DPL ist.) Durch diesen Mechanismus kann das Conforming Code Segment von allen Prozessen benutzt werden, die wenigstens auf derselben Privileg-Ebene arbeiten, und nimmt während seiner Ausführung immer die Privileg-Ebene des aufrufenden Codes an. Es erfolgt somit für den aufrufenden Prozeß kein Privileg-Wechsel.

4.5.3.2 Call Gates (*control transfer*)

Call Gates (CG) regeln die Ausführung von Programmcode, der sich auf einer höheren (d.h. zahlenmäßig kleineren) Privileg-Ebene DPL befindet als derjenigen des aktuell ausgeführten Prozesses. Es gilt also CPL>DPL. Gehört das Codesegment, in das durch das Call Gate gewechselt werden soll, hingegen zu einer niedrigeren Privileg-Ebene DPL, d.h. CPL<DPL, so wird eine Programm-Unterbrechung (*exception*) generiert.

Im Gegensatz zur Verwendung von Conforming Code Segments findet bei Call Gates ein Wechsel der Privileg-Ebene des aktuellen Prozesses statt, d.h. es wird CPL:=DPL gesetzt.

Wechsel der Privileg-Ebene

Ein Wechsel der Privileg-Ebene mit Hilfe eines Call Gates kann durch eine Befehlsfolge

```
CALL FAR <SELEKTOR>:<OFFSET>     {Unterprogramm-Aufruf}
....                             {Unterprogramm}
....
RET                              {Rücksprung}
```

geschehen, wenn die virtuelle Adresse einen Selektor enthält, der nicht direkt auf den Deskriptor eines neuen Codesegmentes, sondern auf ein Call Gate zeigt. Über das Call Gate erfolgt dann der kontrollierte Zugriff auf den höher privilegierten Code. Der Offset des Sprungziels beim CALL FAR hat in diesem Fall keine Bedeutung.

Der kontrollierte Zugriff auf höher privilegierten Code mit Hilfe von Call Gates ist aus den folgenden Gründen sinnvoll:

- Einerseits benötigen Anwendungsprozesse Zugriff auf Betriebssystem-Dienste.
- Andererseits muß der Zugriff von Anwendungsprozessen auf das Betriebssystem kontrolliert werden, um Schutz zu gewährleisten.

Ein Call Gate ist wiederum ein spezieller, 8 byte langer Deskriptor mit dem in Bild 4.5-6 dargestellten Format, der entweder in der globalen (GDT) oder der lokalen Deskriptor-Tabelle (LDT) eingetragen ist.

Bit 15 … 0							Bytes
reserviert für Intel 80386							7, 6
P	DPL	0	0 1 0 0	0 0 0	Word Count (WC)		5, 4
Index					TI	RPL 0 0	3, 2
Offset							1, 0

Bild 4.5-6. Call-Gate-Deskriptor beim 80286

Das (doppelt umrahmte) *Access Byte*, das die Zugriffsrechte spezifiziert, unterscheidet einen Call-Gate-Deskriptor von einem Segment-Deskriptor. Ganz allgemein ist das zurückgesetzte Bit 4 (S-Bit) eine Kennzeichnung dafür, daß es sich nicht um einen Segment-, sondern einen Kontroll-Deskriptor handelt. (In den nächsten Abschnitten werden Sie weitere Kontroll-Deskriptoren kennenlernen.)

Der aus Index und Tabellenindikator TI bestehende Selektor (mit RPL=00, vgl. Bild 4.3-12) verweist auf einen Segment-Deskriptor in der LDT bzw. GDT. Der Segment-Deskriptor enthält insbesondere die Basisadresse des Programmcodes. Der Offset gibt die Differenz der Startadresse (*entry point*) des Programms zu dieser Basisadresse an.

Stack-Verwaltung

Für jede der maximal vier Privileg-Ebenen innerhalb eines Prozesses gibt es einen eigenen Stack. Dies ist erforderlich, weil sonst keine vollständige Trennung der verschiedenen Privileg-Ebenen möglich wäre. Beim Aufruf eines Call Gates werden automatisch der Stackpointer sowie der Befehlszähler der durch den CALL-Befehl unterbrochenen Ebene auf dem Stack der neuen Ebene gesichert. Zusätzlich ist es möglich, Parameter vom Stack der aufrufenden Privileg-Ebene auf den Stack der aufgerufenen (höheren) Privileg-Ebene zu kopieren. Der 5 bit lange *Word-Count*-Teil (WC) legt die Anzahl der zu kopierenden Parameter fest (s. Bild 4.5-6). Die Parameterübergabe mit Hilfe von Call Gates wird im Bild 4.5-7 graphisch dargestellt. Dabei ruft ein Prozeß der Ebene PL=3 ein Codesegment der Ebene PL=0 auf.

Beim Aufruf eines Call Gates werden im einzelnen die folgenden Schritte durchgeführt:

- Es wird geprüft, ob die effektive Privileg-Ebene EPL:=max(CPL,RPL) des aufrufenden Prozesses höher als die Deskriptor-Privileg-Ebene DPL des Call Gates oder wenigstens ihr gleich ist, d.h. ob EPL $\leq$ (DPL des Call Gates) ist.

- Das aufgerufene Codesegment (*target*) muß höher oder wenigstens genau so hoch privilegiert sein als/wie der aktuelle Prozeß, d.h. es muß gelten: (DPL des Targets) ≤ CPL.
- Der Stackpointer SS:SP wird auf den neuen Stack gelegt (SS: Stack Segment, SP: Stackpointer).
- Vom Stack des aufrufenden Codesegments werden WC Wörter auf den Stack der neuen, aufgerufenen Privileg-Ebene kopiert.
- Der Befehlszähler CS:IP des durch den CALL-Befehl unterbrochenen Codes wird auf den neuen Stack gelegt (CS: Code Segment, IP: Instruction Pointer).

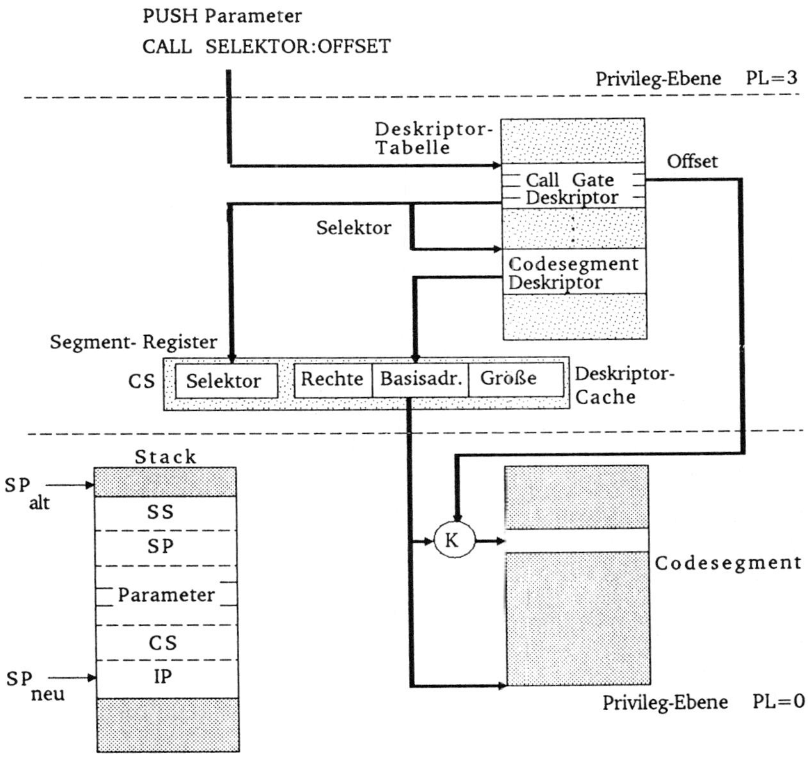

Bild 4.5-7. Parameterübergabe und Stackverwaltung beim Aufruf von Call Gates

Rückkehr ins aufrufende Programm

Die Rückkehr ins aufrufende Programm geschieht durch den Befehl

RET <Anzahl> .

Dabei bezeichnet <Anzahl> die Zahl der vom Stack zu nehmenden Bytes. Durch diesen Befehl geschieht automatisch die Stack-Bereinigung, d.h. es wird die gleiche Anzahl von Bytes vom Stack genommen, wie beim Aufruf des Call Gates bzw. bei der Ausführung seines Programmcodes dort abgelegt wurden.

4.6 Prozeßwechsel

4.6.1 Einleitung

Eine weitere zentrale Aufgabe des Betriebssystems (neben der Speicherverwaltung) besteht darin, Prozesse (*tasks*) zu verwalten (s. Abschnitt 4.1). Besondere Bedeutung besitzen Multitasking-Systeme, in denen es mehrere Prozesse gibt, die abwechselnd vom Prozessor bearbeitet werden (*process multiplexing, process switching, task switching*). Dabei muß ein schneller Prozeßwechsel durch die Hardware unterstützt werden. (Er dauert z.B. beim Intel 80286 zwischen 18 und 20 µs.) Schutzmechanismen sorgen wiederum für einen kontrollierten Prozeßwechsel.

Bei (Multitasking-)Systemen ist es wünschenswert, daß ein Prozeßwechsel nicht nur nach der vollständigen Abarbeitung eines Prozesses erfolgt. Aus Effizienzgründen (vgl. Abschnitt 4.1) ist es vielmehr erforderlich, einen Prozeßwechsel vorzunehmen, wenn irgendein Ereignis eine (Weiter-)Bearbeitung des gerade aktiven Prozesses durch die CPU verhindert. Dazu gehört z.B. das Fehlen einer benötigten Speicherseite, die erst noch vom Hintergrundspeicher eingelagert werden muß. In dieser Situation muß der aktive Prozeß unterbrochen werden, damit die CPU nicht "arbeitslos" (*idle*) wird, sondern mit einem anderen Prozeß fortfahren kann. Der unterbrochene Prozeß geht in den Zustand "blockiert" über (s. Bild 4.1-4). Um die Ausführung dieses Prozesses zu einem späteren Zeitpunkt fortsetzen zu können, ist es erforderlich, sich seinen Zustand zu merken. Unter dem Zustand eines Prozesses versteht man den gesamten Kontext, in dem er sich bei seiner Unterbrechung befindet. Zu diesem Kontext gehören:

- die Inhalte sämtlicher allgemeiner Register,
- der Inhalt des Statusregisters,
- der Wert des Stackpointers,
- der Stand des Befehlszählers,
- sonstige Systemregister-Inhalte.

Kurzum, es müssen sämtliche Informationen über den unterbrochenenen Prozeß abgespeichert werden, die es zum Zeitpunkt seiner Wiederaufnahme ermöglichen, den Prozessor in denselben Zustand zu versetzen, wie er zum Zeitpunkt der Prozeßunterbrechung vorlag. Dieser Prozeß-Kontext wird in einer speziellen Datenstruktur, die oft **Prozeß-Kontroll-Block** (*Process Control Block*) oder auch *Task Control Block* genannt wird, abgespeichert.

4.6.2 Fallstudie: Prozeßverwaltung beim Intel 80286

4.6.2.1 Das Task State Segment

In den Unterlagen der Firma Intel wird statt "Prozeß" (*process*) stets der Begriff *Task* verwendet, den wir deshalb in dieser Fallstudie ebenfalls häufig benutzen werden. Hier ist der Prozeß-Kontroll-Block wiederum ein spezielles Segment, er wird deshalb *Task State Segment* (TSS) genannt. Das TSS eines Prozesses umfaßt beim Intel 80286 mindestens 22 (16-bit-)Wörter und hat den in Bild 4.6-1 dargestellten Aufbau.

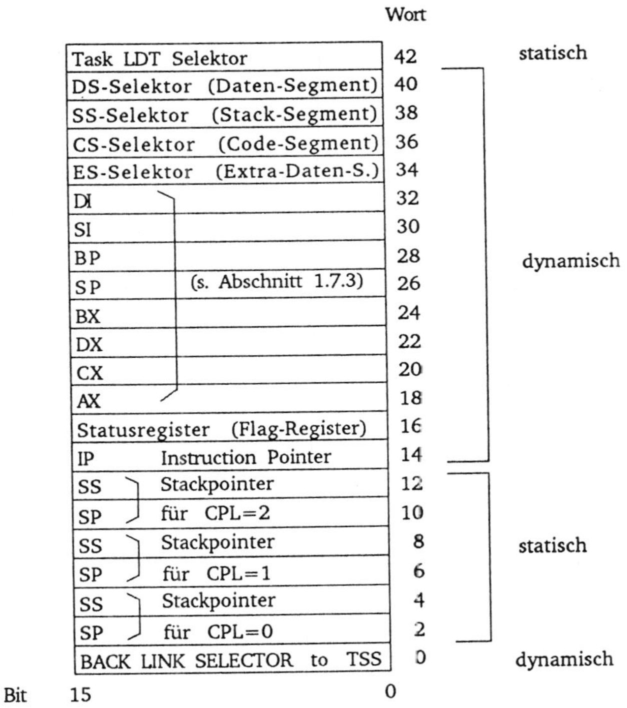

Bild 4.6-1. Der Prozeß-Kontroll-Block beim Intel 80286

Jeder Prozeß-Kontroll-Block besteht zunächst aus einem statischen Teil, der sich während der Prozeßausführung nicht ändert. Dazu gehören:

- der Selektor für die lokale Deskriptor-Tabelle (LDT) des Prozesses und
- die Initialisierungswerte SS:SP der Stackpointer für die Privileg-Ebenen PL=0 bis PL=2.

Der dynamische Teil des TSS umfaßt alle Informationen, die sich während der Laufzeit ändern können. Dazu gehören:

- sämtliche Inhalte der allgemeinen Register,
- die Selektoren in den vier Segmentregistern CS, SS, DS, ES,
- der Inhalt des Statusregisters,
- der Befehlszeiger IP (*instruction pointer*) und
- ein *Back Link Selector* (s.u.).

(Beim Intel 80386 kommt u.a. noch das Systemregister CR3 mit der Basisadresse des Seitentabellen-Verzeichnisses (*page directory*) hinzu.)

Der *Back Link Selector* dient dazu, die Abarbeitung von sogenannten verschachtelten Prozessen (*nested tasks*) zu ermöglichen. Dieser Fall liegt dann vor, wenn nach Beendigung eines Prozesses wieder in den Prozeß zurückgesprungen werden soll, der den Prozeß aufgerufen hatte. Der Back Link Selector verweist dann auf den Prozeß-Kontroll-Block TSS dieses Prozesses. Verschachtelte Prozesse werden daran erkannt, daß im Statusregister EFR (*extended flag register*, vgl. Abschnitt 1.7.3) das NT-Bit (*nested task*) gesetzt ist.

Zusätzlich ist es möglich, daß das Betriebssystem in den Prozeß-Kontroll-Block noch weitere notwendige Informationen hinzufügt, wie z.B. Prioritäten, Speicherplatzbedarf, usw.

Selbsttestaufgabe S4.6-1:
Wo befindet sich im Prozeß-Kontroll-Block TSS der Stackpointer für die Privileg-Ebene PL=3, wenn: a) der zugehörige Prozeß auf der Privileg-Ebene 2 gestartet worden ist ? b) der zugehörige Prozeß auf Privileg-Ebene 2 in den Zustand "blockiert" wechselt ?

4.6.2.2 Der TSS-Deskriptor

Um einen Prozeß-Kontroll-Block (*Task State Segment*) zu beschreiben, wird ein spezieller Deskriptor, der TSS-Deskriptor benutzt, der das in Bild 4.6-2 gezeigte Format aufweist.

Der TSS-Deskriptor enthält, wie alle anderen Deskriptoren, im (doppelt umrahmten) *Access Byte*, das *Present Bit* P und die DPL-Bits, die seine Prozeß-Privileg-Ebene angeben, sowie die spezifische Kennung '000B1' zu seiner Identifikation. Das B-Bit innerhalb dieser Kennung ist gesetzt, wenn der Prozeß gerade bearbeitet wird (*busy*), andernfalls gilt B=0. Des weiteren sind die Basisadresse und die Größe (*limit*) des Prozeß-Kontroll-Blocks abgespeichert TSS. Aus der Beschreibung des TSS (s.o.) folgt, daß die Größe stets über \$002A ($=42_{10}$) liegen muß, andernfalls wird eine Exception generiert. Jeder TSS-Deskriptor muß ständig zugreifbar sein, weshalb er in der GDT abgespeichert sein muß.

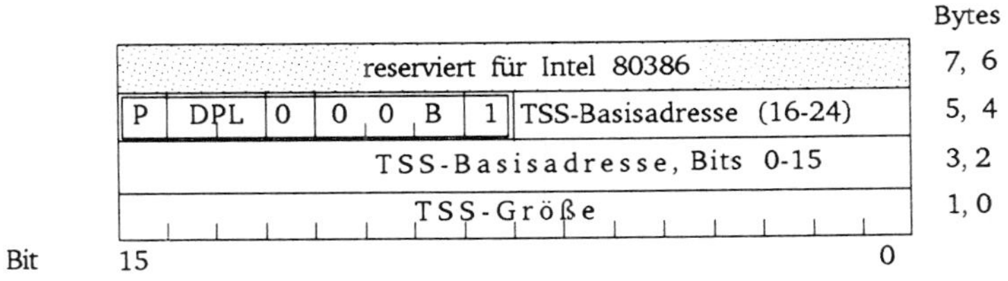

Bild 4.6-2. TSS-Deskriptor

Der Zugriff auf einen Prozeß-Kontroll-Block geschieht über ein spezielles Register, das sogenannte *Task Register* TR, das den entsprechenden Selektor für die GDT enthält. In einem (für das Programm unsichtbaren Teil) des Task Registers werden die Größe des Prozeß-Kontroll-Blocks und seine Basisadresse aus dem selektierten TSS-Deskriptor abgespeichert. Das Task Register verweist stets auf den gerade von der CPU ausgeführten Prozeß. Die Zusammenhänge zwischen Task Register, TSS-Deskriptor und Prozeß-Kontroll-Block TSS werden in Bild 4.6-3 veranschaulicht.

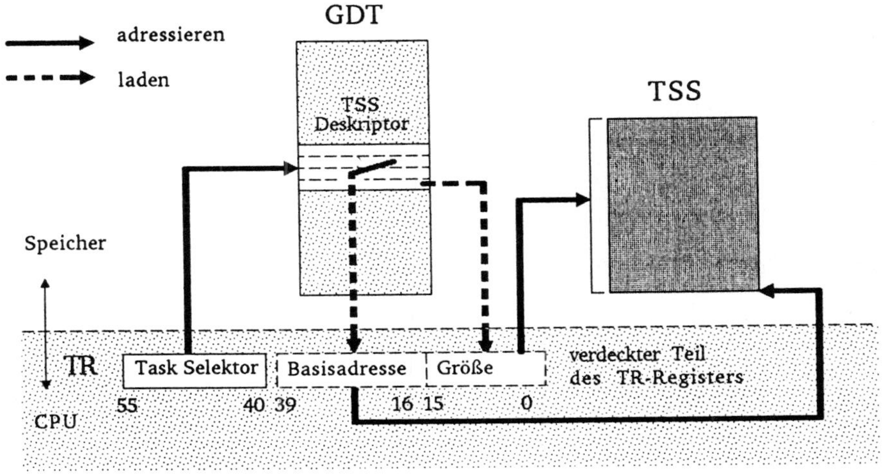

Bild 4.6-3. Adressierung von Prozessen

4.6.2.3 Ursachen für einen Prozeßwechsel

Ein Umschalten zwischen verschiedenen Prozessen (*task switch*) kann alternativ bei der Durchführung eines der beiden Befehle

JMP <Selektor>:<Offset> oder
CALL <Selektor>:<Offset>

erfolgen, wenn der Selektor auf einen TSS-Deskriptor verweist. (Der Offset wird wiederum nicht benötigt). In diesem Fall werden vom Prozessor die folgenden Schritte durchgeführt:

- Alle Register-Inhalte des gerade bearbeiteten Prozesses werden in den Prozeß-Kontroll-Block TSS geladen.
- Das Task Register TR wird mit dem Selektor des neuen TSS-Deskriptors sowie mit der Basisadresse und der Größe des TSS aus diesem Deskriptor geladen.
- Der Registersatz des Prozessors wird komplett neu mit den Registerinhalten geladen, die im neuen, durch den TSS-Deskriptor adressierten Prozeß-Kontroll-Block gespeichert sind. U.a. zeigt dann auch das LDT-Register auf den Deskriptor der neuen lokalen Deskriptor-Tabelle (LDT).

Ein Prozeßwechsel von Task A nach Task B ist in Bild 4.6-4 dargestellt.

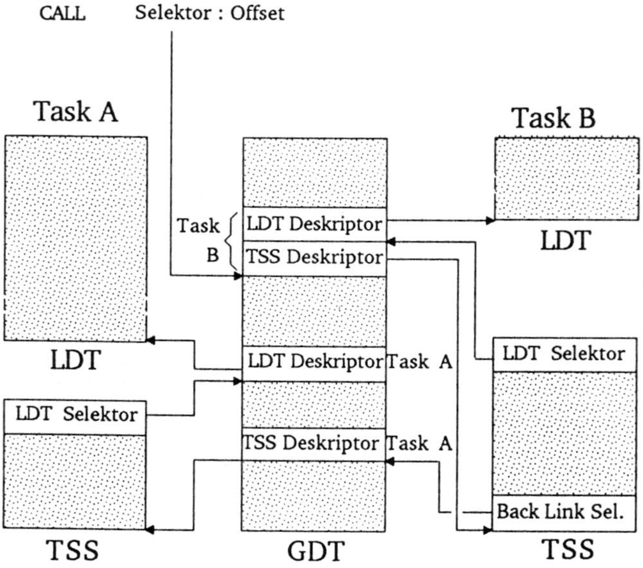

Bild 4.6-4. Prozeßwechsel von Task A nach Task B

4.6.2.4 Zugriffsschutz beim Prozeßwechsel

Auch bei einem Prozeßwechsel werden Schutzmechanismen verwendet. Jeder TSS-Deskriptor muß in der GDT residieren, so daß von jedem Prozeß aus darauf zugegriffen werden kann. Um trotzdem eine unkontrollierte Prozeß-Benutzung zu verhindern, ist normalerweise die Deskriptor-Privileg-Ebene DPL innerhalb jedes TSS-Deskriptors auf 0 gesetzt (vgl. Bild 4.6-2). Dadurch kann ein Prozeßwechsel nur durch einen Prozeß durchgeführt werden, der ebenfalls das Privileg 0 besitzt. Dies dürfte im allgemeinen ein zum Betriebssystem gehöriger Prozeß sein. (Normalerweise ist der *Dispatcher,* der weiter unten ausführlicher beschrieben wird, für das Umschalten auf einen anderen Prozeß zuständig.)

Eine andere Möglichkeit des kontrollierten Zugriffs auf Prozesse ist wiederum durch spezielle *Task Gates* gegeben. In diesem Fall weist bei einem CALL- oder JUMP-Befehl der Selektor-Teil der Adresse nicht direkt auf einen TSS-Deskriptor, sondern auf einen *Task Gate Descriptor,* der eigentlich nur eine bestimmte Deskriptor-Privileg-Ebene DPL sowie den gewünschten TSS-Selektor enthält. Er besitzt daher das in Bild 4.6-5 gezeigte Aussehen.

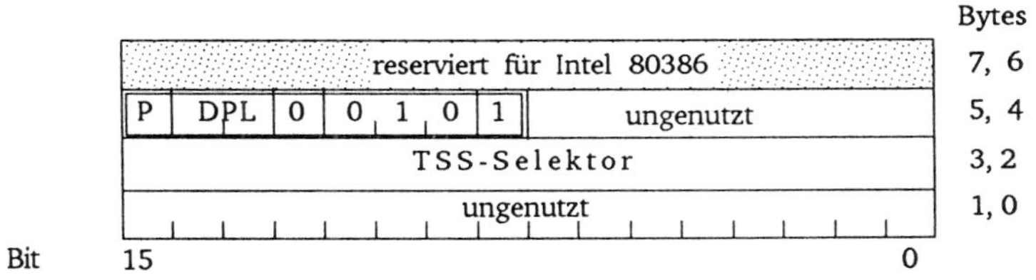

Bild 4.6-5. Aufbau des Task-Gate-Deskriptors

Ein Task-Gate-Deskriptor kann auch in den LDTs verschiedener Prozesse abgelegt sein. Dadurch wird erreicht, daß ein bestimmter Prozeß nur von denjenigen Prozessen benutzt werden kann, in deren LDT der entsprechende Task-Gate-Deskriptor abgelegt ist. Diese Prozesse dürfen dann u.U. auch eine Privileg-Ebene besitzen, die zahlenmäßig größer als 0 ist, also nicht zur höchsten Privileg-Ebene gehören. Einen Prozeßwechsel mit Hilfe eines Task Gates veranschaulicht abschließend Bild 4.6-6.

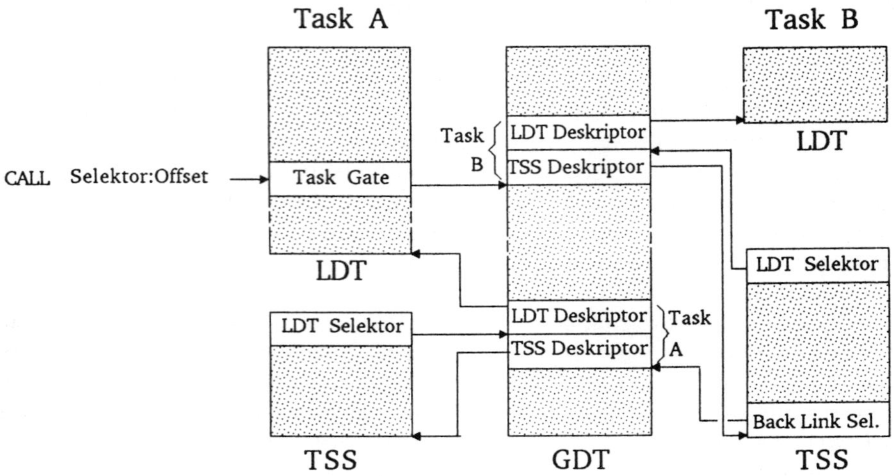

Bild 4.6-6. Prozeßwechsel von Task A nach Task B mit Hilfe eines Task Gates

4.6.2.5 Der Dispatcher

Abschließend wollen wir noch einige Anmerkungen zum Wechseln von Tasks machen. Wie bereits gesagt, ist die Prozeß-Verwaltung eine der zentralen Aufgaben eines Betriebssystems. Der Betriebssystemteil, der festlegt, welcher Prozeß Zugang zum Prozessor erhält, wird *Dispatcher* genannt. Der Dispatcher kann (wenigstens) die in Abschnitt 4.1 genannten Prozeß-Zustände "aktiv", "bereit" und "blockiert" unterscheiden.

Jedesmal wenn ein Prozeß in den Zustand "blockiert" übergeht, kann der Prozessor von diesem nicht mehr genutzt werden. Deshalb kann die CPU in dieser Situation vom Dispatcher einem anderen bereiten Prozeß zugeteilt werden. Dadurch bleibt die CPU beschäftigt (*busy*) und das System wird effizienter genutzt. Sobald das Ereignis eingetroffen ist, auf das der Prozeß im Zustand "blockiert" gewartet hat, kann er wieder vom Prozessor fortgeführt werden, d.h. er geht in den Zustand "bereit" über.

Der Dispatcher muß alle Prozeßzustände verwalten und entscheiden, wann ein Prozeß, der sich im "bereit"-Zustand befindet, der CPU zugeteilt wird. Je nach Aufgabe und Anforderungen des Systems, z.B. Prozeßsteuerung, Dialog-Betrieb, usw. muß der Dispatcher dabei nach verschiedenen Strategien verfahren. Auf diese kann im Rahmen dieses Buches nicht eingegangen werden.

4.7 Kommunikation zwischen Prozessen

In fast allen Systemen gibt es Programmcode und Daten, die von mehreren Prozessen benutzt werden. Beispiele dafür sind das Betriebssystem, aber auch Editoren oder Compiler. Oft ist es auch sinnvoll, daß Prozesse miteinander kommunizieren, d.h. Daten gemeinsam benutzen bzw. unter einander austauschen können (*data sharing*).

Der Wunsch nach Kommunikation zwischen Prozessen steht in gewissem Gegensatz zur Forderung nach Speicherschutz; denn mit den in Kapitel 4.5 vorgestellten Maßnahmen sollte ja gerade erreicht werden, daß die Speicherbereiche der Prozesse streng voneinander getrennt sind. In diesem Abschnitt wollen wir uns damit beschäftigen, welche Möglichkeiten es in Mikroprozessor-Systemen dennoch für den gemeinsamen Zugriff auf Daten durch verschiedene Prozesse gibt.

Mit den uns inzwischen bekannten Konzepten der Speicherverwaltung lassen sich drei unterschiedliche Möglichkeiten des gemeinsamen Gebrauchs von Daten realisieren. Alle drei Ansätze erlauben, daß mehrere Prozesse sowohl auf gemeinsame Segmente als auch auf gemeinsame Seiten zugreifen können. Die Ansätze unterscheiden sich wesentlich dadurch, wie eng die Prozesse aneinander gekoppelt sind, sowie durch den gewährten Schutz.

4.7.1 Kommunikation beim Segmentierungsverfahren

Data Sharing mit Hilfe der GDT

Die einfachste Möglichkeit, mehreren Prozessen den Zugriff auf gemeinsame Segmente (*shared segments*) zu ermöglichen, ist es, die entsprechenden Segment-Deskriptoren in einen globalen, allen Prozessen zugänglichen Adreßbereich abzuspeichern. Bei den Intel-Prozessoren müssen dazu die entsprechenden Deskriptoren in der globalen Deskriptor Tabelle (GDT) abgelegt werden. Der Vorteil dieses Verfahrens ist, daß ohne besonderen Aufwand Änderungen bei den Segmenten, z.B. eine Modifikation der Segmentgröße, vorgenommen werden können, weil es im Gegensatz zu den im folgenden beschriebenen Verfahren nur einen Deskriptor pro Segment gibt.

Dies wird dadurch erkauft, daß alle Prozesse im System auf den Deskriptor und damit auch auf das Segment zugreifen können, falls sie die Zugriffsregeln erfüllen. Oftmals ist es aber wünschenswert, daß nur diejenigen Prozesse eine Zugriffsmöglichkeit erhalten, die das gemeinsame Segment auch wirklich benötigen, d.h. nur eine Teilmenge aller Prozesse im System soll ein Zugriffsrecht erhalten.

Data Sharing mit einer gemeinsamen LDT

Falls mehrere Prozesse fast nur gemeinsame Segmente (*shared segments*) besitzen, ist es sinnvoll, ihnen dieselbe lokale Deskriptor-Tabelle (LDT) zuzuordnen. Dies kann geschehen, indem man den LDT-Selektor des gemeinsamen LDT-Deskriptors in den Prozeß-Kontroll-Block (TSS) aller beteiligten Prozesse lädt (vgl. Bild 4.7-1).

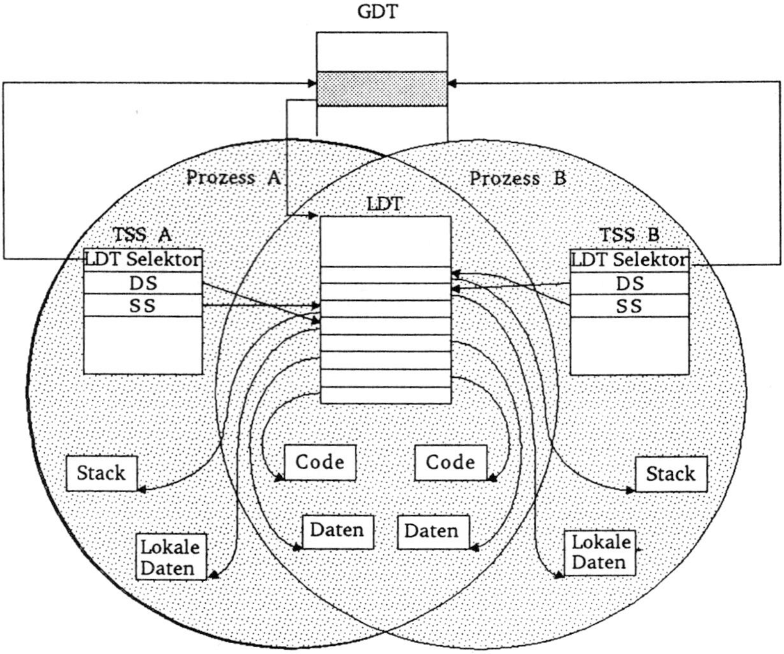

Bild 4.7-1. Data Sharing mit einer gemeinsamen LDT

Der Nachteil dieses Vorgehens liegt auf der Hand: Auf sämtliche Segmente können alle beteiligten Prozesse zugreifen. Es ist hier nicht möglich, daß in differenzierter Weise nur auf einzelne Segmente gemeinsam zugegriffen werden kann. Dieser Nachteil wird beim dritten Verfahren umgangen.

Data Sharing durch Aliasing

Die Methode des *Aliasing* wird in Bild 4.7-2 veranschaulicht. Die beiden Prozesse A und B benutzen ein gemeinsames Datensegment, indem in der LDT jedes Prozesses ein Segment-Deskriptor vorhanden ist, der auf das gemeinsame Datensegment verweist. Es gibt also für dieses Segment mehrere Versionen des zugehörigen Segment-Deskriptors in den LDTs verschiedener Prozesse.

Der große Vorteil dieses Verfahrens liegt in seiner Flexibilität. Ein einzelnes Segment kann von beliebig vielen Prozessen gemeinsam benutzt werden, indem jeder Prozeß für dieses Segment seinen eigenen Deskriptor in seiner LDT hat. Dabei müssen die verschiedenen Versionen der Segment-Deskriptoren nicht identisch sein. Es ist möglich, verschiedenen Prozessen unterschiedliche Zugriffsrechte einzuräumen. So kann ein gemeinsam benutztes Datensegment für Prozeß A nur lesbar, jedoch für einen Prozeß B auch veränderbar (beschreibbar) sein.

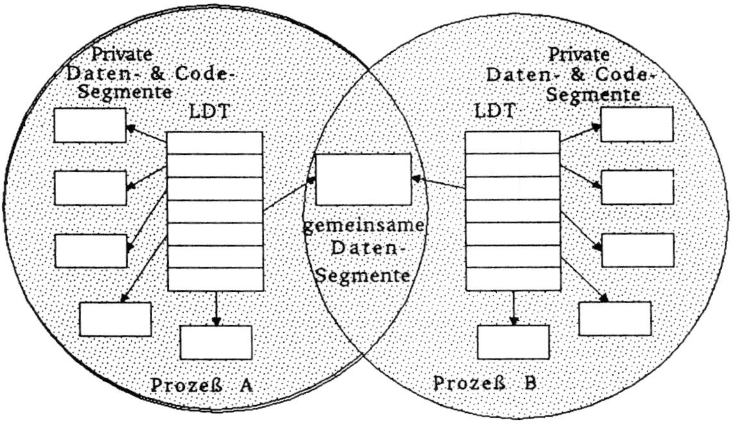

Bild 4.7-2. Data Sharing durch Aliasing

Dieses mächtige Konzept wird durch den Nachteil erkauft, daß der Prozessor selbst für die Konsistenz der verschiedenen Deskriptor-Versionen nicht sorgen kann. Ändern sich also Eigenschaften des Segments, z.B. die Zugriffsrechte oder die Basisadresse bei der Einlagerung in den Hauptspeicher, so müssen sämtliche Alias-Deskriptoren entsprechend modifiziert werden. Diese Aufgabe muß vom Betriebssystem übernommen werden. Dazu muß es sich merken, zu welchen Deskriptoren es Alias-Versionen gibt und in welchen LDTs diese abgespeichert sind.

4.7.2 Kommunikation beim Seitenwechselverfahren

Dieselben Möglichkeiten der Kommunikation, nun aber über gemeinsame Seiten (*shared pages*), bestehen selbstverständlich auch beim Seitenwechselverfahren. In Analogie zu den oben genannten Verfahren gibt es die im folgenden beschriebenen Möglichkeiten.

Data Sharing über eine gemeinsames Seitentabellen-Verzeichnis

Es ist für zwei oder mehrere Prozesse möglich, ein gemeinsames Seitentabellen-Verzeichnis (*page directory*) zu verwalten. In diesem Fall kann auf alle Seitentabellen und sämtliche Seiten gemeinsam zugegriffen werden.

Data Sharing über eine gemeinsame Seitentabelle

Mindestens zwei Prozesse besitzen eine gemeinsame Seitentabelle, d.h. es gibt in beiden Seitentabellen-Verzeichnissen einen Eintrag, der auf dieselbe Seitentabelle weist. Es existieren also zwei Alias-Versionen der Seitentabelle in zwei verschiedenen Seitentabellen-Verzeichnissen. Auch hier können die Einträge in den Verzeichnissen durchaus unterschiedliche Zugriffsrechte zulassen.

Data Sharing über eine gemeinsame Seite

Schließlich gibt es noch die Möglichkeit, eine einzelne Seite gemeinsam zu nutzen. In diesem Fall gibt es mehrere Alias-Versionen für einen Eintrag in einer Seitentabelle.

Genau wie beim segmentierten Speicher muß die Verwaltung der Alias-Tabelleneinträge durch das Betriebssystem unterstützt werden. Dies ist bei der Seitenverwaltung u.U. sehr viel kritischer als bei der Segmentverwaltung. Die bei den Intel-Prozessoren 4 kbyte großen Seiten werden sehr viel häufiger aus dem Hauptspeicher aus- und eingelagert als die im Mittel erheblich größeren Segmente. Bei jeder Einlagerung ändert sich aber normalerweise die Seiten-Basisadresse, so daß relativ häufig sämtliche Alias-Tabelleneinträge modifiziert werden müssen. Deshalb ist es oft sinnvoller, eine Seitentabelle, deren Attribute sich nicht so schnell ändern, gemeinsam zu nutzen als einzelne Seiten.

4.8 Ausnahmebehandlung

Im Abschnitt 1.12 wurden je nach Art des aufgetretenen Ereignisses die folgenden Ausnahme-Situationen (*exceptions*) unterschieden:

- *Interrupts*, die durch externe Ereignisse über die INTR- oder NMI-Leitung generiert werden.
- Durch den INT-Befehl erzeugte *Software-Interrupts*.
- *Traps*, die auftreten, wenn beim Abarbeiten eines Befehls ein Fehler auftritt.

In diesem Abschnitt werden wir beispielhaft die Behandlung der Ausnahme-Situationen durch die Prozessoren 80286/80386 der Firma Intel vorstellen. Dazu zunächst ein Hinweis: Im Gegensatz zum Abschnitt 1.12 wird in den Unterlagen der Firma Intel der Begriff *Interrupt* synonym zum Begriff *Exception* benutzt.

Die Behandlung von Interrupts und Exceptions ist eine spezielle Form eines Kontroll-Transfers. In diesem Abschnitt sollen die durch die MMU generierten Ausnahme-Situationen vorgestellt werden, und wir wollen erläutern, welche Möglichkeiten der Ausnahme-Behandlung es unter Berücksichtigung des Schutzkonzeptes gibt.

4.8.1 Interrupt-Deskriptor-Tabelle

Jeder Interrupt bzw. jeder Trap erfordert seine spezielle Behandlung. Bei Intel-Prozessoren wird deshalb jeder Ausnahme-Situation eine Vektornummer (*exception vector*) zwischen 0 und 255 zugeordnet. Einige dieser Nummern sind bereits vom Hersteller vergeben, andere sind vom Benutzer frei zuzuordnen (vgl. Abschnitt 1.12).

Die Verbindung zwischen dieser Nummer und der ihr zugeordneten Ausnahme-Behandlungsroutine (*exception handler, interrupt handler*) liefert wiederum eine spezielle, im System nur einmal vorhandene Tabelle. Diese wird von Intel Interrupt-Deskriptor-Tabelle (IDT) genannt. Wie alle anderen System-Tabellen besteht auch sie aus einer Liste von Deskriptoren, die hier auf die jeweils erforderliche Behandlungsroutine verweisen. Der Zugriff auf die IDT erfolgt ebenfalls durch ein besonderes System-Register, das IDT-Register (IDTR, vgl. Bild 4.8-1). Das IDTR enthält die Basisadresse und die Größe der IDT. Es wird normalerweise vom Betriebssystem mit Hilfe der privilegierten Instruktion LIDT (*load IDT*) geladen.

Ein Zugriff auf die IDT erfolgt nur, wenn eine Ausnahme-Situation aufgetreten ist. Jeder Eintrag in der IDT ist, wie in allen anderen Tabellen, ein 8 byte langer Deskriptor, der einen kontrollierten Übergang (*gate*) zur Ausnahme-Behandlungsroutine darstellt. Je nach Art der Ausnahme-Behandlung werden bei Intel drei verschiedene Arten von *Gates* unterschieden:

- *Task Gates*,
- *Interrupt Gates*,
- *Trap Gates*.

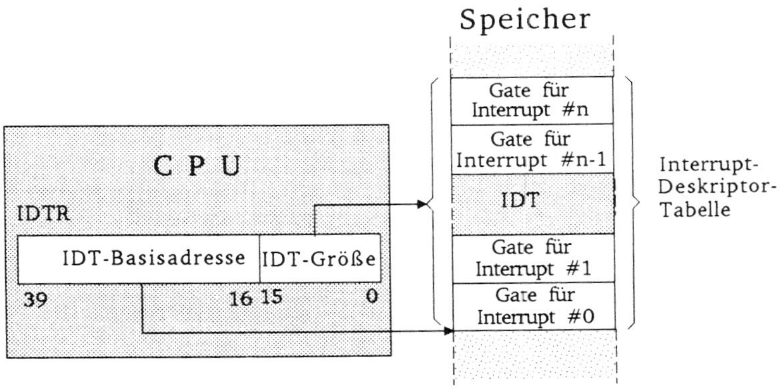

Bild 4.8-1. Interrupt-Deskriptor-Tabelle und IDT-Register beim Intel 80386

Jedes Gate in der IDT besitzt eine eigene Deskriptor-Privileg-Ebene DPL, die festlegt, welches Privileg erforderlich ist, um die Exception- oder Interrupt-Behandlungsroutine aufzurufen. Wie bei den Call Gates muß die Privileg-Ebene des aktuell ausgeführten Prozesses CPL zahlenmäßig kleiner oder gleich dieser DPL sein. Bei der Ausnahme-Behandlung geschieht ein Wechsel der Privileg-Ebene, wenn für das Codesegment, in dem die Behandlungsroutine abgelegt ist, DPL < CPL gilt. Es gelten dieselben Regeln wie für einen Privilegwechsel über ein Call Gate (vgl. Abschnitt 4.5).

4.8.2 Prozeßorientierte Ausnahme-Behandlung

Eine Möglichkeit der Ausnahme-Behandlung besteht darin, sie durch einen eigenen Prozeß durchführen zu lassen (*task-based handler*). In diesem Fall ist der durch die Exception-Nummer (*exception vector*) spezifizierte Deskriptor in der IDT ein Task Gate (s. Bild 4.8-2). Wie jedes Task Gate verweist dies wiederum auf einen Prozeß-Kontroll-Block TSS, der – wie in Abschnitt 4.6 beschrieben – einen neuen Prozeß, hier zur Unterbrechungs-Behandlung, initialisiert. Bei einer solchen Form der Ausnahme-Behandlung wird – wie bei jedem Prozeßwechsel – automatisch der gesamte, aktuelle Kontext des unterbrochenen Prozesses in seinem TSS gesichert, und das Unterbrechungsprogramm läuft in einem eigenen, neuen Kontext ab. Somit sind der unterbrochene Prozeß (im Beispiel Task A) und die Ausnahme-Behandlung (Interruptroutine) logisch vollständig voneinander getrennt. Um nach der Beendigung eines unterbrochenen Prozesses wieder zu ihm zurückkehren zu können, ist jeder Prozeß zur Behandlung einer Ausnahme-Situation (*exception task*) ein verschachtelter Prozeß (*nested task*, s. Abschnitt 4.6), d.h. im Prozeß-Kontroll-Block der Unterbrechungsroutine ist (als *Back Link Selector*) der TSS-Selektor des unterbrochenen Prozesses eingetragen.

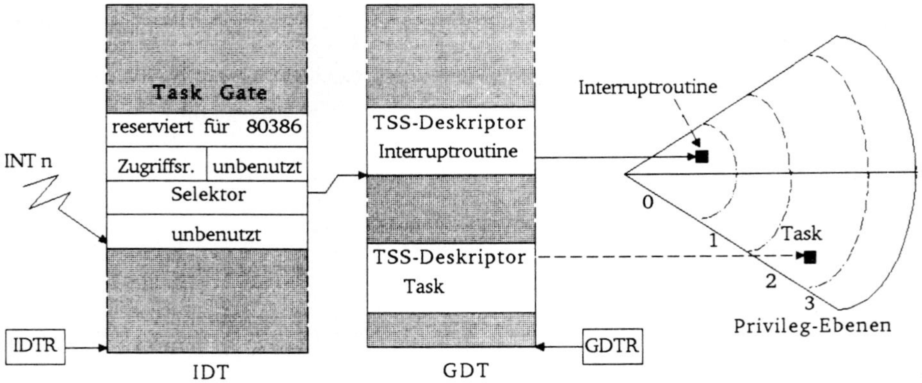

Bild 4.8-2. Prozeß-orientierte Ausnahme-Behandlung

4.8.3 Prozedurorientierte Ausnahme-Behandlung

Zeigt der Exception-Vektor in der IDT auf ein *Trap Gate* oder ein *Interrupt Gate*, dann erfolgt die Ausnahme-Behandlung innerhalb des unterbrochenen Prozesses. Es handelt sich daher um eine prozedurorientierte Ausnahme-Behandlung, in der der Kontext des unterbrochenen Prozesses erhalten bleibt. Im Bild 4.8-3 ist ein *Trap/Interrupt Gate Descriptor* dargestellt.

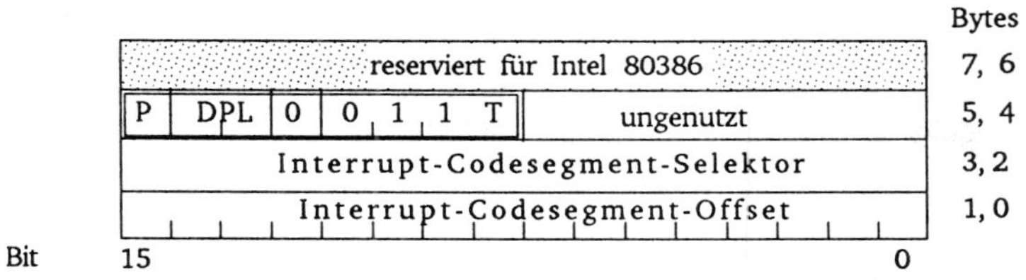

Bild 4.8-3. Trap/Interrupt Gate Descriptor

Ein Interrupt Gate bzw. Trap Gate spezifiziert eine Prozedur, d.h. es verweist mit einem Selektor und einem Offset auf ein Codesegment, und es besitzt fast dieselbe Struktur wie ein Call Gate (s. Bild 4.8-3). Der Prozessor führt einen solchen Prozeduraufruf auch genauso wie einen Call-Gate-Aufruf durch.

Um wieder an die Stelle zurückzukehren, an der der Prozeß unterbrochen wurde, muß jede durch ein Trap Gate bzw. Interrupt Gate initialisierte Ausnahme-Behandlungsroutine durch einen IRET-Befehl (*return from interrupt*) abgeschlossen werden.

Zur Unterscheidung der beiden Gate-Typen ist bei einem Trap Gate im *Access Byte* des Deskriptors das T-Bit gesetzt, bei einem Interrupt Gate nicht. Im Gegensatz zum Call Gate fehlt im Deskriptor lediglich das *Word-Count*-Feld, so daß keine Parameterübergabe des unterbrochenen Codes möglich ist.

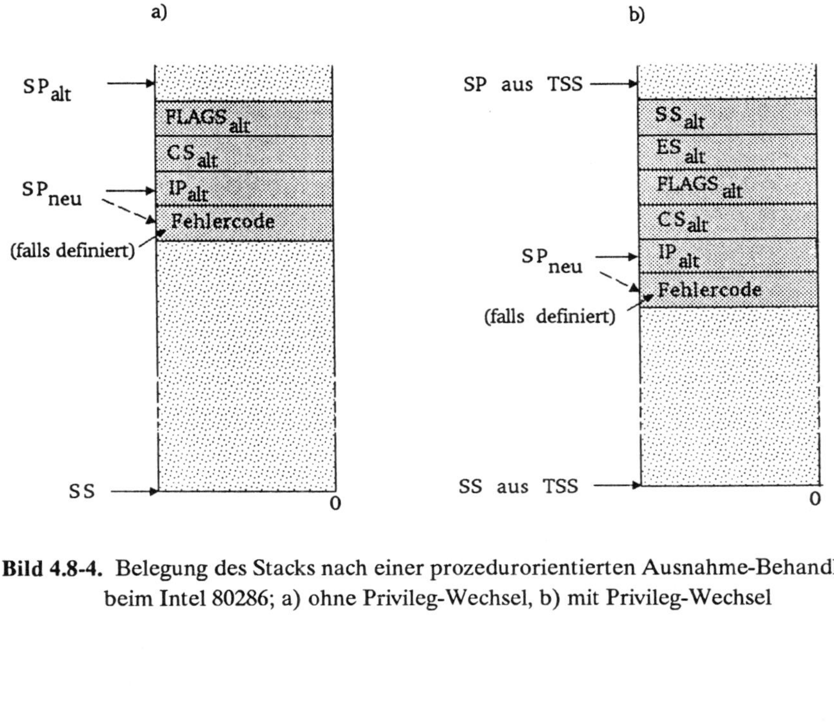

Bild 4.8-4. Belegung des Stacks nach einer prozedurorientierten Ausnahme-Behandlung beim Intel 80286; a) ohne Privileg-Wechsel, b) mit Privileg-Wechsel

Wird durch eine Ausnahme-Situation ein Trap Gate oder ein Interrupt Gate in der IDT selektiert, sichert der Prozessor – wie bei einem Call-Gate-Aufruf – das Statusregister und den Befehlszähler CS:IP (*Code Segment:Instruction Pointer*) auf dem Stack des Interrupt-Programms. Erfolgt ein Privileg-Wechsel, wird zusätzlich noch der alte Stackpointer gesichert. Die Belegung des Stacks nach einer prozedurorientierten Ausnahme-Behandlung ist für diese beiden Fälle in Bild 4.8-4 (s.o.) dargestellt. Die im Bild erwähnten Fehlercodes (*error codes*) werden weiter unten erläutert.

Der Unterschied zwischen einem Trap Gate und einem Interrupt Gate besteht darin, daß im ersten Fall das *Interrupt Enabled Flag* IF[3)] im Steuerregister der CPU gesetzt wird, im zweiten nicht (vgl. Abschnitt 1.7). Dadurch kann die Behandlungsroutine eines Trap Gates nicht ihrerseits durch eine andere Ausnahme-Situation unterbrochen werden. (Unterbrechungen durch NMI-Interrupts sind allerdings weiterhin möglich.) Bei einem Interrupt Gate wird das IF-Bit nicht verändert, so daß je nach seinem aktuellen Zustand Unterbrechungen der Behandlungsroutine möglich sind oder nicht.

Vergleich zwischen prozeß- und prozedurorientierter Ausnahme-Behandlung

Zur Behandlung von internen Unterbrechungen (*traps*) ist oft eine prozedurorientierte Ausnahmeroutine sinnvoll, weil dort der *Interrupt Handler* Zugriff auf sämtliche Daten des unterbrochenen Prozesses besitzt. Ein Beispiel ist ein *Page Fault Handler*, der auf die Seitentabelle des unterbrochenen Prozesses zugreifen muß.

Externe Unterbrechungen (*interrupts*) haben normalerweise keinen Bezug zu dem unterbrochenen Prozeß. Deshalb ist es sinnvoll, sie durch einen eigenen Prozeß zu behandeln, also durch eine prozeßorientierte Ausnahmeroutine. Allerdings dauert ein Prozeßwechsel länger als ein Prozeduraufruf.

4.8.4 Fallstudie: Behandlung der Traps beim Intel 80386

Sobald der Prozessor beim Abarbeiten eines Befehls einen Fehler entdeckt, generiert er einen für diesen Fehler spezifischen Trap. Zur Trap-Behandlung gibt es verschiedene Möglichkeiten zu reagieren:

- Der Fehler kann behoben und danach die abgebrochene Aktion wiederholt werden. Dieses Vorgehen ist für viele Fehler sinnvoll. Wird z.B. festgestellt, daß sich eine benötigte Seite nicht im Hauptspeicher befindet, so kann sie durch den *Page Fault Handler* eingelagert werden, und danach kann der unterbrochene Prozeß mit dem jetzt erfolgreichen Seitenzugriff fortfahren.
- Der Prozeß muß abgebrochen werden. Dies ist bei den Fehlern erforderlich, die nicht behoben werden können, z.B. einer Division durch 0.

---

3) bei Intel nicht IE abgekürzt !

Als Beispiel wollen wir jetzt die von der MMU im Intel 80386 erzeugten Traps vorstellen. Diese Unterbrechungen finden bei der Speicherverwaltung, z.B. wegen einer Verletzung des Privilegs oder der Zugriffsrechte, statt.

- Segmentüberlauf (*trap* 9)
  Trap 9 wird vom Prozessor generiert, wenn bei der Adreßberechnung die im Deskriptor angegebene Segmentgröße (*limit*) überschritten wird. Dieser Trap kann prozedurorientiert behandelt werden. Allerdings macht es bei diesem Fehler keinen Sinn, die abgebrochene Adreßberechnung zu wiederholen.
- Ungültiges TSS (*trap* 10)
  Dieser Trap wird ausgeführt, wenn bei einem Prozeßwechsel der neue Prozeß-Kontroll-Block (TSS) "ungültig" ist. Ein TSS kann aus sehr vielen Gründen ungültig sein: z.B. kann die Segmentgröße zu klein sein, der Inhalt eines Systemregisters (z.B. LDT-Selektor, Segmentregister CS, usw.) kann fehlerhaft sein, oder die Privileg-Ebene DPL erlaubt keinen Prozeßwechsel. Bei diesem Trap wird ein Fehlercode (*error code*, s.u.) auf den Stack gelegt.
- Segment nicht im Hauptspeicher (*segment fault, trap* 11)
  Dieser Trap wird generiert, wenn beim Laden eines neuen Segments oder beim Zugriff auf ein Gate das *Present Bit* P nicht gesetzt ist. Auch hier wird ein Fehlercode, der den Selektor des Deskriptors enthält, auf den Stack gelegt. Zur Behandlung dieser Unterbrechung wird das fehlende Segment in den Hauptspeicher eingelagert. Anschließend kann der unterbrochene Prozeß fortgesetzt werden.
- Fehler im Schutzkonzept (*general protection fault, trap* 13)
  Alle Fehler, die durch den beim 80386 implementierten Schutzmechanismus erkannt werden und nicht durch einen anderen der genannten Traps behandelt werden, generieren diesen Trap. Darunter fällt das Verletzen der Privileg-Regeln, das Schreiben in ein Segment, auf das nur lesender Zugriff erlaubt ist (*read-only segment*), usw. Normalerweise können diese Fehler nicht behoben werden, so daß der betroffene Prozeß abgebrochen werden muß.
- Seitenfehler (*trap* 14)
  Bei einem Seitenfehler erzeugt der 80386 Prozessor automatisch einen Trap mit der Nummer 14 und speichert die lineare Adresse, bei der ein Fehler aufgetreten ist, im System-Register CR2 ab (s. Abschnitt 4.4). Zusätzlich legt er einen Fehlercode mit dem in Bild 4.8-5 dargestellten Format auf den Stack.

4.8.5 Fallstudie: Fehlercode des 80386 bei einem Seitenfehler

Bei bestimmten Traps ist es für den Interrupt Handler wichtig, die genaue Unterbrechungsursache zu kennen. Bei einer prozedurorientierten Ausnahme-Behandlung legt der Prozessor in diesen Fällen einen speziellen Fehlercode (*error code*), der oben bereits erwähnt wurde, auf den Stack des Trap-Behandlungsprogramms (s. Bild 4.8-4). Wird jedoch ein neuer Prozeß initialisiert, d.h. wird die Ausnahme-Situation prozeßorientiert behandelt, dann wird der Fehlercode auf den Stack des neuen Prozesses abgelegt.

Bei einem Seitenfehler *(trap 14)* wird auf den Stack ein Fehlercode mit dem im Bild 4.8-5 dargestellten Format abgelegt.

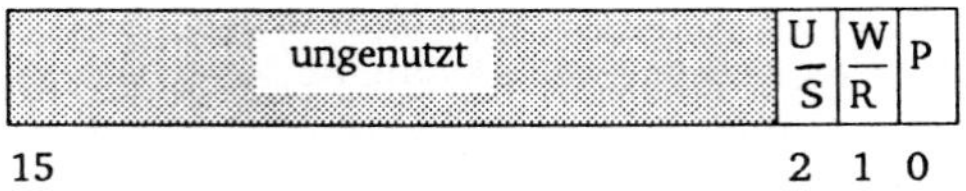

Bild 4.8-5. Format des Fehlercodes bei einem Seitenfehler

Die einzelnen Bits haben bei diesem Fehler die folgende Bedeutung:

P Das P-Bit unterscheidet, ob die Ursache des Seitenfehlers eine nicht im Hauptspeicher vorhandene Seite (P=0) oder eine Verletzung des Schutzkonzepts (P=1, *protection violation*) ist.

W/R Das W/R-Bit informiert darüber, ob der Fehler beim Schreiben oder beim Lesen der Seite auftrat.

U/S Das U/S-Bit zeigt an, ob der Seitenzugriff im Benutzer-Modus (*user mode*) oder im Betriebssystem-Modus (*supervisor mode*) erfolgte.

Anhand dieses Fehlercodes kann das Interrupt-Behandlungsprogramm also erkennen, ob es aufgrund einer im Hauptspeicher fehlenden Seite oder wegen einer Verletzung der Schutzmechanismen aktiv werden muß.

5. System-Steuerbausteine und Schnittstellen-Bausteine

5.1 Einleitung

In diesem Kapitel wollen wir uns mit den Bausteinen befassen, die außer dem µP, eventuell vorhandenen Coprozessoren sowie den Speicherbausteinen zusätzlich zum Aufbau eines komplexen Mikrorechner-Systems benötigt werden. Einige von ihnen wurden bereits in den vorhergehenden Kapiteln angesprochen. Dazu gehören insbesondere eine ganze Reihe von relativ niedrig integrierten ("diskreten") Bausteinen, also z.B. Bausteine mit einzelnen logischen Gattern, Tristate-Treibern, Registern, (Adreß-)Decodern, Multiplexern bzw. Demultiplexern. In Ermangelung eines besseren Begriffes wollen wir sie als Hilfsbausteine bezeichnen. Diese werden wir hier nicht weiter behandeln.

5.1.1 Nicht programmierbare System-Steuerbausteine

Eine weitere Klasse wird von den System-Steuerbausteinen gebildet. Diese übernehmen (als höher integrierte Bausteine) Funktionen, die aus technischen oder Kostengründen (meist noch) nicht im Prozessor integriert sind. Sie sind teilweise nicht programmierbar, d.h. sie führen bestimmte, fest vorgegebene Funktionen aus, ohne daß die Möglichkeit besteht, vom Programm her auf ihre Arbeitsweise einzuwirken. Das schließt nicht aus, daß durch eine hardwaremäßige Beschaltung gewisser Steuereingänge (z.B. über Schalter) eine von mehreren Betriebsalternativen ausgewählt werden kann. In der Regel ist diese Auswahl aber für die gesamte Einsatzdauer der Bausteine im System fest vorgegeben. Einige von diesen Bausteinen sind zur Funktionsfähigkeit des Systems unerläßlich, während andere nur in komplexeren Systemen benötigt werden. Zu den nicht programmierbaren Bausteinen gehören:

- Taktgeneratoren, die mit Hilfe eines extern anzuschließenden Quarzes eine Grundschwingung mit stabiler Frequenz erzeugen. (Im Abschnitt 1.5.1 wurden sie bereits als integraler Bestandteil des µPs beschrieben.) Durch Zählflipflops wird diese Frequenz dann auf eine oder mehrere Frequenzen heruntergeteilt, die als Systemtakte dem Prozessor zur Verfügung gestellt werden.
  In der Regel erfüllen diese Bausteine noch weitere Funktionen. So erzeugen sie beispielsweise aus einem extern angelegten Rücksetz-Signal (RESET) ein mit dem Systemtakt synchronisiertes Signal, das die vom Prozessor verlangten Zeit-

beziehungen exakt einhält. Auf dieselbe Weise synchronisieren sie die READY-Signale von Systemkomponenten, die asynchron zum µP arbeiten, mit dem Systemtakt.

- Bus-Steuerbausteine (*bus controller*), die die codiert ausgegebenen Statusinformationen des µPs (vgl. Abschnitt 1.5.2) decodieren und als Einzelsignale den Komponenten zur Bussteuerung zuführen. Dabei müssen sie für die Synchronisation dieser Signale mit dem Systemtakt sorgen. Zu den decodierten Signalen gehören z.B. die Signale $R/\overline{W}$ bzw. $IOR/\overline{IOW}$ zum Lesen oder Schreiben einer Speicherzelle bzw. eines Registers in einem Peripherie-Baustein.
- Bausteine zur Steuerung des Systembus-Zugriffes (*bus arbiter*), die in Systemen mit mehreren *Bus Masters* den konfliktfreien Zugriff zum Systembus regeln. (Diese Bausteine werden wir im Abschnitt 5.2 beschreiben.)
- Steuerbausteine für dynamische Speicher (*dynamic RAM controller*), die das Auffrischen der dynamischen RAMs vornehmen (s. Abschnitt 3.5.3.3).

5.1.2 Programmierbare System-Steuerbausteine

Die programmierbaren System-Steuerbausteine enthalten hochintegrierte, komplexe Schaltungen, die während des normalen Betriebes in verschiedene Arbeitsmodi versetzt werden und alternativ unterschiedliche Funktionen ausführen können. Jedoch darf der Begriff "programmierbar" nicht zu dem Fehlschluß verleiten, daß sie notwendigerweise – wie der µP – auf ein im Speicher vorliegendes Maschinenprogramm selbständig zugreifen und es ausführen können. Bausteine, die das können, gehören zu den Hilfs- bzw. Coprozessoren, die wir schon im Kapitel 2 ausführlich beschrieben haben. Sehr häufig besteht die "Programmierbarkeit" nur darin, daß der Prozessor durch das Einschreiben eines Steuerwortes bzw. eines Befehls den Arbeitsmodus und die auszuführende Funktion bestimmen kann. Dadurch wird dann im Steuerwerk des Bausteins ein spezielles Mikroprogramm mit bestimmten Parametern aufgerufen. Zu diesen Bausteinen, die z.T. bereits beschrieben wurden, gehören:

- Steuerbausteine für den direkten Speicherzugriff (*DMA controller*), die den Datentransport zwischen dem Speicher und einer Schnittstelle ohne den Einsatz des Prozessors vornehmen (s. Abschnitt 3.7).
- Cache-Steuerbausteine (*cache controller*) zur Verwaltung eines schnellen Zwischenspeichers zwischen Prozessor und Arbeitsspeicher (s. Abschnitt 3.8).
- Speicherverwaltungs-Bausteine (*memory management unit* – MMU), die zur Umsetzung von logischen in physikalische Adressen dienen (s. Kapitel 4).
- Zeitgeber-/Zähler-Bausteine (*timer*), die Zeitintervalle bestimmter, wählbarer Länge erzeugen oder als Ereigniszähler dienen. Diese Bausteine nehmen eine Sonderrolle ein, da sie zusätzlich über Ein-/Ausgänge verfügen, die zur Steuerung der Peripherie benutzt werden können. Sie gehören deshalb auch zu den weiter unten beschriebenen Schnittstellen-Bausteinen. Jedoch werden sie in vielen µC-Systemen ausschließlich zur Steuerung der internen Komponenten eingesetzt. (Diese Bausteine beschreiben wir im Abschnitt 5.4.)

- Echtzeit-Uhren (*real time clocks*) sind spezielle Zeitgeber-Bausteine, die in ihren Registern die aktuelle Tageszeit und das Datum zur Verfügung stellen. Sie werden gewöhnlich mit einer eigenen Spannungsquelle (Akku, Batterie) versehen, um auch nach Ausschalten des Systems die Zeit weiter messen zu können. (Im Abschnitt 5.4.5 wird ein solcher Baustein kurz vorgestellt.)
- Unterbrechungs-Steuerbausteine (*interrupt controller*), die den Anschluß einer großen Anzahl von Interruptquellen an einen gemeinsamen Eingang des Prozessors erlauben, unter diesen bestimmte Prioritäten festlegen und die Übertragung des Interrupt-Vektors zum Prozessor vornehmen (vgl. Abschnitt 1.12). (Interrupt-Controller sind Gegenstand des Abschnitts 5.3.)

5.1.3 Schnittstellen-Bausteine

Die Schnittstellen-Bausteine, auch Ein-/Ausgabe-Steuerbausteine (*I/O-controller*) genannt, dienen als Bindeglied zwischen dem Prozessor und dem Arbeitsspeicher einerseits und den Peripheriegeräten andererseits. Dazu übernehmen sie:

- die Pufferung der Ein-/Ausgabe-Daten, insbesondere auch zur Anpassung der unterschiedlichen Arbeitsgeschwindigkeiten im System und in den angeschlossenen Geräten;
- die Umsetzung der Daten, insbesondere
  - paralleler Daten in serielle Daten,
  - digitaler Daten in analoge Daten,
  - digitaler Daten in digitale Zeitfunktionen,

  wobei alle drei Umwandlung auch in umgekehrter Richtung ausgeführt werden;
- die Erzeugung von Signalen zum Steuern eines Peripheriegerätes sowie zur Synchronisation der Datenübertragung zwischen dem Gerät und dem Schnittstellen-Baustein;
- die Annahme von Unterbrechungs-Anforderungen der Peripheriegeräte und deren Weiterreichen zum Prozessor sowie die eigenständige Erzeugung solcher Anforderungen.

Im folgenden fassen wir zur Vereinfachung die programmierbaren System-Steuerbausteine und die Schnittstellen-Bausteine unter dem Begriff **Systembausteine** zusammen.

5.1.4 Speicherbezogene und isolierte Adressierung

Wie wir weiter unten darstellen werden, erscheint jeder der programmierbaren Systembausteine für den Prozessor wie ein kleiner Satz von Registern, die unter einem zusammenhängenden Block von Adressen angesprochen werden können. Im Abschnitt 1.10 wurde bereits gezeigt, daß für das Ansprechen dieser Adressen zwei Alternativen existieren, die wir hier kurz wiederholen wollen:

- In der einfacheren Form wird der Adreßblock zusammen mit allen Speicheradressen in einem gemeinsamen Adreßraum untergebracht. Hier spricht man von der **speicherbezogenen Adressierung** und spezieller auch von der **speicher-**

bezogenen Ein-/Ausgabe (*memory mapped I/O*). Für den Prozessor ist kein Unterschied zwischen einer Speicherzelle und einem Register eines Systembausteins zu erkennen. Daher kann in allen Befehlen und mit jeder zulässigen Adressierungsart auf ein Register eines Systembausteins zugegriffen werden. Diese Art der Baustein-Adressierung wird z.B. bei den Prozessoren der Firma Motorola angewandt.

- Bei der 2. Variante besitzt der Prozessor zwei getrennte Adreßräume, zwischen denen er durch ein zusätzliches Signal ($M/\overline{IO}$ – *memory/input-output*) auswählt. Dieses Signal muß durch die Adreßdecoder aller Speicher- und System-Bausteine ausgewertet werden. In der Regel sind beide Adreßräume unterschiedlich groß. Der größere Adreßraum wird durch alle Adreßsignale des Prozessors und durch $M/\overline{IO}=1$ angesprochen und enthält die Adressen der Speicherzellen des Arbeitsspeichers. Zur Selektion einer bestimmten Adresse im zweiten Adreßraum wird meist nur die niederwertige Hälfte des Adreßbusses sowie das Signal $M/\overline{IO}=0$ benutzt. In diesem Adreßraum werden (bevorzugt) die Adressen der Register der Systembausteine untergebracht. Zur Ansprache dieser Adressen stehen besondere Befehle zur Verfügung (IN, OUT, s. Abschnitt 1.14), die oft nur eine sehr eingeschränkte Teilmenge der Adressierungsarten zulassen. Wegen der getrennten Adreßräume für den Arbeitsspeicher und die Systembausteine spricht man von der **isolierten Adressierung** bzw. **isolierten Ein-/Ausgabe** (*isolated I/O*). Die isolierte Adressierung wird insbesondere von den Intel-Prozessoren unterstützt.

Natürlich hat der Systementwickler auch bei einem Prozessortyp mit isolierter Adressierungs-Möglichkeit die Freiheit, die Register-Adressen der Systembausteine in den Speicher-Adreßbereich zu legen.

5.1.5 Anschluß der Schnittstellen-Bausteine an den µP

Ein Problem ergibt sich dadurch, daß auch heute noch sehr viele Schnittstellen-Bausteine eine Datenbusbreite von 8 bit (1 byte) voraussetzen. Dies hat einerseits seinen Grund darin, daß die meisten Ein-/Ausgabe-Geräte zeichenorientiert sind, ihre Daten also sehr gut durch jeweils ein Byte repräsentiert werden können. (Das entspricht einem maximalen Zeichenvorrat von 256 verschiedenen Zeichen.) Andererseits werden auch für die modernen 16- bzw. 32-bit-Prozessoren zum großen Teil noch die für die älteren 8-bit-Prozessoren entwickelten Schnittstellen-Bausteine eingesetzt. Im Abschnitt 3.6 wurde bereits gezeigt, wie die 16/32-bit-Prozessoren verschiedene Operandenlängen unterstützen. Durch zusätzliche Steuersignale (z.B. BE_3,..,BE_0) kann gezielt jedes Byte des Datenbusses aktiviert werden. Daher hat es der Systementwickler in der Hand, mit welchem Byte des µP-Datenbusses er einen Schnittstellen-Baustein verbindet. Durch einen Multiplexer/Demultiplexer im Prozessor wird dafür gesorgt, daß z.B. ein eingelesenes Byte stets in den niederwertigen Zellen der Datenregister abgelegt wird (DR, s. Bild 5.1-1). Diese Möglichkeit sorgt dafür, daß auch 8-bit-Schnittstellen-Bausteine ohne freie Lücken im Adreßraum untergebracht werden können.

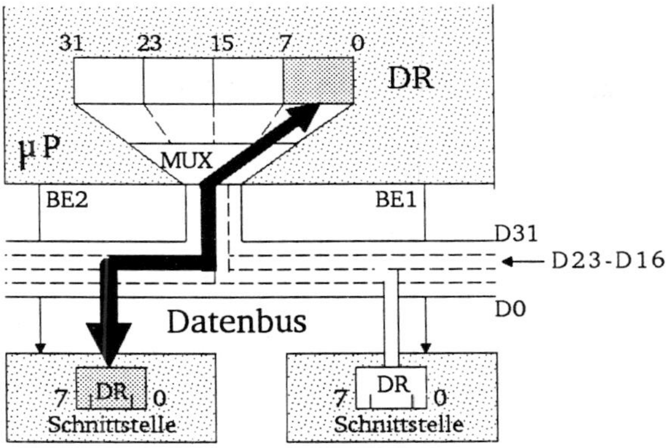

Bild 5.1-1. 8-bit-Schnittstelle am 32-bit-Prozessor

5.1.6 Aufbau der Systembausteine

Bevor wir in den folgenden Abschnitten auf einige der oben genannten Bausteine näher eingehen, wollen wir noch einmal kurz den prinzipiellen Aufbau der programmierbaren Systembausteine beschreiben (s. Bild 5.1-2), wie Sie ihn z.B. schon beim DMA-Controller im Abschnitt 3.7 kennengelernt haben.

Der Baustein besteht im wesentlichen aus der Steuerung und der eigentlichen Ausführungseinheit. Der Steuerbus, der die Steuerung mit allen Komponenten des Bausteins verbindet, wurde nicht eingezeichnet und wird auch bei den folgenden Baustein-Beschreibungen stets weggelassen.

5.1.6.1 Die Steuerung

Die Steuerung (das Steuerwerk) des Bausteins sorgt für die zeitgerechte Erzeugung der Signale, mit denen die internen Komponenten aktiviert und geschaltet werden, also insbesondere die Register und die Datenweg-Multiplexer. Die Steuerung ist ein synchrones Schaltwerk, das vom μP mit dem Systemtakt versorgt wird. Über den RESET-Eingang können die Steuerung und z.T. auch die Register in einen definierten Anfangszustand versetzt werden. Das $\overline{CS}$-Signal dient zur Auswahl des Bausteins durch den Prozessor. Es wird durch einen Adreßdecoder aus den höherwertigen Adreßbits erzeugt. Die niederwertigen Adreßbits $A_i ... A_0$ werden dem Baustein direkt zugeführt und erlauben dem Prozessor, im Baustein ein bestimmtes Register anzusprechen. Die Richtung eines Datentransports zwischen Prozessor und Baustein wird durch das Lese-/Schreib-Signal $R/\overline{W}$ bestimmt. Durch ein READY-Signal zeigt der Baustein das Ende einer Datenübertragung auf semisynchronen Systembussen an.

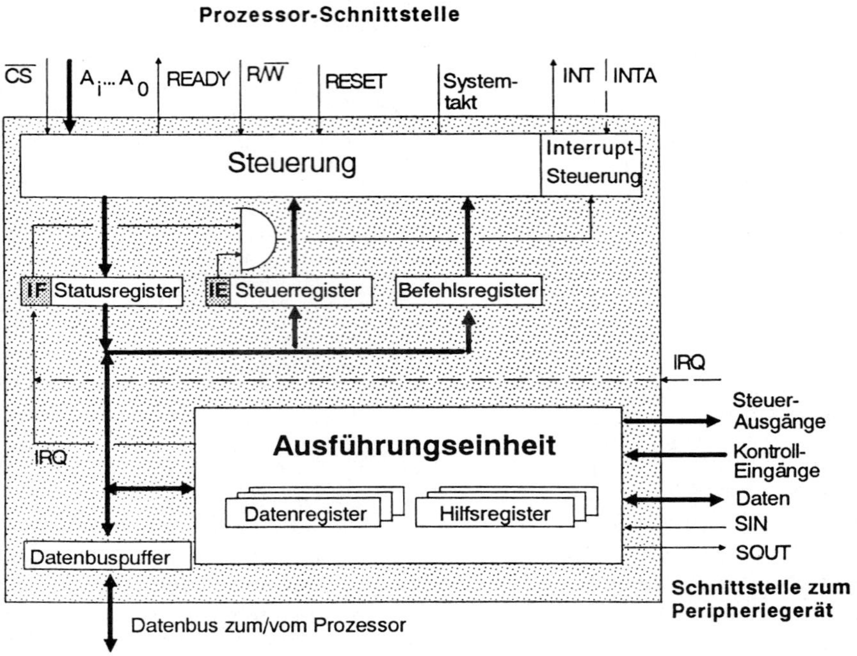

Bild 5.1-2. Prinzipieller Aufbau eines Systembausteins

Der erwähnte Datentransport findet über den Datenbus statt. Im Datenbuspuffer können eingeschriebene oder ausgelesene Daten (häufig) kurzzeitig zwischengespeichert werden. Im einfachsten Fall besteht der Datenbuspuffer jedoch nur aus bidirektionalen Tristate-Treibern.

Quelle oder Ziel eines Datentransports sind stets die internen Register des Bausteins. Drei von ihnen sind der Baustein-Steuerung fest zugeordnet und dienen dem Prozessor zur Kommunikation mit dem Baustein.

- Im **Statusregister** legt die Steuerung Informationen ab, die den Zustand des Bausteins beschreiben. Dazu gehören Informationen über das Ergebnis der zuletzt ausgeführten Funktion, über die Betriebsart, in der der Baustein augenblicklich betrieben wird sowie über eventuell vorliegende Bearbeitungswünsche des angeschlossenen Peripherie-Gerätes. Ein solcher Wunsch kann entweder vom Gerät direkt über einen Unterbrechungs-Anforderungseingang IRQ (*interrupt request*) oder aber von der Ausführungseinheit des Bausteins als Ergebnis eines durchgeführten Auftrags gestellt werden. Durch die Anforderung wird im Statusregister das IF-Bit (*interrupt flag*) gesetzt.
- Das **Steuerregister** ((*mode*) *control register*) bestimmt die Betriebsart, in der der Baustein arbeiten soll. Sein Inhalt wird üblicherweise während der normalen

Betriebszeit sehr selten verändert, häufig sogar nur einmal während der Initialisierung nach dem Einschalten des Systems festgelegt.
Ein Bit des Steuerregisters dient als *Interrupt Enable Bit* (IE): Nur wenn dieses Bit gesetzt ist, kann eine Unterbrechungs-Anforderung zum Prozessor weitergeleitet werden. Im Bild ist dies symbolisch durch die UND-Verknüpfung der Bits IF und IE dargestellt. Der Ausgang dieser UND-Schaltung wird der Interrupt-Steuerung zugeführt, die ein Bestandteil der Baustein-Steuerung ist. Sie ist verantwortlich für die zeitgerechte Erzeugung und Ausgabe des Unterbrechungssignals INT zum Prozessor. Bei einigen Bausteinen muß sie das Quittungssignal INTA (*interrupt acknowledge*) überwachen und für die Ausgabe der Interrupt-Vektornummer sorgen, wie es im Abschnitt 1.12 beschrieben wurde.

- Im **Befehlsregister** (*command register*) legt der Prozessor alle benötigten Informationen ab, die die Ausführung der aktuell gewünschten Operation verlangt. Das bedeutet, daß dieser Registerinhalt sehr häufig, u.U. mit jeder auszuführenden Operation geändert wird.

Die eben vorgenommene funktionale Unterscheidung zwischen Steuer- und Befehlsregister wird von manchen Baustein-Herstellern sehr "großzügig" gehandhabt. So werden dieselben Bits bei Bausteinen vergleichbarer Funktion, aber verschiedener Hersteller häufig willkürlich im Steuer- oder Befehlsregister untergebracht. Außerdem werden zum Teil Status- und Steuerbits in einem einzigen (Schreib-/Lese-)Register zusammengefaßt.

Je nach Komplexitätsgrad des Bausteins können übrigens alle drei Register in mehrfacher Ausführung vorhanden sein. Dies gilt insbesondere dann, wenn ein Baustein mehrere, voneinander getrennte Ausführungseinheiten des gleichen Typs oder verschiedener Typen besitzt. In diesem Fall werden die Register häufig auch den Ausführungseinheiten selbst und nicht der Steuerung zugeordnet.

Bei den folgenden Baustein-Beschreibungen werden wir auf die Baustein-Steuerung, ihre Schnittstelle zum Prozessor und die beschriebenen drei Register nur noch dann eingehen, wenn sie Besonderheiten gegenüber dem jetzt dargestellten Modell aufweisen.

5.1.6.2 Die Ausführungseinheit

Die Ausführungseinheit ist der Teil des Bausteins, der die spezifischen Baustein-Funktionen zur Verfügung stellt. Sie besitzt dazu ein oder mehrere Datenregister, die vom Prozessor gelesen und beschrieben werden können und in dem die Operanden der Funktionen abgelegt werden. In Hilfsregistern können zusätzliche Parameter abgelegt werden, die die Ausführung einer Operation beeinflussen. Dazu gehören z.B. die Angabe, ob eine bidirektionale Datenleitung als Ausgang oder als Eingang geschaltet oder ob ein Zähler inkrementiert oder dekrementiert werden soll.

5.1.6.3 Die Schnittstelle zum Peripheriegerät

Die Schnittstellen-Bausteine unterscheiden sich von den programmierbaren System-Steuerbausteinen hauptsächlich dadurch, daß ihre Ausführungseinheit eine mehr oder weniger große Anzahl von Ein- oder Ausgangsleitungen zur Kommunikation mit einem Peripheriegerät oder einem anderen Systembaustein besitzen. Diese Leitungen bilden die sogenannte physikalische Schnittstelle. Dazu gehören:

- ein Bündel meist bidirektionaler Datenleitungen zum Austausch paralleler Daten,
- eine Eingangsleitung SIN und eine Ausgangsleitung SOUT zur Übertragung serieller Daten,
- eine Anzahl von Steuerleitungen, über die der Baustein Steuerinformationen ausgeben kann; dazu gehören z.B. Signale zum Ein-/Ausschalten eines Peripheriegerätes und Strobe-Signale zur Synchronisation der Datenübertragung (s.u.). Diese Signale werden zum Teil direkt vom Mikroprozessor kontrolliert, indem er in einem Register des Bausteins bestimmte Bits setzt bzw. zurücksetzt, deren Zustand direkt auf die Steuerleitungen geschaltet wird. Um die Adressierung der Bausteinregister zu erleichtern, werden diese Bits häufig mit in das oben beschriebene Steuerregister eingebunden, obwohl sie funktional nichts mit der Baustein-Steuerung zu tun haben.
- eine Menge von Meldeleitungen, über die der Baustein Informationen über den Zustand der angeschlossenen Komponente bekommen kann, insbesondere darüber, ob sie aktuell bereit ist, Daten auszutauschen. Der Zustand der Meldeleitungen wird gewöhnlich in einem Hilfsregister aufgefangen, dessen Bits aus Vereinfachungs-Gründen häufig in das Statusregister des Bausteins eingebunden werden.

Zusammenfassend ist im Bild 5.1-3 die Einbindung eines Schnittstellen-Bausteins zwischen Prozessor und Peripheriegerät dargestellt.

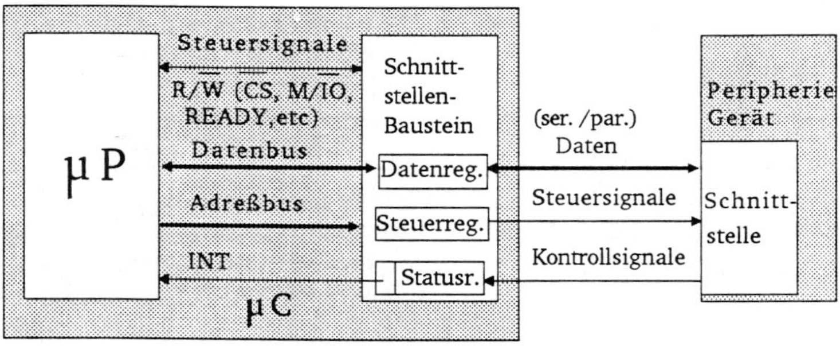

Bild 5.1-3. Schnittstellen-Baustein zwischen Mikroprozessor und Gerät

5.1.7 Die verschiedenen Ein-/Ausgabe-Verfahren

Für den Austausch einer Folge von Daten existieren im wesentlichen drei Varianten.

- Die erste Variante, die in komplexen Systemen hauptsächlich angewandt wird, ist die **interruptgesteuerte Ein-/Ausgabe**. Bei ihr wird jeder Transfer eines einzelnen Datums oder eines Datenblocks vom Schnittstellen-Baustein (oder dem angeschlossenen Gerät) über die INT-Leitung angefordert. Sobald der Prozessor dazu in der Lage ist, unterbricht er seine augenblickliche Programmbearbeitung und ruft eine spezielle Interruptroutine zur Datenübertragung auf.
  Der Vorteil dieser Methode besteht darin, daß der Prozessor zwischen den einzelnen Datentransfers andere Operationen ausführen kann, was insbesondere bei langsamen Peripheriegeräten wichtig ist. Außerdem kann der Prozessor auf diese Weise viele Schnittstellen-Bausteine ohne großen Steueraufwand bedienen. Die Aufgabe, aus gleichzeitig vorliegenden Übertragungswünschen denjenigen mit der höchsten Priorität auszusuchen, wird ihm von den oben bereits erwähnten Unterbrechungs-Steuerbausteinen abgenommen (vgl. Abschnitt 5.3). Ein Nachteil ist der zusätzliche Zeitaufwand für die Programmumschaltung zur Interruptroutine.
- Die zweite Variante wird mit **programmierter Ein-/Ausgabe** (*programmed I/O*) bezeichnet, weil bei ihr die Datenübertragung durch die Ausführung von Schreib-/Lese-Zugriffen auf das Datenregister des Bausteins an geeigneten Stellen im Programm vorgesehen werden muß. Dazu fragt der Prozessor (in regelmäßigen oder unregelmäßigen Abständen) das Statusregister daraufhin ab, ob der Schnittstellen-Baustein bereit ist, ein Datum zu übertragen. Zwischen den Übertragungs-Anforderungen kann der Prozessor andere Operationen ausführen oder aber in einer Schleife ausschließlich die Abfrage des Statusregisters durchführen. Im zweiten Fall spricht man von "aktivem Warten" (*busy waiting*).
  Dieses Ein-/Ausgabe-Verfahren ist immer dann vorzuziehen, wenn eine sehr große Anforderung an die Reaktionsgeschwindigkeit des Prozessors auf eine gewünschte Datenübertragung vorliegt; und natürlich auch dann, wenn er ohne das erwartete Datum seine Aufgabe nicht weiter ausführen kann. Betreibt der Prozessor jedoch mehrere Schnittstellen-Bausteine, so muß er deren Statusregister im Polling-Verfahren abfragen (s. Abschnitt 1.12.5). Das bedeutet für viele Anwendungsfälle eine unvertretbar große Zeitverzögerung.
- Die dritte Variante ist die im Abschnitt 3.7 beschriebene **DMA-Übertragung**. Neben ihrer großen Übertragungsrate, die von den beiden anderen Verfahren nicht erreicht wird, hat sie den Vorteil, daß bei ihr der Prozessor von der Übertragung derjenigen Daten befreit wird, die für seine augenblickliche Programmausführung keine Bedeutung (mehr) haben.

5.1.8 Synchronisation der Datenübertragung

Für die Synchronisation der Datenübertragung zwischen Schnittstellen-Baustein und Peripheriegerät existieren mehrere Alternativen. Im Bild 5.1-4 ist eine Hardware-Lösung dargestellt. Bei der Beschreibung der Schnittstellen-Bausteine für die serielle Übertragung in den Abschnitten 5.6 und 5.7 werden Sie zwei weitere Verfahren kennenlernen.

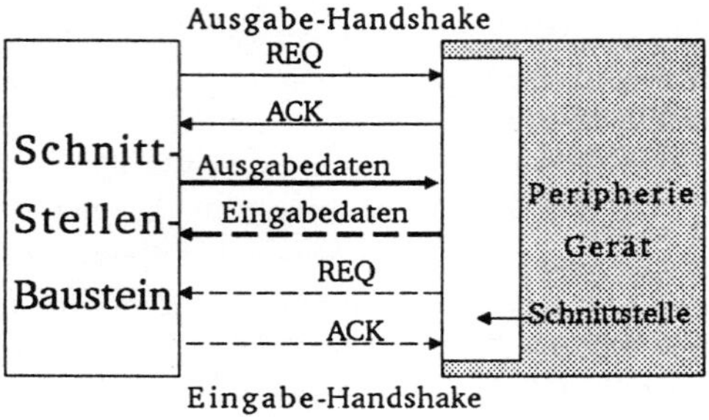

Bild 5.1-4. Synchronisation der Datenübertragung zwischen Schnittstelle und Peripheriegerät

Als Beispiel zeigt das Bild die Übertragung paralleler Daten. Angenommen wird dabei, daß für beide Übertragungsrichtungen getrennte Datenwege zur Verfügung stehen, jedoch funktioniert das im folgenden beschriebene Verfahren auch bei bidirektionalen Datenleitungen. Für jede Richtung existiert eine Signalleitung REQ (*request*), mit der die Datenquelle das Ziel zur Ausführung der Übertragung auffordert, und eine Leitung ACK (*acknowledge*), über die das Datenziel den Erhalt der Daten anzeigt. Für die exakte Ausführung der Synchronisation, das sogenannte Übertragungs-Protokoll, gibt es viele Varianten. Eine davon ist im Bild 5.1-5 für die Übertragung von der Schnittstelle zum Gerät dargestellt.

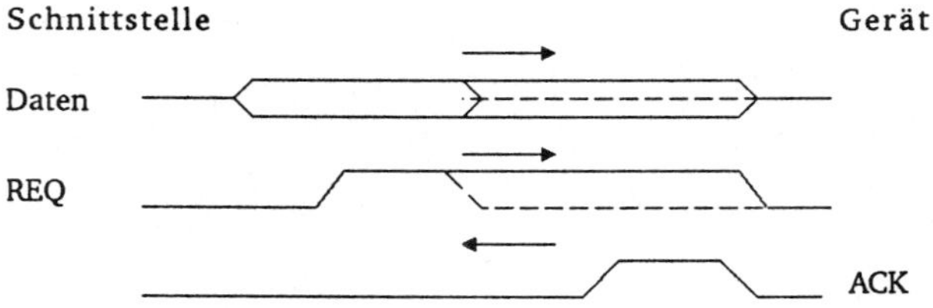

Bild 5.1-5. Übertragungs-Protokoll für die Datenausgabe

Vom Prozessor gesteuert, legt der Schnittstellen-Baustein zunächst das Datum auf die (Tristate-)Ausgänge seiner Datenleitungen. Danach zeigt er durch sein REQ-Signal an, daß er die Übernahme der Daten durch das Peripheriegerät erwartet.

- Besitzt das Gerät ein Auffangregister, das durch das REQ-Signal getriggert wird, so muß die Schnittstelle nur ein kurzes Strobe-Signal ausgeben und kann danach die Datenleitungen wieder abschalten, was durch gestrichelte Linien im Bild 5.1-5 angedeutet ist. In diesem Fall wartet die Schnittstelle solange mit der Übertragung eines weiteren Datums, bis das Gerät durch das ACK-Signal anzeigt, daß es das zuletzt übertragene aus dem Register entnommen hat.
- Besitzt das Gerät kein Auffangregister, so müssen Daten und REQ-Signal solange festgehalten werden, bis das Gerät die Übernahme der Daten durch sein ACK-Signal anzeigt.

Als Folge des aktivierten ACK-Signals wird im Statusregister des Schnittstellen-Bausteins ein Bit gesetzt. Oben wurde bereits erwähnt, daß dieses Statusbit entweder vom Prozessor gelesen wird oder aber sein Zustand über den Interrupt-Ausgang des Schnittstellen-Bausteins als Unterbrechungs-Anforderung zum Prozessor ausgegeben wird.

Verfahren der beschriebenen Art hatten wir im Abschnitt 1.10 bereits als Handshake-Verfahren (Quittungsverfahren) bezeichnet, da sich bei ihnen beide Kommunikationspartner durch den Austausch der REQ- bzw. ACK-Signale sozusagen "die Hand geben".

5.2 Bus-Arbiter

5.2.1 Einleitung

In den vorhergehenden Kapiteln wurde bereits mehrfach erwähnt, daß in komplexen Mikrorechner-Systemen in der Regel mehrere Komponenten existieren, die selbständig auf den Systembus zugreifen können. Sie wurden zusammenfassend als *Bus Master* bezeichnet. Zu ihnen gehören z.B. Coprozessoren und DMA-Controller. In vereinfachter Form zählt dazu aber auch die Auffrischlogik eines DRAM-Controllers, der sich mit dem µP den Zugriff zum Arbeitsspeicher teilt. (Weitere Controller werden Sie in den folgenden Kapiteln kennenlernen.)

Diese Bausteine fordern vom Prozessor über das HOLD-Signal den Zugriff zum Systembus an und bekommen über das HOLDA-Signal die Bestätigung, daß der Prozessor den Bus freigegeben, d.h. seine Ausgangstreiber hochohmig geschaltet hat. Während der Busfreigabe ist der Prozessor u.U. unbeschäftigt (*idle*), was nur dadurch vertretbar ist, daß die Busbelegung durch die anderen Bus Master einen relativ geringen Zeitanteil benötigt. Denn charakteristisch für diese Bausteine ist, daß sie stark eingeschränkte Prozessorfunktionen besitzen und nur zeitweise auf den Bus zugreifen müssen. Zwischen ihren Zugriffen liegen stets mehr oder weniger große Pausen, die dem µP die ungestörte Benutzung des Systembusses ermöglichen.

Anders ist die Lage, wenn in einem System mehrere Prozessoren arbeiten. Ein sehr großer Prozentsatz aller Prozessorzyklen bedingt den Zugriff zum Systembus. Deshalb bedeutet es eine wesentliche Verminderung der Prozessorleistung, wenn alle Prozessoren nur über den gemeinsamen Systembus Daten transportieren. Daher besitzt ein Prozessor in einem Mehrprozessor-System (*multi processor system*) in der Regel ein lokales Bussystem, über das er allein mit seinem "privaten" Arbeitsspeicher und seinen individuellen Schnittstellen Daten austauschen kann. Genauer muß man in diesem Fall also von einem Mehr-Mikrocomputer-System sprechen. Die Kommunikation zwischen den verschiedenen Prozessoren des Systems geschieht über eine gemeinsame Komponente. Das können z.B. parallele oder serielle Schnittstellen, ein gemeinsamer Bus oder aber auch ein gemeinsamer Speicher sein. Die letztgenannte Möglichkeit ist sicher die am häufigsten realisierte. Sie ist im Bild 5.2-1 beispielsweise für 8 µCs skizziert.

Wie oben angedeutet, bestehen die Mikrocomputer (μC_0,..,μC_7) aus einem Mikroprozessor (µP), einem Speicher (SP) und ihren individuellen Schnittstellen (I/O). Sie werden durch Tristate-Treiber (TR) mit dem Systembus verbunden bzw. von ihm getrennt. In seinem lokalen System kann jeder Prozessor unabhängig und parallel zu den anderen Prozessoren arbeiten. Am Systembus ist der gemeinsame Speicher (*shared memory*) angeschlossen.

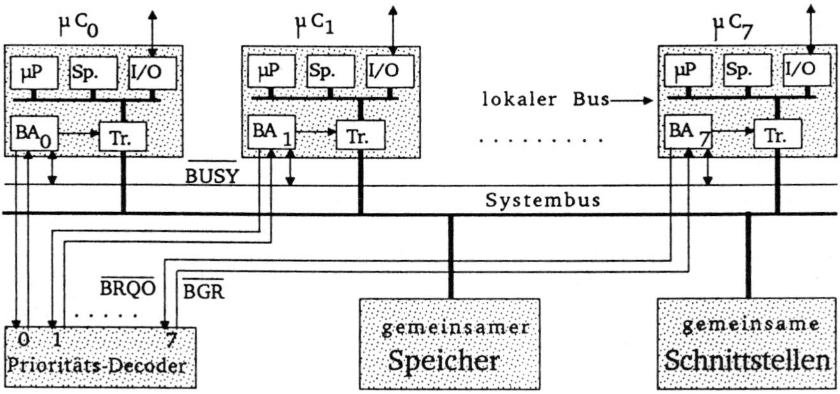

Bild 5.2-1. Aufbau eines Multiprozessor-Systems

Es können an ihm aber auch zusätzliche Schnittstellen hängen, die von allen Prozessoren gemeinsam betrieben werden. In jedem µC existiert ein Baustein, der den Zugriff zum Systembus regelt, indem er die Tristate-Treiber zwischen seinem lokalen Bus und dem Systembus an- oder abschaltet. Dieser in starker Vereinfachung *Bus Arbiter* (BA – "Schiedsrichter") genannte Steuerbaustein fordert bei Bedarf die ausschließliche Benutzung der gemeinsamen Systemkomponenten an.

In der Regel darf ein Prozessor den Buszugriff solange behalten, bis ein Prozessor mit höherer Priorität diesen verlangt. Nach Durchführung der Datenübertragung zieht der ausgewählte µC seine Busanforderung selbständig zurück. Daraufhin kann der Buszugriff an die nächste Komponente weitergereicht werden.

5.2.2 Verschiedene Systembus-Zuteilungsverfahren

Es existieren nun mehrere Verfahren, die Buszuteilung unter den anfordernden µCs vorzunehmen.

- Beim ersten, im Bild 5.2-1 zugrunde gelegten Verfahren fordert jeder Arbiter über seinen Ausgang $\overline{\mathrm{BRQO}}$ (*bus request output*) den Zugriff von einem zentralen Prioritätsdecoder an. Dieser hat die Aufgabe, nach einem fest vorgegebenen Algorithmus unter mehreren, gleichzeitig den Bus anfordernden Prozessoren genau einen auszuwählen. (Im eigentlichen Sinne stellt er also den "Schiedsrichter" dar.) Von ihm wird jedem Arbiter über seinen Eingang $\overline{\mathrm{BGR}}$ (*bus grant*) mitgeteilt, ob und wann ihm der Zugriff gewährt wird. Ein Arbiter gibt den Systembus dadurch wieder frei, daß er sein $\overline{\mathrm{BRQO}}$-Signal deaktiviert, also auf H-Potential legt. Dieses Verfahren wird als **unabhängige Anforderung** (*independent request*) bezeichnet.
  Der Prioritätsdecoder kann auf unterschiedlichste Art realisiert werden. Bei der einfachsten Art steigt mit der Nummer der Anforderungs-Leitungen ($\overline{\mathrm{BRQO}}_0$,.., $\overline{\mathrm{BRQO}}_7$) auch die Priorität der angeschlossenen Komponenten. Bei einer anderen Art rotiert die Reihenfolge der Komponenten-Prioritäten zyklisch und sorgt somit für eine faire Zuteilung des Busses unter den anfordernden Prozessoren.

Selbsttestaufgabe S5.2-1:
a) Zeichnen Sie das Schaltnetz eines Prioritätsdecoders mit vier Eingängen E_i und vier Ausgängen A_i (i=0,..,3). Ein weiterer Eingang $\overline{\mathrm{CE}}$ (*chip enable*) erlaube es, alle Ausgänge des Decoders auf L-Potential zu zwingen. Der Ausgang A_i soll im aktivierten Zustand des Bausteins genau dann im '1'-Zustand sein, wenn $E_i=1$ ist und $E_j=0$ für alle j>i, j=0,..,3 sind. Geben Sie die logischen Funktionen für die A_i an.
b) Erweitern Sie nun zwei Decoder nach a) zu einem einzigen Decoder mit 8 Eingängen und 8 Ausgängen.

- Das zweite dezentrale Verfahren, das im Bild 5.2-2 dargestellt ist, wurde bereits im Abschnitt 1.12.7 als *Daisy-Chain*-Verfahren beschrieben.

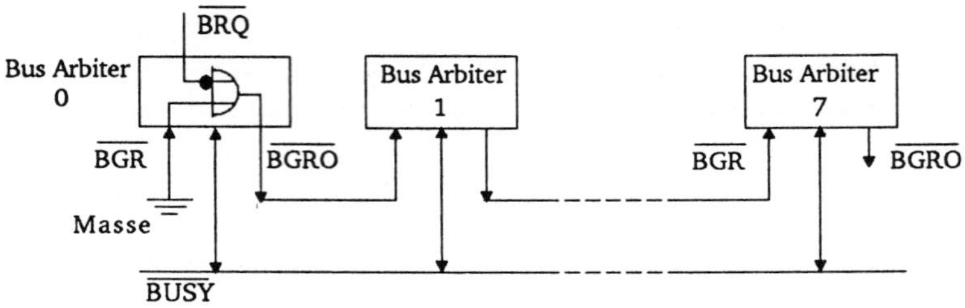

Bild 5.2-2. Daisy Chain aus Bus-Arbitern

Hier werden alle Arbiter kettenförmig miteinander verbunden. Der Zuteilungseingang $\overline{BGR}$ des ersten Arbiters (z.B. Arbiter 0) wird mit Masse verbunden. Diesem Arbiter wird dadurch die höchste Priorität zugewiesen. Bei allen anderen Arbitern wird der $\overline{BGR}$-Eingang mit dem $\overline{BGRO}$-Ausgang des linken Nachbarn beschaltet. Liegt aktuell keine Busanforderung seines µPs vor, so gibt jeder die ihm eventuell vom linken Nachbarn angebotene Zugriffsberechtigung über den Ausgang $\overline{BGRO}$ an seinen rechten Nachbarn weiter. Dies ist im Bild symbolisch durch das ODER-Gatter dargestellt. Auf diese Weise besitzt von allen Zugriff anfordernden Komponenten jeweils die am weitesten links stehende die höchste Priorität.

Das Daisy-Chain-Verfahren braucht erheblich mehr Zeit zur Buszuteilung als das Independent-Request-Verfahren, da das Bestätigungssignal alle Arbiter durchlaufen muß und in jedem verzögert wird. Außerdem ist die Zuteilungszeit dadurch von der Lage des anfordernden Arbiters in der Kette abhängig.

Gemeinsam ist beiden beschriebenen Verfahren, daß jeder Arbiter des Systems über einen (bidirektionalen) Ein-/Ausgang an einer Steuerleitung $\overline{BUSY}$ hängt. Diese zeigt an, ob aktuell auf den Systembus zugegriffen wird oder nicht. Jeder ausgewählte Mikrocomputer greift erst dann auf den Bus zu, wenn er durch ein H-Signal auf der $\overline{BUSY}$-Leitung feststellt, daß dieser nicht mehr benutzt wird. Dadurch ist der zuletzt aktive Systembus Master in jedem Fall in der Lage, einen augenblicklich durchgeführten Datentransfer korrekt zu Ende zu führen, auch wenn er danach durch einen anderen Arbiter vom Systembus verdrängt wird. Der "neue" zugriffsberechtigte Arbiter legt nun selbst die $\overline{BUSY}$-Leitung auf L-Potential und zeigt dadurch allen anderen µCs die Belegung des Busses an. Somit ist gewährleistet, daß es nicht zu Zugriffskonflikten auf dem Systembus kommen kann.

5.2.3 Prinzipieller Aufbau eines Bus-Arbiters

Im Bild 5.2-3 ist der Aufbau eines Bus-Arbiters und seine Einbindung zwischen lokalem Bus und Systembus grob skizziert.

Der Arbiter besteht im wesentlichen aus zwei synchronen Schaltwerken, die unabhängig voneinander vom Takt des lokalen Busses bzw. des Systembusses getrieben werden. Der letztgenannte Takt hat die Aufgabe, im Gesamtsystem aus asynchron arbeitenden µCs für exakt definierte Zeitabläufe zu sorgen.

Für jeden µP erscheinen die Zugriffe auf den Systembus wie gewöhnliche Zugriffe auf seinen lokalen Bus, d.h. insbesondere, daß es keine speziellen Steuersignale zur Unterscheidung beider Zugriffsziele gibt. Durch einen Adreßdecoder wird anhand der vom µP ausgegebenen Adresse untersucht, wo das Ziel (bzw. die Quelle) des eingeleiteten Buszyklus liegt. Wird ein Ziel außerhalb des µCs erkannt, wird über das Anforderungssignal $\overline{BRQ}$ des Adreßdecoders die µP-Schnittstelle des Arbiters angesprochen.

Im Extremfall, bei dem ein Prozessor des Systems über keine lokalen Komponenten verfügt, muß der $\overline{BRQ}$-Eingang seines Arbiters konstant auf L-Potential gelegt werden. Hier führt dann jeder Buszyklus zu einer Anforderung des Systembusses.

Die µP-Schnittstelle reicht die Anforderung an die Komponente des Arbiters weiter, deren Aufgabe die Erzeugung der Systembus-Steuersignale ist. Wie oben beschrieben, wird nun in Abhängigkeit vom gewählten Verfahren der Zugriff zum Systembus angefordert bzw. gewährt und zwar über die Signale:

- $\overline{BRQO}$ bzw. $\overline{BGR}$ beim Independent-Request-Verfahren,
- $\overline{BGRO}$ bzw. $\overline{BGR}$ beim Daisy-Chain-Verfahren.

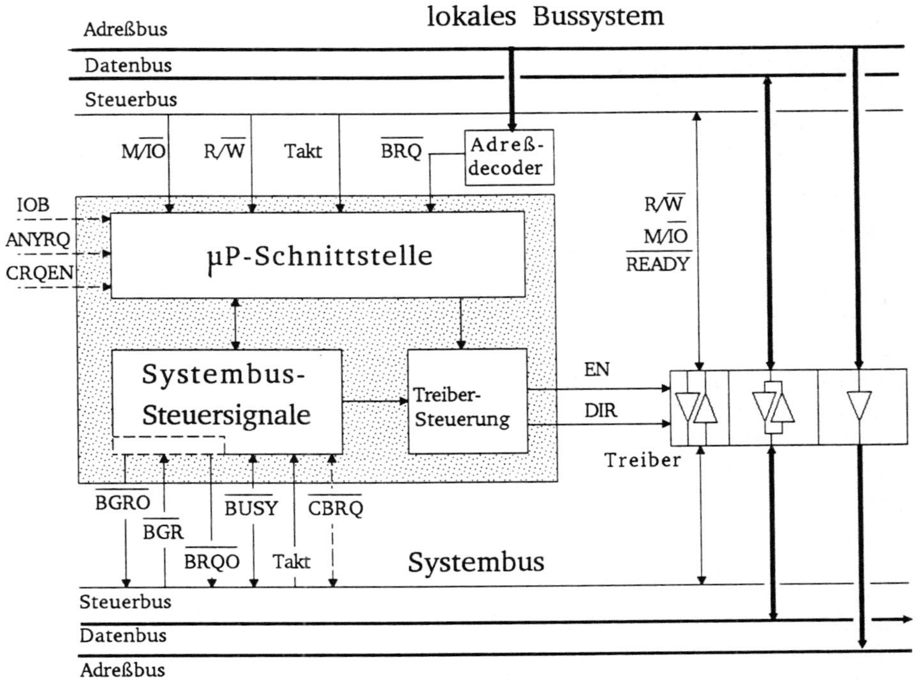

Bild 5.2-3. Aufbau eines Bus-Arbiters

Sobald der Arbiter über das Signal $\overline{\text{BUSY}}$ die Freigabe des Busses feststellt, werden durch das Signal EN (*enable*) die Treiber zum lokalen Bus aktiviert. Diese sind für die Steuerleitungen und den Adreßbus unidirektional, für den Datenbus bidirektional ausgelegt. Die Richtungssteuerung für den Datenbus wird durch das Signal DIR (*direction*) vorgenommen, das aus dem Lese-/Schreibsignal R/$\overline{\text{W}}$ in der µP-Schnittstelle abgeleitet wird.

Während der Wartezeit auf die Systembus-Zuteilung (, die u.U. relativ lange dauern kann,) und der Beendigung der Datenübertragung hält der Prozessor seine ausgegebene Adresse konstant auf dem lokalen Bus zur Verfügung. Dazu fügt er gegebenenfalls fortlaufend Wartezyklen ein. Durch das $\overline{\text{READY}}$-Signal der angesprochenen Systembus-Komponente, das über einen der Steuerbus-Treiber übertragen wird, erfährt der Prozessor von der Ausführung des Datentransfers. Erst danach kann er seine Arbeit fortsetzen. Obwohl also der Systembus einen eigenen Takt zur Synchronisation seiner spezifischen Steuersignale besitzt, wird der eigentliche Datentransfer von jedem Prozessor autonom durchgeführt, synchronisiert durch seinen eigenen Takt.

5.2.4 Weitere spezielle Arbiter-Funktionen

Zum Schluß dieses Abschnittes werden noch einige speziellere Möglichkeiten typischer Arbiter erklärt. Dabei orientieren wir uns am Bus-Arbiter 8289 von Intel.

- Durch den IOB-Eingang (*I/O bus*) kann wahlweise zwischen der Behandlung von Zugriffen zum Speicher und zu den Ein-/Ausgabe-Schnittstellen unterschieden werden. Die Beschaltung des IOB-Eingangs muß dazu bereits bei der Systementwicklung festgelegt werden. Die zur Unterscheidung beider Zugriffsarten benötigte Information wird der µP-Schnittstelle des Arbiters über das Signal M/$\overline{\text{IO}}$ (*memory/IO*) zugeführt. Liegt IOB auf H-Potential, so werden beide Zugriffsarten gleich ausgeführt. Ist IOB auf L-Potential, so werden nur Speicherzugriffe zum Systembus weitergereicht. Zugriffe auf Ein-/Ausgabe-Schnittstellen werden jedoch stets lokal ausgeführt. Während die-ser Zeit kann der Systembus deshalb von anderen Prozessoren benutzt werden.
- Der ANYRQ-Eingang (*any request*) ermöglicht es, die von der externen Prioritätsschaltung festgelegte Reihenfolge der µCs für einzelne Arbiter außer Kraft zu setzen. Wird der Eingang (fest) mit H-Potential beschaltet, so gibt der Arbiter auch dann den Buszugriff frei, wenn ein Prozessor mit niedriger Priorität dies verlangt. Diese Anforderung kann von allen Arbitern mit niedrigerer Priorität über die bidirektionale Steuerleitung $\overline{\text{CBRQ}}$ (*common bus request*) gestellt werden.

  Faktisch wird dadurch jedem Arbiter mit einem H-Potential am ANYRQ-Eingang die niedrigste Priorität zugewiesen. Legt man bei diesem Arbiter den $\overline{\text{CBRQ}}$-Eingang konstant auf L-Potential, so wird der Systembus automatisch nach jedem seiner Zugriffe auf den Systembus freigegeben.
- Über den CRQEN-Anschluß (*common request enable*) kann die eben beschriebene Aufhebung der Priorität für einzelne Arbiter zeitweise unwirksam gemacht werden, so daß programmgesteuert zwischen der niedrigsten und einer

anderen Priorität umgeschaltet werden kann. Dazu muß der Eingang mit einer Steuerleitung verbunden werden, deren Zustand der Prozessor gezielt verändern kann. (Im Abschnitt 5.5 werden sie Bausteine kennenlernen, die solche Leitungen zur Verfügung stellen.)

Bemerkung

Das Bestreben, an einen Systembus unterschiedliche Prozessoren, µCs oder Speicher- bzw. Ein-/Ausgabe-Module (insbesondere auch verschiedener Hersteller) anschließen zu können, führte zu internationalen Standardisierungen von Systembus-Schnittstellen. In ihnen werden die einzuhaltenden elektrischen, mechanischen und logischen Bedingungen für den Anschluß von Komponenten exakt vorgegeben. Dazu gehören insbesondere die Art der Stecker und ihre Anschlußbelegung sowie die Anzahl und die Funktion der Adreß-, Daten- und Steuerleitungen und ihr zeitlicher Signal-Verlauf. Als zwei der gebräuchlichsten Normbusse seien hier nur der VME-Bus der Firma Motorola und der Multibus II der Firma Intel genannt. Die heute eingesetzten Busnormen liefern ausreichend Stoff für ein eigenes Buch. Hier soll nicht näher auf sie eingegangen werden.

5.3 Interrupt-Controller

5.3.1 Einleitung

Im Abschnitt 1.12 haben Sie bereits zwei Methoden kennengelernt, mehrere Interruptquellen, d.h. Bausteine, die einen Interrupt auslösen können, an einen gemeinsamen Interrupteingang des Prozessors anzuschließen:

- Beim Polling-Verfahren fragt der Prozessor der Reihe nach in allen angeschlossenen Bausteinen das *Interrupt Flag* (IF) ab und kann daran feststellen, welche Quellen eine Unterbrechung angefordert haben.
- Beim Daisy-Chain-Verfahren werden alle Interruptquellen miteinander verkettet. Eine bestimmte Quelle darf nur dann eine Unterbrechungs-Anforderung stellen, wenn ihr das Recht dazu vom Baustein unmittelbar vor ihr in der Kette eingeräumt wurde (vgl. auch Bild 5.3-4).

In diesem Abschnitt wollen wir uns nun den **programmierbaren Interrupt-Controllern** (PIC), also Spezialbausteinen zur Verwaltung mehrerer Interruptquellen zuwenden. Dazu ist zunächst im Bild 5.3-1 das Zusammenspiel zwischen einem PIC und dem Prozessor skizziert.

Im Bild ist gezeigt, wie mehrere Systemkomponenten dem Interrupt-Controller über individuelle Anforderungsleitungen IR_i ihre Unterbrechungswünsche mitteilen können. Der Controller ermittelt die Interruptquelle höchster Priorität und gibt deren Anforderung über das Signal INT (*interrupt request*) an den Prozessor weiter. Der µP stellt anhand seines *Interrupt Enable Bits* IE im Steuerregister (s. Abschnitt 1.5) fest, ob zu diesem Zeitpunkt Unterbrechungen zugelassen sind.

Im positiven Fall wird er sobald wie möglich über sein Quittungssignal INTA (*interrupt acknowledge*) den Controller von der Annahme der Unterbrechungs-Anforderung unterrichten.

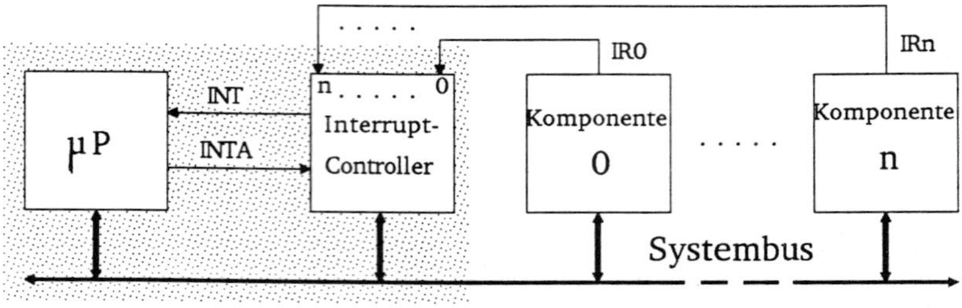

Bild 5.3-1. Mikroprozessor-System mit Interrupt-Controller

Die punktierte Fläche im Bild 5.3-1 soll andeuten, daß der Interrupt-Controller spezifische Funktionen des Prozessors wahrnimmt und zukünftig bei vielen Prozessoren auf dem gleichen Chip integriert sein wird – wie es in einfacher Form bei den Motorola-Prozessoren 680X0 bereits der Fall ist (vgl. Abschnitt 1.12).

5.3.2 Prinzipieller Aufbau eines Interrupt-Controllers

Im Bild 5.3-2 wird der prinzipielle Aufbau eines Interrupt-Controllers skizziert. Der Baustein besitzt eine Anzahl von (meist 8) Eingängen $IR_7,..,IR_0$, über die die Systemkomponenten ihre Unterbrechungswünsche anmelden können. Diese werden im Anforderungsregister (*interrupt request register* – IRR) zwischengespeichert, so daß an den Eingängen IR_i kurze (Trigger-)Impulse ausreichen. Die Eingänge IR_i werden auch als Interrupt-Kanäle (*interrupt channels*) bezeichnet.

Das nachgeschaltete Maskenregister (*interrupt mask register* – IMR) kann während einer Programmausführung mit einem beliebigen 0-1-Muster geladen werden. Jedes Bit des Maskenregisters hat für seinen zugeordneten Interrupteingang IR_i die gleiche Funktion wie das oben erwähnte *Interrupt Enable Bit* IE im Prozessor: Von den im IRR angezeigten Unterbrechungswünschen werden nur diejenigen an den Prioritätendecoder weitergereicht und letztlich ausgeführt, deren zugeordnetes Bit im Maskenregister eine '0' enthält, die also nicht maskiert sind.

Der Prioritäten-Decoder hat einerseits die Aufgabe, aus gleichzeitig vorliegenden, nicht maskierten Unterbrechungs-Anforderungen diejenige herauszusuchen, die die höchste Priorität hat, also als erste ausgeführt werden soll. Andererseits muß er feststellen, ob eine augenblicklich durchgeführte Interruptroutine ihrerseits durch eine zwischenzeitlich neu eintreffende Anforderung mit höherer Priorität unterbrochen werden darf oder nicht. In beiden Fällen veranlaßt der Decoder die Interrupt-Steuerung, über den INT-Ausgang ein Anforderungssignal zum Prozessor auszugeben. Wie bereits gesagt, wird der Prozessor in Abhängigkeit von seinem eigenen *Interrupt Enable Bit* IE der (neuen) Unterbrechungs-Anforderung stattgeben oder nicht. Im positiven Fall quittiert der Prozessor diese Anforderung über seine INTA-Leitung (*interrupt acknowledge*).

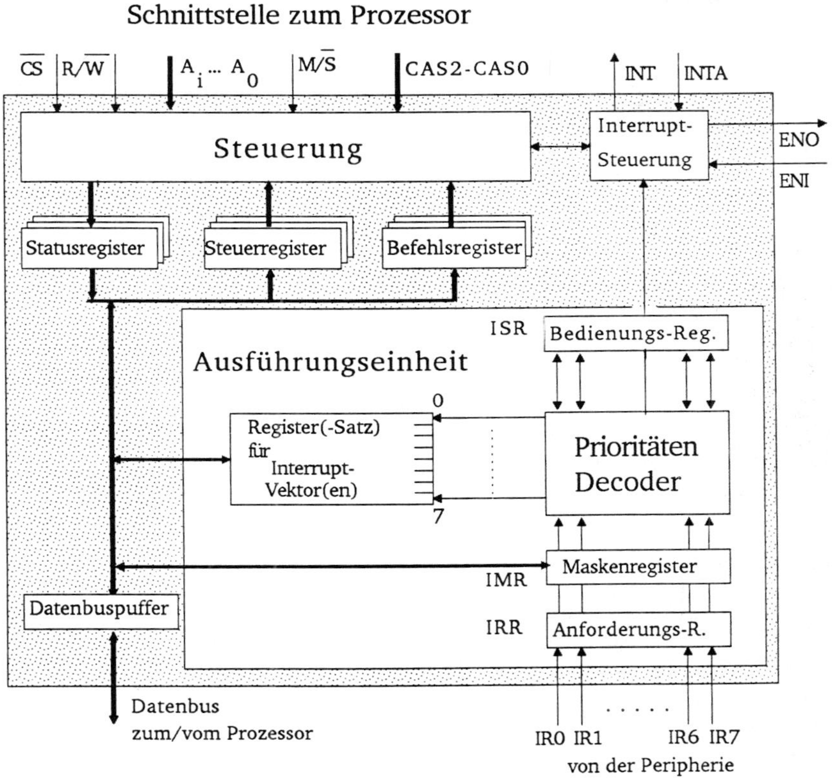

Bild 5.3-2. Aufbau eines Interrupt-Controllers

Das INTA-Signal dient bei einigen µP-Typen gleichzeitig als Taktsignal zur Synchronisation des Zyklus zur Identifizierung der Interruptquelle (vgl. Abschnitt 1.12, Bild 1.12-4). Während des ersten INTA-Taktes setzt der Decoder das Bit im Bedienungsregister (*interrupt service register* – ISR), das dem ermittelten Interrupteingang mit höchster Priorität zugeordnet ist. Gleichzeitig löscht er das entsprechende Bit im Anforderungsregister IRR. Dadurch wird dafür gesorgt, daß auf der gleichen Leitung IR_i sofort wieder eine erneute Anforderung gestellt werden kann. Das ISR enthält zu jedem Zeitpunkt alle Unterbrechungswünsche, die augenblicklich ausgeführt werden oder vorübergehend unterbrochen wurden. Dabei hat das neu gesetzte Bit stets die höchste Priorität aller '1'-Bits im ISR, also z.B. die größte Positionsnummer (i=0,..,7).

Während des zweiten INTA-Taktes überträgt der Controller die Interrupt-Vektornummer (IVN), die dem anfordernden Kanal individuell zugewiesen ist. Mit ihrer Hilfe kann der Prozessor die Startadresse der Interruptroutine ermitteln. Bei Controllern, die für den universellen Einsatz in unterschiedlichsten µP-Systemen entwickelt wurden, kann anstelle der Vektornummer auch eine andere Information, wie z.B. die Startadresse einer Interruptroutine selbst oder ein bestimmter Prozessorbefehl, übertragen werden. In diesem Fall werden u.U. mehrere INTA-Takte benötigt. (Zur Vereinfachung der Erklärung werden wir diesen Fall zunächst nicht weiter betrachten.)

Die Auswahl der richtigen Vektornummer wird vom Prioritäten-Decoder vorgenommen. Zur Abspeicherung der Vektornummern im Controller werden zwei verschiedene Verfahren angewandt.

- Bei der ersten Methode enthält der Controller einen ganzen Satz von Registern, die individuell den Interrupteingängen fest zugeordnet sind und in denen beliebige Vektornummern eingetragen werden können.
- Bei der zweiten Variante unterscheiden sich die Vektornummern nur in den niederwertigen Bits. Hier enthält der Controller lediglich ein Register für die höherwertigen Bits (IN_7,..,IN_3) der Vektornummern ("Index", s. Bild 5.3-3). An diese Bits wird die dreistellige duale Nummer $i=(ID_2,ID_1,ID_0)$ des auslösenden Interrupteingangs IR_i angehängt.

Bit	7	6	5	4	3	2	1	0
	IN7	IN6	IN5	IN4	IN3	ID2	ID1	ID0
	Index					Eingangsnummer		

Bild 5.3-3. Aufbau der Interrupt-Vektornummer

Spätestens nach dem Abschluß einer Interruptroutine durch den Prozessor wird das *Interrupt Service Bit* der zugehörigen Interruptquelle im ISR zurückgesetzt. Wie dies geschieht, wird weiter unten beschrieben. Der Prioritäten-Decoder kann nun anhand des ISR feststellen, ob eine weitere Unterbrechungs-Anforderung vorliegt und dies gegebenenfalls dem Prozessor durch das INT-Signal mitteilen lassen. Von allen wartenden Anforderungen (*pending requests*) wird nun wiederum diejenige mit der höchsten Priorität zuerst bearbeitet.

5.3.3 Einsatz mehrerer Interrupt-Controller

5.3.3.1 Daisy Chaining

In komplexen Systemen sind häufig weit mehr als 8 Interruptquellen vorhanden, so daß mehrere Interrupt-Controller eingesetzt werden müssen. Im Bild 5.3-4 ist die Ihnen bereits mehrfach vorgestellte Methode des *Daisy Chaining* skizziert. Ihre Erklärung soll deshalb ganz kurz gehalten werden:

Durch das Eingangssignal ENI (*enable input*) wird in den Controllern die Interrupt-Steuerung aktiviert. Durch das Ausgangssignal ENO (*enable output*) gibt jeder Controller das Recht zur Interrupterzeugung genau dann an seinen Nachbarn weiter, wenn er selbst keine (nicht maskierte) Anforderung vorliegen hat. Die Signale INT bzw. INTA aller Controller werden zusammengeschaltet. Jedoch wird das INTA-Signal, wie eben gesagt, nur von dem Controller ausgewertet, der über seinen ENI-Eingang aktiviert ist und eine Anforderung vorliegen hat.

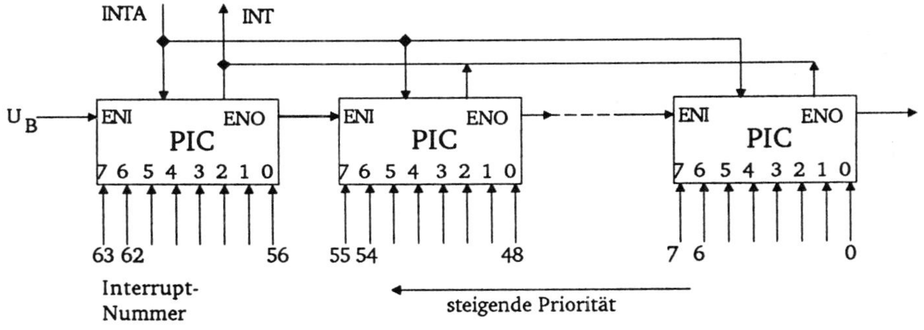

Bild 5.3-4. Daisy Chain aus Interrupt-Controllern

5.3.3.2 Kaskadierung

Eine Methode, bei der die Auswahl der Interruptquelle höchster Priorität schneller durchgeführt wird, ist die Kaskadierung mehrerer Controller. Sie ist im Bild 5.3-5 am Beispiel des Interrupt-Controllers 8259 von Intel dargestellt.

Ein Controller übernimmt die Rolle des *Masters*. An seinen Interrupteingängen IR_i sind wahlweise eine Interruptquelle oder aber ein weiterer Controller als *Slave* angeschlossen. Durch den fest verdrahteten Eingang $M/\overline{S}$ (*master/slave*) wird jedem Controller mitgeteilt, in welchem Modus er arbeiten muß. In einem Register des Masters wird die aktuelle Konfiguration des Interrupt-Systems festgehalten, indem für jeden Eingang vermerkt wird, ob an ihm eine Interruptquelle oder ein Slave angeschlossen ist. Bei Controllern mit jeweils 8 Eingängen können so maximal 9 Controller (1 Master, 8 Slaves) mit insgesamt 64 Interrupteingängen zusammengeschaltet werden.

Nur der Master ist über beide Signale INT, INTA mit dem µP verbunden. Die Slaves geben ihre Interrupt-Anforderung über ihr INT-Signal an den Master. Die Bestätigung erhalten sie vom Prozessor über das INTA-Signal. Da dieses Signal gleichzeitig an alle Slaves ausgegeben wird, darf stets höchstens einer von ihnen vom Master zur Ausgabe einer Interrupt-Vektornummer aufgefordert werden.

Dazu dienen die Ausgangssignale CAS_2,..,CAS_0, die, busförmig vom Master ausgehend, allen Slaves zugeführt werden. (Diese Leitungen sind bidirektional ausgeführt; ihre Richtungsumschaltung geschieht durch den oben erwähnten $M/\overline{S}$-Eingang.)

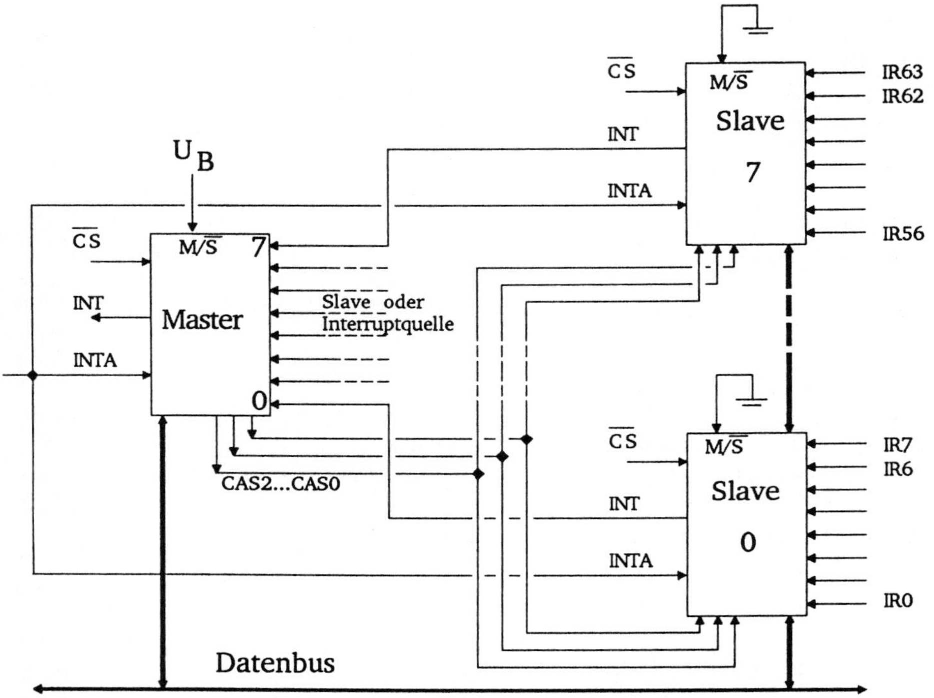

Bild 5.3-5. Kaskadierung von Interrupt-Controllern

- Stellt der Master anhand des oben erwähnten Konfigurations-Registers fest, daß eine Interrupt-Anforderung nicht von einem Slave, sondern direkt von einer Interruptquelle kommt, so überträgt er selbst auf die im Abschnitt 1.12.5 beschriebene Weise mit dem 2. INTA-Impuls des Prozessors die dem Eingang zugeordnete Vektornummer.
- Im anderen Fall legt er die Nummer des Interrupteinganges, an dem er die Anforderung höchster Priorität festgestellt hat, auf den Auswahlbus. Jeder Slave

übernimmt mit der positiven Flanke des ersten INTA-Impulses diese Information und vergleicht sie mit seiner eigenen, eindeutigen Nummer. (Diese Nummer muß stets mit der des Master-Eingangs übereinstimmen, an dem der Slave hängt, und nach dem Einschalten des Systems in ein bestimmtes Register des Slaves geschrieben werden.) Nur der Slave, der Gleichheit festgestellt hat, gibt mit dem 2. INTA-Impuls die Vektornummer der Anforderung, die an einem seiner Eingänge anliegt und die höchste Priorität hat, auf den Datenbus aus (vgl. Bild 1.12-4).

5.3.4 Das Programmiermodell eines Interrupt-Controllers

Der Satz der Register, die vom Prozessor unter Programmkontrolle gelesen bzw. beschrieben werden können, also das Programmiermodell, umfaßt Status-, Steuer- und Befehlsregister. Im Bild 5.3-2 wurde angedeutet, daß diese Register, der komplexen Funktion des Bausteins entsprechend, mehrfach vorhanden sein können.

Zur Programmierung kann der Prozessor über die $\overline{CS}$-Signale jeden Controller gezielt ansprechen und über den Datenbus mit ihm Informationen austauschen. Die Auswahl eines bestimmten Registers geschieht über die niederwertigen Adreßleitungen A_i,..,A_0. Die Lese-/Schreib-Leitung R/$\overline{W}$ bestimmt dabei wieder die Richtung des Datentransports.

5.3.4.1 Die Steuerregister

Durch das bzw. die Steuerregister (*mode control register*) können verschiedene Arbeitsmodi des Controllers festgelegt werden. Da es den Rahmen dieses Abschnitts sprengen würde, alle Modi zu beschreiben, müssen wir uns auf die Beschreibung einer kleinen Auswahl beschränken. Im Bild 5.3-6 sind beispielhaft zwei Steuerregister skizziert.

Steuerregister 0

Bit	7	6	5	4	3	2	1	0
	SNGL	SNM	L/$\overline{E}$	I V N L		ID2	ID1	ID0

Steuerregister 1

Bit	7	6	5	4	3	2	1	0
	S/$\overline{IO}$	S/$\overline{IO}$	S/$\overline{IO}$	S/$\overline{IO}$	S/$\overline{IO}$	S/$\overline{IO}$	S/$\overline{IO}$	S/$\overline{IO}$

Bild 5.3-6. Steuerregister eines Interrupt-Controllers

Steuerregister 0

In diesem Register haben die einzelnen Bits sehr unterschiedliche Bedeutungen:

- Das SNGL-Bit *(single)* zeigt an, ob der Controller als einziger im System oder ob er in einem kaskadierten Interrupt-System eingesetzt ist.
- Das SNM-Bit (*special nesting mode*) hat nur eine Bedeutung im Master eines kaskadierten Interruptsystems:
  - Ist es zurückgesetzt, so ordnet der Master allen Kanälen eines Slaves die gleiche Priorität zu, wie sie durch den von diesem Slave belegten Master-Kanal vorgegeben wird. In diesem Fall unterscheidet der Master also nur zwischen 8 Prioritätsstufen. Das bedeutet, daß die Ausführung einer Interruptroutine einer Slave-Anforderung nicht durch eine Anforderung desselben Slaves mit höherer (lokaler) Priorität unterbrochen werden kann.
  - Ist SNM gesetzt, so sind die zuletzt genannten Unterbrechungen möglich. In diesem Fall unterscheidet der Master also bis zu 64 mögliche Prioritätsstufen.
- Das L/E-Bit (*level/edge triggered mode*) legt fest, ob eine Interrupt-Anforderung durch den (konstanten) Pegel (*level*) oder die Flanke (*edge*) des Eingangssignals ausgelöst werden soll. Bei der Pegel-"Triggerung" wird die Interruptroutine u.U. solange mehrfach hintereinander ausgeführt, bis das Eingangssignal zurückgesetzt wird.
- Durch die IVNL-Bits (*interrupt vector number length*) wird in universell einsetzbaren Controllern die Länge (in byte) der Interrupt-Vektornummern oder der oben beschriebenen alternativen Informationen angegeben. Bei einer anderen Variante dieser Controller kann in einem 16-bit-Register für jede Interruptquelle getrennt die Länge der Interrupt-Vektornummer durch jeweils 2 Bits festgelegt werden.
- In den Bits ID2-ID0 (*identification*) wird bei der Initialisierung eines Slave-Controllers seine eindeutige Nummer (s. Bild 5.3-3) zur Identifikation durch den Master eingetragen.

Steuerregister 1

In einem kaskadierbaren Controller gibt jedes Bit i dieses Steuerregisters an, ob am zugeordneten Interrupt-Kanal IR_i eine Interrupt-Quelle ($S/\overline{IO}=0$) oder aber ein anderer Controller als Slave ($S/\overline{IO}=1$) angeschlossen ist. Dieses Register muß nur ausgewertet werden, wenn im Steuerregister 0 das SNGL-Bit zurückgesetzt ist.

5.3.4.2 Die Befehlsregister

Die Befehlsregister (*command register*) dienen dazu, während des Betriebes des Systems in Abhängigkeit vom augenblicklich ausgeführten Programm verschiedene Arbeitsweisen des Controllers aufzurufen. Auch von ihnen werden beispielhaft zwei Register beschrieben, die im Bild 5.3-7 dargestellt sind.

Befehlsregister 0

Bit	8	7	6	5	4	3	2	1	0
	CE	$I/\overline{P}$	AC	EOI	PRI1	PRI0	IL2	IL1	IL0

Befehlsregister 1 (Maskenregister)

Bit	7	6	5	4	3	2	1	0
	IE7	IE6	IE5	IE4	IE3	IE2	IE1	IE0

Bild 5.3-7. Befehlsregister eines Interrupt-Controllers

Befehlsregister 0

Auch in diesem Register haben die Bits sehr unterschiedliche Bedeutungen:

- Das CE-Bit (*controller enable*) dient als Freigabe-Bit des gesamten Controllers. Ist CE=0, so sind alle Interrupteingänge deaktiviert, d.h. alle Interruptquellen sind "abgeschaltet".
- Durch das Rücksetzen des $I/\overline{P}$-Bits (*interrupt/polling*) wird die Interrupt-Steuerung des Controllers abgeschaltet, so daß keine INT-Signale zum Prozessor ausgegeben werden können. In diesem Fall muß der Prozessor im Polling-Verfahren zyklisch das Statusregister des Controllers abfragen, um einen Unterbrechungswunsch festzustellen. Natürlich entfällt damit auch die Ausgabe des INTA-Signal durch den Prozessor. Dementsprechend wird das ISR-Register nicht – wie oben beschrieben – modifiziert und das IRR-Bit eines "bedienten" Kanals nicht zurückgesetzt. Dies muß gegebenenfalls durch einen speziellen Befehl softwaremäßig geschehen.
- Das AC-Bit (*automatic clear*) bestimmt die Art, wie die *Interrupt Service Bits* des Bedienungsregisters ISR zurückgesetzt werden. (Bei einer anderen Controller-Variante existiert ein eigenes Register, in dem jedem Interrupteingang ein spezielles AC-Bit zugeordnet ist.)
  - Ist AC=1, so geschieht dieses Rücksetzen automatisch mit dem letzten INTA-Takt des oben beschriebenen Zyklus zur Identifizierung der Interruptquelle. Als Folge davon kann die danach aufgerufene Interruptroutine gegebenenfalls auch von Interruptquellen niedrigerer Priorität unterbrochen werden.
  - Ist AC=0, so muß das Rücksetzen softwaremäßig durch Setzen des Bits EOI (s.u.) vor Beendigung der Interruptroutine durchgeführt werden. Bis zu diesem Zeitpunkt können nur Anforderungen mit einer höheren Priorität die Routine unterbrechen.
- Das EOI-Bit (*end of interrupt*) ermöglicht, wie eben beschrieben, das softwaremäßige Zurücksetzen des *Interrupt Service Bits* im ISR.
- Über die Bits PRI1, PRI0 können verschiedene Prioritäten unter den Interrupt-Kanälen festgelegt werden. Als Beispiele seien nur die folgenden drei genannt:

- Feste Prioritäten:
  Hier werden die Prioritäten der Kanäle durch ihre Nummern in absteigender oder aufsteigender Reihenfolge festgelegt.
- Zyklisch rotierende Prioritäten:
  Nach jeder Unterbrechungs-Behandlung bekommt der zuletzt bediente Kanal die niedrigste Priorität, während alle anderen Kanäle eine Prioritätsstufe hochsteigen. Diese Prioritäten-Zuteilung ist die fairste, da alle Kanäle im Mittel dieselbe Chance haben, bedient zu werden. Im ungünstigsten Fall kommt jeder Kanal erst nach den sieben anderen Kanälen wieder an die Reihe.
- Spezifizierte Prioritäten:
  Hier wird durch einen Befehl einem bestimmten Kanal die geringste Priorität zugewiesen. Alle anderen Kanäle bekommen eine höhere Priorität zugewiesen, indem man ihre Nummern modulo 8 auffaßt. (Wird zum Beispiel der Kanal 4 mit der niedrigsten Priorität versehen, so ergibt sich die folgende aufsteigende Reihenfolge der Prioritäten: 4-5-6-7-0-1-2-3.)

• In den drei Bits IL2 - IL0 (*interrupt level*) wird für die eben beschriebene Spezifizierung einer Prioritäten-Reihenfolge die Kanalnummer mit der niedrigsten Priorität angegeben.

Selbsttestaufgabe S5.3-1:
Erklären Sie den Unterschied in der Wirkung des CE-Bits zu der des $I/\overline{P}$-Bits bzw. des oben beschriebenen ENI-Eingangs (s. Bild 5.3-4).

Befehlsregister 1

Als weiteres Befehlsregister kann man das oben bereits erwähnte Maskenregister (IMR) ansehen. In ihm ist, wie beschrieben, für jeden Interrupteingang IR_i ein Freigabe-Bit IE_i (*interrupt enable*) enthalten.

5.3.4.3 Die Statusregister

Der Zustand des Controllers wird insbesondere auch durch die am Anfang des Abschnittes beschriebenen Register dokumentiert: das Anforderungsregister IRR, das Maskenregister IMR sowie das Bedienungsregister ISR. Diese Register sind im Bild 5.3-8 deshalb auch als Statusregister aufgeführt worden.

Wir wollen nun noch die Bits des vierten Statusregisters erklären. Zwei von ihnen entsprechen den gleichnamigen Bits im Befehlsregister 0: Das CE-Bit und das $I/\overline{P}$-Bit. Sie sind nur deshalb noch einmal im Statusregister aufgeführt, um die Abfrage des Zustandes und der programmierten Betriebsart zu beschleunigen.

• Das ENI-Bit spiegelt den Zustand der oben beschriebenen gleichnamigen Eingangsleitung ENI wider, die zur Verkettung mehrerer Controller dient. Der Prozessor kann z.B. im Polling-Verfahren dieses Bit abfragen, um den Baustein zu finden, der die Interrupt-Anforderung mit der höchsten Priorität stellt.

- Das IF-Bit (*interrupt flag*) wird dann gesetzt, wenn wenigstens einer der nicht maskierten Kanäle eine Unterbrechungs-Anforderung gestellt hat. Dies geschieht auch dann, wenn durch Rücksetzen des Bits $\mathrm{I}/\overline{\mathrm{P}}$ diese Anforderung nicht zum µP weiter gegeben wird.
- Das PM-Bit (*priority mode*) unterscheidet zwischen der festen und der rotierenden Prioritäten-Vergabe.
- Die Bits HP2 - HP0 (*highest priority*) enthalten den Index desjenigen '1'-Bits im Anforderungsregister IRR, das momentan die höchste Priorität hat und nicht maskiert ist. Diese Information wird vom Prozessor im Polling-Verfahren benötigt, um die verlangte Interruptroutine höchster Priorität aufzurufen.

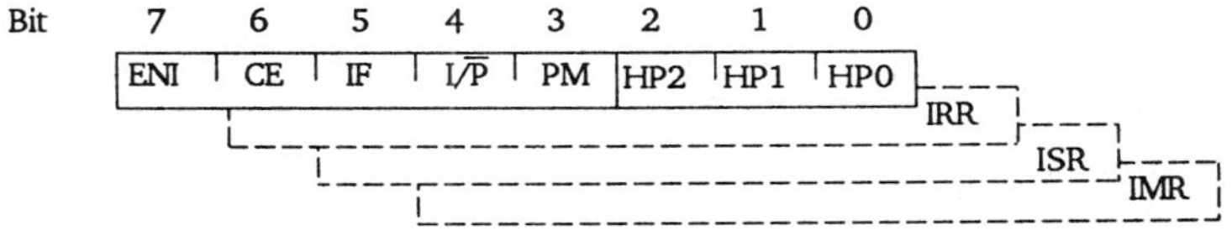

Bild 5.3-8. Statusregister eines Interrupt-Controllers

5.4 Zeitgeber-/Zähler-Bausteine

Durch ihren Namen wird bereits auf die Doppelfunktion der Zeitgeber-/Zähler-Bausteine in Mikrocomputer-Systemen hingewiesen: Einerseits dienen sie zur Erzeugung bzw. zur Messung von Zeitfunktionen unterschiedlichster Art, andererseits werden sie zum Zählen bestimmter Ereignisse verwendet. Sie werden im englischen Sprachgebrauch als *Programmable Interval Timer* (PIT) oder *Programmable Timer/Counter Module* (PTM) bezeichnet. Genauer betrachtet, werden diese Bausteine eingesetzt als:

- Impulsgenerator, der Einzel-Impulse programmierbarer, konstanter Länge ausgibt. Als Spezialfall gehört dazu die Ausgabe von Einzel-Impulsen, deren Dauer derjenigen einer Systemtakt-Schwingung entspricht. Diese Impulse werden insbesondere als Übernahme-Signale (*strobe*) zur Triggerung von Registern verwendet.
- Taktgenerator, der digitale Schwingungen mit beliebig programmierbarem Impuls-Pause-Verhältnis erzeugt. Dazu gehören insbesondere:
  - Rechtecksignale mit gleichlanger Impuls- und Pausendauer (*square wave*), die als Taktsignale für andere Systemkomponenten gebraucht werden.
  - kurze periodische Interrupt- bzw. Trigger-Impulse mit einer programmierbaren Rate, die z.B. als Schaltimpulse einer Echtzeit-Uhr oder als Zeitscheiben-Signal in Multitasking-Betriebssystemen verwendet werden.

- Ereigniszähler, der externe, asynchron oder synchron auftretende Signale zählt.
- Zeit-Meßschaltung zur Ermittlung der Schwingungsdauer oder der Impulsdauer externer digitaler Signale, insbesondere auch zur Messung der Dauer eines abgelaufenen Zeitintervalls.

5.4.1 Prinzipieller Aufbau eines Zeitgeber-/Zähler-Bausteins

Bevor auf die Ausführung dieser vielfältigen Funktionen näher eingegangen wird, soll zunächst der Aufbau eines Zeitgeber-/Zähler-Bausteins beschrieben werden. Dieser ist im Bild 5.4-1 schematisch dargestellt. Dabei wurde der Einfachheit halber nur eine Ausführungseinheit gezeichnet, die wir abkürzend als *Timer* bezeichnen wollen. Technisch realisierte Bausteine enthalten in der Regel 3 bis 5 unabhängig voneinander zu betreibende Timer.

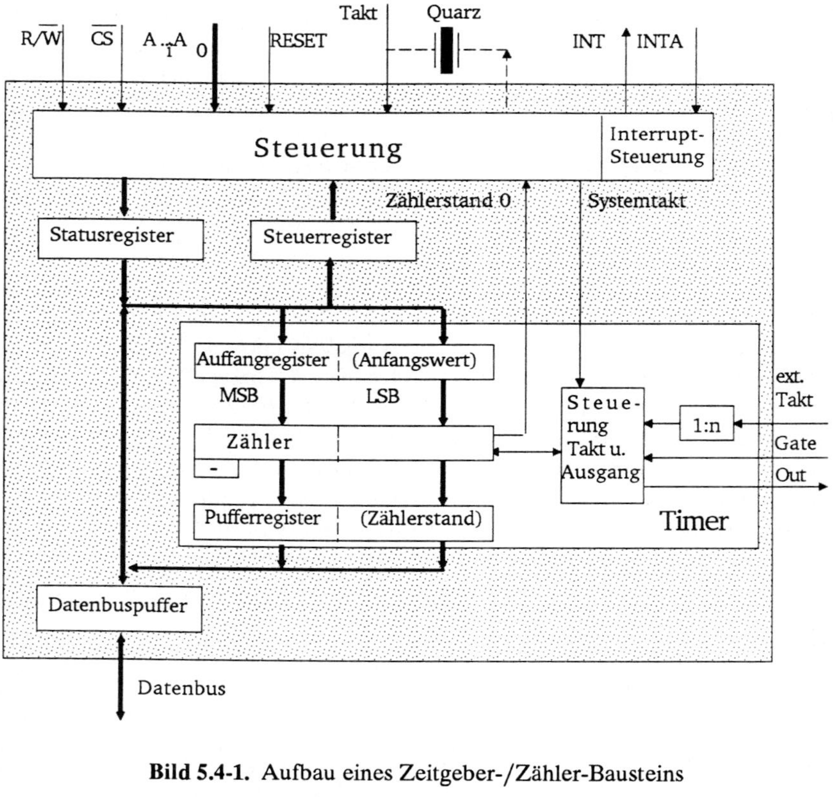

Bild 5.4-1. Aufbau eines Zeitgeber-/Zähler-Bausteins

Die Funktion der Baustein-Steuerung, des (nicht gezeichneten) internen Steuerbusses, des Datenbuspuffers sowie der Anschlüsse zum Prozessor wurde bereits bei anderen Bausteinen beschrieben, so daß hier nicht mehr darauf eingegangen werden muß. Zu erwähnen ist lediglich, daß einige Bausteine sowohl mit dem Systemtakt als auch mit einem eigenen, Quarz-stabilisierten Takt angesteuert werden können.

Die Hauptkomponente des Timers wird von einem synchronen Binärzähler gebildet, dessen Länge typischerweise zwischen 16 und 24 bit liegt. Der Zähler reduziert die oben beschriebene Erzeugung von Zeitfunktionen im wesentlichen auf die Erzeugung eines Zeitintervalls bestimmter Länge. Dazu wird er zunächst mit einem Anfangswert (AW) geladen, der proportional zur gewünschten Intervalllänge ist. Der Proportionalitäts-Faktor wird durch die Dauer eines Zähler-Taktimpulses vorgegeben. Der Zählvorgang wird softwaremäßig durch ein spezielles Steuerwort des Prozessors oder hardwaremäßig durch andere Bedingungen gestartet, die weiter unten dargestellt werden. Dabei steht während des ersten Zähltaktes im Zähler üblicherweise noch der vorgegebene Anfangswert. Mit jedem weiteren Taktimpuls wird danach sein Wert um 1 dekrementiert, bis er den Zustand 0 erreicht. (Auf die Erzeugung des Zählertaktes werden wir weiter unten eingehen.) Wenn dieser Zustand erreicht ist, wird ein Signal zur Baustein-Steuerung generiert. Als Reaktion darauf setzt die Steuerung ein bestimmtes Bit im Statusregister. Wahlweise kann sie zusätzlich eine Interrupt-Anforderung an den Prozessor stellen oder nicht. Der Zählvorgang vom Anfangswert AW bis zum Endwert 0 wird im weiteren Zählzyklus genannt.

Komplexere Timer bieten die Möglichkeit, wahlweise den Zähler zu inkrementieren oder zu dekrementieren. Außerdem kann bei ihnen der Vergleich des Zählerzustandes nicht nur mit dem Nullzustand, sondern mit einem beliebigen, in einem besonderen Register abgespeicherten Wert durchgeführt werden.

Der Anfangswert AW wird vom µP durch einen Schreibbefehl über den Datenbus in ein Auffangregister übertragen. Zu Beginn jedes Zählzyklus wird er daraus in den Zähler geladen. Dieser Vorgang wird Initialisierung des Zählers genannt. Für mehrfach sich wiederholende Zählzyklen mit gleichem Anfangswert muß der Prozessor diesen Wert daher nur ein einziges Mal in das Auffangregister einschreiben. Nach jedem Zählzyklus wird dann die erforderliche erneute Initialisierung des Zählers entweder automatisch bei Erreichen des Endstandes 0 oder durch das Vorliegen einer der zum Schluß des Abschnittes beschriebenen Startbedingungen ausgelöst.

Zu jedem Zeitpunkt kann der Prozessor den aktuellen Zählerstand abfragen. Prinzipiell könnte dies z.B. dadurch geschehen, daß durch einen Lesebefehl die Ausgänge des Zählers direkt auf den internen Datenbus geschaltet werden. Natürlich besteht dabei die Gefahr, daß sich während des Lese-Vorgangs der Zustand des Zählers ändert und deshalb ungültige Übergangsinformation ermittelt werden. Um dies zu vermeiden, kann zwar der Zählertakt kurzzeitig angehalten werden (vgl. die unten beschriebene Funktion des *Gate*-Einganges). Jedoch kommt es dann durch die dabei auftretende Verzögerung zu einer Verfälschung des Zählvorganges. Die meisten Timer besitzen deshalb ein Pufferregister, in das der augenblickliche Zählerstand zunächst transferiert wird. Je nach Realisierung des Timers kann dieser Transfer automatisch durch den Lese-Befehl oder aber durch einen speziellen Befehl des Prozessors verursacht werden. Im letztgenannten Fall kann der Prozessor den Inhalt des Pufferregisters erst zu einem beliebigen, spätereren Zeitpunkt lesen.

Nun zur Erklärung der Zählertakt-Steuerung: Die Zähler der meisten Timer-Bausteine können wahlweise durch den Systemtakt oder einen externen Takt angesteuert werden. Durch einen Frequenzteiler (1:n) kann der externe Takt häufig auf eine kleinere Taktrate heruntergesetzt werden. Diese ist entweder fest vorgegeben oder sie kann (über das Steuerregister) aus einer Palette von Frequenzen ausgewählt werden. Der *Gate*-Eingang G besitzt eine doppelte Funktion. Einerseits wird durch ihn der Zähler aktiviert bzw. deaktiviert, wenn der Baustein als Ereigniszähler oder zur Erzeugung der oben beschriebenen Zeitfunktionen eingesetzt wird. Im letztgenannten Fall wird das vom Baustein erzeugte digitale Zeitsignal über den Ausgang OUT ausgegeben. Wird der Baustein jedoch als Zeit-Meßschaltung betrieben, so muß an den Eingang Gate das auszumessende Signal angelegt werden.

5.4.2 Die verschiedenen Zählmodi

Die gestrichelte Linie, die im Bild 5.4-1 den Zähler und seine Register in zwei Hälften teilt, soll auf eine Besonderheit von 16-bit-Timern in Bausteinen mit einem 8-bit-Datenbus hinweisen. Bei diesen Bausteinen sind beide Timer-Register unerläßlich, da jedes 16-bit-Datum, also Anfangswert und aktueller Zählerstand, byteweise transportiert werden muß. Ohne Zwischenspeicherung bestünde bei beiden erwähnten Datentypen die Gefahr, daß sich zwischen den sequentiell ausgeführten Bytezugriffen der Zählerstand u.U. wesentlich ändert.

Timer des eben beschriebenen Typs besitzen häufig neben dem oben beschriebenen "normalen" 16-bit-Zählmodus noch eine weitere Zählart. Im 2x8-bit-Zählmodus werden das niederwertige Byte (LSB) sowie das höherwertige Byte (MSB) des Zählers als zwei getrennte 8-bit-Zähler betrieben. Der Zählertakt wird nur dem LSB-Zähler zugeführt. Immer dann, wenn der zyklisch umlaufende LSB-Zähler den Zustand 0 erreicht, wird er aus dem LSB-Byte des Auffangregisters neu initialisiert. Gleichzeitig wird ein Übertragssignal erzeugt, durch das auch der MSB-Zähler um 1 dekrementiert wird. Erst wenn beide Zähler den Wert 0 besitzen, ist ein Zählzyklus beendet. Eine weitere Differenzierung der Zählmodi ergibt sich dadurch, daß die Zähler einiger Bausteine wahlweise als Dualzähler oder aber als BCD-Zähler (*binary coded decimal*) arbeiten können.

Selbsttestaufgabe S5.4-1:
Berechnen Sie für den Anfangswert $4749 die Länge des Zählzyklus für alle vier eben beschriebenen Zählmodi. Beachten Sie dabei, daß jeder Zählzyklus erst mit dem Ende des Null-Zustandes abgeschlossen ist.

5.4.3 Das Programmiermodell

Zur Überwachung und Programmierung werden in der Regel für jeden Timer des Bausteins nur ein Statusregister sowie ein Steuerregister benötigt. Beide Register sind im Bild 5.4-2 skizziert. Ihre Bedeutung wird nun kurz beschrieben. Zum Programmiermodell gehören weiterhin die Auffangregister und Pufferregister des Timers, auf die hier aber nicht mehr eingegangen werden muß.

Steuerregister

Bit	9	8	7	6	5	4	3	2	1	0
	RE	IE	OE	M2	M1	M0	CM1	CM0	CL	PR

Statusregister

Bit	7	6	5	4	3	2	1	0
	IF	OUT	IN					

Bild 5.4-2. Die Register des Timers

Das Steuerregister

Um alle beschriebenen Arbeitsweisen zu berücksichtigen, hat das gezeichnete Steuerregister 10 Bits. Reale Bausteine bieten in der Regel nicht alle Möglichkeiten, so daß sie mit einem 8-bit-Steuerregister auskommen.

- Das RE-Bit (*reset*) dient dem Prozessor zum Zurücksetzen des Zählers auf den im Auffangregister gespeicherten Anfangswert, also zur softwaremäßigen Initialisierung des Zählers.
- Das IE-Bit ist das *Interrupt Enable Bit*, das festlegt, ob ein Null-Durchgang des Zählers zu einer Interrupt-Anforderung an den Prozessor führen soll oder nicht.
- Das OE-Bit *(output enable)* bestimmt, ob der Ausgang OUT des Timers aktiviert ist, d.h. ob er eine intern erzeugte Zeitfunktion ausgeben soll oder nicht.
- Die Bits M_2...M_0 (*mode*) wählen eine bestimmte Funktion aus dem am Anfang des Abschnitts aufgeführten möglichen Repertoire des Timers sowie die verschiedenen Möglichkeiten der Zähler-Initialisierung aus. Im folgenden werden diese Wahl-Möglichkeiten noch ausführlich dargestellt.
- Durch die Bits CM_1, CM_0 (*counter mode*) wird eine der oben beschriebenen vier Zählvarianten selektiert: z.B. durch CM_1 der 16- oder 2x8-bit-Zählmodus, durch CM_0 der duale oder der BCD-Modus.
- Das CL-Bit (*clock*) wählt zwischen dem Systemtakt und einem externen Takt als Zähltakt.

- Durch das PR-Bit (*prescaled*) wird der Frequenzteiler des externen Taktes aktiviert oder ausgeschaltet. Durch weitere Bits kann häufig ein bestimmter Teilerfaktor (1:n) ausgewählt werden.

Das Statusregister

- Das IF-Bit ist das *Interrupt Flag*, das anzeigt, ob vom Timer eine Interrupt-Anforderung gestellt wird. Bei mehreren Timern in einem Baustein erlaubt es dem Prozessor, nach dem Polling-Verfahren die Quelle des Unterbrechungswunsches festzustellen.
- Das OUT-Bit spiegelt zu jedem Zeitpunkt den aktuellen Zustand des "Ausgangssignals" OUT wider, und zwar in der Form, wie er in der Ausgangssteuerung noch vor dem eventuell nachfolgenden Tristate-Treiber vorliegt. Auch bei abgeschaltetem Ausgang OUT kann der Prozessor somit softwaremäßig den augenblicklichen Zustand des erzeugten digitalen Zeitsignals feststellen.
- Das IN-Bit zeigt an, ob der Zähler bereits mit dem Anfangswert initialisiert wurde, der als letzter vom Prozessor in das Auffangregister geschrieben wurde. Bei hardwaremäßiger Initialisierung, z.B. durch die Aktivierung des Gate-Eingangs, (wie sie weiter unten beschrieben wird,) kann der Prozessor an diesem Bit feststellen, ob der gewünschte Zählzyklus bereits begonnen wurde oder nicht.
- Die restlichen Bits 4 - 0 können z.B. einige Bits des Steuerregisters wiedergeben und vereinfachen so die Feststellung der Arbeitsweise des Bausteins durch den Prozessor.

5.4.4 Die Timer-Funktionen

Anhand von Diagrammen wollen wir nun zunächst die Erzeugung der oben angesprochenen Zeitfunktionen genauer beschreiben. Der jeweils in der ersten Zeile der Diagramme gezeichnete Takt kann, wie oben beschrieben, entweder der (interne) Systemtakt oder aber ein extern angelegter Takt sein. Der Zählerstand ist als Treppenfunktion über der Zeitachse dargestellt, wobei die Stufenhöhe gerade einem um 1 verminderten Zählerwert entspricht. Der Zählzyklus beginnt, wie oben beschrieben, mit der Initialisierung des Zählers. In den Bildern sind zwei von drei Möglichkeiten dazu angedeutet:

- Im ersten Fall, der als Hardware-Triggerung bezeichnet wird, wird die Initialisierung durch die ansteigende Flanke des Steuersignals *Gate* ausgelöst. Diese Flanke kann asynchron zum Takt auftreten. Mit der ersten negativen Flanke des Taktes wird der Anfangswert AW aus dem Auffangregister in den Zähler geladen. Mit jedem Taktsignal wird der Zähler um 1 dekrementiert, was sich jeweils als Stufe in der Treppenfunktion des Zählerstandes darstellt.
- Im zweiten Fall, der Software-Triggerung genannt wird, wird die Initialisierung des Zählers durch einen Schreibzugriff auf das Auffangregister verursacht.
- Der dritte, im Bild nicht dargestellte Fall liegt vor, wenn der Zähler durch das Setzen des RE-Bits im Steuerregister initialisiert wird.

Nun kann es natürlich passieren, daß noch während des Ablaufes eines Zählzyklus eine erneute Initialisierung des Zählers durch eines der eben beschriebenen Verfahren veranlaßt wird. Dies ist im Bild 5.4-3 durch den gestrichelten Bereich des Gate-Signals angedeutet. Im letztgenannten Verfahren wird sich die Initialisierungs-Anforderung auf jeden Fall durchsetzen. Bei den beiden ersten Verfahren werden zwei Reaktions-Möglichkeiten realisiert:

- Wird der neuen Initialisierungs-Anforderung augenblicklich stattgegeben, so beginnt der Zählzyklus von neuem mit dem Anfangswert AW. In diesem Fall spricht man von einer retriggerbaren Signalerzeugung (*retriggerable*).
- Im anderen Fall wird auf jeden Fall zunächst der augenblickliche Zählzyklus beendet, bevor die erneute Anforderung berücksichtigt wird (*non-retriggerable*).

5.4.4.1 Der Timer als Impulsgenerator

Im Bild 5.4-3 sind drei verschiedene Einzel-Impulsformen dargestellt, die durch einen Timer erzeugt werden können.

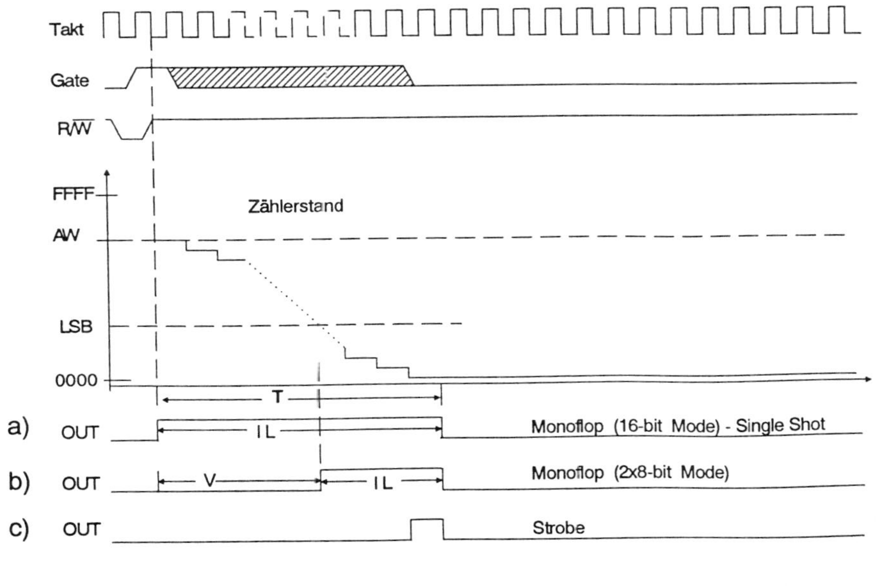

Bild 5.4-3. Der Timer als Impulsgenerator

Fall a)
Hier wird das Ausgangssignal OUT mit der Initialisierung des Zählers auf H-Potential gelegt. Dieser Zustand wird solange beibehalten, bis der Zähler den Wert 0

erreicht, also während des gesamten Zählzyklus T. Am Ausgang OUT erscheint somit ein positiver Impuls, dessen Länge IL durch den Anfangswert AW vorgegeben ist.

Fall b)
In diesem Fall wird der Einzelimpuls erst mit einer gewissen Verzögerung ausgegeben.

- Im Bild ist die Realisierung im 2x8-bit-Zählmodus skizziert. Der Impuls erscheint genau dann am Ausgang OUT, wenn der LSB-Zähler (s. Bild 5.4-1) seinen letzten Zyklus durchläuft. Daher bestimmt der Anfangswert des LSB-Zählers die Länge IL des ausgegebenen positiven Impulses. Die Länge V der Verzögerungszeit wird durch das Produkt aus MSB- und LSB-Anfangswert bestimmt: $IL = (AW_{LSB} + 1) \cdot T$, $V = (AW_{MSB} + 1) \cdot IL$.
- Einige Timer-Bausteine besitzen für jeden Zähler zwei Auffangregister. In diesem Fall kann sowohl der Wert der Impulsverzögerung V als auch die Impulslänge IL als Anfangswert in je ein Auffangregister geschrieben werden. Nach der Initialisierung wird nun zunächst der Zählzyklus mit dem ersten Anfangswert, danach automatisch ein weiterer Zyklus mit dem zweiten Anfangswert ausgeführt.

In den beschriebenen Fällen a) und b) spricht man vom Monoflop-Betrieb oder *Single-Shot*-Betrieb.

Fall c)
In diesem Fall wird dann, wenn der Zähler den Wert 0 erreicht, für genau eine Taktlänge ein positiver Impuls ausgegeben. Wie bereits gesagt, werden Impulse dieser Form typischerweise als Triggersignale (*strobe*) benutzt, z.B. zur Aktivierung eines Pufferregisters.

Im Bild wurde unterstellt, daß nach Erreichen des Zählerstandes 0 der Zählvorgang gestoppt wird. Bei alternativen Realisierungen wird der Zählzyklus periodisch (bis zur nächsten Initialisierung) wiederholt. Wesentlich ist jedoch, daß auch in diesem Fall der Ausgangsimpuls nur ein einziges Mal während des ersten Zählzyklus erzeugt, der Ausgang OUT also während aller anderen Zyklen auf L-Potential gehalten wird

Anwendungsbeispiel

Als Beispiel wollen wir zeigen, wie man einen Timer zur Überwachung der zeitgerechten Abarbeitung eines Programmes durch den Prozessor einsetzen kann. Schaltungen dieses Typs werden als *Watch Dogs* bezeichnet. Der zeitliche Verlauf der Überwachung ist im Bild 5.4-4 dargestellt.

Zur Überwachung muß der Timer im retriggerbaren Strobe-Modus betrieben werden. Als Takt kann wahlweise der Systemtakt oder ein periodischer, externer Takt benutzt werden. Das Steuersignal am Gate-Eingang muß dauernd aktiv sein. Die Triggerung wird vom Prozessor entweder durch einen Schreibzugriff auf das Auffangregister oder durch das Setzen des Bits RE im Steuerregister (s.o.) vorgenommen. Der Programmierer muß dafür sorgen, daß diese Triggerbefehle möglichst gleichmäßig über die Laufzeit des Programms verteilt sind. Als Anfangswert (AW) wird ein Wert in das Auffangregister geschrieben, dessen zugeordneter Zählerzyklus den maximalen zeitlichen Abstand zwischen zwei Triggerbefehlen (etwas) übersteigt.

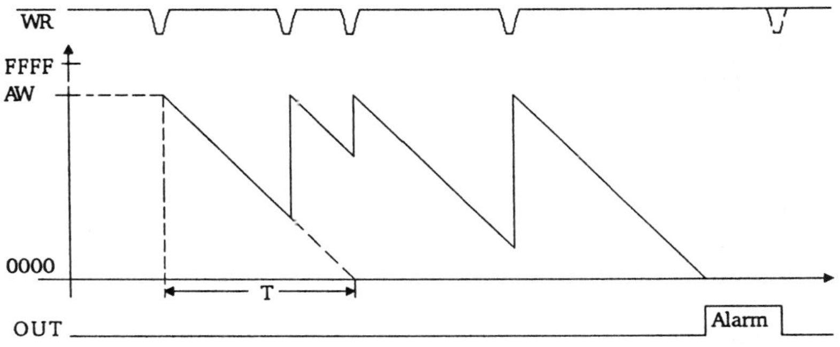

Bild 5.4-4. Der Timer als Watch Dog

Im Bild ist gezeigt, wie der Zählzyklus durch jeden neuen Schreibbefehl unterbrochen wird und unmittelbar danach ein neuer Zählzyklus gestartet wird. Erst wenn der Abstand zwischen zwei Schreibbefehlen zu groß wird oder kein weiterer Schreibbefehl folgt, kann der Zähler den Nullzustand erreichen. Dies ist zum Beispiel dann der Fall, wenn der Prozessor, durch einen Störimpuls verursacht, seinen Programmbereich verlassen hat, also "in den Wald gelaufen ist". Im Augenblick des Nulldurchgangs wird am Ausgang OUT des Timers ein Strobe-Impuls erzeugt. Dieser wird nun üblicherweise auf den nicht maskierbaren Interrupt-Eingang NMI des Prozessors gelegt. Er sorgt dafür, daß der µP eine Initialisierungs-Routine zur geordneten Wiederaufnahme des abgebrochenen Programms ausführt.

Analog zum eben beschriebenen Einsatz kann der Timer natürlich auch zur Überwachung von externen Geräten eingesetzt werden. In diesem Fall müssen diese Geräte in regelmäßigen Abständen die (Re-)Triggerung des Zählers über den Steuereingang Gate vornehmen.

5.4.4.2 Der Timer als Taktgenerator

Wesentlich für die Funktion eines Timers als Taktgenerator ist, daß er periodische digitale Zeitsignale erzeugt. Dies wird dadurch erreicht, daß der Timer nach jedem Nulldurchgang des Zählers automatisch erneut initialisiert (getriggert) und dadurch der Zählvorgang kontinuierlich wiederholt wird (*continuous mode*). Im Bild 5.4-5 sind drei Möglichkeiten skizziert.

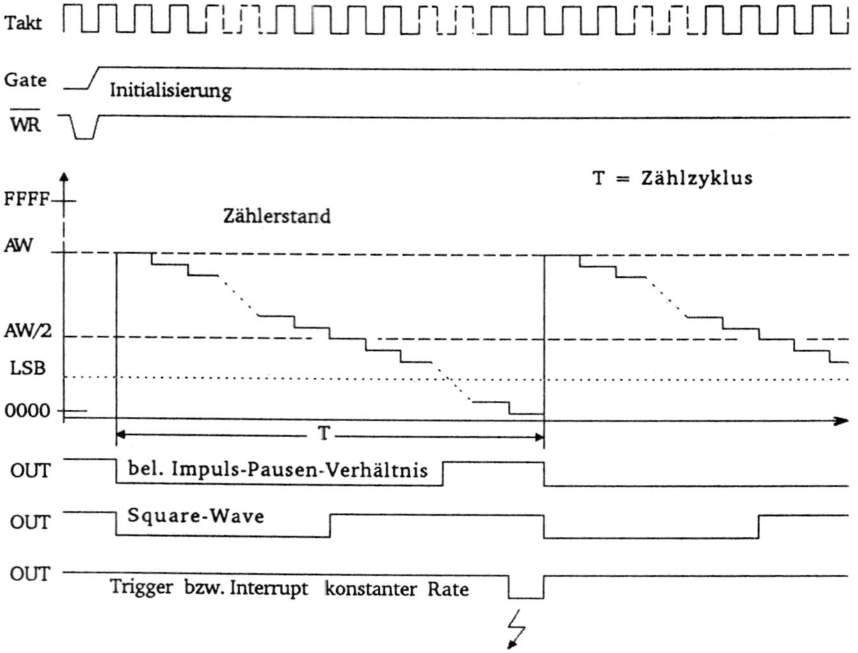

Bild 5.4-5. Der Timer als Taktgenerator

Fall a)
Hier erscheint nach der Triggerung am Ausgang OUT ein Signal mit variablem Impuls-Pausen-Verhältnis (*variable duty cycle*). Die Erzeugung einer einzelnen Schwingung dieses Ausgangstaktes geschieht analog zu der oben beschriebenen Erzeugung eines Einzelimpulses. Der Unterschied besteht nun darin, daß mit jedem neuen Zählvorgang derselbe Impuls erzeugt wird.

Fall b)
Hier besitzt jede Taktschwingung gleich große Impuls- und Pausenlängen. Zur Erzeugung dieser Schwingung werden zwei Alternativen realisiert:

- Beim ersten Verfahren, das im Bild dargestellt ist, geht der Ausgang OUT mit jeder Initialisierung zunächst auf den L-Pegel. Er wechselt genau dann in den H-Zustand, wenn der Zählerstand den halben Anfangswert AW/2 erreicht hat.
- Beim zweiten Verfahren, das nicht dargestellt ist, wechselt der Ausgang mit jeder Initialisierung des Zählers seinen Zustand, so daß in jedem zweiten Zählzyklus der gleiche Ausgangszustand vorliegt.

Fall c)
In diesem Fall wird periodisch immer dann ein kurzer (negativer) Impuls ausgegeben, wenn der Zähler im Nullzustand ist. Die Länge dieses Impulses stimmt daher mit der Schwingungsdauer des Zähltaktes überein.

Die oben erwähnten Timer mit zwei Auffangregistern bieten häufig die Möglichkeit, in Abhängigkeit vom Zustand ('0' bzw. '1') des Steuereingangs Gate zwischen zwei Anfangswerten zu wählen. Dadurch ist die Erzeugung von Ausgangssignalen möglich, die informationsabhängig zwischen zwei verschiedenen Frequenzen umschalten. Dieses Verfahren wird mit *Frequency Shift Keying* bezeichnet. Es wird/wurde z.B. bei den Heimcomputern häufig für die Aufzeichnung digitaler Daten auf einem Magnetbandgerät benutzt.

5.4.4.3 Der Timer als Ereigniszähler

Im Bild 5.4-6 ist der Einsatz eines Timers als Ereigniszähler skizziert.

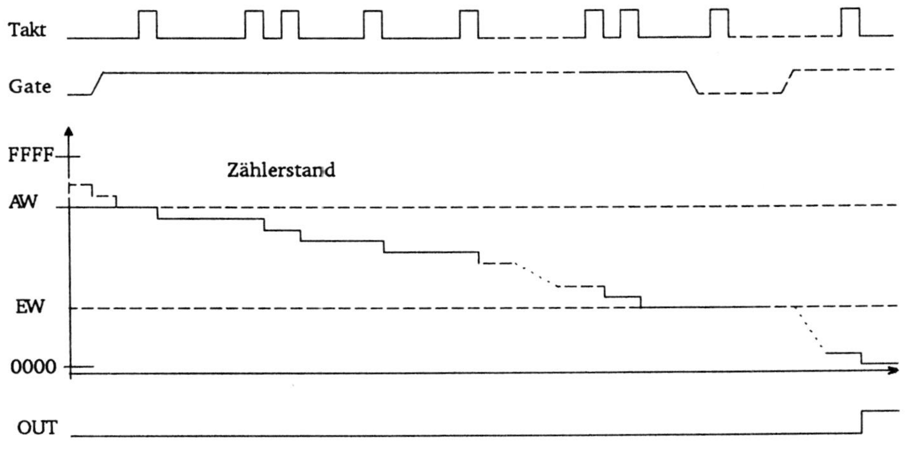

Bild 5.4-6. Der Timer als Ereigniszähler

In vielen Anwendungen treten die zu zählenden Ereignisse sporadisch und aperiodisch auf. Deshalb ist im Bild 5.4-6 ein externes Taktsignal mit willkürlicher Impulslage skizziert. (Natürlich können in dieser Betriebsart aber auch der Systemtakt oder ein periodischer externer Takt benutzt werden.)

Im Unterschied zu den bisher beschriebenen Einsatzarten wird hier durch die ansteigende Flanke des Gate-Signals der Timer nicht getriggert. Dies muß stattdessen irgendwann vorher durch Einschreiben eines Anfangswertes in das Auffangregister oder durch das Setzen des RE-Bits im Steuerregister geschehen. Das Gate-Signal dient nur zur Aktivierung bzw. Sperrung des Zählertaktes. Daher kann es sich bei dem Wert AW im Bild 5.4-6 sowohl um den Anfangswert des Zählzyklus als auch um den Endwert eines bereits vorher durchgeführten Zählzyklus handeln, der vor Erreichen des Nullzustandes durch das Rücksetzen des Gate-Signals abgebrochen wurde. Das heißt, daß ohne erneute Triggerung des Timers jeder neue Zählzyklus mit dem Zähler-Endstand des vorhergehenden fortgesetzt wird. Im Bild 5.4-6 wurde der Endwert, der vor der Rücknahme des Gate-Signals erreicht wurde, mit EW bezeichnet. Die Differenz (AW-EW) gibt die Anzahl der Ereignisse an, die während der aktiven Phase des Gate-Signals aufgetreten sind. Nach Erreichen des Nullzustandes wird der Zähler deaktiviert (*disarmed*) und über den Ausgang OUT bis zur nächsten Triggerung ein H-Pegel ausgegeben. Dieser kann z.B. als Interrupt-Signal verwendet werden. Der Prozessor kann dieses Signal als Übertrags-Signal benutzen, wenn mehr Ereignisse gezählt werden sollen, als in einem Zählzyklus (maximaler Länge) erfaßt werden können.

5.4.4.4 Der Timer als Zeitmesser

Nun soll beschrieben werden, wie man mit einem Timer die Dauer einer Vollschwingung oder eines Impulses messen kann. Das zu vermessende Signal muß dazu an den Steuereingang Gate angelegt werden.

Vorausgesetzt wird in beiden Fällen, daß der Zählzyklus des Timers länger dauert als die zu ermittelnde Zeit. Bei Verwendung eines externen Zähltaktes ist das relativ einfach dadurch zu erreichen, daß man durch die Benutzung des Frequenzteilers (1:n) oder eines sehr niederfrequenten Taktsignales die Dauer des Zählzyklus in die Länge zieht. Nur wenige Timer-Bausteine bieten jedoch auch einen Frequenzteiler für den (internen) Systemtakt. Dessen Benutzung zur Zeitmessung verlangt deshalb ein Programm, das zunächst zählt, wieviele vollständige Zählzyklen maximal in die zu messende Schwingungs- bzw. Impuls-Dauer passen und dann das eventuell übrig bleibende Restintervall nach den nun beschriebenen Verfahren ausmißt.

Frequenz-Vergleich

Im Bild 5.4-7 ist zunächst die Bestimmung einer Schwingungsdauer (T_S) skizziert. Zunächst wird der Timer durch einen Schreibzugriff auf sein Auffangregister initialisiert. Geeigneterweise wird dabei der größtmögliche Zählerstand als Anfangswert gewählt: AW= \$FF...FF. Mit der ersten positiven Flanke des zu vermessenden digitalen Signals am Gate-Eingang wird nun der Zählzyklus (im Zeitpunkt 0) gestartet. Die nächste positive Flanke des Eingangssignals (im Zeitpunkt T_S) stoppt den Zähler und zeigt dadurch das Ende des Zählzyklus an. Der Zählerstand $Z(T_S)$ zu diesem Zeitpunkt wird vom Prozessor zur Bestimmung der Schwingungsdauer nach der Formel

$$T_S = [AW - Z(T_S)] \cdot \text{Taktzyklus}$$

benutzt.

Über das Ende des Zählzyklus kann der Prozessor durch einen Interrupt unterrichtet werden. Durch die oben erwähnten *Mode*-Bits im Steuerwort kann wahlweise ein Interrupt ausgelöst werden, wenn der Zählzyklus größer oder kleiner als die Schwingungdauer ist. Deshalb wird diese Betriebsart als Frequenz-Vergleichs-Modus (*frequency comparison mode*) bezeichnet.

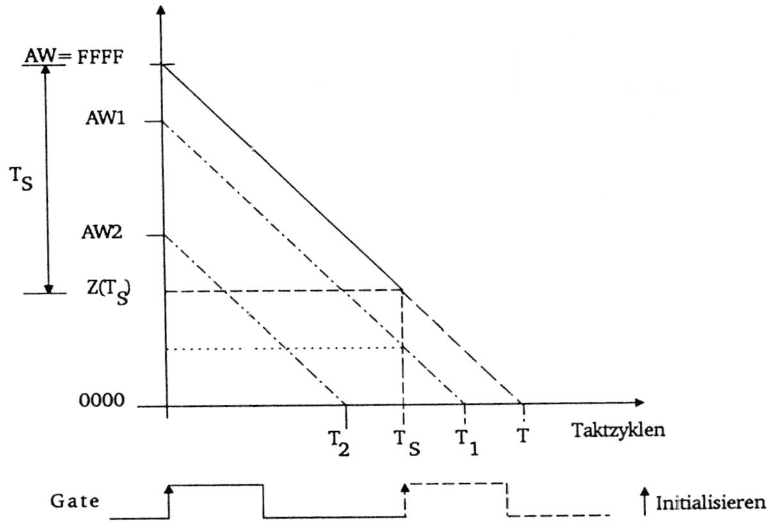

Bild 5.4-7. Messung einer Schwingungsdauer

Anwendungsbeispiel

Auf die beschriebene Weise kann z.B. durch den Einsatz zweier Timer die Frequenz des Signals am Gate-Eingang überprüft werden, d.h. festgestellt werden, ob seine Schwingungsdauer zwischen zwei vorgegebenen Grenzwerten liegt. Dies ist im Bild 5.4-7 gestrichelt skizziert. Dazu wird der Timer 1 mit einem Anfangswert AW_1 geladen, der eine Zyklusdauer $T_1 > T_S$ nach sich zieht, der Timer 2 hingegen mit einem Anfangswert AW_2, für dessen Zykluszeit $T_2 < T_S$ gilt. Nun programmiert man die Timer so, daß Timer 1 einen Interrupt abgibt, wenn $T_1 < T_S$ ist, und Timer 2, wenn $T_2 > T_S$ ist. Der Prozessor wird dadurch stets dann unterbrochen, wenn die Schwingungsdauer außerhalb des zulässigen Bereichs liegt. Für eine lükkenlose Überwachung der Eingangsfrequenz ist es natürlich unerläßlich, daß durch jede positive Flanke am Gate-Eingang beide Timer erneut getriggert werden.

Impulsbreiten-Vergleich

Im Bild 5.4-8 ist skizziert, wie mit Hilfe eines Timers die Dauer eines Impulses gemessen werden kann. Dabei kann es sich sowohl um den Impuls eines periodisch auftretenden Signals wie auch um ein einzelnes Zeitintervall handeln.

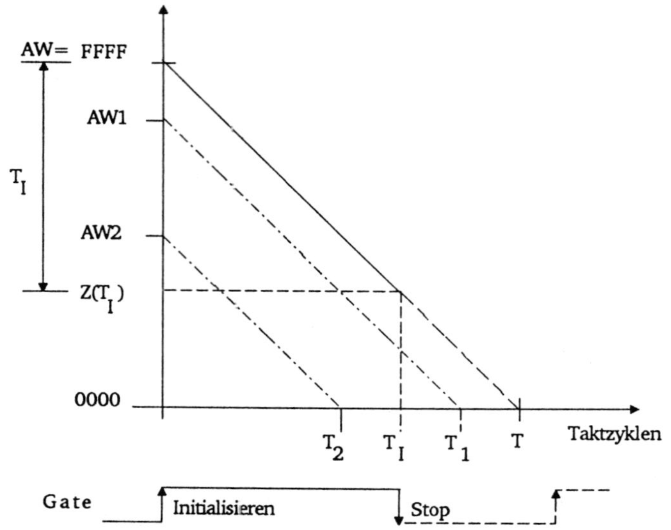

Bild 5.4-8. Messung einer Impulsdauer

Von der Schwingungsdauer-Messung unterscheidet sich dieses Verfahren nur dadurch, daß das Stoppen des Zählers hier durch die negative Flanke des Eingangsimpulses hervorgerufen wird. Auch hier sind wieder zwei Möglichkeiten für die Auslösung eines Interrupts programmierbar: Dies kann wahlweise geschehen, wenn die Impulslänge T_I größer bzw. kleiner als die Zyklusdauer T ist. Völlig analog zur Schwingungsdauer-Messung kann auch hier durch den Einsatz zweier Timer festgestellt werden, ob die Impulsdauer innerhalb vorgegebener Grenzen liegt. Dies ist im Bild 5.4-8 gestrichelt angedeutet.

5.4.5 Fallstudie: Der Echtzeit-Uhren-Baustein HD146818

Einige universell einsetzbare Zeitgeber-/Zähler-Bausteine besitzen neben den beschriebenen Funktionen noch die Möglichkeit, sie als Echtzeit-Uhren zu verwenden.

Dazu übernehmen sie insbesondere die folgenden Zusatzfunktionen:

- Erzeugung eines 1-Hz-Taktsignales[1)],
- Umrechnung der Uhrzeit in Stunden, Minuten und Sekunden,
- Vergleich der aktuellen Uhrzeit mit einer einprogrammierten "Weckzeit" und Auslösung eines "Alarms" bei festgestellter Übereinstimmung.

1) 1 Schwingung pro Sekunde

Echtzeit-Uhren-Bausteine übernehmen dazu noch die Fortschreibung des Datums (inklusiv der Schaltjahr-Berücksichtigung). Im Bild 5.4-9 ist der Aufbau des Bausteins HD146818 der Firma Motorola in starker Vereinfachung skizziert.

Der Baustein kann mit einer ganzen Reihe unterschiedlicher Quarzfrequenzen oder extern angelegter Systemtakte betrieben werden. Zur Steuerung anderer Bausteine wird die angelegte Frequenz über einen Takt-Ausgang ausgegeben. Außerdem wird sie durch den programmierbaren Teiler (1:n) auf die 1-Hz-Frequenz heruntergesetzt, die der eigentlichen Ausführungseinheit, der Uhr, zugeführt wird.

Diese Uhr enthält in ihrem 10-stelligen Registersatz die aktuelle Uhrzeit in Stunden (h), Minuten (min) und Sekunden (s), die programmierte Weckzeit in den gleichen Einheiten, die Nummer (1 - 7) des Wochentages sowie das Datum, bestehend aus Tag, Monat und Jahr. Der Prozessor hat über den Datenbus Zugang zu diesem Registersatz und kann so jederzeit die Uhrzeit und das Datum auslesen, andererseits aber auch andere Daten eintragen und so "die Uhr oder den Wecker stellen". Das Weiterschalten der Uhr und des Datums wird durch die Schaltlogik vorgenommen. Diese liest im Sekundentakt die Uhrzeit im Registersatz und erhöht sie jeweils um eine Sekunde. Dabei kann die Uhrzeit wahlweise

- im Dualsystem oder dem BCD-System sowie
- im 24-Stunden- oder 12-Stunden-Modus verarbeitet werden.

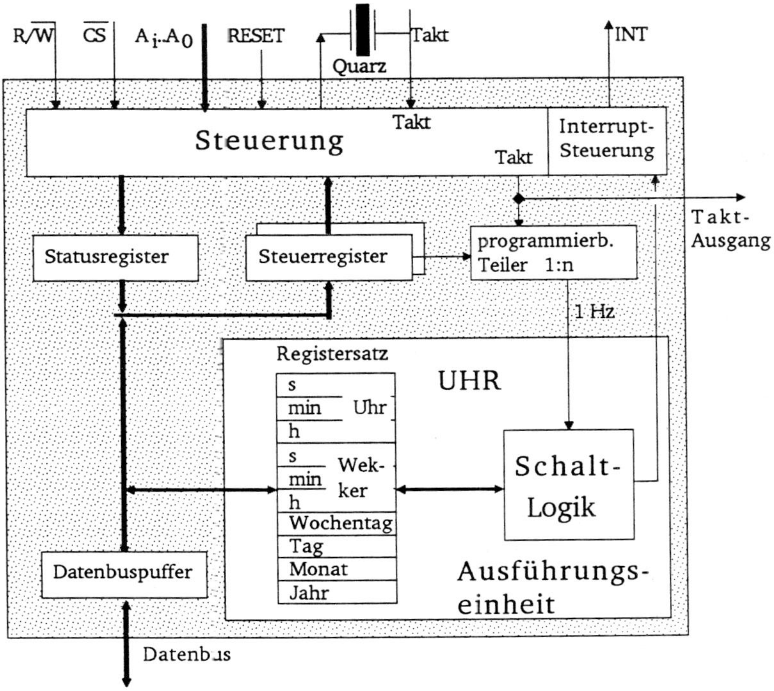

Bild 5.4-9. Aufbau eines Echtzeit-Uhren-Bausteins

Die neu berechnete Uhrzeit wird dann mit der einprogrammierten Weckzeit verglichen. Stimmen beide überein, so kann ein Interrupt an den Prozessor ausgegeben werden, wenn dies in einem bestimmten Bit des Steuerregisters festgelegt wurde. Durch den Eintrag spezieller Bitkombinationen kann jede Komponente der Weckzeit zu einem *don't care* erklärt und dadurch beim Vergleich nicht berücksichtigt werden. Auf diese Weise sind Alarmauslösungen zu jeder Sekunde, zu jeder Minute oder zu jeder Stunde möglich.

Falls die Fortschreibung der Uhrzeit eine Datumsänderung zur Folge hat, wird auch diese von der Schaltlogik vorgenommen. Dabei werden Schaltjahre und die unterschiedliche Anzahl von Tagen pro Monat berücksichtigt. Auf das Programmiermodell dieses Bausteins soll hier nicht näher eingegangen werden.

5.5 Bausteine für parallele Schnittstellen

Wie ihr Name bereits andeutet, sind Parallel-Schnittstellen-Bausteine (hauptsächlich) für die Übertragung von Daten in paralleler Form vorgesehen. Im englischen Sprachgebrauch wird für diese Bausteine eine ganze Reihe verschiedener Begriffe benutzt:

- *Peripheral Interface (Adapter)* (PI, PIA),
- *Programmable Peripheral Interface* (PPI),
- *Parallel I/O Circuit* (PIO).

Bei der Übertragung zu Peripheriegeräten, die als Ein-/Ausgabe-Einheiten zwischen dem Rechner und dem Menschen dienen, repräsentieren die Daten gewöhnlich alphanumerische Zeichen. Für die meisten Anwendungen reicht ein Satz von maximal 256 verschiedenen Zeichen, so daß zur eindeutigen Codierung eines Zeichens 8 bit genügen. Die Schnittstellen-Bausteine besitzen deshalb in der Regel 8 Datenleitungen zur bitparallelen Übertragung eines Zeichens. Die Übertragung zusammenhängender Datenmengen geschieht zeichensequentiell.

Bei der folgenden Beschreibung der Bausteine wird gezeigt, daß ihre 8 Datenleitungen aber auch zur Übertragung einzelner Melde- bzw. Steuer-Signale (*sense signal, control signal*) benutzt werden können, über die der Zustand des Gerätes ermittelt bzw. das Gerät gesteuert werden kann.

5.5.1 Prinzipieller Aufbau

Von allen Schnittstellen-Bausteinen besitzen die Parallel-Schnittstellen-Bausteine den einfachsten Aufbau und den geringsten Funktionsumfang. Sowohl für den Prozessor als auch für das Peripheriegerät erscheinen sie im wesentlichen wie ein "normales" Register, das von beiden gelesen und/oder beschrieben werden kann. Im Bild 5.5-1 ist der prinzipielle Aufbau eines Parallel-Schnittstellen-Bausteins skizziert.

Zur Realisierung einer parallelen Schnittstelle stellt die Ausführungseinheit des Bausteins – wie oben begründet – meistens 8 Datenleitungen und 2 Steuerleitungen zur Verfügung. Die Übertragungsrichtung der Datenleitungen kann durch den Prozessor "programmiert" werden. Die Programmierung geschieht bei einigen Bausteintypen für alle Datenleitungen gemeinsam und einheitlich. Diese Betriebsart ähnelt der des bidirektionalen Datenbusses im System. Bei den meisten kann die Festlegung der Übertragungsrichtung jedoch individuell für jede einzelne Datenleitung erfolgen.

Die Ausführungseinheit des Bausteins zusammen mit diesen Leitungen wird gewöhnlich als **Port** des Bausteins bezeichnet. Reale Bausteine besitzen meistens 2 bis 3 unabhängig voneinander zu betreibende Ports.

Die Funktion der Steuerleitungen S_0, S_1 ist sehr vielfältig und kann durch die Manipulation bestimmter Bits im Steuerregister festgelegt werden. Wie im Abschnitt 5.1 beschrieben, sind ihnen bestimmte Bits im Status- bzw. Steuerregister fest zugeordnet, die ihren augenblicklichen Zustand widerspiegeln. Dies wird im folgenden in einer Fallstudie genauer beschrieben.

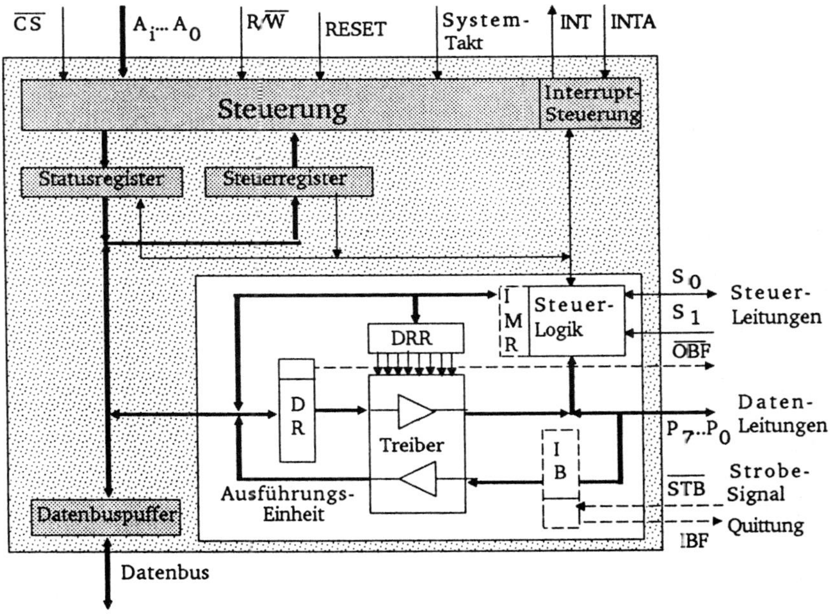

Bild 5.5-1. Baustein für parallele Schnittstellen

Die Steuerleitungen S_1, S_0 können z.B. folgende Aufgaben übernehmen:

- beide Leitungen dienen als Interrupt-Eingänge,
- S_1, S_0 dienen als Handshake-Leitungen (REQ, ACK),

- S_0 ist ein Ausgang, über den ein Steuersignal zum Peripheriegerät ausgegeben wird (*control output*), S_1 ein Eingang, über den der Prozessor den Zustand des Gerätes abfragen kann (*sense input*).

Die Ausführung der verschiedenen Aufgaben wird von der als Steuerlogik bezeichneten Schaltung vorgenommen, die mit dem Status- und Steuerregister sowie der Interruptsteuerung des Bausteins verbunden ist.

Im Unterschied zum allgemeinen Modell eines programmierbaren Systembausteins (s. Bild 5.1-2) kommen die Port-Bausteine scheinbar ohne Befehlsregister aus. Der Grund liegt darin, daß sich die Programmierung des Bausteins im wesentlichen darauf beschränkt, die Funktion der Steuerleitungen und die Richtung der Datenleitungen festzulegen. Die Funktion der Steuerleitungen ist durch das angeschlossene Gerät meist unveränderbar vorgegeben und wird daher im Steuerregister festgelegt. Zur Vereinfachung hat man dort aber auch die Bits untergebracht, die den aktuellen Zustand dieser Steuerleitungen für jeden einzelnen Datentransfer bestimmen. Bei Bausteinen, für die nur eine einheitliche Richtung der Datenübertragung auf allen Datenleitungen möglich ist, wird diese ebenfalls im Steuerregister vorgegeben. Bei den anderen Bausteinen werden die individuellen Übertragungsrichtungen durch ein spezielles Register der Ausführungseinheit bestimmt (DRR, s.u.).

5.5.2 Aufbau der Ausführungseinheit

Zur Erklärung der Komponenten der Ausführungseinheit ist im Bild 5.5-2 ihre Funktion für ein einzelnes Datenbit skizziert. (Die darin gezeichneten Tristate-Treiber mit mehreren Kontrolleingängen sollen genau dann aktiviert sein, wenn alle diese Eingänge aktiv sind. Diese Treiber sind zwar als Einzel-Schaltungen dargestellt, jedoch können sie auch als Tristate-Ausgänge der Register realisiert sein.)

Die Datenleitungen $P_7..P_0$ sind bidirektional ausgeführt. (Der Buchstabe P soll an den Begriff "Port" erinnern.) Hier haben wir den Fall zu Grunde gelegt, daß die Richtung jeder Portleitung individuell festgelegt werden kann. Diese Richtungsfestlegung geschieht im Datenrichtungs-Register DRR (*data direction register* – DDR, s. auch Bild 5.5-1), in dem jeder Datenleitung genau ein Bit zugeordnet ist. Üblich ist die folgende Festlegung zwischen der Datenleitung P_i und dem Bit DRR_i des Datenrichtungs-Register:

DRR_i = 0: P_i ist Eingang;
DRR_i = 1: P_i ist Ausgang.

Die Bits des Registers DRR steuern die Tristate-Treiber, die den internen Datenbus von den externen Portleitungen trennen. Die Ausgangstreiber der Leitungen, die als Eingänge programmiert sind, werden in den hochohmigen Zustand versetzt. Der Prozessor spricht das DRR unter einer bestimmten Adresse an, aus der der Adreßdecoder des Bausteins das Aktivierungssignal EN_{DRR} (*enable*) erzeugt. Das Laden des Registers DRR mit einer geeigneten 0-1-Bitkombination ("Maske") geschieht durch einen Schreibbefehl ($R/\overline{W}$=0). Durch einen Lesebefehl kann der

Prozessor jederzeit den Inhalt des Registers DRR abfragen. Beim Rücksetzen des Bausteins über den RESET-Eingang wird das Register DRR gelöscht. Dadurch werden alle Portleitungen als Eingänge geschaltet und so eine unbeabsichtigte Ansteuerung des Peripheriegerätes verhindert.

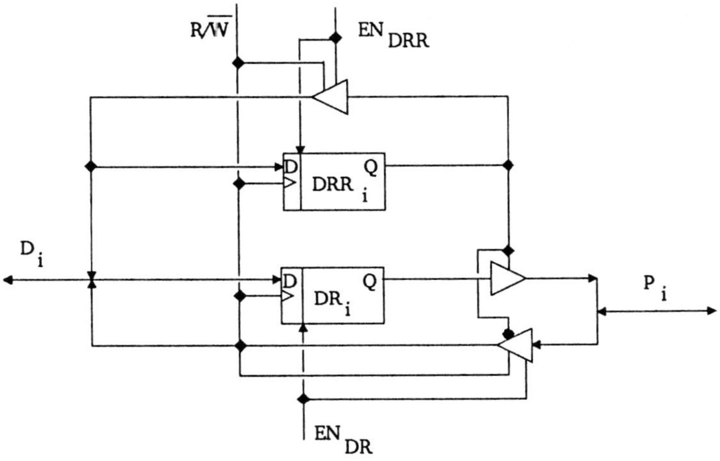

Bild 5.5-2. Übertragungslogik für ein einzelnes Datenbit

5.5.2.1 Datenausgabe

Die auszugebenden Daten werden vom Prozessor über den Datenbus des Bausteins in das Datenregister DR (*data register*) geschrieben. Der Adreßdecoder im Baustein erzeugt dazu aus der angelegten Registeradresse das Signal EN_{DR}. Nach einer kurzen Verzögerung erscheinen alle Datenbits auf denjenigen Portleitungen P_i, die als Ausgänge definiert sind, und bleiben dort solange bestehen, bis der Inhalt des Datenregisters DR oder die Datenrichtung einer Leitung geändert wird. Der elektrische Pegel der als Eingänge geschalteten Portleitungen ist undefiniert und hängt stark von der Technologie der angeschlossenen Bausteine ab. Über das Ausgangssignal $\overline{\text{OBF}}$ (*output buffer full*, s. Bild 5.5-1) wird das angeschlossene Gerät darüber informiert, daß im Datenregister ein Datum zur Abholung bereitsteht. Dieses Signal wird erst durch ein Quittungssignal $\overline{\text{ACK}}$ des Peripheriegerätes zurückgesetzt. Im Bild 5.5-3a ist das Zusammenwirken der Signale $R/\overline{W}$ und $\overline{\text{ACK}}$ zur Erzeugung des Statussignals $\overline{\text{OBF}}$ skizziert.

5.5.2.2 Dateneingabe

Das Einlesen von Daten über die Portleitungen geschieht bei vielen Bausteintypen in der Form, daß die Treiber der als Eingänge definierten Leitungen aktiviert und diese Leitungen dadurch unmittelbar, d.h. insbesondere ohne Zwischenspeicherung, auf den internen Datenbus geschaltet werden. Zur Aktivierung der Treiber wird auch das oben erwähnte Enable-Signal EN_{DR} herangezogen, da in der Regel Lese- und Schreib-Zugriffe auf den Port unter derselben Adresse durchgeführt werden. (Vereinfachend wird daher auch ein Lesezugriff zum Port als Zugriff auf das Datenregister DR interpretiert.) Während des Einlesens muß man durch ein Handshake-Verfahren mit den oben beschriebenen Steuerleitungen verhindern, daß sich das anliegende Datum ändert, da sonst der Zustand der Portleitungen undefiniert sein kann.

Es existieren aber auch Bausteine, bei denen zwischen den Baustein-Eingängen und ihren Tristate-Treibern ein Eingabe-Register IB (*input buffer*) geschaltet ist. Dieses Register kann vom Peripheriegerät durch das Strobe-Signal $\overline{STB}$ zur Aufnahme des anliegenden Datums getriggert werden. Über das IBF-Signal (*input buffer full*) wird dem Gerät angezeigt, daß das Eingabe-Register (noch) gefüllt ist. Dieses Signal wird erst durch einen Lesezugriff des Prozessors auf das Register IB zurückgesetzt. Das Zusammenwirken der Signale $R/\overline{W}$ und $\overline{STB}$ zur Erzeugung des Signals IBF ist im Bild 5.5-3b dargestellt.

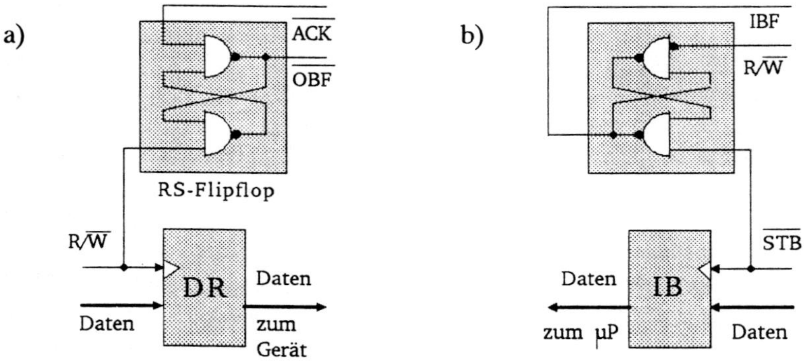

Bild 5.5-3. Erzeugung der Signale $\overline{OBF}$ und IBF

Selbsttestaufgabe S5.5-1:
Im Bild 5.5-2 wurde nicht darauf eingegangen, was beim Lesen eines Datums auf den Portleitungen geschieht, die als Ausgang geschaltet sind. Es werden hauptsächlich zwei Varianten dafür realisiert, was man als Ergebnis eines Lesezugriffs auf eine Ausgangsleitung erhält: a) Zustand des Bits DR_i im Datenregister, b) Zustand der Ausgangsleitung P_i . Erweitern Sie das Bild 5.5-2 so, daß jeweils eine der beiden Varianten realisiert wird.

5.5.2.3 Eine Variante

Einige Portbausteine erlauben auch den Einsatz der Portleitungen als Interrupteingänge ($I_7..I_0$). In der Regel wird dabei die Unterbrechungs-Anforderung durch den Pegel des Eingangssignals ("Pegel-Triggerung"), nicht durch dessen Flanke angezeigt. In einem speziellen Maskenregister IMR (*interrupt mask register*) wird festgelegt, an welchem Eingang eine Unterbrechungs-Anforderung akzeptiert werden soll. Im Bild 5.5-4 ist für diese Bausteine der typische Aufbau des Steuerregisters dargestellt.

Bit	7	6	5	4	3	2	1	0
	IE	IF	P	$O/\overline{A}$	$D/\overline{I}$	$F/\overline{P}$	AM	

Bild 5.5-4. Das Steuerregister eines Port-Bausteins

Beschreibung der Steuerbits

- Das IE-Bit ist das bereits häufiger beschriebene *Interrupt Enable Bit*, das die Weitergabe einer Unterbrechungs-Anforderung zum Prozessor steuert (vgl. Abschnitt 5.1).
- Das IF-Bit (*interrupt flag*) zeigt das Vorliegen einer Unterbrechungs-Anforderung an. (Es wurde ebenfalls in Abschnitt 5.1 beschrieben.)
- Das P-Bit legt fest, ob ein L-Pegel oder ein H-Pegel an einem der Interrupt-Eingänge I_i als Unterbrechungs-Anforderung gewertet wird.
- Durch das $O/\overline{A}$-Bit (*or/and*) kann ausgewählt werden, ob über alle augenblicklich anstehenden, nicht maskierten Unterbrechungs-Anforderungen eine ODER- bzw. eine UND-Verknüpfung gebildet werden soll. Im ersten Fall wird also ein Interrupt erzeugt, wenn wenigstens an einem (nicht maskierten) Eingang eine Anforderung vorliegt, im zweiten Fall dann, wenn an allen diesen Eingängen Anforderungen anstehen.
- Das $D/\overline{I}$-Bit bestimmt die Betriebsart des Ports, d.h. ob seine Leitungen als Datenleitungen oder Interrupt-Eingänge benutzt werden sollen.
- Das $F/\overline{P}$-Bit beeinflußt die Funktion der Steuerleitung S_0, die als zusätzlicher Interrupt-Eingang dient. Hier kann gewählt werden, ob eine Flanke oder der Pegel des Signals an S_0 zu einer Unterbrechungs-Anforderung führt.
- Das AM-Bit (*acknowledge mode*) bestimmt die Form des Quittungssignals $\overline{ACK}$ am Steuerausgang S_1: Wahlweise kann ein kurzes Strobe-Signal oder aber ein konstanter H-Pegel (bis zur nächsten Interrupt-Anforderung an S_0) ausgegeben werden.

5.5.3 Fallstudie: Der PPI-Baustein 8255 von Intel

Der 8255 besitzt drei 8-bit-Ports (PA, PB, PC). Diese Ports können in drei verschiedenen Modi betrieben werden, die durch bestimmte Steuerwörter vom Prozessor selektiert werden können. In allen drei Modi werden die Ports PA und PB als bidirektionale Ein-/Ausgangsleitungen betrieben, wobei hier aber die Richtung für alle Leitungen eines Ports einheitlich vorgegeben wird. Der dritte Port wird stets in zwei Teilports (PC_H, PC_L) unterteilt, die jeweils einem der Ports PA bzw. PB zugeordnet sind und mit diesen die Leitungs-"Gruppen" A bzw. B bilden. In Abhängigkeit vom ausgewählten Betriebsmodus dienen sie ebenfalls als Ein-/Ausgabe-Leitungen oder als Steuerleitungen. Im Bild 5.5-5 ist für alle drei Modi die Aufteilung des Ports PC skizziert.

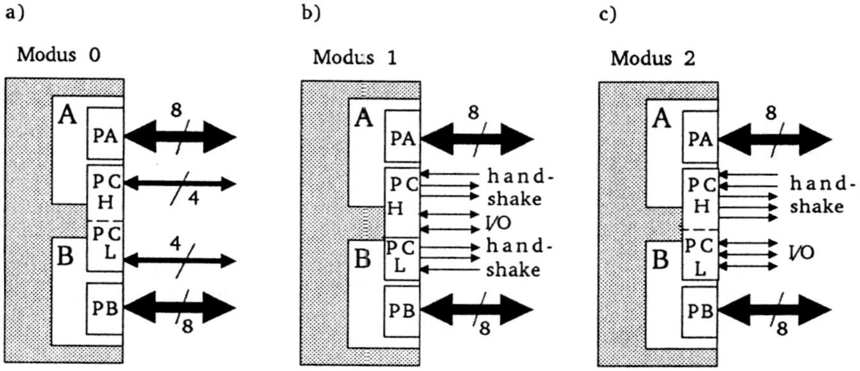

Bild 5.5-5. Aufteilung des Ports PC in den drei Betriebsmodi

5.5.3.1 Modus 0

In diesem Modus wird der Port PC in zwei Teilports PC_H, PC_L mit je vier Leitungen unterteilt (s. Bild 5.5-5a). Jeder Teilport dient als paralleler Ein-/Ausgabeport, dessen Leitungen stets dieselbe Übertragungsrichtung besitzen. Für alle Ports (PA, PB, PC_H, PC_L) wird im Steuerregister individuell eine Übertragungsrichtung festgelegt. Dafür existieren somit insgesamt 16 verschiedene Möglichkeiten. In diesem Modus werden Eingabedaten unmittelbar, also ohne Zwischenspeicherung im Eingaberegister, in den Prozessor eingelesen. Das Statusregister hat hier keinerlei Funktion.

Selbsttestaufgabe S5.5-2:
Skizzieren Sie den zeitlichen Verlauf eines Lese- und eines Schreibzugriffes auf einen der Ports PX, X = A, B, C_H, C_L. Betrachten Sie dabei die Signale D_i, i=0,..,7 : System-Datenbus, PX_i, i=0,..,7 : Portleitungen, $\overline{CS}$, A_1, A_0 : Baustein- und Register-Auswahl, $\overline{RD}$: Lesesignal, $\overline{WR}$: Schreibsignal. Die beiden letzten Signale benötigt der Baustein anstelle eines kombinierten Lese-/Schreibsignals R/$\overline{W}$. Sie zeigen alternativ den Typ des Buszyklus an. Die Datenübernahme in den Prozessor bzw. das Datenregister DR des Port-Bausteins geschieht mit der positiven Flanke der Signale $\overline{RD}$ bzw. $\overline{WR}$.

5.5.3.2 Modus 1

Je drei Leitungen des Ports PC werden den Ports PA und PB als Handshake-Leitungen zur Synchronisation der Datenübertragung zugeordnet. Auf ihnen werden die Signale $\overline{STB}$ (*strobe*), $\overline{ACK}$ (*acknowledge*) und INT (*interrupt*) übertragen. Die restlichen beiden Leitungen von Port PC gehören zur Portgruppe A und können als Ein-/Ausgabe-Leitungen (I/O) für beliebige Aufgaben benutzt werden.

Dateneingabe

Im Bild 5.5-6 ist die Beschaltung der Handshake-Leitungen sowie der zeitliche Ablauf der Übertragungs-Synchronisation für eine Dateneingabe dargestellt. Im Unterschied zum Modus 0 wird hier jedes Datum zunächst im Eingaberegister IB abgelegt.

Die Dateneingabe beginnt damit, daß das Gerät das Datum auf die Portleitungen PX_7..PX_0 legt (X=A,B). Danach erzeugt es ein kurzes Strobe-Signal $\overline{STB}$. Durch dessen negative Flanke wird, wie oben beschrieben wurde, ein Flipflop (FF) gesetzt. Das Ausgangssignal IBF des Flipflops zeigt dem angeschlossenen Gerät an, daß das Eingaberegister IB (noch) gefüllt ist (Punkt 1 im Bild 5.5-6b). Die positive Flanke (2) von $\overline{STB}$ verursacht die Übernahme der Daten ins Eingaberegister IB. Im Bild 5.5-6 ist vorausgesetzt, daß das Interrupt Enable Bit IE gesetzt ist. (Beim 8255 ist dieses Bit nicht im Steuerregister, sondern im Statusregister untergebracht.) Die positive Flanke von $\overline{STB}$ sowie das aktive IBF-Signal und das gesetzte IE-Bit sorgen dafür, daß ein Interruptsignal über den Ausgang INT erzeugt wird, das dem Prozessor das Vorliegen eines Eingabedatums anzeigt (3). Nach einer mehr oder weniger großen Zeit wird der Prozessor dieser Unterbrechungs-Anforderung stattgeben und das Datum aus dem Eingaberegister lesen. Die negative Flanke des Lesesignals $\overline{\text{RD}}$ nimmt zunächst das Interruptsignal INT zurück (4). Die positive Flanke löscht dann das IBF-Signal (5) und zeigt dadurch dem Gerät an, daß der Port für die nächste Datenübertragung bereit ist.

Hinweis
Die im Bild 5.5-6a dargestellte Schaltung ist eine sehr grobe Vereinfachung der wirklichen Realisierung, die lediglich die logische Funktion, nicht aber das exakte Zeitverhalten wiedergeben soll. Denn wenn man sie genau analysiert, stellt man fest, daß bei ihr – im Gegensatz zur obigen Beschreibung – das INT-Signal erst zurückgesetzt wird, wenn auch das Signal IBF auf L-Pegel liegt. Bei der folgenden Beschreibung der anderen Modi werden wir ebenfalls solch eine vereinfachte Schaltung zugrunde legen.

a)

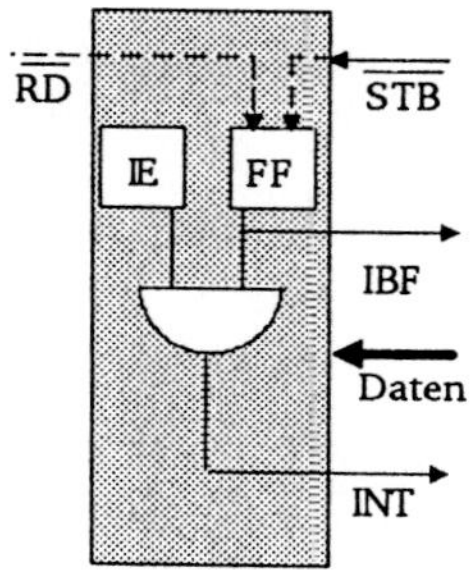

	Port A	Port B
$\overline{\text{STB}}$	PC4	PC2
IBF	PC5	PC1
INT	PC3	PC0

b)

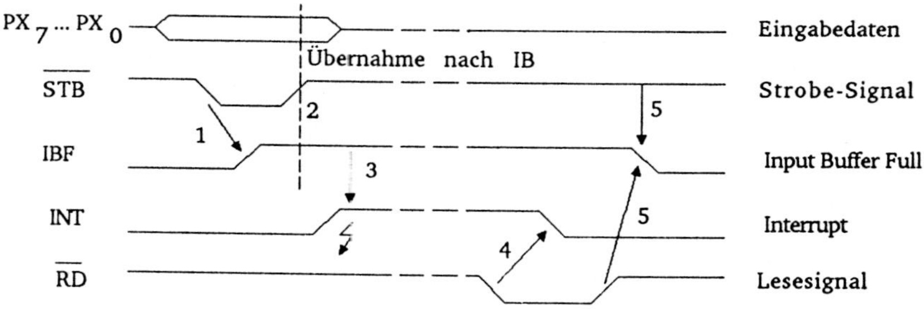

Bild 5.5-6. Synchronisation der Dateneingabe im Modus 1
a) Beschaltung der Handshake-Leitungen,
b) zeitlicher Ablauf der Übertragung

Datenausgabe

Bild 5.5-7 zeigt nun die Beschaltung der Handshake-Leitungen sowie den zeitlichen Ablauf der Übertragungs-Synchronisation für eine Datenausgabe. Das ausgegebene Datum wird hier zunächst im Datenregister DR zwischengespeichert, bis es dort vom Peripheriegerät abgeholt wird.

Zunächst legt der Prozessor das Datum auf den Datenbus $D_7...D_0$. Danach gibt er den (negativen) Schreibimpuls $\overline{WR}$ aus. Durch die positive Flanke von $\overline{WR}$ wird das Datum ins Ausgaberegister DR übertragen (Punkt 1). Nach einer kleinen Verzögerung erscheint es auf den Portleitungen $PX_7...PX_0$ (X=A,B). Eine eventuell vorliegende Unterbrechungs-Anforderung auf der INT-Leitung, die den Prozessor zur Ausgabe des Datums aufforderte (s.u.), wird gelöscht (2). Gleichzeitig wird ein Flipflop (FF) zurückgesetzt, das dem Datenregister zugeordnet ist. Der Ausgang des Flipflops $\overline{OBF}$ zeigt durch einen L-Pegel dem Gerät das Vorliegen eines Datums auf den Portleitungen $PX_7...PX_0$ an (3).

a)

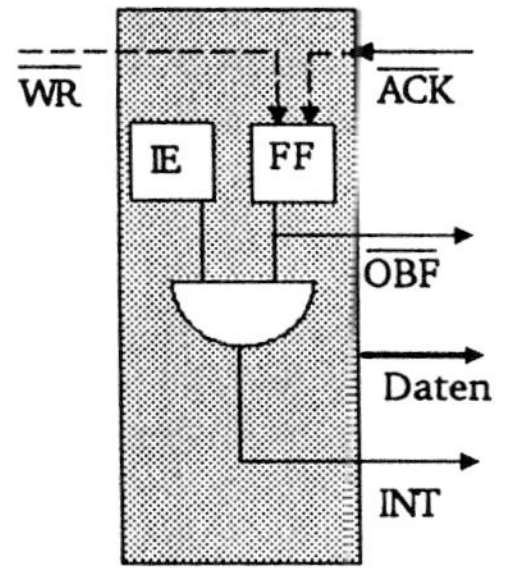

	Port A	Port B
$\overline{ACK}$	PC6	PC2
$\overline{OBF}$	PC7	PC1
INT	PC3	PC0

b)

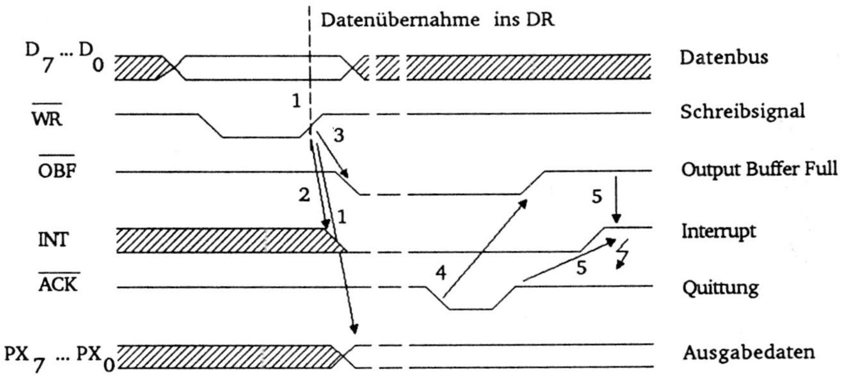

Bild 5.5-7. Synchronisation der Datenausgabe im Modus 1
a) Beschaltung der Handshake-Leitungen,
b) zeitlicher Ablauf der Übertragung

Nach einer mehr oder weniger großen Zeit übernimmt das Peripheriegerät das Datum und quittiert es durch das $\overline{ACK}$-Signal. Die negative Flanke von $\overline{ACK}$ setzt das Flipflop zurück und verursacht so die Zurücknahme des (negativen) $\overline{OBF}$-Signals (4). In Abhängigkeit vom IE-Bit wird nun ggf. über den Ausgang INT eine Interrupt-Anforderung an den Prozessor gestellt (5), die ihm anzeigt, daß die Datenausgabe abgeschlossen ist und der Port für eine neue Übertragung bereit ist.

Das Statusregister im Modus 1

Das Statusregister ist in zwei Bitfelder eingeteilt, die den Portgruppen A bzw. B zugeordnet sind. Die Bedeutung der Bitfelder ist natürlich vom gewählten Modus abhängig. Im Bild 5.5-8 ist es für den Modus 1 skizziert.

Eingabe

	Gruppe A				Gruppe B		
Bit	7	6	5	4	3	2	1	0
	I/O	I/O	IBF_A	IE_A	INT_A	IE_B	IBF_B	INT_B

Ausgabe

	Gruppe A				Gruppe B		
Bit	7	6	5	4	3	2	1	0
	$\overline{OBF}_A$	IE_A	I/O	I/O	INT_A	IE_B	$\overline{OBF}_B$	INT_B

Bild 5.5-8. Das Statusregister im Modus 1

Im Bild 5.5-8 sind die Belegungen des Registers für eine Dateneingabe sowie eine Datenausgabe aufgeführt. Da die Übertragungsrichtungen beider Portgruppen unabhängig voneinander gewählt werden können, existieren insgesamt vier verschiedene Belegungen.

Die Bits IE_A, IE_B sind die oben benutzten Interrupt Enable Bits der beiden Portgruppen. Sie werden vom Prozessor gesetzt. Die anderen Bits spiegeln hauptsächlich den Zustand der oben beschriebenen Ausgangsleitungen wider und können vom Prozessor ausgewertet werden. Die Bits I/O bestimmen die Übertragungsrichtung der beiden Ein-/Ausgabe-Leitungen des Ports PC_H, die nicht zur Übertragungs-Synchronisation gebraucht werden (s.o.).

Bemerkung

Durch die beschriebene Synchronisation der Datenübertragung wird jeder Handshake-Leitung eine bestimmte Funktion zugewiesen. Die Erzeugung der Ausgangssignale geschieht dabei automatisch durch die Hardware des Bausteins. Dennoch hat der Prozessor die Möglichkeit, durch Eingabe eines bestimmten Steuerwortes, das die Nummer einer Ausgangsleitung enthält, den Zustand dieser Leitung gezielt zu ändern. Dies kann z.B. in einer Interruptroutine zur Zurücknahme des Anforderungssignals INT benutzt werden. Denn im Bild 5.5-8 ist gezeigt, daß das Interruptsignal bei der Datenausgabe hardwaremäßig erst durch die negative Flanke des nächsten $\overline{\text{WR}}$-Signals zurückgenommen wird (Punkt 1). Bei Prozessoren, deren Interrupt-Eingang nicht auf die Flanke, sondern auf den Pegel der anliegenden Anforderung reagiert, kann das zu Problemen führen. Denn hier kann der Prozessor das nach der Datenausgabe gegebenenfalls weiterhin anliegende INT-Signal mehrfach auswerten.

5.5.3.3 Modus 2

Dieser Modus ist im Bild 5.5-5c dargestellt. In ihm werden von Port PC drei Leitungen Port PB zugeordnet. Port PB kann entweder als Eingangs- oder als Ausgangs-Port geschaltet werden. Wahlweise können dazu die drei Leitungen von Port PC als Ein-/Ausgabe-Leitungen (wie im Modus 0) oder als Handshake-Leitungen (wie im Modus 1) benutzt werden. Die restlichen 5 Leitungen von Port PC werden als Handshake-Leitungen zum Port PA benutzt. Sie erlauben die bidirektionale Übertragung von Daten zwischen Port-Baustein und Peripheriegerät im sogenannten Halbduplex-Betrieb, bei dem sich nach jedem Datentransfer die Übertragungsrichtung ändern kann.

Im Bild 5.5-9a ist die Benutzung der 5 Steuerleitungen symbolisch dargestellt. Auf dieses Bild soll nicht näher eingegangen werden, da man sofort erkennt, daß es sich lediglich um eine Kombination der zum Modus 1 beschriebenen Synchronisations-Schaltungen handelt. Jede Teilschaltung kann einen Interrupt anfordern. Ihr spezifisches Interrupt Enable Bit legt dabei fest, ob diese Anforderung zum Prozessor weitergeleitet werden soll. Die Interrupt-Signale der Teilschaltungen werden durch ein ODER-Gatter zu einem gemeinsamen INT-Signal verknüpft.

a)

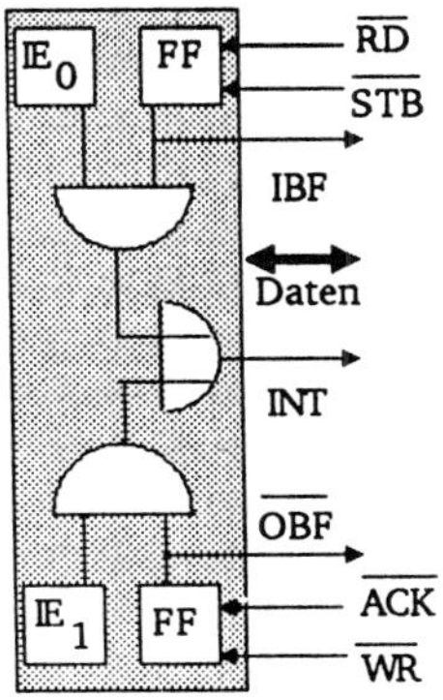

INT	$\overline{\text{STB}}$	IBF	$\overline{\text{ACK}}$	$\overline{\text{OBF}}$
PC3	PC4	PC5	PC6	PC7

b)

	Gruppe A					Gruppe B		
Bit	7	6	5	4	3	2	1	0
	$\overline{\text{OBF}}$	IE_0	IBF	IE_1	INT	(Modus 0 oder 1)		

Bild 5.5-9. Datenübertragung im Modus 2
a) Beschaltung der Handshake-Leitungen,
b) Statusregister

Das Statusregister im Modus 2

Im Bild 5.5-9b ist das Statusregister im Modus 2 skizziert. Die niederwertigen drei Bits sind hier wieder der Portgruppe B zugeordnet. Ihre Belegung hängt von dem für diese Gruppe gewählten Modus (0 oder 1) und der Übertragungsrichtung ab. Die Statusbits der Gruppe A enthalten einerseits die Interrupt Enable Bits IE_1, IE_0, die den beiden Übertragungsrichtungen zugewiesen sind, und zeigen andererseits wieder den Zustand der Ausgangsleitungen $\overline{OBF}$, IBF und INT an.

Selbsttestaufgabe S5.5-3:

Erstellen Sie (mit Hilfe der Bilder 5.5-6 und 5.5-7) das Zeitdiagramm für die oben beschrieben Halbduplex-Übertragung. Dazu geben wir Ihnen zunächst in Tabelle 5.5-10 den wesentlichen Ausschnitt zum Modus 2 aus dem Datenblatt des 8255 an. Wichtig für die Lösung der Aufgabe ist die Beschreibung des $\overline{ACK}$-Signals. Eine bidirektionale Übertragung ist natürlich nur möglich, wenn sowohl der Port-Baustein wie auch das Peripheriegerät die gemeinsamen Datenleitungen hochohmig (*tristate*) schalten können.

Tabelle 5.5-10. Beschreibung der Signale im Modus 2

Operating Modes:
Mode 2 (strobed bidirectional bus I/O). This functional configuration provides a means for communicating with a peripheral device or structure on a single 8-bit bus for both transmitting and receiving data (bidirectional bus I/O). "Handshaking" signals are provided to maintain proper bus flow discipline in a similar manner to MODE 1. Interrupt generation and enable/disable functions are also available.

MODE 2 Basic Functional Definitions:
Used in Group A only.
One 8-bit, bidirectional bus port (Port A) and a 5-bit control port (Port C).
Both inputs and outputs are latched.
The 5-bit control port (Port C) is used for control and status for the 8-bit, bidirectional bus port (Port A).

Bidirectional Bus I/O Control Signal Definition:
INT *(interrupt request). A "high" on this output can be used to interrupt the CPU for both input or output operations.*

Output Operations:
$\overline{OBF}$ *(output buffer full). The* $\overline{OBF}$ *output will go "low" to indicate that the CPU has written data out to Port A.*
$\overline{ACK}$ *(acknowledge). A "low" on this input enables the tristate output buffer of Port A to send out the data. Otherwise, the output buffer will be in the high impedance state.*
IE1 *(The* INT *flip-flop associated with* $\overline{OBF}$*). Controlled by bit set/reset of* PC_6.

Input Operations:
$\overline{\text{STB}}$ *(strobe input). A "low" on this input loads data into the input latch.*
IBF *(input buffer full flip-flop). A "high" on this output indicates that data has been loaded into the input latch.*
IE0 *(the INT flip-flop associated with* IBF*). Controlled by bit set/reset of* PC_4.

Hinweis
Da der Prozessor und das Peripheriegerät asynchron arbeiten, sind natürlich viele Ablaufreihenfolgen der Übertragung möglich. Notwendig ist nur, daß das Schreibsignal $\overline{\text{WR}}$ vor dem Quittungssignal $\overline{\text{ACK}}$ und das Strobe-Signal $\overline{\text{STB}}$ vor dem Lesesignal $\overline{\text{RD}}$ kommen. Gehen Sie für Ihre Lösung davon aus, daß zunächst der Prozessor ein Datum in das Datenregister DR_A des Ports PA und gleichzeitig oder kurze Zeit später das Peripheriegerät ein Datum in den Eingabepuffer IB_A schreibt. Erst danach sollen die Daten vom Peripheriegerät aus DR_A und vom Prozessor aus IB entnommen werden.
Kommentieren Sie Ihre Lösung !

5.5.4 Anwendungsbeispiel: Centronics-Schnittstelle

Für die Übertragung von Daten zu (Nadel-)Druckern oder anderen Ausgabegeräten wird heute sehr häufig die sogenannte Centronics-Schnittstelle eingesetzt. Sie überträgt 8-bit-Zeichen parallel und benutzt zur Synchronisation drei Handshake-Leitungen.

Die Zeichen werden im sogenannten ASCII-Code (*American Standard Code for Information Interchange*) ausgetauscht. Diesen Code finden Sie in der linken Hälfte der Tabelle im Anhang. Zur Verschlüsselung der Zeichen reichen jeweils 7 Bits. Die Zeichen der ersten beiden Spalten der Tabelle werden vom Peripheriegerät als Steuerzeichen erkannt, die es dem Prozessor erlauben, die Arbeitsweise des Gerätes zu beeinflussen. Auf sie kann hier leider nicht weiter eingegangen werden. Die rechte Hälfte der Tabelle zeigt eine IBM-spezifische Erweiterung, die sich jedoch immer weiter durchsetzt. Zur Codierung dieser Zeichen werden 8 Bits benötigt.

Das Übertragungsprotokoll der Centronics-Schnittstelle ist im Bild 5.5-11 als Zeitdiagramm dargestellt. Die Übertragung beginnt damit, daß der Prozessor das Ausgabedatum auf die Ausgänge DATA1 - DATA8 der Schnittstelle schaltet. Frühestens nach einer halben Mikrosekunde (0.5 µs) zeigt er durch sein $\overline{\text{STROBE}}$-Signal das Vorliegen eines gültigen Datums an. Dieses Signal muß wenigstens 0.5 µs lang aktiv auf L-Pegel liegen. Im Extremfall übernimmt das Ausgabegerät dieses Datum sofort nach der positiven Flanke des $\overline{\text{STROBE}}$-Signals. Deshalb müssen die Daten danach noch wenigstens 0.5 µs lang stabil angeboten werden. In der Regel vergeht aber eine mehr oder weniger lange Zeit bis zur Datenübernahme, während das Gerät mit der Ausgabe anderer Zeichen beschäftigt ist. In diesem Fall zeigt es der Schnittstelle durch sein Signal BUSY an, daß es beschäftigt ist. Erst wenn es wieder bereit ist, Daten zu empfangen, nimmt es dieses Signal zurück und quittiert die Datenübertragung durch einen negativen Impuls seines $\overline{\text{ACKNLG}}$-Signales, der wiederum wenigstens 0.5 µs lang sein muß.

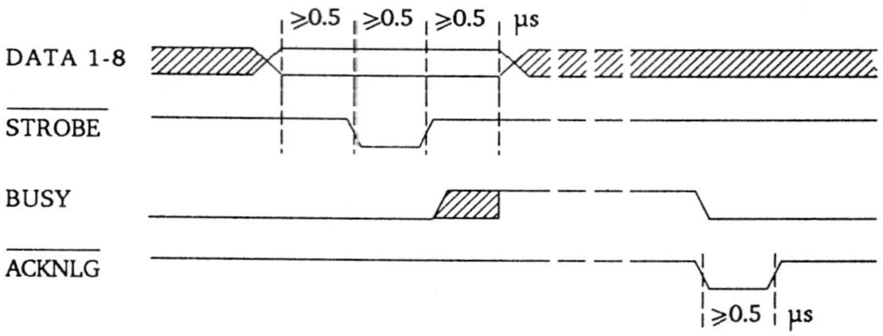

Bild 5.5-11. Das Übertragungsprotokoll der Centronics-Schnittstelle

Wird das BUSY-Signal vom Ausgabegerät nicht während einer gewissen Zeitschranke (*time out*) zurückgenommen, so schließt der Prozessor daraus, daß das Gerät nicht empfangsbereit ist. Gründe dafür sind z.B., daß es nicht eingeschaltet, nicht auf Datenübertragung geschaltet (*off-line*) oder aber defekt ist.

Selbsttestaufgabe S5.5-4:
Begründen Sie, warum das Hardware-Protokoll nach Bild 5.5-7 nicht dazu geeignet ist, die Centronics-Schnittstelle mit einem 8255-Port-Baustein auf einfache Weise zu realisieren.

Neben den eben beschriebenen Handshake-Signalen besitzt die Centronics-Schnittstelle noch eine Reihe weiterer Signale. Diese sind in der Anschlußbelegung eines 36-poligen Centronics-Steckers im Bild 5.5-12 aufgeführt.

Die Anschlüsse 19 - 29 sind alle mit Masse belegt. Ihre Leitungen werden zur Erhöhung der Störsicherheit jeweils mit den Signalleitungen paarweise verdrillt (*twisted pair*), die im Stecker genau gegenüber liegen. Die restlichen Steuerleitungen haben die folgende Funktion:

- PE (*paper empty*) ist ein Ausgangssignal des Druckers, das der Schnittstelle anzeigt, wenn der Papiervorrat zu Ende gegangen ist.
- Durch das SLCT-Signal (*select*) zeigt der Drucker dem Prozessor an, daß er "on line" geschaltet ist, also bereit zum Drucken.
- AUTOFEEDXT dient dem Prozessor dazu, dem Drucker mitzuteilen, daß er nach jedem Wagenrücklauf einen Zeilenvorschub durchführen soll.

- INIT wird vom Prozessor als Ausgabesignal benutzt, um die Steuerung des Druckers in einen definierten Anfangszustand zu versetzen und einen eventuell vorhandenen Zwischenspeicher im Drucker zu löschen.
- ERROR zeigt der Schnittstelle als kombinierte Fehlermeldung an, daß das Papierende erreicht wurde (s.o.), daß der Drucker nicht auf Datenempfang (*off-line*) geschaltet ist oder aber ein anderer Fehler vorliegt.
- SLCT-IN aktiviert die Interpretation der speziellen Steuerzeichen DC1, DC3 durch den Drucker, die im Strom der Daten mit übertragen werden. (Vgl. dazu die ASCII-Tabelle im Anhang.)

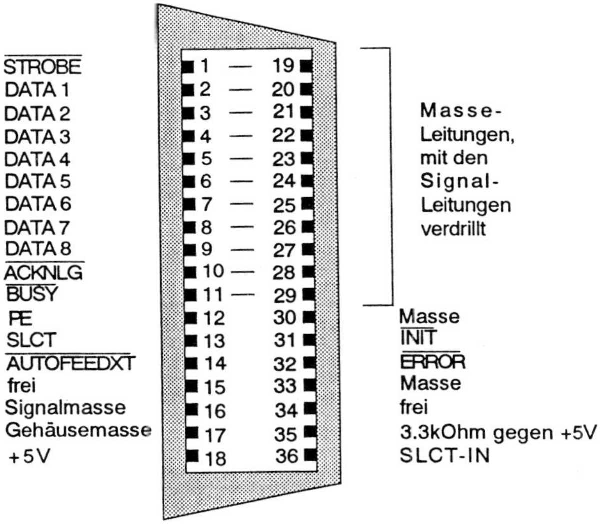

Bild 5.5-12. Anschlußbelegung und Stecker der Centronics-Schnittstelle

Zum Abschluß dieses Abschnittes wird im Bild 5.5-13 dargestellt, wie man mit einem 8255-Portbaustein eine Centronics-Schnittstelle realisieren kann.

Selbsttestaufgabe S5.5-5:
a) In welchem Modus muß der 8255 für den im Bild 5.5-13 dargestellten Einsatz betrieben werden? Welche Übertragungsrichtungen müssen für die Portleitungen festgelegt werden?

b) Geben Sie das Flußdiagramm für ein Unterprogramm an, das den Datentransfer nach dem Übertragungsprotokoll aus Bild 5.5-11 vornimmt. Der Wert des beschriebenen *Time Outs* betrage 1 Sekunde und werde in einem nicht näher darzustellenden Unterprogramm überwacht. Im Fehlerfall sollen die Ursachen "Papierende" und "anderer Fehler" unterschieden werden.

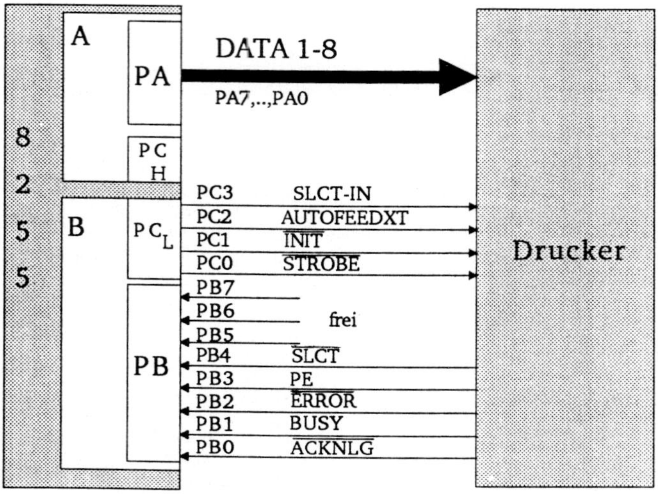

Bild 5.5-13. Centronics-Schnittstelle mit 8255

5.6 Bausteine für asynchrone, serielle Schnittstellen

5.6.1 Einleitung

Die im vorigen Abschnitt beschriebenen parallelen Schnittstellen ermöglichen eine sehr große Übertragungsrate, die im Extremfall derjenigen des Prozessors (oder eines DMA-Bausteins) auf dem Systembus sehr nahe kommen kann. Jedoch gibt es zwei entscheidende Nachteile:

- Die maximale Länge der Übertragungsstrecke ist wegen des geringen Signalhubs zwischen dem L- und dem H-Pegel (ca. 3 V) und der Gefahr von Signalverfälschungen durch verschiedenste physikalische Effekte (Reflexionen, Übersprechen, statische und dynamische Belastung), die hier nicht beschrieben werden können, auf wenige Meter beschränkt.

- Die große Anzahl von Übertragungs- und Synchronisier-Leitungen verursacht unverhältnismäßig hohe Kosten für den Übertragungsweg.

Diese Nachteile werden durch die serielle Übertragung digitaler Daten vermieden. Bei ihr werden die Daten häufig nur über 2 bis 3 Leitungen mit erheblich höheren Spannungspegeln übertragen. Aber auch hier müssen einige Probleme gelöst werden. Dazu gehören für den Empfänger insbesondere

- die Bit-Synchronisation, d.h. die Bestimmung des Übertragungszeitpunktes jedes einzelnen Bits,
- die Zeichen-Synchronisation, durch die der Beginn und das Ende eines Zeichens ermittelt wird,
- die Block-Synchronisation, die den Beginn und das Ende eines Datenblockes festlegt.

Das 1. Problem kann z.B. durch eine weitere Leitung gelöst werden, auf der ein für Sender und Empfänger gemeinsamer Übertragungstakt zur Verfügung gestellt wird. Zur Lösung des 2. Problems kann man, wie bei der parallelen Übertragung, zwei zusätzliche Handshake-Leitungen benutzen. Das 3. Problem wird dadurch umgangen, daß Beginn und Ende des Blocks z.B.

- durch besondere Steuerzeichen gekennzeichnet sind, die zwischen den Nutzdaten übertragen werden oder
- nur der Beginn gekennzeichnet ist und die Größe des Datenblocks als erstes dem Empfänger mitgeteilt wird.

Zur Lösung der Probleme gibt es jeweils eine ganze Reihe anderer Maßnahmen. Im Rahmen dieses Buches sollen nur die dargestellt werden, die in einem Mikrorechner-System bei der seriellen Übertragung von Daten zwischen µP und einem Peripheriegerät über relativ kurze Distanzen auftreten. Spezielle Probleme der Datenfernverarbeitung und ihre Lösungen sind dagegen nicht Gegenstand diese Buches.

5.6.2 Synchronisations-Verfahren

Je nach der gewählten Synchronisations-Maßnahme zwischen Sender und Empfänger unterscheidet man die synchrone und die asynchrone, serielle Übertragung. Diese Begriffe beziehen sich jedoch nur auf die Art und Weise, wie die Zeichen eines Blockes übertragen werden. Für die Übertragung der einzelnen Bits eines Zeichens müssen natürlich stets Sender und Empfänger zeitgerecht, also synchron zusammenarbeiten.

In der Regel verzichtet man auf die oben erwähnte gemeinsame Taktleitung. Stattdessen besitzen Sender und Empfänger lokal jeweils einen eigenen Taktgenerator. Da beide Taktgeneratoren unabhängig voneinander arbeiten, werden sie in der Regel "auseinanderlaufen", d.h. ihre Taktflanken treten nicht immer zu den gleichen Zeitpunkten auf. Deshalb müssen sie durch die übertragene Information selbst "in Gleichtakt" gebracht (synchronisiert) werden.

Die synchrone Übertragung

Bei der synchronen seriellen Übertragung wird die Synchronisation zwischen Sender- und Empfänger-Takt nur einmal zu Beginn der Übertragung eines Datenblockes vorgenommen. Alle Daten des Blockes werden danach in einem fest vorgegebenen Zeitraster übertragen. Die synchrone Übertragung wird hauptsächlich in öffentlichen Datennetzen und in schnellen lokalen Netzwerken (*local area networks* – LAN) eingesetzt. Sie stellt erhebliche Anforderungen an die Taktgeneratoren, die auch nach einigen hundert oder tausend übertragenen Bits noch synchron arbeiten müssen. Vorteilhaft ist jedoch, daß der zusätzliche Zeitaufwand für die Synchronisation sehr gering ist.

Die asynchrone Übertragung

Die asynchrone serielle Übertragung ist dadurch gekennzeichnet, daß sich Sender und Empfänger für jedes einzelne Zeichen eines Datentransfers erneut synchronisieren. Zwischen den Zeichen eines Blockes können beliebig große Zeitabstände liegen. Im µC-Bereich wird die asynchrone Übertragung hauptsächlich zwischen dem µC und langsamen Peripheriegeräten eingesetzt, die keinen ununterbrochenen Datenstrom liefern oder empfangen können. Dazu gehören insbesondere (Bildschirm-)Terminals und Nadel-Drucker. Der wesentliche Vorteil der asynchronen Übertragung ist, daß geringe Anforderungen an den Gleichlauf der Taktgeneratoren gestellt werden, der ja jeweils nur für die Dauer einer Zeichenübertragung gesichert sein muß. Als Nachteil ist aufzuführen, daß die für jedes Zeichen wiederholte Synchronisation relativ viel Zeit benötigt.

In diesem Abschnitt werden wir uns nun ausschließlich mit der asynchronen Übertragung beschäftigen. Die synchrone Übertragung wird im Abschnitt 5.7 beschrieben.

Im Bild 5.6-1 wird gezeigt, wie zur Synchronisation der asynchronen Übertragung jedes Zeichen in einen Zeichenrahmen (*frame*) eingebettet wird. Zur Darstellung eines Bits werden z.B. die Spannungspegel 0 V (L-Pegel) und +5 V (H-Pegel) benutzt, die im englischen Sprachgebrauch als *space line* bzw. *mark line* bezeichnet werden. Vor jedem Zeichentransfer liegt das Übertragungssignal auf dem H-Pegel. Der Beginn des Transfers wird dem Empfänger durch ein Startbit angezeigt, indem für einen Taktzyklus das Potential auf den L-Pegel gelegt wird. Danach folgen die einzelnen Bits des Zeichens, üblicherweise beginnend mit dem niederstwertigen Bit (*least significant bit* – LSB).

Ein Zeichen kann wahlweise aus 5 bis 8 Bits bestehen. Es folgt ein Paritätsbit P (*parity*), das zur Erkennung von Übertragungsfehlern dient. (Die Gewinnung des Paritätsbits wurde bereits im Abschnitt 1.6 beschrieben.) Für die Berechnung dieses Bits existieren vier Alternativen:

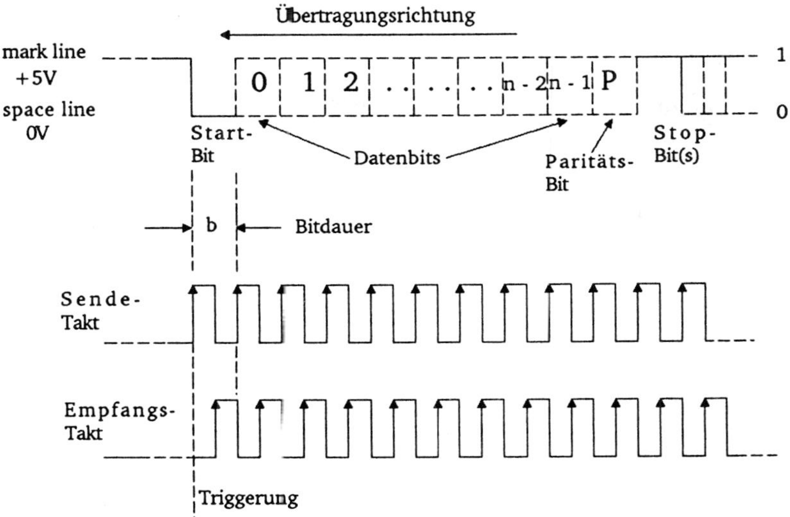

Bild 5.6-1. Zeichenrahmen bei der asynchronen Übertragung

even parity:	Durch das Paritätsbit wird die Anzahl der '1'-Bits im Datum auf eine gerade Zahl ergänzt.
odd parity:	Durch das Paritätsbit wird die Anzahl der '1'-Bits auf eine ungerade Zahl ergänzt.
mark parity:	Das Paritätsbit wird stets auf H-Potential gesetzt.
space parity:	Das Paritätsbit wird stets auf L-Potential gesetzt.

Die Übertragung eines Datums wird mit 1, 1½ oder 2 Stop(p)bits[2)] abgeschlossen, die durch einen H-Pegel dargestellt werden. Bis zum nächsten Datentransfer bleibt dann der H-Pegel als Pausensignal (*break signal*) auf der Datenleitung erhalten. Wegen der beschriebenen Form der Zeichen-Synchronisation wird die asynchrone Übertragung auch **Start-Stop-Betrieb** genannt.

Natürlich müssen sich Sender und Empfänger vor der Datenübertragung über die Anzahl der Daten- und Stop-Bits, über die Berechnung des Paritätsbits sowie über die Frequenz des Übertragungstaktes verständigen. Diese Parameter werden in der Regel den Schnittstellen einmal einprogrammiert und bleiben dann für die gesamte Kommunikation zwischen Sender und Empfänger unverändert. Die Gesamtheit aller Parameter und Regeln, die die Übertragung bestimmen, werden als (Übertragungs-)Protokoll bezeichnet.

Im Bild 5.6-1 sind unten der Sendetakt und der Empfangstakt gezeichnet. Man sieht, daß z.B. mit jeder positiven Flanke des Sendetaktes ein neues Bit auf die Übertragungsleitung gegeben wird. Durch die negative Flanke des Startbits wird der Taktgenerator im Empfänger getriggert. Das Startbit übernimmt damit die

2) Wir bevorzugen die englische Schreibweise 'Stop-' vor der deutschen 'Stopp-'

oben erwähnte Aufgabe, den Beginn eines Zeichens festzulegen, und dient somit der Zeichen-Synchronisation. Nach einem halben Taktzyklus, also in der Mitte des Startbits beginnt nun die erste Vollschwingung des Empfangstaktes. Üblicherweise wird zunächst hier noch einmal geprüft, ob wirklich ein Startbit, also weiterhin ein L-Pegel, vorliegt oder aber nur ein kurzzeitiger Störimpuls auf der Datenleitung aufgetreten war, der den Taktgenerator getriggert hat. Danach werden mit jeder positiven Flanke des Empfangstaktes nacheinander die Daten- und das Paritätsbit eingelesen. Der Empfangstakt übernimmt somit die Aufgabe der Bit-Synchronisation. Die Abfrage geschieht im Idealfall ebenfalls in der Mitte der Sender-Bitzeiten, so daß Sende- und Empfangs-Takt um einen halben Taktzyklus verschoben sind. Durch das Stopbit kann der Empfänger die korrekte Beendigung der Zeichen-Übertragung feststellen. Auch dieses Bit dient daher der Zeichen-Synchronisation.

Im Maximalfall besteht ein Datentransfer aus 12 Bits (Startbit, 8 Datenbits, Paritätsbit, 2 Stopbits). Während dieses Transfers dürfen Sender- und Empfängertakt höchstens um einen halben Taktzyklus auseinanderlaufen. Diese Forderung ist für kleine Übertragungsraten leicht zu erfüllen. Sie begrenzt aber heute übliche Übertragungsraten auf 19 200 bd (s.u.). Dabei besteht eine starke reziproke Abhängigkeit zwischen der gewählten Übertragungsrate und der maximalen Länge der Übertragungsstrecke. Bei 19 200 bd beträgt diese Länge gerade noch 30 Meter.

Mit 'bd' (Baud) wird die gebräuchliche Maßeinheit für die **Schrittgeschwindigkeit** bezeichnet, die die Anzahl der Taktschritte pro Sekunde angibt. Bei den in diesem Buch besprochenen binären, seriellen Übertragungsverfahren stimmt sie zahlenmäßig mit der Übertragungsgeschwindigkeit in der Einheit "bit/s" überein. Bei dem im vorangegangen Abschnitt beschriebenen bitparallelen (byteseriellen) Datentransfer ist die Übertragungsrate um den Faktor 8 größer als die Schrittgeschwindigkeit, da mit jedem Taktschritt ein Byte (= 8 Bits) übertragen wird.

Mit jedem Zeichen wird Information übertragen, die für den Benutzer eigentlich wertlos ist, nämlich die Start- und Stopbits zur Synchronisation und das Paritätsbit zur Fehlererkennung. Die Netto-Übertragungsgeschwindigkeit ohne Berücksichtigung dieser Bits wird mit **Transfergeschwindigkeit** (in bit/s) bezeichnet.

5.6.3 Aufbau eines Bausteins für asynchrone Schnittstellen

Im Bild 5.6-2 ist der prinzipielle Aufbau eines Bausteins für die asynchrone serielle Datenübertragung skizziert. Diese Bausteine werden alternativ wie folgt benannt:

- *Asynchronous Communications Interface Adapter* (ACIA),
- *Asynchronous Serial Communications Controller* (ASCC),
- *Universal Asynchronous Receiver/Transmitter* (UART),
- *Asynchronous Communications Element* (ACE).

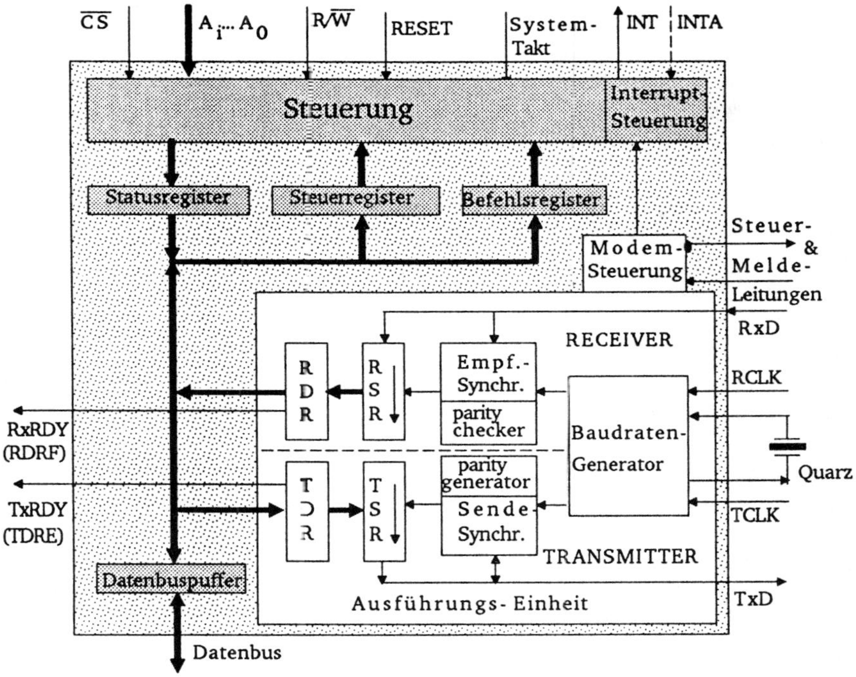

Bild 5.6-2. Baustein für die asynchrone Übertragung

Die Ausführungseinheit des Bausteins ist in zwei Einheiten unterteilt, die unabhängig voneinander zu betreiben und jeweils einer Übertragungsrichtung zugeordnet sind. Sie werden als Sende- und Empfangs-Schaltung oder kürzer als Sender und Empfänger (*transmitter, receiver*) bezeichnet.

5.6.3.1 Der Sender

Der µP schreibt ein auszugebendes Datum in das Sende-Datenregister TDR (*transmit data register*) des Senders. Bei einigen Bausteintypen ist dieses Register auch als Warteschlange (FIFO) mit bis zu 16 Speicherzellen ausgebildet. Von dort wird es automatisch von der Baustein-Steuerung in das Sende-Schieberegister TSR (*transmit shift register*) übertragen. Dort findet die Parallel/Serien-Umsetzung des Datums statt.

Dazu gibt die Sende-Synchronisierschaltung (*transmit control*) zunächst das Startbit auf die Daten-Ausgabeleitung TxD (*transmit data*). Dann schaltet sie die benötigte Anzahl von Impulsen als Sendetakt auf den Takteingang des Schieberegisters. Mit jedem Taktimpuls wird genau ein Bit des Datums aus dem Register hinausgeschoben und auf den Ausgang TxD gegeben.

Schritthaltend mit der Ausgabe des Zeichens wird vom *Parity Generator* das Paritätsbit ermittelt und unmittelbar nach dem letzten Datenbit ausgegeben. Zum

Abschluß der Zeichenübertragung erzeugt die Synchronisierschaltung das bzw. die Stopbits.

Werden mehrere Daten hintereinander übertragen, so muß das zuletzt eingeschriebene eventuell warten, bis das TSR-Register wieder frei ist. Über die Ausgangsleitung TxRDY (*transmitter ready*), die manchmal auch mit TDRE (*transmitter data register empty*) bezeichnet wird, kann der Sender den Prozessor darüber informieren, daß er den Inhalt des Registers TDR ins Schieberegister TSR übertragen hat und somit bereit ist, ein neues Zeichen vom Prozessor zu übernehmen.

Der Sendetakt wird von dem Baudraten-Generator (*baud rate generator*) erzeugt. Im einfachsten Fall schaltet dieser lediglich den Takt durch, der als externer Sendetakt an einem speziellen Eingang TCLK (*transmitter clock*) des Bausteins angelegt wird. Darüberhinaus bietet er eine ganze Palette verschiedener Taktraten an, die er durch einen programmierbaren Frequenzteiler aus einer bestimmten Grundfrequenz erzeugt. Die Grundfrequenz wird durch einen extern anzuschließenden Quarz stabilisiert. Durch Eingabe einer bestimmten Bitkombination in das Steuerregister des Bausteins kann der Prozessor eine dieser Frequenzen selektieren.

5.6.3.2 Der Empfänger

Der Empfänger ist völlig analog zum Sender aufgebaut, nur daß ihn die Daten in der anderen Richtung durchlaufen. Die Empfangs-Synchronisierschaltung (*receive control*) wird durch die erste negative Flanke eines Bitstroms auf dem Eingang RxD (*receive data*) aktiviert. Wie oben beschrieben, erzeugt sie zunächst eine Verzögerung um eine halbe Bitbreite und stößt dann den Baudraten-Generator zur Erzeugung des Empfangstaktes an. Das erste eingelesene Bit interpretiert sie als Startbit. Erst die folgenden Bits werden mit dem Empfangstakt in das Empfangs-Schieberegister RSR (*receiver shift register*) eingelesen. In diesem findet die Serien/Parallel-Umsetzung der Daten statt. Vom RSR wird jedes empfangene Datum in das Empfangs-Datenregister RDR übertragen. Über den Ausgang RxRDY (*receiver ready*), der manchmal auch mit RDRF (*receiver data register full*) bezeichnet wird, teilt der Baustein dem Prozessor mit, daß im Register RDR ein Datum zur Abholung bereitliegt.

Schritthaltend mit dem Einlesen der Datenbits in das Empfangs-Schieberegister RSR wird vom *Parity (Generator and) Checker* wiederum das Paritätsbit berechnet. Nach der Übertragung des letzen Datenbits wird das so neu berechnete Paritätsbit mit dem übermittelten verglichen. Stimmen beide nicht überein, so wird dies als Paritätsfehler (*parity error*) in einem Bit des Statusregisters festgehalten und gegebenenfalls eine Unterbrechungs-Anforderung zum Prozessor ausgegeben.

Als letztes überprüft die Empfangs-Synchronisierschaltung, ob die geforderte Anzahl von Stopbits übertragen wird. Wird dabei ein Fehler festgestellt, wird ebenfalls ein Bit des Statusregisters gesetzt. Dieser Fehler wird als Rahmenfehler (*framing error*) bezeichnet. Ein weiteres Bit des Statusregisters wird gesetzt, wenn ein neues Datum empfangen wird, der Prozessor aber das zuletzt empfangene noch nicht aus dem Empfangs-Datenregister RDR gelesen hat. In diesem Fall geht das vorhergehende Datum verloren. Es liegt ein Überlauf vor (*overrun error*).

Als Empfangstakt wird entweder ein externes Taktsignal RCLK (*receiver clock*) oder aber eine der vom Baudraten-Generator zur Verfügung gestellten Frequenzen benutzt. (Da der Baudraten-Generator nur eine einzige Frequenz erzeugt, muß entweder der Sender oder der Empfänger einen externen Takt benutzen, wenn in beiden Richtungen mit unterschiedlichen Geschwindigkeiten übertragen werden soll.)

5.6.3.3 Modem-Steuerung

Die mit Modem-Steuerung bezeichnete Komponente erzeugt Steuer- und Meldesignale, die der Synchronisation der Datenübertragung mit dem angeschlossenen Gerät dienen. In der folgenden Beschreibung dieser Signale tauchen die englischen Bezeichnungen *Data Terminal* und *Data Set* auf.

- Mit *Data Terminal* wird in der Regel der Kommunikationspartner bezeichnet, in dem die Daten verarbeitet werden, also z.B. ein µC oder ein Datensichtgerät (*terminal*) eines Rechners. Im Deutschen wird dafür der Begriff Daten-End-Einrichtung (DEE) benutzt.
- Mit *Data Set* werden Schaltungen oder Geräte bezeichnet, die nur der Datenübertragung dienen. Sie werden Daten-Übertragungs-Einrichtungen (DÜE) genannt. Zu diesen DÜEs gehören die sogenannten Modems (Modulator/Demodulator), die hauptsächlich in (öffentlichen) Weitverkehrsnetzen eingesetzt werden und dort Anpassungsfunktionen zwischen der DEE und dem Übertragungsweg vornehmen. Dazu gehört vor allem die Aufgabe, die digitalen Signale der DEE in modulierte, analoge Signale (oder umgekehrt) umzuformen. Der Modem ist also stets nur Zwischenstation für die Daten auf ihrem Weg vom Sender zum Empfänger. (Häufig sagt man übrigens auch das Modem.)
  Bei der lokalen Kommunikation innerhalb eines Mikrorechner-Systems wird jedoch meistens auf den Einsatz eines Modems verzichtet. Hier kennzeichnet der Begriff DÜE dann den Kommunikationspartner, also ein direkt angeschlossenes Peripheriegerät oder ein anderes µC-System. Dieses ist selbst Quelle oder Ziel des Datentransports.

Die Modem-Steuersignale werden üblicherweise an ihren Baustein-Ausgängen bzw. -Eingängen invertiert. Sie haben die folgende Funktion:

$\overline{\text{DTR}}$ (*data terminal ready*) 'Daten-End-Einrichtung betriebsbereit'
Über dieses Ausgangssignal informiert der Prozessor seinen Kommunikationspartner darüber, daß er bereit ist, Daten auszutauschen. Dabei kann es sich um ein Modem, ein Peripheriegerät oder einen zweiten Prozessor handeln.

$\overline{\text{DSR}}$ (*data set ready*) 'Daten-Übertragungs-Einrichtung betriebsbereit'
Dieses Eingangssignal dient dem Kommunikationspartner seinerseits dazu, dem Prozessor seine Bereitschaft zum Datenaustausch mitzuteilen.

$\overline{\text{RTS}}$ (*request to send*) 'Sendeteil einschalten'
Über dieses Ausgangssignal teilt der Prozessor mit, daß er ein Datum aussenden will. Durch dieses Signal kann in einem Modem der Sendeteil eingeschaltet werden, der die Daten vom Prozessor übernimmt und auf die Daten-(Fern-)Leitung gibt. In einem direkt angeschlossenen Peripheriegerät kann hingegen der Empfangsteil (*receiver*) aktiviert werden.

$\overline{\text{CTS}}$ (*clear to send*) 'Daten-Übertragungs-Einrichtung sendebereit'
Dieses Eingangssignal dient einem Modem dazu, dem Prozessor anzuzeigen, daß er bereit ist, Daten aufzunehmen und weiter zu schicken. Ein direkt angeschlossenes Peripheriegerät zeigt dadurch dem Prozessor seine Empfangsbereitschaft an. Häufig schaltet dieses Signal im ACIA-Baustein der DEE-Schnittstelle erst den Sendeteil (*transmitter*) ein.

$\overline{\text{DCD}}$ (*data carrier detect*) 'Trägersignal erkannt'
Dieses Signal wird benötigt, wenn die Daten in analoger Form übertragen werden. Gebräuchliche Verfahren bestehen z.B. darin, die Frequenz oder die Amplitude eines Trägersignals (*data carrier*), d.h. einer Sinusschwingung bestimmter Frequenz, informationsabhängig zu verändern. Man spricht dann von Frequenz- bzw. Amplitudenmodulation. Über $\overline{\text{DCD}}$ wird dem ACIA-Baustein mitgeteilt, daß dieses Trägersignal auf der Übertragungsstrecke vorliegt. Es kann damit insbesondere auch zur Anzeige von Leitungs-Unterbrechungen oder -Störungen dienen. Außerdem kann durch dieses Signal im ACIA-Baustein der Empfängerteil eingeschaltet werden.

Im Bild 5.6-3 ist die Verbindung zwischen einem ACIA-Baustein und einem Modem dargestellt, der zur Datenübertragung über eine Telefonleitung benutzt wird.

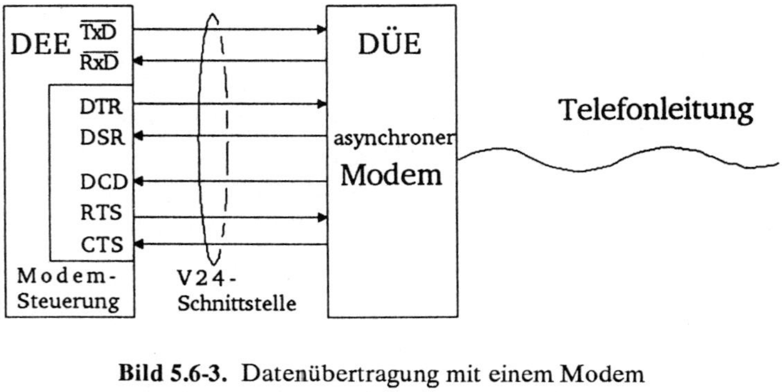

Bild 5.6-3. Datenübertragung mit einem Modem

5.6.4 Die V24-Schnittstelle

Um Geräte verschiedenster Hersteller an demselben Modem anschließen zu können, muß die Schnittstelle zwischen beiden Komponenten genormt sein. Die am häufigsten benutzte Norm ist die sogenannte V24-Schnittstelle. In der Norm sind die Signalbezeichnungen und Steckerbelegungen (CCITT-Empfehlung[3] V.24) sowie die Definition der elektrischen Signale (CCITT-Empfehlung V.28) festgelegt. Zur Codierung der Zeichen wird der im letzten Abschnitt kurz beschriebene ASCII-Code benutzt. Die V24-Norm schreibt die folgenden Signalpegel vor:

H-Pegel: 3 bis 15 V, L-Pegel: -3 bis -15 V.

Typisch sind Spannungspegel von ±12 V. Die relativ hohen Spannungspegel garantieren einen ausreichend großen Störspannungsabstand, so daß Störimpulse auf den Übertragungsleitungen zu einem großen Teil toleriert werden. Dabei müssen die Datenbits (einschließlich Start-, Paritäts- und Stopbit(s)) in negativer Logik, die Steuerinformationen, also die Signale DTR, DSR, etc., in positiver Logik übertragen werden, d.h. es gelten die folgenden Zuordnungen:

logischer Zustand	Datenbit	Steuerinformation
0	H-Pegel	L-Pegel
1	L-Pegel	H-Pegel

Der genormte Stecker der V24-Schnittstelle hat 25 Anschlüsse, von denen 20 für genormte Signale reserviert sind. Im Bild 5.6-4 ist dieser Stecker für eine DEE gezeichnet.

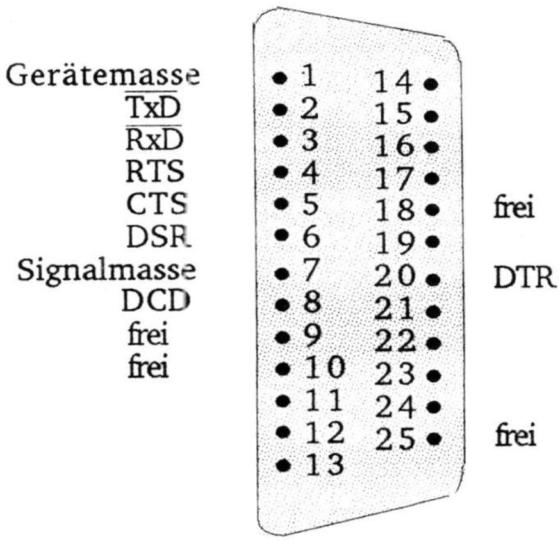

Bild 5.6-4. Steckerbelegung der V24-Schnittstelle

Um keine Verwirrung zu stiften, sind nur die Signale eingezeichnet, die bisher beschrieben wurden. Im Stecker einer DÜE sind gewöhnlich die Signale $\overline{\text{TxD}}/\overline{\text{RxD}}$, DTR/DSR sowie RTS/CTS paarweise vertauscht, um eine direkte Verbindung bei-

3) CCITT = *Comité Consultatif International Télégrafique et Téléfonique*

der Stecker zu ermöglichen. Wie bereits gesagt, wird beim Anschluß von Peripheriegeräten in einem Mikrorechner-System oder zur Kopplung zweier µCs meistens auf den Einsatz eines Modems verzichtet. In diesem Fall sind beide Kommunikationspartner DEEs im obigen Sinne. Daher werden die einander funktional zuzuordnenden Steuerleitungen DTR und DSR sowie RTS und CTS kreuzweise miteinander verbunden. Im Bild 5.6-5 ist gezeigt, wie ein Datensichtgerät und seine Tastatur über eine V24-Schnittstelle mit einem ACIA-Baustein verbunden werden kann.

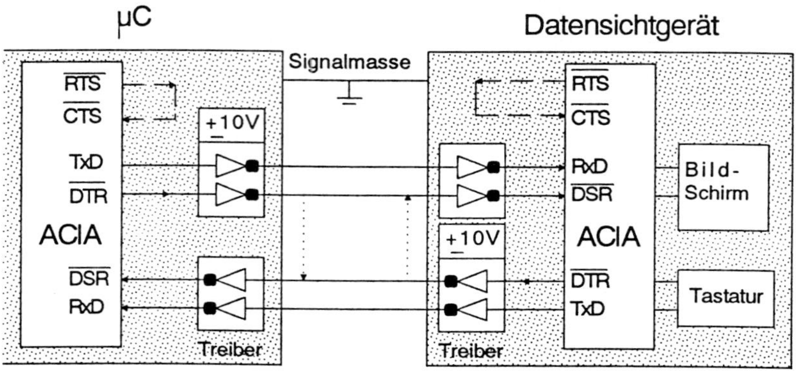

Bild 5.6-5. Anschluß eines Datensichtgerätes über eine V24-Schnittstelle

In der Regel werden dazu nicht alle Steuerleitungen benutzt. Im Extremfall kommt man – neben einer Masseleitung – nur mit den Daten-Leitungen $\overline{\text{TxD}}$ und $\overline{\text{RxD}}$ aus. In diesem Fall müssen auf beiden Seiten der Übertragungsstrecke die Anschlüsse DTR und DSR sowie RTS und CTS direkt miteinander verbunden werden. Man spricht dann von einem Null-Modem. (Im Bild 5.6-5 ist es durch gepunktete Linien dargestellt.)

Die im Bild 5.6-5 dargestellte Kopplung erlaubt einen Vollduplex-Betrieb, d.h. der µC und das Datensichtgerät können gleichzeitig Daten (bidirektional) übertragen. Hingegen spricht man von einem Simplex-Betrieb, wenn die Datenübertragung stets nur in einer Richtung (unidirektional) möglich ist. Eine weitere Variante liegt vor, wenn zu jedem Zeitpunkt der Übertragungsweg zwar nur in einer Richtung betrieben werden darf, diese Richtung jedoch wahlweise umgeschaltet werden kann. In diesem Fall liegt der Halbduplex-Betrieb vor.

Aus Kostengründen wird die V24-Verbindung zwischen µP und Peripheriegeräten auch heute noch zum Teil direkt ausgeführt, d.h. ohne die Umsetzung auf die oben dargestellten V24-Pegel. Dadurch kann man sich die erforderlichen Betriebsspannungen ±12 V sparen. Seit wenigen Jahren gibt es aber Treiberbausteine, die mit einer 5-Volt-Betriebsspannung auskommen und auf dem Chip die zusätzlich benötigten Spannungen (z.B. ±10 V, durch Spannungsverdopplung und Invertierung) erzeugen.

5.6.5 Das Programmiermodell des ACIA-Bausteins

Zum Abschluß dieses Abschnittes wollen wir den Aufbau der Register der Baustein-Steuerung beschreiben. Diese Register sind im Bild 5.6-6 skizziert. Sie sind um einige Bits länger als die Register realer Bausteine. Denn der Vollständigkeit halber haben wir in ihnen alle Möglichkeiten aufgeführt, die von verschiedenen ACIA-Typen zur Verfügung gestellt werden.

Steuerregister

Bit	9	8	7	6	5	4	3	2	1	0
	WL1	WL0	SB1	SB0	TCS	RCS	BR3	BR2	BR1	BR0

Befehlsregister

Bit	10	9	8	7	6	5	4	3	2	1	0
	TEN	REN	TIE	RIE	PME	PM1	PM0	REM	SBRK	DTR	RTS

Statusregister

Bit	8	7	6	5	4	3	2	1	0
	IF	TDRE	RDRF	$\overline{DSR}$ ($\overline{CTS}$)	$\overline{DCD}$	BI	PE	FE	OE

Bild 5.6-6. Das Programmiermodell einer ACIA

Das Steuerregister *((mode) control register)*

WL1, WL0 (*word length*) Diese Bits geben die Länge des Datums an: 5 bis 8 bit.

SB1, SB0 (*stop bits*) Durch diese Bits wird die Anzahl der Stopbits (1, 1½, 2) festgelegt.

TCS, RCS (*transmitter/receiver clock select*) Diese Bits bestimmen, ob für den Sender bzw. Empfänger der interne oder aber ein extern angelegter Takt (über den Eingang TCLK bzw. RCLK) zur Ansteuerung der Schieberegister benutzt wird.

BR3-BR0 (*baud rate*) Durch diese Bits wird die Schrittfrequenz des Baudraten-Generators ausgewählt. Üblicherweise werden die folgenden Werte (in bd) angeboten: 50, 75, 109.92, 134.58, 150, 300, 600, 1200, 1800, 2400, 3600, 4800, 7200, 9600, 19200 (, 38400).

Das Befehlsregister (*command register*)

TEN, REN (*transmitter/receiver enable*) Durch diese Bits können der Sender und der Empfänger gezielt ein- bzw. ausgeschaltet werden.

TIE, RIE (*transmitter/receiver interrupt enable*) Diese Bits legen fest, ob der Sender bzw. der Empfänger eine Interrupt-Anforderung an den Prozessor stellen darf. (Sie steuern lediglich die Aktivierung des INT-Ausganges, nicht jedoch die Generierung des IF-Bits im Statusregister, s.u.).

PME (*parity mode enabled*) Dieses Bit legt fest, ob bei der Datenübertragung ein Paritätsbit zur Fehlererkennung benutzt werden soll.

PM1, PM0 (*parity mode*) Diese Bits wählen eines der am Anfang des Abschnittes beschriebenen vier Verfahren zur Erzeugung des Paritätsbits: *odd, even, mark, space parity*.

REM (*receiver echo mode*) Durch dieses Bit wird eine besondere Betriebsart eingeschaltet, bei der der Sender des Bausteins jedes Zeichen, das der Empfänger über die Leitung RxD eingelesen hat, um eine halbe Bitzeit verzögert auf der Leitung TxD wieder ausgibt. Dies wird insbesondere bei Datensichtgeräten zur Kontrolle der korrekten Übertragung angewandt: Das über die Tastatur eingegebene Zeichen wird nicht direkt im Bildschirm dargestellt, sondern erst nachdem es vom ACIA-Baustein zurückgeschickt wurde. Tritt dabei ein Übertragungsfehler auf, stellt das der Benutzer sofort fest und kann diesen beheben.

SBRK (*send break character*) Zur Anzeige eines Fehlers oder zum Abbruch einer Datenübertragung kann der Sender ein Unterbrechungszeichen (*break character*) auf die Datenleitung TxD geben. Dieses besteht aus einer ununterbrochenen Folge von '0'-Bits (*space bits*), deren Anzahl größer oder gleich derjenigen eines "normalen" Zeichens aus Startbit, Datenbits, Paritätsbit und Stopbit(s) ist. Sobald ein Empfänger dieses Zeichen erhält, bricht er den Empfang ab und wartet zur Fortsetzung auf das nächste Stopbit ('1'-Bit).

DTR, RTS (*data terminal ready, ready to send*) Durch diese beiden Bits wird der Zustand der oben beschriebenen Ausgangsleitungen $\overline{DTR}$, $\overline{RTS}$ festgelegt. (Wie bereits erwähnt, wird diese Bitinformation invertiert ausgegeben.)

Das Statusregister

IF (*interrupt flag*) Wie bei den anderen Bausteinen zeigt dieses Bit an, ob eine Unterbrechungs-Anforderung von der Ausführungseinheit des Bausteins an den Prozessor gestellt wird. Es wird gesetzt, wenn eines der folgenden Bits 3 bis 7 aktiviert wird, unabhängig davon, ob die Weitergabe der Anforderung über den Ausgang INT erlaubt ist oder nicht. (Vgl. das TIE- oder RIE-Bit im Befehlsregister.) Ist diese Weitergabe nicht erlaubt, kann es dem Prozessor zur Feststellung der Unterbrechungs-Anforderung im Polling-Verfahren dienen. Das

IF-Bit wird, ebenso wie die Bits 3 bis 7, durch das Lesen des Statusregisters zurückgesetzt.

TDRE (*transmitter data register empty*) Dieses Bit wird automatisch gesetzt, wenn die Baustein-Steuerung ein Datum vom Sende-Datenregister TDR in das Sende-Schieberegister TSR transferiert. Dadurch wird dem Prozessor angezeigt, daß das TDR für ein neues Datum frei ist. Dieses Datum kann bereits ins TDR eingeschrieben werden, wenn das letzte Zeichen noch aus dem TSR herausgeschoben wird. Das TDRE-Bit wird gelöscht, wenn der Prozessor ein neues Datum in das TDR schreibt. Der Zustand des TDRE-Bits stimmt mit demjenigen des oben beschriebenen TDRE-Ausgangs überein.

RDRF (*receiver data register full*) Dieses Bit zeigt dem Prozessor an, daß ein Datum vom Empfangs-Schieberegister RSR in das Empfangs-Datenregister RDR übertragen wurde und dort zur Abholung bereitsteht. Das RDRF-Bit wird durch das Lesen des Datenregisters RDR zurückgesetzt. Der Zustand des RDRF-Bits stimmt mit demjenigen des RDRF-Ausgangs überein.

$\overline{DSR}$,$\overline{DCD}$ (*data set ready, data carrier detect,* alternativ zu $\overline{DSR}$: $\overline{CTS}$ *clear to send*) Diese Bits zeigen (in invertierter Form) den Zustand der oben beschriebenen Modem-Signale gleichen Namens an.

BI (*break interrupt*) Dieses Bit zeigt an, daß am RxD-Eingang ein Unterbrechungszeichen (*break character,* s.o.) festgestellt wurde.

PE,FE,OE (*parity, framing, overrun error*) Durch diese Bits wird jeweils einer der oben beschriebenen Übertragungsfehler angezeigt (Paritäts-, Rahmen-, Überlauf-Fehler). Diese Bits werden entweder durch das Lesen des Statusregister oder des Empfangs-Datenregisters gelöscht. Keiner der drei beschriebenen Fehler löst eine Interrupt-Anforderung aus. Der Prozessor sollte daher zur Sicherung einer fehlerfreien Übertragung mit jedem gelesenen Datum auch diese Bits auswerten, um geeignet auf einen Übertragungsfehler reagieren zu können.

5.7 Bausteine für synchrone, serielle Schnittstellen

Bei der synchronen seriellen Datenübertragung unterscheidet man

- die zeichenorientierte Übertragung (*character oriented protocol* – COP) und
- die bitorientierte Übertragung (*bit oriented protocol* – BOP).

5.7.1 Zeichenorientierte Übertragung

Bei der zeichenorientierten Übertragung liegt die Information als Folge von Zeichen eines bestimmten Codes vor. Dabei handelt es sich meistens um den im Abschnitt 5.5 erwähnten ASCII-Code. Jedoch können auch andere Codes mit 5 bis 8 Bits pro Zeichen benutzt werden. Zwischen den eigentlichen Daten werden Steuerzeichen eingefügt, die den Ablauf der Übertragung beeinflussen, für den Empfänger aber uninteressant sind. (Bei dem im Anhang dargestellten ASCII-Code sind diese Steuerzeichen in den ersten beiden Spalten aufgeführt.) International genormte, zeichenorientierte Übertragungsverfahren sind die *Basic Mode Control Procedures for Data Communication Systems* (BDC), kurz *Basic Mode Procedures* oder *Byte Control Procedures* (BCP) genannt. Auf sie gehen wir hier nur soweit ein, wie es für die folgende Beschreibung der Schnittstellen-Bausteine nötig ist.

Im Bild 5.7-1 ist der prinzipielle Aufbau eines Übertragungsblockes für die zeichenorientierte Übertragung dargestellt.

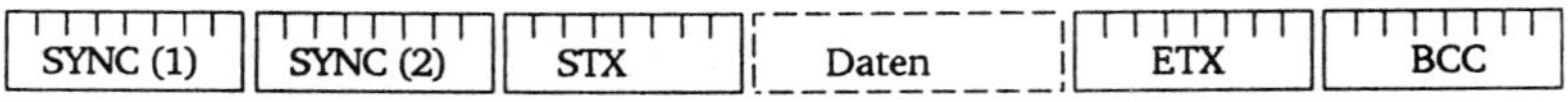

Bild 5.7-1. Block der zeichenorientierten Übertragung

Die Übertragung beginnt zunächst mit dem Aussenden von einem oder mehreren Synchronisierzeichen SYNC (*synchronous idle*), die vom Empfänger benötigt werden, um sich mit dem Übertragungstakt des Senders gleichzuschalten. Das Steuerzeichen STX (*start of text*) kennzeichnet dann den Beginn der eigentlichen Datenübertragung. Diese wird durch das Zeichen ETX (*end of text*) beendet. Zur Erkennung von Übertragungsfehlern wird dem Block ein Prüfzeichen BCC (*block check character*) angefügt. (Beispiele für solche Prüfzeichen werden Sie im Abschnitt 6.6 kennenlernen.)

5.7.1.1 Bausteine für die zeichenorientierte Übertragung

Die Bausteine für die zeichenorientierte serielle Übertragung werden z.B. als

- *Synchronous Serial Data Adapter* (SSDA)

bezeichnet. Häufig kann jedoch ein und derselbe Baustein sowohl die asynchrone als auch die (zeichenorientierte) synchrone Übertragung durchführen. In diesem Fall spricht man von einem

- *Universal Synchronous/Asynchronous Receiver/Transmitter* (USART) oder von einem
- *Programmable Communications Interface* (PCI).

Außer zur Datenfernübertragung über Modems werden diese Bausteine hauptsächlich in Floppy-Disk-Steuerungen, in Magnetband-Steuerungen und numerischen Steuerungssystemen eingesetzt.

Ein Baustein für die synchrone, zeichenorientierte Übertragung ist im wesentlichen so aufgebaut wie die im letzten Abschnitt beschriebenen, asynchronen Schnittstellen-Bausteine. Im Bild 5.7-2 ist daher nur der prinzipielle Aufbau der Ausführungseinheit für die zeichenorientierte Übertragung dargestellt. Auf die übrigen Komponenten des Bausteins, also die Steuerung mit ihren Registern

(Status-, Steuer-, Befehlsregister), die Interrupt- und die Modemsteuerung brauchen wir hier nicht mehr einzugehen.

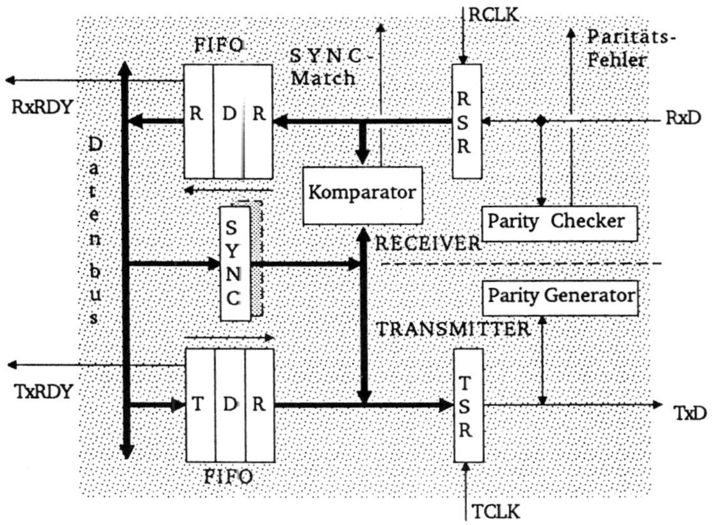

Bild 5.7-2. Die Ausführungseinheit für die zeichenorientierte Übertragung

Sowohl beim Sender als auch beim Empfänger ist das Datenregister (*transmitter data register* – TDR bzw. *receiver data register* – RDR) durch einen FIFO-Registersatz (*first in, first out*) ersetzt, der mehrere Zeichen aufnehmen kann, üblicherweise 3 bis 8 Zeichen. Diese Pufferung der Daten gewährt dem Prozessor eine größere Flexibilität beim Einschreiben oder Auslesen der Übertragungsdaten. Ähnlich wie beim ACIA-Baustein wird durch den Ausgang TxRDY (*transmitter ready*) der CPU angezeigt, daß wenigstens ein Register des FIFOs im Sender frei ist, die CPU also ein neues Datum dort einschreiben kann. Durch den Ausgang RxRDY (*receiver ready*) wird dem Prozessor mitgeteilt, daß im Empfangs-FIFO wenigstens ein Datum zur Abholung bereitsteht.

Zur Übertragung kann eine Zeichenlänge von 5 bis 8 bit gewählt werden. Bei Zeichen mit einer Länge von weniger als 8 bit werden die höchstwertigen Bits im FIFO-Register nicht benutzt, also als *don't cares* betrachtet. Dem Schieberegister TSR werden stets nur soviel Taktimpulse zur Parallel/Serien-Wandlung zugeführt, wie durch die Anzahl der Bits im Zeichen verlangt wird. Auf diese Weise wird die zeitvergeudende Übertragung der *don't care*-Bits vermieden. Auch im Empfänger-Schieberegister RSR wird zunächst jeweils genau ein übertragenes Zeichen zusammengesetzt und dann parallel in ein FIFO-Register übertragen. Bei einer Zeichenlänge unter 8 bit werden dabei die höherwertigen Registerzellen (z.B.) auf '0' gesetzt.

Im SYNC-Register (*synchronization code*) wird das vereinbarte Synchronisierzeichen abgelegt. Im Bild 5.7-2 ist gestrichelt angedeutet, daß einige Bausteine auch die Benutzung zweier (verschiedener) SYNC-Zeichen erlauben *(two sync character mode, bi-sync mode)*. Diese SYNC-Zeichen werden beim Senden vor dem ersten Datum des Blocks in das Schieberegister TSR (*transmitter shift register*) übertragen und von dort auf den seriellen Ausgang TxD ausgegeben. Außerdem kann der Baustein so programmiert werden, daß er immer dann ununterbrochen SYNC-Zeichen ausgibt, wenn aktuell keine Daten zu übertragen sind.

Beim Empfang wird jedes Zeichen, das im Empfangs-Schieberegister RSR (*receiver shift register*) parallelisiert wurde, durch den Komparator mit dem Inhalt des SYNC-Registers verglichen. Wird Gleichheit festgestellt (*SYNC match*), so wird ein bestimmtes Bit im Statusregister gesetzt und gegebenenfalls der Prozessor durch einen Interrupt davon unterrichtet. Häufig wird das Ergebnis des Vergleichs auch über eine spezielle Ausgangsleitung SYNDET (*SYNC detected*) angezeigt. Der µP stellt dadurch den Beginn eines Übertragungsblockes fest und kann die nachfolgenden Daten aus dem RDR-FIFO entnehmen. Das SYNC-Zeichen selbst wird nicht in das RDR-Register übernommen. (Im *Two Sync Character Mode* müssen natürlich zwei unmittelbar hintereinander folgende Zeichen mit den Inhalten der beiden SYNC-Register übereinstimmen.)

Alle anderen Steuerzeichen, z.B. die oben beschriebenen STX und ETX, sowie das Blockprüfzeichen BCC werden vom Prozessor wie normale Daten gesendet oder empfangen, ohne daß sie vom Schnittstellen-Baustein ausgewertet werden. (Zur Erzeugung des BCC-Zeichens existieren Spezialbausteine, auf die im Rahmen dieses Buches jedoch nicht eingegangen werden kann, da die zugrunde liegende Theorie nicht vorausgesetzt wird.)

Wie bei der asynchronen Übertragung kann auch hier ein Paritätsbit zur Sicherung der Übertragung benutzt werden. Da die meisten Bausteine für einen Vollduplex-Betrieb entwickelt sind, muß die Logik zur Berechnung des Paritätsbits doppelt vorhanden sein, also sowohl im Sender als auch im Empfänger. Dabei kann wahlweise eine gerade oder ungerade Parität festgelegt werden (*even/odd parity*). Das Paritätsbit wird vom Parity Generator im Sender erzeugt und jedem abgeschickten Zeichen angefügt. Die SYNC-Zeichen werden gewöhnlich nicht durch ein Paritätsbit ergänzt.

Im Empfänger wird das Paritätsbit vom Parity (Generator and) Checker überprüft. Tritt ein Paritätsfehler auf, so wird ein spezielles Bit im Statusregister gesetzt, das vom Prozessor zur Feststellung des Übertragungsfehlers abgefragt werden kann.

Bausteine für die synchrone Übertragung besitzen häufig keinen integrierten Baudraten-Generator, wie er bei den asynchronen Schnittstellen beschrieben wurde. In diesem Fall müssen der Sender- und Empfängertakt dem Baustein über die Eingänge TCLK (*transmitter clock*) bzw. RCLK (*receiver clock*) von außen zugeführt werden. Üblich sind Übertragungsraten bis zu 4 Mbd (Megabaud).

Externe Synchronisation

Bei der bisher beschriebenen Übertragung geschieht die Synchronisation von Sender und Empfänger durch das SYNC-Zeichen. Durch ein bestimmtes Bit im Steuerregister des Bausteins kann man diese "interne" Synchronisierung ausschalten. In diesem Fall kann die Synchronisation extern durch den Empfängertakt RCLK geschehen. Dieser muß dazu mit dem Sendertakt schaltungsmäßig so synchronisiert werden, daß er durch das erste Bit des übertragenen Datenblockes gestartet wird und seine (positive) Flanke genau um eine halbe Bitzeit von derjenigen des Sendertaktes verschoben ist (vgl. Bild 5.6-1 unten). Diese Synchronisation erreicht man z.B. dadurch, daß man als Empfängertakt den invertierten Sendertakt nimmt und diesen durch das im Abschnitt 5.6 beschriebene Eingangssignal DCD (*data carrier detect*) des Bausteins im richtigen Zeitpunkt aktiviert.

5.7.1.2 Das Programmiermodell zeichenorientierter Bausteine

Im Bild 5.7-3 sind mögliche Realisierungen des Statusregisters und der Steuerregister eines Bausteins für die zeichenorientierte Übertragung dargestellt. Die Funktion aller punktiert unterlegten Bits ist bereits im letzten Abschnitt beschrieben worden und wird deshalb hier nicht wiederholt.

Statusregister

Bit	7	6	5	4	3	2	1	0
	IP	TDRE	RDRF	$\overline{DSR}$	$\overline{DCD}$	PE	OE	UE
				$\overline{(CTS)}$				

Steuerregister 1

Bit	7	6	5	4	3	2	1	0
	TEN	REN	TIE	RIE	PME	PM	WL1	WL0

Steuerregister 2

Bit	7	6	5	4	3	2	1	0
			S/M	1/2S	I/ES	EIE	DTR	RTS

Bild 5.7-3. Status- und Steuerregister eines COP-Bausteins

Das Statusregister

Im Statusregister ist nur das UE-Bit neu hinzugekommen (*underrun error*, *underflow error*, "Unterlauf-Fehler"). Dieses Bit wird immer dann gesetzt, wenn während einer Blockübertragung das TSR-Schieberegister leer wird, im FIFO-Register aber noch kein weiteres Zeichen zur Übertragung bereitsteht. Der Baustein überträgt dann automatisch ein Füllzeichen, um die Synchronisation mit dem Empfänger aufrecht zu halten. Die Art dieses Füllzeichens wird durch ein Bit S/$\overline{M}$ des Steuerregisters (s.u.) vorgegeben: Wahlweise wird das im SYNC-Register gespeicherte Synchronisierzeichen oder ein konstantes '1'-Signal (*mark bit*) ausgegeben. Einige Bausteine besitzen außerdem einen besonderen Ausgang, um diesen Unterlauf-Fehler dem Prozessor anzuzeigen.

Die Steuerregister

S/$\overline{M}$ Dieses Steuerbit wurde gerade eben beschrieben.

1/$\overline{2S}$ Durch dieses Bit wird festgelegt, ob ein Datenblock durch ein oder zwei Synchronisierzeichen begonnen wird (*one/two sync character mode*).

I/$\overline{ES}$ Dieses Bit bestimmt die Form der Übertragungs-Synchronisation: intern über die SYNC-Zeichen oder extern über den Empfängertakt RCLK.

EIE (*error interrupt enable*) Dieses Bit bestimmt, ob durch eines der "Fehler"-Bits 0 bis 2 im Statusregister eine Interrupt-Anforderung zum Prozessor übermittelt wird oder nicht.

5.7.2 Bitorientierte Übertragung

Bei der bitorientierten Übertragung werden die Daten in einen Rahmen (*frame*) mit festem Format eingebunden. Nur die Position der Bits in diesem Rahmen zeigt an, ob es sich um Steuerinformation oder ein Datum handelt. Diese Steuerinformation wird von den Schnittstellen-Bausteinen interpretiert. Die Datenbits selber werden nicht ausgewertet. Sie können daher in einem beliebigen Code mit 1 bis 8 Bits/Zeichen übertragen werden.

Im Bild 5.7-4 ist der Übertragungsrahmen für eines der am häufigsten eingesetzten Übertragungsverfahren (Übertragungsprozedur) skizziert. Dieses wird als *High Level Data Link Control* (HDLC-Prozedur) bezeichnet. Andere Übertragungsverfahren, auf die wir jedoch nicht näher eingehen können, sind die SDLC-Prozedur (*synchronous data-link control*), die hauptsächlich in der "IBM-Welt" eingesetzt wird, sowie die ADCCP-Prozedur (*advanced data communications control procedure*).

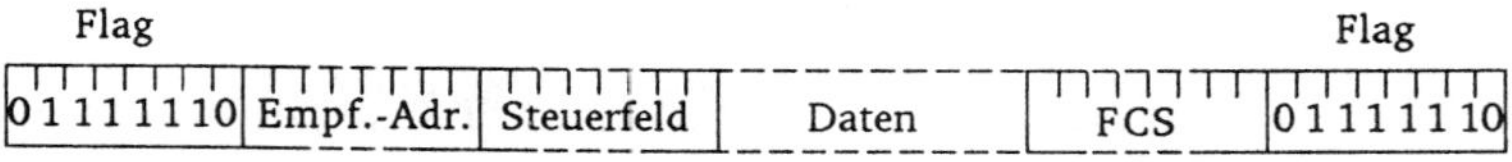

Bild 5.7-4. Übertragungsrahmen der HDLC-Prozedur

Der HDLC-Rahmen beginnt und endet stets mit einem Begrenzungszeichen, dem *Flag*. Dieses wird durch die Bitkombination '01111110' dargestellt. Ähnlich wie das oben beschriebene SYNC-Zeichen dient das Anfangs-Flag (*opening flag*) zur Synchronisation zwischen Sender und Empfänger. Es kann vom Sender auch in den Pausen zwischen den Übertragungen ausgesandt werden.

Natürlich kann auch unter den Datenbits diese Kombination auftreten, die dann fälschlicherweise als Begrenzungszeichen interpretiert wird. Um dies zu verhindern, sorgt der Sender dafür, daß außer in den Anfangs- und Ende-Begrenzungszeichen niemals 6 oder mehr '1'-Bits unmittelbar hintereinander folgen. Dazu fügt er nach fünf hintereinander übertragenen '1'-Datenbits stets ein '0'-Bit ein. Der Empfänger seinerseits entfernt zur Restaurierung der ursprünglichen Information jeweils das erste '0'-Bit, das auf fünf '1'-Bits folgt. Dieses Verfahren wird als *Bit Stuffing* ("Bitstopfen") oder *Zero Insertion/Deletion* bezeichnet.

Das zweite Bitfeld des Rahmens enthält stets die Empfängeradresse (*address field*). Diese hat natürlich nur dann eine Bedeutung, wenn mehrere potentielle Empfänger die Daten erhalten können, also an der gleichen Datenleitung hängen. Die Länge dieses Feldes ist abhängig von der Übertragungsprozedur und stets ein Vielfaches von 8. Im anschließenden Steuerfeld (*control field*) können bestimmte Befehle, Rückmeldungen (Quittungen) oder aber auch Rahmennummern untergebracht werden.

Das nächste Feld (*information field*) enthält die zu übertragenen Daten. Es kann im Extremfall leer sein, nämlich dann, wenn (im Steuerfeld) lediglich ein Befehl übertragen werden soll. Die maximale Länge des Feldes muß zwischen den Kommunikationspartnern abgesprochen werden. Die aktuelle Länge kann der Empfänger jedoch anhand des abschließend übermittelten Ende-Flags (*closing flag*) feststellen.

Nach den Daten wird wiederum ein Prüfzeichen übertragen, das üblicherweise 16 bzw. 32 bit lang ist. Dieses wird mit *Frame Check Sequence* (FCS) bezeichnet. Das Verfahren zur Berechnung dieses Zeichens wird als zyklische Redundanzprüfung (*cyclic redundancy check* – CRC, vgl. Abschnitt 6.6) bezeichnet.

5.7.2.1 Bausteine für die bitorientierte Übertragung

Im Bild 5.7-5 ist die Ausführungseinheit eines Schnittstellen-Bausteins für die bitorientierte Übertragung skizziert. Diese Bausteine werden üblicherweise als *Advanced Data-Link Controller* (ADLC) bezeichnet. Es existieren jedoch auch Bausteine, die wahlweise die asynchrone sowie die synchrone, bit- oder zeichenorientierte Übertragung ausführen können. Übliche Namen dafür sind Datenkommunikations-Baustein, *Serial Communications Controller* (SCC) oder *Multiprotocol Controller*.

Wie bei den Bausteinen der zeichenorientierten Schnittstellen sind auch hier Sender- und Empfänger-Datenregister durch FIFO-Register ersetzt, die jeweils 3 bis 8 Speicherzellen besitzen. Der Baustein kann wiederum Zeichen mit einer Länge zwischen 5 und 8 bit übertragen. Alle Zeichen, die kürzer als 8 bit sind, werden völlig analog zur zeichenorientierten Übertragung in den FIFO-Registern gespeichert und von den Schieberegistern (TSR, RSR) bearbeitet. Dabei müssen Zeichen mit einer Länge von weniger als 5 bit zunächst vom Prozessor so zusammengefaßt werden, daß sie wenigstens 5 bit lang sind. Auch die Funktion der Ausgänge TxRDY, RxRDY ist hier dieselbe wie bei den Bausteinen zur zeichenorientierten Übertragung. Jedes im FIFO-Register abgelegte Zeichen wird mit seinem niederstwertigen Bit voran auf den Datenausgang TxD gegeben bzw. auf dem Dateneingang RxD empfangen.

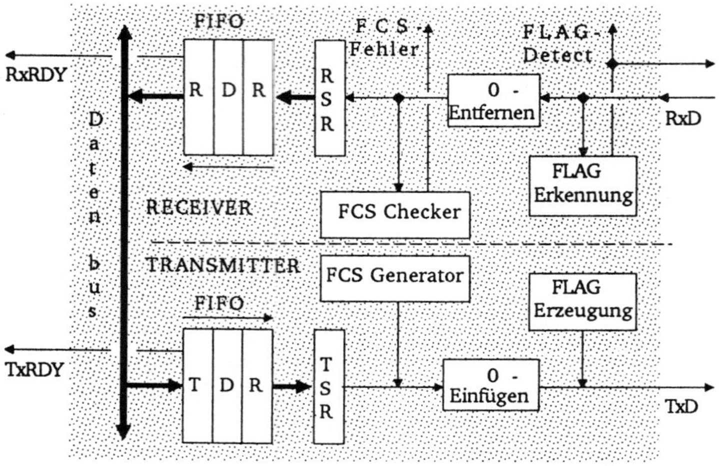

Bild 5.7-5. Die Ausführungseinheit für die bitorientierte Übertragung

Vor der Übertragung des ersten Zeichens (der Empfängeradresse) gibt die mit 'FLAG-Erzeugung' bezeichnete Komponente des Senders das Anfangs-Begrenzungszeichen auf den Datenausgang TxD. Bei dieser Komponente kann es sich zum Beispiel um ein Schieberegister handeln, das mit dem festen Flag-Wert '01111110' parallel geladen wird und diesen über einen Multiplexer seriell auf TxD legt.

Die mit 'FLAG-Erkennung' bezeichnete Komponente des Empfängers vergleicht den auf der Datenleitung RxD eintreffenden Datenstrom mit dem Flag-Zeichen. Sobald sie dieses Zeichen findet, synchronisiert sie ihren Empfangstakt mit dem Sendetakt und gibt das Meldesignal FLAG Detect aus. Dieses Signal kann einerseits vom Prozessor an einem besonderen Baustein-Ausgang, andererseits aber durch ein spezielles Bit des Statusregisters (s.u.) abgefragt werden.

Das Flag wird nicht in das Empfangs-Schieberegister übernommen. Der Sender kann das Flag auch in den Übertragungspausen ununterbrochen ausgeben und dadurch für eine stetige Synchronisation des Empfängers sorgen.

Bei einer Variante des im Bild 5.7-5 dargestellten Bausteins besitzt die Ausführungseinheit ein spezielles Adreßregister, in dem die Stationsadresse des µCs, wie sie im Adreßfeld des Datenrahmens angegeben wird, abgelegt ist. Nach dem Erkennen des Flags vergleicht der Empfänger hardwaremäßig das nachfolgende Adreßfeld im Datenrahmen mit dieser Adresse. Nur falls er eine Übereinstimmung feststellt, aktiviert er das Empfangs-Schieberegister RSR, informiert davon den Prozessor über eine zusätzliche Ausgangsleitung RxA (*receive address*) und fordert ihn dadurch zur Übernahme der Daten auf. Bei festgestellter Nicht-Übereinstimmung kann das RSR deaktiviert bleiben und auf den nächsten Übertragungsrahmen gewartet werden.

Die beiden Komponenten '0-Einfuegen' bzw. '0-Entfernen' übernehmen das oben beschriebene Bit Stuffing. Dazu untersuchen sie die durchlaufenden Bitströme auf fünf hintereinanderfolgende '1'-Bits. Die Komponente '0-Einfuegen' des Senders hängt an diese Bits ein '0'-Bit an, die Komponente '0-Entfernen' des Empfängers entfernt das erste '0'-Bit, das nach ihnen übertragen wird.

Die Komponente FCS Generator des Senders berechnet aus dem vorbeilaufenden Ausgangs-Bitstrom nach einem vorgegebenen Algorithmus das Rahmenprüfzeichen FCS und schickt es zum Abschluß der Datenübertragung auf den Ausgang TxD.

Auf der Empfängerseite wird in der Komponente FCS Checker das Prüfzeichen erneut berechnet und mit dem im Datenstrom übertragenen Zeichen verglichen. Dabei kann der Empfänger das (zwischengespeicherte) FCS-Zeichen nur durch seine Lage direkt vor dem Ende-Flag im Datenstrom erkennen. Wird eine Abweichung festgestellt, so wird im Statusregister ein Fehlerbit gesetzt (s.u.). In der Regel wird durch dieses Bit keine Interrupt-Anforderung an den Prozessor gestellt. Der µP kann dann also nur durch die Abfrage des Statusregisters einen aufgetretenen Übertragungsfehler feststellen. Da die ADLC-Bausteine meistens für einen Vollduplex-Betrieb entwickelt sind, muß die Logik zur Berechnung des FCS-Zeichens doppelt vorhanden sein, also sowohl im Sender als auch im Empfänger. Das FCS-Zeichen wird ebenfalls nicht in das Empfangs-Schieberegister übernommen.

5.7.2.2 Das Programmiermodell bitorientierter Bausteine

Im Bild 5.7-6 sind mögliche Realisierungen von Status- und Steuerregister eines Bausteins für die bitorientierte Übertragung dargestellt. Alle Bits, die bereits in diesem oder dem vorhergehenden Abschnitt beschrieben wurden, sind wiederum punktiert unterlegt und werden hier nicht mehr behandelt.

Die Statusregister

FD (*flag detected*) Dieses Bit wird gesetzt, wenn in einem empfangenen Bitstrom das Flag-Zeichen '01111110' erkannt wurde. Sein Zustand stimmt mit dem des oben beschriebenen Ausgangs FLAG Detect überein. Durch die Abfrage dieses Bits kann der Prozessor den Beginn eines Übertragungsrahmens feststellen.

AP (*address present*) Dieses Bit wird immer dann gesetzt, wenn ein Zeichen des Adreßfeldes im Datenrahmen empfangen wurde und im FIFO-Register des Empfängers bereitliegt. Durch dieses Bit wird der Prozessor aufgefordert festzustellen, ob eine übertragene Nachricht für ihn oder einen anderen Empfänger bestimmt ist. (Dieses Bit entfällt bei der oben erwähnten Variante mit Stations-Adreßregister).

Statusregister 1

Bit	7	6	5	4	3	2	1	0
	IF	TDRE	RDRF	$\overline{DSR}$	$\overline{DCD}$			
				($\overline{CTS}$)				

Statusregister 2

Bit	7	6	5	4	3	2	1	0
	FD	AP	FV	FCS	OE	UE	AR	IR

Steuerregister 1

Bit	7	6	5	4	3	2	1	0
	TEN	REN	TIE	RIE	WL1	WL0	DTR	RTS

Steuerregister 2

Bit	7	6	5	4	3	2	1	0
			F/$\overline{M}$	AEX	CEX	TxL	FF/$\overline{F}$	TA

Bild 5.7-6. Status- und Steuerregister eines BOP-Bausteins

FV (*frame valid*) Dieses Bit zeigt an, daß ein fehlerfreier und vollständiger Rahmen mit Anfangs- und Ende-Flag empfangen wurde. Nachdem dieses Bit gesetzt wurde, unterbricht der Baustein solange den Empfang, bis der Prozessor das letzte Datum des Rahmens aus dem FIFO gelesen und das FV-Bit zurückgesetzt hat.

FCS (*frame check sequence error*) Durch dieses Bit wird ein Übertragungsfehler angezeigt, der durch die Auswertung des FCS-Zeichens festgestellt wurde. Es wird nicht gesetzt, wenn ein unvollständiger Rahmen ohne FCS-Zeichen übertragen wurde. (Dieser wird durch das FV-Bit gekennzeichnet.)

OE (*overrun error*) Hierdurch wird dem Prozessor ein Datenverlust mitgeteilt, der dadurch entsteht, daß ein neues Datum in das FIFO-Register des Empfängers eingetragen wird, obwohl dieses momentan keine freie Stelle besitzt. Dabei sorgt die FIFO-Steuerung dafür, daß immer nur die erste Stelle des FIFOs überschrieben wird.

UE (*underrun error*) Dieses Bit wird gesetzt, wenn während der Übertragung eines Rahmens das TSR-Schieberegister geleert wird, der Prozessor aber nicht rechtzeitig ein neues Datum in das Sende-FIFO-Register schreibt. In diesem Fall wird die Übertragung des Rahmens automatisch abgebrochen und der Empfänger darüber durch das Aussenden eines Abbruch-Zeichens (*abort character*) aus wenigstens acht unmittelbar aufeinanderfolgenden '1'-Bits informiert.

AR (*abort received*) Dieses Bit zeigt an, daß während des Empfangs eines Rahmens auf dem Dateneingang RxD ein Abbruch-Zeichen erkannt wurde. Das Setzen dieses Bits führt zu einer Unterbrechungs-Anforderung zum Prozessor.

IR (*inactive idle received*) Dieses Bit wird gesetzt, wenn auf der Empfangsleitung RxD keine Informationen übertragen werden, diese Leitung also konstant einen logischen '1'-Zustand hat. Auch das Setzen dieses Bits kann zu einer Unterbrechungs-Anforderung zum Prozessor führen.

Die Steuerregister

$F/\overline{M}$ (*flag/mark idle select*) Dieses Bit legt fest, welches Zeichen der Sender zwischen zwei Übertragungsrahmen kontinuierlich auf den Datenausgang TxD geben soll: das FLAG-Zeichen '01111110' oder aber eine Folge von '1'-Bits (*mark bits*).

AEX (*address extend mode*) Durch dieses Bit wird die Länge des Adreßfeldes im Übertragungsrahmen bestimmt. Diese Länge kann entweder fest auf 8 bit eingestellt oder aber dynamisch verändert werden. Im zweiten Fall zeigt eine '0' im niederstwertigen Bit des jeweils übertragenen Adreßbytes an, daß ein weiteres Adreßbyte folgt. (Eine Ausnahme davon stellt lediglich die "Null"-Adresse dar, die aus acht '0'-Bits besteht.)

CEX (*control field extension*) Durch dieses Bit wird die Länge des Steuerfeldes (*control field*) im Rahmen auf 8 oder 16 bit festgelegt.

TxL (*transmit last data*) Durch das Setzen dieses Bits teilt der Prozessor dem Sender im Baustein mit, daß er das letzte Datum in das FIFO-Register übertragen hat. Dadurch wird der Sender zur Ausgabe des FCS-Zeichens und des Ende-Flags veranlaßt.

$FF/\overline{F}$ (*double flag/single flag*) Zur Erhöhung der Übertragungs-Geschwindigkeit kann der Baustein das Ende-Flag eines Rahmens als das Anfangs-Flag des unmittelbar folgenden Rahmens auffassen. Durch dieses Bit wird bestimmt, ob von dieser Möglichkeit Gebrauch gemacht werden soll oder aber jeder Rahmen durch eigene Flags eingeschlossen werden soll.

TA (*transmit abort*) Der Prozessor benutzt dieses Bit, um die Übertragung eines Rahmens vorzeitig abzubrechen. Als Reaktion wird das oben beschriebene Abbruch-Zeichen (von wenigstens acht '1'-Bits) ausgesandt und dadurch der Empfänger über die Beendigung der Übertragung informiert.

Ausblick: LAN-Controller

In rapide steigendem Maß werden heutzutage immer mehr Mikrorechner miteinander vernetzt. Dies geschieht einerseits über öffentliche Weitverkehrsnetze (*wide area networks* – WAN), vor allem aber auch durch sogenannte Lokale Netze (*local area network* – LAN). Diese Netze sind grob durch die folgenden Parameter charakterisierbar:

- maximale Entfernung 0.1 - 10 km zwischen den Rechnern. Alle Netzstationen befinden sich ausschließlich auf dem Grundstück des Betreibers, also findet keine Überschreitung öffentlicher Grundstücke statt, auf denen die Posthoheit gilt.
- maximal 1000 Rechner im Netz.
- maximale Übertragungsrate 10 Mbit/s.

Für die Kommunikation in LANs wird häufig die synchrone bitorientierte serielle Datenübertragung angewandt. Die Bausteine zur Steuerung dieser Kommunikation werden LAN-Controller genannt. Es handelt sich bei ihnen durchweg um hochkomplexe Schaltungen. Im Rahmen dieses Buches können wir leider nicht auf sie eingehen, da die z.T. sehr komplizierte Übertragungsprotokolle benutzen.

5.8 Bausteine zur Analog/Digital- und Digital/Analog-Wandlung

Den bisher beschriebenen Schnittstellen-Bausteinen ist gemeinsam, daß an allen ihren Ein- und Ausgängen digitale, binäre Signale auftreten, die genau zwei Zustände annehmen können. Diese Zustände hatten wir mit H- bzw. L-Pegel bezeichnet. Häufig werden Mikrocomputer jedoch in einer "analogen" Umwelt eingesetzt, in der die zu verarbeitenden Signale beliebige Werte aus einem kontinuierlichen Spannungsbereich annehmen können. Dazu gehört z.B. der µP-Einsatz in Meßgeräten, Meßwert-Erfassungssystemen oder in Steuerungssystemen.

In diesen Systemen werden die verschiedensten physikalischen Größen durch Sensoren gemessen und in elektrische (analoge) Spannungen umgesetzt. Zu diesen Sensoren zählen beispielsweise Druck- oder Temperaturfühler sowie Spannungs- oder Strommesser. Zur Weiterverarbeitung durch den µP müssen ihre elektrischen Signale durch Analog/Digital-Umsetzer (ADU, *analog to digital converter* – ADC) in digitale (Zahlen-)Werte umgewandelt werden.

Die digitalen Ergebnisse der Bearbeitung im Prozessor dienen dann wiederum zum Steuern und Regeln von technischen Prozessen oder zum Antrieb von Maschinen und Motoren. Dazu müssen sie durch Digital/Analog-Umsetzer (DAU, *digital to analog converter* – DAC) in analoge (Spannungs-)Signale umgeformt werden.

Wir werden hier nur kurz und stark vereinfachend das Grundprinzip der Analog/Digital-Wandlung bzw. Digital/Analog-Wandlung darstellen. Der Schwerpunkt dieses Abschnittes liegt auf der Beschreibung der hochintegrierten Bausteine, die diese Umwandlung vornehmen.

Die Anzahl n der Bits der Dualzahl, die in einen analogen Spannungswert umgesetzt bzw. als Ergebnis der Wandlung erhalten wird, bestimmt die Genauigkeit (Auflösung) der Umwandlung. Bausteine zur Ausführung dieser Umwandlung nennt man entsprechend n-bit-D/A-Wandler bzw. n-bit-A/D-Wandler.

5.8.1 Digital/Analog-Wandlung

5.8.1.1 Prinzip

Die Aufgabe der Digital/Analog-Wandlung (kurz: D/A-Wandlung) besteht darin, den Bereich der n-bit-Dualzahlen $0 \leq D \leq 2^n-1$ linear auf einen vorgegebenen Spannungsbereich $U_{min} \leq U < U_{max}$ abzubilden. Dazu wird der Spannungsbereich in 2^n gleichgroße Abschnitte unterteilt, deren Länge man LSB (Wertigkeit des *Least Significant Bits*) nennt, d.h.

$$LSB := (U_{max}-U_{min})/2^n \text{ [Volt].}$$

Jeder Dualzahl wird nun als analoger Wert die Spannung

$$U_{DA}(D) = D \cdot LSB + U_{min}$$

zugewiesen. Wie dies technisch geschieht, werden wir im Abschnitt 7.4 kurz an zwei möglichen Verfahren zur D/A-Wandlung beschreiben.

Selbsttestaufgabe S5.8-1:
Berechnen Sie mit dem oben definierten Wert LSB die maximale analoge Ausgangsspannung $U_{DA,max}$. Welchem Digitalwert würde bei dieser Berechnung die maximale Spannung U_{max} zugewiesen?

Im Bild 5.8-1a ist für $n=8$ und $U_{min}=0$ V die Ausgangsspannung eines D/A-Wandlers gezeichnet, die man erhält, wenn man den digitalen Zahlenbereich von \$00 bis \$FF (in hexadezimaler Form) durchläuft. Es handelt sich um die charakteristische Treppenfunktion, deren Stufenhöhe gerade ein LSB ist.

Die meisten Verfahren der D/A-Wandlung zeichnen sich durch hohe Anforderungen aus, die sie an das Einhalten der wichtigsten Bauelemente-Parameter stellen. Bei hochauflösenden D/A-Wandlern entsprechen den niederwertigen Bits des Digitalwerts außerdem sehr kleine Potentialsprünge der analogen Ausgangsspannung. Hier bedarf es eines hohen schaltungstechnischen Aufwands, Störspannungen zu unterdrücken, die z.B. durch einen hochfrequenten (System-) Takt induziert werden. Deshalb werden die D/A-Wandler heute (meist noch) nicht zusammen mit hochkomplexen digitalen Schaltungen auf einem Chip integriert, sondern stattdessen als selbständige Halbleiter-Bausteine eingesetzt.

Eine Zwischenstufe zur D/A-Wandlung ist im Bild 5.8-1b skizziert. Sie wird als **Pulsweiten-Modulation** (PWM) bezeichnet. Diese zeichnet sich dadurch aus, daß sie ohne weiteren Aufwand ausschließlich durch digitale Schaltungen realisiert werden kann. Deshalb wird sie heute standardmäßig in Prozessor- oder Peripherie-Bausteinen eingesetzt.

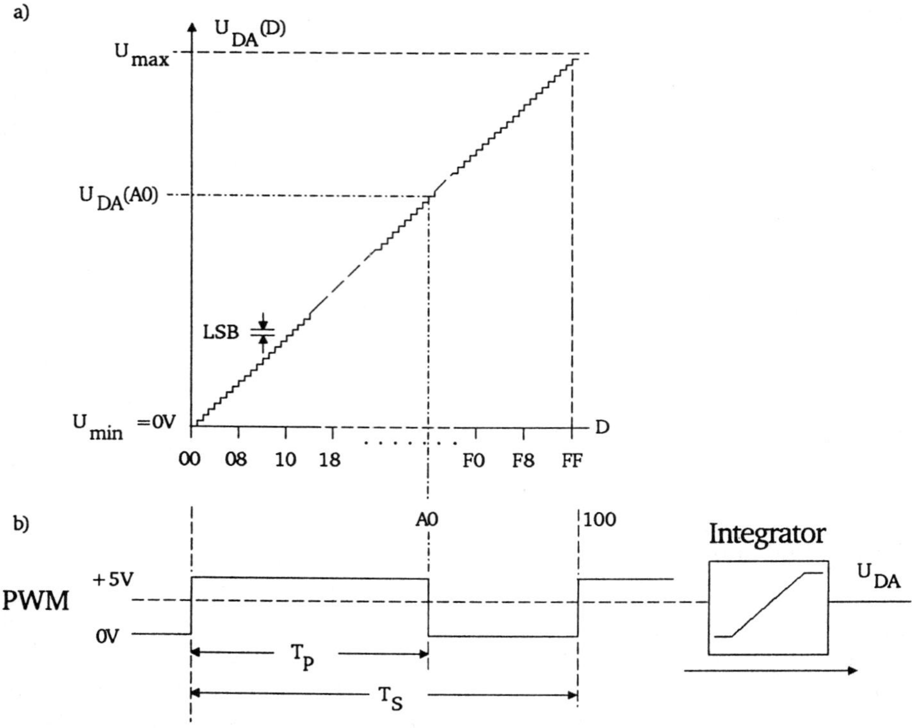

Bild 5.8-1. Ausgangssignal der Digital/Analog-Wandlung

Dabei wird der digitale Ausgangswert D in eine periodische, digitale Zeitfunktion umgewandelt, deren Impulsdauer proportional zum Wert D ist:

- Der oberen Grenze 2^n des betrachteten Digital-Zahlenbereiches wird ein Zeitintervall konstanter Länge T_S zugewiesen. Dieses Zeitintervall bestimmt die Schwingungsdauer des Ausgangssignals. Es wird in 2^n gleichlange Teilintervalle T_I untergliedert.
- Für jeden umzuwandelnden Digitalwert D wird nun ein (positiver) Ausgangsimpuls erzeugt, dessen Länge gerade durch $T_P = D \cdot T_I$ gegeben ist.
- Nach jedem erzeugten Impuls wird der Ausgang bis zum Ende der Schwingungsdauer T_S auf L-Pegel gehalten, also für die Restzeit T_S-T_I = $(2^n\text{-}D) \cdot T_I$.

Die eigentliche Umwandlung des PWM-Ausgangssignals in den analogen Ausgangswert U_{DA} geschieht in einer separaten Schaltung, die das PWM-Ausgangssignal integriert. Sie wird deshalb als Integrator oder Integrierglied bezeichnet. Auf ihren Aufbau kann hier leider nicht eingegangen werden.

Selbsttestaufgabe S5.8-2:
a) Bestimmen Sie für den im Bild 5.8-1 dargestellten Digitalwert \$A0 die Ausgangsspannung U_{DA}(\$A0), indem Sie die gezeichnete Rechteckschwingung PWM integrieren.
b) Skizzieren Sie eine Schaltung, die aus einem eingegebenen Digitalwert D ein PWM-Signal der dargestellten Form erzeugt. (Zur Verfügung stehen Ihnen neben einem Taktgenerator Dualzähler, Register und Komparatoren.)
c) Berechnen Sie für einen 8-bit-Wandler nach b) mit der Taktfrequenz 10 MHz die Zeiten T_S und T_I sowie die dem Digitalwert \$A0 zugeordnete Impulslänge T_P. Welche maximale Wandlungsrate kann so erreicht werden?

5.8.1.2 Bausteine für die Digital/Analog-Wandlung

Auf diese Bausteine wollen wir hier nicht näher eingehen, da sie neben der eigentlichen Schaltung zur D/A-Wandlung häufig nur noch ein internes Register zur Zwischenspeicherung des digitalen Eingabewertes und eine Schnittstelle zur Kommunikation mit dem µP (vgl. Bild 5.1-2) besitzen. (Im Abschnitt 7.4 werden wir als Spezialfall kurz auf D/A-Wandlerbausteine zur Ansteuerung eines Monitors eingehen.)

5.8.2 Analog/Digital-Wandlung

5.8.2.1 Prinzip

Das Prinzip der Analog/Digital-Wandlung (A/D-Wandlung) ist im Bild 5.8-2 skizziert. Ein analoges Signal U(t) nimmt darin Werte aus dem Bereich $U_{min} \leq U < U_{max}$ an. Dieser Bereich wird wiederum in 2^n gleichgroße Abschnitte der Länge $LSB = (U_{max} - U_{min})/2^n$ unterteilt. Im Bild 5.8-2 ist durch eine zweite Ordinaten-Skala D(t) diese Unterteilung für n=8 mit hexadezimalen Zahlenwerten eingezeichnet. Zum Beispiel gehört zum Zeitpunkt t_0 der Spannungswert $U(t_0)$. Diesem Wert ist der Digitalwert $D(t_0)$ = \$78 zugeordnet.

Liegt ein Spannungswert $U(t_0)$ in einem der durch die Digitalisierung erzeugten Teilabschnitte, d.h.

$$U_{min} + m \cdot LSB < U(t_0) < U_{min} + (m+1) \cdot LSB ,$$

so ordnet man ihm als $D(t_0)$ den Digitalwert der unteren Abschnittsgrenze zu, also $D(t_0) := m$.

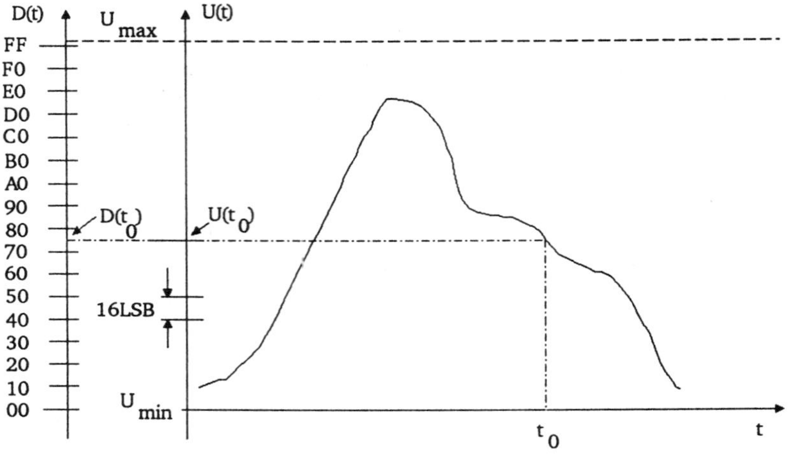

Bild 5.8-2. Ausgangssignal der Analog/Digital-Wandlung

5.8.2.2 Bausteine für die Analog/Digital-Wandlung

Im Bild 5.8-3 ist der Aufbau eines Bausteins zur A/D-Wandlung (*analog data aquisition unit* – ADU) skizziert. (Wie bereits in den vorhergehenden Abschnitten werden wir auf die punktiert unterlegten Komponenten nur soweit eingehen, daß wir weiter unten eine typische Realisierung der Status- und Steuerregister darstellen.) Bausteine der beschriebenen Form besitzen in der Regel wenigstens eine Auflösung von 10 bit. Ihre Wandlungszeit liegt in Abhängigkeit von der Auflösung und dem Wandlungsverfahren zwischen 10 und 100 µs.

Die Ausführungseinheit besitzt häufig mehrere analoge Eingänge AI_j (*analog input*). Typisch sind 8 bis 16 Eingänge. Durch einen (Analog-)Multiplexer wird genau eines der Eingangssignale ausgewählt. Der prinzipielle Aufbau solch eines Multiplexers aus MOS-Transistoren wurde Ihnen bereits im Bild 3.5-4 gezeigt. Jedoch werden hier sehr hohe Anforderungen an die Toleranzgrenzen der Transistorparameter gestellt. Die Steuerung dieses Multiplexers wird vom Prozessor über das Steuerregister vorgenommen (s.u.). Das selektierte Eingangssignal wird über den Multiplexerausgang U_A auf einen von zwei Eingängen eines Spannungs-Komparators gelegt. Dabei handelt es sich um eine Schaltung, die durch ein binäres Ausgangssignal anzeigt, ob die Spannungsdifferenz an ihren Eingängen positiv oder negativ ist.

Die eigentliche A/D-Wandlung geschieht im wesentlichen durch die Komponente, die am Ausgang des Komparators hängt. Für die Realisierung dieser Komponente und das von ihr durchgeführte Wandlungsverfahren gibt es viele Möglichkeiten. Als Beispiel soll hier die Wandlung durch **sukzessive Approximation** dargestellt werden, die eines der schnellsten Verfahren ist. Dabei besteht die erwähnte Komponente aus einem (Approximations-)Register und einer Steuerlogik.

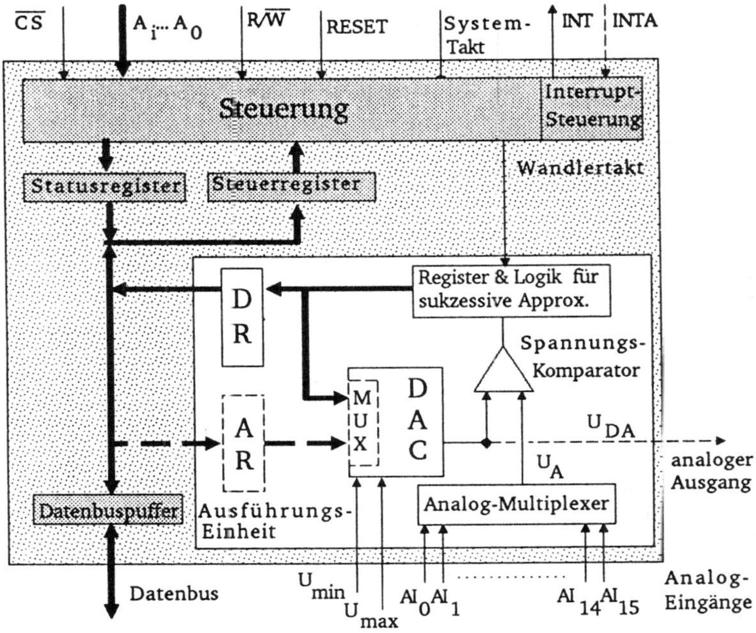

Bild 5.8-3. Baustein zur A/D-Wandlung

Zum Beginn einer Wandlung wird das Register auf den Wert 0 zurückgesetzt. Dann wird mit jedem Impuls des Wandlertaktes "sukzessiv" ein Bit des Registers auf den logischen Wert 1 gesetzt, beginnend mit dem höchstwertigen Bit. Der aktuelle Registerinhalt wird auf die Eingänge des nachgeschalteten D/A-Wandlers (DAC) gegeben. Dieser erzeugt daraus die analoge Spannung U_{DA}, die im Komparator mit der Eingangsspannung U_A verglichen wird. Über die Eingänge U_{min} und U_{max} werden dazu dem A/D-Wandler die Grenzen des zulässigen Spannungsbereiches zugeführt. Ist U_{DA} größer als U_A, so wird noch während der zweiten Hälfte des Taktimpulses das zuletzt veränderte Registerbit wieder zurückgesetzt. Mit dem folgenden Taktimpuls wird das Verfahren mit dem nächsten Bit des Registers fortgesetzt, bis auch das niederstwertige Bit ausgewertet wurde. Zum Ende jeder Wandlung wird der Inhalt des Approximations-Registers in das Datenregister DR übertragen und kann dort vom Prozessor ausgelesen werden.

Ein n-bit-A/D-Wandler mit sukzessiver Approximation benötigt also für die Konvertierung jedes analogen Wertes genau n Taktschwingungen. Wegen der Ähnlichkeit zum Auswiegen eines Gegenstandes mit Hilfe einer (Apotheker-) Waage und verschieden schweren Gewichtsstücken wird die beschriebene Umwandlung auch Wägeverfahren genannt.

Im Bild 5.8-4 ist dieses Verfahren für einen 8-bit-A/D-Wandler dargestellt. Als Ordinate ist darin zur Vereinfachung nur die Skala der digitalen Werte eingezeichnet. In jedem der acht Taktintervalle ist als Spaltenvektor der Inhalt des Approximations-Registers aufgeführt. Bits, die während eines Taktes geändert werden, sind umrahmt gezeichnet. Als Ergebnis der Wandlung erhält man im Beispiel den Wert $D(U_E) = 01100101 = \$65$.

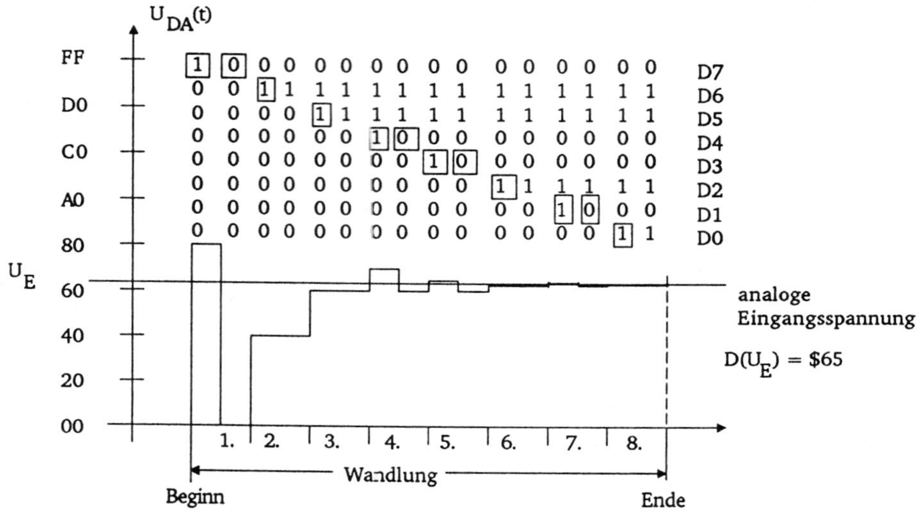

Bild 5.8-4. Beispiel zur sukzessiven Approximation

Programmierbarer Spannungsvergleich

Als Erweiterung des bisher beschriebenen Aufbaus kann die Ausführungseinheit des Bausteins ein (Ausgabe-)Register AR enthalten. In dieses kann der Prozessor einen beliebigen digitalen Wert einschreiben. Über den Multiplexer MUX kann der Registerinhalt auf den D/A-Converter geschaltet und dort in den entsprechenden Analogwert U_{DA} übersetzt werden. Der Spannungskomparator vergleicht diesen Wert wiederum mit dem Wert U_A des Eingangssignals. Im Statusregister wird daraufhin ein Bit gesetzt, das anzeigt, ob U_{DA} kleiner als U_A ist oder nicht. Dieser Vergleich dauert stets nur eine einzige Taktschwingung, ist also erheblich schneller als eine vollständige A/D-Wandlung des Eingangssignals. Dieser programmierbare Spannungsvergleich (*programmable voltage comparison*) wird deshalb immer dann angewandt, wenn der Prozessor nur feststellen will, ob die Eingangsspannung größer ist als eine bestimmte "Referenzspannung" oder nicht.

Wird das Signal U_{DA} über einen speziellen (analogen) Ausgang nach außen geführt, so kann der Baustein auch als D/A-Wandler betrieben werden.

5.8.2.3 Das Programmiermodell

Im Bild 5.8-5 sind mögliche Realisierungen des Status- und des Steuerregisters gezeigt.

Statusregister

Bit	7	6	5	4	3	2	1	0
	IF	BSY	OV	PCO				

Steuerregister

Bit	7	6	5	4	3	2	1	0
	BC	IE	SC	PC	CA3	CA2	CA1	CA0

Bild 5.8-5. Das Programmiermodell des A/D-Wandlers

Das Steuerregister

BC (*begin convertion*) Durch dieses Bit wird der Baustein aufgefordert, eine Operation auszuführen. Dabei kann es sich um eine A/D-Wandlung, aber auch um einen programmierbaren Spannungsvergleich handeln.

IE (*interrupt enable*) Wenn dieses Bit gesetzt wird, kann der Baustein über seinen INT-Ausgang eine Unterbrechungs-Anforderung an den Prozessor stellen. Diese Anforderung wird immer dann erzeugt, wenn eine A/D-Wandlung beendet wurde.

SC (*short cycle*) Durch dieses Bit wird die Auflösung des A/D-Wandlers bestimmt. So kann z.B. aufgabenabhängig zwischen einer Genauigkeit von 8 bzw. 10 bit gewählt werden. Die Wahl wirkt sich auf die Wandlungsgeschwindigkeit des Bausteins aus.

PC (*programmable voltage comparison*) Durch dieses Bit wird der Baustein in die Betriebsart "programmierbarer Spannungsvergleich" versetzt.

$CA_3..CA_0$ (*channel address*) Durch diese Bits wird der Analog-Multiplexer gesteuert und genau einer der (bis zu) 16 Eingänge selektiert.

Das Statusregister

IF (*interrupt flag*) Dieses Bit wird gesetzt, wenn eine A/D-Wandlung beendet wurde.

BSY (*busy*) Durch dieses Bit zeigt der Baustein dem Prozessor an, daß er "beschäftigt" ist, also augenblicklich eine A/D-Wandlung durchführt.

PCO (*programmable voltage comparator output*) In diesem Bit wird das binäre Ergebnis des programmierten Spannungsvergleichs abgelegt.

OV (*over scale*) Wenn das zu wandelnde Eingangssignal U_E nicht im zulässigen Spannungsbereich ($U_{min} \leq U_E < U_{max}$) liegt, wird der Prozessor darüber durch dieses Bit informiert.

5.8.3 Signalprozessoren

In den letzten Jahren haben Prozessoren eine stetig wachsende Bedeutung gewonnen, die speziell für den Einsatz in einer analogen Umgebung, also zur schnellen digitalen Verarbeitung analoger Signale in "Echtzeit" ausgelegt sind. Sie werden als (digitale) Signalprozessoren (DSP) bezeichnet. Im Abschnitt 2.1 hatten wir mit dem FFT-Prozessor (*fast fourier transformation*) bereits einen Spezialfall eines DSPs erwähnt. Ihre Hauptanwendungsgebiete sind die

- Schwingungs- und Geräusch-Meßtechnik,
- Sprach- und Bild-Verarbeitung,
- Regelungstechnik,
- Telekommunikation.

Aufbau eines Signalprozessors

Die Synthese und Analyse analoger Signale ist sehr rechenintensiv und bedingt sehr häufig die Auswertung spezieller Reihenentwicklungen, wie Sie sie vielleicht von der Fourier-Transformation her kennen. Eine typische Aufgabe dabei ist die Multiplikation gewisser Größen und anschließende Addition zum bereits berechneten Reihenwert (*sum of products*). Diese Aufgaben fallen den Standard-µPs sehr schwer. So kann die Frequenz des in Echtzeit zu verarbeitenden Analogsignals für einen 16-bit-Prozessor nur wenige Kilohertz betragen.

Die Rechenwerke der Signalprozessoren sind hingegen auf die Berechnungen solcher Multiplikations/Additions-Operationen spezialisiert. Dazu besitzen sie eine Festpunkt- oder Gleitpunkt-ALU relativ hoher Stellenzahl (z.B. 32 bit), einen schnellen Parallel-Multiplizierer und einen Barrel Shifter zur Verschiebung eines Operanden um eine "beliebige" Bit-Anzahl.

Der Registersatz ist so umfangreich ausgelegt, daß in ihm alle häufig benutzten Koeffizienten abgelegt werden können und somit der zeitraubende Zugriff auf den Arbeitsspeicher entfällt. Als Alternative besitzen einige DSPs einen kleinen integrierten Schreib-/Lese-Speicher (RAM).

Für kurze, schnelle Routinen ist auf dem Chip häufig auch ein kleiner Festwertspeicher (ROM) implementiert. Durch eine gestrichelte Linie ist im Bild angedeutet, daß Signalprozessoren häufig getrennte Busse für den Zugriff auf den Schreib/Lese-Speicher bzw. den Festwertspeicher besitzen. Daher können sie gleichzeitig und parallel sowohl einen neuen Befehl aus dem ROM laden sowie ein Datum ins RAM bringen bzw. von dort holen. Diese Art des parallelen Speicherzugriffs ist ein wesentliches Merkmal der sogenannten Harvard-Architektur eines Digitalrechners (vgl. Abschnitt 1.17).

Im Bild 5.8-6 ist der prinzipielle Aufbau eines Signalprozessors und die Einbindung in seine analoge Umwelt gezeigt. Die Signalprozessoren werden entweder als Slave-/Coprozessoren oder aber als eigenständige CPUs eines Systems (*stand alone mode*) eingesetzt.

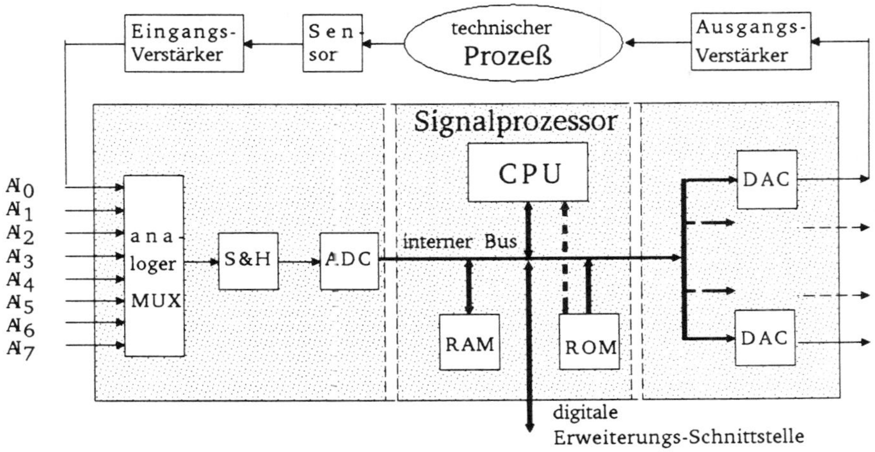

Bild 5.8-6. Prinzipieller Aufbau eines Signalprozessors

Wie der oben beschriebene A/D-Wandler besitzt der dargestellte Prozessor mehrere analoge Eingänge AI_k. Typisch sind 8 Eingänge. Von diesen wird durch einen Analog-Multiplexer jeweils genau einer ausgewählt. Dem Multiplexer nachgeschaltet ist meistens ein sogenannter Abtast- und Halteverstärker (*sample and hold* – S&H). Dieser ist in seiner Funktion einem dynamischen Auffang-Flipflop vergleichbar: Er ermittelt den Zustand des Eingangssignals zu einem bestimmten Triggerzeitpunkt (*sampling*) und hält diesen Zustand bis zum nächsten Triggerzeitpunkt fest (*holding*). Im Unterschied zum Flipflop wird hier natürlich ein analoger Wert gespeichert. Als nächste Komponente durchläuft das Eingangssignal einen A/D-Wandler. Die gestrichelte, senkrechte Trennlinie im Bild deutet an, daß der analoge Multiplexer, der S&H-Verstärker sowie der A/D-Wandler häufig nicht integraler Bestandteil des DSPs sind, sondern separat aufgebaut werden müssen.

Der digitalisierte Eingangswert wird von der CPU des Signalprozessors verarbeitet. Wie oben erwähnt, kann auf dem Prozessor-Baustein zusätzlich ein Schreib-/Lese-Speicher (RAM) und ein Festwertspeicher (ROM) integriert sein. Eine digitale Schnittstelle erlaubt die Erweiterung des Prozessors um zusätzlichen Speicherraum oder (digitale) Schnittstellen-Bausteine sowie die Kopplung mit einem anderen Prozessor.

Die Ergebnisse der CPU werden einem D/A-Wandler zugeführt und von diesem als analoge Signale ausgegeben. In der Regel besitzt der DSP mehrere von diesen D/A-Wandlern. Auch hier deutet die senkrechte, gestrichelte Linie an, daß die D/A-Wandler häufig nicht im DSP integriert sind und deshalb separat realisiert werden müssen. Im Prozessor selbst integrierte Wandler arbeiten in der Regel mit der oben beschriebenen Pulsweiten-Modulation (PWM).

Im Bild 5.8-6 ist auch die Einbindung des Signalprozessors in einen technischen Prozeß skizziert. Wie am Anfang des Abschnitts beschrieben, werden durch Sensoren bestimmte physikalische Größen des Prozesses gemessen und in elektrische Signale umgesetzt. Diese werden durch Eingangsverstärker in den zulässigen Spannungsbereich des Bausteins umgesetzt und dessen Analog-Eingängen zugeführt. Die analogen Ausgangsignale oder ihre Pulsweiten-modulierten Vorstufen werden durch Ausgangsverstärker dem zulässigen Spannungsbereich der Prozeß-Steuersignale angepaßt. Im Rahmen dieses Buches können wir leider nicht ausführlicher auf die Signalprozessoren eingehen.

6. Plattenspeicher-Systeme

G. Rademacher, H. Bähring

6.1 Einleitung

Mit fortschreitender Entwicklung der Mikrorechner-Technik stieg der Bedarf an geeigneten Massen-Datenspeichern. Ein einfaches Kassettenlaufwerk (Magnetband), wie es in den Anfangstagen der Mikrorechner häufig benutzt wurde, konnte die zum Teil sehr großen Datenmengen nicht mehr in einer befriedigenden Zeit abspeichern bzw. wieder zur Verfügung stellen. Es mußten also Speichermedien entwickelt werden, die einerseits über eine große Speicherkapazität verfügen und andererseits einen schnellen Zugriff auf diese Daten ermöglichen. Es ist verständlich, daß man dazu zunächst auf die Magnetplattenspeicher zurückgriff, die in Großrechenanlagen seit langem eingesetzt wurden. Sie wurden jedoch für die Verwendung in Mikrorechner-Systemen stark verkleinert.

In diesem Kapitel wird die Grundstruktur eines Plattenspeicher-Systems beschrieben, wie sie im Bild 6.1-1 dargestellt ist. Dabei stützen wir uns zunächst hauptsächlich auf die Wechselplatten (Disketten, *Floppy Disks* – FD) als "Massenspeicher". Die dargestellte Grundstruktur ist jedoch im wesentlichen auch für Festplatten-Systeme (*Hard Disks* – HD) gültig. Deshalb benutzen wir abkürzend das Wort (Speicher-)Platte oder Disk, wenn sowohl die Floppy Disk als auch die im Abschnitt 6.5 genauer beschriebene Festplatte gemeint ist.

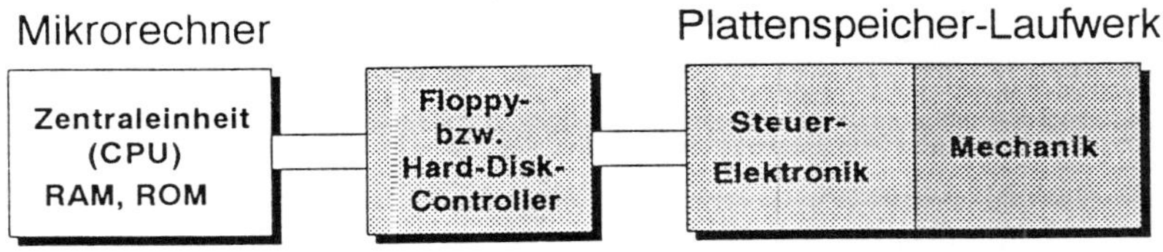

Bild 6.1-1. Grundstruktur eines Plattenspeicher-Systems

Für den Betrieb eines Plattenspeicher-Systems werden (neben der eigentlichen Speicherplatte) zwei Komponenten mit folgenden Aufgaben benötigt:

- **Floppy-Disk-Laufwerk** (FDD – *Floppy Disk Drive*) bzw. **Festplatten-Laufwerk** (HDD – *Hard Disk Drive*), bestehend aus

  der Steuerelektronik mit den Aufgaben
  – Regelung der Umdrehungsgeschwindigkeit des Antriebsmotors,
  – Positionierung und Aktivierung der Schreib-/Leseköpfe,
  – Verstärkung der Schreib-/Lesesignale,
  – Kommunikation mit dem Platten-Controller (Übertragung von Status-Informationen, Befehlen und Daten)

  und der Mechanik mit den Aufgaben
  – Antrieb der Platte,
  – Bewegen der Schreib-/Leseköpfe.

- **Floppy-Disk-Controller** (FDC) bzw. **Festplatten-Controller** (HDC)
  – Steuern der Laufwerks-Funktionen,
  – Kommunikation mit der CPU des Mikrorechner-Systems,
  – Steuerung der (DMA-)Übertragung von Daten zwischen Arbeitsspeicher und Laufwerk,
  – Codierung und Decodierung der aufgezeichneten Daten,
  – Aufzeichnung der Daten nach einem bestimmten Verfahren.

Die Anbindung eines Plattenlaufwerks an einen Mikrorechner kann auf zwei verschiedene Weisen geschehen, die im Bild 6.1-2 dargestellt sind. Die genauere Beschreibung der Schnittstellen erfolgt in den Abschnitten 6.4 und 6.5.

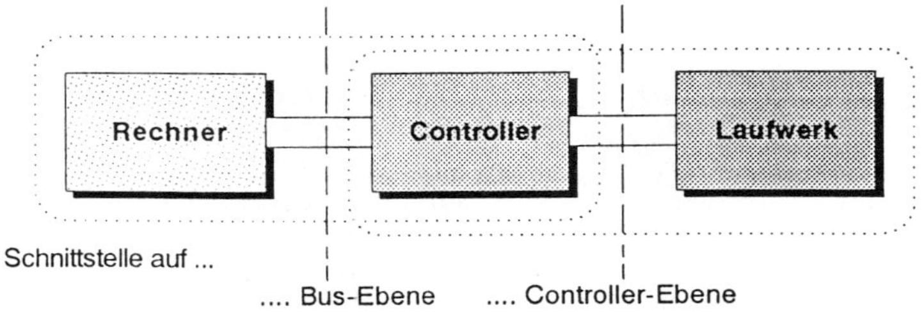

Bild 6.1-2. Anschlußmöglichkeiten von Plattenspeicher-Systemen

- Bei der Anbindung über eine **Systembus-Schnittstelle** besteht das Plattenspeicher-System aus zwei Komponenten, dem Controller und dem Laufwerk. Die Schnittstelle liegt zwischen dem Mikrorechner und dem Controller. Der Controller muß in diesem Fall direkt (oder über zusätzliche Anpassungsschaltungen wie Bus Arbiter, Tristate-Treiber, etc.) an den Bus des Mikrorechners anschließbar sein. Ein Beispiel für diese Anbindung sind Einschübe für Personal Computer, die Controller und Laufwerk zusammen auf einer Steckkarte enthalten. Die gebräuchlichste Schnittstelle auf Systembus-Ebene stellt die SCSI-

Schnittstelle (*Small Computer System Interface*) dar, die im Abschnitt 6.5.3 beschrieben wird.

- Bei der Anbindung über eine **Controller-Schnittstelle** gehört der Platten-Controller logisch zum Mikrorechner. Die Schnittstelle liegt hier zwischen Controller und Laufwerk. Diese Form der Anbindung einer Platte ist bei Personal Computern weit verbreitet. Dort erlaubt ein Kombi-Controller meistens den Anschluß von jeweils bis zu zwei Floppy-Disk- bzw. Hard-Disk-Laufwerken.
  Ein Beispiel für eine Schnittstelle auf Controller-Ebene wird im Abschnitt 6.5 beschrieben. Sie ist das von der Firma Seagate entwickelte Interface ST506/412. Dieses Interface hat sich inzwischen zum Industriestandard entwickelt.

  Hinweis:
  Anstatt des hier eingeführten Begriffs "Controller-Schnittstelle" wird manchmal auch der Begriff "Geräte-Schnittstelle" benutzt.

6.2 Format und Verwaltung einer Speicherplatte

6.2.1 Format einer Speicherplatte

Das Format einer Speicherplatte kennzeichnet die Aufteilung ihres Speicherplatzes in verschiedene Bereiche. Es wird in den folgenden drei Einheiten angegeben (s. Bild 6.2-1):

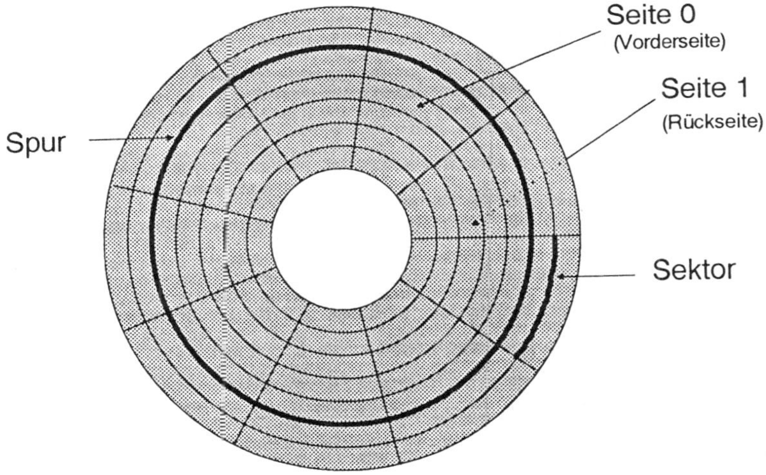

Bild 6.2-1. Aufteilung des Speicherplatzes einer Platte

- Eine **Seite** (*side*) bezeichnet eine der beiden Oberflächen einer Speicherplatte.
- Jede Seite der Platte wird in konzentrische Ringe, die **Spuren** (*tracks*), eingeteilt.
- Jede Seite der Platte wird radial in Abschnitte mit gleichen Winkel aufgeteit. Die dadurch auf den Spuren entstehenden Bereiche werden **Sektoren** (*sectors*) genannt.

Der typische Aufbau eines Sektors ist im Bild 6.2-2 dargestellt. (Dieser Aufbau wird übrigens bei Benutzung der ST506/412-Schnittstelle verwendet, die wir ausführlich im Abschnitt 6.5 beschreiben werden.)

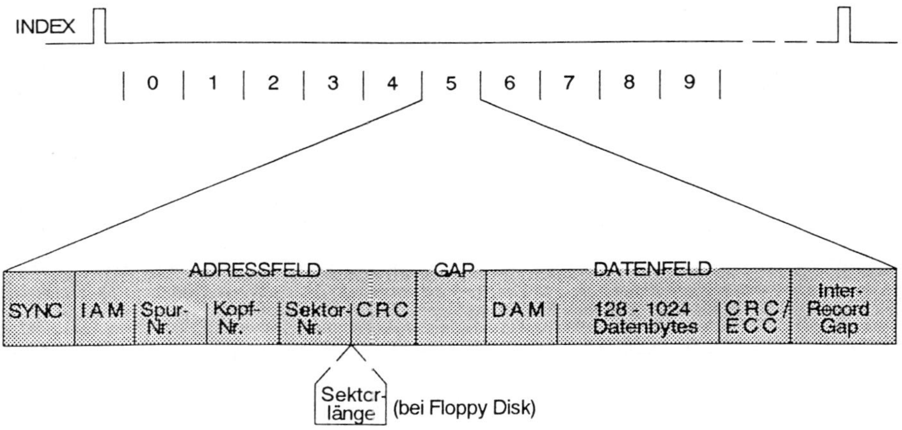

Bild 6.2-2. Aufbau eines Sektors

Der Aufbau eines Sektors ähnelt stark dem Aufbau eines Datenrahmens bei der synchronen, seriellen Datenübertragung, wie er im Abschnitt 5.7 beschrieben wurde. Ein Sektor besteht aus einem Adreßfeld (*identification field – ID-field*, auch *header* genannt) und dem eigentlichen Datenfeld (*data field*). Vor dem Adreßfeld wird eine Folge von $00-Bytes (SYNC) aufgezeichnet, die zur Synchronisation des Taktes beim Lesen des Sektors dienen. (Darauf werden wir bei der Beschreibung der Aufzeichnungsverfahren im Abschnitt 6.3 noch näher eingehen.) Diese Synchronisations-Bytes werden als Lücke (*gap*) auch zwischen dem Adreßfeld und dem Datenfeld abgespeichert. Diese Lücke gibt der Steuerung des Laufwerks die Gelegenheit, die Schreib-/Leseverstärker nach dem Lesen eines Adreßfeldes rechtzeitig zum Schreiben des nachfolgenden Datenfeldes umzuschalten.

- Der Beginn des Adreßfeldes wird durch mehrere Markierungs-Bytes (IAM - *ID-field address mark*) gekennzeichnet. Das Adreßfeld selbst enthält die oben angesprochenen Bereichs-Informationen, also die Nummer der Spur, der Plattenseite (bzw. des Schreib-/Lesekopfes) und des Sektors. Die Nummer der Spur belegt bei Floppy Disks in der Regel ein Byte, bei Festplatten zwei Bytes. Bei Floppy Disks wird zusätzlich meistens noch die Länge des Sektors abgespeichert, die durch das gewählte Format festgelegt ist. Zum Abschluß des Adreßfeldes folgen mehrere Fehlererkennungs-Bytes (CRC), die es dem Controller ermöglichen, im Adreßfeld eventuell vorliegende Aufzeichnungsfehler festzustellen. (Wie das genau geschieht, werden wir im Abschnitt 6.6 beschreiben.)

- Der Beginn des Datenfeldes wird ebenfalls durch mehrere Bytes (*data address mark* – DAM) markiert. Danach folgen – je nach gewähltem Format – zwischen 128 und 1024 Datenbytes. Meistens werden jedoch 256 oder 512 Bytes in einem Sektor abgelegt. Abgeschlossen wird das Datenfeld ebenfalls durch mehrere Prüfbytes (CRC/ECC) zur Feststellung bzw. Korrektur eventueller Aufzeichnungsfehler.
  Das Löschen eines Sektors geschieht dadurch, daß im Feld DAM eine bestimmte Bitkombination abgelegt wird. Im Normalfall überspringt der Controller die solcherart gekennzeichneten Sektoren. Die Datenbytes selbst bleiben beim Löschen jedoch unverändert vorhanden, so daß auch diese Daten (durch spezielle Programme) gelesen werden können.

Auch zwischen den Sektoren werden bei der Aufzeichnung Lücken (*inter-record gaps*) gelassen.

Bei allen Disketten und Festplatten sind das physikalische und das logische Format zu unterscheiden, wobei zur Kennzeichnung des physikalischen Formats die eben eingeführten Begriffe benutzt werden.

Physikalisches Format

Das physikalische Format einer Speicherplatte, d.h. ihre Struktur, wird bestimmt durch die Anzahl der Seiten, die Anzahl der Spuren pro Seite, die Anzahl der Sektoren pro Spur und die Sektorlänge in byte. Zur Abspeicherung der Daten auf der Diskette werden aber zusätzlich noch weitere Informationen bzw. Kennungen benötigt. Die Charakteristika der Sektoren, z.B. ihre Größe und ihre Anzahl pro Spur, werden bei der sog. Formatierung festgelegt. Dabei werden die Lücken (*gaps*) zwischen den Sektoren, die Kennzeichnungen (IAM, DAM) der Sektorfelder sowie das Adreß- und Datenfeld selbst auf den Plattenspuren abgelegt.

Stellt der Controller dabei fest, daß ein bestimmter Bereich einer Spur nicht beschrieben werden kann, so wird der entsprechende Sektor (z.B. durch eine sehr hohe Sektornummer) als nicht benutzbar (*bad sector*) gekennzeichnet. (Die nicht benutzbaren Sektoren werden außerdem in der unten beschriebenen FAT-Tabelle markiert.)

Logisches Format

Das logische Format legt fest, wie die Informationen (Daten) auf der Platte organisiert sind, wo die unterschiedlichen Arten von Daten gespeichert werden und welche Bereiche der Platte für spezielle Informationen reserviert sind.

Im folgenden sollen beide Formate beispielhaft für das Betriebssystems MS-DOS der Firma Microsoft beschrieben werden (DOS – *Disk Operating System*). Bei diesem Betriebssystem ist die logische Formatierung unabhängig von der Art der benutzten Platte immer gleich. Die Seiten, Spuren und Sektoren werden durch eindeutige Nummern gekennzeichnet. Das benutzte physikalische Aufzeichnungsverfahren ist immer dasselbe, so daß z.B. alle MS-DOS-Disketten von allen Rechnern mit gleichem Betriebssystem verarbeitet werden können (Stichwort: 'Kompatibilität').

Beispiel

An einer 360-kbyte-Diskette soll das physikalische Format näher untersucht werden. Abweichungen, die bei Festplatten auftreten, werden im Abschnitt 6.5 beschrieben. Die betrachtete Diskette verfügt nach der Formatierung unter MS-DOS über die folgende Aufteilung:

Sie ist zweiseitig verwendbar; ihre Seiten werden durch die Nummern 0 und 1 gekennzeichnet. (Einseitige Disketten verwenden nur die Seitenummer 0.) Jede Seite besitzt einen eigenen Schreib-/Lesekopf (vgl. Abschnitt 6.4), die mit denselben Nummern versehen werden wie die ihnen zugeordneten Seiten. Jede Plattenoberfläche besitzt 40 Spuren, die mit Null beginnend (äußere Spur) bis 39 (innere Spur) durchnumeriert sind. Die Sektoren jeder Spur werden (merkwürdigerweise nicht mit 0 beginnend, sondern) von 1 bis 9 durchgezählt. Jeder Sektor enthält 512 Datenbytes. Die Speicherkapazität SK dieser Diskette errechnet sich zu:

$$SK_{unformatiert} = (\text{Seitenanzahl}) \cdot (\text{Spuren/Seite}) \cdot (\text{Bytes/Spur}).$$

Von diesem theoretisch zur Verfügung stehenden Speicherplatz muß noch der Platz für die durch die Formatierung erzeugten Lücken zwischen den Sektoren und ihren Feldern abgezogen werden, so daß sich die Nutz-Kapazität der Diskette folgendermaßen ergibt:

$$SK_{formatiert} = \text{Seitenanzahl} \cdot \text{Spuren/Seite} \cdot \text{Sektoren/Spur} \cdot \text{Datenbyte/Sektor}.$$

$$= (2 \cdot 40 \cdot 9 \cdot 512)\ \text{byte} = 368\,640\ \text{byte} = 360\ \text{kbyte}.$$

6.2.2 Plattenverwaltung durch das Betriebssystem MS-DOS

Durch den Formatierungsprozeß des Betriebssystems vor dem Ersteinsatz werden die Sektoren einer einseitig verwendbaren Diskette ab dem Sektor 1 der Spur 0 (auf der Seite 0) durchnumeriert, wobei Spur 0 die äußerste Spur ist. Bei zweiseitigen Disketten folgt die Numerierung einem etwas anderem Schema (s. Bild 6.2-3). Es werden zunächst jeweils die Sektoren einer bestimmten Spur auf beiden Plattenseiten durchnumeriert, bevor zur nächsten Spur übergegangen wird. So folgt z.B. dem letzten Sektor der Spur 0 auf der Seite 0 der erste Sektor der Spur 0 auf der Seite 1. Dieses Muster wird auch beim Beschreiben einer leeren Diskette eingehalten: Zunächst werden die Sektoren der ersten Spur der ersten Seite und anschließend die Sektoren der ersten Spur der zweiten Seite beschrieben usw.

Dies ermöglicht einen möglichst schnellen Zugriff auf die Daten, da die Schreib-/Leseköpfe möglichst wenig bewegt werden müssen (vgl. Abschnitt 6.4). Im Betriebssystem kann auf zwei verschiedenen Stufen auf einen Sektor zugegriffen werden:

- Das BIOS (*Basic Input/Output System*) ist ein Teil des Betriebssystem-Kerns und befindet sich resident im Rechner. Wie bereits im Abschnitt 4.5 gesagt, beinhaltet es alle standardisierten Grundfunktionen, die für die Ein-/Ausgabe benötigt werden, und macht die darüber liegenden Schichten des Betriebssystems von der aktuellen Rechnerhardware unabhängig. Zur Positionierung der Schreib-/Leseköpfe benutzt es einen dreidimensionalen Koordinaten-Vektor der Form (Seitennummer, Spurnummer, Sektornummer).
- Die Kennung der einzelnen Sektoren durch das BDOS (*Basic Disk Operating System*) wird hingegen durch eine fortlaufende Numerierung der Sektoren vorgenommen (s. Bild 6.2-3). Diese Nummer wird dann im BIOS wiederum in Seitennummer, Spurnummer und Sektornummer umgerechnet. (Das BDOS ist eine Betriebssystem-Schicht, die dem BIOS überlagert ist und alle Aufgaben der Dateiverwaltung wahrnimmt.)

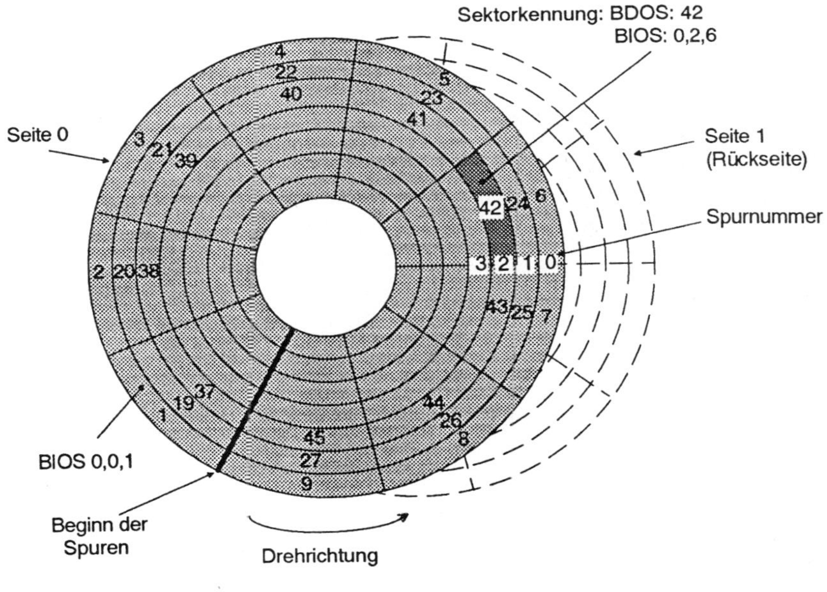

Bild 6.2-3. Numerierung der Sektoren auf einer zweiseitigen Diskette

6.2.3 Die verschiedenen Plattenbereiche

In der Praxis muß man bei der Berechnung des nutzbaren Speicherplatzes einer Platte nicht nur – wie oben geschehen – die Lücken zwischen den einzelnen Sektoren abziehen. Denn vom Betriebssystem werden alle für die Verwaltung der Diskette benötigten Kontrollinformationen mit auf der Speicherplatte abgelegt. Das Betriebssystem kann über die Kontrollinformationen die Plazierung der einzelnen Sektoren und eventuelle Beziehungen zwischen Sektoren erkennen. Dies ist insbesondere dann notwendig, wenn eine Datei mehr als einen Sektor, beispielsweise mehr als 512 byte an Speicherplatz benötigt. Wie dies geschieht, werden wir nun ausführlich beschreiben.

Durch den Formatierungsprozeß vor dem Ersteinsatz werden nicht nur die einzelnen Sektoren der Platte festgelegt, sondern auch der gesamte Speicherplatz einer Platte in vier Bereiche aufgeteilt (s. Bild 6.2-4), von denen die drei ersten der Verwaltung der Platte durch das Betriebssystem dienen. Die Größe der einzelnen Bereiche variiert in Abhängigkeit vom gewählten Platten-Format. Ihre Struktur und Anordnung sind jedoch immer gleich.

- Urladerbereich (*boot block*), ⎤ (Systembereich,
- Dateizuordnungstabelle (*file allocation table*), ⎥ *system area*)
- Dateiverzeichnis (*directory*), ⎦
- Datenbereich (*data area*).

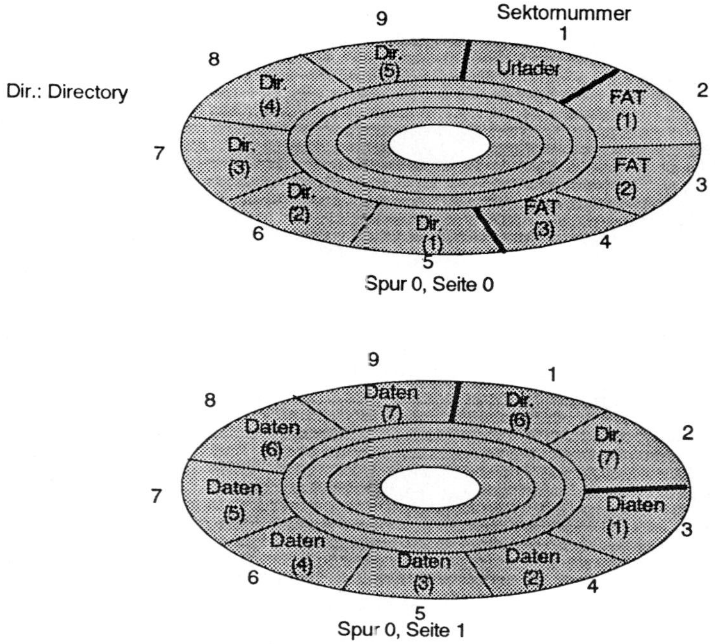

Bild 6.2-4. Die vier logischen Bereiche einer Speicherplatte

6.2.3.1 Der Urladerbereich

Der Urladerbereich (*boot block*) wird auf allen Platten angelegt, die mit dem speziellen MS-DOS-Befehl *'Format'* formatiert werden. Er ist 512 byte lang und befindet sich immer im Sektor 1 der Spur 0 auf der Seite 0. Er besteht aus einem kurzen Programm, das nach dem Einschalten des Rechners den Prozeß zum Laden des Betriebssystems (bzw. Teilen davon) in den Arbeitsspeicher aktiviert.

Im Bild 6.2-5 ist beispielhaft der Beginn des Boot Blocks einer mit dem MS-DOS-Betriebssystem Version 3.3 formatierten 360-kbyte-Diskette dargestellt. (Zu beachten ist, daß ein 16-bit-Wort immer in der Form *'L(ow)*-Byte, *H(igh)*-Byte' abgelegt wird.) Am Ende des Urlader-Eintrags befindet sich das 2-byte-Kennzeichen $55 $AA.

Bytefelder	0.	1.	2.	3.	4.
	EB 34 90	49 42 4D 20 20 33 3E 33	00 02	02	01 00
		I B M 3 3			

5.	6.	7.	8.	9.	10.	11.	12.
02	70 00	D0 02	FD	02 00	09 00	02 00	00 00

Bild 6.2-5. Aufbau des Urlader-Bereichs

Legende:

Feld	Bedeutung	Länge
1.	Systembezeichnung (hier 'IBM 3.3') im ASCII-Code	8 byte
2.	Anzahl der Bytes pro Sektor (hier 512 Bytes)	2 byte
3.	Anzahl der Sektoren pro *Cluster*[1)] (hier 2 Sektoren, s.u.)	1 byte
4.	Anzahl der reservierten Sektoren (hier 1 Sektor)	2 byte
5.	Anzahl der FAT-Kopien (hier 2, s.u.)	1 byte
6.	maximale Anzahl der Dateiverzeichnisse (hier 112, s.u.)	2 byte
7.	Gesamtzahl der Sektoren (hier 720 Sektoren)	2 byte
8.	Formatkennzeichen (hier 'FD': 360 kbyte, 2 Seiten, s.u.)	1 byte
9.	Anzahl der Sektoren pro FAT (hier 2, s.u.)	2 byte
10.	Anzahl der Sektoren pro Spur (hier 9)	2 byte
11.	Anzahl der Seiten bzw. Köpfe (hier 2)	2 byte
12.	Anzahl spezieller, reservierter Sektoren	2 byte

1) Ein Cluster ist die Zusammenfassung mehrerer Sektoren zu einer Verwaltungseinheit

6.2.3.2 Die Dateizuordnungstabelle

Die Dateizuordnungstabelle (*file allocation table* – FAT) folgt dem Urladerbereich und beginnt in der Regel in Sektor 2 der Spur 0 auf Seite 0. Sie enthält in ihrem Eintrag 0 das benutzte Disketten- bzw. Plattenformat. Der Unterschied zwischen den Formaten liegt hauptsächlich in ihrem Speicherangebot und der maximalen Zahl der Sektoren, die verwaltet werden können. Die Bedeutung der einzelnen Bits des FAT-Eintrags 0 ist in Tabelle 6.2-6 dargestellt.

Tabelle 6.2-6. Bedeutung der Bits des FAT-Eintrags Nr. 0

Bit	logischer Wert = 1	0
0	zweiseitig	einseitig
1	8 Sektoren	keine 8 Sektoren
2	bewegliche Köpfe	feste Köpfe
3-6	(diese Bits sind stets auf 1 gesetzt)	
7	nicht 80 Spuren	80 Spuren

In Tabelle 6.2-7 sind beispielhaft die Möglichkeiten für den FAT-Eintrag 0 einer 5¼-Zoll-Diskette angegeben.

Tabelle 6.2-7. Das 1. Byte des FAT-Eintrags Nr. 0 bei 5¼-Zoll-Disketten

FAT 0	Kapazität in kbyte	Anzahl der Seiten	Sektoren/Spur	Spuren/Seite
FE	160	1	8	40
FC	180	1	9	40
FF	320	2	8	40
FD	360	2	9	40
7F	640	2	8	80
7D	720	2	9	80
79	1 200	2	15	80

Die restlichen Einträge der FAT geben eine Übersicht über die von den Dateien[2] belegten Sektoren. Das Betriebssystem benutzt die Tabelle, um eine Kontrolle über den von den Daten belegten Speicherplatz zu erlangen und die Daten einer bestimmten Datei zu finden. Da mit Hilfe der FAT der gesamte Datenbereich verwaltet wird, werden bei den meisten Plattenformaten aus Sicherheitsgründen zwei völlig identische Kopien angefertigt und abgespeichert, um einen Datenzugriff auch noch bei Zerstörung einer FAT zu gewährleisten.

Die Größe der Datenbereiche, die als kleinste (über einen FAT-Eintrag) zu verwaltende Einheit betrachtet werden sollen, wird vom Betriebssystem festgelegt. Dieses faßt einen oder mehrere Sektoren zu sogenannten Blöcken (*cluster*) zusammen. Bei einer zweiseitigen Diskette z.B. besteht ein Cluster typischerweise aus zwei Sektoren.

Die Cluster sind sequentiell von 2 bis zur Gesamtzahl der auf der Platte befindlichen Cluster plus 1 durchnumeriert. Jedem Cluster des Datenbereichs ist ein Eintrag in der FAT zugeordnet. Durch das Löschen von alten Dateien und das Hinzufügen von neuen entsteht – ähnlich wie es beim Arbeitsspeicher im Abschnitt 4.2 beschrieben wurde – eine Fragmentierung des Datenbereiches auf der Platte, in dem die eigentlichen Daten abgelegt werden (s.u.). So wächst die Wahrscheinlichkeit, daß für eine neu zu erstellende Datei kein genügend großer, zusammenhängender Speicherbereich gefunden werden kann. Daher wird eine Datei gegebenenfalls auf viele, über die gesamte Platte verstreute Cluster aufgeteilt. Die Nummer des 1. Clusters jeder Datei wird im Dateiverzeichnis (s.u.) angegeben. Im Eintrag eines Clusters in der FAT wird jeweils die Nummer des folgenden Clusters der gleichen Datei eingetragen. Auf diese Weise werden alle Cluster einer Datei miteinander verkettet. Der letzte Cluster einer Datei wird z.B. durch den Eintrag $FFF gekennzeichnet. Cluster, die noch nicht einer Datei zugeordnet sind, werden durch eine eindeutige Kennung als 'frei' ('ungenutzt') ausgewiesen. Cluster, die wegen irgendwelcher Defekte nicht beschrieben werden können, werden vom Betriebssystem in der FAT als 'unbenutzbar' gekennzeichnet.

Es gibt drei gebräuchliche FAT-Formate mit den zugeordneten Bereichen für die Numerierung der Cluster bzw. der Tabellen-Einträge:

- 12-bit-Format: $002 - $FF6 ,
- 16-bit-Format: $0002 - $FFF6 ,
- 32-bit-Format: $0000 0002 - $FFFF FFF6 .

Aus dem oben Gesagten ergibt sich, daß im n-bit-Format jeder Eintrag ebenfalls n bit belegt. So benötigt jeder Eintrag im 12-bit-Format 1.5 byte, im 16-bit-Format 2 byte und im 32-bit-Format 4 byte. Das 16-bit-Format bzw. das 32-bit-Format werden immer dann eingesetzt, wenn die Kapazität des 12-bit-Formats überschritten wird, d.h. mehr als 4085 ($002 - $FF6) Tabelleneinträge benötigt werden. Dies ist z.B. bei Festplatten mit einer Speicherkapazität von mehr als 20 Mbyte der Fall.

Als Beispiel zeigt Tabelle 6.2-8 eine mögliche Belegung der FAT bei einer 5¼-Zoll-Diskette im 12-bit-Format. Die FAT besitzt hier bis zu 4085 Einträgen mit

2) Eine Datei ist eine Zusammenfassung von Datensätzen, die in einem verarbeitungstechnischen Zusammenhang stehen.

den Nummern zwischen 0 und 4095. Ein Cluster ist frei verwendbar, wenn sein Eintrag $000 ist. Der Wert $FFF zeigt an, daß der entsprechende Cluster der letzte einer Datei ist. Kann ein Cluster nicht benutzt werden, z.B. wegen eines beim Formatieren festgestellten Oberflächendefekts, so wird er mit der Hexadezimalzahl $FF7 gekennzeichnet.

Tabelle 6.2-8. Beispielbelegung einer FAT

FAT-Eintrag	Wert	Bedeutung
0	$FDF	zweiseitige Platte mit doppelter Datendichte
1	$FFF	
2	$FFF	letzter Cluster der Datei, Ende der Datei
3	$006	nächster Cluster der Datei ist Cluster 6
4	$FFF	letzter Cluster der Datei, Ende der Datei
5	$000	Eintrag ungenutzt, frei
6	$008	nächster Cluster der Datei ist Cluster 8
7	$019	nächster Cluster der Datei ist Cluster 19
8	$FFF	letzter Cluster der Datei, Ende der Datei
9	$FF7	Cluster unbenutzbar
10	$000	Eintrag ungenutzt, frei
...	...	

6.2.3.3 Das Dateiverzeichnis

Das Dateiverzeichnis ist das Inhaltsverzeichnis (*directory*, Katalog) der Platte. Beim MS-DOS-Betriebssystem wird für jede Datei ein Verzeichniseintrag mit einer Länge von 32 byte aufgenommen. Die einzelnen Bytes haben die in der Tabelle 6.2-9 aufgeführte Bedeutung, die wir im folgenden kurz beschreiben.

- Der Dateiname hat eine Länge von maximal 8 Zeichen (byte) im ASCII-Code. Ist der Name kürzer als acht Zeichen, wird der fehlende Teil mit Leerzeichen (ASCII-Code: $20) aufgefüllt. Hier kann aber auch der Name eines Unterverzeichnisses eingetragen sein.
  Als Statusinformation hat das erste Byte die verschiedene Bedeutungen, von denen nur eine erwähnt werden soll:
  Enthält es den Wert $E5 (ASCII-Zeichen 'σ'), so ist die entsprechende Datei und der zugehörige Eintrag in der FAT gelöscht.
- Hinter dem Dateinamen wird die Kennung (*extension*) gespeichert, die angibt, um welche Art Datei es sich handelt (beispielsweise 'TXT' für Textdateien, 'EXE' für ausführbare Programme etc.). Die Kennung kann über eine maximale Länge von 3 byte, entsprechend 3 ASCII-Zeichen verfügen. Sie ist in weiten Maßen

vom Benutzer frei wählbar und kann auch bei Unterverzeichnissen angegeben werden.

- Das dritte Feld hat eine Länge von einem Byte und ist bitweise kodiert. Es können dadurch acht Attribute vergeben werden. So markiert z.B. ein gesetztes Bit 0 eine Datei als nur lesbar (Schreibschutz). Ein gesetztes Bit 1 kennzeichnet die Datei als 'versteckt' ('unsichtbar'), d.h. sie wird bei der Auflistung des Dateiverzeichnisses nicht mit aufgeführt. Bit 2 unterscheidet zwischen Systemdateien und Benutzerdateien. Bit 4 zeigt an, ob es sich um eine Datei oder ein Unterverzeichnis handelt. Die Bitkombination "0000 0111" kennzeichnet z.B. eine versteckte Systemdatei, auf die nur lesend zugegriffen werden darf.
- Das nächste Feld ist für spätere Erweiterungen des Betriebssystems MS-DOS reserviert.
- Die folgenden 4 Bytes enthalten die Uhrzeit und das Datum, an dem die Datei erstellt oder das letztemal verändert wurde.
- Das siebte Feld, das aus einem 2-byte-Wert besteht, enthält die Nummer des ersten Datenblocks (*cluster*) der Datei. Dies wurde bereits bei der Beschreibung der Dateizuordnungstabelle erwähnt.
- Das letzte Feld eines Dateiverzeichnis-Eintrags enthält die Länge der Datei als positive, ganze Zahl der Länge 4 byte.

Tabelle 6.2-9. Aufbau des Dateiverzeichnisses bei MS-DOS-Platten

Byte (hex)	Bezeichnung
00 - 07	Dateiname oder Status
01 - 07	Fortsetzung Dateiname
08 - 0A	Kennung (*extension*)
0B	Attribut
0C - 15	reserviert
16 - 17	Uhrzeit des letzten Schreibzugriffs auf die Datei
18 - 19	Datum des letzten Schreibzugriffs auf die Datei
1A - 1B	erster Cluster der Datei (nur 12- bzw. 16-bit-Format)
1C - 1F	Länge der Datei

Am Beispiel der MS-DOS-Systemdatei IBMBIO.COM, die in IBM-(kompatiblen) Rechnern einen Teil des oben erwähnten BIOS enthält, soll der Aufbau des Eintrags im Dateiverzeichnis erläutert werden. Dieser Eintrag ist in Bild 6.2-10 dargestellt. (Uhrzeit, Datum, Nummer des ersten Clusters und Dateilänge sind darin derart angegeben, daß die höherwertigen Bytes höherwertige Adressen belegen.)

49 42 4D 42 49 4F 20 20	49 4F 4D	27 (=0010 0111)
I B M B I O	C O M	Attribute, binär kodiert

00 00 00 00 00 00 00 00 00 00	00 60	72 0E	02 00	99 56 00 00
nicht benutzt	Uhrzeit	Datum	erster Cluster	Dateilänge

Bild 6.2-10. Eintrag im Dateiverzeichnis

6.2.3.4 Der Datenbereich

Der Datenbereich (*data area*) der Platte ist zum Speichern der eigentlichen Benutzerdaten bestimmt. Er umfaßt das gesamte Gebiet ab dem Dateiverzeichnis bis zum letzten Sektor der Platte. Die Sektoren werden je nach Bedarf den einzelnen Dateien zugewiesen. Wie bereits erwähnt, werden in Abhängigkeit vom Plattenformat mehrere Sektoren zu einem Cluster zusammengefaßt. Bei zweiseitigen Disketten besteht ein Cluster (häufig) aus zwei Sektoren.

6.2.3.5 Zusammenfassende Darstellung der Diskettenverwaltung

Zum Abschluß dieses Abschnitts soll im Bild 6.2-11 an einem Beispiel die Verwaltung einer Diskette durch das MS-DOS-Betriebssystem mit Hilfe der FAT und des Dateiverzeichnisses dargestellt werden.

Selbsttestaufgabe S6.2-1:
Interpretieren Sie die im Bild 6.2-11 angegebenen Verweise und Tabelleneinträge.

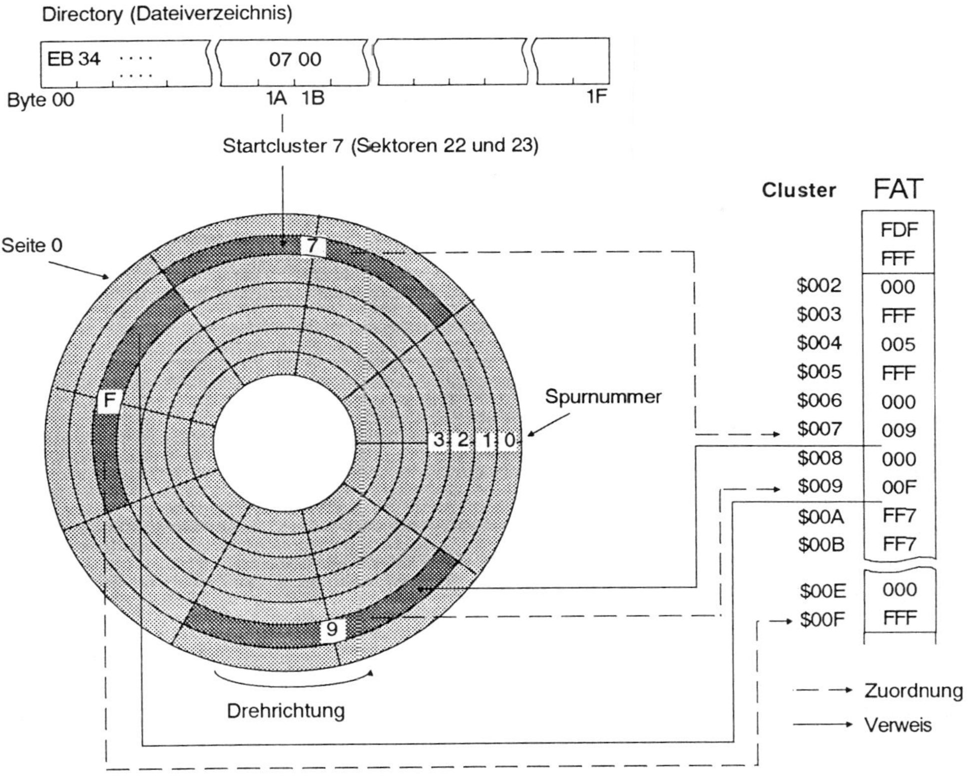

Bild 6.2-11. Zur Plattenverwaltung des MS-DOS-Betriebssystems

6.3 Die Aufzeichnungsverfahren

6.3.1 Zum Begriff Flußwechsel

Das physikalische Prinzip der Datenaufzeichnung auf magnetischen Platten besteht darin, die dünne Oberflächenschicht der Platte informationsabhängig zu magnetisieren. Zur Unterscheidung von '0'- bzw. '1'-Bits wird dazu die Richtung der Magnetisierung gezielt verändert. Jede Änderung der Magnetisierungsrichtung wird als Flußwechsel, genauer als Wechsel der magnetischen Flußrichtung, bezeichnet.

Um den Begriff "Flußwechsel" bzw. "Flußumkehrung" zu erläutern, wird im Bild 6.3-1 zunächst ein Schreib-/Lesekopf mit seinem Ringkern, der Spule für die Erzeugung des Magnetfeldes, die Richtung des Magnetflusses sowie seine Auswirkungen auf das Speichermedium dargestellt. Der Schreibstrom I1 erzeugt z.B. das

Ausrichten des Magnetfeldes nach rechts, I2=-I1 nach links. ('rechts' kann z.B. dem magnetischen Nordpol, 'links' dem magnetischen Südpol entsprechen.)

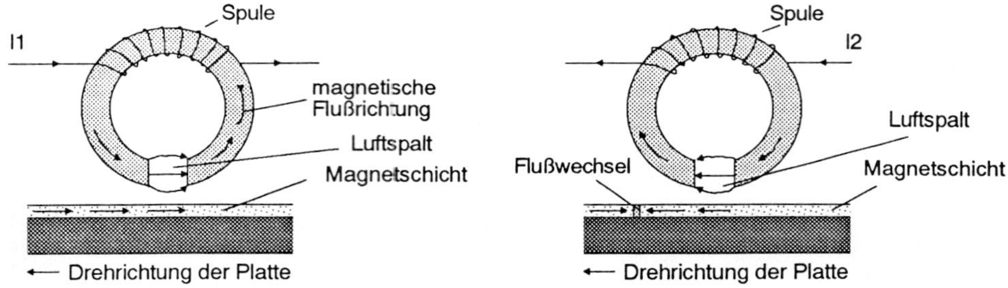

Bild 6.3-1. Prinzip der Datenabspeicherung (Flußwechsel)

Die seriellen Daten werden zunächst nach verschiedenen Verfahren in eine andere Bitfolge umgewandelt. Mit jedem '1'-Bit dieser Bitfolge ändert der Schreibstrom I (I1 bzw. I2) der Magnetiserungsspule seine Richtung. Dadurch wird die Richtung des magnetischen Feldes im Luftspalt des Plattenkopfes und als Folge eine Umpolung der Magnetisierung der Plattenspur unter dem Kopf erzielt.

Im Bild 6.3-2 ist beispielhaft das Abspeichern des Buchstabens 'S' (ASCII-Code $53) dargestellt. Dabei haben wir das MFM-Codierungsverfahren benutzt, das wir weiter unten beschreiben werden.

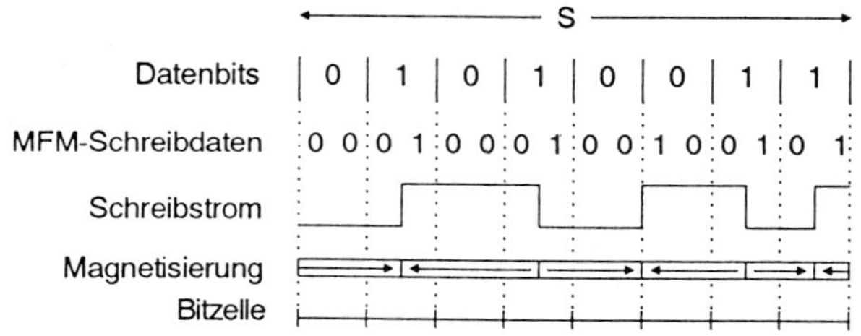

Bild 6.3-2. Abspeichern eines Zeichens

Das aufgezeichnete Magnetisierungsmuster wird von dem gleichen Magnetkopf gelesen. Bild 6.3-3 zeigt das Blockschaltbild der Lese-Einrichtung mit ihren unterscheidbaren Komponenten. Der mit Hilfe der aufgezeichneten Daten synchronisierte Takt der Lese-Einrichtung erlaubt es der Plattensteuerung, die Lage, d.h. den Beginn und die Dauer, der einzelnen Bits auf der Spur eindeutig festzustellen.

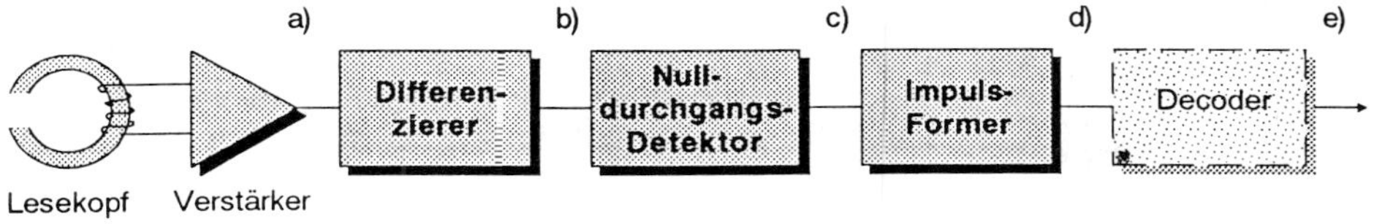

Bild 6.3-3. Blockschaltbild der Lese-Einrichtung

Im Bild 6.3-4 ist beispielhaft der Verlauf der beschriebenen Signale für das (durch das MFM-Verfahren) codierte ASCII-Zeichen 'S' ($53) dargestellt. Die Buchstaben am rechten Rand verweisen auf die gleichbezeichneten Punkte der Lese-Einrichtung im Bild 6.3-3, an denen die entsprechenden Signale zu messen sind.

Die Magnetisierung der Plattenoberfläche induziert in der Spule ein schwaches Stromsignal, dessen Richtung (ansteigend bzw. abfallend) von der Richtung der Magnetisierung der Spur abhängt. Zunächst wird dieses analoge Signal verstärkt und durch Differenzieren seine Richtung bestimmt. Durch einen Komparator (Nulldurchgangs-Detektor) wird das analoge Signal in ein digitales Signal umgewandelt, das genau dann den Wert '1' hat, wenn das gelesene analoge Signal eine positive Steigung besitzt. Aus jedem Pegelwechsel dieses digitalen Signals erzeugt ein Impulsformer einen kurzen, positiven (H-)Impuls. Diese Impulse stellen die '1'-Bits des codierten Signals dar. Zwischen den '1'-Bits liegen Gruppen von '0'-Bits, deren Anzahl durch ihre fest vorgebene zeitliche Länge zu bestimmen ist. Der nachgeschaltete Decoder (im Platten-Controller) erzeugt daraus wieder das ursprüngliche, aufgezeichnete Binärzeichen. Die gelesenen Daten werden in ein Schieberegister geladen, das mit Hilfe des aus der aufgezeichneten Information rückgewonnenen Taktes oder aber eines gesonderten Empfangstaktes betrieben wird. Aus diesem Schieberegister kann der Prozessor die Daten in paralleler Form abholen.

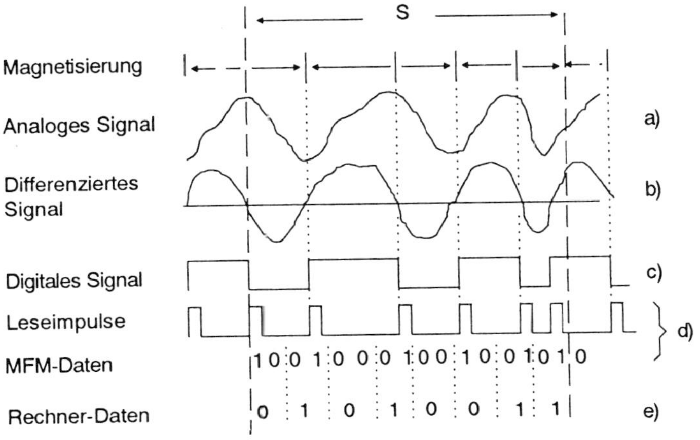

Bild 6.3-4. Verlauf der Signale beim Lesen des ASCII-Zeichens 'S'

6.3.2 Beschreibung der Verfahren

Da sich die Platte nicht immer mit genau der gleichen Geschwindigkeit dreht, wird das (oben erwähnte) Prinzip der Feststellung der Lage der einzelnen Bits auf der Spur in der Realität sehr erschwert. Dies gilt insbesondere, wenn die Daten beliebig lange Folgen von '0'-Bits enthalten, sogenannte *Runs* ("Läufe"). In diesen Runs fehlen die '1'-Bits, die ja zur Ummagnetisierung der Plattenoberfläche führen und damit der Lese-Steuerung zur Synchronisation dienen können. Um ein fehlerfreies Lesen der Daten zu ermöglichen, muß entweder zusätzlich der Datentakt mit übertragen oder aber dafür gesorgt werden, daß die Länge der Runs begrenzt ist. Im letzten Fall kann der Empfangstakt für die Dauer jedes Runs stabil genug erzeugt werden. (Das Problem der Lese-Synchronisation erinnert damit an das Problem der Empfangs-Synchronisation, das bei der asynchronen, seriellen Datenübertragung im Abschnitt 5.6 beschrieben wurde.) Im folgenden werden die verbreitetsten Aufzeichnungsverfahren zur Lese-Synchronisation beschrieben. Sie werden (außer dem FM-Verfahren) sowohl bei Floppy-Disk-Systemen wie auch bei Festplatten-Systemen eingesetzt.

Den Platz, den ein auf der Plattenspur aufgezeichnetes Datenbit belegt, bezeichnen wir vereinfachend mit Bitzelle. Natürlich ist die geometrische Länge einer Bitzelle davon abhängig, auf welcher Spur der Plattenoberfläche sie sich befindet. Denn zur Vereinfachung der Steuerung werden gewöhnlich auf jeder Spur dieselbe Anzahl von Datenbits abgespeichert, so daß eine Bitzelle auf der äußersten Spur erheblich mehr Platz belegen kann als auf der innersten. (Am Schluß dieses Abschnitts werden wir ein komplizierteres Verfahren vorstellen, das den Speicherplatz effektiver ausnutzt.) Die Zeitspanne, die dem Platten-Controller für den Schreib- oder Lese-Zugriff auf eine Bitzelle zur Verfügung steht, ist jedoch von der Lage der Zelle unabhängig und ein konstanter Wert. Sie dauert z.B. bei Disketten in Abhängigkeit vom benutzten Aufzeichnungsverfahren zwischen 2 und 8 µs.

Wir beginnen mit der Darstellung eines Verfahrens, das in der Regel die erste der oben beschriebenen Möglichkeiten der Lese-Synchronisation verwendet, nämlich die zusätzliche Aufzeichnung des Taktes.

6.3.2.1 NRZ-Verfahren

Beim NRZ-Verfahren (*non return to zero*) findet ein Wechsel der Magnetisierungsrichtung immer nur dann statt, wenn die Daten einen Zustandswechsel von '0' nach '1' bzw. umgekehrt aufweisen. Daher besitzt das Verfahren auch seinen Namen, denn zwischen zwei unmittelbar aufeinander folgenden '1'-Bits kehrt das Signal nicht zum '0'-Pegel zurück. Im Bild 6.3-5 ist ein Beispiel einer NRZ-Aufzeichnung skizziert. Der Verlauf des Schreibstromes gleicht im Prinzip dem dargestellten digitalen Signal. Aus den oben erwähnten Gründen stellt dieses Verfahren hohe Anforderungen an den Gleichlauf der Platte und die Frequenz-Stabilität des Lese-Taktes, da bei ihm Runs beliebiger Länge aus '0'- bzw. '1'-Datenbits auftreten können.

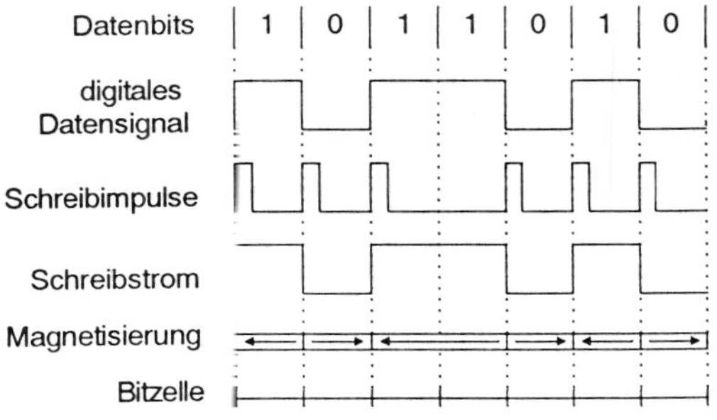

Bild 6.3-5. NRZ-Aufzeichnungsverfahren

Kann diese Frequenz-Stabilität nicht gewährleistet werden, wird auf einer weiteren Spur der Platte der Takt aufgezeichnet. Bei einer zweiseitig benutzbaren Diskette kann das zum Beispiel auf der gleichen Spur der anderen Plattenseite geschehen. Das bedeutet einerseits zwar, daß eine ganze Plattenseite für den Takt verloren geht, andererseits kann dadurch die (minimale) Länge einer Bitzelle klein gehalten werden, da in dieser kein Taktsignal aufgezeichnet werden muß. Bei Festplatten, die gewöhnlich aus einem Stapel mehrerer übereinander angeordneter Platten bestehen (vgl. Abschnitt 6.5), reicht eine einzige Plattenoberfläche für die Aufzeichnung des Taktes zu den Daten auf allen anderen Plattenoberflächen.

6.3.2.2 Frequenzmodulations-Verfahren

Die einfachste Methode zur Aufzeichnung der Daten mit Integration des Taktsignals ist das in Bild 6.3-6 dargestellte Frequenzmodulations-Verfahren (*frequency modulation* – FM). Dieses Verfahren ist relativ langsam und sehr Speicherplatzintensiv, da in jeder Bitzelle mit dem Datenbit auch der Takt aufgezeichnet werden muß. Es wird häufig auch als 'Format mit einfacher Schreibdichte' (*single density format*) bezeichnet.

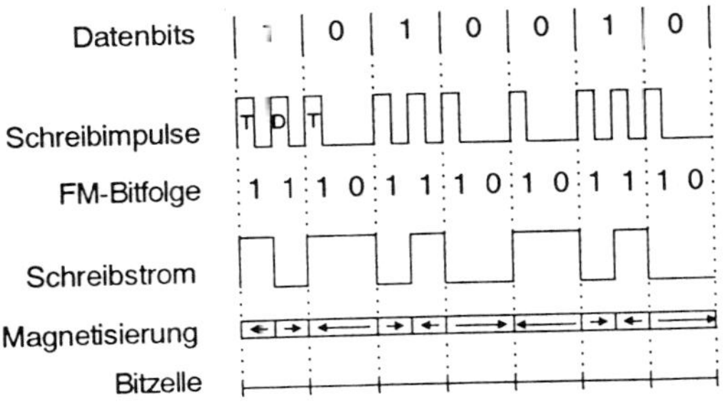

Bild 6.3-6. FM-Aufzeichnungsverfahren

Zu Beginn jeder Bitzelle wird zunächst ein Taktimpuls T abgespeichert. Nur wenn der Inhalt dieser Zelle gleich '1' sein soll, folgt in der Mitte der Bitzelle das Datum D als positiver Impuls.

Bei der Wiedergabe kann nun mit einer einfachen Schaltung der Takt zurückgewonnen werden. Eine Möglichkeit dazu besteht darin, mit jedem Taktimpuls ein Monoflop zu triggern, dessen Ausgangsimpuls zwar kürzer als die Zeitdauer einer Bitzelle, aber länger als die Hälfte davon ist. Es kippt kurz vor dem nächsten Taktimpuls wieder in seinen stabilen Zustand zurück und wird dann erneut getriggert. Das Monoflop darf natürlich nicht retriggerbar sein, d.h. Impulse, die innerhalb der Dauer seines instabilen Zustands ankommen – wie z.B. die Datenimpulse der '1'-Bits -, müssen unbeachtet bleiben.

Nun kann es aber zu Beginn eines Lesevorgangs vorkommen, daß das Monoflop zuerst von einem '1'-Datenbit und nicht durch einen Taktimpuls getriggert wird. Dies hat zur Folge, daß das Monoflop erst nach dem ersten folgenden '0'-Bit auf die Taktimpulse synchronisiert wird. Um eine derartige Fehltriggerung zu verhindern, werden beim Aufzeichnen der Daten spezielle Pulsfolgen den eigentlichen Daten zur Synchronisation der Lese-Steuerung vorausgeschickt, wie dies im Bild 6.2-2 gezeigt wurde.

Selbsttestaufgabe S6.3-1:
Skizzieren Sie für das FM-Verfahren die Richtung der Spurmagnetisierung sowie den Verlauf des Schreibstroms und die aufgezeichnete Bitfolge bei der Speicherung des 'ASCII'-Zeichens 'º' ($A7).

6.3.2.3 Modifiziertes Frequenzmodulations-Verfahren

Ein Aufzeichnungsverfahren, das eine Verdoppelung der Speicherkapazität ermöglicht, ist das modifizierte Frequenzmodulations-Verfahren (*modified frequency modulation* – MFM, s. Bild 6.3-7). Dies wird – vereinfachend gesagt – dadurch erreicht, daß der Takt nur in den Bitzellen abgespeichert wird, in denen nicht schon ein Impuls für ein '1'-Datenbit vorliegt. In jeder Bitzelle wird also höchstens ein Impuls abgelegt.

Hierdurch kann die Bitzelle nur noch halb so lang wie beim FM-Verfahren gewählt werden. Bei Disketten-Laufwerken entspricht sie typischerweise einer Zugriffsdauer von 2 µs. Beim MFM-Verfahren spricht man deshalb auch von einem 'Format mit doppelter Schreibdichte' (*double density format*). Genauer betrachtet, werden die Daten wie folgt abgespeichert:

Ist eine Bitzelle mit einer '1' zu belegen, so wird durch einen positiven Impuls das Datum D in die Mitte der Zelle geschrieben. Bei einer '0' wird am Anfang der Zelle der Taktimpuls T abgelegt. Das Schreiben des Taktes am Anfang der Bitzelle erfolgt jedoch nur dann, wenn die vorherige Zelle nicht mit einer '1' beschrieben wurde.

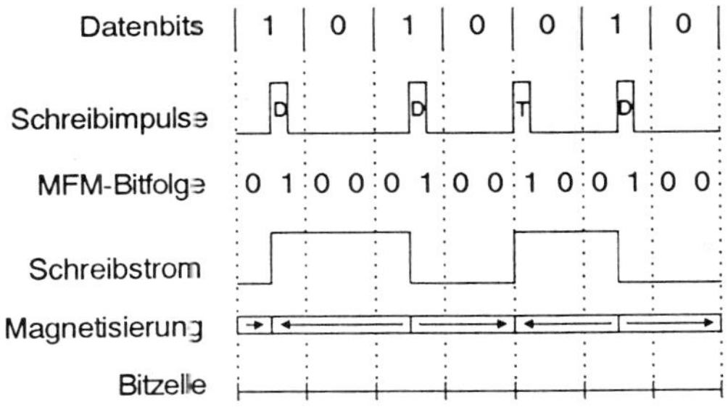

Bild 6.3-7. MFM-Aufzeichnungsverfahren

Bei einer längeren Folge unmittelbar hintereinander folgender '0'-Bits wird also der Takt am Anfang jeder Bitzelle abgespeichert und ermöglicht so die Synchronisation beim Lesen der Daten. In Bild 6.3-8 ist eine Möglichkeit zur Rückgewinnung der Daten dargestellt.

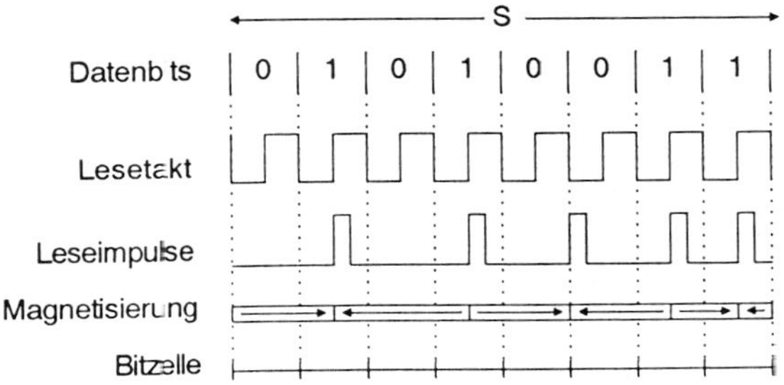

Bild 6.3-8. Rückgewinnung der Daten beim MFM-Verfahren

Erklärung

Vor jeder Folge von Datenbits wird eine gewisse Anzahl von Synchronisations-Zeichen aufgezeichnet (vgl. Bild 6.2-2). Dazu eignet sich beim MFM-Verfahren z.B. eine Sequenz von '0'-Bits ($00-Bytes), die ja am Anfang jeder Bitzelle einen Schreibimpuls besitzen. Mit Hilfe des so synchronisierten Empfangstaktes ist es möglich, in den aufgezeichneten Datenfolgen die einzelnen Bitzellen zu unterscheiden. Im Bild 6.3-8 wurde vorausgesetzt, daß der Takt bereits in dieser Weise synchronisiert wurde. In den gelesenen Daten erkennt nun die Empfangssteuerung ein

- '0'-Datenbit, wenn während einer Vollschwingung des Taktes kein Leseimpuls bzw. während der negativen Halbwelle des Taktes ein Impuls auftritt;
- '1'-Datenbit, wenn während der positiven Halbwelle des Taktes ein Impuls auftritt.

Als Ergänzung soll hier noch das seltener eingesetzte **M2FM-Verfahren** erwähnt werden. Es unterscheidet sich vom MFM-Verfahren nur dadurch, daß bei einer längeren Folge von '0'-Bits nur in jeder zweiten Bitzelle ein Taktimpuls abgespeichert wird.

Zusammenfassend kann man die bisher beschriebenen Verfahren wie folgt charakterisieren:

- NRZ Während der gesamten Schreibdauer einer Bitzelle bleibt das Signal konstant auf '1'- oder '0'-Pegel.
- FM Ist das Datenbit logisch '1', so wird in der Mitte der Bitzelle ein Impuls gespeichert. An den Anfang jeder Bitzelle wird ein Taktimpuls gesetzt.
- MFM Ist das Datenbit logisch '1', so wird, wie beim FM-Verfahren, in die Mitte der Bitzelle ein Impuls gesetzt. Ein Taktimpuls wird nur dann an den Anfang einer Bitzelle gesetzt, wenn in der vorhergehenden Zelle und in der Zelle selbst kein '1'-Bit gespeichert wird.

6.3.2.4 RLL-Verfahren

Ein weiteres, häufig benutztes Verfahren ist das RLL-Aufzeichnungsverfahren (*run length limited*, "Lauflängenbegrenzung"). Ziel dieses Verfahrens ist es, die Aufzeichnung von '0'-Bit-Runs beliebiger Länge zu vermeiden. Dies wird durch eine Codierung der Daten erreicht, die diese Länge stark begrenzt. Das RLL-Verfahren übersetzt jedes Datenbit in zwei aufzuzeichnende Bits, so daß die Länge der ursprünglichen Bitfolge verdoppelt wird. Wichtig ist jedoch, daß diese Umsetzung vom Kontext abhängig ist, d.h. sie berücksichtigt außer dem zu codierenden Bit auch noch ein oder zwei folgende Bits (*look-ahead bits*).

Beim sogenannten **RLL-(2,7)-Verfahren** bewirkt diese Umsetzung, daß zwischen zwei '1'-Bits mindestens zwei, aber höchstens sieben '0'-Bits liegen. Hierzu werden gemäß Tabelle 6.3-9 sieben mögliche Bitfolgen mit 2 bis 4 Bits in den RLL-(2,7)-Code mit einer doppelt so langen Bitfolge aus 4 bis 8 Bits umgewandelt. Die Codierung beginnt stets mit dem ersten Bit einer Bitfolge und wird sukzessiv auf die in der Folge erkannten Bitkombinationen, wie sie in der linken Hälfte der Tabelle aufgeführt sind, angewandt. Dabei kann es natürlich passieren, daß am Ende der Bitfolge eine Kombination übrigbleibt, die in der Tabelle nicht berücksichtigt wurde. Es sprengt den Rahmen unserer kurzen Darstellung zu beschreiben, wie der Controller in diesem Fall eine eindeutige Codierung der Folge erzielt.

Tabelle 6.3-9. Zur Gewinnung des RLL-(2,7)-Codes

Bitkombination Bit	Kontext	**RLL-(2,7)-Code**	
1	0	10	00
1	1	01	00
0	00	10	0100
0	10	00	1000
0	11	00	0100
0	010	00	001000
0	011	00	100100

Beispiel

Die Daten-Bitfolge '01100011' wird in drei Codierungsschritten in die Folge '0001001001000100' umgesetzt:

1. 011 ——> 000100
2. 000 ——> 100100
3. 11 ——> 0100

Im Bild 6.3-10 ist der Verlauf der Signale zur Aufzeichnung dieser Bitfolge skizziert.

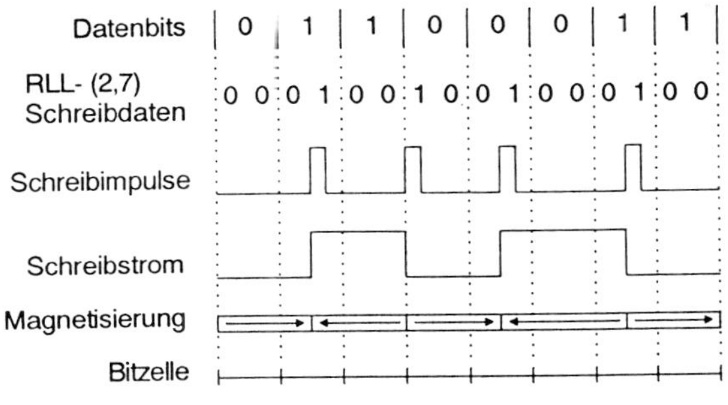

Bild 6.3-10. Das RLL-(2,7)-Verfahren

Erhöhung der Speicherdichte

Die Beobachtung, daß das RLL-(2,7)-Verfahren die Länge der aufzuzeichnenden Bitfolge verdoppelt, klingt zunächst paradox und scheint im Widerspruch dazu zu stehen, durch dieses Verfahren eine größere Aufzeichnungsdichte erreichen zu können. Um dies zu verstehen, muß man zunächst wissen, daß aus physikalischen Gründen der Abstand d zwischen zwei Flußwechseln im magnetisierbaren Material eine bestimmte, minimale Grenze nicht unterschreiten kann. Dieses Problem tritt natürlich nur bei den innersten Spuren der Platte auf, da auf den äußeren Spuren der Abstand zwischen zwei Flußwechseln stets größer wird. Nun liegen beim RLL-(2,7)-Code zwischen zwei '1'-Bits, die ja den Flußwechseln entsprechen, stets wenigstens zwei '0'-Bits. Daher kann man die Aufzeichnungsdichte im Extremfall so wählen, daß eine Bitfolge '001' auf einem Spurstück der minimalen Länge d aufgezeichnet wird. Dies entspricht einer mittleren Speicherdichte von 1.5 (uncodierten) Datenbits pro Spurlänge d. Gegenüber dem NRZ-Verfahren sowie dem MFM-Aufzeichnungsverfahren erreicht man so eine Steigerung der Speicherkapazität um 50% (s. hierzu das Beispiel im Bild 6.3-11). Beim FM-Verfahren wurden hingegen Spurabschnitte der minimalen Länge 2d für ein Datenbit benötigt, so daß der RLL-(2,7)-Code gegenüber dem FM-Verfahren eine um den Faktor 3 größere Speicherdichte erreicht.

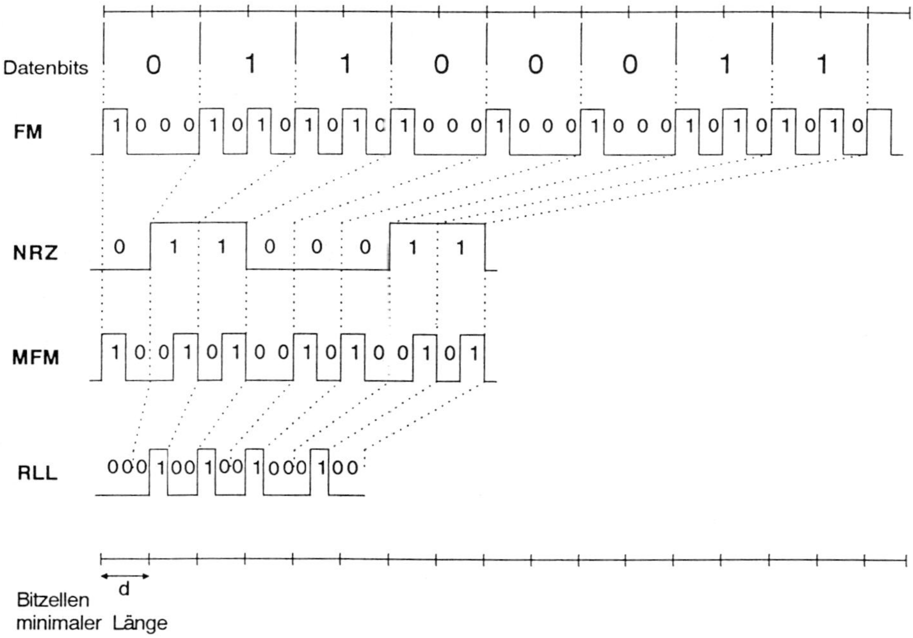

Bild 6.3-11. Vergleich des minimalen Speicherbedarfs bei den beschriebenen Verfahren

6.3.3 Verbesserung der Aufzeichnungstechnik bei Festplatten-Systemen

Bei der heute in Festplatten-Laufwerken standardmäßig eingesetzten Aufzeichnungstechnik werden – wie bei Floppy Disks – für die inneren und äußeren Spuren die gleichen Aufzeichnungsfrequenzen eingesetzt, d.h. die Anzahl der aufgezeichneten Bits pro Sekunde ist immer gleich. Es ergibt sich daraus eine einheitliche Anzahl von Sektoren pro Spur für die gesamte Festplatten-Oberfläche. Dies vereinfacht die Steuerelektronik, da diese nur eine Aufzeichnungsfrequenz erzeugen muß. Aufgrund des unterschiedlichen Umfangs der inneren und äußeren Spuren, ist die Bitdichte auf den inneren Spuren jedoch erheblich höher als auf den äußeren. Bei einer 3½-Zoll-Platte kann so die Aufzeichnungsdichte auf den inneren Spuren um den Faktor 2 bis 3 größer sein als auf den äußeren. Mit einem einheitlichen Aufzeichnungsverfahren wird die Platte auf den äußeren Spuren daher nicht so ausgenutzt, wie dies technisch möglich ist.

Eine effektivere Kapazitätsausnutzung der Festplatten ermöglicht die *Zone-Bit-Recording*-Technik (s. Bild 6.3-12).

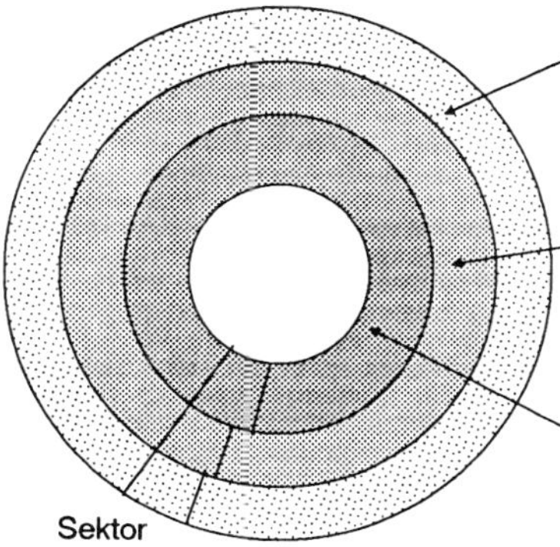

Bild 6.3-12. Zone-Bit-Recording-Technik

Hier haben die äußeren Spuren eine höhere Anzahl von Sektoren als die inneren, wodurch auf der gleichen Plattenoberfläche mehr Daten abgespeichert werden können. Eine Festplatte mit 615 Spuren pro Plattenoberfläche kann so z.B. in drei verschiedene Zonen aufgeteilt werden, für die jeweils eine eigene Aufzeichnungsfrequenz benötigt wird. Die Spuren 0 bis 200 (Spur 0 ist die äußerste Spur) haben dabei beispielsweise je 52 Sektoren, die Spuren 201 bis 400 je 39 Sektoren und die Spuren 401 bis 614 je 26 Sektoren.

6.4 Aufbau eines Floppy-Disk-Systems

6.4.1 Prinzipieller Aufbau einer Diskette

Die Floppy Disk besteht aus einer flexiblen Kunststoff-Scheibe, die auf einer oder beiden Oberflächen mit einer magnetisierbaren Schicht versehen ist (s. Bild 6.4-1). Von ihrer Flexibilität leitet sich der englische Ausdruck *floppy* her.

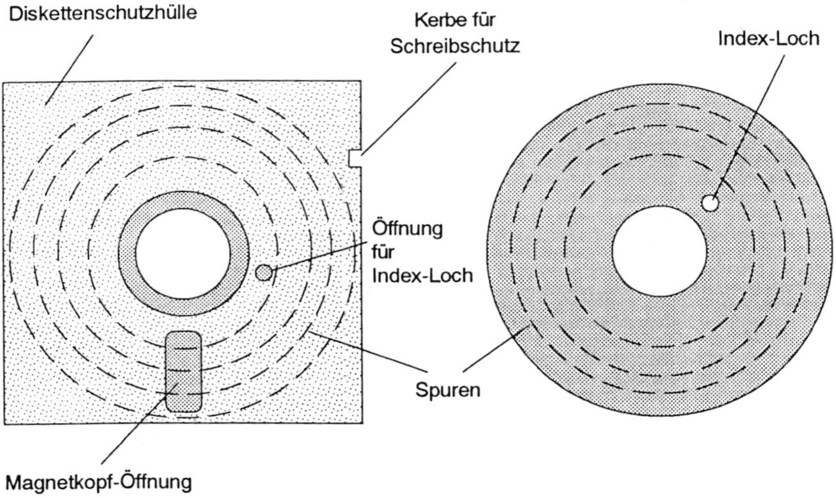

Bild 6.4-1. Aufbau einer 5¼-Zoll-Floppy-Disk

Disketten sind in den verschiedensten Größen auf dem Markt erhältlich. Angefangen vom größten 8-Zoll-Format sind heute Laufwerke für Disketten mit einem Durchmesser von 5¼, 3½ und 3 Zoll verfügbar. Das 8-Zoll-Format (*Standard Floppy Disk*) wurde bereits Anfang der siebziger Jahre von der Firma IBM auf den Markt gebracht. Untrennbar mit der Entwicklung der Heim- und Personal Computer verbunden ist jedoch das 5¼-Zoll-Diskettenlaufwerk (*Mini Floppy Disk*), das 1976 von der Firma Shugart entwickelt wurde. Das Bestreben, immer kompaktere Rechner zu bauen, was insbesondere platzsparende Laufwerke erfordert, führt momentan zu einem immer stärkeren Einsatz der 3½-Zoll-Disketten (*Micro Floppy Disk, Compact Floppy Disk*).

In den Anfangsjahren der Heimcomputer und Personal Computer wurden aus Kostengründen häufig einseitige Disketten (*single sided*) eingesetzt, da sie einfachere Laufwerke und nur eine magnetisierbare Oberfläche verlangten. Heute haben sich weitgehend doppelseitige Disketten (*double sided*) durchgesetzt, da sie wenigstens die doppelte Speicherkapazität der einseitigen Disketten bieten.

Als magnetisierbares Material wird ein spezialbehandeltes Eisenoxid (z.B. Gammaferritoxid) verwendet. Die einzelnen Oxidteilchen haben eine nadelförmige Struktur und sind kleiner als 1 µm (10^{-6} m). Mit Hilfe eines speziellen Bindelacks wird das pulverförmige Eisenoxid auf die etwa 0.1 mm starke Kunststoff-Trägerfolie aufgebracht, so daß die magnetisierbare Beschichtungsmasse nicht dicker als 15 µm ist. Die Unebenheiten in der Oberfläche ("Oberflächenglätte") sind höchstens 8 µm tief. Als Material für den Träger wird Polyester eingesetzt.

Die Diskettenschutzhüllen werden aus temperaturbeständiger und antistatischer Kunststoff-Folie (PVC) angefertigt. Die Schutzhülle ist bei 8- und 5¼-Zoll-Disketten flexibel und bei 3½-Zoll-Disketten starr. Zwischen ihr und der Speicherplatte befindet sich auf jeder Seite ein Vlies. Dessen Aufgabe ist es, die Selbstreinigung der Diskette zu gewährleisten und ihr eine möglichst reibungslose Drehung zu ermöglichen. Durch ein spezielles Gleitmittel, das nach dem Beschichten der Trägerfolie mit der Magnetschicht aufgebracht wird, wird eine zusätzliche Reduzierung der Reibung erreicht. Die Lebensdauer der Disketten kann dadurch um ein Vielfaches erhöht werden.

In der Mitte der Speicherplatte befindet sich das Loch für den Plattenantrieb, durch den die Platte gedreht wird. Über eine Öffnung kann der Magnetkopf, der auf einem beweglichen Arm montiert ist, an die Scheibe gelangen und zwischen Plattenrand und der Plattenmitte hin- und her bewegt werden. Die Öffnung ist bei 8- und 5¼-Zoll-Disketten ungeschützt. Bei 3½-Zoll-Disketten wird die Öffnung durch einen Kopffenster-Verschluß (*shutter*) aus Metall geschützt. Beim Einlegen der Floppy Disk wird das Fenster automatisch geöffnet. (Auf das im Bild 6.4-1 gezeichnete Indexloch gehen wir weiter unten ein.)

Wie kann man aber nun feststellen, wo ein bestimmter Sektor zu finden ist ? Hier gibt es zwei Möglichkeiten: die Hard-Sektorierung und die Soft-Sektorierung[3)].

Hardsektorierte Disketten

Bei den hardsektorierten Disketten befindet sich konzentrisch zur Plattenmitte eine Spur, die eine Reihe von äquidistanten Löchern enthält (s. Bild 6.4-2). Ihre Anzahl stimmt mit der Anzahl der Sektoren auf jeder Spur überein. Jedem Sektor einer Spur ist ein Loch (Sektorloch) zugeordnet, so daß der Controller (über eine Lichtschranke) den Beginn der einzelnen Sektoren erkennen kann. Um nun die Sektoren eindeutig numerieren zu können, wird ein Indexloch benutzt. Dieses befindet sich auf der gleichen Spur wie die Sektorlöcher und liegt mittig zwischen zwei Sektorlöchern. Es kennzeichnet eindeutig den Beginn aller Spuren. Der Controller kann z.B. durch den Einsatz eines Monoflops die Abstände zwischen den Löchern überwachen und dadurch das Indexloch, dessen Abstand zu den Sektorlöchern ja kleiner ist als der zwischen zwei Sektorlöchern, herausfiltern.

---

3) korrekter, aber unüblich: Hart- oder Weich-Sektorierung (*hard sectored, soft sectored*)

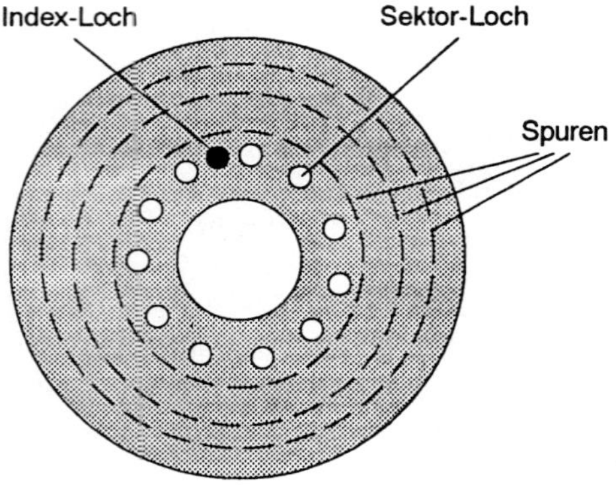

Bild 6.4-2. Hardsektorierte Diskette

Dieses Verfahren zur Sektorerkennung ist sehr unflexibel, denn eine Änderung der Zahl der Sektoren ist nicht möglich. Daher werden hardsektorierte Diskettenlaufwerke kaum mehr eingesetzt.

Softsektorierte Disketten

Universeller ist das softsektorierende Verfahren. Die Erkennung der Sektoren erfolgt hierbei durch Informationen, die direkt auf die Diskette aufgezeichnet werden. (Dieses Verfahren wurde bereits bei der Formatierung einer Platte im Abschnitt 6.2 zugrunde gelegt.) Das Indexloch wird hier hauptsächlich für das Feststellen des Spuranfangs beim Erstellen der Sektoren vor dem 1. Einsatz der Diskette benötigt.

6.4.2 Schematischer Aufbau eines Floppy-Disk-Laufwerkes

Der schematische Aufbau eines Floppy-Disk-Laufwerkes mit seiner Ansteuerelektronik ist im Bild 6.4-3 dargestellt. Gezeigt ist ein Laufwerk für doppelseitige Disketten, das für jede Seite einen eigenen Schreib-/Lesekopf besitzt. (Früher benutzte) Laufwerke für einseitige Disketten besitzen nur einen Schreib-/ Lesekopf.

Im linken Teil des Bildes ist die Schnittstelle zwischen der Steuerelektronik und dem Controller dargestellt. Die einzelnen Leitungen dieser Schnittstelle werden wir im nächsten Abschnitt ausführlicher beschreiben.

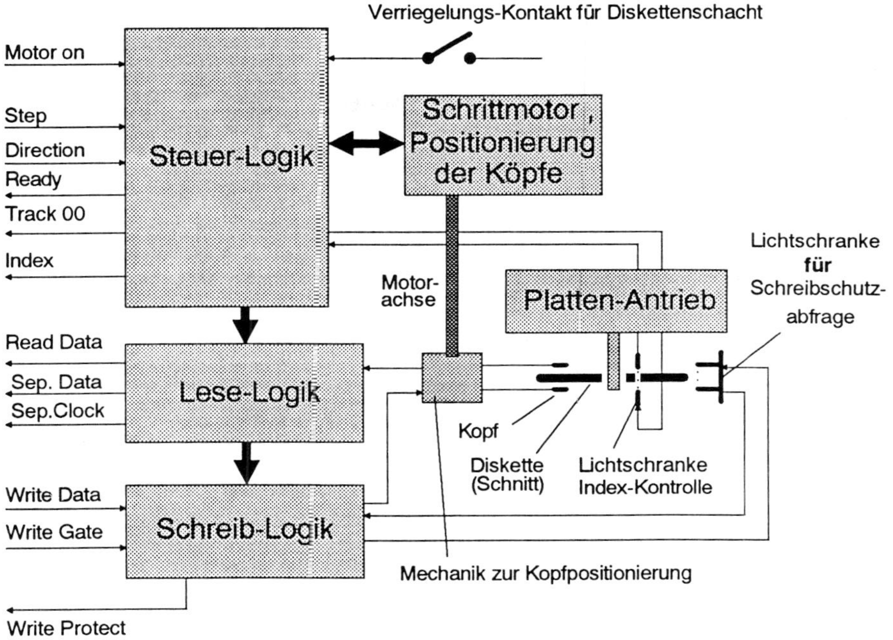

Bild 6.4-3. Schematischer Aufbau eines Floppy-Disk-Laufwerkes

Ein Schrittmotor, d.h. ein Motor, dessen Bewegungen nicht kontinuierlich, sondern in fest vorgegebenen Schritten[4] geschehen, bewegt die Arme mit den Magnetköpfen auf den Plattenoberflächen radial hin und her. Grundsätzlich werden immer beide Köpfe gleichzeitig bewegt. Jedoch ist stets nur höchstens einer aktiv. Seine "Befehle" bekommt der Schrittmotor von der Steuer-Logik des Laufwerks. Diese informiert den Controller darüber, wenn sich die Schreib-/Leseköpfe über der Spur 0 (*Track 00*) befinden.

Zur Positionierung der Köpfe werden verschiedene, mechanische Verfahren benutzt. Im folgenden gehen wir nur kurz auf drei Antriebsmöglichkeiten ein, die übrigens auch bei Festplatten-Systemen eingesetzt werden. Sie werden häufig auch als Kopf-Aktuatoren bezeichnet.

- **Zahnradantrieb**
  Bei dieser Antriebsart sitzt am Ende der Motorachse ein Zahnrad, das einen Schlitten, an dem die Köpfe befestigt sind, hin- und herbewegt (vgl. Bild 6.4-4). Die Größe des Zahnrads kann in bestimmten Grenzen frei gewählt werden. Dadurch sind verschiedene Übersetzungsverhältnisse möglich. Als Folge davon können die Köpfe einen mehr oder weniger breiten Bereich der Platte über-

4) Ein Schritt resultiert hier aus der Drehung der Motorachse um einen fest vorgegebenen Winkel

streichen. Der Zahnradantrieb zeichnet sich dadurch aus, daß die Dichte der Spuren über dem gesamten Speicherbereich der Platte relativ konstant ist. Natürlich muß verhindert werden, daß sich zwischen den Vorwärts- und Rückwärtsbewegungen des Schlittens ein so großes Spiel einstellt, daß die Spuren nicht mehr exakt getroffen werden.

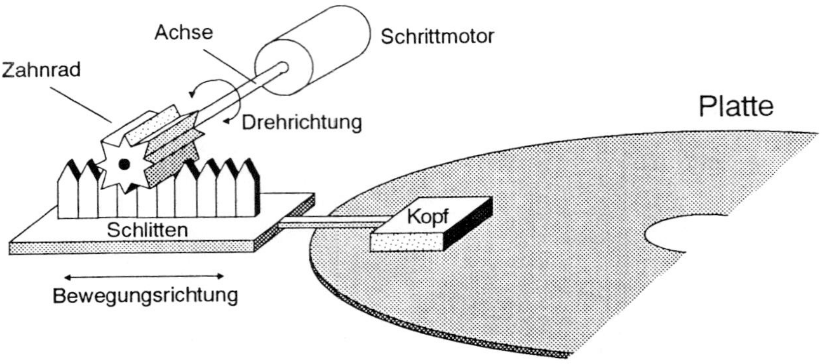

Bild 6.4-4. Zahnradantrieb

- **Schraubenspindelantrieb**
  Auch bei dieser Positioniermethode wird ein Schrittmotor eingesetzt. Wie der Name sagt, ist hier die Motorachse als Schraubenspindel realisiert. Der Kopfträger greift mit seinem dem Kopf entgegengesetzten Ende in das Gewinde dieser Spindel (s. Bild 6.4-5). Er wird so mit jeder Drehung der Spindel parallel zur Achse bewegt. Dabei wird er durch eine Führungsstange in einem festen Abstand zur Plattenoberfläche gehalten.

- **Bandantrieb**
  Durch diesen Antrieb werden die zu bewegenden Massen reduziert, so daß (auf Grund der kleineren Trägheitsmomente) die Zugriffszeiten gegenüber den anderen Verfahren erheblich reduziert werden können. Der Kopfträger wird dabei auf speziellen Führungsstangen durch ein Metallband bewegt (s. Bild 6.4-6). Das geteilte, flexible Metallband ist um die Antriebssachse des Schrittmotors gelegt. Solange das Metallband kürzer ist als der Umfang der Motorachse, wikkelt es sich beim Zurückziehen der Köpfe fest genug um die Achse. Mit jedem Schritt des Motors wird ein gleich langer Teil des Bandes auf- bzw. abgerollt, was zu gleichmäßigen Spurabständen auf der Platte führt. Außerdem bleibt dabei ein eventueller Unterschied in der Kopfpositionierung beim Vorschieben bzw. Zurückziehen der Köpfe in engen Grenzen.

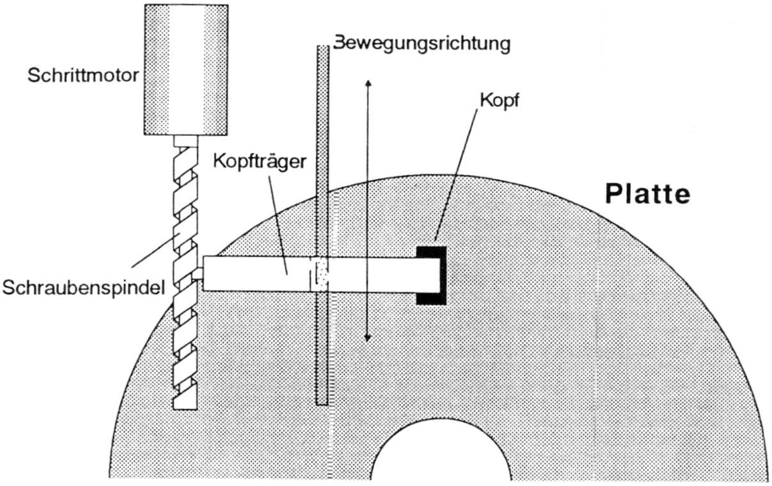

Bild 6.4-5. Schraubenspindelantrieb

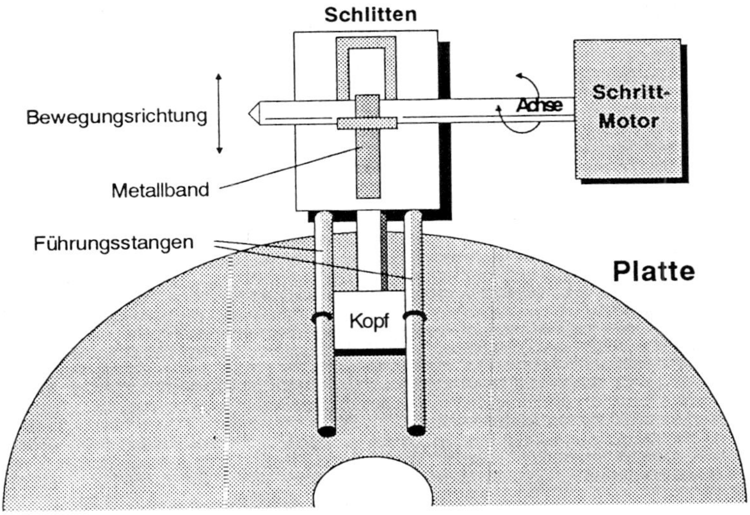

Bild 6.4-6. Bandantrieb

Dies ist nicht mehr der Fall, wenn man wegen der Größe des Aufzeichnungsbereiches ein relativ langes Metallband benutzen und mehrere Umdrehungen des Schrittmotors zulassen muß. In diesem Fall ist die Länge des Bandstückes, das bei einem Schritt des Motors auf- bzw. abgewickelt wird, davon abhängig, wieviele Umwicklungen des Bandes sich gerade auf der Achse befinden. Als Folge entstehen unterschiedliche Spurabstände auf der Platte. Außerdem wickelt sich das Band nicht mehr gleichmäßig und fest um die Achse, so daß ein relativ großes Spiel zwischen der Vorwärts- und Rückwärtsbewegung des Kopfes auftreten kann. (Auf weitere Probleme, die mit der Wärmeentwicklung im Laufwerk zusammenhängen, können wir hier nicht eingehen.)

Der Antriebsmotor dreht die Diskette mit einer Drehzahl, die üblicherweise zwischen 300 und 360 Umdrehungen pro Minute liegt. Dabei handelt es sich um einen Gleichstrom-Motor, dessen Umdrehungszahl durch einen Tachometer konstant gehalten wird ('tachogeregelter Gleichstrom-Motor'). Der Plattenantrieb wird direkt durch die Achse dieses Motors vorgenommen. Gegenüber älteren Laufwerken entfällt bei dieser Antriebsart der Antriebsriemen zwischen der Motorachse und der Plattenachse. Dieser Riemen mit seinen bekannten Nachteilen (Verschleiß, Überdehnung, etc.) war eine der häufigsten Ursachen für die Ausfälle dieser Laufwerke.

Die Signale zweier Lichtschranken (Fotozellen) werden von der Steuerelektronik ausgewertet. Eine wird für die Erkennung des Indexloches benötigt. Die zweite überwacht den mechanischen Schreibschutz, der ein ungewolltes Löschen der Diskette verhindert. Dazu muß bei 5¼-Zoll-Laufwerken eine Kerbe in der Diskettenhülle vom Benutzer überklebt, bei 3½-Zoll-Laufwerken durch einen kleinen Schieber ein Loch in der Diskettenhülle freigegeben werden.

6.4.3 Schnittstellen und Komponenten eines Floppy-Disk-Controllers

Um die Funktionen eines Floppy-Disk-Systems voll verstehen zu können, ist es erforderlich, die Komponenten eines Disketten-Controllers und die Signale seiner Schnittstellen zu kennen. Bild 6.4-7 zeigt das vereinfachte Blockschaltbild solch eines Disketten-Controllers mit seinen Schnittstellen zum Laufwerk (im Bild rechts) und zum µP-System (im Bild links). Beim betrachteten Controller handelt es sich um den Baustein 8272 der Firma Intel.

Auf der Systemseite, also zum µP hin, besteht die Schnittstelle des Floppy-Disk-Controllers aus den im folgenden aufgeführten Leitungen. (Auf ihre Funktion gehen wir hier nicht näher ein, da sie bereits an anderer Stelle beschrieben wurden.)

- dem 8 oder 16 bit breiten Datenbus,
- der Auswahlleitung $\overline{CS}$ zur Ansteuerung des Controllers und der Adreßleitung A_0, die zur Selektion eines der Controller-Register dient,
- den Steuerleitungen $\overline{WR}$ (*write*) und $\overline{RD}$ (*read*) für den Schreib- bzw. Leseverkehr,
- der Interrupt-Anforderungsleitung INT,

- der Taktleitung,
- den Steuerleitungen DRQ und $\overline{\text{DACK}}$ (DMA *request*, DMA *acknowledge*) für die Kommunikation mit einem DMA-Baustein,
- dem Rücksetz-Anschluß RESET und
- den Leitungen zur Spannungs-Versorgung.

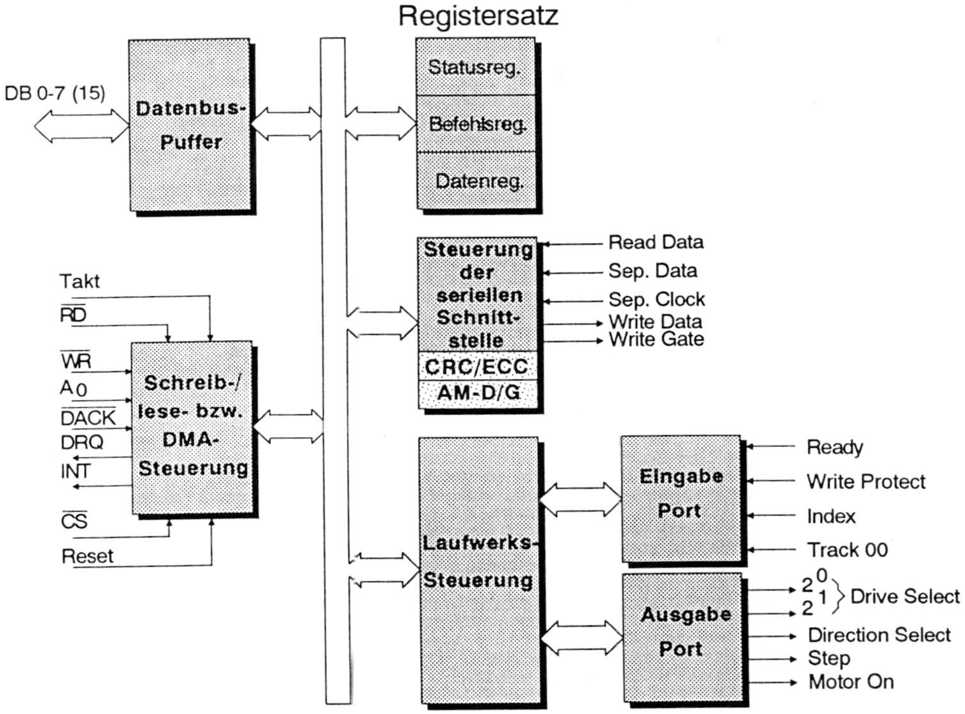

Bild 6.4-7. Blockschaltbild des Disketten-Controllers 8272

Der betrachtete Controller verfügt über drei Register, deren Funktion derjenigen der gleichbezeichneten Mikroprozessor-Registern entspricht: das Statusregister, das Befehlsregister und das Datenregister. Über die Steuerleitungen A_0, $\overline{\text{RD}}$ und $\overline{\text{WR}}$ kann der Mikroprozessor auf diese Register direkt zugreifen. (Der im nächsten Abschnitt vorgestellte Controller verfügt über weitere spezielle Register.)

(Um eine weitere Steuerleitung, z.B. *Register Select* (RS), zu sparen, wird bei dem betrachteten Controllern die Umschaltung zwischen Daten- und Befehlseingabe durch einen Trick vorgenommen: Soll ein Kommando übertragen werden, muß zunächst das Statusregister von der CPU gelesen werden. Das folgende, von der CPU übertragene Datum wird dann automatisch als Kommando in das Befehlsregister übertragen. Dort wird es vom Steuerwerk des Controllers interpretiert und ausgeführt.)

Die Schnittstelle zum Laufwerk wird durch zwei Komponenten des Bausteins gebildet, deren Signale im Bild 6.4-8 zusammen mit der Anschlußbelegung eines gebräuchlichen Steckverbinders zwischen einem Floppy-Disk-Laufwerk und seinem Controller dargestellt sind.

- Die Steuerung der seriellen Schnittstelle (*Serial Interface Control Unit*) überträgt die seriellen Daten von bzw. zum Laufwerk über die Leitungen READ DATA bzw. WRITE DATA. Die Daten werden seriell mit einer Geschwindigkeit von 125 bis zu 500 kbit/s übertragen. Die Signale SEP(ARATE) DATA bzw. SEP(ARATE) CLOCK zeigen an, ob augenblicklich ein Datenbit oder aber ein Taktimpuls auf der gelesenen Spur festgestellt wurde. Zum Schreiben auf die Diskette muß das Signal WRITE GATE aktiv sein.
  Die meisten Floppy-Disk-Controller unterstützen mehrere der im letzten Abschnitt beschriebenen Aufzeichnungsverfahren. Die Auswahl wird softwaremäßig durch eine bestimmte Information im Steuerregister (Befehlsregister) vorgenommen. In Abhängigkeit vom gewählten Verfahren übernimmt die *Serial Interface Control Unit* die De-/Codierung der Daten und die Abspeicherung der Sektoren auf der Platte.

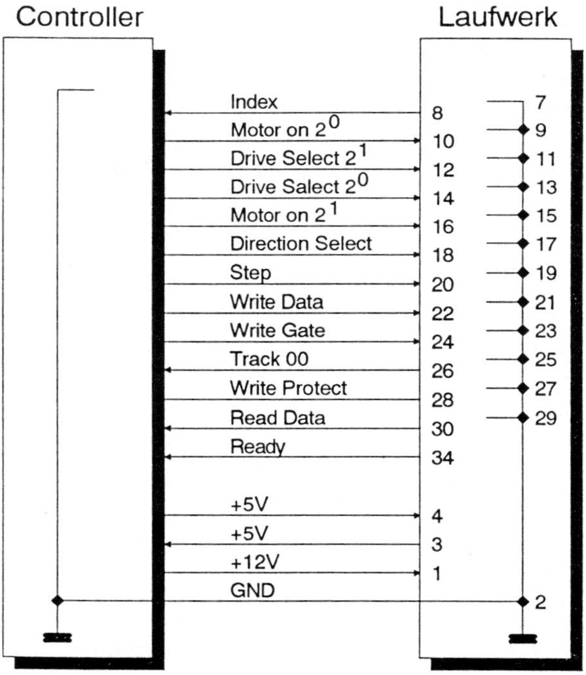

Bild 6.4-8. Verbindungsleitungen zwischen einem Floppy-Disk-Laufwerk und seinem Controller

Die *Serial Interface Control Unit* enthält außerdem eine Komponente, die beim Lesen oder Schreiben eines Sektors aus den Daten die Prüfzeichen erzeugt (*CRC/ECC-Checker/Generator*, vgl. Bild 6.2-2 und Abschnitt 6.6). Beim Schreiben werden diese Zeichen zum Abschluß der Übertragung im Sektor aufgezeichnet. Beim Lesen werden sie mit den im Sektor abgelegten Zeichen verglichen. Stimmen sie nicht überein, wird der Prozessor durch einen Interrupt darüber informiert. In der Regel kann softwaremäßig, d.h. durch bestimmte Bitkombinationen im Steuerregister, eine von mehreren Methoden der Fehlerüberwachung ausgewählt werden.
Eine weitere Komponente (*Address Mark Detector/Generator* – AM-D/G) erkennt bzw. erzeugt die Adreßmarken IAM und DAM, die das Adreßfeld und das Datenfeld des Sektors einleiten (vgl. Bild 6.2-2). (Diese Aufgaben werden bei anderen Controller-Typen häufig noch durch spezielle Bausteine, den sogenannten *Disk Data Separators* (DDS) wahrgenommen.)

- Die Laufwerksteuerung (*Drive Interface Control Unit*) erzeugt die Steuersignale zum Plattenlaufwerk und nimmt von dort die Meldesignale entgegen:
  Die Auswahl zwischen vier angeschlossenen Platteneinheiten ist über die DRIVE-SELECT-Leitungen (2^0, 2^1) möglich und wird vom Controller ausgeführt. Dadurch werden das selektierte Disketten-Laufwerk aktiviert und eine Reihe von Aktionen ausgelöst. Eine Leuchtdiode am Laufwerk signalisiert z.B. dem Benutzer die Betriebsbereitschaft des Laufwerks. Ferner werden der Leseverstärker sowie der für die Positionierung des Schreib-/Lesekopfes benötigte Schritt-Zähler freigegeben. Über die Steuerleitung MOTOR ON (2^0, 2^1) wird ein bestimmtes Laufwerk aufgefordert, den Schrittmotor anzuschalten und gegebenenfalls über einen zusätzlichen Magneten den Abstand zwischen dem Datenträger und den Schreib-/Lesekopf zu verringern, da für die Schreib-/ Lesevorgänge ein enger Kontakt zwischen Datenträger und Kopf notwendig ist. Bei zweiseitigen Disketten wird über die Leitung HEAD SELECT genau einer der beiden Köpfe aktiviert.
  Für jede einzelne Positionsänderung des Schreib-/Lesekopfes wird der Schrittmotor über die Leitung STEP angesteuert. Der Übergang von einer Spur zur benachbarten benötigt bei 5¼-Zoll-Laufwerken typischerweise 5 ms und bei 3½-Zoll-Laufwerken 3 ms (Spur-zu-Spur-Zugriffszeit, auch Einstellzeit genannt). Das Signal DIRECTION SELECT veranlaßt den Schrittmotor wahlweise, Schritte nach außen oder nach innen, also zur Diskettenmitte hin, durchzuführen.
  Über die Leitungen INDEX, WRITE PROTECT und TRACK 00 werden dem Controller die momentanen Statusinformationen des Diskettenlaufwerkes übergeben:
  Über die Leitung TRACK 00 wird ihm mitgeteilt, daß sich der Schreib-/Lesekopf über der Spur 0 befindet. Die Erkennung des Spuranfangs, d.h. die Erkennung des Indexloches durch die dafür vorhandene Lichtschranke (s. Bild 6.4-3), wird über die Index-Leitung dem Controller signalisiert. Die Diskette kann nur beschrieben werden, wenn sie nicht schreibgeschützt ist. Das wird gegebenenfalls durch das Signal WRITE PROTECT angezeigt, das durch die entsprechende Lichtschranke erzeugt wird.

6.4.4 Registersatz und Befehlssatz eines Floppy-Disk-Controllers

Der für den Betrieb eines Disketten-Laufwerks notwendige Befehlssatz wird am Beispiel eines Floppy-Disk-Controllers der Serie WD 179X des Herstellers Western Digital vorgestellt. Im Bild 6.4-9 ist zum besseren Verständnis das stark vereinfachte Blockschaltbild des Controllers mit seinen Datenbustreibern, dem Daten-Schieberegister, Datenregister, Befehlsregister, Sektorregister, Spurregister, Statusregister und der ALU dargestellt.

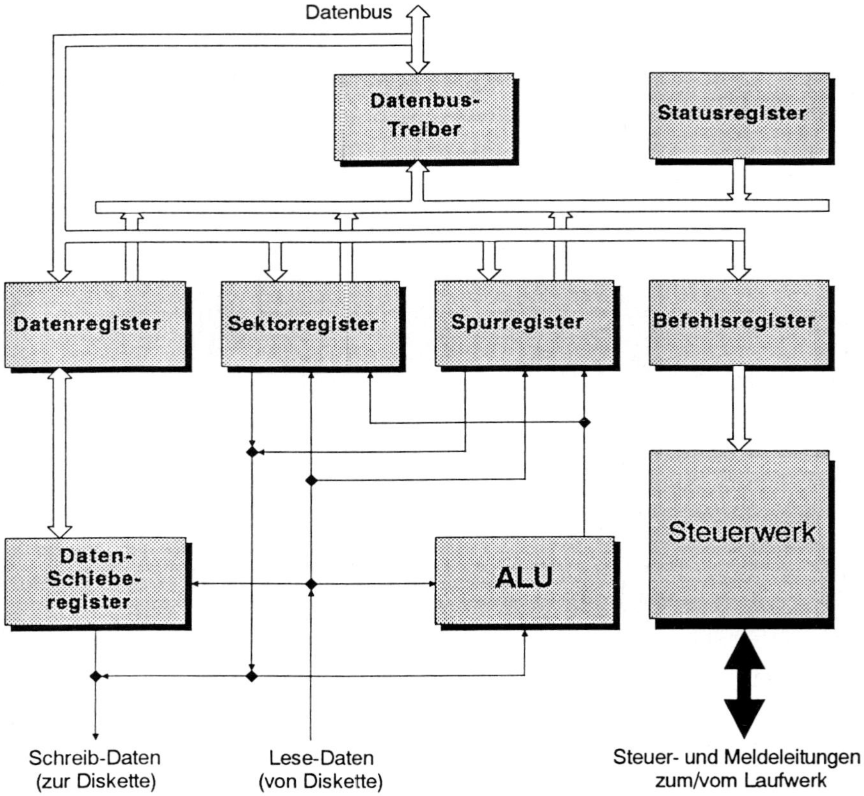

Bild 6.4-9. Vereinfachtes Blockschaltbild des Floppy Disk Controllers WD 179X

6.4.4.1 Der Registersatz

- Das **Daten-Schieberegister** übernimmt die seriellen Daten über die Lese-Datenleitung vom Disketten-Laufwerk bzw. überträgt sie über die serielle Schreib-Datenleitung dorthin. In Abhängigkeit von der Datenrichtung erfolgt im Daten-

Schieberegister eine Serien/Parallel- oder Parallel/Serien-Umwandlung der Daten.

- Im **Datenregister** wird jeweils ein Byte der Daten während der Schreib- oder Leseoperationen zwischengespeichert. Bei der Ausführung des weiter unten beschriebenen Such-Befehls (*Seek*) wird hier die Adresse der gesuchten Spur gespeichert.
- Die Adresse eines zu suchenden Sektors wird im **Sektorregister** abgelegt. Sein Inhalt wird bei der Ausführung eines Befehls zum Lesen oder Schreiben eines Sektors (*Read Sector*, *Write Sector*) von der arithmetisch/logischen Einheit (ALU) des Controllers mit der Sektornummer in den überprüften Adreßfeldern der auf der Spur gefundenen Sektoren verglichen.
  Dieses Adreßfeld wurde bereits bei der Beschreibung des allgemeinen Sektoraufbaus im Abschnitt 6.2 erwähnt (s. Bild 6.2-2). Zur Erinnerung: Es beinhaltet alle benötigten Informationen über den Sektor, also die Spur-, Sektor- und Seitennummer, und das Prüfzeichen (ECC) des Adreßfeldes. Bei der hier betrachteten Aufzeichnung auf einer Floppy Disk enthält das Adreßfeld auch die beim Formatieren festgelegte Länge des Sektors.
- Die aktuelle Position des Schreib-/Lesekopfes wird im **Spurregister** gespeichert, das nach jeder Positionsänderung des Kopfes aktualisiert wird. Sein Inhalt wird während jeder Lese-, Schreib- oder Vergleichsoperation mit der Spuradresse im Adreßfeld des zu verarbeitenden Datensatzes (*record*) verglichen. Der Vergleich wird ebenfalls von der ALU durchgeführt. Wird eine Übereinstimmung festgestellt, so kann der Datensatz gelesen, geschrieben oder verglichen werden.
- Das momentan bearbeitete Kommando wird bis zu seiner vollständigen Ausführung im **Befehlsregister** gespeichert.
- Die Bits des **Statusregisters** werden in Abhängigkeit vom ausgeführten Befehl gesetzt. Daher kann ihre Bedeutung erst weiter unten beschrieben werden. Das Statusregister kann nur gelesen werden.

6.4.4.2 Der Befehlssatz

Der Befehlssatz des Controllers umfaßt 11 Befehle, die sich in vier Typen einteilen lassen (s. Tabelle 6.4-10). Durch eine Reihe von Bits können bei jedem Befehl verschiedene Ausführungsvarianten ausgewählt werden. Die Bedeutung der einzelnen Bits wird sehr kurz in der Legende der Tabelle erklärt. Sehr wichtig ist das Bit m. Durch dieses Bit (*multisector flag*) kann festgelegt werden, ob ein Befehl nur mit einem Sektor oder aber mit mehreren, aufeinander folgenden Sektoren ausgeführt werden soll.

Tabelle 6.4-10. Befehle des Disketten-Controllers WD 179X

Befehl	Typ	Bits 7	6	5	4	3	2	1	0
Restore	I	0	0	0	0	h	V	r_1	r_0
Seek	I	0	0	0	1	h	V	r_1	r_0
Step	I	0	0	1	u	h	V	r_1	r_0
Step In	I	0	1	0	u	h	V	r_1	r_0
Step Out	I	0	1	1	u	h	V	r_1	r_0
Read Sector	II	1	0	0	m	F_2	E	F_1	0
Write Sektor	II	1	0	1	m	F_2	E	F_1	a_0
Read Address	III	1	1	0	0	0	E	0	0
Read Track	III	1	1	1	0	0	E	0	0
Write Track	III	1	1	1	1	0	E	0	0
Force Interrupt	IV	1	1	0	1	I_3	I_2	I_1	I_0

Legende:

u: das Spurregister soll aktualisiert werden (*track register updated*)
m: es sollen mehrere Sektoren durch den Befehl bearbeitet werden (*multisector flag*)
vor der Befehlsausführung soll ...
h: ... der Kopf positioniert werden (*head load flag*)
F_1: ... die Seitennummer überprüft werden (*side compare flag*)
V: ... eine Überprüfung der Spurnummer stattfinden (*verification flag*)
F_2: eine bestimmte Seite soll selektiert werden (*side select flag*)
E: die Befehlsausführung soll um 15 ms verzögert werden,
a_0: es soll ein *Data Address Mark* gesetzt ($a_0 = 0$) oder der adressierte Sektor (durch $F8) als gelöscht gekennzeichnet werden ($a_0 = 1$),
r_1, r_0: Festlegung der Geschwindigkeit des Schrittmotors (z.B. zwischen 200 µs und 30 ms pro Schritt) ((*stepping*) *rate field*)
I_3-I_0: unter bestimmten Bedingungen soll ein Interrupt erzeugt werden, (vgl. unten den Interrupt-Befehl) (*interrupt flags*)

Typ-I-Befehle

Zum Typ I gehören die Befehle *Restore*, *Seek*, *Step*, *Step-In* und *Step-Out*. Sie übernehmen die direkte Steuerung des Laufwerkes und die Positionierung der Schreib-/Leseköpfe.

Restore-Befehl (*Seek Track 00*)

Durch den *Restore*-Befehl werden die Köpfe jeweils auf Spur 0 ihrer Plattenseite positioniert. Die Quittung erfolgt über die Leitung TRACK 00 (s. Bild 6.4-7), die signalisiert, wenn sich die Schreib-/Leseköpfe über der Spur 0 befinden. Als Reaktion darauf wird das Spurregister mit Null geladen und ein Interrupt ausgelöst.

Seek-Befehl

Der *Seek*-Befehl vergleicht den momentanen Inhalt des Spurregisters, das die aktuelle Position des Schreib-/Lesekopfes angibt, mit der im Datenregister stehenden Nummer der gesuchten Spur. Es werden so lange Schrittimpulse erzeugt, bis der Inhalt des Spurregisters mit dem des Datenregisters übereinstimmt, d.h. bis sich der Kopf über der gewünschten Spur befinden.

Nach dem Einschalten des Laufwerks oder dem Auftreten von Fehlern kann es vorkommen, daß die Spurnummer im Spurregister von der aktuellen Spurnummer abweicht. Dieser Fehler kann durch den *Restore*-Befehl behoben werden.

Step-Befehle

Die Befehle *Step*, *Step-In* und *Step-Out* bewirken ein Wechseln des Kopfes zur nächsten Spur.

Beim *Step*-Befehl wird der Kopf in der gleichen Richtung bewegt wie beim Schritt zuvor. *Step-In* erzeugt einen Schritt in Richtung der Spur mit der nächsthöheren Nummer, also in Richtung der Plattenmitte, und *Step-Out* einen Schritt in Richtung der Spur 0. Nach Ausführung jedes Schrittes wird ein Interrupt erzeugt.

Typ-II-Befehle

Zum Typ II gehören die Befehle *Read Sector* und *Write Sector*, mit denen die eigentliche Übertragung der Daten eines Sektors vom bzw. zum Laufwerk vorgenommen wird. Bevor ein Befehl dieses Typs in das Befehlsregister geschrieben werden kann, muß sichergestellt sein, daß sich der Kopf über der richtigen Spur befindet. Dies bedeutet, daß zuvor ein *Seek*-Befehl ausgeführt werden muß. Die Nummer des gewünschten Sektors muß im Sektorregister vorliegen. Diese Nummer wird mit den auf der Spur gefundenen Sektor-Nummern verglichen. Bei Übereinstimmung wird der Schreib- oder Lesebefehl ausgeführt.

Bei anderen Controller-Typen als dem hier betrachteten gehört zu dieser Klasse (wenigstens) noch der Befehl *Verify Sector*, der den Datenfeld-Inhalt eines gelesenen Sektors mit bestimmten Daten im Arbeitsspeicher vergleicht und bei einer festgestellten Abweichung den Mikroprozessor darüber informiert. Dieser Befehl kann z.B. dazu benutzt werden, das fehlerfreie Abspeichern einer Datei auf der Platte zu überprüfen.

Über den Befehl *Write Deleted Data* kann ein bestimmter Sektor als "gelöscht" gekennzeichnet werden. Wie bereits im Abschnitt 6.2 gesagt, geschieht das dadurch, daß im DAM-Feld (*Data Address Mark*) des Datenfeldes ein bestimmter (hoher) Hexadezimalwert eingetragen wird. Durch den Befehl *Read Deleted Data* wird auf der Spur jeder Sektor daraufhin untersucht, ob er im DAM-Feld als gelöscht markiert ist. Nur wenn dies der Fall ist, wird der Inhalt des Datenfeldes gelesen. Im anderen Fall wird zum nächsten Sektor weitergegangen. Dieser Befehl ermöglicht es somit, auch "gelöschte" Daten auf der Platte zu lesen.

Typ-III-Befehle

Zum Befehlstyp III gehören die Kommandos zum Bearbeiten ganzer Spuren: *Write Track*, *Read Track* und *Read Address*. Mit dem Befehl *Write Track* wird die Diskette formatiert (initialisiert). Dieser Befehl wird bei anderen Controllern deshalb auch *Format Track* genannt. Eine Überprüfung des Formatierens bzw. eine Bestimmung des benutzten Formats ist durch den Befehl *Read Track* möglich. Dieser Befehl kann auch eingesetzt werden, um die auf der Platte abgelegte Information auf Fehlerfreiheit zu überprüfen (Diagnose) oder teilweise zerstörte Daten auf der Platte zu restaurieren. Bei diesem Befehl werden keine CRC/ECC-Bytes zur Fehlererkennung- oder Korrektur gebildet. Gelesen werden alle Bits der Spur, einschließlich der Lücken zwischen den Sektoren.

Durch den Befehl *Read Address* (auch *Read ID* genannt) wird das Adreßfeld (*ID-Field*) des nächsten auf der angwählten Spur liegenden Sektors in den Controller eingelesen (vgl. Bild 6.2-2). Nach Ausführung der Operation wird eine Interrupt-Anforderung an den Prozessor gestellt. Dieser Befehl dient dazu, dem Controller die aktuelle Position des Kopfes auf einer Spur mitzuteilen.

Typ IV: Force-Interrupt-Befehl

Der Befehl *Force Interrupt* ("erzwinge Interrupt") nimmt eine Sonderstellung ein. Durch ihn wird dem Controller mitgeteilt, unter welchen Umständen der Prozessor eine Meldung über die Interrupt-Leitung erwartet. Insbesondere erlaubt er auch dem Mikroprozessor, jedes momentan vom Disketten-Controller ausgeführte Kommando zu unterbrechen. Dies ist besonders bei den oben erwähnten Befehlen nützlich, die mit mehreren Sektoren ausgeführt werden. Eine Interrupt-Anforderung des Controllers kann durch den Prozessor gelöscht werden, indem er das Statusregister liest oder das Befehlsregister neu beschreibt. Genauer gesagt, kann über die vier im Befehl angegebenen Bits I_3-I_0 (s. Tabelle 6.4-10) eine bestimmte der folgenden Bedingungen selektiert werden, bei deren Vorliegen der Controller eine Interrupt-Anforderung an den Prozessor stellen soll:

I_0=1: Übergang des Controllers vom 'nicht-bereit'-Zustand (*not ready*) in den 'bereit'-Zustand.

I_1=1: Übergang des Controllers vom 'bereit'-Zustand in den 'nicht-bereit'-Zustand.

I_2=1: Das Laufwerk hat dem Controller die Erkennung des Indexloches mitgeteilt.

I_3=1: Der Controller stellt eine Interrupt-Anforderung augenblicklich ohne weitere Bedingung.

Sind alle vier Bits I_3-I_0 auf '0' gesetzt, so erfolgt unmittelbar ein Abbruch der gerade vom Controller ausgeführten Operation. In diesem Fall wird keine Interrupt-Anforderung gestellt.

Zum Abschluß dieses Abschnittes kann nun das Statusregister genauer beschrieben werden.

6.4.4.3 Das Statusregister

Die meisten Bits des Statusregisters sind erst einige Mikrosekunden nach vollständiger Ausführung der momentan bearbeiteten Operation gültig. Tabelle 6.4-11 zeigt eine Übersicht der möglichen Statusregister-Belegungen in Abhängigkeit vom ausgeführten Befehl. In der Legende der Tabelle wird die Bedeutung der einzelnen Bits (sehr) knapp erklärt. (NR = 1 bedeutet z.B., daß das Laufwerk nach der Ausführung der letzten Operation nicht bereit ist, NR = 0, daß es dann bereit ist.)

Tabelle 6.4-11. Bedeutungen der Bits des Statusregisters

Befehl	Status-Bits							
	7	6	5	4	3	2	1	0
Typ I	NR	WP	HL	SE	CE	T0	Index	*busy*
Read Sector	NR	0	RT	RF	CE	LD	DRQ	*busy*
Write Sector	NR	WP	WF	RF	CE	LD	DRQ	*busy*
Read Address	NR	0	0	RF	CE	LD	DRQ	*busy*
Read Track	NR	0	0	0	0	LD	DRQ	*busy*
Write Track	NR	WP	WF	0	0	LD	DRQ	*busy*

Legende:

NR: das Laufwerk ist nicht bereit (*not ready*)
WP: die Diskette ist schreibgeschützt (*write protect*)
HL: der Kopf steht in Schreib-/Lesestellung über der Spur (*head loaded*)
RT: der Datensatz ist gelöscht bzw. nicht gelöscht (*record type*)
WF: ein Schreibfehler ist entdeckt worden (*write fault*)
SE: die gewünschte Spur wurde nicht gefunden (*seek error*)
RF: ein gesuchter Datensatz wurde auf der Diskette nicht gefunden (*record not found*)
CE: durch das Prüfzeichen wurde ein Übertragungsfehler festgestellt (*CRC error*)
DRQ: dieses Bit zeigt bei einer Leseoperation der CPU an, daß das Datenregister gefüllt ist (*data request*)
LD: dieses Bit zeigt an, daß Daten im Datenregister überschrieben wurden, die der Prozessor nicht rechtzeitig abgeholt hat (*lost data*)
T0: es wurde die Spur 0 erkannt (*track 00*)

Ein Befehl kann nur dann ins Befehlsregister geladen werden, wenn das *Busy Bit 0* im Statusregister nicht gesetzt ist (vgl. Tabelle 6.4-11). Immer wenn ein Befehl gerade ausgeführt wird, wird dieses Bit gesetzt und erst nach vollständiger Abarbeitung des Befehls automatisch wieder zurückgesetzt. Das *Index Bit* ist gesetzt, wenn das Indexloch erkannt wurde.

6.5 Aufbau eines Festplatten-Speichersystems

6.5.1 Prinzipieller Aufbau einer Festplatte

6.5.1.1 Allgemeines

Festplatten-Systeme (*Hard Disks* – HD) bestehen in der Regel aus mehreren übereinander liegenden Platten, die gemeinsam um eine Achse rotieren und jeweils für ihre Ober- und Unterseite einen eigenen Schreib-/Lesekopf besitzen. Im Unterschied zu den Floppy Disks besitzen diese Platten eine starre Form und sind nicht auswechselbar. Bei Großrechenanlagen wurden Platten mit 8- bis 24-Zoll Durchmesser eingesetzt. Ältere Platten für Mikrorechner-Systeme hatten noch einen Durchmesser von 8 Zoll. Üblich sind heute Platten mit einem Durchmesser von 5¼- oder 3½-Zoll. Es existieren aber auch schon 2½-Zoll-Platten.

Das im Bild 6.5-1 dargestellte 3½-Zoll-Festplatten-System besteht z.B. aus einem Stapel von drei Platten mit zusammen 6 Köpfen. Die Festplatte ist gegen äußere Einflüsse durch ein gekapseltes Gehäuse geschützt. Es wird daher keine zusätzliche Plattenhülle mehr benötigt, so daß durch den Wegfall der Reibung mit der Plattenhülle Umdrehungsgeschwindigkeiten von 3600 Umdrehungen pro Minute erreicht werden können.

Bild 6.5-1. 3½-Zoll-Festplatte ST157R der Firma Seagate

Alle Schreib-/Leseköpfe sind an einem Arm eines einzigen Kopfträgers angebracht, über den sie in horizontaler, radialer Richtung von Spur zu Spur bewegt werden (s. **Bild 6.5-2 links**). Jeder Kopf befindet sich daher zwar auf einer anderen Plattenoberfläche, aber stets auf der Spur mit derselben Nummer. Anstelle des Begriffs Spur wird bei den Festplatten als Maßeinheit für die Speicherorganisation meistens die Bezeichnung **Zylinder** benutzt. Ein Zylinder wird durch die direkt übereinanderliegenden Spuren des Plattenstapels gebildet. Beim Platten-System in Bild 6.5-2 enthält z.B. jeder Zylinder 6 Spuren. Alle Spuren innerhalb eines Zylinders können ohne Bewegung der Schreib-/Leseköpfe gelesen oder beschrieben werden. Die Zahl der Sektoren wird bei Festplatten dementsprechend, aber vereinfachend auf einen Zylinder bezogen. Bei der häufig benutzten, weiter unten beschriebenen Schnittstelle ST506/412 wird für jeden Zylinder beispielsweise die Zahl von 17 Sektoren genannt. Genauer errechnet sich die Gesamtzahl der auf der Festplatte zu:

$$\text{Gesamtzahl der Sektoren} = (\text{Zylinder}) \cdot (\text{Spuren/Zylinder}) \cdot (\text{Sektoren/Spur}).$$

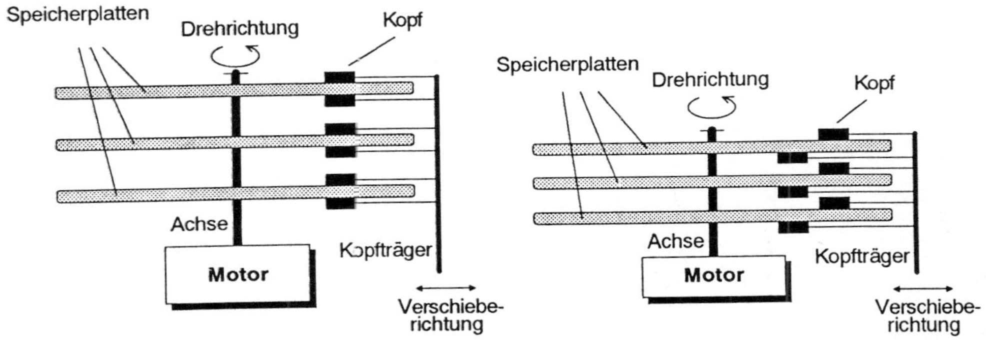

Bild 6.5-2. Schematischer Aufbau einer Festplatte

Um den Abstand zwischen den einzelnen Platten verkleinern zu können, gibt es auch Plattenstapel, bei denen die Schreib-/Leseköpfe von Plattenober- bzw. Unterseite zueinander radial versetzt angebracht sind. Dies ist im Bild 6.5-2 rechts dargestellt. Hier sind natürlich die Spuren eines Zylinders nicht senkrecht übereinander zu finden, sondern zickzackförmig versetzt. Zur Verkleinerung der Plattenlaufwerke werden heute häufig auch Antriebsmotoren mit besonders flacher Bauform eingesetzt, wie dies im Bild angedeutet ist. Zusammen mit den versetzten Köpfen führt das zu den sogenannten *Slim-line*-Laufwerken, die z.T. nur noch die halbe Höhe von herkömmlichen Laufwerken besitzen.

Wie bereits gesagt, sind die Speicherscheiben eines Festplatten-Stapels nicht flexibel. Sie bestehen aus einem harten, sorgfältig geglätteten Trägermaterial, wobei es sich gewöhnlich um eine Aluminium-Legierung handelt. Der Schreib-/Lesekopf schwebt auf einem Luftkissen mit einem Abstand von 0.3 bis 1 µm über der

Platte. Bei Flughöhen im Mikrometerbereich sind Staub- und Schmutzpartikel für den fliegenden Kopf eine katastrophale Bedrohung. Eine Vorstellung von der bei Festplatten-Laufwerken notwendigen Präzision erhält man, wenn man sich vorstellt, daß die Flughöhe von 1 µm eines 1 cm langen Kopfes einer Flughöhe von nur 10 mm bei einem 100 m langen Flugzeug entsprechen würde. Ein (qualitativer) Größenvergleich zwischen einem Haar, einem Fingerabdruck, einem Staubkorn und dem Luftspalt zwischen Schreib-/Lesekopf und der Plattenoberfläche ist in Bild 6.5-3 dargestellt.

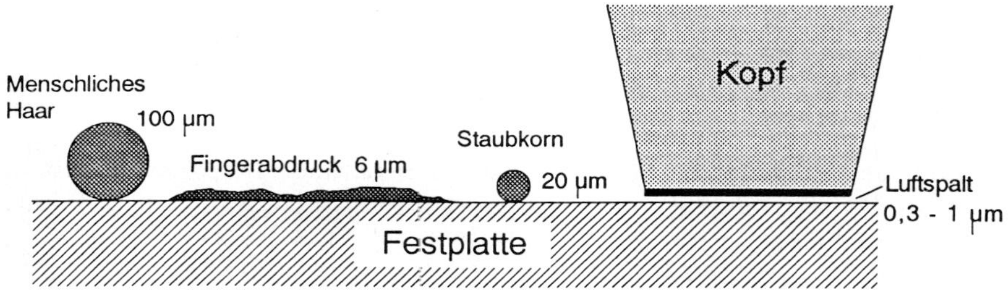

Bild 6.5-3. Größenvergleich

Der geringe Abstand zwischen Kopf und Platte macht eine Festplatte empfindlich gegenüber kräftigen Stößen, die sowohl im Betrieb wie auch im Ruhezustand zu Defekten oder zur vollständigen Zerstörung der Daten bzw. der Platte führen können. Durch eine starke Erschütterung kann z.B. das Luftpolster, auf dem die Magnetköpfe schweben, zusammenbrechen. Der Kopf fällt dadurch auf die Plattenoberfläche und zerstört die Magnetschicht.

Um Beschädigungen an der Festplatte, speziell beim Transport des Rechners, zu verhindern, wird durch einen Befehl bzw. durch ein spezielles Programm der Magnetkopf in die sogenannte Parkstellung gebracht, in der keine Daten zerstört werden können.

Heute sind die meisten Festplatten bereits mit einem Autopark-System ausgestattet: Zunächst erkennt die Laufwerks-Elektronik automatisch einen Spannungsabfall im Laufwerk. Der für die Plattenrotation zuständige Motor wird nun kurzzeitig zur Stromerzeugung benutzt. Seine Energie nutzt der Schrittmotor, um die Schreib-/Leseköpfe in der Plattenmitte zu parken. Dieses automatische Landen der Köpfe auf der Parkzone verhindert, daß bei einem plötzlichen Stromausfall die Köpfe im Datenbereich der Platte aufsetzen und dort eventuell Daten beschädigt werden. Die Autopark-Funktion macht den früher benutzten *Park*-Befehl überflüssig, der häufig auch als *Ship*-Befehl bezeichnet wird.

Benutzte Aufzeichnungsverfahren

Um eine große Speicherkapazität zu erreichen, wird bei Festplatten im verstärkten Maße neben dem MFM-Verfahren das RLL-(2,7)-Verfahren eingesetzt. Im Prinzip sind alle Festplatten für dieses Aufzeichnungsverfahren geeignet. Jedoch wird durch die hohen Qualitätsanforderungen die Datensicherheit vom Hersteller nicht gewährleistet, wenn die Speicherplatte nicht speziell für dieses Aufzeichnungsverfahren hergestellt wurde. Es ist daher zu überlegen, ob es sich lohnt, auf einer "sicheren" 40-Mbyte-Festplatte (mit MFM-Verfahren) durch einen RLL-Controller dem Anwender 60 Mbyte zur Verfügung zu stellen, aber verbunden mit einer relativ großen Unzuverlässigkeit der Datenaufzeichnung.

Die Anzahl der Spuren einer Festplatte kann 600 bis über 1000 pro Plattenoberfläche (gegenüber maximal 80 bei Floppy Disks) betragen. Gegenüber den Disketten besitzen die Festplatten daher eine erheblich gesteigerte Spurdichte. Sie reicht typischerweise bis zu 800 Spuren pro Zoll (*tracks per inch* – tpi). Die typische Dichte der magnetischen Flußwechsel liegt bei etwa 10 000 Wechsel pro Zoll (*flux changes per inch* – fci). Je nach Aufzeichnungsverfahren (MFM- bzw. RLL-Verfahren) entspricht dies einer Bitdichte von 10 000 bis 15 000 bit pro Zoll (*bit per inch* – bpi). (Im Extremfall werden auch Werte von 1 300 tpi, 15 000 fci bzw. 22 500 bpi erreicht.)

Partitionierung des Speicherplatzes

Festplatten erhalten ihr physikalisches Format in der Regel vom Hersteller aufgeprägt, so daß der Anwender sich nur um die logische Struktur kümmern muß. Die logische Struktur wird in zwei Schritten erstellt. Zuerst kann die Festplatte in mehrere logische Teilbereiche, sogenannte **Partitionen** (*partitions*), unterteilt werden. Tabelle 6.5-4 zeigt eine mögliche Aufteilung einer Festplatte.

Tabelle 6.5-4. Mögliche Aufteilung einer 40-Mbyte-Festplatte in zwei Partitionen

Partition	**1.**	**2.**
Anzahl der Zylinder	642	177
Länge (in Sektoren)		
.. der FAT	128	14
.. des Dateiverzeichnis	31	31
.. der Cluster	4	8
Anzahl der		
.. Verzeichniseinträge	512	512
.. der Cluster	16 326	2 250
Datenbereichslänge (in kbyte)	32 652	9 000

Die Einrichtung von mehreren Partitionen ist insbesondere dann erforderlich, wenn auf einer Festplatte gleichzeitig unterschiedliche Betriebssysteme installiert werden sollen. Sind die Partitionen erstellt, können ihre Organisation und die Aufteilung in die verschiedenen Plattenbereiche (vgl. Abschnitt 6.2.3) erfolgen.

Das Beispiel bezieht sich auf eine 40-Mbyte-Festplatte, die auf sechs Plattenseiten 819 Zylinder besitzt. Pro Plattenseite steht ein Kopf zur Verfügung. Jeder Zylinder besteht aus 17 Sektoren, und jeder Sektor enthält 512 Datenbytes. Ein Cluster besteht üblicherweise aus 4 oder 8 Sektoren.

Zugriffszeiten bei Festplatten

Mit zunehmender Speicherkapazität der Festplatten tauchte jedoch ein Problem mit weitgehend mechanischen Ursachen auf: Die Zugriffszeiten genügten den Anforderungen nicht mehr. Die traditionellen ersten 5¼-Zoll-Festplatten mit einer Kapazität von 10 bis 20 Mbyte benötigten im Mittel 60 bis 80 ms, um die Köpfe auf einer bestimmten Spur zu positionieren ("mittlere Spur-zu-Spur-Zugriffszeit", "Einstellzeit") und einen bestimmten Sektor auf dieser Spur zu finden ("Latenzzeit"). Die Latenzzeit wird durch die gegenüber Floppy-Disk-Laufwerken erheblich gesteigerte Umdrehungszahl der Festplatten (typisch: 3600 Umdrehungen pro Minute) wesentlich reduziert. Eine Übersicht über die Entwicklung der Festplatten von 1979 bis 1988/89, speziell ihrer Speicherkapazitäten und mittleren Zugriffszeiten, zeigt das Bild 6.5-5. Im folgenden Unterabschnitt beschreiben wir, durch welche Maßnahmen die Zugriffszeiten vermindert wurden.

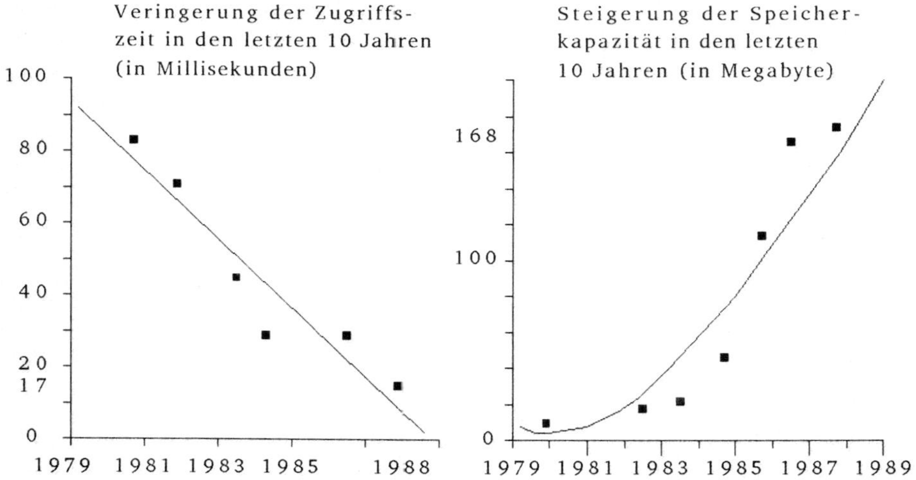

Bild 6.5-5. Übersicht über die Entwicklung der Festplatten (nach Unterlagen der Firma Seagate)

6.5.1.2 Aufbau eines Festplatten-Laufwerks

Der prinzipielle Aufbau eines Festplatten-Laufwerks unterscheidet sich nur wenig von dem im Bild 6.4-3 dargestellten Aufbau eines Floppy-Disk-Laufwerks. Daher wollen wir hier nicht mehr näher darauf eingehen. Zu erwähnen ist, daß die ersten Festplatten zur Positionierung der Köpfe ebenfalls den im Abschnitt 6.4 beschriebenen Schrittmotor mit Zahnrad- oder Bandantrieb benutzten. Bei Platten mit größerer Kapazität (über 20 Mbyte), also mehr Oberflächen, Spuren und Sektoren, sind diese Antriebe wegen ihrer geschilderten Nachteile nur bedingt einsatzfähig. Sie verursachen insbesondere eine zu große, bei Festplatten nicht tolerierbare Spur-zu-Spur-Zugriffszeit. Deshalb wurden spezielle, mechanische Verfahren zur schnelleren Positionierung der Köpfe entwickelt, die auf den Einsatz von Linearmotoren (*Voice Coil*) oder Drehmotoren basieren.

- Beim **Linearmotor** dreht sich die (mit einer Spule umwickelte) Achse nicht, sondern wird in Längsrichtung aus dem (ringförmigen) Permanentmagneten des Motors herausgeschoben bzw. dort hineingezogen. Die Motorachse dient hier selbst als Kopfträger, der durch die "lineare" Bewegung über der Plattenoberfläche verschoben wird. Wesentlich ist, daß zum Auffinden einer bestimmten Spur eine Regelung stattfindet, d.h. zunächst wird der Kopf auf eine Spur gebracht, die mit großer Wahrscheinlichkeit schon die gesuchte ist. Dort liest der Kopf die Spurnummer. Falls es nicht die richtige ist, muß der Kopf noch einmal (oder mehrmals) bewegt werden.
- Das Prinzip des Kopfantriebs über einen **Drehmotor** ist recht gut im Bild 6.5-1 zu erkennen. Der Motor dreht sich – im Gegensatz zum Schrittmotor – kontinuierlich. Die Drehbewegung wird über zwei Metallbänder, die an der Motorachse befestigt sind, auf ein Hebelsystem gegeben, an dem der Kopfträger befestigt ist. Durch diese Hebel wird die Drehbewegung in eine lineare Bewegung der Köpfe radial über die Plattenoberflächen umgesetzt. Auch bei diesem Antrieb wird eine Regelung zum Auffinden der gesuchten Spur eingesetzt.

Wir wollen hier nicht näher auf diese Antriebe eingehen. Nur soviel sei festgestellt: Der Schrittmotor schneidet bezüglich der durchschnittlichen Suchzeit erheblich schlechter ab als die beiden anderen. Die Leistung des Drehmotor-Antriebs liegt zwischen denen der anderen beiden Systeme im Bereich von durchschnittlich 16 bis 30 ms für jede Positionierung. Wegen seiner günstigen, kompakten Abmessungen wird er speziell bei Laufwerken mit kleinen 5¼- oder 3½-Zoll-Platten eingesetzt. Die Positionierleistung des Kopfantriebs wird durch drei Faktoren bestimmt:

- die vom Kopf zurückzulegende Strecke,
- die Trägheit der bewegten Massen (also der Köpfe und Kopfträger),
- die Stärke des zur Verfügung stehenden Antriebs (Antriebskraft).

Zurückzulegende Strecke

Die zurückzulegende Strecke ist von der in radialer Richtung gemessenen Breite des zu beschreibenden Plattenbereiches abhängig, die durch die Entfernung zwischen der äußersten und innersten Spur (Schreibband) der Platte gegeben wird. Ein großer Bandbereich erhöht zwar die Speicherkapazität, jedoch verlängert er auch die mittlere Positionierzeit. Um die Zugriffszeiten zu verkürzen, werden häufig pro Plattenseite 2 Köpfe eingesetzt (s. Bild 6.5-6). Dabei tasten die beiden Köpfe je nur die Hälfte der Datenoberfläche ab. Dieses Verfahren verkürzt z.B. die mittlere Zugriffszeit bei der Festplatte 6188R der Firma BASF gegenüber der Ein-Kopfversion von 70 ms auf 50 ms.

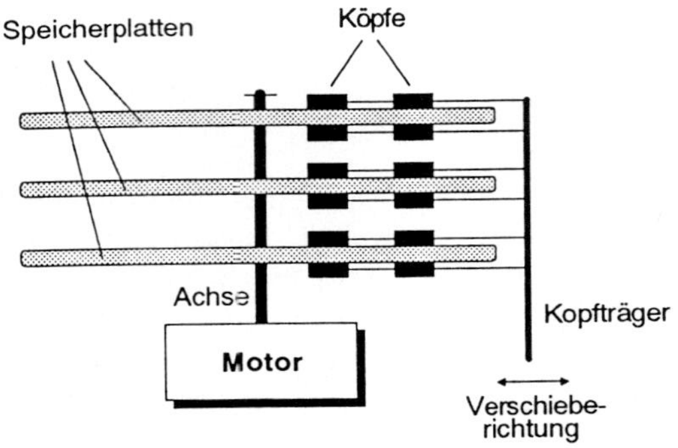

Bild 6.5-6. Schematischer Aufbau einer Festplatte mit zwei Köpfen pro Seite

Trägheit der Massen

Im wesentlichen kommen folgende Alternativen zur Reduzierung der Positionierzeiten durch Verringerung der Massenträgheit in Frage:

- Die Trägheit des Kopfträgers und der Zugriffsarme wird herabgesetzt. Dies ist nur in eingeschränktem Maß möglich, da natürlich die Stabilität des Armes gewährleistet sein muß. Durch den Einsatz anderer Materialien, z.B. von Magnesium anstelle des Aluminiums, ist eine weitere, geringfügige Reduzierung des Gewichtes möglich.
- Das Gewicht der Köpfe und ihre Abmessungen werden verringert. Bis zum Jahre 1966 wurden alle Köpfe noch aus Trafoblech hergestellt. Danach löste gesintertes Ferritmaterial das Trafoblech ab. Durch die Verkleinerung der Köpfe konnte die Bitdichte auf das Vierfache gesteigert werden. 1973 entstand bei der Firma IBM die sogenannte Winchester-Technologie, die bis heute noch bei Festplatten eingesetzt wird. Der Flugkörper des Kopfes besteht bei ihr aus bearbeitetem Ferrit. Die Kopfstruktur mit der Spule wird aus dem Ferrit geschliffen. Wegen der dabei erreichten Miniaturisierung kann dieses Schleifen nur noch mit Computersteuerung geschehen. Die Spule wird anschließend manuell auf den Träger gewickelt. Bild 6.5-7 zeigt einen Winchesterkopf im Schnitt und von der Seite. Der Kopf ist etwa 6 mm lang, 4 mm breit und 2.5 mm dick.

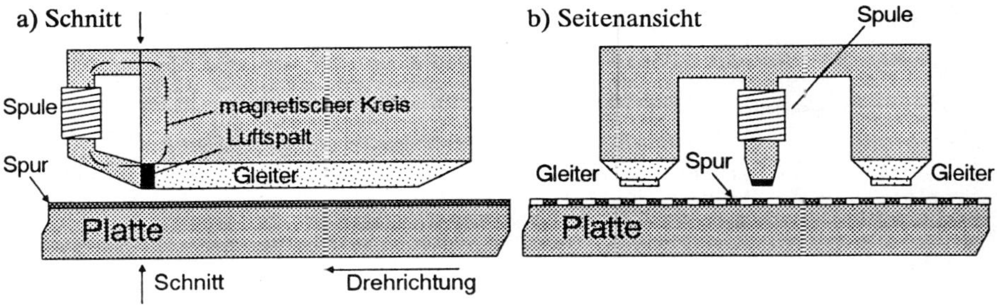

Bild 6.5-7. Schreib-/Lesekopf in Winchestertechnik

Zu Beginn der achtziger Jahre stieß der Versuch, immer kleinere Winchester-Köpfe zu erzeugen, an seine technologische Grenzen, hauptsächlich dadurch, daß bei der Bearbeitung des Ferrits trotz computergesteuerten Schleifens keine Verfeinerungen mehr möglich waren. Es mußte also eine neue Technik eingesetzt werden. Dies führte zur Entwicklung der Dünnfilmköpfe, bei deren Herstellung eine ähnliche Technologie angewandt wird, wie sie bei der Herstellung von Halbleiter-Chips üblich ist. (Sie ist auch unter dem Namen Whitney bekannt.) Durch ihren Einsatz konnte der Luftspalt zwischen Plattenoberfläche und Kopf auf 0.3 µm reduziert werden.
Bei den Dünnfilm-Köpfen wird nicht mehr Ferrit verarbeitet. Als Material, das sich als 'Dünnfilm' verarbeiten läßt, wird eine Eisen-Nickel-Verbindung (Permalloy) eingesetzt. Auf einem Keramik-Träger (*wafer*) werden Permalloy-Schichten angelegt. Aus einer darauf angebrachten Kupferschicht werden Stuktur und Anschlüsse der Kupferspule geätzt. Nachdem die Kupferschicht isoliert wurde, wird in einem weiteren Vorgang eine zweite Permalloy-Schicht aufgebracht. Bild 6.5-8 zeigt einen Schnitt durch einen (doppelten) Dünnfilm-Kopf, der schematisch mit rechteckigen Spulen dargestellt ist. Im rechten Teil des Bildes ist der Aufbau eines Kopfes dargestellt.

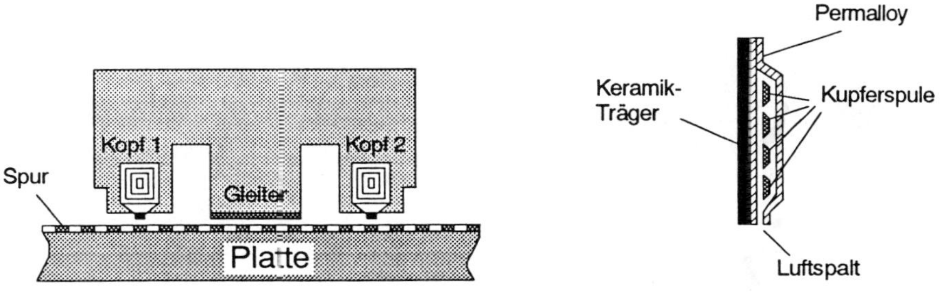

Bild 6.5-8. Schreib-/Lesekopf in Dünnfilmtechnik

Erhöhung der Antriebskraft

Eine weitere Aufgabe besteht darin, das Drehmoment des Positioniermotors zu erhöhen. Das Drehmoment eines Motors hängt von der Feldstärke des Festmagneten und des beweglichen Elektromagneten sowie dem Luftspalt zwischen beiden ab. Da eine Vergrößerung der Magnete im Widerspruch zum Bestreben steht, eine immer kompaktere Bauweise zu erreichen, wurden neue magnetische Materialien eingesetzt. Keramische Magnete wurden durch energiereichere Magnete aus Neodymium-Verbindungen ersetzt, wodurch eine Magnetfeld-Verbesserung um den Faktor 6 erzielt wurde.

6.5.1.3 Verschachtelter Sektorzugriff

Zum Schluß dieses Abschnitts wollen wir noch kurz auf ein Problem eingehen, daß durch die große Umdrehungsgeschwindigkeit der Festplatten auftritt. Geht man nämlich von 3 600 Umdrehungen pro Minute und 17 Sektoren pro Zylinder aus, so bedeutet das, daß dem Controller nur 980 µs zur Verfügung stehen, um einen Sektor vollständig zu lesen oder zu beschreiben. Vor dem Zugriff auf den folgenden Sektor müssen beim Lesen die im Controller gespeicherten Daten zum Mikrorechner übertragen oder beim Schreiben vom Mikrorechner geholt werden. Diese Vorgaben übertrafen noch vor kurzem die Arbeitsgeschwindigkeit der meisten Controller. Als Abhilfe wurde der sogenannte verschachtelte Sektorzugriff (verzahnter Sektorzugriff, *record interleave*) entwickelt (s. Bild 6.5-9).

a) Interleave-Faktor 3:1 b) Interleave-Faktor 1:1

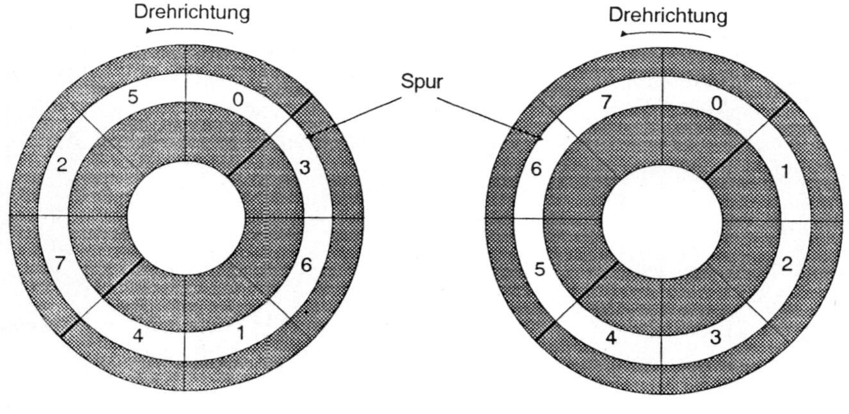

Bild 6.5-9. Verschachtelter Sektorzugriff

Bei diesem Verfahren wird zunächst nicht auf den unmittelbar folgenden Sektor zugegriffen, sondern es werden ein oder mehrere Sektoren übersprungen, um dem Controller während der dabei verstreichenden Zeit Gelegenheit zu geben, die zuletzt übertragenen Daten zu verarbeiten. Die Anzahl n dieser Sektoren definiert den Interleave-Faktor (n+1):1 und ist bei vielen Controllern (in gewissen Grenzen) einstellbar. Im Bild 6.5-9a wurde der Faktor 3:1 zugrunde gelegt. Natürlich bedeutet ein Interleave-Faktor m:1, daß der Schreib-/Lesekopf die Spur insgesamt m-mal überstreichen muß, bevor er alle Sektoren dieser Spur (in ihrer richtigen Reihenfolge) gelesen hat. Durch den Einsatz mehrerer Sektor-Pufferspeicher im Controller (vgl. Abschnitt 6.5.2) können moderne Bausteine einen Interleave-Faktor 1:1 erreichen, wie er im Bild 6.5-9b skizziert ist. In diesem Fall kann eine ganze Spur während einer einzigen Plattenumdrehung bearbeitet werden.

6.5.2 Prinzipieller Aufbau eines Festplatten-Controllers

Der prinzipielle Aufbau eines Controllers für Festplatten-Systeme ist im Bild 6.5-10 skizziert. Aus der Ähnlichkeit der Aufgaben ergibt sich, daß der Aufbau dieses Controllers sich nur wenig von dem des Disketten-Controllers unterscheidet, wie er im Bild 6.4-7 dargestellt ist. Wir gehen deshalb nur sehr knapp auf die Unterschiede ein.

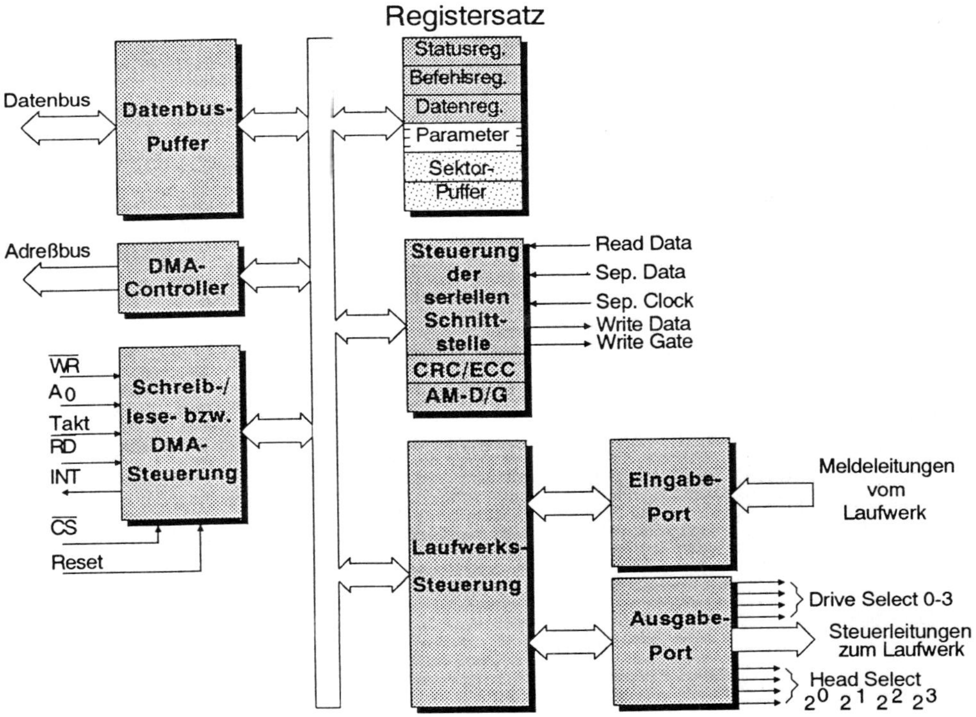

Bild 6.5-10. Prinzipieller Aufbau eines Controllers für Festplatten

Die wesentlich größere Umdrehungsgeschwindigkeit der Festplatten gegenüber den Disketten führt zu zwei wesentlichen Ergänzungen:

- Zunächst ist bei dem betrachteten Baustein der DMA-Controller mit auf dem Chip integriert, um einen möglichst schnellen Datenaustausch zwischen dem Laufwerk und dem Arbeitsspeicher des Mikrorechners zu gewährleisten.
- Die größere Übertragungsrate zwischen Controller und Laufwerk bedingt, daß ein gelesener bzw. zu schreibender Sektor zunächst im Controller zwischengespeichert werden muß, bevor er zum Prozessor bzw. zum Laufwerk übertragen wird. Dazu ist der Registersatz um einen (oder zwei) Sektor-Pufferspeicher (*sector buffer*) erweitert. Werden zwei Puffer zur Verfügung gestellt, kann jeweils einer von ihnen bereits gefüllt werden, während der Inhalt des anderen noch verarbeitet wird, also entweder vom Mikroprozessor gelesen oder aber zum Laufwerk ausgegeben wird.

Die Laufwerksteuerung (*Drive Interface Control Unit*) stellt einen Satz von Steuersignalen zur Verfügung, der sehr stark von der unterstützten "genormten" Schnittstelle abhängt. Auf diese Schnittstellen gehen wir erst im nächsten Abschnitt ein. Hier soll nur schon erwähnt werden, daß viele Festplatten-Controller den Anschluß von bis zu vier Platten-Speichern erlauben, wobei unterschiedliche Mischungen zwischen Floppy Disks und Festplatten möglich sind. Über die Auswahlleitungen DRIVE SELECT 0-3 wird jeweils eines dieser Laufwerke selektiert. Zu jedem Laufwerk können in reservierten Registern des Registersatzes die speziellen Parameter dieses Laufwerks abgelegt werden. Jedes der anschließbaren Festplatten-Laufwerke darf bis zu 16 Schreib-/Leseköpfe besitzen. (Es kann also im Extremfall z.B. ein Plattenstapel mit 8 Speicherplatten und 16 Oberflächen oder ein Stapel mit 4 Scheiben und zwei Schreib-/Leseköpfen pro Oberfläche angesteuert werden.) Über die Signale HEAD SELECT 2^0 2^1 2^2 2^3 kann genau einer der 16 Köpfe ausgewählt werden.

Auf den Befehlssatz eines Festplatten-Controllers wollen wir hier nur sehr kurz eingehen. Er enthält in der Regel alle Befehle, die wir beim Disketten-Controller im Abschnitt 6.4.4 beschrieben haben. Dazu kommen hier jedoch noch spezielle Befehle zur Verwaltung der Sektor-Pufferspeicher. Durch den Befehl *Load Buffer* kann einer der Sektorpuffer aus dem Arbeitsspeicher geladen, mit dem Befehl *Dump Buffer* sein Inhalt dorthin übertragen werden. Beide Befehle werden zur Überprüfung der Funktionsfähigkeit des Plattensystems oder zur Restaurierung der Daten nach dem Auftreten eines Fehlers benutzt. Sie dienen nicht zur "normalen" Übertragung der Daten zum/vom Laufwerk, die ja unter DMA-Kontrolle stattfindet.

Andere Befehle dienen zur Erkennung und Korrektur von Datenfehlern auf der Platte. (Auf die Verfahren dazu gehen wir im Abschnitt 6.6 ein.)

6.5.3 Schnittstellen zum Anschluß von Festplatten-Systemen

Im Abschnitt 6.1 wurden zwei verschiedene Möglichkeiten für die Realisierung der Schnittstelle zwischen dem Mikrorechner und einem Plattenlaufwerk beschrieben:

die Controller-Schnittstelle und die Systembus-Schnittstelle. Für beide Möglichkeiten werden wir in diesem Abschnitt Beispiele genormter Schnittstellen angeben. Doch bevor wir das tun, wollen wir noch kurz auf die Alternativen eingehen, die für die Verbindung eines Controllers und des Laufwerks existieren:

- Bei der ersten Alternative werden beide Komponenten über ein Flachbandkabel (*flat ribbon*) verbunden, bei dem die einzelnen, isolierten Adern flach nebeneinander in einer PVC-Ummantellung untergebracht sind.
- Bei der zweiten Alternative besteht das Verbindungskabel aus einer Menge von gegeneinander verdrillten Leitungspaaren (*twisted pair*), wie sie vom Telefonanschluß her bekannt sind. Alle Leitungspaare sind zusammen in einer einzigen, runden Kunststoff-Ummantellung untergebracht.

Insbesondere bei längeren Verbindungskabeln können Störungen auftreten, die ein Signal auf Daten- oder Steuerleitungen verfälschen, so daß ein fehlerhaftes Datum gelesen oder geschrieben wird. Auch hier gibt es hauptsächlich zwei Alternativen, um Störungen auf den Verbindungskabeln zu unterdrücken:

- Bei der ersten Alternative liegt im Flachbandkabel jede Ader, auf der ein Signal übertragen wird, zwischen zwei (oder mehreren) Adern, die Massepotential tragen. Im Rundkabel wird jeweils ein Signalkabel mit einem Massekabel verdrillt (vgl. dazu auch die Beschreibung der Centronics-Schnittstelle im Abschnitt 5.5.4).
- Bei der zweiten Alternative geschieht die Signalübertragung über sogenannte Differentialtreiber. Diese übertragen auf einer '+'-Leitung das eigentliche Signal, auf einer '−'-Leitung das invertierte Signal. Durch die Bildung der Differenz zwischen beiden Signalen können die Treiber auf Empfängerseite ein großer Prozentsatz der Störungen herausfiltern, da diese (mit großer Wahrscheinlichkeit) beide Leitungen gemeinsam und in gleicher Weise betreffen und bei der Differenzenbildung sich gerade gegenseitig aufheben. Im Flachbandkabel werden das Signal und das invertierte auf nebeneinander liegenden Adern, beim Rundkabel über ein verdrilltes Adernpaar übertragen.

6.5.3.1 Controller-Schnittstellen

Zunächst sei hier angemerkt, daß die im Abschnitt 6.4 beschriebene Schnittstelle für ein Floppy-Disk-Laufwerk aufgrund ihrer geringen Datenübertragungsrate bei Festplatten-Laufwerken nicht eingesetzt werden kann.

Das ST506/412-Interface

Als augenblicklich gängigste und preisgünstigste Festplatten-Schnittstelle für den Mikrorechner-Bereich wird das ST506/412-Interface der Firma Seagate eingesetzt. ('ST' ist die Abkürzung für *Seagate Technology*.) Sie ist eine Weiterentwicklung einer von der Firma Shugart realisierten Disketten-Schnittstelle und hat ihren Namen von dem ersten 5¼-Zoll-Laufwerk ST506 dieser Firma, das eine Kapazität von 6.4 Mbyte hatte. Diese Schnittstelle erlaubt den Anschluß von maximal vier Festplatten-Laufwerken an einem Controller. Im Abschnitt 6.2 haben wir bereits den Aufbau eines Sektors beschrieben, wie er von Controllern mit dieser Schnittstelle erzeugt wird (s. Bild 6.2-2). Die ST506/412-Schnittstelle erlaubt die Auswahl zwischen zwei Aufzeichnungsverfahren:

- Mit dem MFM-Aufzeichnungsverfahren können Datenübertragungsraten von 5 Mbit/s erreicht werden. Pro Datenspur werden dabei auf der Festplatte 17 Sektoren mit je 512 Datenbytes untergebracht.
- Mit dem RLL-Aufzeichnungsverfahren läßt sich die Anzahl der Sektoren pro Datenspur auf 26 und die Übertragungsrate auf 7.5 Mbit/s steigern.

Der Anschluß der Festplatte an den Controller erfolgt bei dieser Schnittstelle über zwei getrennte Kabel, einem 20 poligen Daten- und einem 34 poligen Steuersignal-Kabel (s. Bild 6.5-11).

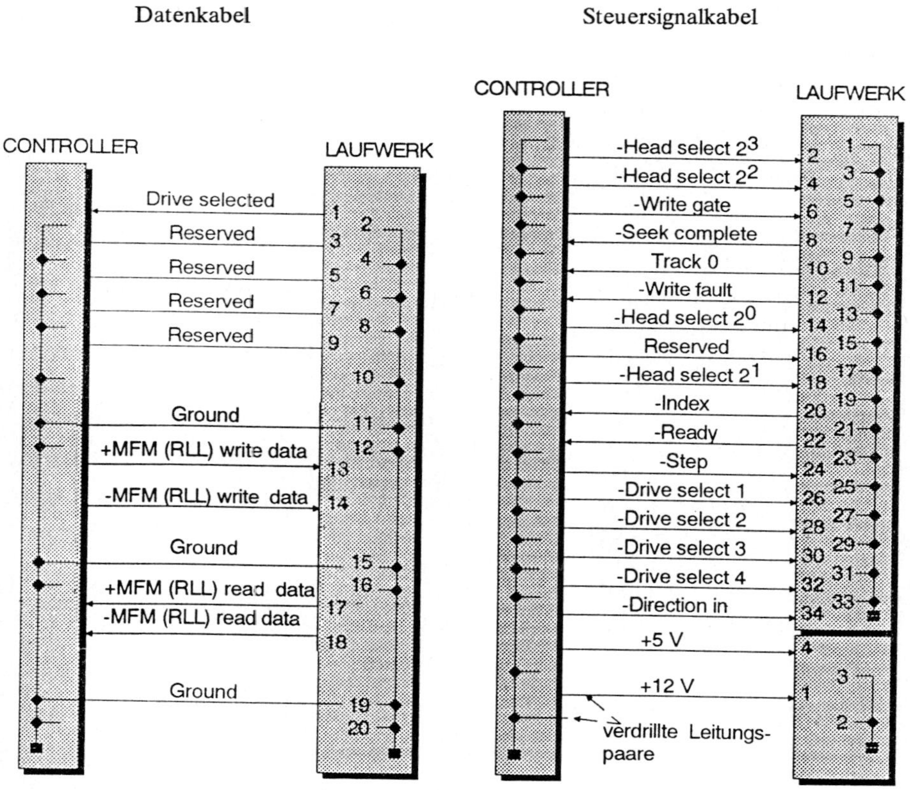

Bild 6.5-11. ST506/412-Interface

(Hinweis: Wie bereits im Abschnitt 1.4.2 gesagt, zeigt das '−'-Zeichen vor einigen Signalnamen lediglich an, daß das Signal im L-Pegel aktiv ist. Es entspricht somit der von uns bisher hauptsächlich benutzten Überstreichung von Signalnamen.)

Jedes der beiden Kabel ist entweder ein Flachbandkabel oder ein rundes Kabel mit einer Menge von gegeneinander verdrillten Leitungspaaren (s.o.). In jedem Kabel ist eine große Anzahl von Adern zur Unterdrückung von Störungen mit Massepotential (*Ground*) belegt. Über das Steuersignalkabel werden auch die beiden Betriebsspannungen +5 V und +12 V zum Laufwerk übertragen. Dem Laufwerk werden diese Spannungen jedoch über einen eigenen Stecker zugeführt.

Das Datenkabel enthält vor allem zwei Leitungspaare, über die die Daten in differentieller Form seriell übertragen werden: über das Paar ±MFM (RLL) READ DATA von der Festplatte zum Controller, über ±MFM (RLL) WRITE DATA vom Controller zum Laufwerk. Die Leitung DRIVE SELECTED teilt durch ein L-Potential dem Controller mit, daß ein Laufwerk aktiviert wurde. Die restlichen Adern des Datenkabels werden in normalen Einsätzen der Schnittstelle nicht benutzt (*reserved*). Das Steuersignalkabel überträgt Signale zur Auswahl von einem von vier möglichen Laufwerken (DRIVE SELECT i) und von genau einem von bis zu 16 Schreib-/Leseköpfen (HEAD SELECT 2^0 2^1 2^2 2^3). Das Signal WRITE GATE wird aktiviert, wenn der Controller das Datenfeld eines Sektors zur Platte überträgt. Über die Leitung STEP wird der Schrittmotor des Laufwerks aufgefordert, den Schreib-/Lesekopf auf die nächste Spur zu bringen, wobei durch das Signal DIRECTION *In* die Richtung angegeben wird, nämlich zur Plattenmitte (*in*) oder zum Plattenrand (*out*) hin.

Über andere Leitungen informtiert das Laufwerk den Controller über das Vorliegen bestimmter Bedingungen: Über READY wird dem Controller mitgeteilt, daß das selektierte Laufwerk bereit zur Datenübertragung ist. Die Signale TRACK 00 und INDEX wurden bereits beim Disketten-Controller beschrieben; sie zeigen an, daß der Schreib-/Lesekopf auf der Spur 0 positioniert ist bzw. der "Index" zur Kennzeichnung des Spuranfangs erkannt wurde. Bei Festplatten wird das Indexloch der Disketten durch eine Markierung ersetzt, die schon vom Hersteller der Platte (bzw. beim Formatieren) angebracht wird. SEEK COMPLETE zeigt an, daß die Suche nach einem Sektor abgeschlossen wurde, WRITE FAULT, daß beim Schreiben eines Sektors ein Fehler festgestellt wurde.

Das Enhanced Small Device Interface

Der Bedarf an Festplatten mit größerer Kapazität und höherer Übertragungsgeschwindigkeit führte zur Entwicklung des *Enhanced Small Device Interface* (ESDI, s. Bild 6.5-12). Auch dieses Interface arbeitet mit serieller Datenübertragung und verwendet die gleichen Steckanschlüsse wie die ST506/412-Schnittstelle. Die maximale Länge der beiden Verbindungskabel ist hier jedoch auf 3 m begrenzt. Der Datentransfer zwischen Controller und Festplatte erfolgt nicht mehr mit der MFM- oder RLL-Codierung, sondern mit der NRZ-Codierung. Dazu wird je nach Übertragungsrichtung das Leitungspaar ±NRZ READ DATA oder ±NRZ WRITE DATA benutzt. Es sind Übertragungsraten von 10 bis 15 Mbit/s möglich.

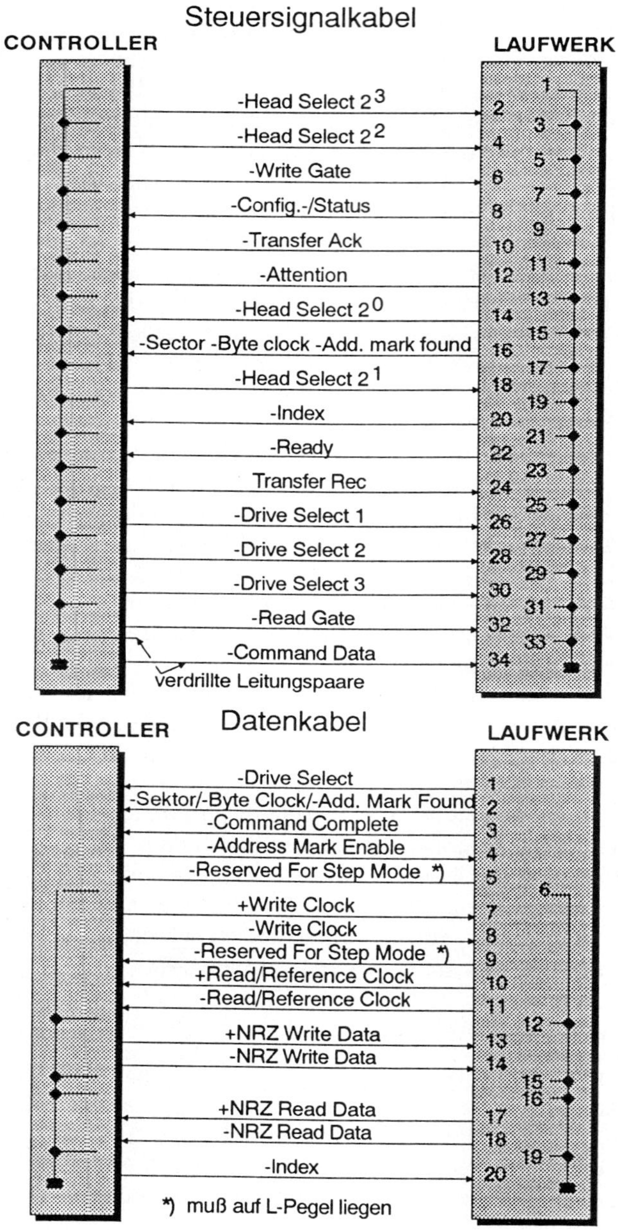

Bild 6.5-12. ESDI-Interface
(mit einem negativen Vorzeichen versehene Signale sind im L-Pegel aktiv)

Im Laufwerk müssen Funktionen der *Serial Interface Control Unit* bzw. des *Disk Data Separators* (DDS) ausgeführt werden, wie sie im Abschnitt 6.4 beschrieben wurden. Dazu gehören die Datencodierung und -decodierung (meist mit dem RLL-Verfahren), die also vom Hersteller der Platte festgelegt werden können, und auch die Erkennung und Generierung der Adreßmarken zur Unterscheidung zwischen Adreß- und Datenfeld eines Sektors (IAM, DAM, vgl. Bild 6.2-2).

Ein Vergleich der Steuersignale zwischen der ST506/412- und der ESDI-Schnittstelle ergibt, daß bei letztgenannter Schnittstelle die Steuersignale STEP, DIRECTION, TRACK 00 und WRITE FAULT nicht mehr vorhanden sind. Diese sind überflüssig, da die ESDI-Laufwerke über einen eigenen Befehlssatz verfügen. Zur Übermittlung von Befehlen zum Laufwerk benutzt der Controller die Leitungen TRANSFER REQUEST, COMMAND DATA und TRANSFER ACK. Die Kommandos selbst werden über die serielle Leitung COMMAND DATA übertragen. Sie bestehen aus einem 16-bit-Befehlscode und einem Paritätsbit. Das Paritätsbit sorgt dafür, daß Fehler bei der Datenübertragung (mit großer Wahrscheinlichkeit) erkannt werden. Denn ein falsch übertragener Befehl könnte für die Festplatte und die auf ihr gespeicherte Information fatale Folgen haben. Die Leitungen TRANSFER REQUEST und TRANSFER ACK werden als Handshake-Leitungen benutzt, durch die die Befehlsübertragung auf der COMMAND DATA-Leitung gesteuert wird.

Diese Form der Laufwerks-Steuerung ermöglicht z.B. einen wesentlich schnelleren Suchvorgang als dies mit den Einzel-Schrittimpulsen über die STEP-Leitung bei der ST506/412-Schnittstelle möglich ist. Für den Übergang von Spur 0 zu Spur 500 werden bei der letzgenannten Schnittstelle z.B. 500 Schrittimpulse (*steps*) erzeugt. Der ESDI-Controller muß dazu lediglich ein Kommandowort übertragen, nämlich den Befehl *Seek*. Andere Befehle sind z.B. *Read Sector*, *Write Sector*, *Read Status* und *Restore*, deren Bedeutung aus ihrem Namen ersichtlich ist und daher hier nicht erklärt werden muß.

Der ESDI-Controller muß nicht permanent Informationen über die Eigenschaften und den Zustand des Laufwerks besitzen. Über die serielle Leitung CONFIG/STATUS wird ihm auf Anforderung die momentane Statusinformation des Laufwerks mitgeteilt; z.B. ob ein Fehler aufgetreten ist oder ob eine Suchoperation schon beendet ist. Ebenso kann vom Controller über diese Leitung die Konfiguration der Festplatte, also insbesondere die Anzahl der Zylinder, der Köpfe usw., gelesen werden, die er dann dem Mikroprozessor übermittelt. Eine Tabelle der Laufwerks-Parameter im Controller, wie sie im Registersatz des Controllers nach Bild 6.5-10 dargestellt ist, ist nicht mehr notwendig. Damit der Controller nicht ständig Statusinformationen vom Laufwerk anfordern muß, meldet die Festplatte über die Leitung ATTENTION von sich aus, daß im momentanen Zustand der Festplatte eine Änderung eingetreten ist. Dieses Signal fordert den Controller auf, über die CONFIG/STATUS-Leitung den Zustand des Laufwerks abzufragen.

6.5.3.2 Systembus-Schnittstellen

Ende der siebziger Jahre wurde bei der Firma Shugart das SASI-Interface (*Shugart Associates System Interface*) für Platten-Controller entwickelt. 1982 wurde es als *Small Computer System Interface* (SCSI) standardisiert. Im Unterschied zu den bisher beschriebenen Schnittstellen ist das SCSI-Interface nicht auf den Anschluß von Festplatten beschränkt. Stattdessen erlaubt es auch den Einsatz anderer peripherer Subsysteme, wie z.B. von Magnetband-Geräten, Laser-Druckern, Graphikstationen, usw. Der Anschluß dieser Geräte kann dabei natürlich auch über einen DMA-Controller geschehen. Im Bild 6.5-13 ist ein Mikrorechner-System mit Plattenspeicher und anderen Peripheriegeräten dargestellt, die über SCSI-Schnittstellen miteinander verbunden sind.

Das dargestellte System gleicht sehr einem kleinen lokalen Netz (*Local Area Network* – LAN). Alle Komponenten sind über SCSI-Adapter am sogenannten SCSI-Bus angeschlossen. Dieser Bus besteht aus einem 50 poligen, bis zu 6 m langen Flachbandkabel. Über dieses Kabel werden die Daten in paralleler Form, byteweise übertragen. Die Anzahl der daran anzuschließenden Komponenten ist auf 8 beschränkt. Der Adapter, auch *SCSI Bus Interface Controller* genannt, hat die Aufgabe, auf Befehle der angeschlossenen Komponente hin die für die Kommunikation über den SCSI-Bus benötigten Steuersignale und Meldungen zu erzeugen.

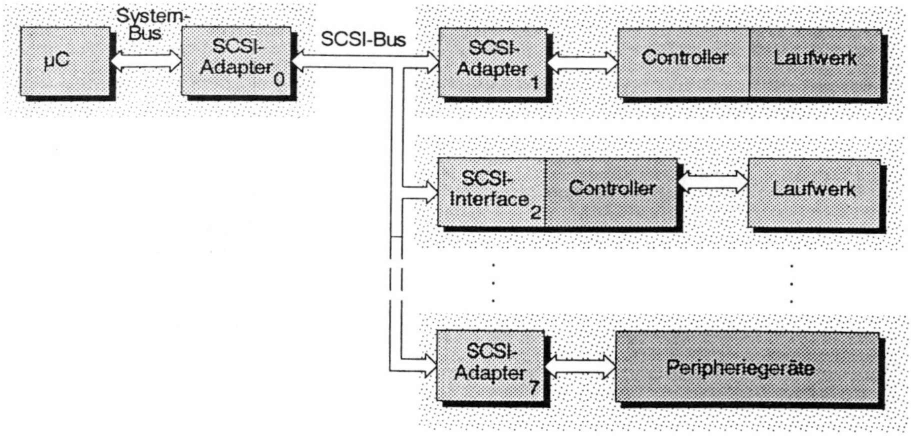

Bild 6.5-13. Aufbau eines Mikrorechner-Systems mit SCSI-Bus

Vom Prinzip her kann jede der am SCSI-Bus angeschlossenen Komponenten als *Initiator* einer Datenübertragung auftreten. Die Komponente, genauer gesagt, ihr SCSI-Adapter, die sie als Partner für diese Datenübertragung auswählt, wird als *Target* ("Ziel") bezeichnet. Bei der im Bild 6.5-13 dargestellten Konfiguration ist der µC typischerweise der einzige Initiator, und die Peripheriegeräte sind die Targets (*single initiator mode*). Dies wollen wir im folgenden zur Vereinfachung der Darstellung zugrunde legen.

In früheren Jahren wurden der µC und seine Peripheriegeräte über spezielle Einschubkarten, auf denen die SCSI-Schnittstelle realisiert war, an den Bus angeschlossen. Seitdem es aber hochintegrierte SCSI-Adapterbausteine gibt, sind diese

Adapter immer häufiger ein integraler Bestandteil der Mikrorechner und ihrer Peripheriegeräte. Im Bild 6.5-13 ist oben rechts ein Plattenspeicher-System skizziert, bei dem der SCSI-Adapter als eigenständiger Baustein die Anbindung des Plattencontrollers an den Bus vornimmt. Darunter ist ein Plattensystem dargestellt, bei dem der Controller bereits selbst die Adapterfunktion zum Bus wahrnimmt. (Auf einen solchen Controller werden wir am Ende des Abschnitts kurz eingehen.)

Um die Kommunikation über den SCSI-Bus erklären zu können, haben wir im Bild 6.5-14 den Aufbau eines SCSI-Adapters skizziert. Es handelt sich dabei um den Baustein WD33C93A der Firma Western Digital.

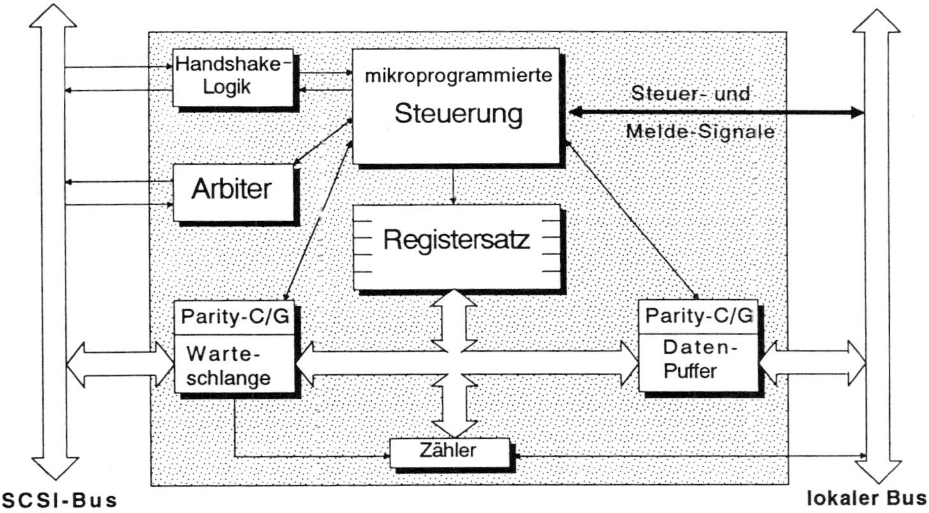

Bild 6.5-14. Aufbau eines SCSI-Adapters

Die mikroprogrammierte Steuerung des Adapters verwaltet sowohl die Schnittstelle zum SCSI-Bus wie die Schnittstelle zum lokalen Bus des angeschlossenen Geräts (Mikrorechner oder Peripheriegerät). Alle Schnittstellen-Signale, die wir weiter unten beschreiben, erfüllen die TTL-Norm und sind im L-Pegel aktiv.

- Die Schnittstelle zum SCSI-Bus besteht aus einem SCSI-Bus-Arbiter, also einer Schaltung zur Anforderung und Zuteilung des SCSI-Busses (wie wir sie im Abschnitt 5.2 allgemein beschrieben haben). Die Kommunikation über den SCSI-Bus geschieht wahlweise in synchroner oder asynchroner Form. Die zur asynchronen Übertragung benötigten Handshake-Signale werden von einer speziellen Schaltung, im Bild Handshake-Logik genannt, erzeugt. (Der betrachtete Adapter kann die Daten über den SCSI-Bus synchron mit einer maximalen Rate von 5 Mbyte/s, asynchron mit einer Rate von 2.5 Mbyte/s übertragen.)

Zum Ausgleich von unterschiedlichen Übertragungsraten auf dem SCSI-Bus und dem lokalen Bus werden die Daten am SCSI-Bus in einer 12-byte-Warteschlange (FIFO) zwischengespeichert. Die Übertragung von Datenblöcken über den SCSI-Bus wird über einen 24-bit-Zähler kontrolliert. Zu Beginn der Übertragung wird der Zähler mit der Anzahl der Datenbytes initialisiert. Mit jedem übertragenen Byte wird der Zähler dekrementiert. Nach Erreichen des Nullzustandes wird der angeschlossene Prozessor durch einen Interrupt über das Ende der Übertragung informiert.
Zur Sicherung der Übertragung auf dem SCSI-Bus gegen Verfälschungen durch (äußere) Störungen wird stets ein Paritätsbit mit übertragen und im Empfänger überprüft. Dazu dient die Komponente *Parity Checker/Generator*.

- Die Schnittstelle zum lokalen Bus besteht neben den Steuersignalen zum Ansprechen des Adapters und speziell zur Auswahl der internen Register aus einem 8-bit-Datenpuffer. Auch hier wird zur Sicherung der Übertragung ein Paritätsbit eingesetzt, das durch einen *Parity Checker/Generator* erzeugt und überprüft wird.

Zur Erfüllung ihrer Aufgaben steht der Steuerung der Registersatz zur Verfügung. Darin findet man einerseits die von anderen Systembausteinen her bekannten Status-, Steuer- und Befehlsregister. Ins Befehlsregister schreibt der angeschlossene Prozessor einen 1-byte-Befehl ein, der vom Adapter in die geforderte Abfolge von SCSI-Bus-Steuersignalen und Meldungen (*Messages*) umgesetzt wird. Der Befehl *Send-Status-And-Command-Complete* veranlaßt z.B. den Adapter des Targets, seine Statusinformation zum Mikrorechner zu schicken, danach die SCSI-Busoperation zu beenden und den Bus freizugeben.

Zu den eben erwähnten Registern kommen aber noch sehr viele spezielle Register, die z.B. die eindeutige Nummer zur Identifation des Initiators bzw. des Targets einer aktuellen Kommunikations-Verbindung speichern, sowie einige Register zur Selektion bestimmter Datenbereiche im Peripheriegerät (bei Festplatten insbesondere die Nummer von Zylinder, Kopf, Sektor). Auf diese Register wollen wir hier nicht eingehen.

Die Belegung der Steckeranschlüsse eines SCSI-Adapters ist in Tabelle 6.5-15 dargestellt. Alle (nicht gezeichneten) Anschlüsse mit ungeraden Nummern sind zur Unterdrückung von Störungen mit Masse verbunden.

Wie bereits gesagt, erfolgt die Datenübertragung zwischen dem Mikroprozessor und den angeschlossenen Controllern in paralleler Form über einen 8-bit-breiten Datenbus DB(0)-DB(7); über eine zusätzliche Leitung DB(P) wird gleichzeitig das Paritätsbit übertragen.

Mit den im folgenden beschriebenen Kontrolleitungen sind alle Adapter mit ihren gleichnamigen Anschlüssen busförmig verbunden. Je nachdem, ob ein Adapter zu einem Initiator oder einem Target gehört, ist sein Anschluß als Eingang oder Ausgang geschaltet.

Die Kontrolleitung BSY (*busy*) zeigt an, daß ein Adapter sich um die Buszuteilung bemüht oder der Bus mit einer Datenübertragung belegt ist. SEL (*select*) teilt allen angeschlossenen Komponenten an, daß ein Adapter eine Verbindung mit einem anderer Komponente aufbauen will. Über RST (*reset*) können alle angeschlossenen Adapter in einen definierten Anfangszustand zurückgesetzt werden. Dadurch werden alle aktuell ausgeführten Buszugriffe abgebrochen. REQ (*request*) und ACK (*acknowledge*) sind die oben erwähnten Handshake-Leitungen zur asynchronen Übertragung von Daten auf dem SCSI-Bus.

Tabelle 6.5-15. Anschlußbelegung des SCSI-Interfaces

Anschluß	Signal	Anschluß	Signal
2	DB(0)	28	GND
4	DB(1)	30	GND
6	DB(2)	32	ATN
8	DB(3)	34	GND
10	DB(4)	36	BSY
12	DB(5)	38	ACK
14	DB(6)	40	RST
16	DB(7)	42	MSG
18	DB(P)	44	SEL
20	GND	46	C/$\overline{D}$
22	GND	48	REQ
24	GND	50	I/$\overline{O}$
26	+5 V für den SCSI-Bus		

(GND: ground - Masse)

Weitere Signale steuern die Durchführung des SCSI-Bus-Protokolls:
I/$\overline{O}$ (*input/output*) zeigt an, ob Informationen vom µC gelesen oder dorthin transferiert werden; C/$\overline{D}$ (*control/data*) unterscheidet dabei zwischen Befehlen und Daten. MSG (*message*) zeigt dem µC an, daß der selektierte Kommunikationspartner eine Nachricht an den µC schicken will. ATN (*attention*) meldet den angeschlossenen Geräten, daß der µC eine Nachricht für seinen Kommunikationspartner bereit hält.

Der Ablauf einer typischen Bus-Operation läßt sich in acht Phasen aufteilen, von denen die ersten vier zur Busvergabe (*arbitration*) und zur Selektion eines Kommunikationspartners dienen. Die restlichen vier sind die eigentlichen Informationsübertragungs-Phasen (*information transfer phases*). In Bild 6.5-16 ist das Zeitdiagramm der verschiedenen Phasen zu sehen.

- **Freigabe des Busses** (*bus free*):
  Die Leitungen SEL und BSY werden vom Initiator (in der Regel also vom µC) mindestens für die Zeit auf L-Pegel gehalten, die jeder Adapter benötigt, um den Bus frei zu geben (*bus settle delay*).

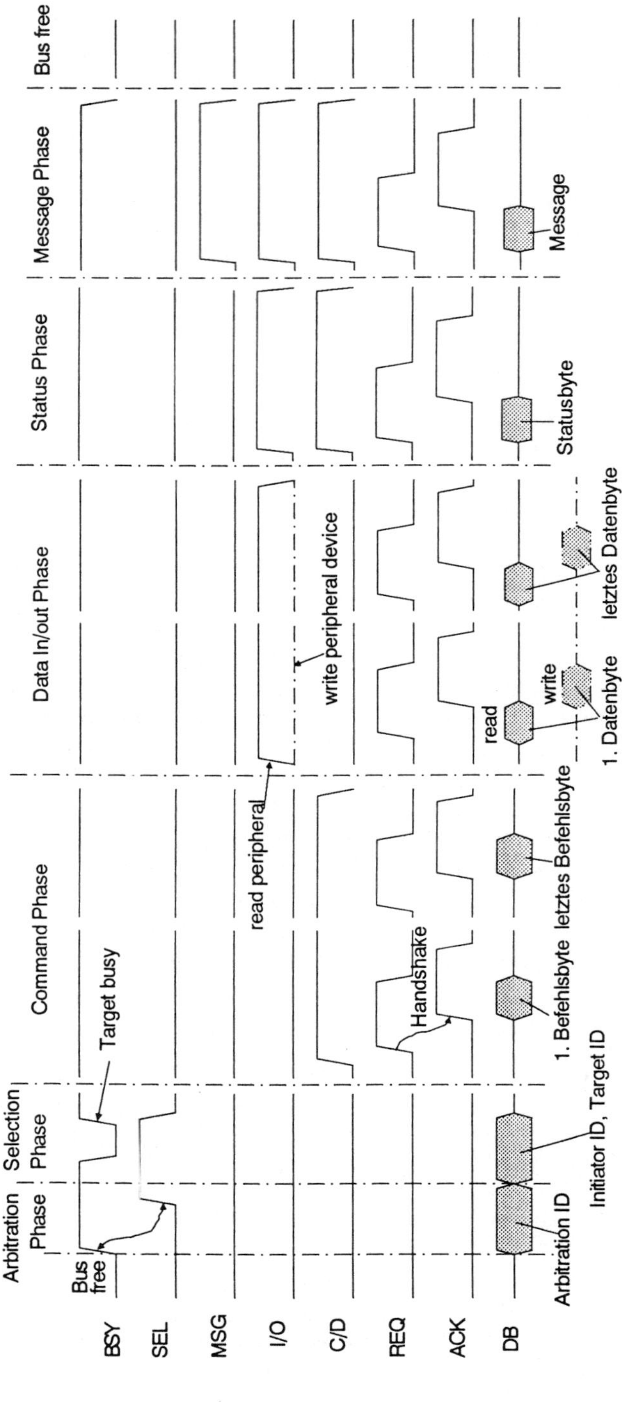

Bild 6.5-16. Zeitdiagramm der verschiedenen Phasen

- **Zuteilung des Busses** (*arbitration*):
  Der Mikroprozessor (als Initiator) beansprucht (über seinen Adapter) den SCSI-Bus, indem er das BSY-Signal setzt und seine Zugriffskennung (*arbitration ID*) auf den Datenbus legt. Die eindeutige Zugriffskennung wird bei jedem Adapter hardwaremäßig eingestellt. Sie gibt ihm eine bestimmte Priorität zwischen 0 und 7, wobei 7 die höchste Priorität ist. Bei Systemen der im Bild 6.5-13 dargestellten Art, die wir hier ausschließlich betrachten, hat der µC (meist) die höchste Priorität.
  Wenn der Adapter mit Priorität i den Zugriff zum Bus wünscht, setzt er die Datenbusleitung DB(i) auf '1', alle anderen Datenbusleitungen schaltet er als Eingang. Liegt aktuell eine Anforderung eines anderen Adapters mit höherer Priorität vor, so erkennt er es am Zustand des Datenbusses und zieht seine Anforderung daraufhin zurück. In diesem Fall muß er nach einer gewissen Zeit seine Anforderung (gegebenenfalls mehrfach) wiederholen. Wird momentan von keinem Gerät mit einer höheren Priorität der Bus beansprucht, kann der µC frühestens nach Ablauf einer festgelegten Verzögerungszeit (*arbitration delay*) über den Bus verfügen.

- **Selektion des Kommunikationspartners** (*selection, reselection*):
  Der Buszugriff des Mikroprozessors beginnt damit, daß er die SEL-Leitung (*select*) aktiviert und die Kennung des gewünschten Kommunikationspartners (*Target ID*) auf den Datenbus legt. Nach einer vorgegebenen Zeitdauer nimmt der Mikroprozessor das Signal BSY zurück, und der gewünschte Partner bestätigt seine Kommunikations-Bereitschaft dadurch, daß er seinerseits das BSY-Signal auf den H-Pegel zieht. Der Mikroprozessor erkennt dieses Signal und nimmt daraufhin (nach einer weiteren Verzögerung) das Auswahlsignal SEL zurück.
  Dauert die Ausführung einer Operation länger als vorgesehen, kann das Target durch eine *Disconnect*-Operation den Bus für andere Operationen freigeben. Zur Fortsetzung der Operation kann das Target sich seinerseits um den Bus bemühen und die Selektionsphase zur Wiederanwahl des Initiators benutzen. Dazu muß er die Initiator-Kennung (*Initiator ID*) auf den Datenbus legen (*reselection phase*).

- **Übertragung des Befehls** (*command*):
  Die Kommando-Phase erlaubt dem µC, Befehle zum Target zu senden. Das Target selbst fordert die Übertragung eines Kommandos an, indem es das Signal $C/\overline{D}$ auf H-Pegel legt. Die Übertragung der Kommandobytes wird mit Hilfe der Handshake-Leitungen REQ und ACK zwischen dem Target und dem µC-Adapter gesteuert. Nach der Übertragung des letzten Kommandobytes nimmt das Target das $C/\overline{D}$-Signal zurück.

- **Ein-/Ausgabe der Daten** (*data in/out*):
  – *data in*: Datenübertragung vom Target zum µC (*read peripheral*)
  Das Target belegt die $I/\overline{O}$-Leitung mit H-Pegel, legt das erste Datenbyte auf den Datenbus und meldet dies dem Initiator durch das REQ-Signal

(REQ=H). Der Datenempfang wird vom Initiator durch das ACK-Signal quittiert (ACK=H).

– *data out*: Datenübertragung vom Mikroprozessor zum Target (*write peripheral*) Die Signalleitung $I/\overline{O}$ trägt einen L-Pegel. Die Datenübertragung wird entsprechend der Kommando-Phase gesteuert, wobei das Signal $C/\overline{D}$ aber auf L-Pegel liegt.

- **Übermittlung des Zustandes des Kommunikationspartners** (*status*):
  Das Target legt die Leitungen $C/\overline{D}$ und $I/\overline{O}$ auf H-Pegel, ein Statusbyte auf den Datenbus und meldet dies dem Mikroprozessor durch das REQ-Signal. Der Empfang des Statusbytes wird vom Mikroprozessor durch das Signal ACK quittiert.

- **Nachrichtenübertragung zwischen µC und Kommunikationspartner**
  Nachrichten sind "genormte" Meldungen, die aus einem oder mehreren Bytes bestehen und zwischen Initiator und Target ausgetauscht werden. Beispiele dafür sind die oben erwähnte *Disconnect*-Meldung des Targets oder die Meldung *Abort*, durch die der Initiator sein Target zum Abbruch der augenblicklichen Operation auffordern kann.
  – *message in*:
  Diese Phase erlaubt es dem Target, Nachrichten an den µC zu schicken. Die Signalleitungen $C/\overline{D}$, $I/\overline{O}$ und MSG werden auf H-Pegel gelegt. Danach wird ein Nachrichtenbyte auf den Datenbus gebracht. Die Übertragung zum µC wird über die Handshake-Leitungen REQ und ACK gesteuert.
  – *message out*:
  Wie *message in*, jedoch werden in dieser Phase Nachrichten vom µC zum Target geschickt. $I/\overline{O}$ liegt auf L-Potential.

- **Freigabe des Busses** (*bus free*):
  Nach Beendigung der Kommunikation nimmt das Target sein BSY-Signal, das es während der Selektions-Phase gesetzt hatte, zurück. Nach einer Verzögerungszeit steht der Bus anderen Geräten zur Verfügung.

Der SCSI-Befehlssatz

Der SCSI-Standard enthält für Festplatten und Magnetbänder einen genormten Befehlssatz (*Common Command Set* – CCS). Insgesamt können bis zu 256 Befehle unterstützt werden, die in acht gleichgroßen Gruppen eingeteilt sind. Exemplarisch werden nun einige Befehle der Gruppe 0 für Festplatten-Systeme erklärt (s. Tabelle 6.5-17). Die Gruppe 0 enthält die Grundbefehle wie Lesen und Schreiben eines Sektors, Positionieren der Köpfe usw.

Tabelle 6.5-17. Einige SCSI-Befehle der Gruppe 0 für Festplatten-Systeme

Befehls-Code	Befehl	Bedeutung
$00	*Test Unit Ready*	Abfrage auf Betriebsbereitschaft
$01	*Recalibrate*	Köpfe auf die Spur 0 bewegen
$03	*Request Sense*	Fehler-Status einlesen
$04	*Format Unit*	Festplatte formatieren
$05	*Read Block Limits*	Abfrage der Festplattengröße
$08	*Read*	Lesen eines Datenblocks
$0A	*Write*	Schreiben eines Datenblocks
$0B	*Seek*	Suchen einer Spur

Jeder Befehl besteht aus 6 Bytes. Sein Aufbau ist im Bild 6.5-18 exemplarisch für einen Schreib- oder Lesebefehl dargestellt. Im wesentlichen sind die Grundbefehle für andere Peripheriegeräte gleich aufgebaut.

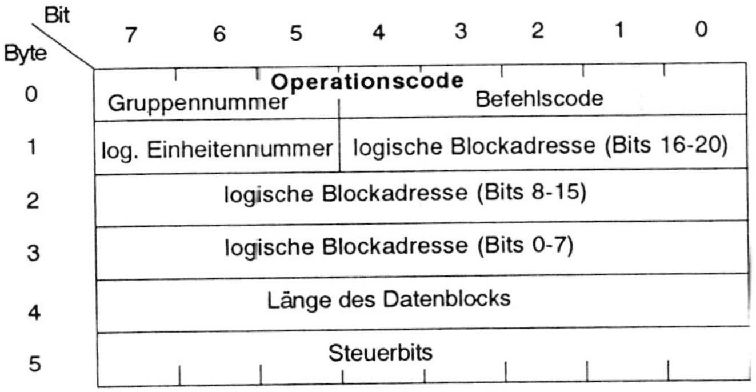

Bild 6.5-18. Aufbau eines Schreib- oder Lesebefehls

Das erste Byte der Kommandos enthält den Operationscode, der aus der Gruppennummern (*group code*) in den höherwertigen Bits 5-7 und dem eigentlichen Befehls-Code (*command code*) in den unteren 5 Bits besteht. In den Bits 5-7 des folgenden Bytes folgt die logische Einheiten-Nummer (*logical unit number* – LUN) des Targets, also die 3stellige-Binärzahl, die seiner Zugriffskennung (*Arbitration ID*, s.o.) und damit seiner Priorität entspricht.

Falls es sich um einen Schreib- oder Lesebefehl handelt, beinhalten die unteren 5 Bits dieses Bytes und die folgenden 2 Bytes die 21 bit lange logische Block-

Adresse[5] (*logical block address* – LBA), mit dem der Schreib- oder Lesevorgang begonnen werden soll. Im 5. Byte wird die Anzahl der Blöcke (*transfer length*) angegeben, die zusammenhängend übertragen werden sollen. (Die Zahl 0 steht dabei für 256 Blöcke.) Für größere Plattenkapazitäten existieren in anderen Befehlsgruppen Befehle, bei denen die logische Blockadresse 32 bit und die Anzahl der Blöcke 16 bit groß ist.

Bei allen anderen Befehlen der Gruppe 0 werden die Bytes 2 bis 4 sowie die niederwertigen Bits von Byte 1 nicht benutzt. Im 6. Byte (*control byte*) sind Steuerbits für die Befehlsübertragung und -Ausführung enthalten.

Als Beispiel für einen Festplatten-Controller mit SCSI-Interface skizzieren wir im Bild 6.5-19 das Blockschaltbild des *Hard Disk Controllers* MC68HC99 der Firma Motorola.

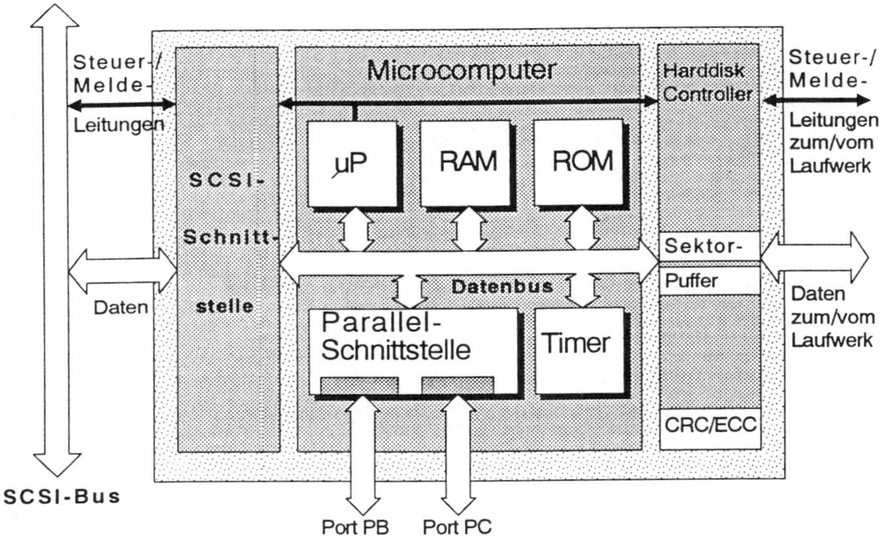

Bild 6.5-19. Blockschaltbild des SCSI-Controllers MC68HC99

Dieser Controller enthält auf einem Chip:

- einen vollständigen Mikrocomputer mit
  - einem 256-byte-RAM,
  - einem 12-kbyte-ROM,
  - einem Timer,
  - zwei parallelen 8-bit-Ports,

5) Für den Ausdruck Block hatten wir im Abschnitt 6.2 den Ausdruck *Cluster* benutzt.

- einen Festplatten-Controller mit
  - zwei Sektor-Pufferspeichern zu je 512 byte,
  - eine Fehlererkennungs- und Korrekturschaltung (CRC/ECC) und
- eine SCSI-Bus-Schnittstelle.

Ein Vergleich der erreichbaren effektiven Übertragungraten bei einer ST251-Festplatte der Firma Seagate mit zwei verschiedenen Controllern ist im Bild 6.5-20 dargestellt (nach Unterlagen der Firma Seagate).

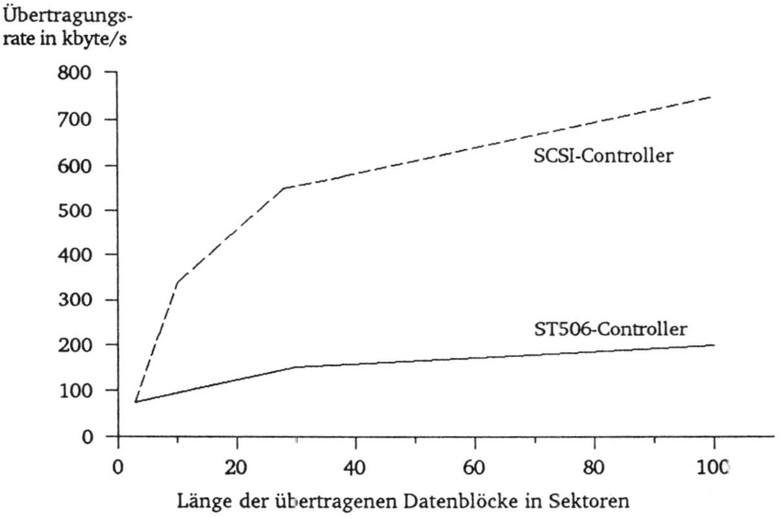

Bild 6.5-20. Datenübertragungsraten im Vergleich

Dabei handelt es sich einerseits um einen ST506/412-Controller, dem bei IBM-AT-Personal Computern standardmäßig verwendeten (Kombi-)Controller, und einem Controller mit SCSI-Interface. In X-Richtung ist die Anzahl der Sektoren aufgetragen, die als ein gemeinsamer Datenblock übertragen werden. In Y-Richtung findet man die maximale Übertragungsrate, die bei beiden Controllern für Datenblöcke dieser Größe zu erreichen sind. Beim AT-Controller war das eine Rate von ca. 150 kbyte/s, beim SCSI-Controller hingegen 750 kbyte/s. Mit dem AT-Controller mußte ein Interleave-Faktor von 3:1 benutzt werden, während der SCSI-Controller den Faktor 1:1 erreichte. Der AT-Controller arbeitet mit einer Übertragungsrate von 5 Mbit/s, der SCSI-Controller mit 7.5 Mbit/s.

6.6 Fehlerbehandlung bei Plattenspeicher-Systemen

Je höher die Speicherdichte auf einer Speicherplatte wird, um so höher wird auch die Rate, mit der beim Abspeichern oder Lesen der Daten Fehler auftreten. Dabei spielt es keine Rolle, ob die Vergrößerung der Speicherkapazität durch eine Erhöhung der Spurdichte oder der Bitdichte auf jeder Spur erfolgt. Die meisten Fehler werden durch Verfälschung der Signalpegel, insbesondere durch zu kleine Amplitudenwerte der Schreib-/Leseströme, oder zeitliche Verschiebung der Signale, der sogenannten "Phasenlage", verursacht. Die wesentlichen Gründe hierfür sind Positionierfehler der Köpfe, externe Einwirkungen (wie z.B. mechanische Erschütterungen) und Störsignale von außen. Fehler können aber auch durch Defekte des Trägermaterials, wie eine zu dünne Magnetschicht oder mechanische Beschädigungen auf der Plattenoberfläche, hervorgerufen werden.

Im Bild 6.6-1 ist eine Übersicht der in einem Plattenspeicher-System auftretenen Fehlerquellen dargestellt.

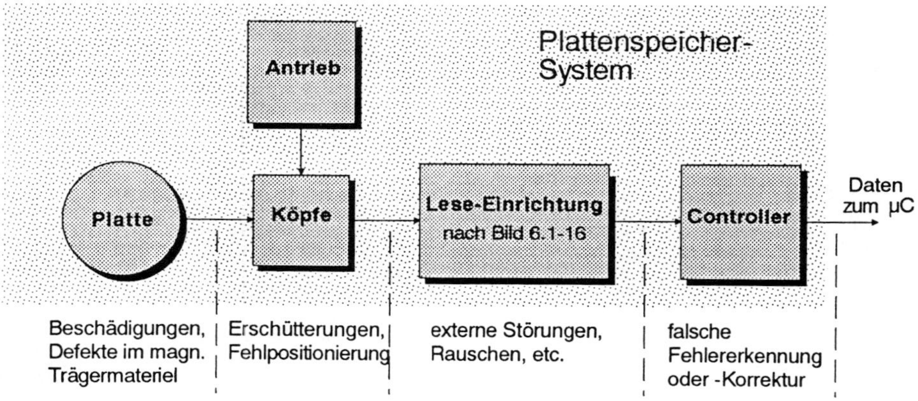

Bild 6.6-1. Fehlerquellen in Plattenspeicher-Systemen

Um Auswirkungen dieser Fehler auf die Korrektheit der Daten und Programme, die vom Rechner verarbeitet werden, zu verhindern, werden Kontroll- und Korrekturmechanismen benötigt. Die Hersteller der Plattencontroller haben deshalb verschiedene Fehlererkennungs- und Korrekturmaßnahmen implementiert. Dabei handelt es sich meistens um die zyklische Redundanzprüfung (*Cyclic Redundancy Check* – CRC) oder fehlererkennende und -korrigierende Codes (*Error Correcting Codes* – ECC). Da eine detaillierte mathematische Darlegung von CRC- und ECC-Verfahren den Rahmen dieses Buches sprengen würden, werden hier nur die wesentlichen Punkte für ihren praktischen Einsatz umrissen.

6.6.1 Zyklische Redundanzprüfung

Bei der zyklischen Redundanzprüfung werden die Bits der aufzuzeichnenden bzw. zu lesenden Datenfolge ("Informationsbits") als (binäre) Koeffizienten eines Polynoms aufgefaßt. Dieses Polynom wird durch das sogenannte Generator-Polynom dividiert. Sehr häufig wird dafür z.B. das Polynom $X^{16}+X^{12}+X^{5}+1$ benutzt, das als CRC-CCITT vom *Comité Consultatif International Téléphonique et Télégraphique* als Norm eingeführt wurde und sich bei Floppy-Disk-Laufwerken als Industriestandard durchgesetzt hat. Der Rest dieser Division ist wiederum ein Polynom (des Grades 15), dessen (binäre) Koeffizienten als Prüfbits verwendet werden. Beim Schreiben der Daten werden sie als Folge von Prüfzeichen (Prüfwort) den eigentlichen Datenbits angehängt. (Im Bild 6.2-2 wurde gezeigt, daß sowohl das Adreßfeld wie auch das Datenfeld eines aufgezeichneten Sektors jeweils ein eigenes CRC-Feld besitzen.) Beim Lesen der Daten werden diese Prüfbits erneut berechnet und mit den auf der Platte abgespeicherten verglichen. Jede Abweichung zeigt das Vorliegen eines Fehlers an.

Die Polynom-Division wird hardwaremäßig im Controllerchip in einem (linear) rückgekoppelten Schieberegister (*linear feedback shift register* – LFSR) vorgenommen, dessen Rückkopplungen durch die Koeffizienten des Generator-Polynoms festgelegt sind. Im Bild 6.6-2 ist das rückgekoppelte Schieberegister für das CRC-CCITT-Polynom skizziert.

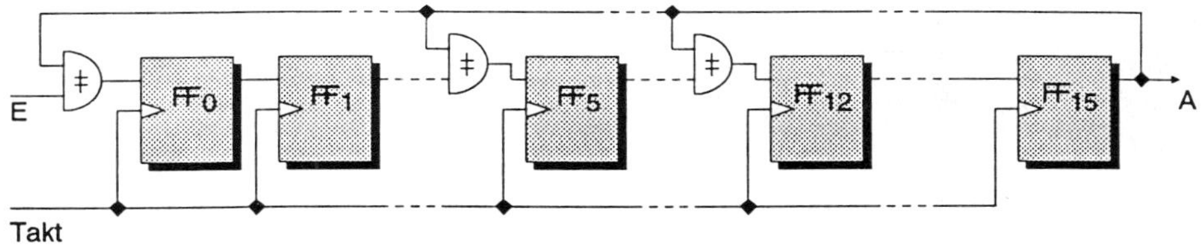

Bild 6.6-2. Rückgekoppeltes Schieberegister
(FF: Flipflop, E: Eingang, A: Ausgang, $\neq$ Antivalenz)

Zur Funktion

Zunächst werden die Flipflops zurückgesetzt. Dann wird mit jedem Übertragungs-Taktsignal ein Bit des Datenstroms von links in das Schieberegister geschoben. Der Inhalt des Registers wird jeweils um eine Position nach rechts transportiert, wobei in die Flipflops, deren Index im Generatorpolynom als Exponent auftaucht, der Wert geschrieben wird, der durch die Antivalenzverknüpfung des vorstehenden Flipflop-Ausgangs mit dem rückgekoppelten Ausgang des höchstwertigen Flipflops entsteht. Nach Eingabe aller Bits des Datenstroms stehen im Register die Koeffizienten des Divisionsrestes, also die Prüfbits. Durch eine (nicht dargestellte) Schaltung muß nun dafür gesorgt werden, daß diese Bits hinter den Datenbits zum Laufwerk übertragen werden bzw. mit den von dort gelesenen Prüfbits verglichen werden.

Beim CRC-CCITT-Verfahren werden alle Fehler erkannt, bei denen eine ungerade Anzahl von Bits verfälscht wurde, sowie jeder Fehler, bei dem die verfälschten Bits innerhalb von 16 direkt aufeinander folgenden Bits eines Sektors liegen. Fehler dieser Art, bei denen also der Abstand zwischen dem ersten und dem letzten verfälschten Bit eine gewisse Grenze nicht überschreitet, werden Bündelfehler oder Büschelfehler genannt (*burst errors*). Hingegen ist keine gezielte Korrektur eines einzelnen oder mehrerer Bitfehler möglich. Eine Fehler-Korrektur ist nur dann möglich, wenn der Fehler nicht auf der Platte selbst vorliegt, sondern während des Lesevorgangs kurzzeitig auftritt. Diese sogenannten transienten Fehler, auch "weiche Fehler" genannt, können meist durch eine Wiederholung der Leseoperation auf dem betreffenden Sektor behoben werden, denn die Wiederholung führt hier mit großer Wahrscheinlichkeit zu einem befriedigenden Ergebnis. Handelt es sich hingegen um einen permanten Fehler, also z.B. darum, daß ein Datenbit auf der Platte durch eine Störung ummagnetisiert wurde, so sind die Daten des bearbeiteten Sektors für immer verloren. Permanente Fehler werden auch "harte Fehler" genannt.

6.6.2 Fehlererkennende und -korrigierende Codes

Bei einem Disketten-Laufwerk wird der Benutzer im Falle eines permanenten Fehlers die Diskette durch eine (hoffentlich vorhandene) Sicherungs-Diskette (*backup*) ersetzen. Da die Festplatte (in der Regel) nicht austauschbar ist, benutzt der Festplatten-Controller meistens zusätzlich einen Fehler-erkennenden und -korrigierenden Code (ECC). Auf diese Codes und ihre Funktionsweise können wir leider nicht näher eingehen. So müssen wir an dieser Stelle sehr pauschal bleiben.

Von den Controller-Herstellern werden spezielle Codes für die Erkennung und Korrektur von Mehrbit-Fehlern benutzt. Häufig vertreten sind die sogenannten *Fire Codes* und *Reed Solomon Codes*, bei denen das Prüfwort meist eine Länge von 32 bis 56 bit hat. Ein typischer 32-bit-*Reed Solomon Code* verwendet z.B. das Generator-Polynom (ECC-Polynom)

$$X^{32} + X^{28} + X^{26} + X^{19} + X^{17} + X^{10} + X^{6} + X^{2} + 1 .$$

Wie bei der CRC-Prüfung wird die (als Polynom mit binären Koeffizienten aufgefaßte) Datenfolge durch dieses Generator-Polynom dividiert. Die 32 Bits des Restpolynoms werden wiederum als Prüfzeichen der eigentlichen Information angehängt. Durch Vergleich des aufgezeichneten Prüfzeichens mit dem beim Lesen neu erzeugten kann hier nicht nur das Vorliegen eines Fehlers, sondern auch dessen genaue Lage im Datenstrom festgestellt werden.

Der eben beschriebene Code kann zur Überprüfung von Datenfolgen mit maximal 522 Bytes benutzt werden. Er erkennt Bündelfehler mit einer Länge von bis zu 32 bit oder korrigiert solche mit einer Länge von bis zu 8 bit. Die maximale Länge der erkennbaren Bündelfehler wird als Erkennungsspanne (*Detection

Span), die der korrigierbaren wird als Korrekturspanne (*Correction Span*) bezeichnet.

In anderen Controllern werden beispielsweise 56-bit-ECC-Codes mit einer Korrekturspanne von 16 bit eingesetzt. Hierbei ist jedoch zu beachten, daß mit jeder Vergrößerung der Korrekturspanne die Wahrscheinlichkeit von falschen Korrekturen zunimmt. Diese falsche Korrekturen treten dann auf, wenn der Controller mit ECC-Code den Fehler fälschlicherweise als korrigierbar einstuft.

6.6.3 Fehlerraten

Für die zur Zeit auf dem Markt befindlichen Laufwerke findet man in der Literatur oft unterschiedliche Fehlerraten. Um einen Eindruck von den Größenordnungen zu geben, die dabei zu erwarten sind, geben wir hier für die beschriebenen Maßnahmen zur Fehlererkennungs- und Korrektur die folgenden Fehlerraten an. Der letzte Wert gibt dabei die Wahrscheinlichkeit an, mit der der Controller eine auf der Platte gesuchte Spur trotz fehlerfreiem Adreßfeld nicht findet.

- 1 nicht erkennbarer Fehler unter 10^{20} gelesenen Bits;
- 1 korrigierbarer Fehler unter 10^{10} gelesenen Bits;
- 1 nicht korrigierbarer Fehler unter 10^{12} bis 10^{13} gelesenen Bits;
- 1 falsch korrigierter unter 10^{15} korrigierten Fehlern;
- 1 nicht gefundene Spur auf 10^{6} Suchvorgängen.

Als typischer Wert für die mittlere Zeit zwischen zwei Ausfällen der Festplatte (*mean time to failure* – MTTF), die eine Reparatur erforderlich machen, werden 20 000 bis 35 000 Betriebsstunden (*Power-on hours* – POH) angegeben.

6.6.4 Verfahren zur Wiederherstellung der Daten

Schreiben eines Datensatzes

Um zu gewährleisten, daß stets die korrekten Daten auf der Platte aufgezeichnet werden, werden diese in der Regel vom Controller automatisch nach jedem Schreibvorgang wieder gelesen und mit den Originaldaten verglichen (*read after write*). Im Falle eines Fehlers wird darüber das Betriebssystem mit einem Interrupt informiert. Dieses fordert dann den Controller auf, den Schreib-/Lese-Vorgang ein- oder mehrmals zu wiederholen. Ist auch dann eine fehlerfreie Abspeicherung der Daten nicht möglich, so wird der Plattensektor vom Betriebssystem in der FAT (*file allocation table*) als nicht benutzbar gekennzeichnet (s. Abschnitt 6.2) und die Aufzeichnung auf einem anderen Sektor versucht.

Lesen eines Datensatzes

Wird ein Fehler erst beim Lesen der Daten eines Sektors vom Controller erkannt, so muß er entscheiden, ob der Sektor nochmals gelesen und/oder eine Korrektur vorgenommen wird. Im allgemeinen Fall wird der Datenblock zunächst noch einmal gelesen. Durch diese Maßnahme wird die Zahl der aufgetretenen Fehler, die korrigiert werden müssen, bereits um die transienten Fehler reduziert. War z.B. der Schreib-/Lesekopf lediglich nicht exakt über der zu lesenden Spur positioniert, so kann der Controller durch einen Schritt aus der Spur heraus (*Step Out*) und dem anschließendem Wiedereintritt in die Spur hinein (*Step In*) versuchen, eine exaktere Positionierung des Kopfes vor der Lesewiederholung zu erreichen.

Wenn die Lesewiederholung zu keinem positiven Ergebnis führt setzt der Controller einen permanenten Fehler voraus und startet das Fehlerkorrektur-Verfahren über den ECC-Code. Wird im gleichen Sektor wiederholt ein permanenter Fehler festgestellt, wird dieser Sektor vom Betriebssystem ebenfalls aus dem zu Verfügung stehenden Speicherbereich als 'unbenutzbar' ausgeblendet.

7. Bildschirm-Geräte

G. Rademacher, H. Bähring

Moderne Rechnersysteme verfügen über viele Möglichkeiten, mit dem Benutzer zu kommunizieren. Die wichtigsten Schnittstellen zwischen der Maschine und dem Menschen sind jedoch immer noch der Bildschirm und die Tastatur. Wie selbstverständlich wird von einem Rechner die Darstellung von Texten, Graphiken und Bildern erwartet. Der Aufwand, der zur Erbringung immer neuer Aufgaben durch ein Bildschirm-Gerät notwendig ist, steigt ständig. Bevor wir uns in diesem Kapitel den hochintegrierten Bildschirm-Controllern zuwenden, wollen wir zunächst kurz die Grundlagen der Erzeugung eines Bildes behandeln.

7.1 Der Bildaufbau

Die Darstellung eines Bildes kann durch verschiedene Verfahren vorgenommen werden. Jedem bekannt ist sicher der Standardbildschirm, der mit einer Elektronenstrahl-Röhre (auch: Kathodenstrahl-Röhre, *cathod ray tube* – CRT) arbeitet. Dieser Bildschirm dominiert insbesondere, wenn Farbdarstellungen verlangt werden. Für spezielle Anwendungen werden Flüssigkristall-Bildschirme (*liquid cristal displays* – LCD) oder Plasma-Bildschirme benutzt. Diese werden z.B. in tragbaren Personal Computern, sogenannten *Laptops* eingesetzt. Auf sie können wir im Rahmen dieses Buches jedoch nicht eingehen.

7.1.1 Funktionsweise des Standardbildschirms

Die Funktion eines Standardbildschirms ist derjenigen eines Fernsehers sehr ähnlich. Bei der Entwicklung der Fernsehnorm CCIR (*Comité Consultatif International des Radio Communications*) wurden verschiedene Bedingungen festgelegt, die auch für Computer-Bildschirme (Monitore) gelten. Der Unterschied zwischen beiden Anwendungen besteht in der Signalübertragung. Beim Fernseher kann die Signalübertragung drahtlos oder über ein Kabel erfolgen. Eine Empfangsschaltung wertet die empfangenen, modulierten Hochfrequenz-Signale aus und erzeugt daraus die geforderten Signale zur Ansteuerung des Bildschirms. Der Monitor hingegen wird über ein Kabel vom Rechner bzw. dem Bildschirm-Controller direkt mit allen nötigen Signalen versorgt. Die Umwandlung der elektrischen Signale in Leuchtinformationen erfolgt in der Kathodenstrahlröhre. Bild 7.1-1 zeigt den prinzipiellen Aufbau der Kathodenstrahl-Röhre. (Obwohl wir im weiteren hauptsächlich die Funktion eines Farbbildschirms behandeln, gelten die getroffenen Aussagen in analoger Weise auch für monochrome, also einfarbige Bildschirme.)

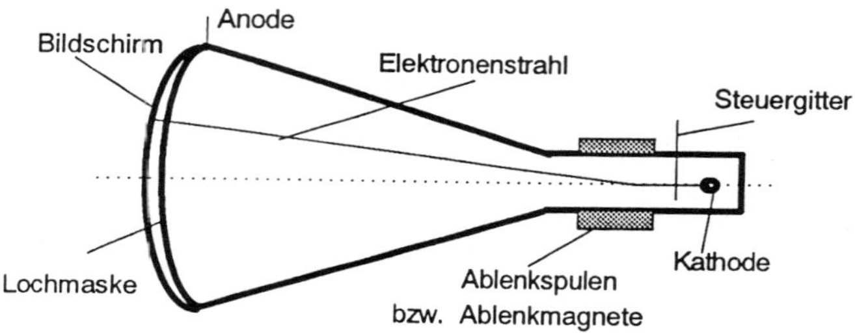

Bild 7.1-1. Aufbau einer Kathodenstrahl-Röhre

Ein Farbbildschirm besitzt drei getrennte Kathoden für die Grundfarben (rot, grün und blau – R, G, B). Die von den beheizten Kathoden freigesetzten Elektronen werden durch die Anoden-Kathoden-Spannung[1)] in Richtung Bildschirm beschleunigt. Die Spannung, die zur Beschleunigung der Elektronen benötigt wird, liegt zwischen 5 000 und 30 000 Volt. Sie ist von den Abmessungen und vom Aufbau des Bildschirmes abhängig. Unmittelbar vor dem Bildschirm befindet sich eine aus dünnem Eisenblech bestehende Lochmaske. Der Bildschirm trägt eine Leuchtschicht, auf der in regelmäßigen Abständen Punkte mit den drei Grundfarben rot, grün und blau, gleichmäßig verteilt, aufgetragen sind (s. Bild 7.1-2).

Die Lochmaske enthält etwa 400 000 Löcher mit einem Durchmesser von ungefähr 0.3 mm. Sie hat die Aufgabe sicherzustellen, daß die Elektronenstrahlen der drei Farbkathoden immer nur jeweils einen Punkt ihrer Farbe treffen. Da zu jedem Loch der Maske ein Farbtripel (R, G, B) gehört, besteht der Leuchtschirm insgesamt aus 1 200 000 Farbpunkten. Die gewünschte Farbe eines Bildpunktes wird durch additive Mischung der drei Grundfarben erzeugt. Die Helligkeit eines Bildpunktes ist abhängig von der Intensität des auftreffenden Elektronenstrahls, die durch die Änderung der Spannung zwischen dem sogenannten Steuergitter und der Kathode beeinflußt werden kann. Durch die informationsabhängige Veränderung der Intensität ("Modulation") des Strahls entsteht das Bild aus helleren und dunkleren Punkten.

Durch ein scharfes Bündeln des Elektronenstrahls wird erreicht, daß die Lochabstände möglichst klein gehalten werden können, woraus eine hohe Auflösung des Bildschirms resultiert, d.h. eine große Anzahl von zeilen- und spaltenweise angeordneten Bildpunkten.

---

1) Die Begriffe Anode und Kathode wurden bereits im Abschnitt 3.3 eingeführt. Vereinfachend gesagt, ist die Kathode der Pol mit negativem, die Anode der Pol mit positivem Potential.

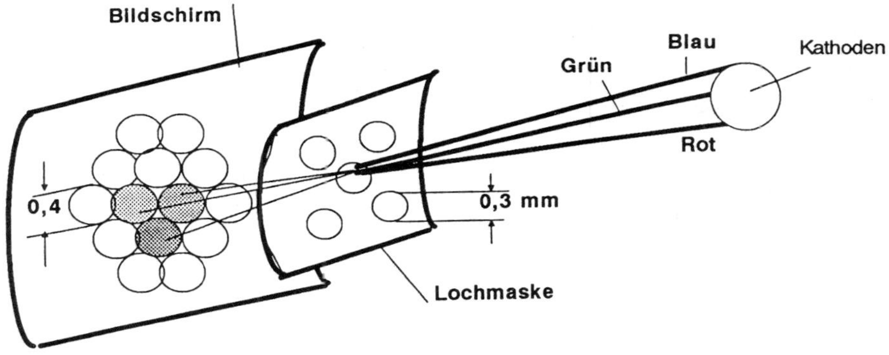

Bild 7.1-2. Prinzip der Bilderzeugung mit Kathodenstrahlen

Das Bild wird dadurch erzeugt, daß der Elektronenstrahl unabhängig vom Bildinhalt über die ganze Fläche des Bildschirmes bewegt und seine Intensität dem Bildinhalt entsprechend variiert wird. Die Bewegung des Elektronenstrahls geschieht dadurch, daß er aus seiner "Ruhe-Position" in der Mitte des Schirms geeignet abgelenkt wird. Die Ablenkung des Strahls kann auf zwei verschiedene Arten geschehen:

- **Ablenkung durch ein elektrisches Feld**
  Bei diesem Verfahren wird der Elektronenstrahl durch einen Kondensator quer zur Strahlrichtung geschickt. Das elektrische Feld im Kondensator lenkt den Strahl je nach der Feldstärke mehr oder weniger stark ab. Durch den Einsatz von zwei gegeneinander um 90 Grad verdrehter Kondensatoren läßt sich jeder Bildpunkt erreichen. Dieses Verfahren wird insbesondere in Meßgeräten (z.B. in Oszilloskopen) eingesetzt. Wegen der geringen Ablenkleistung des elektrischen Feldes wird diese Ablenk-Methode bei größeren Bildschirmen (Fernseher, Monitore) jedoch selten eingesetzt.
- **Ablenkung durch ein magnetisches Feld**
  Bei diesem Verfahren wird der Elektronenstrahl durch zwei um 90 Grad gegeneinander verdrehte Elektomagneten ("Ablenkspulen") abgelenkt. Die magnetische Ablenkung gestattet bei vergleichbarem Aufwand einen größeren Ablenkwinkel als die Ablenkung durch ein elektrisches Feld. Dies ist gleichbedeutend mit der Möglichkeit, eine große Bildschirmfläche anzusteuern.

Nach der internationalen Festlegung wird der Elektronenstrahl zeilenweise von links nach rechts über den Bildschirm bewegt. Man spricht von der horizontalen Ablenkung. Am Ende einer Bildschirmzeile (Rasterzeile) erfolgt ein "Sprung" zum linken Rand des Schirms. Da gleichzeitig, aber sehr viel langsamer, der Strahl auch von oben nach unten geführt wird, trifft er am linken Rand auf den Beginn der nächsten Rasterzeile. Dies wird als vertikale Ablenkung bezeichnet. Wird das Ende des Bildschirmes erreicht, "springt" der Strahl zur oberen, linken Bildschirmecke, und der Vorgang wird von dort aus zyklisch wiederholt. Um ein weitgehend flimmerfreies Bild erzeugen zu können, muß

- die Farbe für eine ausreichend lange Zeit nachleuchten, (die jedoch so begrenzt sein muß, daß eine hinreichend schnelle Veränderung des Bildschirminhalts noch möglich ist,)
- die Ablenkung so schnell geschehen, daß das Auge die Erzeugung des Bildes nicht wahrnehmen kann. Aus technischen und Kostengründen kann man jedoch die Frequenz der Ablenksignale nicht beliebig groß machen.

Bei der Entwicklung des Fernsehens wurde deshalb folgender Weg beschritten, der sich eines kleinen Tricks zur Überlistung des menschlichen Auges bedient: Das gesamte Bild wird in zwei Halbbildern zerlegt, indem zunächst alle Zeilen mit ungeraden Nummern (1, 3, 5,..) und danach alle Zeilen mit geraden Nummern (2, 4, 6,..) gezeichnet werden. Pro Sekunde werden so 50 Halbbilder erzeugt. Dies bedeutet, daß sich das gesamte Bild mit einer Frequenz von 25 Hz ändert, also maximal 25 verschiedene Bilder in der Sekunde dargestellt werden. Bei dieser Form der Ansteuerung des Bildschirms spricht man vom **Zeilensprung-Verfahren** (*interlaced scanning*[2)]). Durch dieses Verfahren wird das Flimmern des gesamten Bildes auf das Flimmern zwischen jeweils zwei benachbarten Rasterzeilen ("Zwischenzeilenflimmern") reduziert, was sich insbesondere bei der Darstellung feiner, horizontaler Linien bemerkbar macht.

Die tägliche Erfahrung mit dem Fernsehen zeigt, daß eine Bildwechselfreqeunz von 25 Hz für die Darstellung kontinuierlich veränderter Bilder ausreicht. Dies ist bei den Computer-Monitoren, die meistens relativ statische Bilder (Texte der Graphiken) darstellen, nicht mehr der Fall. Moderne Monitore unterstützen deshalb bereits Bildwechselfreqeunzen bis zu 70 Hz, wobei häufig auf das Zeilensprung-Verfahren verzichtet wird (*non-interlaced scanning*). (Auf diesen Punkt gehen wir im Abschnitt 7.2.5 noch einmal ein.)

Um einen räumlichen und zeitlichen Zusammenhang zwischen der Ablenkung des Kathodenstrahls und dem Bildinhalt zu bekommen, werden neben dem eigentlichen Signal zur Übertragung der Daten, dem sogenannten **Bild**- oder **Videosignal**, zusätzliche Signale benötigt. Diese **Synchronisations-Signale** werden von der Bildschirm-Steuerung erzeugt und dem Monitor als Impulse entweder über getrennte Leitungen oder aber zusammen mit dem Bildsignal über eine einzige Verbindungsleitung zugeführt. Im Bild 7.1-3 ist die Abtastung eines Bildschirmes mit den entsprechenden Ablenkspannungen (U) dargestellt. Der (in starker Übertreibung) gezeichnete Abfall der Rasterzeilen nach rechts resultiert aus der Tatsache, daß auch während der horizontalen Ablenkung die vertikale Ablenkung kontinuierlich aktiv ist. In Wirklichkeit ist dieser Abfall so gering, daß er vom menschlichen Auge nicht wahrgenommen wird. Für den Rücklauf des Kathodenstrahls vom Ende einer Zeile zum Beginn der nächsten stehen 12 µs zur Verfügung. Während dieser Zeit wird das Horizontial-Synchronisations-Signal mit einer Dauer von ca. 6 µs übertragen (HSYNC, s. Bild 7.1-4).

---

2) *interlace*: verweben, verflechten

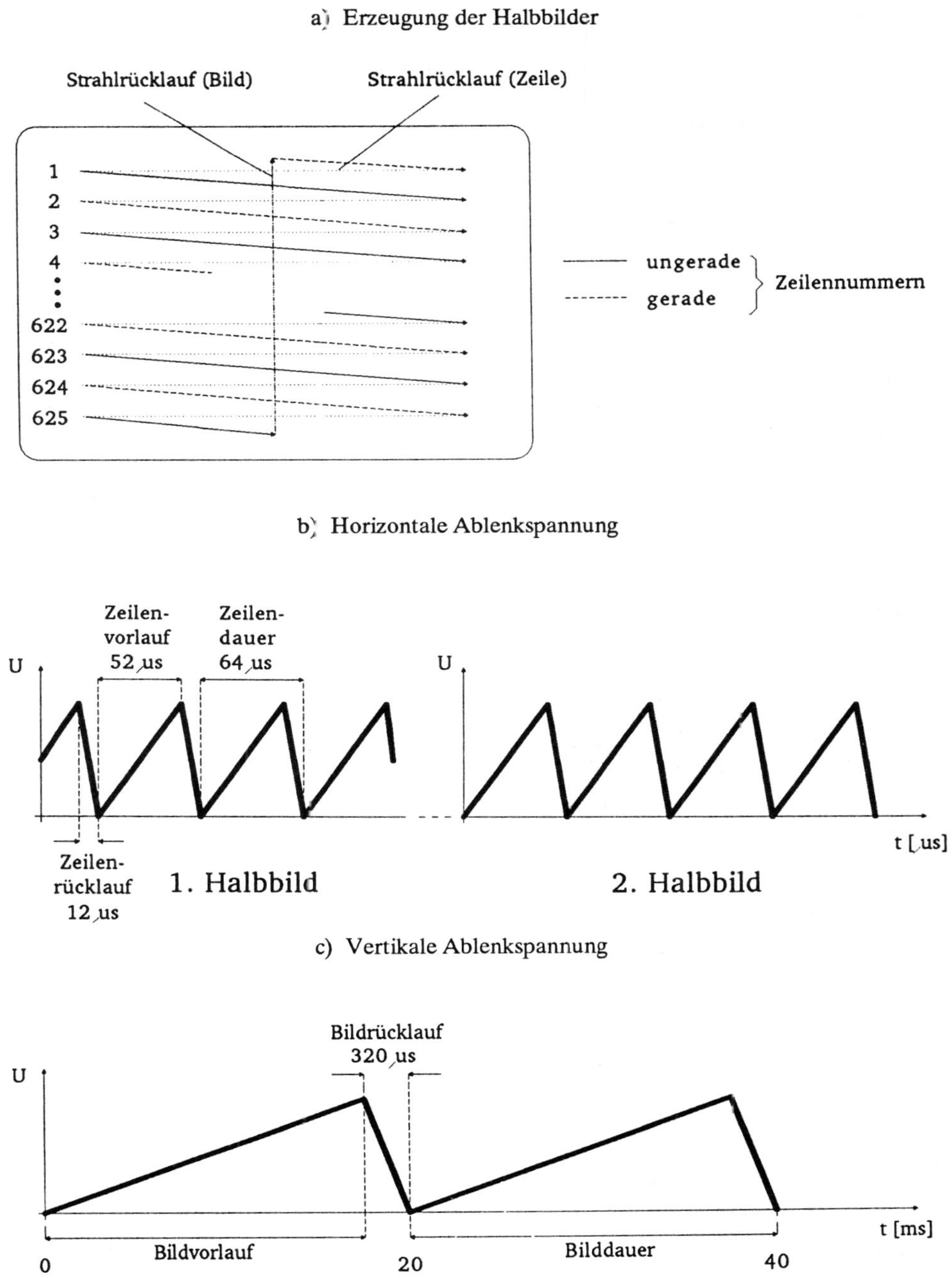

Bild 7.1-3. Bildschirmabtastung mit den entsprechenden Ablenkspannungen

Dieses Signal sorgt dafür, daß die folgende Bildinformation der Zeile mit der horizontalen Strahlablenkung synchronisiert zum Bildschirm ausgegeben wird. Ein zweites Signal (VSYNC) dient zur vertikalen Synchronisation. Es hat eine Dauer von 320 µs und wird bei jedem (Halb-)Bildwechsel übertragen. (Auf die exakte Form der Synchronisations-Signale wollen wir hier nicht näher eingehen.)

Die Auswahl der geraden bzw. ungeraden Zeilen zur Halbbild-Darstellung erfolgt dadurch, daß die Darstellung des 1. Halbbildes erst in der Mitte der 1. Rasterzeile, des 2. Halbbildes jedoch bereits am Anfang der 2. Rasterzeile beginnt. Dazu wird die horizontale Ablenkspannung zu Beginn eines Halbbildes im 1. Fall auf die Hälfte des Endwertes, im 2. Fall auf den Wert 0 V gesetzt. Natürlich muß der Strahl während des Rücklaufes dunkelgetastet, d.h. abgeschaltet werden, um eine Darstellung des Strahls während des Rücklaufs auf dem Bildschirm zu unterdrücken, und zwar sowohl während des Rücklaufs zwischen zwei Zeilen wie auch zwischen zwei Halbbildern. Die Zeit, während der der Strahl dunkelgetastet wird, wird Austastlücke genannt. Die Dunkeltastung (Austastung) des Strahls ist im Bild durch gepunktete Linien angedeutet.

Bild 7.1-4 zeigt (in vereinfachender Form) ein digitales Signal zur Darstellung einer Bildschirmzeile, das in kombinierter Form sowohl das Bild- wie auch die Synchronisations-Signale überträgt und deshalb **Bild-, Austast- und Synchronisations-Signal** (BAS) genannt wird. (Das vertikale Synchronisations-Signal VSYNC ist im Bild nicht dargestellt.)

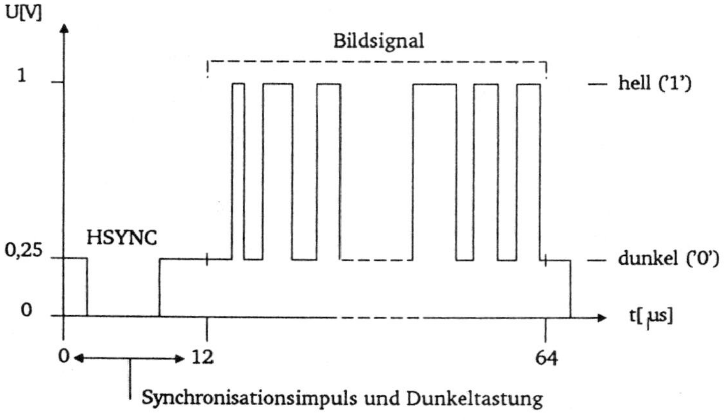

Bild 7.1-4. Digitales BAS-Signal zur Ansteuerung eines Monitors

Den letzten Bildern ist zu entnehmen, daß die Zeit, um eine Bildschirmzeile schreiben zu können, bei Standardsystemen 64 µs beträgt. Dies entspricht einer Zeilenfrequenz $f = (64\ \mu s)^{-1} = 15\,625$ Hz, mit der die Rasterzeilen bearbeitet werden. Nach Abzug der Zeiten für die Übertragung der Synchronisations-Impulse und der Dunkeltastung während des Strahlrücklaufes stehen für die Darstellung des Bildschirminhaltes pro Zeile 52 µs zur Verfügung. Jeder Punkt wird durch ein Bit im Speicher repräsentiert. Je nach Zustand des Bits ('1' oder '0') wird der entsprechende Bildschirmpunkt hell oder dunkel gesteuert. Im Bild 7.1-4 entspricht der Zustand 'hell' ('1') einer Spannung von +1 V, der Zustand 'dunkel' ('0') der Spannung +0.25 V.

Die Ansteuerung der einzelnen Punkte einer Rasterzeile geschieht mit einer so niedrigen Frequenz, daß pro Zeile nur etwas mehr als 200 Punkte dargestellt werden können. Bei 52 µs pro Rasterzeile entspricht dies einer (effektiven) Bandbreite, d.h. einer maximalen Grenzfrequenz des Bildsignals von ca. 3.5 MHz. Es ist selbstverständlich, daß diese Zahl von Bildpunkten pro Zeile für Monitore nicht ausreicht. Denn dort erwartet man wenigstens die Darstellung von 80 Zeichen pro Zeile, bei einer Breite von 8 Punkte pro Zeichen also z.B. wenigstens 640 Punkten pro Zeile. Moderne Monitore lassen deshalb meist Bandbreiten des Bildsignals zwischen 15.75 MHz und 65 MHz zu.

Sehr viele Monitore erwarten anstelle eines BAS-Signals die Übertragung der Bildinformation durch ein TTL-Signal (TTL-Ansteuerung). In diesem Fall setzt die Bildschirmsteuerung die TTL-Pegel in die eben angegebenen Video-Pegel um. Die Synchronisations-Signale müssen dazu über eine eigene Leitung übertragen werden.

Sollen verschiedene Graustufen bzw. Farben dargestellt werden, kann der Monitor mit einem **analogen BAS-Signal** bzw. **FBAS-Signal** angesteuert werden. Dazu werden zusätzliche Speicherzellen für die Helligkeits- bzw. Farbinformationen benötigt. Pro Bildpunkt werden also mehrere Bits abgespeichert. Bild 7.1-5 zeigt z.B. ein analoges BAS-Signale bzw. FBAS-Signal mit 3-bit-Codierung, d.h. es lassen sich 8 (2^3) verschiedene Graustufen bzw. Farben selektieren. Zur Erzeugung dieser analogen Signale wird ein schneller Digital/Analog-Wandler (D/A-Wandler) eingesetzt. Diese Wandler werden im Abschnitt 7.4 besprochen (vgl. auch Abschnitt 5.8).

Werden die Signale nach dem BAS- bzw. FBAS-Verfahren übertragen, muß der Monitor das Video-Signal wieder in die einzelnen Teilsignale (Bildsignal, Synchronisations-Signale) aufspalten. Dies bedeutet immer einen höheren Schaltungsaufwand. Häufig werden daher die verschiedenen Teilsignale des Videosignals über separate Leitungen dem Monitor übergeben, d.h. die Synchronisations-Signale sind von den Bildsignalen getrennt. In der einfachsten Form wird bei einem Farbmonitor eine Farbkathode (meistens die Grün-Kathode) mit einem BAS-Signal, die beiden anderen durch ein digitales Signal, das lediglich zwischen 'hell' und 'dunkel' unterscheidet, angesteuert. Dabei werden also, im Unterschied zum FBAS-Verfahren, keine D/A-Wandler benötigt. Auf diese Weise können 8 Farben auf dem Bildschirm dargestellt werden.

Tabelle 7.1-6 zeigt die möglichen Farben für einen solchermaßen angesteuerten RGB-Monitor. Zusätzlich zu der eben beschriebenen Ansteuerung besteht häufig die Möglichkeit, die Bildschirminformation in zwei verschiedenen Intensitäten, also heller oder dunkler darzustellen. Dadurch sind bei 4-bit-Codierung dann 16 Graustufen bzw. 8 Farben in zwei Helligkeitsstufen zu erzeugen. Im letztgenannten Fall spricht man von einem RGBI-Monitor ('I' steht darin für "Intensität").

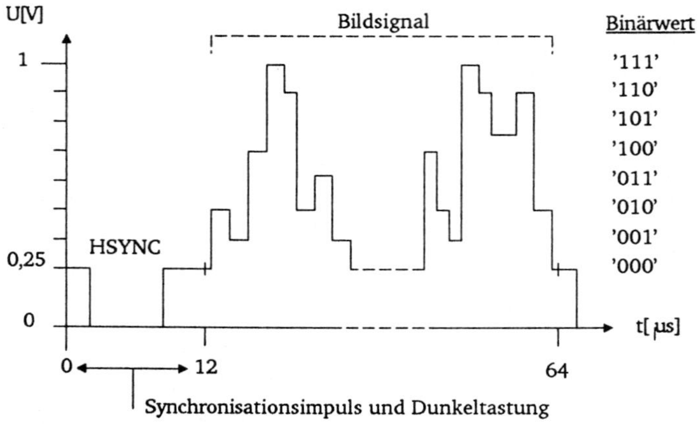

Bild 7.1-5. Analoges BAS-Signal oder FBAS-Signal

Tabelle 7.1-6. Farbtabelle für einen RGB-Monitor mit BAS/digitaler-Ansteuerung

Farbe	R	G	B
Schwarz	0	0	0
Blau	0	0	1
Grün	0	1	0
Cyan	0	1	1
Rot	1	0	0
Purpur	1	0	1
Gelb	1	1	0
Weiß	1	1	1

Sind mehr Farben erforderlich, muß man einen Monitor einsetzen, der mit einem analogen Signal angesteuert wird. Beim **RGB-Linear-Verfahren** werden die drei Farbkathoden jeweils mit einer eigenen analogen Spannung angesprochen, die sich (fast stufenlos,) maximal um 1 V ändert. Es lassen sich dadurch beliebig viele Farbmischungen realisieren, die von den aktuellen Analogwerten der Steuerspannungen abhängig sind.

7.1.2 Anschlußnormen für Monitore

Wie bereits am Anfang gesagt, erfolgt die Übertragung der Signale vom Rechner zum Monitor direkt über ein Kabel. Fast jeder größere Rechnerhersteller hat hier eine eigene "Norm". Die Normen unterscheiden sich nicht nur durch die mechanischen Verbindungen, sondern auch durch die Art und Polarität der übertragenen Signale. Dadurch ist es oft nicht möglich, Monitore des einen Herstellers an Rechner eines anderen Herstellers anzuschließen, obwohl das Prinzip der Übertragung überall gleich ist. In Tabelle 7.1-7 sind einige Anschlußnormen für Monochrom- und Farbmonitore aufgeführt.

Tabelle 7.1-7. Verschiedene Anschlußnormen für Monochrom- und Farbmonitore

9polige SUB-D-Buchse (CGA/Hercules-Norm) 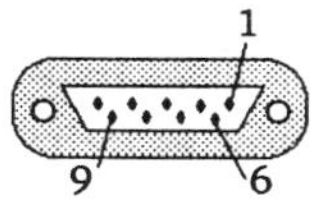	(für IBM-Personal Computer und Kompatible Anschluß – Funktion 1,2 – Masse 3,4,5 – rot, grün, blau; bei Monochrom-Monitoren frei 6 – Intensität (hell/dunkel) 7 – Video-Signal; bei Farb-Monitoren frei 8,9 – HSYNC, VSYNC
SCART-Stecker 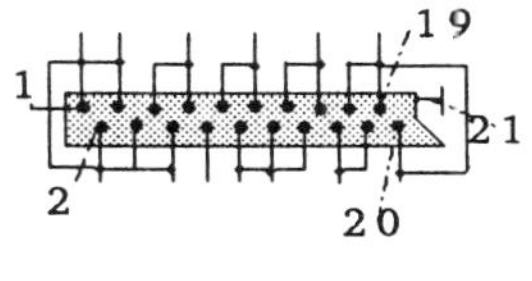	1,3 – Tonausgänge (rechts, links) 2,6 – Toneingänge (rechts, links) 4,5,9,13 / 14,18,17 – Masse für Ton, RGB, FBAS 21 – Masse fürs Gehäuse 10,12, – frei 15,11,7 – rot, grün, blau (analog) 20,19 – FBAS-Ein-/Ausgang 8,16 – Schaltspannungen (an/aus) für Ton und FBAS/RGB
Cinch-Buchse mit BAS-Signal (Monochrom-Monitor) 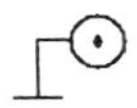	**Cinch-Buchsen** 3fach BAS/Digital-Signal (Farbmonitor) 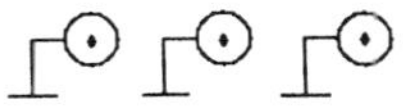

7.2 Aufbau eines Graphiksystems

7.2.1 Allgemeines

Die Komplexität des Graphiksystems zur Ansteuerung eines Bildschirms wurde aufgrund der Forderungen nach immer höheren Auflösungen und größeren Verarbeitungs-Geschwindigkeiten so erhöht, daß sie mit der eines µP-Systems verglichen werden kann. In diesem Abschnitt werden exemplarisch die Komponenten eines Graphiksystems vorgestellt und unter Berücksichtigung ihrer Entwicklungsgeschichte beschrieben.

Ein Graphiksystem besteht im wesentlichen aus dem Graphikcontroller (CRT-Controller, Video-Controller), dem CRT-Interface zum Bildschirm (Monitor), dem Bildschirmspeicher und dem Zeichensatzspeicher (s. Bild 7.2-1).

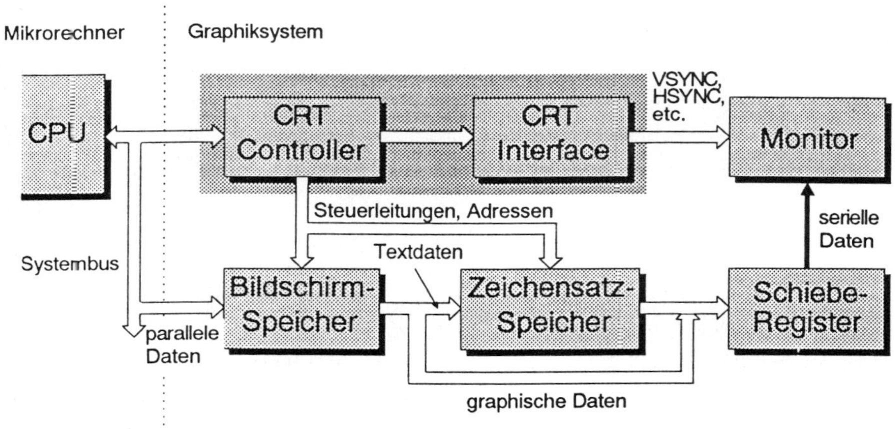

Bild 7.2-1. Allgemeiner Aufbau eines Graphiksystems

Aufgabe eines CRT-Controllers ist es, den Inhalt des Bildschirmspeichers an das Koordinatensystem des Bildschirms anzupassen, um so einen zyklischen Aufbau eines aus einzelnen Bildpunkten zusammengesetzten Bildes auf einer Kathodenstrahlröhre, die zeilenweise abgetastet wird, zu ermöglichen. Als Grundkomponenten eines CRT-Controllers werden ein Modul für die Erzeugung der Synchronisierimpulse (VSYNC, HSYNC, etc.) und ein Adreßgenerator benötigt, der die Adressen zur Auswahl der im Bildschirmspeicher (Video-RAM, *frame buffer*) abgelegten Daten (Zeichen) liefert. Diese Daten werden in einem Schieberegister zwischengespeichert und nacheinander seriell mit der erforderlichen Punktfrequenz zum Bildschirm ausgegeben.

Die Entwicklung begann mit einfachen Bausteinen, die weitgehend textorientiert waren, d.h. nur die Darstellung von (ASCII-)Texten unterstützten, und bei denen die CPU selbst die Manipulation des Bildschirmspeichers übernahm. In der

Regel wurde ein fest vorgegebener Zeichensatz eingesetzt, so daß die mögliche Bildinformation bereits durch diesen Zeichensatz festlag.

Daher reichte es, einen kleinen Bildschirm-Speicher für den ASCII-Code einzusetzen und die Umsetzung in die benötigte Punktinformation erst bei der Ausgabe zum Bildschirm vorzunehmen. Diese Punktinformation wird als *Bit Map* (Punktmatrix) bezeichnet. Sie ist für jedes Zeichen in einem Festwertspeicher, cher, dem Zeichensatz-Speicher (Zeichen-ROM, *character ROM*) abgelegt. Das Zeichen-ROM zusammen mit der Steuerschaltung, die für das zeilenweise Auslesen der Punktmatrizen sorgt, wird auch Zeichengenerator genannt. Diese Steuerschaltung kann im einfachsten Fall extern aufgebaut sein, häufig ist sie jedoch im Controller integriert. Die Funktionsweise eines auf die letztgenannte Weise realisierten Zeichengenerators werden wir nun in einer Fallstudie beschreiben.

7.2.2 Fallstudie: Der CRT-Controller SY6545

Der Controller SY6545 des Herstellers Synertek gehört zu den ersten CRT-Bausteinen, die – wie oben gesagt – speziell für die Darstellung von (ASCII-)Texten konzipiert wurden. Der RAM-Speicherbedarf ist hier sehr klein, da nicht jeder Punkt im Bildschirm einzeln adressiert werden muß, sondern nur jeweils ein ganzes Zeichen. Dieser Graphik-Controller verfügt über drei Schnittstellen:

- die Rechner-Schnittstelle zum Mikroprozessor-System, bestehend aus dem Datenbus und einigen Steuerleitungen, über die der Controller angesprochen werden kann,
- die Speicher-Schnittstelle, die die Adressen für das Video-RAM und das Zeichen-ROM (RA0 - RA2) ausgibt, und
- die Video-Schnittstelle zur Ansteuerung des Bildschirms.

Bild 7.2-2 zeigt das Schaltbild eines Graphiksystems mit dem CRT-Controller SY6545. Der Controller unterstützt die Darstellung von jeweils 80 Zeichen in 24 Textzeilen. (In einem zweiten Modus können 40 größere Zeichen pro Textzeile dargestellt werden.) Jedes Zeichen hat eine Größe von 8x8 Punkten, von denen das eigentliche Zeichen jedoch nur 5x7 Punkte belegt. Im betrachteten Graphiksystem befindet sich der Zeichensatz in einem Zeichen-ROM der Kapazität 2kx8 bit. Für den erweiterten ASCII-Code mit 8-bit-Zeichenlänge werden 256 Punktmatrizen (*bit maps*) benötigt. Als Bildschirmspeicher stehen 4 kbyte zur Verfügung. Da für die Ausgabe von 24 Textzeilen mit je 80 Zeichen nur 1 920 Byte an RAM-Speicher erforderlich sind, können mehr als zwei komplette Bildschirmseiten voll Text gespeichert werden.

Da die Zeichen einer Textzeile über 8 Rasterzeilen des Bildschirms verteilt sind, muß der Adreßgenerator des CRT-Bausteines für jede Textzeile die gleichen Adressen des Video-RAMs für jeweils 8 aufeinanderfolgende Rasterzeilen des Monitors wiederholt ausgeben. Außerdem muß er dem Zeichengenerator mitteilen, daß dieser für die nächste Rasterzeile die nächste Zeile der Punktmatrizen derselben Zeichen ausgeben muß. Die Adressierung der Zeilen der Punktmatrizen geschieht über die drei Leitungen RA0, RA1 und RA2. Erst nach der Ausgabe einer vollständigen Textzeile schaltet der Adreßgenerator auf die nächsten Adressen um.

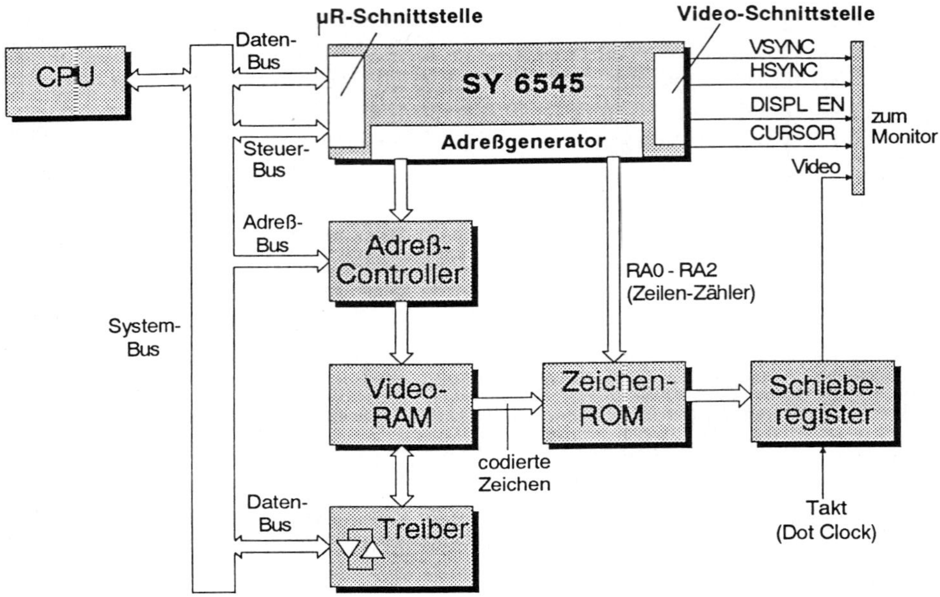

Bild 7.2-2. Graphiksystem mit dem Baustein SY6545

Die Punktinformation aus dem Zeichen-ROM wird in ein Schieberegister übertragen, das das Videosignal zum Bildschirm ausgibt. Es wird mit der *Dot Clock* getaktet, die im betrachteten System eine Frequenz von 12.5 MHz hat.

Der Adreß-Controller steuert den Zugriff auf das Video-RAM. Adressiert die CPU das Video-RAM, so unterbricht er den Zugriff des CRT-Controllers auf diesen Speicher. Das Video-RAM kann dann über den Datenbus und die bidirektionalen Treiber von der CPU mit neuen Daten geladen oder ausgelesen werden.

Zur Video-Schnittstelle gehört zunächst das Videosignal (VIDEO), das die Helligkeit des angesteuerten Bildpunktes auf dem Monitor steuert. Dazu kommen die Signale HSYNC und VSYNC zur horizontalen und vertikalen Synchronisation. Je nach angeschlossenem Monitor können die Signale zusammengefaßt (*Composite-Sync*, Austast-Synchron) oder als eigenständige Signale zum Monitor übertragen werden. Außerdem gibt es ein Signal zur Steuerung des Textzeigers (CURSOR) und ein Signal zur Aktivierung des Bildschirms (DISPL EN – *display enable*).

7.2.3 Bildschirmspeicher für graphische Anwendungen

Moderne graphisch orientierte Bildschirm-Controller unterstützen den Einsatz zweier getrennter Bildschirmspeicher:

- Für reine Textdarstellung kann, wie eben beschrieben, ein relativ kleiner Speicher für die Aufnahme der (ASCII-)Zeichen zusammen mit einem Zeichen-ROM benutzt werden. Die Steuerungsaufgaben des Zeichengenerators übernimmt der Controller.
- Für Graphik-Anwendungen ist der Anschluß eines Bildschirmspeichers relativ großer Kapazität erforderlich. In diesem Speicher kann der Controller wahlfrei jedes Wort und damit indirekt jeden Punkt auf dem Bildschirm ansprechen. So ist die Darstellung beliebiger Bilder möglich.
  (Natürlich kann der Benutzer auch "im Graphikmodus" Texte ausgeben, indem er seinen eigenen Zeichensatz durch Vorgabe der Punktmatrizen definiert und im Arbeitsspeicher ablegt. Bei der Darstellung eines Textzeichens wird dessen Punktmatrix bitweise im Video-RAM abgelegt und von dort zeilenweise direkt über das Schieberegister zum Monitor übertragen.)

Die beschriebene Organisation des Bildschirmspeichers bedingt natürlich eine erheblich höhere Komplexität des Controllers. Daher ist heute die Integrationsdichte des CRT-Controllers in einigen Fällen sogar größer als die eines 16-bit-µPs. Im Abschnitt 7.4 werden wir in einer Fallstudie solch einen Controller vorstellen.

Speicherverwaltung im Graphikmodus

Als Beispiel betrachten wir einen monochromen Monitor, der nach dem BAS-Verfahren angesteuert wird. Sollen 25 Textzeilen mit je 80 Zeichen und 8x10 Bildpunkten (*pixels*, *dots*) pro Zeichen[3], also 250 Rasterzeilen dargestellt werden, werden dafür 20 000 Speicherzellen mit 8 Bits (1 Byte) zur Aufnahme der Bildinformation benötigt. Zum Auslesen und Darstellen des Inhalts des Bildschirmspeichers erzeugt der Adreßgenerator alle Adressen von 0 bis 19 999. Wird der Speicherplatz nach diesem Verfahren angesprochen bzw. verwaltet, spricht man von einer linearen Adressierung. Bild 7.2-3 zeigt die Adreßverteilung eines linear organisierten Speichers für einen Monitor mit der eben beschriebenen Bildorganisation. Er stellt ein Bild in den 640 Spalten S_0 - S_{639} und den 250 Rasterzeilen Z_0 - Z_{249} dar. Der Ursprung (0,0) liegt hier in der linken oberen Bildschirmecke. Die Berechnung der Speicheradresse A eines Punktes mit den Bildschirm-Koordinaten (X,Y) ist bei diesem Verfahren sehr einfach:

$$A = [X / 8] + (Y \cdot 80) .$$

(Der X-Wert muß durch 8 dividiert werden, da in jedem Byte, das durch eine bestimmte Adresse angesprochen wird, die Bildinformation für 8 nebeneinanderliegende Punkte abgespeichert ist. Die eckigen Klammern sollen die Rundung zur nächstkleineren ganzen Zahl kennzeichnen.)

3) 8 Spalten, 10 Zeilen

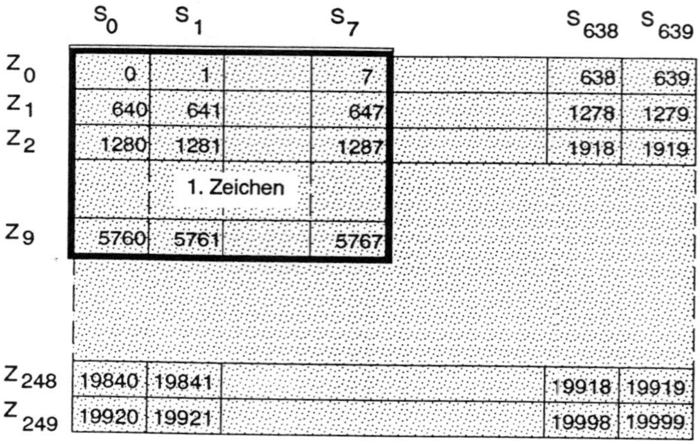

Bild 7.2-3. Lineare Adressierung eines Bildschirmspeichers

Zum Abschluß dieses Abschnitts wollen wir noch kurz auf zwei Begriffe eingehen, die erklären, auf welche verschiedenen Weisen der CRT-Controller einerseits die Modifikation des Bildschirmspeichers und andererseits die zyklische Ausgabe des Speicherinhalts zum Monitor vornehmen kann.

7.2.4 Verfahren zum Speicherzugriff

Prinzipiell finden stets zwei verschiedene Arten des Zugriffs auf den Bildschirmspeicher statt:

- Einerseits greift der Controller oder (bei älteren, einfacheren Graphiksystemen) die CPU selbst auf den Speicher zu, um seinen Inhalt zu modifizieren und so ein neues Bild zu zeichnen.
- Andererseits muß der Controller den Speicher adressieren, um so die zyklische Darstellung (Auffrischen) des Bildes auf dem Monitor vorzunehmen.

Um Konflikte zwischen diesen beiden Zugriffsarten zu verhindern, werden zwei verschiedene Verfahren realisiert, die von modernen Controllern wahlweise unterstützt werden:

- Beim ersten Verfahren wird entweder dem zeichnenden oder dem auffrischenden Zugriff die höhere Proiorität zugewiesen (*single access mode*). Ein Zugriffswunsch der anderen Art muß in diesem Fall warten, bis der aktuelle, priorisierte Zugriff beendet wurde.
  - Werden Störungen im Bild zugelassen, z.B. "Schnee", Flimmern oder falsche Bilddaten, so wird dem Controller das Recht eingeräumt, zu beliebigen Zeitpunkten Daten in den Bildschirmspeicher zu schreiben. Dabei passiert es dann, daß kurzzeitig ein unvollständig bearbeiteter Speicherinhalt auf dem Monitor dargestellt wird, wenn die Modifikation des Speicherinhalts während des Auffrischens des Bildes passiert. Dies führt zu einem flimmerden Bild.

- Bekommt der auffrischende Zugriff höhere Priorität zugewiesen, so darf ein zeichnender Zugriff auf den Speicher nur während der Austastlücken geschehen, d.h. nur während der Zeilen- bzw. Bildrücklauf-Phasen, also dann, wenn der Strahl dunkelgestastet ist (*blanking*). Dadurch erhält man zwar einerseits stets ein flimmerfreises Bild, andererseits wird die Zeichengeschwindigkeit des Controllers (bzw. der CPU) u.U. stark herabgesetzt.

• Das zweite Verfahren ist der **verschachtelte Speicherzugriff**[4)] (*Interleaving-Verfahren, interleaving memory access* bedeutet so viel wie: abwechselndes Zugreifen auf den Speicher). Hier besteht jeder Buszyklus zum Bildschirmspeicher aus zwei Zyklen. Während des ersten Zyklus greift der Controller auf den Speicher zu, um ein Wort zum Auffrischen des Bildes auf dem Monitor auszugeben. Im zweiten Zyklus geschieht dann ggf. ein modifizierender ("zeichnender") Zugriff auf ein Wort des Speichers. Weil bei diesem Verfahren Konflikte zwischen beiden Zugriffsarten verhindert werden, erhält man stets ein flimmerfreies Bild und erreicht trotzdem die volle maximale Zeichengeschwindigkeit. Jedoch müssen die Speicherbausteine dafür doppelt so schnell arbeiten wie beim *Single Access Mode*.

7.2.5 Verschiedene Darstellungsmodi

Bei Rechner-Monitoren werden drei verschiedene Darstellungsmodi (*raster scan modes*) unterschieden, die im Bild 7.2-4 skizziert sind. Diese Modi müssen hardwaremäßig sowohl vom Monitor als auch vom Controller unterstützt werden.

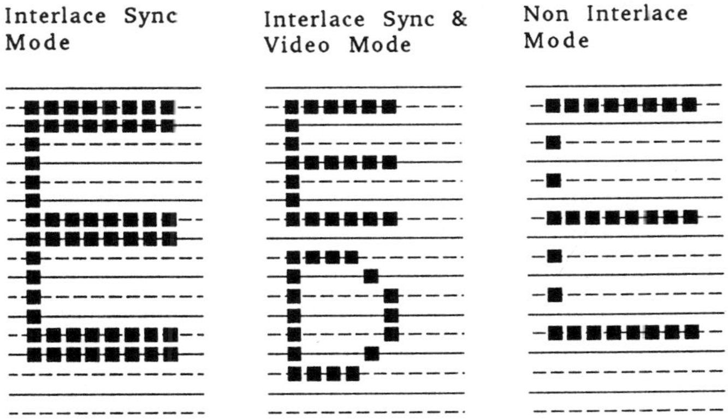

Bild 7.2-4. Die verschiedenen Darstellungsmodi
(– – – ungerade Zeilen, ——— gerade Zeilen)

4) auch: verschränkter oder verzahnter Speicherzugriff

- Den **Interlaced Mode** hatten wir im Abschnitt 7.1 bereits als Zeilensprung-Verfahren kennengelernt. In diesem Modus werden sowohl die Zeilen mit geraden wie auch die mit ungeraden Nummern für ein Bild ausgenutzt. Dabei wird jedes Bild aus zwei Halbbildern aufgebaut.
  - Im **Sync Mode** wird in zwei benachbarte Rasterzeilen des Bildschirms jeweils die gleiche Information geschrieben. Dazu gibt der Controller einfach für das 2. Halbbild die gleichen Speicheradressen wie beim 1. Halbbild aus. Durch die Verdoppelung der benutzten Rasterzeilen pro Bildpunkt wird die Qualität des Bildes erhöht. Der *Sync Mode* wird auch als *Double Scan Mode* bezeichnet.
  - Im **Interlaced Sync & Video Mode** wird die Information im Bildschirm ebenfalls in zwei Halbbildern, jedoch kleiner dargestellt. Dadurch kann die doppelte Anzahl von Zeichen im Bildschirm untergebracht werden wie beim *Sync Mode*, wenn auch in geringerer Qualität.
- Im **Non Interlaced Mode** wird auf das Zeilensprung-Verfahren verzichtet. Man kann dabei zwei Varianten unterscheiden:
  - Bei der ersten Variante, die im Bild 7.2-4 rechts skizziert ist, wird auf ein Halbbild verzichtet, d.h. das gesamte Bild wird entweder in den geraden oder ungeraden Zeilen geschrieben, die restlichen Zeilen werden nicht vom Elektronenstrahl abgetastet und also schwarz dargestellt. (Im Monitor kann für diesen Modus z.B. die im Bild 7.1-3 dargestellte horizontale Ablenkspannung bei jeder (Halb-)Bilddarstellung mit dem gleichen Startwert beginnen.) Diese Variante wurde z.T. bei den einfachen (älteren) Monitoren mit geringer Bandbreite benutzt. Bei diesen führt das Zeilensprung-Verfahren ja, wie im Abschnitt 7.1 erklärt, zu lästigem Flimmern zwischen benachbarten Zeilen ("Zwischenzeilenflimmern"), wenn relativ statische Bilder, insbesondere Texte, ausgegeben werden. Da nur jeweils ein Halbbild geschrieben wird, ist hier die Bildwechselfrequenz doppelt so groß wie beim Zeilensprungverfahren. Man erhält ein ruhigeres Bild, wenn auch mit halbierter Zeilenzahl.
  - Moderne (Hochleistungs-)Monitore stellen das vollständige Bild in einem Durchlauf des Strahls auf dem gesamten Bildschirm dar, also sowohl in den Zeilen mit geraden wie ungeraden Nummern. Mit einer Bandbreite von bis zu 65 MHz erreichen Sie dabei noch eine Auflösung von 1024x768 Bildpunkten und eine Bildwechselfrequenz von 60 Hz.

7.3 Fallstudie: Der Graphik-Controller HD63484

7.3.1 Einleitung

Die Weiterentwicklung der CRT-Controller führte zur Einbindung zusätzlicher Funktionen, so daß neben der Textdarstellung zusätzliche Graphikfunktionen auf dem Chip integriert wurden. Diese CRT-Controller werden *Advanced CRT-Con-*

troller[5] (ACRTC) genannt. Sie führen das Laden des Bildschirmspeichers in der Regel mit Hilfe eines (externen) DMA-Bausteins und die Aktualisierung seines Inhalts, das "Zeichnen" des Bildes, zum großen Teil selbständig durch und entlasten damit die CPU von diesen Aufgaben.

Bevor wir auf die Funktion und den Aufbau eines ACRT-Controllers eingehen, zeigen wir zunächst im Bild 7.3-1 seine Einbindung in ein Mikrorechner-System. Zusammenfassend kann man die folgenden Aufgabenbereiche dieser "fortschrittlichen" Graphik-Controller aufführen:

- die Generierung aller Signale zur Bildschirm-Kontrolle, also insbesondere
  - des Video-Signals, das die eigentliche Bildinformation überträgt,
  - eines Signals zur Steuerung eines Zeigers (*cursor*), der auf die augenblicklich bearbeitete Bildschirmposition weist, und
  - der Signale zur Synchronisation des Bildaufbaus, also der im Abschnitt 7.1 beschriebenen Signale VSYNC und HSYNC,
- die Steuerung der Übertragung der darzustellenden Daten aus dem Arbeitsspeicher in den Bildschirmspeicher (durch das DMA-Verfahren),
- die Daten-Konvertierung, d.h. die Umwandlung der logischen X/Y-Koordinaten eines Punktes in seine physikalische Bildschirmspeicher-Adresse,
- die Ausführung von Zeichen-Prozeduren und -Algorithmen durch Aufruf fest vorgegebener Mikroprogramme (vgl. Tabelle 7.3-17),
- die Generierung der Adressen für den Bildschirmspeicher und/oder einem Zeichen-ROM zur zyklischen Darstellung auf dem Monitor,

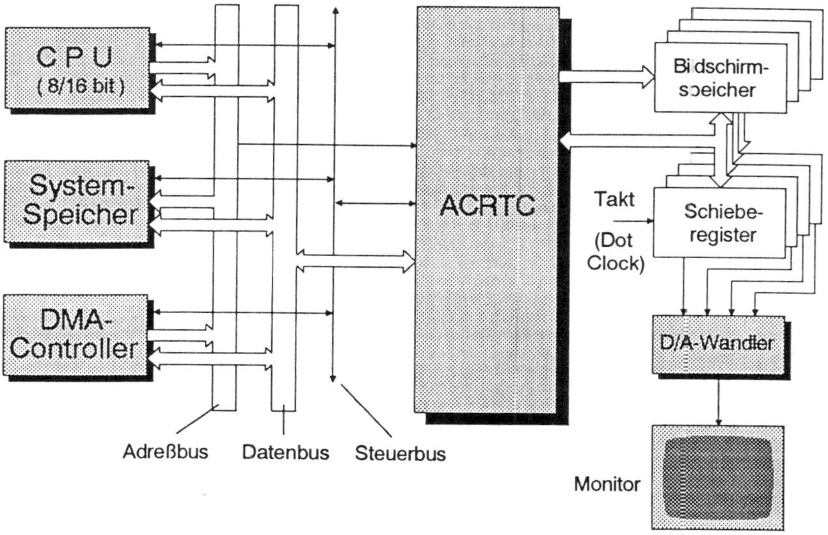

Bild 7.3-1. Blockschaltbild eines Mikrorechner-Systems mit Graphik-Controller

5) *advanced*: fortschrittlich

Als Beispiel für die Leistungsfähigkeit eines Graphik-Controllers wird hier der HD63484 der Firma Hitachi ausführlich besprochen. Die Länge dieser Ausführungen mag Sie etwas überraschen. Doch erstens sind die vorgestellten Funktionen und Lösungsansätze auch von allgemeinem Interesse, da sie so oder ähnlich auch in anderen ACRT-Controllern zu finden sind. Und zweitens bringen wir hier nur einen Ausschnitt aus der vollständigen Beschreibung des Bausteins, was seine Komplexität anschaulich demonstriert. Der HD63484 ist ein VLSI-Chip[6] in CMOS-Technologie mit folgenden Spezifikationen:

- Für Graphik-Anwendungen kann der HD63484 einen (wortorganisierten) Bildschirmspeicher mit einer Kapazität von bis zu 1 MWort[7] adressieren. Gleichzeitig oder alternativ dazu kann er für textorientierte Anwendungen einen bis zu 64 kWort[7] großen Bildschirmspeicher ansprechen. In diesem Fall wird von jedem Textzeichen ein 16-bit-Wort belegt. Bei der Darstellung von Texten steuert der Controller selbständig die Ausgabe der in einem Zeichen-ROM fest vorgegebenen Zeichen (vgl. Abschnitt 7.2.2). Der Benutzer kann zwischen den Betriebsarten: Text, Graphik oder Mischbetrieb (Text/Graphik) wählen.
- Für die Codierung der Farbe bzw. der Graustufe eines einzelnen Bildpunktes können bis zu 16 bit mit den Abstufungen 1, 2, 4, 8 und 16 zur Verfügung gestellt werden. In jedem 16-bit-Speicherwort werden die codierten Daten von möglichst vielen benachbarten Bildpunkten untergebracht; genauer gesagt, sind dies die Daten von 2^{4-i} Bildpunkten, falls eine 2^i-bit-Codierung, $i=0,..,4$, gewählt wird. So ermöglicht z.B. eine Codierung mit 4 bit pro Bildpunkt eine Darstellung von 16 (2^4) verschiedenen Graustufen bzw. Farbwerten. In diesem Fall werden die Daten von 4 nebeneinander liegenden Bildpunkten in einem Speicherwort abgelegt.
- Die maximale Bildschirm-Auflösung ist durch die maximale Größe des Bildschirmspeichers (16 Mbit) vorgegeben. Sie hängt direkt von der gewünschten Punktcodierung ab und liegt zwischen 4096x4096 Bildpunkten bei der Monochrom-Darstellung (1 bit pro Bildpunkt) und 1024x1024 Punkten bei einer Darstellung mit 16 bit pro Bildpunkt. Alternativ können im "Textmodus" 256 Zeilen mit 256 Zeichen pro Zeile (und 16 bit pro Zeichen) dargestellt werden. Dabei kann jedes Zeichen maximal 32 Rasterzeilen auf dem Monitor belegen. Der in realen Systemen benötigte Speicherplatz ergibt sich aus der gewünschten Auflösung.
- Die Zeichengeschwindigkeit des Controllers, d.h. die Geschwindigkeit, mit der er den Inhalt des Bildschirmspeichers verändern kann, beträgt in Monochrom- oder Farb-Darstellung maximal $2 \cdot 10^6$ Punkte pro Sekunde. (Dies ist nicht die Geschwindigkeit, mit der der Inhalt des Bildschirmspeichers zum Monitor ausgegeben wird!)
- Für die Steuerung des Zeigers (*cursor*) stehen im Graphik-Controller mehrere Register zur Verfügung. Dabei wird zwischen einem Zeiger im Textmodus ("Textzeiger", *block cursor*) und einem Zeiger im Graphikmodus ("Graphikzeiger", *graphic cursor*) unterschieden.

---

6) *very large scale integration*: Höchstintegration
7) 1 MWort = 2^{20} (16-bit-)Wörter, 1 kWort = 2^{10} (16-bit-)Wörter

- Der HD63484 unterstützt den Einsatz eines Lichtgriffels (*light pen*). Das ist ein Eingabegerät, im Aussehen ähnlich einem Füllfederhalter, mit dem man direkt beliebige Punkte des Bildschirms selektieren kann. Deren X/Y-Koordinaten in der Bildfläche werden vom Controller ermittelt und dem µP übergeben. Auf diese Weise kann der Benutzer z.B. beliebige Kurven auf dem Bildschirm zeichnen.
- Der CRT-Controller unterstützt vier logische Bildschirmbereiche. Im folgenden Unterabschnitt gehen wir auf diese Bereiche näher ein.

7.3.2 Unterstützung verschiedener Bildschirmbereiche

Die logischen Bildschirmbereiche werden als

- *Upper Screen* (oberer Bereich),
- *Base Screen* (Basisbereich),
- *Lower Screen* (unterer Bereich) und
- *Window Screen* (Fenster) bezeichnet.

Die drei ersten Bereiche gestatten (in allen möglichen Kombinationen) eine horizontale Teilung und nicht überlappende Überdeckung des Bildschirm-Hintergrundes (*background screen*). Der vierte Bereich kann als Fenster (*window*) in einem oder mehreren der drei anderen Bereiche angelegt werden. Er kann die Hintergrundbereiche wahlweise überdecken oder transparent, also durchsichtig, überlagern. Die Größe und Lage der vier Bildschirmbereiche sind frei programmierbar. In allen Bereichen kann unabhängig voneinander ein zyklisches Verschieben (*smooth scrolling*) der dargestellten Information in horizontaler oder vertikaler Richtung erfolgen. Bild 7.3-2 zeigt vier Beispiele möglicher Bildschirmaufteilungen.

Beispielsweise kann der Base Screen als Arbeitsbereich benutzt werden, der Lower Screen für Fehlermeldungen, der Upper Screen für Menüs und der Window Screen für spezielle Anwendungen.

Im einfachsten Fall müssen bei der Initialisierung nur die Parameter des Base Screens definiert werden. Alle anderen Bildschirmebenen können dynamisch in einem Programm beliebig aktiviert bzw. deaktiviert werden.

Im Base Screen ist hardwaremäßig eine Ausschnittvergrößerung (*zooming*) in X- und Y-Richtung um einen Faktor 1, 2, 4, 8 oder 16 möglich. Dies geschieht ohne Änderung der im Bildschirmspeicher abgelegten Daten; es wird lediglich der zeitliche Ablauf der Steuersignale zum Monitor der geänderten Darstellung angepaßt, d.h. ein Zooming in Y-Richtung wird dadurch realisiert, daß die Bildinformation für mehrere Rasterzeilen wiederholt wird. Ein Zooming in X-Richtung wird durch Reduktion der Taktfrequenz des Schieberegisters erreicht, in das die Daten aus dem Bildschirmspeicher vor ihrer Ausgabe zum Monitor übertragen werden (vgl. Bild 7.3-1). Da der Aufwand für die Realisierung des Zoomens mit Zwischenwerten (wie 3, 5 oder 7) zu groß ist, wurde von der Firma Hitachi auf diese Vergrößerungsfaktoren verzichtet.

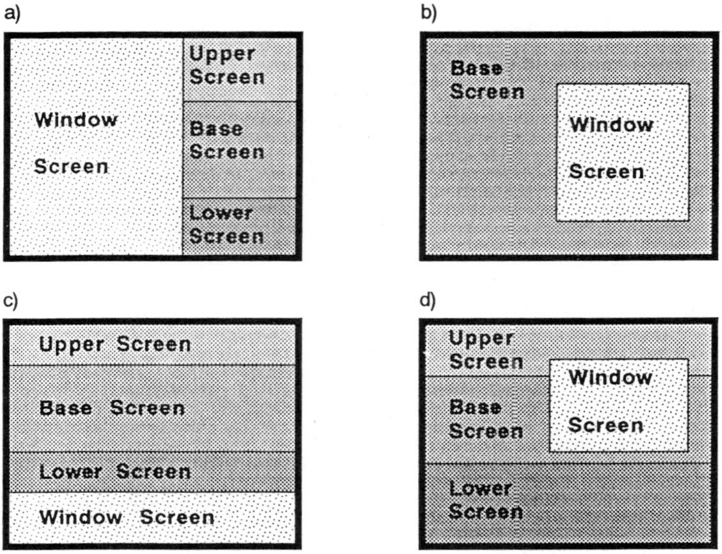

Bild 7.3-2. Mögliche Aufteilungen des Bildschirms

Der Benutzer muß selbst darauf achten, daß Darstellungen die einzelnen Bildschirmbereiche nicht überschreiten. Macht er dies nicht, kann beim Zeichnen von Graphiken u.U. jedoch solch eine Bereichsüberschreitung auftreten. Der Graphik-Controller führt dann je nach Wahl des Anwenders ein *Clipping* oder ein *Hitting* aus. Im ersten Fall wird zum Beispiel eine zu zeichnende Linie, die den Bildschirmbereich überschreitet, abgeschnitten. Beim *Hitting* wird das Zeichnen dieser Linie ganz unterdrückt.

7.3.3 Der Aufbau des HD63484

Bild 7.3-3 zeigt das Blockschaltbild des Graphik-Controllers HD63484. Der Baustein besteht aus fünf Hauptfunktionsblöcke, die zur Erhöhung des Durchsatzes zum Teil parallel arbeiten. Zwei von diesen Blöcken werden von den Schnittstellen zum Mikroprozessor (CPU-Interface) bzw. dem Monitor (CRT-Interface) des Systems gebildet. Die drei anderen Blöcke sind separate, mikroprogrammierte, parallel arbeitende Prozessoren. Im folgenden gehen wir ausführlich auf diese Komponenten ein.

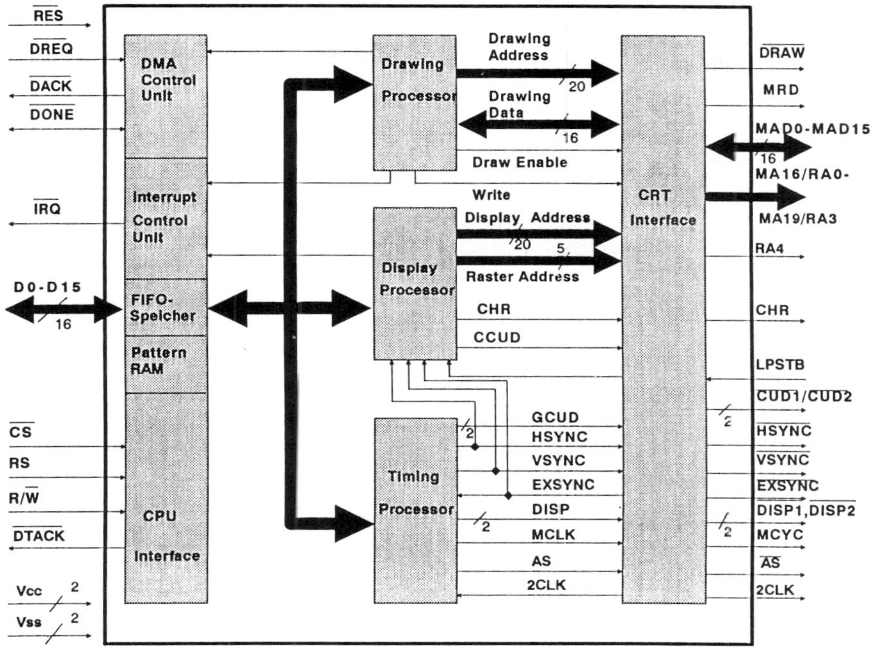

Bild 7.3-3. Blockschaltbild des Graphik-Controllers HD63484

- Das *CPU-Interface* dient zur Anbindung des Controllers an den Systembus des Mikrorechners. Dabei kann der Controller sowohl an einem 8 bit wie auch an einen 16 bit breiten Datenbus betrieben werden. Über diese Schnittstelle wird der Controller vom µP "programmiert". Dazu besitzt sie die bereits bekannten Signale $\overline{CS}$ (*chip select*), RS (*register select*) und R/$\overline{W}$ (*read/write*). Die Programmierung des Bausteins kann z.T. asynchron zum normalen Betrieb des Controllers geschehen. Außerdem wird über diese Schnittstelle die DMA-Übertragung der darzustellenden Daten in den Bildschirmspeicher gesteuert. Ein direkter Zugriff der CPU auf den Bildschirmspeicher ist (ohne beträchtlichen zusätzlichem Hardware-Aufwand) nicht möglich.
  Das CPU-Interface enthält die folgenden unterscheidbaren Einheiten (*units*):
  - Der Austausch von Daten zwischen den Registern des Controllers und dem µC-System erfolgt z.T. über zwei separate, 16 byte lange Warteschlangen (FIFO-Speicher) in der CPU-Schnittstelle: der Eingabe-Warteschlange (*read-FIFO*) und der Ausgabe-Warteschlange (*write-FIFO*). Auf diese Form der Datenübertragung gehen wir im nächsten Unterabschnitt ausführlicher ein.
    Außerdem enthält die Schnittstelle einen 256 bit großen Schreib-/ Lesespeicher, das *Pattern RAM.* Dieser Speicher wird vom Mikroprozessor zur Ab-

speicherung eines speziellen Musters benutzt. Dieses Muster kann vom Graphik-Controller z.B. zum Auffüllen einer geschlossenen Fläche verwendet werden. (Beispiele für solche Muster sind Schraffuren, Punktierungen, etc.) Auch auf das Pattern RAM kommen wir noch einmal zu sprechen.

- Die *DMA Control Unit* dient zur Abwicklung der oben erwähnten direkten Speicherzugriffe des Graphiksystems auf den Arbeitsspeicher des µC-Systems. Dadurch können sehr schnell Daten aus dem Arbeitsspeicher in den Bildschirmspeicher (und umgekehrt) übertragen werden. Die Übertragung der Daten wird durch einen externen DMA-Controller vorgenommen (vgl. Abschnitt 3.7). Die Signalleitungen $\overline{\text{DREQ}}$, $\overline{\text{DACK}}$ und $\overline{\text{DONE}}$ regeln den DMA-Transfer, wobei dem DMA-Baustein über DREQ ($\overline{\text{DMA}}$ *request*) vom Graphik-Controller eine Übertragungs-Anforderung mitgeteilt wird. Die Quittungs-Mitteilungen erfolgen vom DMA-Baustein über den Eingang $\overline{\text{DACK}}$ (*DMA acknowledge*). Über die Ein-/Ausgangsleitung $\overline{\text{DONE}}$ wird die Beendigung einer DMA-Übertragung vom µP angefordert bzw. vom Controller angezeigt.
- Die *Interrupt Control Unit* erzeugt in Abhängigkeit von bestimmten, im Controller festgestellten Bedingungen acht verschiedene maskierbare Interrupts. Die folgenden Bedingungen können auftreten (mit den für sie weiter im Abschnitt 7.3.4 gebrauchten Abkürzungen):
  - unzulässiger Befehl (CER: *command error*),
  - Verlassen des Zeichenbereiches (ARD: *area detect*),
  - Ende eines Befehls (CED: *command end*),
  - Lichtgriffel-Signal erkannt (LPD: *light pen strobe detect*),
  - Eingabe-Warteschlange bereit (RFR: *read-FIFO ready*),
  - Eingabe-Warteschlange voll (RFF: *read-FIFO full*),
  - Ausgabe-Warteschlange bereit (WFR: *write-FIFO ready*),
  - Ausgabe-Warteschlange leer (WFE: *write-FIFO empty*).

• Der *Timing Processor* überwacht den Zeitverlauf für die Darstellung des Bildschirminhalts auf dem Monitor (*timing control, display control*). Er erzeugt insbesondere die Synchronisations-Signale für den Monitor, also die bereits beschriebenen Signale VSYNC und HSYNC, und für die (interne) Steuerung des im folgenden beschriebenen *Display Processors*. (Auf die anderen, vom *Timing Processor* erzeugten bzw. ausgewerteten Signale gehen wir erst bei der Beschreibung der Schnittstelle zum Monitor ein.)

• Aufgabe des *Display Processors* ist es, die für den zyklischen Bildaufbau (*display refresh*) notwendigen Adressen (*display address*) zu erzeugen und das CRT-Interface zu steuern. Er übernimmt insbesondere die Verwaltung der oben beschriebenen vier Bildschirm-Bereiche (*Upper-, Base-, Lower-, Window-Screen*, s. Bild 7.3-2). Er kann ein Bild sowohl horizontal als auch vertikal dehnen (*zooming*). Dabei arbeitet er wahlweise mit oder ohne Zeilensprung, d.h. er stellt jedes Bild aus Halbbildern oder aber als Gesamtbild dar (*interlaced/non interlaced scanning*, vgl. Abschnitt 7.2.5.

Beim Einsatz eines speziellen Zeichen-ROMs für textorientierte Anwendungen selektiert er diesen Speicher durch das Signal CHR (*character*) und gibt über

RA0 - RA4 die Adressen (*raster address*) zur Auswahl der einzelnen Zeilen der Punktmatrizen (*bit maps*) aus. Außerdem stellt er Zeitsignale (CCUD) für die Generierung eines (oder auch zweier) Zeiger (*cursor*) bereit.

- Der *Drawing Processor* interpretiert die Befehle und ihre Parameter, die über den Systembus von der CPU und/oder vom DMA-Controller kommen und überträgt die Zeichendaten (*drawing data*) in den Bildschirmspeicher. Von dort holt er andererseits Daten, die als Folge eines Befehls zum µP übertragen oder vom Controller manipuliert werden sollen, z.B. in einer anderen Farbe dargestellt oder gelöscht werden sollen. Dazu bildet er die Adressen (*drawing address*), unter denen diese Daten abgelegt werden sollen oder zu finden sind. Im Einzelnen enthält er die folgenden Komponenten:
  - *Drawing Algorithm Control Unit*
    Diese Einheit interpretiert die Graphikkommandos (vgl. Tabelle 7.3-17) und führt die passenden, mikroprogrammierten Zeichenalgorithmen auf den Daten im Bildschirmspeicher aus. Insbesondere berechnet sie die logischen X/Y-Koordinaten der darzustellenden Bildpunkte in der Bildfläche.
  - *Drawing Address Generation Unit*
    Sie übernimmt die Konvertierung der logischen X/Y-Koordinaten der Bildpunkte in die entsprechenden physikalischen Adressen, unter denen ihre Daten im Bildschirmspeicher zu finden sind.
  - *Logic Operation Unit*
    Diese Einheit führt einerseits die oben erwähnte Übertragung der Daten vom Bildschirmspeicher in den Arbeitsspeicher oder umgekehrt unter Berücksichtigung der berechneten Adressen (*drawing address*) aus. Andererseits übernimmt sie die (logische) Manipulation der Daten, z.B. die bitweise UND-Verknüpfung mit einem vorgegebenen Datum, und berücksichtigt dabei ggf. das im Pattern RAM vorliegende Muster.
- Das *CRT-Interface* überträgt die im Baustein von den eben beschriebenen Prozessoren erzeugten Signale und Daten zum Bildschirmspeicher und zum Monitor. Dazu stellt es die benötigten (uni- bzw. bidirektionalen) Treiber zur Verfügung.

$\overline{\text{DRAW}}$, MRD

Das Signal $\overline{\text{DRAW}}$ unterscheidet für jeden Buszyklus, ob der Drawing Processor oder der Display Processor auf den Bildschirmspeicher zugreift. Das Signal MRD (*memory read*) zeigt an, ob dieser Zugriff ein Lese- oder Schreibzugriff ist.

MAD0-MAD15

Über diesen (bidirektionalen) Daten/Adreßbus werden im Multiplexbetrieb sowohl die Daten wie auch die 16 niederwertigen Bits der vom *Drawing Processor* bzw. *Display Processor* ausgegebenen (20-bit-)Adressen übertragen.

MA16-MA19 / RA0-RA3, RA4

Diese Leitungen übertragen die 4 höchstwertigen Bits der eben erwähnten Adressen. Beim Einsatz eines Zeichen-ROMs liefern sie, zusammen mit der Leitung RA4, die Adresse für die Zeilen der Punktmatrizen der darstellbaren Zeichen.

$\overline{\text{AS}}$

Dies ist das Steuersignal (*address strobe*) zur Unterscheidung zwischen Adressen und Daten auf dem Bus MAD0-MAD15.

CHR

Wie bereits oben erwähnt, wählt dieses Signal zwischen zwei gleichzeitig im System vorhandenen Bildschirmspeichern aus, von denen der eine für graphische, der andere für textorientierte Anwendungen benutzt wird.

LPSTB

Dieser Eingang dient zum direkten Anschluß des oben beschriebenen Lichtgriffels. Das Signal LPSTB ist genau in den Zeitpunkten aktiv, in dem der Bildschirmpunkt vom Elektronenstrahl angesprochen wird, auf den der Lichtgriffel zeigt.

$\overline{\text{CUD1}}$, $\overline{\text{CUD2}}$

Diese beiden Ausgänge steuern, in Abhängigkeit bestimmter, im Controller abgelegter Parameter, die Darstellung der Zeiger (*cursor*) auf dem Monitor.

$\overline{\text{HSYNC}}$, $\overline{\text{VSYNC}}$, $\overline{\text{EXSYNC}}$

Dies sind die bereits häufiger erwähnten Signale zur horizontalen bzw. vertikalen Synchronisation des Bildschirms. Falls mehrere ACRT-Controller in einem µC-System eingesetzt sind, dient das Ein-/Ausgangssignal $\overline{\text{EXSYNC}}$ zu ihrer Synchronisation.

$\overline{\text{DISP1}}$, $\overline{\text{DISP2}}$

Durch diese Signale informiert der Controller darüber, ob er gerade den Hintergrund-Bildschirmbereich und/oder den Fenster-Bereich (vgl. Bild 7.3-2) auf dem Monitor darstellt oder ob gerade ein Bildwechsel stattfindet und daher der Zugriff zum Bildschirmspeicher "frei" ist. Dadurch haben ggf. andere Systemkomponenten, wie z.B. der DMA-Controller, die Möglichkeit, zum richtigen Zeitpunkt auf den Bildschirmspeicher zuzugreifen.

2CLK

Dieses Signal liefert den Arbeitstakt des Controllers und wird aus dem Takt (*dot clock*) des Schieberegisters abgeleitet, das die Bildpunkt-Informationen seriell zum Monitor ausgibt (s. Bild 7.3-1).

MCYC

Dies ist ein Taktsignal mit der halben Frequenz von 2CLK. Es steuert den Zeitverlauf der Controller-Zugriffe zum Bildschirmspeicher.

7.3.4 Das Programmiermodell des Controllers HD63484

Zur Steuerung des Graphik-Controllers stehen dem Anwender eine Reihe von Registern mit einer Gesamtlänge von über 200 byte zur Verfügung. Eine Übersicht ist im Bild 7.3-4 dargestellt. Hardwaremäßig, d.h. durch spezielle Steuerleitungen unterstützt, kann nur auf das Adreß- und das Statusregister zugegriffen werden.

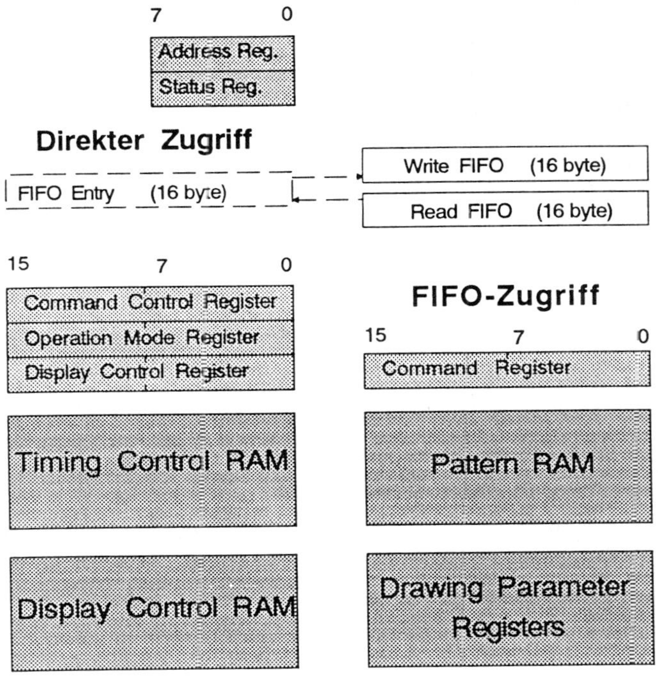

Bild 7.3-4. Übersicht über die Register des HD63484

- Das 8-bit-Statusregister wird vom Mikroprozessor zur Überwachung des Graphik-Controllers benutzt. Es enthält den momentanen Zustand des Controllers und kann nur gelesen werden (s. Bild 7.3-5). Die Bedeutung der einzelnen Bits wurde bereits bei der Beschreibung der *Interrupt Control Unit* im Abschnitt 7.3.3 angegeben.

Bit	7	6	5	4	3	2	1	0
	CER	ARD	CED	LPD	RFR	RFF	WFR	WFE

CER: Command Error ARD: Area Detect
CED: Command End LPD: Light Pen Strobe Detect
RFR: Read-FIFO Ready RFF: Read-FIFO Full
WFR: Write-FIFO Ready WFE: Write-FIFO full

Bild 7.3-5. Das Statusregister

- Das (8-bit-)Adreßregister (*address register*) wird vom µP benötigt, um ein bestimmtes Steuerregister des Graphik-Controllers, die im Bild 7.3-4 links gezeichnet sind, direkt zu adressieren. Es kann nur beschrieben werden. In ihm wird die 8-bit-Adresse ($02 - $FF) des anzusprechenden Registers eingetragen. (Die Adresse $00 dient, wie weiter unten beschrieben, zum Zugriff auf die im Bild rechts gezeigten Register.) Ist der Controller an einen 16 bit breiten Datenbus angeschlossen, so wird stets ein gesamtes (16-bit-)Register selektiert. In einem System mit einem 8-bit-Datenbus können das höherwertige Byte (H(igh)-Byte) und das niederwertige Byte (L(ow)-Byte) jeweils durch eine eigene Adresse angesprochen werden, und zwar das L-Byte durch die höhere Adresse.
  Die RAM-Bereiche *Timing Control* und *Display Control* sind unter Adressen zwischen $80 und $FF anzusprechen. Wird eine solche Adresse ins Adreßregister eingetragen, so erhöht der Graphik-Controller nach dem Zugriff auf das selektierte Register den Inhalt des Adreßregisters automatisch um 1 ("postinkrement"). Dadurch wird ein schnellerer Datentransfer ermöglicht, denn speziell beim Initialisieren des Prozessors kann auf ein zeitaufwendiges Neubeschreiben des Adreßregisters verzichtet werden, und die Parameter können wie in einem Stack abgelegt werden.

Der Registersatz des HD63484 wird vom µP über die beiden Leitungen RS (*register select*) und $\overline{\text{CS}}$ (*chip select*) angesprochen. Durch RS=0 und $\overline{\text{CS}}$=0 kann in Abhängigkeit von der Art des Zugriffs das Statusregister gelesen (R/$\overline{\text{W}}$=1) oder das Adreßregister beschrieben (R/$\overline{\text{W}}$=0) werden. Der Zugriff auf die anderen Register des Bausteins verlangt für die beiden Steuerleitungen die Belegung $\overline{\text{CS}}$=0 und RS=1. Er ist entweder direkt oder aber über die Warteschlangen (FIFOs) möglich.

- Der direkte Zugriff ist auf die im Bild 7.3-4 links gezeichneten Register möglich. Die CPU kann nur jeweils das Register (direkt) ansprechen, dessen Adresse im Adreßregister abgelegt ist. Weiter unten beschreiben wir kurz die Funktion dieser Register. Sie zeichnen sich dadurch aus, daß die CPU relativ selten auf sie zugreift. (Bei jedem Register sind in Klammern die Adressen angeben, unter denen über das Adreßregister die einzelnen Bytes des Registers selektiert werden können.)
- Der Zugriff über die Warteschlangen (FIFO-Zugriff) erlaubt das schnelle Lesen und Schreiben der im Bild 7.3-4 rechts gezeigten Register. Diese Register werden durch die CPU sehr häufig, z.T. mit jedem Befehl, verändert. Dazu muß in das Adreßregister die Adresse $00 eingetragen werden. Durch die 16-byte-FIFO-Register (*read-FIFO, write-FIFO*) werden die Daten zwischen dem µP bzw. (im DMA-Verkehr) dem Arbeitsspeicher und den Registern für die Zeichenparameter (*Drawing Parameter Registers*), dem *Pattern RAM* und dem Befehlsregister (*Command Register*) ausgetauscht, wobei dieser Austausch in beiden Richtungen stattfinden kann. (Die Beschreibung der eben erwähnten Register folgt im Abschnitt 7.3.4.2.)

Bei der Übertragung der Daten sollte der Zustand der Flags im Statusregister ausgewertet werden, also z.B. berücksichtigt werden, ob die Warteschlangen zur Datenübertragung bereit sind. Ist eine der bei der *Interrupt Control Unit* im Abschnitt 7.3.3 beschriebenen Bedingungen gegeben, kann der Controller eine Unterbrechungs-Anforderung an den Prozessor stellen.
Im DMA-Modus werden stets die FIFO-Register angesprochen (gelesen oder beschrieben), ohne daß der Inhalt des Adreßregisters berücksichtigt bzw. verändert wird.

7.3.4.1 Register mit direktem μP-Zugriff

Command Control Register (s. Bild 7.3-6, Adressen: $02, $03)

Das *Command Control Register* (CCR, Befehls-Steuerregister) wird zur Steuerung der 8 beschriebenen Interrupt-Möglichkeiten benötigt: Durch das Setzen bzw. Rücksetzen der entsprechenden Flags in seinem L-Byte werden diese Interrupts zugelassen (*enabled*) bzw. gesperrt (*disabled*). (Das 'E' in der untersten Zeile steht jeweils für *enabled*.) Die Interruptflags beeinflußen unmittelbar die entsprechenden Bits im Statusregister, indem eine bestimmte der oben beschriebenen Bedingungen nur dann zum Setzen des zugeordneten Bits im Statusregister führt, wenn auch das entsprechende Bit im CCR-Register gesetzt ist.

Bit 15	14	13	12	11	10	9	8	7	6	5	4	3	2	1	0
ABT	PSE	DDM	CDM	DRC		GBM		CDE	ARE	CEE	LPE	RFE	RRE	WRE	WEE
			H-Byte								L-Byte				

Bild 7.3-6. Command Control Register – CCR

Im H-Byte des CCR-Registers kann die Ausführung der Befehle beeinflußt werden:

- Durch die Graphik-Modus-Bits GBM (*graphic bit mode*) wird für die gewünschte Darstellung eines Bildpunktes (*Pixel*) die Zahl der im Bildschirmspeicher benötigten Speicherbits festgelegt (s. Tabelle 7.3-7).
- Die Bits DDM (*data DMA mode*), CDM (*command DMA mode*) und DRC (*DMA request control*) steuern den DMA-Verkehr zwischen Arbeitsspeicher und Controller. Sie legen für Daten und Befehle getrennt fest, ob sie im DMA-Betrieb übertragen werden sollen oder nicht. Das Bit DRC wählt zwischen den beiden im Abschnitt 3.7 beschriebenen DMA-Übertragungsverfahren Block-Transfer (*burst mode*) und Einzel-Datentransfer (*cycle stealing*).
- Über das Bit ABT (*abort*) kann ein Abbruch der aktuellen Befehlsausführung erzwungen werden. In diesem Fall werden die FIFO-Register gelöscht. Das Bit PSE (*pause*) erlaubt das Einlegen einer Pause während einer Befehlsausführung, die so lange dauert, bis dieses Bit wieder zurückgesetzt wird.

Tabelle 7.3-7. Graphic Bit Modes – GBM

GBM-Bits 10	9	8	Modus: Bits pro Pixel	Anzahl der Farben pro Pixel	Pixels pro 16-bit-Wort
0	0	0	1	1	16
0	0	1	2	4	8
0	1	0	4	16	4
0	1	1	8	256	2
1	0	0	16	65 536	1

Wird der Graphik-Controller zurückgesetzt, d.h. erfolgt ein Hardware-Reset über die Leitung RES, so wird das *Abort Flag* ABT gesetzt und alle anderen Bits des CCR-Registers mit '0' initialisiert.

Operation Mode Register (s. Bild 7.3-8, Adressen: $04, $05)

Das *Operation Mode Register* (OMR, Betriebsarten-Register) enthält die Basisparameter des Controllers, die z.B. die Zugriffsart zum Bildschirmspeicher, die Zeichenpriorität, den Einsatz des Zeigers (*cursor*) und die Bildaufbaumodi festlegen.

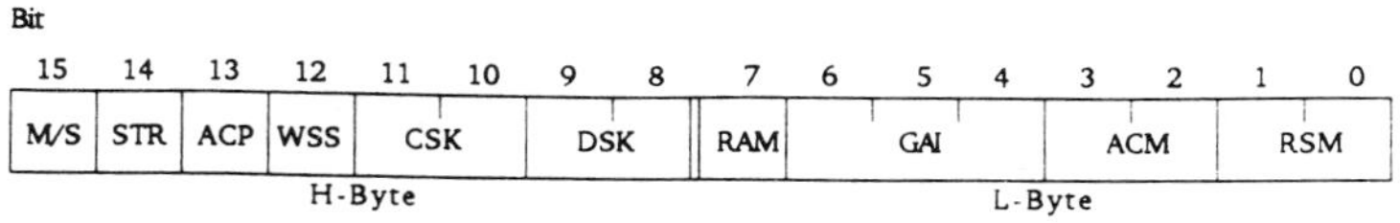

Bild 7.3-8. Operation Mode Register – OMR

- Das Bit M/S (*master/slave*) legt fest, ob der im Abschnitt 7.3.3 beschriebene Anschluß EXSYNC als Ausgang oder Eingang dient. Im ersten Fall übernimmt der Controller (als Master) die Synchronisation weiterer im System eingesetzter (Slave-)Controller.
- Durch das Bit STR (*start*) können alle Controller-Funktionen gestartet bzw. gestoppt werden, also alle Manipulationen des Bildschirmspeichers und die Steuerung der Darstellung auf dem Monitor.
- Das Bit ACP (*drawing access priority*) ermöglicht bzw. unterbindet, daß der Controller den Bildschirmspeicher auch während der Zeiten manipuliert, in denen sein Inhalt zum Monitor ausgegeben wird (*interleaved/non interleaved mode*, vgl. Abschnitt 7.2.4).
- Durch das WSS-Bit (*window smooth scroll*) wird das zyklische Verschieben der Information im Fenster-Bildschirmbereich (*window screen*) aktiviert oder deaktiviert.

- Die Bits CSK (*cursor display skew*) bzw. DSK (*disp skew*) beeinflussen die zeitliche Lage (Verzögerung) der Cursor-Steuersignale CUD1, CUD2 bzw. der Display-Steuersignale DISP1, DISP2, die wir bei der CRT-Schnittstelle im Abschnitt 7.3.3 beschrieben haben. Hier soll nicht näher darauf eingegangen werden.
- Das Bit RAM zeigt dem Controller, ob als Bildschirmspeicher ein statisches oder dynamisches RAM eingesetzt ist. Im zweiten Fall übernimmt der Controller selbständig das regelmäßige Auffrischen (*refresh*) der Speicherzellen.
- Die Bits GAI (*graphic address increment mode*) legen – vereinfachend gesagt – für die Darstellung des Bildschirminhalts auf dem Monitor fest, wieviel Bits gleichzeitig aus dem Bildschirmspeicher gelesen werden. Sie berücksichtigen dadurch die oben beschriebene Speicherung von 1 bis 16 Bildpunkten in einem einzigen 16-bit-Speicherwort. (Darauf wollen wir nicht näher eingehen.)
- Durch die Bits ACM (*access mode*) können eine von drei verschiedenen Zugriffsarten auf den Bildschirmspeicher und die Priorität zwischen der Darstellung des Fensterbereichs (*Window Screen*) und des Hintergrundbereiches (*Background Screen*) ausgewählt werden. Zwei der Zugriffsarten hatten wir bereits im Abschnitt 7.2.4 beschrieben: den *Interleaved* bzw. *Non-interleaved Mode*. Bei diesen hat der Fensterbereich höhere Priorität, d.h. er überdeckt den Hintergrundbereich. Bei der dritten Art, dem sogenannten *Superimposed Mode*, haben beide Bildschirmbereiche die gleiche Priorität, d.h. der Fensterbereich wird transparent überlagernd gezeichnet.
- Die Bits RSM (*raster scan mode*) eine der im Abschnitt 7.2.5 beschriebenen Darstellungsmodi: *Non Interlaced*, *Interlaced Sync* oder *Interlaced Sync and Video*.

Display Control Register (s. Bild 7.3-9, Adressen: $06, $07)

Im *Display Control Register* (DCR, "Darstellungs-Steuerregister") werden die Parameter für die Bildschirm-Organisation (*Base Screen*, *Upper Screen*, *Lower Screen* und *Window Screen*) verwaltet (s. Bild 7.3-2).

Bit	15	14	13	12	11	10	9	8	7	6	5	4	3	2	1	0
	DSP	SE1	SE0		SE2		SE3		ATR - Attribute Control							
	H-Byte								L-Byte							

Bild 7.3-9. Display Control Register – DCR

- DSP (*disp*) legt fest, ob die zwei oben beschriebenen Steuersignale DISP1, DISP2 während der Darstellung des gesamten Bildes oder aber nur der einzelnen Rasterzeilen aktiv sind. Im ersten Fall sind sie also nur während des Bildwechsels, im zweiten auch während des Strahlrücklaufs inaktiv. Sie können von externen Komponenten zum Zugriff auf den Bildschirmspeicher ausgewertet werden.

- Die Bits SE0,..,SE3 (*split enable*) ermöglichen es, jeden der vier Bildschirmbereiche selektiv zu aktivieren bzw. zu deaktivieren, d.h. seine Darstellung auf dem Monitor zu veranlassen oder zu unterdrücken.
- Die 8 Bits ATR (*attribute control*) können vom Benutzer zur Steuerung des Bildschirms frei programmiert werden. Sie werden mit der steigenden Flanke des horizontalen Synchronisier-Signals HSYNC-Signals über den Adreß-/Datenbus MAD_7 - MAD_0 ausgegeben.

(Display) Timing Control RAM (s. Tabelle 7.3-10, Adressen: $80-$9D)

In diesem Bereich werden die für die Ansteuerung des Bildschirms notwendigen Parameter für die horizontale und vertikale Synchronsation, die Größe des Bildschirmbereichs (Startpunkt, Fensterstartpunkte), die Betriebsart (*interlaced, non interlaced,..*) sowie die Darstellung der beiden Cursors (Text-Cursor, Graphik-Cursor) verwaltet. Wir können hier nicht auf jedes Register und jedes seiner Bits ausführlich eingehen. Deshalb beschränken wir uns auf eine kurze Bemerkung zu der Funktion bzw. des Inhalts der Register in der folgenden Tabelle. (Beachten Sie, daß jedes Register 16 bit lang ist und nur unter geraden Adressen angesprochen werden kann.)

Tabelle 7.3-10. Die Belegung der Register im Timing Control RAM

Adresse	Name	Funktion
$80	*Raster Counter*	Zähler für aktuell bearbeitete Rasterzeile
$82	*Horizontal Sync*	Zykluszeit und Form von HSYNC
$84	*Horizontal Display*	Startzeitpunkt und Breite der horizontalen Darstellung
$86	*Vertikal Sync*	Dauer von VSYNC in Rasterzeilen
$88	*Vertikal Display*	Start-Rasterzeile u. Anzahl der Rasterzeilen der vert. Darstellung
	Split Screen Width:	Anzahl der Rasterzeilen für:
$8A	*Base Screen*	Basis-,
$8C	*Upper Screen*	oberen und
$8E	*Lower Screen*	unteren Bildschirmbereich
$90	*Blink Control*	An/Aus-Dauer für blinkende Bildschirmbereiche
$92	*Horizontal Window Display*	Startzeitpunkt und Breite des Fenster-Bildschirmbereichs
$94	*Vertikal Window Start*	Start-Rasterzeile des Fensters
$96	*Vertikal Window Width*	Anzahl der Rasterzeilen des Fensters
$98	*Graphic*	Beginn und Ende eines graphischen
$9A	*Cursor*	Zeigers in X- und Y-Richtung
$9C	*Registers*	

Display Control RAM (s. Tabelle 7.3-11, Adressen: $C0-$EF)

Das *Display Control RAM* umfaßt Register, die vom Graphik-Controller zur Berechnung der logischen Adressen benötigt werden.

- Es enthält für die Verwaltung jedes Bildschirmbereichs (*Split Screen Control*) vier Register. Diese legen für jeden Bereich *(Base Screen, Upper Screen, Lower Screen* und *Window Screen*) die erste und letzte Rasterzeile im Bildschirm, den benötigten Platz und die Startadresse im Bildschirmspeicher fest.
- Zur Verwaltung zweier unabhängiger Textzeiger (*Block Cursor*) werden vier Register benötigt, in denen ihre Startadressen im Bildschirmspeicher, die Start- und End-Rasterzeile sowie ihre Breite auf dem Bildschirm festgelegt sind. In einem weiteren Register (*Cursor Definition Register*) können beide Textzeiger sowie ein weiterer graphischer Zeiger gesteuert werden. In ihm wird für die Textzeiger die Dauer der An/Aus-Phase und damit die Blinkfrequenz festgelegt.
- Ein weiteres Register legt die Zoom-Faktoren in X- und Y-Richtung fest. Durch diese Faktoren wird bestimmt, wie häufig die gleiche Information des Bildschirmspeichers zum Monitor ausgegeben wird, wodurch eine Vergrößerung des Bildes entsteht.
- Die letzten beiden (Nur-Lese-)Register dienen zur Verwaltung des Lichtgriffels (*Light Pen*). Sie enthalten die Adresse des Bildpunktes im Bildschirmspeicher, der augenblicklich durch den Lichtgriffel auf dem Monitor selektiert wird. Zur Feststellung dieser Adresse dient das bei der CRT-Schnittstelle im Abschnitt 7.3.3 beschriebene Signal LPSTB (*Light Pen Strobe*).

Tabelle 7.3-11. Die Belegung der Register im Display Control RAM

Adressen	
$C0-$C3	*Split Screen 0 Control (Upper Screen)*
$C4-$C7	*Split Screen 1 Control (Base Screen)*
$C8-$CB	*Split Screen 2 Control (Lower Screen)*
$CC-$CF	*Split Screen 3 Control (Window Screen)*
$E0-$E7	*Block Cursor*
$E8-$E9	*Cursor Definition*
$EA-$EB	*Zoom Factors*
$EC-$EF	*Light Pen Address*

7.3.4.2 Register mit Zugriff über die Warteschlangen

Wie bereits gesagt, dienen diese Register zur Aufnahme der durch die CPU übermittelten Befehle zur Manipulation des Bildschirmspeichers und der dazu benötigten Parameter.

Pattern RAM

Das *Pattern RAM* ("Muster-Speicher") wurde bereits bei der Beschreibung der CPU-Schnittstelle erklärt. Es ist ein 16x16-bit-Speicherbereich, (der aus sechszehn 16-bit-Speicherzellen besteht,) in dem ein beliebiges Bitmuster eingetragen werden kann. Beispielhaft ist im Bild 7.3-12 ein Muster aus diagonal angeordneten '1'-Folgen angegeben, das zur Schraffur einer Fläche dienen kann.

	15															0
15	0	0	0	1	0	0	0	1	0	0	0	1	0	0	0	1
	0	0	1	0	0	0	1	0	0	0	1	0	0	0	1	0
	0	1	0	0	0	1	0	0	0	1	0	0	0	1	0	0
	1	0	0	0	1	0	0	0	1	0	0	0	1	0	0	0
	0	0	0	1	0	0	0	1	0	0	0	1	0	0	0	1
	0	0	1	0	0	0	1	0	0	0	1	0	0	0	1	0
	0	1	0	0	0	1	0	0	0	1	0	0	0	1	0	0
	1	0	0	0	1	0	0	0	1	0	0	0	1	0	0	0
	0	0	0	1	0	0	0	1	0	0	0	1	0	0	0	1
	0	0	1	0	0	0	1	0	0	0	1	0	0	0	1	0
	0	1	0	0	0	1	0	0	0	1	0	0	0	1	0	0
	1	0	0	0	1	0	0	0	1	0	0	0	1	0	0	0
	0	0	0	1	0	0	0	1	0	0	0	1	0	0	0	1
	0	0	1	0	0	0	1	0	0	0	1	0	0	0	1	0
	0	1	0	0	0	1	0	0	0	1	0	0	0	1	0	0
0	1	0	0	0	1	0	0	0	1	0	0	0	1	0	0	0

Bild 7.3-12. Beispiel für die Belegung des *Pattern RAMs*

Drawing Parameter Registers (s. Tabelle 7.3-13)

Dieser Registersatz (die Zeichenparameter-Register) enthält mehrere Einträge, die die Farben einer Kurve oder einer Fläche im Bildschirm festlegen. Am Anfang dieses Abschnitts wurde erwähnt, daß der Controller die Codierung jeden Bildpunkts mit 1, 2, 4, 8 oder 16 bit erlaubt und möglichst viele Bildpunkte in einem 16-bit-Speicherwort unterbringt. Diese Organisation spiegelt sich in den Registern wider, d.h. die in ihnen gespeicherte Information gilt für einen oder mehrere Bildpunkte.

- Die beiden ersten Register (*Colour 0, Colour 1*) definieren zwei Farbwerte für den Einsatz des Pattern RAMs: Jedem Bildpunkt, dem im Pattern RAM eine '0' entspricht, wird die Farbe CL0 zugeordnet, jedem mit einer '1' die Farbe CL1. Das dritte Register CCMP (*Colour Comparison*) enthält eine Farbe, die zum Vergleich mit der Farbe eines Bildpunktes und zum gezielten Austausch dieser Farbe dient. (Darauf gehen wir weiter unten noch einmal ein.) Das *Edge Colour Register* legt die Farbe des Randbereiches einer geschlossenen Bildschirmfläche fest. Durch das Maskenregister *(Mask)* können alle Zeichenoperationen auf bestimmte Bits der Bildpunkt-Codierung beschränkt werden.

Tabelle 7.3-13. Belegung der Drawing Parameter Registers

Register-Nr.	
\$00	*Colour 0,* (CL0)
\$01	*Colour 1*, (CL1)
\$02	*Colour Comparison*, (CCMP)
\$03	*Edge Colour*
\$04	*Mask*
\$05-\$07	*Pattern RAM Control*
\$08-\$0B	*Area Definition*
\$0C-\$0D	*Read/Write Pointer*
\$10-\$11	*Drawing Pointer*
\$12-\$13	*Current Pointer*

- Das *Pattern RAM Control Register* steuert die Benutzung des Pattern RAMs: Es legt die Größe eines Ausschnitts aus dem vorgegebenen Muster sowie gewisse Faktoren fest, mit denen dieser Ausschnitt vergrößert dargestellt werden kann (*zooming*).
- Durch die vier *Area Definition Registers* können die Eck-Koordinaten eines rechteckigen Zeichenbereiches festgelegt werden. Auf diese Zeichenbereiche gehen wir weiter unten noch einmal ein (vgl. Tabelle 7.3-16).
- Die *Read/Write Pointer Registers* enthalten einerseits die Nummer eines der vier möglichen Bildschirmbereiche (s. Bild 7.3-2) und andererseits die physikalische 20-bit-Startadresse eines Speicherbereichs, in den/aus dem Daten übertragen werden sollen. Die *Drawing Pointer Registers* nehmen (neben der Nummer des Bildschirmbereichs) die Adresse des Punktes auf, der durch den aktuellen Befehl gezeichnet werden soll. In den *Current Pointer Registers* werden die logischen X/Y-Koordinaten dieses Punktes festgehalten.

Das Befehlsregister (*Command Register*)

Das Befehlsregister wird vom µP mit einem der im nächsten Unterabschnitt (s. Tabelle 7.3-17) spezifizierten Befehle des Graphik-Controllers geladen. Beispielhaft ist im Bild 7.3-14 das Format der graphischen Befehle dargestellt. Jeder dieser Befehl besteht aus dem eigentlichen Befehls-Code (OpCode), der um drei Bitfelder mit festgelegten Bedeutungen erweitert wird, sowie einer Reihe von Parametern, die die Darstellung des Bildes steuern. Bei einigen Befehlen kann die Angabe von Parametern entfallen. Der Befehls-Code wird im Befehlsregister, die Parameter werden in den eben beschriebenen *Drawing Parameter Registers* abgelegt.

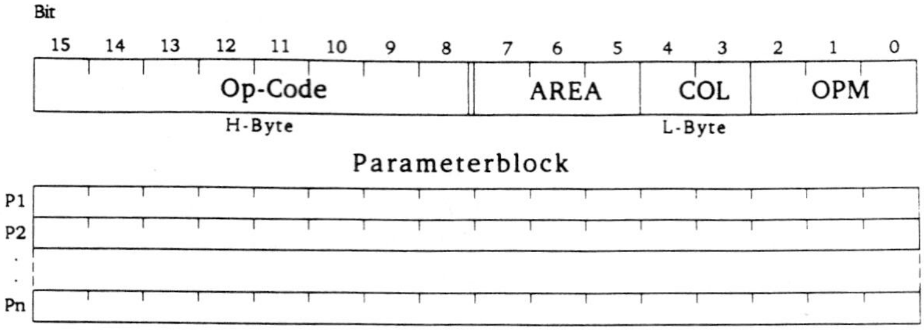

Bild 7.3-14. Format der graphischen Befehle des HD63484

- Die Bits OPM (*operation modes*) definieren bestimmte Attribute für die Durchführung der geforderten Operation. Sie sind in Tabelle 7.3-15 aufgeführt.

Tabelle 7.3-15. Attribute für Zeichenoperationen

OPM	Operations-Modus
0 0 0	Das Bildschirm-Datum P wird durch das Farbdatum CL ersetzt *(replace)*
0 0 1	ODER-Verknüpfung von P und CL *(OR)*
0 1 0	UND-Verknüpfung von P und CL *(AND)*
0 1 1	Exklusiv-ODER-Verknüpfung von P und CL *(EOR)*
1 0 0	P wird durch CL ersetzt, falls P = CCMP gilt *conditional replace, if* P = CCMP
1 0 1	P wird durch CL ersetzt, falls P ≠ CCMP gilt *conditional replace, if* P ≠ CCMP
1 1 0	P wird durch CL ersetzt, falls P < CL gilt *conditional replace, if* P < CL
1 1 1	P wird durch CL ersetzt, falls P > CL gilt *conditional replace, if* P > CL

Die in der Tabelle benutzten Abkürzungen 'CL' (*colour*) und 'CCMP' (*colour comparison*) wurden bereits in Tabelle 7.3-13 eingeführt und bezeichnen verschiedene Farbwerte, die im Speicherbereich der *Drawing Parameter Registers* abgelegt sind. Wie oben beschrieben, wird durch das entsprechende Bit im Pattern RAM für CL entweder die Farbe CL0 oder CL1 eingesetzt. (In der Tabelle ist jeweils nur eine Ersetzungsmaßnahme beschrieben. Über diese hinaus

kann der Controller noch andere Ersetzungen vornehmen, auf die wir hier aber nicht eingehen wollen.) Mit 'P' wird die Punktinformation der aktuellen Zeichenposition im Bildschirmspeicher bezeichnet. Einige der Attribute in Tabelle 7.3-15 sorgen dafür, daß eine Veränderung des Bildschirmspeichers nur unter bestimmten Bedingungen vorgenommen wird (*conditional replace*).
Für die dazu durchzuführenden Vergleiche werden die Daten des Bildschirmspeichers ("Bildschirm-Daten") und der *Drawing Parameter Registers* als vorzeichenlose Dualzahlen aufgefaßt. Das Ergebnis jeder Operation wird stets wieder im Bildschirmspeicher abgelegt. Mit diesen Attributen ist es möglich, eine bestimmte Farbe im Bildschirm durch eine andere zu ersetzen, z.B. die Farbe des Bildschirm-Hintergrundes.

- Über die Bits COL (*colour*) läßt sich die Farbzusammensetzung festlegen. Genauer wird bestimmt, ob CL0 und CL1 für jedes '0' bzw. '1'-Bit im Pattern RAM eingesetzt oder ob für ein '0'- bzw. '1'-Bit das Zeichnen des Punktes unterdrückt wird. (Auf eine 3. Möglichkeit gehen wir hier nicht ein.)
- Die Bits AREA dienen zum Abgrenzen einzelner Zeichenbereiche (s. Tabelle 7.3-16).

Tabelle 7.3-16. Modi im Zeichenbereich

AREA	Modus im Zeichenbereich *(drawing area mode)*
0 0 0	keine Bereichsüberprüfung
0 0 1	Stoppen des Zeichenvorgangs beim Verlassen des Bereichs, Setzen der Flags ARD *(area detect)*, CED *(command end)* des Statusregisters (s. Bild 7.3-5)
0 1 0	Fortsetzen des Zeichenvorgangs auch beim Verlassen des Bereichs, jedoch keine Darstellung der Zeichnung, kein Setzen des ARD-Flags im Statusregister
0 1 1	wie bei (0 1 0), jedoch Setzen des ARD-Flags
1 0 0	wie bei (0 0 0)
1 0 1	Stoppen des Zeichenvorgangs, falls ein anderer Bereich betreten wird, Setzen der Flags ARD und CED
1 1 0	Unterdrückung des Zeichenvorgangs innerhalb eines Bereichs, das ARD-Flag wird nicht gesetzt
1 1 1	wie (1 1 0), jedoch Setzen des ARD-Flags

Ein Zeichenbereich (*drawing area*) ist ein rechteckiger Bereich, der auch oft *Clipping Rectangle* (Abschneide-Rechteck) genannt wird. Diese Bits werden für den Einsatz von mehreren Fenstern oder bei der Aufsplittung des Bildschirms in mehrere Bereiche benötigt. Jede Zeichenoperation kann vor ihrer Ausführung daraufhin überprüft werden, ob sie innerhalb des Abschneide-Rechtecks liegt. Diese Überprüfung vermeidet, daß Darstellungen aus einem Bereich (Fenster) heraus andere Bereiche im Bildschirmspeicher beeinflussen und somit auch andere Speicherbereiche verändern. Die dynamische Überprüfung der Bereichsgrenzen ist also nicht mehr Aufgabe der Software, sondern wird direkt durch den Graphik-Controller übernommen. Eine Zusammenstellung der setzbaren Bedingungen für den Zeichenbereich ist in Tabelle 7.3-16 (s.o.) aufgeführt.

7.3.4.3 Der Befehlssatz des HD63484

Der Graphik-Controller HD63484 verfügt über einen Satz von 38 Befehlen (*commands*), von denen 23 spezielle Graphik-Kommandos darstellen (s. Tabelle 7.3-17). Die Kommandoübergabe von der CPU zum HD63484 kann sequentiell durch die Software (im Handshake-Verfahren) oder im DMA-Betrieb erfolgen. Die Befehle sind in drei Gruppen eingeteilt:

- **Registerzugriffs-Befehle** (*register access commands*),
  Mit dem *Origin*-Befehl ORG werden die Startpunkte der einzelnen Bereiche auf der Bildschirmfläche festgelegt. Die anderen vier Registerzugriffs-Befehle erlauben der CPU den schreibenden bzw. lesenden Zugriff auf die internen Register, die die Zeichenparameter enthalten, und das Pattern RAM.
- **Datentransfer-Befehle** (*data transfer commands*)
  Die Datentransferbefehle ermöglichen den Datenaustausch zwischen dem Hauptspeicher des Mikrorechners und dem Bildschirmspeicher. Daten können direkt oder über DMA geschrieben (WR – *write*, DWT – *DMA write*), gelesen (RD – *read*, DRD – *DMA read*) oder geändert (MOD – *modify*, DMOD – *DMA modify*) werden. Rechteckige Teilflächen eines Bildschirmbereichs, die durch den Startpunkt des Bildschirmbereichs und ihre X/Y-Ausdehnung bestimmt werden, können gelöscht bzw. in andere Teilflächen desselben Bildschirmbereichs kopiert werden (CLR – *clear*, CPY – *copy*). Die beiden letztgenannten Operationen können auch mit verschiedenen Modifikationen der bearbeiteten Bildschirmspeicher-Daten verbunden werden (SCLR – *selective clear*, SCPY – *selective copy*). Z.B. können die Daten des Quellbereiches mit den Daten im Zielbereich ODER-verknüft und so aus den Datenmustern beider Bereiche durch Überlagerung ein neues Muster erzeugt werden. Eine andere Modifikation ist die Rotation der Quelldaten um eine bestimmte Achse.
- **Graphische Befehle** (*graphic commands*).
  Der Ausschnitt des Bildschirmspeichers, auf den die grafischen Befehle arbeiten sollen, kann einerseits durch absolute X/Y-Adressen festgelegt werden, die sich auf den durch den ORG-Befehl bestimmten Startpunkt (*origin*) des Bildschirm-Bereichs beziehen. Dies wird durch das Präfix A... angezeigt. Andererseits kann

Tabelle 7.3-17. Der Befehlssatz des HD63484

Typ	Mnemonic	Befehlsname
Register Access Command	ORG	*Origin*
	WPR	*Write Parameter Register*
	RPR	*Read Parameter Register*
	WPTN	*Write Pattern RAM*
	RPTN	*Read Pattern RAM*
Data Transfer Command	DRD	*DMA Read*
	DWT	*DMA Write*
	DMOD	*DMA Modify*
	RD	*Read*
	WT	*Write*
	MOD	*Modify*
	CLR	*Clear*
	SCLR	*Selective Clear*
	CPY	*Copy*
	SCPY	*Selective Copy*
Graphic Command	AMOVE	*Absolute Move*
	RMOVE	*Relative Move*
	ALINE	*Absolute Line*
	RLINE	*Relative Line*
	ARCT	*Absolute Rectangle*
	RRCT	*Relative Rectangle*
	APLL	*Absolute Polyline*
	RPLL	*Relative Polyline*
	APLG	*Absolute Polygon*
	RPLC	*Relative Polygon*
	CRCL	*Circle*
	ELPS	*Ellipse*
	AARC	*Absolute Arc*
	RARC	*Relative Arc*
	AEARC	*Absolute Ellipse Arc*
	REARC	*Relative Ellipse Arc*
	AFRCT	*Absolute Filled Rectangle*
	RFRCT	*Relative Filled Rectangle*
	PAINT	*Paint*
	DOT	*Dot*
	PTN	*Pattern*
	AGCPY	*Absolute Graphic Copy*
	RGCPY	*Relative Graphic Copy*

der Ausschnitt durch die Abstände von einem beliebigen Punkt, also relativ zu diesem Punkt festgelegt werden (Präfix R....).
Mit dem ..MOVE kann der Zeiger (*current pointer* – CP), der auf den aktuell zu bearbeitenden Punkt im Speicher weist, auf eine beliebige (logische) Punktadresse gesetzt werden. Die eigentlichen Zeichenbefehle ermöglichen die Erzeugung von Punkten, Linien, Rechtecken, Linienzügen, Polygonen, Kreisen, Ellipsen und Bogenstücken. Mit den Befehlen ..FRCT (*filled rectangle*) und PAINT lassen sich Rechtecke und andere umrandete Flächen mit Farben und dem Muster, das im Pattern RAM vorliegt, füllen. Der Befehl PNT zeichnet das Muster im Pattern RAM an die Position, auf die der *Current Pointer* weist.
Mit Hilfe des Befehls ..GCPY können rechteckige Bereiche in andere Bereiche kopiert werden. Der Unterschied zum oben beschriebenen CPY-Befehl liegt darin, daß hier der zu kopierende Bereich nicht auf den Startpunkt des Bildschirmbereichs bezogen werden muß, sondern durch Vorgabe eines beliebigen Punktes und der X/Y-Ausdehnung bestimmt wird. Außerdem hat dieser Befehl das im Bild 7.3-14 beschriebene Format, verbunden mit den dort erwähnten Ausführungsmodi.

7.4 D/A-Wandler für Bildschirm-Geräte

Zur Ansteuerung eines Monitors ist immer dann ein D/A-Wandler erforderlich, wenn für jede Grundfarbe (R, G, B) eines Bildpunktes nicht nur ein Bit, sondern ein Datum aus mehreren Bits im Speicher abgelegt ist. In diesem Fall ist keine digitale Ansteuerung über ein einzelnes Signal (nach Bild 7.1-4) möglich, sondern nur eine analoge Ansteuerung (nach Bild 7.1-5).

Jeweils ein und dieselben Bits aller Bildpunkt-Daten faßt man logisch zu einer Speicherebene zusammen. Jede Ebene verdoppelt die Zahl der darstellbaren Farben bzw. bei Monochrom-Monitoren der Graustufen. Die Anzahl der darstellbaren Farben oder Graustufen ergibt sich bei S Speicherebenen also zu 2^S. Bei drei Speicherebenen erhält man z.B. acht mögliche Farben (einschließlich der Farben schwarz und weiß) bzw. 8 Graustufen auf monochromen Monitoren. Durch den Einsatz einer weiteren Speicherebene können 16 Farben dargestellt werden. Wie im letzten Abschnitt gezeigt wurde (vgl. Tabelle 7.3-7) unterstützt der Graphikprozessor HD63484 bis zu 16 Ebenen. Um die maximale Auflösung des Graphikprozessors ausnutzen zu können, muß die Wandlungsrate der D/A-Wandler bis zu 128 MHz betragen. Bei besonders hochauflösenden Monitoren werden sogar Umsetzraten von 300 MHz erforderlich. Die Beherrschung dieser hohen Frequenzen stellt große Anforderungen an die Baustein-Entwickler, die Fertigungsverfahren und die eingesetzten Schaltungskonzepte. Systembestimmend sind die Wandlergeschwindigkeit (Umsetzrate) und die Wandlerauflösung (Genauigkeit, Anzahl der Bits des umzuwandelnden Digitalwerts). Die Wandlergeschwindigkeit bestimmt die maximale Auflösung des darzustellenden Bildes und die Geschwindigkeit des Bildaufbaus. Die Wandlerauflösung n legt hierbei die Anzahl der darstellbaren

Farben F nach der Formel $F=2^{3n}$ fest. (Der Faktor '3' im Exponenten resultiert aus der getrennten Ansteuerung der RGB-Kathoden.) Mit 2-bit-Auflösung lassen sich so z.B. schon 64 Farben auswählen.

Selbsttestaufgabe S7.4-1:
Es ist für eine Auflösung von 1024x1280 Bildpunkten der Bildschirm-Speicherbedarf (RAM) zu berechnen, wenn zur Ansteuerung eines RGB-Monitors ein dreifacher 4-bit-D/A-Wandler eingesetzt werden soll. Wieviele verschiedene Farben können dargestellt werden ?

Das Bild 7.4-1 zeigt das vereinfachte Blockdiagramm einer dreifachen 8-bit-D/A-Wandlereinheit für den direkten Anschluß an einen RGB-Monitor.

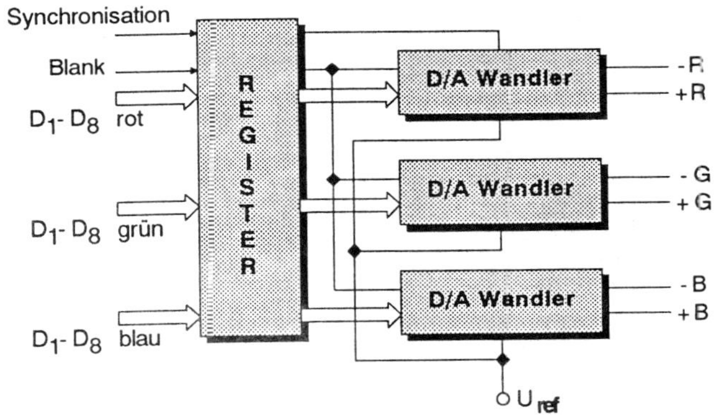

Bild 7.4-1. Blockdiagramm eines dreifachen 8-bit-D/A-Wandlers

Nach der eben aufgeführten Berechnungsformel kann diese Wandlereinheit $2^{3 \cdot 8} = 16\,777\,216$ Farben darstellen. Sie besteht aus einem Registersatz zur Zwischenspeicherung der Daten für jede der drei Farben 'rot, grün, blau' und den eigentlichen D/A-Wandlern. Der Registersatz wird über zwei Steuerleitungen für die Synchronisation (SYNC) und die Austastung (Dunkeltastung, *Blanc*) vom Controller angesprochen. Die Ausgänge der drei Wandler liefern die Signale zur direkten Ansteuerung des RGB-Monitors. Es kann zwischen positiven und negativen Ansteuerungssignalen (±R, ±G, ±B) gewählt werden. Diese Signale liegen gemäß der Video-Norm betragsmäßig zwischen 0 und 1 Volt.

Im Bild 7.4-2 ist der Signalverlauf eines Videoausgangs (-R, -G oder -B) mit einer negativen Ansteuerung des Monitors dargestellt. Das Niveau, das den dunkelsten Bildstellen entspricht, der sogenannte Schwarzpegel, liegt bei etwa 75 % des maximalen Wertes der Ausgangsspannung (genau: -730 mV). Der Weißpegel für die hellste Bildstelle liegt bei 10 % des Schwarzwertes (genau: 73 mV). Die Ausgangsspannung für den Bildinhalt einer dargestellten Rasterzeile liegt in Form von Amplitudenschwankungen zwischen diesen beiden Pegeln. Die zur Synchronisation des Monitors notwendigen Signale werden während der sogenannten Ultraschwarzphase mit Spannungswerten von -780 mV bis -1000 mV (1 V) übertragen. Wie bereits gesagt, wird dadurch verhindert, daß der Zeilenrücklauf als helle Linie auf dem Bildschirm erscheint.

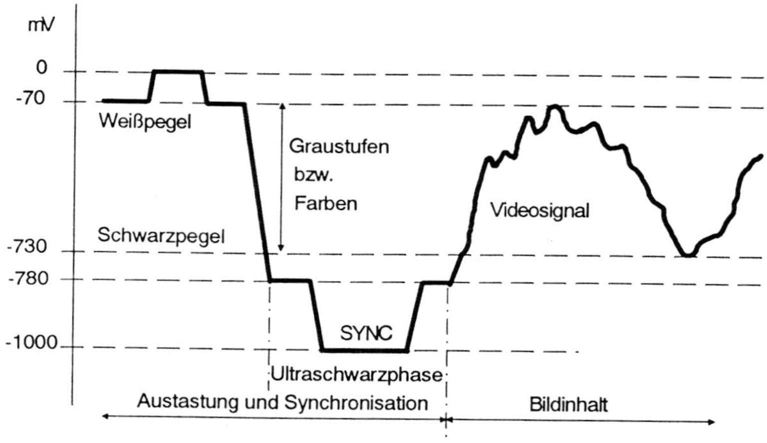

Bild 7.4-2. Signalverlauf am Ausgang des D/A-Wandlers

Grundsätzlich können bei den D/A-Wandlern für Graphik-/Bildschirm-Controller zwei Umsetzverfahren unterschieden werden: Wandlung nach dem Strom- oder nach dem Spannungsverfahren. Bild 7.4-3 zeigt beispielhaft einen 8-bit-D/A-Wandler, der nach dem Spannungsverfahren arbeitet.

Der Wandler besteht aus einem Eingangsregister, 255 Schaltern S_i, einem Decoder zur Steuerung der Schalter und aus einem Spannungsteiler mit 256 gleich großen Widerständen R. Über der Kette aller Widerstände fällt die Differenz $U_D = U_{ref+} - U_{ref-}$ der Referenzspannungen U_{ref+}, U_{ref-} ab. Falls das Eingangsregister den Digitalwert i enthält, wird der Schalter S_i angesprochen und gibt die Ausgangsspannung $U_a = U_{ref-} + i/256 \cdot U_D$ aus. Die Referenzspannungen können so gewählt werden, daß die Ausgangsspannung U_a im gewünschten Bereich liegt. Die Eingabe der Daten kann dual oder im Zweierkomplement erfolgen, wobei die Festlegung durch das Signal '2er-Komplement' vorgenommen wird.

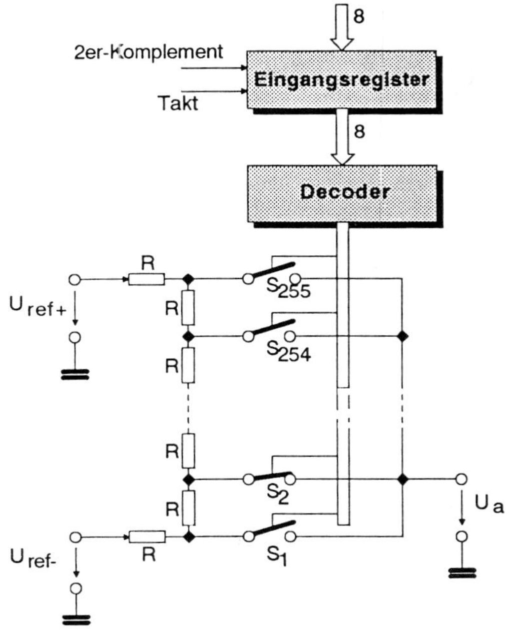

Bild 7.4-3. 8-bit-D/A-Wandler nach dem Spannungsverfahren

Bild 7.4-4 zeigt einen 4-bit-D/A-Wandler nach dem Stromverfahren.

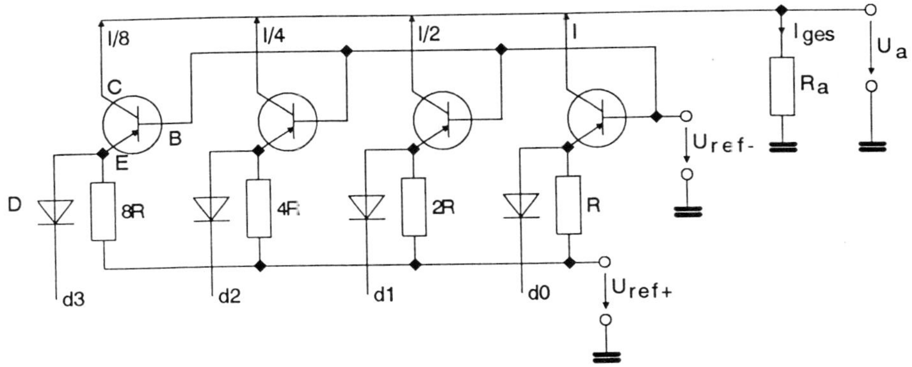

Bild 7.4-4. 4-bit-D/A-Wandler nach dem Stromverfahren

Charakteristisch für dieses Verfahren ist, daß für jedes Bit d_i des digitalen Eingangswertes eine Konstantstromquelle $I_{ref,i}$ als Referenz vorhanden ist, die in Abhängigkeit vom Zustand des Bits d_i zum Ausgangsstrom I_{ges} summiert wird oder nicht. Der Strom $I_{ref,i}$ unterscheidet sich dabei vom Strom $I := I_{ref,0}$ um den Faktor $1/2^i$. Prinzipiell können die Referenz-Ströme natürlich für jedes Eingangsbit durch eine eigene Konstantstromquelle zur Verfügung gestellt werden. Kostengünstiger werden sie jedoch (wie im Bild skizziert) mit Hilfe eines Widerstandsnetzwerkes und Schalttransistoren erzeugt. Die Gewichtung der Konstantströme wird durch die unterschiedlichen Emitterwiderstände ($R_i = 2^i \cdot R$, $i = 0,..,3$) vorgenommen. Am Widerstand R_a fällt in Abhängigkeit von der Größe des Ausgangsstroms I_{ges} die Analogspannung U_a ab, die von der Anzahl und Wertigkeit der "durchgeschalteten" Stromquellen abhängt.

Beachten Sie bitte, daß hier sogenannte pnp-Transistoren eingesetzt sind. Diese erkennen Sie an dem – im Gegensatz zu den npn-Transistoren im Abschnitt 3.3 – nach innen gerichteten Emitter-Pfeil. Diese Transistoren leiten, d.h. sie lassen einen Strom vom Emitter E zum Kollector C fließen, wenn zwischen Basis B und Emitter eine Spannung U_{BE} von ca. -0,7 V liegt. Durch die Diode D und eine hinreichend negative Eingangsspannung im '0'-Zustand an einem Eingang D_i wird das entsprechende Emitter-Potential auf einen so niedrigen Wert gezogen, daß der Transistor sperrt. Liegt hingegen am Eingang D_i ein hohes Potential, also eine '1', so sperrt die Diode und der Emitter wird über den gewichteten Widerstand auf so hohes Potential gezogen, daß der Transistor leitet.

Ein vollständiges Blockschaltbild eines integrierten 8-bit-D/A-Wandlers ist in Bild 7.4-5 skizziert.

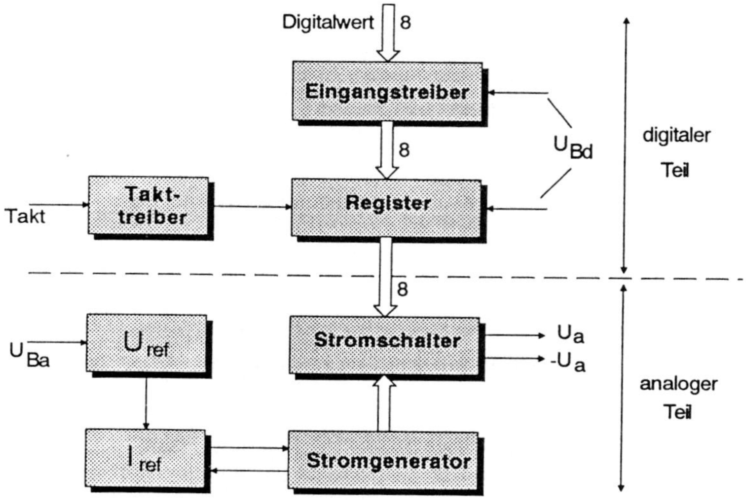

Bild 7.4-5. 8-bit-D/A-Wandler mit Stromquellen

Der 8-bit-D/A-Wandler arbeitet nach dem Stromverfahren und besteht aus den Eingangstreibern, einem Auffangregister für das zu wandelnde Datum, einem Generator für 8 verschiedene Referenz-Ströme mit den entsprechenden Stromschaltern, einer Referenz-Spannungsquelle U_{ref} und einer daraus abgeleiteten Referenz-Stromquelle I_{ref}. Die analoge Ausgangsspannung liegt in positiver (U_a) und negativer ($-U_a$) Form vor.

Außer einem Kondensator (C) zur Stabilisierung der Referenzspannung ist keine externe Beschaltung des Wandlers notwendig. Um Störungen zwischen dem analogen und dem digitalen Teil zu verhindern, kann der Baustein mit getrennten Versorgungsspannungen (U_{Ba} bzw. U_{Bd}) betrieben werden.

Zusammenfassend sind folgende Punkte für die Auswahl eines Video-D/A-Wandlers zu beachten:

- Es sollte ein Umsetzverfahren benutzt werden, das einen geringen Aufwand bei geringen Kosten benötigt.
- Der Wandler sollte eine hohe Auflösung (Genauigkeit) besitzen, um eine genügende Anzahl von Graustufen bzw. Farben darstellen zu können.
- Um Farbverfälschungen zu vermeiden, sollten die eingesetzten Wandler kleine Toleranzen (zwischen dem exakten und dem ausgegebenen Analogwert) gewährleisten.
- Die Umsetzrate (Wandlergeschwindigkeit) muß sehr hoch sein, da sie die Bildauflösung, das heißt hier die Anzahl der Punkte (*pixel*) auf dem Bildschirm, unmittelbar begrenzt. In Abhängigkeit von der Bildwechselfrequenz f_b, die für ein flimmerfreies Bild mindestens 30 Hz, in den meisten Anwendungen aber zwischen 50 und 80 Hz beträgt, sowie der Anzahl der Rasterzeilen z und -Spalten s des Bildschirms, muß der Wandler folgende minimale Umsetzrate aufweisen:

$$\tau_{min} = f_b \cdot z \cdot s\,.$$

Selbsttestaufgabe S7.4-2:
Für die in der Selbsttestaufgabe S7.4-1 angegebenen Daten und einer Bildwechselfrequenz $f_b = 80$ Hz ist die minimale Umsetzrate des D/A-Wandlers zu berechnen.

7.5 Realisierung eines Bildschirmspeichers

7.5.1 Hochintegrierte Video-RAMs

VRAMs (*Video RAMs*) sind hochintegrierte Speicherbausteine mit getrennten Ein- und Ausgangswegen (*Ports,* daher auch: *dual-ported RAM*), die zum einen wie ein "normales" dynamisches RAM (DRAM) parallel gelesen und beschrieben werden, deren Inhalt zum anderen auch seriell über ein eingebautes Schieberegister ausgegeben werden kann.

Bild 7.5-1 zeigt beispielhaft das Blockschaltbild eines integrierten Video-RAMs. Es handelt sich dabei um den Baustein Am90C644 der Firma Advanced Micro Devices.

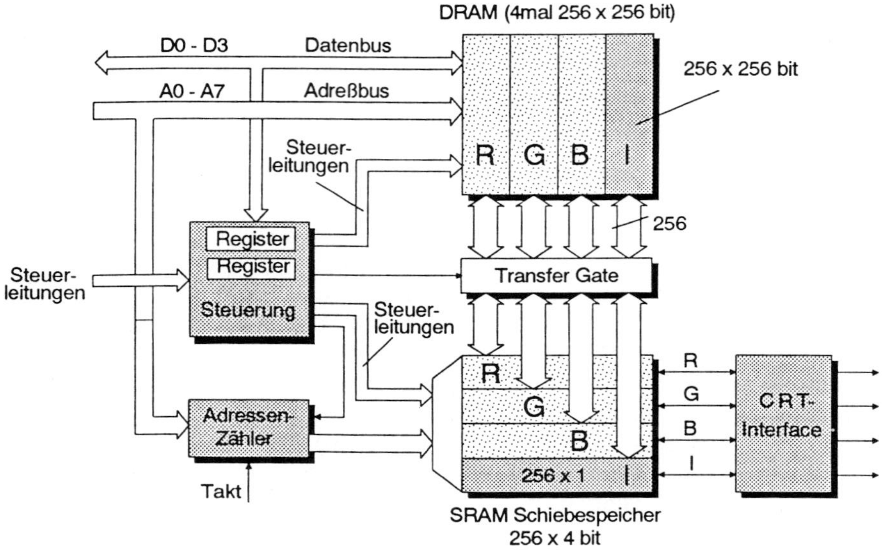

Bild 7.5-1. Blockschaltbild eines Video-RAMs

Das Video-RAM besteht zunächst aus einem dynamischen Speicher der Kapazität 256 kbit, der aus vier getrennten Speichermatrizen aufgebaut ist. Jede Matrix ist als 256x256-bit-Speicher organisiert, enthält also 256 Wörter der Länge 256 bit. Die Zykluszeit des DRAMs beträgt 190 ns. Beim Einsatz in einem RGBI-Monitor speichert jede Matrix die Information zur Ansteuerung einer der Farbkathoden R, G, B bzw. der Intensität I. In einem Monochrom-System stellt jede Matrix eine Speicherebene zur Realisierung von 16 (2^4) Graustufen.

Weiterhin enthält der Baustein einen statischen Speicher (SRAM) der Organisation 256x4 bit. Im Unterschied zu den im Abschnitt 3.5 beschriebenen RAM-Bausteinen kann dieser Speicher jedoch voll parallel geladen werden. Dazu ist er mit dem DRAM auf dem Chip durch vier 256 bit breite Busse verbunden. In einem Zugriff kann so eine ganze Zeile (4 · 256 bit = 1 kbit) der DRAM-Speichermatrizen in das SRAM übertragen werden. (Von den beiden auf dem Chip integrierten Typen von Speichermatrizen stammt der englische Ausdruck *dual-array memory*.)

Durch eine spezielle Ansteuerlogik (s.u.) funktioniert das SRAM wie ein vierfaches 256-bit-Schieberegister. Diese Logik besteht insbesondere aus einem 8-bit-Zähler, dessen Ausgangs-Bits als Adresse ans SRAM gelegt werden. Die vier Ausgangsbits des SRAMs werden als Video-Signale (R, G, B, I) zum Monitor durchgeschaltet. Der gesamte SRAM-Inhalt wird mit der Punktfrequenz, die den Adressen-Zähler triggert, in 256 Taktzyklen seriell ausgegeben. Dabei kann eine erheblich höhere Frequenz eingesetzt werden als beim Zugriff auf das relativ langsame, dynamische RAM. Nach dem 256ten Takt muß das Schieberegister (in der Regel) neu aus dem DRAM geladen werden. Dies geschieht vorzugsweise während der Dunkeltastung des Zeilen- bzw. Bild-Rücklaufs. Der Adressenzähler des statischen RAMs ist wahlfrei setzbar und ermöglicht somit Bildverschiebungen und den Aufbau von Bildschirm-Fenstern.

Im Bild 7.5-2 sind als vereinfachtes Schema die beiden verschiedenen Zyklen dargestellt, in denen der Baustein arbeiten kann. Die Auswahl zwischen beiden Zyklen nimmt der µP über ein spezielles Steuersignal vor.

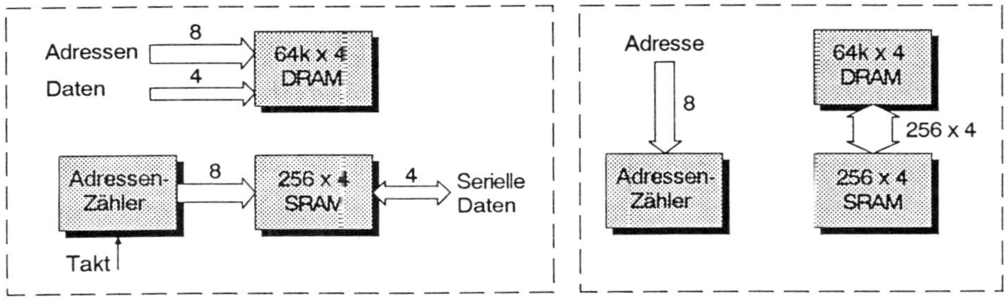

Bild 7.5-2. Betriebszyklen des Video-RAMs

- Während des Ausgabe-Zyklus, der im Bild links dargestellt ist, gibt der statische Speicher seine Information seriell zum Bildschirm aus. Hier arbeiten die beiden Speicher unabhängig voneinander. Das DRAM kann während dieses Zyklus als Bildschirmspeicher vom Graphik-Controller über den Adreß- und Datenbus (A_0-A_7 bzw. D_0-D_3) aktualisiert werden.
- Der Transfer-Zyklus, in dem die Daten über den internen Bus vom Bildschirmspeicher (DRAM) in das Schieberegister (SRAM) übertragen werden, ist im rechten Teil des Bildes dargestellt. Während dieses Zyklus kann der Controller eventuell eine neue Adresse in den Zähler übertragen und so für die oben erwähnte Verschiebung des Bildinhaltes sorgen.

Das VRAM Am90C644 erlaubt lediglich eine Auflösung von 256x256 Bildpunkten auf einem Monitor. Auf den Eingangsleitungen zur Steuerung wird jedoch auch ein Signal übertragen, das eine matrixförmige Kaskadierung mehrerer VRAMS und damit die Ansteuerung von Monitoren mit höherer Auflösung erlaubt. (Mit sechszehn VRAMs kann z.B. ein "hochauflösender" Monitor mit 1024x1024-Punkten angesprochen werden.) Unter den Steuerleitungen zum Baustein befinden sich übrigens auch die Signale zum Auffrischen des dynamischen Speichers $\overline{CAS}$ und $\overline{RAS}$, die Sie bereits aus Abschnitt 3.5 kennen, sowie die Leitungen zum Durchschalten des Datenbusses auf eine der vier DRAM-Speichermatrizen. Die Steuerung ist auch mit dem Datenbus $D_0,..,D_3$ verbunden. Dadurch kann in einem internen Maskenregister der Steuerung eine spezielle Bitkombination abgelegt werden. Diese kann dazu benutzt werden, den Inhalt des DRAMs gezielt nur an den Bitpositionen zu manipulieren, in denen das Maskenregister eine '1' hat.

Hinweis
Dem aufmerksamen Leser wird nicht entgangen sein, daß im Bild 7.5-1 alle Datenpfade des Bausteins bidirektional gezeichnet wurden. Die Übertragungsrichtung

serielle Datenleitungen ——> Schieberegister ——> DRAM ——> µP

spielt beim Einsatz als Video-RAM keine Rolle. Die Umschaltung zwischen den beiden Übertragungsrichtungen wird durch den Zustand des $R/\overline{W}$-Signals während der oben erwähnten Ausgabe- bzw. Transfer-Zyklen festgelegt. Die Bidirektionalität sorgt für eine große Flexibilität beim Einsatz des Bausteins in allen Anwendungen, bei denen es auf eine schnelle Serien/parallel- bzw. Parallel/ Serien-Umsetzung großer Datenmengen ankommt. Beispiele dafür sind die im Kapitel 5 angesprochene serielle Datenkommunikation und die digitale Signalverarbeitung.

7.5.2 Die Farb-Zuordnungs-Tabelle

In Abschnitt 7.4 wurde ein D/A-Wandler vorgestellt, der in der Lage ist, auf einem Monitor über 16 Millionen Farben darzustellen zu lassen. Wird eine Auflösung von 1000x1000 Bildpunkten, d.h. 1 Million *Pixels*, zugrunde gelegt, ist ein Bildschirmspeicher von $24 \cdot 10^6$ bit notwendig. Da aber bei der unterstellten Bildschirmauflösung ohnehin nicht mehr als 1 Million Farben gleichzeitig dargestellt werden können, reichen bereits 20 bit pro Bildpunkt ($2^{20} = 1\,048\,576$) aus.

In der Regel werden für ein "normales" Bild wesentlich weniger Farben benötigt. Als guter Kompromiß zwischen der Bildqualität und den verursachten Kosten ist sicher anzusehen, wenn man zu jedem Zeitpunkt nur 256 verschiedene Farben aus der gesamten Palette aller möglichen Farben auswählen kann, von Zeit zu Zeit aber die Auswahl dieser 256 Farben neu getroffen werden kann. Die eigentlichen, binären Farbwerte stehen in einer speziellen Tabelle, der sogenannten Farb-Zuordnungs-Tabelle (*colour lookup table* – CLUT, Farbtafel), die in unserem Beispiel aus 256 Einträgen besteht. Für jeden Bildpunkt wird im Bildschirmspeicher nicht mehr das Binärmuster der gewünschten Farbe abgespeichert, sondern nur noch die Nummer der gewünschten Farbe in der CLUT. Bei 256 verschiedenen Farben reduziert sich so der Speicherbedarf auf 8 bit pro Bildpunkt.

Die Farbwerte sind in der CLUT mit in einer Bitlänge entsprechend der maximalen Auflösung der benutzten D/A-Wandler abgespeichert. In unserem Beispiel mit einem dreifachen 8-bit-D/A-Wandler werden die Farbinformationen mit einer Breite von 24 bit pro Bildpunkt gespeichert.

Bild 7.5-3 zeigt einen Bildschirmspeicher mit einer 16x12-bit-Farbtafel und drei 4-bit-D/A-Wandlern.

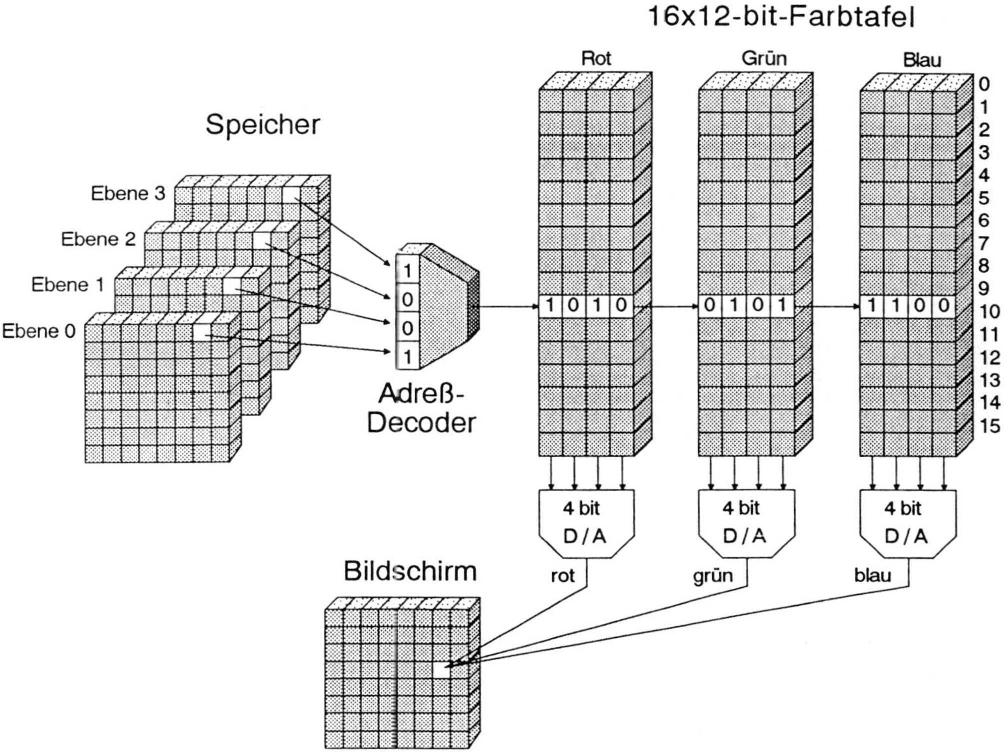

Bild 7.5-3. Bildschirmspeicher mit Farbtafel und D/A-Wandlern

Der Bildschirmspeicher ist in 4 Ebenen aufgeteilt, so daß pro Bildpunkt nur eine 4-bit-Adresse (Farbwort) für die Auswahl der Farbe abgespeichert werden muß. Aus insgesamt 4096 (2^{12}) Farben können über die Farbtafel 16 Farbtöne ausgewählt werden.

Reichen 16 Farbtöne nicht aus, so gibt es zwei Möglichkeiten zur Erhöhung der Anzahl der direkt darstellbaren Farben:

- Die Erhöhung kann durch den Einsatz weiterer Speicherebenen erfolgen. Eine Verdopplung der Speicherebenen auf 8 und eine Vergrößerung der Farbtafel auf 256x12 bit erlaubt z.B. eine direkte Auswahl von 256 aus 4096 Farben.
- Die Farbtabelle kann während des Rücklaufs des Elektronenstrahls zwischen den Rasterzeilen jeweils neu geladen werden. Es sind somit von Zeile zu Zeile verschiedene Farbkombinationen wählbar.

Bild 7.5-4 zeigt das Blockschaltbild einer kompletten Interfaceschaltung mit Farbtafel, die zwischen den Graphik-Controller und den Monitor geschaltet wird.

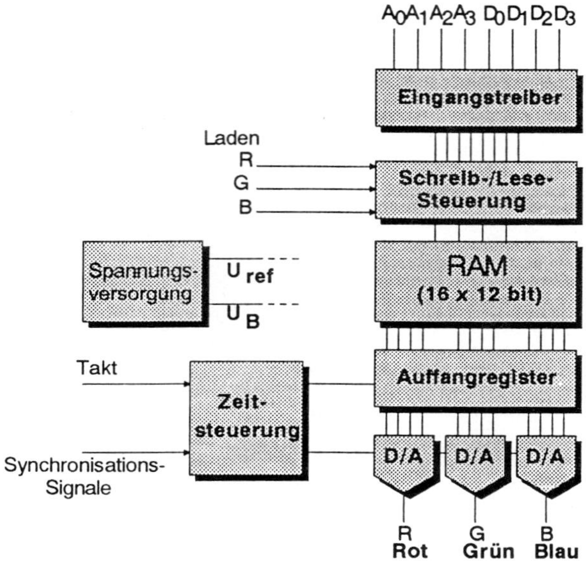

Bild 7.5-4. Blockschaltbild einer Interfaceschaltung mit Farbtafel

Die Schaltung besteht aus den Eingangstreibern für die Adreß- und Dateneingänge (A_3-A_0, D_3-D_0), einer Schreib-/Lese-Steuerung mit den RGB-Eingängen, einem 16x12-bit-RAM als Farbtafel, einem 3x4-bit-Auffangregister, drei 4-bit-D/A-Umsetzern mit den analogen Videosignal-Ausgängen R, G, B. Die Komponente 'Spannungsversorgung' erzeugt intern alle notwendigen Spannungen, insbesondere die Referenz- und Betriebsspannung (U_{Ref}, U_B). Eine Zeitsteuerung erzeugt aus dem Taktsignal und den Signalen zur Synchronisation alle intern benötigten Trigger- und Schaltsignale. In das 16x12-bit-RAM lassen sich 16 Farbwörter zu je 3x4 bit, pro Grundfarbe also vier bit, laden. Dazu wird nacheinander für jede Grundfarbe der entsprechende Steuereingang (R, G, B) auf den L-Pegel gelegt, so daß jeweils die an den Dateneingängen D_0-D_3 liegende Information in die durch A_0-A_3 adressierte Speicherzelle übernommen werden kann, genauer gesagt, in die der entsprechenden Farbe zugeordneten 4 Bits dieser Zelle. Die Eingabe wird über den Takteingang gesteuert. Während der Ausgabe der Farbdaten zum Monitor muß an allen drei Steuereingängen R, G, B der Schreib-/Lese-Steuerung ein H-Pegel liegen. Über die die Adreßleitungen A_3-A_0 wird genau eine 12-bit-Zelle des RAMs selektiert. Ihre Ausgänge werden auf die D/A-Wandler geschaltet, die daraus die RGB-Signale zum Monitor erzeugen.

Lösungen der Selbsttestaufgaben

Zu S1.5-1:

Zum HOLD-Signal

- Dieses Signal wird während des normales Betriebes des µP-Systems aktiviert und zeigt an, daß eine andere Komponente *Bus Master* werden will.
- Der µP gibt den Systembus in der Regel nach Beendigung des augenblicklichen Buszugriffs frei, indem er seine Ausgänge hochohmig schaltet. In bestimmten Situationen kann er diese Freigabe hinauszögern, z.B. dann, wenn der augenblickliche Buszugriff unmittelbar einen weiteren Zugriff bedingt.
- Der Prozessor kann intern den augenblicklich ausgeführten Befehl oder einen anderen Befehl in seiner Warteschlange (weiter-)bearbeiten.
- Unmittelbar nach der Deaktivierung des Signals kann der Prozessor erneut auf den Systembus zugreifen.

Zum HALT-Signal

- Dieses Signal wird nur in Ausnahmesituationen aktiviert und zeigt häufig das Vorliegen eines nicht (vom Prozessor) zu behebenden Fehlers an.
- Der µP gibt den Systembus unbedingt und sofort nach Beendigung des augenblicklichen Buszugriffs frei, indem er seine Ausgänge hochohmig schaltet. Alle Steuersignale, auch die, die nicht der Steuerung des Systembusses dienen, werden inaktiv geschaltet.
- Der Prozessor stellt jegliche Befehls-Bearbeitung ein.
- Eine Weiterarbeit des Prozessors kann nur durch das Zurücksetzen des Systems oder einen Interrupt veranlaßt werden, in der Regel natürlich erst nach Behebung eines festgestellten Fehlers.

Zu S1.6-1:

Zunächst skizzieren wir im Bild L1.6-1 den Aufbau eines parallelen Addierers/Subtrahierers, der die Subtraktion als Addition im Zweierkomplement ausführt ($A\text{-}B = A + B_{2K} = A + \overline{B} + 1$). Die Antivalenzschaltungen übernehmen darin die bitweise Invertierung des Operanden B, der Übertragseingang $Ü_0 = AS = 1$ sorgt für die Addition der 1.

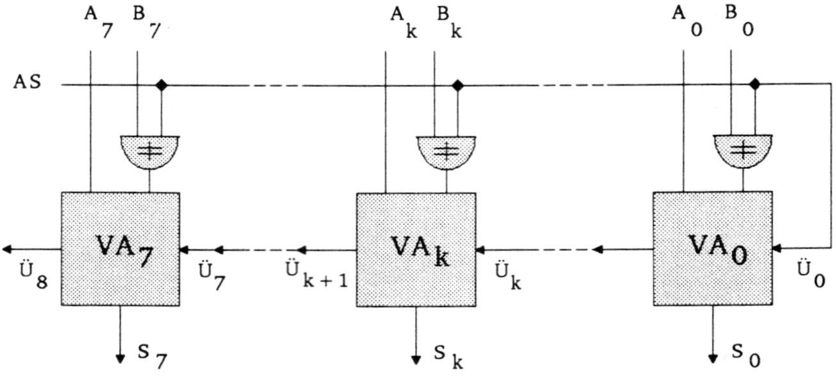

Bild L1.6-1. Paralleles Addier-/Subtrahier-Werk

(Im folgenden stehen: $\equiv$ für die Äquivalenz, $\neq$ für die Antivalenz, $\wedge$ für die UND-Verknüpfung, $\vee$ für die ODER-Verknüpfung, $\neg$ für die bitweise Negation und $\Longleftrightarrow$ für "genau dann ,wenn").

1. CF und AF:

Für das Übertrags-Ausgangssignals $Ü_k+1$ (*carry/borrow*) des Voll-Addierers VA_k gilt bekanntlich:

$$\begin{aligned} Ü_{k+1} &= (A_k \wedge (B_k \neq AS)) \vee (A_k \wedge Ü_k) \vee ((B_k \neq AS) \wedge Ü_k) \\ &= (A_k \wedge (B_k \neq AS)) \vee (Ü_k \wedge (A_k \vee (B_k \neq AS))) \,. \end{aligned}$$

Beginnend mit $Ü_0 = AS$ kann man daraus nun iterativ $AF = Ü_4$ und $CF = Ü_8$ berechnen. Wir wollen hier auf die sture Ausrechnung verzichten. (Führen Sie sie doch zur Übung einmal für AF selbst durch.)

OF:

Bei der Addition kann ein Überlauf nur auftreten, wenn beide Operanden das gleiche Vorzeichen haben, aber das Ergebnis das entgegengesetzte Vorzeichen hat. Hier gilt also:

$$OF^+ = (A_7 \equiv B_7) \wedge (A_7 \neq F_7) \wedge (\neg AS) \,.$$

Bei der Subtraktion tritt ein Überlauf nur dann auf, wenn beide Operanden entgegengesetztes Vorzeichen haben und das Ergebnis ein anderes Vorzeichen als der Operand A hat. Also gilt:

$$OF^- = (A_7 \neq B_7) \wedge (A_7 \neq F_7) \wedge AS \,.$$

Durch die ODER-Verknüpfung beider Fälle erhält man:

$$OF = (A_7 \not\equiv F_7) \wedge (((A_7 \equiv B_7) \wedge (\neg AS)) \vee ((A_7 \not\equiv B_7) \wedge AS))$$
$$= (A_7 \not\equiv F_7) \wedge (A_7 \equiv B_7 \equiv (\neg AS))$$

Zur Berechnung der nächsten drei Flags ist nichts weiter zu sagen:

$$ZF = \neg(F_7 \vee F_6 \vee ... \vee F_1 \vee F_0),$$
$$SF = F_7,$$
$$EF = \neg F_0.$$

PF:

Die (ungerade) Parität wird durch die modulo-2-Summe der Ergebnisbits $F_7,..,F_0$ gegeben. Diese Summe wird bekanntlich durch die Antivalenz-Verknüpfung der Summanden ermittelt. Also folgt:

$$PF = F_7 \not\equiv F_6 \not\equiv .... \not\equiv F_1 \not\equiv F_0.$$

2. a) A, B vorzeichenlose ganze Zahlen:

- $A<B \iff A-B<0 \iff CF=1$ (*Borrow* aus "Stelle 8"),
- $A \geq B \iff \neg(A<B) \iff CF=0$,
- $A>B \iff (A-B \geq 0) \wedge (A-B \not\equiv 0) \iff (CF=0) \wedge (ZF=0)$,
- $A \leq B \iff \neg(A>B) \iff (CF=1) \vee (ZF=1)$.

b) A, B vorzeichenbehaftete Zahlen im Zweierkomplent:

Aus $AS=1$, $SF=F_7$ und der oben hergeleiteten logischen Funktion des Überlauf-Bits OF folgt zunächst:

$$OF = OF^- = (A_7 \not\equiv B_7) \wedge (A_7 \not\equiv SF)$$
$$= [(\neg A_7) \wedge B_7 \wedge SF] \vee [A_7 \wedge (\neg B_7) \wedge (\neg SF)].$$

Daraus folgt weiter:

$$SF=1 \iff OF = (\neg A_7) \wedge B_7,$$

$$SF=0 \iff OF = A_7 \wedge (\neg B_7).$$

Nun kann man die vier Möglichkeiten für die Wahl von SF und OF genauer untersuchen:

OF	SF	Bedingung	Ergebnis
0	0	kein Überlauf, F positiv: $0 \leq A-B \leq 2^7-1$	$A \geq B$
0	1	kein Überlauf, F negativ: $-2^7 \leq A-B < 0$	$A<B$
1	0	$(A_7=1) \wedge (B_7=0)$: A negativ, B positiv	$A<B$
1	1	$(A_7=0) \wedge (B_7=1)$: A positiv, B negativ	$A>B$

Daraus ergeben sich nun unmittelbar die gesuchten Beziehungen:

- $A<B \Longleftrightarrow (OF \neq SF) = 1$,
- $A \leq B \Longleftrightarrow (A<B) \vee (A=B) \Longleftrightarrow (OF \neq SF) \vee ZF = 1$,
- $A>B \Longleftrightarrow \neg(A \leq B) \Longleftrightarrow (OF \neq SF) \vee ZF = 0$,
- $A \geq B \Longleftrightarrow \neg(A<B) \Longleftrightarrow (OF \neq SF) = 0$.

3.

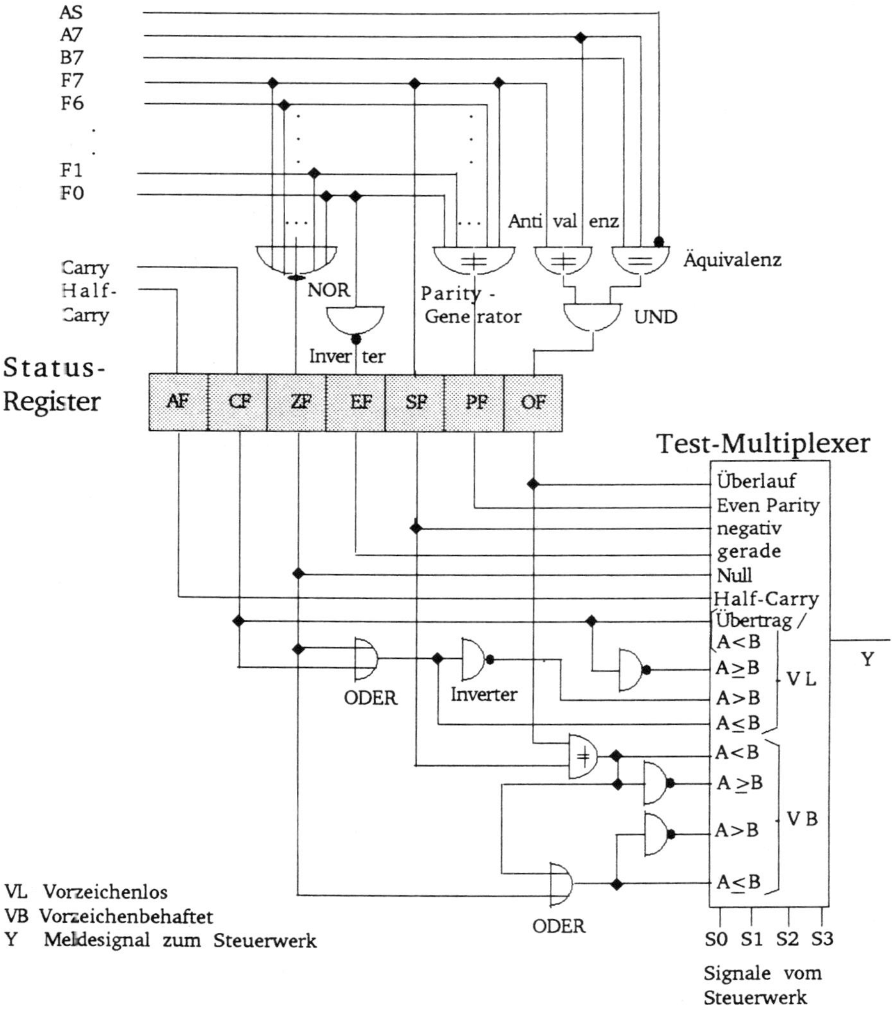

Bild L1.6-2. Erzeugung der Flags und Test-Multiplexer

4. Durch die Addition kann der BCD-Zahlenbereich in der unteren Hälfte des Ergebnisses durch zwei Möglichkeiten verlassen werden:

   a) Es tritt eine Pseudotetrade A, B, C, D, E, F auf. Diese wird durch die folgende logische Funktion angezeigt:

   $$L = F_3 \wedge (F_2 \vee F_1) .$$

   b) Durch das Flag AF wird ein Übertrag in die obere Hälfte des Ergebnisses gemeldet.

   In beiden Fällen, angezeigt durch $L \vee AF = 1$, muß die ALU zum Ergebnis F den Wert \$06 addieren. Entsprechend kann in der oberen Ergebnishälfte eine Pseudotetrade oder ein Übertrag auftreten, der hier durch das Flag CF gemeldet wird. Daher muß die ALU immer dann, wenn

   $$CF \vee H := CF \vee [F_7 \wedge (F_6 \vee F_5)] = 1$$

   ist, zum Ergebnis F den Wert \$60 addieren. Das Ergebnis der Addition wird nun durch das Übertragsbit CF und das korrigierte Ergebnis F' dargestellt.

Beispiele:

		i)		ii)	
			CF		CF
	A:		89		89
	B:		+ 44		+ 98
Korrektur der unteren Tetrade	F:	AF=0	CD	AF,CF=1	1 21
			+ 06		+ 06
Korrektur der oberen Tetrade			D3		1 27
			+ 60		+ 60
			1 33		**1** 87

Zu S1.6-2:

	CF	A	CF
Anfangswert	0	10101101	0
Verschieben			
logisch/arithmetisch, nach links	1	01011010	
logisch, nach rechts		01010110	1
arithmisch, nach rechts		11010110	1
Rotieren			
nach rechts		11010110	
nach links		01011011	
nach rechts mit Übertragsbit		11010110	1
nach links mit Übertragsbit	1	01011011	
nach rechts durchs Übertragsbit		01010110	1
nach links durchs Übertragsbit		01011010	1

Zu S1.7-1:

Als Wiederholung skizzieren wir zunächst im Bild L1.7-1 eine Lösungsmöglichkeit für jede der vier Betriebsarten, die das Register zur Verfügung stellen soll: Links/ Rechts-Schieben, Vorwärts/Rückwärts-Zählen. Das Register ist bei allen vier Möglichkeiten aus JK-Master-Slave-Flipflops aufgebaut, die mit einem gemeinsamen Takt T versorgt werden. Die verlangte Funktion des Rücksetzens wird durch die statischen *Reset*-Eingänge R der Flipflops erreicht, die parallel miteinander verbunden werden. Diese Funktion wird im folgenden nicht weiter betrachtet. (Beachten Sie bitte, daß aus zeichentechnischen Gründen im Bild das niederstwertige Bit links gezeichnet ist, so daß hier – im Unterschied zu Abschnitt 1.6 – ein Vorwärtsschieben ein Rechtsschieben bedeutet.)

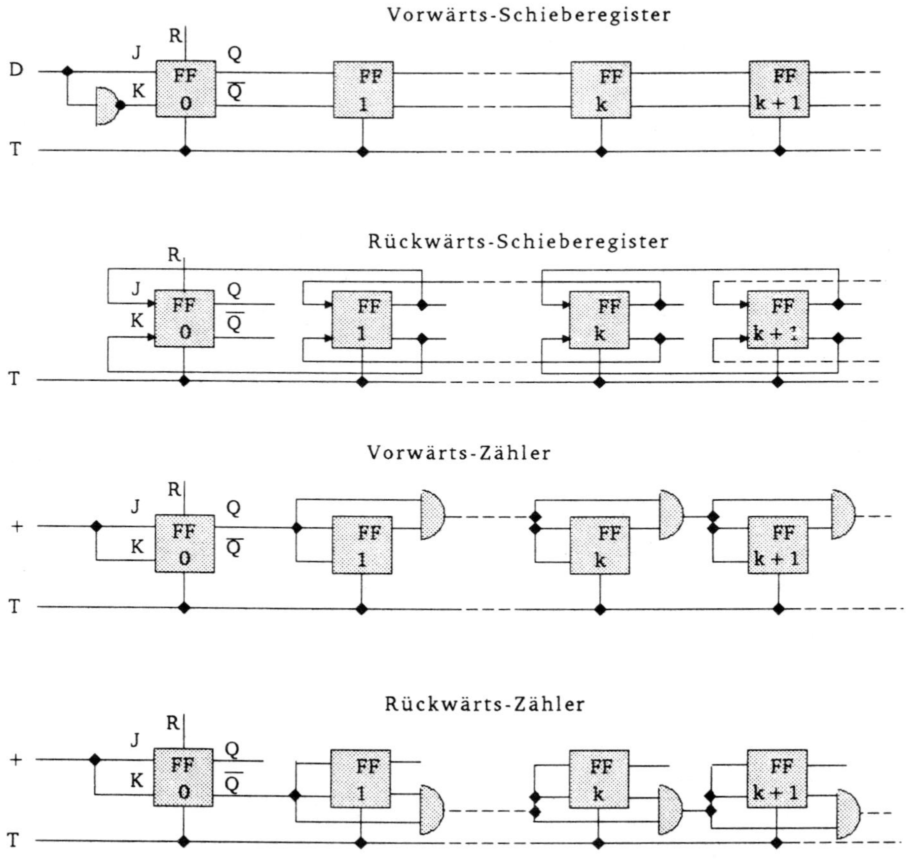

Bild L1.7-1. Darstellung der zu realisierenden Funktionen

Im Bild L1.7-2 sind nun alle vier Teilfunktionen in einem Register vereint. Die Auswahl einer Funktion geschieht über die 4-auf-1-Multiplexer (MUX), die allen Flipflop-Eingängen vorgeschaltet sind. Die beiden Steuereingänge S_0, S_1 der Multiplexer haben folgende Wirkung:

S_1	S_0	Funktion
0	0	Vorwärts-Zählen
0	1	Rückwärts-Zählen
1	0	Vorwärts-Schieben
1	1	Rückwärts-Schieben

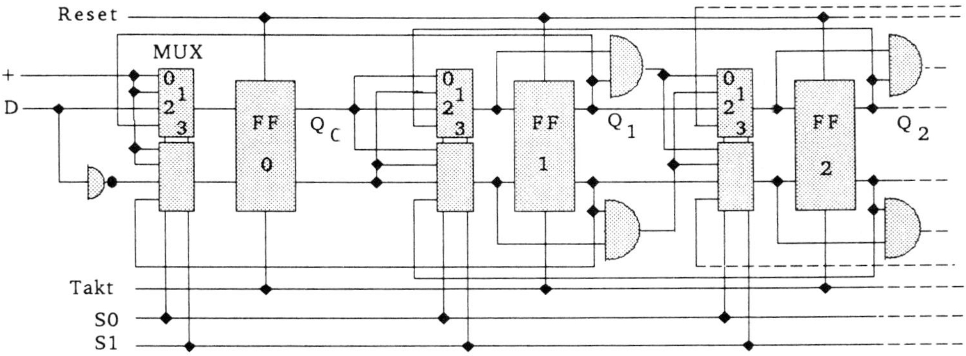

Bild L1.7-2. Das gesuchte Multifunktions-Register

Zu S1.8-1:

(AP: Adreßpuffer, DBP: Datenbuspuffer, F: Ergebnis des Addierers, HR: Hilfsregister)

B0	——>	HR0	
DBP	——>	HR1	
Addition			(B0) + <Offset>
F	——>	AP	
I0	——>	HR0	
AP	——>	HR1	
Addition			[(B0) + <Offset>] + (I0)
F	——>	AP	
1	——>	HR1	
Addition		(I0) + 1	
F	——>	I0	über Treiber TR

Zu S1.8-2:

a) Im Bild L1.8-1 ist eine Realisierung aus logischen Grundschaltungen für den 4-bit-Multiplexer skizziert. Wegen der Einfachheit der Schaltung verzichten wir hier auf weitere Erklärungen.

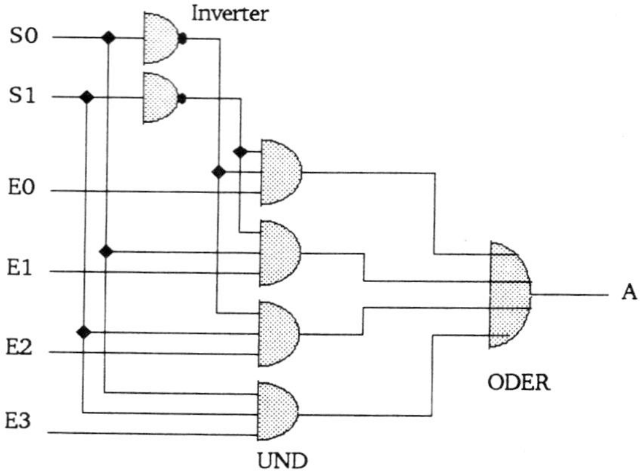

Bild L1.8-1. 4-bit-Multiplexer

b) Im Bild L1.8-2 ist der Aufbau des Schieberegisters skizziert.

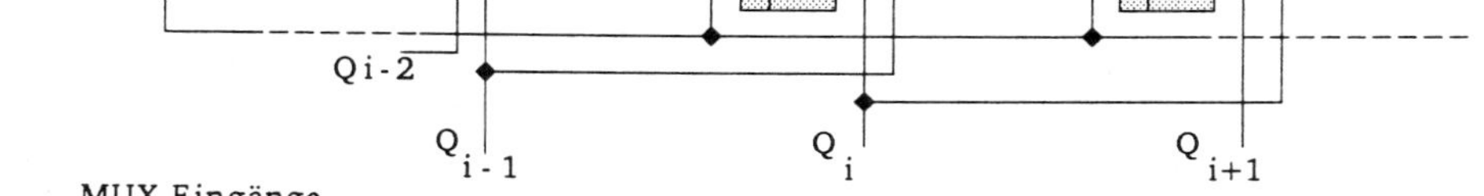

MUX-Eingänge

$Q_{i-1}=0$ für $i<0$

$Q_{i-2}=0$ für $i<1$

Bild L1.8-2. Aufbau des Schieberegisters

Es ist aus D-Flipflops aufgebaut, deren Eingängen jeweils ein Multiplexer vorgeschaltet ist. Diese Multiplexer werden durch zwei Signale S_1, S_0 gesteuert und dienen zur Auswahl genau einer der letzten drei aufgeführten Funktionen. Den Aufbau der Multiplexer ersieht man aus Bild L1.8-1, wenn man darin das oberste UND-Gatter des Eingangs E_0 entfernt. Die erstgenannte Funktion "Registerinhalt unverändert lassen" wird im Fall $S_0 = S_1 = 0$ dadurch erreicht, daß der Takt T (durch die UND/ODER-Gatterkombination) von den Flipflops abgetrennt wird.

Zu S1.9-1:

Die Einbindung der Register nach Bild 1.9-3 ist im Bild L1.9-1 gezeigt.

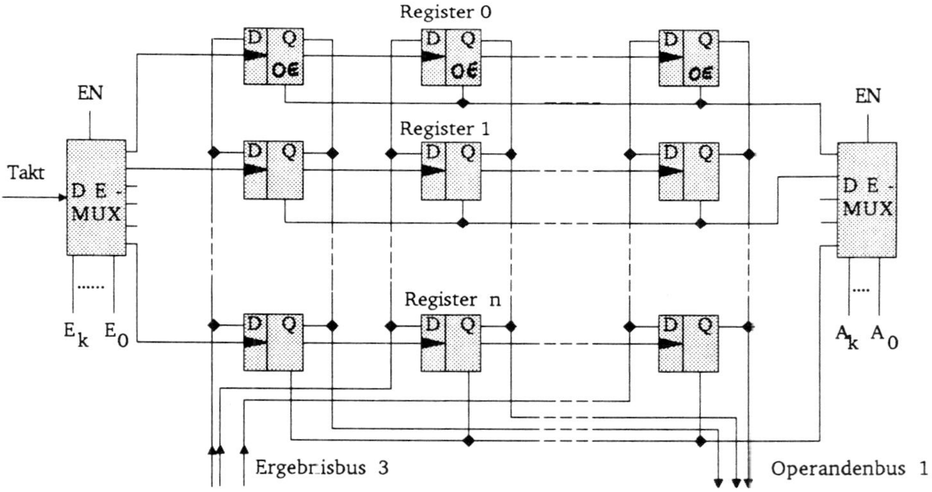

Bild L1.9-1. Einsatz eines Ergebnisbusses

Jede Zeile der skizzierten Flipflop-Matrix entspricht einem Register. Der Takt wird über einen Demultiplexer genau einem der Register zugeführt. Die Auswahl dieses Registers geschieht über die Steuerleitungen E_k...E_0. Die Eingänge D der Flipflops einer Matrixspalte sind jeweils miteinander verbunden. Die Leitungen aller Spalten bilden den Ergebnisbus.

Analog sind die Ausgänge einer Spalte miteinander verbunden und hängen an einer Leitung des Operandenbus. Über einen zweiten Demultiplexer, gesteuert durch die Signale A_k...A_0, werden die Ausgänge genau eines Registers aktiviert. (Das Auswahlsignal des Demultiplexers wird dazu auf einen speziellen Flipflop-Eingang gelegt, der meistens mit OE – *output enable* – bezeichnet wird.) Beide

Demultiplexer besitzen je einen weiteren Steuereingang EN (enable), über den sie aktiviert bzw. abgeschaltet werden können. Im Bild L1.9-2 ist vereinfachend nur die Einbindung eines einzigen Flipflops in das Bussystem nach Bild 1.9-4 skizziert.

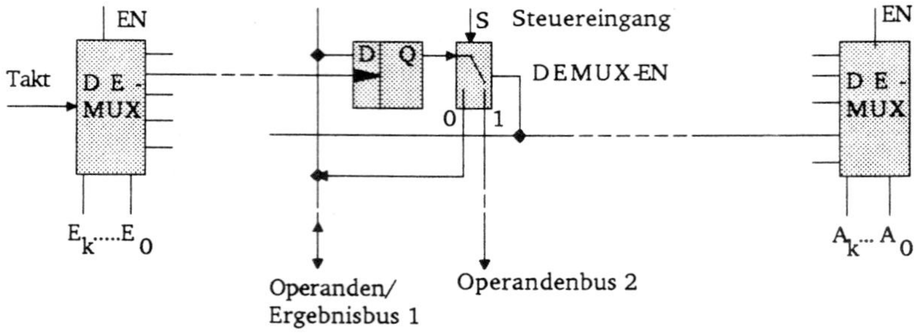

Bild L1.9-2. Einsatz eines zweiten Operandenbusses

Diese Einbindung unterscheidet sich von der oben beschriebenen nur dadurch, daß jedem Flipflop-Ausgang ein 2-bit-Demultiplexer nachgeschaltet ist. Gesteuert durch das Signal S wird der Ausgang Q nun wahlweise auf den Operandenbus 2 oder aber den Operanden-/Ergebnisbus 1 gegeben. Bei dieser Realisierung müssen alle Demultiplexer-Ausgänge der Flipflops einer Matrixspalte "zusammenschaltbar" und durch den Demultiplexer zur Registerauswahl einzeln aktiviert werden können (, also z.B. als Tristate-Ausgänge realisiert sein, wie sie im Abschnitt 1.10 beschrieben werden).

Zu S1.9-2:

a)

Takt	Bus 2	Bus 1	Bus 3
1	(INC R1) --> BR		
2	(ADD R1,R2) --> BR	(R1) --> ALU	
3	(ST R1) --> BR	(HR) --> R1	
4	n --> AP	(R1) --> ALU	(R2) --> ALU
5		(HR) --> R1	
6		(R1) --> DBP	

b)

Takt	Bustransfer	Takt	Bustransfer
1	(INC R1) --> BR	6	(R2) --> HR
2	(R1) --> HR	7	ALU --> R1
3	ALU --> R1	8	(ST R1) --> BR
4	(ADD R1,R2) --> BR	10	n --> AP
5	(R1) --> HR	11	(R1) --> DBP

Das Einbus-System nach Bild 1.9-1 benötigt für die isoliert betrachtete Befehlsfolge also 67% mehr Zeit. Dieser Wert wird im kontinuierlichen Betrieb dadurch vergrößert, daß die gleichzeitige Benutzung der Teilbusse in a) noch vollständiger ist. So können dort z.B. zu den Takten 5 und 6 bereits die nächsten Befehle geladen werden.

Zu S1.10-1:

Der Adreßbustreiber ist im Bild L1.10-1 dargestellt. Durch das Signal G (*gate*) können beide Tristate-Treiber hochohmig geschaltet werden und damit der Programmzähler und der Adreßpuffer vom Adreßbus getrennt werden. Das Signal S selektiert genau eines der beiden angeschlossenen Register.

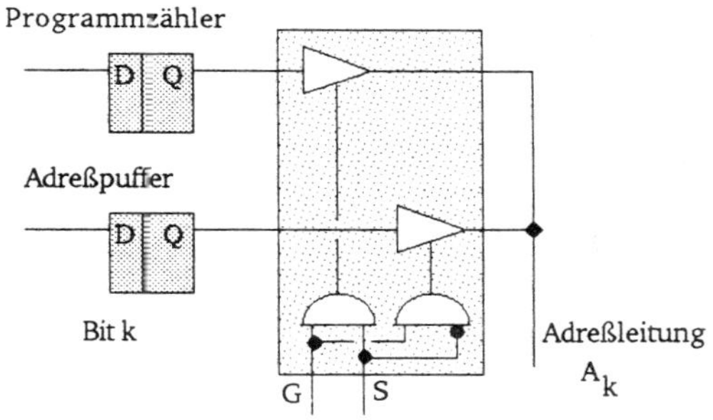

Bild L1.10-1. Der Aufbau des Adreßbustreibers

Zu S1.10-2:

Im Bild L1.10-2 wurde der Adreßbustreiber aus Bild L1.10-1 um einen bidirektionalen Datenbustreiber nach Bild 1.10-4 erweitert. Zwei Auswahlsignale S_1, S_0 legen fest, welches Register mit dem externen Daten-/Adreßbus verbunden wird, und zwar nach folgender Beziehung:

S_1	S_0	ausgewähltes Register
0	0	kein Register ausgewählt, Busleitungen hochohmig
0	1	Adreßpuffer
1	0	Programmzähler
1	1	Datenbuspuffer

Die Aktivierung des Datenbustreibers geschieht durch die zusätzliche Steuerleitung G. Bei dieser Lösung kann der Prozessor ein Datum in den Datenbuspuffer schreiben, auch wenn dieser noch nicht auf den externen Bus geschaltet ist, d.h. der Eingang O_A auf L-Potential liegt. Durch Aktivierung der Eingänge G und O_E kann der Prozessor jederzeit den Inhalt des Datenbuspuffers lesen.

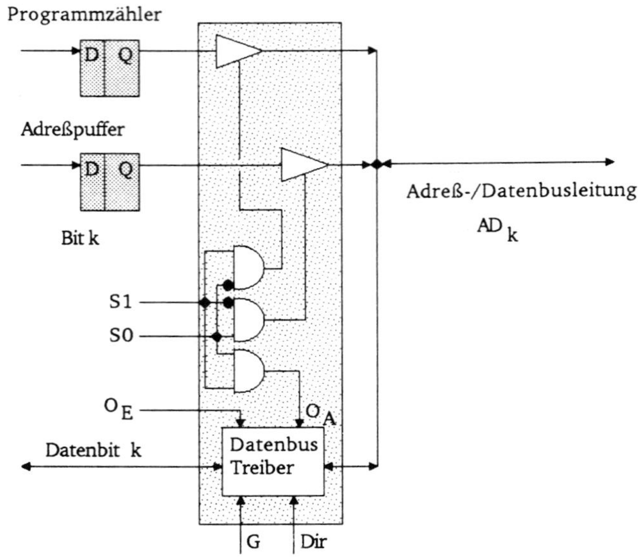

Bild L1.10-2. Treiber eines Multiplexbusses

Zu S1.11-1:

Im Bild L1.11-1 links wird zunächst der OpCode aus dem Datenbuspuffer DBP in das Befehlsregister BR transportiert. Gleichzeitig wird der Inhalt des Programmzählers PC über den Adreßbustreiber ABT an den Speicher gelegt. Rechts im Bild ist dargestellt, wie der Befehl decodiert und die Operandenadresse $3F in den DBP gebracht wird.

Im Bild L1.11-2 links wird der Inhalt DBP über das Adreßwerk AU in den Adreßpuffer und gleichzeitig der Inhalt des Akkumulators AC in sein Hilfregister HR transportiert. Im rechten Teil des Bildes wird der Inhalt von HR durch die ALU in den DBP übertragen.

Im Bild ist die Möglichkeit des *Prefetching* gestrichelt angedeutet, d.h. daß bereits die nächste Speicheradresse n+4 aus dem Programmzähler an den Speicher ausgegeben und in der Phase T_b der Inhalt dieser Speicherzelle, also der nächste OpCode, auf dem Datenbus angeboten wird. Wie im Abschnitt 1.11.1 beschrieben, wird dieser OpCode jedoch vom Prozessor nicht angenommen, sondern erst nach der Ausführung des Befehls erneut gelesen.

Bild L1.11-3 zeigt links , wie während der Taktphase T_a die Zieladresse $3F und das Datum $C9 auf den Systembus ausgegeben werden. Im Bild rechts wird während T_b durch das Schreibsignal die Übernahme des Datums in den Speicher veranlaßt. Die vorzeitige Ausgabe des Datums und der Adresse schon während T_a ermöglicht den Einsatz auch langsamerer Speicherbausteine.

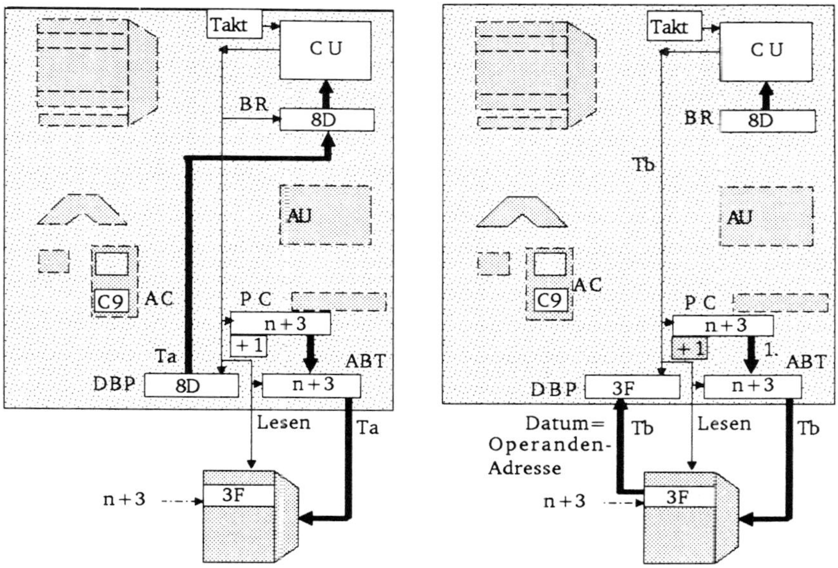

Bild L1.11-1. Die Decodierphase

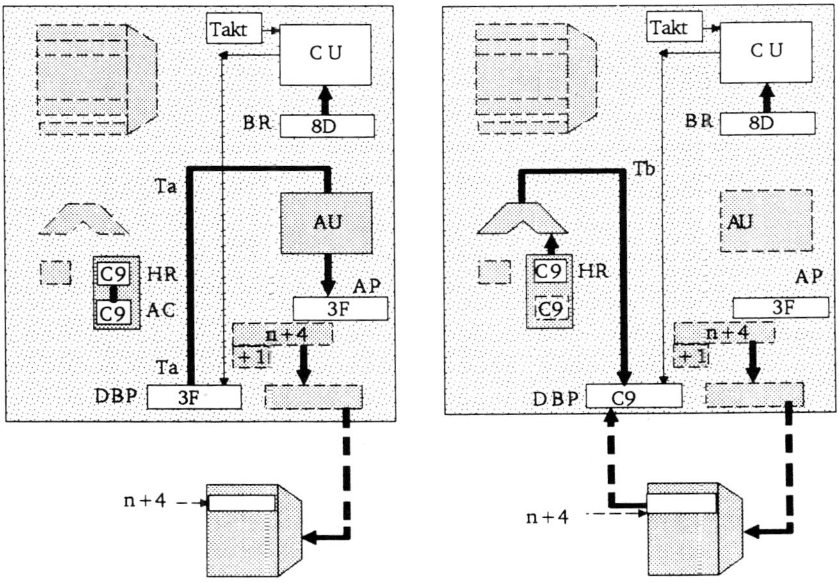

Bild L1.11-2. Ermittlung der Operandenadresse

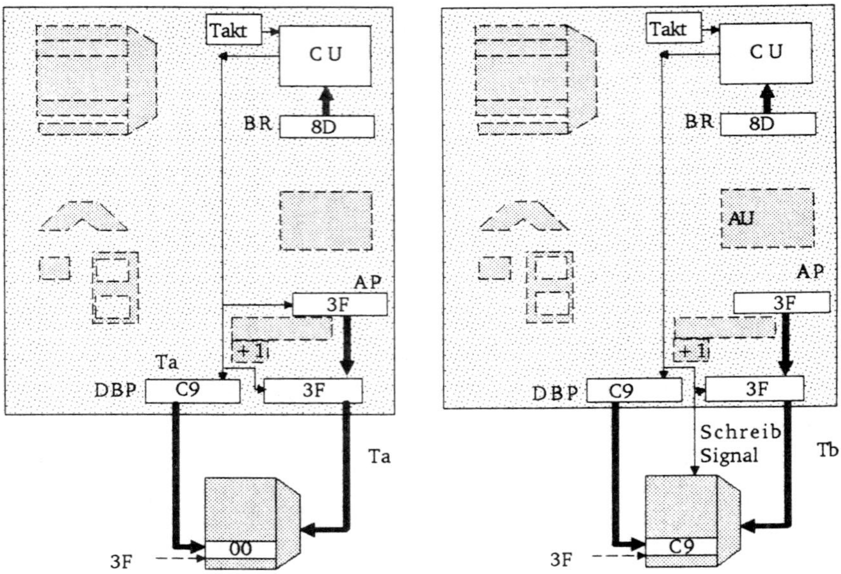

Bild L1.11-3. Die Ausführungsphase

Zu S1.12-1:

Zeitpunkt	I2-I0	Ereignis
0	2	Laden durchs Betriebssystem
1	3	Interrupt der Klasse 3
2	4	Interrupt der Klasse 4
3	3	Fortsetzung des Interrupts der Klasse 3
4	2	Beendigung des Interrupts der Klasse 3
5	3	2. Interrupt der Klasse 3
6	7	NMI
7	3	Fortsetzung des 2. Interrupts der Klasse 3
8	5	Interrupt der Klasse 5
9	3	Fortsetzung des 2. Interrupts der Klasse 3
10	2	Beendigung des 2. Interrupts der Klasse 3

Der Interrupt der Klasse 1 wird hier nie ausgeführt, da vom Betriebssystem die Klasse 3 als Klasse niederster Priorität verlangt wird.

Zu S1.13-1:

Aus $2^n = 10^x$ folgt $x = n \cdot \log_{10} 2 \approx 0.3 \cdot n$. Also:

32-bit-Format:

vorzeichenlos: $0 \leq Z < (2^{32} = 10^{9.633}) < 4.3 \cdot 10^9$,

vorzeichenbehaftet: $-2^{31} \leq Z < (2^{31} = 10^{9.332}) < 2.15 \cdot 10^9$,

64-bit-Format:

vorzeichenlos: $0 \leq Z < (2^{64} = 10^{19.266}) < 1.85 \cdot 10^{19}$,

vorzeichenbehaftet: $-2^{63} \leq Z < (2^{63} = 10^{18.965}) < 9.23 \cdot 10^{18}$.

Zu S1.15-1:

1. Berechnung der effektiven Adresse:
   EA = ($00,((PC)+1)+1),($00,((PC)+1))+(Y) .

   Herleitung:

(PC)+1	Adresse des Offsets im Befehl,
((PC)+1)	Offset,
$00,((PC)+1)	=: PAL Zeiger auf das L-Byte
$00,((PC)+1)+1	=: PAH Zeiger auf das H-Byte der Operanden-Basisadresse im Speicher,
(PAH),(PAL)	=: ZA Operanden-Basisadresse im Speicher,
ZA+(Y)	effektive Operandenadresse.

   (',' kennzeichnet darin die Konkatenation zweier Bytes zu einer 16-bit-Adresse.) Das Bild L1.15-1 zeigt die symbolische Darstellung dieser Adressierungsart.

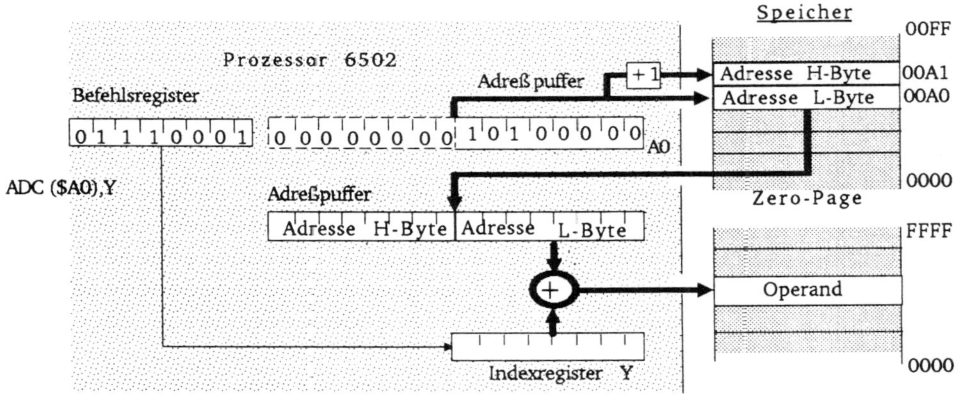

Bild L1.15-1. Postindizierte indirekte Zero-Page-Adressierung

2.
```
$E000     SUM:   LDA   #$00     ; Löschen der Speicher-
                 STA   $A2      ; zellen $A2, $A3 für das
                 STA   $A3      ; Ergebnis

          LOOP:  CLC            ; Carry-Flag löschen

                 LDA   $A2      ; Laden des L-Bytes der
                 ADC   ($A0),Y  ; Summe, Addition des
                 STA   $A2      ; Datums und Speichern

                 LDA   $A3      ; Laden des H-Bytes der
                 ADC   #$00     ; Summe, Auswertung des
                 STA   $A3      ; Carry Flags, Speichern

                 DEY            ; Y dekrementieren
                 BNE   Loop     ; Verzweigung, falls nicht
                                ; letztes Datum
                 RTS            ; Rücksprung

Hauptprogramm:
$D000            ...
                 LDA   #$FF     ; Basisadresse-1 (=$0FFF)
                 STA   $A0      ; nach $00A0
                 LDA   #$0F     ; und $00A1
                 STA   $A1      ; speichern

                 LDY   #$80     ; Y mit 128 laden
                 JSR   $E000    ; Aufruf von SUM
                 ...
```

Zu S2.2-1:

a) 32-bit-Format:

kleinste positive Zahl: $\min = 2^{1-127} \cdot (1.0)_2 \approx 1.175 \cdot 10^{-38}$

größte positive Zahl: $\max = 2^{254-127} \cdot (1.111...1)_2$
$\approx 2^{128} \approx 3.40 \cdot 10^{38}$

64-bit-Format:

kleinste positive Zahl: $\min = 2^{1-1023} \cdot (1.0)_2 \approx 4.49 \cdot 10^{-307}$,

größte positive Zahl: $\max = 2^{2046-1023} \cdot (1.111...1)_2$
$\approx 2^{1024} \approx 1.80 \cdot 10^{308}$.

b) $Z_1 = -1.75 = (-1)^1 \cdot 2^{127-127} \cdot (1.1100...0)_2$

31	30 … 23	22 … 0
1	0 1 1 1 1 1 1 1	1 1 0 0 0 0 0 0 0 0 0 0 0 0 0 0 0 0 0 0 0 0 0

$Z_2 = 36\,864 = 2^{15} + 2^{12} = (-1)^0 \cdot 2^{142-127} \cdot (1.0010...0)_2$

31	30 … 23	22 … 0
0	1 0 0 0 1 1 1 0	0 0 1 0 0 0 0 0 0 0 0 0 0 0 0 0 0 0 0 0 0 0 0

Zu S2.3-1:

a) Barrel Shifter: Verschieben der Mantisse, bis die am weitesten links stehende '1' vor den Dezimalpunkt kommt.
ALU: Subtraktion der Anzahl der Verschiebepositionen von der Charakteristik.

Ergebnis: $Z_1 = (-1)^1 \cdot 2^{221} \cdot (1.010000000...)_2$,
$Z_2 = (-1)^0 \cdot 2^{96} \cdot (1.010000000...)_2$.

b) 1.) ALU: Ermitteln der Operation 'Addition/Subtraktion' durch Vergleich der Vorzeichen. Vorzeichen von Z_1: '+', Vorzeichen von Z_2: '-', also: Subtraktion. Berechnen der absoluten Differenz CD der Charakteristiken:
CD = 200 - 196 = 4.
Vorzeichen des Ergebnisses = Vorzeichen des absolut größeren Operanden: '+' = $(-1)^0$. (Falls bei anderen Zahlen CD = 0, weiter mit 3.)

2.) Barrel Shifter: Denormalisieren des Operanden mit kleinerer Charakteristik, d.h. Verschieben der Mantisse nach rechts um CD Bitpositionen.
ALU: Addition von CD zur Charakteristik.

$Z_{2,\text{denormalisiert}} = (-1)^1 \cdot 2^{200} \cdot (0.00011010...)_2$.

3.) ALU: Berechnung der Differenz MD durch Subtraktion der kleineren Mantisse von der größeren:

$$MD = (1.01011010...)_2 - (0.00011010...)_2 = (1.01000000...)_2 .$$

Ergebnis: Summe = $(-1)^0 \cdot 2^{200} \cdot (1.01000000...)_2$.

4.) Falls für andere Zahlenwerte von Z_1, Z_2 MD nicht normalisiert ist, d.h. MD = $(0.bbbb)_2$, $b \in \{0,1\}$:

Barrel Shifter: Verschieben von MD nach links, bis eine '1' vor dem Dezimalpunkt steht.
ALU: Subtraktion der Anzahl der Verschiebungen von der Charakteristik des Ergebnisses.

Zu S2.3-2:

a)

		VZ	C	M
-48	$= (-1)^1 \cdot 2^5 \cdot 1.5 =$	1	10000100	$1000...00_2$,
+0.125	$= (-1)^0 \cdot 2^{-3} \cdot 1.0 =$	0	01111100	$0000...00_2$.

Exponenten-Modul:
Addition der Vorzeichenbits: $1 + 0 = 1$,
Addition der Charakteristiken: $(5+127)+(-3+127)-127 = 129$.

Mantissen-Modul:
Multiplikation der Mantissen: $1.5 \cdot 1.0 = 1.5$.

Also ist das Ergebnis: $(-1)^1 \cdot 2^{129-127} \cdot 1.5 = -6$.

b)

		VZ	C	M
-48	$= (-1)^1 \cdot 2^5 \cdot 1.5 =$	1	10000100	$1000...00_2$
+16	$= (-1)^0 \cdot 2^4 \cdot 1.0 =$	0	10000011	$0000...00_2$

Exponenten-Modul:
stellt die Zahl mit der größeren Charakteristik fest und bildet die Differenz D der Charakteristiken beider Zahlen. Diese Differenz wird dem Mantissen-Modul übergeben. Außerdem wird diesem als Ergebnis des Vorzeichenvergleichs mitgeteilt, ob die Operanden addiert oder subtrahiert werden müssen. Das erste ist der Fall, wenn beide Vorzeichen gleich sind, das zweite, wenn sie verschieden sind. Im Beispiel ist $D=1$, und die Vorzeichen sind verschieden, also muß eine Subtraktion erfolgen.

Mantissen-Modul:
denormalisiert die Zahl mit der kleineren Charakteristik, indem sie deren Mantisse um die durch die übermittelte Differenz angegebene Anzahl von Bitpositionen "nach rechts" verschiebt. (Falls $D=0$ ist, entfällt die Notwendigkeit der Denormalisierung.) Im Beispiel ($D=1$): $+16 = (-1)^0 \cdot 2^5 \cdot 0.5$. Subtraktion der Mantissen $1.5-0.5 = 1.0$. Da das Ergebnis 1.0 im erlaubten Bereich $1 \leq M < 2$ für die Mantisse liegt, ist eine Normalisierung der Ergebnismantisse nicht nötig.

Gesamtergebnis: $(-1)^1 \cdot 2^5 \cdot 1.0 = -32$.

Zu S2.4-1:

a) R = A - B · [A/B] , wobei [.] den ganzzahligen Anteil einer Zahl bezeichnet.

```
FLD        FR1,A      ; A ins Register FR1
FLD        FR2,B      ; B ins Register FR2
FDIV       FR1,FR2    ; Division A/B, nach FR1
FRNDINT    FR1        ; Abrunden zur ganzen Zahl
FMUL       FR1,FR2    ; Multiplikation B · [A/B], nach FR1
FLD        FR2,A      ; A ins Register FR2
FSUB       FR1,FR2    ; Subtraktion B · [A/B]-A, nach FR1
FCHS       FR1        ; Vorzeichenwechsel
FST        FR1,C      ; Abspeichern nach C
```

b) FGETEXP

$$160 = (-1)^0 \cdot 2^7 \cdot 1.25 = (-1)^0 \cdot 2^{127+7} \cdot (1.01)_2$$
$$= 0 \,|\, 10000110 \,|\, 0100..00_2 \,,$$

FGETMAN

$$-1.625 = (-1)^1 \cdot 2^0 \cdot (1.101)_2$$
$$= 1 \,|\, 01111111 \,|\, 10100..00_2 \,.$$

Zu S3.4-1:

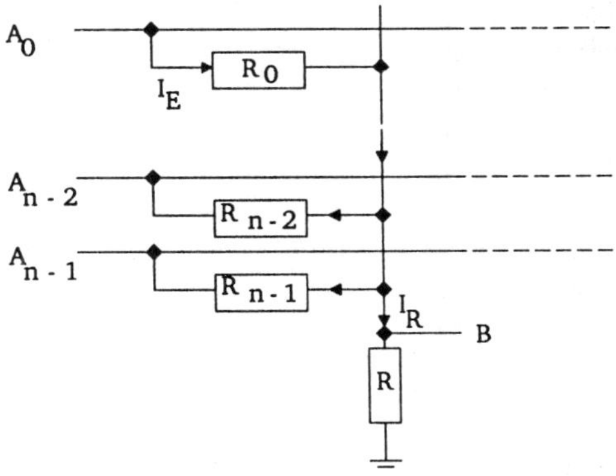

Bild L3.4-1. Speicherzellen mit Koppelwiderständen

Der Strom I_E, der in die selektierte Auswahlleitung A_0 eingespeist wird, fließt nicht nur über den Abschlußwiderstand R des Leseverstärkers, sondern auch über die Koppelwiderstände R_i der nicht selektierten Zeilen ab. Denn die liegen ja auf Massepotential. Daraus resultiert eine große Stromaufnahme und ein kleiner Spannungsabfall über R.

Zu S3.4-2:

Das Ansprechen der Zelle geschieht durch ein H-Potential auf der Auswahlleitung A. Dadurch werden beide Koppeltransistoren T_4 und T_5 leitend.

Lesen
Ist z.B. T_0 gesperrt und somit T_2 leitend, so werden durch die Rückkopplung des *Drain*-Potentials von T_0 auf das Gate von T_1 dieser leitend und T_3 gesperrt. In diesem Fall liegt über die Koppeltransistoren T_4 bzw. T_5 ein L-Potential auf der Bitleitung B_1 und ein H-Potential auf der Bitleitung B_0.

Schreiben
Werden z.B. die Bitleitungen B_0 auf H-Potential, B_1 auf L-Potential gelegt, so liegt auch am Gate von T_1 und T_3 hohes Potential. Daher schaltet T_1 durch, und T_3 sperrt. Am *Drain*-Anschluß von T_1 liegt über T_5 Massepotential, das auf das *Gate* von T_0 und T_2 zurückgekoppelt wird. Es sorgt dafür, daß T_0 sperrt und T_2 leitet. Nach Abschalten der Spannung auf A bleibt dieser Zustand der Transistoren erhalten, obwohl in der Zelle (bis auf Restströme) kein Strom fließt, in jedem Transistorpaar (T_0, T_2) bzw. (T_1, T_3) sperrt nämlich immer ein Transistor.

Zu S3.5-1:

a) Für $n=12$ hat die Adresse die Form $A_{12},..,A_0$. Also ist
$m = 2^{13} = 8\,192 = 8$ k, d.h. es liegt ein 8kx8-bit-Speicher (8 kbyte) vor.

Aus $8\,192 \cdot 8 = 2^{16} = 2^8 \cdot 2^8$ ergibt sich eine quadratische Aufteilung der Speichermatrix in jeweils 2^8 (=256) Zeilen und Spalten.

Also ist $(i+1) = 8$. Zeilenadresse: $(A_0,..,A_7)$,
Spaltenadresse: $(A_8,..,A_{12})$.

Für die Anzahl der Leitungen pro Bündel ergibt sich:

$K = 2^8/8 = 32.$

b)

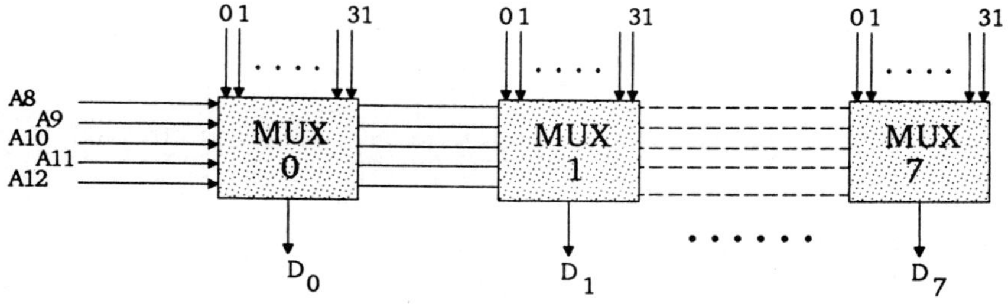

Bild L3.5-1. Multiplexer-Schaltnetz

Zu S3.5-2:

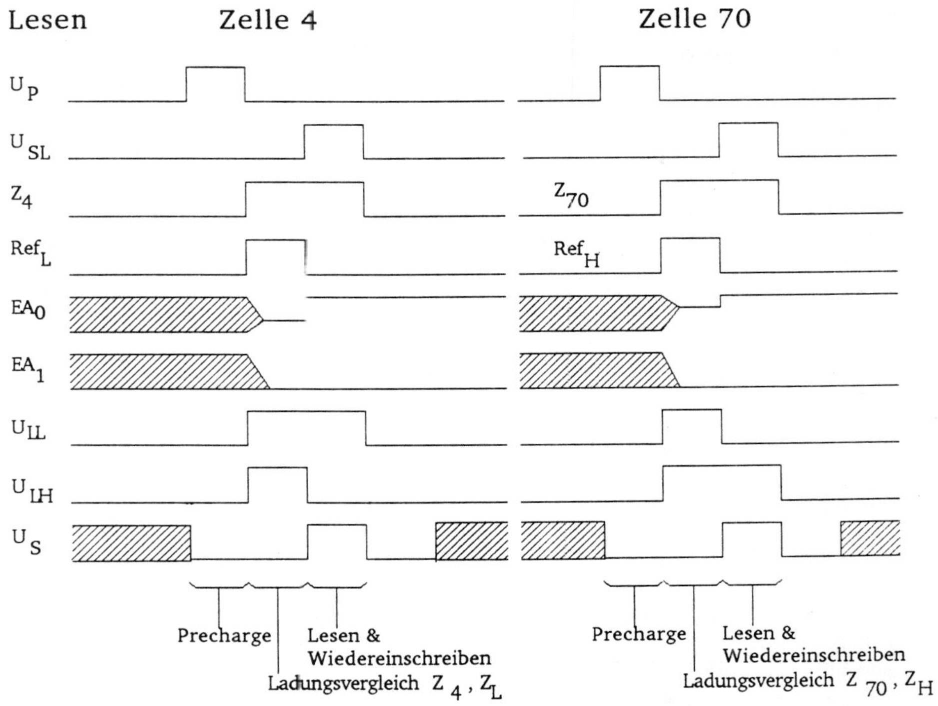

Bild L3.5-2. Qualitativer Verlauf der wesentlichen Signale

Zu S3.8-1:

Durchschnittliche Zugriffszeit:

$$0.8 \cdot 50 \text{ ns} + 0.2 \cdot (4 \cdot 50) \text{ ns} = 80 \text{ ns}.$$

Durchschnittliche Anzahl von Wartezyklen (WZ):

$$0.8 \cdot 0 \text{ WZ} + 0.2 \cdot 3 \text{ WZ} = 0.6 \text{ WZ}.$$

(In der 50-ns-Zugriffszeit des Caches ist die Zeit für die *Hit/Miss*-Entscheidung enthalten!)

Zu S3.8-2:

Ohne Beschränkung der Allgemeinheit belege die Schleife die Speicherzellen mit den niederstwertigen 512 Adressen, also den Speicherbereich:

$0000 0000 - $0000 01FF .

Im Bild L3.8-1 ist die Belegung des *Tag*-RAMs für die Schleifenausführung dargestellt. Im Unterschied zum Abschnitt 3.8 sind die Einträge in hexadezimaler Form angegeben.

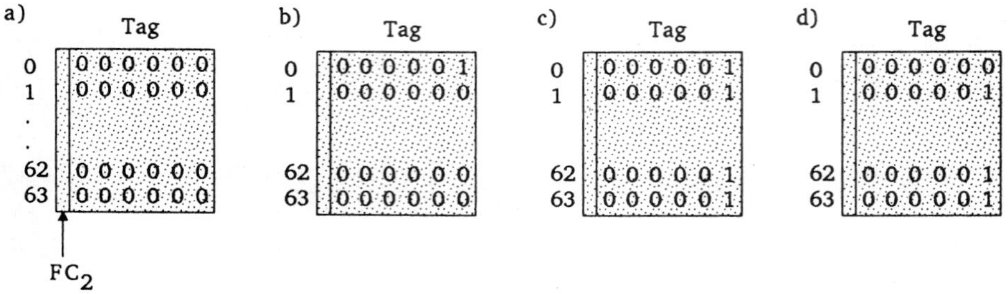

Bild L3.8-1. Belegung des *Tag-RAMs*

Im Bild L3.8-1a ist die Belegung des *Tag-RAMs* nach den ersten 64 Speicherzugriffen gezeigt, die jeweils 4 Bytes übertragen. Alle Einträge sind danach mit der Oberadresse $0000 00 belegt. Der 65. Zugriff benutzt zum ersten Mal die Oberadresse $0000 01, so daß der erste Eintrag mit dem Inhalt der vier Bytes $0000 0100 - $0000 0103 überschrieben wird (vgl. Bild L3.8-1b). Die folgenden 63 Zugriffe schreiben $0000 01 in alle *Tag*-Einträge (vgl. Bild L3.8-1c). Nach dem Rücksprung am Ende der Schleife werden diese Einträge dann wieder sukzessiv mit der Oberadresse $0000 00 überschrieben (vgl. Bild L3.8-1d). Aus dem eben Gesagten ergibt sich eine Trefferrate von 0% .

Zu S3.8-3:

Aus den Vorgaben:

Anzahl der *Sets*: 1024, *Tag*-Länge: 17, 1 + 8 *Valid*-Bits pro *Set*

erhält man für die benötigte Kapazität des Speichers:

$$\text{Kapazität} = 1024 \cdot (17 + 1 + 8)\ \text{bit} = 26\ \text{kbit}.$$

Zu S4.2-1:

a) Nach der Anwendung von "*first-fit*" ergibt sich:

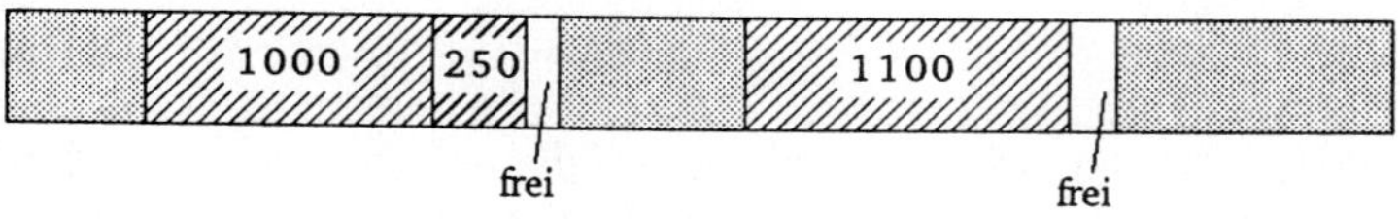

Nach der Anwendung von "*best-fit*" erhält man:

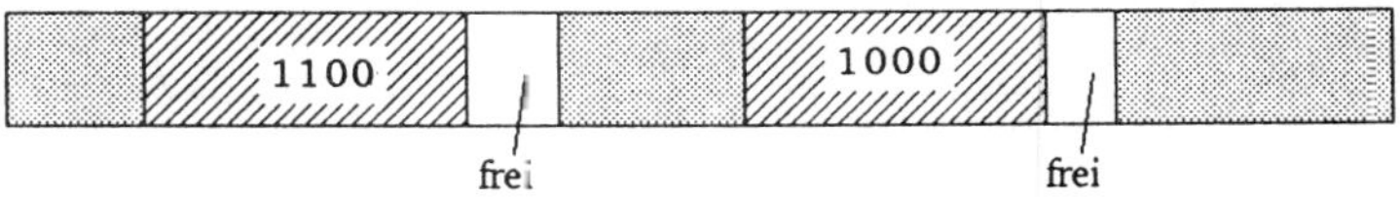

Für die Speicheranforderung "250" ist kein Platz mehr vorhanden.

b) Vom "*best-fit*"-Verfahren erhofft man sich eine geringere Fragmentierung und damit auch eine bessere Speicherausnutzung. Der Nachteil von "*best-fit*" gegenüber "*first-fit*" liegt im höheren Suchaufwand zum Finden einer freien Lücke.
Bei "*first-fit*" sammeln sich an den unteren Adressen des Arbeitsspeichers die kleinen Lücken, während am Speicherende die größeren Lücken zu finden sind. Damit erhöht sich auch die mittlere Anzahl der erforderlichen Suchschritte zum Auffinden der ersten passenden Lücke.

Zu S4.3-1:

a) Jeder Segment-Deskriptor ist 8 (2^3) byte groß. Jede LDT und auch die GDT umfassen maximal ein Segment, also höchstens 64 kbyte (2^{16} byte). D.h. jede Tabelle kann maximal 8 192 (2^{13}) Deskriptoren enthalten. Für GDT und LDT zusammen ergeben sich also maximal:

$$2 \cdot 2^{13} = 2^{14} = 16\,384 \text{ Segmente.}$$

b) Weil jedes einzelne Segment einen maximalen Adreßraum von 64 kbyte umfaßt, ist die Größe des virtuellen Adreßraums eines einzelnen Prozesses:

$$2^{14} \cdot 64 \text{ kbyte} = 2^{30} \text{ byte} = 1 \text{ Gbyte.}$$

c) Eine Segment-Basisadresse hat beim Intel 80286 eine Länge von 24 bit, zu der ein 16 bit großer Offset addiert wird. Jede physikalische Adresse hat also eine Länge von 24 bit, deshalb umfaßt der physikalische Adreßraum:

$$2^{24} \text{ byte} = 2^4 \text{ Mbyte} = 16 \text{ Mbyte.}$$

Zu S4.3-2:

a) In Hexadezimal-Schreibweise erhält man:

0	0	0	0
7	A	0	1
0	3	0	0
1	F	F	F

Die Segmentgröße (*limit*) ist der größtmögliche Offset. Es gilt:
Segmentgröße = Gesamtgröße des Segments - 1 = \$2000-1 = \$1FFF.
Für das Zugriffsbyte (*access byte*) \$7A läßt sich auch schreiben:

P	DPL		S	E	C/ED	R/W	A
0	1	1	1	1	0	1	0

Weil sich das Segment nicht im Hauptspeicher befindet, ist das *Accessed Bit* A auf '0' gesetzt.

b) Die virtuelle Adresse wird durch den Index, den Tabellenindikator TI und die Privileg-Ebene RPL bestimmt (vgl. Bild 4.3-12). Wir erhalten:

15												3	2	1	0	
0	0	0	0	0	0	0	0	0	0	1	0	1	0	1	1	= \$002B
Index													TI	RPL		

In Hexadezimal-Schreibweise ist dann der Selektor: \$2B
und damit die komplette logische Adresse: \$2B:\$FA3.
Die zugehörige physikalische Adresse ergibt sich, indem man Basisadresse und Offset addiert: \$10300 + \$FA3 = \$112A3.

Zu S4.4-1:

Bei jedem Zugriff wird das *Accessed Bit* automatisch durch den Prozessor gesetzt. Weil jede Seiteneinlagerung auch mit einem Zugriff verbunden ist (Einlagerung auf Anforderung), wird bei jeder eingelagerten Seite auch sofort das *Accessed Bit* gesetzt. Aufgabe des Betriebssystems ist es nun, dieses Bit in regelmäßigen, verhältnismäßig kurzen Zeitabständen T zurückzusetzen.

Wird nun zu einem beliebigen Zeitpunkt t eine zu opfernde Seite gesucht, dann ist bei diesem Vorgehen gesichert, daß auf Seiten mit gesetztem Accessed Bit im Zeitraum [t-T,t] zugegriffen worden ist.

Diese Strategie wird in vielen Betriebssystemen angewendet, um ein LRU-ähnliches Verhalten zu erzielen. Allerdings wird nicht der exakte LRU-Algorithmus implementiert, denn dann müßten die genauen Zugriffszeitpunkte aller im Hauptspeicher eingelagerten Seiten gemerkt werden. Alle Seiten, auf die im genannten Intervall nicht zugegriffen worden ist, sind Kandidaten für eine Ersetzung. Bei diesem "Pseudo-LRU-Verfahren" kann nicht weiter differenziert werden, auf welche der Kandidaten-Seiten am längsten nicht zugegriffen wurde.

Zu S4.4-2:

a) Ermittlung des Selektors des Eintrags im Seitentabellen-Verzeichnis:
Der Eintrag im Seitentabellen-Verzeichnis wird nach Bild 4.4-4 durch \$001FAFFC selektiert. (Die niederstwertige Tetrade entsteht aus den Bits 22 und 23 der linearen Adresse und zwei angehängten '0'-Bits: 1100 = \$C.)

b) Ermittlung des Eintrags im Seitentabellen-Verzeichnis:
Die 4 Bytes des durch \$001FAFFC selektierten Eintrags im Seitentabellen-Verzeichnis sind: \$00200025 . Darin ist \$00200000 die Basisadresse der gesuchten Seitentabelle. \$25 legt das zugehörige Zugriffsbyte (*access byte*) fest. In Binär-Schreibweise erhalten wir dafür:

Access Byte

		A			U/S	R/W	P
0	0	1	0	0	1	0	1

Dies bedeutet im einzelnen:

P=1: die durch den Eintrag spezifizierte Seitentabelle befindet sich im Hauptspeicher;
R/W=0: sie ist nur lesbar;
U/S=1: sie befindet sich im Benutzer-Modus;
A=1: auf sie ist bereits zugegriffen worden.

c) Ermittlung des Seitentabellen-Eintrags:
Die Nummer \$FFC des Seitentabellen-Eintrags erhält man durch den *Page-Table*-Teil der linearen Adresse (Bits b_{21} bis b_{12}: 1111 1111 11) mit zwei angehängten '0'-Bits (s. Bild 4.4-8). Mit der Seitentabelle-Basisadresse läßt sich nun der Eintrag in der Seitentabelle durch \$00200FFC selektieren.

d) Ermittlung der physikalische Adresse:
Im selektierten Eintrag der Seitentabelle findet sich \$00301006. Die Basisadresse der gesuchten Seite ist also \$00301000. Durch Konkatenation mit dem Offset \$002 der linearen Adresse ergibt sich als physikalische Adresse: \$00301002 . Das Zugriffs-Byte \$06 ist in Binärschreibweise: 0000 0110. Daraus folgt:

Access Byte

	D	A			U/S	R/W	
0	0	0	0	0	1	1	0

P=0:	Die gesuchte Seite befindet sich nicht im Hauptspeicher;
R/W=1:	die Seite darf auch beschrieben werden;
U/S=1:	die Seite befindet sich im Benutzer-Modus, d.h. auf sie darf von Prozessen aller Privileg-Ebenen zugegriffen werden;
A=0:	auf die Seite wurde noch nicht zugegriffen;
D=0:	die Seite wurde noch nicht beschrieben.

e) Unter der physikalischen Adresse \$00301002 findet sich der Wert \$20 .

Zu S4.6-1:

a) Wenn ein Prozeß auf der Privileg-Ebene PL=2 gestartet worden ist, kann er niemals in die Privileg-Ebene 3 wechseln. Deshalb gibt es hier keinen Stack für Ebene 3.

b) Wenn der Prozeß auf Ebene 2 blockiert wurde, befindet sich der Stackpointer der Privileg-Ebene 3 auf dem Platz für den Stack der Privileg-Ebene 2 (Bytes 10 - 12 im TSS).

Zu S5.2-1:

a) Logische Funktionen: $A_i = E_i \wedge \bigcap_{j>i} \overline{E}_j \wedge \overline{CE}$, also:

$$A_3 = E_3 \wedge \overline{CE}, \qquad A_2 = E_2 \wedge \overline{E}_3 \wedge \overline{CE},$$

$$A_1 = E_1 \wedge \overline{E}_2 \wedge \overline{E}_3 \wedge \overline{CE},$$

$$A_0 = E_0 \wedge \overline{E}_1 \wedge \overline{E}_2 \wedge \overline{E}_3 \wedge \overline{CE} \quad .$$

Im Bild L5.2-1 sind die Realisierungen dieser Funktionen gezeigt.

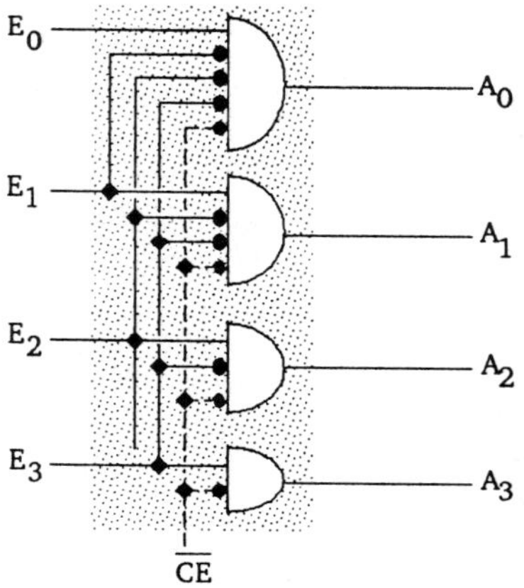

Bild L5.2-1. 4-bit-Prioritätsdecoder

b)

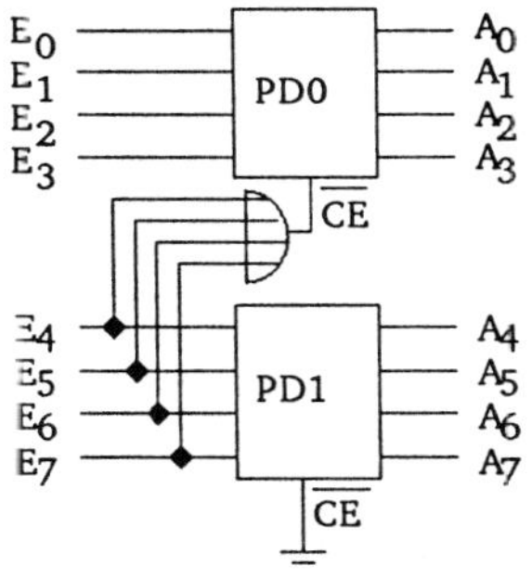

Bild L5.2-2. 8-bit-Prioritätsdecoder

Ein Ausgang A_i, i=0,..,3, des "niederwertigen" Decoders PD0 darf nur dann aktiviert werden, also auf H-Potential gebracht werden, wenn alle Eingänge des "höherwertigen" Decoders PD1 inaktiv sind, also auf L-Pegel liegen. Dies erreicht man dadurch, daß man auf den $\overline{CE}$-Eingang von PD0 die ODER-Verknüpfung der Eingänge E_4,..,E_7 von PD1 legt (s. Bild L5.2-2). Der $\overline{CE}$-Eingang von PD1 wird fest mit Massepotential verbunden.

Zu S5.3-1:

CE-Bit:
In seiner Wirkung entspricht dieses Bit dem $\overline{CE}$-Eingang eines Peripheriebausteins. Jedoch gestattet es, den Baustein softwaremäßig (für gewisse Zeiten) abzuschalten. Dadurch werden alle Unterbrechungs-Anforderungen an seinen Eingängen unterdrückt.

I/$\overline{P}$-Bit bzw. ENI-Eingang:
Durch diese wird nur die Weitergabe einer Unterbrechungs-Anforderung zum Prozessor gesteuert. Die Baustein-Eingänge bleiben jedoch stets aktiviert, und die Anforderungen werden in den Registern gespeichert und ausgewertet.

Zu S5.4-1:

	16 bit	2x8 bit
dual	\$4749+1 = 18 250	(\$47+1) · (\$49+1) = 72 · 74 = 5 328
BCD	4749+1 = 4 750	(47+1) · (49+1) = 48 · 50 = 2 400

(Hinweis: Die Addition der '1' ist nötig, da voraussetzungsgemäß jeder Zählzyklus erst mit dem Ende des Null-Zustandes abgeschlossen ist.)

Zu S5.5-1:

a) Der Zustand Q des Flipflops DR_i muß auf den Eingang D_i zurückgekoppelt werden, wenn:

- das Datenregister angesprochen wird, also $EN_{DR}=1$ ist,
- ein Lesezugriff stattfindet, also $R/\overline{W}=1$ ist,
- die Portleitung P_i als Ausgang geschaltet ist, also das Bit $DRR_i=1$ ist.

Daraus ergibt sich die im Bild L5.5-1 dargestellte Beschaltung.

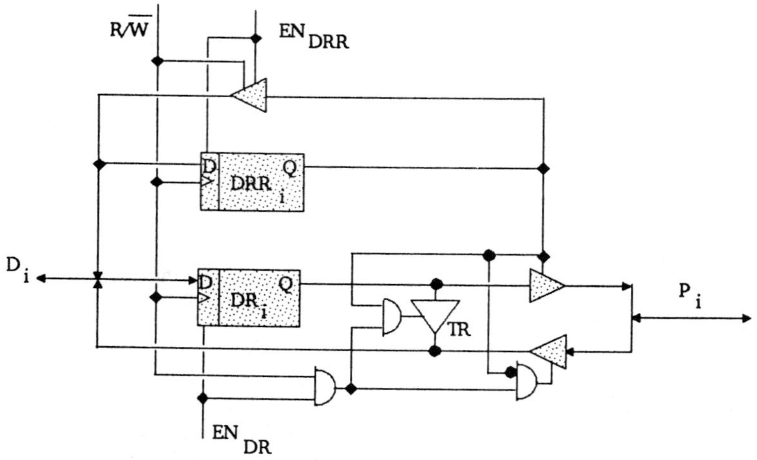

Bild L5.5-1. 1. Variante der Portbeschaltung

b)

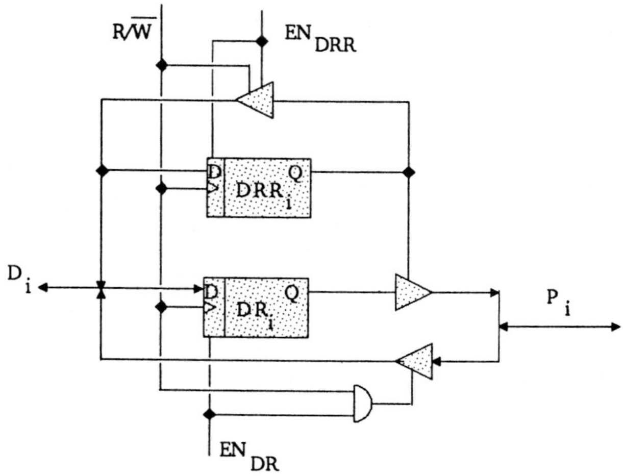

Bild L5.5-2. 2. Variante der Portbeschaltung

Bei der 2. Variante wird bei jedem Lesezugriff auf das Datenregister die Portleitung P_i auf die Datenleitung D_i durchgeschaltet - unabhängig von der gewählten Übertragungsrichtung der Portleitung. Deshalb entfällt hier die Verbindung des Bits DRR_i zum Eingangstreiber. Im Bild L5.5-2 ist die Realisierung gezeigt.

Zu S5.5-2:

a) Lesezugriff (s. Bild L5.5-3):

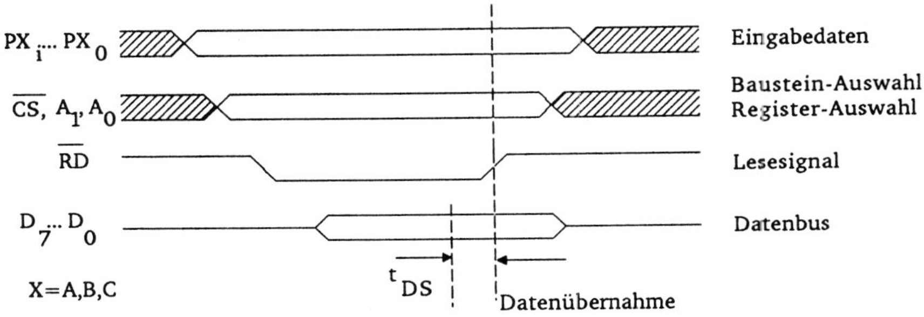

Bild L5.5-3. Zeitlicher Ablauf eines Lesezugriffs

Nachdem der Baustein durch das $\overline{CS}$-Signal und das Datenregister DR des Ports durch die Adreßsignale A_1, A_0 selektiert wurden, schaltet die negative Flanke des $\overline{RD}$-Signals die Portleitungen PX_i auf die Datenbusleitungen D_i. Mit der positiven Flanke des $\overline{RD}$-Signals wird das Datum in den µP übernommen. Dabei ist es sehr wohl möglich, daß sich - anders als im Bild dargestellt - der Zustand der Portleitungen noch während des $\overline{RD}$-Signals ($\overline{RD}=0$) ändert. Verlangt wird lediglich, daß während der Zeitspanne t_{DS} (*data setup*) vor der positiven $\overline{RD}$-Flanke das Datum stabil anliegt.

b) Schreibzugriff (s. Bild L5.5-4):

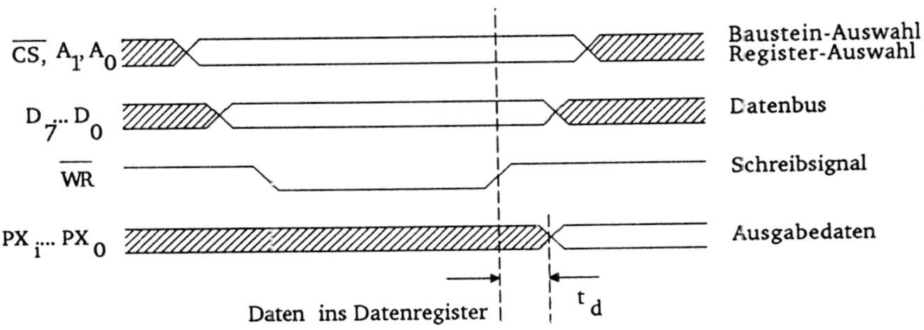

Bild L5.5-4. Zeitlicher Ablauf eines Schreibzugriffs

Nach der Anwahl des Bausteins und des Datenregisters DR durch die Signale $\overline{CS}$, A_1, A_0 legt der Prozessor die Daten auf den Datenbus D_i. Diese werden mit der positiven Flanke des $\overline{WR}$-Signals in das Register DR übernommen. Mit einer kleinen Verzögerung t_d (*delay*) erscheinen sie dann auf den Portleitungen PX_i.

Zu S5.5-3:

Ein Zeitdiagramm der bidirektionalen Übertragung ist im Bild L5.5-5 dargestellt.

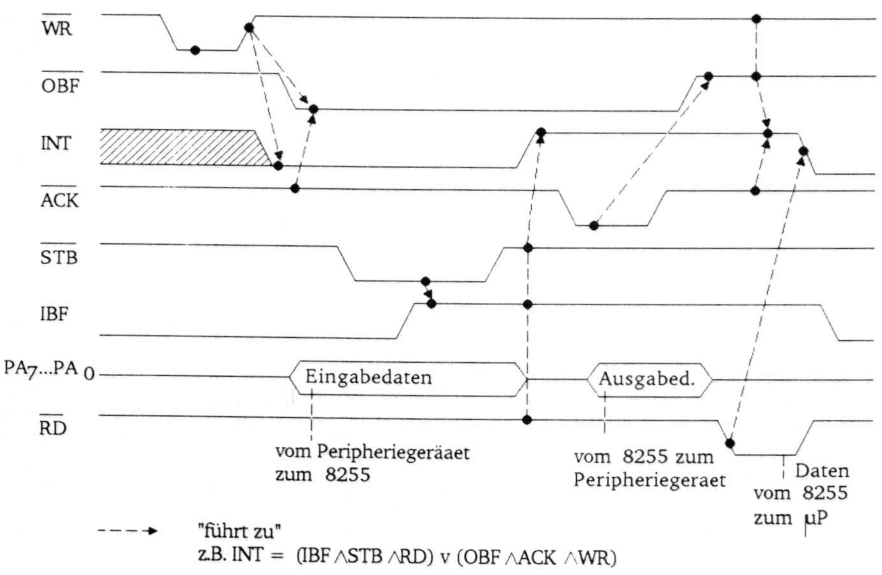

Bild L5.5-5. Zeitdiagramm der bidirektionalen Übertragung

Der wichtigste Unterschied zum Bild 5.4-7 besteht darin, daß die Portleitungen $PA_7...PA_0$ (*peripheral bus*) immer dann hochohmig geschaltet sind, wenn nicht gerade ein Datum übertragen wird. Die Steuerung der Tristate-Treiber wird vom Peripheriegerät übernommen: Einerseits legt es selbst ein Datum auf diesen Bus und triggert die Übernahme in den Eingabepuffer IB_A durch das Strobe-Signal $\overline{STB}$. Andererseits schaltet es mit seinem Quittungs-Signal $\overline{ACK}$ die Treiber des 8255 durch und übernimmt die vom Prozessor im Datenregister DR_A abgelegte Information. Durch die negative Flanke des $\overline{RD}$-Signals wird, wie im Bild 5.5-6 angedeutet, nur dasjenige Interrupt-Flipflop (FF) zurückgesetzt, das dem $\overline{STB}$-Eingang zugeordnet ist.

Zu S5.5-4:

Bei der angesprochenen Lösung bietet sich die folgende Zuordnung zwischen den Signalen des 8255 und der Centronics-Schnittstelle an:

$PA_0,...,PA_7$ <———> DATA1-8
$\overline{\text{OBF}}$ <———> $\overline{\text{STROBE}}$
$\overline{\text{ACK}}$ <———> $\overline{\text{ACKNLG}}$.

Dabei ergeben sich jedoch die nachstehenden Schwierigkeiten:

1. Es gibt keinen freien 8255-Eingang für das BUSY-Signal.
2. Die negative Flanke des $\overline{\text{OBF}}$(-$\overline{\text{STROBE}}$)-Signals kann mit dem Zeitpunkt zusammenfallen, zu dem die Daten auf den PA_i(-DATAi)-Leitungen stabil vorliegen. In diesem Fall wird die geforderte Zeitspanne ($\geq$0.5 µs) zwischen diesen beiden Ereignissen nicht eingehalten.
3. Das $\overline{\text{OBF}}$-Signal wird erst durch die negative Flanke des $\overline{\text{ACK}}$-Signals zurückgenommen. Bei der Centronics-Schnittstelle gibt das Peripheriegerät das $\overline{\text{ACKNLG}}$-Signal jedoch erst nach der positiven Flanke des $\overline{\text{STROBE}}$-Signals aus.

Zu S5.5-5:

a) Modus 0. Port PA: Ausgang; Port PB: Eingang; Port PC_L: Ausgang.

b) Das Flußdiagramm ist im Bild L5.5-6 dargestellt. Das Unterprogramm beginnt mit der Ermittlung des Gerätestatus und stellt dabei fest, ob ein "Papier Ende"-Fehler oder ein beliebiger "anderer Fehler" vorliegt. Ist dies der Fall, wird das Programm sofort beendet.
Im anderen Fall wird das Zeichen in den Port PA geschrieben. Es folgt die zeitgerechte Erzeugung des $\overline{\text{STROBE}}$-Signals auf der Portleitung PC0.
Nach der geforderten Zeitverzögerung von wenigstens 0.5 µs, während der die Daten weiterhin stabil vorliegen müssen, wird das BUSY-Signal an der Portleitung PB1 überprüft. Spätestens nach einer Sekunde muß dieses Signal einen L-Pegel annehmen. Ist dies nicht der Fall, so veranlaßt die Zeitüberwachung einen Abbruch des Programms. (Dabei kann eventuell wieder der Status des Gerätes über den Port PB ermittelt und die genauere Ursache für die Zeitüberschreitung ermittelt werden.)
Wird die vorgegebene Zeit nicht überschritten, so schließt das Programm mit der Abfrage des $\overline{\text{ACKNLG}}$-Signals an der Portleitung PB0. Dieses Signal muß zunächst den '0'-Zustand und danach wieder den '1'-Zustand einnehmen. Zur Beschleunigung der Übertragung kann der µP jedoch darauf verzichten, die Beendigung des $\overline{\text{ACKNLG}}$-Signals abzuwarten. Diese Möglichkeit ist im Bild gestrichelt gezeichnet.

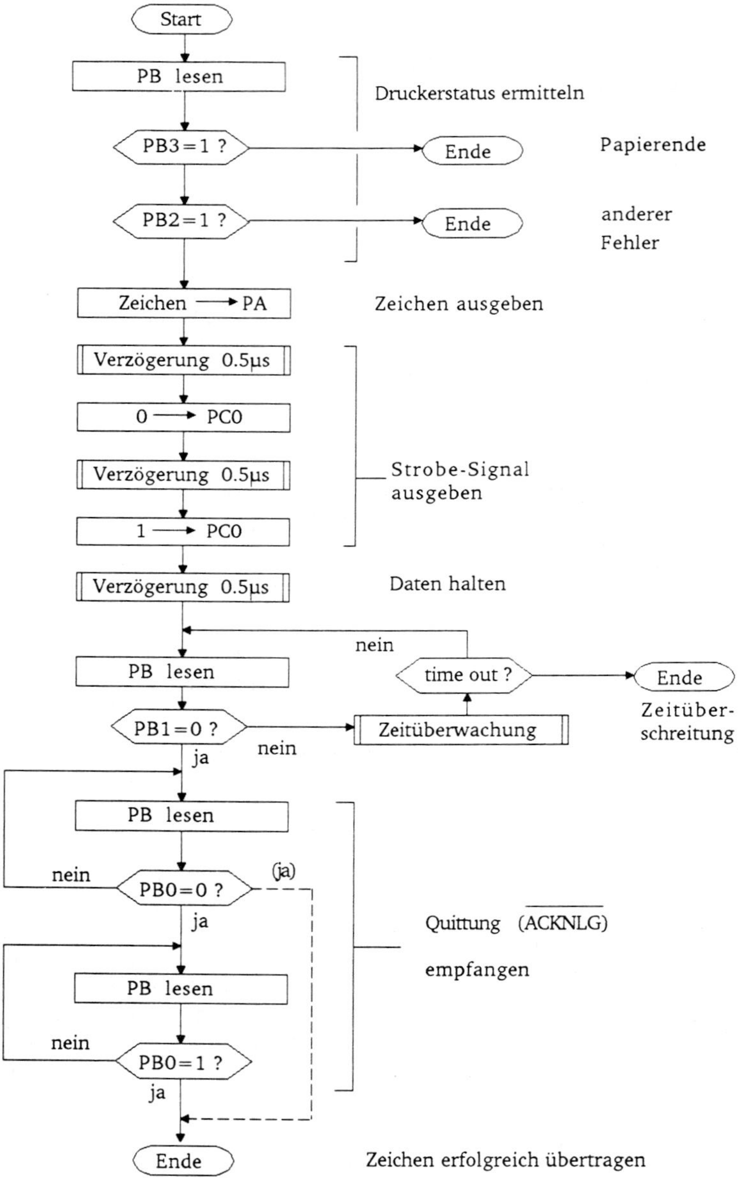

Bild L5.5-6. Programm zur Zeichenausgabe

Das angegebene Programm stellt die Übertragung eines einzelnen Zeichens dar. Die Sachlage ändert sich etwas, wenn – wie heute üblich – der Drucker über einen relativ großen Pufferspeicher (z.B. 4 bis 8 kbyte) verfügt. In diesem Fall sollte die Abfrage des Gerätezustandes vor jedem Zeichentransfer entfallen und nur noch nach einer Zeitüberschreitung ausgeführt werden. Das BUSY-Signal muß hier vom Drucker dazu benutzt werden, dem µP mitzuteilen, ob freier Pufferplatz zur Verfügung steht oder nicht.

Zu S5.8-1:

$U_{DA,max} = U_{DA}(2^n-1) = (2^n-1) \cdot (U_{max}-U_{min})/2^n + U_{min} = U_{max}$ - LSB

U_{max} entspricht 2^n.

Zu S5.8-2:

a) $U_{DA}(\$A0) = [\$A0 \cdot 5V + (\$100-\$A0) \cdot 0V]/256 = 160 \cdot 5/256\ V = 3.125\ V$

b)

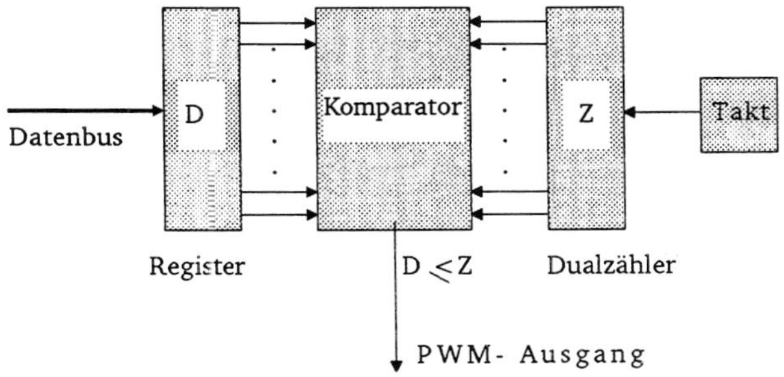

Bild L5.8-1. Schaltung zur Erzeugung des PWM-Signals

Der Digitalwert D wird in ein Register eingeschrieben. Ein Komparator vergleicht ihn kontinuierlich mit dem Zustand Z eines frei umlaufenden Dualzählers. Die Umlaufdauer dieses Zählers bestimmt die Schwingungsdauer T_S des Ausgangssignals. Der Ausgang "D≤Z" des Komparators ist immer dann im '1'-Zustand, wenn der Zähler den Wert D noch nicht erreicht hat, und danach bis zum Ende des Zyklus im '0'-Zustand.

c) $T_I = 1/(10\ MHz) = 0.1\ \mu s = 100\ ns$,

$T_S = 2^n \cdot T_I = 256 \cdot 0.1\ \mu s = 25.6\ \mu s$,

$T_P = \$A0 \cdot T_I = 160 \cdot 0.1\ \mu s = 16\ \mu s$.

Maximale Wandlungsrate: $1/(25.6\ \mu s) = 39.0625\ kHz$.

Zu S6.2-1:

Im Dateiverzeichnis (*directory*) steht in den Speicherzellen \$1A, \$1B die Nummer \$0007 des Start-Clusters einer Datei. Diesem Cluster ist der FAT-Eintrag \$007 zugeordnet. Darin befindet sich die Nummer des folgenden Clusters der Datei, hier \$009. Im Eintrag zum Cluster \$009 wiederum wird auf den 3. Cluster der Datei mit der Nummer \$00F verwiesen. Im Eintrag des Clusters \$00F findet sich die Kennung \$FFF, die diesen Cluster als den letzten der Datei ausweist.

Zu S6.3-1:

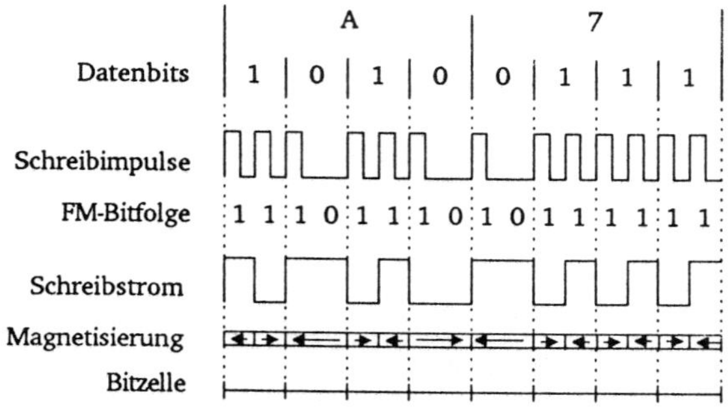

Bild L6.3-1. FM-Aufzeichnung

Zu S7.5-1:

Für eine Speicherebene werden benötigt:

$$1024 \cdot 1280 \cdot 1 \text{ bit} = 1\,310\,720 \text{ bit} = 160 \text{ kbyte.}$$

Durch den Einsatz eines dreifachen 4-bit-D/A-Wandlers lassen sich:

$$F = 2^{3n} = 2^{3 \cdot 4} = 4096$$ verschiedene Farben darstellen.

Pro Bildpunkt werden $3 \cdot 4$ bit = 12 bit an Farbinformationen benötigt, d.h. es müssen 12 Speicherebenen eingesetzt werden. Der Bildschirmspeicher muß daher eine Kapazität von 12 160 kbyte = 1 920 kbyte = 1.875 Mbyte haben.

Zu S7.5-2:

Die minimale Umsetzrate der D/A-Wandler errechnet sich aus den angebenen Werten zu:

$$\tau_{min} = f_b \cdot z \cdot s = 80 \text{ Hz} \cdot 1024 \cdot 1280 = 104\,857\,600 \text{ Hz} = 104.858 \text{ MHz.}$$

Anhang

Tabelle verschiedener Schaltsymbole

Gatter-Typ	DIN 40700	DIN-Vorgänger	U S A
UND	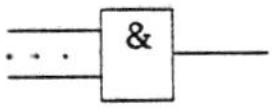	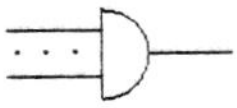	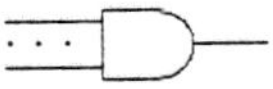
ODER	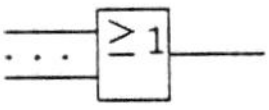	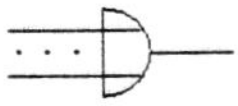	
NICHT	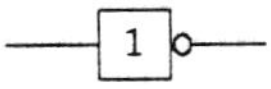	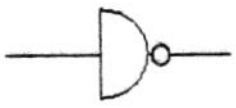	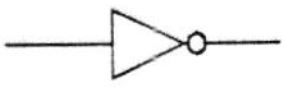
ANTIVALENZ (EXOR)	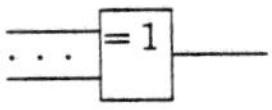	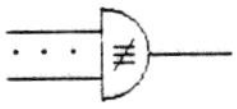	

Tabelle des (erweiterten) ASCII-Codes

		ASCII-Code								IBM-Erweiterung							
		1. Tetrade															
		0	1	2	3	4	5	6	7	8	9	A	B	C	D	E	F
2.	0	NUL	DLE	(LZ)	0	@	P	`	p	Ç	É	á	░	└	╨	α	≡
	1	SOH	DC1	!	1	A	Q	a	q	ü	æ	í	▒	┴	╤	ß	±
T	2	STX	DC2	"	2	B	R	b	r	é	Æ	ó	▓	┬	╥	Γ	≥
e	3	ETX	DC3	#	3	C	S	c	s	â	ô	ú	│	├	╙	π	≤
t	4	EOT	DC4	$	4	D	T	d	t	ä	ö	ñ	┤	─	╘	Σ	⌠
r	5	ENQ	NAK	%	5	E	U	e	u	à	ò	Ñ	╡	┼	╒	σ	⌡
a	6	ACK	SYN	&	6	F	V	f	v	å	û	ª	╢	╞	╓	µ	÷
d	7	BEL	ETB	'	7	G	W	g	w	ç	ù	º	╖	╟	╫	τ	≈
e	8	BS	CAN	(	8	H	X	h	x	ê	ÿ	¿	╕	╚	╪	Φ	°
	9	HT	EM	)	9	I	Y	i	y	ë	Ö	⌐	╣	╔	┘	Θ	∙
	A	LF	SUB	*	:	J	Z	j	z	è	Ü	¬	║	╩	┌	Ω	·
	B	VT	ESC	+	;	K	[	k	{	ï	¢	½	╗	╦	█	δ	√
	C	FF	FS	,	<	L	\	l	|	î	£	¼	╝	╠	▄	∞	^{n}
	D	CR	GS	-	=	M	]	m	}	ì	¥	¡	╜	═	▌	φ	^{2}
	E	SO	RS	.	>	N	^	n	~	Ä	₧	«	╛	╬	▐	ε	■
	F	SI	US	/	?	O	_	o	⌂	Å	ƒ	┐	╧	▀	∩		(LZ)

(LZ) = Leerzeichen (*blank*)

Beispiele

Zeichen	Hexad.-Code	Binäre Darstellung
höchstwertiges Bit **nicht** gesetzt:		
ESC	1B	0001 1011 (*escape*, s. Abschnitt 1.14)
A	41	0100 0001
{	7B	0111 1011
höchstwertiges Bit gesetzt:		
Ä	8E	1000 1110
Ω	EA	1110 1010
╪	D8	1101 1000

Literaturverzeichnis

Zum Thema "Mikroprozessor-Technik" existiert ein unübersichtliches Angebot an Monographien. Von diesen geben wir hier lediglich eine kleine Auswahl an. Bei der Erstellung dieses Buches haben wir selbst uns jedoch hauptsächlich auf die Datenbücher der verschiedenen Mikroprozessor-Hersteller gestützt. Diese sind im folgenden durch Großschreibweise des "Verfassernamens" gekennzeichnet. Wir beginnen mit der Angabe von Werken, die sich allgemein mit dem Thema und mit mehreren Gebieten daraus beschäftigen. Danach folgen Angaben über Bücher, in denen die Gegenstände der einzelnen Kapitel intensiver besprochen werden.

Allgemeine Literatur:

W. Ameling: *Digitalrechner - Grundlagen und Anwendungen.* Vieweg-Verlag, Braunschweig, 1990

H. Bernstein: *Hardware-Handbuch, PC-XT-AT und Kompatible.* Markt&Technik-Verlag, München, 1987

A. Bode, W. Händler: *Rechnerarchitektur I - Grundlagen und Verfahren.* Springer-Verlag, Berlin, 1980

A. Bode, W. Händler: *Rechnerarchitektur II - Strukturen.* Springer-Verlag, Berlin, 1983

A. Bode (Hrsg.): *RISC-Architekturen.* 2. Auflage, B.I. Wissenschaftsverlag, Mannheim, 1990

H. Burkhart: *Multiprozessorsysteme*: B.I. Wissenschaftsverlag, Mannheim, 1989

L. Ciminiesa, A. Vakuzano: *Advanced Microprocessor Architecture.* Addison-Wesley, Reading, Massachusetts, 1987

W. Coy: *Aufbau und Wirkungsweise von Rechenanlagen.* Vieweg-Verlag, Braunschweig, 1988

H. Engesser (Hrsg.): *Duden Informatik.* B.I. Wissenschaftsverlag, Mannheim, 1988

S. Dworatschek: *Grundlagen der Datenverarbeitung.* W. de Gruyter, Berlin, 1989

T. Flik, H. Liebig: *Mikroprozessortechnik.* 4. Auflage, Springer-Verlag, Berlin, 1994

W.K. Giloi: *Rechnerarchitektur.* Springer-Verlag, Berlin, 1991

A.J. v. de Goor: *Computer Architecture and Design.* Addison-Wesley, Reading, Massachusetts, 1989

J.P. Hayes: *Computer Architecture and Organization.* McGraw-Hill, Computer Science Series, International Students Edition, New York, 1983; 2. verbesserte Auflage: McGraw-Hill, Series in Computer Organization and Architecture, New York, 1988

D. Jungmann, H. Stange: *Einführung in die Rechnerarchitektur.* Carl Hanser Verlag, München, 1992

A.J. Khambata: *Microprocessors/Microcomputers Architecture.* Software, and Systems, John Wiley and Sons, New York, 1982

H. Liebig, T. Flik: *Rechnerorganisation.* Springer-Verlag, Berlin, 1993

C. Müller-Schloer, E. Schmitter: *RISC-Workstation-Architekturen.* Springer-Verlag, Berlin, 1991

G. Musstopf, M. Winter: *Mikroprozessor-Systeme - Trends in Hardware und Software.* Teubner-Verlag, Stuttgart, 1982

A. Osborne: *An Introduction to Microcomputers.* Vol. 1: Basic Concepts. Osborne/McGraw-Hill, New York, 1980

A. Osborne: *Einführung in die Mikrocomputer-Technik.* te-wi Verlag, 1984

P. Pernarts: *Digitaltechnik.* Hüthig Verlag, Heidelberg, 1989

B. Richard: *Mikroprozessortechnik - eine Einführung in Hard- und Software.* Hanser-Verlag, München, 1989

B.D. Schaaf: *Digital- und Microcomputer-Technik.* Hanser-Verlag, München, 1988

W. Schiffmann, R. Schmitz: *Technische Informatik 2.* Springer-Verlag, Berlin, 1992

M. Seifart: *Digitale Schaltungen.* Hüthig Verlag, Heidelberg, 1988

T. Ungerer: *Innovative Rechnerarchitekturen - Bestandsaufnahme, Trends, Möglichkeiten.* McGraw-Hill, Hamburg, 1989

H. Wallers, P. Hilgers: *Mikroprozessoren. Vom Bauteil zur Anwendung.* B.I. Wissenschaftsverlag, Mannheim, 1985

R. Zaks: *Chip+System: Einführung in die Mikroprozessor-Technik.* Sybex-Verlag, Düsseldorf, 1984

Zu Kapitel 1:

S.L. Graham: *Code Generation and RISC Architectures.* In: Architektur und Betrieb von Rechensystemen, Informatik-Fachberichte 168 Springer-Verlag, 1988

W. Hilf, A. Nausch: *M68000 Familie - Teil 1: Grundlagen und Architektur.* te-wi-Verlag, München, 1984

P. Horster et al: *RISC - Konzepte und Realisierungen.* Hüthig Verlag, Heidelberg, 1987

INTEL: *Microprocessor and Peripheral Handbook.* 1988

INTEL: *80386 Hardware Reference Manual.* 1986

INTEL: *i486 Microprocessor.* DEC. 1989

J. Koch: *Der 16bit-Mikroprozessor 68000.* Hüthig Verlag, Heidelberg, 1988

MOTOROLA: *Single-Chip Microcomputer Data.* 1984/85

MOTOROLA: *16-bit Microprocessors Data Manual.* 1983

MOTOROLA: *MC68020 32-Bit Microprocessor User's Manual.* Prentice-Hall, Englewood Cliffs, 1985

NATIONAL SEMICONDUCTORS: *Series 32000 Databook.* 1986

D.A. Patterson, C.H. Séquin: *A VLSI RISC*, in: IEEE Computer, 9, 1982

D. Tabac: *RISC-Systems*, John Wiley, New York, 1990

Zu Kapitel 2:

INTEL: *80387 Programmer's Reference Manual*. 1987
INTEL: *i486 Microprocessor*. 1989
W. Kobitsch: *Mikroprozessoren: Aufbau und Wirkungsweise, Teil 1: Grundlagen*. Oldenbourg Verlag, Wien, 1984
MOTOROLA: *MC68881 Floating-Point Coprocessor User's Manual*. Prentice-Hall, Englewood Cliffs, 1985

Zu Kapitel 3:

H. Bernstein: *Hochintegrierte Digitalschaltungen und Mikroprozessoren*. R. Pflaum-Verlag, München, 1978
HITACHI: *IC Memory Data Book*. 1985
INTEL: *Memory Components Handbook*. 1986
W. Motsch: *Halbleiterspeicher*. Bibliographisches Institut, Mannheim, 1978

Zu Kapitel 4:

P.J. Denning: *Virtual Memory*. ACM Computing Surveys, Vol. 2, No. 3, pp. 153-189, Sept. 1970
B. Furht, V. Milutinovic: *A Survey of Microprocessor Archtitectures for Memory Management*. IEEE Computer, pp. 48-67, 1987
INTEL: *80386 System Software Writer's Guide*. 1987
INTEL: *80386 Operating Systems Writer's Guide*. 1987
NATIONAL SEMICONDUCTORS: *NS32382 Memory Management Unit (MMU)*. 1987

Zu Kapitel 5:

ADVANCED MICRO DEVICES: *MOS Microprocessors and Peripherals*. 1987/88
W. Hilf, A. Nausch: *M68000 Familie, Teil 2: Anwendungen und 68000-Bausteine*. te-wi-Verlag, 1984
HITACHI: *Microcomputer Data Book, 8-bit/16-bit Multi Chip*. 1985
G. Schnell, K. Hoyer: *Microcomputer Interface Fibel*. Vieweg-Verlag, Wiesbaden, 1984
H. Tholl: *Mikroprozessor-Technik*. Teubner-Verlag, Stuttgart, 1982

Zu Kapitel 6:

BASF: *Disketten Handbuch*. 1985
BASF: *Floppy Disk Drive Technical Manual*. 1983
IBM: *PC-AT Technical Reference*. 1984
INTEL: *Microprocessor and Peripheral Handbook, Volume II*. 1988
SEAGATE: *ST412 Interface Manual*. 1986
SEAGATE: *SCSI Interface Manual*. 1988
SEAGATE: *ST251 Product Manual*. 1987

SIEMENS: *SAB179X Floppy-Disk-Steuerbausteine*. 1983
WESTERN DIGITAL: *WD33C93A SCSI Bus Interface Controller*. 1988
WESTERN DIGITAL: *Datenbuch WD179x*. 1986

Zu Kapitel 7:

HITACHI: *HD63484 User's Manual*. 1987
W.R. Lange: *Digital-Analog-, Analog-Digital-Wandlung*. Oldenbourg Verlag, München, 1974
INTEL: *Graphics Processor User's Manual*. 1987
SYNERTEK: *SY6545 CRTC Design and Applications Manual*. 1982

Index

Druck: COLOR-DRUCK DORFI GmbH, Berlin
Verarbeitung: Buchbinderei Lüderitz & Bauer, Berlin

Wie können wir unsere Lehrbücher noch besser machen?

Diese Frage können wir nur mit Ihrer Hilfe beantworten. Zu den unten angesprochenen Themen interessiert uns Ihre Meinung ganz besonders. Natürlich sind wir auch für weitergehende Kommentare und Anregungen dankbar.

Unter allen Einsendern der ausgefüllten Karten aus **Springer-Lehrbüchern** verlosen wir pro Semester **Überraschungspreise** im Wert von insgesamt **DM 5000.- !**

(Der Rechtsweg ist ausgeschlossen)

Springer-Verlag

Damit wir noch besser auf Ihre Wünsche eingehen können, bitten wir Sie, uns Ihre persönliche Meinung zu diesem Springer-Lehrbuch mitzuteilen.

Bitte kreuzen Sie an:	sgt.		bfr.		mgh.
Didaktische Gestaltung	❑	❑	❑	❑	❑
Qualität der Abbildungen	❑	❑	❑	❑	❑
Erläuterung der Formeln	❑	❑	❑	❑	❑
Sachverzeichnis	❑	❑	❑	❑	❑
Übungen	❑	❑	❑	❑	❑

	mehr		gerade richtig		weniger
Aufgaben	❑	❑	❑	❑	❑
Tabellen	❑	❑	❑	❑	❑
Formeln	❑	❑	❑	❑	❑
Literaturliste	❑	❑	❑	❑	❑
Begriffe des Sachverz.	❑	❑	❑	❑	❑
Übungen	❑	❑	❑	❑	❑

Zu welchem Zweck haben Sie dieses Buch gekauft?

- ❑ zur Prüfungsvorbereitung im Prüfungsfach ______________
- ❑ Verwendung neben einer Vorlesung
- ❑ zur Nachbereitung einer Vorlesung
- ❑ zum Selbststudium
- ❑ ______________

Anregungen:

____

____

____

____

____

Bähring: Mikrorechner-Systeme

Absender:

Ich bin:

- ❑ Student/in im ______ -ten Fachsemester
- ❑ Grund-
- ❑ Hauptstudium
- ❑ Diplomand/in
- ❑ Doktorand/in
- ❑ ______________________

Fachrichtung

- ❑ Informatik
- ❑ ____________

Hochschule/Universität:

❑ FH ❑ TH ❑ TU ❑ U

Bitte freimachen

Antwort

An den
Springer-Verlag
Planung Informatik I

D-69112 Heidelberg